国家出版基金项目
NATIONAL PUBLICATION FOUNDATION

电子学经典理论与前沿科学技术丛书

微波电子学

Microwave Electronics

刘盛纲　李宏福　王文祥　莫元龙　著

电子科技大学出版社
University of Electronic Science and Technology of China Press
·成都·

图书在版编目(CIP)数据

微波电子学 / 刘盛纲等著. -- 成都 : 成都电子科大出版社, 2024. 12. --(电子学经典理论与前沿科学技术丛书). -- ISBN 978-7-5770-1198-1

Ⅰ. TN015

中国国家版本馆 CIP 数据核字第 2024LF6877 号

电子学经典理论与前沿科学技术丛书

DIANZIXUE JINGDIAN LILUN YU QIANYAN KEXUE JISHU CONGSHU

微波电子学

WEIBO DIANZIXUE

刘盛纲　李宏福　王文祥　莫元龙　著

出 品 人　田　江

丛书策划　罗　雅　唐祖琴　段　勇

策划编辑　罗　雅　唐祖琴　刘　凡　兰　凯

责任编辑　刘　凡　兰　凯

责任校对　于　兰　卢　莉

责任印制　段晓静

出版发行　电子科技大学出版社

成都市一环路东一段 159 号电子信息产业大厦九楼　邮编 610051

主　　页　www. uestcp. com. cn

服务电话　028-83203399

邮购电话　028-83201495

印　　刷　成都市火炬印务有限公司

成品尺寸　210 mm×297 mm

印　　张　41. 75

字　　数　1480 千字

版　　次　2024 年 12 月第 1 版

印　　次　2024 年 12 月第 1 次印刷

书　　号　ISBN 978-7-5770-1198-1

定　　价　288. 00 元

2022年度国家出版基金资助项目
"十四五"国家重点出版物出版规划
四川省重点图书出版规划项目

电子学经典理论与前沿科学技术丛书

编 委 会

刘盛纲　　李宏福　　王文祥　　莫元龙

胡　旻　　刘頔威　　吴振华　　张　平

龚　森　　赵　陶　　胡灵犀　　冯晓冬

张晓秋艳　张天宇　　常少杰　　李杰龙

序

电子学作为现代科技的基石之一，始终是推动人类文明跃迁的核心驱动力. 从麦克斯韦方程组奠定电磁理论基石，到量子信息科学开启微观世界新纪元，电子学的发展史就是一部人类突破认知边界、重构技术体系的创新史诗. 当今世界，科技竞争已进入体系化博弈新阶段，微电子、光电子、太赫兹等前沿领域不仅是全球科技创新的制高点，更是关系到国家战略安全的生命线.《中华人民共和国国民经济和社会发展第十四个五年规划和2035年远景目标纲要》明确提出"强化国家战略科技力量"，而电子学作为信息时代的"底层操作系统"，其理论突破与技术创新直接关系到科技强国建设、国防现代化进程以及产业转型升级. 在此背景下，既要深耕经典理论之精髓，夯实学科根基；更需勇探前沿技术之无人区，抢占未来科技话语权. 唯有如此，方能铸就自主可控的科技长城，为中华民族伟大复兴注入强劲动能.

刘盛纲院士是我国电子学领域的泰斗，其学术生涯堪称一部中国电子学发展的缩影. 刘先生既是微波电子学、相对论电子学等经典理论的奠基者，又是太赫兹这一"改变未来十大科技"的开拓者、领军者. 刘先生三次以战略远见向国家提出重大科技建议——从自由电子激光到高功率微波，再到太赫兹技术的前瞻布局，无不彰显其"谋国之深远，立学之精深"的大家风范. 刘先生师从苏联专家列别捷夫，深耕真空电子领域，其编著的《微波电子学导论》被国际学界誉为"东方经典"；2003年，他荣获国际红外毫米波太赫兹领域最高科学奖"K. J. Button 奖"，成为我国首位获此殊荣的科学家. 更令人钦佩的是，他将家国情怀深植学术血脉，毕生以科技报国为志业，为后辈树立了"与科学终身相随"的精神丰碑.

"电子学经典理论与前沿科学技术丛书"是刘先生学术思想的集大成之作. 此丛书以《微波电子学》《相对论电子学》夯实理论基础，以《太赫兹电子学》锚定科技前沿，既系统梳理了电子回旋谐振、相对论粒子束动力学等核心理论，又首次描绘我国在太赫兹辐射源等领域的关键突破. 此丛书之价值，不仅在于学术传承，更在于战略引领，为培育战略科学家、实现科技创新提供系统性知识图谱.

科学家的最高荣耀，莫过于其著作成为照亮后辈前行的火炬. 刘先生以毕生心血熔铸的这套丛书，必将在中国电子学发展史上铭刻下永恒坐标. 愿后来者循此经典，在电子学的星辰大海中续写新的传奇.

中国科学院院士 吴一戎

前　言

自 20 世纪以来，随着对电磁波资源的开发利用，电磁波已成为推动人类物质文明与科技进步的重要力量. 从无线电通信、导航、雷达、电视，到激光技术和电子计算机科学的迅猛发展，电磁波始终扮演着核心角色. 在这一波澜壮阔的科技浪潮中，基于电子学的各类辐射源应运而生并迅速发展，成为引领时代变革的关键学科. 对波长大于 0.1 米的电磁波资源的研究与应用，奠定了现代无线电技术的基础. 随着科技的不断进步，人类的探索脚步逐渐迈向微波频段乃至太赫兹频段的广阔领域，从而催生了"微波电子学"这一极具战略意义的学科，这其中最为重要的研究内容之一就是利用电子学的方法产生微波辐射.

《微波电子学》一书，正是基于这一重要学科背景，旨在全面而深入地阐述微波电子学的基础理论及其在微波真空器件设计中的广泛应用. 本书内容精心编排为 5 篇，系统介绍了微波电子学的基础理论、电磁慢波系统、微波管的线性与非线性理论，以及新型毫米波太赫兹器件. 本书从基本器件的物理过程出发，逐步深入到各类型慢波结构的理论分析、微波器件的线性与非线性特性，以及先进的数值仿真技术，内容循序渐进、深入浅出，既具有坚实的理论支撑，又富含丰富的实践指导价值.

本书的特色与亮点在于其内容的全面性与前沿性，特别是对微波管的非线性理论分析. 本书不仅系统梳理了经典理论，还紧密结合计算机模拟仿真. 此外，本书还紧跟电磁慢波系统、毫米波器件等领域的最新发展趋势，特别是针对毫米波太赫兹小型化器件的最新研究成果进行了详尽阐述，使本书在传承经典理论的同时，也展现了微波电子学的最新学术前沿.

在本书的撰写过程中，我们得到了多位同人的大力支持与宝贵贡献. 李宏福、王文祥、莫元龙等同志分别承担了部分章节的整理与撰写工作，他们的辛勤付出为本书的顺利完成奠定了坚实基础. 此外，北京真空电子技术研究所的李煊以及电子科技大学电子科学与工程学院的吴振华、胡旻、常少杰、李杰龙等也为本书的出版提供了重要帮助与支持. 在此，我们向所有为本书付出努力的同志表示最诚挚的感谢!

微波电子学作为现代科学技术的重要组成部分，其理论与技术在诸多领域发挥着不可替代的作用. 真空电子器件以其大功率、高效率的显著优势，在国防、通信、科研等多个领域展现出广阔的应用前景. 本书的出版，旨在为微波电子学的深入研究与发展提供有益的参考与借鉴，推动我国在这一领域的科技创新与国际竞争力不断迈上新台阶. 我们坚信，《微波电子学》一书的问世，将为广大科研人员、工程师及高校师生提供一本不可或缺的学术宝典，共同推动微波电子学事业的蓬勃发展.

目　　录

第2篇　电磁慢波系统

第3篇 微波管的线性理论

第 4 篇 微波管的非线性理论

第5篇 新型毫米波太赫兹器件

第1章 绪 论

一、微波电子学的发展概述

微波电子学的发展已有数十年的历史，从20世纪30年代开始，微波电子学就是技术物理和无线电电子学领域里十分活跃的一门学科，几十年来蓬勃发展，至今不衰. 直到现在，这门学科仍具有强大的生命力.

微波电子学的发展经历了几个阶段. 从20世纪30年代开始，人们在普通电子管的基础上，寻求产生和放大微波波段电磁波的方法，这是微波电子学发展的第一阶段. 这种沿着普通电子管原理进行改良的方案很快就被证明是没有出路的. 理论和实验都证明：普通电子管在微波波段工作遇到了原理上的困难，普通电子管原则上不适合工作于微波波段. 不过，在这一阶段中，人们对于电子和波的互作用积累了很多宝贵的知识，其中最重要的就是对电子渡越时间的认识和感应电流定理的发现. 从此，人们了解到在普通电子管内，电流的流通主要不是由于电子从阴极出发打到阳极，而是由于电子在电极空间中运动，在电极上产生的感应电流.

探索新的原理以建立新型的(相对于普通电子管而言)适合于工作在微波波段的电子器件是微波电子学发展的第二个阶段. 这一阶段从20世纪30年代末一直延续到60年代，这是微波电子学发展的黄金时代. 在这一阶段，各种各样不同的电子与波的互作用原理被提出来了，各种各样新的微波管被研制出来了，它们在微波波段能够有效地工作. 其中主要有：多腔磁控管、速调管、反射速调管、行波管、返波管、正交场放大器以及各种复合微波管. 这些性能良好的微波管的研制成功，为近代微波技术的发展和广泛应用奠定了强有力的基础.

从理论的观点看来，在这一阶段人们对于电子与波的互作用进行了很深入的研究和探索. 人们详细地研究了电子和驻波场、电子和行波场的互作用机理，电子在驻波场的作用下以及电子在行波场的作用下的群聚机理，建立了空间电荷波概念、慢波结构概念等. 在此基础上发展了电子注中电磁波传播的理论、慢波结构理论等新的专门学科.

同时，由于微波电子学的需要和推动，另一门新的学科——强流电子光学建立起来了，而且得到了蓬勃发展；在此基础上，各种适合在微波管中使用的电子枪聚焦系统等电子光学系统被研制出来了，从而又大大地推动了微波管的发展和性能的提高，使得微波管的性能满足了近代微波工程和其他技术工程的需要.

在微波电子学发展的这一阶段中，曾经出现了各种不同结构和互作用机理的微波电子器件. 它们之中有的只是昙花一现，没有竞争能力，很快就被淘汰了；但是也有很多器件(如上面所说的那些器件)具有强大的生命力，在微波工程的发展中占有历史地位.

随着近代无线电电子学和其他科学技术的发展，微波管的工作频率向更高频段推进. 如同第一阶段微波电子学发展的情况一样，开始是人们设法用改进微波管性能的办法来提高微波管的工作频率，但是理论和实践都表明，这种办法有很大的局限性. 当工作波长接近数毫米时，普通微波管同样遇到了不可克服的原理上的障碍. 原因是很清楚的. 在普通微波管中，广泛地采用了波导和谐振腔，它们的尺寸与波长密切相关，当波长为数毫米时普通微波管的尺寸已经很小，很难加工. 这时谐振系统的 Q 值很低，而波导系统的损耗又很大. 同时，对电子注密度提出的要求也难于达到. 所以在向短毫米波推进时，普通微波管所遇到的困难和普通电子管向微波波段发展时所遇到的困难有着非常类似的情况. 在科学和技术的发展中也具有历史的循环!

早在20世纪50年代,人们就在寻求新的工作原理,能有效地产生和放大更短波长的电磁波.这一趋势在60年代以后更为显著,这样就进入了微波电子学发展的第三阶段.这一阶段的主要特点是人们把各种物理学的原理(其中包括一些新发现的效应)应用于微波电子学的发展,从而使微波电子学的内容大为丰富,也使微波电子学所涉及的领域更为扩大.

我们知道,在普通微波管中,相对论效应和量子效应都不起本质作用,完全可以略去(只是当工作电压很高时引入一些必要的相对论修正,也只是数量上的修正,没有任何本质的意义).但是,当考虑很多新的物理原理时,相对论效应和量子效应不仅不能略去,而且起着本质的作用.

在上述一些物理原理中,电子回旋谐振受激放射,电子沿光栅表面运动时引起的绕射辐射,电子和电磁波碰撞时所引起的受激散射、契林柯夫辐射等,可能是最重要的.在这些物理原理中,相对论效应起着非常重要的作用.而当波长进一步减小时,量子效应也可能起重要作用.

在这些物理机理研究的基础上,诞生了许多新型的毫米波器件.例如,电子回旋脉塞的研究导致了回旋管的出现.回旋管已发展成一大类新型毫米波器件,回旋管在毫米波波段取得的成就甚至超过了普通微波管在厘米波段所取得的成就,进入了工程实际应用.又如,对史密斯-帕塞尔效应的研究导致了奥罗管的出现,这种器件在毫米波、太赫兹频段能给出相当可观的连续波功率,发展成为一种良好的中小功率毫米波、太赫兹器件,而且还可以做成一种特殊的自由电子激光器件,可把工作波段推进到可见光.

自由电子激光的工作原理是电子和电磁波碰撞产生的受激散射.由于自由电子激光有可能做成高效率、大功率、可调谐的激光器,所以从20世纪70年代末以来,吸引了世界各国学者们的极大注意.这大约是微波电子学向光波波段推进的一个重要先兆.

微波电子学的这一发展还有很多其他的新原理出现.可以说这一阶段的发展,使得微波电子学和近代应用物理、加速器物理、等离子体物理联系得更加密切了.

二、微波电子学的主要内容

从目前看来,微波电子学的主要内容有以下几个方面.

(1)电子与波的互作用.这是微波电子学的最主要的内容,它的研究对象是微波管中电子和波的相互作用.从分析方法和内容来说,电子与波的互作用的理论研究又可以分为小信号理论(即线性理论)和大信号理论(即非线性理论)两个主要部分.小信号理论一般可以采用分析方法获得解析解,它可以阐明电子和波互作用的基本机理,因此是研究微波管的基础.在大信号状态下,我们遇到的是非线性微分、积分方程,一般不可能获得解析解①.因此,一般采用计算机进行数值解.

自然,在这部分内容中还包括探索电子与波互作用的新机理.

(2)电磁慢波结构.这一部分内容是研究微波管中的高频系统.由于在微波管中,电子与慢波互作用,所以一般采用慢波结构作为高频系统.随着微波电子学的发展,已经提出了各种各样的慢波结构和各种不同的分析方法.因此电磁慢波结构已发展成分为一个内容非常丰富的专门学科.同时慢波结构不仅在微波管中起着极其重要的作用,而且在其他科学技术领域也有着广泛的应用.

在有些微波管中,还采用谐振腔,而且一般都是些特殊的谐振腔,所以从微波管来讲,其高频结构应该包括这一部分内容.

(3)强流电子光学.在微波管中要求得到一个良好成型的、具有足够高电子密度的电子注.研究强流电

① 近年来,非线性波的研究特别是孤粒子理论的研究,使得对某些类型的非线性微分方程获得了解析解,这种方法已开始被用于微波管的大信号理论研究.

子注的形成和聚束就是强流电子光学的主要内容. 在微波管发展的数十年中,强流电子光学也有了很大的发展,很多种不同的电子光学系统被提出来了,不同的研究方法包括解析方法和数值解方法发展起来了. 因此强流电子光学也具有丰富的内容.

为了提高微波管的效率,从 20 世纪 60 年代开始人们提出采用降压收集极. 降压收集极的设计遇到了很多复杂的电子光学的问题,这又是强流电子光学研究的一个新内容.

此外,近代相对论电子注科学技术的发展,各种强流高能加速器的研制对强流电子光学提出了很多新的研究内容和方向.

不过,从习惯上讲,人们常把强流电子光学这部分内容从微波电子学中划出去,另成一门学科.

微波电子学主要研究微波管中电子与波的互作用. 一般从以下三个方面来进行研究:

(1)在电磁波作用下电子的扰动运动,特别是电子的群聚过程;

(2)扰动电子注和群聚电子注对群聚电磁波的激励;

(3)上述两个方面的自洽过程.

从以上所述可以看到,微波电子学的研究内容涉及近代物理的一些基本内容,所以微波电子学就不仅仅可以应用于微波管的研究,而且它所提出的一些方法和思想,在近代科学技术的很多其他领域都有应用和影响,例如加速器物理、等离子体物理等. 实际上,从电子与波互作用能量交换的角度来看,微波管和加速器正是两个有着密切联系,但是目的相反的机制,所以新原理的微波管可以伴生新原理的加速器. 甚至有些理论,例如耦合波理论就是在微波电子学影响和促进下发展起来的.

这样,微波电子学就不局限于微波管的研究,而且具有更为广泛的意义. 20 世纪 80 年代以后,各种新型毫米波、亚毫米波器件的研制成功,以及一些新的原理的提出,使得一些新的电子器件向毫米波、亚毫米波甚至光波发展. 这些器件从结构原理到分析思想和方法基本上仍然属于微波电子学的范畴,虽然"微波"一词已远不能包括这些波段领域了.

三、微波电子学的理论体系

从电子与波互作用机理的研究来看,微波电子学的理论体系可以叙述如下.

1. 自洽理论

把电子与波互作用的上述三个方面严格地统一起来,建立电子与波互作用的自洽理论,这是理想的理论体系. 由于微波管中物理过程异常复杂,所以仅对少数情况才可以建立起这种比较理想的理论.

2. 逐次逼近理论

逐次逼近法是一种有效的数学物理方法,在微波电子学中得到了广泛的应用. 从严格意义上讲,由逐次逼近法可以得到严格解,不过,一般都在零阶和一阶近似上截断,从而形成零阶近似理论和一阶近似理论. 在微波电子学中可分为:①给定场近似法;②给定电流近似法.

所谓给定场近似法,就是事先给出场的函数形式(包括时间和空间),然后求解电子的群聚过程,得到扰动电流,再求此种扰动电流与给定场之间的互作用. 可以看到,这种理论体系忽略了空间电荷和交变电流对场的影响. 不过理论和实验证明,在很多情况下,给定场近似法都可给出足够精确的结果.

给定电流近似法和给定场近似法类似,不同的只是初始给定的不是电场而是电流.

前面曾经说过,研究电子与波的互作用包括小信号线性理论和大信号非线性理论两种. 不管是小信号理论还是大信号理论,都可按照上述理论体系建立. 这样经过了数十年的努力,人们建立了自洽的大信号理论和小信号理论,也建立了近似的大信号理论和小信号理论.

四、微波电子学中的物理数学方法

上面讲的是微波电子学的理论体系.在建立这些理论体系时,采用了不同的物理数学方法,其中包括以下几种.

1. 单粒子运动学理论

这种理论把电子当作带有电荷 e 和质量 m 的粒子看待,从研究单电子的运动方程出发,联解麦克斯韦方程,可以建立电子与波互作用的单粒子运动学理论.

2. 空间电荷波理论

这种理论把电子注当作一种特殊的媒质,研究电磁波在这种媒质内的传播,在此概念的基础上,可以建立电子与波互作用的空间电荷波理论.由于空间电荷波理论主要限于线性状态,所以它仅研究电子与波的小信号互作用过程;虽然也发展了非线性的空间电荷波理论,但应用得还不普遍.

3. 动力学理论

动力学理论是等离子体物理学中的一种重要理论方法,它是把统计物理、分析力学和电磁场理论结合起来建立的一种方法.动力学理论是研究电子与电磁波互作用过程中一种有效的方法,在近代等离子体物理中有很大的发展,作出了很大的贡献.这种方法用来分析微波电子器件中电子与波的互作用也非常有效.

此外,为了研究某些具体问题,不同的作者引入了各种不同的模型和方法,例如,皮尔斯在研究行波管时提出了等效线路模型,田炳耕在研究行波管的大信号理论时提出了圆盘模型,等等.这些模型和方法在微波电子学的发展中都起了重要作用.

由以上各节所述可知,微波电子学有着极其丰富和深刻的数学和物理内容,它涉及近代物理、数学和工程技术的很多学科.对于微波电子学研究得越深入,就越会感到它的深刻和广泛.在科学技术发展异常迅速的今天,微波电子学仍然是一门有着强大生命力和丰富研究内容的学科.它对于未来科学技术的发展,仍然会起着重要的推动和促进作用.

第 1 篇

微波电子学的基础理论

第 2 章　运动学理论

2.1 引言

微波电子学主要研究电子注和微波频率电磁波的相互作用. 在用经典理论研究这种注-波相互作用时，电磁波的运动规律由麦克斯韦方程所确定；而在研究电子注的运动规律时却有不同的理论，这取决于对电子注所用的模型. 一般来说，微波电子学中常采用三种模型来研究电子注，即荷电质点模型、流体模型和统计模型. 前两种模型用得更为普遍.

本章采用荷电质点模型来研究电子注在电磁场中的运动. 这种方法称为运动学理论或轨道理论，其基本概念是将电子视为带有电荷 e 的孤立的力学质点. 由于忽略了电子之间的库仑作用力(空间电荷力和电子注周围导体壁上诱生的镜像电荷作用力)，研究电子注的运动就简化为研究单个电子在电磁力作用下的运动.

运动学理论的优点是物理图像十分清晰，所涉及的物理和数学理论比较简单，它的局限性是只有在电流密度很小，并且电子注直径大于相邻两群聚中心之间的距离时才是近似正确的.

运动学理论在各种微波电子管中都曾得到成功的应用，由于本书篇幅所限，本章不能一一详述，只对在速调管中的应用做比较详细的叙述，至于在其他微波电子管中的应用则不加以叙述. 读者能在许多资料中找到这方面的知识.

2.2 理想间隙的速度调制

一、小渡越角间隙的速度调制

我们先来研究一种最简单的情形，即间隙渡越角 $\omega d/v_0=\theta_d\approx 0$ 的情形，同时还做如下假设：

(1)小信号情况，即调制交变电压幅值$\hat{V}$比电子注直流电压 V_0 小很多；

(2)不计电子注和电场的横向变化；

(3)忽略空间电荷效应；

(4)忽略电子速度零散的影响；

(5)不计相对论效应.

由于间隙渡越角 θ_d 极小，故电子穿过它时受在其上所加交变电压的作用是一种瞬时作用. 假设间隙上所加交变电压为

$$V_1=\hat{V}\sin\omega t \tag{2.2.1}$$

则直流加速电压为 V_0 的电子在时间 $t=t_1$ 时通过间隙后，具有能量 $e(V_0+\hat{V}\sin\omega t_1)$，根据能量守恒定律得

$$\frac{1}{2}mv^2=e(V_0+\hat{V}\sin\omega t_1) \tag{2.2.2}$$

式中，m 是电子质量；e 是电子电荷；v 是电子通过间隙后所具有的速度. 由式(2.2.2)不难求得

$$\begin{aligned} v &= v_0\left(1+\frac{\hat{V}}{V_0}\sin\omega t_1\right)^{1/2} \\ &= v_0\left[1+\frac{1}{2}\frac{\hat{V}}{V_0}\sin\omega t_1-\frac{1}{8}\left(\frac{\hat{V}}{V_0}\right)^2\sin^2\omega t_1+\cdots\right] \end{aligned} \tag{2.2.3}$$

式中，$v_0=\sqrt{2eV_0/m}$ 是电子直流速度. 根据假设(1)，并令 $\hat{V}/V_0=\alpha$（称为电压调制系数），可由式(2.2.3)得到

$$v=v_0\left(1+\frac{1}{2}\alpha\sin\omega t_1\right) \tag{2.2.4}$$

由式(2.2.4)可以清楚地看到，电子在通过间隙并受到正弦交变电压的调制后产生了正弦的速度调制，而且其相角和调制电压的相同.

二、有限渡越角间隙的速度调制

如果取消间隙渡越角

$$\frac{\omega d}{v_0}=\theta_d\approx 0 \tag{2.2.5}$$

的限制，而保持前面的其余假设，情况将发生一些变化. 下面我们就来研究这些变化.

首先，我们认为间隙是理想的，即它对电子注而言是透明的栅网，而同时又能保持电场的均匀性，这样前面的假设(2)才能得以维持.

电子运动方程为

$$\frac{\mathrm{d}v}{\mathrm{d}t}=\eta\frac{\hat{V}}{d}\sin\omega t \tag{2.2.6}$$

式中，$\eta=e/m$ 是电子的荷质比；d 是间隙距离.

若电子在 $t=t_0$ 时，以 $v=v_0$ 的速度进入间隙，则式(2.2.6)的解为

$$v=v_0+\frac{\eta\hat{V}}{\omega d}(\cos\omega t_0-\cos\omega t) \tag{2.2.7}$$

由于已假设 $\hat{V}/V_0\ll 1$，故电子通过间隙全程的渡越时间近似地等于直流渡越时间，所以电子到达间隙出口处的时间 t_d 近似地为

$$t_d\approx t_0+\frac{d}{v_0} \tag{2.2.8}$$

将式(2.2.8)代入式(2.2.7)，即可求得出口处的电子速度为

$$\begin{aligned} v_d &= v_0+\frac{\eta\hat{V}}{\omega d}\left[\cos\omega t_0-\cos\omega\left(t_0+\frac{d}{v_0}\right)\right] \\ &= v_0+\frac{\eta\hat{V}}{v_0}\left[\frac{\sin\left(\frac{\omega d}{2v_0}\right)}{\left(\frac{\omega d}{2v_0}\right)}\right]\sin\left(\omega t_0+\frac{\omega d}{2v_0}\right) \\ &= v_0\left[1+\frac{1}{2}\frac{M\hat{V}}{V_0}\sin\left(\omega t_0+\frac{\theta_d}{2}\right)\right] \end{aligned} \tag{2.2.9}$$

式中，M 称为间隙耦合系数，它表征了电子注与场的耦合程度. 对理想有栅间隙而言，

$$M=\frac{\sin\frac{\theta_d}{2}}{\frac{\theta_d}{2}} \tag{2.2.10}$$

这种情况下耦合系数随渡越角的关系如图 2.2.1 所示.

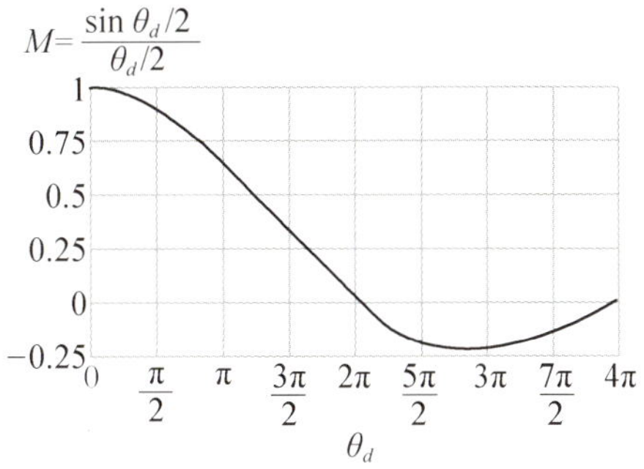

图 2.2.1　理想有栅间隙的耦合系数随渡越角的变化

根据小信号假设，$\alpha=\hat{V}/V_0\ll 1$，由式(2.2.9)可以求得电子在间隙出口处的动能为

$$T=\frac{1}{2}mv_d^2=e\left[V_0+M\hat{V}\sin\left(\omega t_0+\frac{\theta_d}{2}\right)\right] \tag{2.2.11}$$

将式(2.2.11)和式(2.2.2)比较可知，在有限渡越角的情况下电子受正弦电压调制时，其能量调制亦是正弦的. 但与小渡越角的情况相比，电子所感受到的电压幅值 $M\hat{V}<\hat{V}$，因此耦合系数乃是电子感受到的调制电压幅值与实际电压幅值之比.

除此之外，当渡越角为有限时，电子所感受到的电压的相角具有一个滞后 $\theta_d/2$.

弄清楚上述两点效应后，一个具有有限渡越角 θ_d 的间隙可以等效为置于间隙中心 $d/2$ 处的小渡越角($\theta_d\to 0$)间隙，其上所加的正弦电压幅值应为 $M\hat{V}$. 就速度调制的角度而论，这种等效是有实际意义的，因为只要我们知道了某一种间隙的耦合系数 M 和直流渡越角 θ_d，就可以用简单的理论来研究较复杂的情况.

2.3　任意间隙的耦合系数

当间隙不是由理想栅网构成时，其电场是不均匀的. 在实际器件中，例如大功率速调管和分布式速调管中的情况常常如此.

现在我们来研究场为任意轴对称分布的情况，这种情况往往出现在实际工程设计中.

首先假定：(1)电子只有纵向运动；(2)忽略空间电荷效应. 间隙的纵向场可表示为

$$E_z=E_m f(z)\mathrm{e}^{\mathrm{j}\omega t} \tag{2.3.1}$$

式中，$f(z)$表示场的空间纵向分布；E_m 是某一个参考值，为方便起见，可以取为间隙边缘的平均场：

$$E_m=\frac{\hat{V}}{d} \tag{2.3.2}$$

在电场 E_z 的作用下，电子经过距离元 $\mathrm{d}z$ 后动能元增量为

$$\mathrm{d}T=eE_z\mathrm{d}z$$

穿过间隙时电子的动能改变量为

$$\Delta T=e\int_{-\infty}^{\infty}E_m f(z)\mathrm{e}^{\mathrm{j}\omega t}\mathrm{d}z \tag{2.3.3}$$

积分区间包括场不为零的整个区域，因而积分限可取$(-\infty,\infty)$，这样做可使数学运算简便. 必须指出的一点

是:运动学理论研究的是一个单独的荷电粒子(电子),电子沿 z 方向运动的同时,电场的相位(ωt)也在相应地变化,所以 t 和 z 不是彼此独立的,其关系是

$$z=\int_{t_0}^{t} v(t,t_0)\mathrm{d}t \tag{2.3.4}$$

式中,t_0 是电子进入间隙的时刻. 引入新的时间变量(即电子到达间隙内 z 的渡越时间)

$$t_z=t-t_0 \tag{2.3.5}$$

后,式(2.3.3)成为

$$\Delta T=e\cdot \mathrm{e}^{\mathrm{j}\omega t_0}\int_{-\infty}^{\infty} E_m f(z)\mathrm{e}^{\mathrm{j}\omega t_z}\mathrm{d}z \tag{2.3.6}$$

而间隙电压可定义为

$$V=\hat{V}\mathrm{e}^{\mathrm{j}\omega t}=\mathrm{e}^{\mathrm{j}\omega t}\int_{-\infty}^{\infty} E_m f(z)\mathrm{d}z \tag{2.3.7}$$

由式(2.3.6)和式(2.3.7)可以看出,当调制电压随时间按正弦变化时,ΔT 并不一定也按正弦变化,所以前面定义的耦合系数必须附带某些约束条件.

考虑到小信号假设,在线性近似条件下,可将渡越角表示为

$$\omega t_m=\beta_e z+\delta \quad \left(\beta_e=\frac{\omega}{v_0}\right) \tag{2.3.8}$$

因此

$$\begin{aligned}\mathrm{e}^{\mathrm{j}\omega t_z}&=\mathrm{e}^{\mathrm{j}(\beta_e z+b)}\\&=\mathrm{e}^{\mathrm{j}\beta_e z}(1+\mathrm{j}\delta+\cdots)\\&=\mathrm{e}^{\mathrm{j}\beta_e z}\end{aligned} \tag{2.3.9}$$

于是有

$$\begin{aligned}\Delta T&\approx e\cdot \mathrm{e}^{\mathrm{j}\omega t_0}\int_{-\infty}^{\infty} E_m f(z)\mathrm{e}^{\mathrm{j}\beta_e z}\mathrm{d}z\\&=eE_m\mathrm{e}^{\mathrm{j}\omega t_0}\int_{-\infty}^{\infty} f(z)\mathrm{e}^{\mathrm{j}\beta_e z}\mathrm{d}z\end{aligned} \tag{2.3.10}$$

而由式(2.3.2)和式(2.3.7)可得

$$\hat{V}=E_m d=E_m\int_{-\infty}^{\infty} f(z)\mathrm{d}z \tag{2.3.11}$$

可以将耦合系数定义为

$$M=\frac{|\Delta T|}{e\hat{V}}=\frac{eE_m\int_{-\infty}^{\infty} f(z)\mathrm{e}^{\mathrm{j}\beta_e z}\mathrm{d}z}{eE_m\int_{-\infty}^{\infty} f(z)\mathrm{d}z}=\frac{1}{d}\int_{-\infty}^{\infty} f(z)\mathrm{e}^{\mathrm{j}\beta_e z}\mathrm{d}z \tag{2.3.12}$$

由此定义式可知,任意间隙的耦合系数是一种平均意义上的耦合系数,所以它的值与场的空间分布有密切的关系. 对一定形状的间隙而言,当 $f(z)$一定,则 M 只与 $\beta_e(=\omega/v_0)$有关. 当信号大或渡越角太大时,将导致式(2.3.9)不能成立,此时 M 的意义就变得不明确了.

对于理想栅网间隙,$f(z)=1$,场存在于$\left[-\frac{d}{2},\frac{d}{2}\right]$区间内,完成式(2.3.12)中的积分,得

$$M=\frac{\sin\left(\frac{\theta_d}{2}\right)}{\frac{\theta_d}{2}}$$

与 2.2 节的结果完全一致.

进一步考察式(2.3.12),发现其右端之积分乃是场分布 $f(z)$的空间傅里叶变换的 2π 倍. 事实上,$f(z)$

对 z 的傅里叶变换为

$$\mathscr{F}(\beta)=\frac{1}{2\pi}\int_{-\infty}^{\infty} f(z)e^{j\beta z}dz \tag{2.3.13}$$

故耦合系数可表示为

$$M=\frac{2\pi}{d}\mathscr{F}(\beta_e) \tag{2.3.14}$$

这个结果并非偶然，它是物理本质的反映.事实上，式(2.3.13)的反变换是

$$f(z)=\int_{-\infty}^{\infty}\mathscr{F}(\beta)e^{-j\beta z}dz \tag{2.3.15}$$

这个式子表示场可以分解为无数行波 $\mathscr{F}(\beta_e)e^{j\omega t-j\beta_e z}$ 之和.间隙内的驻波场可视为正反两个行波场的合成.这些分量行波的相速为 $v_p=\omega/\beta$，电子注仅与和它同步的行波产生充分的能量交换，这个同步行波的相速 v_p 应等于电子注速度 v_0，所以这时有

$$\frac{\omega}{\beta}=v_0 \tag{2.3.16}$$

故

$$\beta=\frac{\omega}{v_0}=\beta_e \tag{2.3.17}$$

由式(2.3.15)可知，这个同步行波的幅值就是 $\mathscr{F}(\beta_e)$，因此耦合系数正比于其幅值 $\mathscr{F}(\beta_e)$.

下面我们用上述理论来求出一种具体结构(如图 2.3.1 所示)的耦合系数.这种结构在速调管中经常遇到.

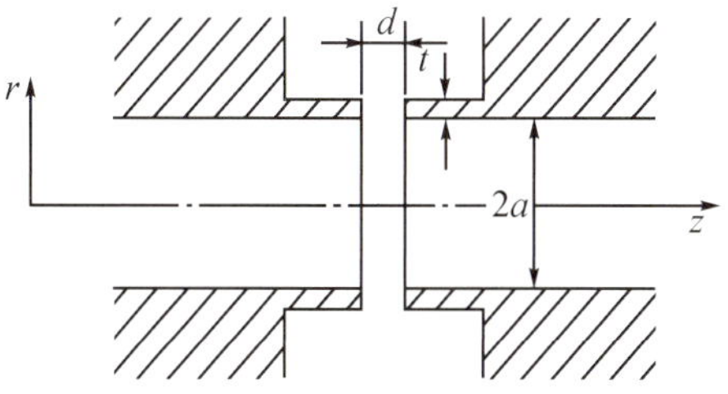

图 2.3.1 一种速调管实际间隙的近似模型

在这种模型中，其结构尺寸满足如下条件：$d\ll a$，$t\ll a$.

我们先不考虑这种间隙的结构特点，而先研究更为普遍的圆柱对称系统.在这种系统中场是两维分布的，所以分布函数应表示为 $f(r,z)$.根据电磁场的唯一性定理，如果我们知道了某一个边界上的场分布(例如间隙边缘 $r=a$ 的场分布 $f(a,z)$)，那么区域内任一点的场就完全确定了.

我们知道，包括轴线在内的圆柱对称系统内麦克斯韦方程的本征函数为

$$I_0(\gamma r)e^{j(\omega t-\beta z)} \tag{2.3.18}$$

式中

$$\gamma^2=\beta^2-k^2 \tag{2.3.19}$$

式中，I_0 为零阶修正贝塞尔函数.于是任意场分布可展开为

$$f(r,z)=\int_{-\infty}^{\infty}A(\beta)I_0(\gamma r)e^{-j\beta z}d\beta \tag{2.3.20}$$

式中，系数 $A(\beta)$ 取决于边界条件.且 $f(r,z)$ 的傅里叶变换为

$$\mathscr{F}(\beta)=A(\beta)I_0(\gamma r)=\frac{1}{2\pi}\int_{-\infty}^{\infty}f(r,z)e^{j\beta z}dz \tag{2.3.21}$$

以 $r=a$ 代入，得

$$A(\beta)=\frac{1}{2\pi}\cdot\frac{1}{I_0(\gamma a)}\int_{-\infty}^{\infty}f(a,z)e^{j\beta z}dz \tag{2.3.22}$$

将式(2.3.22)代入式(2.3.20)，得

$$f(r,z)=\frac{1}{2\pi}\int_{-\infty}^{\infty}\frac{I_0(\gamma r)}{I_0(\gamma a)}\int_{-\infty}^{\infty}f(a,\xi)e^{j\beta(\xi-z)}d\xi d\beta \tag{2.3.23}$$

由式(2.3.23)知道，正如所预料的那样，知道边界上的场分布 $f(a,z)$ 后，就可唯一地确定区域内任意的场分

布 $f(r,z)$[①].

将式(2.3.21)代入式(2.3.14),即可求得耦合系数:

$$M(r)=\frac{I_0(\gamma_e r)}{I_0(\gamma_e a)}\cdot\frac{1}{d}\int_{-\infty}^{\infty}f(a,z)e^{j\beta_e z}dz \tag{2.3.24}$$

式中

$$\gamma_e=\sqrt{\beta_e^2-k^2} \tag{2.3.25}$$

如果我们定义间隙边缘上的耦合系数为

$$M(a)=\frac{1}{d}\int_{-\infty}^{\infty}f(a,z)e^{j\beta_e z}dz \tag{2.3.26}$$

则式(2.3.24)可表示为

$$M(r)=\frac{I_0(\gamma_e r)}{I_0(\gamma_e a)}M(a) \tag{2.3.27}$$

此式表明,知道边缘耦合系数 $M(a)$后就可求出任意位置的耦合系数 $M(r)$[②].

上面求得的耦合系数实际上是一种"线耦合系数",它描述某一电子轨线(平行于轴线的直线)上间隙的调速特性.为了描述间隙对整个电子注的平均调速特性,我们引入"平均耦合系数"的概念,这才是更有实际意义的参量,因为它能反映间隙孔径 a 和电子注半径 b 的关系对耦合系数的影响.

设实心电子注半径为 b,则可将 $M(r)$在电子注截面上平均,得

$$\overline{M}=\frac{1}{\pi b^2}\int_0^b\int_0^{2\pi}M(r)rdrd\theta=\frac{2}{b^2}\int_0^b M(r)rdr \tag{2.3.28}$$

将式(2.3.27)代入,并完成积分,得

$$\overline{M}=\frac{2}{b^2}\int_0^b\frac{I_0(\gamma_e r)}{I_0(\gamma_e a)}M(a)rdr=\frac{2}{b^2}\cdot\frac{M(a)}{I_0(\gamma_e a)}\int_0^b I_0(\gamma_e r)rdr \tag{2.3.29}$$

注意到递推公式

$$\left(\frac{d}{zdz}\right)^m(z^v I_v(z))=z^{v-m}I_{v-m}(z)$$

令 $v=m=1$,得

$$I_0=\frac{d(zI_1(z))}{zdz} \tag{2.3.30}$$

将此式代入式(2.3.29),不难求得[③]

$$\overline{M}=\frac{2}{\gamma_e b}\cdot\frac{I_1(\gamma_e b)}{I_0(\gamma_e a)}\cdot M(a) \tag{2.3.31}$$

至此,我们已求得了任意圆柱对称系统的平均耦合系数.剩下的问题是对不同具体结构的模型求出其 $M(a)$.为此,我们回到本段开头所给的结构尺寸条件下的模型.此时,$r=a$ 处的电位分布可表示为

$$\Phi=\frac{V}{\hat{V}}=\frac{1}{\pi}\arcsin\frac{2z}{d} \tag{2.3.32}$$

---

① 如果以轴线上的场分布 $f(0,z)$为边界值,此时 $I_0(0)=1$,则

$$f(r,z)=\frac{1}{2\pi}\int_{-\infty}^{\infty}I_0(\gamma r)\int_{-\infty}^{\infty}f(0,\xi)e^{j\beta(\xi-z)}d\xi d\beta$$

② 如果知道轴线上的耦合系数 $M(0)$,则

$$M(r)=I_0(\gamma_e r)M(0)$$

③ 如果是空心电子注,其内半径为 b_1,外半径为 b_2,则不难证明

$$\overline{M}=\frac{2}{\gamma_e^2(b_2^2-b_1^2)}\cdot\frac{\gamma_e b_2 I_1(\gamma_e b_2)-\gamma_e b_1 I_1(\gamma_e b_1)}{I_0(\gamma_e a)}\cdot M(a)$$

于是

$$M(a)=\frac{1}{\hat{V}}\int_{-\infty}^{\infty}E(z)e^{j\beta_e z}dz=\frac{1}{\hat{V}}\int_{-\frac{d}{2}}^{\frac{d}{2}}\frac{dV}{dz}e^{j\beta_e z}dz$$

$$=\frac{1}{\pi}\int_{-\frac{\pi}{2}}^{\frac{\pi}{2}}e^{j\beta_e\frac{d}{2}\sin(\pi\phi)}d(\pi\phi)=J_0\left(\frac{1}{2}\beta_e d\right)=J_0\left(\frac{\theta_d}{2}\right) \tag{2.3.33}$$

将式(2.3.33)代入式(2.3.31)，得到图 2.3.1 所示模型对实心电子注的平均耦合系数为

$$\overline{M}=\frac{2}{\gamma_e b}\cdot\frac{I_1(\gamma_e b)}{I_0(\gamma_e a)}\cdot J_0\left(\frac{\theta_d}{2}\right) \tag{2.3.34}$$

由式(2.3.27)或式(2.3.34)可见，$M(r)$(或$\overline{M}$)既是横向坐标(或尺寸)的函数，又是纵向坐标(或尺寸)的函数，但它们是变数分离的. 所以有不少学者定义了所谓横向耦合系数 M_T 和纵向耦合系数 M_z，它们分别表征了间隙场横向分布和纵向分布的速度调制效应. 这时式(2.3.27)成为

$$M(r)=M_T M_z \tag{2.3.27a}$$

式中

$$M_T=\frac{I_0(\gamma_e r)}{I_0(\gamma_e a)},\quad M_z=M(a) \tag{2.3.35}$$

而式(2.3.34)成为

$$\overline{M}=\overline{M}_T M_z \tag{2.3.34a}$$

式中

$$\overline{M}_T=\frac{2}{\gamma_e b}\frac{I_0(\gamma_e b)}{I_0(\gamma_e a)},\quad M_z=M(a) \tag{2.3.36}$$

图 2.3.2 绘制了 M_T 与 $\gamma_e a$ 和 b/a 之间的关系，而图 2.3.3 则给出了 M_z 与 $\theta_d/2$ 之间的关系.

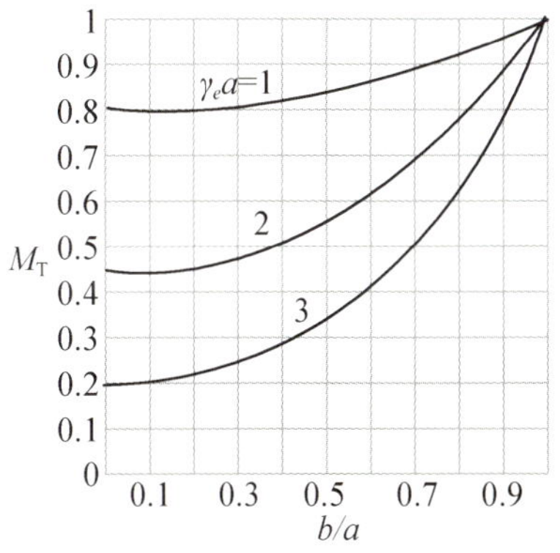

图 2.3.2　M_T 与 $\gamma_e a$ 和 b/a 之间的关系

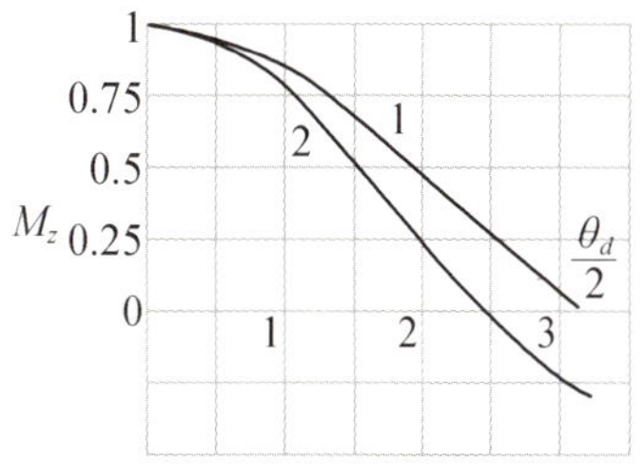

1—$M_z=\sin\frac{\theta_d}{2}\Big/\frac{\theta_d}{2}$ 曲线；

2—$M_z=I_0\left(\frac{\theta_d}{2}\right)$ 曲线.

图 2.3.3　M_z 与 $\theta_d/2$ 之间的关系

最后要指出的是，上述论述均没有计及横向场引起的电子横向运动的效应.

2.4 漂移区内的电子群聚

前面两节介绍了间隙的速度调制特性. 我们发现，为了描述它的调速特性，需要两个特性参数：耦合系数 M 和直流渡越角 θ_d，而 M 和 θ_d 完全取决于间隙结构. 并且在 2.2 节曾指出，对有限渡越角的间隙而言，在引入耦合系数 M 描述调制电压幅值和渡越角 θ_d 描述调制电压相位角之后，就可以等效为一个渡越角趋于零且位于实际间隙中心的理想间隙(如图 2.4.1 所示). 由此可知，我们在分析漂移区内电子群聚现象时，仅需考虑理想间隙的速度调制就可以了.

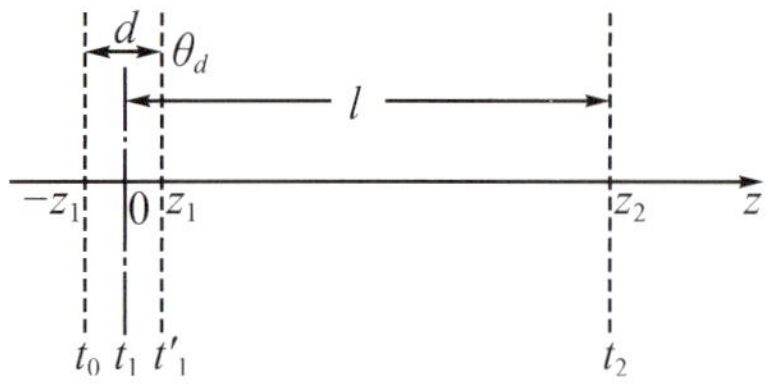

图 2.4.1　等效间隙和后续漂移区示意图

如图 2.4.1 所示，等效漂移区长度为 $z_2-z_1+\frac{d}{2}=l$，而等效初相角 $\omega t_1=\omega t_0+\frac{\theta_d}{2}$. 这时间隙的输出速度为式(2.2.4)，即

$$v=v_0\left(1+\frac{1}{2}\alpha\sin\omega t_1\right)$$

式中

$$\alpha=\frac{M\hat{V}}{V_0},\omega t_1=\omega t_0+\frac{\theta_d}{2} \tag{2.4.1}$$

设时刻 t_1 通过实际间隙中心的电子在时刻 t_2 到达漂移区终端，所经过的路程为漂移区长度 l，则显然有

$$t_2=t_1+\frac{l}{v_0(t_1)}=t_1+\frac{l}{v_0(1+\alpha\sin\omega t_1)^{1/2}}$$

$$\approx t_1+\frac{l}{v_0}\left(1-\frac{\alpha}{2}\sin\omega t_1\right) \tag{2.4.2}$$

式(2.4.2)最后一步是因为在小信号近似下，仅取至泰勒级数展开的线性项之故.

更方便的是将式(2.4.2)表示为无因次的形式：

$$\omega t_2=\omega t_1+\theta_0-X\sin\omega t_1 \tag{2.4.3}$$

式中

$$\theta_0=\frac{\omega l}{v_0}\quad(\text{电子在漂移区内的直流渡越角}) \tag{2.4.4}$$

$$X=\frac{1}{2}\alpha\theta_0=\frac{1}{2}\cdot\frac{M\hat{V}}{V_0}\cdot\frac{\omega l}{v_0}\quad(\text{群聚参数}) \tag{2.4.5}$$

式(2.4.3)是描述群聚现象的基本公式. 由它绘制的时-空图(图 2.4.2)明显地表明了群聚现象的产生. 由图可见，漂移区入口($z=0$)处电子分布是均匀的，但经过调制后，速度是不均匀的，所以经过一定距离后，快电子将追上前面的慢电子，从而产生群聚，形成群聚块. 在电场由减速场变为加速场时，经过零值瞬间进入间隙的电子(如图中电子 1、2)速度不变，变成了群聚中心. 除此之外，还可发现经过一定距离后，某些快电子已超过慢电子，出现了“超越现象”.

在分析群聚现象时，将式(2.4.3)绘制成相位关系图更为有利，如图 2.4.3 所示.

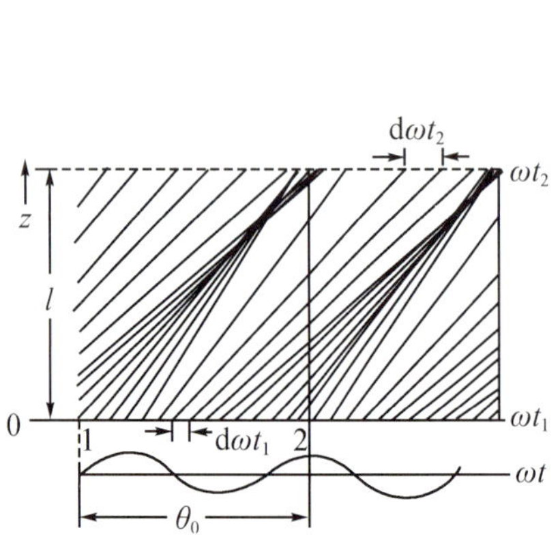

图 2.4.2　漂移区的时-空图

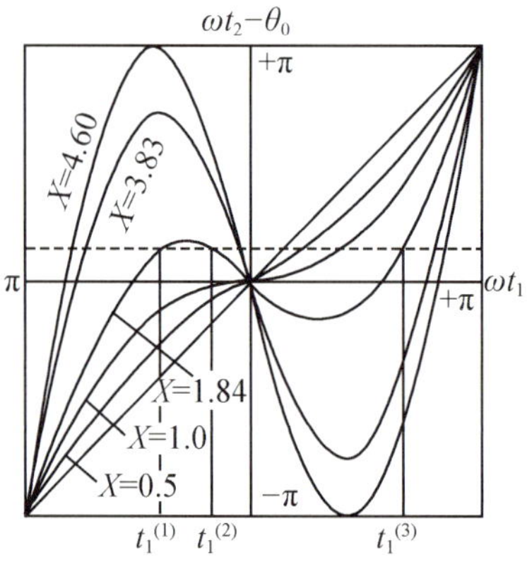

图 2.4.3　漂移区的相位关系图

由图 2.4.3 可知，当 $X>1$ 时，ωt_1 成为 ωt_2 的多值函数，这表示不同 t_1 进入漂移区的电子，会在同一时

刻 t_2 到达其出口处，亦即出现"超越现象". 显然，$X=1$ 是一个临界参数，称为临界群聚参数，它由注-间隙耦合系统的特性决定[参看式(2.4.5)].

此外还要指出，式(2.4.3)是在 $\alpha \ll 1$ 的条件下导出的，故图 2.4.3 中的曲线也只有在此条件下才是对称的.

下面来求产生群聚后，对流电流的表示式.

由于群聚的出现，在时间间隔 dt_1 内进入漂移区的电子，到达 l 处时分布于时间间隔 dt_2 内，且 $dt_2 \neq dt_1$. 但电荷守恒定律仍成立，故有

$$\sum_i i_1 |dt_1|_i = i_2 |dt_2|$$

即

$$i_2 = \sum_i i_1 \left|\frac{dt_1}{dt_2}\right|_i \tag{2.4.6}$$

由式(2.4.3)可求得

$$\left|\frac{dt_2}{dt_1}\right|_i = |1 - X\cos\omega t_1|_i \tag{2.4.7}$$

将式(2.4.7)代入式(2.4.6)，得

$$i_2 = \sum_i \frac{i_1}{|1 - X\cos\omega t_1|_i} \tag{2.4.8}$$

以上各式中的角标 i 表示导数(或微分)在时刻$(t_1)_i$ 的取值，下同.

这个式子将 i_2 表为 t_1 的函数，但应注意，我们希望知道的是 i_2 对 t_2 的关系，因而式(2.4.8)要和式(2.4.3)联解才能确定 i_2 和 t_2 的关系. 但当 $X>1$ 时，要涉及多值函数，处理起来十分不便. 我们可以用图解法十分容易地得出这个关系. 事实上，由式(2.4.6)有

$$i_2 = \sum_i \frac{i_1}{\left|\frac{dt_2}{dt_1}\right|_i} \tag{2.4.9}$$

或

$$i_2 = \sum_i \frac{i_1}{\left|\frac{d(\omega t_2 - \theta_0)}{d(\omega t_1)}\right|_i} \tag{2.4.10}$$

此式分母即为图 2.4.3 中曲线相应点的切线的斜率. 因而只要对一定的$(\omega t_2 - \theta_0)$用图解法求出相应的所有点的切线的斜率①，然后取其倒数绝对值之和，再根据式(2.4.9)即可构成 i_2 对$(\omega t_2 - \theta_0)$的关系，如图 2.4.4(a)所示.

我们还可以从另一种角度来讨论式(2.4.8)对群聚现象的描述，结果更加清楚. 如果以初相 ωt_1 为参变量，且令

$$\varphi = \omega t_1 \tag{2.4.11}$$

$$\begin{aligned} x &= \omega t_2 - \theta_0 \\ &= \varphi - X\sin\varphi \end{aligned} \tag{2.4.12}$$

$$y = 1 - X\cos\varphi \tag{2.4.13}$$

则式(2.4.7)可以表示为

①由图 2.4.3 可见，$\left|\frac{dt_2}{dt_1}\right| = 0$ 的点对应于 $i_2 \to \infty$.

$$i_2 = \sum_i \frac{i_1}{|y_i|} \tag{2.4.14}$$

不难看出，式(2.4.12)和式(2.4.13)所描绘的平面曲线乃是一有名的轮摆线(或旋轮线)，且其旋轮半径为1.而式(2.4.14)则表明，群聚电流正比于该轮摆线的纵坐标的倒数.此外，从轮摆线参数方程(2.4.12)和方程(2.4.13)还可以知道，群聚参数 X 的不同范围对应不同形状的轮摆线，因而也就有不同的群聚电流 i_2.当 $X<1$ 时，是短辐摆线，对应于不足群聚状态，无超越现象发生；而当 $X>1$ 时，是长辐摆线，对应于过剩群聚状态，出现超越现象；当 $X=1$ 时，是一普通摆线，对应于临界群聚状态.这些情况如图2.4.4(b)、(c)所示.

i_2 对 t_2 而言是一个周期函数，但不是简谐的，这由其表示式(2.4.8)或图2.4.4都可以看出.因此，用傅里叶分析来研究 i_2 是很自然的.将 i_2 展开为傅里叶级数：

$$i_2 = \sum_{n=-\infty}^{\infty} A_n e^{jn\omega t_2} \tag{2.4.15}$$

式中

$$A_n = \frac{1}{2\pi}\int_0^{2\pi} i_2 e^{-jn\omega t_2} d\omega t_2 = |A_n| e^{j\varphi_n} \tag{2.4.16}$$

因为 i_2 是实数，故

$$A_{-n} = A_n^* = |A_n| e^{-j\varphi_n}$$

所以

$$i_2 = A_0 + \sum_{n=1}^{\infty} 2|A_n|\cos(n\omega t_2 + \varphi_n) \tag{2.4.17}$$

或

$$i_2 = i_0 + \sum_{n=1}^{\infty} \mathrm{Re}[\hat{i}_n e^{jn\omega t_2}] \tag{2.4.18}$$

式中

$$\hat{i}_0 = A_0 = \frac{1}{2\pi}\int_0^{2\pi} i_2 d(\omega t_2) \tag{2.4.19}$$

是电子注直流分量.而

$$\hat{i}_n = 2A_n = \frac{1}{\pi}\int_0^{2\pi} i_2 e^{-jn\omega t_2} d(\omega t_2) \tag{2.4.20}$$

是电子流 n 次谐波复振幅.

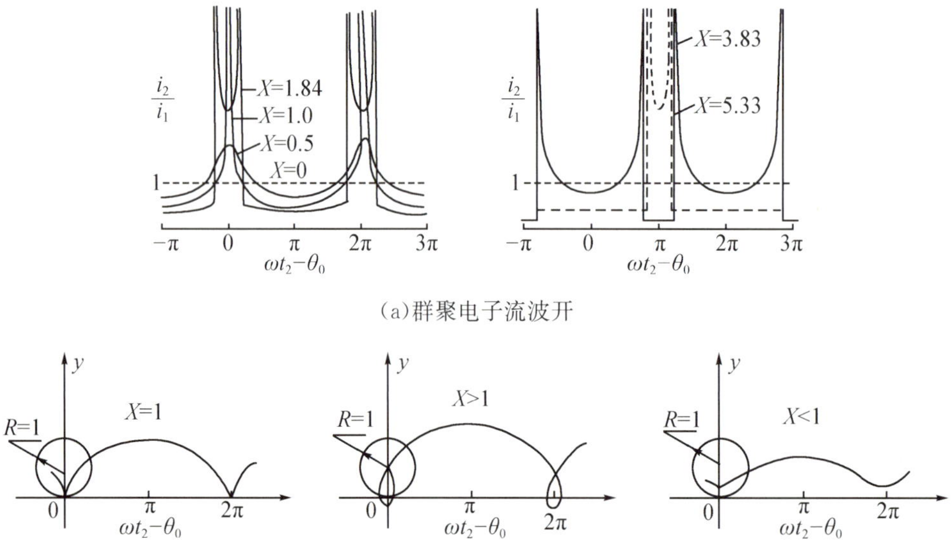

(a)群聚电子流波开

(b)轮摆线

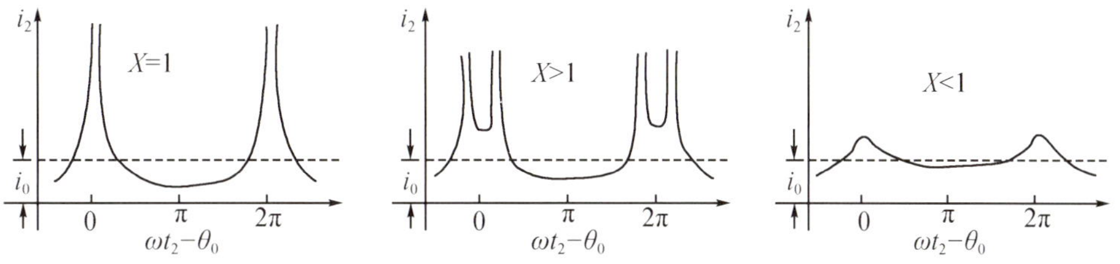

(c)不同轮摆线对应的群聚电流波形

图 2.4.4　速调电子注的群聚特性

上面对 i_2 的积分存在三个困难：(1)i_2 不是 t_2 的显函数；(2)当 $X>1$ 时，i_2 有奇点，即有 $i_2\to\infty$之点，使积分成为反常积分；(3)t_1 可能是 t_2 的多值函数，这也使积分变得冗繁. 但如果我们将积分元变换成 ωt_1，则这些困难都能避免. 为此，我们来考察图 2.4.5. 当 $X>1$ 时，有

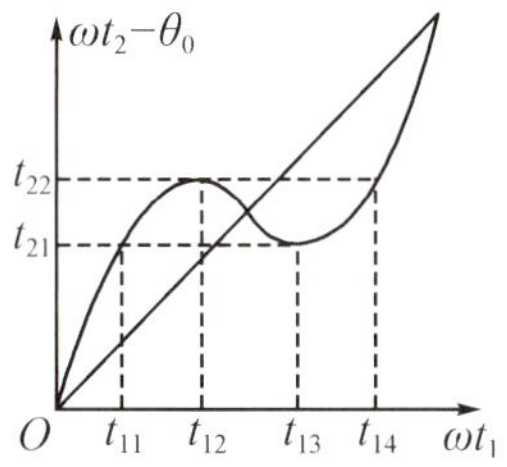

图 2.4.5　相位关系示意图

$$i_2=\begin{cases} i_1\dfrac{\mathrm{d}t_1}{\mathrm{d}t_2} & (t_1<t_{11}\text{或 }t_1>t_{14}) \\ \sum\limits_i i_1\left|\dfrac{\mathrm{d}t_1}{\mathrm{d}t_2}\right|_i & (t_{11}\leqslant t_1\leqslant t_{14}) \end{cases} \tag{2.4.21}$$

即在 $t_{21}\leqslant t_1\leqslant t_{22}$区间内 i_2 是三部分之和. 积分式(2.4.20)变为

$$\hat{i}=\frac{1}{\pi}\Bigg[\underset{(t_1\leqslant t_{12})}{\int_0^{\omega t_{22}}}+\underset{(t_{12}\leqslant t_1\leqslant t_{13})}{\int_{\omega t_{21}}^{\omega t_{22}}}+\underset{(t_{13}<t_1)}{\int_{\omega t_{21}}^{2\pi}}\Bigg]i_1\left|\frac{\mathrm{d}t_1}{\mathrm{d}t_2}\right|\mathrm{e}^{-\mathrm{j}n\omega t_2}\,\mathrm{d}(\omega t_2) \tag{2.4.22}$$

在式(2.4.22)右边第二个积分中$\dfrac{\mathrm{d}t_1}{\mathrm{d}t_2}<0$，换元得

$$\begin{aligned}\underset{(t_{12}\leqslant t_1\leqslant t_{13})}{\int_{\omega t_{21}}^{\omega t_{22}}} i_1\left|\frac{\mathrm{d}t_1}{\mathrm{d}t_2}\right|\mathrm{e}^{-\mathrm{j}n\omega t_2}\,\mathrm{d}(\omega t_2) &= -\int_{\omega t_{21}}^{\omega t_{22}} i_1\frac{\mathrm{d}t_1}{\mathrm{d}t_2}\mathrm{e}^{-\mathrm{j}n\omega t_2}\,\mathrm{d}(\omega t_2) \\ &= \int_{\omega t_{12}}^{\omega t_{13}} i_1\mathrm{e}^{-\mathrm{j}n\omega t_2}\,\mathrm{d}(\omega t_1) \end{aligned} \tag{2.4.23}$$

其余两个积分换元后为

$$\underset{(t_1\leqslant t_{12})}{\int_0^{\omega t_{22}}} i_1\left|\frac{\mathrm{d}t_1}{\mathrm{d}t_2}\right|\mathrm{e}^{-\mathrm{j}n\omega t_2}\,\mathrm{d}(\omega t_2)=\int_0^{\omega t_{12}} i_1\mathrm{e}^{-\mathrm{j}n\omega t_2}\,\mathrm{d}(\omega t_1) \tag{2.4.24}$$

$$\underset{(t_{13}<t_1)}{\int_{\omega t_{21}}^{2\pi}} i_1\left|\frac{\mathrm{d}t_1}{\mathrm{d}t_2}\right|\mathrm{e}^{-\mathrm{j}n\omega t_2}\,\mathrm{d}(\omega t_2)=\int_{\omega t_{13}}^{2\pi} i_1\mathrm{e}^{-\mathrm{j}n\omega t_2}\,\mathrm{d}(\omega t_1) \tag{2.4.25}$$

将式(2.4.23)至式(2.4.25)代入式(2.4.22)，得

$$\hat{i}_n=\frac{1}{\pi}\int_0^{2\pi} i_1\mathrm{e}^{-\mathrm{j}n\omega t_2}\,\mathrm{d}(\omega t_1) \tag{2.4.26}$$

应该注意的是，虽然 ωt_1 可能是 ωt_2 的多值函数，但 ωt_2 却只能是 ωt_1 的单值函数. 将相位关系式 $\omega t_2=f(\omega t_1)$代入式(2.4.26)得

$$\hat{i}_n=\frac{1}{\pi}\int_0^{2\pi} i_1\mathrm{e}^{-\mathrm{j}nf(\omega t_1)}\,\mathrm{d}(\omega t_1) \tag{2.4.27}$$

这是一个十分重要的式子，它与相位关系式 $\omega t_2=f(\omega t_1)$[例如式(2.4.3)]一起完全确定了群聚电子流

的任意次谐波的复振幅.

必须着重指出,以上推导,唯一的假设是一维情况,所以对于其他更复杂的情况(如 i_1 存在预调制,存在更严重的超越、有空间电荷场存在、有外加场存在等),式(2.4.27)都是适用的.

如果 i_1 没有预调制,即 $i_1=i_0=$常数,则相位关系式 $f(\omega t_1)$ 为式(2.4.3):

$$\omega t_2=\omega t_1+\theta_0-X\sin\omega t_1$$

这时式(2.4.27)变为

$$\hat{i}_n=\frac{i_0}{\pi}\int_0^{2\pi}\mathrm{e}^{-\mathrm{j}n(\omega t_1+\theta_0-X\sin\omega t_1)}\mathrm{d}(\omega t_1)=2i_0\mathrm{J}_n(nX)\mathrm{e}^{-\mathrm{j}n\theta_0}\tag{2.4.28}$$

式(2.4.28)最后一步利用了贝塞尔函数的积分表达式:

$$\mathrm{J}_n(z)=\frac{1}{2\pi}\int_{-\pi}^{\pi}\mathrm{e}^{-\mathrm{j}(n\varphi-z\sin\varphi)}\mathrm{d}\varphi$$

将式(2.4.28)代入式(2.4.18)得

$$i_2=i_0+\sum_{n=1}^{\infty}2i_0\mathrm{J}_n(nX)\cos n(\omega t_2-\theta_0)\tag{2.4.29}$$

故群聚电子流的基波振幅为

$$|i_{21}|=2i_0\mathrm{J}_1(X)=2i_0\mathrm{J}_1\left(\frac{\omega\alpha l}{2v_0}\right)\tag{2.4.30}$$

由式(2.4.29)可见,关于漂移区中的群聚电子流有如下几点结论:

(1)其各次谐波的振幅随群聚参量而周期性变化,其规律是第一类贝塞尔函数关系,因而其基波幅值的最大值出现在 $X=1.84$ 处,这时 $|i_{21\max}/i_0|=1.16$. 由此可知,要使得基波电子流最大,必然存在严重的超越,导致在这种情况下群聚问题处理上的困难.

(2)在最佳情况下 $X=1.84$,因而由式(2.4.5)得

$$1.84=\frac{\alpha}{2}\cdot\frac{\omega l_{\mathrm{opt}}}{v_0}$$

故

$$l_{\mathrm{opt}}=3.68\frac{1}{\alpha}\cdot\frac{v_0}{\omega}=\frac{3.68}{\alpha\beta_e}\tag{2.4.31}$$

因此对一定的电子直流传播常数 β_e 而言,最佳漂移长度与 $\alpha=\dfrac{M\hat{V}}{V_0}$ 成反比.

(3)由于 $|i_{2n}|$ 的周期性,所以在激励参数 α 或漂移区长度 l 变化时,$|i_{2n}|$ 存在一系列零点,特别是 $|i_{21}|$ 的第一个零点是 $X=3.83$.

(4)谐波电流十分丰富,在某些 X 值时,甚至可以比基波电流幅值大,因而有可能构成倍频器.

2.5 感应电流及间隙中电子与场的能量交换

前面几节研究了电路场对电子注的作用,即速度调制和群聚作用. 为了认识如何实现电子注直流能量向电路场能的转换,还必须研究群聚的电子注对电路的反作用,即电子流在电路中激励起感应电流的规律.

今有一任意形状和任意配置的导体系,如图 2.5.1 所示. 如在导体间的空隙有电荷 q 以速度 v 在运动,因各导体之间并不是绝缘的,所以在导体间将诱生起感应电流. 假设导体间距离比波长小得多,可略去滞后位效应,而用准静电场作为近似. 这时从电荷 q 发出的电力线都终止于各导体上,引起感应电荷. 当 q 运动时,力线分布因感应电荷都将随之而改变,并引起感应电流. 根据电磁场的叠加原理,各导体上所加的电压

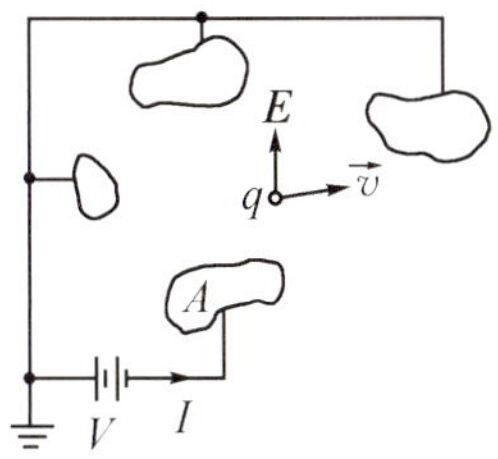

图 2.5.1 导体系统和运动电荷示意图

并不影响电荷 q 在各点产生的电场大小，也就是不影响 q 所感生的感应电荷和感应电流. 因此，在求感应电流时，可以根据处理上的方便而任意假定各导体的电位，如图 2.5.1 所示. 设导体 A 加以电压 V，其余全部导体都接地；又以 $\boldsymbol{E}$ 表示电荷 q 所在处的场强. 当电荷以速度 $\boldsymbol{v}$ 运动时，经过距离元 $\mathrm{d}\boldsymbol{r}$ 后所获得的能量为

$$q\boldsymbol{E}\cdot\mathrm{d}\boldsymbol{r}=q\boldsymbol{E}\cdot\boldsymbol{v}\mathrm{d}t \tag{2.5.1}$$

电荷 q 运动的同时，感应电流 I_{ind} 流过电源，电源所做的功为 $VI_{\text{ind}}\mathrm{d}t$. 根据能量守恒定律，它应等于式(2.5.1)表示的能量：

$$VI_{\text{ind}}\mathrm{d}t=q\boldsymbol{E}\cdot\boldsymbol{v}\mathrm{d}t$$

由此求得感应电流为

$$I_{\text{ind}}=q\left(\frac{\boldsymbol{E}}{V}\right)\cdot\boldsymbol{v}=q\boldsymbol{E}_1\cdot\boldsymbol{v} \tag{2.5.2}$$

这表明以速度 $\boldsymbol{v}$ 运动的电荷 q 在导体 A 上产生的感应电流，等于此导体加以 1 伏电压时在电荷 q 所在点产生的场强矢量 $\boldsymbol{E}_1$ 与 $\boldsymbol{v}$ 的点积乘电荷 q. 由于 $\boldsymbol{E}\propto V$，因此电流与导体实际所加的电压无关.

如果电荷是连续分布的，且其密度为 ρ，则感应电流应表示为

$$I_{\text{ind}}=\int\rho v\cdot\boldsymbol{E}_1\mathrm{d}\tau' \tag{2.5.3}$$

积分应包括电荷存在的全部空间. 当电荷只有 z 方向的运动时，式(2.5.3)变为

$$I_{\text{ind}}=\int_\sigma\mathrm{d}\sigma'\int\rho vE_{1z}\mathrm{d}z'=\int_\sigma\mathrm{d}\sigma'\int iE_{1z}\mathrm{d}z'=\int_\sigma i_{\text{ind}}\mathrm{d}\sigma' \tag{2.5.4}$$

式中，σ 是电子注的横截面；i_{ind}是电流密度. 将

$$E_{1z}=\frac{E_m}{\hat{V}}f(z)=\frac{1}{d}f(z)$$

代入 i_{ind}的表达式得

$$i_{\text{ind}}(t)=\int iE_{1z}\mathrm{d}z'=\frac{1}{d}\int_{-\infty}^{\infty}i(z',t)f(z')\mathrm{d}z' \tag{2.5.5}$$

式中，积分包括所有电荷不为零的区间，为了方便起见取为 $\pm\infty$，把电荷为零的区间也包括进去，但不影响积分值. 在一般情况下，$i(z,t)$是很复杂的函数. 必须注意，式(2.5.5)中的积分是在同一时刻对空间内所有电荷进行的，因而 t 与 z 在此是彼此独立的.

在 2.4 节中，我们已求得对流电流(电子流)为

$$i(z,t)=i_0+\sum_{n=1}^{\infty}\hat{i}_n(z)\mathrm{e}^{\mathrm{j}n\omega t} \tag{2.5.6}$$

式中，$\hat{i}_n$ 的表达式为式(2.4.28). 将式(2.5.6)代入式(2.5.5)，得

$$\hat{i}_{\text{ind},n}=\frac{1}{d}\int_{-\infty}^{\infty}\hat{i}_n(z)f(z)\mathrm{d}z \tag{2.5.7}$$

如果群聚电子流是穿过间隙而激励电路(谐振腔)的，且间隙不长，可以认为电子块以平均速度 v_0 穿过间隙的过程中，形状不变，即密度分布不变，而只有时间上的滞后，即

$$\begin{aligned}i(z,t)&=i\left(0,t-\frac{z}{v_0}\right)\\&=i_0+\sum_{n=1}^{\infty}\hat{i}_n(0)\mathrm{e}^{\mathrm{j}n\omega\left(t-\frac{z}{v_0}\right)}\\&=i_0+\sum_{n=1}^{\infty}\hat{i}_n(0)\mathrm{e}^{-\mathrm{j}n\beta_e z}\cdot\mathrm{e}^{\mathrm{j}n\omega t}\end{aligned} \tag{2.5.8}$$

将式(2.5.8)代入式(2.5.7),得

$$\hat{i}_{\mathrm{ind},n}=\hat{i}_n(0)\cdot\frac{1}{d}\int_{-\infty}^{\infty}f(z)\mathrm{e}^{-\mathrm{j}n\beta_e z}\mathrm{d}z \tag{2.5.9}$$

将式(2.5.9)与式(2.3.12)比较一下,发现其右端的因子

$$\frac{1}{d}\int_{-\infty}^{\infty}f(z)\mathrm{e}^{-\mathrm{j}n\beta_e z}\mathrm{d}z$$

正是第 n 次谐波的间隙耦合系数 M_n 的共轭值 M_n^*. 于是式(2.5.9)可表示为

$$\hat{i}_{\mathrm{ind},n}=\hat{i}_n(0)M_n^* \tag{2.5.10}$$

由式(2.5.9)或式(2.5.10)可以得出如下结论:

(1)群聚电子流与它在电路中引起的感应电流的幅值不相同,其比值一般是一个复数,并等于间隙耦合系数的共轭值 M_n^*,这又一次说明间隙耦合系数是一个重要特性.

(2)由于 M_n^* 对不同的谐波是不同的,而且是一个复数,所以感应电流 i_{ind} 的波形与群聚电子流的波形是不同的.

(3)有限渡越角间隙的速度调制特性和感应电流的激励特性都由间隙耦合系数来决定,这一情况并不是偶然的,它反映了电路(场)对电子注的作用与电子注对电路(场)的反作用之间的统一联系. 从能量守恒的观点可以很容易地得到这一结论. 设总电荷为 Q 的群聚电子块在加速电压为 V 时通过谐振腔间隙,其能量增益为 MVQ,它应该等于间隙实际电压 V 对感应电荷 Q_{ind} 所做的功,即 $MVQ=VQ_{\mathrm{ind}}$,所以 $Q_{\mathrm{ind}}=MQ$,或 $i_{\mathrm{ind}}=Mi$.

如果写成复数形式,动功率增量为 $\frac{1}{2}\left(\frac{i^*}{\mathrm{e}}\right)\Delta T=-\frac{1}{2}M\hat{V}i^*$,谐振腔供给的功率是 $-\frac{1}{2}Vi_{\mathrm{ind}}^*$,所以 $i_{\mathrm{ind}}^*=Mi^*$ 或 $i_{\mathrm{ind}}=M^*i$.

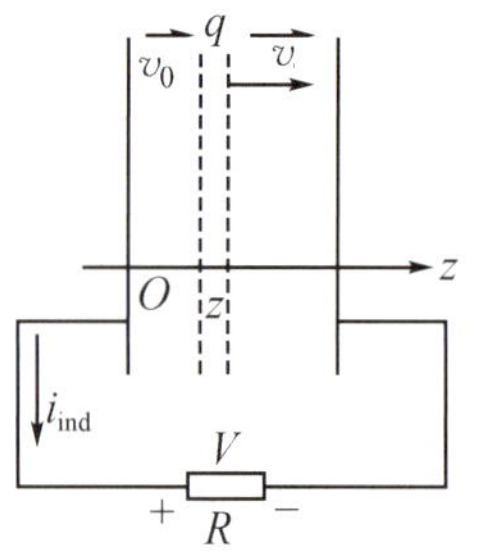

图 2.5.2　高频间隙中的运动电荷层

现在我们可以根据感应电流定律来讨论高频间隙中电子与场的能量交换问题.

首先我们讨论如图 2.5.2 所示的模型. 设有一薄层电子在间隙中运动,其电荷量为 q,以 v_0 的初速度进入间隙. 在间隙的外线路上接有一电阻 R. 根据感应电流定律,该运动电荷层引起的感应电流为

$$i_{\mathrm{ind}}=-\frac{1}{d}qv \tag{2.5.11}$$

电子速度 v 由运动方程

$$\frac{\mathrm{d}^2z}{\mathrm{d}t^2}=-\eta E \tag{2.5.12}$$

决定. 作为近似计算,略去电荷本身对场的影响,认为场仅由感应电流在外线路上引起的电压降所产生,则有

$$\begin{cases}E=-\dfrac{V}{d}\\ V=-i_{\mathrm{ind}}R\end{cases} \tag{2.5.13}$$

将式(2.5.13)代入运动方程(2.5.12),并利用初始条件:$t=\tau$ 时(即进入间隙时),$v=v_0$,则可解得

$$\begin{cases}v=v_0\mathrm{e}^{-K(t-\tau)}\\ z=\dfrac{v_0}{K}\left[1-\mathrm{e}^{-K(t-\tau)}\right]\end{cases} \tag{2.5.14}$$

式中

$$K=-\frac{\eta Rq}{d^2} \tag{2.5.15}$$

于是感应电流的具体形式是

$$i_{\text{ind}}=-\frac{qv_0}{d}e^{-K(t-\tau)} \tag{2.5.16}$$

如令 t_d 是电子层穿出间隙的时间，那么其渡越时间为 $T=t_d-\tau$，于是可求得

$$T=\frac{1}{K}\ln\frac{1}{1-\frac{dK}{v_0}} \tag{2.5.17}$$

由以上讨论可以看出，当电子穿越间隙时，在外线路上引起感应电流，该感应电流所产生的场使电子减速，导致电子的能量减小. 电子所减小的能量，通过感应电流交给外线路了. 现在来研究一下这种能量的变化. 令

$$V_{10}=\frac{v_0 q}{d}\cdot R=-(i_{\text{ind}})_0 R \tag{2.5.18}$$

而 $v_0=\sqrt{2\eta V_0}$，对电子而言，$q<0$，$V_{10}<0$，故得

$$T=\frac{1}{K}\ln\frac{1}{1+\frac{V_{10}}{2V_0}} \tag{2.5.19}$$

由电荷交给场的总能量即为

$$W=\int_{\tau}^{t_d} i_{\text{ind}}^2 R\mathrm{d}t=-(qV_0)\left(\frac{V_{10}}{2V_0}\right)\left(2+\frac{V_{10}}{2V_0}\right) \tag{2.5.20}$$

由式(2.5.20)可以看出，当 $\left|\frac{V_{10}}{2V_0}\right|=1$ 时，

$$W=qV_0 \tag{2.5.21}$$

即在这种情况下，电荷可以把全部能量交给场，然后通过场又交给外线路.

显然，以上讨论的模型并无实际意义，但却给我们某些清楚的物理概念：

(1)电子受到减速场作用时，可以把能量交给场；

(2)这种减速场可以是运动电子通过感应电流在外线路内“自动”地建立起来的. 因此，在讨论电子注与高频场的能量交换时，感应电流是一个十分重要的概念.

其次，我们来进一步讨论下述情况. 设有一仅有基波分量的群聚电子流通过间隙，那么其能量交换情况如何呢？这时群聚电子流为

$$i=i_0+i_1\sin\omega t \tag{2.5.22}$$

为了便于讨论，我们取间隙中心为坐标 z 的原点，并设电子在 $z=0$ 时，其时间为 $t=\tau$，间隙宽度设为 d. 于是根据前面讨论过的感应电流定律，可求出感应电流为

$$i_{\text{ind}}=i_0+i_1\frac{\sin\left(\frac{\theta_0}{2}\right)}{\frac{\theta_0}{2}}\sin\omega t=i_0+i_1 M\sin\omega t \tag{2.5.23}$$

式(2.5.23)表明，电流[式(2.5.22)]所引起的感应电流也仅含基波分量，只是其幅值降为 M 倍. 因此，外线路中的高频电流可以由调制的电子注产生. 在实际情况中，间隙的外线路不是上面模型中的纯电阻，而是一个谐振腔(包括负载)，且间隙就是腔体的一部分. 根据谐振腔理论，在谐振频率附近，这样的外线路可以由一并联导纳来描述，即

$$Y=G+\mathrm{j}B \tag{2.5.24}$$

谐振腔等效电路如图 2.5.3 所示.

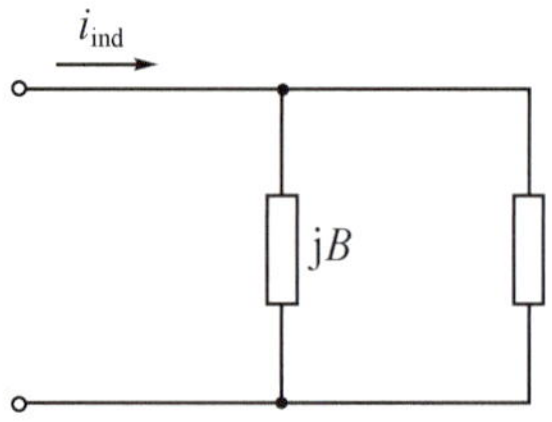

图 2.5.3　谐振腔等效电路

由于谐振腔的品质因数在一般情况下都很高，所以可以仅考虑基波分量. 这时感应电流基波分量为

$$(i_1)_{ind}=2MI_0J_1(X)\sin\omega t \tag{2.5.25}$$

这一感应电流流经图 2.5.3 所示的回路后产生交变电压 V_1，设它与 $(i_1)_{ind}$ 之间有相位差 φ，则电子在一个周期内给出的平均功率是

$$P=\frac{1}{2\pi}\int_{-\pi}^{\pi}(i_1)_{ind}V_1\cos(\omega t+\varphi)\mathrm{d}(\omega t) \tag{2.5.26}$$

将式(2.5.25)代入式(2.5.26)得

$$P=\frac{1}{2}V_1[2MI_0J_1(X)]\cos\varphi \tag{2.5.27}$$

在谐振频率时，V_1 可近似地表示为

$$V_1=\left[\frac{(i_1)_{ind}}{G}\right]\cos\varphi=\frac{2MI_0J_1(X)}{G}\cos\varphi \tag{2.5.28}$$

2.6　间隙的电子负载

在前面研究间隙的速度调制时，我们取了一级近似，所以当调制电压为正弦变化时，电子的能量也将按正弦变化. 因而，被加速的电子数正好等于被减速的电子数，在一个周期内平均，电子注和电路(谐振腔)之间并无能量交换. 对谐振腔而言，电子注不吸收有功功率，也就是说没有电子负载. 但实际上，电子在通过间隙时，产生速度调制的同时，在间隙内就已开始产生群聚，从而和间隙发生换能作用，所以电子注对谐振腔来说要吸收有功功率，即间隙存在电子负载.

假设空间电荷效应能略而不计，聚焦磁场极强，电子只有轴向运动. 此外只研究小信号情况. 将任意间隙内的电场表示为

$$E_z=\hat{E}_z(z)\mathrm{e}^{\mathrm{j}\omega t}=E_mf(z)\mathrm{e}^{\mathrm{j}\omega t} \tag{2.6.1}$$

电子在 $z_1\sim z_1+\mathrm{d}z_1$ 的间隔内受到电压 $\mathrm{d}V=-\hat{E}_z(z_1)\mathrm{d}z_1$ 的调制，经过间隙内的一段距离 z_2-z_1 之后，电子注将在 z_2 平面上形成交变电流 $\mathrm{d}i_2$. 由式(2.4.2)有

$$t_2=t_1+\frac{z_2-z_1}{v_0}\left(1+\frac{\hat{E}_z(z_1)\mathrm{d}z_1}{2V_0}\mathrm{e}^{\mathrm{j}\omega t_1}\right) \tag{2.6.2}$$

由此得

$$\frac{\mathrm{d}t_2}{\mathrm{d}t_1}=1+\mathrm{j}\beta_e(z_2-z_1)\frac{\hat{E}_z(z_1)\mathrm{d}z_1}{2V_0}\mathrm{e}^{\mathrm{j}\omega t_1} \tag{2.6.3}$$

式中

$$\beta_e=\frac{\omega}{v_0} \tag{2.6.4}$$

由于在间隙内不存在超越现象，所以由式(2.4.8)得

$$\mathrm{d}i_2 = i_2 - i_0 = i_0\left[\frac{\mathrm{d}t_1}{\mathrm{d}t_2} - 1\right] = i_0\left[\frac{1}{1 + \mathrm{j}\beta_e(z_2 - z_1)\dfrac{\hat{E}(z_1)\mathrm{d}z_1}{2V_0}\mathrm{e}^{\mathrm{j}\omega t_1}} - 1\right]$$

$$\approx -i_0 \cdot \mathrm{j}\beta_e(z_2 - z_1)\frac{\hat{E}_z(z_1)}{2V_0}\mathrm{e}^{\mathrm{j}\omega t_1}\mathrm{d}z_1 \tag{2.6.5}$$

由式(2.6.2)，如果取 t_1 的零次近似值，得

$$\omega t_1 = \omega t_2 - \frac{\omega}{v_0}(z_2 - z_1) = \omega t_2 - \beta_e(z_2 - z_1) \tag{2.6.6}$$

将式(2.6.6)代入式(2.6.5)得

$$\mathrm{d}i_2 = -i_0 \cdot \mathrm{j}\beta_e(z_2 - z_1)\frac{\hat{E}_z(z_1)}{2V_0}\mathrm{e}^{-\mathrm{j}\beta_e(z_2 - z_1)}\mathrm{d}z_1 \cdot \mathrm{e}^{\mathrm{j}\omega t_2}$$

因此，在 z_2 平面上的总交变电流为

$$\tilde{i}_2(z_2, t_2) = -\frac{\mathrm{j}i_0}{2V_0}\int_{-\infty}^{z_2}\hat{E}_z(z_1)\beta_e(z_2 - z_1)\mathrm{e}^{-\mathrm{j}\beta_e(z_2 - z_1)}\mathrm{d}z_1 \cdot \mathrm{e}^{\mathrm{j}\omega t_2} \tag{2.6.7}$$

电子注所吸收的总功率为

$$P = \frac{1}{2}\int_{-\infty}^{\infty}\hat{E}_z(z_2) \cdot \tilde{i}^*(z_2) \cdot \mathrm{d}z_2 \tag{2.6.8}$$

将式(2.6.7)代入式(2.6.8)得

$$\begin{aligned} P &= \frac{\mathrm{j}i_0}{4V_0}\int_{-\infty}^{\infty}\int_{-\infty}^{z_2}\hat{E}_z(z_2)\hat{E}_z^*(z_1)\beta_e(z_2 - z_1)\mathrm{e}^{\mathrm{j}\beta_e(z_2 - z_1)}\mathrm{d}z_1\mathrm{d}z_2 \\ &= \frac{\mathrm{j}i_0}{4V_0} \cdot \frac{\hat{V}\hat{V}^*}{d^2}\int_{-\infty}^{\infty}\int_{-\infty}^{z_2} f(z_2)f^*(z_1)\beta_e(z_2 - z_1)\mathrm{e}^{\mathrm{j}\beta_e(z_2 - z_1)}\mathrm{d}z_1\mathrm{d}z_2 \\ &= \frac{\mathrm{j}i_0}{4V_0} \cdot \frac{|\hat{V}|^2}{d^2}\int_{-\infty}^{\infty}\int_{z_1}^{\infty} f(z_2)f^*(z_1)\beta_e(z_2 - z_1)\mathrm{e}^{\mathrm{j}\beta_e(z_2 - z_1)}\mathrm{d}z_2\mathrm{d}z_1 \end{aligned} \tag{2.6.9}$$

取式(2.6.9)的共轭，得

$$P^* = -\frac{\mathrm{j}i_0}{4V_0} \cdot \frac{|\hat{V}|^2}{d^2}\int_{-\infty}^{\infty}\int_{z_1}^{\infty} f^*(z_2)f(z_1)\beta_e(z_2 - z_1)\mathrm{e}^{\mathrm{j}\beta_e(z_2 - z_1)}\mathrm{d}z_2\mathrm{d}z_1 \tag{2.6.10}$$

互换积分变元得

$$P^* = \frac{\mathrm{j}i_0}{4V_0} \cdot \frac{|\hat{V}|^2}{d^2}\int_{-\infty}^{\infty}\int_{z_2}^{\infty} f^*(z_1)f(z_2)\beta_e(z_2 - z_1)\mathrm{e}^{\mathrm{j}\beta_e(z_2 - z_1)}\mathrm{d}z_1\mathrm{d}z_2 \tag{2.6.11}$$

电子注有功功率为

$$\begin{aligned} P_r &= \frac{1}{2}(P + P^*) \\ &= \frac{\mathrm{j}i_0}{8V_0} \cdot \frac{|\hat{V}|^2}{d^2}\int_{-\infty}^{\infty}\int_{-\infty}^{\infty} f^*(z_1)f(z_2)\beta_e(z_2 - z_1)\mathrm{e}^{\mathrm{j}\beta_e(z_2 - z_1)}\mathrm{d}z_1\mathrm{d}z_2 \end{aligned} \tag{2.6.12}$$

由式(2.3.13)和式(2.3.14)可得

$$\begin{aligned} M^2 = MM^* &= \frac{4\pi^2}{d^2}\mathscr{F}(\beta_e)\mathscr{F}^*(\beta_e) \\ &= \frac{1}{d^2}\int_{-\infty}^{\infty}\int_{-\infty}^{\infty} f^*(z_1)f(z_2)\mathrm{e}^{\mathrm{j}\beta_e(z_2 - z_1)}\mathrm{d}z_1\mathrm{d}z_2 \end{aligned} \tag{2.6.13}$$

于是

$$\frac{\partial M^2}{\partial \beta_e} = \frac{\mathrm{j}}{\beta_e d^2}\int_{-\infty}^{\infty}\int_{-\infty}^{\infty} f^*(z_1)f(z_2)\beta_e(z_2 - z_1)\mathrm{e}^{\mathrm{j}\beta_e(z_2 - z_1)}\mathrm{d}z_1\mathrm{d}z_2 \tag{2.6.14}$$

据此,式(2.6.12)可表示为

$$P_r=\frac{i_0\beta_e}{8V_0}|\hat{V}|^2\frac{\partial M^2}{\partial\beta_e}=\frac{i_0|\hat{V}|^2}{4V_0}\beta_e M\frac{\partial M}{\partial\beta_e} \tag{2.6.15}$$

由式(2.6.15)不难求得电子电导为

$$G_e=\frac{2P_r}{|\hat{V}|^2}=-\frac{G_0}{2}\beta_e M\frac{\partial M}{\partial\beta_e} \tag{2.6.16}$$

式中,$G_0=-i_0/V_0$ 是直流电子注电导.由这个式子可以清楚地看到,只要知道了电子注直流状态和间隙耦合系数的表达式,求电子电导只是简单的微分运算.

至此我们已明了,对有限渡越角间隙而言,其耦合系数是一个十分重要的参量,它确定了间隙的调速特性、感应电流的激励特性以及电子电导.

对于大平面有栅间隙来说,场是近似均匀的,故耦合系数为

$$M=\frac{\sin(\theta_d/2)}{\theta_d/2}=\frac{\sin(\beta_e d/2)}{\beta_e d/2}$$

此时由式(2.6.16)易求得

$$\frac{G_e}{G_0}=\frac{1}{2}M\left(M-\cos\frac{\theta_d}{2}\right) \tag{2.6.17}$$

对于无栅圆柱对称间隙,横截面上的场沿径向有一定分布,故总的电子电导应对截面积求平均:

$$\begin{aligned}\frac{G_e}{G_0}&=-\frac{1}{b^2}\int_0^b\beta_e M\frac{\partial M}{\partial\beta_e}r\,\mathrm{d}r=-\frac{1}{2b^2}\int_0^b\beta_e\frac{\partial(M^2)}{\partial\beta_e}r\,\mathrm{d}r\\&=-\frac{1}{2b^2}\int_0^b\left\{\beta_e\left(\frac{\partial M_z^2}{\partial\beta_e}\right)M_r^2+\beta_e M_z^2\frac{\partial M_z^2}{\partial\beta_e}\right\}r\,\mathrm{d}r\\&=-\frac{1}{2b^2}\left\{\beta_e\left(\frac{\partial M_z^2}{\partial\beta_e}\right)\int_0^b M_r^2 r\,\mathrm{d}r+\beta_e M_z^2\frac{\partial}{\partial\beta_e}\int_0^b M_r^2 r\,\mathrm{d}r\right\}\\&=-\frac{1}{4}\left\{\beta_e\overline{M_r^2}\frac{\partial M_z^2}{\partial\beta_e}+\beta_e M_z^2\frac{\partial\overline{M_r^2}}{\partial\beta_e}\right\}\end{aligned} \tag{2.6.18}$$

对圆柱对称间隙有

$$M_r=\frac{\mathrm{I}_0(\gamma_e r)}{\mathrm{I}_0(\gamma_e a)}\approx\frac{\mathrm{I}_0(\beta_e r)}{\mathrm{I}_0(\beta_e a)}$$

故

$$\overline{M_r^2}=\frac{2}{b^2}\int_0^b\frac{\mathrm{I}_0^2(\beta_e r)}{\mathrm{I}_0^2(\beta_e a)}r\,\mathrm{d}r=\frac{\mathrm{I}_0^2(\beta_e b)-\mathrm{I}_1^2(\beta_e b)}{\mathrm{I}_0^2(\beta_e a)} \tag{2.6.19}$$

将式(2.6.19)代入式(2.6.18)得

$$\begin{aligned}\frac{G_e}{G_0}=&\frac{M_z^2}{2}\left\{\frac{\beta_e a\,\mathrm{I}_1(\beta_e a)}{\mathrm{I}_0^3(\beta_e a)}[\mathrm{I}_0^2(\beta_e b)-\mathrm{I}_1^2(\beta_e b)]-\frac{\mathrm{I}_1^2(\beta_e b)}{\mathrm{I}_0^2(\beta_e a)}\right\}\\&-\frac{1}{2}M_z\beta_e\frac{\partial M_z}{\partial\beta_e}\left\{\frac{\mathrm{I}_0^2(\beta_e b)-\mathrm{I}_1^2(\beta_e b)}{\mathrm{I}_0^2(\beta_e a)}\right\}\end{aligned} \tag{2.6.20}$$

对于不同形状的间隙,$M_z(\theta_e)=M_z(\beta_e d)$ 的表达式不同,经过简单的微分运算就能由式(2.6.20)求出 G_e/G_0 的最终表达式.

最后要指出的是,上述推导是作了电子注一维运动、小信号假设,并忽略空间电荷效应时作出的,在计入被略去的那些效应后,结果会有相当的改变,这已超出本书范围,在此不予详述.

2.7 空间电荷效应

在实际微波管内，尤其在大功率器件内，空间电荷效应是不能忽视的. 随着群聚现象的产生，将出现局部空间电荷群，该电荷群内及电荷群之间的库仑相互作用变得十分可观，于是出现交流空间电荷效应，简称“空间电荷效应”. 此外，由于大电流密度电子注的采用，直流空间电荷间的相互作用也是不能忽略不计的，但由于这种效应的分析比较直截了当，所以这里将不予考虑. 也就是说，认为电子注是一电子等离子体，其直流电子电荷已为等量的正离子电荷所平衡.

为了分析空间电荷效应，就轨道理论本身来说，可以用逐次逼近法来解决，即在忽略这种效应时用零次轨道理论解出零次群聚电荷密度，以此可求出零次空间电荷场；再用零次空间电荷场代入运动方程解一次群聚问题和一次空间电荷密度，因而解得一次空间电荷场；长此循环下去，即可求得任意次近似的解. 不过这样做，计算比较冗长，因而就出现了许多种研究空间电荷效应的方法. 这里只介绍其中一种，可以认为它是一种轨道理论的发展.

假设电子注仅有一维的非相对论运动，则有

$$\varepsilon_0\frac{\partial E}{\partial z}=\rho=\rho_++\rho_-\quad（散度定理）\tag{2.7.1}$$

$$i_t=\rho_-v+\varepsilon_0\frac{\partial E}{\partial t}\quad（全电流定理）\tag{2.7.2}$$

式中，ρ_+ 和 ρ_- 分别为正离子流和电子流的电荷密度. 由式(2.7.1)得

$$\rho_-v=\varepsilon_0\frac{\mathrm{d}z}{\mathrm{d}t}\frac{\partial E}{\partial z}-\rho_+v\tag{2.7.3}$$

将式(2.7.3)代入式(2.7.2)得

$$i_t=\varepsilon_0\left(\frac{\partial E}{\partial t}+\frac{\mathrm{d}z}{\mathrm{d}t}-\frac{\partial E}{\partial z}\right)-\rho_+v=\varepsilon_0\frac{\mathrm{d}E}{\mathrm{d}t}-\rho_+v\tag{2.7.4}$$

将运动方程微分，得

$$\frac{\mathrm{d}^2v}{\mathrm{d}t^2}=-\frac{e}{m}\frac{\mathrm{d}E}{\mathrm{d}t}\tag{2.7.5}$$

将式(2.7.4)代入式(2.7.5)得

$$\frac{\mathrm{d}^2v}{\mathrm{d}t^2}=-\frac{e}{m}\left(\frac{i_t}{\varepsilon_0}+\frac{\rho_v}{\varepsilon_0}\right)$$

即

$$\frac{\mathrm{d}^2v}{\mathrm{d}t^2}+\frac{e\rho_+}{m\varepsilon_0}v=-\frac{e}{m\varepsilon_0}i_t\tag{2.7.6}$$

在本节一开始就作了“电子等离子体”的假定，所以 $\rho_+=-\rho_{e0}$（设离子不动），从而可得到

$$\omega_p^2=\omega_{p_\cdot}^2=\frac{e\rho_{e0}}{m\varepsilon_0}\tag{2.7.7}$$

式中，ω_p 为电子等离子体频率；$\omega_{p_\cdot}$ 为正离子电荷密度相应的等离子体频率，它与正离子等离子体频率 $\frac{m}{M}\omega_{p_\cdot}$ 不同（M 是正离子的质量）.

在采用式(2.7.7)所定义的 ω_p 后，式(2.7.6)变为

$$\frac{\mathrm{d}^2v}{\mathrm{d}t^2}+\omega_p^2v=-\frac{e}{m\varepsilon_0}i_t\tag{2.7.8}$$

这个方程有时称为电子流振荡方程.注意到它对 v 和 i_t 来说是线性的,所以可将其直流部分和交变部分分开.

如果我们研究的是漂移空间,且设正离子电荷完全中和直流电子电荷,那么有

$$\begin{cases} E_0=0 \\ v_0=\text{常数} \\ \dfrac{\mathrm{d}v_0}{\mathrm{d}t}=0 \end{cases} \tag{2.7.9}$$

于是式(2.7.8)仅取交变部分:

$$\frac{\mathrm{d}^2\tilde{v}}{\mathrm{d}t^2}+\omega_p^2\tilde{v}=-\frac{e}{m\varepsilon_0}\tilde{i}_t \tag{2.7.10}$$

这个方程是我们以下分析的出发点.在进行具体分析之前,先来求出其通解.

若全电流是已知的任意周期函数,则可作傅里叶展开,得

$$\tilde{i}_t=i_0\sum_{n=1}^{\infty}\gamma_n\cos(n\omega t+\varphi_n) \tag{2.7.11}$$

这时由线性非齐次常微分方程理论可解得其通解为

$$\begin{aligned}\tilde{v}(t,t_0)=&A\cos\omega_p(t-t_0)+B\sin\omega_p(t-t_0)\\&-p^2v_0\sum_{n=1}^{\infty}\frac{\gamma_n}{n^2-p^2}\cos(n\omega t+\varphi_n)\end{aligned} \tag{2.7.12}$$

式中,$p=\omega_p/\omega$.通常微波管中的电流密度、工作电压及工作频率将使 $p\ll1$,故式(2.7.12)近似地表示为

$$\begin{aligned}\tilde{v}(t,t_0)\approx&A\cos\omega_p(t-t_0)+B\sin\omega_p(t-t_0)\\&-p^2v_0\sum_{n=1}^{\infty}\frac{\gamma_n}{n^2}\cos(n\omega t+\varphi_n)\end{aligned} \tag{2.7.13}$$

一、对漂移空间内群聚的影响

当漂移空间没有外加场时,$\tilde{i}_t=0$,即 $\gamma_n=0(n=1,2,\cdots)$,此时式(2.7.10)和式(2.7.13)分别变为

$$\frac{\mathrm{d}^2\tilde{v}}{\mathrm{d}t^2}+\omega_p^2\tilde{v}=0 \tag{2.7.14}$$

$$\tilde{v}(t,t_0)=A\cos\omega_p(t-t_0)+B\sin\omega_p(t-t_0) \tag{2.7.15}$$

为了确定积分常数 A 和 B,我们考虑较普遍的初始条件:

$$(t=t_0)\begin{cases}\tilde{v}(t_0)=\xi v_0\sin(\omega t_0+\varphi_v)\\ \tilde{i}(t_0)=\gamma i_0\sin(\omega t_0+\varphi_i)\end{cases} \tag{2.7.16}$$

式中,ξ 和 γ 分别为初始速度和电流调制系数;φ_v 和 φ_i 分别为相应的初始相角.并且因为 $\tilde{i}_t=0$,故由式(2.7.4)有

$$\tilde{i}(t)=-\varepsilon_0\frac{\mathrm{d}\tilde{E}(t)}{\mathrm{d}t} \tag{2.7.17}$$

将式(2.7.16)中的第一式代入式(2.7.15),得

$$A=\xi v_0\sin(\omega t_0+\varphi_v) \tag{2.7.18}$$

将式(2.7.16)中的第二式代入式(2.7.17),得

$$\left.\frac{\mathrm{d}\tilde{E}}{\mathrm{d}t}\right|_{t=t_0}=-\frac{1}{\varepsilon_0}\gamma i_0\sin(\omega t_0+\varphi_i)$$

积分此式,并将所得结果乘 e/m,得

$$\frac{e}{m}\widetilde{E}(t_0)=\frac{e\gamma}{m\omega\varepsilon_0}i_0\cos(\omega t_0+\varphi_i) \tag{2.7.19}$$

而

$$\left.\frac{\mathrm{d}\tilde{v}}{\mathrm{d}t}\right|_{t=t_0}=-\frac{e}{m}\widetilde{E}(t_0) \tag{2.7.20}$$

将式(2.7.16)的第一式和式(2.7.19)代入式(2.7.20)，得

$$B=\left(\frac{\omega_p}{\omega}\right)\gamma v_0\cos(\omega t_0+\varphi_i) \tag{2.7.21}$$

将所得的 A、B 值代入式(2.7.15)，得

$$\begin{aligned}\tilde{v}=&\xi v_0\sin(\omega t_0+\varphi_v)\cos\omega_p(t-t_0)\\&+\frac{\omega_p}{\omega}\gamma v_0\cos(\omega t_0+\varphi_i)\sin\omega_p(t-t_0)\end{aligned} \tag{2.7.22}$$

由此有

$$\begin{aligned}z&=\int_{t_0}^{t}v\mathrm{d}t=\int_{t_0}^{t}(v_0+\tilde{v})\mathrm{d}t\\&=v_0(t-t_0)+\frac{v_0}{\omega_p}\left\{\xi\sin(\omega t_0+\varphi_v)\sin\omega_p(t-t_0)\right.\\&\quad\left.+\left(\frac{\omega_p}{\omega}\right)\gamma[1-\cos\omega_p(t-t_0)]\cos(\omega t_0+\varphi_i)\right\}\end{aligned} \tag{2.7.23}$$

以 ω/v_0 乘式(2.7.23)两端，求得

$$\begin{aligned}\omega t-\omega t_0=&\frac{\omega z}{v_0}-\left(\frac{\omega}{\omega_p}\right)\left\{\xi\sin\left[\left(\frac{\omega_p}{\omega}\right)(\omega t-\omega t_0)\right]\sin(\omega t_0+\varphi_v)\right.\\&\left.+\left(\frac{\omega_p}{\omega}\right)\gamma\left\{1-\cos\left[\left(\frac{\omega_p}{\omega}\right)(\omega t-\omega t_0)\right]\right\}\cos(\omega t_0+\varphi_i)\right\}\end{aligned} \tag{2.7.24}$$

由式(2.7.24)可以清楚地看到，当计及空间电荷效应时，ωt 和 ωt_0 的关系式变得复杂了. 但当考虑小信号情况时，可以认为漂移空间内的渡越角 $\omega t-\omega t_0$ 与其中的直流渡越角 θ_0 相差不大，这时式(2.7.24)右端的 $\omega t-\omega t_0$ 可用 θ_0 来近似，于是该式就变为

$$\omega t-\omega t_0=\theta_0-X\sin(\omega t_0+\phi) \tag{2.7.25}$$

式中

$$\begin{aligned}X=&\frac{\omega}{\omega_p}\left\{\xi^2\sin^2\left(\frac{\omega_p}{\omega}\theta_0\right)+\left(\frac{\omega_p}{\omega}\right)^2\gamma^2\left[1-\cos\left(\frac{\omega_p}{\omega}\theta_0\right)\right]^2\right.\\&\left.+2\frac{\omega_p}{\omega}\xi\gamma\sin\left(\frac{\omega_p}{\omega}\theta_0\right)\left[1-\cos\left(\frac{\omega_p}{\omega}\theta_0\right)\right]\sin(\varphi_v-\varphi_i)^2\right\}^{\frac{1}{2}}\\=&(\xi\theta_0)\left|\frac{\sin\left(\frac{\omega_p}{\omega}\theta_0\right)}{\frac{\omega_p}{\omega}\theta_0}\right|\left\{1+\left(\frac{\frac{\omega_p}{\omega}\gamma}{\xi}\tan\frac{\frac{\omega_p}{\omega}\theta_0}{2}\right)^2\right.\\&\left.+\frac{2\frac{\omega_p}{\omega}\gamma}{\xi}\tan\frac{\frac{\omega_p}{\omega}\theta_0}{2}\sin(\varphi_v-\varphi_i)\right\}^{1/2}\end{aligned} \tag{2.7.26}$$

$$\phi=\arctan\frac{\xi\cos\frac{\frac{\omega_p}{\omega}\theta_0}{2}\sin\varphi_v+\frac{\omega_p}{\omega}\gamma\sin\frac{\frac{\omega_p}{\omega}\theta_0}{2}\cos\varphi_i}{\xi\cos\frac{\frac{\omega_p}{\omega}\theta_0}{2}\cos\varphi_v-\frac{\omega_p}{\omega}\gamma\sin\frac{\frac{\omega_p}{\omega}\theta_0}{2}\sin\varphi_i} \tag{2.7.27}$$

与2.4节中不计空间电荷影响时所得的相位关系式比较,式(2.7.26)中的三个因子的物理本质是清楚的.第一个因子$(\xi\theta_0)=\alpha\theta_0/2=X_0$是不计空间电荷影响时的群聚参数;第二个因子$\sin\left(\frac{\omega_p}{\omega}\theta_0\right)/\left(\frac{\omega_p}{\omega}\theta_0\right)$是空间电荷引起的修正因子,它直接与$\omega_p=e\rho_0/m\varepsilon_0$有关,且当$\omega_p\to 0$时,这个因子趋于1;第三个因子$\{\cdots\}^{\frac{1}{2}}$是初始电流调制对总的群聚的贡献,从初始电流调制为零时(即$\gamma=0$)这个因子为1就可看出这一点.

根据相位关系式(2.7.25)和电荷守恒定律可得

$$i\mathrm{d}t=i(t_0)\mathrm{d}t_0=[1+\gamma\sin(\omega t_0+\varphi_i)]i_0\mathrm{d}t_0$$

完全类似于2.4节,可以方便地求得注中的交变电流.第n次谐波分量的幅值为

$$\begin{aligned}\hat{i}_n&=\frac{1}{\pi}\int_{-\pi}^{\pi}i\mathrm{e}^{-\mathrm{j}n\omega t}\mathrm{d}(\omega t)\\&=\frac{i_0}{\pi}\int_{-\pi}^{\pi}[1+\gamma\sin(\omega t_0+\varphi_i)]\mathrm{e}^{-\mathrm{j}n[\omega t_0+\theta_0-X\sin(\omega t_0+\phi)]}\mathrm{d}(\omega t_0)\end{aligned}\tag{2.7.28}$$

作变换

$$\psi=\omega t_0+\phi\tag{2.7.29}$$

即

$$\omega t_0=\psi-\phi,\ \mathrm{d}\omega t_0=\mathrm{d}\psi\tag{2.7.30}$$

则式(2.7.28)变成

$$\begin{aligned}\hat{i}_n=&\frac{i_0}{\pi}\mathrm{e}^{-\mathrm{j}n(\theta_0-\phi)}\left\{\int_{-\pi}^{\pi}\mathrm{e}^{-\mathrm{j}n(\psi-X\sin\psi)}\mathrm{d}\psi\right.\\&+\frac{\gamma}{2\mathrm{j}}\mathrm{e}^{\mathrm{j}(\varphi_i-\phi)}\int_{-\pi}^{\pi}\mathrm{e}^{-\mathrm{j}[(n-1)\psi-nX\sin\psi]}\mathrm{d}\psi\\&\left.-\frac{\gamma}{2\mathrm{j}}\mathrm{e}^{-\mathrm{j}(\varphi_i-\phi)}\int_{-\pi}^{\pi}\mathrm{e}^{-\mathrm{j}[(n+1)\psi-nX\sin\psi]}\mathrm{d}\psi\right\}\\=&2i_0\mathrm{e}^{-\mathrm{j}n(\theta_0-\phi)}\left\{\mathrm{J}_n(nX)+\frac{\gamma}{2}\mathrm{e}^{-\mathrm{j}\frac{\pi}{2}}\cdot\mathrm{e}^{\mathrm{j}(\varphi_i-\phi)}\mathrm{J}_{n-1}(nX)\right.\\&\left.-\frac{\gamma}{2}\mathrm{e}^{-\mathrm{j}\frac{\pi}{2}}\cdot\mathrm{e}^{\mathrm{j}(\varphi_i-\phi)}\mathrm{J}_{n+1}(nX)\right\}\\=&i_0\mathrm{e}^{-\mathrm{j}n(\theta_0-\phi)}\left\{2\mathrm{J}_n(nX)+\gamma\mathrm{e}^{\mathrm{j}\left(\varphi_i-\phi-\frac{\pi}{2}\right)}\mathrm{J}_{n-1}(nX)\right.\\&\left.+\gamma\mathrm{e}^{-\mathrm{j}\left(\varphi_i-\phi-\frac{\pi}{2}\right)}\mathrm{J}_{n+1}(nX)\right\}\end{aligned}\tag{2.7.31}$$

在完成式(2.7.31)中的积分时,利用了贝塞尔函数的积分表示式

$$\mathrm{J}_n(z)=\frac{1}{2\pi}\int_{-\pi}^{\pi}\mathrm{e}^{-\mathrm{j}(n\varphi-z\sin\varphi)}\mathrm{d}\varphi\tag{2.7.32}$$

如果取基波分量($n=1$),则其幅值为

$$\hat{i}_i=i_0\mathrm{e}^{-\mathrm{j}(\theta_0-\phi)}\{2\mathrm{J}_1(X)+\gamma\mathrm{e}^{\mathrm{j}\left(\varphi_i-\phi-\frac{\pi}{2}\right)}\mathrm{J}_0(X)+\gamma\mathrm{e}^{-\mathrm{j}\left(\varphi_i-\phi-\frac{\pi}{2}\right)}\mathrm{J}_2(X)\}\tag{2.7.33}$$

这是基波的复数振幅,故可表示为

$$\hat{i}_1=|\hat{i}_1|\mathrm{e}^{-\mathrm{j}(\theta_0-\phi-\varphi)}\tag{2.7.34}$$

式中,$|i_1|$是其实数振幅,而φ是其附加相角,它们能从式(2.7.33)经过简单的代数运算求得

$$\begin{aligned}|\hat{i}_1|=&2i_0\mathrm{J}_1(X)\left\{1+\frac{\gamma^2}{X^2}+\frac{2\gamma}{X}\sin(\varphi_i-\phi)\right.\\&\left.-\gamma^2\frac{\mathrm{J}_0(X)\mathrm{J}_2(X)}{\mathrm{J}_1^2(X)}\cos^2(\varphi_i-\phi)\right\}^{\frac{1}{2}}\end{aligned}\tag{2.7.35}$$

$$\varphi=-\arctan\left[\left(\frac{\mathrm{J}_0(X)}{\mathrm{J}_1(X)}-\frac{1}{X}\right)\frac{\gamma\cos(\varphi_i-\phi)}{1+\frac{\gamma}{X}\sin(\varphi_i-\phi)}\right]\tag{2.7.36}$$

故基波的瞬时值是

$$\tilde{i}_1 = \mathrm{Re}\,\hat{i}_1 \mathrm{e}^{\mathrm{j}\omega t} = |\hat{i}_1| \cos(\omega t - \theta_0 + \phi + \varphi) \tag{2.7.37}$$

二、对间隙耦合系数的影响

当研究间隙耦合系数的空间电荷效应时，可设间隙入口处的初始条件为

$$(t = t_0)\begin{cases} \tilde{v}(t_0) = 0 \\ \tilde{i}(t_0) = 0 \end{cases} \tag{2.7.38}$$

将此条件中的第一项代入式(2.7.13)，得

$$A = p^2 v_0 \sum_{n=1}^{\infty} \frac{\gamma_n}{n^2} \cos(n\omega t_0 + \varphi_n) \tag{2.7.39}$$

另外，根据式(2.7.4)和式(2.7.11)，可得

$$\left.\frac{\mathrm{d}\tilde{E}}{\mathrm{d}t}\right|_{t=t_0} = \frac{i_0}{\varepsilon_0} \sum_{n=1}^{\infty} \gamma_n \cos(n\omega t_0 + \varphi_n) - \tilde{i}(t_0)$$

对上式积分得

$$\tilde{E}(t_0) = \frac{i_0}{\omega\varepsilon_0} \sum_{n=1}^{\infty} \frac{\gamma_n}{n} \sin(n\omega t_0 + \varphi_n) \tag{2.7.40}$$

注意到$\left.\frac{\mathrm{d}\tilde{v}}{\mathrm{d}t}\right|_{t=t_0} = -\frac{e}{m}\tilde{E}(t_0)$，联解方程(2.7.13)和方程(2.7.40)，不难求得

$$B = 0 \tag{2.7.41}$$

将所求得的 A、B 之值代入式(2.7.13)，得

$$\tilde{v} = p^2 v_0 \sum_{n=1}^{\infty} \frac{\gamma_n}{n^2} [\cos(n\omega t_0 + \varphi_n) \cos\omega_p(t - t_0) - \cos(n\omega t + \varphi_n)] \tag{2.7.42}$$

故

$$\frac{\mathrm{d}\tilde{v}}{\mathrm{d}t} = p^2 v_0 \omega \sum_{n=1}^{\infty} \frac{\gamma_n}{n} [\sin(n\omega t + \varphi_n) - p\sin\omega_p(t - t_0)\cos(n\omega t_0 + \varphi_n)] \tag{2.7.43}$$

当 $p \ll 1$ 时，式(2.7.43)中 $p^3 \sin\omega_p(t - t_0) \approx p^4 \theta_d$ 项的效应能够略去. 故

$$\frac{\mathrm{d}\tilde{v}}{\mathrm{d}t} \approx p^2 v_0 \omega \sum_{n=1}^{\infty} \frac{\gamma_n}{n} \sin(n\omega t + \varphi_n) \tag{2.7.44}$$

于是间隙电压为

$$\begin{aligned} \tilde{V} &= -\int_0^d \tilde{E}\mathrm{d}z = -\frac{m}{e}\int_0^d \frac{\mathrm{d}\tilde{v}}{\mathrm{d}t}\mathrm{d}z \\ &= 2p^2 V_0 \theta_d \sum_{n=1}^{\infty} \frac{\gamma_n}{n} \sin(n\omega t + \varphi_n) \end{aligned} \tag{2.7.45}$$

如果间隙上只存在正弦电压

$$\tilde{V} = \hat{V} \sin\omega t$$

那么由式(2.7.45)可得

$$\begin{cases} \gamma = \dfrac{\hat{V}}{2p^2 V_0 \theta_d} = \dfrac{\alpha'}{2p^2 \theta_d} \\ \gamma_{n>1} = 0 \\ \varphi = 0 \end{cases} \tag{2.7.46}$$

将式(2.7.46)代入式(2.7.42)，得

$$\frac{\tilde{v}}{v_0}=\frac{\alpha}{2\theta_d}[\cos\omega t_0\cdot\cos\omega_p(t-t_0)-\cos\omega t] \tag{2.7.47}$$

因而

$$\begin{aligned} z &= \int_{t_0}^{t} v\mathrm{d}t = v_0(t-t_0)+\int_{t_0}^{t}\tilde{v}\mathrm{d}t \\ &= v_0(t-t_0)+\frac{\alpha v_0}{2\theta_d}\left[\frac{1}{\omega_p}\cos\omega t_0\cdot\sin\omega_p(t-t_0)-\frac{1}{\omega}(\sin\omega t-\sin\omega t_0)\right] \end{aligned} \tag{2.7.48}$$

整理式(2.7.48)得

$$\omega t-\omega t_0=\frac{\omega z}{v_0}-\frac{\alpha}{2\theta_d}\cdot\frac{1}{p}[\cos\omega t_0\cdot\sin\omega_p(t-t_0)-p(\sin\omega t-\sin\omega t_0)] \tag{2.7.49}$$

式中，$p=\omega_p/\omega$. 在小信号条件下，对于通常的间隙和电子注来说，条件$\frac{\alpha}{2\theta_d p}\ll\frac{\omega d}{v_0}$得以满足，故由式(2.7.49)可取间隙渡越角的零次近似为直流渡越角 $\theta_d=\omega d/v_0$，即 $\omega t-\omega t_0\approx\theta_d$. 将此近似值代入式(2.7.47)，经过简单的三角函数运算，可将该式表示为

$$\frac{\tilde{v}}{v_0}=\frac{\alpha}{2}M\cdot\Theta\sin\left(\omega t-\Phi\frac{\theta_d}{2}\right) \tag{2.7.50}$$

式中，$M=\dfrac{\sin\frac{\theta_d}{2}}{\frac{\theta_d}{2}}$，不计空间电荷效应时，为平行有栅间隙耦合系数；

$\Theta=\left[\dfrac{1+\cos^2 p\theta_d-2\cos\theta_d\cdot\cos p\theta_d}{2(1-\cos\theta_d)}\right]^{\frac{1}{2}}$，为耦合系数的空间电荷修正系数；

$\Phi=\dfrac{2}{\theta_d}\arctan\dfrac{1-\cos\theta_d\cdot\cos p\theta_d}{\sin\theta_d\cdot\cos p\theta_d}$，为相位的空间电荷修正系数.

Θ、Φ 与 θ_d、p 之间的关系如图 2.7.1 和图 2.7.2 所示.

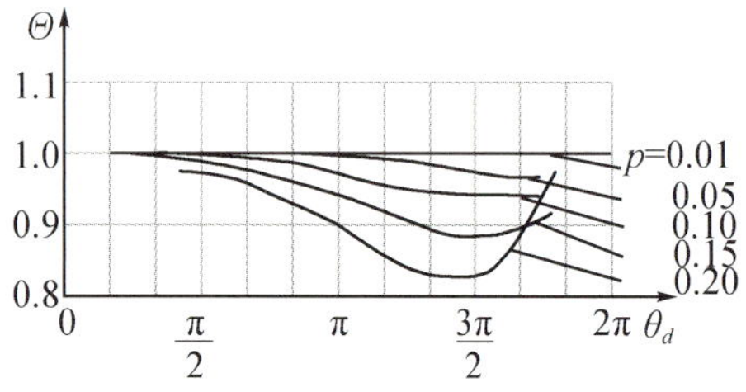

图 2.7.1　Θ 与 θ_d 之间的关系

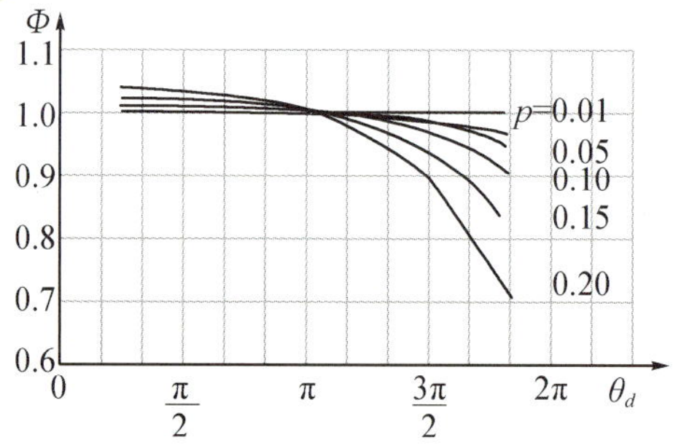

图 2.7.2　Φ 与 θ_d 之间的关系

上面在方程(2.7.8)的基础上研究了漂移区中群聚现象的空间电荷效应以及间隙耦合系数的空间电荷效应. 除这些问题之外，利用方程(2.7.8)还能研究譬如电子负载的空间电荷效应，但由于篇幅所限，就不一一加以叙述了，读者可在章末所给文献中找到所需的资料.

2.8 参考文献

[1] FREMLIN J H, GENT A W, PETRIE D P R, et al. Principles of velocity modulation[J]. Electrical Engineers-Part IIIA: Radiolocation, Journal of the Institution of, 1946, 93(5): 875-917.

[2] RANDALL J T. Klystrons and microwave triodes[J]. Nature, 1948, 161(4103): 952-953.

[3]WEBSTER W L. Cathod-ray bunching[J]. Journal of Applied Physics,1939,10:501-508.

[4]WEBSTER W L. The theory of klystron oscillators[J]. Journal of Applied Physics, 1939, 10: 864-872.

[5]LLEWELLYN F L. Electron inertia effects[M]. Cambridge:University Press,1941.

[6]LLEWELLYN F L, BOWEN A E. The production of ultra-high-frequency oscillations by means of diodes[J]. The Bell System Technical Journal,1939,18:280-291.

[7]FAY C E, et al. On the therry of space charge between parallel plane electrodes[J]. The Bell System Technical Journal,1938,17:49-79.

[8]FEENBERG E. Notes on velocity modulation[R]. Sperry Gyroscope Company Rept. ,1945.

[9]谢家麟,赵永翔. 速调管群聚理论[M]. 北京:科学出版社,1966.

[10]WARNECKE R R, CHODOROW M, GUENARD P R, et al. Velocity modulated tubes[J]. Advances in Electronics & Electron Physics, 1951, 3(08):43-83.

[11]BRANCH G M. Electron beam coupling in interaction gaps of cylindrical symmetry[J]. IRE Transactions on Electron Devices, 1961, 8(3):193-207.

[12]SACKINGER W. Electron Streams in an Oscillating Electric Field[J]. Journal of Applied Physics, 1962, 33(5):1784-1786.

[13]HEIL O, EBERS J J. A new wide-range, high-frequency oscillator[J]. Proceedings of the IRE, 1950, 38(6):645-650.

[14]HARRIS L A. The effect of an initial velocity spread on klystron performance[J]. Ire Transactions on Electron Devices, 1958, 5(3):157-160.

[15]WATERS W E Jr. Space-charge effects in klystrons[J]. Ire Transactions on Electron Devices, 1957, 4(1):49-58.

[16]ZITELLI L. Space-charge effects in gridless klystron[R]. Microwave Lab, Stanford Univ. Rept. ,1951.

[17]MIHRAN T G . The effect of space charge on bunching in a two-cavity klystron[J]. IRE Transactions on Electron Devices, 1959, 6(1):54-64.

第 3 章　空间电荷波理论

3.1 引言

前面已指出，在分析电子注与电磁导波相互作用时，也可以将电子注视为一种流体. 当然，这种流体不是普通的流体，而是一种荷电流质(荷电粒子视为连续的荷电流质)组成的电磁流体，因而它们的运动受电磁力的控制.

设有一稳定运动的电子注，当它受到高频电磁力的作用后就发生新的运动状态. 这种变化首先是引起电子注的速度调制和群聚，从而在电子注中产生空间电荷密度的不均匀分布. 同时，由于这种电荷密度的不均匀分布会出现空间电荷力，其结果是就引起电子注中的波动过程. 本章的目的就是研究这种波动现象.

空间电荷波理论虽然主要是小信号(线性)理论，但也发展了非线性理论，不过比起线性理论来，非线性理论的应用需要借助计算机辅助计算. 线性空间电荷波理论在行波管、速调管以及某些正交场器件中都能有效地加以应用. 近年来，新发展起来的一类大功率、高效率的可调频率红外及光波发生器——自由电子激光的分析中也要涉及空间电荷波.

本章只研究线性空间电荷波理论.

3.2 空间电荷波的基本方程

在研究电子注中的波动时，与波导等无源导波系统不同，由于空间电荷的存在，我们将会遇到有源波动方程.

由有源麦克斯韦方程

$$\nabla\times\boldsymbol{E}=-\mu_0\frac{\partial\boldsymbol{H}}{\partial t}\tag{3.2.1}$$

$$\nabla\times\boldsymbol{H}=\varepsilon_0\frac{\partial\boldsymbol{E}}{\partial t}+\boldsymbol{J}\tag{3.2.2}$$

$$\nabla\cdot\boldsymbol{E}=\frac{\rho}{\varepsilon_0}\tag{3.2.3}$$

$$\nabla\cdot\boldsymbol{H}=0\tag{3.2.4}$$

作简单的运算后，不难求得有源波动方程

$$\nabla^2\boldsymbol{E}=\varepsilon_0\mu_0\frac{\partial^2\boldsymbol{E}}{\partial t^2}=\frac{\nabla\rho}{\varepsilon_0}+\mu_0\frac{\partial\boldsymbol{J}}{\partial t}\tag{3.2.5}$$

在进一步分析时，我们作如下假定.

(1)小信号假定. 这时电子注中的物理量及电磁场量全都分为一直流分量和扰动分量之和，即

$$\begin{cases} \boldsymbol{J}=\boldsymbol{J}_0+\boldsymbol{J}_1 \\ \rho=\rho_0+\rho_1 \\ \boldsymbol{v}=\boldsymbol{v}_0+\boldsymbol{v}_1 \\ \boldsymbol{E}=\boldsymbol{E}_0+\boldsymbol{E}_1 \\ \boldsymbol{H}=\boldsymbol{H}_0+\boldsymbol{H}_1 \end{cases} \tag{3.2.6}$$

式(3.2.6)中各量的扰动部分远小于其本身的直流部分,即$\{A_1\}\ll\{A_0\}$.

(2)暂时不考虑电子的横向运动,假定有一无限大纵向磁场限制了电子的横向运动.这一假定,以后将予以去除.

(3)假定电子注横截面上的密度分布是均匀的,并且不考虑直流空间电荷引起的电位降落.这相当于假定有重的正离子起了中和作用.

(4)假定电子速度在同一截面上是相同的,即限于讨论单速注情况.

在柱面坐标系中,取电子注延伸方向为z轴,将各物理量的扰动分量写成波动因子$e^{j(\omega t-\beta z)}$的形式,于是有

$$\begin{cases} \dfrac{\partial}{\partial t}=j\omega \\ \dfrac{\partial}{\partial z}=-j\beta \\ \nabla^2=\nabla_\perp^2+\dfrac{\partial^2}{\partial z^2}=\nabla_\perp^2-\beta^2 \end{cases} \tag{3.2.7}$$

由式(3.2.7),方程(3.2.5)可变成

$$\nabla_\perp^2\boldsymbol{E}-(\beta^2-k^2)\boldsymbol{E}=\frac{\nabla\rho}{\varepsilon_0}+j\omega\mu_0\boldsymbol{J} \tag{3.2.8}$$

式中,$k^2=\omega^2\varepsilon_0\mu_0$是自由空间波数.将式(3.2.8)分为直流部分和交流部分,并取其交流部分的z分量,得

$$\nabla_\perp^2E_{1z}-(\beta^2-k^2)E_{1z}=-j\frac{\beta}{\varepsilon_0}\rho_1+j\omega\mu_0J_{1z} \tag{3.2.9}$$

TM波的其余场分量的扰动部分可由$\boldsymbol{E}_{1z}$求出.

方程(3.2.9)就是我们要求解的基本方程,它是一个有源波动方程.为了求解这种方程,通常有两种途径.一种是已知或给定源,然后求解非齐次方程;另一种是求出源ρ_1和J_{1z}与电场E_{1z}的关系,从而将式(3.2.9)化为非齐次方程,然后求解.在我们研究的情况下,由于注-波自洽相关,所以采用第二种方法,才能求得自洽解.为此,从电子注流体模型出发,可以利用连续性方程:

$$\nabla\cdot\boldsymbol{J}=-\frac{\partial\rho}{\partial t} \tag{3.2.10}$$

在上述一维电子注的假定下,式(3.2.10)可变化为

$$\frac{\partial \boldsymbol{J}_z}{\partial z}=-\frac{\partial\rho}{\partial t} \tag{3.2.11}$$

取其交流部分并利用式(3.2.7),得

$$\rho_1=\frac{\beta}{\omega}J_{1z} \tag{3.2.12}$$

另外,根据电流密度的定义

$$J_z=\rho v_z$$

即

$$J_{0z}+J_{1z}=(\rho_0+\rho_1)(v_{0z}+v_{1z})$$

略去二级小量后得

$$J_{0z}=\rho_0 v_{0z} \tag{3.2.13}$$

$$J_{1z}=\rho_0 v_{1z}+\rho_1 v_{0z} \tag{3.2.14}$$

将式(3.2.12)代入式(3.2.14),得

$$J_{1z}=\frac{\omega\rho_0 v_{1z}}{\omega-\beta v_{0z}} \tag{3.2.15}$$

再将式(3.2.15)代入式(3.2.12),得

$$\rho_1=\frac{\beta\rho_0 v_{1z}}{\omega-\beta v_{0z}} \tag{3.2.16}$$

由于电子电荷是$-e$,所以式(3.2.16)中的ρ_0和J_{0z}都是负值.

由式(3.2.15)和式(3.2.16)可知,如果能求出电子受高频电磁场的作用而产生的扰动速度v_{1z}与电场E_{1z}的关系,则我们寻求的源ρ_1和J_{1z}与电场的关系也就求得.作为流体元的电子与电磁场的关系由电磁流体运动方程确定:

$$\frac{\partial \boldsymbol{v}}{\partial t}+(\boldsymbol{v}\cdot\nabla)\boldsymbol{v}=-\frac{e}{m}(\boldsymbol{E}+\boldsymbol{v}\times\boldsymbol{B}) \tag{3.2.17}$$

对一维电子流,利用式(3.2.7),式(3.2.17)左端成为

$$\mathrm{j}(\omega-\beta v_{0z})v_{1z} \tag{3.2.18}$$

注意到直流聚焦磁场$\boldsymbol{B}_0=B_0\hat{z}$($\hat{z}$为$z$轴上的单位矢量),故$\boldsymbol{v}\times\boldsymbol{B}_0=v\hat{z}\times B_0\hat{z}=0$,而且当我们考虑非相对论情况时,$e\boldsymbol{v}\times\boldsymbol{B}_1\ll e\boldsymbol{E}$,于是由式(3.2.17)和式(3.2.18)得

$$v_{1z}=\mathrm{j}\frac{e}{\omega}\frac{E_{1z}}{\omega-\beta v_{0z}} \tag{3.2.19}$$

联解式(3.2.15)、式(3.2.16)和式(3.2.19),求得

$$\rho_1=-\mathrm{j}\beta\varepsilon_0\frac{\omega_p^2}{(\omega-\beta v_{0z})^2}E_{1z} \tag{3.2.20}$$

$$\boldsymbol{J}_{1z}=-\mathrm{j}\omega\varepsilon_0\frac{\omega_p^2}{(\omega-\beta v_{0z})^2}E_{1z} \tag{3.2.21}$$

式中,$\omega_p^2=\frac{e|\rho_0|}{m\varepsilon_0}$是等离子体频率的平方.上面各式中出现的因子$(\omega-\beta v_{0z})$不是偶然的事情,因为我们考虑的对象是运动的电子,它感受的场的频率应有多普勒频移,而$(\omega-\beta v_{0z})$正是电子感受的多普勒频率.故可以将它表示为

$$\omega_d=\omega-\beta v_{0z} \tag{3.2.22}$$

将式(3.2.20)和式(3.2.21)代入方程(3.2.9),得到我们所需的齐次波动方程(有源区域)为

$$\nabla_\perp^2 E_z+T^2 E_z=0^{①} \tag{3.2.23}$$

式中

$$T^2=(\beta^2-k^2)\left[\frac{\omega_p^2}{(\omega-\beta v_{0z})^2}-1\right] \tag{3.2.24}$$

方程(3.2.23)是空间电荷波的基本方程,加上一定的边界条件,就能定出确定的解.

3.3 一维空间电荷波

波动方程(3.2.23)的解取决于边界条件,它是一个特征值问题.从本节开始,我们将逐渐深入地研究它

① 今后为书写简便起见,我们经常把E_{1z}写为E_z,由于我们只遇到交流电场强度,所以不致引起混淆.

的解. 现在我们从一种最简单的情形开始讨论.

假定电子注充填整个空间，于是可以存在横向没有变化的解，故

$$\nabla_{\perp}^{2} E_z = 0 \tag{3.3.1}$$

将式(3.3.1)代入式(3.2.23)，即可求得具有非零解的条件为

$$T^2 = (\beta^2 - k^2)\left[\frac{\omega_p^2}{(\omega - \beta v_{0z})^2} - 1\right] = 0 \tag{3.3.2}$$

即在这种情况下，波动方程的特征值为零.

很容易看出式(3.3.2)是关于相位常数 β 的四次方程，具有四个根. 不难求得，它们是

$$\begin{cases} \beta_1 = \dfrac{\omega}{v_{0z}} - \dfrac{\omega_p}{v_{0z}} = \beta_e - \beta_p \\ \beta_2 = \dfrac{\omega}{v_{0z}} + \dfrac{\omega_p}{v_{0z}} = \beta_e - \beta_p \end{cases} \tag{3.3.3}$$

$$\begin{cases} \beta_3 = k \\ \beta_4 = -k \end{cases} \tag{3.3.4}$$

式中，$\beta_e = \omega / v_{0z}$ 是电子波数；$\beta_p = \omega_p / v_{0z}$ 是等离子体波数. 由式(3.3.4)可知，$\beta_{3,4}$ 对应于自由空间中传播的平面波，亦称“场波”. 式(3.3.3)代表的两个波 $\beta_{1,2}$ 称为空间电荷波. 由该式可求得它们的相速为

$$(v_p)_{1,2} = \frac{v_{0z}}{1 \mp \dfrac{\omega_p}{\omega}} \tag{3.3.5}$$

由此可知两个空间电荷波的相速都接近电子直流速度，其中一个略大于电子直流速度，而另一个略小于电子直流速度. 而且它们与电子直流速度的偏离与电子流浓度(正比于 ω_p^2)有关，电子注浓度越大，ω_p/ω 越大，则 $(v_p)_{1,2}$ 偏离 v_{0z} 越大. 我们将 $(v_p)_1 = v_{0z}/(1 - \omega_p/\omega)$ 称为快空间电荷波，而将 $(v_p)_2 = v_{0z}/(1 + \omega_p/\omega)$ 称为慢空间电荷波.

另外，由式(3.3.3)很容易求得快、慢空间电荷波的群速为

$$(v_g)_{1,2} = \frac{\partial \omega}{\partial \beta_{1,2}} = v_{0z} \tag{3.3.6}$$

即都等于电子的直流速度 v_{0z}.

3.4 等离子体频率降低因子

在 3.3 节中讨论的是无限电子注中的空间电荷波. 实际上电子注不可能是无限的，总是局限于一定的空间内. 当电子注受到限制时，空间电荷波的传播情况就将发生很大的变化.

当电子注横截面为有限时，电子注横截面上的电场分布不再是均匀的，即 $\nabla_{\perp}^{2} E \neq 0$，由方程(3.2.23)可知，此时特征值 T 亦不为零，并由式(3.2.24)有

$$\frac{\omega_p^2}{(\omega - \beta v_{0z})^2} = \frac{T^2}{\beta^2 - k^2} + 1 \tag{3.4.1}$$

由此求得

$$\beta = \beta_e \pm \frac{\beta_p}{\sqrt{\dfrac{T^2}{\beta^2 - k^2} + 1}} = \beta_e \pm F\beta_p \tag{3.4.2}$$

与式(3.3.3)比较，当电子注横截面为有限时，相应于无限电子注而言，对空间电荷波传播的影响相当

于等离子体频率的降低，故式(3.4.2)中的 F 称为等离子体频率降低因子，并表示为

$$F=\frac{1}{\sqrt{\frac{T^2}{\beta^2-k^2}+1}} \tag{3.4.3}$$

前面已证明过，空间电荷波的相速接近于电子直流速度，即 $\beta\approx\beta_e$，而且在非相对论的情况下，有 $\beta_e\gg k$，故 $\beta\gg k$. 于是由式(3.4.3)得

$$F\approx\frac{1}{\sqrt{\frac{T^2}{\beta_e^2}+1}} \tag{3.4.4}$$

由式(3.4.4)可知，当电子注横截面无限时，$T=0$，有 $F=1$，否则，$T\neq0$，而且后面将证明 $T_n^2>0$，所以 F 的定义域是

$$0<F\leqslant1 \tag{3.4.5}$$

在文献和多数书籍内，通常将 $F\beta_p$ 表示为 β_q，由定义 $\beta_q=F\beta_p=F\omega_p/v_{0v}=\omega_q/v_{0z}$，有

$$\omega_q=F\omega_p \tag{3.4.6}$$

因此，如果以 β_q 代 β_p，ω_q 代 ω_p，就能考虑电子注横截面有限的情形.

由式(3.4.3)或式(3.4.4)可以看到，等离子体频率降低因子 F 由特征值 T 确定，而 T 则完全取决于所研究系统的边界条件. 我们先来作某些普适性的讨论，然后再对某些具体情况进行计算.

设电子注完全填充漂移管(完全导电金属管)，则在边界上 $E_z=0$. 由特征值理论知道，对于齐次边界条件，存在一正交完备的特征函数系 E_{zn}，相应的特征值为 T_n^2，于是由式(3.2.23)，利用格林定理和正交条件，可以得到

$$T_n^2=\int_V\left[\left(\frac{\partial E_{zn}}{\partial x}\right)^2+\left(\frac{\partial E_{zn}}{\partial y}\right)^2\right]\mathrm{d}V>0 \tag{3.4.7}$$

式中，V 是单位长电子注的体积.

如果电子注未完全填充漂移管，我们可以采用分区求解的办法. 设电子注位于(取单位长度)V_2 范围内，漂移管内其余部分 V_1 为自由空间，则此自由空间内的波动方程为

$$\nabla_\perp^2E_z-(\beta^2-k^2)E_\varepsilon=0 \tag{3.4.8}$$

令

$$\gamma_0^2=\beta^2-k^2 \tag{3.4.9}$$

则

$$\nabla_\perp^2E_z-\gamma_0^2E_z=0 \tag{3.4.10}$$

由此可得

$$-\gamma_0^2=-\int_{S_2}E_{zn0}\frac{\partial E_{zn0}}{\partial n}(-\boldsymbol{n})\cdot\mathrm{d}\boldsymbol{S}+\int_{V_1}\left[\left(\frac{\partial E_{zn0}}{\partial x}\right)^2+\left(\frac{\partial E_{zn0}}{\partial y}\right)^2\right]\mathrm{d}V \tag{3.4.11}$$

式中，S_2 是单位长度电子注表面积；V_1 是未填充电子注的空间内单位长度的体积. 而对于有电子注的区域内，有

$$T_n^2=-\int_{S_2}E_{zn}\frac{\partial E_{zn}}{\partial n}\boldsymbol{n}\cdot\mathrm{d}\boldsymbol{S}+\int_{V_2}\left[\left(\frac{\partial E_{zn}}{\partial x}\right)^2+\left(\frac{\partial E_{zn}}{\partial y}\right)^2\right]\mathrm{d}V \tag{3.4.12}$$

注意到交界面 S_2 上的连续性，将式(3.4.11)代入式(3.4.12)，求得

$$T_n^2=\int_{V_2}\left[\left(\frac{\partial E_{zn}}{\partial x}\right)^2+\left(\frac{\partial E_{zn}}{\partial y}\right)^2\right]\mathrm{d}V+\gamma_0^2+\int_{V_1}\left[\left(\frac{\partial E_{zn0}}{\partial x}\right)^2+\left(\frac{\partial E_{zn0}}{\partial y}\right)^2\right]\mathrm{d}V>0 \tag{3.4.13}$$

以上我们证明了有限电子注横截面情况下，特征值 T_n^2 为正数. 如果包括无限截面的情形，则 T_n^2 是一非负数. 这样一来，我们就证明了式(3.4.5).

从物理上看，由于电子注中电子在高频场扰动下，产生相对位移，导致电荷的局部积累或亏损，从而出现空间电荷力. 在这种力的作用下，电子注中将产生等离子体振动，其振动频率就是等离子体频率. 当有导体存在于电子注附近时，导体中要出现感应电荷，因而一部分电力线将终止于导体表面，以致空间电荷力降低，这相当于局部空间电荷密度降低，所以等离子体频率将降低.

3.5 圆柱形电子注中的空间电荷波

我们来研究如图 3.5.1 所示的系统. 如前所述，将系统占据的空间分为两个区域，即电子注填充的区域Ⅰ和漂移管内表面与电子注表面之间的区域Ⅱ. 取圆柱坐标系(r,θ,z)，则对电子注内部(Ⅰ区)$0<r<b$，有

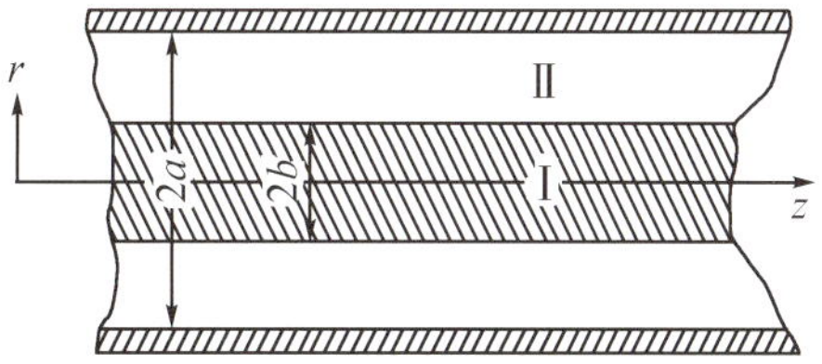

图 3.5.1　电子注与漂移管构成的系统

$$\nabla_{\perp}^{2} E_{z\mathrm{I}} + T^{2} E_{z\mathrm{I}} = 0 \tag{3.5.1}$$

当只考虑轴对称情形时，式(3.5.1)变为

$$\frac{\partial^{2} E_{z\mathrm{I}}}{\partial r^{2}} + \frac{1}{r}\frac{\partial E_{z\mathrm{I}}}{\partial r} + T^{2} E_{z\mathrm{I}} = 0 \tag{3.5.2}$$

式(3.5.2)的解是

$$E_{z\mathrm{I}} = A\mathrm{J}_{0}(Tr)^{①} \tag{3.5.3}$$

式中，$\mathrm{J}_0(Tr)$是第一类零阶贝塞尔函数.

让我们首先来讨论完全填充的情形. 这时 $b=a$，Ⅱ区不存在，在边界 $r=a$ 上，$E_z=0$，即

$$\mathrm{J}_{0}(Ta) = 0 \tag{3.5.4a}$$

故特征值 T 是一系列离散的 T_n，它们由式(3.5.4a)的根，即零阶第一类贝塞尔函数的零点 v_n 给出，为

$$T_{n} = \frac{v_{n}}{a} \tag{3.5.4b}$$

将式(3.5.4b)代入式(3.4.4)，得等离子体频率降低因子为

$$F_{n} = \frac{1}{\sqrt{\dfrac{v_{n}^{2}}{\beta_{e}^{2} a^{2}} + 1}} \tag{3.5.5}$$

由于贝塞尔函数的零点有无限多个，故存在无限多个空间电荷波模式，而每个模式应对于一对快、慢空间电荷波：

$$(\beta_{n})_{1,2} = \beta_{e} \pm F_{n}\beta_{p} \tag{3.5.6}$$

由式(3.5.6)可知，随着模式序号 n 的增大，v_n 也增大，故 F_n 随 n 增大而减小，即模式越高，相应的一对空间电荷波的相速越接近于电子直流速度 v_{0z}.

其次，我们再来考虑未完全填充的情形. 此时，在电子注内部，即Ⅰ区内，波动方程和其解为式(3.5.2)和式(3.5.3). 而在电子注外部，即Ⅱ区 $b\leqslant r\leqslant a$ 内，波动方程为

---

① 当我们写出贝塞尔函数时，总是同时写出其宗量，以便和电流密度的符号相区别.

$$\frac{\partial^2 E_{z\text{II}}}{\partial r^2}+\frac{1}{r}\frac{\partial E_{z\text{II}}}{\partial r}-\gamma_0^2 E_{z\text{II}}=0 \tag{3.5.7}$$

这是一个虚宗量贝塞尔方程，其解由修正贝塞尔函数表示，得

$$E_{z\text{II}}=B_1\text{I}_0(\gamma_0 r)+B_2\text{K}_0(\gamma_0 r) \tag{3.5.8}$$

式中，$\gamma_0^2=\beta^2-k^2$；$\text{I}_0(\gamma_0 r)$和$\text{K}_0(\gamma_0 r)$分别是零阶第一类和第二类修正贝塞尔函数.

假设漂移管在工作频率上对波导导波是截止的，那么系统内只有空间电荷波传播，所以只激励 TM 模式，它的其余场分量可由 E_z 求出，为

$$E_r=\frac{\text{j}\beta}{\beta^2-k^2}\frac{\partial E_z}{\partial r} \tag{3.5.9}$$

$$H_\theta=\frac{\text{j}\omega\varepsilon_0}{\beta^2-k^2}\frac{\partial E_z}{\partial r} \tag{3.5.10}$$

现在来讨论边界条件. 首先讨论漂移管上，即 $r=a$ 时的边界条件，它是

$$E_{z\text{II}}\big|_{r=a}=0 \tag{3.5.11}$$

将式(3.5.11)代入式(3.5.8)，求得

$$\frac{B_2}{B_1}=\frac{-\text{I}_0(\gamma_0 a)}{\text{K}_0(\gamma_0 a)} \tag{3.5.12}$$

再次，我们讨论电子注表面，即 $r=b$ 处的边界条件，它们是切向场的连续条件：

$$\begin{cases}E_{z\text{I}}\big|_{r=b}=E_{z\text{II}}\big|_{r=b}\\ H_{\theta\text{I}}\big|_{r=b}=H_{\theta\text{II}}\big|_{r=b}\end{cases} \tag{3.5.13}$$

更方便的是用所谓导纳匹配条件：

$$\left.\frac{H_{\theta\text{I}}}{E_{z\text{I}}}\right|_{r=b}=\left.\frac{H_{\theta\text{II}}}{E_{z\text{II}}}\right|_{r=b} \tag{3.5.14}$$

由式(3.5.10)不难求得

$$H_{\theta\text{II}}=-\frac{\text{j}\omega\varepsilon_0 T}{\beta^2-k^2}A\text{J}_1(Tr) \tag{3.5.15}$$

$$H_{\theta\text{II}}=\frac{\text{j}\omega\varepsilon_0\gamma_0}{\beta^2-k^2}\left[B_1\text{I}_1(\gamma_0 r)+B_1\frac{\text{I}_0(\gamma_0 a)}{\text{K}_0(\gamma_0 a)}\text{K}_1(\gamma_0 r)\right] \tag{3.5.16}$$

将以上两式和式(3.5.3)与式(3.5.8)代入式(3.5.14)，并注意到式(3.5.12)，即不难求出特征值 T 满足的特征方程为

$$-Tb\frac{\text{J}_1(Tb)}{\text{J}_0(Tb)}=\gamma_0 b\frac{\text{I}_1(\gamma_0 b)\text{K}_0(\gamma_0 a)+\text{I}_0(\gamma_0 a)\text{K}_1(\gamma_0 b)}{\text{I}_0(\gamma_0 b)\text{K}_0(\gamma_0 a)-\text{I}_0(\gamma_0 a)\text{K}_0(\gamma_0 b)} \tag{3.5.17}$$

而由特殊函数理论知道

$$\frac{\text{I}_1(\gamma_0 b)\text{K}_0(\gamma_0 a)+\text{I}_0(\gamma_0 a)\text{K}_1(\gamma_0 b)}{\text{I}_0(\gamma_0 b)\text{K}_0(\gamma_0 a)-\text{I}_0(\gamma_0 a)\text{K}_0(\gamma_0 b)}=\text{bctnh}(\gamma_0 a-\gamma_0 b) \tag{3.5.18}$$

是双曲小贝塞尔余切函数. 于是式(3.5.17)表示为

$$-Tb=\frac{\text{J}_1(Tb)}{\text{J}_0(Tb)}=(\gamma_0 b)\text{bctnh}(\gamma_0 a-\gamma_0 b) \tag{3.5.19}$$

如果 $b=a$，则 $\text{bctnh}(\gamma_0 a-\gamma_0 b)=\infty$，由此求得 $\text{J}_0(Tb)=0$，与式(3.5.4)完全一致.

方程(3.5.19)是一个非常复杂的关于 T 或 β 的超越方程，要解析求解是不大可能的，但可以用数值法或图解法解它. 为了使求解简化，通常采用假设

$$\gamma_0^2=\beta^2-k^2\approx\beta_e^2-k^2=\gamma_e^2 \tag{3.5.20}$$

在这种假设之下，对给定的漂移管-电子注系统，式(3.5.19)右端是一常数. 我们可以以 b/a 为参量计算出这个常数，然后用图解法或数值法解出一系列离散的 $T_1,T_2,\cdots,T_n,\cdots$之后，再求出相应的 $F_1,F_2,\cdots,$

F_n,⋯. 这样求得的基模的降低因子 F_1 如图 3.5.2 所示.

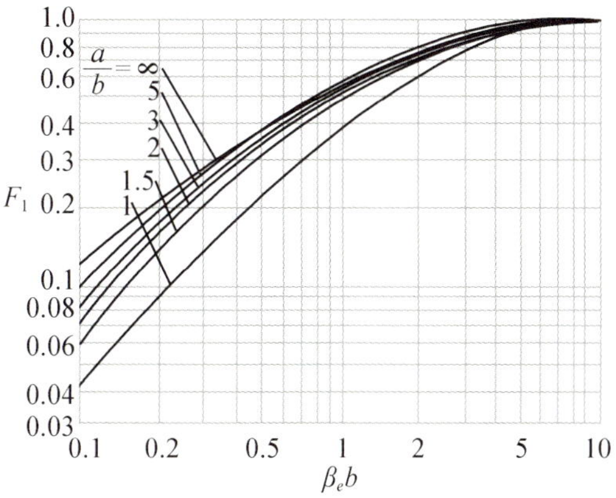

图 3.5.2　圆柱电子注在漂移管内的等离子体频率降低因子

关于其他各种漂移管-电子注系统的等离子体频率降低因子,布兰奇和迈仑曾做过非常详细的研究,其结果将引入本书附录之中.

3.6　空间电荷波对群聚现象的描述

在前面三节中,我们求出了对每一个特征值 T_n^2 而言有一对空间电荷波与之相应,其相位常数分别为 $(\beta_n)_{1,2}$,由式(3.5.6)给出. 我们现在只讨论基模情况,即 $n=1$,并且为了书写方便,略去模式序号下标 1,相位常数以 $\beta_{1,2}$ 表示.

根据线性系统的叠加原理,扰动场 E_z 应表示为

$$\begin{aligned} E_z &= E_{z1}\mathrm{e}^{\mathrm{j}(\omega t-\beta_1 z)}+E_{z2}\mathrm{e}^{\mathrm{j}(\omega t-\beta_2 z)} \\ &= (E_{z1}\mathrm{e}^{\mathrm{j}\beta_q z}+E_{z2}\mathrm{e}^{-\mathrm{j}\beta_q z})\mathrm{e}^{\mathrm{j}(\omega t-\beta_2 z)} \end{aligned} \tag{3.6.1}$$

由式(3.2.19)与式(3.2.21)我们可以将电子注的扰动速度和电流密度写成

$$\frac{v_{1z}}{v_0}{}^{①}=(A_1\mathrm{e}^{\mathrm{j}\beta_q z}+A_2\mathrm{e}^{\mathrm{j}\beta_q z})\mathrm{e}^{\mathrm{j}(\omega t-\beta_e z)} \tag{3.6.2}$$

$$\frac{J_{1z}}{J_0}=\frac{\omega}{\omega_q}(A_1\mathrm{e}^{\mathrm{j}\beta_q z}-A_2\mathrm{e}^{\mathrm{j}\beta_q z})\mathrm{e}^{\mathrm{j}(\omega t-\beta_e z)} \tag{3.6.3}$$

在推导式(3.6.3)时,应用了下列关系式:

$$\begin{cases} \omega_{d1}=\omega-\beta_1 v_0=+\omega_q \\ \omega_{d2}=\omega-\beta_2 v_0=-\omega_q \end{cases} \tag{3.6.4}$$

及式(3.2.15). 式中,v_0 和 J_0 分别为电子注的直流速度和直流电流密度.

如果电子注进入漂移空间时,具有初始条件(略去因子 $\mathrm{e}^{\mathrm{j}\omega t}$)

$$\begin{cases} z=0 \\ J_{1z}=J_{10} \\ v_{1z}=v_{10} \end{cases} \tag{3.6.5}$$

将此初始值代入式(3.6.2)和式(3.6.3),得

① 从现在开始我们将直流分量 v_{0z} 和 J_{0z} 表示为 v_0 和 J_0,希望不要引起混淆.

$$\begin{cases} A_1 + A_2 = \dfrac{v_{10}}{v_0} \\ A_1 - A_2 = \dfrac{\omega_q}{\omega}\dfrac{J_{10}}{J_0} \end{cases} \tag{3.6.6}$$

由此求出

$$\begin{cases} A_1 = \dfrac{1}{2}\left(\dfrac{v_{10}}{v_0} + \dfrac{\omega_q}{\omega}\dfrac{J_{10}}{J_0}\right) \\ A_2 = \dfrac{1}{2}\left(\dfrac{v_{10}}{v_0} - \dfrac{\omega_q}{\omega}\dfrac{J_{10}}{J_0}\right) \end{cases} \tag{3.6.7}$$

将 A_1 和 A_2 的表示式代入式(3.6.2)和式(3.6.3)，略加整理得

$$v_{1z} = \left[v_{10}\cos\theta_q + \mathrm{j}\frac{\omega_q}{\beta_e J_0}J_{10}\sin\theta_q\right]\mathrm{e}^{\mathrm{j}(\omega t - \beta_e z)} \tag{3.6.8}$$

$$J_{1z} = \left[J_{10}\cos\theta_q + \mathrm{j}\frac{\beta_e J_0}{\omega_q}v_{10}\sin\theta_q\right]\mathrm{e}^{\mathrm{j}(\omega t - \beta_e z)} \tag{3.6.9}$$

式中，$\theta_q = \beta_q z = 2\pi z/\lambda_q$ 是等离子体渡越角；λ_q 是等离子体波长.

在引入电压 V_1 及空间电荷波特征阻抗 W

$$V_1 = -\frac{m v_0 v_{1z}}{\mathrm{e}} = -\frac{v_0 v_{1z}}{\eta} \tag{3.6.10}$$

$$W = -\frac{\omega_q v_0}{\eta\beta_e J_0} = -\frac{\omega_q}{\omega}\frac{2V_0}{J_0} \tag{3.6.11}$$

之后，式(3.6.8)及式(3.6.9)变为

$$\begin{bmatrix} V_1 \\ J_{1z} \end{bmatrix} = \mathrm{e}^{-\mathrm{j}\theta_0}\begin{bmatrix} \cos\theta_q & \mathrm{j}W\sin\theta_q \\ \mathrm{j}\dfrac{1}{W}\sin\theta_q & \cos\theta_q \end{bmatrix}\begin{bmatrix} V_{10} \\ J_{10} \end{bmatrix} \tag{3.6.12}$$

式中，$\theta_0 = \beta_e z$ 是电子直流渡越角.

这一方程与传输线方程相似，因此可以用等效传输线的观点来讨论空间电荷波沿电子注的传播. 这种等效方法对空间电荷波理论的应用十分重要，我们在后面还将进一步分析.

由上述可知，快、慢空间电荷波之间由于其相速不同产生了相干现象，这种相干的合成波就是电子注中高频扰动的总的形式. 为了进一步阐明这一点，我们考虑相当于速调管高频间隙的情形. 当电子通过间隙时，产生了速度调制，而无密度调制. 因此，初始条件是(见第 2 章)

$$\begin{cases} v_{10} = \dfrac{1}{2}\alpha M v_0 \\ J_{10} = 0 \end{cases} \tag{3.6.13}$$

式中，$\alpha = V_1/V_0$，V_1 为高频电压；$M = \sin(\theta_d/2)/(\theta_d/2)$是间隙耦合系数. 于是式(3.6.8)与式(3.6.9)变为

$$\begin{cases} \dfrac{v_{1z}}{v_0} = \dfrac{\alpha M}{2}\cos\theta_q\mathrm{e}^{\mathrm{j}(\omega t - \beta_e z)} \\ \dfrac{J_{1z}}{J_0} = \mathrm{j}\dfrac{\omega}{\omega_q}\dfrac{\alpha M}{2}\sin\theta_q\mathrm{e}^{\mathrm{j}(\omega t - \beta_e z)} \end{cases} \tag{3.6.14}$$

由式(3.6.14)可知，电流密度调制比速度调制要落后 $\lambda_q/4$.

图 3.6.1 中的两个图分别表示快、慢空间电荷波. 对于快波，电流密度和速度调制同相位；而对于慢波，电流密度和速度调制反相. 它们的相速不同，因此产生了空间拍波(驻波)，由图 3.6.2 来表示. 合成的速度调制比电流密度调制超前 $\lambda_q/4$. 速度调制最大时，电流密度调制为零；反之，电流密度调制最大时，速度调制为零，这表明电子注中速度与电流密度调制之间的相互转换过程. 不难想象，对于双腔速调管来说，输入腔间

隙与输出腔间隙之间的距离应选择为 $\lambda_q/4$ 的奇数倍，以使输出腔间隙内有最大的电流密度调制. 由第 2 章可知，这个结论与运动学的结论基本一致，但空间电荷波理论中却包括了空间电荷效应.

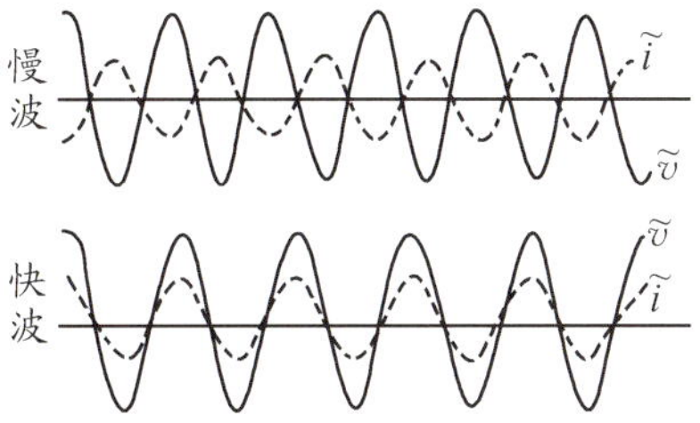

图 3.6.1　空间电荷波波形

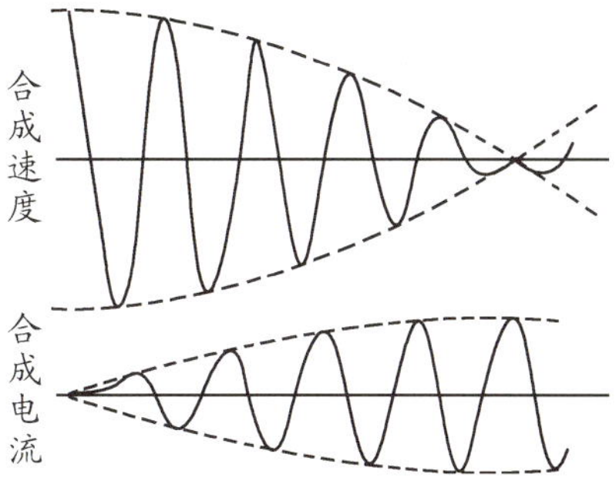

图 3.6.2　空间电荷波拍波

3.7 有限磁场聚焦电子注中的空间电荷波

如前所述，空间电荷波的一个重要参量是 $\beta_q = F\omega_p/v_0$，其中等离子体频率 ω_p 和电子直流速度都取决于电子注的直流状态，但等离子体频率降低因子 F，不仅与电子注周围的状况（边界条件）有关，也与电子运动状态有关. 在 3.4 节中，我们讨论了无限大磁场聚焦下，圆柱系统中的空间电荷波，那里电子无横向运动. 当聚焦磁场为有限值时，电子就可能具有横向运动. 因此，研究有限磁场聚焦下电子注的空间电荷波，就是要计算电子横向运动的影响.

一、"静态"电子注

我们必须先研究无高频扰动时电子的"静态"运动. 取圆柱系统为讨论对象，采用圆柱坐标系，对于轴对称情形，电子运动方程为

$$\ddot{r} - r\dot{\theta}^2 = -\eta(E_r + B_z r\dot{\theta}) \tag{3.7.1}$$

$$\frac{1}{r}\frac{\mathrm{d}}{\mathrm{d}t}(r^2\dot{\theta}) = -\eta(-B_z\dot{r} + B_r\dot{z}) \tag{3.7.2}$$

$$\ddot{z} = -\eta(E_z - B_r r\dot{\theta}) \tag{3.7.3}$$

式中，B_z 和 B_r 分别是磁场的纵向分量和径向分量. 注意到 $B_r = (-r/2)(\partial B_z/\partial z)$ 和 $d/\mathrm{d}t = \dot{r}\partial/\partial r + \dot{z}\partial/\partial z$ 后，对式(3.7.2)积分，得

$$\begin{aligned} r^2\dot{\theta} &= \eta\int\left(r\dot{r}B_z + \frac{r^2\dot{z}}{2}\frac{\partial B_z}{\partial z}\right)\mathrm{d}t \\ &= \eta\int \mathrm{d}\left(\frac{B_z r^2}{2}\right) = \eta\frac{B_z r^2}{2} + C \end{aligned} \tag{3.7.4}$$

积分常数 C 由初始条件决定：电子从阴极出发时（$r = r_k$）并没有旋转运动，即

$$r = r_k, \dot{\theta} = 0 \tag{3.7.5}$$

且假定阴极区磁场为 $B_z = B_k$. 将此初始条件代入式(3.7.4)即可确定 C. 最后得

$$r^2\dot{\theta} = \frac{\eta}{2}(B_z r^2 - B_k r_k^2) \tag{3.7.6}$$

这是著名的布奇定律. 如令

$$\begin{cases}\omega_L=\dfrac{\eta}{2}B_z\\[2ex]\omega_k=\dfrac{\eta}{2}B_k\end{cases}\tag{3.7.7}$$

则式(3.7.6)可变化为

$$\dot{\theta}=\omega_L-\omega_k\frac{r_k^2}{r^2}\tag{3.7.8}$$

式中,ω_L 称为拉姆频率.假定电子运动时无外加的径向磁场,因此 E_r 仅由空间电荷产生.由高斯定律求得

$$E_r=-\frac{I_0}{2\pi\varepsilon_0 v_0 r}\tag{3.7.9}$$

将式(3.7.8)和式(3.7.9)代入式(3.7.1),得

$$\ddot{r}=\frac{\eta I_0}{2\pi\varepsilon_0 v_0 r}+r\left(\omega_k^2\frac{r_k^4}{r^4}-\omega_L^2\right)\tag{3.7.10}$$

为了使电子注稳定,必须使 $\ddot{r}=0$.由式(3.7.10)可见,其右边第一项是空间电荷力,它总是使电子注散聚;右边第二项是磁场提供的力,在一定条件下,它可以为负,表示这时的磁力为聚焦力.不难看到,如果 $\omega_k=0$,即阴极区无磁场时,磁力的聚焦作用可最大限度地起作用.我们先来讨论这种情况.在式(3.7.10)中令 $\ddot{r}=0$ 和 $\omega_k=0$,得

$$\frac{\eta I_0}{2\pi\varepsilon_0 v_0 r}-r\omega_L^2=0\tag{3.7.11}$$

即

$$B_B^2=\frac{\sqrt{2}I_0}{\pi\eta^{3/2}\varepsilon_0 r^2 V_0^{1/2}}\approx 7.0\times10^{-7}\frac{I_0}{V_0^{1/2}r^2}\tag{3.7.12}$$

这种阴极区无磁场的均匀纵向磁场聚焦的电子注称为布里渊流,式中的磁场 B_B 称为布里渊磁场值.式(3.7.12)可以表示为

$$B_B^2=\frac{2\omega_p^2}{\eta^2}\tag{3.7.13}$$

故在布里渊聚焦时

$$\omega_{LB}^2=\frac{1}{2}\omega_p^2\tag{3.7.14}$$

另外,由式(3.7.8)知道,布里渊流中电子的旋转角速度等于拉姆频率,即

$$\dot{\theta}_B=\omega_L\tag{3.7.15}$$

因此,由式(3.7.9)和式(3.7.10)可得

$$\frac{\partial V}{\partial r}=\frac{r\dot{\theta}_B^2}{\eta}\tag{3.7.16}$$

积分此式得

$$V=V_a+\frac{r^2\dot{\theta}_B^2}{2\eta}\tag{3.7.17}$$

式中,V_a 是 $r=0$ 时的电位值,即轴上电位值.

由能量守恒定律知

$$(\dot{z}_B)^2+(r\dot{\theta}_B)^2=2\eta V\tag{3.7.18}$$

由式(3.7.17)可得布里渊流中电子轴向速度为

$$\dot{z}=v_0=\sqrt{2\eta V_a}\tag{3.7.19}$$

当阴极区磁场不等于零时，情况就有所变化. 由式(3.7.8)可知，这时电子旋转角速度异于拉姆频率. 如令

$$\Omega=\frac{\eta}{2}B_k\frac{r_k^2}{r^2} \tag{3.7.20}$$

则由式(3.7.10)(令 $\ddot{r}=0$)得

$$\Omega^2=\frac{1}{4}\eta^2B_z^2-\frac{1}{2}\omega_p^2 \tag{3.7.21}$$

由此可得所需的聚焦磁场为

$$B_z^2=B_B^2\left(1+2\frac{\Omega^2}{\omega_p^2}\right) \tag{3.7.22}$$

如引用表征磁场渗透到阴极区的百分率的参数

$$\alpha=\frac{B_kr_k^2}{B_zr^2}\left(=\frac{2\Omega}{\eta B_z}\right)$$

即

$$\alpha^2=1-\frac{B_B^2}{B_z^2}=1-\frac{2\omega_p^2}{\eta^2B_z^2} \tag{3.7.23}$$

则式(3.7.22)可变为

$$B_z^2=\frac{B_B^2}{1-\alpha^2} \tag{3.7.24}$$

式(3.7.22)或式(3.7.24)表明布里渊流要求的磁场最低. 当阴极亦处于相同的磁场强度时，要获得完全平行的电子注，就要求无限大的磁场. 由此可知，在阴极浸没于均匀纵向磁场的条件下，要获得完全直线平行的平衡流是不可能的. 从阴极平行射出的电子流，受到自身空间电荷力的作用，将引起扩散，而由于磁场强度总是有限的，而且开始时电子并无旋转运动，故不能产生抵偿空间电荷力的洛伦兹力，所以电子的横向运动将是不可避免的. 当电子横向运动引起的洛伦兹力足以使电子注处于力平衡状态时，电子注的横向扩散才终止. 因此，比起阴极半径来说，电子注半径有一定程度的增大.

当 $B_k=B_z$ 时，由式(3.7.10)可以得到

$$1-\left(\frac{r_k}{r_m}\right)^4=\frac{\sqrt{2}I_0}{\pi\varepsilon_0\eta^{3/2}B_z^2V^{1/2}r_m^2} \tag{3.7.25}$$

式中，r_m 是电子注的平衡半径. 如令

$$\xi=\frac{I_0}{\sqrt{2}\pi\varepsilon_0\eta^{3/2}B_z^2V^{1/2}r_k^2}=\frac{\omega_p^2}{\eta^2B_z^2}\cdot\frac{r_m^2}{r_k^2}$$

$$\approx3.5\times10^{-7}\frac{I_0}{B_z^2V^{1/2}r_k^2} \tag{3.7.26}$$

则式(3.7.25)可变为

$$\left(\frac{r_m}{r_k}\right)^4-2\xi\left(\frac{r_m}{r_k}\right)^2-1=0 \tag{3.7.27}$$

因此有

$$\frac{r_m}{r_k}=[(1+\xi^2)^{1/2}+\xi]^{1/2} \tag{3.7.28}$$

当 B_z 足够大时，$\xi\ll1$，可得

$$r_m=r_k\left(1+\frac{\xi}{2}\right) \tag{3.7.29}$$

由此可知，只有当 $B_z\to\infty$ 时，$\xi\to0$，才有 $r_m=r_k$.

二、"动态"电子注

以上我们较详细地讨论了纵向均匀磁场聚焦时电子注的静态运动. 当这种静态运动的电子注受到高频扰动时,电子就偏离平衡位置而产生受扰运动. 在小信号假定下,认为高频场的作用仅仅使其平衡位置受到"微扰",并不从根本上破坏电子的平衡运动. 在这种条件下,电子受扰运动的坐标可以表示为

$$\begin{cases} r = r_0 + r_1 \\ \theta = \theta_0 + \dot{\theta}_0 t + \theta_1 \\ z = z_0 + v_0 t + z_1 \end{cases} \tag{3.7.30}$$

式中,r_0,$(\theta_0 + \dot{\theta}_0 t)$,$(z_0 + v_0 t)$代表电子的未扰运动;$r_1$,$\theta_1$,$z_1$ 则代表电子的微扰运动. 因为是微扰,所以它们能够用未扰运动表示为

$$\begin{cases} r_1 = r_1(r_0)\mathrm{e}^{\mathrm{j}[\omega t - \beta(z_0 + v_0 t)]} \\ \theta_1 = \theta_1(r_0)\mathrm{e}^{\mathrm{j}[\omega t - \beta(z_0 + v_0 t)]} \\ z_1 = z_1(r_0)\mathrm{e}^{\mathrm{j}[\omega t - \beta(z_0 + v_0 t)]} \end{cases} \tag{3.7.31}$$

在写出式(3.7.31)时,我们作了轴对称的假定,因而都只与 r_0 有关.

电子运动方程可按式(3.7.1)~式(3.7.3)表示为

$$\ddot{r} - (r_0 + r_1)(\dot{\theta}_0 + \dot{\theta}_1)^2 = -\eta[E_{rs} + E_r + (r_0 + r_1)(\dot{\theta}_0 + \dot{\theta}_1)B] \tag{3.7.32}$$

$$(r_0 + r_1)\ddot{\theta}_1 + 2\dot{r}_1(\dot{\theta}_0 + \dot{\theta}_1) = \eta\dot{r}_1 B \tag{3.7.33}$$

$$\ddot{z}_1 = -\eta E_z \tag{3.7.34}$$

式中,B 是轴向聚焦场 $\boldsymbol{B} = B\hat{i}_z$ 的大小,这里 $\hat{i}_z$ 为轴向单位矢量;$E_{rs} = \rho_0 r / 2\varepsilon_0$,为直流空间电荷场;而

$$E_r = E_{r1} + r_1\left(\frac{\partial E_{r0}}{\partial r}\right)_{r=r_0} \tag{3.7.35}$$

为电子感受的全交变径向电场. 其中第一部分 E_{r1} 是电子注内部的交变电荷引起的场以及它在漂移管上引起的感应电荷的场,而另一部分 $r_1\left(\frac{\partial E_{r0}}{\partial r}\right)_{r=r_0}$ 表示电子径向起伏运动所感受到的场.

将式(3.7.32)至式(3.7.34)展开,取其交变运动部分,略去高阶小量,并注意到算子

$$\frac{\partial}{\partial t} = \mathrm{j}(\omega - \beta v_0) = \mathrm{j}\omega_d \tag{3.7.36}$$

经过化简后可得

$$\begin{cases} r_1 = \dfrac{\eta E_{r1}}{(\omega_d^2 - 4\Omega^2)} \\ \dot{\theta}_1 = 2\dfrac{r_1}{r_0}\Omega \\ z_1 = \dfrac{\eta E_z}{\omega_d^2} \end{cases} \tag{3.7.37}$$

式中的 E_{r1} 就是待求的高频场,以后表示为 E_r,以使书写简化.

由式(3.7.37)中第一式可知,在现在研究的情况中,电子在高频场内具有横向运动.

连续性方程为

$$\frac{\partial \rho_1}{\partial t} + \nabla \cdot \boldsymbol{J}_1 = 0 \tag{3.7.38}$$

它可近似地表示为

$$\mathrm{j}\,\frac{\rho_1}{\rho_0}\omega_d = -\nabla \cdot \boldsymbol{v}_1 \tag{3.7.39}$$

在推导式(3.7.39)时利用了式(3.7.36).

另外,由式(3.7.36)和式(3.7.37)可求得 $\boldsymbol{v}_1$ 为

$$\boldsymbol{v}_1 = \mathrm{j}\omega_d(r_1\,\hat{i}_r + r\dot{\theta}_1\,\hat{i}_\theta + z_1\,\hat{i}_z) \tag{3.7.40}$$

式中,$\hat{i}_r$、$\hat{i}_\theta$、$\hat{i}_z$ 为圆柱坐标系的基矢.

利用式(3.7.37)~式(3.7.40)加上电流密度表示式 $J_{1z}=\rho_1 v_0+\rho_0 v_{1z}$ 可求得

$$\rho_1 = \mathrm{j}\,\frac{\varepsilon_0}{\beta}\cdot\frac{\omega_p^2}{\omega_d^2-4\Omega^2}\nabla_\perp^2 E_z - \mathrm{j}\beta\varepsilon_0\frac{\omega_p^2}{\omega_d^2}E_z \tag{3.7.41}$$

$$J_{1z} = \mathrm{j}\,\frac{\varepsilon_0 v_0}{\beta}\cdot\frac{\omega_p^2}{\omega_d^2-4\Omega^2}\nabla_\perp^2 E_z - \mathrm{j}\omega\varepsilon_0\frac{\omega_p^2}{\omega_d^2}E_z \tag{3.7.42}$$

将所得到的电流密度及电荷密度的表达式代入有源波动方程(3.2.9),并考虑到近似关系 $\beta\approx\beta_e$,$\beta^2\gg k^2$,$|\omega_d|\ll\omega$,不难得到

$$\frac{1}{r}\frac{\partial}{\partial r}\left(r\frac{\partial}{\partial r}E_z\right)+T^2E_z=0 \tag{3.7.43}$$

式中

$$T^2=-\beta^2\,\frac{\left(\dfrac{\omega_p^2}{\omega_d^2}\right)-1}{\dfrac{\omega_p^2}{(\omega_d^2-4\Omega^2)}-1} \tag{3.7.44}$$

所得到的方程对于任意有限均匀磁场聚焦的电子注都是适合的. 不难看到,当 $\Omega\to\infty$时,即为磁场无限大的情况;而当 $\Omega\to 0$ 时,则对应于布里渊聚焦的情况. 但当 $\omega_d^2\to 4\Omega^2$ 时,上述结果不再有效,因这时式(3.7.44)分母出现奇点.

现在来研究各种“静态”情况中的空间电荷波. $\Omega\to\infty$的情况已在前面两节研究过,因此先讨论布里渊流($\Omega=0$)的情况. 这时式(3.7.44)可表示为

$$\left(\frac{\omega_p^2}{\omega_d^2}-1\right)(T_B^2+\beta^2)=0 \tag{3.7.45}$$

这对应四个 β 的解:

$$\beta^2=-T_B^2 \tag{3.7.46}$$

$$(\omega-\beta v_0)^2=\omega_p^2 \tag{3.7.47}$$

现在先考察第一组解式(3.7.46). 将其代入式(3.7.41),求得

$$\rho_1=0 \tag{3.7.48}$$

即电子注内交变电荷密度为零. 然后再考察第二组解式(3.7.47). 我们可以看到,这在形式上与无限大电子注空间电荷波相同,即

$$\beta=\beta_e\pm\beta_p\quad(F=1) \tag{3.7.49}$$

由此可见,在布里渊流中,可能有两种不同的空间电荷波存在:一种相当于无限大电子注的情况;而对另一种,电子注内部无交变电荷密度. 可见,在布里渊流的条件下,空间电荷波呈现较复杂的特性. 因此,有必要分别加以进一步的讨论.

从受扰运动的基本方程组(3.7.37)出发,在布里渊流中,这组方程变成

$$\begin{cases} r_1=\dfrac{\eta E_r}{\omega_d^2} \\ \theta_1=0 \\ z_1=\dfrac{\eta E_z}{\omega_d^2} \end{cases} \tag{3.7.50}$$

这时有

$$\boldsymbol{v}_1=\mathrm{j}\frac{\eta}{\omega_d}(E_r\hat{i}_r+E_z\hat{i}_z) \tag{3.7.51}$$

或

$$\boldsymbol{v}_1=\mathrm{j}\frac{\eta}{\omega_d}E \tag{3.7.52}$$

将式(3.7.52)代入式(3.7.39),得

$$\rho_1=\frac{-\eta\rho_0}{(\omega-\beta v_0)^2}\nabla\cdot E$$

利用泊松方程,上式变为

$$\rho_1\left[\frac{\omega_p^2}{(\omega-\beta v_0)^2}-1\right]=0 \tag{3.7.53}$$

由式(3.7.53)可以直接得出 $\rho_1=0$ 和 $\beta=\beta_e\pm\beta_p$ 这两种条件.

为了理解上述两种空间电荷波,我们必须对电子注的横向运动作进一步的考虑,因为正是电子的横向运动使所述的空间电荷波区别于无限大磁场聚焦的情况.

由上述已知在有限磁场聚焦时,电子受到高频扰动后,将产生横向运动,而且这种横向运动也以波动形式 $e^{j(\omega t-\beta z)}$ 沿 z 轴运动.结果使得电子注横截面大小产生起伏性的波动,电子注的横截面(即半径)周期性地变大及缩小.如图 3.7.1 所示,这种表面起伏的电子注可以用想象的具有“表面电荷”分布而无半径起伏的等效电子注来代替.在这种虚构的电子注表面,对应于实际电子注半径扩大的地方引入负的表面电荷分布,而对应于半径缩小的地方引入正的表面电荷分布.由于电子注半径的起伏是很小的(微扰),所以作为一次近似,可以认为电子注中电荷密度的变化能够忽略不计.这样,电子注中的对流电流可以表示为

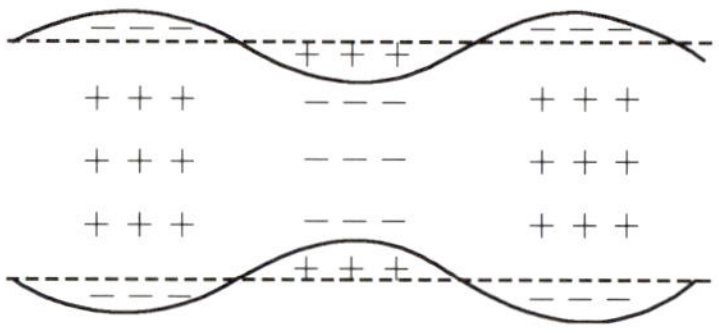

(a)表面波动与“假想电荷”

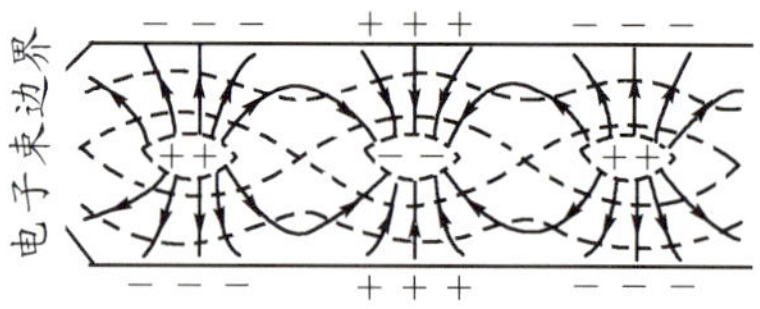

(b)场型分布

图 3.7.1 表面波动与假想电荷及其场结构

$$I=\int_S J_t\mathrm{d}S\approx\int_{S_0}J_0\mathrm{d}S+\int_{S_0}J_{1z}\mathrm{d}S+\int_{S_1}J_0\mathrm{d}S=I_0+i_{1B}+i_{1s} \tag{3.7.54}$$

式中,S_0 是电子注的静态横截面积;S_1 表示电子注横截面积的起伏量.因此,式中 $I_0=\int_{S_0}J_0\mathrm{d}S$ 是直流电流,$i_{1B}=\int_{S_0}J_{1z}\mathrm{d}S$ 是纵向交变运动产生的体交变电流,$i_{1s}=\int_{S_1}J_0\mathrm{d}S$ 是电子注表面起伏而引起的交变表面电流.前面已指出 J_0 在 S_1 内近似不变,所以

$$i_{1s}=J_0\int_{S_1}\mathrm{d}S=2\pi br_1J_0 \tag{3.7.55}$$

于是表面电流密度为

$$J_{s1}=\frac{i_{1s}}{2\pi b}=r_1 J_0 \tag{3.7.56}$$

将式(3.7.37)中第一式代入式(3.7.56),得

$$J_{s1}=-\frac{\mathrm{j}}{\beta}\cdot\frac{v_0\varepsilon_0\omega_p^2}{\omega_d^2-4\Omega^2}\frac{\partial E_z}{\partial r} \tag{3.7.57}$$

在上述从物理模型出发建立的等效电子注基础上,我们可以讨论有限磁场聚焦电子注中的空间电荷波了.

首先建立色散方程.

仍然讨论如图 3.5.1 所示的系统.将空间分为两个区域.在电子注中(Ⅰ区)场解为

$$E_{z\mathrm{I}}=A\mathrm{J}_0(Tr)\quad (r\leqslant b) \tag{3.7.58}$$

在电子注外部(Ⅱ区)场解为

$$E_{z\mathrm{II}}=B\mathrm{I}_0(\gamma r)+C\mathrm{K}_0(\gamma r)\quad (b\leqslant r\leqslant a) \tag{3.7.59}$$

在电子注表面的导纳匹配条件为

$$Y_{\mathrm{I}}=\frac{H_{\theta\mathrm{I}}+J_{s1}}{E_{z\mathrm{I}}}=\frac{H_{\theta\mathrm{II}}}{E_{z\mathrm{II}}}=Y_{\mathrm{II}}\quad (r=b) \tag{3.7.60}$$

将有关的方程代入式(3.7.60),求得色散方程为

$$-\frac{\mathrm{j}\omega\varepsilon_0}{\beta^2}\left(1-\frac{\omega_p^2}{\omega_d^2-4\Omega^2}\right)Tb\frac{\mathrm{J}_1(Tb)}{\mathrm{J}_0(Tb)}=\frac{\mathrm{j}\omega\varepsilon_0}{\beta^2}\gamma b\frac{\mathrm{I}_1(\gamma b)-\left(\dfrac{C}{B}\right)\mathrm{K}_1(\gamma b)}{\mathrm{I}_0(\gamma b)-\left(\dfrac{C}{B}\right)\mathrm{K}_0(\gamma b)} \tag{3.7.61}$$

式中,因子$\dfrac{C}{B}$可由漂移管上的边界条件

$$E_{z\mathrm{II}}=0,\quad r=a$$

求得

$$\frac{C}{B}=-\frac{\mathrm{I}_0(\gamma a)}{\mathrm{K}_0(\gamma a)} \tag{3.7.62}$$

如令

$$h=-\gamma b\cdot \mathrm{bctnh}(\gamma a-\gamma b) \tag{3.7.63}$$

则式(3.7.61)可变为

$$Tb\frac{\mathrm{J}_1(Tb)}{\mathrm{J}_0(Tb)}=h\left(1-\frac{\omega_p^2}{\omega_d^2-4\Omega^2}\right)^{-1}=h' \tag{3.7.64}$$

式(3.7.64)在形式上与式(3.5.19)相同.同样,它只能用数值法或图解法求解.

三、布里渊流

考虑布里渊流的情况($\Omega=0$).前面已叙述过,此时有两种空间电荷波存在.先讨论式(3.7.49)代表的情况,即

$$\beta=\beta_e\pm\beta_p\quad (F=1)$$

于是式(3.7.64)右端 $h'\to\infty$,所以场有非零解的条件为

$$\mathrm{J}_0(Tb)=0 \tag{3.7.65}$$

求得特征值

$$T=\frac{\upsilon_n}{b} \tag{3.7.66}$$

式中,υ_n 为零阶贝塞尔函数的零点.

因此,在所述条件下,有无数个空间电荷波模式,但各模式的相位常数全由式(3.7.49)定出,它们都相同,且 $F=1$,只不过各模式的场结构不同而已.

由式(3.7.65)直接知道,所述情况与电子注完全填充漂移管的情况在形式上完全一致.这是为什么呢?

由式(3.7.65)和式(3.7.58)得知,这种条件下,电子注表面的电场为零,即

$$E_z=0 \tag{3.7.67}$$

因此电子注表面是一等位面,而漂移管也是等位面,两等位面之间不可能有不同指向的电力线,即不可能有交变电力线.物理上这是因为注表面有一层表面电荷层,在适当条件下,注内交变电荷产生的电力线完全终止于此表面电荷层上.此时电子注表面好像有一屏蔽筒那样,交变电场全部集中于注内部,所以等离子体频率没有任何降低.

事实上,由式(3.7.41)和式(3.7.57)可以求得交变体电流和交变表面电流为

$$\begin{cases} i_{1B}=2\pi\displaystyle\int_0^b J_{z1}r\mathrm{d}r \\ \quad =-\mathrm{j}\dfrac{2\pi\omega\varepsilon_0}{F^2}\left[1+\dfrac{T^2}{\beta}\cdot\dfrac{v_0}{\omega}\cdot\dfrac{\omega_p^2}{(\omega_d^2-4\Omega^2)}\right]A\,\dfrac{b}{T}\mathrm{J}_1(Tb) \\ i_{1s}=2\pi b\rho_0 v_0 r_1 \\ \quad =\mathrm{j}\dfrac{2\pi b\varepsilon_0 v_0}{\beta}\cdot\dfrac{\omega_p^2}{(\omega_d^2-4\Omega^2)}ATJ_1(Tb) \end{cases} \tag{3.7.68}$$

由此,在讨论的条件下($\Omega=0,\omega_p^2=\omega_d^2$)可得

$$\frac{i_{1B}}{i_{1s}}=-1-\left(\frac{\beta b}{v_n}\right)^2 \tag{3.7.69}$$

一般情况下,$v_n^2\gg(\beta b)^2$,故体电流与表面电流反号,因此交变电荷也反号,于是上述表面电荷的屏蔽作用得以实现.

其次讨论相当于条件式(3.7.46)和式(3.7.48)时的情况.此时 $T_B^2=-\beta^2$,故特征值方程变为

$$\frac{1}{r}\frac{\partial}{\partial r}\left(r\frac{\partial}{\partial r}E_z\right)-\beta^2E_z=0 \tag{3.7.70}$$

它是一个虚宗量贝塞尔方程,其解为

$$E_{z1}=A\mathrm{I}_0(\beta r) \tag{3.7.71}$$

而色散方程可变为

$$\left(1-\frac{1}{F_B^2}\right)\frac{\mathrm{I}_1(\beta b)}{\mathrm{I}_0(\beta b)}=\frac{\mathrm{I}_1(\beta b)-\left(\dfrac{C}{B}\right)\mathrm{K}_1(\beta b)}{\mathrm{I}_0(\beta b)+\left(\dfrac{C}{B}\right)\mathrm{K}_0(\beta b)} \tag{3.7.72}$$

式中,$\dfrac{C}{B}$的值由式(3.7.62)给出.利用朗斯基公式

$$\mathrm{I}_0(x)\mathrm{K}_1(x)+\mathrm{I}_1(x)\mathrm{K}_0(x)=\frac{1}{x}$$

由式(3.7.72)得

$$F_B^2=\beta b\mathrm{I}_1(\beta b)\left[\mathrm{K}_0(\beta b)-\mathrm{I}_0(\beta b)\frac{\mathrm{K}_0(\beta a)}{\mathrm{I}_0(\beta a)}\right] \tag{3.7.73}$$

计算时为了简单起见,可令 $\beta\approx\beta_e$,式(3.7.73)的计算结果如图3.7.2所示.在目前讨论的条件下,$\rho_1=0$,即虽有高频扰动,但电子注内部交变电荷密度却为零.因此,交变电流密度必将减小,这从下式可以看出:

$$J_z=\rho_1v_0+\rho_0v_{1z}=\rho_0v_{1z} \tag{3.7.74}$$

又由式(3.7.51)得

$$v_{1z}=\mathrm{j}\,\frac{\eta E_z}{\omega_d}=\mathrm{j}\,\frac{\eta}{\pm F_B\omega_p}A\,\mathrm{I}_0(\beta r)\mathrm{e}^{\mathrm{j}(\omega t-\beta_e z)\pm \mathrm{j}\beta_q z} \tag{3.7.75}$$

式中,正、负号分别代表快、慢波. 由此

$$J_z=\mathrm{j}\,\frac{\rho_0\eta}{\pm F_B\omega_p}A\,\mathrm{I}_0(\beta r)\mathrm{e}^{\mathrm{j}(\omega t-\beta_e z)\pm \mathrm{j}\beta_q z} \tag{3.7.76}$$

由式(3.7.76)可以求得体交变电流为

$$\begin{aligned} i_{1z}&=2\pi\int_0^b J_z r\,\mathrm{d}r=\mathrm{j}\,\frac{2\pi b\rho_0\eta}{\pm\beta F_B\omega_p}A_1\mathrm{I}_1(\beta b)\mathrm{e}^{\mathrm{j}(\omega t-\beta_e z)\pm \mathrm{j}\beta_q z}\\ &=\pm\mathrm{j}\,\frac{2\pi b\varepsilon_0\omega_p}{\beta F_B}A\,\mathrm{I}_0(\beta b)\mathrm{e}^{\mathrm{j}(\omega t-\beta_e z)\pm \mathrm{j}\beta_q z} \end{aligned} \tag{3.7.77}$$

根据式(3.7.57),表面电流为

$$\begin{aligned} i_{1s}&=-\mathrm{j}\,\frac{2\pi b\omega\varepsilon_0}{\beta^2F_B^2}\left(\frac{\partial E_z}{\partial r}\right)_{r=b}\mathrm{e}^{\mathrm{j}(\omega t-\beta_e z)\pm \mathrm{j}\beta_q z}\\ &=-\mathrm{j}\,\frac{A}{\beta}\,\frac{2\pi b\varepsilon_0\omega}{F_B^2}=\mathrm{I}_1(\beta b)\mathrm{e}^{\mathrm{j}(\omega t-\beta_e z)\pm \mathrm{j}\beta_q z} \end{aligned} \tag{3.7.78}$$

由式(3.7.77)和式(3.7.78)可求得

$$\frac{i_{1z}}{i_{1s}}=\frac{\omega_q}{\omega} \tag{3.7.79}$$

在通常情况下,$\omega\gg\omega_q$,故交变体电流比表面电流小许多,而且已知 $\rho_1=0$,所以所讨论的这种空间电荷波集中于电子注表面,可称为表面空间电荷波. 其场结构如图 3.7.3 所示. 电子注外面的场则随着距离的增加而衰减. 表面空间电荷波是由于电子注表面起伏而形成的. 在图 3.7.3 中,未画出力线的部分,其场的求解不是小信号理论能够解决的.

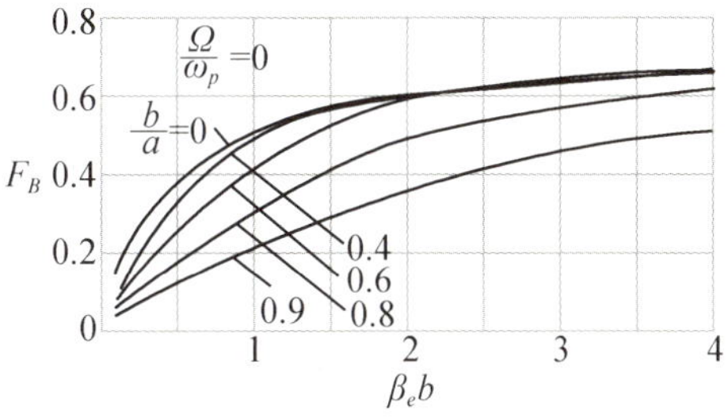

图 3.7.2　布里渊流的等离子体频率降低因子

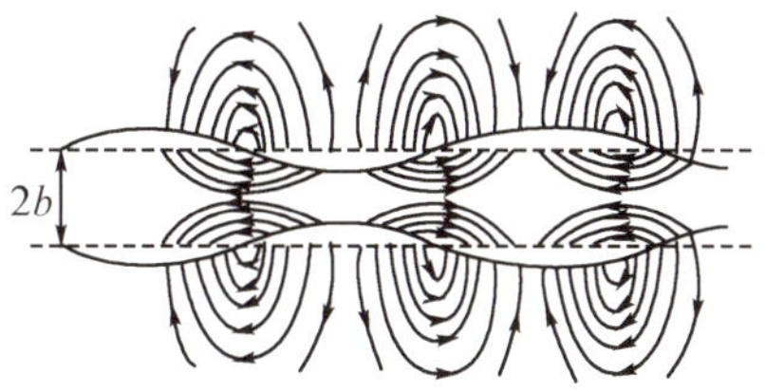

图 3.7.3　表面空间电荷波的场结构示意图

如前所述,在布里渊流中,可能存在两种不同类型的空间电荷波. 第一种波的场完全集中在电子注内部,电子注的边缘如同一个金属屏蔽筒;第二种波则主要由电子注的表面起伏所引起,在电子注内部无交变电荷密度,而在电子注内部的交变体电流比由于电子注起伏而引起的表面电流小很多,场集中在电子注表面,电子注外部有丰富的高频场.

从电子注与高频场相互作用的观点来看,前一种空间电荷波是不可取的. 因为电子注外部无电磁场,无法实现与线路中的行波场的能量交换,反而可被有栅网的高频隙缝(例如在速调管中)所激励. 因此,从注-波互作用的角度而论,最重要的是第二种空间电荷波.

不难理解,为了能有效地实现电子注与场的能量交换,要求电子注中的交变电流分量尽可能大. 但是,在布里渊流的"表面"空间电荷波中,交变体电流很小,主要是交变表面电流. 而这种交变表面电流为式(3.7.55)所示,即

$$i_{1s}=2\pi bJ_0r_1$$

它正比于电子注的起伏 r_1. 因此,欲使电子注中交变电流大,就不得不增大电子注起伏.

于是,在布里渊流中,电子注的起伏就是一种严重的问题,这特别表现在大功率器件中. 所以在一般情

况下,往往不使用严格的布里渊流,而是使聚焦磁场增大,以限制波动不要太大.

最后,我们还要指出,对于“表面”空间电荷波,可以用无栅网的高频隙缝来激励,以后将加以讨论.

四、限制流

现在我们来讨论限制流的情形,即 $\Omega\neq0$ 的情形,但限于聚焦磁场是均匀的情况.

在一般情况下,根据式(3.7.68),交变体电流和交变表面电流分别为

$$i_{1B}=-\mathrm{j}\,\frac{2\pi\omega\varepsilon_0}{F^2}\left[1+\frac{T^2}{\beta}\,\frac{v_0}{\omega}\,\frac{\omega_1^2}{(\omega_d^2-4\Omega^2)}\right]A\,\frac{b}{T}\mathrm{J}_1(Tb)$$

$$i_{1s}=+\mathrm{j}\,\frac{2\pi b v_0\varepsilon_0\omega_p^2}{\beta(\omega_d^2-4\Omega^2)}AT\mathrm{J}_1(Tb)$$

故总的交变电流为

$$i_{1z}=i_{1s}+i_{1B}=\frac{-\mathrm{j}\omega\varepsilon_0 2\pi b^2 A\mathrm{J}_1(Tb)}{F^2 Tb} \tag{3.7.80}$$

各种电流与 Ω/ω_p 之间的关系如图 3.7.4 所示.

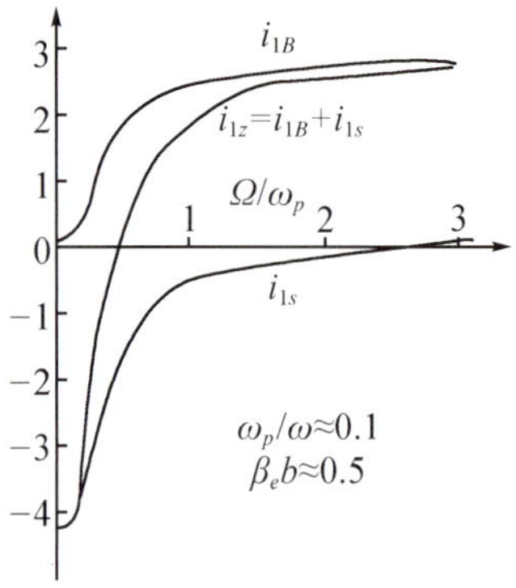

图 3.7.4 限制流中各种电流与聚焦磁场的关系

一般的磁聚焦电子注空间电荷波的色散方程由方程(3.7.64)给出. 在由该方程求得特征值 T 后,等离子体频率降低因子 F 由下式求出:

$$T^2=\frac{\beta^2\left(\frac{1}{F^2}-1\right)}{1+\frac{1}{\frac{4\Omega^2}{\omega_p^2}-F^2}} \tag{3.7.81}$$

又由式(3.4.2)有 $\pm F=(\beta-\beta_e)/\beta_p$,故式(3.7.81)是关于 β 的六次方程,求解是极其困难的,我们将采用下述近似方法.

先设 $\Omega\to\infty$,并令 $\beta\approx\beta_e$,于是式(3.7.81)化为

$$\frac{T_\infty^2}{\beta_e^2}=\frac{1}{F_\infty^2}-1 \tag{3.7.82}$$

将此式与式(3.7.81)相除,得

$$\frac{1}{F^2}=1+\left(\frac{T}{T_\infty}\right)^2\left(\frac{1}{F_\infty^2}-1\right)\left(1+\frac{1}{\frac{4\Omega^2}{\omega_p^2}-F^2}\right) \tag{3.7.83}$$

再假定聚焦磁场为布里渊值的 m 倍:

$$B_z=mB_B$$

则得

$$\frac{4\Omega^2}{\omega_p^2}=2(m^2-1) \tag{3.7.84}$$

通常 m 都取在 2 左右,所以可以认为 $4\Omega^2\gg\omega_p^2$,于是可以近似地令 $T\approx T_\infty$. 由式(3.7.83)求得

$$F^2=F_\infty^2\frac{2(m^2-1)}{2(m^2-1)+1-F_\infty^2} \tag{3.7.85}$$

式中,F_∞ 就是聚焦磁场为无限大时的等离子体频率降低因子. 计算所得结果如图 3.7.5 所示.

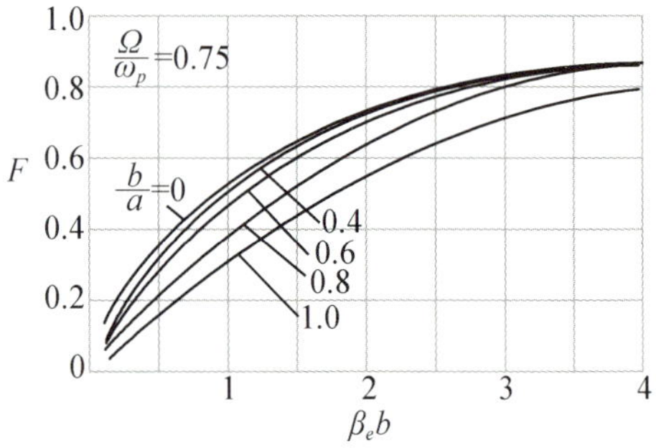

图 3.7.5 限制流的等离子体频率降低因子

由式(3.7.85)解得的 F,对应于两个空间电荷波 $\beta=\beta_e\pm F\beta_p$. 但是,如前所述,式(3.7.81)关于 β 应有六个根,可以证明,还有两个场波和两个对应于 $F^2>1$ 的没有物理意义的解. 这一点本书不予叙述.

3.8 空间电荷波的等效传输线

在着手进一步研究其他各种电子注中空间电荷波的传输问题之前，在本节中我们先讨论空间电荷波沿电子注传输的等效传输线概念. 借助于这种等效传输线概念，便可以更方便地研究其他电子注中的空间电荷波.

我们知道，空间电荷波是一种在电子注中传播的波动，而一般的电磁波则是在传输线上传播，因而，在作适当的处理后，就传播空间电荷波的角度来看，电子注应能等效为传输线. 为了建立两者间的等效，就必须使两者之间在某些特征参量上建立起对应的关系. 众所周知，传输线的特征参量是特征阻抗及传播常数，而其上传播的波则由电压和电流来表征. 因此，为了使电子注中的空间电荷波与传输线上的波相等效，必须把空间电荷波沿电子注的传播表示为传输线方程的形式，从而找出上述诸参量间的关系.

在前面分析空间电荷波时，我们求得了电子注的交变电流 i_{1z} 及交变速度 v_{1z}，它们均以波动形式沿电子注向 z 轴运动. 可以把这种交变电流与传输线上波的电流相对应，因此，接下来的问题就是建立起电子注交变速度与传输线上的电压之间的对应关系.

引入一交变电压 V_1，它与电子交变速度之间的关系可以通过能量转换定律(非相对论的)来建立，即

$$2\eta(V_0+V_1)=(v_0+v_{1z})^2 \tag{3.8.1}$$

在小信号条件 $v_{1z}\ll v_0$ 下，略去二阶微小量，得

$$V_1=\frac{v_0 v_{1z}}{\eta} \tag{3.8.2}$$

这样引入的交变电压 V_1 称为小信号动电压，简称“动电压”.

另外，我们已经知道，从空间电荷波传播的角度而论，有限电子注和无限大电子注的区别，主要反映在等离子体频率降低因子上. 因此，下面的研究先从一维情况开始，然后借助等离子体频率降低因子，推广到普遍情况中去.

一维情形下，运动方程为

$$\frac{\mathrm{d}v}{\mathrm{d}t}=\frac{\partial v}{\partial t}+v\frac{\partial v}{\partial z}=\frac{\partial v}{\partial t}+\frac{1}{2}\frac{\partial v^2}{\partial z}=-\eta E_z \tag{3.8.3}$$

在小信号条件 $v_{1z}\ll v_0$ 下，并注意到算子 $\frac{\partial}{\partial t}=\mathrm{j}\omega$，得

$$\mathrm{j}\omega v_{1z}+\frac{\partial(v_0 v_{1z})}{\partial z}=-\eta E_z \tag{3.8.4}$$

由于在式(3.8.4)中可把 v_{1z} 视为仅随坐标 z 而变化，故式中对 z 的偏导数可代之以常导数.

对于一维情况，由全电流定律可得

$$J_{1z}+\mathrm{j}\omega\varepsilon_0 E_z=0 \tag{3.8.5}$$

因此有

$$E_z=\frac{\mathrm{j}}{\omega\varepsilon_0}J_{1z} \tag{3.8.6}$$

将式(3.8.2)和式(3.8.6)代入式(3.8.4)，求得

$$\mathrm{j}\frac{\omega}{v_0}V_1+\frac{\mathrm{d}V_1}{\mathrm{d}z}=-\mathrm{j}\frac{1}{\omega\varepsilon_0}J_{1z} \tag{3.8.7}$$

同时，由一维连续性方程 $\partial\rho_1/\partial t=-\partial J_{1z}/\partial z$ 和小信号交变电流密度表达式 $J_{1z}=\rho_1 v_0+\rho_0 v_{1z}$，并应用算

子$\frac{\partial}{\partial t}=\mathrm{j}\omega$，易得

$$\mathrm{j}\omega J_{1z}+v_0\frac{\mathrm{d}J_{1z}}{\mathrm{d}z}=\mathrm{j}\omega\rho_0 v_{1z}$$

将式(3.8.2)代入上式，则上式变为

$$\mathrm{j}\omega J_{1z}+v_0\frac{\mathrm{d}J_{1z}}{\mathrm{d}z}=\frac{\mathrm{j}\omega\rho_0\eta V_1}{v_0} \tag{3.8.8}$$

再将量 $\omega_p^2=(e/m)(|\rho_0|/\varepsilon_0)$，$J_0=\rho_0 v_0$，$\beta_e=\omega/v_0$，$\beta_p=\omega_p/v_0$ 及 $mv_0^2/2=eV_0$ 等关系代入式(3.8.7)和式(3.8.8)，它们变为

$$\left(\mathrm{j}\beta_e+\frac{\mathrm{d}}{\mathrm{d}z}\right)V_1=\mathrm{j}\beta_p^2\frac{2V_0}{\beta_e J_0}J_{1z} \tag{3.8.9}$$

$$\left(\mathrm{j}\beta_e+\frac{\mathrm{d}}{\mathrm{d}z}\right)J_{1z}=\mathrm{j}\beta_e\frac{J_0}{2V_0}V_1 \tag{3.8.10}$$

在讨论式(3.8.9)和式(3.8.10)之前，我们指出，式(3.8.9)就是运动方程，而式(3.8.10)则为连续性方程.另外，为了与传输线等效，对它们作如下变换：

$$\begin{cases}V_1=V\mathrm{e}^{-\mathrm{j}\theta}\\ V_{1z}=J\mathrm{e}^{-\mathrm{j}\theta}\end{cases} \tag{3.8.11}$$

式中

$$\theta=\omega\int_0^z\frac{\mathrm{d}z}{v_0} \tag{3.8.12}$$

并假定电子注横截面为 σ，电流密度沿横截面的分布是均匀的[①]，则电流为 $I=J\sigma$. 变换的结果是

$$\begin{cases}\dfrac{\mathrm{d}V}{\mathrm{d}z}=-\mathrm{j}\beta_p^2\dfrac{2V_0}{\beta_e|I_0|}I\\[2ex] \dfrac{\mathrm{d}I}{\mathrm{d}z}=-\mathrm{j}\beta_e\dfrac{|I_0|}{2V_0}V\end{cases} \tag{3.8.13}$$

式中，I_0 为电子注直流电流.

方程组(3.8.13)在形式上完全与传输线方程一致.动电压 V 和电子注交变电流分别对应于传输线上的电压和电流.既然如此，我们就可以用传输线来等效电子注中的波传播.由方程组(3.8.13)可知这种等效传输线的分布阻抗和分布导纳为

$$\begin{cases}Z=\mathrm{j}\beta_p^2\dfrac{2V_0}{\beta_e|I_0|}\\[2ex] Y=\mathrm{j}\beta_e\dfrac{|I_0|}{2V_0}\end{cases} \tag{3.8.14}$$

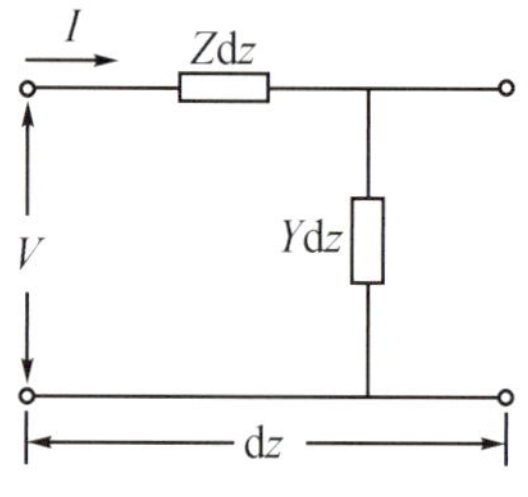

图 3.8.1　电子注等效传输线

因此，就传输空间电荷波而言，电子注等效传输线如图 3.8.1 所示.另外，由式(3.8.14)可知，等效传输线的分布阻抗和导纳均是纯虚数，所以它是无耗的.

方程组(3.8.13)的解，众所周知为

$$\begin{cases}V=V_+\mathrm{e}^{\mathrm{j}\beta_p z}+V_-\mathrm{e}^{-\mathrm{j}\beta_p z}\\[1ex] I=\dfrac{|I_0|}{2V_0}\dfrac{\beta_e}{\beta_p}\left(V_+\mathrm{e}^{\mathrm{j}\beta_p z}-V_-\mathrm{e}^{-\mathrm{j}\beta_p z}\right)\end{cases} \tag{3.8.15}$$

① 若电流密度沿横截面的分布是不均匀的，电流可表示为 $I=\iint_{S_e}J\,\mathrm{d}S$，其中 S_e 为电子注横截面积.

由式(3.8.11),并引入等效传输线的特征阻抗

$$W=\frac{2V_0}{|I_0|}\frac{\beta_p}{\beta_e} \tag{3.8.16}$$

可求得动电压和电子注交变电流为

$$\begin{cases}V_1=(V_+\mathrm{e}^{\mathrm{j}\beta_p z}+V_-\mathrm{e}^{-\mathrm{j}\beta_p z})\mathrm{e}^{-\mathrm{j}\beta_e z}\\ I_1=\dfrac{1}{W}(V_+\mathrm{e}^{\mathrm{j}\beta_p z}-V_-\mathrm{e}^{-\mathrm{j}\beta_p z})\mathrm{e}^{-\mathrm{j}\beta_e z}\end{cases} \tag{3.8.17}$$

在求导此式时,考虑到直流速度 v_0 为常数,故 $\theta=\dfrac{\omega}{v_0}\displaystyle\int_0^z \mathrm{d}z=\beta_e z$. 式中,$V_+$ 和 V_- 分别代表快、慢空间电荷波的振幅,它们的相位常数分别为

$$\beta_\pm=\beta_e\mp\beta_p \tag{3.8.18}$$

因此,波的相速分别是

$$v_{p\pm}=\frac{\omega}{\beta_e\mp\beta_p}=\frac{v_0}{1\mp\dfrac{\omega_p}{\omega}} \tag{3.8.19}$$

其群速分别为

$$v_{g\pm}=\left(\frac{\partial\beta_\pm}{\partial\omega}\right)^{-1}=\left(\frac{\partial\beta_e}{\partial\omega}\right)^{-1}=v_0 \tag{3.8.20}$$

由式(3.8.19)和式(3.8.20)可知快、慢空间电荷波的相速比电子注直流速度稍大或稍小,但它们的群速是相同的,都等于电子注直流速度 v_0.

本节所述的等效传输线方法是极其有用的一种方法,它在解决电子注噪声问题和电子注参量放大器等问题中都是十分有效的.

我们都知道,波在传输线上传播时,电压波和电流波的乘积构成波的功率流. 对于电子注等效传输线也是如此. 在 3.9 节我们将深入讨论这一点,在此仅指出下述情况就够了.

由式(3.8.17)可得

$$\frac{1}{2}\mathrm{Re}\{V_1I_1^*\}=\frac{1}{2}\mathrm{Re}\{VI^*\}=\frac{1}{2W}[|V_+|^2-|V_-|^2] \tag{3.8.21}$$

所以动电压和电子注交变电流构成沿电子注传播的功率流,它是一种电子交变动能沿电子注传播的描写,故称为动功率流.

本节以上内容都是对电子注是无限大时作出的,对于有限截面的电子注,正如前面指出的那样,仅需引用等离子体频率降低因子然后作如下代换

$$\begin{cases}\omega_q=F\omega_p\longrightarrow\omega_p\\ \beta_q=F\beta_p\longrightarrow\beta_p\end{cases} \tag{3.8.22}$$

后,本节所得全部结果就都适用于有限横截面电子注了. 例如,电子注特征阻抗为

$$W=\frac{2V_0}{|I_0|}\frac{\beta_q}{\beta_e} \tag{3.8.23}$$

$$\begin{cases}V_1=(V_+\mathrm{e}^{\mathrm{j}\beta_q z}+V_-\mathrm{e}^{-\mathrm{j}\beta_q z})\mathrm{e}^{-\mathrm{j}\beta_e z}\\ I_1=\dfrac{1}{W}(V_+\mathrm{e}^{\mathrm{j}\beta_q z}-V_-\mathrm{e}^{-\mathrm{j}\beta_q z})\mathrm{e}^{-\mathrm{j}\beta_e z}\end{cases} \tag{3.8.24}$$

3.9 动功率流定律

在 3.8 节末尾提出了空间电荷波的功率流问题,式(3.8.21)表明,当定义动电压后,动功率流与传输线

上的功率流完全类似.本节将详细地讨论这一问题.

受到高频作用的电子,按通常意义其动能应取以下形式:

$$E_k=\frac{m}{2}v^2=\frac{m}{2}(v_0+v_1 e^{j\omega t})^2 \tag{3.9.1}$$

由此不难看出,动能的平均值为

$$\overline{E}_k=\frac{1}{T}\int_0^T E_k \mathrm{d}t=\left(\frac{m}{2}\right)\left(v_0^2+\frac{1}{2}v_1\cdot v_1^*\right) \tag{3.9.2}$$

式中,T 是振荡周期.

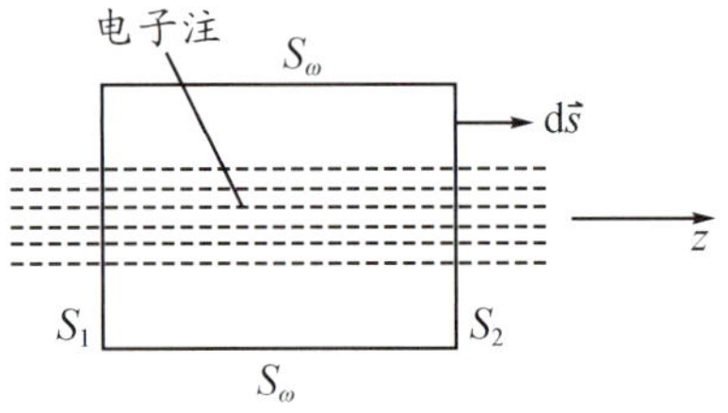

图 3.9.1 推导动功率定理的模型

这一结果表明,平均动能中包含了二阶微小量,而根据小信号理论,此二阶小量应当略去.这样一来,似乎小信号情况下不能考虑交变功率的问题.但是,我们将看到,在小信号假设下,仍旧可能讨论交变功率问题.当然,不能按照式(3.9.2)来讨论.

考虑如图 3.9.1 所示的模型.用一封闭曲面 S 截取一段电子注.S 内的交变电磁场方程是

$$\begin{cases}\nabla\times\boldsymbol{E}=-j\omega\mu_0\boldsymbol{H}\\ \nabla\times H=j\omega\varepsilon_0\boldsymbol{E}+\boldsymbol{J}_1\end{cases} \tag{3.9.3}$$

式中,小信号交变电流密度为

$$\boldsymbol{J}_1=\rho_0\boldsymbol{v}_1+\rho_1\boldsymbol{v}_0 \tag{3.9.4}$$

此外,流体模型下的运动方程是

$$j\omega\boldsymbol{v}_1+(v_0\cdot\nabla)\boldsymbol{v}_1=-\eta(\boldsymbol{E}+\boldsymbol{v}_1\times\boldsymbol{B}_0) \tag{3.9.5}$$

展开表示式$\nabla\cdot(\boldsymbol{E}\times\boldsymbol{H}^*)$并应用式(3.9.3),求得

$$\begin{aligned}\nabla\cdot(\boldsymbol{E}\times\boldsymbol{H}^*)&=\boldsymbol{H}^*\cdot\nabla\times\boldsymbol{E}-\boldsymbol{E}\cdot\nabla\times\boldsymbol{H}^*\\&=-j\omega\mu_0\boldsymbol{H}\cdot\boldsymbol{H}^*+j\omega\varepsilon_0\boldsymbol{E}\cdot\boldsymbol{E}^*-\boldsymbol{J}_1^*\cdot\boldsymbol{E}\end{aligned} \tag{3.9.6}$$

电子注内部的连续性方程可以表示为

$$\begin{aligned}\boldsymbol{v}_0\ \nabla\cdot\boldsymbol{J}_1&=-j\omega\rho_1\boldsymbol{v}_0=-j\omega(\rho_1\boldsymbol{v}_0-\rho_0\boldsymbol{v}_1)-j\omega\rho_0 v_1\\&=-j\omega\boldsymbol{J}_1-j\omega\rho_0\boldsymbol{v}_1\end{aligned} \tag{3.9.7}$$

用 $\boldsymbol{v}_1/\eta$ 标乘此方程的共轭方程,得

$$\frac{\boldsymbol{v}_1\cdot\boldsymbol{v}_0}{\eta}\nabla\cdot\boldsymbol{J}_1^*=\frac{j\omega}{\eta}\boldsymbol{v}_1\cdot\boldsymbol{J}_1^*+\frac{j\omega\rho_0}{\eta}\boldsymbol{v}_1\cdot\boldsymbol{v}_1^* \tag{3.9.8}$$

用 $\boldsymbol{J}_1^*/\eta$ 标乘方程(3.9.5)求得

$$\boldsymbol{J}_1^*\cdot\boldsymbol{E}+\boldsymbol{J}_1^*\cdot\boldsymbol{v}_1\times\boldsymbol{B}_0=-\frac{j\omega}{\eta}\boldsymbol{v}_1\cdot\boldsymbol{J}_1^*-\frac{\boldsymbol{J}_1^*}{\eta}\cdot(\boldsymbol{v}_0\cdot\nabla)\boldsymbol{v}_1$$

因为 $\boldsymbol{J}_1$ 和 $\boldsymbol{v}_1$ 的方向相同,故三重标积 $\boldsymbol{J}_1^*\cdot\boldsymbol{v}_1\times\boldsymbol{B}_0=0$,于是上式变为

$$\boldsymbol{J}_1^*\cdot\boldsymbol{E}=-\frac{j\omega}{\eta}\boldsymbol{v}_1\cdot\boldsymbol{J}_1^*-\frac{\boldsymbol{J}_1^*}{\eta}\cdot(\boldsymbol{v}_0\cdot\nabla)\boldsymbol{v}_1 \tag{3.9.9}$$

将方程(3.9.9)与方程(3.9.8)相加得

$$\boldsymbol{J}_1^*\cdot\boldsymbol{E}-\frac{j\omega\rho_0}{\eta}\boldsymbol{v}_1\cdot\boldsymbol{v}_1^*=-\frac{\boldsymbol{v}_1\cdot\boldsymbol{v}_0}{\eta}\nabla\cdot\boldsymbol{J}_1^*-\frac{\boldsymbol{J}_1^*}{\eta}\cdot(\boldsymbol{v}_0\cdot\nabla)\boldsymbol{v}_1 \tag{3.9.10}$$

利用关系式$\nabla\cdot(\boldsymbol{v}_1\cdot\boldsymbol{v}_0\boldsymbol{J}_1^*)=\boldsymbol{v}_1\cdot\boldsymbol{v}_0\ \nabla\cdot\boldsymbol{J}_1^*+\boldsymbol{J}_1^*\cdot\nabla(\boldsymbol{v}_1\cdot\boldsymbol{v}_0)$,可将式(3.9.10)右端变为

$$-\nabla\cdot\left(\frac{\boldsymbol{v}_1\cdot\boldsymbol{v}_0}{\eta}\boldsymbol{J}_1^*\right)-\frac{1}{\eta}[\boldsymbol{J}_1^*\cdot(\boldsymbol{v}_0\cdot\nabla)\boldsymbol{v}_1-\boldsymbol{J}_1^*\cdot\nabla(\boldsymbol{v}_1\cdot\boldsymbol{v}_0)] \tag{3.9.11}$$

当 $\boldsymbol{v}_0=v_0\hat{i}_z$ 时,把式(3.9.11)方括号内的项在直角坐标系内展开,可以证明它可以表示为

$$\frac{v_0}{\eta}\hat{i}_z \times \boldsymbol{J}_1^* \cdot \nabla \times \boldsymbol{v}_1 \tag{3.9.12}$$

故式(3.9.10)可表示为

$$\boldsymbol{J}_1^* \cdot \boldsymbol{E} - \frac{\mathrm{j}\omega\rho_0}{\eta}\boldsymbol{v}_1 \cdot \boldsymbol{v}_1^* = -\nabla \cdot \left(\frac{\boldsymbol{v}_1 \cdot \boldsymbol{v}_0}{\eta}\right) - \frac{v_0}{\eta}\hat{i}_z \times \boldsymbol{J}_1^* \cdot \nabla \times \boldsymbol{v}_1 \tag{3.9.13}$$

将式(3.9.6)和式(3.9.13)相加,得

$$\nabla \cdot \left(\boldsymbol{E} \times \boldsymbol{H}^* - \frac{\boldsymbol{v}_1 \cdot \boldsymbol{v}_0}{\eta}\boldsymbol{J}_1^*\right) = -\mathrm{j}\omega\mu_0 \boldsymbol{H} \cdot \boldsymbol{H}^* - \mathrm{j}\omega\frac{\rho_0}{\eta}\boldsymbol{v}_1 \cdot \boldsymbol{v}_1^*$$
$$+\mathrm{j}\omega\varepsilon_0 \boldsymbol{E} \cdot \boldsymbol{E}^* + \frac{v_0}{\eta}\hat{i}_z \times \boldsymbol{J}_1^* \cdot \nabla \times \boldsymbol{v}_1 \tag{3.9.14}$$

这就是著名的小信号交变动功率定律的微分形式. 由于 $\rho_0/\eta=(\rho_0/e)m$ 是电子注内每单位体积的质量密度,故$(\rho_0/2\eta)\boldsymbol{v}_1 \cdot \boldsymbol{v}_1^*$ 是电子注的交变动能密度.

现在我们来进一步研究一维流动的情形,即 $\boldsymbol{J}_1 = J_{1z}\hat{i}_z$ 的情形. 这时式(3.9.14)中右端最后一项为零. 于是,式(3.9.14)的实部为

$$\mathrm{Re}\,\nabla \cdot \left(\boldsymbol{E} \times \boldsymbol{H}^* - \frac{\boldsymbol{v}_1 \cdot \boldsymbol{v}_0}{\eta}\boldsymbol{J}_1^*\right) = 0 \tag{3.9.15}$$

在如图 3.9.1 所示的体积内积分式(3.9.15),由高斯定理可转化为其边界面积分,边界面 $S=S_1+S_2+S_w$,其中 S_1 和 S_2 为电子注横截面,$S_w=S-(S_1+S_2)$. 于是得到

$$\mathrm{Re}\oint_S \frac{1}{2}\boldsymbol{E} \times \boldsymbol{H}^* \cdot \mathrm{d}\boldsymbol{S} = \mathrm{Re}\int_{S_2} \frac{\boldsymbol{v}_1 \cdot \boldsymbol{v}_0}{2\eta}\boldsymbol{J}_1^* \cdot \hat{i}_z \mathrm{d}S$$
$$-\mathrm{Re}\int_{S_1} \frac{\boldsymbol{v}_1 \cdot \boldsymbol{v}_0}{2\eta}\boldsymbol{J}_1^* \cdot \hat{i}_z \mathrm{d}S \tag{3.9.16}$$

式中,$\boldsymbol{v}_1 \cdot \boldsymbol{v}_0/\eta = V_1$,它有电压的量纲,如式(3.9.2)所述,称为动电压. 式(3.9.16)右端可表示为 $\mathrm{Re}\int_S \frac{1}{2}V_1\boldsymbol{J}_1^* \cdot \mathrm{d}\boldsymbol{S}$,它是电子注的动能和电磁能之间的相互转换项. 为了有净的电磁能流出表面 S,量 $\mathrm{Re}\int_S \frac{1}{2}V_1\boldsymbol{J}_1^* \cdot \mathrm{d}\boldsymbol{S}$ 必须为负. 事实上,当要求电子注向场供给能量时,就要求 V_1 和 $\boldsymbol{J}_1^* \cdot \mathrm{d}\boldsymbol{S}$ 反相,这表示当交变电流处于正最大值时,动电压 V_1(即交变速度)应处于负最大值. 但由于电子荷负电,所以此时电子的速度却是正的最大值,而电子的对流电流是负的最大值.

这样,在交变场的正半周,当电子的速度大于无交变场时的速度 v_0 时,通过的电子数小于直流情况;而当电子的速度小于 v_0 时,通过的电子数却大于直流情况. 平均的结果,电子注中所含的动能(动功率)小于直流情形时的动能,因此,交变动功率是负的.

根据方程(3.8.21),有

$$\frac{1}{2}\mathrm{Re}\{V_1 I_1^*\} = \frac{1}{2W}(|V_+|^2 - |V_-|^2)$$

由此可见,快空间电荷波的动功率为正值,慢空间电荷波的动功率则为负值. 这一点不难从这两种空间电荷波的动电压及交变电流的相位关系中按以上所述的概念得到.

3.10　空间电荷波的矩阵表示

从 3.9 节、3.10 节可知,无论在波动方程的形式上,还是在波的功率流方面,空间电荷波都可以用传输线上的波来类比,这种类比还可以进一步深入. 例如,对于传输线系统来说,可以利用矩阵的表示方法来进

行分析.这一节我们将研究这一问题.

为了使后续的分析更具有普遍性,假设电子注参量 β_p(或 β_q)、V_0 和 i_0 等对轴向坐标不一定是常数.于是式(3.8.12)表示为

$$\theta=\int_0^z \beta_q \mathrm{d}z \tag{3.10.1}$$

以相角 θ 为自变量,电子注等效传输线方程(3.8.13)变为

$$\begin{cases}\dfrac{\mathrm{d}V}{\mathrm{d}\theta}=-\mathrm{j}WI\\[2ex]\dfrac{\mathrm{d}I}{\mathrm{d}\theta}=-\mathrm{j}\dfrac{1}{W}V\end{cases} \tag{3.10.2}$$

由此方程组可得波动方程为

$$\begin{cases}\dfrac{\mathrm{d}^2V}{\mathrm{d}\theta^2}-\dfrac{1}{W}\dfrac{\mathrm{d}W}{\mathrm{d}\theta}\dfrac{\mathrm{d}V}{\mathrm{d}\theta}+V=0\\[2ex]\dfrac{\mathrm{d}^2I}{\mathrm{d}\theta^2}+\dfrac{1}{W}\dfrac{\mathrm{d}W}{\mathrm{d}\theta}\dfrac{\mathrm{d}I}{\mathrm{d}\theta}+I=0\end{cases} \tag{3.10.3}$$

当等效传输线的特征阻抗 W 与 θ 无关时,$\dfrac{\mathrm{d}W}{\mathrm{d}\theta}=0$,这时有

$$\begin{cases}\dfrac{\mathrm{d}^2V}{\mathrm{d}\theta^2}+V=0\\[2ex]\dfrac{\mathrm{d}^2I}{\mathrm{d}\theta^2}+I=0\end{cases} \tag{3.10.4}$$

这是无耗传输线上的被动方程.

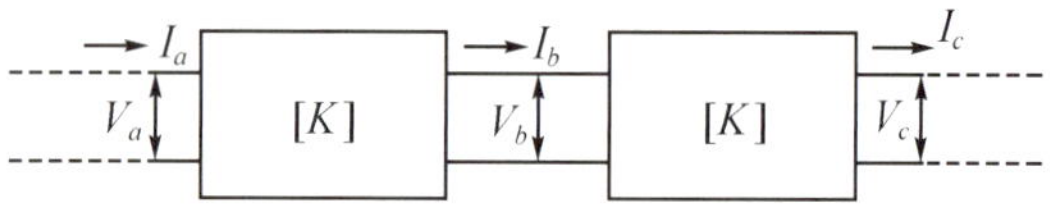

图 3.10.1 描述空间电荷波的四端网络链

对于任意的由上述方程描述的波传输系统,都可以化成如图 3.10.1 所示的四端网络链.一个四端网络可以用一个矩阵来表示.因此,可以写成如下的将输入端参量与输出端参量联系起来的矩阵方程:

$$\begin{bmatrix}V_b\\I_b\end{bmatrix}=[K]\begin{bmatrix}V_a\\I_a\end{bmatrix} \tag{3.10.5}$$

式中,矩阵[K]称为线路参量矩阵,或所谓 $ABCD$ 矩阵:

$$[K]=\begin{bmatrix}A & C\\B & D\end{bmatrix} \tag{3.10.6}$$

我们定义一个[R]矩阵:

$$[R]=\begin{bmatrix}0 & 1\\1 & 0\end{bmatrix} \tag{3.10.7}$$

则有

$$[R]\cdot[R]=1 \tag{3.10.8}$$

因此有

$$[R]=[R]^{-1} \tag{3.10.9}$$

式中,$[R]^{-1}$ 为[R]的逆矩阵.如令

$$\begin{cases}[W_a]=\begin{bmatrix}V_a\\I_a\end{bmatrix}\\[2ex][W_b]=\begin{bmatrix}V_b\\I_b\end{bmatrix}\end{cases} \tag{3.10.10}$$

则其厄米特共轭矩阵为

$$
\begin{cases}[W_a]^+=[V_b^* \ I_a^*]\\ [W_b]^+=[V_b^* \ I_b^*]\end{cases} \tag{3.10.11}
$$

利用矩阵代数运算可得

$$
\begin{aligned}&\frac{1}{2}[W_b]^+[R][W_b]-\frac{1}{2}[W_a]^+[R][W_a]\\ &=\frac{1}{2}(V_bI_b^*+V_b^*I_b-V_aI_a^*-V_a^*I_a)\end{aligned} \tag{3.10.12}
$$

但$\frac{1}{2}(V_aI_a^*+V_a^*I_a)$和$\frac{1}{2}(V_bI_b^*+V_b^*I_b)$是相应端的功率，所以在无外加源的无耗情况下，根据能量守恒定律，应有

$$
\frac{1}{2}[W_b]^+[R][W_b]-\frac{1}{2}[W_a]^+[R][W_a]=P_b-P_a=0 \tag{3.10.13}
$$

但由式(3.10.5)有

$$
[W_b]^+=[W_a]^+[K]^+ \tag{3.10.14}
$$

将式(3.10.14)代入式(3.10.13)，可得

$$
\frac{1}{2}\{[W_a]^+([K]^+[R][K]-[R])[W_a]\}=0 \tag{3.10.15}
$$

由式(3.10.15)可知无耗情况下 $ABCD$ 矩阵应满足条件

$$
[K]^+[R][K]=[R] \tag{3.10.16}
$$

由此可以求得

$$
\det[K]=1 \tag{3.10.17}
$$

及

$$
[K]^+=[R][K]^{-1}[R]^{-1} \tag{3.10.18}
$$

式中，$\det[K]$表示矩阵$[K]$的行列式；$[K]^{-1}$为$[K]$的逆矩阵.

有了上述基本知识，我们来具体讨论一下空间电荷波的矩阵表示. 为此，可利用动电压 $V_1=v_1v_0/\eta$ 将式(3.6.8)和式(3.6.9)表示为

$$
\begin{cases}V_1=(V_{10}\cos\theta_q+\mathrm{j}I_{10}W\sin\theta_q)\mathrm{e}^{-\mathrm{j}\theta_0}\\ I_1=\left(V_{10}\frac{\mathrm{j}}{W}\sin\theta_q+I_{10}\cos\theta_q\right)\mathrm{e}^{-\mathrm{j}\theta_0}\end{cases} \tag{3.10.19}
$$

式中，$\theta_0=\int_0^z\beta_e\mathrm{d}z$，$\theta_q=\int_0^z\beta_q\mathrm{d}z$，这个式子是对于任意起始点和终止点的，故可以写为

$$
\begin{bmatrix}V_b\\ I_b\end{bmatrix}=\mathrm{e}^{-\mathrm{j}\theta_0}\begin{bmatrix}\cos\theta_q & \mathrm{j}W\sin\theta_q\\ \frac{\mathrm{j}}{W}\sin\theta_q & \cos\theta_q\end{bmatrix}\begin{bmatrix}V_a\\ I_a\end{bmatrix} \tag{3.10.20}
$$

即

$$
[K]=\begin{bmatrix}\cos\theta_q & \mathrm{j}W\sin\theta_q\\ \frac{\mathrm{j}}{W}\sin\theta_q & \cos\theta_q\end{bmatrix}\mathrm{e}^{-\mathrm{j}\theta_0} \tag{3.10.21}
$$

由$[K]$的明显表达式(3.10.21)，不难直接证明下述普遍证明了的$[K]$的性质：

$$
\det[K]=1
$$

和

$$
[K]^+=[R][K]^{-1}[R]^{-1}
$$

3.11 具有纵向直流电场的情况

到目前为止,我们的分析均假设电子注在无纵向电位梯度的漂移空间中运动,故电子不受纵向直流电场的作用,其平均速度在整个漂移空间内为常数.本节我们将去掉这一假定,而设沿电子注运动方向上直流电场不为零,这时,电子直流速度 v_0 与坐标 z 有关.于是,电子运动方程为

$$-\eta E_T=\frac{\mathrm{d}v}{\mathrm{d}t} \tag{3.11.1}$$

这里我们限于一维流动情况,故式(3.11.1)中的电场和速度都只有一个分量(z 分量),为了书写简便,忽略其下标 z.其中 E_T 为电子所感受的总交变电场,它包括外加电场和空间电荷场:$E_T=E_e+E_s$.如果外加交变场 E_e 为零,则只有空间电荷场 E_s,这时电子注的流体运动方程是

$$-\eta E_s=\mathrm{j}\omega v_1+v_0\frac{\mathrm{d}v_1}{\mathrm{d}z}+v_1\frac{\mathrm{d}v_0}{\mathrm{d}z} \tag{3.11.2}$$

这里与以前不同之处在于 $v_1\dfrac{\mathrm{d}v_0}{\mathrm{d}z}$ 不为零.利用连续性方程和散度方程并考虑到一维流动的假设,易得

$$E_s=\mathrm{j}\frac{J_1}{\omega\varepsilon_0} \tag{3.11.3}$$

再由连续性方程和关系 $J_1=\rho_1v_0+\rho_0v_1$[式(3.2.14)]可得

$$v_1=\frac{v_0J_1}{J_0}-\mathrm{j}\frac{v_0^2}{J_0\omega}\frac{\partial J_1}{\partial z} \tag{3.11.4}$$

$$\frac{\mathrm{d}v_1}{\mathrm{d}z}=\frac{v_0}{J_0}\frac{\partial J_1}{\partial z}+\frac{J_1}{J_0}\frac{\mathrm{d}v_0}{\mathrm{d}z}-\mathrm{j}\frac{v_0^2}{J_0\omega}\frac{\partial^2J_1}{\partial z^2}-\mathrm{j}\frac{2v_0}{J_0\omega}\frac{\mathrm{d}v_0}{\mathrm{d}z}\frac{\partial J_1}{\partial z} \tag{3.11.5}$$

将式(3.11.3)~式(3.11.5)代入式(3.11.2),求得

$$\frac{\mathrm{d}^2J_1}{\mathrm{d}z^2}+\left(\frac{2\mathrm{j}\omega}{v_0}+\frac{3}{v_0}\frac{\mathrm{d}v_0}{\mathrm{d}z}\right)\frac{\mathrm{d}J_1}{\mathrm{d}z}+\left(\frac{\eta J_0}{\varepsilon_0v_0^3}+\frac{2\mathrm{j}\omega}{v_0^2}\frac{\mathrm{d}v_0}{\mathrm{d}z}-\frac{\omega^2}{v_0^2}\right)J_1=0 \tag{3.11.6}$$

还可以求得动电压满足下述方程:

$$\frac{\mathrm{d}^2V_1}{\mathrm{d}z^2}+\left(2\mathrm{j}\frac{\omega}{v_0}-\frac{1}{v_0}\frac{\mathrm{d}v_0}{\mathrm{d}z}\right)\frac{\mathrm{d}V_1}{\mathrm{d}z}-\left(\frac{\omega^2}{v_0^2}+\frac{\eta J_0}{v_0^3\varepsilon_0}+\mathrm{j}\frac{2\omega}{v_0^2}\frac{\mathrm{d}v_0}{\mathrm{d}z}\right)V_1=0 \tag{3.11.7}$$

由此可见,当电子直流速度为坐标 z 的函数时,交变电流密度的方程比起漂移空间中的情况要复杂得多.一般来说,它是一个复杂的变系数二阶线性微分方程,要普遍求解是十分困难的,只能在各种具体的直流速度分布 $v_0=v_0(z)$ 下用不同技巧求解.例如在参考文献[31]中就能找到 $v_0=Kz^a$ 时的解答.

最后我们要指出,式(3.11.6)和式(3.11.7)与式(3.10.3)是完全等价的.读者可以自己证明这一点.

3.12 周期静电聚焦电子注的空间电荷波

现在利用 3.11 节所得的结果来研究周期静电聚焦电子注的空间电荷波.周期静电聚焦在近代微波管中是一种重要的聚焦方式,它目前主要在静电聚集速调管中有重要的应用.有关周期静电聚焦的电子光学问题,读者可以参考相关的学术专著.

同无限大磁场聚焦电子注相比较,静电聚焦电子注有以下三个重要特点.

(1)电子注的起伏.在静电周期聚焦电子注中,电子注必然要作周期性的起伏,这是这种聚焦系统所固

有的特点，而不是由于受到高频场扰动才产生的．受到高频场扰动后，这种起伏当然会发生变化．

(2)电子注的纵向速度是周期性变化的．电子注在周期性纵向电场中运动，所以这也是周期静电聚焦电子注的固有特点．

(3)电流密度在电子注横截面上的分布是不均匀的．在周期静电聚焦的情况下，为使电子注达到平衡，电子注横截面内电流密度应有一定的分布，而不是均匀分布．这一特点对于大多数静电聚焦系统都是适合的．

由于上述这些特点，对周期静电聚焦电子注上的空间电荷波的研究比起一般磁聚焦电子注来说要复杂得多．

虽然从原则上讲，上述三方面的特点在建立周期静电聚焦电子注中空间电荷波理论时都是可以考虑到的，但往往由于过于繁杂而难以实现．从目前的情况看来，仅上述第二个特点得到了较充分的研究．第一个特点，原则上可以按前面叙述过的表面电流模型来考虑，而第三个特点研究得还很不够，有些问题尚待进一步分析讨论．

在本节中，我们也将着重讨论上述第二个特点，即电子注纵向速度的周期性变化，因此主要限于一维情况的研究．

让我们先从物理角度来讨论一下问题的本质．由于电子注在行进过程中速度周期性地变化，所以电子注中的群聚过程不能不发生变化，这种变化是实质性的．后面将指出，在周期静电聚焦电子注中，小信号波动方程化为具有周期系数的微分方程，这不仅使方程的求解变得困难，更重要的是这种方程的解具有某些固有特性．

我们记得，在周期性慢波结构中，曾经利用弗洛奎定律将系统中的波展开成空间谐波，以满足周期性边界条件的要求．在周期静电聚焦电子注中，如前所述，遇到的将是周期性系数的微分方程，因此，我们仍然可以利用弗洛奎定律(其实定律本身就是对周期系数微分方程的)把电子注中的波动过程展开成空间谐波．因此，在周期静电聚焦电子注中，空间电荷波展开成空间谐波是物理和数学的必然结果．

由于电子注速度周期性地变化而引起的电子群聚过程的深刻变化，并不能单单将空间电荷波展开成空间谐波的集合就能定量地反映出来．在周期性慢波结构中，我们处理的是一个无源系统，边界条件虽然复杂，但方程本身未变，也就是波动过程的实质未变，因此，仅需将传播的导波展开成空间谐波即可满足要求，但在周期性静电聚焦电子注中，问题并不那么简单．从数学上讲，周期系数的微分方程并不一定有周期解，它的解随方程的结构不同而变化，而且对于同一个方程，在不同的变量区域内，解可能是稳定的，也可能是不稳定的．所以与周期性边界条件的情况有本质上的不同．而从物理上来看，电子注中群聚过程的变化，使波动现象复杂化，并不只是表现为出现一系列空间谐波，而是还包含有别的更加复杂的现象．数学上得到的空间电荷波解的稳定与不稳定就是这种复杂现象的一个反映．

下面将对周期静电聚焦电子注中空间电荷波进行数学分析．我们从3.11节得到的基本方程出发，即

$$\frac{\mathrm{d}^2 J_1}{\mathrm{d}z^2}+\left(\frac{2\mathrm{j}\omega}{v_0}+\frac{3}{v_0}\frac{\mathrm{d}v_0}{\mathrm{d}z}\right)\frac{\mathrm{d}J_1}{\mathrm{d}z}+\left(\frac{\eta J_0}{\varepsilon_0 v_0^3}+\frac{2\mathrm{j}\omega}{v_0^2}\frac{\mathrm{d}v_0}{\mathrm{d}z}-\frac{\omega^2}{v_0^2}\right)J_1=0 \tag{3.12.1}$$

$$\frac{\mathrm{d}^2 V_1}{\mathrm{d}z^2}+\left(\frac{2\mathrm{j}\omega}{v_0}-\frac{1}{v_0}\frac{\mathrm{d}v_0}{\mathrm{d}z}\right)\frac{\mathrm{d}V_1}{\mathrm{d}z}-\left(\frac{\omega^2}{v_0^2}+\frac{\eta J_0}{\varepsilon_0 v_0^3}+\mathrm{j}\frac{2\omega}{v_0^2}-\frac{\mathrm{d}v_0}{\mathrm{d}z}\right)V_1=0 \tag{3.12.2}$$

而且 V_1 与 J_1 之间有如下关系：

$$\frac{\mathrm{d}J_1}{\mathrm{d}z}+\mathrm{j}\frac{\omega}{v_0}J_1=\mathrm{j}\frac{\eta\omega J_0}{v_0^3}V_1 \tag{3.12.3}$$

所以，在以下的讨论中，可以仅限于求解方程(3.12.1)，然后由所得到的 J_1，根据式(3.12.3)就可以求出 V_1．

令

$$J_1 = J_{10} e^{-j\int_0^z \frac{\omega}{v_0} dz} \tag{3.12.4}$$

则方程(3.12.1)可化为

$$\frac{d^2 J_{10}}{dz^2} + \frac{3}{v_0} \frac{dv_0}{dz} \frac{dJ_{10}}{dz} + \frac{\eta |J_0|}{\varepsilon_0 v_0^3} J_{10} = 0 \tag{3.12.5}$$

此方程的系数中含有 dv_0/dz,而由于 v_0 是 z 的周期函数,因此 dv_0/dz 亦是 z 的周期函数. 故方程是一个具有周期系数的二阶线性常微分方程. 该方程的解,我们下面再讨论.

先来讨论式(3.12.4)中的因子 $e^{-j\int_0^z \frac{\omega}{v_0} dz}$. 由于 v_0 是 z 的周期函数,因此,该因子是一个关于 z 的复杂的周期函数,可以将其展开为傅里叶级数:

$$e^{-j\int_0^z \frac{\omega}{v_0} dz} = \sum_{m=-\infty}^{\infty} b_m e^{-j\beta_m z} \tag{3.12.6}$$

式中

$$\begin{cases} \beta_m = \beta_e \pm \dfrac{m\pi}{L} \\ \beta_e = \dfrac{\omega}{\bar{v}_0} \end{cases} \tag{3.12.7}$$

式中,L 是聚焦结构的空间周期;$\bar{v}_0$ 是平均直流速度. 展开系数 b_m 可表示为

$$b_m = \frac{1}{L} \int_0^L e^{-j\int_0^z \frac{\omega}{v_0} dz + j\beta_m z} dz \tag{3.12.8}$$

因此,对于电流波,可以得到

$$J_1 = \sum_{m=-\infty}^{\infty} J_m e^{j\beta_m z} \tag{3.12.9}$$

式中

$$J_m = J_{10} b_m \tag{3.12.10}$$

当 v_0 的解析表达式给出后,即可求得 b_m 的表达式.

如此我们就将电流波展开成了空间谐波. 从以上讨论可以看到,空间电荷波展开成空间谐波是周期静电聚焦的必然结果. 同时还可以看到,这只是问题的一部分,它仅是由式(3.12.4)中的指数因子展开而得到的结果,而对于周期系数方程的本身还未进行讨论. 问题在于 J_{10} 是周期系数微分方程的解,是一个关于 z 的复杂的函数,所以空间谐波的波数就不能单由 β_m 来确定. 然而各谐波波数之差为 $\pm m\pi/L$ 则是确定的. 我们在求解方程之前,先研究一下周期静电聚焦电子注中空间电荷波的稳定性问题. 众所周知,空间电荷波的不稳定性乃是建立某些电子注参量器件的基础,所以这种讨论不仅有理论上的意义,也是有其实际意义的.

我们应用李雅普诺夫理论,从方程(3.12.5)出发来讨论. 为了讨论的方便,引入变换

$$\begin{cases} x = J_{10} \\ y = \dfrac{dJ_{10}}{dz} \end{cases} \tag{3.12.11}$$

于是方程(3.12.5)化为一阶常微分方程组

$$\begin{cases} \dfrac{dx}{dz} = y \\ \dfrac{dy}{dz} = -\dfrac{3}{v_0} \dfrac{dv_0}{dz} y - \dfrac{K}{v_0^3} x \end{cases} \tag{3.12.12}$$

式中

$$K = \frac{\eta J_0}{\varepsilon_0} \tag{3.12.13}$$

我们取以下的正定二次型

$$W=\frac{K}{v_0^3}x^2+y^2 \tag{3.12.14}$$

为李雅普诺夫函数. 假定 $v_0>0$,所以 v_0^3 是正的,否则电子将向反方向运动. 可以验证函数(3.12.14)满足李雅普诺夫函数要求的全部数学条件. 根据李雅普诺夫定律,不稳定的充要条件是

$$\frac{\mathrm{d}W}{\mathrm{d}z}>0 \tag{3.12.15}$$

而稳定的充要条件是

$$\frac{\mathrm{d}W}{\mathrm{d}z}\leqslant 0 \tag{3.12.16}$$

但由 W 的表达式(3.12.14)可得

$$\frac{\mathrm{d}W}{\mathrm{d}z}=-\frac{3}{v_0}\left(\frac{K}{v_0^3}x^2+2y^2\right)\frac{\mathrm{d}v_0}{\mathrm{d}z} \tag{3.12.17}$$

由此可得稳定的充要条件是

$$\frac{\mathrm{d}v_0}{\mathrm{d}z}\geqslant 0 \tag{3.12.18}$$

不稳定的充要条件是

$$\frac{\mathrm{d}v_0}{\mathrm{d}z}<0 \tag{3.12.19}$$

由此可知,加速场中的空间电荷波的交变电流是稳定的,而在减速场中则是不稳定的.

现在回转来讨论方程(3.12.3)的解. 在求解析解时,可以利用在空间电荷限制下直流电流与直流速度之间的罗威林方程:

$$\frac{\mathrm{d}^2 v_0}{\mathrm{d}t^2}=\frac{\eta}{\varepsilon_0}J_0 \tag{3.12.20}$$

将式(3.12.20)变成对 z 微分,得

$$v_0\frac{\mathrm{d}}{\mathrm{d}z}\left(v_0\frac{\mathrm{d}v_0}{\mathrm{d}z}\right)=\frac{\eta}{\varepsilon_0}J_0 \tag{3.12.21}$$

将式(3.12.21)代入式(3.12.5),即可以求得该方程的一个解为

$$J_{10}=Av_0^{-1} \tag{3.12.22}$$

然后由朗斯基行列式可以求得另一个解,所以其通解为

$$J_{10}=Av_0^{-1}+\frac{B}{v_0}\int\frac{1}{v_0}\mathrm{d}z \tag{3.12.23}$$

式中,A 和 B 是取决于初始条件的常数. 另外,可以证明有关系

$$\frac{1}{v_0}\int\frac{1}{v_0}\mathrm{d}z=\frac{\varepsilon_0}{\eta J_0}\frac{\mathrm{d}v_0}{\mathrm{d}z} \tag{3.12.24}$$

于是式(3.12.23)可表示为

$$J_{10}=\frac{A}{v_0}+B_1\frac{\mathrm{d}v_0}{\mathrm{d}z} \tag{3.12.25}$$

虽然式(3.12.23)和式(3.12.25)是等价的,但在某些特定的情况下,选用其中的某一个会比用另一个要方便得多.

求得电流波之后,就可求出电压波. 根据式(3.12.23)有

$$V_{10}=\mathrm{j}\frac{v_0}{\eta\omega J_0}\left[B_1\left(1-\frac{\mathrm{d}v_0}{\mathrm{d}z}\int\frac{\mathrm{d}z}{v_0}\right)-A\frac{\mathrm{d}v_0}{\mathrm{d}z}\right] \tag{3.12.26}$$

或

$$V_{10}=\mathrm{j}\frac{v_0}{\eta\omega J_0}\left(B_1 v_0^2\frac{\mathrm{d}^2 v_0}{\mathrm{d}z^2}-A\frac{\mathrm{d}v_0}{\mathrm{d}z}\right) \tag{3.12.27}$$

为了确定常数 A 和 B,设初值条件为

$$z=z_0\ \text{时},J_{10}=J_{00},V_{10}=V_{00} \tag{3.12.28}$$

据此不难求得

$$A=\frac{1}{\Delta}\left[\mathrm{j}\frac{1}{\omega J_0}+\left(v_0^2\frac{\mathrm{d}^2 v_0}{\mathrm{d}z^2}\right)_{z=z_0}J_{00}-\left(\frac{\mathrm{d}v_0}{\mathrm{d}z}\right)_{z=z_0}V_{00}\right] \tag{3.12.29}$$

$$B_1=\frac{1}{\Delta}\left[\left(\frac{1}{v_0}\right)_{z=z_0}V_{00}+\left(\frac{\mathrm{d}v_0}{\mathrm{d}z}\right)_{z=z_0}J_{00}\right] \tag{3.12.30}$$

式中

$$\Delta=\mathrm{j}\frac{1}{\omega J_0}\left[v_0\frac{\mathrm{d}^2 v_0}{\mathrm{d}z^2}+\left(\frac{\mathrm{d}v_0}{\mathrm{d}z}\right)^2\right]_{z=z_0} \tag{3.12.31}$$

由此就能求得空间电荷波的矩阵形式为

$$\begin{bmatrix}(J_{10})_2\\(V_{10})_2\end{bmatrix}=\begin{bmatrix}E & F\\H & I\end{bmatrix}\begin{bmatrix}(J_{10})_1\\(V_{10})_1\end{bmatrix} \tag{3.12.32}$$

式中,矩阵元素

$$\begin{cases}E=\dfrac{1}{\Delta}\left[\mathrm{j}\dfrac{1}{\omega J_0}\left(v_0^2\dfrac{\mathrm{d}^2 v_0}{\mathrm{d}z^2}\right)_{z=z_0}\dfrac{1}{v_0}+\left(\dfrac{\mathrm{d}v_0}{\mathrm{d}z}\right)_{z=z_0}\dfrac{\mathrm{d}v_0}{\mathrm{d}z}\right]\\[2ex] F=-\dfrac{1}{\Delta}\left[\left(\dfrac{\mathrm{d}v_0}{\mathrm{d}z}\right)_{z=z_0}\dfrac{1}{v_0}-\left(\dfrac{1}{v_0}\right)_{z=z_0}\dfrac{\mathrm{d}v_0}{\mathrm{d}z}\right]\\[2ex] H=\dfrac{1}{\Delta}\left[\mathrm{j}\dfrac{1}{\omega J_0}\left(\dfrac{\mathrm{d}v_0}{\mathrm{d}z}\right)_{z=z_0}v_0^2\dfrac{\mathrm{d}^2 v_0}{\mathrm{d}z^2}-\mathrm{j}\dfrac{1}{\omega J_0}\left(v_0^2\dfrac{\mathrm{d}v_0}{\mathrm{d}z}\right)_{z=z_0}\dfrac{\mathrm{d}v_0}{\mathrm{d}z}\right]\\[2ex] I=\dfrac{1}{\Delta}\left[\left(\dfrac{1}{v_0}\right)_{z=z_0}v_0^2\dfrac{\mathrm{d}^2 v_0}{\mathrm{d}z^2}+\left(\dfrac{\mathrm{d}v_0}{\mathrm{d}z}\right)_{z=z_0}\dfrac{\mathrm{d}v_0}{\mathrm{d}z}\right]\end{cases} \tag{3.12.33}$$

知道 v_0 的函数形式后,就可求得矩阵的各元素的具体形式.

从上述推导中不难了解到,我们是在直流速度和直流电流之间满足罗威林方程的条件下求得的解析解.这种解在研究某些类型的微波管(如静电聚焦速调管)中已被采用.但在某些情况下,这一要求并不满足,因而并不能得出如上所述的解析解.对于这种情况下的周期系数微分方程,可以求其级数解.

在方程(3.12.5)中,令

$$v_0=\bar{v}_0 g \tag{3.12.34}$$

式中,g 是 z 的周期函数.于是该方程可表示为

$$\frac{\mathrm{d}}{\mathrm{d}z}\left(g^3\frac{\mathrm{d}J_1}{\mathrm{d}z}\right)+\beta_q^2 J_{10}=0 \tag{3.12.35}$$

式中,$\beta_q^2=\omega_q^2/\bar{v}_0^2$ 是常数.

设周期函数 $g(z)$ 取形式

$$g(z)=g_0+\sum_m g_m \mathrm{e}^{\mathrm{j}\frac{m\pi}{L}z} \tag{3.12.36}$$

则

$$g^3(z)=F_0+\sum_m F_m \mathrm{e}^{\mathrm{j}\frac{m\pi}{L}z} \tag{3.12.37}$$

并令

$$J_1=\mathrm{e}^{-\Gamma z}\sum_m J_m \mathrm{e}^{\mathrm{j}\frac{m\pi}{L}z} \tag{3.12.38}$$

将式(3.12.36)～式(3.12.38)代入式(3.12.35),得

$$\sum_m \left[(\beta_p^2)+F_0\left(-\Gamma+\mathrm{j}\frac{m\pi}{L}\right)^2\right]J_m+\sum_m\sum_n J_n\left(-\Gamma+\mathrm{j}\frac{n\pi}{L}\right)$$

$$\cdot\left[\left(-\Gamma+\mathrm{j}\frac{n\pi}{L}\right)+\mathrm{j}\frac{(m-n)\pi}{L}\right]F_{m-n}=0 \qquad (3.12.39)$$

J_n 有解的条件是

$$\det(B_m+A_{mn})=0 \qquad (3.12.40)$$

式中

$$\begin{cases} B_m=\beta_p^2+F_0\left(-\Gamma+\mathrm{j}\dfrac{m\pi}{L}\right)^2 \\ A_{mn}=\left(-\Gamma+\mathrm{j}\dfrac{n\pi}{L}\right)\left[\left(-\Gamma+\mathrm{j}\dfrac{n\pi}{L}\right)+\mathrm{j}\dfrac{(m-n)\pi}{L}\right]F_{m-n} \end{cases} \qquad (3.12.41)$$

式中,Γ 是无周期电场时的空间电荷波传播常数,可以按本章前面部分介绍的办法求出. 所以有

$$J_1=\mathrm{e}^{-\Gamma z}\sum_{m=-\infty}^{\infty} J_{10}b_m\mathrm{e}^{-\mathrm{j}\beta_m z} \qquad (3.12.42)$$

当 $v_0=v_0(z)$ 的函数形式已知时,就能求得 g 的具体形式,并能对其进行级数展开,原则上就可求出所需的解. 然而在具体求解时,显然并不那么容易.

最后我们指出,在周期静电聚焦电子注中,横截面上的电子密度是要变化的. 哈特勒格等人分析了这种情况下的空间电荷波问题. 他们根据所得方程正则奇点邻域内的解析特性,断定此时空间电荷波存在禁区. 看来这一结论有些使人费解,还值得作进一步的讨论. 限于篇幅,这里不作更多的讨论.

3.13 空间电荷波的激励

前面我们用许多篇幅研究了许多种情况下电子注中的空间电荷波. 从中看到,在有限截面电子注中存在无穷多个空间电荷波模式. 但如何激励这些模式的问题尚未解决,现在我们就来讨论这一十分重要的问题.

空间电荷波的激励有很多种不同的方法,在某种意义上说,不同的激励方法构成了不同的微波器件,因为不同的激励反映了不同的注-波相互作用机理.

一般地讲,空间电荷波的激励方法有两大类:一类是利用驻波场激励,另一类是行波场激励. 在驻波场激励时,为了提高作用效果,通常采用谐振腔中的间隙来实现. 各种形式的速调管就是驻波激励器件. 在行波激励时,为了有效地发生作用,就采用各种慢波结构,各种形式的行波管和返波管(O 型或 M 型)都是行波激励器件. 利用行波激励空间电荷波的分析,归结为建立行波管和返波管的理论,在本书的后面将专门讨论,在此,只讨论驻波激励.

我们现在考虑如图 3.13.1 所示的模型:在两根半无限长的漂移筒(金属屏蔽筒)之间有一个高频间隙,电子注通过此高频间隙时,受到其中高频电场的作用而激励起空间电荷波.

在第 2 章中我们曾经证明过,高频间隙对电子注的调制导致电子注产生交变速度 v_1:

$$v_1=\frac{1}{2}\alpha M v_0\mathrm{e}^{\mathrm{j}\omega t} \qquad (3.13.1)$$

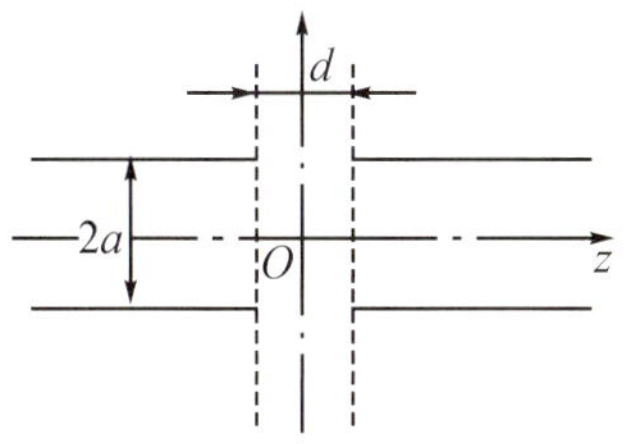

图 3.13.1　分析驻波激励的模型

式中，t 代表电子通过间隙中点的时间. 对无栅间隙来讲，间隙耦合系数为

$$M=M(r)=\frac{\mathrm{I}_0(\gamma_e r)}{\mathrm{I}_0(\gamma_e a)}M(a) \tag{3.13.2}$$

式中

$$M(a)=\frac{1}{d}\int_{-\infty}^{\infty} f(z,a)\mathrm{e}^{\mathrm{j}\beta_e z}\mathrm{d}z \tag{3.13.3}$$

式中，$f(z,a)$是场在间隙内沿 z 轴的分布函数；$\gamma_e^2=\beta_e^2-k^2$.

另外，由本章前面各节所述可知，在间隙以外的漂移筒内，电子注内部场结构为 $\mathrm{J}_0(Tr)$，其中 T 是本征值，取一系列离散值 T_n；电子注外部场结构为 $\mathrm{I}_0(\gamma_e r)$. 不同空间电荷波模式的相位常数是

$$\beta_n=\frac{\omega\pm F_n(\omega_p)}{v_0} \tag{3.13.4}$$

而相应模式的等离子体频率降低因子 F_n 为

$$F_n^2=\frac{1}{1+\dfrac{T_n^2b^2}{\beta_e^2b^2}} \tag{3.13.5}$$

于是系统内各物理量，如交变速度 v_1 和交变电流密度 J_1 等都应表示为所有本征模式的叠加，即

$$\begin{cases}\dfrac{v_1}{v_0}=\displaystyle\sum_{n=1}^{\infty}(V_{n1}\mathrm{e}^{\mathrm{j}\beta_{qn}z}+V_{n2}\mathrm{e}^{-\mathrm{j}\beta_{qn}z})\mathrm{J}_0(T_nr)\mathrm{e}^{\mathrm{j}(\omega t-\beta_e z)}\\[2ex] \dfrac{i_1}{i_0}=\displaystyle\sum_{n=1}^{\infty}(V_{n1}\mathrm{e}^{\mathrm{j}\beta_{qn}z}-V_{n2}\mathrm{e}^{-\mathrm{j}\beta_{qn}z})\frac{\omega}{\omega_{qn}}\mathrm{J}_0(T_nr)\mathrm{e}^{\mathrm{j}(\omega t-\beta_e z)}\end{cases} \tag{3.13.6}$$

式中，V_{n1}和 V_{n2}分别表示第 n 个模式快、慢空间电荷波的幅值.

设初始条件为

$$(z=0)\begin{cases}i_1(0)=0\\[1ex] v_1(0)=\dfrac{1}{2}\alpha M(r)v_0\mathrm{e}^{\mathrm{j}\omega t}\end{cases} \tag{3.13.7}$$

将式(3.13.7)代入式(3.13.6)，得

$$\begin{cases}V_{n1}=V_{n2}=V_n\\[1ex] \dfrac{v_1(0)}{v_0}=\displaystyle\sum_{n=1}^{\infty}2V_n\mathrm{J}_0(T_nr)=\frac{\alpha}{2}M(r)\end{cases} \tag{3.13.8}$$

现在把 $M(r)$用 $\mathrm{J}_0(T_nr)$作傅里叶-贝塞尔展开：

$$M(r)=\sum_{n=1}^{\infty}M_n=\sum_{n=1}^{\infty}C_n\mathrm{J}_0(T_nr) \tag{3.13.9}$$

将式(3.13.9)代入式(2.13.8)中的第二式，比较两端系数，求得

$$V_n=\frac{1}{4}\alpha C_n \tag{3.13.10}$$

将式(3.13.10)代入式(3.13.6)，得

$$\begin{cases}\dfrac{v_1}{v_0}=\dfrac{\alpha}{2}\displaystyle\sum_{n=1}^{\infty}C_n\mathrm{J}_0(T_nr)\cos(\beta_{qn}z)\mathrm{e}^{\mathrm{j}(\omega t-\beta_e z)}\\[2ex] \dfrac{i_1}{i_0}=\mathrm{j}\dfrac{\alpha}{2}\displaystyle\sum_{n=1}^{\infty}\frac{\omega}{\omega_{qn}}C_n\mathrm{J}_0(T_nr)\cos(\beta_{qn}z)\mathrm{e}^{\mathrm{j}(\omega t-\beta_e z)}\end{cases} \tag{3.13.11}$$

这样，各模式幅值的相对大小与 C_n 成正比，而 C_n 由式(3.13.9)可知，$M(r)$即由间隙场结构确定. 下面根据式(3.13.2)和式(3.13.3)及贝塞尔函数的正交性来确定 C_n.

以 $r\mathrm{J}_0(T_mr)$乘式(3.13.9)并积分，求得

$$\sum_{n=1}^{\infty}\int_0^a C_n \mathrm{J}_0(T_n r) r \mathrm{J}_0(T_m r)\mathrm{d}r = \int_0^a r M(r)\mathrm{J}_0(T_m r)\mathrm{d}r \tag{3.13.12}$$

而对电子注充满漂移管的情况，$T_n a$ 是 $\mathrm{J}_0(T_n a)=0$ 的根，贝塞尔函数具有下列正交性：

$$\int_0^a r\mathrm{J}_0(T_n r)\mathrm{J}_0(T_m r)\mathrm{d}r = \begin{cases} 0 & (m\neq n) \\ \dfrac{a^2}{2}\mathrm{J}_1^2(T_n a) & (m=n) \end{cases} \tag{3.13.13}$$

根据式(3.13.13)，由式(3.13.12)可求得

$$C_n = \frac{2}{a^2 \mathrm{J}_1^2(T_n a)}\int_0^a r\mathrm{J}_0(T_n r)M(r)\mathrm{d}r \tag{3.13.14}$$

将式(3.13.2)代入式(3.13.14)，得

$$\begin{aligned} C_n &= \frac{2M(a)}{a^2\mathrm{J}_1^2(T_n a)}\int_0^a r\mathrm{J}_0(T_n r)\frac{\mathrm{I}_0(\gamma_e r)}{\mathrm{I}_0(\gamma_e a)}\mathrm{d}r \\ &= \frac{2M(a)}{a^2\mathrm{J}_1^2(T_n a)}\cdot\frac{a^2(T_n a)\mathrm{J}_1(T_n a)}{(T_n a)^2+(\gamma_e a)^2} \\ &= \frac{2(T_n a)}{(T_n a)^2+(\gamma_e a)^2}\cdot\frac{M(a)}{\mathrm{J}_1(T_n a)} \end{aligned} \tag{3.13.15}$$

因而 M_n 为

$$M_n = \frac{2(T_n a)M(a)}{(T_n a)^2+(\gamma_e a)^2}\cdot\frac{\mathrm{J}_0(T_n r)}{\mathrm{J}_1(T_n a)} \tag{3.13.16}$$

式中，$M(a)$由式(3.13.3)确定.

当间隙之间有栅网时，对细电子注情况，可以假定场沿 r 是均匀的，这时 $\mathrm{I}_0(\gamma_e r)=\mathrm{I}_0(\gamma_e a)$，故由式(3.13.15)可求得

$$C_n = \frac{2M(a)}{a^2\mathrm{J}_1^2(T_n a)}\int_0^a r\mathrm{J}_0(T_n r)\mathrm{d}r = \frac{2M(a)}{(T_n a)\mathrm{J}_1(T_n a)} \tag{3.13.17}$$

而 M_n 为

$$M_n = \frac{2M(a)}{T_n a}\cdot\frac{\mathrm{J}_0(T_n r)}{\mathrm{J}_1(T_n a)} \tag{3.13.18}$$

对于短间隙而言，$M(a)$可取为

$$M(a)\approx\frac{\sin\dfrac{\theta_d}{2}}{\dfrac{\theta_d}{2}} \tag{3.13.19}$$

式中，θ_d 为间隙渡越角(参阅第 2 章).

对于电子注未充满漂移管的情形，式(3.13.6)～式(3.13.11)仍然成立，但此时色散方程不再是 $\mathrm{J}_0(Ta)=0$，而是式(3.5.19)，即为

$$-Tb\frac{\mathrm{J}_1(Tb)}{\mathrm{J}_0(Tb)} = (\gamma_0 b)\mathrm{bctnh}(\gamma_0 a-\gamma_0 b) \tag{3.13.20}$$

所以$(T_n a)$不再是 $\mathrm{J}_0(Ta)$的零点，而是式(3.13.20)的根，于是 $\mathrm{J}_0(T_n r)$就不再具有上述正交性[式(3.13.13)]. 因而上述求各模式的耦合系数 M_n 的方法必须改变. 为此，令 $-\gamma_0 b\cdot\mathrm{bctnh}(\gamma_0 a-\gamma_0 b)=h$，通过计算表明 h 近似为一常数. 于是方程(3.13.20)写为

$$Tb\mathrm{J}_1(Tb)=h\mathrm{J}_0(Tb) \tag{3.13.21}$$

由贝塞尔函数理论可证明，当 $T_n b$ 是此方程的根时，$\mathrm{J}_0(T_n b)$具有正交性：

$$\int_0^b \mathrm{J}_0(T_m r)\mathrm{J}_0(T_n r)r\mathrm{d}r = \begin{cases} 0 & (m\neq n) \\ \dfrac{b^2}{2}[\mathrm{J}_1^2(T_n b)+\mathrm{J}_0^2(T_n b)] & (m=n) \end{cases} \tag{3.13.22}$$

利用这一正交性条件求得的展开系数 C_n 为

$$C_n=\frac{2}{b^2[\mathrm{J}_1^2(T_nb)+\mathrm{J}_0^2(T_nb)]}\int_0^b \mathrm{J}_0(T_nr)M(r)r\mathrm{d}r \tag{3.13.23}$$

将 $M(r)$ 的表达式代入式(3.13.23),并注意到色散方程式(3.13.21),求得

$$C_n=M_z\frac{\mathrm{I}_0(\gamma_e b)}{\mathrm{I}_0(\gamma_e a)}\cdot\frac{2(T_nb)^2}{(T_nb)^2+h^2}\cdot\frac{1}{\mathrm{J}_0(T_nb)}\cdot\frac{1}{(T_nb)^2+(\gamma_e b)^2}\left[\gamma_e b\frac{\mathrm{I}_1(\gamma_e b)}{\mathrm{I}_0(\gamma_e b)}+h\right] \tag{3.13.24}$$

式中,$M_z=\dfrac{\sin\dfrac{\theta_d}{2}}{\dfrac{\theta_d}{2}}$ 或 $M_z=\mathrm{J}_0\left(\dfrac{\theta_d}{2}\right)$(参看第 2 章).

因而各模式的耦合系数为

$$M_n=C_n\mathrm{J}_0(T_nr) \tag{3.13.25}$$

这里所谓不同模式 n 乃是对于方程(3.13.21)的不同根而言的.

在速调管理论中,往往需求各模式耦合系数的平均平方值,其定义为

$$\sum_{n=1}^{\infty}\langle M_n^2\rangle=\sum_{n=1}^{\infty}\left(\frac{2}{b^2}\int_0^b M_n^2 r\mathrm{d}r\right) \tag{3.13.26}$$

式中,$b\leqslant a$,当等式成立时即为电子注完全充满漂移管的情况.对于这种情况($b=a$),不难由式(3.13.26)求出

$$\sum_{n=1}^{\infty}\langle M_n^2\rangle=\sum_{n=1}^{\infty}C_n^2\mathrm{J}_1^2(T_na) \tag{3.13.27}$$

而对于电子注未完全充满漂移管的情况,则有

$$\sum_{n=1}^{\infty}\langle M_n^2\rangle=\left[2M_z\frac{\mathrm{I}_0(\gamma_e b)}{\mathrm{I}_0(\gamma_e a)}\right]^2\left[\gamma_e b\frac{\mathrm{I}_1(\gamma_e b)}{\mathrm{I}_0(\gamma_e b)}+h\right]^2\cdot\sum_{n=1}^{\infty}\frac{(T_nb^2)}{(T_nb)^2+h^2}\frac{1}{[(T_nb)^2+(\gamma_e b)^2]^2} \tag{3.13.28}$$

上述所有求和均对方程(3.13.21)的全部根进行.

对于完全充满漂移管的电子注,计算结果列于表 3.13.1 中.

表 3.13.1 $\dfrac{b}{a}=1$ 时各模式耦合系数的平均平方值

	$\gamma_e a$	$\sum_{n=1}^{\infty}\langle M_n^2\rangle$	$\langle M_1^2\rangle$	$\langle M_2^2\rangle$	$\langle M_3^2\rangle$
有栅间隙	—	1.0	0.69	0.13	0.05
无栅间隙	0.5	0.94	0.62	0.13	0.053
	1.0	0.80	0.51	0.12	0.052
	1.5	0.64	0.36	0.11	0.050
	2.0	0.51	0.24	0.10	0.048

由表 3.13.1 可以知道,模式越高,耦合系数越小.

在结束本节时,我们指出,上面我们是按照贝克所提出的方法,即与间隙内的场匹配的方法进行分析的.另外,斯柯达和帕仁从场方程出发,利用拉普拉斯变换分析了空间电荷波的激励问题,读者可以参看他们的原著.

3.14 空间电荷波与波导中的导波及慢波系统中的慢波的比较

如前所述，在小信号假设下，电子注中的高频纵向扰动可以归结为空间电荷波. 空间电荷波由以下波动方程描述：

$$\nabla_T^2 E_z + T^2 E_z = 0 \tag{3.14.1}$$

式中

$$T^2 = (\beta^2 - k^2)\left[\frac{\omega_p^2}{(\omega - \beta v_{0z})^2} - 1\right] \tag{3.14.2}$$

当电子注外面有金属屏蔽筒时，方程(3.14.1)的解导出有无限多个空间电荷波模式的存在，而每个模式包含两个空间电荷波，即快、慢空间电荷波. 另外，由于式(3.14.2)是关于 β 的四次代数方程，所以还存在波导导波. 当然，其波导导波要受到电子注存在的影响.

在本书第 2 篇中，将讨论波导导波及慢波系统中慢波的差异问题. 在此我们首先讨论空间电荷波与波导导波及慢波的差异.

我们知道波导导波(TM 波)满足波动方程

$$\nabla_T^2 E_z + k_c^2 E_z = 0 \tag{3.14.3}$$

式中

$$k_c^2 = k^2 - \beta^2 \tag{3.14.4}$$

在均匀波导中，边界条件为

$$E_z|_{边界} = 0 \tag{3.14.5}$$

由此可导出，方程(3.14.3)的本征函数构成一完全正交系，其本征值构成离散谱，且总为正值，即

$$k_c^2 \geqslant K_{c0}^2 \tag{3.14.6}$$

由此断言，在均匀波导内总有

$$\beta^2 \leqslant k^2 \tag{3.14.7}$$

于是均匀波导内的导波总是快波，相速大于(或等于)光速. 对 TM 波而言，$K_{c0}^2 > 0$，所以波导导波存在截止频率. 而对于空间电荷波而言，无截止频率.

其次，我们在第 2 篇中将知道，慢波满足的波动方程为

$$\nabla_T^2 E_z - \gamma^2 E_z = 0 \tag{3.14.8}$$

式中

$$\gamma^2 = \beta^2 - k^2 \tag{3.14.9}$$

对于慢波而言，有 $\beta^2 > k^2$，故 γ^2 取正值. 根据本征值理论，在边界上(至少在一个边界上)，场不能为零，即

$$E_z \neq 0 \tag{3.14.10}$$

场 E_z 在此边界上取最大值，随着离此边界距离的增加，场强迅速衰减，呈现表面波的特性.

如果慢波系统是周期性的，则按弗洛奎定理，对于任意一个模式，存在无穷个空间谐波，其相位常数为

$$\beta_n = \beta_0 + \frac{2\pi n}{L} \tag{3.14.11}$$

式中，L 是空间周期.

各空间谐波的幅值，一般随着空间谐波号数的增大而减小. 号数越高，场的表面波特性也越显著.

在以后我们将会看到，对于开敞的慢波系统存在禁区，禁区存在的条件是

$$\beta_n^2 \geqslant k^2 \tag{3.14.12}$$

可见，对于周期性结构，存在一系列禁区.

为了明显起见，根据以上所述，列成表 3.14.1，以利于加深理解.

表 3.14.1 波导导波、慢波系统慢波与空间电荷波特性的比较

序号	均匀波导	慢波系统	有电子注的漂移管
1	$\nabla_T^2 E_z + k_c^2 E_z = 0$	$\nabla_T^2 E_z - \gamma^2 E_z = 0$	$\nabla_T^2 E_z + T^2 E_z = 0$
2	$k_c^2 = k^2 - \beta^2$	$\gamma^2 = \beta^2 - k^2$	$T^2 = (\beta^2 - k^2)[\omega_p^2/(\omega - \beta v_{0z})^2 - 1]$
3	齐次边界条件：$E_z = 0$，存在一组正交完备系本征函数(模式)	非齐次边界条件：$E_z \neq 0$，存在一组正交完备系(模式)	齐次边界条件：$E_z = 0$，存在一组正交完备系(模式)
4	本征值：$k_{cn}^2 \geqslant K_{c0}^2$ $k^2 > \beta^2$	本征值：$\gamma_n^2 > 0$ $\beta_n^2 > k^2$	本征值：$T_n^2 > 0$ $\beta_n^2 > k^2, \omega_p^2 > (\omega - \beta v_{0z})^2$
5	每一个模式有正向及反向两个波	每一个模式有正向及反向两个波	每一个模式有快空间电荷波及慢空间电荷波，两个波都是正向的
6	波的相速大于光速：$v_p > c$，且有 $v_p v_g = c^2$	波的相速小于光速：$v_p < c$，关系式 $v_p v_g = c^2$ 不存在	两个空间电荷波的相速均接近于电子速度 $(v_p)_{1,2} = \dfrac{v_{0z}}{(1 \mp F_n \omega_p/\omega)}$
7	存在截止区，由条件 $\omega_c = ck_c$ 确定	不存在截止频率	不存在截止频率
8	场 E_z 在边界上为零，在波导中场作周期性变化	场呈表面波的特性	场 E_z 在边界上为零，在管内作周期性变化
9	无空间谐波	每个模式包含无限多个空间谐波	无空间谐波
10	无禁区	有禁区存在	有待商榷

3.15 参考文献

[1]RAMO S. The electronic-wave theory of velocity-modulation tubes[J]. Proceedings of the Ire, 1939, 27(12):757-763.

[2]RAMO S. Space charge and field waves in an electron beam[J]. Physical Review, 1939, 56(3).

[3]FEENBERG E, FELDMAN D. Theory of small signal bunching in a parallel electron beam of rectangular cross section[J]. Journal of Applied Physics, 1946, 17(12):1025-1037.

[4]MACFARLANE G G, HAY H G. Wave propagation in a slipping stream of electrons: small amplitude theory[J]. Proceedings of the Physical Society B, 1950, 63(6):409-427.

[5][6]PIERCE J R. Waves in electron streams and circuits[J]. Bell Labs Technical Journal, 1951, 30(3):626-651.

[6]MATHEWS W E. Transmission-line equivalent of electronic traveling-wave systems[J]. Journal of Applied Physics, 1951, 22(3):310-316.

[7] PARZEN P . Space-charge-wave propagation in a cylindrical electron beam of finite lateral extension[J]. Journal of Applied Physics, 1952, 23(2):215-219.

[8]RIGROD W W, LEWIS J A. Wave propagation along a magnetically-focused cylindrical electron beam[J]. Bell System Technical Journal, 1954, 33(2):399-416.

[9]WALKER L R. Stored energy and power flow in electron beams[J]. Journal of Applied Physics,

1954, 25(5):615-618.

[10] BlOOM S, PETER R W. Transmission-line analog of a modulated electron beam[J]. RCA Review, 1954,15:95.

[11] BEAM W R . On the possibility of amplification in space-charge-potential-depressed electron streams[J]. Proceedings of the IRE, 1955, 43(4):454-462.

[12] BRANCH G M, MIHRAN T G. Plasma frequency reduction factors in electron beams[J]. IRE Transactions on Electron Devices, 1955, ED-2(2):3-11.

[13] BRANCH G M. Plasma frequency reduction in electron streams by helices and drift tubes[J]. IRE Transactions on Electron Devices,1959,6(4):468-469.

[14] SCOTTO M, PARZEN P. Excitation of space charge waves in drift tubes[J]. Journal of Applied Physics, 1956, 27(4):375-381.

[15] BREWER G R. Some effects of magnetic field strength on space-charge-wave propagation[J]. Proceedings of the IRE, 1956, 44(7):896-903.

[16] BREWER, G. R. Some characteristics of a cylindrical electron stream in immersed flow[J]. Ire Transactions on Electron Devices, 1957, 4(2):134-140.

[17] BECK A H. Excitation of space-charge waves in drift tubes[J]. Journal of Applied Physics, 1957, 28(1):140-141.

[18] NEWTON R H C. On space-charge waves[J]. Journal of Electronics and Control,1957(2):441.

[19] LABUS J. Space charge waves along magnetically focused electron beams[J]. Proceedings of the IRE, 1957, 45(6):854-861.

[20] RIGROD W W, PIERCE J R. Space-charge wave excitation in solid-cylindrical brillouin beams [J]. Bell Labs Technical Journal, 1959, 38(1):99-118.

[21] KOSMAHL, H G. Propagation of space-charge waves in diodes and drift spaces[J]. Electron Devices Ire Transactions on, 1959, 6(2):225-231.

[22] SIMS G D, STEPHENSON I M. The role of space-charge waves in modern microwave devices [J]. Electrical Engineering,1960(32):408;499;567.

[23] MUELLER W M. Propagation in periodic electron beams[J]. Journal of Applied Physics, 1961, 32(7):1349-1360.

[24] CAULTON M, HERSHENOV B, PASCHKE F. Experimental evidence of landau damping in electron beams[J]. Journal of Applied Physics, 1962, 33(3):800-803.

[25] BERGHAMMER J. Landau damping of space-charge waves[J]. Journal of Applied Physics, 1962, 33(4):1499-1504.

[26] DAY W R, Jr. Small-signal gain calculations for electrostatically focused klystrons[J]. IEEE Transactions on Electron Devices, 1969, 16(5):486-489.

[27] BECK A H. Electron Beams and Landau damping[C]. MOGA,1970.

[28] HARTNAGEL H L, et al. Wave propagation in electrostatically focused microwave tubes[C]. MOGA,1970.

[29] HARTNAGEL H L. Propagation for periodic-electrostatically focused electron beams[J]. IEEE Transactions on Electron Devices,1971(18):214.

[30] UHM H S. Space charge waves in a cylindrical waveguide with arbitrary wall impedance[J]. The

Physics of Fluids, 1982, 25(4):690-696.

[31] BECK A H. Space-charge waves and slow electromagnetic waves[M]. Oxford: Pergamon Press, 1958.

[32] KRALL N A, TRIVELPIECE A W, SYMON K R. Principles of plasma physics[J]. IEEE Transactions on Plasma ence, 1973, 2(3):196-196.

第 4 章　耦合模理论

4.1 引言

在科学和技术研究中，人们经常要处理一些复杂的振荡系统或波动系统. 这些系统中存在若干本征振荡或本征波，它们仅由系统的物理状态所决定，人们往往将它们称为简正振荡或简正波. 本章我们将采用这一称呼. 对于一个完整的系统，由描述这些系统的振荡方程或波动方程及它们的边界条件（或初值条件）解析地解出其简正振荡或简正波的问题，除少数简单的情况外，往往是非常困难的，甚至实际上是不可能的.

为了克服上述困难，人们提出了一种普遍性的近似理论，称为耦合模理论，它适用于对任何复杂的振荡系统或波动系统进行分析. 这一理论的基本思想是很具有物理直观性的. 它将复杂的振荡系统或波动系统视为若干较简单的系统彼此耦合起来，而这些简单的系统是易于解析求解的，或者其简正振荡或简正波（统称简正模）是已知的. 这样一来，问题就化为对这些已知的简正模之间所产生的耦合的研究.

耦合模理论不仅具有直观的物理意义，而且也具有严格的数学基础. 熟悉线性代数的人都知道矩阵对角化的问题. 耦合模算子是一非对角矩阵，将其对角化，即可求得复杂系统的简正模. 因而复杂系统的简正模和耦合模之间的关系就是矩阵算子的对角化关系. 它们是由两种不同的观点分析同一系统. 采用哪种观点进行分析，将视其实际可行性和简单性而定.

由于本书的内容和篇幅所限，我们将只对由波动系统构成的微波器件，进行扼要的耦合模分析.

4.2 简正模和耦合模的基本概念

我们来考虑如图 4.2.1 所示的单回路谐振电路. 描述此回路中电流 I 和电压 V 的方程为

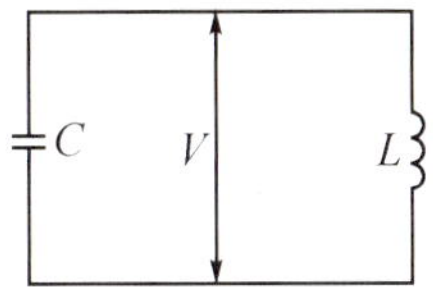

图 4.2.1　单回路谐振电路

$$\begin{cases} \dfrac{\mathrm{d}I}{\mathrm{d}t}=-\dfrac{1}{L}V \\ \dfrac{\mathrm{d}V}{\mathrm{d}t}=\dfrac{1}{C}I \end{cases} \tag{4.2.1}$$

不难看出，这是两个一阶微分方程，而且这两个方程是相互关联的，称为耦合，即两个一阶微分方程是相互耦合的.

方程(4.2.1)容易化为两个二阶去耦合的微分方程：

$$\begin{cases}\dfrac{\mathrm{d}^2 I}{\mathrm{d}t^2}+\dfrac{1}{LC}I=0\\[2ex]\dfrac{\mathrm{d}^2 V}{\mathrm{d}t^2}+\dfrac{1}{LC}V=0\end{cases}\tag{4.2.2}$$

令

$$\omega_0^2=\frac{1}{LC}\tag{4.2.3}$$

则方程(4.2.2)可表示为

$$\begin{cases}\dfrac{\mathrm{d}^2 I}{\mathrm{d}t^2}+\omega_0^2 I=0\\[2ex]\dfrac{\mathrm{d}^2 V}{\mathrm{d}t^2}+\omega_0^2 V=0\end{cases}\tag{4.2.4}$$

此方程的解为

$$\begin{cases}I=A\mathrm{e}^{\mathrm{j}\omega_0 t}+B\mathrm{e}^{-\mathrm{j}\omega_0 t}\\V=C\mathrm{e}^{\mathrm{j}\omega_0 t}+D\mathrm{e}^{-\mathrm{j}\omega_0 t}\end{cases}\tag{4.2.5}$$

上述各式中的 ω_0 是该回路中简谐振荡的谐振频率.

如果所考虑的电路不是一个谐振回路,而是两个相互耦合的谐振回路,如图 4.2.2 所示.图中 M 是两回路间的互感(当然耦合也可通过电容来实现).此耦合回路的方程为

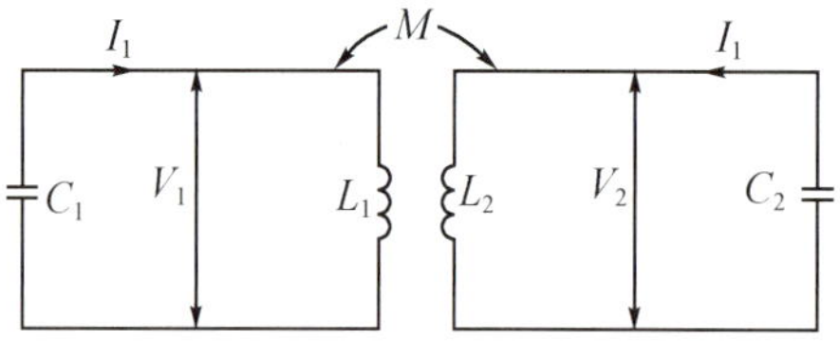

图 4.2.2　两个相互耦合的谐振回路

$$\begin{cases}\dfrac{\mathrm{d}I_1}{\mathrm{d}t}=-\dfrac{1}{L_1}V_1-\dfrac{M}{L_1}\dfrac{\mathrm{d}I_2}{\mathrm{d}t}\\[2ex]\dfrac{\mathrm{d}V_1}{\mathrm{d}t}=\dfrac{1}{C_1}I_1\\[2ex]\dfrac{\mathrm{d}I_2}{\mathrm{d}t}=-\dfrac{1}{L_2}V_2-\dfrac{M}{L_2}\dfrac{\mathrm{d}I_1}{\mathrm{d}t}\\[2ex]\dfrac{\mathrm{d}V_2}{\mathrm{d}t}=\dfrac{1}{C_2}I_2\end{cases}\tag{4.2.6}$$

可见,在这种耦合系统中,两组电路微分方程相互耦合起来(通过互感 M).方程组(4.2.6)可以表示为以下形式:

$$\begin{cases}\dfrac{\mathrm{d}I_1}{\mathrm{d}t}=C'_{11}I_1+C'_{12}V_1+C'_{13}I_2+C'_{14}V_2\\[2ex]\dfrac{\mathrm{d}V_1}{\mathrm{d}t}=C'_{21}I_1+C'_{22}V_1+C'_{23}I_2+C'_{24}V_2\\[2ex]\dfrac{\mathrm{d}I_2}{\mathrm{d}t}=C'_{31}I_1+C'_{32}V_1+C'_{33}I_2+C'_{34}V_2\\[2ex]\dfrac{\mathrm{d}V_2}{\mathrm{d}t}=C'_{41}I_1+C'_{42}V_1+C'_{43}I_2+C'_{44}V_2\end{cases}\tag{4.2.7}$$

式中

$$
\begin{cases}
C'_{11}=0 & C'_{31}=0 \\
C'_{12}=-\dfrac{\dfrac{1}{L_1}}{1-\dfrac{M^2}{L_1L_2}} & C'_{32}=\dfrac{\dfrac{M}{L_1L_2}}{1-\dfrac{M^2}{L_1L_2}}=C'_{14} \\
C'_{13}=0 & C'_{33}=0 \\
C'_{14}=\dfrac{\dfrac{M}{L_1L_2}}{1-\dfrac{M^2}{L_1L_2}} & C'_{34}=-\dfrac{\dfrac{1}{L_2}}{1-\dfrac{M^2}{L_1L_2}} \\
C'_{21}=\dfrac{1}{C_1} & C'_{43}=\dfrac{1}{C_2} \\
C'_{22}=C'_{23}=C'_{24}=0 & C'_{41}=C'_{42}=C'_{44}=0
\end{cases}
\tag{4.2.8}
$$

方程组(4.2.7)也可以化为两个二阶微分方程式,但它们是相互耦合的,即

$$
\begin{cases}
\dfrac{d^2I_1}{dt^2}=A_{11}I_1+A_{12}I_2 \\
\dfrac{d^2I_1}{dt^2}=A_{21}I_1+A_{22}I_2
\end{cases}
\tag{4.2.9}
$$

式中

$$
\begin{cases}
A_{11}=-\dfrac{\omega_{01}^2}{1-\dfrac{M^2}{L_1L_2}} \\
A_{12}=\dfrac{\dfrac{M}{L_1}\omega_{02}^2}{1-\dfrac{M^2}{L_1L_2}} \\
A_{21}=\dfrac{\dfrac{M}{L_2}\omega_{01}^2}{1-\dfrac{M^2}{L_1L_2}} \\
A_{22}=-\dfrac{\omega_{02}^2}{1-\dfrac{M^2}{L_1L_2}}
\end{cases}
\tag{4.2.10}
$$

而

$$
\begin{cases}
\omega_{01}^2=\dfrac{1}{L_1C_1} \\
\omega_{02}^2=\dfrac{1}{L_2C_2}
\end{cases}
\tag{4.2.11}
$$

分别为两个回路独立时的谐振频率.

方程组(4.2.9)所描述的耦合系统的谐振频率 ω 不难由该方程组求出:

$$
\omega_0^2=\frac{1}{2}\cdot\frac{1}{1-\dfrac{M^2}{L_1L_2}}(\omega_{01}^2+\omega_{02}^2)\pm\frac{1}{2}\frac{1}{1-\dfrac{M^2}{L_1L_2}}\sqrt{(\omega_{01}^2-\omega_{02}^2)^2-4\frac{M^2}{L_1L_2}\omega_{01}^2\omega_{02}^2}
\tag{4.2.12}
$$

显然当耦合为零,即 $M=0$ 时,系统的谐振频率 ω_0 即分别为单独每个回路的谐振频率 ω_{01} 和 ω_{02}.

由式(4.2.12)可见,耦合系统的谐振频率由两个子系统的谐振频率及耦合情况所决定. 至此,我们已可看到,当一个谐振系统独立而不与其他谐振系统耦合时,其振荡就构成一个简正模式,简正模式的频率由其固有谐振频率确定. 而当两个谐振系统相互耦合时,两简正模式也就耦合起来. 所以,对于一个耦合系统,正

如引言中所说的，我们可以用两种不同的观点去研究它，其一是将它视为一个整体，然后求出其简正模和简正振荡频率；其二是将其视为若干个子系统互相耦合起来，然后解其耦合模式和其振荡频率. 前一种方法在系统比较复杂时，是不易实现的；而后一种方法，在子系统（当然比较简单）的情况已研究得比较透彻，或易于研究透彻时，就易于实现. 所以耦合模的方法是一个很重要的方法.

数学上，在解一个单谐振系统的方程(4.2.1)时，可以不必将它化为去耦的二阶微分方程. 如果我们作一线性变换：

$$\begin{cases} a=\dfrac{1}{2}\sqrt{L}\,(I+\mathrm{j}\omega CV) \\ a^{*}=\dfrac{1}{2}\sqrt{L}\,(I-\mathrm{j}\omega CV) \end{cases} \tag{4.2.13}$$

就可以将方程(4.2.1)化为去耦合的一阶微分方程：

$$\begin{cases} \left(\dfrac{\mathrm{d}}{\mathrm{d}t}-\mathrm{j}\omega\right)a=0 \\ \left(\dfrac{\mathrm{d}}{\mathrm{d}t}+\mathrm{j}\omega\right)a^{*}=0 \end{cases} \tag{4.2.14}$$

这样一来，显然此方程比二阶微分方程要简单得多. 我们把 a 和 a^{*} 称为简正模，方程(4.2.14)称为方程(4.2.1)的简正模形式. 变换式(4.2.13)中系数的选择带有某些任意性，这里我们的选择是使简正模 a 和 a^{*} 的幅值平方和等于系统的能量. 不难验证

$$\varepsilon=\frac{1}{2}[CV^{2}(t)+LI^{2}(t)]=|a(t)|^{2}+|a^{*}(t)|^{2} \tag{4.2.15}$$

而对于耦合系统，如令

$$\begin{cases} a_1=\dfrac{1}{2}\sqrt{L_1}\,(I_1+\mathrm{j}\omega_{01}C_1V_1) \\ a_1^{*}=\dfrac{1}{2}\sqrt{L_1}\,(I_1-\mathrm{j}\omega_{01}C_1V_1) \end{cases} \tag{4.2.16}$$

及

$$\begin{cases} a_2=\dfrac{1}{2}\sqrt{L_2}\,(I_2+\mathrm{j}\omega_{02}C_2V_2) \\ a_2^{*}=\dfrac{1}{2}\sqrt{L_2}\,(I_2-\mathrm{j}\omega_{02}C_2V_2) \end{cases} \tag{4.2.17}$$

则耦合系统的方程组(4.2.7)可以化为

$$\begin{cases} \dfrac{\mathrm{d}a_1}{\mathrm{d}t}=C_{11}a_1+C_{12}a_2+C_{13}a_1^{*}+C_{14}a_2^{*} \\ \dfrac{\mathrm{d}a_2}{\mathrm{d}t}=C_{21}a_1+C_{22}a_2+C_{23}a_1^{*}+C_{24}a_2^{*} \\ \dfrac{\mathrm{d}a_1^{*}}{\mathrm{d}t}=C_{31}a_1+C_{32}a_2+C_{33}a_1^{*}+C_{34}a_2^{*} \\ \dfrac{\mathrm{d}a_2^{*}}{\mathrm{d}t}=C_{41}a_1+C_{42}a_2+C_{43}a_1^{*}+C_{44}a_2^{*} \end{cases} \tag{4.2.18}$$

式中

$$
\begin{cases}
C_{11}=\dfrac{\mathrm{j}\omega_{01}}{2}\left(\dfrac{2-\dfrac{M^2}{L_1L_2}}{1-\dfrac{M^2}{L_1L_2}}\right)\\
C_{12}=-\dfrac{\mathrm{j}\omega_{01}\omega_{02}^2}{2}\cdot\dfrac{M\sqrt{C_1C_2}}{1-\dfrac{M^2}{L_1L_2}}\\
C_{13}=-\dfrac{\mathrm{j}\omega_{01}}{2}\left(\dfrac{\dfrac{M^2}{L_1L_2}}{1-\dfrac{M^2}{L_1L_2}}\right)\\
C_{14}=-C_{12}\\
C_{21}=-\dfrac{\mathrm{j}\omega_{01}^2\omega_{02}}{2}\dfrac{M\sqrt{C_1C_2}}{1-\dfrac{M^2}{L_1L_2}}\\
C_{22}=-\dfrac{\mathrm{j}\omega_{02}}{2}\left(\dfrac{2-\dfrac{M^2}{L_1L_2}}{1-\dfrac{M^2}{L_1L_2}}\right)\\
C_{23}=-C_{21}\\
C_{24}=-\dfrac{\mathrm{j}\omega_{02}}{2}\left(\dfrac{\dfrac{M^2}{L_1L_2}}{1-\dfrac{M^2}{L_1L_2}}\right)\\
C_{31}=-C_{13}\\
C_{32}=C_{12}\quad C_{33}=-C_{11}\\
C_{41}=C_{21}\quad C_{42}=-C_{24}\\
C_{43}=C_{23}\quad C_{44}=-C_{22}
\end{cases}
\tag{4.2.19}
$$

方程(4.2.18)就是模式耦合的典型方程式，称为耦合模形式.

上述简正模和耦合模的概念是由振荡系统引入的，实际上，这种概念可以推广到任何波动过程中. 我们来考虑传输线的情况. 如令传输线上的电压及电流分别为

$$
\begin{cases}
V(z,t)=\mathrm{Re}\{V(z)\mathrm{e}^{\mathrm{j}\omega t}\}\\
I(z,t)=\mathrm{Re}\{I(z)\mathrm{e}^{\mathrm{j}\omega t}\}
\end{cases}
\tag{4.2.20}
$$

则传输线方程为

$$
\begin{cases}
\dfrac{\mathrm{d}V}{\mathrm{d}z}=-\mathrm{j}\omega LI\\
\dfrac{\mathrm{d}I}{\mathrm{d}z}=-\mathrm{j}\omega CV
\end{cases}
\tag{4.2.21}
$$

可见，是一对耦合的一阶线性微分方程，同方程(4.2.1)有相同的形式. 显然，振荡系统的简正模和耦合模概念及其数学方法，可以应用于方程(4.2.21)所描述的单传输线系统及相应的耦合传输线的情况.

如令

$$
a_{\pm}(z)=\frac{1}{4\sqrt{Z_0}}[V(z)\pm Z_0I(z)]
\tag{4.2.22}
$$

即可将方程(4.2.21)化为简正模形式：

$$\begin{cases}\left(\dfrac{\mathrm{d}}{\mathrm{d}z}+\mathrm{j}\beta\right)a_+(z)=0\\\left(\dfrac{\mathrm{d}}{\mathrm{d}z}-\mathrm{j}\beta\right)a_-(z)=0\end{cases} \tag{4.2.23}$$

式中

$$\begin{cases}Z_0=\sqrt{\dfrac{L}{C}}\\\beta=\omega\sqrt{LC}\end{cases} \tag{4.2.24}$$

式中，Z_0 表示传输线的特性阻抗；β 为线上波的传播常数.

方程(4.2.23)的解为

$$a_\pm(z)=a'_\pm(z)\mathrm{e}^{\mp\mathrm{j}\beta z} \tag{4.2.25}$$

不难看出，a_+ 代表前向行波，a_- 代表反向行波. 波的相速即为

$$v_{p\pm}=\pm\frac{\omega}{\beta}=\pm\frac{1}{\sqrt{LC}} \tag{4.2.26}$$

前面曾指出过，模式的幅值应正比于振荡系统的能量. 而在传输系统中，则设简正模的振幅正比于波的功率，对于简单传输线，这由方程(4.2.15)确定.

4.3 漂移空间中电子注上空间电荷波的简正模

在第 3 章中我们已对空间电荷波作了较为详细的研究，在那里已求得动电压和电子注电流满足等效无耗传输线方程(在电子运动坐标系内)：

$$\begin{cases}\dfrac{\mathrm{d}V_1'}{\mathrm{d}z}=-\mathrm{j}\dfrac{\beta_q^2}{\beta_e}\cdot\dfrac{2V_0}{|I_0|}i_1'\\\dfrac{\mathrm{d}i_1'}{\mathrm{d}z}=-\mathrm{j}\beta_e\dfrac{|I_0|}{2V_0}V_1'\end{cases} \tag{4.3.1}$$

用与 4.2 节类似的方法，可以将其化为简正模形式. 为此，引入线性变换

$$a'_{1\pm}(z)=\frac{1}{4\sqrt{Z_0}}[V_1'(z)\pm Z_0(-i_1'(z))] \tag{4.3.2}$$

式中，$Z_0=\dfrac{2V_0}{|I_0|}\cdot\dfrac{\omega_q}{\omega}$是等效传输线特征阻抗. 以这个变换代入方程组(4.3.1)即得其简正模形式为

$$\begin{cases}\dfrac{\mathrm{d}a'_{1+}}{\mathrm{d}z}=\mathrm{j}\beta_q a'_{1+}\\\dfrac{\mathrm{d}a'_{1-}}{\mathrm{d}z}=-\mathrm{j}\beta_q a'_{1-}\end{cases} \tag{4.3.3}$$

应该说明一下符号的规定. 我们规定正速度和正电流在正 z 方向上. 这样，对于在正 z 方向运动的负电子，其对流电流就是负的，而$(-i_1')$就是正值. 所以上面用$(-i_1')$和 V_1' 来定义简正模幅度.

如果回到实验室坐标系内，那么存在下述变换关系：

$$\begin{Bmatrix}V_1(z)\\i_1(z)\\a_{1\pm}(z)\end{Bmatrix}=\mathrm{e}^{\mathrm{j}\beta_e z}\begin{Bmatrix}V_1'(z)\\i_1'(z)\\a'_{1\pm}(z)\end{Bmatrix} \tag{4.3.4}$$

将这个变换代入式(4.3.3)，就得到实验室坐标系中的空间电荷波方程组的简正模形式：

$$\begin{cases}\left[\dfrac{\mathrm{d}}{\mathrm{d}z}+\mathrm{j}(\beta_e-\beta_q)\right]a_{1+}=0\\ \left[\dfrac{\mathrm{d}}{\mathrm{d}z}+\mathrm{j}(\beta_e-\beta_q)\right]a_{1-}=0\end{cases} \tag{4.3.5}$$

由这个方程组立即可以求得空间电荷波简正模的相速为

$$v_{p\pm}=\frac{\omega}{\beta_e\mp\beta_q}=\frac{v_0}{1\mp\omega_q/\omega} \tag{4.3.6}$$

对于微波管中通常应用的电荷密度,能使不等式 $\omega_q/\omega\ll1$ 成立,所以从式(4.3.6)可知,模式 a_+ 的相速稍大于直流速度,而模式 a_- 的相速则稍小于直流速度. a_+ 称为快空间电荷波, a_- 称为慢空间电荷波.

下面来看 a_+ 和 a_- 的群速. 由于它们的传播常数是 $\beta_\pm=\beta_e\mp\beta_q=\beta_e\mp F\beta_p$(这里 F 是等离子体频率降低因子,它是频率的函数). 故群速为

$$v_{g\pm}=\left(\frac{\partial\beta_\pm}{\partial\omega}\right)^{-1}=v_0\left(1\mp\omega_p\frac{\partial F}{\partial\omega}\right) \tag{4.3.7}$$

对于无限大电子注而言 $F=1$,这时 $v_{g\pm}=v_0$,这说明这时空间电荷波的能量是以电子注直流速度 v_0 来传递的. 这是由于在这种情况下,交变磁场 $\boldsymbol{H}_1=0$,因而电子注中无电磁功率流存在,波能量是通过电子的机械运动来传递的. 此外,在电子注横截面为有限时,交变磁场 $\boldsymbol{H}_1\neq0$,但其值不大,所以在这种情况下,电子注携带少量的电磁功率. 其群速异于电子注直流速度,由式(4.3.7)确定.

4.4 空间电荷波中的动功率流

同传输线相类比,在正 z 方向电子注上的动功率流可以表示为

$$P_k=\frac{1}{2}\mathrm{Re}[V_1(-i_1^*)]=2(|a_{1+}|^2-|a_-|^2)=\text{常数} \tag{4.4.1}$$

而直流动功率流则表示为 $V_0|I_0|$. 这就是著名的在漂移区中无限电子注的朱兰成动功率定律.

阐明动功率定律(4.4.1)中 $|a_{1-}|^2$ 前面负号的意义是十分必要的.

对比4.3节对传输线中功率流的讨论,可能试图将这里的负号解释为快、慢模式携带的功率流取相反方向,即快模式是一个向前模式,而慢模式是一个向后模式. 但这个解释是错误的,因为前面我们已经证明了两个模式的群速和相速都是在相同的方向(电子注直流速度 v_0 的方向).

朱兰成给出了正确的物理解释,即快模式所携带的功率是正的动功率,而慢模式所携带的功率是负的动功率. 这表示,当快模式被激发时,平均地说,电子注所携带的电子比它在直流状态下所携带的电子具有更大的动能. 而当慢模式被激发时,平均地说,电子注所携带的电子比其在直流状态下所携带的电子具有更小的动能.

换成另一种说法. 考虑一个电子注,它只传播一个快空间电荷波,这表示 a_{1-} 为零,因而从式(4.3.4)和式(4.3.2)看出,由于 $(-i_1)>0$,动电压和电流永远是同相的. 当动电压(和相应的速度)在电子注的某一横截面上是最大时,电流也将是最大的. 这样,当速度是最大时,将有过剩的电子以速度 $v_0+|v_1|$ 在运动. 因而在激励快波的电子注上,输运的动能比直流电子注输运的动能多.

对于慢模式,类似的论证表明,速度和电流永远是180°反相的,因此,当速度是最大值 $v_0+|v_1|$ 时,在这个截面上,电子数将是不足的. 于是,当慢波被激发时,电子注比它在直流状态下输运的动能少.

由上述可知,为了激起一个快空间电荷波,在输入平面上动电压和电流必须是同相的;而为了激起一个慢模式,它们必须是反相的. 也就是说,为了激起一个快波,必须给电子注以动功率;为了激起一个慢波,必

须从电子注取出动功率.反之,从电子注除去一个快模式,就必须从电子注取出动功率;而除去一个慢波,就必须将动功率加于电子注.

从式(4.4.1)可以看出,如果相等地激起快、慢两个模式,那么激励源就不需要供给净功率.

下面将较深入地研究电子注与电路的耦合,从而提供某些激励方法.

4.5 电子注上回旋波及同步波的简正模形式

在电子注中不仅可以传播空间电荷波,而且可以传播其他类型的波.现在我们来研究这个问题.

如果用来聚焦电子注的直流纵向磁场不是无限大,而是有限值,那么在有扰动的情况下,电子不仅有纵向运动,而且还要作横向运动.电子在直流磁场中横向运动的典型状况就是作回旋运动.由扰动引起的这种回旋运动,形成一种特殊的波动状态,称为回旋波.现在先来分析这个问题.

电子在直流磁场中的运动方程可写成

$$\begin{cases}\dfrac{\mathrm{d}v_x}{\mathrm{d}t}=-\omega_c v_y\\[2mm]\dfrac{\mathrm{d}v_y}{\mathrm{d}t}=+\omega_c v_x\end{cases}\tag{4.5.1}$$

式中

$$\omega_c=\frac{eB_0}{m}\tag{4.5.2}$$

是电子的回旋频率.

如令

$$\begin{cases}v_x=v_{x0}+v_{x1}\\v_y=v_{y0}+v_{y1}\end{cases}\tag{4.5.3}$$

采用小信号假定,并认为 $\omega_c\gg\omega_p$,即略去空间电荷效应,则方程(4.5.1)可分解为

$$\begin{cases}\dfrac{\mathrm{d}v_{x0}}{\mathrm{d}t}=-\omega_c v_{y0}\\[2mm]\dfrac{\mathrm{d}v_{y0}}{\mathrm{d}t}=\omega_c v_{x0}\end{cases}\tag{4.5.4}$$

及

$$\begin{cases}\dfrac{\mathrm{d}v_{x1}}{\mathrm{d}t}=-\omega_c v_{y1}\\[2mm]\dfrac{\mathrm{d}v_{y1}}{\mathrm{d}t}=\omega_c v_{x1}\end{cases}\tag{4.5.5}$$

方程(4.5.4)表示电子的稳态运动,而方程(4.5.6)则表示电子的扰动运动.

如令

$$\begin{aligned}\boldsymbol{v}_1&=v_{x1}\hat{e}_x+v_{y1}\hat{e}_y\\&=\mathrm{Re}[\boldsymbol{u}_1(z)\mathrm{e}^{\mathrm{j}\omega t}]\end{aligned}\tag{4.5.6}$$

则方程(4.5.5)可化为

$$\begin{cases}\left(\dfrac{\mathrm{d}}{\mathrm{d}z}+\mathrm{j}\beta_e\right)u_{x1}=-\beta_c u_{y1}\\[2mm]\left(\dfrac{\mathrm{d}}{\mathrm{d}z}+\mathrm{j}\beta_e\right)u_{y1}=-\beta_c u_{x1}\end{cases}\tag{4.5.7}$$

式中，u_{x1} 和 u_{y1} 是 u_1 的两个直角坐标分量，而

$$\begin{cases} \beta_e = \dfrac{\omega}{v_0} \\ \beta_c = \dfrac{\omega_c}{v_0} = \dfrac{eB_0}{mv_0} \end{cases} \tag{4.5.8}$$

可见，对于电子的扰动速度，我们得到的结果又是典型的波动方程. 如果令简正模的幅值为

$$a_{0\pm} = k(u_{x1} \pm \mathrm{j}u_{y1}) \tag{4.5.9}$$

式中

$$k = \frac{1}{4}\sqrt{\frac{\omega}{\omega_0}\frac{|I_0|}{e}m} \tag{4.5.10}$$

则方程(4.5.7)化为简正模形式

$$\left[\frac{\mathrm{d}}{\mathrm{d}z} + \mathrm{j}(\beta_e \mp \beta_c)\right]a_{c\pm} = 0 \tag{4.5.11}$$

式(4.5.11)的解为

$$a_{c\pm}(z) = |C_\pm| \mathrm{e}^{-\mathrm{j}(\beta_e \mp \beta_c)z + \mathrm{j}\theta_\pm} \tag{4.5.12}$$

式中，$|C_\pm|$ 及 $\theta_\pm$ 均为常数.

以上所述的回旋波是速度波，即扰动引起的交变速度是以波动状态沿电子注传播的. 现在再来讨论由扰动引起的电子运动的交变位移. 电子运动的交变速度与交变位移有下述关系：

$$v_1(z,t) = \frac{\mathrm{d}\boldsymbol{r}_1(z,t)}{\mathrm{d}t} = \left(\frac{\partial}{\partial t} + v_0\frac{\partial}{\partial z}\right)\boldsymbol{r}_1(z,t) \tag{4.5.13}$$

令

$$\begin{cases} \boldsymbol{r}_1(z,t) = \mathrm{Re}[\boldsymbol{\xi}(z)\mathrm{e}^{\mathrm{j}\omega t}] \\ \boldsymbol{\xi} = \xi_{x1}\hat{e}_x + \xi_{y1}\hat{e}_y \end{cases} \tag{4.5.14}$$

则可得到

$$\begin{cases} \left(\dfrac{\mathrm{d}}{\mathrm{d}z} + \mathrm{j}\beta_e\right)\xi_{x1} = \dfrac{u_{x1}}{v_0} \\ \left(\dfrac{\mathrm{d}}{\mathrm{d}z} + \mathrm{j}\beta_e\right)\xi_{y1} = \dfrac{u_{y1}}{v_0} \end{cases} \tag{4.5.15}$$

此式可改写成

$$\left(\frac{\mathrm{d}}{\mathrm{d}z} + \mathrm{j}\beta_e\right)(\xi_{x1} \pm \mathrm{j}\xi_{y1}) = \frac{1}{v_0}(u_{x1} \pm \mathrm{j}u_{y1}) \tag{4.5.16}$$

将方程(4.5.9)及方程(4.5.12)代入式(4.5.16)，得

$$\left(\frac{\mathrm{d}}{\mathrm{d}z} + \mathrm{j}\beta_e\right)(\xi_{x1} \pm \mathrm{j}\xi_{y1}) = \frac{|A_\pm|}{v_0}\mathrm{e}^{-\mathrm{j}(\beta_e \mp \beta_c)z + \mathrm{j}\theta_\pm} \tag{4.5.17}$$

式中

$$|A_\pm| = \frac{1}{k}|C_\pm| \tag{4.5.18}$$

方程(4.5.17)的解为

$$\xi_{x1} \pm \mathrm{j}\xi_{y1} = \mp\mathrm{j}\frac{|A_\pm|}{\omega_c}\mathrm{e}^{-\mathrm{j}(\beta_e \mp \beta_c)z + \mathrm{j}\theta_\pm} \tag{4.5.19}$$

事实上，如令

$$\begin{cases} z = \xi_{x1} + \mathrm{j}\xi_{y1}, u = u_{x1} + \mathrm{j}u_{y1} \\ z^* = \xi_{x1} - \mathrm{j}\xi_{y1}, u^* = u_{x1} - \mathrm{j}u_{y1} \end{cases} \tag{4.5.20}$$

则运动方程(4.5.5)可写成

$$\begin{cases}\ddot{z}+\mathrm{j}\omega_c\dot{z}=0\\ \ddot{z}^*-\mathrm{j}\omega_c\dot{z}^*=0\end{cases}\tag{4.5.21}$$

由此立即得出

$$\begin{cases}\xi_{x1}=-\dfrac{u_{y1}}{\omega_c}\\ \xi_{y1}=-\dfrac{u_{x1}}{\omega_c}\end{cases}\tag{4.5.22}$$

利用方程(4.5.9)及方程(4.5.12)即可得到方程(4.5.19).

由上述可知,扰动引起的横向位移也与速度扰动一样,呈波动状态.位移波也分成快回旋波($\xi_{x1}+\mathrm{j}\xi_{y1}$)和慢回旋波($\xi_{x1}-\mathrm{j}\xi_{y1}$)两种波.

由回旋波方程的解容易求得回旋波的相速为

$$v_{p\pm}=\frac{v_0}{1\mp\dfrac{\omega_c}{\omega}}\tag{4.5.23}$$

式(4.5.23)的图解在图 4.5.1 中给出.

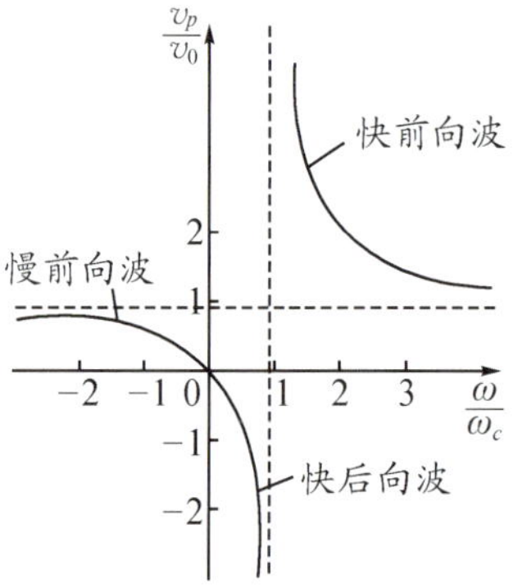

图 4.5.1　回旋波的色散曲线

由图 4.5.1 可以看到,如果 $\omega>\omega_c$,则有 $v_{p+}>v_0$,$v_{p-}<v_0$.而如果 $\omega<\omega_c$,则快回旋波为反向波,但慢回旋波总是前向波.

现在来考虑同步波.由方程(4.5.15)及方程(4.5.16)可以看到,如果交变横向速度为零,即 $u_{x1}=u_{y1}=0$,则有

$$\left(\frac{\mathrm{d}}{\mathrm{d}z}+\mathrm{j}\beta_e\right)(\xi_{x1}\pm\mathrm{j}\xi_{y1})=0\tag{4.5.24}$$

令

$$a_{s\pm}=\mathrm{j}\omega_c(\xi_{x1}\pm\mathrm{j}\xi_{y1})\tag{4.5.25}$$

则式(4.5.24)化为

$$\left(\frac{\mathrm{d}}{\mathrm{d}z}+\mathrm{j}\beta_e\right)a_{s\pm}=0\tag{4.5.26}$$

此方程又是典型的波动方程,其解为

$$a_{s\pm}=|B_\pm|\mathrm{e}^{\mathrm{j}\beta_e z+\mathrm{j}\phi_\pm}\tag{4.5.27}$$

式中,$|B_\pm|$及 $\phi_\pm$ 均为常数.

不难看到,这种波的相速与电子的纵向速度完全相同,所以称为同步波.

我们来讨论一下同步波的物理意义.由方程(4.5.24)自然会提出这样的问题:为什么没有横向速度而却会有横向位移呢?设想电子枪完全平行于纵向磁场发射电子,即电子完全没有横向速度,因而不会切割

磁力线，不会产生横向运动. 再设想电子枪在发射电子的同时作匀速圆周运动，而这种运动也不产生电子的横向速度. 这样，在不同时刻，电子枪同一点处将在不同的角向位置发射电子. 从而，从不同时刻出发的电子，位于不同的角向位置，于是表观上电子产生了横向位移. 当然这是为了说明同步波概念的物理模型，这种激励方法是不切实际的，无法实现. 但当电子注与一圆极化电场相互作用时，既可能激励回旋波又可能激励同步波.

最后，我们来讨论一下电子注中波的极化问题. 对于速度回旋波，有

$$a_{c\pm}=k(u_{x1}\pm \mathrm{j}u_{y1}) \tag{4.5.28}$$

对于位移回旋波，有

$$\xi_{x1}\pm \mathrm{j}\xi_{y1}=\frac{1}{k}a_{c\pm} \tag{4.5.29}$$

而对于同步波，有

$$a_{s\pm}=\mathrm{j}\omega_0(\xi_{x1}\pm \mathrm{j}\xi_{y1}) \tag{4.5.30}$$

因此，如果 $|u_{x1}|=|u_{y1}|$，则三种波都是圆极化波，而且，快回旋波为左旋极化波，而慢回旋波则为右旋极化波.

4.6 空间电荷波与线路波的耦合及行波管的耦合模分析

微波管工作的基本原理是，电子注波和电路中电磁导波之间发生某种耦合而产生能量交换，从而产生电磁导波的放大或电磁振荡. 由于本章只讨论基于空间电荷波和电路波耦合而工作的行波管，所以电路波必须是一种慢电磁导波，以便发生充分的耦合.

去耦合的慢波电路可用一传输线等效，其中的波满足传输线方程(4.2.21)，重写如下：

$$\begin{cases}\dfrac{\mathrm{d}V_c}{\mathrm{d}z}=-\mathrm{j}\omega LI_c\\[2mm]\dfrac{\mathrm{d}I_c}{\mathrm{d}z}=-\mathrm{j}\omega CV_c\end{cases} \tag{4.6.1}$$

式中，脚标 c 表示电路波；V_c 与线路场的关系为 $E_{cz}=-\mathrm{d}V_c/\mathrm{d}z$.

去耦合的电子注中空间电荷波满足方程组(4.3.1)，在实验室坐标系中，为

$$\begin{cases}\left(\dfrac{\mathrm{d}}{\mathrm{d}z}+\mathrm{j}\beta_e\right)V_1=-\mathrm{j}\dfrac{(\beta_q)^2}{\beta_e}\dfrac{2V_0}{|I_0|}i_1\\[2mm]\left(\dfrac{\mathrm{d}}{\mathrm{d}z}+\mathrm{j}\beta_e\right)i_1=-\mathrm{j}\beta_e\dfrac{|I_0|}{2V_0}V_1\end{cases} \tag{4.6.2}$$

由第 3 章中推导这个方程组的过程可以看出，其第一式就是运动方程，第二式是连续性方程.

当电子注和电路发生耦合后，如图 4.6.1 所示，电子注将在电路中感应出电流. 电子注将容性地耦合到电路上，在电路的每单位长度上都将感应出位移电流 $\mathrm{d}i_1/\mathrm{d}z$. 于是与电子注耦合的电路，其中的波应满足如下修正的传输线方程组：

$$\begin{cases}\dfrac{\mathrm{d}V_c}{\mathrm{d}z}=-\mathrm{j}\omega LI_c\\[2mm]\dfrac{\mathrm{d}I_c}{\mathrm{d}z}=-\mathrm{j}\omega CV_c-\dfrac{\mathrm{d}i_1}{\mathrm{d}z}\end{cases} \tag{4.6.3a}$$

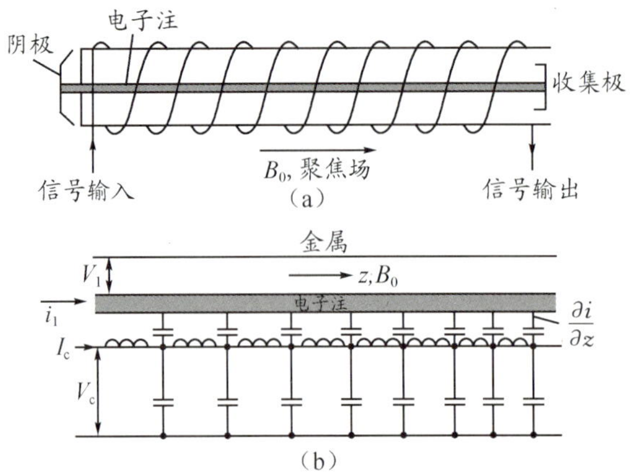

图 4.6.1 电子注与电路耦合示意图

同时,与电路耦合的电子注中的电子,除受空间电荷场 $E_{1z}=\mathrm{j}\frac{\beta_q^2}{\beta_e}\frac{2V_0}{|I_0|}i_1$ 的作用外,还受到电路场的作用,所以运动方程(4.6.2)的第一式要受到修正,而连续性方程(4.6.2)的第二式不变.于是与电路耦合的电子注中空间电荷波应满足修正的等效电子注传输线方程组:

$$\begin{cases}\left(\dfrac{\mathrm{d}}{\mathrm{d}z}+\mathrm{j}\beta_e\right)V_1=-\mathrm{j}\dfrac{\beta_q^2}{\beta_e}\dfrac{2V_0}{|I_0|}i_1+\dfrac{\mathrm{d}V_c}{\mathrm{d}z}\\ \left(\dfrac{\mathrm{d}}{\mathrm{d}z}+\mathrm{j}\beta_e\right)i_1=-\mathrm{j}\beta_e\dfrac{|I_0|}{2V_0}V_1\end{cases}\tag{4.6.3b}$$

方程组(4.6.3)包含四个方程,它从数学上描述了电子注中空间电荷波与电路中慢电磁波的耦合现象,称为注-波耦合方程组.

为了导出注-波耦合方程组的耦合模形式,我们以前面定义的耦合模幅度

$$a_{c\pm}=\frac{1}{4\sqrt{Z_c}}(V_c\pm Z_cI_c)\tag{4.6.4}$$

$$a_{1\pm}=\frac{1}{4\sqrt{Z_b}}[V_1\pm Z_b(-i_1)]\tag{4.6.5}$$

代入方程组(4.6.3),不难求得

$$\begin{cases}\left(\dfrac{\mathrm{d}}{\mathrm{d}z}\pm\mathrm{j}\beta_c\right)a_{c\pm}=\pm\dfrac{1}{2}\sqrt{\dfrac{Z_c}{Z_b}}\dfrac{\mathrm{d}}{\mathrm{d}z}(a_{1+}-a_{1-})\\ \left[\dfrac{\mathrm{d}}{\mathrm{d}z}+\mathrm{j}(\beta_e\mp\beta_q)\right]a_{1\pm}=\dfrac{1}{2}\sqrt{\dfrac{Z_c}{Z_b}}\dfrac{\mathrm{d}}{\mathrm{d}z}(a_{0+}+a_{0-})\end{cases}\tag{4.6.6}$$

式中,$Z_c=\sqrt{\dfrac{L}{C}}$;$Z_b=\dfrac{2V_0}{|I_0|}\dfrac{\omega_q}{\omega}$;$\beta_c=\omega\sqrt{LC}$.

方程组(4.6.6)中包含的四个方程构成了注-波耦合方程组的耦合模形式.显然,当耦合不存在时,其中的前两式和后两式分别化为电路波的简正模方程组和空间电荷波的简正模方程组.

如果方程组(4.6.6)的解具有 $\mathrm{e}^{\gamma z}$ 的形式,且设耦合是弱的,则 γ 可表示为

$$\gamma=-\mathrm{j}\beta_e(1+\mathrm{j}C_{bc}\delta)\tag{4.6.7}$$

式中,$C_{bc}\delta\ll1$,C_{bc} 是描述注-波耦合强度的一个参量,称为增益参量.这样一来,式(4.6.6)中右端耦合项中对 z 的微商可以近似地以 $-\mathrm{j}\beta_e$ 代替.于是方程组(4.6.6)化为

$$\begin{cases}\left(\dfrac{\mathrm{d}}{\mathrm{d}z}\pm\mathrm{j}\beta_c\right)a_{c\pm}=\mp C_{12}(a_{1+}-a_{1-})\\ \left[\dfrac{\mathrm{d}}{\mathrm{d}z}+\mathrm{j}(\beta_e\mp\beta_q)\right]a_{1\pm}=-C_{12}(a_{c+}+a_{c-})\end{cases}\tag{4.6.8}$$

式中，C_{12}称为互耦合系数：

$$C_{12}=\frac{\mathrm{j}}{2}\sqrt{\frac{Z_c}{Z_b}}\beta_c \tag{4.6.9}$$

并且在今后的分析中将假定 $\beta_c\approx\beta_e$，它的物理意义，就是注-波同步时，耦合才是充分的.

在式(4.6.7)中引入的增益参量 C_{bc} 是行波管发明者之一皮尔斯在提出他的行波管理论时定义的，其定义为

$$4C_{bc}^3=\frac{Z_c|I_0|}{V_0} \tag{4.6.10}$$

在大多数管子中，C_{bc} 在 0.01 的数量级. 皮尔斯定义的第二个与耦合有关的参量是空间电荷参量 $\sqrt{4QC_{bc}}$，其定义为

$$\frac{\omega_q}{\omega}=C_{bc}\sqrt{4QC_{bc}} \tag{4.6.11}$$

在实际器件中，$4QC_{bc}$ 的数量级为 1.

利用式(4.6.9)至式(4.6.11)，经过一些代数运算可以求得

$$C_{12}=\mathrm{j}\sqrt{\frac{\beta_e^3C_{bc}^3}{2\beta_q}}\approx\frac{\mathrm{j}\beta_eC_{bc}}{\sqrt{2}(4QC_{bc})^{1/4}} \tag{4.6.12}$$

由此可知，倘若增益参量 C_{bc} 增大，互耦合系数 C_{12} 将增大，而如果空间电荷参量 $\sqrt{4QC_{bc}}$ 增大，互耦合系数就将减小. 这样一来，皮尔斯引入的两个重要参量的物理意义，在耦合模理论中就十分明显而直接了.

另外，我们指出，注-波耦合模方程组(4.6.8)表明电路模式 $a_{c\pm}$ 与空间电荷波模式 $a_{1\pm}$ 发生直接耦合.

上面导出的注-波耦合模方程组(4.6.8)是比较普遍的，当把它用于行波管时，可以只考虑前向电路模式 a_{c+} 和慢空间电荷波模式 a_{1-} 之间产生耦合，从而大大简化分析. 在作了如此的近似之后，式(4.6.8)化为

$$\begin{cases}\left(\dfrac{\mathrm{d}}{\mathrm{d}z}+\mathrm{j}\beta_c\right)a_{c+}=C_{12}a_{1-}\\[2ex]\left[\dfrac{\mathrm{d}}{\mathrm{d}z}+\mathrm{j}(\beta_e+\beta_q)\right]a_{1-}=-C_{12}a_{c+}\end{cases} \tag{4.6.13}$$

前面已指出，分析中设 $\beta_c\approx\beta_e$，故可将其表示为

$$\beta_c=\beta_e(1+C_{bc}b) \tag{4.6.14}$$

式中，b 称为非同步参量. 利用式(4.6.11)和式(4.6.14)，方程组(4.6.13)可表示为

$$\begin{cases}\left[\dfrac{\mathrm{d}}{\mathrm{d}z}+\mathrm{j}\beta_e(1+C_{bc}b)\right]a_{c+}=C_{12}a_{1-}\\[2ex]\left[\dfrac{\mathrm{d}}{\mathrm{d}z}+\mathrm{j}\beta_e(1+C_{bc}\sqrt{4QC_{bc}})\right]a_{1-}=-C_{12}a_{c+}\end{cases} \tag{4.6.15}$$

解这个方程组并不困难. 设其解具有 $\exp[-\mathrm{j}\beta_e(1+\mathrm{j}C_{bc}\delta)z]$ 的形式，代入式(4.6.15)，不难求得耦合模的增量传播常数 δ 为

$$\begin{aligned}\delta_{1,2}&=\pm\sqrt{\frac{1}{2\sqrt{4QC_{bc}}}-\left(\frac{b-\sqrt{4QC_{bc}}}{2}\right)}-\mathrm{j}\left(\frac{b+\sqrt{4QC_{bc}}}{2}\right)\\&=x_{1,2}+\mathrm{j}y_{1,2}\end{aligned} \tag{4.6.16}$$

由此可知，当电子注和电路参量使下式

$$(b-\sqrt{4QC_{bc}})^2<\frac{2}{\sqrt{4QC_{bc}}} \tag{4.6.17}$$

成立时，$\delta_{1,2}$ 分别具有正的和负的实部，表明有一个增幅波和一个减幅波将以相同的相速向前流动(因为 $\delta_{1,2}$ 具有相同的负虚部).

前面已经指出了电路向前模式在正 z 方向输运功率，而慢空间电荷波模式在正 z 方向输运负的动功率. 为了证明向前电路模式和慢空间电荷波模式之间的耦合将产生净的功率增益，有必要在输入端引入边界条件. 我们假定外部有单位功率由输入端馈入电路，并且设电子注在输入端未被调制. 于是得 $|a_{c+}(0)|=\frac{1}{2}$，$|a_{1-}(0)|=0$. 那么由式(4.6.16)和这一边界条件就能求得方程组(4.6.13)的解 a_{c+} 和 a_{1-}. 从而求得电路模式携带的功率 P_c 和电子注携带的功率 P_b 分别为

$$P_c=2|a_{c+}(z)|^2=1+\left(\frac{1}{2\sqrt{4QC_{bc}}x_1^2}\right)\mathrm{sh}^2\beta_e C_{bc}x_1 z \tag{4.6.18}$$

$$P_c=-2|a_{1-}(z)|^2=-\left(\frac{1}{2\sqrt{4QC_{bc}}x_1^2}\right)\mathrm{sh}^2\beta_e C_{bc}x_1 z \tag{4.6.19}$$

图 4.6.2 所示为电路和电子注所携带的功率随距离 z 变化的示意图. 由图可以看出，总功率 $P_c+P_b=2(|a_{c+}|^2-|a_{1-}|^2)$是守恒的，这正是朱兰成动功率定律的结果. 电路功率是增大的，而电子注功率是减小的.

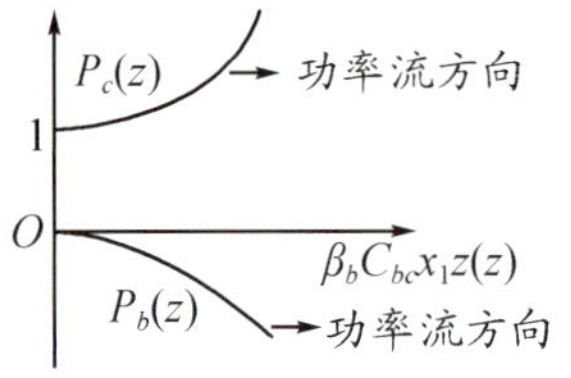

$P_c(z)$—电路功率；P_b—电子注功率；两种功率流都向正 z 方向.

图 4.6.2　行波管增益(大 QC_{bc})

当长度为 L 时，电路功率增益用 dB 表示可以写成

$$G(\mathrm{dB})=10\lg\frac{P_c(L)}{P_c(0)}=10\lg\left(1+\frac{1}{2\sqrt{4QC_{bc}}x_1^2}\mathrm{sh}^2 2\pi x_1 C_{bc}N\right) \tag{4.6.20}$$

式中，$N=\frac{\beta_e L}{2\pi}$是互作用空间的电长度. 如果管子足够长，使得 $2\pi x_1 C_{bc}N\gg 1$，那么增益能近似地表示成

$$G(\mathrm{dB})\approx 54.6x_1 C_{bc}N-6-10\lg\left[1-2\sqrt{4QC_{bc}}\left(\frac{b-\sqrt{4QC_{bc}}}{2}\right)^2\right] \tag{4.6.21}$$

由式(4.6.21)不难知道，当非同步参量 $b=\sqrt{4QC_{bc}}$ 时，增益最大，其值为

$$G_{\max}(\mathrm{dB})=54.6x_{1\max}C_{bc}N-6 \tag{4.6.22}$$

而且由式(4.6.16)可以求得

$$x_{1\max}=\frac{1}{\sqrt{2}(4QC_{bc})^{1/4}} \tag{4.6.23}$$

由上两式可知，当空间电荷参量增大时，最大增益将下降.

前面我们用两种模式分析阐明了行波管的增益机理. 然而即使向前电路模式与慢电子注模式同步，发生充分耦合，它仍然与快空间电荷波模式 a_{1+} 产生适当的耦合，因此较普遍的行波管理论分析应考虑 a_{c+}、a_{1-} 和 a_{1+} 三个模式的耦合. 而向后电路模式 a_{c-}，其群速和相速与其他三个模式相反，从物理上考虑，平均来说，a_{c-} 与它们几乎不产生能量转移. 故 a_{c-} 仍可略去. 在这种情况下，方程组(4.6.8)变为下列形式：

$$\begin{cases}\left[\frac{\mathrm{d}}{\mathrm{d}z}+\mathrm{j}\beta_e(1+C_{bc}b)\right]a_{c+}=-C_{12}(a_{1+}-a_{1-})\\ \left[\frac{\mathrm{d}}{\mathrm{d}z}+\mathrm{j}(\beta_e-\beta_q)\right]a_{1+}=-C_{12}a_{c+}\\ \left[\frac{\mathrm{d}}{\mathrm{d}z}+\mathrm{j}(\beta_e+\beta_q)\right]a_{1-}=-C_{12}a_{c+}\end{cases} \tag{4.6.24}$$

为了解这一方程组，仍假定解具有 $\exp[-\mathrm{j}\beta_e(1+\mathrm{j}C_{bc}\delta)z]$的形式. 以此解形式代入式(4.6.24)得特性

方程

$$(\delta^2+4QC_{bc})(\mathrm{j}\delta-b)=1 \tag{4.6.25}$$

这是一个三次代数方程，它能用代数的方法求出解析解，但求解很烦琐. 通常采用图解法. 这里我们给出当 $QC_{bc}=0.25$ 时，$\delta=x+\mathrm{j}y$ 与非同步参量 b 之间的关系图(图4.6.3)作为一种解的例子.

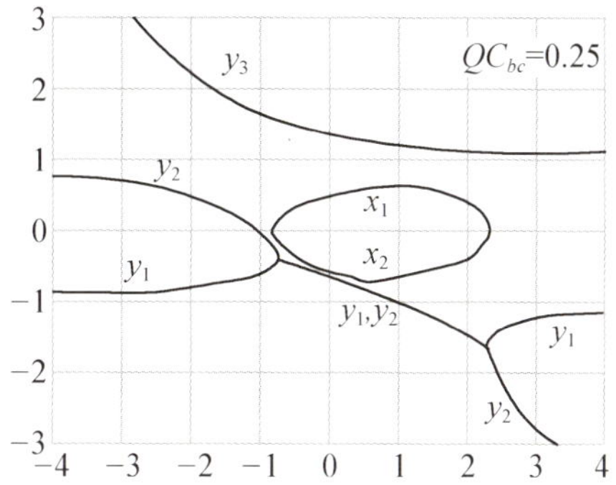

图4.6.3 行波管耦合模的传播常数与非同步参量的关系($QC_{bc}=0.25$)

由图4.6.3可知，增益存在的范围是 $-0.75<b<2.25$，这一范围与前面两模式理论的结果式(4.6.16)基本一致，其间的差别，由电路模式与快空间电荷波模式发生微弱耦合而引起. 另外还可以看出，在有增益的范围内，增长波和衰减波的相速是同步的($y_1=y_2$).

4.7 求简正模方程组的普遍方法

描述一个波动系统或振荡系统的特征物理量(例如前面所研究的电磁波的传输线中的电流和电压)之间的关系，一般都能表示为一个常微分方程组，即

$$\frac{\mathrm{d}w_i}{\mathrm{d}z}=\sum_{j=1}^{n}c_{ij}w_j \quad (i=1,2,\cdots,n) \tag{4.7.1}$$

式中，c_{ij} 是耦合系数，当 $j=i$ 时，即 c_{ii} 称为自耦合系数；否则，c_{ij} 称为互耦合系数. 对沿变量 z 均匀的系统而言，c_{ij} 是常数. 一般地，互耦合系数 c_{ij} 异于零，所以一个系统的特征量 w_i 之间一般地说是互相耦合的.

为了方便起见，可将方程组(4.7.1)表示为矩阵形式：

$$\frac{\mathrm{d}\boldsymbol{W}}{\mathrm{d}z}=\boldsymbol{CW} \tag{4.7.2}$$

式中，$\boldsymbol{W}$ 是列矩阵：

$$\boldsymbol{W}=\begin{bmatrix} w_1\\ w_2\\ \vdots\\ w_n \end{bmatrix} \tag{4.7.3}$$

而 $\boldsymbol{C}$ 是耦合系数矩阵：

$$\boldsymbol{C}=\begin{bmatrix} c_{11} & c_{12} & \cdots & c_{1n}\\ c_{21} & c_{22} & \cdots & c_{2n}\\ \vdots & \vdots & \vdots & \vdots\\ c_{n1} & c_{n2} & \cdots & c_{nn} \end{bmatrix} \tag{4.7.4}$$

从线性代数的理论可知，一般地说，能找到由关系

$$\boldsymbol{W}=\boldsymbol{SA} \tag{4.7.5}$$

定义的一个线性变换，使方程组(4.7.1)对角化为

$$\frac{\mathrm{d}\boldsymbol{A}}{\mathrm{d}z}=\boldsymbol{\Lambda A} \tag{4.7.6}$$

式中，$\boldsymbol{S}$ 是与 $\boldsymbol{C}$ 具有同样阶数的方矩阵；$\boldsymbol{A}$ 是与 $\boldsymbol{W}$ 同阶的列矩阵；而 $\boldsymbol{\Lambda}$ 为对角线矩阵：

$$\boldsymbol{\Lambda}=\begin{bmatrix}\lambda_1 & 0\cdots\cdots 0 & \\ 0 & \lambda_2 & \vdots \\ \vdots & & \ddots \\ 0 & \cdots\cdots & \lambda_n\end{bmatrix} \tag{4.7.7}$$

由于矩阵 $\boldsymbol{\Lambda}$ 是对角线矩阵，所以方程组(4.7.6)表明矩阵 $\boldsymbol{A}$ 的各元素 a_i 之间是去耦合的，它称为方程组(4.7.1)的简正模形式. 不用矩阵而用普通记号，简正模方程组(4.7.6)表示为

$$\frac{\mathrm{d}a_i}{\mathrm{d}z}=\lambda_i a_i \quad (i=1,2,\cdots,n) \tag{4.7.8}$$

式中，a_i 是 w_i 的线性组合，称为简正模幅度.

上述对角化原理的证明，可以通过找到线性变换式(4.7.5)来完成. 如果我们证明了变换 $\boldsymbol{S}$ 的存在，并且找到了 λ_i，那么也就证明了对角化原理.

将方程(4.7.5)代入方程(4.7.2)，并以 $\boldsymbol{S}$ 的逆矩阵 $\boldsymbol{S}^{-1}$ 左乘所得方程两边，求得

$$\frac{\mathrm{d}\boldsymbol{A}}{\mathrm{d}z}=\boldsymbol{S}^{-1}\boldsymbol{CSA} \tag{4.7.9}$$

因为目前 $\boldsymbol{S}$ 还是任意的线性变换，故可引入一个附加条件，对其加以限制，即使之满足

$$\boldsymbol{S}^{-1}\boldsymbol{CS}=\boldsymbol{\Lambda} \tag{4.7.10}$$

式中，$\boldsymbol{\Lambda}$ 是对角矩阵，目前其元素还是未知量. 以 $\boldsymbol{S}$ 左乘式(4.7.10)两边，得

$$\boldsymbol{CS}=\boldsymbol{S\Lambda} \tag{4.7.11}$$

即

$$\sum_{\rho=1}^{n} c_{i\rho}s_{\rho j}=\sum_{\rho=1}^{n} s_{i\rho}\lambda_{\rho}\delta_{\rho j} \quad (i,j=1,2,\cdots,n) \tag{4.7.12}$$

式中，λ_i 是 $\boldsymbol{\Lambda}$ 的对角线元素，而 δ_{ij} 是克朗勒克 δ：

$$\begin{cases}\delta_{ij}=1 & (i=j)\\ \delta_{ij}=0 & (i\neq j)\end{cases} \tag{4.7.13}$$

用式(4.7.13)可将式(4.7.12)的右边化为

$$s_{ij}\lambda_i=\sum_{\rho=1}^{n}\delta_{i\rho}s_{\rho j}\lambda_j \tag{4.7.14}$$

将式(4.7.14)代入式(4.7.12)，稍加整理不难得到

$$\sum_{\rho=1}^{n}(c_{i\rho}-\lambda_j\delta_{i\rho})s_{\rho j}=0 \tag{4.7.15}$$

式中，$c_{i\rho}$是已知的. 式(4.7.15)是一线性齐次代数方程组，具有非平凡解的条件是其系数行列式为零：

$$|c_{ij}-\lambda\delta_{ij}|=0 \tag{4.7.16}$$

这是 λ 的 n 阶行列式，因而有 n 个解，或者说 n 个用 c_{ij} 来表示的 λ 值. 假定我们只研究非简并情况，那么 n 个 λ 值都是互不相同的. 这些 λ 值就是式(4.7.8)中所需要的 n 个 λ 值，也就是波动系统的简正模传播常数. 为了求出 s_{ij}，取这 n 个 λ 值逐个代入式(4.7.15)，求解该方程 n 次，每求解一次，就确定出 $\boldsymbol{S}$ 的一列元素中的 $n-1$ 个元素. 这是因为方程(4.7.15)是齐次的，每次都只能确定到以某列的某个元素来表示该列的其余 $n-1$ 个元素的程度. 因而到此仍有 n 个 s_{ij} 未能确定(一共有 n^2 个 s_{ij}). 这种不确定性使我们有可能引入某些附加条件，使简正模幅度的平方代表模式的功率. 这一点是十分重要的.

4.8 耦合模的普遍形式

4.7 节中我们讨论了求简正模的普遍理论，本节中我们将把 4.2 节中讨论过的两振荡系统或两波动系统中四个模式 a_1、a_1^*、a_2、a_2^* 的耦合模形式推广到 n 个模式相互耦合的情况，并证明其耦合系数间的普遍关系.

由于在微波电子学中经常遇到的情况是连续的不变耦合(称为“常耦合”)，所以我们仅讨论连续常耦合的情况.

当模式间发生耦合后，对于波动系统而言，模式幅度随距离的增加所发生的变化由两部分组成：一部分是模式本身传播所引起的，另一部分则是由其他所有模式的耦合引起的. 因而在距离元 $\mathrm{d}z$ 内模式幅度的变化量为

$$\mathrm{d}a_i = -\mathrm{j}\beta_i a_i \mathrm{d}z + \sum_{k\neq i}^{n} c_{ik} a_k \mathrm{d}z \tag{4.8.1}$$

即

$$\frac{\mathrm{d}a_i}{\mathrm{d}z} = -\mathrm{j}\beta_i a_i + \sum_{k\neq i}^{n} c_{ik} a_k \tag{4.8.2}$$

式中，$i=1,2,\cdots,n$，故有 n 个方程. 它们可写成矩阵形式：

$$\frac{\mathrm{d}\boldsymbol{A}}{\mathrm{d}z} = \boldsymbol{\Lambda A} + \boldsymbol{CA} \tag{4.8.3}$$

式中

$$\left\{\begin{aligned}
\boldsymbol{A} &= \begin{bmatrix} a_1 \\ a_2 \\ \vdots \\ a_n \end{bmatrix} \\
\boldsymbol{\Lambda} &= \begin{bmatrix} -\mathrm{j}\beta_1 & 0 & \cdots & 0 \\ 0 & -\mathrm{j}\beta_2 & & \vdots \\ \vdots & & \ddots & \\ 0 & \cdots & & -\mathrm{j}\beta_n \end{bmatrix} \\
\boldsymbol{C} &= \begin{bmatrix} 0 & c_{12} & \cdots & c_{1n} \\ c_{21} & 0 & & \vdots \\ \vdots & & \ddots & \\ c_{n1} & c_{n2} & \cdots & 0 \end{bmatrix}
\end{aligned}\right. \tag{4.8.4}$$

式中，矩阵 $\boldsymbol{\Lambda}$ 称为自耦合矩阵；矩阵 $\boldsymbol{C}$ 称为互耦合矩阵. 方程(4.8.3)还可写成

$$\frac{\mathrm{d}\boldsymbol{A}}{\mathrm{d}z} = \boldsymbol{KA} \tag{4.8.5}$$

式中，矩阵 $\boldsymbol{K}$ 称为耦合矩阵，且

$$\boldsymbol{K} = \boldsymbol{\Lambda} + \boldsymbol{C} \tag{4.8.6}$$

现在我们从能量守恒的观点来研究一下耦合模方程(4.8.5)的耦合矩阵 $\boldsymbol{K}$ 的元素间应满足什么关系的问题. 设系统是无耗的，那么在该系统内流动的总功率(即各模式运载的功率之总和)应该守恒，即与距离无关. 于是有

$$\frac{\mathrm{d}}{\mathrm{d}z}\left(\sum_{i=1}^{n} p_i\boldsymbol{A}_i\boldsymbol{A}_i^*\right)=0 \tag{4.8.7}$$

式中，$p_i=\pm 1$，“$+$”号表示功率流在$+z$方向，“$-$”号表示功率流在$-z$方向；上标“$*$”号表示复共轭.

式(4.8.7)以矩阵形式表示为

$$\frac{\mathrm{d}}{\mathrm{d}z}\left(\sum_{i=1}^{n} p_i\boldsymbol{A}_i\boldsymbol{A}_i^*\right)=\frac{\mathrm{d}}{\mathrm{d}z}(\widetilde{\boldsymbol{A}}^*\boldsymbol{PA})=\frac{\mathrm{d}\widetilde{\boldsymbol{A}}^*}{\mathrm{d}z}\boldsymbol{PA}+\widetilde{\boldsymbol{A}}^*\boldsymbol{P}\frac{\mathrm{d}\boldsymbol{A}}{\mathrm{d}z}=0 \tag{4.8.8}$$

式中，$\widetilde{\boldsymbol{A}}^*$是$\boldsymbol{A}$的厄密特矩阵，即$\boldsymbol{A}$的共轭转置矩阵. 因$\boldsymbol{A}$是一个列矩阵，故$\widetilde{\boldsymbol{A}}^*$是一个行矩阵. 而$\boldsymbol{P}$为一个对角矩阵，其对角线元素为$p_i(i=1,2,\cdots,n)$，而非对角线元素为零.

取方程(4.8.5)的厄密特形式，求得

$$\frac{\mathrm{d}\widetilde{\boldsymbol{A}}^*}{\mathrm{d}z}=\widetilde{\boldsymbol{A}}^*\widetilde{\boldsymbol{K}}^* \tag{4.8.9}$$

将方程(4.8.9)和方程(4.8.5)代入式(4.8.8)，得

$$\widetilde{\boldsymbol{A}}^*\widetilde{\boldsymbol{K}}^*\boldsymbol{PA}+\widetilde{\boldsymbol{A}}^*\boldsymbol{PKA}=0 \tag{4.8.10}$$

因为式(4.8.10)对任意矩阵$\boldsymbol{A}$都成立，所以有

$$\widetilde{\boldsymbol{K}}^*\boldsymbol{P}=-\boldsymbol{PK} \tag{4.8.11}$$

即

$$k_{ij}=\mp k_{ji}^* \tag{4.8.12}$$

式中，负号对应于模式i和j的功率流同方向，即p_i和p_j都为$+1$或-1；正号对应于模式i和j的功率流反方向，即p_i和p_j中一个为正，另一个为负.

由式(4.8.12)可知，在n个模式相互耦合的系统内，独立的互耦合系数的个数仅为非对角线元素个数之半，即仅有$n(n-1)/2$个独立的互耦合系数.

最后我们指出，耦合模方程(4.8.5)可用4.7节所述的使矩阵$\boldsymbol{K}$对角化的方法化为简正模形式. 由此可知，正如我们在本章引言中所说的那样，对于一个复杂的振荡或波动系统，可以从两种不同的观点来研究它们：一种就是由该总系统出发直接研究其简正模；另一种是将总系统分为若干子系统，这些子系统应是较易分析或者是早已研究分析过的，然后再研究这些子系统间的互相耦合，这就是耦合模方法. 而且通过上面的分析，我们知道这两种物理观点在分析同一系统时，它们在数学上是通过矩阵对角化的线性代数方法来实现的.

4.9 参考文献

[1]PIERCE J R. Coupling of modes of propagation[J]. Journal of Applied Physics, 1954, 25(2): 179-183.

[2]PEASE M C. Generalized coupled mode theory[J]. Journal of Applied Physics, 1961, 32(9): 1736-1743.

[3]YARIV A. On the coupling coefficients in the "coupled-mode" theory[J]. Proceedings of the IRE, 1958, 46(12):1956-1957.

[4]LOUISELL W H. Coupled mode and parametric electronics[J]. Students Quarterly Journal, 1961, 32(125):57.

[5]黄宏嘉. 微波原理:1卷[M]. 北京:科学出版社,1963.

第 2 篇

电磁慢波系统

第 5 章　慢波系统的一般特性

5.1 引言

在近代微波器件中，有一大类器件是基于利用电子流与电磁行波相互作用，使电子的能量转变成高频电磁场能量(这类器件有行波管、返波管等)，或将电磁场能量转变成电子的动能(这类器件有电子直线加速器). 电子流与电磁行波的有效互作用就要求电磁波的相速与电子流的速度同步. 众所周知，电子的速度比真空中的光速小，而一般均匀波导传输线中传播的电磁波的相速比光速大，这就需要一种能将电磁波的相速降低到足够程度的电磁系统. 这种系统就称为电磁慢波系统.

慢波系统的特性对相应器件的功率、效率与频带等特性都有重大的作用. 为了改进器件的性能，人们已经研究出了大量的各种各样的慢波系统，并且不断有新型慢波系统出现. 图 5.1.1 示出了部分慢波系统的结构. 慢波系统可分为两大类型：一类是均匀慢波系统，它的几何特性与介质参量沿传输线是不变的，介质填充的均匀圆波导就属于这类系统，近年来它在微波器件中已开始得到利用；另一类是周期不均匀系统，其几何特性或介质参量沿波的传播方向是周期性变化的. 这类系统在微波器件中应用非常广泛. 在第 2 篇，我们将着重对它们进行研究.

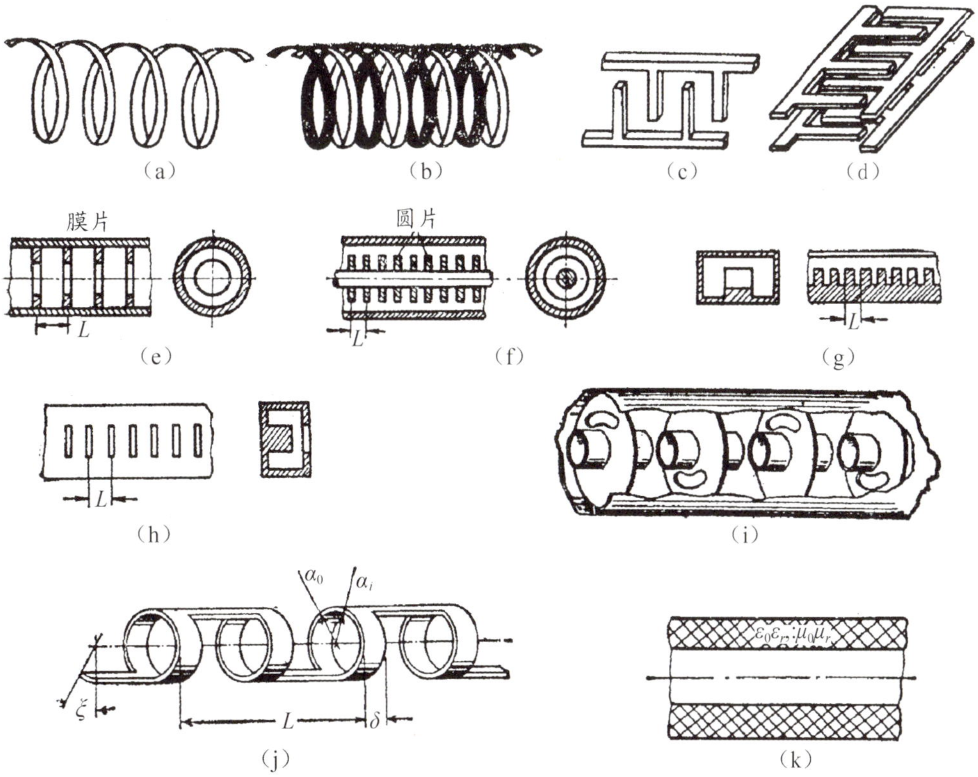

图 5.1.1　近代微波器件中应用的某些慢波系统

虽然电磁慢波系统仍然是一种电动力学系统，在普遍的关系上与普通的波导系统有着共同的理论基础，但是，在慢波系统中传播的是缓慢电磁波，这就使慢波系统与作为传输线的普通波导系统有着本质的不同. 此外，由于慢波系统在微波器件中担负着特殊任务，对它所提出的要求在很多方面都与普通波导有很大差别. 因此，在研究电子流与电磁波互作用以前，有必要对没有电子流存在时的"冷"慢波系统进行详细研究.

在着手研究具体类型的慢波系统之前，我们首先在本章中对慢波系统的一般理论问题，包括慢波系统的一般特性与有关定理进行讨论. 在第 6 章，我们将对慢波系统的分析方法进行详细阐述，作为研究各种慢波系统的基础. 在本篇的其余各章，我们将对一些具体的慢波系统，包括螺旋线型慢波系统、耦合腔慢波系统以及其他一些常用的慢波系统进行详细研究. 限于本书的篇幅，我们不可能，也没有必要对所有各类慢波系统都进行研究. 但是，利用我们所阐述的方法，不难对其他慢波系统进行具体分析.

5.2 慢波系统的基本场方程

电磁慢波系统既然是一种电动力学系统，与普通波导系统一样，电磁场也要满足一些一般的方程. 本节我们专门来研究在这种没有电子流存在时的"冷"系统中电磁场的一般关系，作为以后讨论问题的基础.

众所周知，系统中的电磁场满足如下麦克斯韦方程组：

$$\begin{cases} \nabla\times\boldsymbol{E}=-\dfrac{\partial\boldsymbol{B}}{\partial t} \\ \nabla\times\boldsymbol{H}=\dfrac{\partial\boldsymbol{D}}{\partial t} \\ \nabla\cdot\boldsymbol{D}=0 \\ \nabla\cdot\boldsymbol{B}=0 \\ \boldsymbol{D}=\varepsilon\boldsymbol{E} \\ \boldsymbol{B}=\mu\boldsymbol{H} \end{cases} \tag{5.2.1}$$

式中，ε 和 μ 分别为介质的介电常数和磁导率，对真空，$\varepsilon=\varepsilon_0$，$\mu=\mu_0$.

由麦克斯韦方程组，我们很容易得到如下方程：

$$\begin{cases} \nabla^2\boldsymbol{E}-\varepsilon\mu\dfrac{\partial^2\boldsymbol{E}}{\partial t^2}=0 \\ \nabla^2\boldsymbol{H}-\varepsilon\mu\dfrac{\partial^2\boldsymbol{H}}{\partial t^2}=0 \end{cases} \tag{5.2.2}$$

假定我们所研究的场是时间的简谐场，即场具有 $e^{j\omega t}$ 变化因子，则式(5.2.2)变为

$$\begin{cases} \nabla^2\boldsymbol{E}+k^2\boldsymbol{E}=0 \\ \nabla^2\boldsymbol{H}+k^2\boldsymbol{H}=0 \end{cases} \tag{5.2.3}$$

式中，k 为真空中的波数，$k^2=\varepsilon\mu\omega^2$.

假定我们所研究的系统有一个固定的电磁波传播轴，取这轴为 z 轴. 采用广义正交柱面坐标 x_1、x_2、x_3，相应的拉梅系数为 h_1、h_2、h_3，令 $x_1=z$，则有 $h_1=1$，并假定有关系 $h_2/h_3\neq f(x_1)$.

将场矢量分解为纵向(z 方向)与横向两个分量：

$$\begin{cases} \boldsymbol{E}=\boldsymbol{E}_t+\boldsymbol{i}_1E_z \\ \boldsymbol{H}=\boldsymbol{H}_t+\boldsymbol{i}_1H_z \end{cases} \tag{5.2.4}$$

式中，$\boldsymbol{i}_1$ 为 z 方向的单位矢量；E_z、H_z 为标量. 由方程(5.2.3)可得

$$\begin{cases} \nabla^2\boldsymbol{E}_t+k^2\boldsymbol{E}_t=0 \\ \nabla^2\boldsymbol{H}_t+k^2\boldsymbol{H}_t=0 \end{cases} \tag{5.2.5}$$

$$\begin{cases}\nabla^2 E_z + k^2 E_z = 0\\ \nabla^2 H_z + k^2 H_z = 0\end{cases} \tag{5.2.6}$$

即场的纵向分量与横向分量均满足亥姆霍兹方程.

我们现在来研究场的纵向分量与横向分量之间的普遍关系. 定义下面一个矢量算符:

$$\nabla_t = \nabla - \frac{\partial}{\partial z}\boldsymbol{i}_1 \tag{5.2.7}$$

由麦克斯韦方程组的第一个方程与第二个方程,经矢量运算得

$$\begin{cases}\nabla_t \times \boldsymbol{E}_t + \nabla_t \times E_z \boldsymbol{i}_1 + \boldsymbol{i}_1 \times \dfrac{\partial E_t}{\partial z} = -\mathrm{j}\omega\mu \boldsymbol{H}_t - \mathrm{j}\omega\mu\, \boldsymbol{i}_1 H_z\\ \nabla_t \times \boldsymbol{H}_t + \nabla_t \times H_z \boldsymbol{i}_1 + \boldsymbol{i}_1 \times \dfrac{\partial \boldsymbol{H}_t}{\partial z} = -\mathrm{j}\omega\varepsilon\, \boldsymbol{E}_t + \mathrm{j}\omega\varepsilon\, \boldsymbol{i}_1 E_z\end{cases} \tag{5.2.8}$$

由方程(5.2.8)可进一步得

$$\begin{cases}\nabla_t \times \boldsymbol{E}_t = -\mathrm{j}\omega\mu\, \boldsymbol{i}_1 H_z\\ \nabla_t \times \boldsymbol{H}_t = \mathrm{j}\omega\varepsilon\, \boldsymbol{i}_1 E_z\end{cases} \tag{5.2.9}$$

$$\nabla_t \times \boldsymbol{E}_z + \boldsymbol{i}_1 \times \frac{\partial \boldsymbol{E}_t}{\partial z} = -\mathrm{j}\omega\mu \boldsymbol{H}_t \tag{5.2.10}$$

$$\nabla_t \times \boldsymbol{H}_z + \boldsymbol{i}_1 \times \frac{\partial \boldsymbol{H}_t}{\partial z} = -\mathrm{j}\omega\varepsilon\, \boldsymbol{E}_t \tag{5.2.11}$$

由方程(5.2.9)看出,由电磁场的横向分量可以确定电磁场的纵向分量. 下面我们进一步研究电磁场的横向分量与纵向分量的关系.

方程(5.2.10)乘 $\mathrm{j}\omega\varepsilon$,得

$$-\mathrm{j}\omega\varepsilon\, \boldsymbol{i}_1 \times \nabla_t E_z + \mathrm{j}\omega\varepsilon\, \boldsymbol{i}_1 \times \frac{\partial \boldsymbol{E}_t}{\partial z} = k^2 \boldsymbol{H}_t \tag{5.2.12}$$

以 $\boldsymbol{i}_1 \times \dfrac{\partial}{\partial z}$去作用方程(5.2.11)的两端,得

$$\frac{\partial}{\partial z}(\nabla_t H_z) - \frac{\partial^2 \boldsymbol{H}_t}{\partial z^2} = \mathrm{j}\omega\varepsilon\, \boldsymbol{i}_1 \times \frac{\partial \boldsymbol{E}_t}{\partial z} \tag{5.2.13}$$

方程(5.2.12)与方程(5.2.13)两端相加,得

$$\left(k^2 + \frac{\partial^2}{\partial z^2}\right)\boldsymbol{H}_t = -\mathrm{j}\omega\varepsilon\, \boldsymbol{i}_1 \times \nabla_t E_z + \frac{\partial}{\partial z}(\nabla_t H_z) \tag{5.2.14}$$

方程(5.2.11)的两端乘 $\mathrm{j}\omega\mu$,得

$$-\mathrm{j}\omega\mu\, \boldsymbol{i}_1 \times \nabla_t H_z + \mathrm{j}\omega\mu\, \boldsymbol{i}_1 \times \frac{\partial \boldsymbol{H}_t}{\partial z} = -k^2 \boldsymbol{E}_t \tag{5.2.15}$$

以 $\boldsymbol{i}_1 \times \dfrac{\partial}{\partial z}$去作用方程(5.2.10)的两端,得

$$-\frac{\partial^2 \boldsymbol{E}_t}{\partial z^2} + \frac{\partial}{\partial z}(\nabla_t E_z) = -\mathrm{j}\omega\mu\, \boldsymbol{i}_1 \times \frac{\partial \boldsymbol{H}_t}{\partial z} \tag{5.2.16}$$

方程(5.2.15)与方程(5.2.16)两端相减,得

$$\left(k^2 + \frac{\partial}{\partial z^2}\right)\boldsymbol{E}_t = \mathrm{j}\omega\mu\, \boldsymbol{i}_1 \times \nabla_t H_z + \frac{\partial}{\partial z}(\nabla_t E_z) \tag{5.2.17}$$

我们研究的场是沿 z 轴传播的波场,我们可以假定场随 z 变化决定于因子 $\mathrm{e}^{-\Gamma_0 z}$. Γ_0 在一般情况下为复数. 于是方程(5.2.14)与方程(5.2.17)就变为

$$\boldsymbol{H}_t = \frac{1}{k^2 + \Gamma_0^2}\left[-\mathrm{j}\omega\varepsilon\, \boldsymbol{i}_1 \times \nabla_t E_z + \frac{\partial}{\partial z}(\nabla_t H_z)\right] \tag{5.2.18}$$

$$\boldsymbol{E}_t=\frac{1}{k^2+\Gamma_0^2}\left[\mathrm{j}\omega\mu\,\boldsymbol{i}_1\times\nabla_t H_z+\frac{\partial}{\partial z}(\nabla_t E_z)\right] \tag{5.2.19}$$

上面两个方程就是用电磁场的纵向分量表示横向分量的普遍方程. 这样,我们就在普遍情况下证明了电磁场的横向分量由两部分构成,一部分由电场的纵向分量 E_z 决定,而另一部分由磁场的纵向分量 H_z 决定. 于是我们可以令

$$\begin{cases}\boldsymbol{E}_t=\boldsymbol{E}_{tE}+\boldsymbol{E}_{tH}\\ \boldsymbol{H}_t=\boldsymbol{H}_{tE}+\boldsymbol{H}_{tH}\end{cases} \tag{5.2.20}$$

由以上分析,我们进一步得出如下结论:系统中的电磁波可分为两个部分,一部分由电场的纵向分量 E_z 以及由 E_z 决定的横向分量 $\boldsymbol{E}_{tE}$、$\boldsymbol{H}_{tB}$ 组成,它构成了电波(E 波)或横磁波(TM 波);另一部分由磁场的纵向分量 H_z 以及由它所决定的横向分量 $\boldsymbol{E}_{tH}$、$\boldsymbol{H}_{tH}$ 组成,它构成了磁波(H 波)或横电波(TE 波). 由式(5.2.3)、式(5.2.18)、式(5.2.19)与式(5.2.20)可以得出 TM 波与 TE 波分别满足如下两方程组.

TM 波:

$$\begin{cases}\nabla_t^2 E_z+(k^2+\Gamma_0^2)E_z=0\\ \boldsymbol{E}_{tE}=\dfrac{1}{k^2+\Gamma_0^2}\dfrac{\partial}{\partial z}(\nabla_t E_z)\\ \boldsymbol{H}_{tE}=-\dfrac{\mathrm{j}\omega\varepsilon}{k^2+\Gamma_0^2}\boldsymbol{i}_1\times\nabla_t E_z\\ H_z=0\end{cases} \tag{5.2.21}$$

TE 波:

$$\begin{cases}\nabla_t^2 H_z+(k^2+\Gamma_0^2)H_z=0\\ \boldsymbol{E}_{tH}=\dfrac{\mathrm{j}\omega\mu}{k^2+\Gamma_0^2}\boldsymbol{i}_1\times\nabla_t H_z\\ \boldsymbol{H}_{tH}=\dfrac{1}{k^2+\Gamma_0^2}\dfrac{\partial}{\partial z}(\nabla_t H_z)\\ E_z=0\end{cases} \tag{5.2.22}$$

式中,$\nabla_t^2=\nabla^2-\dfrac{\partial^2}{\partial z^2}$. 满足方程(5.2.21)的 TM 波的场以及满足方程(5.2.22)的 TE 波的场,必能分别满足麦克斯韦方程(5.2.1). 如果它们又都能满足系统的边界条件,则 TE 波与 TM 波就能在系统中独立存在. 如果它们不能单独满足系统的边界条件,则它们不能单独存在,系统中的波就是 TE 波与 TM 波的组合. 不少慢波系统中的波就属于后面这种情况.

下面,我们在前面所述的广义柱面坐标 x_1、x_2、x_3 中,讨论场分量方程. 我们将场的横向分量沿坐标分解:

$$\begin{cases}\boldsymbol{E}_t=\boldsymbol{i}_2E_2+\boldsymbol{i}_3E_3\\ \boldsymbol{H}_t=\boldsymbol{i}_2H_2+\boldsymbol{i}_3H_3\end{cases} \tag{5.2.23}$$

式中,$\boldsymbol{i}_2$、$\boldsymbol{i}_3$ 为坐标 x_2、x_3 方向的单位矢量. 利用关系:

$$\nabla f=\boldsymbol{i}_1\frac{\partial f}{\partial z}+\boldsymbol{i}_2\frac{1}{h_2}\frac{\partial f}{\partial x_2}+\boldsymbol{i}_3\frac{1}{h_3}\frac{\partial f}{\partial x_3}$$

$$\nabla_t f=\boldsymbol{i}_2\frac{1}{h_2}\frac{\partial f}{\partial x_2}+\boldsymbol{i}_3\frac{1}{h_3}\frac{\partial f}{\partial x_3}$$

对 TM 波,由方程(5.2.21)可得

$$\begin{cases}\nabla_t^2 E_z+(k^2+\Gamma_0^2)E_z=0\\ E_2=-\dfrac{\Gamma_0}{k^2+\Gamma_0^2}\dfrac{1}{h_2}\dfrac{\partial E_z}{\partial x_2}\\ E_3=-\dfrac{\Gamma_0}{k^2+\Gamma_0^2}\dfrac{1}{h_3}\dfrac{\partial E_z}{\partial x_3}\\ H_2=\dfrac{\mathrm{j}\omega\varepsilon}{k^2+\Gamma_0^2}\dfrac{1}{h_3}\dfrac{\partial E_3}{\partial x_3}\\ H_3=-\dfrac{\mathrm{j}\omega\varepsilon}{k^2+\Gamma_0^2}\dfrac{1}{h_2}\dfrac{\partial E_z}{\partial x_2}\\ H_z=0\end{cases}\tag{5.2.24}$$

对 TE 波，由方程(5.2.22)可得

$$\begin{cases}\nabla_t^2 H_z+(k^2+\Gamma_0)H_z=0\\ H_2=-\dfrac{1}{k^2+\Gamma_0^2}\dfrac{\Gamma_0}{h_2}\dfrac{\partial H_z}{\partial x_2}\\ H_3=-\dfrac{\Gamma_0}{k^2+\Gamma_0^2}\dfrac{1}{h_3}\dfrac{\partial H_z}{\partial x_3}\\ E_2=-\dfrac{\mathrm{j}\omega\mu}{k^2+\Gamma_0^2}\dfrac{1}{h_3}\dfrac{\partial H_z}{\partial x_3}\\ E_3=-\dfrac{\mathrm{j}\omega\mu}{k^2+\Gamma_0^2}\dfrac{1}{h_2}\dfrac{\partial H_z}{\partial x_2}\\ E_z=0\end{cases}\tag{5.2.25}$$

以上我们直接分析了场分量之间的关系. 如果我们首先解出了系统中场的纵向分量，通过它就很容易求出场的各个横向分量，这种方法称为纵向场分量法. 本节所讨论的方法不仅适用于电磁慢波系统，也适用于一般的波导传输线.

5.3 慢波系统中的场分布

我们在 5.2 节的基础上，以常用的圆柱坐标与直角坐标系为例，研究均匀慢波系统中场分布的特点. 我们研究无耗系统，这时有 $\Gamma_0=\mathrm{j}\beta$.

对直角坐标系，$x_1=z, x_2=x, x_3=y, h_1=h_2=h_3=1$. 由方程(5.2.24)与方程(5.2.25)可以得到以下方程.

TM 波：

$$\begin{cases}E_x=\dfrac{\mathrm{j}\beta}{\beta^2-k^2}\dfrac{\partial E_z}{\partial x}\\ E_y=\dfrac{\mathrm{j}\beta}{\beta^2-k^2}\dfrac{\partial E_z}{\partial y}\\ H_x=-\dfrac{\mathrm{j}\omega\varepsilon}{\beta^2-k^2}\dfrac{\partial E_z}{\partial y}\\ H_y=\dfrac{\mathrm{j}\omega\varepsilon}{\beta^2-k^2}\dfrac{\partial E_z}{\partial x}\\ \dfrac{\partial^2 E_z}{\partial x^2}+\dfrac{\partial^2 E_z}{\partial y^2}-(\beta^2-k^2)E_z=0\\ H_z=0\end{cases}\tag{5.3.1}$$

TE 波：

$$
\begin{cases}
E_x = \dfrac{\mathrm{j}\omega\mu}{\beta^2 - k^2} \dfrac{\partial H_z}{\partial y} \\
E_y = -\dfrac{\mathrm{j}\omega\mu}{\beta^2 - k^2} \dfrac{\partial H_z}{\partial x} \\
H_x = \dfrac{\mathrm{j}\beta}{\beta^2 - k^2} \dfrac{\partial H_z}{\partial x} \\
H_y = \dfrac{\mathrm{j}\beta}{\beta^2 - k^2} \dfrac{\partial H_z}{\partial y} \\
\dfrac{\partial^2 H_z}{\partial x^2} + \dfrac{\partial^2 H_z}{\partial y^2} - (\beta^2 - k^2) H_z = 0 \\
E_z = 0
\end{cases}
\tag{5.3.2}
$$

对圆柱坐标系，$x_1 = z, x_2 = r, x_3 = \varphi, h_1 = h_2 = 1, h_3 = r$. 对 TM 波，由方程(5.2.24)得

$$
\begin{cases}
E_r = \dfrac{\mathrm{j}\beta}{\beta^2 - k^2} \dfrac{\partial E_z}{\partial r} \qquad E_\varphi = \dfrac{\mathrm{j}\beta}{\beta^2 - k^2} \dfrac{1}{r} \dfrac{\partial E_z}{\partial \varphi} \\
H_r = -\dfrac{\mathrm{j}\omega\varepsilon}{\beta^2 - k^2} \dfrac{1}{r} \dfrac{\partial E_z}{\partial \varphi} \qquad H_\varphi = \dfrac{\mathrm{j}\omega\varepsilon}{\beta^2 - k^2} \dfrac{\partial E_z}{\partial r} \\
\dfrac{1}{r} \dfrac{\partial}{\partial r}\left(r \dfrac{\partial E_z}{\partial r} \right) + \dfrac{1}{r^2} \dfrac{\partial^2 E_z}{\partial \varphi^2} - (\beta^2 - k^2) E_z = 0 \\
H_z = 0
\end{cases}
\tag{5.3.3}
$$

对 TE 波，由方程(5.2.25)可得

$$
\begin{cases}
E_r = \dfrac{\mathrm{j}\omega\mu}{\beta^2 - k^2} \dfrac{1}{r} \dfrac{\partial H_z}{\partial \varphi} \\
E_\varphi = -\dfrac{\mathrm{j}\omega\mu}{\beta^2 - k^2} \dfrac{\partial H_z}{\partial r} \\
H_r = \dfrac{\mathrm{j}\beta}{\beta^2 - k^2} \dfrac{\partial H_z}{\partial r} \\
H_\varphi = \dfrac{\mathrm{j}\beta}{\beta^2 - k^2} \dfrac{1}{r} \dfrac{\partial H_z}{\partial \varphi} \\
\dfrac{1}{r} \dfrac{\partial}{\partial r}\left(r \dfrac{\partial H_z}{\partial r} \right) + \dfrac{1}{r^2} \dfrac{\partial^2 H_z}{\partial \varphi^2} - (\beta^2 - k^2) H_z = 0 \\
E_z = 0
\end{cases}
\tag{5.3.4}
$$

电磁场的纵向分量在同一个坐标系中都满足同样的方程. 它们有相同的解的形式. 我们用 A 表示电场或磁场的纵向分量，由 A 在系统中的分布来说明场分布的特点.

我们先看直角坐标系中的情况. 由式(5.3.1)与式(5.3.2)，可得出 A 的解为

$$
A = (C_1 \mathrm{e}^{\xi x} + C_2 \mathrm{e}^{-\xi x})(C_3 \mathrm{e}^{\eta x} + C_4 \mathrm{e}^{-\eta x}) \mathrm{e}^{\mathrm{j}(\omega t - \beta z)} \tag{5.3.5}
$$

对慢波有

$$
\xi^2 + \eta^2 = \beta^2 - k^2 > 0 \tag{5.3.6}
$$

这样就有两种情况：(1)ξ 与 η 均为实数；(2)ξ 与 η 只有一个实数，例如 ξ 为实数，η 为虚数 $\mathrm{j}\eta_1$，但 $\xi^2 > \eta_1^2$. 众所周知，在普通波导系统中，场在横向是按正余弦函数规律变化的. 而由式(5.3.5)可以看出，在慢波系统中场至少在一个横坐标方向按指数规律变化. 为了更清楚地了解这种场结构的不同本质，我们研究在横向一维空间变化的简单情况. 略去 y 方向的变化，即 $\partial A/\partial y = 0$，这时有

$$
A = (C_1 \mathrm{e}^{\xi x} + C_2 \mathrm{e}^{-\xi x}) \mathrm{e}^{\mathrm{j}(\omega t - \beta z)} \tag{5.3.7}
$$

如果慢波系统表面处在 $x=0$ 的平面上，慢波在 $x>0$ 的空间传播，而且是开敞系统，我们可以得到 $C_1=0$，这样就有

$$A=C_2 e^{-\xi x} e^{j(\omega t-\beta z)} \tag{5.3.8}$$

式(5.3.8)表明，慢波系统的场集中于系统的表面，场随着离开表面距离的增大而迅速减小. 这种场集中于系统表面附近的波，一般称为表面波. 由式(5.3.8)看出，慢波具有表面波的特点.

在圆柱坐标系统中，同样用分离变量法求解方程组(5.3.3)与方程组(5.3.4)中的相应方程，得

$$A=[C_1 I_n(\gamma r)+C_2 K_n(\gamma r)]\begin{matrix}\cos\\ \sin\end{matrix} n\varphi \cdot e^{j(\omega t-\beta z)} \tag{5.3.9}$$

式中，$\gamma^2=\beta^2-k^2$；$I_n(\gamma r)$ 与 $K_n(\gamma r)$ 为变态的第一类与第二类 n 阶贝塞尔函数，它们随宗量的变化如图 5.3.1 所示.

如果系统是开敞的，即 r 可无限延伸，则有 $C_1=0$，于是得

$$A=C_2 K_n(\gamma r)\begin{matrix}\cos\\ \sin\end{matrix} n\varphi \cdot e^{j(\omega t-\beta z)} \tag{5.3.10}$$

由此可见，慢波场在圆柱系统中沿 r 方向是按变态的贝塞尔函数分布的，而不像普通波导系统中的快波场那样按一般贝塞尔函数分布. 慢波仍然具有表面波的特性. 在封闭系统情况下，场仍然具有类似的特点.

由以上分析可以看出，由于慢波的相速小于光速，所以场结构发生了本质的变化. 普通波导系统中场在横截面上按三角函数(矩形波导)或贝塞尔函数(圆柱波导)规律变化，而慢波系统中的场则按指数函数或变态贝塞尔函数变化. 其特性是场集中在系统表面附近，场至少沿一个横坐标并不具有周期性改变的性质，零点的数目不可能多于 1. 这种场分布不是光滑均匀金属波导壁所能满足的，即慢波系统要求特殊的边界条件.

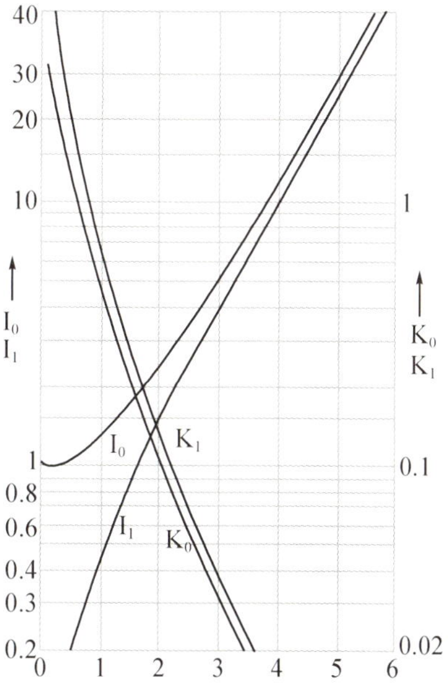

图 5.3.1　变态贝塞尔函数图

5.4　慢波系统的特性参量

为了以后研究方便，在讨论具体类型的慢波系统之前，我们先来叙述一下表征慢波系统的特性参量及其表示方法.

众所周知，为了保证电子流与慢波系统上的波有效地相互作用，一般必须保证两个条件：第一，电子流速度与波的相速同步；第二，在电子流速度的方向(一般在纵方向)上，波场一般必须有纵向分量，而且此纵向分量在电子流通过的地方越强越好. 第一个条件由表征波的相速与频率(或波长)关系的色散特性来确定. 第二个条件则通过波的纵向阻抗或电子流与波的耦合阻抗(简称耦合阻抗)来表征. 在有些情况下(例如在电子直线加速器中)，除了耦合阻抗外，还定义了系统的横向阻抗或并联阻抗. 此外，系统的衰减常数也是重要的参量之一.

首先我们讨论色散特性的表示方法. 最直接的办法是将波的相速 v_p 与频率(或波长)的关系求出，并绘成曲线. 所绘曲线一般有如图 5.4.1 所示的几种情况：曲线 a 表示 v_p 与波长 λ 无关，即无色散情况；曲线 b 表示 $dv_p/d\lambda>0$，即波的相速随着波长的增大而增大，这种色散称为“正常色散”；曲线 c 表示 $dv_p/d\lambda<0$，即波的相速随波长的增大而减小，这种色散称为“异常色散”.

在实际的慢波系统中，上述三种色散情况都可能遇到. 但是，相速与波长无关的特性往往只是在一定的

频段内存在.有时,在类似的表示曲线中,纵坐标轴取 v_p/c,以表示波的缓慢程度.

但是,这种直接表示 $v_p=f(\lambda)$ 的色散关系有时并不是很方便.这种表示方法不能直接得出波的群速与波长之间的关系,也不能了解群速 v_g 与相速之间的关系.而且,在研究一些慢波系统时,所得到的色散方程往往并不是 v_p 与 λ 的显函数,在化成 $v_p=f(\lambda)$ 时还要经过复杂的转换.因此,有时可将色散特性表示为 $\omega=f(\beta)$ 的关系.这种 ω-β 图首先为布里渊所采用,所以又称为"布里渊图".人们又常常将纵坐标按比例变化,变为 k,绘出 k-β 图,这种布里渊图的几种典型情况如图 5.4.2 所示.

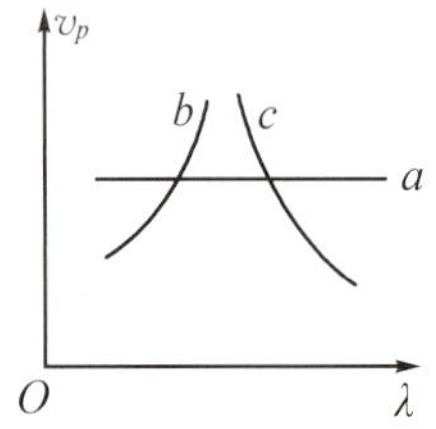

图 5.4.1　色散的几种情况

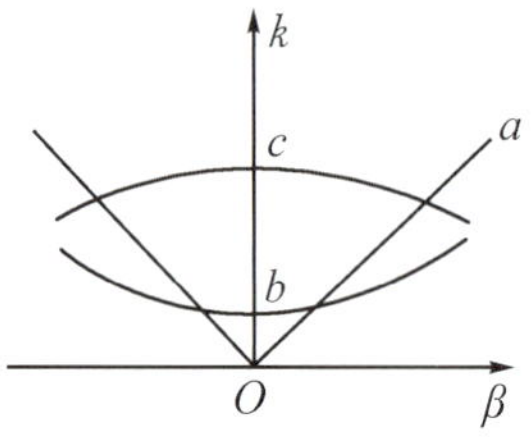

图 5.4.2　布里渊图的几种典型情况

由于 $k=\omega/c,\beta=\omega/v_p$,所以曲线上每一点的纵坐标与横坐标之比为 v_p/c.曲线上每一点的切线的斜率 $\mathrm{d}k/\mathrm{d}\beta=v_g/c$,即群速比光速.由此可见,曲线 $k=f(\beta)$ 不仅指出相速与频率的关系,也指出群速与频率的关系.不仅如此,由图还可看出 v_p 与 v_g 的方向之间的关系.由图 5.4.2 可见,曲线 a 与 b 表明相速与群速同号,即它们有相同的方向,这种波称为"前向"波,这种色散关系称为正色散.图中的曲线 c 表明相速与群速反号,即它们的方向相反,这种波称为"返"波,这种色散关系称为负色散.

还有一种方法是用 c/v_p 与 λ 的关系表示色散特性,如图 5.4.3 所示,曲线上点的纵坐标为 $M=c/v_p$.可以证明,曲线上每一点的切线在纵坐标上的截距

$$p=M-\lambda\frac{\mathrm{d}M}{\mathrm{d}\lambda}$$

为真空中的光速与系统中波的群速之比.由此可以看出,用 M-λ 曲线可表示色散的一切特性.

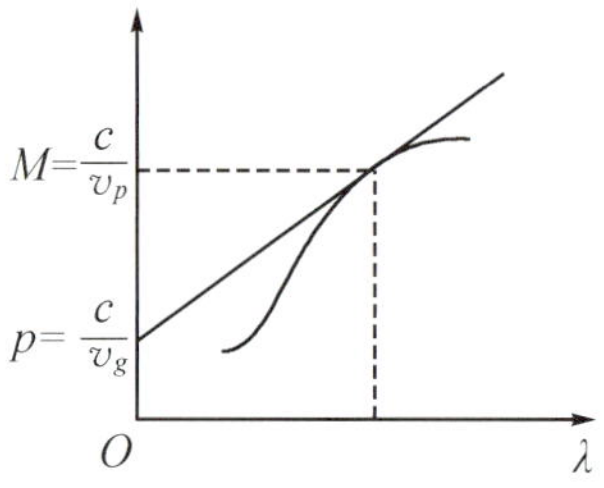

图 5.4.3　c/v_p 与 λ 的关系曲线

现在我们来研究表征电子流与场相互作用强弱的耦合阻抗 K_c.电子流与场的能量交换取决于电子流通过处慢波系统上的纵向电场,而纵向场强与通过慢波系统的功率流单值相关,因此如果采用复数表示法,耦合阻抗可定义为

$$K_c=\frac{E_{zm}E_{zm}^*}{2\beta^2P} \tag{5.4.1}$$

式中,E_{zm} 为电子流所在处的纵向电场幅值,E_{zm}^* 为 E_{zm} 的共轭值,它们都是横坐标的函数;P 为通过系统的总的功率流(对时间的平均值):

$$P=\frac{1}{2}\mathrm{Re}\iint_S(\boldsymbol{E}\times\boldsymbol{H}^*)\cdot\mathrm{d}\boldsymbol{s} \tag{5.4.2}$$

由式(5.4.1)看出,耦合阻抗 K_c 是系统截面上点的函数.当系统几何尺寸给定后,如果能将场强的表达式求出,则任意点上的耦合阻抗即可求得.但是这种计算往往只对一些几何形状较为简单的慢波系统才能进行到底.对于结构复杂的慢波系统,例如某些周期慢波系统,严格的场的求解不能进行,因此耦合阻抗 K_c 的计算就十分困难.这时,可以采用两不均匀性之间的纵向电压来计算耦合阻抗,此纵向电压可以用场方程式来计算,也可以用等效网络来进行计算.

除了上述两个基本参量之外,有时还需要考虑系统的损耗.显然,因为金属不可能具有理想的导电性能,如果系统中又填充有介质,介质也会有损耗.因而系统的损耗总是存在的.

众所周知,任意传输线上波的传播常数 $\Gamma_0=\alpha+\mathrm{j}\beta$.其中,$\beta$ 为相位常数(也称波数);α 为衰减常数,表示

系统的损耗. 在慢波系统的理论中,有时采用并联阻抗来表示损耗. 令 P_1 表示系统中单位长度上的损耗功率,则并联阻抗定义为

$$Z=\frac{E_{zm}E_{zm}^{*}}{2P_1} \tag{5.4.3}$$

式中,E_{zm} 与 E_{zm}^{*} 一般取对称轴上的值. 并联阻抗的定义与耦合阻抗的定义在形式上相似. 我们看到,在微波管中,为了使慢波系统能有高的效能,并联阻抗越高越好.

不难证明,并联阻抗与耦合阻抗之间有如下关系:

$$Z=\frac{\beta^2}{1-e^{-2\alpha}}K_c \tag{5.4.4}$$

式中,K_c 为系统对称轴上的耦合阻抗.

5.5 周期性慢波系统的一般特性

周期性慢波系统在微波管中应用最为广泛,在本节,我们将研究周期性慢波系统的一般特性,研究慢波系统结构上的周期性对系统中传播的波会产生什么样的影响.

一、弗洛奎定理

周期性和对称性是慢波系统的最重要的几何特性,它们对系统的传输性能和其他参量有很大的影响. 周期性的概念容易理解. 设系统的轴为 z 轴,则慢波系统的任一原始的物理量(如几何参量、介质特性等)沿 z 轴作周期性变化,这就是系统的周期性. 例如,波导截面的周期性变化、波导周期加载膜片、周期填充介质等都构成周期性慢波系统. 显然周期性概念不仅适用于 z 轴,当沿其他坐标轴有周期性变化时,也是一样的.

对称性的概念是这样的:物体(或其几何结构)完成一个确定的运动后又可回到原来的状态,则认为物体(或其几何结构)经受了一次对称变换. 可以经受对称变换的物体(或其几何结构)称为具有对称性. 这里所指的运动,包括平移、转动、反映、反射等. 因此,根据运动的性质,对称可分为面对称、点对称、轴对称、旋转对称等. 不难看到,周期性系统必然具有对称性. 例如,圆盘加载圆柱波导具有轴对称和沿 z 轴的面对称性.

在数学上,对称属于一种运算或变换——对称运算或对称变换. 例如,平移或旋转相当于线性变换. 设在原坐标系下的矢径 $\boldsymbol{r}(x,y,z)$ 在新坐标系下矢径为 $\boldsymbol{r}'(x',y',z')$,如将 $\boldsymbol{r}$ 与 $\boldsymbol{r}'$ 表示成列矢量,则线性变换为

$$\boldsymbol{r}'=[\alpha]\boldsymbol{r}+\boldsymbol{d} \tag{5.5.1}$$

式中

$$\boldsymbol{d}=\begin{bmatrix}\mathrm{d}x\\ \mathrm{d}y\\ \mathrm{d}z\end{bmatrix} \tag{5.5.2}$$

$$[\alpha]=\begin{bmatrix}\alpha_{xx} & \alpha_{xy} & \alpha_{xz}\\ \alpha_{yx} & \alpha_{yy} & \alpha_{yz}\\ \alpha_{zx} & \alpha_{zy} & \alpha_{zz}\end{bmatrix} \tag{5.5.3}$$

称为变换矩阵.

可见,当系统受线性变换后,场方程的变化取决于变换的性质. 我们来考虑最简单但最重要和最普遍的一种对称性,即系统沿 z 轴的周期性. 设周期为 L,这相当于变换

$$[\alpha]=\begin{bmatrix}1&0&0\\0&1&0\\0&0&1\end{bmatrix} \tag{5.5.4}$$

$$\mathrm{d}x=\mathrm{d}y=0,\mathrm{d}z=L \tag{5.5.5}$$

式(5.5.4)中,$[\alpha]$即为单位矩阵.

设我们研究的周期系统是无限长的系统,沿 z 轴将系统移动一个周期,它与原系统将无差别.设系统中对应于某一频率,场方程有一组完备解 $f_n(x,y,z)$不仅满足方程本身,而且满足边界条件.由于周期性,$f_n(x,y,z+L)$也应是方程的解(在同一频率下).按微分方程理论,$f_n(x,y,z+L)$可以由完备系 $f_n(x,y,z)$的线性组合来表示,即有

$$f_n(x,y,z+L)=\sum_m a_{mn}f_m(x,y,z) \tag{5.5.6a}$$

即

$$\begin{bmatrix}f_1(x,y,z+L)\\f_2(x,y,z+L)\\\vdots\\f_n(x,y,z+L)\\\vdots\end{bmatrix}=\begin{bmatrix}a_{11}&a_{12}\cdots\\a_{21}&a_{22}\cdots\\&\vdots\\a_{n1}&a_{n2}\cdots\\&\vdots\end{bmatrix}\begin{bmatrix}f_1(x,y,z)\\f_2(x,y,z)\\\vdots\\f_n(x,y,z)\\\vdots\end{bmatrix} \tag{5.5.6b}$$

将上面矩阵进行对角变换,得

$$\begin{bmatrix}F_1(x,y,z+L)\\F_2(x,y,z+L)\\\vdots\\F_n(x,y,z+L)\\\vdots\end{bmatrix}=\begin{bmatrix}A_1&0\cdots\cdots&\\0&A_2&0\cdots\cdots\\\vdots&\ddots&\\\vdots&&A_n\cdots\cdots\\&\cdots\cdots&\end{bmatrix}\begin{bmatrix}F_1(x,y,z)\\F_2(x,y,z)\\\vdots\\F_n(x,y,z)\\\vdots\end{bmatrix} \tag{5.5.7}$$

式中,A_n 是一个取决于周期 L 和频率的复常数.

不难看出,式(5.5.7)相当于式(5.5.4)与式(5.5.5)的变换.式(5.5.7)就是研究周期性慢波系统基础的周期性定理,即弗洛奎定理的数学描述.它表明,在一给定频率下,对一确定的传输模式,沿周期系统传输的波在任一截面上的场分布与离该截面一个周期远处的场分布仅相差一个复常数因子.

由于以上讨论并未限于无耗系统,所以周期性弗洛奎定理对有损耗与无损耗的系统均成立.

二、空间谐波

现在我们利用前面介绍的定理,将系统中的场展开.由弗洛奎定理,我们假定电磁场的某一个分量对于一定的传输模式可以写成(略去时间因子 $\mathrm{e}^{\mathrm{j}\omega t}$)

$$f(x,y,z)\mathrm{e}^{-\Gamma_0 z}$$

式中,Γ_0 为传播常数;$f(x,y,z)$表示场的幅值分布,它是 z 的周期函数,其周期等于系统的空间周期 L.我们将 $f(x,y,z)$沿 z 轴展开成傅里叶级数:

$$f(x,y,z)=\sum_{n=-\infty}^{\infty}g_n(x,y)\mathrm{e}^{-\mathrm{j}n\frac{2\pi}{L}z} \tag{5.5.8}$$

展开系数 $g_n(x,y)$为

$$g_n(x,y)=\frac{1}{L}\int_{z_1}^{z_1+L}f(x,y,z)\mathrm{e}^{\mathrm{j}n\frac{2\pi}{L}z}\mathrm{d}z \tag{5.5.9}$$

于是场分量即为

$$f(x,y,z)\mathrm{e}^{-\Gamma_0 z}=\sum_{n=-\infty}^{\infty} g_n(x,y)\mathrm{e}^{-\left(\Gamma_0+\mathrm{j}n\frac{2\pi}{L}\right)z} \tag{5.5.10}$$

而

$$\Gamma_0=\alpha_0+\mathrm{j}\beta_0$$

对于无损耗系统，$\alpha_0=0$，$\Gamma_0=\mathrm{j}\beta_0$. α_0 描述系统的损耗. 这样，场的某一个分量就可表示为

$$f(x,y,z)\mathrm{e}^{-\Gamma_0 z}=\sum_{n=-\infty}^{\infty} g_n(x,y)\mathrm{e}^{-\alpha_0 z}\mathrm{e}^{-\mathrm{j}\left(\beta_0+\frac{2n\pi}{L}\right)z} \tag{5.5.11}$$

令

$$\beta_n=\beta_0+\frac{2n\pi}{L}\quad (n=0,\pm1,\pm2,\cdots) \tag{5.5.12}$$

则有

$$f(x,y,z)\mathrm{e}^{-\Gamma_0 z}=\sum_{n=-\infty}^{\infty} g_n(x,y)\mathrm{e}^{-\alpha_0 z}\mathrm{e}^{-\mathrm{j}\beta_n z} \tag{5.5.13}$$

由此看出，周期系统中传播的波，可以分解为无数个谐波，这些谐波就称为空间谐波. 空间谐波与无线电技术中的时间谐波是两个不同的概念，必须严格区分开来. 空间谐波是由系统结构的周期性，使场的幅值沿 z 轴分布呈周期性（非正弦）而引起的，各空间谐波有相同的频率 ω 和不同的传播常数 β_n. 而时间谐波则是非正弦时间变化的场产生的非单一频率波的分解. 空间谐波是一个统一波动过程沿空间的分解，它们不能单独存在，只有各空间谐波同时存在才能满足系统的周期边界条件，它们的幅值是严格成比例的. 同时还须把空间谐波和传输模式严格区分开来. 一个传播模式代表一种场的总的分布，因此它不仅满足场方程，而且满足系统全部边界条件，能独立存在. 一个空间谐波仅表示场的总的分布中分解出来的一部分，它可以满足场方程，但一般不能满足系统的全部边界条件. 因此，一个模式包含无限个空间谐波，一个空间谐波必定属于某一传播模式.

三、周期系统中的场结构

现在我们来考察一下周期系统中的场结构. 如前所述，在均匀慢波系统中，对于某一波型，其场按由一定特征值表征的指数函数或变态贝塞尔函数分布. 在周期慢波系统中，由于对于某一波型存在无限个空间谐波，每个谐波的场都要满足场方程，整个波型又要满足弗洛奎定理. 因此，在直角坐标系中，场的纵向分量，以电场为例，可写成（不考虑系统的损耗）

$$E_z=\sum_{n=-\infty}^{\infty}(C_{1n}\mathrm{e}^{\xi_n x}+C_{2n}\mathrm{e}^{-\xi_n x})(C_{3n}\mathrm{e}^{\eta_n y}+C_{4n}\mathrm{e}^{-\eta_n y})\mathrm{e}^{\mathrm{j}(\omega t-\beta_n z)} \tag{5.5.14}$$

$$\xi_n^2+\eta_n^2=\beta_n^2-k^2>0 \tag{5.5.15}$$

在圆柱坐标系中，有

$$E_z=\sum_{n=-\infty}^{\infty}\left[C_{1n}\mathrm{I}_m(\gamma_n r)+C_{2n}\mathrm{K}_m(\gamma_n r)\right]\begin{matrix}\cos\\ \sin\end{matrix}\, m\varphi\cdot\mathrm{e}^{\mathrm{j}(\omega t-\beta_n z)} \tag{5.5.16}$$

$$\gamma_n^2=\beta_n^2-k^2>0 \tag{5.5.17}$$

可见，各空间谐波的幅值在系统横截面上的分布与均匀慢波系统相似，也具有表面波的性质，这是由慢波的特性所决定的. 上面诸式中的系数 C_{1n}、C_{2n} 等决定了各空间谐波幅值的大小，它们取决于空间的周期场按傅里叶级数展开时的展开系数，归根结底它们由系统的边界条件与起始条件所决定. 一般来说，C_{1n}、C_{2n} 等将随 $|n|$ 的增大而减小，即随着谐波次数增加，谐波幅值就要逐渐减小. 而当 $|n|$ 增大时，一般说来，ξ_n、η_n 及 γ_n 的值均要增加，这就使谐波场随着离开系统表面而衰减的速度加快. 然而，也存在一些类型的周期系统，其中某次高次谐波（例如 $n=\pm1$ 的谐波）的幅值可能大于基波（$n=0$）的幅值.

四、周期系统的色散特性与耦合阻抗

利用上面的结果，我们来讨论周期系统的色散特性．各空间谐波的相位常数取决于式(5.5.12)．由相速、群速与相位常数之间的关系，我们求出各空间谐波的相速 v_{pn} 与群速 v_{gn}：

$$v_{pn}=\frac{\omega}{\beta_n}=\frac{v_{p0}}{1+n\frac{\lambda_{p0}}{L}} \tag{5.5.18}$$

$$v_{gn}=\frac{\partial\omega}{\partial\beta_n}=\left(\frac{\partial\beta}{\partial\omega}\right)^{-1}=v_{g0}=v_g \tag{5.5.19}$$

式中，λ_{p0}是零次空间谐波（基波）的导波波长；v_{p0} 与 v_{g0} 分别为基波的相速与群速．由式(5.5.18)和式(5.5.19)看出，各空间谐波的相速是不同的，它随着谐波号数 n 而改变．如 $v_g>0$，当 $n\geqslant0$ 时，$v_{pn}>0$，为前向波；当 $n<0$ 时，$v_{pn}<0$，相速与基波相反，为返波．应当指出，返波并不是反射波．各空间谐波具有相同的群速，都与基波的群速相等．

周期系统的色散曲线，可根据式(5.5.12)给出．图 5.5.1 所示是色散的布里渊图．事实上，只要绘出k-β_0曲线即可，其余 $n\neq0$ 的部分，由 k-β_0 曲线在β轴上推移 $2n\pi/L$ 即得k-β_n 的曲线．而曲线的 k-β_0 部分，如图 5.5.1 所示，当 $k=k_{c1}$时，$\beta_0=0$，这时 $v_g=0$，曲线的斜率为 0，波被截止．当 $k=k_{c2}$时，$\beta_0=\pi/L$，这时 $\beta_0L=\pi$，发生反射波同相叠加，系统中形成全驻波，$v_g=0$，曲线斜率为 0，波被截止．从 k_{c1}至 k_{c2}构成了系统的第一个通带，如图 5.5.1 所示，在 k_{c3}与 k_{c4}之间，k_{c5}与 k_{c6}之间等又构成另外的通带．通带之外的区域，电磁波不能传播，称为阻带．每一传播模式对应于一个通带．周期系统具有通带特性，它有无限个通带，各通带之间是阻带．

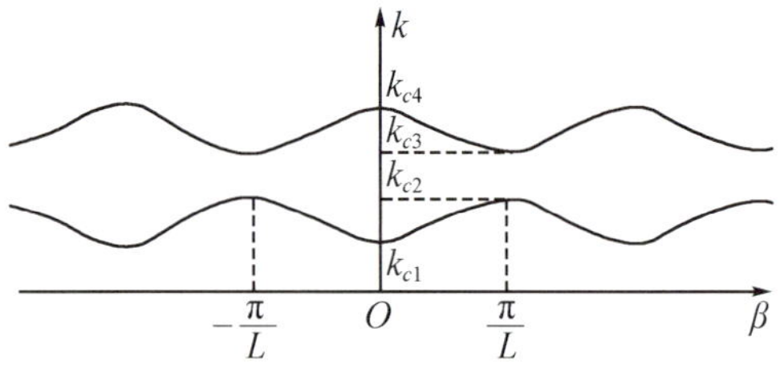

图 5.5.1 周期系统色散的布里渊图

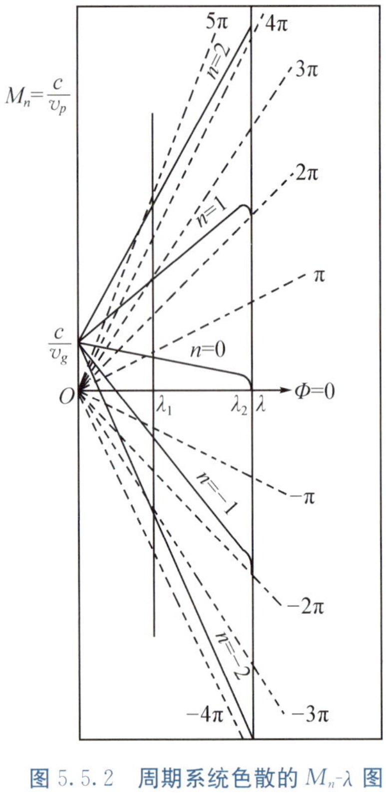

图 5.5.2 周期系统色散的 M_n-λ 图

周期系统的色散曲线，还可以用 $M_n=c/v_{pn}-\lambda$ 的形式绘出．这种色散特性如图 5.5.2 所示．图中横坐标 λ_1 至 λ_2 之间是一个通带．图中曲线的各个分支表示各次空间谐波的色散曲线，对图中所示的情况，λ_1 与 $\beta_0L=\pi$ 对应，λ_2 与 $\beta_0L=0$ 对应．曲线的纵坐标有如下关系：

$$M_n=\frac{c}{v_{pn}}=M_0+\frac{n\lambda}{L} \tag{5.5.20}$$

由式(5.5.20)，如果根据系统的色散情况绘出了 $n=0$ 时的 M_0 分支，则其他空间谐波分支就可容易绘出．我们还可以证明，对于同一个空间波长 λ，各空间谐波色散曲线分支的切线交纵轴于一点，此点的纵坐标 p 为

$$p=M_n-\lambda\frac{\mathrm{d}M_n}{\mathrm{d}\lambda}=\frac{c}{v_g} \tag{5.5.21}$$

所以，由 M_n-λ 曲线仍可看出，对于同一频率(或波长)，各空间谐波有相同的群速．

由于周期系统传播的波分解成无限个空间谐波，而各空间谐波有不同的相速，在微波器件中，一般电子流的速度只与某一次空间谐波的相速同步而发生有效的相互作用，所以有必要定义空间谐波的耦合阻抗：

$$K_n=\frac{E_{zn}E_{zn}^*}{2\beta_n^2P} \tag{5.5.22}$$

式中，E_{zn} 为 n 次空间谐波电场 z 向分量的幅值；E_{zn}^* 为其共轭值；P 为慢波系统中波的总功率. 对于 P 的计算，将在 5.6 节中解决.

5.6 周期性结构中的电磁储能与功率流

我们首先研究周期系统中电磁场的储能问题. 我们研究一个无耗系统. 在系统中，我们取长度等于系统空间周期 L 的一段慢波系统，其传输空间的体积为 V，V 的封闭面为 S，$S=S_1+S_2+S_0$，S_1 为 z 处的横截面，S_2 为 $z+L$ 处的横截面，S_0 为系统的侧面，如是开敞系统，S_0 为无限远处的侧表面. 对于封闭面 S，有

$$\oiint_S (\boldsymbol{E}\times\boldsymbol{H}^*)_n\mathrm{d}S=\iint_{S_1}(\boldsymbol{E}_1\times\boldsymbol{H}_1^*)_n\mathrm{d}S+\iint_{S_2}(\boldsymbol{E}_2+\boldsymbol{H}_2^*)_n\mathrm{d}S+\iint_{S_0}(\boldsymbol{E}\times\boldsymbol{H}^*)_n\mathrm{d}S$$

式中，n 表示外法线；下标 1 表示场在 $S_1(z)$ 处取值；下标 2 表示场在 S_2，即 $z+L$ 处取值. 如果 S_0 是理想导体边界，则在 S_0 处，$\boldsymbol{E}$ 的切向分量为零，如果是开敞系统，S_0 处的场强为零，故有

$$\iint_{S_0}(\boldsymbol{E}\times\boldsymbol{H}^*)_n\mathrm{d}S=0$$

而由弗洛奎定理可知

$$\begin{aligned}\iint_{S_2}(\boldsymbol{E}_2\times\boldsymbol{H}_2^*)_n\mathrm{d}S&=\iint_{S_2}(\boldsymbol{E}_1\mathrm{e}^{\mathrm{j}\beta L}\times\boldsymbol{H}_1^*\mathrm{e}^{\mathrm{j}\beta L})_n\mathrm{d}S\\&=-\iint_{S_1}(\boldsymbol{E}_1\times\boldsymbol{H}_1^*)_n\mathrm{d}S\end{aligned}$$

于是得到

$$\oiint_S(\boldsymbol{E}\times\boldsymbol{H}^*)_n\mathrm{d}S=0 \tag{5.6.1}$$

由高斯定理得

$$\oiint_S(\boldsymbol{E}\times\boldsymbol{H}^*)_n\mathrm{d}S=\iiint_V\nabla\cdot(\boldsymbol{E}\times\boldsymbol{H}^*)\mathrm{d}V=0 \tag{5.6.2}$$

由矢量公式得

$$\nabla\cdot(\boldsymbol{A}\times\boldsymbol{B})=\boldsymbol{B}\cdot(\nabla\times\boldsymbol{A})-\boldsymbol{A}\cdot(\nabla\times\boldsymbol{B}) \tag{5.6.3}$$

得

$$\iiint_V[\boldsymbol{H}^*\cdot(\nabla\times\boldsymbol{E})-\boldsymbol{E}\cdot(\nabla\times\boldsymbol{H}^*)]\mathrm{d}V=0 \tag{5.6.4}$$

再应用麦克斯韦方程，由式(5.6.4)得

$$\iiint_V[\boldsymbol{H}^*\cdot(-\mathrm{j}\omega\mu\boldsymbol{H})-E\cdot(-\mathrm{j}\omega\varepsilon\boldsymbol{E}^*)]\mathrm{d}V=0 \tag{5.6.5}$$

由此，我们有

$$\frac{1}{2}\iiint_V\frac{1}{2}\mu\boldsymbol{H}\cdot\boldsymbol{H}^*\mathrm{d}V=\frac{1}{2}\iiint_V\frac{1}{2}\varepsilon\boldsymbol{E}\cdot\boldsymbol{E}^*\mathrm{d}V \tag{5.6.6}$$

这就是周期慢波系统中的储能定理. 它表明，在慢波系统的任一空间周期内，电场的时间平均储能与磁场的时间平均储能相等.

我们指出，上述定理对一均匀传输系统也是成立的. 这时系统截面是恒定的，不随 z 改变而改变，故系统的任一长度均可视为系统的周期 L. 这样，对于均匀传输线，任一段传输线内电场的平均储能都等于磁场的平均储能.

现在来讨论周期系统中的功率流. 由式(5.6.2),得

$$\iiint_V \nabla\cdot(\boldsymbol{E}\times\nabla\times\boldsymbol{E}^*)\mathrm{d}V=0 \tag{5.6.7}$$

$\boldsymbol{E}$ 与 $\boldsymbol{E}^*$ 都是频率的函数,式(5.6.7)对频率求导得

$$\frac{\partial}{\partial\omega}\iiint_V \nabla\cdot[\boldsymbol{E}\times(\nabla\times\boldsymbol{E}^*)]\mathrm{d}V=0$$

$$\frac{\partial}{\partial\omega}\left\{\iiint_V[(\nabla\times\boldsymbol{E})\cdot(\nabla\times\boldsymbol{E}^*)-\boldsymbol{E}\cdot(\nabla\times\nabla\times\boldsymbol{E}^*)]\mathrm{d}V\right\}=0 \tag{5.6.8}$$

因为

$$\nabla\times\nabla\times\boldsymbol{E}^*=\omega^2\mu\varepsilon\boldsymbol{E}^*$$

$$\frac{\partial}{\partial\omega}(\nabla\times\nabla\times\boldsymbol{E}^*)=2\omega\mu\varepsilon\boldsymbol{E}^*+\omega^2\mu\varepsilon\frac{\partial\boldsymbol{E}^*}{\partial\omega} \tag{5.6.9}$$

由式(5.6.8),可得

$$\begin{aligned}&\iiint_V\left[(\nabla\times\boldsymbol{E})\cdot\left(\nabla\times\frac{\partial\boldsymbol{E}^*}{\partial\omega}\right)\right]\mathrm{d}V+\iiint_V(\nabla\times\boldsymbol{E}^*)\cdot\left(\nabla\times\frac{\partial\boldsymbol{E}}{\partial\omega}\right)\mathrm{d}V\\&-\omega^2\mu\varepsilon\iiint_V\boldsymbol{E}^*\cdot\frac{\partial\boldsymbol{E}}{\partial\omega}\mathrm{d}V-2\omega\mu\varepsilon\iiint_V\boldsymbol{E}\cdot\boldsymbol{E}^*\mathrm{d}V-\omega^2\mu\varepsilon\iiint_V\boldsymbol{E}\cdot\frac{\partial\boldsymbol{E}^*}{\partial\omega}\mathrm{d}V\\&=0\end{aligned} \tag{5.6.10}$$

再将式(5.6.10)变为

$$\begin{aligned}&\iiint_V\left[(\nabla\times\boldsymbol{E})\cdot\left(\nabla\times\frac{\partial\boldsymbol{E}^*}{\partial\omega}\right)\right]\mathrm{d}V+\iiint_V\left[(\nabla\times\boldsymbol{E}^*)\cdot\left(\nabla\times\frac{\partial\boldsymbol{E}}{\partial\omega}\right)\right]\mathrm{d}V\\&-\iiint_V(\nabla\times\nabla\times\boldsymbol{E}^*)\cdot\frac{\partial\boldsymbol{E}}{\partial\omega}\mathrm{d}V-\iiint_V(\nabla\times\nabla\times\boldsymbol{E})\cdot\frac{\partial\boldsymbol{E}^*}{\partial\omega}\mathrm{d}V\\&=2\omega\mu\varepsilon\iiint_V\boldsymbol{E}\cdot\boldsymbol{E}^*\mathrm{d}V\end{aligned} \tag{5.6.11}$$

进而得到

$$\begin{aligned}&2\mathrm{Re}\left\{\iiint_V\left[(\nabla\times\boldsymbol{E}^*)\cdot\left(\nabla\times\frac{\partial\boldsymbol{E}}{\partial\omega}\right)-(\nabla\times\nabla\times\boldsymbol{E}^*)\cdot\frac{\partial\boldsymbol{E}}{\partial\omega}\right]\mathrm{d}V\right\}\\&=2\omega\mu\varepsilon\iiint_V\boldsymbol{E}\cdot\boldsymbol{E}^*\mathrm{d}V\end{aligned} \tag{5.6.12}$$

利用式(5.6.3),式(5.6.12)可变为

$$2\mathrm{Re}\left\{\iiint_V\nabla\cdot\left[\frac{\partial\boldsymbol{E}}{\partial\omega}\times(\nabla\times\boldsymbol{E}^*)\right]\mathrm{d}V\right\}=2\omega\mu\varepsilon\iiint_V\boldsymbol{E}\cdot\boldsymbol{E}^*\mathrm{d}V$$

再由高斯定理,可得

$$2\mathrm{Re}\left\{\oint\!\!\!\oint_S\left[\frac{\partial\boldsymbol{E}}{\partial\omega}\times(\nabla\times\boldsymbol{E}^*)\right]_n\mathrm{d}S\right\}=2\omega\mu\varepsilon\iiint_V\boldsymbol{E}\cdot\boldsymbol{E}^*\mathrm{d}V$$

式中,$S=S_0+S_1+S_2$. 在 S_0 上的面积分为零,故由上式得到

$$\begin{aligned}&2\mathrm{Re}\left\{\iint_{S_1}\left[\frac{\partial\boldsymbol{E}}{\partial\omega}\times(\nabla\times\boldsymbol{E}_1^*)\right]_n\mathrm{d}S+\iint_{S_2}\left[\frac{\partial\boldsymbol{E}_2}{\partial\omega}\times(\nabla\times\boldsymbol{E}_2^*)\right]_n\mathrm{d}S\right\}\\&=2\omega\mu\varepsilon\iiint_V\boldsymbol{E}\cdot\boldsymbol{E}^*\mathrm{d}V\end{aligned} \tag{5.6.13}$$

由弗洛奎定理,可得

$$\boldsymbol{E}_2=\boldsymbol{E}_1\mathrm{e}^{-\mathrm{j}\beta_0L}$$

$$\boldsymbol{E}_2^*=\boldsymbol{E}_1^*\mathrm{e}^{\mathrm{j}\beta_0L}$$

$$\nabla \times \boldsymbol{E}_2^* = (\nabla \times \boldsymbol{E}_1^*)\mathrm{e}^{\mathrm{j}\beta_0 L}$$

$$\frac{\partial \boldsymbol{E}_2}{\partial \omega} = \frac{\partial \boldsymbol{E}_1}{\partial \omega}\mathrm{e}^{-\mathrm{j}\beta_0 L} - \mathrm{j}L\frac{\mathrm{d}\beta_0}{\mathrm{d}\omega}\boldsymbol{E}_1\mathrm{e}^{-\mathrm{j}\beta_0 L}$$

利用上面诸式，式(5.6.13)可变为

$$2\mathrm{Re}\left\{\iint_{S_1}\left[\frac{\partial \boldsymbol{E}_1}{\partial \omega} \times (\nabla \times \boldsymbol{E}_1^*)\right]_n \mathrm{d}S + \iint_{S_2}\left[\frac{\partial \boldsymbol{E}_1}{\partial \omega} \times (\nabla \times \boldsymbol{E}_1^*)\right]_n \mathrm{d}S\right.$$
$$\left. - \mathrm{j}L\frac{\mathrm{d}\beta_0}{\mathrm{d}\omega}\iint_{S_2}[\boldsymbol{E}_2 \times (\nabla \times \boldsymbol{E}_2^*)]_n \mathrm{d}S\right\} = 2\omega\mu\varepsilon\iiint_V \boldsymbol{E} \cdot \boldsymbol{E}^* \mathrm{d}V \tag{5.6.14}$$

于是得到

$$2\mathrm{Re}\left\{L\omega\mu\frac{\mathrm{d}\beta_0}{\mathrm{d}\omega}\iint_{S_2}[\boldsymbol{E}_2 \times \boldsymbol{H}_2^*]_n \mathrm{d}S\right\} = 2\omega\mu\varepsilon\iiint_V \boldsymbol{E} \cdot \boldsymbol{E}^* \mathrm{d}V \tag{5.6.15}$$

式(5.6.15)进一步化为

$$\frac{1}{2}\mathrm{Re}\iint_{S_2}[\boldsymbol{E}_2 \times \boldsymbol{H}_2^*]_n \mathrm{d}S = \frac{\mathrm{d}\omega}{\mathrm{d}\beta_0} \cdot \frac{1}{L} \cdot \frac{1}{2}\iiint_V\left[\frac{1}{2}\mu\boldsymbol{H} \cdot \boldsymbol{H}^* + \frac{1}{2}\varepsilon\boldsymbol{E} \cdot \boldsymbol{E}^*\right]\mathrm{d}V \tag{5.6.16}$$

式(5.6.16)左端表示系统的平均功率流 P，$\mathrm{d}\omega/\mathrm{d}\beta_0 = v_g$ 为波的群速，令

$$W = \frac{1}{2}\iiint_V\left[\frac{1}{2}\mu\boldsymbol{H} \cdot \boldsymbol{H}^* + \frac{1}{2}\varepsilon\boldsymbol{E} \cdot \boldsymbol{E}^*\right]\mathrm{d}V$$

式中，W 为周期系统中，一个周期内系统的电磁平均储能. 这样式(5.6.16)就可变为

$$P = v_g\frac{W}{L} \tag{5.6.17}$$

或

$$\begin{cases} P = v_g W_1 \\ W_1 = \dfrac{W}{L} \end{cases} \tag{5.6.18}$$

式(5.6.17)或式(5.6.18)就是周期慢波系统中功率流定理的数学描述. 它表明：在周期慢波系统中，在通带内，电磁波的平均功率等于群速乘一个周期内电磁场的平均储能与系统的空间周期 L 之比.

由式(5.6.18)看出，慢波系统中的群速就等于能速 v_B.

由上述定理，我们可进一步讨论一个传播模式的总功率流 P 与各空间谐波功率流 P_n 之间的关系.

前面已经得到

$$P = \frac{1}{2}\mathrm{Re}\iint_S[\boldsymbol{E} \times \boldsymbol{H}^*]_n \mathrm{d}S = v_g\frac{1}{L}\frac{1}{2}\iiint_V \varepsilon\boldsymbol{E} \cdot \boldsymbol{E}^* \mathrm{d}V$$

式中，S 为系统的任一横截面；$\boldsymbol{E}$、$\boldsymbol{H}^*$ 为某一传播模式的总场. 在广义正交柱面坐标 x_1, x_2, x_3 下($x_1 = z$)，有关系(略去时间因子)

$$\begin{cases} \boldsymbol{E} = \displaystyle\sum_{n=-\infty}^{\infty}\boldsymbol{E}_n(x_2, x_3)\mathrm{e}^{-\mathrm{j}\beta_n z} \\ \boldsymbol{E}^* = \displaystyle\sum_{n=-\infty}^{\infty}\boldsymbol{E}_n^*(x_2, x_3)\mathrm{e}^{\mathrm{j}\beta_n z} \end{cases} \tag{5.6.19}$$

式中，E_n 为第 n 次空间谐波电场的幅值，于是得到

$$P = v_g\frac{1}{L}\frac{1}{2}\iiint_V \varepsilon\sum_{\substack{n=-\infty \\ m=-\infty}}^{\infty}\boldsymbol{E}_n \cdot \boldsymbol{E}_m\mathrm{e}^{\mathrm{j}(\beta_m - \beta_n)z}\mathrm{d}V \tag{5.6.20}$$

我们讨论包含在式(5.6.20)中的一个空间周期内的储能 W：

$$W=\frac{1}{2}\iiint_V \varepsilon \sum_{\substack{n=-\infty \\ m=-\infty}}^{\infty} \boldsymbol{E}_n \cdot \boldsymbol{E}_m^* \mathrm{e}^{\mathrm{j}\frac{2\pi(m-n)}{L}z} \mathrm{d}V$$

$$=\frac{1}{2}\iint_S \mathrm{d}S \cdot \left\{\varepsilon\int_z^{z+L} \sum_{\substack{n=-\infty \\ m=-\infty}}^{\infty} \boldsymbol{E}_n \cdot \boldsymbol{E}_m^* \mathrm{e}^{\mathrm{j}\frac{2\pi(m-n)}{L}z} \mathrm{d}z\right\}$$

由于 $\boldsymbol{E}_n \cdot \boldsymbol{E}_m^*$ 不是 z 的函数，故有

$$\int_z^{z+L} \boldsymbol{E}_n \cdot \boldsymbol{E}_m^* \mathrm{e}^{\mathrm{j}\frac{2\pi(m-n)}{L}z} \mathrm{d}z=\begin{cases}0 & (m\neq n) \\ \boldsymbol{E}_n^* \cdot \boldsymbol{E}_n \cdot L & (m=n)\end{cases} \tag{5.6.21}$$

于是得到

$$W=\sum_{n=-\infty}^{\infty} W_n \tag{5.6.22}$$

$$W_n=\frac{1}{2}\iiint_V \varepsilon \boldsymbol{E}_n \cdot \boldsymbol{E}_n^* \mathrm{d}V \tag{5.6.23}$$

式中，W_n 是第 n 次空间谐波在一个空间周期内的电磁平均储能. 将式(5.6.22)代入式(5.6.20)，得

$$P=\sum_{n=-\infty}^{\infty} v_g \frac{W_n}{L} \tag{5.6.24}$$

而 $v_g \dfrac{W_n}{L}$ 就是第 n 次谐波场所决定的功率流 P_n，于是有

$$P=\sum_{n=-\infty}^{\infty} P_n \tag{5.6.25}$$

由此看出，周期系统中某一模式传输的总功率为各空间谐波功率的总和，而各空间谐波之间没有功率交叉.

5.7 慢波系统的禁区

慢波系统按结构特点分为均匀及周期系统，而按边界特点，又可分为封闭及开敞系统. 而开敞慢波系统，不管是均匀的还是周期系统，其色散特性的重要特征是存在所谓的“禁区”.

现在我们以在直角坐标系中的情况为例来讨论这个问题. 为使讨论简便，我们研究场在横向只有一维变化的情况. 由本章前面的论述，对均匀系统或周期系统某次空间谐波场的一个纵向分量，例如电场的纵向分量，有

$$E_z=[C_{1n}\mathrm{e}^{\xi_n x}+C_{2n}\mathrm{e}^{-\xi_n x}]\mathrm{e}^{\mathrm{j}(\omega t-\beta_n z)} \tag{5.7.1}$$

$$\xi_n^2=\beta_n^2-k^2 \tag{5.7.2}$$

假定在此开敞系统中，x 方向开敞，即 x 可伸向无穷远，则 $C_{1n}=0$，于是有

$$E_z=C_{2n}\mathrm{e}^{-\xi_n x}\mathrm{e}^{\mathrm{j}(\omega t-\beta_n z)} \tag{5.7.3}$$

由上述场结构方程我们看到，如果

$$\xi_n^2=\beta_n^2-k^2<0 \tag{5.7.4}$$

则波不仅沿 z 轴传播，而且也将沿 x 方向传播，在这种情况下，就产生了横向辐射. 事实上，由式(5.7.4)有 $\xi_n=\mathrm{j}\xi_{1n}$，ξ_{1n} 为正实数，式(5.7.3)就化为

$$E_z=C_{2n}\mathrm{e}^{\mathrm{j}(\omega t-\xi_{1n}x-\beta_n z)} \tag{5.7.5a}$$

或

$$E_z=C_{2n}\mathrm{e}^{\mathrm{j}(\omega t-\boldsymbol{\Gamma}\cdot\boldsymbol{\rho})} \tag{5.7.5b}$$

式中，$\boldsymbol{\Gamma}$ 为波矢量，$\boldsymbol{\Gamma}=\boldsymbol{i}_x\xi_{1n}+\boldsymbol{i}_z\beta_n$；$\boldsymbol{\rho}$ 为系统中所考察点的矢径，$\boldsymbol{\rho}=\boldsymbol{i}_x x+\boldsymbol{i}_z z$. 由此看出，波将在 xz 平面内向波矢量方向辐射，即系统有横向辐射，因而场强沿 z 方向实际上逐渐衰减. 于是，作为一种传输系统的慢波系统将不能正常工作，系统实际上是一个辐射系统. 对于圆柱坐标系统，我们也可得出类似的结果. 由此我们可以得出如下结论：在均匀系统的情况下，开敞系统不可传播相速大于光速的波，在开敞周期系统中，任一次空间谐波的相速都不能大于光速. 即开敞系统中波传播的区域限于

$$|\beta_n|\geqslant k \tag{5.7.6}$$

在均匀系统中，β_n 代表波的相位常数，在周期系统中，β_n 代表第 n 次空间谐波的相位常数. 在式(5.7.6)范围以外的区域就称为“禁区”.“禁区”在布里渊图上表示得最为明显. 图 5.7.1(a)与图 5.7.1(b)分别表示均匀系统与周期系统中禁区存在的情况，图中阴影部分区域即为“禁区”.

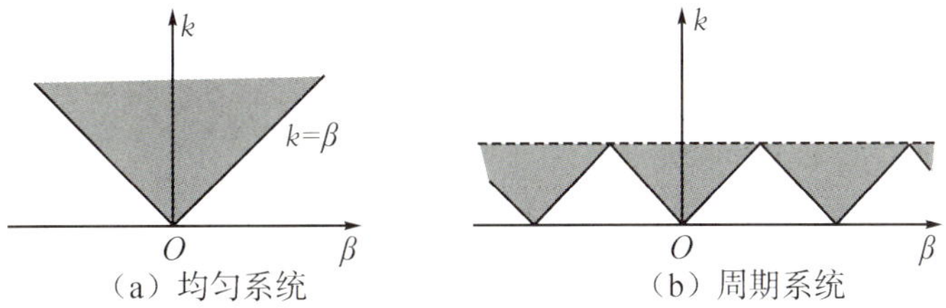

图 5.7.1　“禁区”图

以上讨论的是开敞系统情况. 而对于封闭系统，已去除了横向辐射的可能，因而“禁区”就不复存在. 当式(5.7.4)成立时，相当于系统中沿 z 轴传播快波. 故封闭系统中既可传播慢波，在一定条件下也可传播快波(波导波)与相速等于光速的波.

开敞系统中的“禁区”(不能传播快波)以及封闭系统中可传播的快波，将给慢波系统的工作带来很大影响. 为了使一般经典的微波器件能正常工作，在设计器件的慢波系统时就需要避免“禁区”或快波在工作频带内出现.

5.8　参考文献

[1] BRILLOUIN L. Wave Propagation in Periodic Structures[M]. 2nd ed. New York: Dover Publications, 1953.

[2] WATKINS D A. Topics in electromagnetic theory[M]. New York: John Wiley and Sons Inc., 1958.

[3] HUTTER R, HARRISON S W. Beam and wave electronics in microwave Tubes[M]. D. Van Nostrand Company Inc., 1960.

第 6 章　慢波系统的基本分析方法

6.1 引言

在微波器件中，使用了各种各样的电磁慢波系统．微波器件的研制和设计计算，都要求对慢波系统的特性有全面和深入的了解．由于慢波结构的多样性和结构的复杂性，分析方法也是多种多样的．最基本的分析方法有：

(1)场论的分析方法；

(2)等效电路法；

(3)等效多导体传输线方法；

(4)变分方法．

场论的方法是在一定的边界条件下直接求解麦克斯韦方程，这种方法无疑是理想的、严格的．但是由于慢波系统的复杂性，这种方法在实际使用时往往会遇到很多困难．场论的方法按其具体处理来讲，又可分成不同的方法．例如所谓场的“匹配”方法、导波场论的正规模式展开方法等．场的匹配方法是应用最广泛的一种基本方法，不仅是求解慢波系统的一种直接方法，而且也是其他求解方法的基础，我们将在 6.2 节中讨论．正规模式展开的方法我们将在后面结合到耦合腔慢波系统的场论方法中加以讨论．

有很多种慢波系统，包括均匀系统与周期系统，都可以利用等效电路的方法来进行分析．特别是周期慢波系统，可以利用等效网络的方法来进行分析．网络理论已经发展得很成熟，可以利用网络的研究成果来解决慢波系统的问题．这种方法要求解决两方面的问题：如何将慢波结构化成合适的等效电路，如何求出结构的几何尺寸和电路参量之间的关系．前一问题的解决依靠对慢波系统中波传播的物理理解，而后一问题的解决必须依靠其他分析方法，特别是场论的方法或半场论的方法．在本章中，我们将给出等效电路方法的基本分析．

等效多导体传输线方法，对于处理很多种周期性结构非常有效，目前已得到广泛应用，成为一种基本的分析方法．这种方法的基本概念和特点，我们将在本章中讨论．从本章可以看出，在应用多导体传输线方法分析慢波结构时，必须解决多根导体系统波导纳的计算问题．而它的计算也可以有很多方法，这些方法我们将在本章或以后适当章节结合具体例子加以介绍．

变分法是一种有效的方法，可以应用于各种物理问题，在慢波系统的分析中有着重要的应用．我们将在本章中讨论变分法的一些基本问题．

除了以上一些基本的分析方法以外，还有其他一些方法．近来对于慢波系统的对称性问题，开始利用群论的数学方法进行处理．此外，对于量子器件中所用到的慢波系统也有一些其他的分析方法．

6.2 场的匹配方法

在没有利用场的匹配方法研究具体慢波系统之前，我们先叙述一下这种方法的一般程序．

场的匹配方法，就是根据慢波系统的几何结构特点，将慢波系统划分为若干区域，在各区域中利用适当的坐标系统，可使波方程能用分离变量法求解. 这样，各区域中的场均可表示为波方程相应特征函数的线性组合，然后通过公共边界上场的连续条件可以使各区域中场"匹配"起来，求出有关的系数和整个慢波系统的色散方程.

场在公共边界上的匹配条件，可以通过电磁场的连续性来表示. 例如用 $\boldsymbol{E}^i$ 与 $\boldsymbol{H}^i$ 表示第 i 区的电磁场矢量，而用 $\boldsymbol{E}^j$ 与 $\boldsymbol{H}^j$ 表示相邻的第 j 区的电磁场矢量. 在第 i 区与第 j 区的公共边界上场的匹配条件为

$$\begin{cases} E_{ts}^i - E_{ts}^j = 0 \\ D_{ns}^i - D_{ns}^j = \sigma_s \\ B_{ns}^i - B_{ns}^j = 0 \\ H_{ts}^i - H_{ts}^j = J_s \end{cases} \tag{6.2.1}$$

式中，下标 ts 表示边界上场的切线分量；下标 ns 表示边界上场的法线分量；σ_s、J_s 分别表示边界面上面电荷密度与电流密度.

我们采用正交空间曲面坐标 x_1、x_2、x_3，相应的拉梅系数为 h_1、h_2、h_3. 假定我们研究的导波系统有一个固定的波的传播方向，我们选此方向为一坐标轴，例如选这个坐标轴为 $x_1=z$，在这样的坐标系中，显然 $h_1=1$，h_2、h_3 不是 x_1 的函数. 这样，如第 5 章所述，系统中传播的波就可分解为 TM 波和 TE 波. 如 TM 波与 TE 波能满足系统的边界条件，则它们能独立存在；否则，系统中的波就是它们的组合. 而慢波系统各区域中的场，就可以用第 5 章所介绍的场纵向分量法求解. 在现代的微波技术中，还广泛采用位函数法来求解场. 下面我们对此方法作一个概括的介绍，并利用位函数来描述在公共边界上场的匹配.

众所周知，E 波可以通过只含纵向分量的赫兹电矢量 $\boldsymbol{Z}_e$ 表示：

$$\boldsymbol{Z}_e = \boldsymbol{i}_1 \Pi_e \cdot e^{j\omega t} \tag{6.2.2}$$

$$\nabla^2 \Pi_e + k^2 \Pi_e = 0 \tag{6.2.3}$$

$$\boldsymbol{H} = j\omega \nabla \times (\boldsymbol{i}_1 \Pi_e) e^{j\omega t} \tag{6.2.4}$$

$$\boldsymbol{E} = \frac{1}{\varepsilon}\left[\nabla\left(\frac{\partial \Pi_e}{\partial x_1}\right) + k^2 \boldsymbol{i} \Pi_e\right] e^{j\omega t} \tag{6.2.5}$$

式中，Π_e 是标量函数，它只是位置的函数. 我们引入位函数 U：

$$U = \frac{1}{\varepsilon} \Pi_e \tag{6.2.6}$$

将式(6.2.6)代入式(6.2.3)、式(6.2.4)与式(6.2.5)，略去场的时间因子 $e^{j\omega t}$，得

$$\nabla^2 U + k^2 U = 0 \tag{6.2.7}$$

$$\boldsymbol{H} = -jk\sqrt{\frac{\varepsilon}{\mu}}(\boldsymbol{i}_1 \times \nabla_\perp U) \tag{6.2.8}$$

$$\boldsymbol{E} = \nabla\left(\frac{\partial U}{\partial x_1}\right) + \boldsymbol{i}_1 k^2 U \tag{6.2.9}$$

我们取 x_1 为传播方向，故 U 有因子 $e^{-\Gamma_0 x_1}$，于是有

$$\nabla_\perp U + (k^2 + \Gamma_0^2) U = 0 \tag{6.2.10}$$

$$\begin{cases} E_1=(k^2+\Gamma_0^2)U \\ E_2=\dfrac{-\Gamma_0}{h_2}\dfrac{\partial U}{\partial x_2} \\ E_3=\dfrac{-\Gamma_0}{h_3}\dfrac{\partial U}{\partial x_3} \\ H_1=0 \\ H_2=\mathrm{j}k\sqrt{\dfrac{\varepsilon}{\mu}}\dfrac{1}{h_3}\dfrac{\partial U}{\partial x_3} \\ H_3=-\mathrm{j}k\sqrt{\dfrac{\varepsilon}{\mu}}\dfrac{1}{h_2}\dfrac{\partial U}{\partial x_2} \end{cases} \tag{6.2.11}$$

对 H 波(TE 波),场可以通过只含纵向分量的赫兹磁矢量 $\boldsymbol{Z}_m$ 表示:

$$\boldsymbol{Z}_m=\boldsymbol{i}_1\Pi_m\mathrm{e}^{\mathrm{j}\omega t} \tag{6.2.12}$$

$$\nabla^2\Pi_m+k^2\Pi_m=0 \tag{6.2.13}$$

$$\boldsymbol{H}=-\frac{1}{\mu}\left[\nabla\left(\frac{\partial\Pi_m}{\partial x_1}\right)+k^2\boldsymbol{i}_1\Pi_m\right]\mathrm{e}^{\mathrm{j}\omega t} \tag{6.2.14}$$

$$\boldsymbol{E}=\mathrm{j}\omega\nabla\times(\boldsymbol{i}_1\Pi_m)\mathrm{e}^{\mathrm{j}\omega t} \tag{6.2.15}$$

我们引入位函数 V:

$$V=-\frac{1}{\mu}\Pi_m \tag{6.2.16}$$

得

$$\nabla^2V+k^2V=0 \tag{6.2.17}$$

$$\begin{cases} \boldsymbol{H}=\nabla\left(\dfrac{\partial V}{\partial x_1}\right)+\boldsymbol{i}_1k^2V \\ E=\mathrm{j}k\sqrt{\dfrac{\mu}{\varepsilon}}i_1\times\nabla_\perp V \end{cases} \tag{6.2.18}$$

于是对 TE(H)波有

$$\begin{cases} E_1=0 \\ E_2=-\mathrm{j}k\sqrt{\dfrac{\mu}{\varepsilon}}\dfrac{1}{h_3}\dfrac{\partial V}{\partial x_3} \\ E_3=\mathrm{j}k\sqrt{\dfrac{\mu}{\varepsilon}}\dfrac{1}{h_2}\dfrac{\partial V}{\partial x_2} \\ H_1=(k^2+\Gamma_0^2)V \\ H_2=\dfrac{-\Gamma_0}{h_2}\dfrac{\partial V}{\partial x_2} \\ H_3=\dfrac{-\Gamma_0}{h_3}\dfrac{\partial V}{\partial x_3} \end{cases} \tag{6.2.19}$$

由以上可见,描述 TM 波(E 波)与 TE 波(H 波)的位函数 U 与 V 都满足同一方程. 在我们所采用的柱面坐标系下,方程为

$$\frac{1}{h_2h_3}\left\{\frac{\partial}{\partial x_2}\left[\frac{h_3}{h_2}\frac{\partial}{\partial x_2}\left(\frac{U}{V}\right)\right]+\frac{\partial}{\partial x_3}\left[\frac{h_2}{h_3}\frac{\partial}{\partial x_3}\left(\frac{U}{V}\right)\right]+(k^2+\Gamma_0^2)\left(\frac{U}{V}\right)\right\}=0 \tag{6.2.20}$$

在引入了位函数 U 与 V 后,我们就可在慢波系统中分区求解 U 与 V,然后进一步求解场的分量,进而利用场的连续条件式(6.2.1)将各区的场匹配起来. 场的匹配也可以从阻抗匹配的观点进行讨论,下面我们就讨论这一问题.

由上述诸方程可以看到,对 TM 波,比值 E_3/H_2 及 E_2/H_3 为常数,即

$$\begin{cases} \dfrac{E_2}{H_3}=\dfrac{\Gamma_0}{\mathrm{j}k}\sqrt{\dfrac{\mu}{\varepsilon}}=Z_1 \\ \dfrac{E_3}{H_2}=-\dfrac{\Gamma_0}{\mathrm{j}k}\sqrt{\dfrac{\mu}{\varepsilon}}=-Z_1 \end{cases} \tag{6.2.21}$$

同样,对 TE 波,相应场分量的比值亦为常数:

$$\frac{E_2}{H_3}=-\frac{E_3}{H_2}=Z_2=\frac{\mathrm{j}k}{\Gamma_0}\sqrt{\frac{\mu}{\varepsilon}} \tag{6.2.22}$$

比值 Z_1 与 Z_2 分别称为 TM 波及 TE 波的纵向特征阻抗. 不难看到,对于无色散的 TEM 波(平面波),$\Gamma_0=\mathrm{j}k$,而得

$$Z_1=Z_2=\sqrt{\frac{\mu}{\varepsilon}}=Z_0 \tag{6.2.23}$$

由式(6.2.21)及式(6.2.22)可得

$$Z_1\cdot Z_2=Z_0^2 \tag{6.2.24}$$

前面由电磁场的横向分量所定义的纵向特性阻抗与玻印亭矢量纵向分量相联系,它们在一般的微波技术及其他无线电相关领域内已被广泛采用. 这种阻抗只取决于波的传播特性,而与波的函数情况无关,不能用来描述各区域中场的匹配. 在慢波系统中,为了得到各区中场的匹配条件,采用了另外的阻抗定义. 这种阻抗定义为一纵向电场与一横向磁场之比,或一横向电场与一纵向磁场之比. 因此,这种阻抗称为横向阻抗,它们与玻印亭矢量的横向分量相联系. 对 TM 波:

$$\begin{cases} \dfrac{E_1}{H_2}=\dfrac{(k^2+\Gamma_0^2)U}{\dfrac{\mathrm{j}k}{h_3}\dfrac{\partial U}{\partial x_3}}\sqrt{\dfrac{\mu}{\varepsilon}}=Z'_{\mathrm{TM}} \\ \dfrac{E_1}{H_3}=\dfrac{(k^2+\Gamma_0^2)U}{\dfrac{\mathrm{j}k}{h_2}\dfrac{\partial U}{\partial x_2}}\sqrt{\dfrac{\mu}{\varepsilon}}=Z''_{\mathrm{TM}} \end{cases} \tag{6.2.25}$$

对 TE 波:

$$\begin{cases} \dfrac{E_2}{H_1}=-\dfrac{\dfrac{\mathrm{j}k}{h_3}\dfrac{\partial V}{\partial x_3}}{(k^2+\Gamma_0^2)V}\sqrt{\dfrac{\mu}{\varepsilon}}=Z'_{TE} \\ \dfrac{E_3}{H_1}=-\dfrac{\dfrac{\mathrm{j}k}{h_2}\dfrac{\partial V}{\partial x_2}}{(k^2+\Gamma_0^2)V}\sqrt{\dfrac{\mu}{\varepsilon}}=Z''_{TE} \end{cases} \tag{6.2.26}$$

由上面横向阻抗的定义可见,Z'_{TM}、Z''_{TM}、Z'_{TE}、Z''_{TE}不仅与波函数有关,而且与坐标特性也有关,因而利用这种阻抗来描述匹配条件就很合适.

为简化书写,令 Z 代表上述阻抗,在慢波系统各区域的无源公共边界上,$J_s=\sigma_s=0$,因而匹配条件(6.2.1)等效于

$$Z_s^i=Z_s^j \tag{6.2.27}$$

式中,Z_s^i 与 Z_s^j 分别表示在 i 区与 j 区的相应横向阻抗;下标 s 表示其阻抗在公共界面上取值. 由匹配条件(6.2.27),一般可立即得出色散方程. 将横向阻抗的定义表示式代入式(6.2.27),可得如下简单形式.

对 TM 波:

$$\left[\frac{[(k^2+\Gamma_0^2)h_3U]}{\dfrac{\partial U}{\partial x_3}}\right]_s^i=\left[\frac{[(k^2+\Gamma_0^2)h_3U]}{\dfrac{\partial U}{\partial x_3}}\right]_s^j \tag{6.2.28}$$

或

$$\left[\frac{[(k^2+\Gamma_0^2)h_2U]}{\frac{\partial U}{\partial x_2}}\right]_s^i=\left[\frac{[(k^2+\Gamma_0^2)h_2U]}{\frac{\partial U}{\partial x_2}}\right]_s^j \tag{6.2.29}$$

对 TE 波：

$$\left[\frac{[(k^2+\Gamma_0^2)h_3V]}{\frac{\partial V}{\partial x_3}}\right]_s^i=\left[\frac{[(k^2+\Gamma_0^2)h_3V]}{\frac{\partial V}{\partial x_3}}\right]_s^j \tag{6.2.30}$$

或

$$\left[\frac{[(k^2+\Gamma_0^2)h_2V]}{\frac{\partial V}{\partial x_2}}\right]_s^i=\left[\frac{[(k^2+\Gamma_0^2)h_2V]}{\frac{\partial V}{\partial x_2}}\right]_s^j \tag{6.2.31}$$

必须指出，在第 i 区与第 j 区不仅 U、V 函数形式可能不同，甚至两区中所采用的坐标系也可能不同，因而在上面诸式中保留了坐标系的拉梅系数. 如果在第 i 区与第 j 区选用相同的坐标系，则可进一步简化匹配条件. 对 TM 波：

$$\left[\frac{[(k^2+\Gamma_0^2)U]}{\frac{\partial U}{\partial x_3}}\right]_s^i=\left[\frac{[(k^2+\Gamma_0^2)U]}{\frac{\partial U}{\partial x_3}}\right]_s^j \tag{6.2.32}$$

$$\left[\frac{[(k^2+\Gamma_0^2)U]}{\frac{\partial U}{\partial x_2}}\right]_s^i=\left[\frac{[(k^2+\Gamma_0^2)U]}{\frac{\partial U}{\partial x_2}}\right]_s^j \tag{6.2.33}$$

对 TE 波：

$$\left[\frac{[(k^2+\Gamma_0^2)V]}{\frac{\partial V}{\partial x_3}}\right]_s^i=\left[\frac{[(k^2+\Gamma_0^2)V]}{\frac{\partial V}{\partial x_3}}\right]_s^j \tag{6.2.34}$$

$$\left[\frac{[(k^2+\Gamma_0^2)V]}{\frac{\partial V}{\partial x_2}}\right]_s^i=\left[\frac{[(k^2+\Gamma_0^2)V]}{\frac{\partial V}{\partial x_2}}\right]_s^j \tag{6.2.35}$$

不难看出，虽然由阻抗概念所得的匹配条件与直接由场分量连续性得出的匹配条件等效，但在数学处理上却能使计算大为简化.

既然已经从普遍的关系上论述了利用上述横向阻抗表示场匹配条件的合理性，在今后的具体计算中就不一定要分区求解出位函数 U 与 V，然后代入上式(当然，这也是一种可能的方法). 凡是利用一切其他方法求得上述性质的阻抗就均可代入式(6.2.27)得到匹配条件. 有时，这比求 U、V 函数更加方便. 因为有时 U、V 函数极难求得，而阻抗却可以通过某些近似的概念得到. 因此，在具体的运算中，往往更多的是利用其他方法. 顺便指出，由于在匹配条件式(6.2.27)中阻抗需在公共边界面上取值，因而这种阻抗有时又叫表面阻抗.

应当指出，只有系统中的波能分解成 TM 波与 TE 波，而它们又能独立存在时，式(6.2.28)至式(6.2.35)的匹配条件才能成立. 当 TM 波与 TE 波互相耦合不能独立存在时，可以利用式(6.2.27)的匹配条件，而阻抗的公式就稍微复杂一些. 这时场的六个分量同时存在，除了 E_1、H_1 以外，其余场的每一个分量均同时由 U、V 两个函数确定. 这时可能同时有四种阻抗：

$$\begin{cases} \dfrac{E_1}{H_2}=Z^{(1)} \\ \dfrac{E_1}{H_3}=Z^{(2)} \\ \dfrac{E_2}{H_1}=Z^{(3)} \\ \dfrac{E_3}{H_1}=Z^{(4)} \end{cases} \tag{6.2.36}$$

将式(6.2.11)与式(6.2.19)代入式(6.2.36),得

$$\begin{cases} Z^{(1)}=\dfrac{(k^2+\Gamma_0^2)U\sqrt{\dfrac{\mu}{\varepsilon}}}{\dfrac{\mathrm{j}k}{h_3}\dfrac{\partial U}{\partial x_3}-\sqrt{\dfrac{\mu}{\varepsilon}}\dfrac{\Gamma_0}{h_2}\dfrac{\partial V}{\partial x_2}} \\ Z^{(2)}=\dfrac{(k^2+\Gamma_0^2)U\sqrt{\dfrac{\mu}{\varepsilon}}}{-\dfrac{\mathrm{j}k}{h_2}\dfrac{\partial U}{\partial x_2}-\sqrt{\dfrac{\mu}{\varepsilon}}\dfrac{\Gamma_0}{h_3}\dfrac{\partial V}{\partial x_3}} \\ Z^{(3)}=\dfrac{-\sqrt{\dfrac{\varepsilon}{\mu}}\dfrac{\Gamma_0}{h_2}\dfrac{\partial U}{\partial x_2}-\dfrac{\mathrm{j}k}{h_3}\dfrac{\partial V}{\partial x_3}}{(k^2+\Gamma_0^2)V}\sqrt{\dfrac{\mu}{\varepsilon}} \\ Z^{(4)}=\dfrac{-\sqrt{\dfrac{\varepsilon}{\mu}}\dfrac{\Gamma_0}{h_3}\dfrac{\partial U}{\partial x_3}+\dfrac{\mathrm{j}k}{h_2}\dfrac{\partial V}{\partial x_2}}{(k^2+\Gamma_0^2)V}\sqrt{\dfrac{\mu}{\varepsilon}} \end{cases} \tag{6.2.37}$$

在周期性慢波系统中,当某次谐波较强(例如基波),而其他空间谐波可以忽略时,以上讨论的场的匹配方法就可以利用.而空间谐波不能忽略时,场的匹配问题就需要进行更复杂的处理,这将在以后具体研究慢波系统时加以讨论.根据以上讨论,一般阻抗匹配概念适用于无源的公共边界,但是,如经过适当的处理,则可推广用于有源的情况.

6.3 等效电路的分析方法

虽然场论方法是研究慢波系统的一种直接基本方法,但由于周期慢波系统往往具有很复杂的边界,用场论的方法求解十分困难,人们不得不寻求其他近似的方法.等效电路的方法就是一种近似求解方法.这个方法的实质是用一个等效电路去代替真实的慢波系统,如果这个等效电路上电压、电流波的传播特性与所研究的慢波系统中波的传播特性一致,我们就可研究等效电路中电压、电流波的特性以代替对慢波系统波的传播特性的研究.这样,人们就可利用在"路"方面所积累起来的丰富知识,很快地对慢波系统得到一个明显的定性概念,而且对慢波系统中各个部分对波传播的影响也可作出大体的估计.这种方法的缺点是难以对系统进行精确的定量计算.定量计算必须知道电路参量与慢波系统的几何参量之间的关系,而这种关系不是等效电路法所能提供的,这必须借助于场论方法或其他手段来近似得到.

如上所述,用等效电路方法求解慢波系统,首先必须根据我们对慢波系统的某些定性知识和对电路的知识,找出合适的等效电路,然后对它进行分析研究.为此,我们对有关的电路知识需要有一个基本分析.

一、均匀长线的基本特性

长线电路如图 6.3.1 所示.Z_{01} 为单位长度的分布串联阻抗,Y_{01} 为单位长度的分布并联导纳.电压、电流

波$\dot{U}$与$\dot{I}$满足

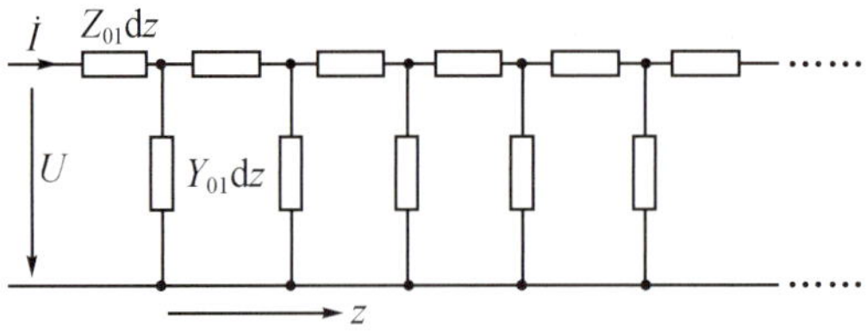

图 6.3.1　等效长线

$$\begin{cases}\dot{U}=A_1\mathrm{e}^{-\Gamma_0 z}+A_2\mathrm{e}^{\Gamma_0 z}\\ \dot{I}=\dfrac{A_1}{Z_0}\mathrm{e}^{-\Gamma_0 z}-\dfrac{A_2}{Z_0}\mathrm{e}^{\Gamma_0 z}\end{cases} \tag{6.3.1}$$

式中，$Z_0=\sqrt{Z_{01}/Y_{01}}$为长线特征阻抗；Γ_0 为传播常数，$\Gamma_0=\sqrt{Z_{01}Y_{01}}=\alpha+\mathrm{j}\beta$. 若$\dot{U}_1$、$\dot{I}_1$ 为 $z=0$ 处的电压和电流，则在 z 处的电压$\dot{U}$与$\dot{I}$有如下关系：

$$\begin{bmatrix}\dot{U}\\ \dot{I}\end{bmatrix}=\begin{bmatrix}\mathrm{ch}\Gamma_0 z & -Z_0\mathrm{sh}\Gamma_0 z\\ -\dfrac{1}{Z_0}\mathrm{sh}\Gamma_0 z & \mathrm{ch}\Gamma_0 z\end{bmatrix}=\begin{bmatrix}\dot{U}_1\\ \dot{I}_1\end{bmatrix} \tag{6.3.2a}$$

或

$$\begin{bmatrix}\dot{U}_1\\ \dot{I}_1\end{bmatrix}=\begin{bmatrix}\mathrm{ch}\Gamma_0 z & -Z_0\mathrm{sh}\Gamma_0 z\\ \dfrac{1}{Z_0}\mathrm{sh}\Gamma_0 z & \mathrm{ch}\Gamma_0 z\end{bmatrix}=\begin{bmatrix}\dot{U}\\ \dot{I}\end{bmatrix} \tag{6.3.2b}$$

对无耗长线有

$$\begin{bmatrix}\dot{U}_1\\ \dot{I}_1\end{bmatrix}=\begin{bmatrix}\cos\theta & \mathrm{j}Z_0\sin\theta\\ \mathrm{j}\dfrac{1}{Z_0}\sin\theta & \cos\theta\end{bmatrix}=\begin{bmatrix}\dot{U}\\ \dot{I}\end{bmatrix} \tag{6.3.3}$$

式中，$\theta=\beta_0 z$；$Z_{01}=\mathrm{j}X_0$；$Y_{01}=\mathrm{j}B_0$；$\beta_0=\sqrt{X_0B_0}$. 波的相速为

$$v_p=\frac{\omega}{\sqrt{X_0B_0}}$$

如果等效长线具有如下参量：$X_0=\omega L_0$，$B_0=\omega C_0$，电路如图 6.3.2(a)所示，则有

$$v_p=v_g=\frac{1}{\sqrt{L_0C_0}}$$

即相速与群速相等.

如果等效长线有下列参量：$X_0=-\dfrac{1}{\omega C_0}$，$B_0=-\dfrac{1}{\omega L_0}$，电路如图 6.3.2(b)所示，则有

$$v_p=\omega^2\sqrt{L_0C_0}$$

$$v_g=-\omega^2\sqrt{L_0C_0}$$

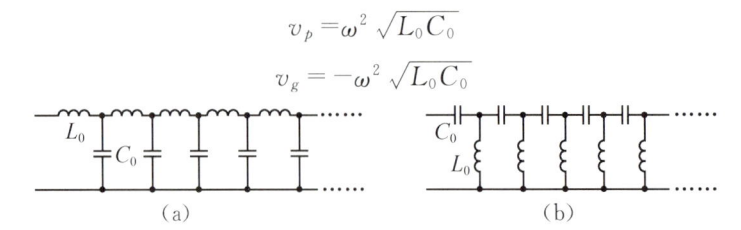

图 6.3.2　两种等效长线图

可见，这时传输线具有强烈色散，v_g 与 v_p 反相，是负色散.

二、无源无耗四端网络的矩阵表示

我们将较详细地讨论无源无耗四端网络链的一般特性，因为它是等效网络分析慢波系统的基础. 为此，

先讨论单个四端网络的情况，它是四端网络链的一个环节，是周期系统的基本元素.

现在假定四端网络之间由均匀传输线连接，其电长度为 $\frac{\theta}{2}+\frac{\theta}{2}=\theta$，可以想象，此四端网络可代表某种不均匀性，如图 6.3.3 所示.

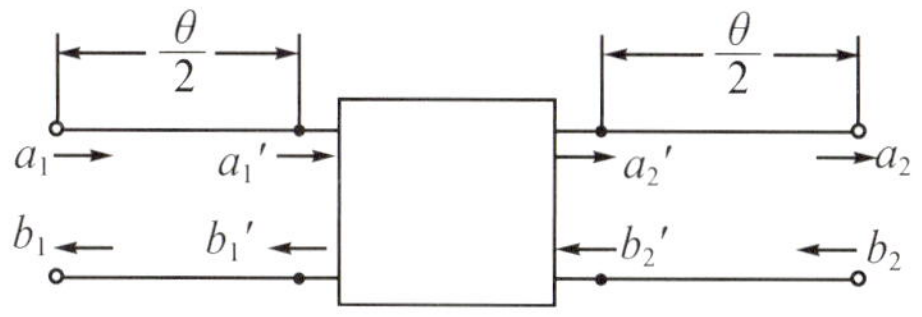

图 6.3.3　单个四端网络

令 a_1、a_1'、b_1、b_1' 为输入端的前向波与反向波，a_2、a_2'、b_2、b_2' 为输出端的前向波及反向波. 可以想象前向波 a_1' 进入四端网络后，一部分透过四端网络而到达输出端，其透射系数假定为 t_{12}；则另一部分波被反射，反射系数为 r_1. 另外，从输出端投射的波 b_2'，同样有一部分透过四端网络达到输入端，投射系数为 t_{21}；另一部分则被反射，反射系数为 r_2. 于是有以下等式：

$$\begin{cases} b_1' = r_1 a_1' + t_{21} b_2' \\ a_2' = t_{12} a_1' + r_2 b_2' \end{cases} \tag{6.3.4}$$

或写成

$$\begin{cases} b_1' = \dfrac{r_1}{t_{12}} a_2' + \left(t_{21} - \dfrac{r_1 r_2}{t_{12}}\right) b_2' \\ a_1' = \dfrac{1}{t_{12}} a_2' - \dfrac{r_2}{t_{12}} b_2' \end{cases} \tag{6.3.5}$$

式(6.3.5)如果写成矩阵形式，对以后的计算将更方便：

$$\begin{bmatrix} a_1' \\ b_1' \end{bmatrix} = \begin{bmatrix} A_{11}' & A_{12}' \\ A_{21}' & A_{22}' \end{bmatrix} \begin{bmatrix} a_2' \\ b_2' \end{bmatrix} \tag{6.3.6}$$

[A]称为波矩阵，其元素与反射系数及透射系数之间有下述关系：

$$\begin{cases} A_{11}' = \dfrac{1}{t_{12}},\ A_{12}' = -\dfrac{r_2}{t_{12}} \\ A_{21}' = \dfrac{r_1}{t_{12}},\ A_{22}' = t_{21} - \dfrac{r_1 r_2}{t_{12}} \end{cases} \tag{6.3.7}$$

由于反射系数和透射系数均可能是复数，故元素 A_{ij} 也可能是复数. 如图 6.3.3 所示，连同两端的连接线，统统可看作一四端网络，按上面所述必然有

$$\begin{bmatrix} a_1 \\ b_1 \end{bmatrix} = \begin{bmatrix} A_{11} & A_{12} \\ A_{21} & A_{22} \end{bmatrix} \begin{bmatrix} a_2 \\ b_2 \end{bmatrix} \tag{6.3.8}$$

根据式(6.3.1)，考虑到两边均匀传输线的变换，可以得到

$$\begin{bmatrix} A_{11} & A_{12} \\ A_{21} & A_{22} \end{bmatrix} = \begin{bmatrix} e^{j\frac{\theta}{2}} & 0 \\ 0 & e^{-j\frac{\theta}{2}} \end{bmatrix} \begin{bmatrix} A_{11}' & A_{12}' \\ A_{21}' & A_{22}' \end{bmatrix} = \begin{bmatrix} e^{j\frac{\theta}{2}} & 0 \\ 0 & e^{-j\frac{\theta}{2}} \end{bmatrix} \tag{6.3.9}$$

将式(6.3.9)展开后，再利用式(6.3.7)，可以得到

$$\begin{cases} A_{11} = \dfrac{1}{T_{12}} = \dfrac{e^{j\theta}}{t_{12}}, \quad A_{12} = -\dfrac{R_2}{T_{12}} = -\dfrac{r_2}{t_{12}} \\ A_{21} = \dfrac{R_1}{T_{12}} = \dfrac{r_1}{t_{12}}, \quad A_{22} = -\dfrac{T_{21}T_{12} - R_1 R_2}{T_{12}} = \dfrac{t_{12}t_{21} - r_1 r_2}{t_{12}} e^{-j\theta} \end{cases} \tag{6.3.10}$$

式中，R_1、R_2、T_{12}、T_{21} 为包括连接线在内的四端网络的反射系数和透射系数. 不难看到有以下的关系：

$$\begin{cases} T_{12} = t_{12} e^{-j\theta},\ T_{21} = t_{21} e^{-j\theta} \\ R_1 = r_1 e^{-j\theta},\ R_2 = r_2 e^{-j\theta} \end{cases} \tag{6.3.11}$$

对于对称的四端网络有：$t_{12}=t_{21}$，$T_{12}=T_{21}$，于是有 $|A|=1$. 如果假定波的幅值 a_1、b_1、a_2、b_2 均已归一化，且 $a_1 a^*$、$a_2 a_2^*$、$b_1 b_1^*$、$b_2 b_2^*$ 代表相应的功率流，则根据能量守恒定律有

$$a_1a_1^* - b_1b_1^* = a_2a_2^* - b_2b_2^* \tag{6.3.12}$$

除了波矩阵以外，在微波线路分析中往往还采用其他矩阵表示. 一般有以下几种形式：

(1)散射矩阵；

(2)阻抗矩阵；

(3)导纳矩阵；

(4)$ABCD$ 矩阵.

现在先讨论散射矩阵. 前向波与反向波也可以通过散射矩阵以如下形式联系起来：

$$\begin{bmatrix} b_1 \\ a_2 \end{bmatrix} = \begin{bmatrix} S_{11} & S_{12} \\ S_{21} & S_{22} \end{bmatrix} \begin{bmatrix} a_1 \\ b_2 \end{bmatrix} \tag{6.3.13}$$

可见，散射矩阵是将相对于网络的反向波用入射波来表示. 不难看到各元素有以下关系：

$$S_{11} = \left(\frac{b_1}{a_1}\right)_{b_2=0} = R_1 \tag{6.3.14}$$

即 S_{11} 等于输入端反射系数.

同样可以得到 S_{22} 为输出端反射系数：

$$S_{22} = R_2 \tag{6.3.15}$$

而 S_{12} 及 S_{21} 则表示从输出端到输入端和从输入端到输出端的透射系数.

利用矩阵转换关系可以求得散射矩阵[S]和波矩阵[A]之间有以下关系：

$$\begin{cases} S_{11} = \dfrac{A_{21}}{A_{11}} \\ S_{22} = -\dfrac{A_{12}}{A_{11}} \\ S_{21} = \dfrac{1}{A_{11}} \\ S_{12} = A_{22} - \dfrac{A_{12}A_{21}}{A_{11}} \end{cases} \tag{6.3.16}$$

可见在一般情况下 S_{ij} 也是复数.

对无源无耗四端网络，由能量守恒定律可得

$$\begin{aligned} &[b_1 \quad a_2]\begin{bmatrix} b_1 \\ a_2 \end{bmatrix}^* - [a_1 \quad b_2]\begin{bmatrix} a_1 \\ b_2 \end{bmatrix}^* \\ &= [a_1 \quad b_2][S]^+[S]^*\begin{bmatrix} a_1 \\ a_2 \end{bmatrix}^* - [a_1 \quad b_2]\begin{bmatrix} a_1 \\ b_2 \end{bmatrix}^* = 0 \end{aligned} \tag{6.3.17}$$

$[S]^+$ 是$[S]$的转置矩阵，$[S]^*$ 则为共轭矩阵，于是有关系式

$$[S]^+[S]^* = [1] \tag{6.3.18}$$

[1]为单位矩阵. 可见

$$\{[S]^+\}^{-1} = [S]^* \tag{6.3.19}$$

即散射矩阵是一个幺正矩阵.

对于对称系统，$S_{12} = S_{21}$，于是式(6.3.19)化为

$$[S][S]^* = [1] \tag{6.3.20}$$

展开即得到

$$\begin{cases} |S_{11}^2| = |S_{22}^2| = 1 - |S_{12}^2| \\ \arg S_{11} + \arg S_{22} - 2\arg S_{12} = \pm\pi \end{cases} \tag{6.3.21}$$

由以上分析可见，散射矩阵和波矩阵一样表示四端网络对波的反射与透射情况.

现在来看看，当四端网络的终端接有负载时的情况. 设终端负载的反射系数为 Γ_{out}，则

$$\Gamma_{\text{out}}=\frac{b_2}{a_2} \tag{6.3.22}$$

由输入端的反射系数 $\Gamma_{\text{in}}=b_1/a_1$，可以求出：

$$\Gamma_{\text{in}}=\frac{|S|-\dfrac{S_{11}}{\Gamma_{\text{out}}}}{S_{22}-\dfrac{1}{\Gamma_{\text{out}}}}=\frac{\Gamma_{\text{out}}|S|-S_{11}}{\Gamma_{\text{out}}S_{22}-1} \tag{6.3.23}$$

式中，$|S|=S_{11}S_{22}-S_{12}S_{21}$. 式(6.3.23)表示四端网络的变换特性.

现在讨论阻抗矩阵[Z]. 阻抗矩阵在微波网络分析中也常常用到. 为了求得阻抗矩阵，必须定义电压与电流. 在微波技术中，通常定义电压正比于总的横向电场，而电流则正比于总的横向磁场. 在归一化的情况下，考虑到波反射时的情况，可以得到

$$\begin{cases} V_1=a_1+b_1 \\ V_2=a_2+b_2 \\ I_1=a_1-b_1 \\ I_2=-(a_2-b_2) \end{cases} \tag{6.3.24}$$

阻抗矩阵将电压与电流以下式联系起来：

$$\begin{bmatrix} V_1 \\ V_2 \end{bmatrix}=\begin{bmatrix} Z_{11} & Z_{12} \\ Z_{21} & Z_{22} \end{bmatrix}\begin{bmatrix} I_1 \\ I_2 \end{bmatrix} \tag{6.3.25}$$

由式(6.3.25)不难得到阻抗矩阵的各个元素：

$$\begin{cases} Z_{11}=\left(\dfrac{V_1}{I_1}\right)_{I_2=0} \\ Z_{22}=\left(\dfrac{V_2}{I_2}\right)_{I_1=0} \\ Z_{12}=\left(\dfrac{V_1}{I_2}\right)_{I_1=0} \\ Z_{21}=\left(\dfrac{V_2}{I_1}\right)_{I_2=0} \end{cases} \tag{6.3.26}$$

对于对称系统，有 $Z_{22}=Z_{11}$.

这样，就可以得到阻抗矩阵[Z]所代表的等效网络，如图 6.3.4 所示.

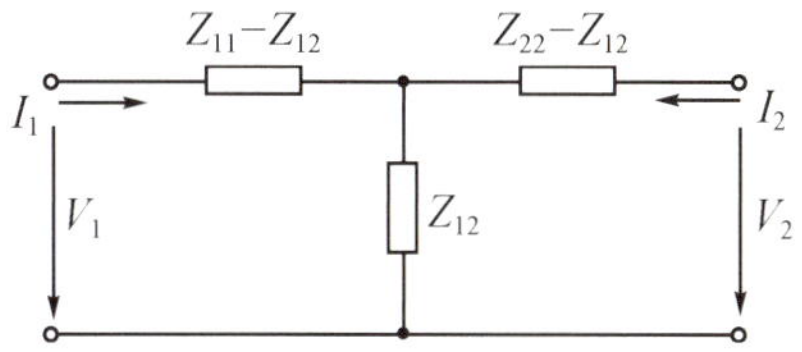

图 6.3.4　[Z]的等效网络

对于图 6.3.4 所示的 T 形网络，不难看到

$$Z_{12}=Z_{21}$$

[Z]与[S]之间的关系可以用式(6.3.24)与式(6.3.25)求得

$$[Z]=\{[1]+[S]\}\{[1]-[S]\}^{-1} \tag{6.3.27}$$

由式(6.3.27)也可求得

$$[S]=\{[Z]+[1]\}^{-1}\{[Z]-[1]\} \tag{6.3.28}$$

即知道一个矩阵之后，就可以求出另一个矩阵.

在阻抗矩阵的情况下，如接有负载阻抗

$$Z_{out}=-\frac{V_2}{I_2} \tag{6.3.29}$$

则输入阻抗 $Z_{in}=V_1/I_1$ 可以求得

$$Z_{in}=\frac{|Z|+Z_{11}Z_{out}}{Z_{22}+Z_{out}} \tag{6.3.30}$$

式中，$|Z|=Z_{11}Z_{22}-Z_{12}^2$.

当系统对称时，$Z_{11}=Z_{22}$，于是网络只有两个参量 Z_{11}、Z_{12} 是独立的. 这两个参量可以通过开路及短路试验来求得. 令 Z_{oc} 和 Z_{sc} 分别表示输入端的开路阻抗($Z_{out}\to\infty$)和短路阻抗($Z_{out}=0$)，则由式(6.3.30)可以得到

$$\begin{cases}Z_{11}=Z_{oc}\\ Z_{12}=\sqrt{Z_{oc}(Z_{oc}-Z_{sc})}\end{cases} \tag{6.3.31}$$

下面讨论导纳矩阵[Y]. 方程(6.3.25)也可以写成

$$\begin{bmatrix}I_1\\ I_2\end{bmatrix}=\begin{bmatrix}Y_{11} & Y_{12}\\ Y_{21} & Y_{22}\end{bmatrix}\begin{bmatrix}V_1\\ V_2\end{bmatrix} \tag{6.3.32}$$

同样可以得到下列关系：

$$\begin{cases}Y_{11}=\left(\dfrac{I_1}{V_1}\right)_{V_2=0}\\ Y_{22}=\left(\dfrac{I_2}{V_2}\right)_{V_1=0}\\ Y_{12}=\left(\dfrac{I_1}{V_2}\right)_{V_1=0}\\ Y_{21}=\left(\dfrac{I_2}{V_1}\right)_{V_2=0}\end{cases} \tag{6.3.33}$$

利用导纳矩阵时往往采用Π形网络，如图 6.3.5 所示. 对于[Y]矩阵，有关系 $Y_{12}=Y_{21}$. 不难看出

$$[Y]=[Z]^{-1} \tag{6.3.34}$$

导纳矩阵与散射矩阵之间的关系也可以导出：

$$\begin{cases}[S]=\{[1]+[Y]\}^{-1}\{[1]-[Y]\}\\ [Y]=\{[1]-[S]\}\{[1]+[S]\}^{-1}\end{cases} \tag{6.3.35}$$

在利用导纳矩阵时，输入端与输出端负载之间有如下关系：

$$\begin{cases}Y_{out}=\dfrac{I_2}{V_2}\\ Y_{in}=\dfrac{I_1}{V_1}=\dfrac{|Y|+Y_{11}Y_{out}}{Y_{22}+Y_{out}}\end{cases} \tag{6.3.36}$$

式中，$|Y|=Y_{11}Y_{22}-Y_{12}^2$. 当网络对称时，有 $Y_{11}=Y_{22}$.

同样可以利用开路及短路导纳表示导纳矩阵的元素：

$$\begin{cases}Y_{11}=Y_{sc}\\ Y_{12}=\sqrt{Y_{sc}(Y_{sc}-Y_{oc})}\end{cases} \tag{6.3.37}$$

最后讨论所谓 $ABCD$ 矩阵. 对于由方程式(6.3.24)定义的电压、电流，也可以写成如下形式：

$$\begin{bmatrix}V_1\\ I_1\end{bmatrix}=\begin{bmatrix}A & B\\ C & D\end{bmatrix}\begin{bmatrix}V_2\\ -I_2\end{bmatrix} \tag{6.3.38}$$

式中，I_2 前面的负号是考虑到输出端电流的方向应向外.

将式(6.3.38)展开，并与阻抗矩阵比较，就可以得到 $ABCD$ 矩阵中各元素与阻抗矩阵各元素之间的关系：

$$\begin{cases} A=\dfrac{Z_{11}}{Z_{21}} \\ B=\dfrac{|Z|}{Z_{21}} \\ C=\dfrac{1}{Z_{21}} \\ D=\dfrac{Z_{22}}{Z_{21}} \end{cases} \tag{6.3.39}$$

可见，当网络对称时即有

$$A=D \tag{6.3.40}$$

这样，利用 $ABCD$ 矩阵，四端网络就可以表示为如图 6.3.6 所示.

对于无耗对称四端网络，有关系式

$$AD-BC=1 \tag{6.3.41}$$

一般 AD 是实数，BC 则为纯虚数.

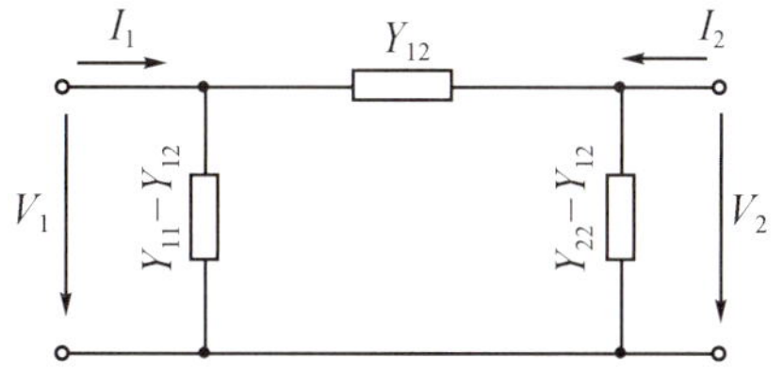

图 6.3.5　[Y]的等效网格

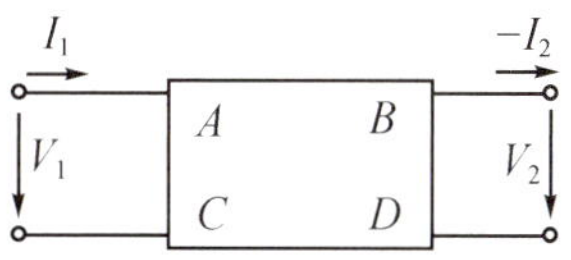

图 6.3.6　$ABCD$ 矩阵的四端网络

由以上讨论可以看到，对于一个四端网络，可以用不同的方式来表示，这要看问题的具体情况而定. 总之要使问题处理方便. 各矩阵之间都可以互相转换.

三、无源四端网络链的基本特性

现在，我们将在前面讨论单个四端网络的基础上，来分析四端网络链的基本问题.

为了使讨论简化，我们现在假定：(1)波可以在四端网络链中传播；(2)各四端网络彼此之间无影响，即它们对波的作用如同单个四端网络一样.

前一个假定是完全成立的，这种在周期性结构中传播的波遵从弗洛奎定理. 后一个假定则是近似的，它的实质是略去高次波型的作用. 有关高次波型的作用问题，布朗等人曾研究过. 当不均匀性之间的空间间隔足够大时，这一假定是准确的.

根据以上假定，对于图 6.3.7 所示的四端网络链，我们有

$$\begin{bmatrix} a_{n-1} \\ b_{n-1} \end{bmatrix}=[A]\begin{bmatrix} a_n \\ b_n \end{bmatrix} \tag{6.3.42}$$

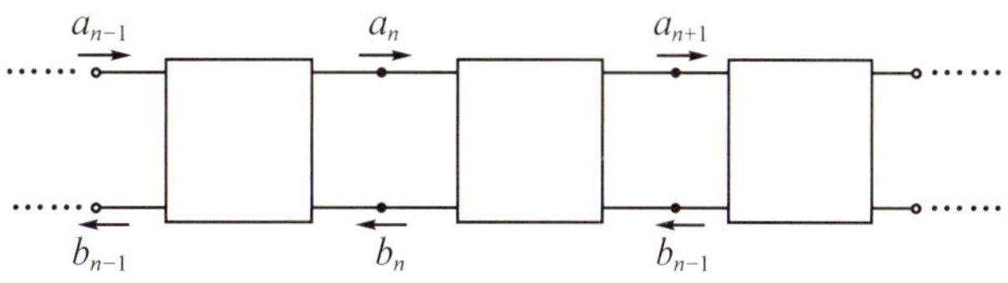

图 6.3.7　四端网络链

由弗洛奎定理，波在任意周期性结构中传播时，波有如下关系：

$$\begin{cases} a_n = a_{n-1}\mathrm{e}^{-\Gamma_0 L} \\ b_n = b_{n-1}\mathrm{e}^{-\Gamma_0 L} \end{cases} \tag{6.3.43}$$

式中，L 为空间周期；Γ_0 为传播常数. 将式(6.3.43)代入式(6.3.42)得

$$\begin{cases} a_{n-1}(\mathrm{e}^{\Gamma_0 L} - A_{11}) - A_{12}b_{n-1} = 0 \\ a_{n-1}(A_{21}) + (-\mathrm{e}^{\Gamma_0 L} + A_{22})b_{n-1} = 0 \end{cases} \tag{6.3.44}$$

波振幅有非零解的条件是

$$\begin{vmatrix} \mathrm{e}^{\Gamma_0 L} - A_{11} & -A_{12} \\ A_{21} & -\mathrm{e}^{-\Gamma_0 L} + A_{22} \end{vmatrix} = 0 \tag{6.3.45}$$

由式(6.3.45)得出

$$\mathrm{ch}\Gamma_0 L = \frac{A_{11} + A_{22}}{2} \tag{6.3.46}$$

在求解式(6.3.46)时，利用了关系式

$$A_{11}A_{22} - A_{12}A_{21} = 1 \tag{6.3.47}$$

方程(6.3.46)表明四端网络参量对波传播的影响，它是波在四端网络链中传播的色散方程.

利用前面所述的有关矩阵之间的转换关系，可以得到：

对于散射矩阵，有

$$\mathrm{ch}\Gamma_0 L = \frac{1}{2}\left[\frac{1}{S_{21}} + S_{12} - \frac{S_{11}S_{22}}{S_{21}}\right] \tag{6.3.48}$$

对于阻抗矩阵，有

$$\mathrm{ch}\Gamma_0 L = \frac{Z_{11} + Z_{22}}{2Z_{12}} \tag{6.3.49}$$

对于导纳矩阵，有

$$\mathrm{ch}\Gamma_0 L = \frac{Y_{11} + Y_{22}}{2Y_{12}} \tag{6.3.50}$$

对于 $ABCD$ 矩阵，有

$$\mathrm{ch}\Gamma_0 L = \frac{1}{2}(A + D) \tag{6.3.51}$$

当系统是无耗的情况时，Γ_0 为纯虚数，可令

$$\begin{cases} \Gamma_0 = \mathrm{j}\beta \\ \beta L = \phi \end{cases} \tag{6.3.52}$$

于是可以将以上各式综合写成

$$\cos\phi = \begin{cases} \dfrac{A_{11} + A_{22}}{2} \\ \dfrac{Z_{11} + Z_{22}}{2Z_{12}} \\ -\dfrac{Y_{11} + Y_{22}}{2Y_{12}} \\ \dfrac{1}{2}\left[\dfrac{1}{S_{21}} + S_{12} - \dfrac{S_{11}S_{22}}{S_{21}}\right] \\ \dfrac{1}{2}(A + D) \end{cases} \tag{6.3.53}$$

前面曾指出，当系统对称时，网络参量可以通过开路及短路试验求得. 这时，相移又可写成

$$\cos\phi = \sqrt{Z_{oc}/(Z_{oc} - Z_{sc})} \tag{6.3.54}$$

色散方程(6.3.53)与(6.3.54)可以根据不同的具体情况加以选用.

现在来考虑四端网络的阻抗特性. 先从单个四端网络开始,假定四端网络输出端接负载阻抗 Z_L,则根据式(6.3.30),其输入阻抗为

$$Z_{\text{in}}=\frac{|Z|+Z_{11}Z_L}{Z_{22}+Z_L} \tag{6.3.55}$$

式(6.3.55)表明,负载阻抗 Z_L 被四端网络变换为 Z_{in}. 方程式(6.3.55)是一个双线性变换式,因此,在 Z_L 平面上存在两点,如令 Z_c 表示此两点,则有

$$Z_c=\frac{Z_{11}Z_c+|Z|}{Z_{22}+Z_c} \tag{6.3.56}$$

由此得出

$$Z_c=\frac{Z_{11}-Z_{22}}{2}\pm\left[\left(\frac{Z_{11}+Z_{22}}{2}\right)^2-Z_{12}^2\right]^{1/2} \tag{6.3.57}$$

这表明,当负载阻抗为 Z_c 时,经过四端网络变换后仍为 Z_c. 这样我们就可以想象,设有一个半无穷长的四端网络,如果终端接负载为 Z_c,则始端的输入阻抗为 Z_c. 因此,可以将 Z_c 看作四端网络链的特性阻抗.

不难看到,如果我们从另一端看入,即将上述输入端、输出端对调,则式(6.3.56)应改为

$$Z_c'=\frac{Z_{22}Z_c'+|Z|}{Z_{11}+Z_c'} \tag{6.3.58}$$

这样就得到

$$Z_c'=\left\{\frac{Z_{11}-Z_{22}}{2}\pm\left[\left(\frac{Z_{11}+Z_{22}}{2}\right)^2-Z_{12}^2\right]^{1/2}\right\} \tag{6.3.59}$$

可见,当四端网络不对称时,由这种四端网络组成的链,对于前向波及反向波就有不同的特性阻抗. 这是周期性系统与均匀线的一个重要区别.

对于对称的四端网络有

$$Z_{11}=Z_{22}$$

于是两种特征阻抗有较为简单的关系:

$$Z_c=-Z_c'=\pm\left[\left(\frac{Z_{11}+Z_{22}}{2}\right)^2-Z_{12}^2\right]^{1/2} \tag{6.3.60}$$

式(6.3.60)中符号的选择使正功率流对应于正的阻抗. 因此,如果考虑到电流的流向,就可以认为正反向特征阻抗是相同的.

对于对称网络,由于

$$\begin{cases}Z_{11}=Z_{22}=Z_{\text{oc}}\\ Z_{12}=\sqrt{Z_{\text{oc}}(Z_{\text{oc}}-Z_{\text{sc}})}\end{cases}$$

故式(6.3.60)化为

$$Z_c=-Z_c'=\sqrt{Z_{\text{oc}}Z_{\text{sc}}} \tag{6.3.61}$$

显然,利用矩阵之间的关系,也可以将特征阻抗用其他矩阵元素表征出来.

至此,我们可以对四端网络链的传输特性作一概括性的讨论. 我们先仅讨论四端网络链的传输特性,更为详细的讨论将在以后进行.

为此,可利用方程(6.3.53)中的任一个. 我们用阻抗矩阵可写出

$$\cos\beta L=\cos\phi=\frac{Z_{11}+Z_{22}}{2Z_{12}}$$

由上述方程可以看出,方程有实数解 ϕ 的条件是

$$2|Z_{12}|\geqslant|Z_{11}+Z_{22}| \tag{6.3.62}$$

在对称的情况下化为

$$|Z_{12}|\geqslant|Z_{11}|=|Z_{22}| \tag{6.3.63}$$

当四端网络无耗时，Z_{11}、Z_{12}、Z_{22}等均为纯虚数，由方程(6.3.60)可见，特征阻抗 Z_c 为纯实数.

在四端网络链中，满足式(6.3.62)、式(6.3.63)的频带为通带. 可见，在通带内四端网络可以传播波，其色散特性及特征阻抗由式(6.3.53)及式(6.3.60)确定.

相反，在阻带内，传播常数 Γ_0 为实数，这就要求

$$|Z_{12}|<\frac{1}{2}|Z_{11}+Z_{22}| \tag{6.3.64}$$

于是，在阻带内特征阻抗 Z_c 为纯虚数. 在阻带内，波不能沿四端网络链传播，而呈现衰减波，类似于截止状态下的波导.

我们来看一下波在无限长四端网络中传输的物理过程. 为使讨论方便，假定四端网络链由接于均匀传输线上的不均匀性所构成. 这一假定并不使以下讨论失去普遍性. 如前所述，如果四端网络的参量满足式(6.3.62)及式(6.3.63)，则从整体上来讲，波可以沿此系统传播，它在一个周期内的相移为 ϕ，由式(6.3.53)决定.

不过很显然，由于均匀传输线中接有不均匀性，因此，在每一节内，在每个不均匀性上波总是有反射的，假定在均匀传输线上波的相位常数为 β_0，设在第一个四端网络的输入端有入射波为 $a_1\mathrm{e}^{-\mathrm{j}\beta_0 z}$，由于不均匀性存在，因此应有反射波 $b_1\mathrm{e}^{\mathrm{j}\beta_0 z}$. 则如前所述，在第1节内，电压、电流可写成

$$\begin{cases}V_1=a_1\mathrm{e}^{-\mathrm{j}\beta_0 z}+b_1\mathrm{e}^{\mathrm{j}\beta_0 z}=a_1(\mathrm{e}^{-\mathrm{j}\beta_0 z}+R_1\mathrm{e}^{\mathrm{j}\beta_0 z})\\ I_1=a_1(\mathrm{e}^{-\mathrm{j}\beta_0 z}-R_1\mathrm{e}^{\mathrm{j}\beta_0 z})\end{cases} \tag{6.3.65}$$

根据弗洛奎定理，在第2节内应有

$$\begin{cases}V_2=a_1\mathrm{e}^{-\Gamma_0 L}[\mathrm{e}^{-\mathrm{j}\beta_0(z-L)}+R_1\mathrm{e}^{\mathrm{j}\beta_0(z-L)}]\\ I_2=a_1\mathrm{e}^{-\Gamma_0 L}[\mathrm{e}^{-\mathrm{j}\beta_0(z-L)}-R_1\mathrm{e}^{\mathrm{j}\beta_0(z-L)}]\end{cases} \tag{6.3.66}$$

以此类推，在第 $n+1$ 节内有

$$\begin{cases}V_{n+1}=a_1\mathrm{e}^{-n\Gamma_0 L}[\mathrm{e}^{-\mathrm{j}\beta_0(z-nL)}+R_1\mathrm{e}^{\mathrm{j}\beta_0(z-nL)}]\\ I_{n+1}=a_1\mathrm{e}^{-n\Gamma_0 L}[\mathrm{e}^{-\mathrm{j}\beta_0(z-nL)}-R_1\mathrm{e}^{\mathrm{j}\beta_0(z-nL)}]\end{cases} \tag{6.3.67}$$

由于链是无穷长的，可以选择 $z=0$ 为第1节的参考面，于是对第1节参考面有

$$\begin{cases}V_1=a_1(1+R_1)\\ I_1=a_1(1-R_1)\\ Z_1=\dfrac{(1+R_1)}{(1-R_1)}\end{cases} \tag{6.3.68}$$

对于第2节的参考面，$z=L$ 时有

$$\begin{cases}V_2=a_1\mathrm{e}^{-\Gamma_0 L}(1+R_1)\\ I_2=a_1\mathrm{e}^{-\Gamma_0 L}(1-R_1)\\ Z_2=\dfrac{1+R_1}{1-R_1}\end{cases} \tag{6.3.69}$$

对于 $n+1$ 节参考面，$z=nL$ 时有

$$\begin{cases}V_{n+1}=a_1\mathrm{e}^{-n\Gamma_0 L}(1+R_1)\\ I_{n+1}=a_1\mathrm{e}^{-n\Gamma_0 L}(1-R_1)\\ Z_{n+1}=\dfrac{1+R_1}{1-R_1}\end{cases} \tag{6.3.70}$$

可见，显然每一节内都有反射，但在每一节的端面上，反射却是抵消的，从总的效果来看，波沿四端网络

链传输，每一节都有一个确定的相位移.

6.4 各种网络链的传输特性

前面介绍了等效电路方法的基本思想及长线与四端网络的基本特性. 本节将在 6.3 节的基础上对慢波系统的一些常用网络链的特性进一步加以分析.

一、周期性加载的均匀传输线

这种传输线可看成四端网络链，它是由均匀传输线周期加载形成的. 在很多情况下，周期性加载可以看作是集中元件.

如图 6.4.1 所示情况，可以分成两种具体的结构：一种是并联元件加载，另一种是串联元件加载. 设均匀线的特征阻抗为 Z_0，传播常数为 $j\beta_0$.

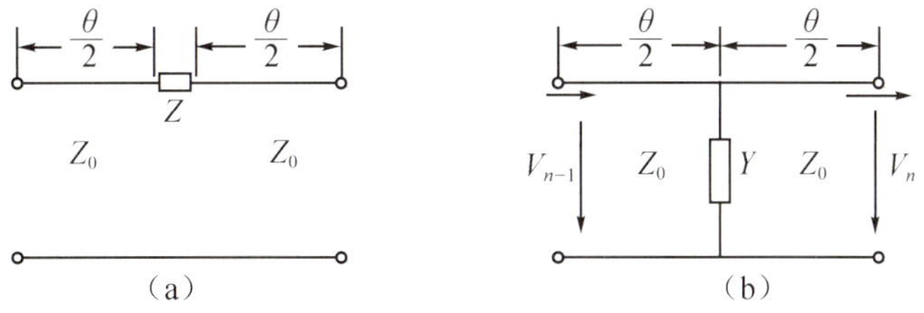

图 6.4.1　周期加载均匀传输线

先考虑图 6.4.1(a)所示的串联情况. 在这种情况下，利用 $ABCD$ 矩阵分析较为方便. 为此，由串联元件 Z 形成的四端网络的 $ABCD$ 矩阵为

$$\begin{bmatrix} A' & B' \\ C' & D' \end{bmatrix} = \begin{bmatrix} 1 & Z \\ 0 & 1 \end{bmatrix} \tag{6.4.1}$$

考虑到两边均匀线的电长度后，由式(6.3.3)，整个四端网络的矩阵可写成

$$\begin{bmatrix} V_{n-1} \\ I_{n-1} \end{bmatrix} = \begin{bmatrix} \cos\frac{\theta}{2} & jZ_0\sin\frac{\theta}{2} \\ \frac{j}{Z_0}\sin\frac{\theta}{2} & \cos\frac{\theta}{2} \end{bmatrix} \begin{bmatrix} 1 & Z \\ 0 & 1 \end{bmatrix} \begin{bmatrix} \cos\frac{\theta}{2} & jZ_0\sin\frac{\theta}{2} \\ \frac{j}{Z_0}\sin\frac{\theta}{2} & \cos\frac{\theta}{2} \end{bmatrix} \begin{bmatrix} V_n \\ I_n \end{bmatrix} \tag{6.4.2}$$

将式(6.4.2)展开，即得

$$\begin{bmatrix} V_{n-1} \\ I_{n-1} \end{bmatrix} = \begin{bmatrix} \cos\theta + \frac{jZ}{2Z_0}\sin\theta & Z\cos^2\frac{\theta}{2} + jZ_0\sin\theta \\ \frac{j}{Z_0}\sin\theta - \frac{Z}{Z_0}\sin^2\frac{\theta}{2} & \frac{jZ}{2Z_0}\sin\theta + \cos\theta \end{bmatrix} \begin{bmatrix} V_n \\ I_n \end{bmatrix} \tag{6.4.3}$$

这样，利用相移方程(6.3.53)，即得

$$\cos\phi = \frac{1}{2}(A+D) = \cos\theta + \frac{jZ}{2Z_0}\sin\theta \tag{6.4.4}$$

式中，θ 表示无加载时均匀线的相移. 可以看到，当周期性串接有负载时，线的相位移与均匀传输线的相移不同，式(6.4.4)右边第二项就表示串接负载的影响. 方程(6.4.4)就是周期性串接加载传输线的色散方程.

对于图 6.4.1(b)所示的并接负载情况，也可作完全类似的处理. 可以得到

$$\begin{bmatrix} A' & B' \\ C' & D' \end{bmatrix} = \begin{bmatrix} 1 & 0 \\ Y & 1 \end{bmatrix} \tag{6.4.5}$$

因此得

$$\begin{bmatrix} V_{n-1} \\ I_{n-1} \end{bmatrix} = \begin{bmatrix} \cos\theta + \dfrac{\mathrm{j}Y}{2Y_0}\sin\theta & \dfrac{\mathrm{j}}{Y_0}\sin\theta - \dfrac{Y}{Y_0^2}\sin^2\dfrac{\theta}{2} \\ Y\cos^2\dfrac{\theta}{2} + \mathrm{j}Y_0\sin\theta & \dfrac{\mathrm{j}Y}{2Y_0}\sin\theta + \cos\theta \end{bmatrix} \begin{bmatrix} V_n \\ I_n \end{bmatrix} \tag{6.4.6}$$

于是，由式(6.3.53)可得

$$\cos\phi = \cos\theta + \frac{\mathrm{j}Y}{2Y_0}\sin\theta \tag{6.4.7}$$

式中，$Y_0 = 1/Z_0$. 和以前的串联情况一样，周期性加载并联负载可以有效地改变传输线的色散特性.

下面通过几个具体例子说明上述情况.

先讨论串联元件是电感的情况. 这时有

$$Z = \mathrm{j}\omega L \tag{6.4.8}$$

这种串联电感可以是集中元件，也可以是分布元件的等效电感. 代入方程(6.4.4)可得

$$\cos\phi = \cos\theta - \frac{\omega L}{2Z_0}\sin\theta \tag{6.4.9}$$

如果假定均匀传输线上传播的波是 TEM 波，则有

$$\theta = kL \tag{6.4.10}$$

于是，式(6.4.9)可化为

$$\cos\phi = \cos kL - \frac{\omega L}{2Z_0}\sin kL \tag{6.4.11}$$

根据方程(6.4.11)就可以作出如图 6.4.2 所示的布里渊图. 可见，周期性加载均匀线是一个低通滤波器，截止频率由下式决定：

$$\begin{cases} \phi = \pm\pi \\ 1 = \dfrac{\omega L}{2Z_0}\sin kL - \cos kL \end{cases} \tag{6.4.12}$$

式(6.4.12)表明，当均匀线与串接电感发生谐振时，波的传播就被截止. 由图 6.4.2 可见，串联电感的作用是把 $k=\beta$ 的线拉下来. 电感愈大，这种作用就愈大.

再来考虑并联元件是一个电容的情况.

当 $Y = \mathrm{j}B = \mathrm{j}\omega C$ 时，代入式(6.4.7)可以得到

$$\cos\phi = \cos\theta - \frac{\omega C}{2Y_0}\sin\theta \tag{6.4.13}$$

同样，当均匀线上传播的是 TEM 波时，可得

$$\cos\phi = \cos kL - \frac{\omega C}{2Y_0}\sin kL \tag{6.4.14}$$

比较一下式(6.4.14)与式(6.4.11)可以发现，并联电容的作用与串联电感的作用类似. 因此布里渊图也有相同的情形.

显然，均匀传输线也可能有色散. 如果均匀线原来就有色散，可令相位常数为 β_0，则有

$$\theta = \beta_0 L$$

于是上述两种情况下的色散特性就为

$$\begin{cases} \cos\phi = \cos\beta_0 L - \dfrac{\omega L}{2Z_0}\sin\beta_0 L \\ \cos\phi = \cos\beta_0 L - \dfrac{\omega C}{2Y_0}\sin\beta_0 L \end{cases} \tag{6.4.15}$$

设 k_c 为均匀线的截止波数，则按式(6.4.15)给出的布里渊图如图 6.4.3 所示.

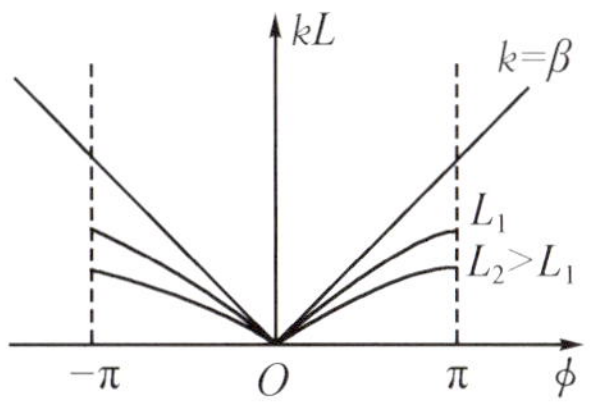

图 6.4.2　串联电感周期加载系统色散图

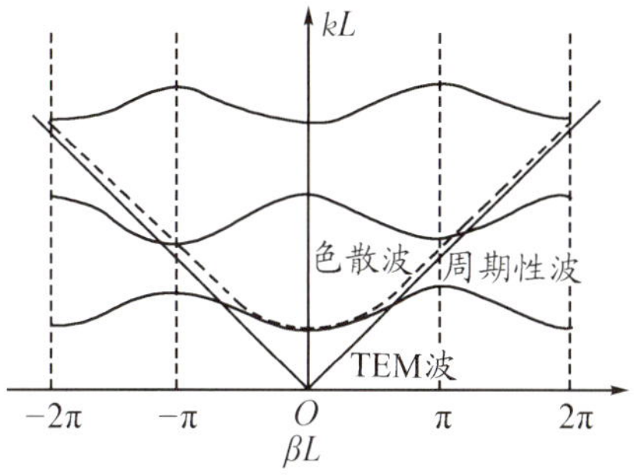

图 6.4.3　周期加载系统色散图

在图 6.4.3 中，出现了通带和阻带. 除了第一通带外，其余通带的波都相当于均匀波导的高次型波(或高次模式).

二、集中元件四端网络链的滤波特性

当四端网络是由集中元件组成时，就得到集中元件四端网络链. 在微波频率下，并不存在这种完全由集中元件组成的四端网络链，集中元件实际上只是不均匀性的一种近似处理. 如何将微波结构化为集中元件的有关问题，将在以后结合具体问题讨论.

下面我们将主要依据阻抗和导纳来讨论，将四端网络化为 T 形或 Π 形网络. 如前所述，对于 T 形网络，利用阻抗矩阵元素比较方便：

$$\cos\phi=\frac{Z_{11}+Z_{22}}{2Z_{12}} \tag{6.4.16}$$

$$Z_c=\frac{Z_{11}-Z_{22}}{2}\pm\left[\left(\frac{Z_{11}+Z_{22}}{2}\right)^2-Z_{12}^2\right]^{1/2} \tag{6.4.17}$$

而对于 Π 形网络，利用导纳矩阵更方便：

$$\cos\phi=-\frac{Y_{11}+Y_{22}}{2Y_{12}} \tag{6.4.18}$$

$$Y_c=\frac{Y_{11}-Y_{22}}{2}\pm\left[\left(\frac{Y_{11}+Y_{22}}{2}\right)^2-Y_{12}^2\right]^{1/2} \tag{6.4.19}$$

这样，就可以根据具体的网络进行讨论. 不过，前面也曾指出，网络往往并没有写成矩阵参量的形式，而实际电路常可化为由图 6.4.4 所示的基本电路单元形式.

由图 6.4.4(a)可得

$$\begin{cases}Z_{11}=Z_{22}=\dfrac{Z_1}{2}+Z_2\\ Z_{12}=Z_2\end{cases} \tag{6.4.20}$$

于是有

$$\cos\phi=1+\frac{Z_1}{2Z_2} \tag{6.4.21}$$

$$Z_c=\frac{1}{2}\sqrt{Z_1(Z_1+4Z_2)} \tag{6.4.22}$$

而对于图 6.4.4(b)有

$$\cos\phi=1+\frac{Y_2}{2Y_1} \tag{6.4.23}$$

$$Z_c=\sqrt{\frac{1}{Y_1Y_2\left(1+\dfrac{Y_2}{4Y_1}\right)}} \tag{6.4.24}$$

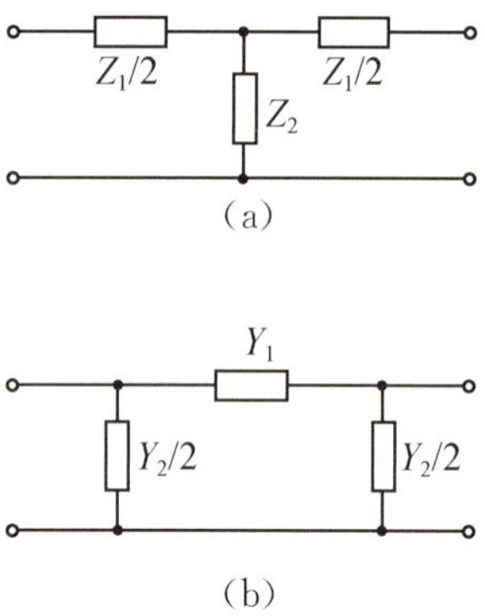

图 6.4.4　基本四端网络单元电路

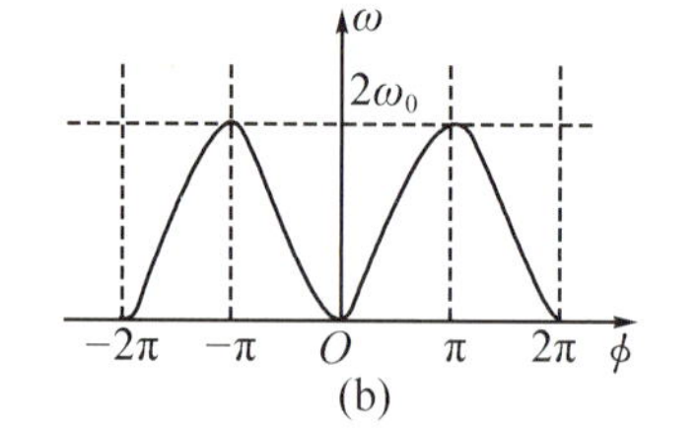

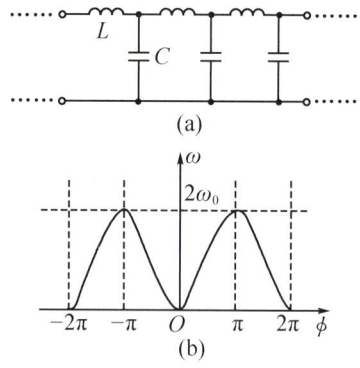

图 6.4.5　低通滤波电路及色散图

现在就可以根据以上所述,对具体电路进行讨论.

1. 低通滤波电路

图 6.4.5(a)所示的电路中,串接的是电感 L,并接的是电容 C. 于是有

$$\begin{cases} Z_1 = \mathrm{j}\omega L \\ Z_2 = \dfrac{1}{\mathrm{j}\omega C} \end{cases} \tag{6.4.25}$$

如令 $\omega_0 = \sqrt{\dfrac{1}{LC}}$ 表示电容电感谐振频率,则可以得到

$$\cos\phi = 1 - \frac{\omega^2}{2\omega_0^2} \tag{6.4.26}$$

ϕ 在 $0 \leqslant \omega \leqslant 2\omega_0$ 范围内有实数解. 当 $\omega = 0$ 时,$\phi = 0$;当 $\omega = 2\omega_0$ 时,$\phi = \pm\pi$.

可见,这是一个低通滤波电路. 由图 6.4.5 可见,对于基波,群速与相速符号相同. 因此基波是正色散,属于前向波.

低通滤波电路的特征阻抗,可按前述方程(6.4.22)得到

$$Z_c = \sqrt{\frac{L}{C}}\left(1 - \frac{\omega^2}{4\omega_0^2}\right)^{1/2} \tag{6.4.27}$$

2. 高通滤波电路

如图 6.4.6 所示,串接的是电容,并接的是电感 L,则有

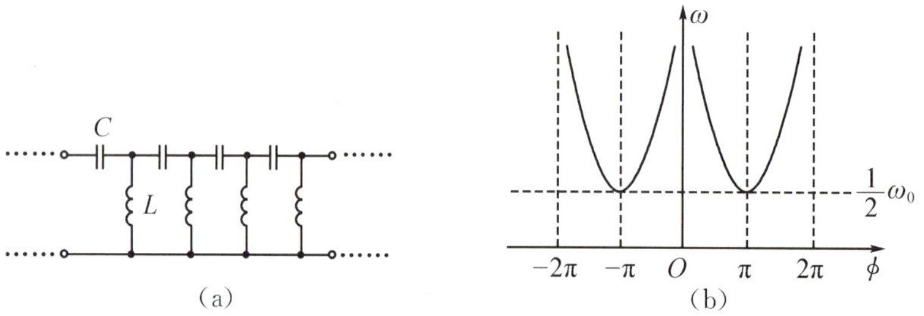

图 6.4.6　高通滤波电路及色散图

$$\begin{cases} Z_1 = \dfrac{1}{\mathrm{j}\omega C} \\ Z_2 = \mathrm{j}\omega L \end{cases} \tag{6.4.28}$$

同样仍令 $\omega_0 = \sqrt{\dfrac{1}{LC}}$,则可得到色散方程

$$\cos\phi = 1 - \frac{\omega_0^2}{2\omega^2} \tag{6.4.29}$$

式(6.4.29)在$\frac{1}{2}\omega_0 \leqslant \omega < \infty$范围内有实数解. 因此,色散特性如图 6.4.6(b)所示,是一个高通滤波电路. 不难看出,这种电路的色散特性对于基波是负色散,基波为返波.

其特征阻抗可求出,为

$$Z_c = \sqrt{\frac{L}{C}}\left(1 - \frac{\omega_0^2}{4\omega^2}\right)^{1/2} \tag{6.4.30}$$

3. 带通滤波电路

现在讨论带通滤波电路. 由于带通滤波电路形式较多,而且实际的慢波电路多化成这种电路,所以值得较详细地专门加以讨论.

如图 6.4.4(a)所示,色散特性可用式(6.4.21)表示:

$$\cos\phi = 1 + \frac{Z_1}{2Z_2}$$

通带的范围由下式决定:

$$\phi = 0, \frac{Z_1}{2Z_2} = 0 \tag{6.4.31}$$

$$\phi = \pm\pi, Z_1 + 4Z_2 = 0 \tag{6.4.32}$$

方程式(6.4.31)表示 $Z_1 = 0$ 或 $Z_2 \to \infty$,相当于 Z_1 的串联谐振或 Z_2 的并联谐振. 而方程式(6.4.32)则表示每一节四端网络均处于谐振状态. 这相当于 Z_1 与 $4Z_2$ 回路的串联谐振.

以后将会看到,$Z_2 \to \infty$的谐振相当于系统的横向谐振,而条件(6.4.32)则相当于纵向谐振.

在无耗四端网络中,Z_1、Z_2 均为纯虚数,又可由式(6.4.21)看到,方程有解的条件是 Z_1 与 Z_2 反号. 由此得出,通带的范围是串联元件与并联元件应有相反的电抗.

前面曾经指出,对于对称的四端网络,可以通过开路阻抗及闭路阻抗来表示. 这在网络较为复杂时更为方便. 前面曾得到

$$\cos\phi = \sqrt{\frac{Z_{oc}}{Z_{oc} - Z_{sc}}} \tag{6.4.33}$$

$$Z_c = \sqrt{Z_{oc}Z_{sc}} \tag{6.4.34}$$

下面将利用以上所述来讨论各种带通滤波电路.

(1)并联电感串联谐振电路.

现在来讨论图 6.4.7(a)所示的电路,此时有

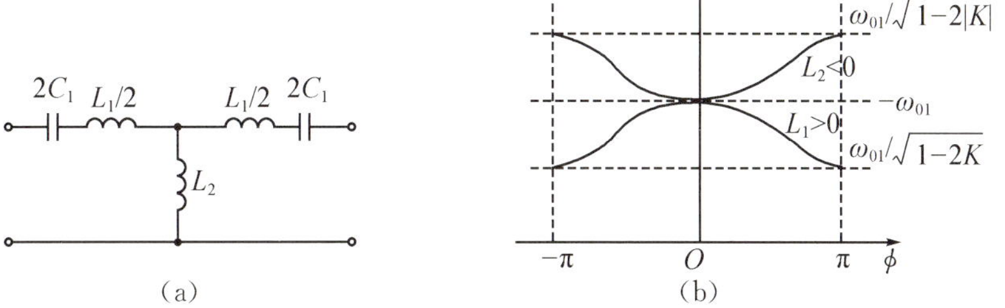

图 6.4.7 并联电感串联谐振电路及其色散图

$$\begin{cases} Z_1 = \dfrac{1}{j\omega C_1} + j\omega L_1 \\ Z_2 = j\omega L_2 \end{cases} \tag{6.4.35}$$

如令

$$\begin{cases} \omega_{01}=\sqrt{\dfrac{1}{L_1C_1}} \\ K=\dfrac{2L_2}{L_1} \end{cases} \tag{6.4.36}$$

则色散方程可表示为

$$\cos\phi=1+\frac{1}{K}\left(1-\frac{\omega_{01}^2}{\omega^2}\right) \tag{6.4.37}$$

或写成

$$1-K\cos\phi=\left(\frac{\omega_{01}}{\omega}\right)^2-K \tag{6.4.38}$$

因而其通带范围是

$$\begin{cases} \phi=0,\omega=\omega_{01} \\ \phi=\pm\pi,\omega=\omega_{01}/\sqrt{1+2K} \end{cases} \tag{6.4.39}$$

式中，K 为耦合系数.其色散特性如图 6.4.7(b)所示，基波是负色散，返波.

在图 6.4.7(a)中，L_2 称为耦合电感.由上述可得，正电感耦合的回路，其色散特性是负色散的，基波为返波.

如果 L_2 取负值，则 K 为负，不难看出色散特性就变成正色散了.这时通带范围在 ω_{01} 与 $\omega_{01}/\sqrt{1-2|K|}$ 之间.

如果在图 6.4.7(a)中，用并联电容 C_2 来代替并联电感 L_2(相当于 L_2 为负)，则有

$$Z_2=\frac{1}{\mathrm{j}\omega C_2}$$

于是色散方程化为

$$\cos\phi=1+\frac{1}{k_c}\left(1-\frac{\omega^2}{\omega_{01}^2}\right) \tag{6.4.40}$$

式中，$k_c=2C_1/C_2$ 为电容耦合系数.通带范围也可以得到

$$\begin{cases} \phi=0,\omega=\omega_{01} \\ \phi=\pi,\omega=\omega_{01}\sqrt{1+2k_c} \end{cases} \tag{6.4.41}$$

可见，并联电容耦合的作用与并联负电感耦合的作用相似，也可得到基波为正色散、前向波的色散特性.

(2)并接并联回路和串接串联回路.

现在讨论图 6.4.8 所示的四端网络.此时并联的是并联回路，串联的是串联谐振回路.这时有

$$\begin{cases} Z_1=\mathrm{j}\omega L_1+\dfrac{1}{\mathrm{j}\omega C_1}=\mathrm{j}\omega L_1\left(1-\dfrac{\omega_{01}^2}{\omega^2}\right) \\ Z_2=\dfrac{1}{\mathrm{j}\omega C_2}\left(1-\dfrac{\omega_{02}^2}{\omega^2}\right)^{-1} \end{cases} \tag{6.4.42}$$

由此得出色散方程

$$\cos\phi=1-\frac{1}{k_L}\cdot\frac{\omega^2}{\omega_{02}^2}\left(1-\frac{\omega_{02}^2}{\omega^2}\right)\left(1-\frac{\omega_{01}^2}{\omega^2}\right) \tag{6.4.43}$$

式中，$k_L=2L_2/L_1$；$\omega_{01}^2=1/L_1C_1$；$\omega_{02}^2=1/L_2C_2$.

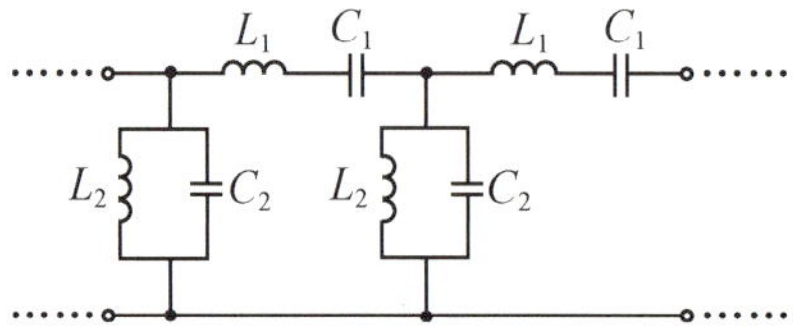

图 6.4.8　并接并联回路与串接串联回路的四端网络链

可以分为以下两种情况来讨论.

①$\omega_{01}>\omega_{02}$. 这时有两个通带. 第一个通带为

$$\phi=0, \omega=\omega_{02}$$

$$\phi=\pi, \omega=(\omega_\pi)_1$$

$$(\omega_\pi)_1=\left\{\frac{1}{2}\left[\omega_{01}^2+(2k_L+1)\omega_{02}^2-\sqrt{[\omega_{01}^2+(2k_L+1)\omega_{02}^2]^2-4\omega_{01}^2\omega_{02}^2}\right]\right\}^{1/2} \tag{6.4.44}$$

第二个通带为

$$\phi=0, \omega=\omega_{01}$$

$$\phi=\pi, \omega=(\omega_\pi)_2$$

$$(\omega_\pi)_2=\left\{\frac{1}{2}\left[\omega_{01}^2+(2k_L+1)\omega_{02}^2+\sqrt{[\omega_{01}^2+(2k_L+1)\omega_{02}^2]^2-4\omega_{01}^2\omega_{02}^2}\right]\right\}^{1/2} \tag{6.4.45}$$

可见,以 ω_{02} 为基础的通带,其基波是负色散的返波. 而以 ω_{01} 为基础的通带,其基波是正色散的前向波. 其色散特性如图 6.4.9 所示.

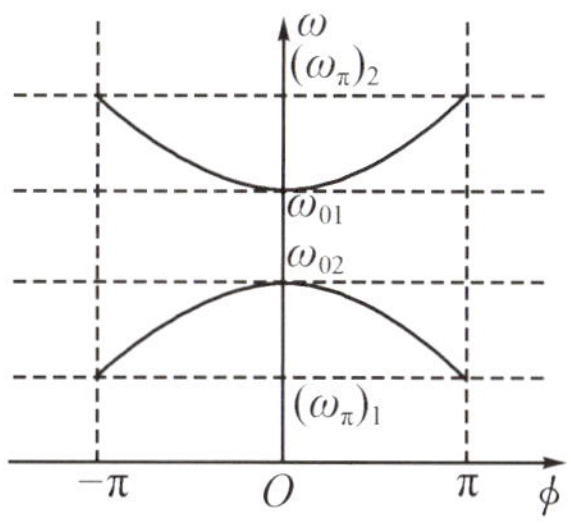

图 6.4.9　并接并联回路、串接串联谐振回路的色散特性($\omega_{01}>\omega_{02}$)

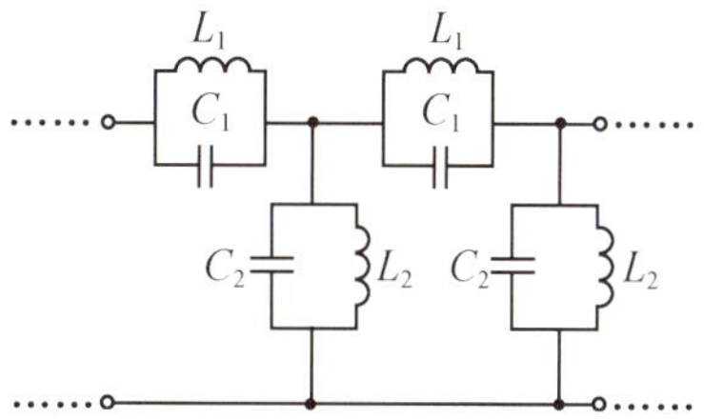

图 6.4.10　并接、串接均为并联谐振回路的四端网络

②$\omega_{02}>\omega_{01}$. 这时可以仿照上述方法进行完全类似的分析. 可以看到,对第一通带,$\phi=0, \omega=\omega_{01}$;$\phi=\pi$, $\omega=(\omega_\pi)_1$. 对第二通带,$\phi=0, \omega=\omega_{02}$;$\phi=\pi, \omega=(\omega_\pi)_2$. $(\omega_\pi)_1$ 与 $(\omega_\pi)_2$ 仍由式(6.4.44)与式(6.4.45)确定.

(3)并接串接的均是并联谐振回路.

现在讨论如图 6.4.10 所示的电路. 并联与串联的均是谐振回路. 这时色散方程可以推得为

$$\cos\phi=1+\frac{1}{k_c}\frac{\left(1-\dfrac{\omega_{02}^2}{\omega^2}\right)}{\left(1-\dfrac{\omega_{01}^2}{\omega^2}\right)} \tag{6.4.46}$$

式中,$k_c=2C_1/C_2$.

现在仍讨论两种情况.

①$\omega_{01}>\omega_{02}$. 这时通带范围为

$$\begin{cases}\phi=0, \omega=\omega_{02}\\ \phi=\pi, \omega_\pi=\sqrt{\dfrac{2k_c\omega_{01}^2+\omega_{02}^2}{2k_c+1}}\end{cases} \tag{6.4.47}$$

可见,在这种情况下,$\omega_{02}<\omega_\pi<\omega_{01}$,即通带在 ω_{01} 以下、ω_{02} 以上,使阻抗 Z_1 与 Z_2 反号,这时基波为正色散的前向波.

②$\omega_{02}>\omega_{01}$. 通带范围为

$$\phi=0, \omega=\omega_{02}$$

$$\phi=\pi, \omega=\omega_\pi$$

ω_π 仍由方程(6.4.47)决定. 可见,$\omega_{01}<\omega_\pi<\omega_{02}$. 因此基波为负色散的返波.

上述色散特性如图 6.4.11 所示.

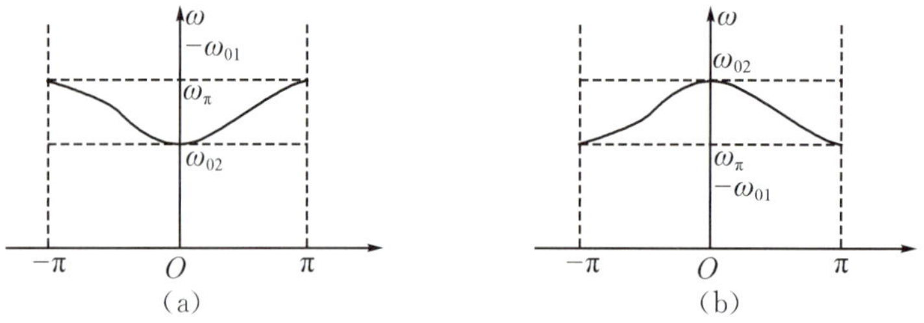

图 6.4.11　并接、串接均为并联谐振回路的四端网络的色散特性

显然，还可以讨论更多的电路形式. 不过其基本方法都是相似的.

另外，我们还没有讨论有关耦合阻抗的问题. 耦合阻抗的计算将结合具体的慢波结构进行.

最后，有些慢波系统可以化为多端网络(六端或八端)，但从分析波的传播角度来看，最后都将化为四端网络. 因此对于多端网络我们将不作普遍性讨论，而是结合具体情况进行.

6.5 多根导体传输线分析方法

有很多种慢波系统，它们在结构上有一个特点，就是在 z 方向(波传播方向)呈周期性，是一种周期结构，而在某一横方向上，例如 x 方向上，则是一种多根导体系统. 这种系统如图 6.5.1 所示. 如果在 y 方向上也是周期性的，则为二维周期结构.

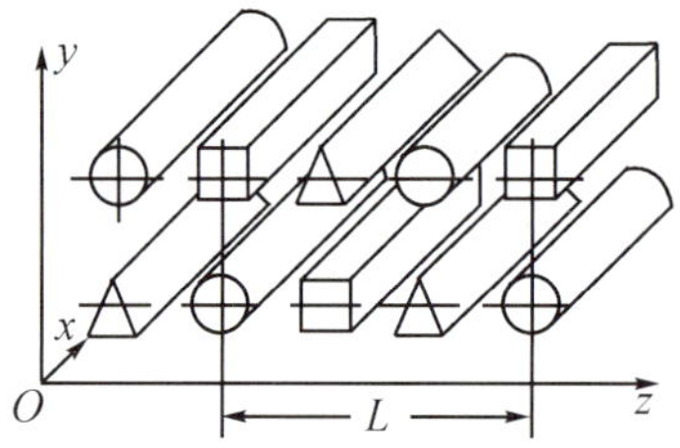

图 6.5.1　多导体系统示意图

基于慢波线结构的上述特点，我们从横方向上来看，慢波线就成为一种多导体系统. 例如梯形线、曲折线、对插销线等都属于此种慢波结构. 根据这种概念建立了慢波系统的多导体传输线分析方法. 多导体传输线方法又被推广去分析诸如环杆结构等慢波线. 因此，多导体传输线的分析方法在慢波结构理论中占有重要的位置.

多根导体传输线的分析方法，首先由弗莱彻于 1952 年提出，莫里厄与莱布朗 1954 年作了类似的分析. 其后沃林、西林等人也作过不少工作.

在本节中，我们将对多导体传输线的分析方法进行较详细的讨论.

一、多导体传输线上波的传播

利用多导体传输线方法来分析慢波结构基于以下两个基本假定：

(1)在系统上，沿 z 轴(与导体轴垂直的纵方向)有电磁波传播. 由于系统在 z 向是周期性的，因此传播的波是周期波.

(2)在系统上的电磁波，沿多导体的轴向(x 方向)是 TEM 波的组合.

从物理上讲，上述两个假定是相互矛盾的. 因为按第二个假定，波沿 x 轴是 TEM 波的组合，属于横电磁波. 因而电磁场分量均在与 x 轴垂直的方向上，这样便无法在 z 方向上构成传播的波. 事实上，如果这样，在 z 方向上的坡印亭矢量便恒等于零. 因此，如果第二个假定成立，第一个假定便无法存在. 同样，如果第一个假定成立，则第二个假定将不存在. 而由于实际的慢波结构，在 x 方向并不是伸向无穷的，因而必定存在不均匀区. 这样在不均匀区及其附近，场就不是 TEM 波. 正是这种场分布，提供了波在 z 方向传播的可能性.

这样看来，上述假定与实际情况是不完全相符的. 不过当均匀区比不均匀区长很多时，上述假定给出的结果有足够的精确度.

现在就可以在上述两个基本假定下开始分析. 按照第二个假定，波在 x 方向上传播的是 TEM 波，因而在均匀区中，在 $y-z$ 平面上场可以通过标量位写出(略去时间因子 $e^{j\omega t}$)：

$$\boldsymbol{E}=-\nabla_{yz}\psi(x,y,z) \tag{6.5.1}$$

函数 $\psi(x,y,z)$ 满足

$$\nabla_{yz}^2\psi(x,y,z)=0 \tag{6.5.2}$$

由于在 x 方向上传播的是 TEM 波，因而又可以得到

$$\psi(x,y,z)=V(y,z)(A'e^{-jkx}+B'e^{jkx}) \tag{6.5.3}$$

或写成

$$\psi(x,y,z)=V(y,z)(A\cos kx+B\sin kx) \tag{6.5.4}$$

将式(6.5.4)代入式(6.5.1)，并利用 TEM 波电磁场分量之间的关系，便可得到

$$\begin{cases} E_y=-\dfrac{\partial V}{\partial y}(A\cos kx+B\sin kx) \\ E_z=-\dfrac{\partial V}{\partial z}(A\cos kx+B\sin kx) \\ H_y=\sqrt{\dfrac{\varepsilon_0}{\mu_0}}\dfrac{\partial V}{\partial z}(A\cos kx+B\sin kx) \\ H_z=-\sqrt{\dfrac{\varepsilon_0}{\mu_0}}\dfrac{\partial V}{\partial y}(A\cos kx+B\sin kx) \\ E_x=H_x=0 \end{cases} \tag{6.5.5}$$

将式(6.5.4)代入式(6.5.2)，得

$$\nabla_{yz}^2V(y,z)=0 \tag{6.5.6}$$

即电位 $V(y,z)$ 满足拉普拉斯方程. 边界条件是在各导体上，V 等于导体的电位：

$$V(y,z)|_{\text{导体上}}=V_m \tag{6.5.7}$$

式中，V_m 表示任意第 m 根导体上的电位.

但按第一个假定，在 z 方向上有波的传播，是一个周期波，函数 $V(y,z)$ 是 z 的周期函数，故波沿 z 可展开成空间谐波. 设 β_0 为基波的相位常数，L 为空间周期，在一个周期内基波的相移为 $\phi=\beta_0L$，第 n 次空间谐波的相移为

$$\phi_n=\beta_0L+2n\pi \tag{6.5.8}$$

如令

$$\beta_n=\beta_0+\frac{2n\pi}{L} \tag{6.5.9}$$

则有

$$\phi_n=\beta_nL \tag{6.5.10}$$

这样，位函数 $\psi(x,y,z)$ 就应写成如下形式

$$\psi(x,y,z)=(A\cos kx+B\sin kx)\sum_{n=-\infty}^{\infty}e^{-j\beta_nz}F_n(y) \tag{6.5.11}$$

为了使讨论具有普遍性，假定在每一个空间周期内有 N 根导体. 但为了简化讨论，假定此 N 根导体在 z

方向上的分布是均匀的.因此如仍令周期为 L,则导体轴线之间的间隔 L_1 为

$$L_1=\frac{L}{N} \tag{6.5.12}$$

因此,如果第 0 根导体上的电位为 V_0,则第 m 根导体上的电位 V_m 就应有如下决定(加上含 x 的因子):当 $y=y_0$,$z=mL_1$ 时

$$V_m(x)=(A\cos kx+B\sin kx)\sum_{n=-\infty}^{\infty}F_n(y_0)\mathrm{e}^{-\mathrm{j}\beta_n mL_1} \tag{6.5.13}$$

在式(6.5.13)中,为了确定电位,必须选在同一个 $y=y_0$ 的截面上.

这样,因为基波每周期的相移为 ϕ,则相邻两导体之间的相移就为

$$\theta=\frac{\phi}{N} \tag{6.5.14}$$

在方程(6.5.13)中,各空间谐波的相移为

$$\beta_n mL_1=m\left(\beta+\frac{2n\pi}{L}\right)L_1=m\left(\frac{\beta L}{N}+\frac{2n\pi}{L}L_1\right)$$

即

$$\beta_n mL_1=m\left(\theta+2\pi\frac{n}{N}\right) \tag{6.5.15}$$

代入式(6.5.13)得

$$V_m(x)=(A\cos kx+B\sin kx)\mathrm{e}^{-\mathrm{j}m\theta}\sum_{n=-\infty}^{\infty}F_n(y_0)\mathrm{e}^{-\mathrm{j}\frac{2\pi}{N}n\cdot m} \tag{6.5.16}$$

但式(6.5.16)中的求和为

$$\sum_{n=-\infty}^{\infty}F_n(y_0)\mathrm{e}^{-\mathrm{j}\frac{2\pi}{N}n\cdot m}=\sum_{s=0}^{N-1}F_s\mathrm{e}^{-\mathrm{j}m\frac{2\pi}{N}s} \tag{6.5.17}$$

式中

$$F_s=\sum_{i=-\infty}^{\infty}F_{iN-s}(y_0) \tag{6.5.18}$$

将式(6.5.18)代入式(6.5.16),得

$$\begin{aligned}V_m(x)&=(A\cos kx+B\sin kx)\mathrm{e}^{\mathrm{j}m\theta}\sum_{s=0}^{N-1}F_s\mathrm{e}^{\mathrm{j}\frac{2\pi}{N}sm}\\&=\sum_{s=0}^{N-1}(A_s\cos kx+B_s\sin kx)\mathrm{e}^{-\mathrm{j}m\phi_s}\end{aligned} \tag{6.5.19}$$

式中

$$\phi_s=\theta-\frac{2\pi}{N}s \tag{6.5.20}$$

式(6.5.19)与式(6.5.20)表明,当一个周期有 N 根导体时,则整个系统上的波可以分解为 N 个 TEM 波.不同的波具有不同的相移与振幅.相移由式(6.5.20)决定,幅值则根据边界条件与激励条件决定.

我们应注意到,以上讨论是针对每个导体而言的.对于每隔一个周期的相应导体,则应符合弗洛奎定理.事实上,当 $m=rN$(r 为任意整数)时,代入得

$$m\phi_s=\left(\theta-\frac{2\pi}{N}\cdot s\right)rN=r\phi-2\pi sr \tag{6.5.21}$$

故得

$$V_m(x)_{|m=rN}=V_0(x)\mathrm{e}^{-\mathrm{j}\phi_r} \tag{6.5.22}$$

当 $r=1$ 时,得

$$V_m(x)_{|m=N}=V_0(x)\mathrm{e}^{-\mathrm{j}\phi}$$

以上我们讨论了电压波. 下面再讨论多导体上的电流波. 各导体上的电流可以从磁场沿导体表面的闭路积分求出. 但对于 TEM 波来说，对任一根导体上的电流和电压可以求得一个较普遍的关系式.

设第 m 根导体上相应第 s 个波的电流为 I_{ms}，则与其相应的电压 V_{ms} 之间有以下关系：

$$\frac{\partial V_{ms}}{\partial x}=-Z_{01}(\phi_s)I_{ms} \tag{6.5.23}$$

式中，$Z_{01}(\phi_s)$为传输线的分布串联阻抗，对无耗线有

$$Z_0(\phi_s)=\frac{Z_{01}(\phi_s)}{\mathrm{j}k} \tag{6.5.24}$$

式中，$Z_0(\phi_s)$为多根导体的波阻抗，它是相移的函数，与导体的形状及分布有关.

将式(6.5.19)代入式(6.5.23)，得

$$I_m(x)=\mathrm{j}\sum_{s=0}^{N-1}Y(\phi_s)[B_s\cos kx-A_s\sin kx]\mathrm{e}^{-\mathrm{j}m\phi_s} \tag{6.5.25}$$

式中

$$Y_0(\phi_s)=\frac{1}{Z_0(\phi_s)} \tag{6.5.26}$$

$Y_0(\phi_s)$为系统的波导纳. 波导纳或波阻抗的问题将在后面进一步讨论.

这样，我们得到了多根导体系统各导体上电压波与电流波的有关方程：

$$\begin{cases} V_m(x)=\displaystyle\sum_{s=0}^{N-1}[A_s\cos kx+B_s\sin kx]\mathrm{e}^{-\mathrm{j}m\phi_s} \\ I_m(x)=\mathrm{j}\displaystyle\sum_{s=0}^{N-1}[B_s\cos kx-A_s\sin kx]Y(\phi_s)\mathrm{e}^{-\mathrm{j}m\phi_s} \end{cases} \tag{6.5.27}$$

二、多导体传输线的色散方程

前面曾指出，常数 A_s、B_s 由边界条件与激励条件决定. 我们来看看 A_s、B_s 满足什么样的方程. 为简单起见，我们仍限于考虑一维的情况.

为了确定常数 A_s、B_s，必须利用边界条件. 这样，多根导体系统就可以绘成如图 6.5.2 所示的形式. 在图中，假定多根导体系统在 x 方向的均匀区长度为 h，两端不均匀区的长度为 δ. 由图 6.5.2 立即可以得到如下边界条件：

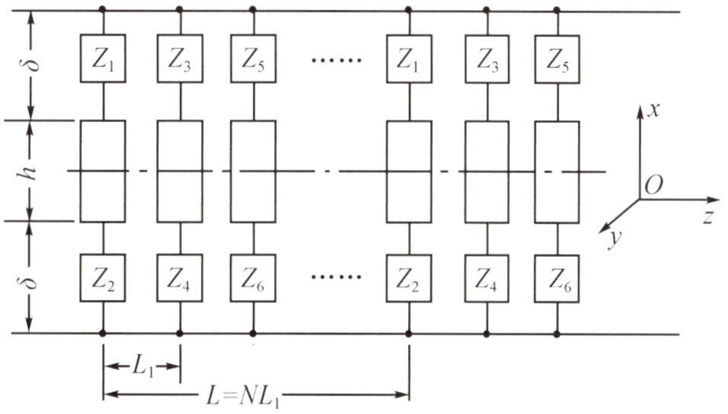

图 6.5.2　多根导体传输线的等效线路图

$$
\begin{cases}
V_m\left(\dfrac{h}{2}\right)=Z_1 I_m\left(\dfrac{h}{2}\right) \\
\cdots\cdots \\
V_{m+N-1}\left(\dfrac{h}{2}\right)=Z_{2N-1} I_{m+N-1}\left(\dfrac{h}{2}\right) \\
V_m\left(-\dfrac{h}{2}\right)=Z_2 I_m\left(-\dfrac{h}{2}\right) \\
\cdots\cdots \\
V_{m+N-1}\left(-\dfrac{h}{2}\right)=Z_{2N} I_{m+N-1}\left(-\dfrac{h}{2}\right)
\end{cases}
\tag{6.5.28}
$$

可见共有 $2N$ 个边界条件，它们确定了方程式(6.5.27)中 $2N$ 个常数 A_s、B_s 之间的关系.

将式(6.5.27)中的电压波及电流波的表示式代入方程(6.5.28)，经整理就可得到关于 A_s、B_s 的 $2N$ 个齐次代数方程式. 此代数方程组有非零解的条件是其系数行列式为零. 由此得出一个 $2N\times 2N$ 阶行列式为零的方程. 不难看到，这个方程最后应取如下形式：

$$f[\lambda,\phi_s,Y_0(\phi_s)]=0 \tag{6.5.29}$$

这就是系统的色散方程. 对于一定结构的系统，它决定了波长与相移的关系. 由式(6.5.29)可见，多导体的色散特性，在很大程度上取决于波导纳 $Y_0(\phi_s)$.

对于一阶周期性结构，即在一个周期内只有一根导体，问题就可以简化. 如图 6.5.3 所示的梳形结构就是此种系统. 按方程(6.5.27)，当 $N=1$ 时，只需考虑一个波，于是得

$$
\begin{cases}
V_m=(A\cos kx+B\sin kx)\mathrm{e}^{-\mathrm{j}m\phi} \\
I_m=\mathrm{j}Y_0(\phi)(B\cos kx-A\sin kx)\mathrm{e}^{-\mathrm{j}m\phi}
\end{cases}
\tag{6.5.30}
$$

而边界条件方程取下列形式：

$$A[\cos kx_1+\mathrm{j}Z_1Y_0(\phi)\sin kx_1]+B[\sin kx_1-\mathrm{j}Z_1Y_0(\phi)\cos kx_1]=0 \tag{6.5.31}$$

$$A[\cos kx_2+\mathrm{j}Z_2Y_0(\phi)\sin kx_2]+B[\sin kx_2-\mathrm{j}Z_2Y_0(\phi)\cos kx_2]=0 \tag{6.5.32}$$

式中，Z_1、Z_2 为两端的负载阻抗.

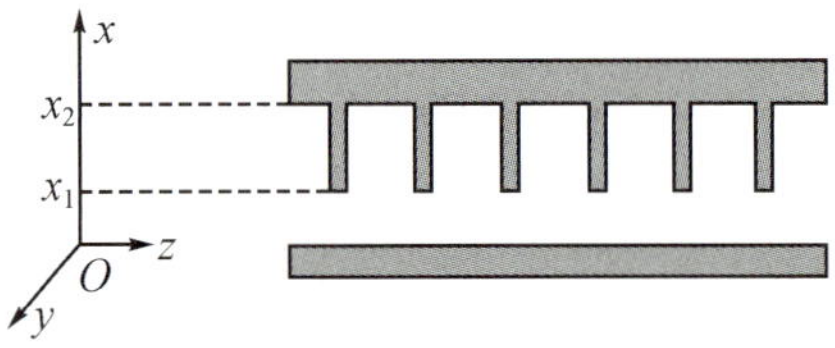

图 6.5.3　梳形系统

上述方程有非零解的条件是其系数行列式为零，由此即得

$$
\begin{vmatrix}
1+\mathrm{j}Z_2Y_0(\phi)\tan kx_2 & \tan kx_2-\mathrm{j}Z_2Y_0(\phi) \\
1+\mathrm{j}Z_1Y_0(\phi)\tan kx_1 & \tan kx_1-\mathrm{j}Z_1Y_0(\phi)
\end{vmatrix}=0
\tag{6.5.33}
$$

如果认为 $Z_2=0$，仅齿顶部有电容性负载

$$Z_1=\frac{1}{\mathrm{j}\omega C_{\mathrm{eq}}}$$

则可化为

$$\tan kh=\mathrm{j}Z_1Y_0(\phi) \tag{6.5.34}$$

式中，h 是齿的长度. 对于其他的结构，将在以后讨论.

三、多导体系统波导纳的计算

由以上的讨论可以看到，多导体系统的波导纳或波阻抗在计算和分析中起着极重要的作用，在此我们

将讨论它的计算问题.

通常有三种计算波导纳的方法:第一种是计算静电电容的方法,第二种是场匹配的方法,第三种是变分方法.我们在此只讨论电容的方法与变分方法.至于常用的场匹配方法,我们将在以后结合具体的有关慢波结构的讨论加以介绍.

现在先讨论电容的方法.如前所述,系统在横向的某个方向,例如在 x 方向沿多导体系统传播的是TEM 波,故可以利用静电电容的概念来处理.设第 m 根导体与第 r 根导体之间单位长度的静电电容为 C_m^r $(m\neq r)$,第 m 根导体与多导体之外的其他导体(例如金属屏蔽等)之间单位长度的电容为 C_m.对于相移为 ϕ_s 的每一个 TEM 波,在第 m 根导体单位长度上的电荷量是 $Q_{ms}(x)$,于是有

$$Q_{ms}(x)=\sum_{r\neq m}[V_{ms}(x)-V_{rs}(x)]C_m^r+C_mV_{ms}(x) \tag{6.5.35a}$$

或写成

$$Q_{ms}(x)=V_{ms}(x)(C_m+\sum_{r\neq m}C_m^r)-\sum_{r\neq m}V_{rs}(x)C_m^r \tag{6.5.35b}$$

令

$$\begin{cases}\gamma_m^r=-C_m^r\\ \gamma_m^m=C_m+\sum\limits_{r\neq m}C_m^r\end{cases} \tag{6.5.36}$$

式中,γ_m^r 为第 m 根导体与第 r 根导体之间单位长度电容的负值;γ_m^m 为第 m 根导体与其余所有导体之间单位长度的电容.由式(6.5.35b)与式(6.5.36),可得

$$Q_m(x)=\sum_{r=-\infty}^{\infty}V_{rs}(x)\gamma_m^r \tag{6.5.37}$$

如果在一个周期 L 中有 N 根导体,如前所述,第 m 根导体上有 N 个 TEM 波传播,其中第 s 个 TEM 波的电位与电流为

$$\begin{cases}V_{ms}(x)=(A_s\cos kx+B_s\sin kx)\mathrm{e}^{-\mathrm{j}m\phi_s}\\ I_{ms}(x)=\mathrm{j}Y_0(\phi_s)(B_s\cos kx-A_s\sin kx)\mathrm{e}^{-\mathrm{j}m\phi_s}\end{cases} \tag{6.5.38}$$

$$(s=0,1,2,\cdots,N-1)$$

将式(6.5.38)代入式(6.5.37),得

$$Q_{ms}(x)=\sum_{r=-\infty}^{\infty}\gamma_m^r(A_s\cos kx+B_s\sin kx)\mathrm{e}^{-\mathrm{j}r\phi_s}$$

即

$$Q_{ms}(x)=(A_s\cos kx+B_s\sin kx)\cdot(\gamma_m^m\mathrm{e}^{-\mathrm{j}m\phi_s}+\sum_{r\neq m}\gamma_m^r\mathrm{e}^{-\mathrm{j}r\phi_s}) \tag{6.5.39}$$

由电荷守恒可得

$$\frac{\partial I_{ms}(x)}{\partial x}=-\frac{\partial Q_{ms}(x)}{\partial t} \tag{6.5.40}$$

由式(6.5.38)得到

$$\frac{\partial I_{ms}(x)}{\partial x}=-\mathrm{j}Y_0(\phi_s)\cdot\frac{\omega}{c}(B_s\sin kx+A_s\cos kx)\mathrm{e}^{-\mathrm{j}m\phi_s} \tag{6.5.41}$$

$$\frac{\partial Q_{ms}(x)}{\partial t}=\mathrm{j}\omega(A_s\cos kx+B_s\sin kx)\cdot(\gamma_m^m\mathrm{e}^{-\mathrm{j}m\phi_s}+\sum_{r\neq m}\gamma_m^r\mathrm{e}^{-\mathrm{j}r\phi_s}) \tag{6.5.42}$$

由式(6.5.40)至式(6.5.42)可得

$$Y_0(\phi_s)=c[\gamma_m^m+\sum_{r\neq m}\gamma_m^r\mathrm{e}^{-\mathrm{j}(r-m)\phi_s}] \tag{6.5.43}$$

式中,c 为光速.式(6.5.43)具有普遍的意义,它表明多导体的波导纳与多导体的分布电容和相邻导体间的

相位移之间的关系.如果在均匀区中各多导体的尺寸与形状相同,在一个空间周期内各多导体之间的区别仅在于端接负载 $Z_1, Z_2, \cdots, Z_{2N}$ 不同,则 γ_m^m 与 m 无关,γ_m^r 也只与 $r-m$ 有关,而与整数 m、r 的绝对值大小无关,于是有

$$\begin{cases} \gamma_m^m = \gamma_0^0 \\ \gamma_m^{m+r} = \gamma_m^{m-r} \\ C_m = C_0 \\ C_m^{m+r} = C_m^{m-r} \end{cases} \tag{6.5.44}$$

于是 $Y_0(\phi_s)$ 与 m 无关,仅与相移 ϕ_s 有关:

$$Y_0(\phi_s) = c(\gamma_0^0 + \sum \gamma_0^r \mathrm{e}^{-\mathrm{j}r\phi_s}) \tag{6.5.45}$$

$$(r = \pm 1, \pm 2, \cdots)$$

或

$$Y_0(\phi_s) = c(\gamma_0^0 + 2\sum_{r=1,2,\cdots}^{\infty} \gamma_0^r \cos r\phi_s) \tag{6.5.46}$$

将式(6.5.36)代入式(6.5.46),得

$$Y_0(\phi_s) = c\left(C_0 + 4\sum_{r=1,2,\cdots}^{\infty} C_0^r \sin^2 \frac{r\phi_s}{2}\right) \tag{6.5.47}$$

式中,C_0 为第 0 根导体与多根导体之外的导体间单位长度的分布电容;C_0^r 为第 0 根导体与第 r 根导体间单位长度的分布互电容.在一般情况下,除 C_0 外,仅相邻两导体间的互电容较大,而与其余导体之间的互电容很小,因此往往可以利用下面的近似表达式:

$$Y_0(\phi_s) = c\left(C_0 + 4C_0^1 \sin^2 \frac{\phi_s}{2}\right) \tag{6.5.48a}$$

或

$$Y_0(\phi_s) = \sqrt{\frac{\varepsilon_0}{\mu_0}}\left(\frac{C_0}{\varepsilon_0} + 4\frac{C_0^1}{\varepsilon_0}\sin^2 \frac{\phi_s}{2}\right) \tag{6.5.48b}$$

可见,只要知道导体的电容,就可求出波导纳.

下面讨论用变分法计算波导纳.

如前所述,由于在 x 方向传播的是 TEM 波,因而场可通过位函数 $\psi(x,y,z)$ 表示,而位函数 ψ 满足式(6.5.2).边界条件是在边界表面上 $\psi(x,y,z)|_s = V_0$,这样可以取泛函

$$\mathscr{F}(\psi) = \iiint (\nabla_{yz}\psi)^2 \mathrm{d}V \tag{6.5.49}$$

积分在一个周期体积内进行.不难证明,泛函(6.5.49)满足变分原理,即泛函的极值函数必满足式(6.5.2).

这样,我们的问题就在于:首先,如何使波导纳通过上述泛函表示出来;其次,为了进行具体的计算,如何使泛函(6.5.49)得以进一步简化.

我们先考虑后一个问题.不难看到,如果能求得到满足式(6.5.2)与式(6.5.7)的函数族 $\psi(x,y,z)$,那么实际上问题就已经解决,即使不用变分法也可以.

但在很多实际情况下,要实现这一点却很困难.因此就会想到,如能设法将泛函(6.5.49)化成自然边界条件,就可以使问题的解大为简化,以便用变分法来解决问题.为此,利用拉格朗日乘子法,可以得到

$$\mathscr{F}(\psi) = \iiint (\nabla\psi)^2 \mathrm{d}V - \int_S [g(\psi^* - V^*) + g^*(\psi - V)]\mathrm{d}S \tag{6.5.50}$$

式中,$g(S)$ 是拉格朗日乘子.

这样,实验函数仅需满足式(6.5.2)即可,而不必满足边界条件.

下面就可以利用瑞利-里兹法(详见 6.6 节)进行计算. 设取正交函数 ϕ_i 及 g_i,令

$$\begin{cases}\psi = \sum\limits_{i=1}^{N} c_i\phi_i \\ g = \sum\limits_{j=1}^{N} b_i g_i\end{cases} \tag{6.5.51}$$

而系数 C_i、b_j 可按吕兹方法确定:

$$\begin{cases}\sum\limits_{i=1}^{N} c_i \int (\nabla\phi_i \cdot \nabla\phi_j^*)\mathrm{d}V - \sum\limits_{l=1}^{N} b_l \int_S g_l\phi_j^* \mathrm{d}S = 0 \\ \sum\limits_{i=1}^{N} c_i \int_S g_j^* \phi_i \mathrm{d}S - \int_S \nabla g_j^* \mathrm{d}S = 0\end{cases} \tag{6.5.52}$$

$$(j=1,2,3,\cdots,N)$$

这样就可以得到试验函数 ψ 及 g 的表示式.

波导纳可表示为

$$Y_0(\phi_s) = \frac{I_m(\phi_s, -\mathrm{j}kx)}{V_m(\phi_s, -\mathrm{j}kx)} \tag{6.5.53}$$

式中,$I_m(\phi_s, -\mathrm{j}kx)$、$V_m(\phi_s, -\mathrm{j}kx)$表示第 m 根导体上沿 $+x$ 方向传播的电流波与电位波.

电流波 I_m 可表示为

$$I_m = \oint \boldsymbol{H}\cdot \mathrm{d}\boldsymbol{l} = \sqrt{\frac{\varepsilon_0}{\mu_0}} \oint \frac{\partial\psi}{\partial n}\mathrm{d}S \tag{6.5.54}$$

式中,微分对导体表面外法向进行. 因此,将式(6.5.54)代入式(6.5.53),得波导纳的表示式为

$$Y_0(\phi_s) = \sqrt{\frac{\varepsilon_0}{\mu_0}} \cdot \frac{1}{V_m} \oint \frac{\partial\psi}{\partial n}\mathrm{d}S \tag{6.5.55}$$

利用格林定理及边界条件,可将式(6.5.55)变为

$$Y_0(\phi_s) = \sqrt{\frac{\varepsilon_0}{\mu_0}} \cdot \frac{1}{V_m^2}\mathscr{F}(\psi) \tag{6.5.56}$$

这样波导纳即可以通过泛函 $\mathscr{F}(\psi)$求出,而泛函 $\mathscr{F}(\psi)$则可表示为

$$\mathscr{F}(\psi) = \sum_{i,j=1}^{N} c_i c_j^* \int (\nabla\phi_i \cdot \nabla\phi_j^*)\mathrm{d}V \tag{6.5.57}$$

因此,求得波导纳也满足变分原理.

6.6 慢波系统的变分法求解

前面着重指出,对于某些类型的慢波结构,由于其结构非常复杂,直接求解非常困难,即使可能,所得的关系也过于繁杂,以致难以应用,这时,往往采用某种近似处理方法. 变分法就是一种较好的近似处理方法. 这种方法的特点在于:当我们求得变分关系之后,就可以保证以较粗略的近似假定获得较好的计算精确度.

本节对变分法在慢波结构求解中的应用给出一个较完整的概念. 为此,我们将先对一些数学和物理概念作必要的补充.

首先讨论特征值的变分原理.

为了讨论的普遍性,我们来研究下述方程的边值问题:

$$L(\varphi) + \xi^2 M(\varphi) = 0 \tag{6.6.1}$$

式中,L、M 为线性微分算符. 方程(6.6.1)的边界条件由系统的边界结构确定,ξ^2 为上述数学问题的特征值.

方程(6.6.1)常可写成

$$L(\varphi)=-\xi^2 M(\varphi) \tag{6.6.2}$$

设 ψ 为同一定义域内的另一函数，则可以得到

$$\int_V \psi L(\varphi)\mathrm{d}V=-\xi^2\int_V \psi M(\varphi)\mathrm{d}V \tag{6.6.3}$$

由此可解出特征值

$$-\xi^2=\frac{\int_V \psi L(\varphi)\mathrm{d}V}{\int_V \psi M(\varphi)\mathrm{d}V} \tag{6.6.4}$$

设函数已有一变分 $\delta\psi$，由方程(6.6.3)与方程(6.6.4)，可以求出 ξ^2 的变分：

$$\delta(-\xi^2)\int_V \psi M(\varphi)\mathrm{d}V=\int \delta\psi[L(\varphi)+\xi^2 M(\varphi)]\mathrm{d}V \tag{6.6.5}$$

由式(6.6.1)可得

$$\delta(-\xi^2)=0 \tag{6.6.6}$$

即对于 ψ，$(-\xi^2)$满足变分原理.

为了理解以上所述的意义，我们考虑一下函数 ψ 的可能性质. 设$\overline{L}$、$\overline{M}$为对应于 L、M 的共轭算符，则由格林公式有

$$\begin{cases}\int_V \psi L(\varphi)\mathrm{d}V=\int_V \varphi\overline{L}(\psi)\mathrm{d}V+\oint_S P(\varphi,\psi)\mathrm{d}S\\ \int_V \psi M(\varphi)\mathrm{d}V=\int_V \varphi\overline{M}(\psi)\mathrm{d}V+\oint_S Q(\varphi,\psi)\mathrm{d}S\end{cases} \tag{6.6.7}$$

式中，P、Q 是其相应的双线型函数.

现在，我们来考虑齐次边界条件的问题. 在边界上，$\varphi=0$ 或$\frac{\partial\varphi}{\partial n}=0$，如果我们选择 ψ，使 ψ 满足 φ 的共轭边值问题，从而有

在边界上

$$P=0, Q=0 \tag{6.6.8}$$

而由式(6.6.7)，特征值$(-\xi^2)$又可写成

$$-\xi^2=\frac{\int_V \varphi\overline{L}(\psi)\mathrm{d}V}{\int_V \varphi\overline{M}(\psi)\mathrm{d}V} \tag{6.6.9}$$

因此，如果 ψ 满足方程

$$\overline{L}(\psi)+\xi^2\overline{M}(\psi)=0 \tag{6.6.10}$$

则特征值$(-\xi^2)$对于 φ 满足变分原理：

$$\delta(-\xi^2)\int_V \varphi\overline{M}(\psi)\mathrm{d}V=\int_V \delta\varphi[\overline{L}(\psi)+\xi^2\overline{M}(\psi)]\mathrm{d}V=0 \tag{6.6.11}$$

在特征条件下，当算符 L、M 均是自共轭算符时，变分问题化为简单形式：

$$\delta(-\xi^2)\int_V \varphi L(\varphi)\mathrm{d}V=\int_V \delta\varphi[L(\varphi)+\xi^2 M(\varphi)]\mathrm{d}V=0 \tag{6.6.12}$$

以上进行了一般性讨论，对于算符 L 及 M 并未作任何限制. 下面讨论在慢波结构中的情况. 如前所述，在慢波结构中，我们所需求的波方程，可归结为以下标量波方程(亥姆霍兹方程)的讨论：

$$\nabla^2\varphi+k^2\varphi=0, \nabla_t^2\varphi+\gamma'^2\varphi=0 \tag{6.6.13}$$

式中，∇_t^2表示在横截面上的二维拉普拉斯算符. 在一般情况下，上述二阶偏微分方程可用分离变量方法化为

常微分方程. 算符∇_t^2及∇^2是自共轭的，因此，根据以上讨论，特征值可表示为

$$k^2 = -\frac{\int_V \varphi \ \nabla^2 \varphi \mathrm{d}V}{\int_V \varphi^2 \mathrm{d}V} \tag{6.6.14}$$

对于另一式的讨论也是一样的.

在方程(6.6.14)中用格林公式展开：

$$k^2 = -\frac{\int_S \varphi \ \nabla \varphi \cdot \mathrm{d}S - \int_V \nabla \varphi \cdot \nabla \varphi \mathrm{d}V}{\int_V \varphi^2 \mathrm{d}V} \tag{6.6.15}$$

式中，S 为包围 V 的表面积. 对方程(6.6.15)求变分可以得到

$$\delta(-k^2) = \frac{-2\int_V \nabla \varphi \cdot \delta(\nabla \varphi)\mathrm{d}V + 2k^2\int_V \delta\varphi \cdot \varphi \mathrm{d}V + \int_S \delta\psi \ \nabla \varphi \cdot \mathrm{d}\boldsymbol{S} + \int_S \varphi \ \nabla(\delta\varphi) \cdot \mathrm{d}\boldsymbol{S}}{\int_V \varphi^2 \mathrm{d}V} \tag{6.6.16}$$

由式(6.6.15)及式(6.6.16)可以看到，对于任何类型的齐次边界条件均有

$$k^2 = \frac{\int_V (\nabla \varphi)^2 \mathrm{d}V}{\int_V \varphi^2 \mathrm{d}V} \tag{6.6.17}$$

及

$$\delta(-k)^2 = \frac{\int_V \delta\varphi(\nabla^2 \varphi + k^2 \varphi)\mathrm{d}V + \int_S \delta\varphi \left(\frac{\partial \varphi}{\partial n}\right)\mathrm{d}S}{\int_V \varphi^2 \mathrm{d}V} \tag{6.6.18}$$

即

$$\delta(-k^2) = 0 \tag{6.6.19}$$

这样我们就证明了波方程的变分原理. 它的物理意义可以叙述如下：在波方程的解很复杂的情况下，为了求出特征值，可以采用近似方法，即适当选择一种函数作为特征函数(解)的近似，这种选定的近似特征函数称为试验函数. 当此函数与真实的特征函数之间有一小的偏差 $\delta\varphi$ 时，所引起的特征值的误差为零. 因此特征值的计算误差至多相当于函数误差的二级微小，即至多相当于$(\delta\varphi)^2$. 因此利用变分表达式就可以保证通过较不精确的实验函数求出较精确的特征值.

以上考虑的仅是方程的第一个特征值. 对于二阶微分方程(6.6.1)或方程(6.6.13)的边值问题，有一系列分离的特征值：

$$k_0^2, k_1^2, k_2^2, \cdots$$

求出了 k_0^2 后，为了求得下一个特征值 k_1^2，可以在变分问题上加一个约束条件：

$$\int_V \varphi_1 \varphi_0 \mathrm{d}V = 0 \tag{6.6.20}$$

即利用特征函数的正交性.

相似地，为了求得以后的各个特征值，加上类似的约束条件，求 k_i^2 时，要求

$$\int_V \varphi_i \varphi_k \mathrm{d}V = 0 \quad (k = 0, 1, 2, \cdots, i-1) \tag{6.6.21}$$

在实际中，当然无须求出所有的特征值. 一般是最低次特征值相当于最低次模式，因此往往只需考虑最低的有限几个特征值.

在以上讨论中并没有考虑到特征值的简并问题，即两个特征值相等的情况. 同样，我们也不考虑特征值

为零的情况，它相当于 TEM 波的无色散情况.

上面我们讨论了波方程特征值的变分原理. 可以看到，为了用变分近似方法求出特征值，必须适当地选择试验函数. 正确选择试验函数，不仅可以得到较高的计算精度，而且有助于对问题的各种判断. 实际上，试验函数的选择往往根据问题的物理特性进行. 为了使问题的近似解和真正的解逼近，可以有各种具体的方法，其中一种较重要而又普通的方法就是瑞利-里兹方法.

设有一类函数 ϕ_i，可以令试验函数为

$$\varphi=\sum_{i=1}^{N} C_i\phi_i \tag{6.6.22}$$

将式(6.6.22)代入特征函数方程，可以求出特征值. 在式(6.6.22)中，不同的组成可能得到不同的特征值. 为此，利用特征值的极值特性，可以令

$$\frac{\partial(-k^2)}{\partial C_i}=0 \quad (i=1,2,\cdots,N) \tag{6.6.23}$$

这样就得到了 N 个方程. 由这 N 个方程就可以定出 N 个系数 $C_1,C_2,\cdots,C_N$，再代入方程(6.6.22)中，就可以得出较适合的试验函数 φ，然后就可根据此试验函数来计算特征值. 当然，以上过程包含了大量的工作.

实际上，考虑积分

$$J=\int_V \varphi\nabla^2\varphi \mathrm{d}V+k^2\int_V \varphi^2\mathrm{d}V=0 \tag{6.6.24}$$

将式(6.6.22)代入式(6.6.24)，得

$$J=\sum_{n,m}^{N} C_nC_m(L_{nm}+k^2M_{nm})=0 \tag{6.6.25}$$

式中，令

$$\begin{cases} L_{nm}=\int_V \phi_n\nabla^2\phi_m\mathrm{d}V \\ M_{nm}=\int_V \phi_n\phi_m\mathrm{d}V \end{cases} \tag{6.6.26}$$

由式(6.6.23)得

$$\sum_{i}^{N} C_i(L_{ij}+k^2M_{ij})=0 \quad (j=1,2,\cdots,N) \tag{6.6.27}$$

式(6.6.27)非零解的条件是 C_i 的系数行列式为零：

$$|L_{ij}+k^2M_{ij}|=0(i,j=1,2,\cdots,N) \tag{6.6.28}$$

式(6.6.28)即为确定特征值 k^2 的方程.

如果我们选择的一组函数 ϕ_i 是正交归一化的，则问题的求解就较简单. 这时

$$M_{ij}=\delta_{ij}=\begin{cases} 1 & (i=j) \\ 0 & (i\neq j) \end{cases} \tag{6.6.29}$$

因此，特征行列式化为

$$|L_{ij}+k^2\delta_{ij}|=0 \quad (i,j=1,2,\cdots,N) \tag{6.6.30}$$

上述方法称为瑞利-里兹方法.

在一般情况下，当边界条件复杂时，一般选择试验函数满足波方程，但不满足边界条件，在有的情况下，也可以从边界条件出发，作出近似的试验函数.

上面我们讨论了特征值变分原理的一般基础和方法. 现在就来考虑如何利用以上所述的变分方法求解慢波结构的色散特性. 我们来考虑各种可能的形式. 前面曾讲到，对于慢波结构中的场方程，一般可以化成

标准的亥姆霍兹方程，例如前面所说的 U 函数和 V 函数都满足亥姆霍兹方程，而电磁场矢量又都可以通过它们来决定. 因此上面所述具有普遍性.

不过，在有些情况下，电磁场矢量不必通过 U、V 函数而希望直接确定. 这时有矢量波方程

$$\nabla^2 \boldsymbol{A} + k^2 \boldsymbol{A} = 0 \tag{6.6.31}$$

式中，$\boldsymbol{A}$ 可以表示电磁场的任何矢量. 对于慢波结构我们可以令

$$\nabla \cdot \boldsymbol{A} = 0 \tag{6.6.32}$$

于是有

$$-k^2 = \frac{\int_V \boldsymbol{A} \cdot \nabla^2 \boldsymbol{A} \mathrm{d}V}{\int_V \boldsymbol{A} \cdot \boldsymbol{A} \mathrm{d}V} \tag{6.6.33}$$

或者可以写成

$$k^2 = \frac{\int_V (\nabla \times \boldsymbol{A}) \cdot (\nabla \times \boldsymbol{A}) \mathrm{d}V}{\int_V \boldsymbol{A} \cdot \boldsymbol{A} \mathrm{d}V} \tag{6.6.34}$$

因此，如果令 $\boldsymbol{A}$ 代表电场矢量 $\boldsymbol{E}$，则得到

$$k^2 = \frac{\int_V (\nabla \times \boldsymbol{E}) \cdot (\nabla \times \boldsymbol{E}) \mathrm{d}V}{\int_V |\boldsymbol{E}|^2 \mathrm{d}V} \tag{6.6.35}$$

同样有

$$k^2 = \frac{\int_V |(\nabla \times \boldsymbol{H})|^2 \mathrm{d}V}{\int_V |\boldsymbol{H}|^2 \mathrm{d}V} \tag{6.6.36}$$

我们得到的是另一种计算公式，它们的变分关系就不难证明.

在某些情况下，直接利用上述变分形式并不方便. 这时还可以从电磁场的拉格朗日方程出发，令

$$L = \frac{1}{2}(\boldsymbol{E} \cdot \boldsymbol{D}^* - \boldsymbol{H}^* \cdot \boldsymbol{B}) \tag{6.6.37}$$

作积分

$$J = \int_V (\boldsymbol{E} \cdot \boldsymbol{D}^* - \boldsymbol{H}^* \cdot \boldsymbol{B}) \mathrm{d}V \tag{6.6.38}$$

利用麦克斯韦方程

$$J = \int_V (\boldsymbol{E} \cdot \nabla \times \boldsymbol{H}^* + \boldsymbol{H}^* \cdot \nabla \times \boldsymbol{E}) \mathrm{d}V \tag{6.6.39}$$

按高斯定理可得

$$J = \int_S (\boldsymbol{E} \times \boldsymbol{H}^*) \cdot \mathrm{d}\boldsymbol{S} \tag{6.6.40}$$

式(6.6.40)的物理意义是在稳定状态下，电磁场内任一封闭面的总功率流是稳定的. 可以证明以下变分关系：

$$\begin{cases} \delta(L) = 0 \\ \delta(J) = 0 \end{cases} \tag{6.6.41}$$

现在来看看如何利用上述变分关系来求慢波结构的色散特性问题. 按前面所述，对于复杂的慢波系统，场的求解必须分区域进行，然后在各区的公共边界面上使其满足匹配条件，从而将场“匹配”起来. 然而问题在于，在很多具体问题中，即使分成若干区，各区中的场仍然不能很好地确定. 在这种情况下，就可利用变分

方法来考虑. 设传输线轴为 $z=x_3$,在 x_1x_2 面内将它分成两个区域. 因此,在 z 轴的单位长度内(或一个周期内)两区的公共边界为 $S_{1,2}$,设在两区内选定 $\boldsymbol{E}_{1,2}$ 为试验函数,则 $\boldsymbol{H}_{1,2}$ 可以按麦克斯韦方程确定. 从而有

$$\delta\left\{\int_{S_{1,2}}\left[(\boldsymbol{E}\times\boldsymbol{H}^*)^1-(\boldsymbol{E}\times\boldsymbol{H}^*)^2\right]\cdot \mathrm{d}S\right\}=0 \tag{6.6.42}$$

如果选择磁场 $\boldsymbol{H}_{1,2}$,则电场也可按麦克斯韦方程通过磁场 $\boldsymbol{H}_{1,2}$ 来确定. 这样,我们将用变分方法来处理场的匹配问题. 当在 x_1x_2 面内划分两个以上区域时,也可按类似方法进行. 不过对于每个公共边界面都有一个关系式.

对于上述运算可做更加普遍的讨论. 设我们研究的体积 V(单位长度内或单位周期内)可以用某些表面 S_{ij} 分成为若干区域. 不失普遍性,假定只划分为两个区域 V_1 与 V_2,公共边界面为 S. 在此表面 S 上电磁场的切向分量为 $\boldsymbol{E}_t$、$\boldsymbol{H}_t$,不难立即看到,$\boldsymbol{E}_t$、$\boldsymbol{H}_t$ 可以通过两区中的场 $\boldsymbol{E}_1$、$\boldsymbol{H}_1$、$\boldsymbol{E}_2$、$\boldsymbol{H}_2$ 表达. 反过来也是一样的,各区域的场可以通过公共边界面上的切向场求出,或者把切向场看成各区域的源.

我们先考虑如下的情况:假定在边界上电场的切向分量是 $\boldsymbol{E}_t$,已给定. 于是有

$$\begin{cases}\boldsymbol{E}_{1,2}=\boldsymbol{E}^e_{1,2}\{\boldsymbol{J}_{1,2},\boldsymbol{E}_t\}\\ \boldsymbol{H}_{1,2}=\boldsymbol{H}^e_{1,2}\{\boldsymbol{J}_{1,2},\boldsymbol{E}_t\}\end{cases} \tag{6.6.43}$$

式中,$\boldsymbol{E}^e_{1,2}$、$\boldsymbol{H}^e_{1,2}$ 表示线性矢量算符. 不难想到,它们仅决定 1、2 两区的几何形状. $\boldsymbol{J}_{1,2}$ 为公共边界面上的电流.

按照叠加原理,式(6.6.43)可以表示为

$$\begin{cases}\boldsymbol{E}_{1,2}=\boldsymbol{E}^e_{1,2}\{\boldsymbol{J}_{1,2},0\}+\boldsymbol{E}^e_{1,2}\{0,\boldsymbol{E}_t\}\\ \boldsymbol{H}_{1,2}=\boldsymbol{H}^e_{1,2}\{\boldsymbol{J}_{1,2},0\}+\boldsymbol{H}^e_{1,2}\{0,\boldsymbol{E}_t\}\end{cases} \tag{6.6.44}$$

而在公共边界面上的连续条件是

$$\begin{cases}\boldsymbol{E}_1\times\boldsymbol{n}_1=-\boldsymbol{E}_2\times\boldsymbol{n}_2=\boldsymbol{E}_t\\ \boldsymbol{H}_1\times\boldsymbol{n}_1+\boldsymbol{H}_2\times\boldsymbol{n}_2=0\end{cases} \tag{6.6.45}$$

式中,$\boldsymbol{n}_1$、$\boldsymbol{n}_2$ 表示边界面两边的法线方向单位矢量. 由于在以上情况下,$\boldsymbol{E}_t$ 是给定的,因此,仅需考虑式(6.6.45)的第二式.

将式(6.6.44)代入式(6.6.45)的第二式得

$$\boldsymbol{H}^e_1\{\boldsymbol{J}_1,0\}\times\boldsymbol{n}_1+\boldsymbol{H}^e_2\{\boldsymbol{J}_2,0\}\times\boldsymbol{n}_2+\boldsymbol{H}^e_1\{0,\boldsymbol{E}_t\}\times\boldsymbol{n}_1+\boldsymbol{H}^e_2\{0,\boldsymbol{E}_t\}\times\boldsymbol{n}_2=0 \tag{6.6.46}$$

完全类似地,如果我们选定的是公共边界面上的磁场切向分量 $\boldsymbol{H}_t$,则可以得到

$$\begin{cases}\boldsymbol{E}_{1,2}=\boldsymbol{E}^h_{1,2}\{\boldsymbol{J}_{1,2},0\}+\boldsymbol{E}^h_{1,2}\{0,\boldsymbol{H}_t\}\\ \boldsymbol{H}_{1,2}=\boldsymbol{H}^h_{1,2}\{\boldsymbol{J}_{1,2},0\}+\boldsymbol{H}^h_{1,2}\{0,\boldsymbol{H}_t\}\end{cases} \tag{6.6.47}$$

在这种情况下,需要匹配的是电场切向分量:

$$\boldsymbol{n}_1\times\boldsymbol{E}_1+\boldsymbol{n}_2\times\boldsymbol{E}_2=0 \tag{6.6.48}$$

式(6.6.47)中,$\boldsymbol{E}^h_{1,2}$、$\boldsymbol{H}^h_{1,2}$ 也是相应的线性矢量算符. 于是又可以得到

$$n_1\times\boldsymbol{E}^h_1\{\boldsymbol{J}_1,0\}+\boldsymbol{n}_2\times\boldsymbol{E}^h_2\{\boldsymbol{J}_2,0\}+\boldsymbol{n}_1\times\boldsymbol{E}^h_1\{0,\boldsymbol{H}_t\}+\boldsymbol{n}_2\times\boldsymbol{E}^h_2\{0,\boldsymbol{H}_t\}=0 \tag{6.6.49}$$

利用关系式(6.6.46)、式(6.6.49),可以作两个泛函:

$$\begin{cases}K^e\{\boldsymbol{E}_t\}=\int_S\left[\boldsymbol{E}_t\cdot(2\boldsymbol{J}^e_0\{\boldsymbol{E}_t\}+\boldsymbol{J}^e_1\{\boldsymbol{E}_t\}+\boldsymbol{J}^e_2\{\boldsymbol{E}_t\})\right]\cdot \mathrm{d}\boldsymbol{S}\\ K^h\{\boldsymbol{H}_t\}=\int_S\left[\boldsymbol{H}_t\cdot(2\boldsymbol{J}^h_0\{\boldsymbol{H}_t\}+\boldsymbol{J}^h_1\{\boldsymbol{H}_t\}+\boldsymbol{J}^h_2\{\boldsymbol{H}_t\})\right]\cdot \mathrm{d}\boldsymbol{S}\end{cases} \tag{6.6.50}$$

式中,为了简化书写,令

$$\begin{cases}\boldsymbol{J}^e_0\{\boldsymbol{E}_t\}=\boldsymbol{H}^e_1\{\boldsymbol{J}_1,0\}\times\boldsymbol{n}_1+\boldsymbol{H}^e_2\{\boldsymbol{J}_2,0\}\times\boldsymbol{n}_2\\ -\boldsymbol{J}^h_0\{\boldsymbol{H}_t\}=\boldsymbol{E}^h_1\{\boldsymbol{J}_1,0\}\times\boldsymbol{n}_1+\boldsymbol{E}^h_2\{\boldsymbol{J}_2,0\}\times\boldsymbol{n}_2\\ \boldsymbol{J}^e_{1,2}=\boldsymbol{H}^e_{1,2}\{0,\boldsymbol{E}_t\}\times\boldsymbol{n}_{1,2}\\ \boldsymbol{J}^h_{1,2}=\boldsymbol{E}^h_{1,2}\{0,\boldsymbol{E}_t\}\times\boldsymbol{n}_{1,2}\end{cases} \tag{6.6.51}$$

对于泛函(6.6.50)可以求其变分.由于式(6.6.50)的两个方程形式上是一致的,因此可以写成

$$\delta\{K(a)\}=\int_S[2\boldsymbol{J}_0\{a\}+\boldsymbol{J}_1\{a\}+\boldsymbol{J}_2\{a\}]_n\delta a\,\mathrm{d}S+\int_S a[\boldsymbol{J}_1\{\delta a\}+\boldsymbol{J}_2\{\delta a\}]_n\mathrm{d}S \tag{6.6.52}$$

利用关系式(6.6.46)、式(6.6.49),可以得到

$$\begin{cases}\delta K^e\{\boldsymbol{E}_t\}=0\\ \delta K^h\{\boldsymbol{H}_t\}=0\end{cases} \tag{6.6.53}$$

可见,无论在边界上选定 $\boldsymbol{E}_t$ 还是选定 $\boldsymbol{H}_t$,都可以得到相应的变分关系式.这样我们就讨论了场的匹配的变分原理.

根据以上所述,可以看到,利用变分法求解慢波结构的问题,并不在于求解变分问题的欧拉方程,而是在于利用问题的变分特性,特别是利用特征值的变分特性.因此变分法求解的一般程序就在于:对于某一慢波结构,首先必须找出合适的变分关系式,将所求的特征值表示出来,然后根据对问题的物理理解或其他方法,定出试验函数,根据该试验函数,就可以求出所需要的特征值.

现在来讨论几种具体的变分关系或方法.

如前所述,为了利用变分原理求解慢波结构的色散特性,必须找出合适的变分关系式.我们先来讨论单螺旋薄带的情况.取坐标(r,φ,z),则按前面所述,作泛函

$$J=\int_0^L\mathrm{d}z\int_0^{2\pi}a\mathrm{d}\varphi\,\boldsymbol{n}\cdot[(\boldsymbol{E}^*\times\boldsymbol{H})_{\mathrm{I}}-(\boldsymbol{E}^*\times\boldsymbol{H})_{\mathrm{II}}] \tag{6.6.54}$$

式中,Ⅰ及Ⅱ分别表示螺旋线内($r<a$)及螺旋线外($r>a$)的区域.可以证明式(6.6.54)符合变分条件

$$\delta J=0 \tag{6.6.55}$$

考虑到螺旋面上电场的连续性,而磁场的变化与沿线流动的电流的关系为

$$\begin{cases}H_z^{\mathrm{I}}-H_z^{\mathrm{II}}=J_\varphi\\ H_\varphi^{\mathrm{I}}-H_\varphi^{\mathrm{II}}=J_z\end{cases} \tag{6.6.56}$$

则式(6.6.56)可以写成

$$\delta\left\{\int_S\boldsymbol{E}_\parallel\cdot\boldsymbol{J}_\parallel\mathrm{d}S\right\}=0 \tag{6.6.57}$$

式中,$\boldsymbol{J}_\parallel$、$\boldsymbol{E}_\parallel$ 表示与螺旋导线平行的方向矢量.事实上,积分(6.6.54)本身为零:

$$J=\int_0^L\mathrm{d}z\int_0^{2\pi}a\mathrm{d}\varphi[\boldsymbol{n}\cdot\boldsymbol{E}^*\times(\boldsymbol{H}_{\mathrm{I}}-\boldsymbol{H}_{\mathrm{II}})]=0 \tag{6.6.58}$$

所以计算是按照式(6.6.58)进行的.

以上讨论的是螺旋薄带的情况,如果需要考虑导丝直径的影响,则变分关系式必须加以改进.比文塞在1964年提出选用两组试验函数 $\boldsymbol{E}_+$、$\boldsymbol{H}_+$,$\boldsymbol{E}_-$、$\boldsymbol{H}_-$ 来进行计算.这样,可以令积分为

$$J=\int_S\boldsymbol{E}_-^*\cdot(\nabla\times\boldsymbol{H}_+-\mathrm{j}\omega\varepsilon\boldsymbol{E}_+)\mathrm{d}S-\int_S\boldsymbol{H}_-^*\cdot(\nabla\times E_++\mathrm{j}\omega\varepsilon\mu\boldsymbol{H}_+)\mathrm{d}S \tag{6.6.59}$$

积分是在沿 z 轴一个周期 L 的长度内进行的,如图 6.6.1 所示.

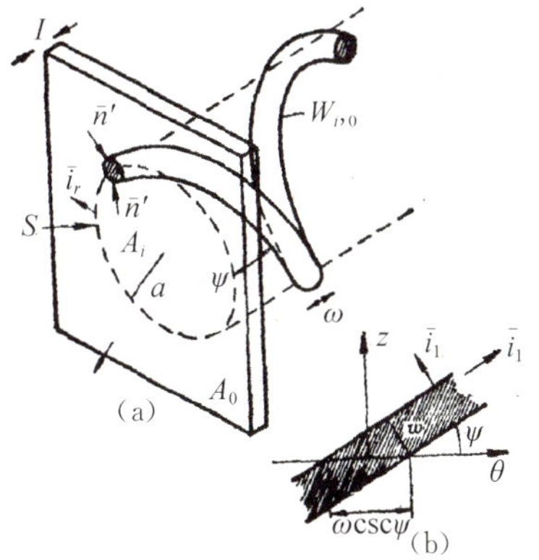

图 6.6.1　螺旋导丝图

不难看出,如果试验场满足麦克斯韦方程,则上述积分为零,即 $J=0$. 而积分(6.6.59)与积分(6.6.54)是有不同意义的.

如果需要考虑导丝的影响,则在 $r=a$ 的螺旋面的边界条件为

$$\begin{cases}\boldsymbol{E}_t^{\mathrm{I}}=\boldsymbol{E}_t^{\mathrm{II}}\\ \boldsymbol{E}_n^{\mathrm{I}}=\boldsymbol{E}_n^{\mathrm{II}}\\ \boldsymbol{H}_n^{\mathrm{I}}=\boldsymbol{H}_n^{\mathrm{II}}\end{cases} \tag{6.6.60}$$

此外,还必须附加上导体表面的边界条件:

$$\boldsymbol{E}^{\mathrm{I}}\times\boldsymbol{n}'=\boldsymbol{E}^{\mathrm{II}}\times\boldsymbol{n}'=0 \tag{6.6.61}$$

这样,变分关系式就可取如下形式:

$$\begin{aligned}J=&\int_{A_i}(\boldsymbol{E}_-^{\mathrm{I}})^*\cdot[\nabla\times\boldsymbol{H}_+^{\mathrm{I}}-\mathrm{j}\omega\varepsilon\boldsymbol{E}_+^{\mathrm{I}}]\mathrm{d}S-\int_{A_i}(\boldsymbol{H}_-^{\mathrm{I}})^*\cdot[\nabla\times\boldsymbol{E}_+^{\mathrm{I}}+\mathrm{j}\omega\mu\boldsymbol{H}_+^{\mathrm{II}}]\mathrm{d}S\\&+\int_{A_0}(\boldsymbol{E}_-^{\mathrm{II}})^*\cdot[\nabla\times\boldsymbol{H}_+^{\mathrm{II}}-\mathrm{j}\omega\varepsilon\boldsymbol{E}_+^{\mathrm{II}}]\mathrm{d}S-\int_{A_0}(\boldsymbol{H}_-^{\mathrm{II}})^*\cdot[\nabla\times\boldsymbol{E}_+^{\mathrm{II}}-\mathrm{j}\omega\mu\boldsymbol{H}_+^{\mathrm{II}}]\mathrm{d}S\\&+\int_{W_i}\boldsymbol{E}_+^{\mathrm{I}}\times(\boldsymbol{H}_-^{\mathrm{I}})^*\cdot\boldsymbol{n}'\mathrm{d}C+\int_{W_0}\boldsymbol{E}_+^{\mathrm{II}}\times(\boldsymbol{H}_-^{\mathrm{II}})^*\cdot\boldsymbol{n}'\mathrm{d}C+\frac{1}{2}\int_S[(\boldsymbol{E}_-^{\mathrm{I}})^*\\&+(\boldsymbol{E}_-^{\mathrm{II}})^*]\times[\boldsymbol{H}_+^{\mathrm{I}}-\boldsymbol{H}_+^{\mathrm{II}}]\cdot\boldsymbol{i}_r\mathrm{d}C+\frac{1}{2}\int_S[\boldsymbol{E}_+^{\mathrm{I}}-\boldsymbol{E}_+^{\mathrm{II}}]\times[(\boldsymbol{H}_-^{\mathrm{I}})^*+(\boldsymbol{H}_-^{\mathrm{II}})^*]\cdot\boldsymbol{i}_r\mathrm{d}C\end{aligned} \tag{6.6.62}$$

在式(6.6.62)中,A_i、A_0 表示螺旋线平均半径 $r=a$ 以内和以外的截面积,W_i、W_0 则表示导体在 $r=a$ 圆柱面以内及以外的表面积,而 S 则表示 $r=a$ 的圆柱面. 不难看到,在式(6.6.62)中前四项即由方程式(6.6.59)直接得出,而后四项则是为了满足条件式(6.6.61)而增加的. 可以证明,积分(6.6.62)对于试验函数 $\boldsymbol{E}_-$、$\boldsymbol{E}_+$、$\boldsymbol{H}_-$、$\boldsymbol{H}_+$ 都满足变分条件

$$\delta(J)=0 \tag{6.6.63}$$

按照以上所述,而且有

$$J=0 \tag{6.6.64}$$

因此,螺旋线的色散关系可以由方程(6.6.64)通过试验函数进行计算. 详细的计算可以参看比文塞的书.

现在再来看看如图 6.6.2 所示的周期性膜片加载波导的情况. 这种慢波结构主要用于直线加速器中,对它的分析研究已经进行了很多. 这里主要讨论它的变分表示式.

如图 6.6.2 所示,如果按场的匹配方法求解,可以将系统分为二区. 两区域的场在 $r=a$ 的柱面上匹配.

按方程(6.6.40)、方程(6.6.42),可以令积分

$$J=\int_S[(\boldsymbol{E}\times\boldsymbol{H}^*)^{\mathrm{I}}-(\boldsymbol{E}\times\boldsymbol{H}^*)^{\mathrm{II}}]\mathrm{d}S \tag{6.6.65}$$

容易看到

$$J=0 \tag{6.6.66}$$

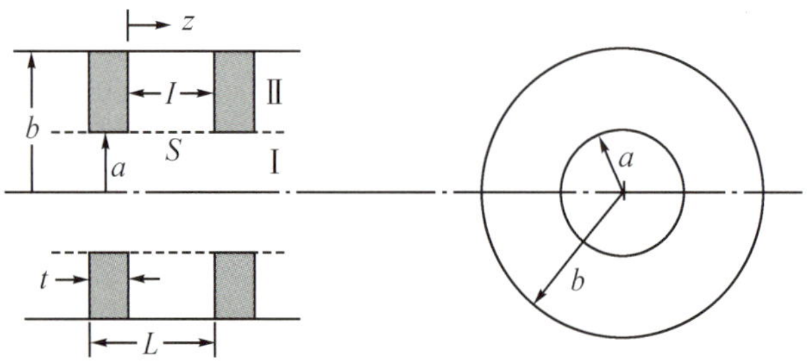

图 6.6.2　膜片加载圆波导

如果我们仅讨论最低的 TM 型波，可假定在 $r=a$ 的圆柱面上选定 E_z 为试验函数，则积分(6.6.65)可以写成

$$J=\int_S E_z(H_\varphi^{\mathrm{I}}-H_\varphi^{\mathrm{II}})\mathrm{d}z \tag{6.6.67}$$

式中，H_φ 可以根据麦克斯韦方程确定.

同样，如果选定的是 H_φ，则可以得到

$$\int_S (E_z^{\mathrm{I}}-E_z^{\mathrm{II}})H_\varphi \mathrm{d}z=0 \tag{6.6.68}$$

如前所述，上述积分满足变分条件.

在利用式(6.6.67)、式(6.6.68)求特征值的近似值时，还可以对所得特征值的误差作一定的估计. 如前所述，按式(6.6.67)，我们将根据对电场所作的假定来进行. 而按式(6.6.68)，我们将根据对磁场所作的假定来进行. 由式(6.6.35)、式(6.6.36)可以证明，当按电场的试验函数求特征值时，所得的特征值常常偏小；而按磁场的试验函数求特征值时，所得结果又常常偏大. 这样，如果令上述两种情况所得的特征值为$(k^2)^{下}$及$(k^2)^{上}$，则有

$$(k^2)^{下}\leqslant(k^2)\leqslant(k^2)^{上} \tag{6.6.69}$$

因此，最大百分误差可得为

$$\frac{\Delta k^2}{k^2}=\frac{(k^2)^{上}-(k^2)^{下}}{k^2}\leqslant\frac{\Delta k^2}{(k^2)^{下}} \tag{6.6.70}$$

式中，$\Delta k^2=(k^2)^{上}-(k^2)^{下}$.

对于其他类型的慢波系统的变分表示式，都可以按照上述原则求出. 限于篇幅，将不再列出，读者可参看有关文献.

在本节结束时，我们再次指出：如上所述，在利用变分法求解慢波结构时，关键在于寻求一个适当的变分表示式，用来计算特征值，而并不是求解变分问题. 变分原理在于保证求得的特征值有一定的精确度.

6.7 参考文献

[1]PIERCE J R. 行波管[M]. 吴鸿适，译. 北京：科学出版社，1961.

[2]COLLIN R E. 导波场论[M]. 侯元庆，译. 上海：上海科学技术出版社，1966.

[3]BEVENSEE R M. Electromagnetic slow wave systems[M]. New York：Wiley，1964.

[4]BROWN J. Propagation in coupled transmission line systems[J]. Quarterly Journal of Mechanics & Applied Mathematics，1958，11(2)：235-243.

[5]SLATER J C. Microwave electronics[M]. Princeton：D. Van Nostrand and Co.，1950.

[6]FLETCHER R C. A broad-band interdigital circuit for use in traveling-wave-type amplifiers[J]. Proceedings of the IRE，1952，40(8)：951-958.

第 7 章　螺旋线型慢波系统

7.1 引言

对螺旋线型电磁系统的分析工作很早以前就开始了. 这种电磁慢波系统具有一系列优点:结构简单,易于制造;良好的色散特性给出足够的带宽;较高的耦合阻抗等. 因此,随着行波管这类微波器件的出现和发展,螺旋线获得了广泛应用,对它的研究也受到很大重视,研究工作也越来越深入. 并且,在此基础上发展了多根螺旋线及螺旋线的其他变形,如环杆结构、环圈结构等. 这些慢波结构由于具有一系列独特的优点,在行波管中都得到了重要应用. 在本章中,我们将对这些慢波结构进行详细的分析. 螺旋线系统如图 7.1.1 所示. 如果空间周期 $L \ll \lambda_g$,我们就可以把它看成均匀的慢波系统来处理. 在本章中,我们将首先从均匀近似这一点着手分析,对于实际不均匀性的影响,也将进行讨论. 在研究螺旋线的基础上,再对这种类型的其他结构进行讨论. 在研究过程中,仍然着重分析波的色散特性及耦合阻抗.

在对螺旋线型慢波结构进行分析之前,我们先直观地研究一下螺旋线上波的传播.

在螺旋线上任取一点 P,采用圆柱坐标(r,φ,z). 如图 7.1.1 所示,从 A 点算起,绕成螺旋线的导线的长度 l 即为$\overset{\frown}{AP}$的弧长,设螺旋角为 ψ,则有

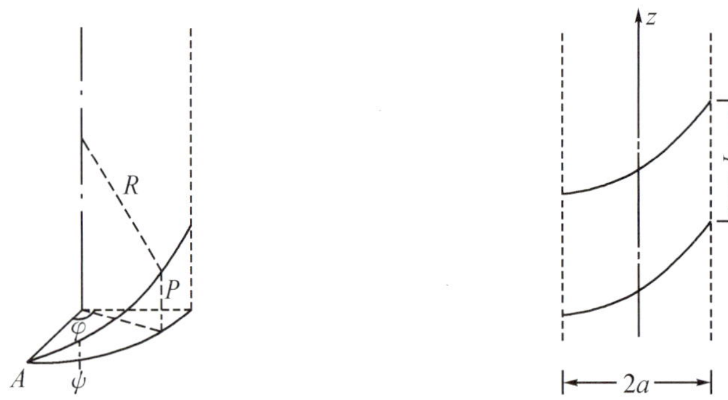

图 7.1.1　螺旋线示意图

$$l = \frac{a\varphi}{\cos\psi}$$

式中,a 为螺旋线半径. 假设有一电流波沿螺线导线以光速 c 传播,则必有

$$I(l) = I_0 e^{j(\omega t - kl)}$$

式中

$$k = \frac{\omega}{c}$$

此电流作为电磁场的源来考虑,它所激励起的矢量位 $\mathbf{A}$ 即可表示为

$$\mathbf{A} = \frac{\mu_0}{4\pi}\left(\int_{-\infty}^{\infty} I(l)\,\frac{e^{-jk\cdot R}}{R}\,dl\right)e^{j\omega t} \tag{7.1.1}$$

式中,R 为计算电流点到观察点的矢径. 我们不去作详细计算,只考虑轴上的电场. 在轴上,可以得

$$A_z=\frac{\mu_0}{4\pi}I_0\left(\int_{-\infty}^{\infty}\frac{e^{-jk(l+R)}}{R}e^{j\omega t}dl\right)\sin\psi \tag{7.1.2}$$

$$R=\sqrt{a^2+(a\varphi\tan\psi-z)^2}$$

如令

$$\eta=a\varphi\tan\psi-z$$

则

$$l=(\eta+z)/\sin\psi$$

将方程(7.1.2)中对 l 的积分换成对 η 的积分，则有

$$A_z=\frac{\mu_0}{4\pi}I_0\int_{-\infty}^{\infty}\frac{e^{-jk\left(\sqrt{a^2+\eta^2}+\frac{\eta+z}{\sin\psi}\right)}}{\sqrt{a^2+\eta^2}}e^{j\omega t}d\eta=I_0e^{j\left(\omega t-k\frac{z}{\sin\psi}\right)}\cdot\frac{\mu_0}{4\pi}\int_{-\infty}^{\infty}\frac{e^{-jk\left(\sqrt{a^2+\eta^2}+\frac{\eta}{\sin\psi}\right)}}{\sqrt{a^2+\eta^2}}d\eta \tag{7.1.3}$$

在式(7.1.3)中，积分部分可看成一组与螺旋线尺寸及频率有关的系数：

$$C=\frac{\mu_0}{4\pi}\int_{-\infty}^{\infty}\frac{e^{-jk\left(\sqrt{a^2+\eta^2}+\frac{\eta}{\sin\psi}\right)}}{\sqrt{a^2+R^2}}d\eta$$

这样，式(7.1.3)就可写成

$$A_z=CI_0e^{j\left(\omega t-\frac{k}{\sin\psi}z\right)}$$

即

$$A_z=CI_0e^{j(\omega t-\beta z)} \tag{7.1.4}$$

$$\beta=\frac{k}{\sin\psi}$$

可见 $\beta>k$，这表明波场以 $\beta=k/\sin\psi$ 的相位常数沿 z 轴传播，自然全部波场均以同一相位常数沿 z 轴传播. 这样便得到了沿 z 轴行进的慢波，其相速为

$$v_p=C\sin\psi \tag{7.1.5}$$

7.2 单根螺旋线的近似分析

由于螺旋线具有复杂的边界条件，因而要严格地求解它是很困难的. 人们提出了很多不同的处理方法来分析螺旋线慢波系统. 我们将首先研究螺旋线的一种近似场论求解方法，即螺旋导电面理论.

当螺旋线的螺距 $L\ll\lambda_g$，螺旋线绕得足够密时，可以把螺旋线看成沿 z 轴是均匀的系统，这时，可以把实际的螺旋线想象成一个半径为真实螺旋线平均半径的螺旋导电圆筒. 此圆筒无限薄，在与圆周成 ψ 角的螺旋方向上理想导电，而在与螺旋垂直的方向上完全不导电. 这样，我们就把螺旋线近似地用螺旋导电面来代替. 显然，这样代替的实质是把沿螺旋金属丝(或带)流动的电流平均分配在整个面上，并且不考虑金属丝(或带)的几何尺寸的影响. 实验表明，这种近似分析所给出的结果，在一定条件下与实际有良好的符合.

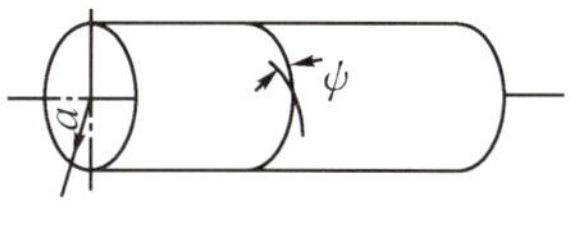

图 7.2.1　螺旋导电圆柱面

我们研究一下采用上述假定后在螺旋导电面上边界条件的表达式. 如图 7.2.1所示，取圆柱坐标系统，使 z 轴与螺旋线的轴线一致. 在螺旋导电面上，电磁场在螺旋导电方向的切线及法分量可写成

$$\begin{cases}E_t=E_\varphi\cos\psi+E_z\sin\psi\\E_n=-E_\varphi\sin\psi+E_z\cos\psi\\H_t=H_\varphi\cos\psi+H_z\sin\psi\\H_n=-H_\varphi\sin\psi+H_z\cos\psi\end{cases} \tag{7.2.1}$$

在 $r=a$ 的螺旋导电面上，由螺旋导电的假设可得，电场在螺旋导电面上的切向分量为零，而电场法向分量在螺旋导电面两边连续，磁场的切向分量连续. 我们现在仅考虑一根孤立的螺旋线. 以螺旋导电面为界，

将整个空间分为两个区域，$r\leqslant a$ 为Ⅰ区，$r>a$ 为Ⅱ区. $r=a$的界面上具有如下边界条件：

$$\begin{cases} E_{z\mathrm{I}}=E_{z\mathrm{II}} \\ E_{\varphi\mathrm{I}}=E_{\varphi\mathrm{II}} \\ [E_z+E_\varphi\cot\psi]_{\mathrm{I}}=[E_z+E_\varphi\cot\psi]_{\mathrm{II}}=0 \\ [H_z+H_\varphi\cot\psi]_{\mathrm{I}}=[H_z+H_\varphi\cot\psi]_{\mathrm{II}} \end{cases} \tag{7.2.2}$$

上述边界条件表明，单纯的 TE 波或 TM 波是不能满足螺旋导电面的边界条件的，因此，在分析螺旋线慢波系统时，就必须考虑 TE 波与 TM 波的六个分量. 我们利用第 2 篇第 5 章中阐述的纵向场法求解，即在Ⅰ、Ⅱ区中先解出场的纵向分量 E_z、H_z，然后利用场的横向分量与纵向分量的关系求出各区中的横向场分量. 对最低模式(即场沿 φ 无变化)，可以得到如下方程.

Ⅰ区($0\leqslant r\leqslant a$)：

$$\begin{cases} E_z=B_1\mathrm{I}_0(\gamma r)\mathrm{e}^{\mathrm{j}(\omega t-\beta z)} \\ E_r=B_1\dfrac{\mathrm{j}\beta}{\gamma}\mathrm{I}_1(\gamma r)\mathrm{e}^{\mathrm{j}(\omega t-\beta z)} \\ E_\varphi=-B_2\dfrac{\mathrm{j}\omega\mu}{\gamma}\mathrm{I}_1(\gamma r)\mathrm{e}^{\mathrm{j}(\omega t-\beta z)} \\ H_z=B_2\mathrm{I}_0(\gamma r)\mathrm{e}^{\mathrm{j}(\omega t-\beta z)} \\ H_r=B_2\dfrac{\mathrm{j}\beta}{\gamma}\mathrm{I}_1(\gamma r)\mathrm{e}^{\mathrm{j}(\omega t-\beta z)} \\ H_\varphi=B_1\dfrac{\mathrm{j}\omega\varepsilon}{\gamma}\mathrm{I}_1(\gamma r)\mathrm{e}^{\mathrm{j}(\omega t-\beta z)} \end{cases} \tag{7.2.3}$$

Ⅱ区($a\leqslant r<\infty$)：

$$\begin{cases} E_z=B_3\mathrm{K}_0(\gamma r)\mathrm{e}^{\mathrm{j}(\omega t-\beta z)} \\ E_r=-\dfrac{\mathrm{j}\beta}{\gamma}B_3\mathrm{K}_1(\gamma r)\mathrm{e}^{\mathrm{j}(\omega t-\beta z)} \\ E_\varphi=\dfrac{\mathrm{j}\omega\mu}{\gamma}B_4\mathrm{K}_1(\gamma r)\mathrm{e}^{\mathrm{j}(\omega t-\beta z)} \\ H_z=B_4\mathrm{K}_0(\gamma r)\mathrm{e}^{\mathrm{j}(\omega t-\beta z)} \\ H_r=-\dfrac{\mathrm{j}\beta}{\gamma}B_4\mathrm{K}_1(\gamma r)\mathrm{e}^{\mathrm{j}(\omega t-\beta z)} \\ H_\varphi=-\dfrac{\mathrm{j}\omega\varepsilon}{\gamma}B_3\mathrm{K}_1(\gamma r)\mathrm{e}^{\mathrm{j}(\omega t-\beta z)} \end{cases} \tag{7.2.4}$$

式中，$\gamma^2=\beta^2-k^2$；B_1、B_2、B_3、B_4 为待定常数. 我们看到，在场方程式中有 $B_1\sim B_4$ 四个常数，加上待求的 β(γ 与 β 有关)，共五个未知常数. 而边界条件(7.2.2)只有四个独立方程式. 因此，五个常数不能完全确定. 从物理上讲，这是很显然的，因为没有考虑到起始的激励条件，就不能确定场幅值的绝对大小.

利用边界条件(7.2.2)，消去 B_2、B_3、B_4，并略去因子 $\mathrm{e}^{\mathrm{j}(\omega t-\beta z)}$，得

Ⅰ区：

$$\begin{cases} E_z=B_1\mathrm{I}_0(\gamma r) \\ E_r=\dfrac{\mathrm{j}\beta}{\gamma}B_1\mathrm{I}_1(\gamma r) \\ E_\varphi=-\dfrac{\mathrm{I}_0(\gamma a)}{\mathrm{I}_1(\gamma a)}\tan\psi B_1\mathrm{I}_1(\gamma r) \\ H_z=-\dfrac{\mathrm{j}\gamma\tan\psi}{\omega\mu}\dfrac{\mathrm{I}_0(\gamma a)}{\mathrm{I}_1(\gamma a)}B_1\mathrm{I}_0(\gamma r) \\ H_r=\dfrac{\beta\tan\psi}{\omega\mu}\dfrac{\mathrm{I}_0(\gamma a)}{\mathrm{I}_1(\gamma a)}B_1\mathrm{I}_1(\gamma r) \\ H_\varphi=\dfrac{\mathrm{j}\omega\varepsilon}{\gamma}B_1\mathrm{I}_1(\gamma r) \end{cases} \tag{7.2.5}$$

Ⅱ区：

$$\begin{cases} E_z = \dfrac{I_0(\gamma a)}{K_0(\gamma a)} B_1 K_0(\gamma r) \\ E_t = -\dfrac{j\beta}{\gamma}\dfrac{I_0(\gamma a)}{K_0(\gamma a)} B_1 K_1(\gamma r) \\ E_\varphi = -\tan\psi \cdot \dfrac{I_0(\gamma a)}{K_1(\gamma a)} B_1 K_1(\gamma r) \\ H_z = j\dfrac{\gamma\tan\psi}{\omega\mu}\dfrac{I_0(\gamma a)}{K_1(\gamma a)} B_1 K_0(\gamma r) \\ H_r = j\dfrac{\beta\tan\psi}{\omega\mu}\dfrac{I_0(\gamma a)}{K_1(\gamma a)} B_1 K_0(\gamma r) \\ H_\varphi = -\dfrac{j\omega\varepsilon}{r}\dfrac{I_0(\gamma a)}{K_0(\gamma a)} B_1 K_1(\gamma r) \end{cases} \tag{7.2.6}$$

将方程(7.2.5)与方程(7.2.6)代入边界条件(7.2.2)的最后一个方程，可以得到

$$(\gamma a)^2 \cdot \frac{I_0(\gamma a)K_0(\gamma a)}{I_1(\gamma a)K_1(\gamma a)} = (ka)^2\cot^2\psi \tag{7.2.7}$$

对于某一确定的螺旋线，a 与 ψ 是确定的，故式(7.2.7)表明了 k 与 γ 的关系，γ 与 β 有关，因此式(7.2.7)也反映了 k 与 β 的关系. 即式(7.2.7)表明了在螺旋导电面近似的情况下，单根螺旋线最低模式的色散关系. 以 ψ 为参量，按式(7.2.7)算出 v_p/c 与 ka 的关系曲线如图 7.2.2 所示.

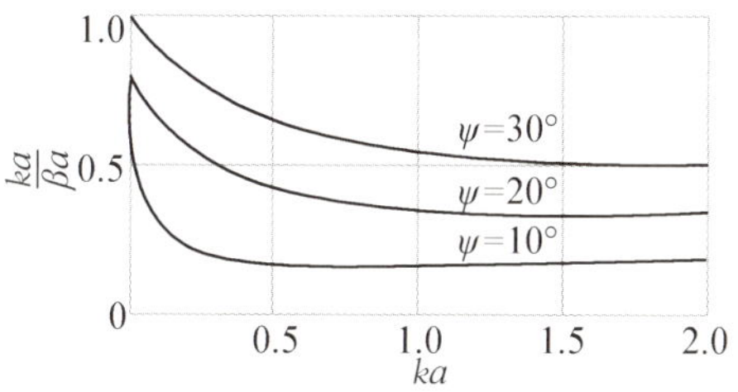

图 7.2.2　螺旋线的色散特性曲线

在很多情况下，螺旋线上波的缓慢系数很小，即 $v_p/c \ll 1$，这时有 $\gamma^2 = \beta^2 - k^2 \approx \beta^2$，于是式(7.2.7)可化为

$$\left(\frac{v_p}{c}\right)^2 = \frac{I_0(\gamma a)K_0(\gamma a)}{I_1(\gamma a)K_1(\gamma a)}\tan^2\psi \tag{7.2.8}$$

另外，当 γa 很大时有

$$\lim_{\gamma a\to\infty}\frac{I_0(\gamma a)K_0(\gamma a)}{I_1(\gamma a)K_1(\gamma a)} = 1$$

这样，由式(7.2.8)得

$$\frac{v_p}{c} \approx \tan\psi$$

当 γa 很大，波受到较大减慢，螺旋角 ψ 很小时，有

$$\tan\psi \approx \sin\psi$$

这样便得到

$$\frac{v_p}{c} \approx \sin\psi$$

这就是由直观分析导出的方程(7.1.5). 在一般情况下，v_p/c 并不等于 $\sin\psi$，v_p/c 与 $\sin\psi$ 之间的差别可由方程(7.2.7)算出.

现在来研究最低模式的耦合阻抗. 通过螺旋线的功率流为

$$\begin{aligned} P &= \frac{1}{2}\mathrm{Re}\iint_S [\boldsymbol{E}\times\boldsymbol{H}^*]_n \mathrm{d}S = \frac{1}{2}\mathrm{Re}\iint_S (E_r H_\varphi^* - E_\varphi H_\gamma^*)\mathrm{d}S \\ &= \pi\mathrm{Re}\left\{\int_0^a (E_r H_\varphi^* - E_\varphi H_\gamma^*) r\mathrm{d}r + \int_a^\infty (E_z H_\varphi^* - E_\varphi H_\gamma^*) r\mathrm{d}r\right\} \end{aligned}$$

将式(7.2.5)与式(7.2.6)代入上式可得

$$\begin{cases} P = B_1^2 \dfrac{\pi}{2\sqrt{\dfrac{\mu_0}{\varepsilon_0}}} \cdot \dfrac{\beta k a^2}{\gamma^2} \cdot F_1(\gamma a) \\ F_1(\gamma a) = \left(1 + \dfrac{I_{0a}K_{1a}}{I_{1a}K_{0a}}(I_{1a}^2 - I_{0a}I_{2a}) + \left(\dfrac{I_{1a}}{K_{0a}}\right)^2 \left(1 + \dfrac{I_{1a}K_{0a}}{I_{0a}K_{1a}}\right)(K_{0a}K_{2a} - K_{1a}^2)\right) \end{cases} \tag{7.2.9}$$

式中，$I_{0a} = I_0(\gamma a)$，$I_{1a} = I_1(\gamma a)$，$K_{0a} = K_0(\gamma a)$，$K_{1a} = K_1(\gamma a)\cdots$

利用$\sqrt{\dfrac{\mu_0}{\varepsilon_0}} = 120\pi$，由耦合阻抗的公式得

$$K_c = \frac{E_z^2}{2\beta^2 P} = \frac{1}{2}\left(\frac{\beta}{k}\right)\left(\frac{\gamma}{\beta}\right)^4 \cdot F^3(\gamma a) \cdot I_{0r}^2 \tag{7.2.10}$$

式中

$$F(\gamma a) = \left\{\frac{(\gamma a)^2}{240}(I_{1a}^2 - I_{0a}I_{2a})\left(1 + \frac{I_{0a}K_{1a}}{I_{1a}K_{0a}}\right) + \left(\frac{I_{1a}}{K_{0a}}\right)^2\left(1 + \frac{I_{1a}K_{0a}}{I_{0a}K_{1a}}\right)(K_{0a}K_{2a} - K_{1a}^2)\right\}^{-1/3} \tag{7.2.11a}$$

或

$$F(\gamma a) = \left\{\frac{\gamma a}{240} \cdot \frac{I_{0a}}{K_{0a}}\left(\frac{I_{1a}}{I_{0a}} - \frac{I_{0a}}{I_{1a}}\right) + \left(\frac{K_{0a}}{K_{1a}} - \frac{K_{1a}}{K_{0a}}\right) + \frac{4}{\gamma a}\right\}^{-1/3} \tag{7.2.11b}$$

由式(7.2.10)看出，耦合阻抗是坐标 r 的函数. 在系统轴上的耦合阻抗为

$$K_c(0) = \frac{1}{2}\left(\frac{\beta}{k}\right)\left(\frac{\gamma}{\beta}\right)^4 \cdot F^3(\gamma a) \tag{7.2.12}$$

在任意位置，耦合阻抗为

$$K_c(r) = K_c(0) I_{0r}^2 \tag{7.2.13}$$

以上分析了螺旋导电面中电磁波的最低模式，即场沿角向无变化的模式. 现在我们来研究螺旋导电面中的高次模式. 我们仍然采用纵向场法在Ⅰ、Ⅱ区中分区求解出 E_z、H_z，进而求出场的其他分量. 考虑到场的角向变化时，各区中场分量方程式可写成(约去因子 $e^{j(\omega t - \beta_m z)}$)

Ⅰ区：

$$\begin{cases} E_z = B_{1m} I_m(\gamma r) e^{jm\varphi} \\ E_r = \left[\dfrac{j\beta_m}{\gamma} B_{1m} I_m'(\gamma r) - \dfrac{\omega\mu}{r^2} \cdot \dfrac{m}{r} B_{2m} I_m(\gamma r)\right] e^{jm\varphi} \\ E_\varphi = \left[-\dfrac{\beta_m}{\gamma^2}\dfrac{m}{r} B_{1m} I_m(\gamma r) - j\dfrac{\omega\mu}{\gamma} B_{2m} I_m'(\gamma r)\right] e^{jm\varphi} \\ H_z = B_{2m} I_m(\gamma r) e^{jm\varphi} \\ H_r = \left[\dfrac{\omega\varepsilon}{\gamma^2} \cdot \dfrac{m}{r} B_{1m} I_m(\gamma r) + j\dfrac{\beta_m}{\gamma} B_{2m} I_m'(\gamma r)\right] e^{jm\varphi} \\ H_\varphi = \left[\dfrac{j\omega\varepsilon}{\gamma} B_{1m} I_m'(\gamma r) - \dfrac{\beta_m}{\gamma^2} \cdot \dfrac{m}{r} B_{2m} I_m(\gamma r)\right] e^{jm\varphi} \end{cases} \tag{7.2.14}$$

Ⅱ区：

$$
\left\{
\begin{aligned}
E_z &= B_{3m}\mathrm{K}_m(\gamma r)\mathrm{e}^{\mathrm{j}m\varphi} \\
E_r &= \left[\frac{\mathrm{j}\beta_m}{\gamma}B_{3m}\mathrm{K}_m'(\gamma r) - \frac{\omega\mu}{\gamma^2}\cdot\frac{m}{r} - B_{4m}\mathrm{K}_m(\gamma r)\right]\mathrm{e}^{\mathrm{j}m\varphi} \\
E_\varphi &= \left[-\frac{\beta_m}{\gamma^2}\cdot\frac{m}{r}B_{3m}\mathrm{K}_m(\gamma r) - \mathrm{j}\frac{\omega\mu}{\gamma}B_{4m}\mathrm{K}_m'(\gamma r)\right]\mathrm{e}^{\mathrm{j}m\varphi} \\
H_z &= B_{4m}\mathrm{K}_m(\gamma r)\mathrm{e}^{\mathrm{j}m\varphi} \\
H_r &= \left[\frac{\omega\varepsilon}{\gamma^2}\cdot\frac{m}{r}B_{3m}\mathrm{K}_m(\gamma r) + \mathrm{j}\frac{\beta_m}{\gamma}B_{4m}\mathrm{K}_m'(\gamma r)\right]\mathrm{e}^{\mathrm{j}m\varphi} \\
H_\varphi &= \left[\frac{\mathrm{j}\omega\varepsilon}{\gamma}B_{3m}\mathrm{K}_m'(\gamma r) - \frac{\beta_m}{\gamma^2}\cdot\frac{m}{r}B_{4m}\mathrm{K}_m(\gamma r)\right]\mathrm{e}^{\mathrm{j}m\varphi}
\end{aligned}
\right\}
\tag{7.2.15}
$$

式中，第 m 阶变态贝塞尔函数求导是对其宗量(γr)进行的. $B_{1m} \sim B_{4m}$ 均为待定常数. 我们利用边界条件(7.2.2)前三式消去三个常数，然后将场方程代入边界条件的最后一式，可得高次波型的色散方程：

$$
\frac{[(\gamma a)^2 - m\beta_m a \cdot \cot\psi]^2}{(\gamma a)^2 (ka)^2}\tan^2\psi = -\frac{\mathrm{I}_{ma}'\mathrm{K}_{ma}'}{\mathrm{I}_{ma}\mathrm{K}_{ma}}
\tag{7.2.16}
$$

和前面一样，$\mathrm{I}_{ma} = \mathrm{I}_m(\gamma a)$，$\mathrm{K}_{ma} = \mathrm{K}_m(\gamma a)$. 利用贝塞尔函数的递推公式

$$
\mathrm{I}_{(m-1)a} = \mathrm{I}_{ma}' + \frac{m}{(\gamma a)}\mathrm{I}_{ma}
$$

$$
\mathrm{K}_{(m-1)a} = -\mathrm{K}_{ma}' - \frac{m}{(\gamma a)} - \mathrm{K}_{ma}
$$

$$
\mathrm{I}_{(m+1)a} = \mathrm{I}_{ma}' - \frac{m}{(\gamma a)}\mathrm{I}_{ma}
$$

$$
\mathrm{K}_{(m+1)a} = -\mathrm{K}_{ma}' + \frac{m}{(\gamma a)}\mathrm{K}_{ma}
$$

将式(7.2.16)化为

$$
\frac{[(\gamma a)^2 - m\beta_m a\cot\psi]^2}{(\gamma a)^2 (ka)^2}\tan^2\psi = \frac{\mathrm{I}_{(m-1)a}\mathrm{K}_{(m-1)a} + \mathrm{I}_{(m+1)a}\mathrm{K}_{(m+1)a}}{2\mathrm{I}_{ma}\mathrm{K}_{ma}} + \left(\frac{m}{\gamma a}\right)^2
\tag{7.2.17}
$$

式中，$\mathrm{I}_{(m-1)a}$、$\mathrm{I}_{(m+1)a}$ 为 $\mathrm{I}_{m-1}(\gamma a)$、$\mathrm{I}_{m+1}(\gamma a)$，其他贝塞尔函数符号以此类推. 我们利用

$$
\gamma^2 = \beta_m^2 - k^2
$$

$$
\beta_m = \beta_0 + \frac{2\pi m}{L}
$$

$$
\gamma_0^2 = \beta_0^2 - k^2
$$

得

$$
\frac{(\gamma_0 a)^2}{(ka)^2}\tan^2\psi = \frac{\mathrm{I}_{(m-1)a}\mathrm{K}_{(m-1)a} + \mathrm{I}_{(m+1)a}\cdot\mathrm{K}_{(m+1)a}}{2\mathrm{I}_{ma}\mathrm{K}_{ma}}
\tag{7.2.18}
$$

由方程(7.2.17)或方程(7.2.18)看到，由于 $\mathrm{I}_{-1} = \mathrm{I}_1$；$\mathrm{K}_{-1} = \mathrm{K}_1$，当 $m = 0$ 时，上面两个方程便与方程(7.2.7)完全一致. 在图 7.2.3 中给出了各次模式的色散曲线[按式(7.2.18)计算]. 图中灰色区域为“禁区”.

由以上分析可以看到，在螺旋线中，可以传播无限个模式，以后将要证明，由于螺旋线的特殊结构，这些模式与空间谐波有着特殊的关系，这对于螺旋线慢波结构有重要的意义.

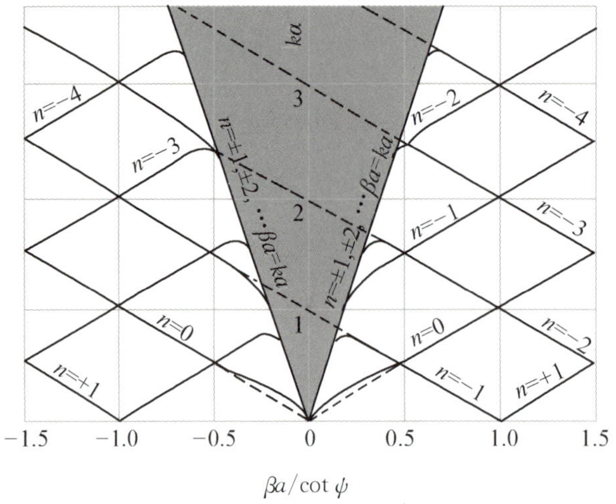

图 7.2.3　螺旋导面中各模式的色散图($\cot\psi=5$)

7.3 金属屏蔽筒及介质对螺旋线特性的影响

7.2 节用螺旋导电圆筒模型讨论了单根螺旋线的特性,实际的螺旋线都有金属屏蔽筒及介质夹持,它们对螺旋线特性将有不容忽视的影响.本节我们仍用螺旋导电圆筒模型来讨论这些因素的影响.

我们假定螺旋线外有一个半径为 b 的金属圆筒,在圆筒与螺旋线间填满了介质,其介电常数为 $\varepsilon_2=\varepsilon_0\varepsilon_r$,磁导率为 μ_2,系统如图 7.3.1 所示.我们仍将空间分为两个区域:对Ⅰ区,$0\leqslant r\leqslant a$;对Ⅱ区,$a\leqslant r\leqslant b$.在 $r=a$ 处的边界条件仍为式(7.2.2);在 $r=b$ 处有如下边界条件:

$$\begin{cases}E_{2z}=0\\E_{2\varphi}=0\end{cases}\tag{7.3.1}$$

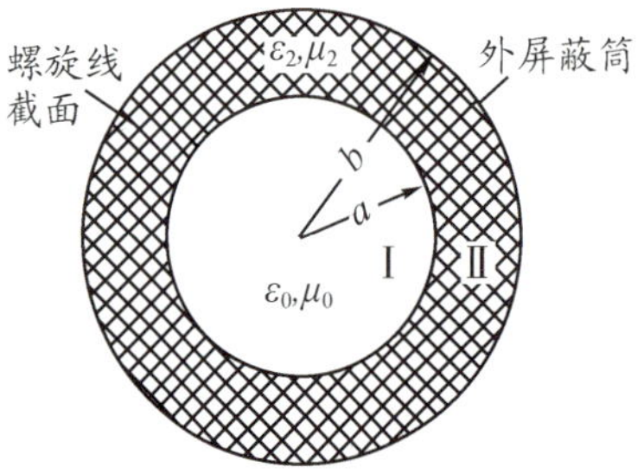

图 7.3.1　有屏蔽的螺旋线截面

在Ⅰ区与Ⅱ区,分区求解电磁场方程.对于对称模式(场沿 φ 方向无变化),得如下场分布(略去 $\mathrm{e}^{\mathrm{j}(\omega t-\beta z)}$ 因子).

Ⅰ区:

$$\begin{cases}E_{1z}=A_0\mathrm{I}_0(\gamma_1 r)\\E_{1r}=\dfrac{\mathrm{j}\beta}{\gamma_1}A_0\mathrm{I}_1(\gamma_1 r)\\E_{1\varphi}=-\mathrm{j}\dfrac{\omega\mu_0}{\gamma_1}B_0\mathrm{I}_1(\gamma_1 r)\\H_{1z}=B_0\mathrm{I}_0(\gamma_1 r)\\H_{1r}=\mathrm{j}\dfrac{\beta}{\gamma_1}B_0\mathrm{I}_1(\gamma_1 r)\\H_{1\varphi}=\dfrac{\mathrm{j}\omega\varepsilon_0}{\gamma_1}A_0\mathrm{I}_1(\gamma_1 r)\end{cases}\tag{7.3.2}$$

式中，$\gamma_1^2=\beta^2-k_1^2$，$k_1^2=\omega^2\varepsilon_0\mu_0=k^2$.

Ⅱ区：

$$\begin{cases} E_{2z}=C_0\mathrm{I}_0(\gamma_2 r)+D_0\mathrm{K}_0(\gamma_2 r) \\ E_{2r}=\dfrac{\mathrm{j}\beta}{\gamma_2}[C_0\mathrm{I}_1(\gamma_2 r)-D_0\mathrm{K}_1(\gamma_2 r)] \\ E_{2\varphi}=-\mathrm{j}\,\dfrac{\omega\mu_2}{\gamma_2}[E_0\mathrm{I}_1(\gamma_2 r)-F_0\mathrm{K}_1(\gamma_2 r)] \\ H_{2z}=E_0\mathrm{I}_0(\gamma_2 r)+F_0\mathrm{K}_0(\gamma_2 r) \\ H_{2r}=\mathrm{j}\,\dfrac{\beta}{\gamma_2}[E_0\mathrm{I}_1(\gamma_2 r)-F_0\mathrm{K}_1(\gamma_2 r)] \\ H_{2\varphi}=\dfrac{\mathrm{j}\omega\varepsilon_2}{\gamma_2}[C_0\mathrm{I}_1(\gamma_2 r)-D_0\mathrm{K}_1(\gamma_2 r)] \end{cases} \tag{7.3.3}$$

式中，$\gamma_2^2=\beta^2-k_2^2$，$k_2^2=\omega^2\varepsilon_2\mu_2$.

在 $r=b$ 处，利用式(7.3.1)得

$$\begin{cases} C_0=-\dfrac{\mathrm{K}_0(\gamma_2 b)}{\mathrm{I}_0(\gamma_2 b)}D_0 \\ E_0=\dfrac{\mathrm{K}_1(\gamma_2 b)}{\mathrm{I}_1(\gamma_2 b)}F_0 \end{cases} \tag{7.3.4}$$

再利用 $r=a$ 的边界条件式(7.2.2)的第一、第三等式得

$$\begin{cases} A_0=\dfrac{1}{\mathrm{I}_0(\gamma_1 a)}\left[\mathrm{K}_0(\gamma_2 a)-\dfrac{\mathrm{K}_0(\gamma_2 b)}{\mathrm{I}_0(\gamma_2 b)}\mathrm{I}_0(\gamma_2 a)\right]D_0 \\ B_0=-\mathrm{j}\,\dfrac{\gamma_1}{\omega\mu_0}\cdot\dfrac{\mathrm{I}_0(\gamma_1 a)}{\mathrm{I}_1(\gamma_1 a)}\cdot\tan\psi\cdot A_0 \\ F_0=\dfrac{\gamma_2}{\mathrm{j}\omega\mu_2}\,\dfrac{\mathrm{K}_0(\gamma_2 a)-\dfrac{\mathrm{K}_0(\gamma_2 b)}{\mathrm{I}_0(\gamma_2 b)\mathrm{I}_0(r_2 a)}}{\dfrac{\mathrm{K}_1(\gamma_2 b)}{\mathrm{I}_1(\gamma_2 b)}\mathrm{I}_1(\gamma_2 a)-\mathrm{K}_1(\gamma_2 a)}\tan\psi\cdot D_0 \end{cases} \tag{7.3.5}$$

将式(7.3.4)与式(7.3.5)代入式(7.3.2)与式(7.3.3)，得

Ⅰ区：

$$\begin{cases} E_{1z}=\dfrac{1}{\mathrm{I}_0(\gamma_1 a)}\left[\mathrm{K}_0(\gamma_2 a)-\dfrac{\mathrm{K}_0(\gamma_2 b)}{\mathrm{I}_0(\gamma_2 b)}\mathrm{I}_0(\gamma_2 a)\right]D_0\mathrm{I}_0(\gamma_1 r) \\ E_{1r}=\dfrac{\mathrm{j}\beta}{\gamma_1}\left[\mathrm{K}_0(\gamma_2 a)-\dfrac{\mathrm{K}_0(\gamma_2 b)}{\mathrm{I}_0(\gamma_2 b)}\mathrm{I}_0(\gamma_2 a)\right]D_0\,\dfrac{\mathrm{I}_1(\gamma_1 r)}{\mathrm{I}_0(\gamma_1 a)} \\ E_{1\varphi}=-D_0\left[\mathrm{K}_0(\gamma_2 a)-\dfrac{\mathrm{K}_0(\gamma_2 b)}{\mathrm{I}_0(\gamma_2 b)}\mathrm{I}_0(\gamma_2 a)\right]\tan\psi\cdot\dfrac{\mathrm{I}_1(\gamma_1 r)}{\mathrm{I}_1(\gamma_1 a)} \\ H_{1z}=-\mathrm{j}\,\dfrac{\gamma_1}{\omega\mu_0}\left[\mathrm{K}_0(\gamma_2 a)-\dfrac{\mathrm{K}_0(\gamma_2 b)}{\mathrm{I}_0(\gamma_2 b)}\mathrm{I}_0(\gamma_2 a)\right]\dfrac{D_1\tan\psi\mathrm{I}_0(\gamma_1 r)}{\mathrm{I}_1(\gamma_1 a)} \\ H_{1r}=\dfrac{\beta}{\omega\mu_0}D_0\tan\psi\left[\mathrm{K}_0(\gamma_2 a)-\dfrac{\mathrm{K}_0(\gamma_2 b)}{\mathrm{I}_0(\gamma_2 b)}\mathrm{I}_0(\gamma_2 a)\right]\dfrac{\mathrm{I}_1(\gamma_1 r)}{\mathrm{I}_1(\gamma_1 a)} \\ H_{1\varphi}=\dfrac{\mathrm{j}\omega\varepsilon_0}{\gamma_1}-D_0\left[\mathrm{K}_0(\gamma_2 a)-\dfrac{\mathrm{K}_0(\gamma_2 b)}{\mathrm{I}_0(\gamma_2 b)}\mathrm{I}_0(\gamma_2 a)\right]\dfrac{\mathrm{I}_1(\gamma_1 r)}{\mathrm{I}_0(\gamma_1 a)} \end{cases} \tag{7.3.6}$$

Ⅱ区：

$$
\begin{cases}
H_{2z}=D_0\left[\mathrm{K}_0(\gamma_2 r)-\dfrac{\mathrm{K}_0(\gamma_2 b)}{\mathrm{I}_0(\gamma_2 b)}\mathrm{I}_0(\gamma_2 r)\right] \\
E_{2r}=\dfrac{-\mathrm{j}\beta}{\gamma_2}D_0\left[\dfrac{\mathrm{K}_0(\gamma_2 b)}{\mathrm{I}_1(\gamma_2 b)}\mathrm{I}_1(\gamma_2 r)+\mathrm{K}_1(\gamma_2 r)\right] \\
E_{2\varphi}=\dfrac{\mathrm{K}_0(\gamma_2 a)-\dfrac{\mathrm{K}_0(\gamma_2 b)}{\mathrm{I}_0(\gamma_2 b)}\mathrm{I}_0(\gamma_2 a)}{\mathrm{K}_1(\gamma_2 a)-\dfrac{\mathrm{K}_1(\gamma_2 b)}{\mathrm{I}_1(\gamma_2 b)}\mathrm{I}_1(\gamma_2 a)}D_0\tan\psi\left[\dfrac{\mathrm{K}_1(\gamma_2 b)}{\mathrm{I}_1(\gamma_2 b)}\cdot\mathrm{I}_1(\gamma_2 r)-\mathrm{K}_1(\gamma_2 r)\right] \\
H_{2z}=\dfrac{-\gamma_2}{\mathrm{j}\omega\mu_2}D_0\tan\psi\dfrac{\mathrm{K}_0(\gamma_2 a)-\dfrac{\mathrm{K}_0(\gamma_2 b)}{\mathrm{I}_0(\gamma_2 b)}\mathrm{I}_0(\gamma_2 a)}{\mathrm{K}_1(\gamma_2 a)-\dfrac{\mathrm{K}_1(\gamma_2 b)}{\mathrm{I}_1(\gamma_2 b)}\mathrm{I}_1(\gamma_2 a)} \\
\quad\cdot\left[\dfrac{\mathrm{K}_1(\gamma_2 b)}{\mathrm{I}_1(\gamma_2 b)}\mathrm{I}_0(\gamma_2 r)+\mathrm{K}_0(\gamma_2 r)\right] \\
H_{2r}=\dfrac{-\beta}{\omega\mu_2}D_0\tan\psi\dfrac{\mathrm{K}_0(\gamma_2 a)-\dfrac{\mathrm{K}_0(\gamma_2 b)}{\mathrm{I}_0(\gamma_2 b)}\mathrm{I}_0(\gamma_2 a)}{\mathrm{K}_1(\gamma_2 a)-\dfrac{\mathrm{K}_1(\gamma_2 b)}{\mathrm{I}_1(\gamma_2 b)}\mathrm{I}_1(\gamma_2 a)} \\
\quad\cdot\left[\dfrac{\mathrm{K}_1(\gamma_2 b)}{\mathrm{I}_1(\gamma_2 b)}\mathrm{I}_1(\gamma_2 r)-\mathrm{K}_1(\gamma_2 r)\right] \\
H_{2\varphi}=-\dfrac{\mathrm{j}\omega\varepsilon_2}{\gamma_2}D_0\left[\dfrac{\mathrm{K}_0(\gamma_2 b)}{\mathrm{I}_0(\gamma_2 b)}\mathrm{I}_1(\gamma_2 r)+\mathrm{K}_1(\gamma_2 r)\right]
\end{cases}
\tag{7.3.7}
$$

将式(7.3.6)与式(7.3.7)代入边界条件式(7.2.2)的最后一个方程，便得到该系统的色散方程为

$$
\gamma_1^2\tan^2\psi\frac{\mathrm{I}_0(\gamma_1 a)\mathrm{K}_0(\gamma_1 a)}{\mathrm{I}_1(\gamma_1 a)\mathrm{K}_1(\gamma_1 a)}\left[1+\frac{\mu_0}{\mu_2}\frac{\gamma_2}{\gamma_1}\frac{\mathrm{I}_1(\gamma_1 a)}{\mathrm{I}_0(\gamma_1 a)}\cdot\frac{\mathrm{K}_0(\gamma_2 a)+\dfrac{\mathrm{K}_1(\gamma_2 b)}{\mathrm{I}_1(\gamma_2 b)}\mathrm{I}_0(\gamma_2 a)}{\mathrm{K}_1(\gamma_2 a)-\dfrac{\mathrm{K}_1(\gamma_2 b)}{\mathrm{I}_1(\gamma_2 b)}\mathrm{I}_1(\gamma_2 a)}\right]
$$

$$
=k_1^2\left[\frac{\mathrm{I}_1(\gamma_1 a)\mathrm{K}_0(\gamma_1 a)}{\mathrm{I}_0(\gamma_1 a)\mathrm{K}_1(\gamma_1 a)}+\frac{\gamma_1}{\gamma_2}\frac{\varepsilon_2}{\varepsilon_0}\frac{\mathrm{K}_0(\gamma_1 a)}{\mathrm{K}_1(\gamma_1 a)}\cdot\frac{\mathrm{K}_1(\gamma_2 a)+\dfrac{\mathrm{K}_0(\gamma_2 b)}{\mathrm{I}_0(\gamma_2 b)}\mathrm{I}_1(\gamma_2 a)}{\mathrm{K}_0(\gamma_2 a)-\dfrac{\mathrm{K}_0(\gamma_2 b)}{\mathrm{I}_0(\gamma_2 b)}\mathrm{I}_0(\gamma_2 a)}\right]
\tag{7.3.8}
$$

上述方程比较复杂，为了简化方程(7.3.8)，我们假定 $\gamma_1=\gamma_2=\gamma$，$\mu_2=\mu_0$，$\varepsilon_2=\varepsilon_0$，即螺旋线与金属屏蔽筒之间无介质，仍为真空，我们只研究金属屏蔽筒的影响. 可由方程(7.3.8)经过化简得到

$$
(\gamma a)^2\frac{\mathrm{I}_0(\gamma a)\mathrm{K}_0(\gamma a)}{\mathrm{I}_1(\gamma a)\mathrm{K}_1(\gamma a)}\frac{1-\dfrac{\mathrm{I}_0(\gamma a)\mathrm{K}_0(\gamma b)}{\mathrm{I}_0(\gamma b)\mathrm{K}_0(\gamma a)}}{1-\dfrac{\mathrm{I}_1(\gamma a)\mathrm{K}_1(\gamma b)}{\mathrm{I}_1(\gamma b)\mathrm{K}_1(\gamma a)}}=(ka)^2\cot^2\psi
\tag{7.3.9a}
$$

令

$$
\rho=\frac{1-\dfrac{\mathrm{I}_0(\gamma a)\mathrm{K}_0(\gamma b)}{\mathrm{I}_0(\gamma b)\mathrm{K}_0(\gamma a)}}{1-\dfrac{\mathrm{I}_1(\gamma a)\mathrm{K}_1(\gamma b)}{\mathrm{I}_1(\gamma b)\mathrm{K}_1(\gamma a)}}
\tag{7.3.10}
$$

则色散方程可写为

$$
(\gamma a)^2\frac{\mathrm{I}_0(\gamma a)\mathrm{K}_0(\gamma a)}{\mathrm{I}_1(\gamma a)\mathrm{K}_1(\gamma a)}\cdot\rho=(ka)^2\cot^2\psi
\tag{7.3.9b}
$$

上面的方程中，当 $b\to\infty$ 时，$\rho\to1$，方程(7.3.9b)就转变成方程(7.2.7)，可见系数 ρ 就代表金属屏蔽筒对色散的影响. 在一般情况下，由于 ρ 小于 1，外屏蔽金属筒的存在使波进一步变慢. 从物理本质来看，这是很显然的. 外屏蔽筒的存在将使系统分布电容增大，众所周知，当分布参量系统的分布电容增加时，系统上波

传播的相速就要下降. 人们常常将 ρ 写成 $(\mathrm{SLF})^2$，叫屏蔽筒负载因子.

现在，我们来考虑螺旋线与屏蔽筒之间均匀填充介质的情况，这时色散方程是式(7.3.8). 设 $\varepsilon_2=\varepsilon_0\varepsilon_r$，$\mu_2=\mu_0$，即介质为非铁磁性物质. 假定 $\gamma_1\approx\gamma_2$，即认为波被足够减慢，$\gamma_1\approx\gamma_2\approx\beta$，经过这样一些转换，由方程(7.3.8)可得

$$\gamma^2\frac{\mathrm{I}_{0a}\mathrm{K}_{0a}}{\mathrm{I}_{1a}\mathrm{K}_{1a}}\frac{1-\dfrac{\mathrm{I}_{0a}\mathrm{K}_{0b}}{\mathrm{K}_{0a}\mathrm{I}_{0b}}}{1-\dfrac{\mathrm{I}_{1a}\mathrm{K}_{1b}}{\mathrm{K}_{1a}\mathrm{I}_{1b}}}=k^2\cot^2\psi\left[1+(\varepsilon_r-1)\frac{1+\dfrac{\mathrm{I}_{1a}\mathrm{K}_{0b}}{\mathrm{K}_{1a}\mathrm{I}_{0b}}}{1+\dfrac{\mathrm{K}_{0a}\mathrm{I}_{1a}}{\mathrm{K}_{1a}\mathrm{I}_{0a}}}\right] \tag{7.3.11}$$

当 $\varepsilon_r=1$ 时，式(7.3.11)右边方括号中的项变为 1，这时式(7.3.11)就化为式(7.3.9a). 可见式(7.3.11)右边方括号中的项体现了介质的影响，令

$$\begin{cases}(\mathrm{DLF})^2=\left[1+(\varepsilon_r-1)\dfrac{1+\dfrac{\mathrm{I}_{1a}\mathrm{K}_{0b}}{\mathrm{K}_{1a}\mathrm{I}_{0b}}}{1+\dfrac{\mathrm{K}_{0a}\mathrm{I}_{1a}}{\mathrm{K}_{1a}\mathrm{I}_{0a}}}\right]^{-1}\\[2ex](\mathrm{SLF})^2=\dfrac{1-\dfrac{\mathrm{I}_{0a}\mathrm{K}_{0b}}{\mathrm{K}_{0a}\mathrm{I}_{0b}}}{1-\dfrac{\mathrm{I}_{1a}\mathrm{K}_{1b}}{\mathrm{K}_{1a}\mathrm{I}_{1b}}}\end{cases} \tag{7.3.12}$$

方程(7.3.11)就可写成

$$(\gamma a)^2\frac{\mathrm{I}_{0a}\mathrm{K}_{0a}}{\mathrm{I}_{1a}\mathrm{K}_{1a}}(\mathrm{DLF})^2(\mathrm{SLF})^2=(ka)^2\cot^2\psi \tag{7.3.13a}$$

或

$$(\gamma a)^2\frac{\mathrm{I}_{0a}\mathrm{K}_{0a}}{\mathrm{I}_{1a}\mathrm{K}_{1a}}(\mathrm{DSLF})^2=(ka)^2\cot^2\psi \tag{7.3.13b}$$

$$(\mathrm{DSLF})^2=(\mathrm{DLF})^2(\mathrm{SLF})^2 \tag{7.3.14}$$

式中，$(\mathrm{DLF})^2$ 称为介质负载因子；$(\mathrm{DSLF})^2$ 称为介质屏蔽筒负载因子，它体现了介质与屏蔽筒对色散的影响. $(\mathrm{SLF})^2$ 的影响在前面已讨论过了. 由方程(7.3.12)看出，$(\mathrm{DLF})^2<1$，可见，介质的存在同样使波变慢.

在微波管中，实际的介质夹持在很多情况下并非均匀介质圆环，最常见的是三根或四根圆形介质棒夹持，如图 7.3.2 所示. 当有介质夹持棒时，常用等效介质圆环来对色散特性进行计算. 如介质夹持棒是图 7.3.2(a)所示的楔形介质杆，则等效相对介电常数由下式决定：

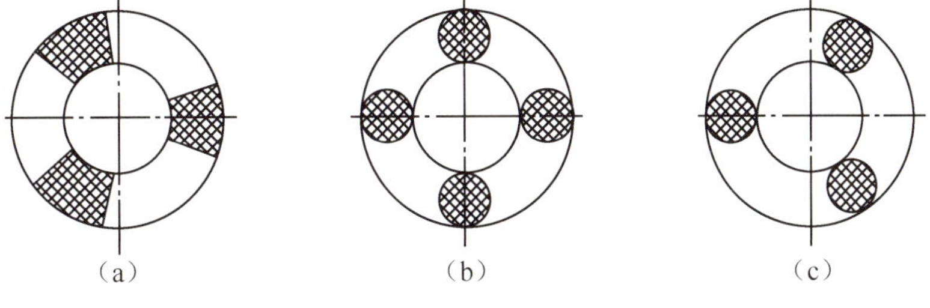

图 7.3.2 螺旋线的介质杆夹持形式

$$\varepsilon_{\mathrm{reff}}-1=\frac{N\theta}{2\pi}(\varepsilon_r-1) \tag{7.3.15}$$

式中，N 为介质杆的根数；θ 是楔形的张角；ε_r 为介质杆的相对介电常数. 这时我们用 $\varepsilon_{\mathrm{reff}}$ 代替 ε_r 代入方程(7.3.12)与方程(7.3.13b)，就可计算系统的色散特性. 当介质杆是圆杆时，可将圆形介质杆化为等截面面积的楔形杆，等效楔形杆的张角 θ 为

$$\theta=\frac{\pi}{2}\frac{b-a}{b+a} \tag{7.3.16}$$

这时，等效楔形杆与螺旋线和屏蔽筒均接触，由 θ 可进而求 $\varepsilon_{\text{reff}}$，再按式(7.3.12)计算$(\text{DLF})^2$.

下面来分析有金属屏蔽筒和介质时的耦合阻抗.

由式(7.3.6)与式(7.3.7)，可算出整个系统中电磁波的功率流，进一步由耦合阻抗的定义，可得出有金属屏蔽筒和介质环时轴上的耦合阻抗 $K_c(0)$满足下式：

$$\frac{1}{K_c(0)}=\frac{2\beta^2 P}{E_z^2(0)}=\pi\left(\frac{k}{\beta}\right)\left(\frac{\beta}{\gamma}\right)^4\sqrt{\frac{\varepsilon_0}{\mu_0}}(\gamma a)^2\mathrm{I}_0(\gamma a)\cdot\left[P_{s1}\frac{\varepsilon_2}{\varepsilon_0}+\frac{P_{s2}}{\left(\frac{k}{\gamma}\cot\psi\right)^2}+P_{s3}\right]\tag{7.3.17}$$

式中

$$P_{s1}=\frac{1-2\gamma aG_{00}G_{10}-(\gamma a)^2[G_{10}^2-G_{00}^2]}{(\gamma a)^2G_{00}^2}$$

$$P_{s2}=\frac{-1-2\gamma aG_{11}G_{01}-(\gamma a)^2[G_{11}^2-G_{01}^2]}{(\gamma a)^2G_{11}^2}+\frac{\mathrm{I}_0^2(\gamma a)}{\mathrm{I}_1^2(\gamma a)}P_{s3}$$

$$P_{s3}=\frac{\mathrm{I}_1^2(\gamma a)}{\mathrm{I}_0^2(\gamma a)}-1+\frac{2}{\gamma a}\cdot\frac{\mathrm{I}_1(\gamma a)}{\mathrm{I}_0(\gamma a)}$$

$$G_{00}=\mathrm{I}_0(\gamma a)\mathrm{K}_0(\gamma b)-\mathrm{K}_0(\gamma a)\mathrm{I}_0(\gamma b)$$

$$G_{11}=\mathrm{I}_1(\gamma a)\mathrm{K}_1(\gamma b)-\mathrm{K}_1(\gamma a)\mathrm{I}_1(\gamma b)$$

$$G_{01}=\mathrm{I}_0(\gamma a)\mathrm{K}_1(\gamma b)+\mathrm{K}_0(\gamma a)\mathrm{I}_1(\gamma b)$$

$$G_{10}=\mathrm{I}_1(\gamma a)\mathrm{K}_0(\gamma b)+\mathrm{K}_1(\gamma a)\mathrm{I}_0(\gamma b)$$

在得出式(7.3.17)时，我们假定 $\mu_2=\mu_0$，并且近似取 $\gamma_1=\gamma_2=\gamma$.

在式(7.3.17)中，当 $b\to\infty$时，我们就得出在螺旋线外有均匀介质包围而无屏蔽筒时的耦合阻抗 $K_c'(0)$满足下式：

$$\frac{1}{K_c'(0)}=\pi\left(\frac{k}{\beta}\right)\left(\frac{\beta}{\gamma}\right)^4\sqrt{\frac{\varepsilon}{\mu}}(\gamma a)^2\mathrm{I}_0^2(\gamma a)[P_{u1}+P_{u2}(\varepsilon_u/\varepsilon)]\tag{7.3.18}$$

式中

$$P_{u1}=\left[\frac{1-(\gamma a\mathrm{I}_0\mathrm{K}_1)^2}{\gamma a\mathrm{I}_1\mathrm{K}_0}\right]\left[\frac{\mathrm{I}_1^2}{\mathrm{I}_0^2}-1+\frac{2\mathrm{I}_1}{\gamma a\mathrm{I}_0}\right]-\left[\frac{(\gamma a\mathrm{I}_1\mathrm{K}_0)^2}{\gamma a\mathrm{I}_0\mathrm{K}_1}\right]\left[\frac{K_1^2}{K_0^2}-1-\frac{2\mathrm{K}_1}{\gamma a\mathrm{K}_0}\right]$$

$$P_{u2}=\left[\frac{(\gamma a\mathrm{I}_0\mathrm{K}_1)^2}{\gamma a\mathrm{I}_1\mathrm{K}_0}\right]\left[\frac{\mathrm{I}_1^2}{\mathrm{I}_0^2}-1+\frac{2\mathrm{I}_1}{\gamma a\mathrm{I}_0}\right]-\left[\frac{1-(\gamma a\mathrm{I}_1\mathrm{K}_0)^2}{\gamma a\mathrm{I}_0\mathrm{K}_1}\right]\left[\frac{K_1^2}{K_0^2}-1-\frac{2\mathrm{K}_1}{\gamma a\mathrm{K}_0}\right]$$

上面式中所有贝塞尔函数的宗量均为 γa. ε_u 为包围螺旋线的有效的介电常数，一般近似取 ε_u 等于 ε_2.

由方程(7.3.17)与方程(7.3.18)，我们引入一个耦合阻抗降低因数 F_3：

$$F_3=\frac{\text{有介质包围和屏蔽筒时螺旋导面耦合阻抗}}{\text{介质包围螺旋导面耦合阻抗}}$$

$$F_3=\frac{P_{u1}+P_{u2}(\varepsilon_2/\varepsilon_0)}{P_{s3}+\frac{P_{s3}}{\left(\frac{k}{r}\cot\psi\right)^2}+P_{s1}(\varepsilon_2/\varepsilon_0)}\tag{7.3.19}$$

F_3 体现了屏蔽筒对耦合阻抗的影响.

上面讨论了介质与金属屏蔽圆筒对螺旋线特性的影响. 如果金属屏蔽筒不在螺旋线外部而在螺旋线内部，即螺旋线具有中心导体时，其特性又如何呢？下面我们就来讨论这一问题.

系统截面如图 7.3.3 所示. 内导体圆柱的半径为 c，螺旋线半径为 a，我们仍用螺旋导电面模型来进行分析. 将空间分成两区，Ⅰ区：$c\leqslant r\leqslant a$；Ⅱ区：$a\leqslant r\leqslant\infty$.

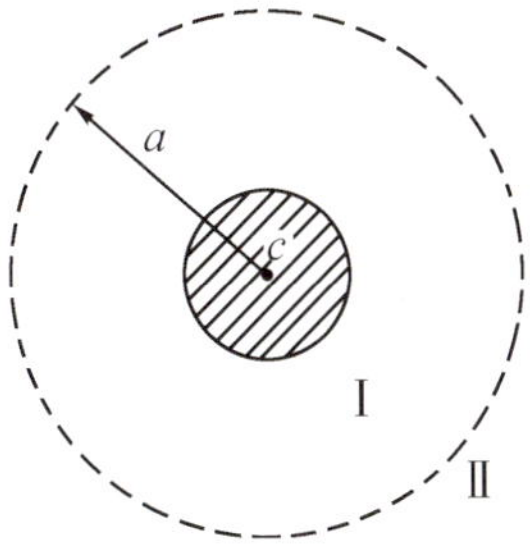

图 7.3.3　具有中心导体的螺旋线截面

研究最低波型，在Ⅰ区可解出场分布为

$$\begin{cases} E_{1z}=B_1\mathrm{I}_0(\gamma r)+B_2\mathrm{K}_0(\gamma r) \\ E_{1r}=\dfrac{\mathrm{j}\beta}{\gamma}[B_1\mathrm{I}_1(\gamma r)-B_2\mathrm{K}_1(\gamma r)] \\ E_{1\psi}=-\dfrac{\mathrm{j}\omega\mu_0}{\gamma}[B_3\mathrm{I}_1(\gamma r)-B_4\mathrm{K}_1(\gamma r)] \\ H_{1z}=B_3\mathrm{I}_0(\gamma r)+B_4\mathrm{K}_0(\gamma r) \\ H_{1r}=\dfrac{\mathrm{j}\beta}{\gamma}[B_3\mathrm{I}_1(\gamma r)-B_4\mathrm{K}_1(\gamma r)] \\ H_{1\psi}=-\dfrac{\mathrm{j}\omega\varepsilon_0}{\gamma}[B_1\mathrm{I}_1(\gamma r)-B_2\mathrm{K}_1(\gamma r)] \end{cases} \tag{7.3.20}$$

在Ⅱ区有

$$\begin{cases} E_{2z}=B_5\mathrm{K}_0(\gamma r) \\ E_{2r}=-\dfrac{\mathrm{j}\beta}{\gamma}B_5\mathrm{K}_1(\gamma r) \\ E_{2\psi}=\mathrm{j}\dfrac{\omega\mu_0}{\gamma}B_6\mathrm{K}_1(\gamma r) \\ H_{2z}=B_6\mathrm{K}_0(\gamma r) \\ H_{2r}=-\dfrac{\mathrm{j}\beta}{\gamma}B_6\mathrm{K}_1(\gamma r) \\ H_{2\psi}=-\dfrac{\mathrm{j}\omega\varepsilon_0}{\gamma}B_5\mathrm{K}_1(\gamma r) \end{cases} \tag{7.3.21}$$

在 $r=a$ 处，电磁场分量仍满足一般螺旋导电面的边界条件式(7.2.2)；在 $r=c$ 处，有边界条件

$$\begin{cases} E_{1z}=0 \\ E_{1\varphi}=0 \end{cases} \tag{7.3.22}$$

利用上述边界条件，我们得到待定常数之间的关系为

$$\begin{cases} B_2=-\dfrac{\mathrm{I}_0(\gamma c)}{\mathrm{K}_0(\gamma c)}B_1 \\ B_3=\mathrm{j}\dfrac{\gamma R}{\omega\mu_0\cot\psi}B_1 \\ B_4=\mathrm{j}\dfrac{\gamma R}{\omega\mu_0\cot\psi}\cdot\dfrac{\mathrm{I}_1(\gamma c)}{\mathrm{K}_1(\gamma c)}B_1 \\ B_5=\dfrac{S}{\mathrm{K}_{0a}}B_1 \\ B_6=\mathrm{j}\dfrac{\gamma S}{\omega\mu_0\cot\psi}\cdot\dfrac{1}{\mathrm{K}_{1a}}B_1 \end{cases} \tag{7.3.23}$$

式中

$$\begin{cases} R=\dfrac{K_1(\gamma c)}{K_0(\gamma c)}\cdot\dfrac{K_0(\gamma a)I_0(\gamma c)-I_0(\gamma a)K_0(\gamma c)}{I_1(\gamma a)K_1(\gamma c)-K_1(\gamma a)I_1(\gamma c)} \\ S=\dfrac{I_0(\gamma a)K_0(\gamma c)-K_0(\gamma a)I_0(\gamma c)}{K_0(\gamma c)} \end{cases} \tag{7.3.24}$$

将场方程(7.3.20)与方程(7.3.21)代入边界条件(7.2.2)，并利用待定常数之间的关系式(7.3.23)，得到具有中心导体的螺旋线色散方程为

$$(\gamma a)^2\cdot\frac{I_0(\gamma a)K_0(\gamma a)}{I_1(\gamma a)K_1(\gamma a)}\cdot\rho'=(ka)^2\cot^2\psi \tag{7.3.25}$$

式中

$$\rho'=\frac{1-\dfrac{I_0(\gamma c)K_0(\gamma a)}{I_0(\gamma a)K_0(\gamma c)}}{1-\dfrac{K_1(\gamma a)I_1(\gamma c)}{K_1(\gamma c)I_1(\gamma a)}} \tag{7.3.26}$$

将上述色散方程与用螺旋导电面模型所得到的单根螺旋线的色散方程(7.2.7)比较，为了确定中心导体对波色散特性的影响，只要研究一下系数 ρ' 就行了. 由方程(7.3.26)可见，当 $c\to 0$ 时，$\rho'\to 1$，当 $c\neq 0$ 时，$\rho'<l$. 因此，中心导体的存在也导致波进一步减慢. 中心导体的影响和外屏蔽金属圆筒的影响十分相似. 事实上，既然内导体的存在和外屏蔽金属筒一样，将引起系统分布电容增加，因而，同样使波进一步变慢就是十分自然的了.

7.4 带状螺旋线理论

在前面的研究中，我们均采用了螺旋导电面的近似假设. 在螺旋导电面模型下，忽略了螺旋线的不均匀性，没有考虑绕成螺旋线的几何尺寸的影响，因而就不能更深入地了解波在螺旋线慢波系统中传播的特性. 为了进一步发展螺旋线的理论，使之更接近实际的螺旋线，我们放弃螺旋导电面的假设，而认为螺旋线是由金属带绕成的. 螺旋线在轴向上的周期为 L，带宽为 δ，忽略螺旋带的厚度，认为螺旋带无限薄，其半径为 a. 螺旋带系统如图 7.4.1 所示.

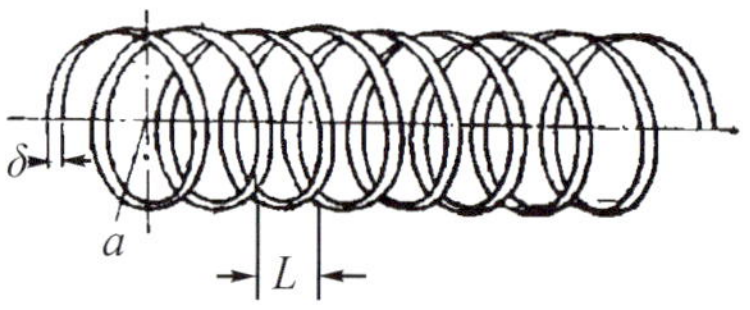

图 7.4.1　螺旋带系统

我们研究单根无限长的螺旋带系统，这种系统具有复杂的边界条件，我们首先分析这种复杂的边界条件给场分布带来什么样的特点. 在圆柱坐标系统中，螺旋线不仅在 z 方向具有周期性，在 φ 方向系统也是不均匀的，故场既要在 z 方向展开，也要在 φ 方向展开. 螺旋线在 z 方向移动一个周期 L 的距离，则它与原螺旋线完全重合. 根据弗洛奎定理，场仅差一个复常数，故电场或磁场的任一个场分量有如下形式(略去时间因子 $e^{j\omega t}$)：

$$A=\sum_{n=-\infty}^{\infty}\sum_{m=-\infty}^{\infty}A_{nm}(r)e^{-j\beta_n z}e^{jm\varphi} \tag{7.4.1}$$

式中

$$\beta_n=\beta_0+\frac{2\pi n}{L}$$

或

$$A=e^{-j\beta_0 z}\sum_{n=-\infty}^{\infty}\sum_{m=-\infty}^{\infty}A_{nm}(r)e^{-j\left(\frac{2\pi n}{L}z-m\varphi\right)} \tag{7.4.2}$$

螺旋线还具有螺旋对称性. 如果螺旋线沿 z 轴移动的距离 $l<L$，那么，只要同时将螺旋线旋转 $\dfrac{2\pi l}{L}$ 角度(假定坐标旋转的方向即 φ 的正向与螺旋线旋转方向相同)，就能使运动后的螺旋线与原来的位置完全重

合. 场在点(r,φ,z)处由方程(7.4.2)描述,场在点$\left(r,\varphi+\dfrac{2\pi l}{L},z+l\right)$的表达式应为

$$A=\mathrm{e}^{-\mathrm{j}\beta_0(z+l)}\sum_{n=-\infty}^{\infty}\sum_{m=-\infty}^{\infty}A_{nm}(r)\mathrm{e}^{-\mathrm{j}\left[n\frac{2\pi}{L}z-m\varphi+\frac{2\pi l}{L}(n-m)\right]} \tag{7.4.3}$$

由于系统具有上述螺旋对称的特点,点(r,φ,z)与点$\left(r,\varphi+\dfrac{2\pi l}{L},z+l\right)$对于螺旋线的相对位置是一样的,因而这两点应具有相同的场结构,这只有在下面条件成立时才有可能:

$$A_{nm}=\begin{cases}0 & (m\neq n)\\ A_n & (m=n)\end{cases} \tag{7.4.4}$$

这就表明,由于系统螺旋对称的特点,得出$m=n$,即沿φ方向与沿z方向展开的谐波号数应该相同. 于是电磁场分量应有如下形式:

$$A=\sum_{n=-\infty}^{\infty}A_n(r)\mathrm{e}^{-\mathrm{j}n\left(\frac{2\pi}{L}z-\varphi\right)}\cdot\mathrm{e}^{-\mathrm{j}\beta_0 z} \tag{7.4.5}$$

我们仍将空间分为两区:Ⅰ区,$0\leqslant r\leqslant a$;Ⅱ区,$a\leqslant r\leqslant\infty$. 分区求解场方程,利用场的横向分量与纵向分量的关系,并利用上面所得螺旋线场分布的特点,我们有

Ⅰ区:

$$\begin{cases}
E_{1z}=\mathrm{e}^{-\mathrm{j}\beta_0 z}\sum\limits_{n=-\infty}^{\infty}A_n\mathrm{I}_n(\gamma_n r)\mathrm{e}^{-\mathrm{j}n\left(\frac{2\pi}{L}z-\varphi\right)}\\
E_{1r}=\mathrm{e}^{-\mathrm{j}\beta_0 z}\sum\limits_{n=-\infty}^{\infty}\left[\dfrac{\mathrm{j}\beta_n}{\gamma_n}A_n\mathrm{I}_n'(\gamma_n r)-\dfrac{\omega\mu}{\gamma_n^2}\cdot\dfrac{n}{r}B_n\mathrm{I}_n(\gamma_n r)\right]\mathrm{e}^{-\mathrm{j}n\left(\frac{2\pi}{L}z-\varphi\right)}\\
E_{1\varphi}=\mathrm{e}^{-\mathrm{j}\beta_0 z}\sum\limits_{n=-\infty}^{\infty}\left[\dfrac{-\beta_n}{\gamma_n^2}\cdot\dfrac{n}{r}A_n\mathrm{I}_n(\gamma_n r)-\mathrm{j}\dfrac{\omega\mu}{\gamma_n}B_n\mathrm{I}_n'(\gamma_n r)\right]\mathrm{e}^{-\mathrm{j}n\left(\frac{2\pi}{L}z-\varphi\right)}\\
H_{1z}=\mathrm{e}^{-\mathrm{j}\beta_0 z}\sum\limits_{n=-\infty}^{\infty}B_n\mathrm{I}_n(\gamma_n r)\mathrm{e}^{-\mathrm{j}n\left(\frac{2\pi}{L}z-\varphi\right)}\\
H_{1r}=\mathrm{e}^{-\mathrm{j}\beta_0 z}\sum\limits_{n=-\infty}^{\infty}\left[\dfrac{\omega\varepsilon}{\gamma_n^2}\cdot\dfrac{n}{r}A_n\mathrm{I}_n(\gamma_n r)+\mathrm{j}\dfrac{\beta_n}{\gamma_n}B_n\mathrm{I}_n'(\gamma_n r)\right]\mathrm{e}^{-\mathrm{j}n\left(\frac{2\pi}{L}z-\varphi\right)}\\
H_{1\varphi}=\mathrm{e}^{-\mathrm{j}\beta_0 z}\sum\limits_{n=-\infty}^{\infty}\left[\dfrac{\mathrm{j}\omega\varepsilon}{\gamma_n}A_n\mathrm{I}_n'(\gamma_n r)-\dfrac{\beta_n}{\gamma_n^2}\cdot\dfrac{n}{r}B_n\mathrm{I}_n(\gamma_n r)\right]\mathrm{e}^{-\mathrm{j}n\left(\frac{2\pi}{L}z-\varphi\right)}
\end{cases} \tag{7.4.6}$$

Ⅱ区:

$$\begin{cases}
E_{2z}=\mathrm{e}^{-\mathrm{j}\beta_0 z}\sum\limits_{n=-\infty}^{\infty}C_n\mathrm{K}_n(\gamma_n r)\mathrm{e}^{-\mathrm{j}n\left(\frac{2\pi}{L}z-\varphi\right)}\\
E_{2r}=\mathrm{e}^{-\mathrm{j}\beta_0 z}\sum\limits_{n=-\infty}^{\infty}\left[\dfrac{\mathrm{j}\beta_n}{\gamma_n}C_n\mathrm{K}_n'(\gamma_n r)-\dfrac{\omega\mu}{\gamma_n^2}\cdot\dfrac{n}{r}D_n\mathrm{K}_n(\gamma_n r)\right]\cdot\mathrm{e}^{-\mathrm{j}n\left(\frac{2\pi}{L}z-\varphi\right)}\\
E_{2\varphi}=\mathrm{e}^{-\mathrm{j}\beta_0 z}\sum\limits_{n=-\infty}^{\infty}\left[-\dfrac{\beta_n}{\gamma_n^2}\cdot\dfrac{n}{r}C_n\mathrm{K}_n(\gamma_n r)-\dfrac{\mathrm{j}\omega\mu}{\gamma_n}\cdot D_n\mathrm{K}_n'(\gamma_n r)\right]\cdot\mathrm{e}^{-\mathrm{j}n\left(\frac{2\pi}{L}z-\varphi\right)}\\
H_{2z}=\mathrm{e}^{-\mathrm{j}\beta_0 z}\sum\limits_{n=-\infty}^{\infty}D_n\mathrm{K}_n(\gamma_n r)\mathrm{e}^{-\mathrm{j}n\left(\frac{2\pi}{L}z-\varphi\right)}\\
H_{2r}=\mathrm{e}^{-\mathrm{j}\beta_0 z}\sum\limits_{n=-\infty}^{\infty}\left[\dfrac{\omega\varepsilon}{\gamma_n^2}\cdot\dfrac{n}{r}C_n\mathrm{K}_n(\gamma_n r)+\mathrm{j}\dfrac{\beta_n}{\gamma_n}D_n\mathrm{K}_n'(\gamma_n r)\right]\cdot\mathrm{e}^{-\mathrm{j}n\left(\frac{2\pi}{L}z-\varphi\right)}\\
H_{2\varphi}=\mathrm{e}^{-\mathrm{j}\beta_0 z}\sum\limits_{n=-\infty}^{\infty}\left[\dfrac{\mathrm{j}\omega\varepsilon}{\gamma_n}\cdot C_n\mathrm{K}_n'(\gamma_n r)-\dfrac{\beta_n}{\gamma_n^2}\cdot\dfrac{n}{r}D_n\mathrm{K}_n(\gamma_n r)\right]\cdot\mathrm{e}^{-\mathrm{j}n\left(\frac{2\pi}{L}z-\varphi\right)}
\end{cases} \tag{7.4.7}$$

式中

$$\gamma_n^2=\beta_n^2-k^2$$

A_n、B_n、C_n、D_n 为第 n 次空间谐波的相应待定常数，它们由螺旋带的边界条件确定. 我们现在来详细讨论螺旋带的边界条件.

在螺旋带所在的 $r=a$ 的圆柱面上，电场的切向分量仍然连续，即有

$$\begin{cases}E_{1z}=E_{2z}\\E_{1\varphi}=E_{2\varphi}\end{cases}\tag{7.4.8}$$

我们假定，在金属螺旋带内流动的有高频电流，其方向为螺旋方向，其幅值在螺旋带上是不变的，在螺旋带方向上相位对 z 的变化为 $\beta_0 z$. 高频电流幅值变化如图 7.4.2 所示. 实际高频电流在螺旋带的宽度上将是变化的，但当 $\delta/L\ll 1$ 时，电流幅值变化的影响是很小的. 这样，螺旋带上电流可表示为

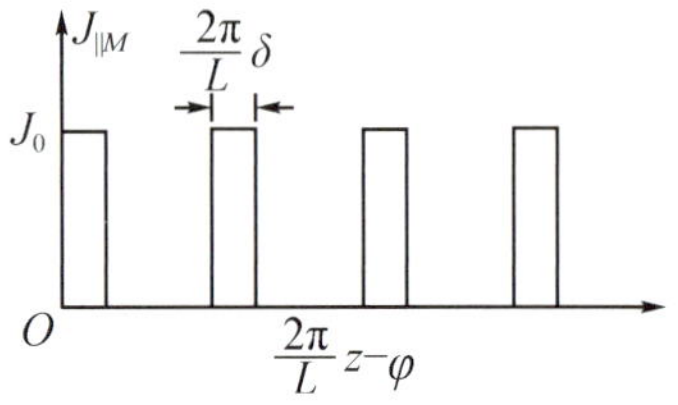

图 7.4.2 $r=a$ 面上高频电流幅值分布

$$J_{\perp}=0\tag{7.4.9}$$

$$J_{\parallel}=J_{\parallel M}e^{-j\beta_0 z}\tag{7.4.10}$$

$$J_{\parallel M}=\begin{cases}J_0 & \left(\frac{L\varphi}{2\pi}<z<\frac{L\varphi}{2\varphi}+\delta\right)\\0 & (z\ \text{在一个周期的其余地方})\end{cases}\tag{7.4.11}$$

在 $r=a$ 的面上，我们将电流展开：

$$\begin{cases}J_{\parallel}=e^{-j\beta_0 z}\sum\limits_{n=-\infty}^{\infty}J_{\parallel n}e^{-jn\left(\frac{2\pi}{L}z-\varphi\right)}\\J_{\parallel n}=J_{\parallel 0}e^{j\frac{2\pi}{L}\delta}\cdot\dfrac{\sin\frac{n\pi\delta}{L}}{\frac{n\pi\delta}{L}}\\J_{\parallel 0}=\dfrac{\delta}{L}J_0\end{cases}\tag{7.4.12}$$

我们将带上变化的电流看成是激励电磁场的源，在 $r=a$ 圆柱面的两边，有关系

$$\begin{cases}H_{2\varphi}-H_{1\varphi}=J_{\parallel}\sin\psi\\H_{1z}-H_{2z}=J_{\parallel}\cos\psi\end{cases}\tag{7.4.13}$$

由于在导体带上 $\boldsymbol{E}_{\parallel}=0$，在带间 $\boldsymbol{J}_{\parallel}=0$，因而有

$$\left.\int_S \boldsymbol{E}_{\parallel}\cdot\boldsymbol{J}_{\parallel}^{*}\,dS=0\right\}\tag{7.4.14}$$

上面积分是在一个周期 L 内 $r=a$ 圆柱面上进行的，在上面诸式中，下标“∥”表示 $r=a$ 上沿螺旋方向的分量；“⊥”表示同一面上与螺旋带垂直的方向. 方程(7.4.8)、方程(7.4.13)与方程(7.4.14)就是螺旋带的边界条件，将方程(7.4.6)与方程(7.4.7)代入方程(7.4.8)与方程(7.4.13)，得到

$$\begin{cases} A_n = \dfrac{\mathrm{K}_n(\gamma_n a)}{\mathrm{I}_n(\gamma_n a)} C_n \\ B_n = \dfrac{\mathrm{K}'_n(\gamma_n a)}{\mathrm{I}'_n(\gamma_n a)} D_n \\ C_n = \dfrac{\gamma_n}{\mathrm{j}\omega\varepsilon} J_{\parallel n} \cdot \dfrac{\dfrac{\beta_n}{\gamma_n^2} \cdot \dfrac{n}{a}\cos\psi - \sin\psi}{\dfrac{\mathrm{K}_n(\gamma_n a)}{\mathrm{I}_n(\gamma_n a)} \mathrm{I}'_n(\gamma_n a) - \mathrm{K}'_n(\gamma_n a)} \\ D_n = \dfrac{J_{\parallel n}\cos\psi}{\dfrac{\mathrm{K}'_n(\gamma_n a)}{\mathrm{I}'_n(\gamma_n a)} \mathrm{I}_n(\gamma_n a) - \mathrm{K}_n(\gamma_n a)} \end{cases} \tag{7.4.15}$$

我们将方程(7.4.15)代入场方程(7.4.6)与方程(7.4.7)，可消去常数 A_n、B_n、C_n 与 D_n，然后利用 $\boldsymbol{E}_{\parallel}$ 与 $\boldsymbol{J}_{\parallel}$ 在 S 面上的正交性，可得

$$\int_S \boldsymbol{E}_{\parallel} \cdot \boldsymbol{J}_{\parallel}^* \mathrm{d}S = \sum_{n=-\infty}^{\infty} \int_S E_{\parallel n} J_{\parallel n}^* \mathrm{d}S = 0 \tag{7.4.16}$$

而

$$\boldsymbol{E}_{\parallel n} = \boldsymbol{E}_{zn}\sin\psi + \boldsymbol{E}_{\varphi n}\cos\psi$$

将场方程代入式(7.4.16)可得

$$E_{\parallel n} = \mathrm{j}\frac{\sin^2\psi \mathrm{e}^{-\mathrm{j}\beta_0 z}}{\omega\varepsilon a} \cdot \mathrm{e}^{-\mathrm{j}n\left(\frac{2\pi}{L}z-\varphi\right)} \left\{ \left[(\gamma_n a) - \frac{n\beta_n a}{(\gamma_n a)}\cot\psi \right]^2 \cdot \mathrm{I}_n(\gamma_n a)\mathrm{K}_n(\gamma_n a) + (ka)^2\cot^2\psi \mathrm{I}'_n(\gamma_n a) \cdot \mathrm{K}'_n(\gamma_n a) \right\} J_{\parallel n} \tag{7.4.17}$$

将式(7.4.17)代入式(7.4.16)，得到

$$\sum_{n=-\infty}^{\infty} \left\{ \left[(\gamma_n a)^2 - 2n\beta_n a\cot\psi + \frac{(\beta_n a)^2}{(\gamma_n a)^2} n^2\cot^2\psi \right] \cdot \mathrm{I}_n(\gamma_n a)\mathrm{K}_n(\gamma_n a) + (ka)^2\cot^2\psi \mathrm{I}'_n(\gamma_n a) \cdot K'_n(\gamma_n a) \right\} D_n = 0 \tag{7.4.18}$$

这就是单根螺旋带的色散方程. 其中，D_n 取决于对电流 $J_{\parallel}$ 展开时所作的假设. 对窄带螺旋线，在我们的假定下，有

$$D_n = \frac{\sin^2\left(\dfrac{n\pi}{L}\delta'\right)}{\left(\dfrac{n\pi\delta}{L}\right)^2} \tag{7.4.19}$$

利用 γ_n、β_n、β_0 之间的关系，可将方程(7.4.18)化为

$$\sum_{n=-\infty}^{\infty} \left\{ \left[(\beta_0 a)^2 - (ka)^2 + (ka)^2 \cdot \frac{n^2\cot^2\psi}{(\gamma_n a^2)} \right] \mathrm{I}_n(\gamma_n a)\mathrm{K}_n(\gamma_n a) + (ka)^2\cot^2\psi \mathrm{I}'_n(\gamma_n a)\mathrm{K}'_n(\gamma_n a) \right\} D_n = 0 \tag{7.4.20}$$

由方程(7.4.18)与方程(7.4.20)看出，带状螺旋线的色散方程包括无穷多项，而与由螺旋导电面模型所得到的基波和高次型波的色散方程不同. 但如果在方程(7.4.18)中只取一项，例如取 $n=0$ 的一项或取 $n\neq 0$ 的某一项，就得到螺旋导电面模型的基波或高次波型的色散方程.

对于一个给定的螺旋线(这时螺旋线的参量 ψ、L、δ、a 均给定)，选定一个 ka 值，由方程(7.4.18)或方程(7.4.20)就可解出相应的 β_0，进而利用 β_0 与 β_n 的关系可求得 β_n，这样就可以求出 β-k 关系曲线. 当 $\psi=10°$，$\pi\delta/L=0.1$ 时，解出的 β_0 与 k 的关系如图 7.4.3(a)所示，相应的 v_p/c 如图 7.4.3(b)所示. 而各次谐波的色散特性曲线如图 7.4.4 所示.

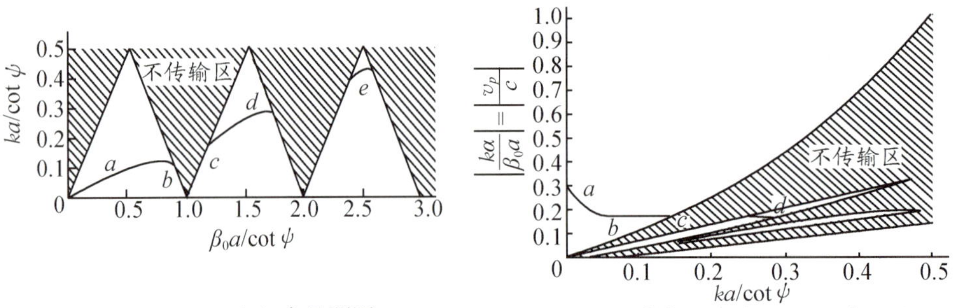

（a）布里渊图　　（b）v_p/c与$ka/\cot\psi$关系图

图 7.4.3　带状螺旋线的色散特性（$\psi=10°$，$\pi\delta/L=0.1$）

由于色散方程的解在$(ka)/\cot\psi$较低值的范围内是非单值的，每一个解就对应一种模式（波型），图中给出的a、b、c、d、e表示螺旋线的几个传播模式. 当$(ka)/\cot\psi$较低时，β_0有三个值，分别对应于a、b、c三段曲线，a、c为前向波，而b为返波. 模式a具有通常的色散特性，是行波管中常用的一个模式，在适当的频率范围内，它具有平坦的色散特性，波的相速接近于$c\sin\psi$. 模式d、e在频率较高时出现，为前向波. 由上述分析看出，螺旋线可以传输几个模式的波，而每一个模式又包括了无数个空间谐波.

比较一下带状螺旋线的色散图 7.4.4 与螺旋导电面高次波型的色散图 7.2.3 是有意义的. 可以看出，带状螺旋线的空间谐波相应于螺旋导电面的各高次波型，而整个色散曲线为周期分布的“禁区”所切断.

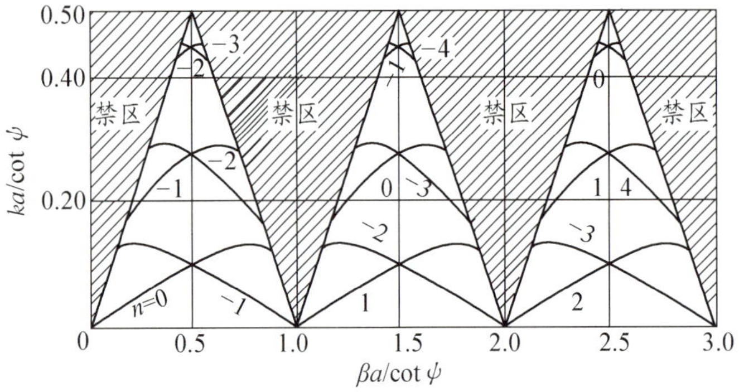

图 7.4.4　各空间谐波的色散特性曲线

严格求解方程(7.4.18)或方程(7.4.20)是不方便的，下面介绍它的近似解. 在前面，在螺旋导电面近似下，高次波型的色散方程为

$$\frac{[(\gamma_n a)^2 - n\beta_n a\cot\psi]^2}{(ka)^2(\gamma_n a)^2\cot^2\psi} = -\frac{\mathrm{I}'_{na}\mathrm{K}'_{na}}{\mathrm{I}_{na}\mathrm{K}_{na}} \tag{7.4.21}$$

由带状螺旋线理论所得到的色散方程是式(7.4.18)或式(7.4.20)，其中如果某一项n，有$(\gamma_n a)$接近于零的话，则在方程(7.4.18)或方程(7.4.20)中，只有n这一项重要，而其余各项均可忽略不计，于是所得出的近似式就是方程(7.4.21). 这样，我们就可看到，由两种不同概念所得到的色散方程能互相符合.

如果$(\gamma_n a)$不为零，则有近似式

$$\frac{\mathrm{I}'_{na}\mathrm{K}'_{na}}{\mathrm{I}_{na}\mathrm{K}_{na}} \approx \frac{n^2 + (\gamma_n a)^2}{(\gamma_n a)^2} \tag{7.4.22}$$

在色散方程(7.4.20)中，只取n这一项，利用上面的近似式，可以得到

$$\begin{cases}(\beta_0 a) = ka\sqrt{1+\cot^2\psi} \\ (\beta_n a) = ka\sqrt{1+\cot^2\psi} + n\cot\psi\end{cases} \tag{7.4.23a}$$

如果ψ很小，$\cot\psi \gg 1$，这时有

$$\begin{cases}\beta_0 a \approx ka\cot\psi \\ \beta_n a = (ka+n)\cot\psi\end{cases} \tag{7.4.23b}$$

由此我们得

$$\frac{v_{p0}}{c} \approx \sin\psi \tag{7.4.24}$$

由方程(7.4.20),只取一项,还可得到

$$(\gamma_0 a)^2 + (ka)^2 \frac{n^2\cot^2\psi}{(\gamma_n a)^2} = -(ka)^2\cot^2\psi \frac{\mathrm{I}'_{na}\mathrm{K}'_{na}}{\mathrm{I}_{na}\mathrm{K}_{na}} \tag{7.4.25}$$

利用关系式(7.4.22)得

$$(\gamma_n a)^2[(\gamma_0 a)^2 - (ka)^2\cot^2\psi] = 0 \tag{7.4.26}$$

于是有

$$\begin{cases}(\gamma_n a) = 0 \quad (n = \pm 1, \pm 2, \pm 3, \cdots) \\ (\gamma_0 a) = ka\cot\psi\end{cases} \tag{7.4.27}$$

即

$$\begin{cases}\beta_n = k \quad (n = \pm 1, \pm 2, \pm 3, \cdots) \\ \beta_0 = k\cot\psi\end{cases} \tag{7.4.28}$$

以上表明,在近似条件下,沿螺旋线传输两种波:一种是慢波,另一种是一对无限多的快波(相速等于光速).

以上讨论了波的色散特性,下面我们再来研究波的耦合阻抗,为此,我们先计算系统中电磁波的平均功率流:

$$P = P_{\mathrm{I}} + P_{\mathrm{II}}$$

式中,P_{I}、P_{II} 分别表示Ⅰ区和Ⅱ区的功率流.

$$P_{\mathrm{I}} = \frac{1}{2}\mathrm{Re}\int_0^{2\pi}\int_0^a [E_{1r}H_{1\varphi}^* - E_{1\varphi}H_{1r}^*] r\mathrm{d}r\mathrm{d}\varphi$$

$$P_{\mathrm{II}} = \frac{1}{2}\mathrm{Re}\int_0^{2\pi}\int_a^\infty [E_{2r}H_{2\varphi}^* - E_{2\varphi}H_{2r}^*] r\mathrm{d}r\mathrm{d}\varphi$$

我们再利用第 5 章所得到的结论:波的总功率流等于各空间谐波的功率流的总和,于是有

$$P_{\mathrm{I}} = \sum_{n=-\infty}^{\infty} P_{\mathrm{I}n}$$

$$P_{\mathrm{II}} = \sum_{n=-\infty}^{\infty} P_{\mathrm{II}n}$$

$$P = \sum P_n = \sum (P_{\mathrm{I}n} + P_{\mathrm{II}n})$$

$$P_{\mathrm{I}n} = \pi\,\mathrm{Re}\int_0^a [E_{1rn}H_{1\varphi n}^* - E_{1\varphi n}H_{1rn}^*] r\mathrm{d}r$$

$$P_{\mathrm{II}n} = \pi\,\mathrm{Re}\int_0^\infty [E_{2rn}H_{2\varphi n}^* - E_{2\varphi n}H_{2rn}^*] r\mathrm{d}r$$

将前面所得场分量方程式代入上面式子进行积分,经过简化得

$$\begin{cases}P_{\mathrm{I}n} = \pi a^2\omega\mu a\sin^2\psi \cdot T_{\mathrm{I}n} \\ P_{\mathrm{II}n} = \pi a^2\omega\mu a\sin^2\psi \cdot T_{\mathrm{II}n}\end{cases} \tag{7.4.29}$$

式中

$$\begin{cases}T_{\mathrm{I}n}=|J_{\parallel M}^{2}|\Big\{\beta_n a[(ka)^2M_n^2+Q_n^2]\Big[\dfrac{1}{2}(\gamma_n a)^2\Big(\dfrac{\mathrm{I}_n'(\gamma_n a)}{\mathrm{I}_n(\gamma_n a)}\Big)^2+(\gamma_n a)\dfrac{\mathrm{I}_n'(\gamma_n a)}{\mathrm{I}_n(\gamma_n a)}\\ \qquad -\dfrac{1}{2}((\gamma_n a)^2+n^2)\Big]-nM_nQ_n(k^2a^2+\beta_n^2a^2)\Big\}\\ T_{\mathrm{II}n}=|J_{\parallel M}^{2}|\Big\{\beta_n a[(ka)^2M_n^2+S_n^2]\Big[\dfrac{1}{2}((\gamma_n a)^2+n^2)-\dfrac{1}{2}(\gamma_n a)^2\Big(\dfrac{\mathrm{K}_{na}'}{\mathrm{K}_{na}}\Big)^2\\ \qquad -(\gamma_n a)\Big(\dfrac{\mathrm{K}_{na}'}{\mathrm{K}_{na}}\Big)\Big]+nM_nS_n[(ka)^2+(\beta_n a)^2]\Big\}\\ M_n=\dfrac{(\gamma_n a)^2-n\beta_n a\cot\psi}{(\gamma_n a)^3(ka)^2\Big(\dfrac{\mathrm{I}_{na}'}{\mathrm{I}_{na}}-\dfrac{\mathrm{K}_{na}'}{\mathrm{K}_{na}}\Big)}\\ Q_n=\dfrac{1}{(\gamma_n a)}\mathrm{I}_{na}\mathrm{K}_{na}'\cot\psi\\ S_n=\dfrac{1}{(\gamma_n a)}\mathrm{I}_{na}\mathrm{K}_{na}\cot\psi\end{cases}\tag{7.4.30}$$

于是总功率流为

$$P=\pi a^2\omega\mu a\sin^2\psi\sum_{n=-\infty}^{\infty}(T_{\mathrm{I}n}+T_{\mathrm{II}n})\tag{7.4.31}$$

根据耦合阻抗的定义，对基波，在轴上有

$$K_c(0)=\frac{E_{1z}^2(0)}{2\beta_0^2P}=\frac{E_{1z}^2(0)}{2\beta_0P_0}\cdot\frac{P_0}{\sum\limits_n P_n}$$

将功率流表达式代入得

$$K_c(0)=\frac{E_{1z}^2(0)}{2\beta_0P_0}\frac{T_{\mathrm{I}0}+T_{\mathrm{II}0}}{\sum\limits_n(T_{\mathrm{I}n}+T_{\mathrm{II}n})}\tag{7.4.32}$$

式中，$E_{1z}(0)$为基波纵向电场分量在轴上的幅值；P_0 为基波功率流，它可按 $P_0=P_{\mathrm{I}0}+P_{\mathrm{II}0}$进行计算. 但为了方便起见，可采用如下表达式：

$$\begin{cases}P_0=\dfrac{1}{2}\pi a^3\omega\varepsilon(\beta_0 a)|E_{1z}^2(0)|(U_{\mathrm{I}0}+U_{\mathrm{II}0})\\ U_{\mathrm{I}0}=\dfrac{1}{(\gamma_0 a)^2}\Big[1+\Big(\dfrac{\mathrm{K}_{1a}}{\mathrm{K}_{0a}}\Big)^2\cdot\Big(\dfrac{k}{\gamma_0}\Big)^2\cot^2\psi\Big][\mathrm{I}_{1a}^2-\mathrm{I}_{0a}\mathrm{I}_{2a}]\\ U_{\mathrm{II}0}=\dfrac{1}{(\gamma_0 a)^2}\Big[1+\Big(\dfrac{\mathrm{I}_{1a}}{\mathrm{I}_{0a}}\Big)^2\cdot\Big(\dfrac{k}{\gamma_0}\Big)^2\cot^2\psi\Big][\mathrm{K}_{0a}\mathrm{K}_{2a}-\mathrm{K}_{1a}^2]\cdot\Big(\dfrac{\mathrm{I}_{0a}}{\mathrm{K}_{0a}}\Big)^2\end{cases}\tag{7.4.33}$$

将式(7.4.33)代入式(7.4.32)得

$$K_c(0)=\frac{1}{\pi(\beta_0 a)^3\omega\varepsilon a(U_{\mathrm{I}0}+U_{\mathrm{II}0})}\frac{T_{\mathrm{I}0}+T_{\mathrm{II}0}}{\sum\limits_n(T_{\mathrm{I}n}+T_{\mathrm{II}n})}\tag{7.4.34}$$

为了与 7.2 节所讨论的自由螺旋导面耦合阻抗 K_{cs}相比较，由式(7.2.9)与式(7.2.10)可得

$$K_{cs}(0)=\frac{1}{\pi(\beta_0 a)^3\omega\varepsilon a g_0}\tag{7.4.35}$$

$$g_0=\frac{1}{(\gamma_0 a)^2}\Big\{\Big(1+\frac{\mathrm{I}_{0a}\mathrm{K}_{1a}}{\mathrm{I}_{1a}\mathrm{K}_{0a}}\Big)(\mathrm{I}_{1a}^2-\mathrm{I}_{0a}\mathrm{I}_{2a})+\Big(\frac{\mathrm{I}_{1a}}{\mathrm{K}_{0a}}\Big)^2\Big(1+\frac{\mathrm{I}_{1a}\mathrm{K}_{0a}}{\mathrm{I}_{0a}\mathrm{K}_{1a}}\Big)(\mathrm{K}_{0a}\mathrm{K}_{2a}-\mathrm{K}_{1a}^2)\Big\}\tag{7.4.36}$$

于是有

$$K_c(0)=K_{cs}(0)\frac{g_0}{U_{\mathrm{I}0}+U_{\mathrm{II}0}}\cdot\frac{T_{\mathrm{I}0}+T_{\mathrm{II}0}}{\sum\limits_n(T_{\mathrm{I}n}+T_{\mathrm{II}n})}\tag{7.4.37}$$

令

$$F_1=\frac{g_0}{U_{\mathrm{I}0}+U_{\mathrm{II}0}}\frac{T_{\mathrm{I}0}+T_{\mathrm{II}0}}{\sum\limits_n(T_{\mathrm{I}n}+T_{\mathrm{II}n})}\tag{7.4.38}$$

得

$$K_c(0)=K_{cs}(0)\cdot F_1 \tag{7.4.39}$$

式(7.4.39)就是自由螺旋带在轴上的耦合阻抗，F_1 就代表螺旋带不均匀性对阻抗的影响. 由式(7.4.38)看出，$F_1<1$，这就表明，螺旋带不均匀性会引起阻抗的降低，这在物理上是显然的.

实际的螺旋线还具有介质支持与金属外屏蔽筒，它们对螺旋线的耦合阻抗有较大的影响. 为了考虑实际使用的螺旋线的耦合阻抗与自由螺旋导面所得到的耦合阻抗的差别，引入一个总的阻抗降低因数是方便的. 为此，设想两个螺旋线，其半径与相位常数均相同，其一为理想自由螺旋导面，其二则为真实的由介质支持有金属屏蔽筒的带状螺旋线. 显然，为了使得相位常数相等，两螺旋线的螺旋角应不相同，并且随着频率的改变而变化. 但是，我们将忽略这些细微的考虑. 引入总的阻抗降低因数 F：

$$F=\frac{\text{有介质包围和金属屏蔽筒的带状螺旋线耦合阻抗}}{\text{自由螺旋导电面的耦合阻抗}} \tag{7.4.40}$$

$$F=F_1\cdot F_2\cdot F_3' \tag{7.4.41}$$

式中

$$\begin{cases} F_1=\dfrac{\text{自由螺旋带耦合阻抗}}{\text{自由螺旋导电面的耦合阻抗}} \\ F_2=\dfrac{\text{有介质包围的螺旋带耦合阻抗}}{\text{自由螺旋带耦合阻抗}} \\ F_3'=\dfrac{\text{有介质包围和金属屏蔽筒的带状螺旋线耦合阻抗}}{\text{有介质包围螺旋带耦合阻抗}} \end{cases} \tag{7.4.42}$$

式中，F_1 的意义如前所述，而 F_2 则表示由于介质的存在引起阻抗降低的因数. 这是由于，一方面介质的存在使场集中于介质的内部，削弱了电子流经过处的场强；另一方面介质损耗也引起场的衰减. 显然，F_2 不仅取决于介质的性能，还取决于介质支持的结构形式. 如果假定一孤立的螺旋带处于介质中，即螺旋线内部是自由空间，而外部则为介质，那么，在这种情况下，可用前面的处理办法，将空间分为Ⅰ、Ⅱ两区对场进行求解. 与前面的区别仅在于第Ⅱ区的介电常数为 ε_2，而不是 ε_0(假定 $\mu_2=\mu_0$). 我们就可求出这种情况下的耦合阻抗：

$$K_c(0)=K_{cs}(0)\cdot F_1\cdot F_2 \tag{7.4.43}$$

$$F_1F_2=\frac{g_0}{U'_{\mathrm{I}0}+U'_{\mathrm{II}0}}\frac{T'_{\mathrm{I}0}+T'_{\mathrm{II}0}}{\sum\limits_n(T'_{\mathrm{I}n}+T'_{\mathrm{II}n})} \tag{7.4.44}$$

而 $T'_{\mathrm{I}n}$、$T'_{\mathrm{II}n}$、$T'_{\mathrm{I}0}$、$T'_{\mathrm{II}0}$的表达式与前面没有介质时大体相似：

$$\begin{cases} T'_{\mathrm{I}n}=|J^2_{\parallel M}|\Big\{\beta_n a(k^2a^2M_m^2+Q_m^2)\Big[\dfrac{(\gamma_{n1}a)^2}{2}\Big(\dfrac{\mathrm{I}'_n(\gamma_{n1}a)}{\mathrm{I}_n(\gamma_{n1}a)}\Big)^2+(\gamma_{n1}a)\dfrac{\mathrm{I}'_n(\gamma_{n1}a)}{\mathrm{I}_n(\gamma_{n1}a)} \\ \qquad -\dfrac{1}{2}((\gamma_{n1}a)^2+n^2)\Big]-nM_nQ_n\cdot(\beta_n^2a^2+k^2a^2)\Big\} \\ T'_{\mathrm{II}n}=|J^2_{\parallel M}|\Big\{\beta_n a[(k_2a)^2M_n^2+S_n^2]\Big[\dfrac{1}{2}((\gamma_{n2}a)^2+n^2)-\dfrac{1}{2}(\gamma_{n2}a)^2 \\ \qquad \cdot\Big(\dfrac{\mathrm{K}'_n(\gamma_{n2}a)}{\mathrm{K}_n(\gamma_{n2}a)}\Big)^2-(\gamma_{n2}a)\cdot\dfrac{\mathrm{K}'_n(\gamma_{n2}a)}{\mathrm{K}_n(\gamma_{n2}a)}\Big]+nM_nS_n[(k_2a)^2+(\beta_na)^2]\Big\} \\ U'_{\mathrm{I}0}=\dfrac{1}{(\gamma_{01}a)^2}\Big[1+\Big(\dfrac{\gamma_{01}a}{ka}\Big)^2\dfrac{\mathrm{I}_0^2(\gamma_{01}a)}{\mathrm{I}_1^2(\gamma_{01}a)}\tan^2\psi\Big][\mathrm{I}_1^2(\gamma_{01}a)-\mathrm{I}_0(\gamma_{01}a)\mathrm{I}_2(\gamma_{01}a)] \\ U'_{\mathrm{II}0}=\dfrac{\varepsilon_2}{\varepsilon_0}\cdot\dfrac{1}{(\gamma_{02}a)^2}\Big[1+\Big(\dfrac{\gamma_{02}a}{k_2a}\Big)^2\Big(\dfrac{K_0(\gamma_{02}a)}{K_1(\gamma_{02}a)}\Big)^2\tan^2\psi\Big] \\ \qquad \cdot[K_2(\gamma_{02}a)K_0(\gamma_{02}a)-K_1^2(\gamma_{02}a)]\dfrac{\mathrm{I}_0^2(\gamma_{01}a)}{K_0^2(\gamma_{02}a)} \end{cases} \tag{7.4.45}$$

Q_n、M_n、S_n 与前面相同,式中 $k^2=\omega^2\varepsilon_0\mu_0$,$k_2^2=\omega^2\varepsilon_2\mu_0$,$\gamma_{n1}^2=\beta_n^2-k^2$,$\gamma_{n2}^2=\beta_n^2-k_2^2$. 波被缓慢得较多时,有 $\gamma_{n1}\approx\gamma_{n2}\approx\gamma$. 这时,$F_1F_2$ 与 ka 的关系如图 7.4.5 所示.

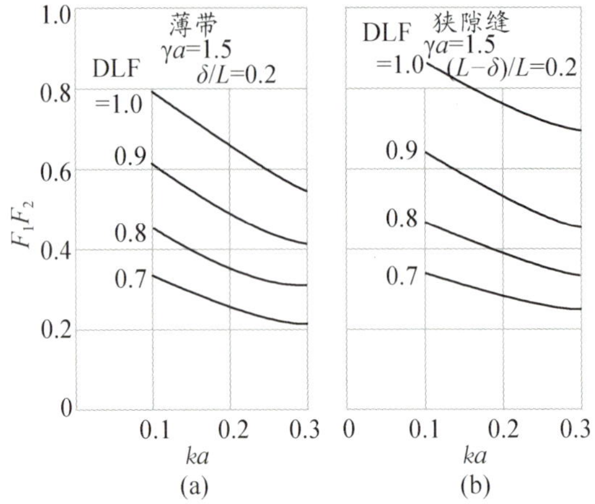

图 7.4.5 F_1F_2 与 ka 的关系

F_3' 的计算可近似用 F_3 代替:

$$F_3=\frac{\text{有介质包围和有屏蔽筒时螺旋导面阻抗}}{\text{介质包围螺旋导面阻抗}}$$

F_3 的讨论已在前面进行了.

在结束本节时,我们要指出,在以上所述的理论分析中,不能考虑螺旋线导丝截面尺寸(例如带状线的厚度或其他截面形状尺寸)的影响,也不能计算螺旋线实际存在的衰减损耗. 因此,对于螺旋线的理论研究还有深入的必要. 螺旋线理论的进一步发展可以沿着不同的途径进行. 就已发表的文献来看,有如下几种不同的分析方法.

(1)场的直接积分.

在本章的引言中曾提到,假设螺旋线上有电流流动,则此电流激励起的场可由方程

$$\boldsymbol{A}=\frac{\mu_0}{4\pi}\int_{-\infty}^{\infty}\boldsymbol{I}(l)\,\frac{\mathrm{e}^{-\mathrm{j}k\cdot R}}{R}\mathrm{d}l$$

确定. 因而,就可以很直观地得到,求解螺旋线的场就归结为寻求上述积分. 在作了一定的假设后,被积函数可以认为是已知的. 因而,问题实际就归结为积分运算. 使 $\boldsymbol{A}$ 满足一定的边界条件,即可得到色散方程. 这种方法的进一步发展,可以研究波沿线的损耗.

(2)利用特殊的螺旋坐标系统.

如果选择的坐标系统与螺旋线有相同的几何关系,显然场方程可取简便的形式. 取螺旋坐标即可达到这一目的.

(3)展开的螺旋线.

将螺旋线沿轴向切开,然后展平,得到一平面分布的多根导体系统. 考虑到将此多根导体系统卷起来后重新得到原来的螺旋线,因而,对于单螺旋线,必须使每根导体的顶端与相邻一导体的末端相连. 如果假定沿该导体传播 TEM 波,多根导体间的横向场满足拉普拉斯方程,因而在计算时就可以利用各种静电场的求解方法.

以上提出的几种方法,我们并不去同等地加以叙述,有兴趣的读者可以参考有关的文献.

7.5 双绕螺旋线

前面我们讨论了单螺旋线. 如果绕成螺旋线的导丝(或带)不只一根,我们就得到了多根导丝绕成的螺

旋线. 我们现在来讨论双绕螺旋线的情况. 由两根导丝(或带)绕成同直径螺旋线时,有两种绕法:一种是二根同向绕制,另一种则为两根反相绕制. 我们先研究如图 7.5.1 所示的同向绕制的双螺旋线. 这种双螺旋线适用于返波管中.

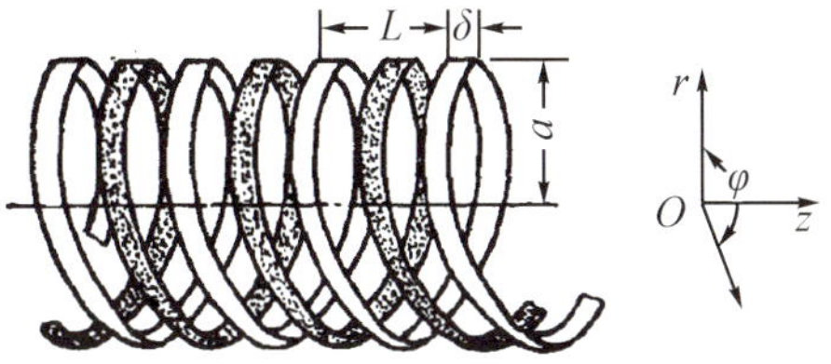

图 7.5.1　双螺旋线

这种双螺旋线仍具有单螺旋线的特征. 7.4 节中的单根螺旋线的理论对于图 7.5.1 所示的双螺旋线也完全适用,场及沿螺旋带上流动的电流密度仍满足下式:

$$\begin{cases} E_z^{\mathrm{I},\mathrm{II}} = \mathrm{e}^{-\mathrm{j}\beta_0 z}\sum\limits_n A_n^{\mathrm{I},\mathrm{II}} \begin{matrix}\mathrm{I}_n\\ \mathrm{K}_n\end{matrix}(\gamma_n r)\mathrm{e}^{-\mathrm{j}n\left(\frac{2\pi z}{L}-\varphi\right)} \\ H_z^{\mathrm{I},\mathrm{II}} = \mathrm{e}^{-\mathrm{j}\beta_0 z}\sum\limits_n B_n^{\mathrm{I},\mathrm{II}} \begin{matrix}\mathrm{I}_n\\ \mathrm{K}_n\end{matrix}(\gamma_n r)\mathrm{e}^{-\mathrm{j}n\left(\frac{2\pi}{L}z-\varphi\right)} \\ J_{\parallel} = \mathrm{e}^{-\mathrm{j}\beta_0 z}\sum\limits_n J_{\parallel n}\mathrm{e}^{-\mathrm{j}n\left(\frac{2\pi}{L}z-\varphi\right)} \end{cases} \tag{7.5.1}$$

式中,Ⅰ、Ⅱ表示在Ⅰ区($0\leqslant r\leqslant a$)与Ⅱ区($a\leqslant r\leqslant \infty$)取值. 同样得出色散方程

$$\sum_n \left\{ \left[(\beta_0 a)^2 - (ka)^2 + (ka)^2 \frac{n^2\cot^2\psi}{(\gamma_n a)^2} \right] \mathrm{I}_n(\gamma_n a)\mathrm{K}_n(\gamma_n a) + (ka)^2\cot^2\psi \mathrm{I}_n'(\gamma_n a)\mathrm{K}_n'(\gamma_n a) \right\} D_n = 0 \tag{7.5.2}$$

这与单螺旋线的色散方程相同. 一般来说,色散方程的解不是唯一的,每一个解被认为是一个模式. 色散方程的解如图 7.5.2 所示. 模式 A、B 与 C 在单螺旋线及双螺旋情况下均能被激励起来,而由虚线[图 7.5.2(a)]所表示的模式 D 在单螺旋线中不能存在.

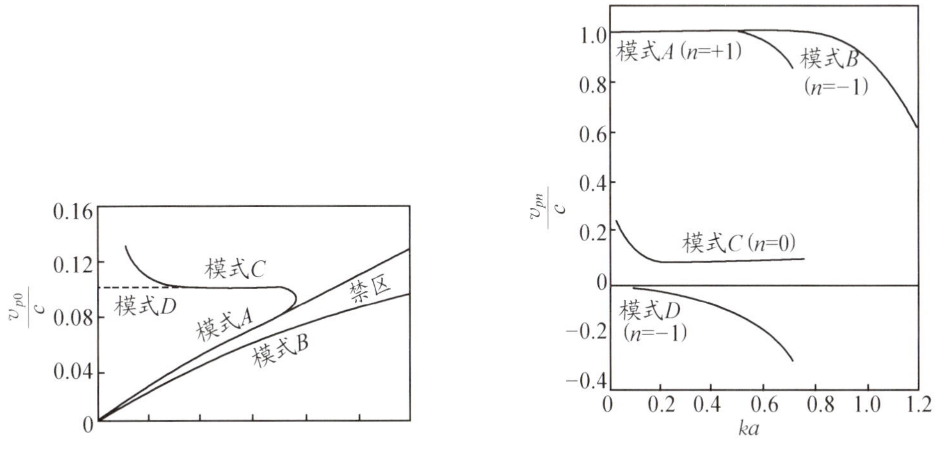

图 7.5.2　双螺旋线主模式的色散

在双绕螺旋线中,对以下两种情况最有兴趣:(1)在同一 z 截面上导线中的电流的相位及幅值均相等;(2)在同一 z 截面上导线中电流幅值相等但相位相反. 由此不难看到,在把上述两种电流展开时,就有两种不同情况:在第一种情况即同相激励的情况下,电流只存在偶次谐波,因而只激励起偶次谐波的场;而在第二种情况下,电流只有奇次谐波,因而只激励起奇次谐波的场. 因此,在同相激励情况下,方程(7.5.1)与方程(7.5.2)中 n 取偶次项,而在反相激励情况下,则这些方程中只取奇数项,这时不存在 $n=0$ 的基波.

我们现在来求色散方程的近似解. 利用

$$\frac{\mathrm{I}_n'(\gamma_n a)\mathrm{K}_n'(\gamma_n a)}{\mathrm{I}_n(\gamma_n a)\mathrm{K}_n(\gamma_n a)}=-\frac{n^2+(\gamma_n a)^2}{(\gamma_n a)^2}$$

由色散方程可得

$$\sum(\beta_0^2a^2-k^2a^2-k^2a^2\cot^2\psi)\mathrm{I}_n(\gamma_n a)\cdot\mathrm{K}_n(\gamma_n a)D_n=0$$

显然上述方程有解

$$(\beta_0 a)^2-(ka)^2(1+\cot^2\psi)=0 \tag{7.5.3}$$

但由

$$(\gamma_0 a)^2=(\beta_0 a)^2-(ka)^2$$

得

$$(\gamma_0 a)^2=(ka)^2\cot^2\psi \tag{7.5.4}$$

在波受到很大缓慢时，有 $\gamma_0\approx\beta_0$，由式(7.5.4)可求出 -1 次空间谐波的相速(取绝对值)为

$$(v_p)_{n=-1}=\frac{\omega a}{\cot\psi(1-ka)} \tag{7.5.5}$$

在同相激励与反相激励的情况下，双绕螺旋线上波的传播特性如图 7.5.3(a)、(b)所示. 图中为了比较起见，同时绘出了相应的单螺旋线的色散曲线[图 7.5.3(c)].

图 7.5.3 中可以清楚地看到，由于双螺旋线中部分谐波不存在，双螺旋线中“禁区”间有较大的间隔.

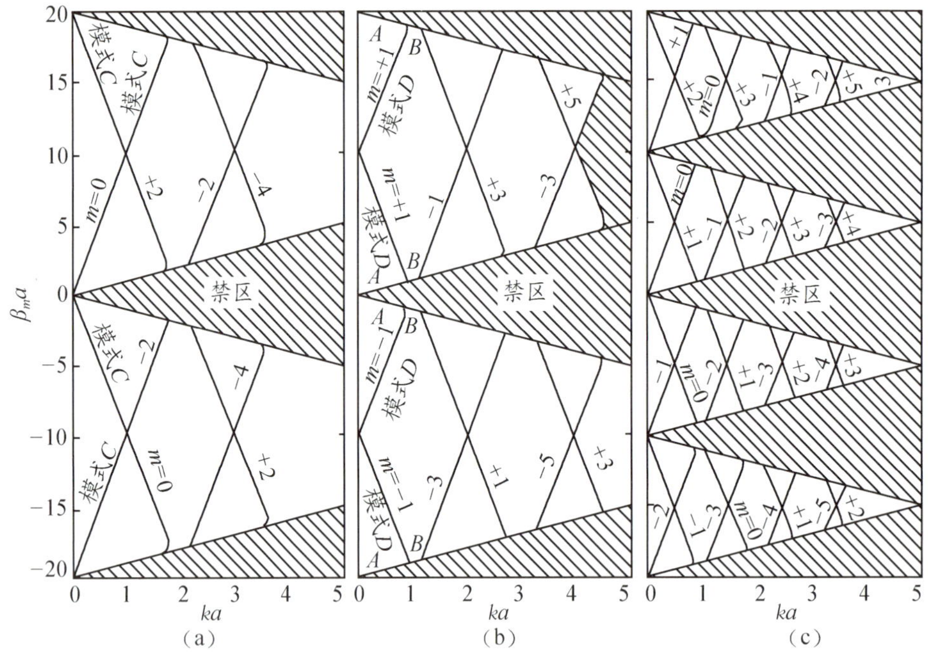

图 7.5.3 双螺旋线与单螺旋线色散特性比较($\cot\psi=10$)

反相激励的双螺旋线的主要传输模式有 A、B、D 三种，同相激励双螺旋线的主模式只有 C 模式. 一般说来，反相激励的双螺旋线在同一模式中具有最大幅值的是 D 模式的负一次空间谐波. 同相激励的双螺旋线中幅值最大的是 C 模式的基波. D 模式的负一次空间谐波被应用于返波振荡管中，而 C 模式基波则用于行波管中. A 模式与 B 模式是在第一个禁区的边缘，属于“快波”模式，在微波管中无实际应用.

双螺旋线的耦合阻抗的计算可按 7.4 节所述方法进行，但要考虑由于不同激励方式所引起的谐波场的幅值分布特点. 其他多绕螺旋线的分析，可以仿照上述方法进行.

7.6 同轴双螺旋线

行波管的发展要求制成一种结构简单而频带又宽的耦合系统. 采用同轴双螺旋系统可以令人满意地解决这一问题. 这种系统在行波管中还可作为抑制自激振荡的衰减装置. 不难看到, 7.5 节中所述的双螺旋线如果半径不等, 即为本节所述的双螺旋线了.

同轴双绕螺旋线系统如图 7.6.1 所示. 第一个螺旋线的螺旋角为 ψ_1, 第二个螺旋线的螺旋角为 ψ_2. 实验表明, 当两螺旋线反向绕制时, 两螺旋线才能得到良好的耦合. 现在, 我们来分析一下这种同轴双螺旋线系统中波的传播. 我们仍然采用螺旋导电面的假设, 将空间分为三个区域, 各区场分布如下.

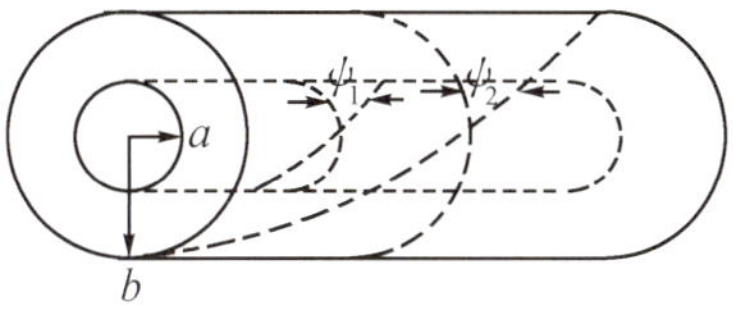

图 7.6.1 同轴双螺旋线(螺旋导面)示意图

在Ⅰ区($0 \leqslant r \leqslant a$), 有

$$\begin{cases} E_z = A_1 I_0(\gamma r) \\ E_r = \dfrac{j\beta}{\gamma} A_1 I_1(\gamma r) \\ E_\varphi = -\dfrac{j\omega\mu_0}{\gamma} A_2 I_1(\gamma r) \\ H_z = A_2 I_0(\gamma r) \\ H_r = \dfrac{j\beta}{\gamma} A_2 I_1(\gamma r) \\ H_\varphi = \dfrac{j\omega\varepsilon_0}{\gamma} A_1 I_1(\gamma r) \end{cases} \tag{7.6.1}$$

在Ⅱ区($a \leqslant r \leqslant b$), 有

$$\begin{cases} E_z = A_3 I_0(\gamma r) + A_4 K_0(\gamma r) \\ E_r = \dfrac{j\beta}{\gamma} [A_3 I_1(\gamma r) - A_4 K_1(\gamma r)] \\ E_\varphi = -\dfrac{j\omega\mu_0}{\gamma} [A_5 I_1(\gamma r) - A_6 K_1(\gamma r)] \\ H_z = A_5 I_0(\gamma r) + A_6 K_0(\gamma r) \\ H_r = \dfrac{j\beta}{\gamma} [A_5 I_1(\gamma r) - A_6 K_1(\gamma r)] \\ H_\varphi = \dfrac{j\omega\varepsilon_0}{\gamma} [A_3 I_1(\gamma r) - A_4 K_1(\gamma r)] \end{cases} \tag{7.6.2}$$

在Ⅲ区($b \leqslant r < \infty$), 有

$$
\begin{cases}
E_z = A_7 K_0(\gamma r) \\
E_r = -\dfrac{j\beta}{\gamma} A_7 K_1(\gamma r) \\
E_\varphi = \dfrac{j\omega\mu_0}{\gamma} A_8 K_1(\gamma r) \\
H_z = A_8 K_0(\gamma r) \\
H_r = -\dfrac{j\beta}{\gamma} A_8 K_1(\gamma r) \\
H_\varphi = -\dfrac{j\omega\varepsilon_0}{\gamma} A_7 K_1(\gamma r)
\end{cases}
\tag{7.6.3}
$$

在两个螺旋线上，我们利用螺旋导电面的近似边界条件：

$r=a$ 时：

$$
\begin{cases}
E_{z\mathrm{I}} = E_{z\mathrm{II}},\ E_{\varphi\mathrm{I}} = E_{\varphi\mathrm{II}} \\
[E_z + E_\varphi \cot\psi_1]_{\mathrm{I}} = [E_z + E_\varphi \cot\psi_1]_{\mathrm{II}} = 0 \\
[H_z + H_\varphi \cot\psi_1]_{\mathrm{I}} = [H_z + H_\varphi \cot\psi_1]_{\mathrm{II}}
\end{cases}
\tag{7.6.4}
$$

$r=b$ 时：

$$
\begin{cases}
E_{z\mathrm{II}} = E_{z\mathrm{III}},\ E_{\varphi\mathrm{II}} = E_{\varphi\mathrm{III}} \\
[E_z + E_\varphi \cot\psi_2]_{\mathrm{II}} = [E_z + E_\varphi \cot\psi_2]_{\mathrm{III}} = 0 \\
[H_z + H_\varphi \cot\psi_2]_{\mathrm{II}} = [H_z + H_\varphi \cot\psi_2]_{\mathrm{III}}
\end{cases}
\tag{7.6.5}
$$

利用上述边界条件即可求得各常数 $A_1 \sim A_8$ 的关系：

$$
\begin{cases}
\dfrac{A_2}{A_1} = -j\sqrt{\dfrac{\varepsilon_0}{\mu_0}} \cdot \dfrac{\gamma a}{ka\cot\psi_1}\,\dfrac{I_{01}}{I_{02}} \\
\dfrac{A_3}{A_1} = -\dfrac{R_0}{C.F.}\left[R_0 - \dfrac{(ka\cot\psi_1)^2}{(\gamma a)^2}\,\dfrac{\cot\psi_2}{\cot\psi_1}R_1\right] \\
\dfrac{A_4}{A_1} = -\dfrac{I_{01}^2}{C.F.}\left[\dfrac{(ka\cot\psi_2)^2}{(\gamma a)^2}P_{12} - P_{02}\right] \\
\dfrac{A_5}{A_1} = -j\sqrt{\dfrac{\varepsilon_0}{\mu_0}} \cdot \dfrac{ka\cot\psi_1}{\gamma a} \cdot \dfrac{I_{01}K_{12}}{C.F.}\left[\dfrac{(ka\cot\psi_1)^2}{(\gamma a)^2}R_1 - \dfrac{\cot\psi_2}{\cot\psi_1}R_0\right] \\
\dfrac{A_6}{A_1} = -j\sqrt{\dfrac{\varepsilon_0}{\mu_0}} \cdot \dfrac{ka\cot\psi_1}{\gamma a} \cdot \dfrac{I_{01}I_{11}}{C.F.}\left[\dfrac{(ka\cot\psi_2)^2}{(\gamma a)^2}P_{12} - P_{02}\right] \\
\dfrac{A_7}{A_1} = \dfrac{(ka\cot\psi_1)^2}{(\gamma a)^2} \cdot \dfrac{\cot\psi_2}{\cot\psi_1} \cdot \dfrac{I_{01}^2}{C.F.\,R_0}\left[P_{02}R_1 - \dfrac{\cot\psi_2}{\cot\psi_1}R_0 P_{12}\right] \\
\dfrac{A_8}{A_1} = j\sqrt{\dfrac{\varepsilon_0}{\mu_0}} \cdot \dfrac{ka\cot\psi_1}{\gamma a} \cdot \dfrac{1}{C.F.} \cdot \dfrac{I_{01}}{K_{12}}\left[P_{02}R_1 - \dfrac{\cot\psi_2}{\cot\psi_1}P_{12}R_0\right]
\end{cases}
\tag{7.6.6}
$$

在以上诸式中，为简化书写，采用以下符号：

$$I_{01} = I_0(\gamma a),\ I_{02} = I_0(\gamma b),\ I_{11} = I_1(\gamma a)\cdots$$

$$K_{01} = K_0(\gamma a),\ K_{02} = K_0(\gamma b),\ K_{11} = K_1(\gamma a)\cdots$$

$$P_{01} = I_{01}K_{01},\ P_{02} = I_{02}K_{02},\ R_0 = I_{01}K_{02}$$

$$P_{11} = I_{11}K_{11},\ P_{12} = I_{12} = K_{12},\ R_1 = I_{11}K_{12}$$

及

$$C.F. = -\left[\frac{(ka\cot\psi_2)^2}{(\gamma a)^2}P_{01}P_{02} - \frac{(ka\cot\psi_1)^2}{(\gamma a)^2} \cdot \frac{\cot\psi_2}{\cot\psi_1}R_1R_0 + R_0^2 - P_{01}P_{11}\right]$$

利用式(7.6.6)及场方程，由边界条件得出波的色散方程：

$$\left[\mathrm{R}_0-\frac{(ka\cot\psi_1)^2}{(\gamma a)^2}\cdot\frac{\cot\psi_2}{\cot\psi_1}\mathrm{R}_1\right]^2=\left[\mathrm{P}_{02}-\frac{(ka\cot\psi_2)^2}{(\gamma a)^2}\mathrm{P}_{12}\right]\left[\mathrm{P}_{01}-\frac{(ka\cot\psi_1)^2}{(\gamma a)^2}\mathrm{P}_{11}\right]\tag{7.6.7}$$

要了解波的色散特性，我们来研究一下方程式(7.6.7). 不难看到，如果 $b\to\infty$，则有

$$\mathrm{R}_0\to 0,\mathrm{R}_1\to 0,\mathrm{P}_{02}\to 0,\mathrm{P}_{12}\to 0$$

由式(7.6.7)得

$$\mathrm{P}_{01}=\frac{(ka\cot\psi_1)^2}{(\gamma a)^2}\mathrm{P}_{11}$$

即

$$\frac{(ka\cot\psi_1)^2}{(\gamma a)^2}=\frac{\mathrm{I}_{01}\mathrm{K}_{01}}{\mathrm{I}_{11}\mathrm{K}_{11}}\tag{7.6.8}$$

这就是半径为 a 的单螺旋线的色散方程. 同样，如果 $a\to 0$，则有

$$\frac{(ka\cot\psi_2)^2}{(\gamma a)^2}=\frac{\mathrm{I}_{02}\mathrm{K}_{02}}{\mathrm{I}_{12}\mathrm{K}_{12}}\tag{7.6.9}$$

这就是半径为 b 的单螺旋线色散方程.

从上面的方程式中可以看到，单螺旋线色散方程中含有 γ 的二次方，因此 γ 有正、负两个根，表示以同一相速向不同方向传播的两个波. 但是，表示耦合螺旋线的色散方程(7.6.7)，包含了 γ 的四次方，或者说包含了 γ^2 的二次方. 此方程有两个不等的根 $(\gamma_1)^2$ 与 $(\gamma_2)^2$，每个根又有正、负两个值. 这就表明，在双螺旋系统中可存在两组以两种不同相速向两个方向传播的四个波. 从物理本质来看，当把两个传输系统耦合起来时，在系统上可能传播的波的个数将成倍增加，这一现象是普遍性的. 径向传播常数 γ_1 与 γ_2 和波数 k 的关系可由方程(7.6.7)用数值计算的方法解出. 图 7.6.2 示出了它们之间的关系.

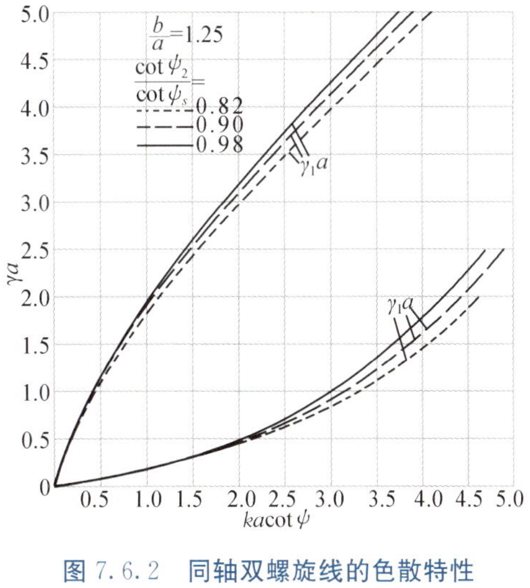

图 7.6.2　同轴双螺旋线的色散特性

由图 7.6.2 可以清楚地看到，对于任意的 $(ka\cot\psi_1)$ 值，一对波 $(\pm\gamma_1)$ 总是比另一对波 $(\pm\gamma_2)$ 要小些，这就表明，在同轴双螺旋线中存在的两组波可以分成“快波”和“慢波”(这是相对而言的，它们对光速而言，均为慢波). 这种波分为两组不仅表现在相速上，而且也表现在场结构上. 图 7.6.3 所示为同轴双螺旋线慢波系统中场的结构图. 由图可见，对于如图 7.6.3(a)所示的快波来说，两螺旋线间的高频场多为纵向场，这种波的径向传播常数用 γ_1 表示，在这种情况下两螺旋线的电场极性相同. 与此相反，对于如图 7.6.3(b)所示的慢波来说，二螺旋线间的场多为横向场，这表明两螺旋线上高频电场极性相反，这种波的径向传播常数用 γ_t 表示. 根据以上情况，“快”波又可称为纵向场波，而“慢”波又可称为横向场波.

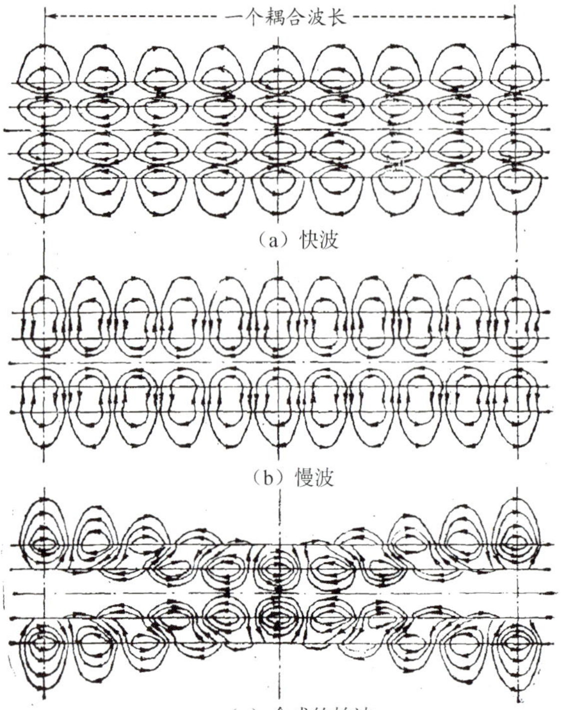

图 7.6.3　同轴双螺旋线的场结构

如前所述,既然在同轴双螺旋线系统中向同一方向同时有两个相速不同的波传播,就应当产生波的干涉而形成空间拍波.由两种不同的波(纵向场波和横向场波)所构成的空间拍波场结构如图 7.6.3(c)所示.由于空间拍波具有特殊的场结构,可能使波从某一螺旋线上逐步过渡到另一螺旋线上去.这正是行波管对耦合系统提出的要求.

我们现在来较详细地研究一下这种波的耦合情况.为了得到完全的耦合,即能量从某一螺旋线上完全过渡到另一螺旋线上去,如图 7.6.3(c)所示,就要求发生完全的相干作用,即要求纵向场波与横向场波的幅值相等.我们假定沿内螺旋线传播的高频电流为 J_a,而沿外螺旋线传播的高频电流为 J_b,则 J_a 与 J_b 可分别写成

$$\begin{cases} J_a = J_{a1}\mathrm{e}^{-\mathrm{j}\beta_1 z} + J_{a2}\mathrm{e}^{-\mathrm{j}\beta_2 z} \\ J_b = J_{b1}\mathrm{e}^{-\mathrm{j}\beta_1 z} + J_{b2}\mathrm{e}^{-\mathrm{j}\beta_2 z} \end{cases} \tag{7.6.10}$$

式中,下标 1 及下标 2 分别表示纵向场波及横向场波.

我们先研究波从外螺旋线向内螺旋线的过渡.在完全耦合时,在输入端 $z=0$ 处,要求

$$\begin{cases} J_{b1} = J_{b2} \\ J_a = 0 \\ J_{a1} = -J_{a2} \end{cases} \tag{7.6.11}$$

因此得

$$\frac{J_{b1}}{J_{a1}} = -\frac{J_{b2}}{J_{a2}} \tag{7.6.12}$$

将式(7.6.11)与式(7.6.12)代入式(7.6.10),得

$$\begin{cases} J_b = 2J_{b1}\cos\dfrac{\beta_2-\beta_1}{2}z\cdot \mathrm{e}^{-\mathrm{j}\frac{\beta_1+\beta_2}{2}z} \\ J_a = 2J_{a1}\sin\dfrac{\beta_2-\beta_1}{2}z\cdot \mathrm{e}^{-\mathrm{j}\frac{\beta_2+\beta_1}{2}z} \end{cases} \tag{7.6.13}$$

如令

$$\beta_b = \beta_2 - \beta_1 \tag{7.6.14}$$

则有

$$\begin{cases} J_a = 2J_{a1}\sin\dfrac{\beta_b}{2}z \cdot \mathrm{e}^{-\mathrm{j}\frac{\beta_1+\beta_2}{2}z} \\ J_b = 2J_{b1}\cos\dfrac{\beta_b}{2}z \cdot \mathrm{e}^{-\mathrm{j}\frac{\beta_1+\beta_2}{2}z} \end{cases} \tag{7.6.15}$$

式中，β_b 称为空间拍波波数.

注意到沿螺旋面流动的电流密度与磁场分量的关系，可得

$$\begin{cases} J_{a1} = [H_z\cos\psi_1 - H_\varphi\sin\psi_1]_{\mathrm{II}} - [H_z\cos\psi_1 - H_\varphi\sin\psi_1]_{\mathrm{I}} \\ J_{b1} = [H_z\cos\psi_2 - H_\varphi\sin\psi_2]_{\mathrm{III}} - [H_z\cos\psi_2 - H_\varphi\sin\psi_2]_{\mathrm{II}} \end{cases} \tag{7.6.16}$$

式(7.6.16)中所含的 γ 用 γ_1 代替，对于 J_{a2} 与 J_{b2} 亦可得出同样的式子. 将场方程代入式(7.6.16)，并由方程(7.6.11)或方程(7.6.12)，可求出完全耦合的条件为

$$A_1 = A_2 \tag{7.6.17}$$

式中

$$A = \frac{(\mathrm{I}_{12}\mathrm{K}_{02} + \mathrm{I}_{02}\mathrm{K}_{12})\left(\mathrm{P}_{01} - \dfrac{(ka\cot\psi_1)^2}{(\gamma a)^2}\mathrm{P}_{11}\right)}{(\mathrm{I}_{01}\mathrm{K}_{11} + \mathrm{I}_{11}\mathrm{K}_{01})\left(\mathrm{R}_0 - \dfrac{(ka\cot\psi_1)^2}{(\gamma a)^2}\dfrac{\cot\psi_2}{\cot\psi_1}\mathrm{R}_1\right)} \tag{7.6.18}$$

系数 A 称为耦合系数，以 γ_1 代替 γ，式(7.6.18)就为 A_1，以 γ_2 代替 γ，式(7.6.18)就变成 A_2.

在图 7.6.4 中给出了空间拍波波数 β_b 与 β 的关系，β 为同步时单螺旋线的相位常数，而图 7.6.5 给出了满足完全耦合条件时 $\cot\psi_2/\cot\psi_1$ 与($ka\cot\psi_1$)的关系. 如图 7.6.5 所示，完全耦合时的情况与两螺旋线上波的同步条件很接近. 从物理的观点来看，这一点是很明显的，只有在同步条件得到良好满足时，才使波从某一螺旋线转到另一螺旋线上，从而实现完全耦合. 但是，当把两螺旋线放在一起而组成同轴双螺旋系统时，波的相速就不应等于两螺旋线单独存在时的相速. 因此，完全耦合的条件就应与两螺旋线单独存在时波的同步条件有所区别.

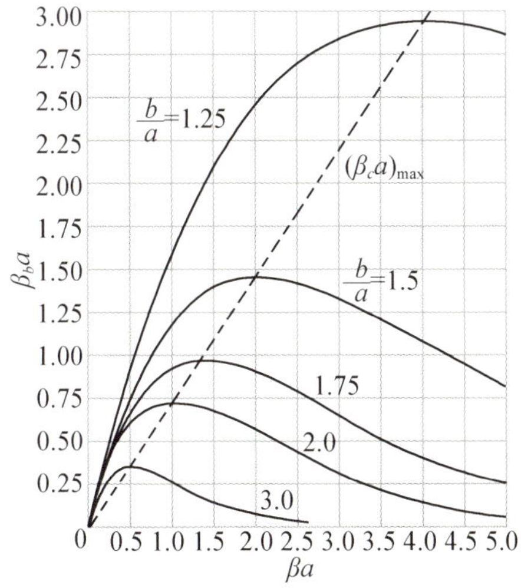

图 7.6.4　β_b 与 β 的关系

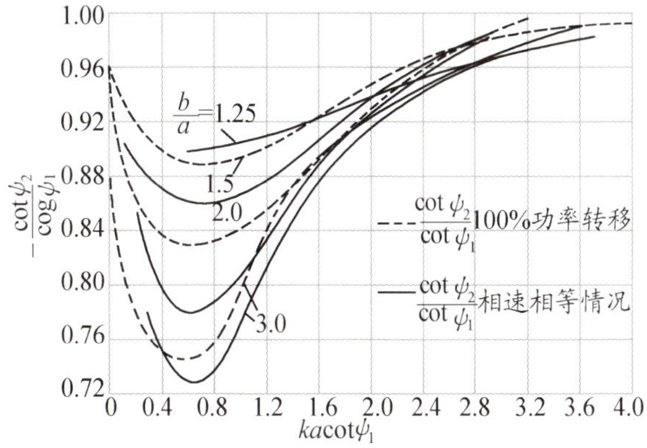

图 7.6.5　完全耦合时 $\cot\psi_2/\cot\psi_1$ 与($ka\cot\psi_1$)的关系

在行波管耦合系统中，当把能量耦合到管子的慢波系统(螺旋线)上时，耦合系统的任务就已完毕，之后就应保证波能稳定地在管子的螺旋线上传播，以便与电子束相互作用. 这样，在耦合完毕之后，就应当设法使耦合系统的作用消失. 显然把外螺旋线切断就能达到这一目的. 问题在于外螺旋线应在何处切断才既能满足上述要求又不因外螺旋线的突然切断而引起波的反射. 不难想象，如果在外螺旋线的电流波节处切断，

就可以满足上述两方面的要求.这就要求外螺旋线的最短长度 L 满足

$$\frac{\beta_c L}{2}=\frac{\pi}{2}$$

即

$$L=\frac{1}{2}\lambda_c \tag{7.6.19}$$

式中,λ_c 表示空间拍波波长,它可按下式近似求得:

$$\lambda_c=\frac{\lambda}{2}e^{\frac{2\pi}{\lambda}(b-a)} \tag{7.6.20}$$

式(7.6.19)表明,外螺旋线的长度应等于空间拍波波长的一半.这一结论从图 7.6.3 的场结构图上可以清楚地看到.

以上所述为实验所证明.实验表明,同轴双螺旋系统能良好地应用于分米波及厘米波波段的行波管中作为耦合系统及衰减装置,它能获得足够宽的频带.实际上,为了不致使波从外螺旋线切断处反射,在外螺旋线的终端往往加以某种吸收器.

建立双螺旋线的带状理论,原则上是可以的,只是这时数学推导甚为复杂.

7.7 反绕双螺旋线与环杆结构慢波系统

自从行波管问世以来,单螺旋线一直是中、小功率行波管常采用的慢波系统.但是,要提高单螺旋线行波管的功率却受到了限制.因为要提高功率,就要求提高电子注电压.螺旋线工作于高电压时,螺旋角增大、螺旋线内径减小,这不仅限制了电子注的尺寸,而且更重要的是使前向基波($n=0$)模式的耦合阻抗降低,$n=-1$ 次空间谐波对于 $n=0$ 次基波的耦合阻抗之比增大,从而使行波管有出现返波振荡的危险.为了克服单螺旋线的上述弱点,乔多罗与朱提出了如图 7.7.1 所示的反绕螺旋线.它是由两根同直径等螺距而绕向相反的螺旋线构成的.

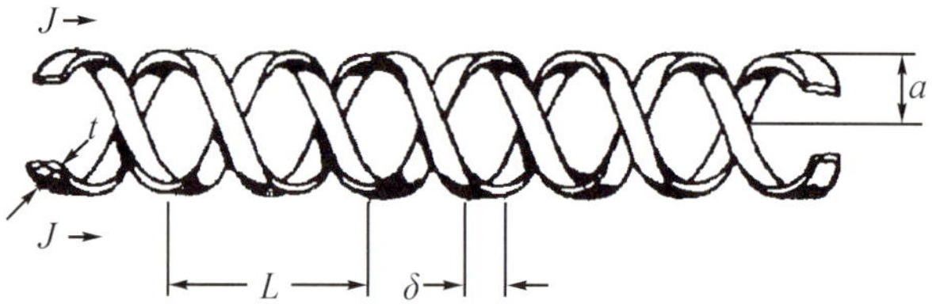

图 7.7.1　反绕双螺旋线

现在来讨论反绕双螺旋线的一些特点.它有两种可能的激励状态:一是同相电流激励,即在同一个 z 截面上两根导线上的电流相同,它激励起对称波;二是反相电流激励,即在同一个 z 截面上两根导线上的电流反相,它激励起非对称波.我们着重讨论对称波的情况,这时螺旋线上的电流如图 7.7.1 所示.如果假定各单螺旋线所产生的场不受另一螺旋线存在的影响,那么不难看出:由于同向电流产生的场叠加的结果,轴线上的纵向磁场被抵消,因而基波的 $H_z=0$,这样,在反绕双螺旋线中主波就仅有 TM 波,TE 波不存在,因而基波场就全部集中于 TM 波,从而使纵向电场强度增加大约一倍,使基波的耦合阻抗增加.而 $n=\pm1$ 次的空间谐波属于不对称波,应由反相电流激励.这样,反绕双螺旋线在同相电流激励下就可以抑制奇次空间谐波及无用的磁场分量,而使所有能量转移到偶次谐波的电场内.这样就使基波($n=0$)的耦合阻抗与 $n=-1$ 次空间谐波的耦合阻抗之比要比单螺旋线的值高很多,这样就能避免高压行波管的 $n=-1$ 次空间谐波所引起的振荡.上面的讨论,虽然是近似的,没有考虑两螺旋线的相互作用,但是所得到的反绕双螺旋线的主要特点却和严格的理论分析相符.

尽管反绕双螺旋线比之单螺旋线有它的优越之处,但在结构加工上很难达到所需的精度,因而至今在实际的行波管中很少采用.在反绕双螺旋线的基础上,人们进一步将它发展为环杆结构,这种结构可以认为是反绕双螺旋线的一种变态.如图 7.7.2 所示,这种结构是由一系列的环和杆交替连接而成.它可以很方便地由一根金属空管铣成或由程序控制电火花切割而成.这种结构保持了反绕双螺旋线几何结构上的主要对称性,因而它同样具有较高的基波耦合阻抗和较低的谐波耦合阻抗的优点,而且便于加工,因此在现代的功率行波管中得到了广泛的应用.

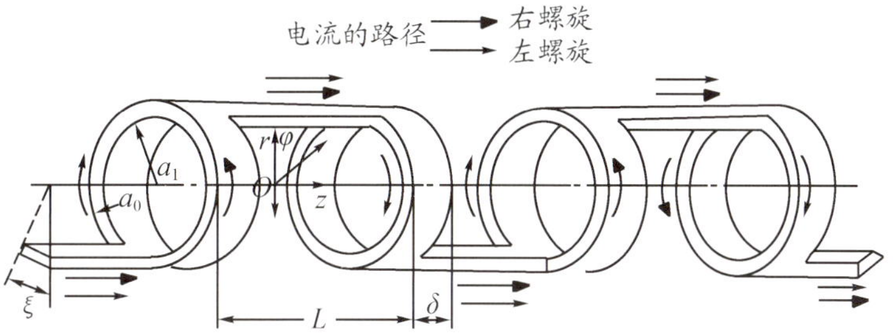

图 7.7.2 环杆结构

环杆结构有几种不同的激励状态.如图 7.7.3(a)所示为同相电流激励起对称模式.同相电流流经环的对称两侧时,产生磁场叠加的结果,使轴线上磁场抵消,这就导致这种模式的波在轴上 $H_z=0$,纵向电场加强,这与反绕双螺旋线一致.由同相电流激励起的波的纵向电场是轴对称的,或沿 φ 变化为偶对称的,因此这种模式称为对称模式.这种模式的基波主要储存电场能量,而其余各次空间谐波主要储存磁场能量.这样就使基波耦合阻抗较高、谐波耦合阻抗较低,这正适合功率行波管的要求.但环杆结构有较强的色散特性,因此频带比单螺旋线行波管要窄.

如图 7.7.3(b)所示为反相电流激励情况.反相电流激励的场为非对称模式场,在轴线上纵向电场抵消,纵向磁场加强.这种模式不适用于行波管.

如图 7.7.3(c)所示为环电流激励情况,它激励起环模式.在这种激励状态中,连结杆上无纵向电流,电流全在环上流动.这种环形电流的场类似于梯形线,频带较窄.

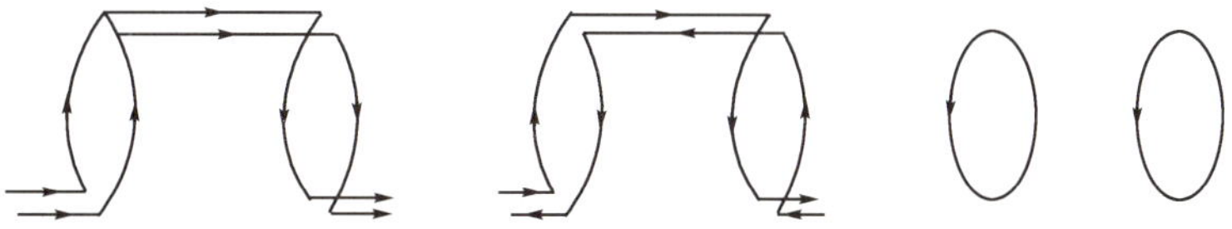

(a) (b) (c)

图 7.7.3 环杆结构三种激励状态的激励电流

由于行波管中仅对称模式获得应用,因此,我们着重分析对称模式.在进行具体分析之前,让我们先对环杆结构的几何对称特性作一介绍.它与反绕双螺旋线一样,其对称性可表示如下:

$$\begin{cases}(r,\varphi,z)\longrightarrow(r,\varphi,-z)\\(r,\varphi,z)\longrightarrow(r,-\varphi,z)\\(r,\varphi,z)\longrightarrow(r,\varphi,z\pm L)\\(r,\varphi,z)\longrightarrow\left(r,\varphi\pm\pi,z\pm\dfrac{L}{2}\right)\end{cases}\tag{7.7.1}$$

式(7.7.1)中的第一式及第二式表明,在如图 7.7.2 所示的坐标系下,结构对 φ 及 z 坐标是完全对称的.第三式表明,环杆结构在纵向(即 z 向)是周期性的,周期为 L,但要注意环杆结构是双周期结构.最后一个对称性表明,当结构沿 z 轴移动半个周期 $\frac{1}{2}L$,同时再旋转 $\pm\pi$,可将结构还原.根据以上对称特性,我们对环杆结构进行较详细的分析.

一、自由环杆结构

我们先研究不考虑金属屏蔽筒、介质夹持杆、环杆结构本身厚度诸因素影响的自由环杆结构.尽管如此,由于环杆结构的复杂性,通常都用变分法求解.我们先详细介绍一种 $r=a$ 的环杆所在圆柱面上纵向电场分布的求解方法.

由于结构在纵向(z 向)有周期不均匀性,场可沿 z 向展开.同时结构在角向(φ 向)亦不均匀,故场又可沿角向展开,故纵向电场可表示如下.

在 $r\geqslant a$ 区域:

$$E_z(r,\varphi,z)=\sum_{l=-\infty}^{\infty}\sum_{n=-\infty}^{\infty}A_{ln}\frac{\mathrm{K}_l(\gamma_n r)}{\mathrm{K}_l(\gamma_n a)}\mathrm{e}^{\mathrm{j}l\varphi}\mathrm{e}^{-\mathrm{j}\beta_n z} \tag{7.7.2}$$

在 $r\leqslant a$ 区域:

$$E_z(r,\varphi,z)=\sum_{l=-\infty}^{\infty}\sum_{n=-\infty}^{\infty}A_{ln}\frac{\mathrm{I}_l(\gamma_n r)}{\mathrm{I}_l(\gamma_n a)}\mathrm{e}^{\mathrm{j}l\varphi}\mathrm{e}^{-\mathrm{j}\beta_n z} \tag{7.7.3}$$

式中,n、l 为整数;A_{ln} 为展开系数.

β_n 与 γ_n 有下述关系:

$$\gamma_n^2=\beta_n^2-k^2 \tag{7.7.4}$$

由于结构在 z 方向的周期性,故有

$$\beta_n=\beta_0+\frac{2\pi n}{L} \tag{7.7.5}$$

在 $r=a$ 处,场有表达式

$$E_z(a,\varphi,z)=\sum_{l=-\infty}^{\infty}\sum_{n=-\infty}^{\infty}A_{ln}\mathrm{e}^{\mathrm{j}l\varphi}\cdot\mathrm{e}^{-\mathrm{j}\beta_n z} \tag{7.7.6}$$

由于结构的对称性,(r,φ,z)与$(r,\varphi\pm\pi,z\pm L/2)$两点的场只是相位不同(不考虑系统的损耗),于是有

$$E_z(a,\varphi\pm\pi,z\pm L/2)=e^{\mp\mathrm{j}\beta_0 L/2}E_z(a,\varphi,z)$$

即得

$$\mathrm{e}^{\mp\mathrm{j}\beta_0 L/2}=\frac{\mathrm{e}^{\mp\mathrm{j}\beta_0 L/2}\sum\limits_{l=-\infty}^{\infty}\sum\limits_{n=-\infty}^{\infty}A_{ln}\mathrm{e}^{\mathrm{j}l\varphi}\cdot\mathrm{e}^{-\mathrm{j}\beta_n z}\mathrm{e}^{\pm\mathrm{j}l\pi}\cdot\mathrm{e}^{\mp\mathrm{j}n\pi}}{\sum\limits_{l=-\infty}^{\infty}\sum\limits_{n=-\infty}^{\infty}A_{ln}\mathrm{e}^{\mathrm{j}l\varphi}\cdot\mathrm{e}^{-\mathrm{j}\beta_n z}} \tag{7.7.7}$$

式(7.7.7)成立的必要和充分条件是

$$l+n=2m \tag{7.7.8}$$

式中,m 为整数,即 l 与 n 的代数和为偶数(正负偶数).式(7.7.8)表明,由于环杆结构特殊的对称性,要求沿 z 展开与沿 φ 展开的号数之间有一定关系:若 l 为奇数,则 n 也必为奇数;若 l 为偶数,则 n 也必为偶数.

对于对称模式,有关系

$$A_{ln}=A_{(-l)n} \tag{7.7.9}$$

于是式(7.7.2)与式(7.7.3)可重写成

在 $r\geqslant a$:

$$E_z(r,\varphi,z)=\sum_{\substack{l=0\\ l+n=\text{偶数}}}^{\infty}\sum_{n=-\infty}^{\infty}A_{\mathrm{ln}}(2-\delta_l)\frac{\mathrm{K}_l(\gamma_n r)}{\mathrm{K}_l(\gamma_n a)}\mathrm{e}^{-\mathrm{j}\beta_n z}\cos l\varphi \tag{7.7.10}$$

在 $r \leqslant a$：

$$E_z(r,\varphi,z)=\sum_{\substack{l=0 \\ l+n=\text{偶数}}}^{\infty}\sum_{n=-\infty}^{\infty}A_{ln}(2-\delta_l)\cdot\frac{I_l(\gamma_n r)}{I_l(\gamma_n a)}e^{-j\beta_n z}\cos l\varphi \tag{7.7.11}$$

式中

$$\delta_l=\begin{cases}0 & (l\neq 0)\\ 1 & (l=0)\end{cases} \tag{7.7.12}$$

假设在 $r=a$ 圆柱面上的分布满足：在连接带上 $E_z(a)=0$；E_z 沿角向 φ 按正弦变化，在连接杆处为零，而在沿连接杆直径对面一点为最大；在环之间的隙缝内 $E_z(0)$ 无 z 向变化. 利用这种假设场的傅里叶级数展开，可以求得纵向电场级数展开的各个系数：

$$A_{ln}=(-1)^l\frac{\sin(\beta_n\delta'/2)}{\beta_n\delta'/2}\cdot\frac{\cos(l\xi/2)}{l^2-d^2} \tag{7.7.13}$$

式中，δ' 为两环之间间隙宽度；ξ 为连接杆宽度的夹角.

式(7.7.13)又可写成

$$A_{ln}=(-1)^l\frac{\sin(\alpha_n\eta'/2)}{(\alpha_n\eta'/2)}\cdot\frac{\cos(l\xi/2)}{l^2-d^2} \tag{7.7.14}$$

式中

$$\begin{cases}d=\dfrac{\pi}{(2\pi-\xi)}\\ \eta'=\dfrac{2\pi\delta'}{L}\\ \alpha_n=\beta_n\dfrac{L}{2\pi}\end{cases} \tag{7.7.15}$$

由上面的分析可见，环杆结构的场是用双重级数展开的，l 表示角向变化，n 表示轴向周期性引起的空间谐波号数. 于是环杆结构的每次空间谐波都要用两个标号(l,n)表示. 其中(0,0)次是基波，(+1，−1)次为第一返波，(0，−2)次为第二返波，等等. 基波与第一次返波横向电场在横截面上的变化如图 7.7.4 所示.

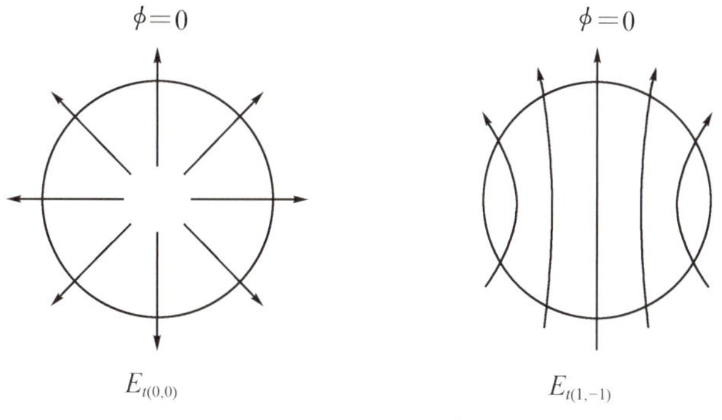

图 7.7.4　两个空间谐波的横向电场结构

利用变分法，可以求出自由环杆结构对称横的色散方程：

$$\sum_{\substack{l,n=-\infty \\ l+n=\text{偶数}}}^{\infty}\frac{A_{ln}^2}{4Z_l(\gamma_n a)}\left\{l^2K_l(\gamma_n a)I_l(\gamma_n a)-\frac{1}{2}(ka)^2\cdot\left[K_{l-1}(\gamma_n a)I_{l-1}(\gamma_n a)+K_{l+1}(\gamma_n a)I_{l+1}(\gamma_n a)\right]\right\}=0 \tag{7.7.16}$$

式中

$$Z_l(\gamma_n a)=(\gamma_n a)^2 K_l(\gamma_n a) I_l(\gamma_n a) K_l'(\gamma_n a) I_l'(\gamma_n a) \tag{7.7.17}$$

为得到环杆结构的色散曲线，需对式(7.7.16)用计算机进行数值求解．由于结构的复杂性，环杆结构尚不能像螺旋线那样可以得到普适曲线．在计算机上，以 η'、ξ、$\cot\theta=2\pi a/L$ 为参变量，ka 为变量，由方程(7.7.16)可解出基波的传播常数 β_0，进而可以绘出各种色散曲线．对于一些参量，色散曲线如图 7.7.5 所示．由图 7.7.5 可见，当 $ka<0.5$，增加 $\cot\theta$，使相速降低，增加 ξ，使相速增加，减小 η' 也使相速增加．为避免自激振荡，选择参量时应避开 $ka=0.5$ 这一点．在 $ka=0.3\sim0.5$，实验表明，按式(7.7.16)计算结果与实际值有 3%～5%的差别．

环杆结构的耦合阻抗也可求出．第(l,n)次空间谐波在半径 r 处的耦合阻抗为

$$(K_c)_{ln}(r)=\frac{1}{2\pi}\frac{\oint[E_{zln}(r,\varphi,z)]^2\mathrm{d}\varphi}{2\beta_n^2 P} \tag{7.7.18}$$

式中，P 为功率流；$(K_c)_{ln}(r)$为耦合阻抗沿 φ 的平均值．式(7.7.18)线积分可以求出，于是得

$$(K_c)_{ln}(r)=\frac{(2-\delta_l)|A_{ln}|^2}{2\beta_n^2 P}\ \frac{I_l^2(\gamma_n r)}{I_l^2(\gamma_n a)} \tag{7.7.19}$$

考虑到 A_{ln} 可写成

$$A_{ln}=(-1)^l\frac{\sin(n+\alpha)\eta'/2}{(n+\alpha)\eta'/2}\cdot\frac{\cos(l\xi/2)}{l^2-d^2} \tag{7.7.20}$$

式中，$\alpha=\beta_0 L/2\pi$．于是可得

$$\frac{(K_c)_{ln}}{(K_c)_{00}}=(2-\delta l)\left[\frac{\sin(n+\alpha)\eta'/2}{\left(1+\frac{n}{2}\right)^2\sin\alpha\eta'/2}\right]^2\left[\frac{\cos(l\xi/2)}{1-\left(\frac{l}{d}\right)^2}\right]^2$$

$$\cdot\frac{I_0^2(\gamma_0 a)}{I_0^2(\gamma_0 r)}\cdot\frac{I_l^2(\gamma_n r)}{I_l^2(\gamma_n a)} \tag{7.7.21}$$

或写成

$$\frac{(K_c)_{ln}}{(K_c)_{00}}=F_1'\cdot F_2'\frac{I_0^2(\gamma_0 a)}{I_0^2(\gamma_0 r)}\cdot\frac{I_l^2(\gamma_n r)}{I_l^2(\gamma_n a)} \tag{7.7.22}$$

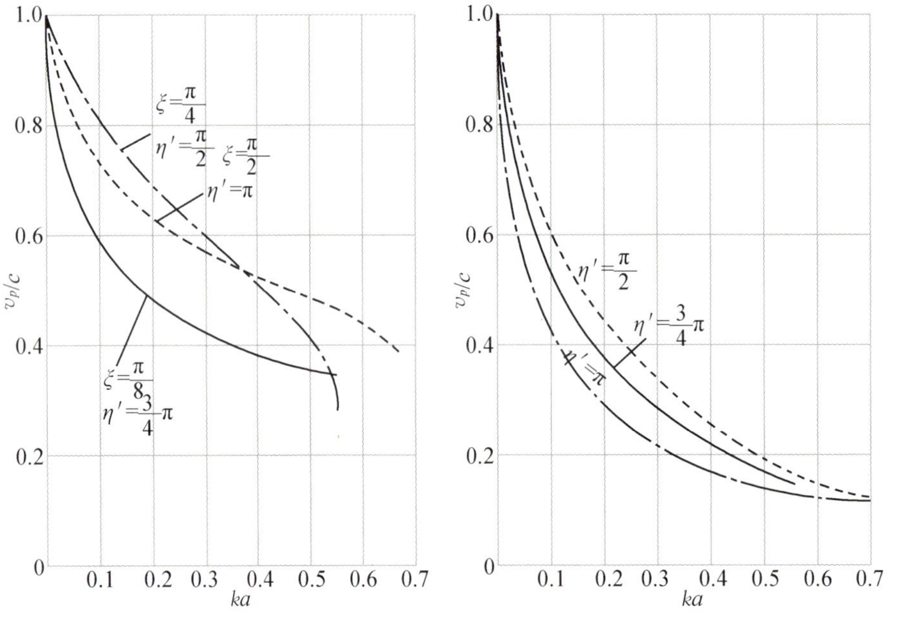

(a)以 ξ、η' 为参量的曲线　　(b)η' 对色散的影响

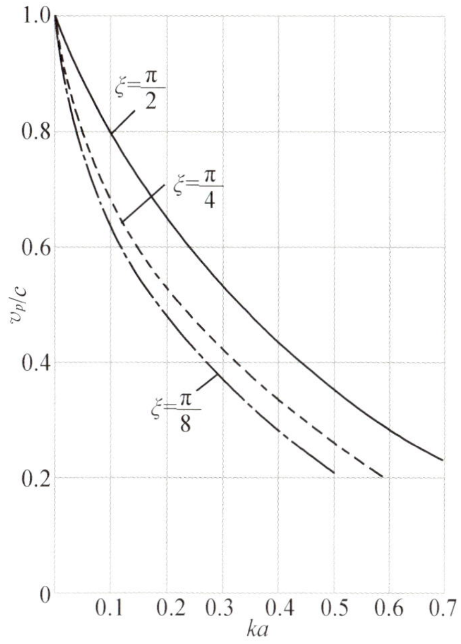

(c)ξ 对色散的影响

图 7.7.5　环杆结构的色散曲线

式中

$$
\begin{cases}
F_1'=\left[\dfrac{\sin(n+\alpha)\eta'/2}{\left(1+\dfrac{n}{\alpha}\right)^2\sin\alpha\eta'/2}\right]^2 \\
F_2'=(2-\delta l)\left[\dfrac{\cos(l\xi/2)}{1-\dfrac{l^2}{d^2}}\right]^2
\end{cases}
\tag{7.7.23}
$$

已经发现,在环杆结构的各次谐波中,(0,0)次与(1,$-$1)次空间谐波最强,耦合阻抗最大,当 $\xi=0.5$,$\alpha=0.3$ 时,$(K_c)_{1,-1}/(K_c)_{00}$ 约为 0.05. 这个比值随 α 上升而很快上升,当 $\alpha=0.5$ 时,$(K_c)_{1,-1}/(K_c)_{00}$ 可达到 0.40. 可见 α 值,即 $\beta_0 a/\cot\psi$ 不宜过大. 相邻两环之间隙缝宽度对(0,$-$2)次空间谐波分量影响很大,当隙缝很窄时,$(K_c)_{0,-2}/(K_c)_{00}$ 甚至可达 0.5. 所以隙缝不能太窄. 一般来说,在较小的 ξ 值和较大的 η' 值时(即小的连结杆宽度和大的隙缝宽度),环杆结构包含的空间谐波就小,基波耦合阻抗就高.

二、实际环杆结构

前面讨论的自由环杆结构,没有考虑介质夹持与屏蔽筒的影响,也没有考虑结构厚度的影响,而实际的环杆结构,这些因素都是存在的. 因此有必要进一步加以分析. 定性来讲,这些因素的影响与螺旋线情况相似. 介质加载使相速降低,也使耦合阻抗降低,阻抗带宽下降. 介质所占比例越大,介电常数 ε_r 越大,影响就越大. 金属屏蔽筒的存在使相速减小,带宽稍有增大.

由于实际环杆结构边界条件的复杂性,考虑诸多实际因素影响的精确分析是很复杂而困难的,所以不得不寻求近似解法. 我们可以利用前面介绍过的等效多根导体传输线方法来分析环杆结构,为此,我们将结构沿纵向切开,然后在横向展开,这样,每个环就展开成多导体了,如图 7.7.6 所示. 由于环杆线有的区域与介质杆接触,有的区域不与介质杆接触,而且一般情况下,介质杆是多根的,所以,在横向(φ 或 x 方向)可将多导体分成若干个对称的区域. 按多导体传输线理论,系统在纵向传播慢波,而在横向(φ 向),沿环(即各多导体)传播的是 TEM 波. 而在有介质区域与无介质区域,波的相速应有所不同. 我们假定第 M 区的相速为 c_M,相应的波长为 λ_{Mc},横向坐标 x 可以用相应的电角度 ϕ 表示:

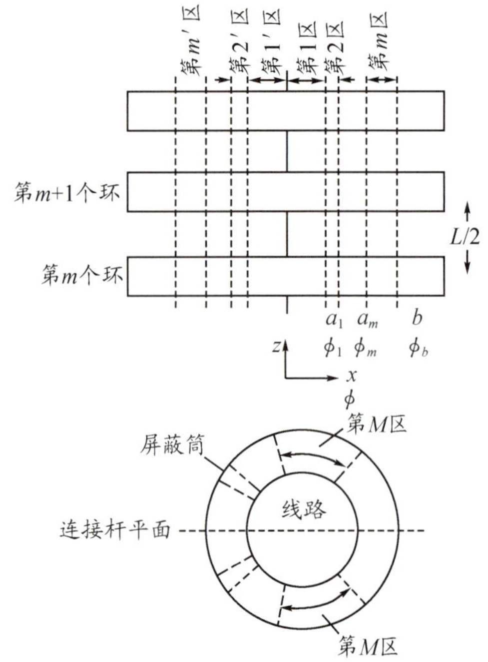

图 7.7.6　环杆结构展开成多导体图

$$\phi = 2\pi\int_0^x \frac{\mathrm{d}x}{\lambda}$$

$$\phi_M = \sum_{N=1}^{M} 2\pi\int_{x_{N-1}}^{x_N} \frac{\mathrm{d}x}{\lambda_N} = \sum_{N=1}^{M} \frac{2\pi(x_N - x_{N-1})}{\lambda_N} \tag{7.7.24}$$

设慢波在纵向每环之间的相移为

$$\theta = \frac{\beta_0 L}{2} \tag{7.7.25}$$

第 m 个环的中心 z 坐标为

$$z = \frac{mL}{2} \tag{7.7.26}$$

因为系统是一个双周期系统，在每一个纵向周期 L 内包含两根导体(代表两个环)，所以，第 m 根导体的第 M 区的电压与电流波可写成

$$\begin{aligned} V_M = &(A_r\cos\phi_M + A_{r+1}\sin\phi_M)\mathrm{e}^{-\mathrm{j}m(\theta+\pi)} \\ &+ (A_{r+2}\sin\phi_M + A_{r+3}\cos\phi_M)\mathrm{e}^{-\mathrm{j}m\theta} \end{aligned} \tag{7.7.27}$$

$$\begin{aligned} I_M = &\mathrm{j}Y(\theta+\pi)(-A_r\sin\phi_M + A_{r+1}\cos\phi_M)\mathrm{e}^{-\mathrm{j}m(\theta+\pi)} \\ &+ \mathrm{j}Y(\theta)(A_{r+2}\cos\phi_M - A_{r+3}\sin\phi_M)\mathrm{e}^{-\mathrm{j}m\theta} \end{aligned} \tag{7.7.28}$$

式中，A_r 等为待定系数；$Y(\theta)$ 为多导体系统的波导纳.

由于结构对 φ 是对称的，即对 ϕ_M 是对称的，M 区是 M' 区的镜面对称，于是有

$$|V_M(m,\phi_M)| = |V_{M'}(m,-\phi_M)| \tag{7.7.29}$$

即

$$\begin{aligned} &|(A_r + A_{r+1}\tan\phi_M)\mathrm{e}^{-\mathrm{j}m\pi} + (A_{r+2}\tan\phi_M + A_{r+3})| \\ =&|(A_s - A_{s+1}\tan\phi_M)\mathrm{e}^{-\mathrm{j}m\pi} + (-A_{s+2}\tan\phi_M + A_{s+3})| \end{aligned} \tag{7.7.30}$$

式(7.7.30)对所有的 m 与 ϕ 值均为正确，因此可以得出系数之间的关系：

$$\begin{cases} A_r = A_s \\ A_{r+1} = -A_{s+1} \\ A_{r+2} = -A_{s+2} \\ A_{r+3} = A_{s+3} \end{cases} \tag{7.7.31}$$

以上诸式中，下标 r 代表 ϕ 为正值区域的系数，s 代表 ϕ 为负值区域的系数. 从式(7.7.31)中，我们可以消去一半的待定系数. 事实上，我们只需在结构的一边求解.

现在来推导包含两根介质杆的环杆结构这一特殊情况下的色散方程(对于更多介质杆的情况可以同样处理). 介质填充物设在 2 与 2′区域内，它们对称地分布在连接杆平面($\phi=0$ 和 $\phi=\pm\phi_b$)的两边. 因为我们对区域 2 以及区域 1 与 3 中介质的介电常数的相对大小未作任何规定，故介质杆放在连接杆平面中心并填满 1、1′和 3、3′区域时，这里的分析仍然适用. 当然，若假定各区的介电常数均为 ε_0，则可得出无支持杆的结果.

对各个区域，都可写出式(7.7.27)与式(7.7.28)，这样就出现了 12 个方程与 24 个待定系数 A_r，利用结构的对称性与式(7.7.31)，待定系数 A_r 实际减少到 12 个. 利用环杆结构的边界条件，即在连接环处，电位与电流连续；在各区相连处，电位、电流亦连续. 于是得

$$\begin{cases}V_1(0,m)=V_1(0,m+1)\\ V_3(\phi_b,m)=V_3(\phi_b,m-1)\\ I_{1'}(0,m)-I_1(0,m)+I_{1'}(0,m+1)-I_1(0,m+1)=0\\ I_3(\phi_b,m)-I_{3'}(-\phi_b,m)+I_3(\phi_b,m-1)-I_{3'}(-\phi_b,m-1)=0\\ V_1(\phi_1,m)=V_2(\phi_1,m)\\ V_2(\phi_2,m)=V_3(\phi_2,m)\\ I_1(\phi_1,m)=I_2(\phi_1,m)\\ I_2(\phi_2,m)=I_3(\phi_2,m)\end{cases} \tag{7.7.32}$$

式(7.7.32)中的最后四个方程，对同一周期中的另一根导体也适用. 故式(7.7.32)为我们提供了消去所有 12 个待定系数的 12 个方程式. 将各区中电压、电流表达式(7.7.27)、式(7.7.28)代入方程组(7.7.32)，可以得到实际环杆结构的色散方程

$$|a_{mn}|=0 \tag{7.7.33}$$

这是一个四阶行列式方程，有 16 个 a_{mn} 系数，它们表示如下：

$$\begin{cases}a_{11}=(t_2-t_1)+Rt_1(1+t_1t_2)\\ a_{12}=-\mathrm{j}\tau[t_1(t_1-t_2)+R(1+t_1t_2)]\\ a_{13}=-\mathrm{j}\dfrac{R(1+t_1^2)}{(1+T^2)}[T(\tau^2+X)+t_2(\tau^2T^2-X)]\\ a_{14}=-\mathrm{j}\dfrac{R(1+t_1^2)}{(1+T^2)}[(\tau^2-XT^2)+Tt_2(\tau^2+X)]\\ a_{21}=(1+t_1t_2)+R(t_1-t_2)t_1\\ a_{22}=\mathrm{j}\tau[t_1(1+t_1t_2)+R(t_2-t_1)]\\ a_{23}=\mathrm{j}\dfrac{1+t_1^2}{\tau(1+T^2)}[Tt_2(\tau^2+X)+(X-\tau^2T^2)]\\ a_{24}=\mathrm{j}\dfrac{1+t_1^2}{\tau(1+T^2)}[t_2(\tau^2-XT^2)-T(\tau^2+X)]\\ a_{31}=-\mathrm{j}\dfrac{\tau}{X}[(t_2-t_1)+Rt_1(1+t_1t_2)]\\ a_{32}=t_1(t_1-t_2)+R(t_1t_2+1)\\ a_{33}=-t_1R(1+t_1^2)\\ a_{34}=-R(1+t_1^2)\\ a_{41}=-\dfrac{\mathrm{j}\tau}{X}[-(1+t_1t_2)+Rt_1(t_2-t_1)]\\ a_{42}=R(t_1-t_2)-t_1(1+t_1t_2)\\ a_{43}=-(1+t_1^2)\\ a_{44}=t_2(1+t_1^2)\end{cases} \tag{7.7.34}$$

式中

$$t=\tan\phi$$

$$\tau=\tan\frac{\theta}{2}$$

$$T=\tan\phi_b$$

$$R=\frac{Y_1(\theta)}{Y_2(\theta)}$$

$$X=\frac{Y(\theta)}{Y(\theta+\pi)}$$

实践表明,按方程(7.7.33)所得的色散特性曲线与实验结果较符合.

按上述方法,亦可求出耦合阻抗,但结果与实际误差较大,此处从略.

应当指出,环杆结构虽然在现代的功率行波管中得到了很大应用,但由于结构的复杂性,人们对环杆结构的分析研究还远不如螺旋线那么深入与细致,所以,在使用环杆结构时,除了要进行一些必要的理论计算外,尚需进行一些冷测工作.

7.8 环圈结构

为了进一步改进环杆结构的性能,在 20 世纪 70 年代以后,出现了环圈结构这种新型慢波系统,它是由环杆结构改进演变而来的.如图 7.8.1 所示是环圈结构示意图.在环杆结构中,用弧形圈代替连接杆就构成了环圈结构.这种结构的特点是基波的耦合阻抗增大,几乎没有负一次返波分量,因此返波振荡的危险性很小.采用这种慢波系统的行波管,单位长度增益较大,因此管子可以做得较短,能改进相位特性.由于它具有这些特点,这种结构引起人们的重视,现在已得到了广泛应用.

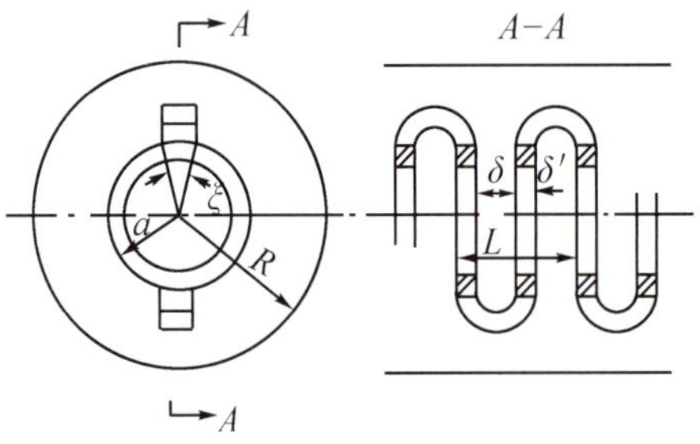

图 7.8.1 环圈结构

环圈结构的边界条件比环杆结构要复杂,因此要得到这种结构的精确解是困难的.本节介绍两种解法:一种是场论解法,另一种是多导体传输线法.现分述如下.

一、环圈结构的场论解法

与环杆结构不同,环之间相连接的不是一根直杆,而是一个弧形圈,这样在环之间可以建立起附加的纵向电场,这种场我们称之为"圈产生的场",简称"圈场".它是由注入圈内的电流在圈端建立起来的.我们借助于圈场的概念,就可以建立场论解.

由于结构在 z 向的周期性及 φ 方向的不均匀性,可将场沿 z 与 ϕ 两个方向展开,而且环圈结构在几何上与环杆结构有相同的对称性,故对称模场的纵向分量可写为

$r\leqslant a$ 时:

$$E_z^{\mathrm{I}}=\sum_{\substack{l=0\\l+n=\text{偶数}}}^{\infty}\sum_{n=-\infty}^{\infty}A_{ln}\frac{\mathrm{I}_l(\gamma_{ln}r)}{\mathrm{I}_l(\gamma_{ln}a)}\cos l\varphi\cdot \mathrm{e}^{-\mathrm{j}\beta_{ln}z} \tag{7.8.1}$$

$$H_z^{\mathrm{I}}=\sum_{\substack{l=0\\l+n=\text{偶数}}}^{\infty}\sum_{n=-\infty}^{\infty}B_{ln}\frac{\mathrm{I}_l(\gamma_{ln}r)}{\mathrm{I}_l(\gamma_{ln}a)}\sin l\varphi\cdot \mathrm{e}^{-\mathrm{j}\beta_{ln}z} \tag{7.8.2}$$

$a\leqslant r\leqslant R$ 时：

$$E_z^{\mathrm{II}}=\sum_{\substack{l=0\\l+n=\text{偶数}}}^{\infty}\sum_{n=-\infty}^{\infty}C_{ln}\mathrm{X}_{ln}\cos l\varphi\cdot \mathrm{e}^{-\mathrm{j}\beta_{ln}z} \tag{7.8.3}$$

$$H_z^{\mathrm{II}}=\sum_{\substack{l=0\\l+n=\text{偶数}}}^{\infty}\sum_{n=-\infty}^{\infty}D_{ln}\mathrm{Y}_{lnr}\sin l\varphi\cdot \mathrm{e}^{-\mathrm{j}\beta_{ln}z} \tag{7.8.4}$$

式中

$$\begin{cases}\beta_{ln}=\beta_{00}+\dfrac{2\pi}{L}(l+2n)\\ \gamma_{ln}^2=\beta_{ln}^2-k^2\end{cases} \tag{7.8.5}$$

$$\begin{cases}\mathrm{X}_{lnr}=\mathrm{K}_l(\gamma'_{ln}r)-\dfrac{\mathrm{K}_l(\gamma'_{ln}R)}{\mathrm{I}_l(\gamma'_{ln}R)}\mathrm{I}_l(\gamma'_{ln}r)\\ \mathrm{Y}_{lnr}=\mathrm{K}_l(\gamma'_{ln}r)-\dfrac{\mathrm{K}'_l(\gamma'_{ln}R)}{\mathrm{I}'_l(\gamma'_{ln}R)}\mathrm{I}_l(\gamma'_{ln}r)\end{cases} \tag{7.8.6}$$

$$\begin{cases}(\gamma'_{ln})^2=\beta_{ln}^2-(k')^2\\ (k')^2=\omega^2\mu_0\mu_1\varepsilon_0\varepsilon_1=\omega^2\mu'\varepsilon'\end{cases} \tag{7.8.7}$$

在式(7.8.1)～式(7.8.7)中，我们略去了环的厚度，a 为环的半径，R 表示外屏蔽筒半径，μ_1 与 ε_1 表示环圈与外屏蔽筒之间均匀填充介质的相对磁导率与介电常数. I'_l、K'_l 表示相应的变态贝塞尔函数对其宗量的导数.

对自由环圈结构，

$$\varepsilon_1=\mu_1=1,R\to\infty \tag{7.8.8}$$

则有

$$\begin{gathered}\mathrm{X}_{lnr}=\mathrm{Y}_{lnr}=\mathrm{K}_l(\gamma_{ln}r)\\ \gamma'_{ln}=\gamma_{ln},k'=k=\omega\sqrt{\varepsilon_0\mu_0}\end{gathered} \tag{7.8.9}$$

利用纵向场与横向场分量之间的关系，我们可以求出各区场的横向分量，并利用 $r=a$ 圆柱面上的边界条件

$$E_z^{\mathrm{I}}=E_z^{\mathrm{II}},\qquad E_\varphi^{\mathrm{I}}=E_\varphi^{\mathrm{II}}=0 \tag{7.8.10}$$

消去 B_{ln}、C_{ln}、D_{ln}，得

$r\leqslant a$ 时：

$$
\begin{cases}
E_z^{\mathrm{I}}=\sum\sum\dfrac{\mathrm{I}_{lnr}}{\mathrm{I}_{lna}}A_{ln}\cos l\varphi\cdot \mathrm{e}^{-\mathrm{j}\beta_{ln}z}\\
H_z^{\mathrm{I}}=\sum\sum-\dfrac{l\beta_{ln}}{\omega\mu_0\gamma_{ln}a}\cdot\dfrac{\mathrm{I}_{lnr}}{\mathrm{I}'_{lna}}A_{ln}\sin l\varphi\cdot \mathrm{e}^{-\mathrm{j}\beta_{ln}z}\\
E_r^{\mathrm{I}}=\mathrm{j}\sum\sum\dfrac{1}{\gamma_{ln}^2}\left[\beta_{ln}\gamma_{ln}\dfrac{\mathrm{I}'_{lnr}}{\mathrm{I}_{lna}}-\dfrac{l^2}{r}\cdot\dfrac{\beta_{ln}}{\gamma_{lna}}\cdot\dfrac{\mathrm{I}_{lnr}}{\mathrm{I}'_{lna}}\right]A_{ln}\cdot\cos l\varphi\cdot \mathrm{e}^{-\mathrm{j}\beta_{ln}z}\\
H_r^{\mathrm{I}}=\mathrm{j}\sum\sum\dfrac{1}{\gamma_{ln}^2}\left[\dfrac{\omega\varepsilon_0 l}{r}\cdot\dfrac{\mathrm{I}_{lnr}}{\mathrm{I}_{lna}}-\dfrac{\beta_{ln}^2 l}{\omega\mu_0 a}\cdot\dfrac{\mathrm{I}'_{lnr}}{\mathrm{I}'_{lna}}\right]A_{ln}\cdot\sin l\varphi\cdot \mathrm{e}^{-\mathrm{j}\beta_{ln}z}\\
E_\varphi^{\mathrm{I}}=-\mathrm{j}\sum\sum\dfrac{1}{\gamma_{ln}^2}\left[\dfrac{\gamma_{ln}l}{r}\cdot\dfrac{\mathrm{I}_{lnr}}{\mathrm{I}_{lna}}-\dfrac{\beta_{ln}l}{a}\cdot\dfrac{\mathrm{I}'_{lnr}}{\mathrm{I}'_{lna}}\right]A_{ln}\cdot\sin l\varphi\cdot \mathrm{e}^{-\mathrm{j}\beta_{ln}z}\\
H_\varphi^{\mathrm{I}}=\mathrm{j}\sum\sum\dfrac{1}{\gamma_{ln}^2}\left[\omega\varepsilon_0\gamma_{ln}\dfrac{\mathrm{I}'_{lnr}}{\mathrm{I}_{lna}}-\dfrac{\beta_{ln}^2}{\omega\mu_0}\cdot\dfrac{1}{\gamma_{ln}a}\cdot\dfrac{l^2}{r}\cdot\dfrac{\mathrm{I}_{lnr}}{\mathrm{I}'_{lna}}\right]A_{ln}\cdot\cos l\varphi\cdot \mathrm{e}^{-\mathrm{j}\beta_{ln}z}
\end{cases}
\tag{7.8.11}
$$

$a\leqslant r\leqslant R$ 时：

$$
\begin{cases}
E_z^{\mathrm{II}}=\sum\limits_{\substack{l=0\\ l+n=\text{偶数}}}^{\infty}\sum\limits_{n=-\infty}^{\infty}\dfrac{\mathrm{X}_{lnr}}{\mathrm{X}_{lna}}A_{ln}\cos l\varphi\cdot \mathrm{e}^{-\mathrm{j}\beta_{ln}z}\\
H_z^{\mathrm{II}}=\sum\sum-\dfrac{1}{\omega\mu'}\cdot\dfrac{\beta_{ln}l}{\gamma'_{ln}a}\cdot\dfrac{\mathrm{Y}_{lnr}}{\mathrm{Y}'_{lna}}A_{ln}\sin l\varphi\cdot \mathrm{e}^{-\mathrm{j}\beta_{ln}z}\\
E_r^{\mathrm{II}}=\mathrm{j}\sum\sum\dfrac{A_{ln}}{(\gamma'_{ln})^2}\left[\beta_{ln}\gamma'_{ln}\dfrac{\mathrm{X}'_{lnr}}{\mathrm{X}_{lna}}-\dfrac{l^2}{r}\cdot\dfrac{\beta_{ln}}{\gamma'_{ln}a}\cdot\dfrac{\mathrm{Y}_{lnr}}{\mathrm{Y}'_{lna}}\right]\cdot\cos l\varphi\cdot \mathrm{e}^{-\mathrm{j}\beta_{ln}z}\\
H_r^{\mathrm{II}}=\mathrm{j}\sum\sum\dfrac{A_{ln}}{(\gamma'_{ln})^2}\left[\dfrac{\omega\varepsilon' l}{r}\cdot\dfrac{\mathrm{X}_{lnr}}{\mathrm{X}_{lna}}-\dfrac{\beta_{ln}^2 l}{\omega\mu' a}\cdot\dfrac{\mathrm{Y}'_{lnr}}{\mathrm{Y}'_{lna}}\right]\cdot\sin l\varphi\cdot \mathrm{e}^{-\mathrm{j}\beta_{ln}z}\\
E_\varphi^{\mathrm{II}}=-\mathrm{j}\sum\sum\dfrac{A_{ln}}{(\gamma'_{ln})^2}\left[\dfrac{\beta_{ln}l}{r}\cdot\dfrac{\mathrm{X}_{lnr}}{\mathrm{X}_{lna}}-\dfrac{\beta_{ln}l}{a}\cdot\dfrac{\mathrm{Y}'_{lnr}}{\mathrm{Y}'_{lna}}\right]\cdot\sin l\varphi\cdot \mathrm{e}^{-\mathrm{j}\beta_{ln}z}\\
H_\varphi^{\mathrm{II}}=\mathrm{j}\sum\sum\dfrac{A_{ln}}{(\gamma'_{ln})^2}\left[\omega\varepsilon'\gamma'_{ln}\dfrac{\mathrm{X}'_{lnr}}{\mathrm{X}_{lna}}-\dfrac{l_2}{r}\cdot\dfrac{1}{\omega\mu'}\cdot\dfrac{\beta_{ln}^2}{\gamma'_{ln}a}\dfrac{\mathrm{Y}_{lnr}}{\mathrm{Y}'_{lna}}\right]\cdot\cos l\varphi\cdot \mathrm{e}^{-\mathrm{j}\beta_{ln}z}
\end{cases}
\tag{7.8.12}
$$

$r=a$ 时，我们利用积分关系

$$
\int_0^{2\pi}\int_0^{L}(E_z^{\mathrm{I}}H_\varphi^{\mathrm{I}}-E_z^{\mathrm{II}}H_\varphi^{\mathrm{II}})a\mathrm{d}\varphi\mathrm{d}z=0 \tag{7.8.13}
$$

将方程(7.8.10)与方程(7.8.13)中有关场分量代入式(7.8.12)，并利用函数的正交性，即可求得具有外屏蔽筒和均匀介质填充的环圈结构的色散方程：

$$
\begin{aligned}
&\sum\limits_{\substack{l=0\\ l+n=\text{偶数}}}^{\infty}\sum\limits_{n=-\infty}^{\infty}\frac{A_{l,n}^2}{\gamma_{ln}\cdot\gamma'_{ln}\mathrm{I}_l(n)\mathrm{I}'_l(n)\mathrm{X}_l(n)\mathrm{Y}'_e(n)(2-\delta_l)}\cdot\left\{\frac{(\beta_{ln}l)^2}{\gamma_{en}^2}\right.\\
&\cdot\mathrm{I}_l(n)\mathrm{X}_l(n)\cdot\left[\frac{1}{\mu_1}\left(\frac{\gamma_{ln}}{\gamma'_{ln}}\right)^2\gamma_{ln}\mathrm{I}'_l(n)\mathrm{Y}_l(n)-\gamma'_{ln}\mathrm{I}_l(n)\mathrm{Y}'_l(n)\right]\\
&\left.+(ka)^2\mathrm{I}'_l(n)\mathrm{Y}'_l(n)\cdot\left[\gamma'_{ln}\mathrm{I}'_l(n)\mathrm{X}_l(n)-\varepsilon_1\gamma_{ln}\mathrm{I}_l(n)\mathrm{X}'_l(n)\right]\right\}=0
\end{aligned}
\tag{7.8.14}
$$

式中

$$
\begin{aligned}
&\mathrm{I}_l(n)=\mathrm{I}_l(\gamma_{ln}a), &&\mathrm{K}_l(n)=\mathrm{K}_l(\gamma_{ln}a)\\
&\mathrm{I}'_l(n)=\mathrm{I}'_l(\gamma_{ln}a), &&\mathrm{K}'_l(n)=\mathrm{K}'_l(\gamma_{ln}a)\\
&\mathrm{X}_l(n)=\mathrm{X}_l(\gamma_{ln}a), &&\mathrm{Y}_l(n)=\mathrm{Y}_l(\gamma_{ln}a)\\
&\mathrm{X}'_l(n)=\mathrm{X}'_l(\gamma_{ln}a), &&\mathrm{Y}'_l(n)=\mathrm{Y}'_l(\gamma_{ln}a)
\end{aligned}
$$

对于自由环圈结构，利用方程(7.8.9)，由方程(7.8.14)可得

$$\sum_{\substack{l=0 \\ l+n=\text{偶数}}}^{\infty}\sum_{n=-\infty}^{\infty}\frac{A_{ln}^2}{Z_l(n)}\Big\{l^2\mathrm{I}_l(n)\mathrm{K}_l(n)-\frac{1}{2}(ka)^2[\mathrm{I}_{l-1}(n)\cdot\mathrm{K}_{l-1}(n)$$
$$+\mathrm{I}_{l+1}(n)\mathrm{K}_{l+1}(n)]\Big\}=0 \tag{7.8.15}$$

式中

$$Z_l(n)=(2-\delta_l)(\gamma_{ln}a)^2\mathrm{I}_l(n)\mathrm{K}_l(n)\mathrm{I}_l'(n)\mathrm{K}_l'(n)$$
$$=\left(-\frac{2-\delta l}{4}\right)(\gamma_{ln}a)^2\mathrm{I}_l(n)\mathrm{K}_l(n)[\mathrm{I}_{l-1}(n)\cdot\mathrm{K}_{l-1}(n)$$
$$+\mathrm{I}_{l+1}(n)\mathrm{K}_{l+1}(n)+\mathrm{I}_{l+1}(n)\mathrm{K}_{l-1}(n)+\mathrm{I}_{l-1}(n)\mathrm{K}_{l+1}(n)]$$

上述方程(7.8.14)与方程(7.8.15)同样适用于环杆结构，即上述环圈结构有关方程的推导，实际上包含了环杆结构. 不同的是系数 A_{ln} 在这两种情况下有不同的表达式. 我们比较自由环圈结构的色散方程(7.8.15)与自由环杆结构的色散方程(7.7.16)(见7.7节)，两者在形式上是完全一样的.

如果系数 A_{ln} 可求出，色散方程(7.8.14)与方程(7.8.15)就可解出. 现在来求 A_{ln}. 环间的总电场是环产生的电场与圈产生的场的叠加. 现在我们对环间隙缝中的场作以下假定，作为我们的试验场：(1)由环产生的电场分布与7.7节环杆结构中环间间隙的场一样；(2)由圈产生的电场，在圈宽内 $\left(-\pi\leqslant\varphi\leqslant-\pi+\frac{\xi}{2},\pi-\frac{\xi}{2}\leqslant\varphi\leqslant\pi\right)$ 为一常数，在圈中线的对面为零，沿 φ 按正弦变化. 因而当 $r=a$ 时试验场可写为

$$E_z=\begin{cases}E_l & \left(\begin{array}{l}-\pi\leqslant\varphi\leqslant-\pi+\frac{\xi}{2}\\ +\pi-\frac{\xi}{2}\leqslant\varphi\leqslant\pi\end{array}\right)\\ E_0\cos d\varphi+E_l|\sin d\varphi| & \left(-\pi+\frac{\xi}{2}\leqslant\varphi\leqslant\pi-\frac{\xi}{2}\right)\end{cases} \tag{7.8.16}$$

式中，E_0 表示环场的幅值；E_l 为圈场的幅值；d 与7.7节中的符号相同，为

$$d=\frac{\pi}{2\pi-\xi}$$

将上述的场分布在 φ 与 z 方向展开，即可求出

$$A_{ln}=(2-\delta_1)\left\{(-1)^l E_0\cos\frac{l\xi}{2}+E_l\left[1+(-1)^l\frac{\sin\frac{l\xi}{2}}{\frac{l\xi}{2}}\right.\right.$$
$$\left.\left.\cdot\frac{d\xi}{2}\right]\right\}\frac{-2d}{(l^2-d^2)\pi}\left(\frac{\delta}{L}\right)\frac{\sin\frac{\beta_{ln}\delta}{2}}{\frac{\beta_{ln}\delta}{2}} \tag{7.8.17}$$

式中

$$\delta_l=\begin{cases}0 & (l\neq 0)\\ 1 & (l=0)\end{cases}$$

对于基波，$n=0$，$l=0$，由式(7.8.17)得

$$A_{00}=\frac{2}{\pi d}\left[E_0+E_l\left(1+\frac{d\xi}{2}\right)\right]\left(\frac{\delta}{L}\right)\frac{\sin\frac{\beta_{00}\delta}{2}}{\frac{\beta_{00}\delta}{2}} \tag{7.8.18}$$

由此看出，圈场与环场同号，两者叠加的结果使基波得到加强.

对(1，－1)次返波，由式(7.8.17)，得

$$A_{1,-1}=\frac{4\alpha}{(1-\alpha^2)\pi}\left\{E_0\cos\frac{\xi}{2}-E_l\left(1-\alpha\sin\frac{\xi}{2}\right)\right\}\left(\frac{\delta}{L}\right)\cdot\frac{\sin\frac{\beta_{1,-1}\delta}{2}}{\frac{\beta_{1,-1}\delta}{2}} \tag{7.8.19}$$

圈场与环场项反号相抵消，所以返波分量下降，这一点对 $l=1$ 次的所有谐波都适用. 在条件

$$E_0\cos\frac{\xi}{2}=E_l\left(1-d\sin\frac{\xi}{2}\right) \tag{7.8.20}$$

下，(1，－1)次返波完全抵消.

由此，我们就证明了环圈结构基波分量增强、返波分量减弱的基本特点. 这是假定环间圈场与环场为正弦律时得出的. 如果对试验场作其他假定，情况又如何呢？下面举两个例子.

如试验场是直线分布，即 $r=a$ 时

$$E_x(\varphi)=\begin{cases}E_l & \begin{pmatrix}-\pi\leqslant\varphi\leqslant-\pi+\frac{\xi}{2}\\ \pi-\frac{\xi}{2}\leqslant\varphi\leqslant\pi\end{pmatrix}\\ E_0\left(1-\frac{2}{\pi}d\varphi\right)+E_l\frac{2d}{\pi}|\varphi| & \left(-\pi+\frac{\xi}{2}\leqslant\varphi\leqslant\pi-\frac{\xi}{2}\right)\end{cases} \tag{7.8.21}$$

这时，可求得

$$A_{ln}=\frac{4d}{l^2\pi^2}\left[1-(-1)^l\cos\frac{l\xi}{2}\right](E_0-E_l)\cdot\left(\frac{\delta}{L}\right)\frac{\sin\left(\frac{\beta_{ln}\delta}{2}\right)}{\frac{\beta_{ln}\delta}{2}}\quad(l\neq0) \tag{7.8.22}$$

$$A_{00}=\left[\frac{E_0}{4d}+E_1\left(\frac{1}{4d}+\frac{\xi}{\pi}\right)\right]\left(\frac{\delta}{L}\right)\frac{\sin\left(\frac{\beta_{00}\delta}{2}\right)}{\frac{\beta_{00}\delta}{2}} \tag{7.8.23}$$

如果试验场是正弦平方分布，即 $r=a$ 时

$$E_x(\varphi)=\begin{cases}E_l & \begin{pmatrix}-\pi\leqslant\varphi\leqslant-\pi+\frac{\xi}{2}\\ \pi-\frac{\xi}{2}\leqslant\varphi\leqslant\pi\end{pmatrix}\\ E_0\cos^2 d\theta+E_l\sin^2 d\theta & \left(-\pi+\frac{\xi}{2}\leqslant\varphi\leqslant\pi-\frac{\xi}{2}\right)\end{cases} \tag{7.8.24}$$

这时可得

$$A_{ln}=-\frac{2}{\pi l}\frac{(-1)^l\sin\frac{l\xi}{2}}{(l^2-4d^2)}\left\{-\left(2+\frac{l^2}{d^2}\right)E_0+2d^2E_l\right\}\left(\frac{\delta}{L}\right)\cdot\frac{\sin\frac{\beta_{ln}\delta}{2}}{\frac{\beta_{ln}\delta}{2}}\quad(l\neq0) \tag{7.8.25}$$

$$A_{00}=\left[\frac{E_0}{d}\left(\pi-\frac{\xi}{2}\right)+\frac{E_l}{d}\left(\pi+\frac{\xi}{2}\right)\right]\left(\frac{\delta}{L}\right)\frac{\sin\frac{\beta_{00}\delta}{2}}{\frac{\beta_{00}\delta}{2}} \tag{7.8.26}$$

由以上看出，假定不同的试验场，各空间谐波幅值系数的表达式有所不同，但圈场使基波分量增强，使(1，－1)次返波分量降低的结论仍然是一致的. 下面的讨论仍限于正弦律分布的试验场情况.

上面求出了 A_{ln} 与 E_0、E_l 的关系，而圈场是由注入圈的电流在端部产生的一个附加场. 注入圈的电流可

表示为

$$i=\int_{-\frac{\Delta}{2}}^{\frac{\Delta}{2}}H_z\left(a,\varphi=\pi-\frac{\xi}{2},z\right)\mathrm{d}z+\int_{\pi-\frac{\xi}{2}}^{\pi+\frac{\xi}{2}}H_\varphi\left(a,\varphi,z=-\frac{\Delta}{2}\right)a\mathrm{d}\varphi$$

$$-\int_{\frac{\Delta}{2}}^{\frac{-\Delta}{2}}H_z\left(a,\varphi=\pi+\frac{\xi}{2},z\right)\mathrm{d}z-\int_{\pi+\frac{\xi}{2}}^{\pi-\frac{\xi}{2}}H_\varphi\left(a,\varphi,z=-\frac{\Delta}{2}\right)a\mathrm{d}\varphi \tag{7.8.27}$$

将分量表达式代入式(7.8.27)，求得

$$i=-\mathrm{j}\omega\varepsilon_0\varepsilon_1 a\xi\sum_{\substack{l=0\\ l+n=\text{偶数}}}^{\infty}\sum_{n=-\infty}^{\infty}\frac{2A_{ln}}{\gamma'_{ln}}\left\{\frac{\mathrm{X}'_{lna}}{\mathrm{X}_{lna}}-\frac{(\beta_{ln}l)^2}{(k')^2(\gamma'_{ln}a)^2}\cdot\frac{\mathrm{Y}_{lna}}{\mathrm{Y}'_{lna}}\right\}$$

$$\cdot(-1)^l\frac{\sin\frac{l\xi}{2}}{\frac{l\xi}{2}}\cos\frac{\beta_{ln}\Delta}{2} \tag{7.8.28}$$

对自由环圈结构，式(7.8.28)变为

$$i=-\mathrm{j}\omega\varepsilon_0 a\xi\sum_{l=0}^{\infty}\sum_{n=-\infty}^{\infty}\frac{2A_{ln}}{\gamma_{ln}}\left\{\frac{\mathrm{K}'_{lna}}{\mathrm{K}_{lna}}-\frac{(\beta_{ln}l)^2}{k^2(\gamma_{ln}a)^2}\cdot\frac{\mathrm{K}_{lna}}{\mathrm{K}'_{lna}}\right\}$$

$$\cdot(-1)^l\frac{\sin\frac{l\xi}{2}}{\frac{l\xi}{2}}\cos\frac{\beta_{ln}\Delta}{2} \tag{7.8.29}$$

令 Z_l 为圈的等效阻抗，则有

$$Z_l=\mathrm{j}X_L=\mathrm{j}\omega\mu_0\mu_1 L'_p \tag{7.8.30}$$

式中，L'_p 为圈的电感，其计算可查阅有关文献. 而 E_l 与 Z_l 有关系

$$E_l=\frac{iZ_1}{\delta}=i\frac{\mathrm{j}\omega\mu_c\mu_1 L'_p}{\delta} \tag{7.8.31}$$

考虑到环圈结构中基波分量强，高次谐波分量很小，故在 i 的表达式(7.8.28)中只取基波项，这样将 i 的表达式代入方程(7.8.31)，并利用式(7.8.18)，得到

$$E_l=B_L A_{00} \tag{7.8.32}$$

$$B_L=(k'a)^2\xi\left(\frac{\Delta}{\delta}\right)\left(\frac{L'_p}{\alpha}\right)\frac{\cos\frac{\beta_{00}\Delta}{2}}{\frac{\gamma'_{00}\Delta}{2}}\cdot\frac{X'_{00a}}{X_{00a}} \tag{7.8.33}$$

$$\frac{E_l}{E_0}=\frac{\frac{2}{\pi d}\left(\frac{\delta}{L}\right)F_{00}\cdot B_L}{1-\frac{2}{\pi d}\left(\frac{\delta}{L}\right)F_{00}\left(1+\frac{d\xi}{2}\right)B_L} \tag{7.8.34}$$

式中

$$F_{ln}=\frac{\sin\frac{\beta_{ln}\delta}{2}}{\frac{\beta_{ln}\delta}{2}} \tag{7.8.35}$$

利用 A_{ln} 的表达式及 E_l、E_0 的关系式(7.8.34)，对色散方程便可以计算求解了.

下面来研究环圈结构的耦合阻抗 K_c. 由耦合阻抗的定义可知，(l,n)次谐波在半径 r 处的平均耦合阻抗为

$$(K_c)_{ln}=\frac{1}{2\pi}\frac{\int_0^{2\pi}(E_z)_{ln}\cdot(E_z)^*_{ln}\mathrm{d}\varphi}{2\beta^2_{ln}P} \tag{7.8.36}$$

可得

$$(K_c)_{ln}=\frac{|A_{ln}|^2}{2(2-\delta_l)\beta_{ln}^2 P}\cdot\frac{\mathrm{I}_l^2(\gamma_{ln}r)}{\mathrm{I}_l^2(\gamma_{ln}a)} \tag{7.8.37}$$

式中,P 为功率流,即

$$P=\frac{1}{2}\mathrm{Re}\left\{\int_0^{2\pi}\int_0^a[E_r^{\mathrm{I}}H_\varphi^{\mathrm{I}\,*}-E_\varphi^{\mathrm{I}}H_r^{\mathrm{I}\,*}]r\mathrm{d}\varphi\mathrm{d}r+\int_0^{2\pi}\int_a^R[E_r^{\mathrm{II}}H_\varphi^{\mathrm{II}\,*}-E_\varphi^{\mathrm{II}}H_r^{\mathrm{II}\,*}]r\mathrm{d}\varphi\mathrm{d}r\right\} \tag{7.8.38}$$

将场表达式(7.8.11)与式(7.8.12)代入式(7.8.38)积分,得

$$P=\frac{\pi a^2}{4}k\sqrt{\frac{\varepsilon_0}{\mu_0}}\cdot S \tag{7.8.39}$$

$$\begin{aligned}S=&\sum_{\substack{l=0\\ l+n=\text{偶数}}}^{\infty}\sum_{n=-\infty}^{\infty}\frac{|A_{ln}|^2}{2-\delta_l}\left\{\frac{2\beta_{ln}}{\gamma_{ln}^2\mathrm{I}_{lna}^2}\left(1+\frac{(\beta_{ln}a)^2l^2}{(\gamma_{ln}a)^2(ka)^2}\cdot\frac{\mathrm{I}_{lna}^2}{\mathrm{I}'^2_{lna}}\right)\right.\\&\cdot\left[\mathrm{I}'^2_{lna}+\frac{2}{(\gamma_{ln}a)}\mathrm{I}_{lna}\mathrm{I}'_{lna}-\left(1+\frac{l^2}{(\gamma_{ln}a)^2}\right)\mathrm{I}_{lna}^2\right]-\frac{4\beta_{ln}l^2}{\gamma_{ln}^2(\gamma_{ln}a)^3}\left(1+\frac{\beta_{ln}^2}{k^2}\right)\frac{\mathrm{I}_{lna}}{\mathrm{I}'_{lna}}\\&+\frac{2\beta_{ln}\varepsilon_1}{(\gamma'_{ln}a)^2}\cdot\frac{a^2}{\mathrm{X}_{lna}^2}\cdot\left[\left(1+\frac{(\beta_{ln}a)^2l^2}{(k'a)^2(\gamma'_{ln}a)^2}\left(\frac{\mathrm{X}_{lna}}{\mathrm{Y}'_{lna}}\right)^2\right)F_{Ra}+\left(\left(\frac{\mathrm{K}_{lnR}}{\mathrm{I}_{lnR}}\right)^2\right.\right.\\&+\left.\frac{(\beta_{ln}a)^2l^2}{(k'a)^2(\gamma'_{ln}a)^2}\left(\frac{\mathrm{K}'_{lnR}}{\mathrm{I}'_{lnR}}\right)^2\cdot\left(\frac{\mathrm{X}_{lna}}{\mathrm{Y}'_{lna}}\right)^2\right)G_{Ra}+2\left(\left(\frac{\mathrm{K}_{lnR}}{\mathrm{I}_{lnR}}\right)\right.\\&+\left.\left.\left.\frac{(\beta_{ln}a)^2l^2}{(k'a)^2(\gamma'_{ln}a)^2}\left(\frac{\mathrm{K}'_{lnR}}{\mathrm{I}'_{lnR}}\right)\left(\frac{\mathrm{X}_{lna}}{\mathrm{Y}'_{lna}}\right)^2\right)H_{Ra}\right]+\frac{4\beta_{ln}l^2\varepsilon_1}{\gamma'^2_{ln}(\gamma'_{ln}a)^3}\cdot\left(1+\frac{\beta_{ln}^2}{k'^2}\right)\left(\frac{\mathrm{Y}_{lna}}{\mathrm{Y}'_{lna}}\right)\right\}\end{aligned} \tag{7.8.40}$$

式中

$$\begin{aligned}F_{Ra}=&\left(\frac{R}{a}\right)^2\left[\mathrm{K}'^2_{lnR}+\frac{2}{(\gamma'_{ln}R)}\mathrm{K}_{lnR}\mathrm{K}'_{lnR}-\left(1+\frac{l^2}{(\gamma'_{ln}R)^2}\mathrm{K}_{lnR}^2\right)\right]\\&+\left(1+\frac{l^2}{(\gamma'_{ln}a)^2}\right)\mathrm{K}_{lna}^2-\mathrm{K}'^2_{lna}-\frac{2}{\gamma_{ln}a}\mathrm{K}_{lna}\mathrm{K}'_{lna}\end{aligned}$$

$$\begin{aligned}G_{Ra}=&\left(\frac{R}{a}\right)^2\left[\mathrm{I}'^2_{lnR}+\frac{2}{(\gamma'_{ln}R)}\mathrm{I}_{lnR}\mathrm{I}'_{lnR}-\left(1+\frac{l^2}{(\gamma'_{ln}R)^2}\mathrm{I}_{lnR}^2\right)\right]\\&+\left(1+\frac{l^2}{(\gamma'_{ln}a)^2}\right)\mathrm{I}_{lna}^2-\mathrm{I}'^2_{lna}-\frac{2}{\gamma_{ln}a}\mathrm{I}_{lna}\mathrm{I}'_{lna}\end{aligned}$$

$$\begin{aligned}H_{Ra}=&\frac{1}{4}\left\{\left(\frac{R}{a}\right)^2[(2\mathrm{I}_{(l-1)nR}\mathrm{K}_{(l-1)nR}+\mathrm{I}_{(l-2)nR}\mathrm{K}_{lnR}+\mathrm{I}_{lnR}\mathrm{K}_{(l-2)nR})\right.\\&+(2\mathrm{I}_{(l+1)nR}\mathrm{K}_{(l+1)nR}+\mathrm{I}_{lnR}\mathrm{K}_{(l+2)nR}+\mathrm{I}_{(l+2)nR}\mathrm{K}_{lnR})]\\&-(2\mathrm{I}_{(l-1)na}\mathrm{K}_{(l-1)na}+\mathrm{I}_{(l-2)na}\mathrm{K}_{lna}+\mathrm{I}_{lna}\mathrm{K}_{(l-2)na})\\&\left.-(2\mathrm{I}_{(l+1)na}\mathrm{K}_{(l+1)na}+\mathrm{I}_{lna}\mathrm{K}_{(l+2)na}+\mathrm{I}_{(l+2)na}\mathrm{K}_{lna})\right\}\end{aligned}$$

于是有

$$(K_c)_{ln}=\frac{2|A_{ln}|^2}{(2-\delta_1)\beta_{ln}^2\pi a^2k\sqrt{\frac{\varepsilon_0}{\mu_0}}S}\cdot\frac{\mathrm{I}_l^2(\gamma_{ln}r)}{\mathrm{I}_l^2(\gamma_{ln}a)} \tag{7.8.41}$$

第(l,n)次空间谐波与基波耦合阻抗之比为

$$\frac{(K_c)_{ln}}{(K_c)_{00}}=\frac{(2-\delta_1)\cos\frac{l\xi}{2}}{\left(1-\frac{l^2}{d^2}\right)^2}\left(\frac{F_{ln}}{F_{00}}\right)^2\frac{\mathrm{I}_l^2(\gamma_{ln}r)}{\mathrm{I}_l^2(\gamma_{ln}a)}\cdot\frac{\mathrm{I}_0^2(\gamma_{00}r)}{\mathrm{I}_l^2(\gamma_{00}r)}$$

$$\cdot \frac{\left\{\left[1+(-1)^l \dfrac{\sin\dfrac{l\xi}{2}}{l\xi/2}\cdot\dfrac{d\xi}{2}\right]1+\dfrac{E_l}{E_0}(-1)^l\right\}^2}{\left[1+\dfrac{E_1}{E_0}\left(1+\dfrac{d\xi}{2}\right)\right]^2} \tag{7.8.42}$$

为了表示系统对(1，−1)次返波的抑制能力，我们定义一个系数

$$\rho=\frac{\left(\dfrac{A_{1,-1}}{A_{00}}\right)_L^2}{\left(\dfrac{A_{1,-1}}{A_{00}}\right)_B^2} \tag{7.8.43}$$

式中，L 表示环圈结构的相应值；B 表示环杆结构的相应值.

我们将相应系数 A_{ln} 的值代入式(7.8.43)，得

$$\zeta=\left\{\frac{1-\dfrac{2}{\pi d}\left(\dfrac{\delta}{L}\right)F_{00}\left(1+\dfrac{d\xi}{2}\right)B_L-\left(1-d\sin\dfrac{\xi}{2}\right)\dfrac{2}{\pi d}\left(\dfrac{\delta}{L}\right)F_{00}\dfrac{B_L}{\cos(\xi/2)}}{1-\dfrac{2}{\pi d}\left(\dfrac{\delta}{L}\right)F_{00}\left(1+\dfrac{d\xi}{2}\right)B_L+\left(1+\dfrac{d\xi}{2}\right)\dfrac{2}{\pi d}\left(\dfrac{\delta}{L}\right)F_{00}B_L}\right\}^2 \tag{7.8.44}$$

显然 $\zeta<1$，可见，在环圈结构中，(+1，−1)次返波分量比环杆结构相应的返波分量要弱. 因而环圈结构对(+1，−1)次返波的抑制能力比环杆结构强.

以上分析，未考虑环的厚度，可将环的内外半径(a_i，a_0)之间看成一个径向传输线来处理，这可进一步参考相关文献. 在上面的分析中，还认为介质在环与外屏蔽筒之间是均匀的，实际的介质是非角向均匀的介质杆，这可用面积等效方法把它化为均匀介质，这样，上面的分析仍然有效.

二、环围结构的等效多根导体传输线解法

与环杆结构一样，环圈结构也可看成双周期的多根导体传输线. 环圈结构展开成多根导体系统如图 7.8.2 所示(只绘了一半). 在环杆结构中，连接杆是当作短路线来处理的，这只有当连接杆长度远小于环周长的一半才是正确的. 对于环圈结构，如前所述，它相当于一个等效阻抗 $Z_L=\mathrm{j}X_L$(忽略损耗). 对于这个多导体系统，第 m 根导体上的电位及电流方程为

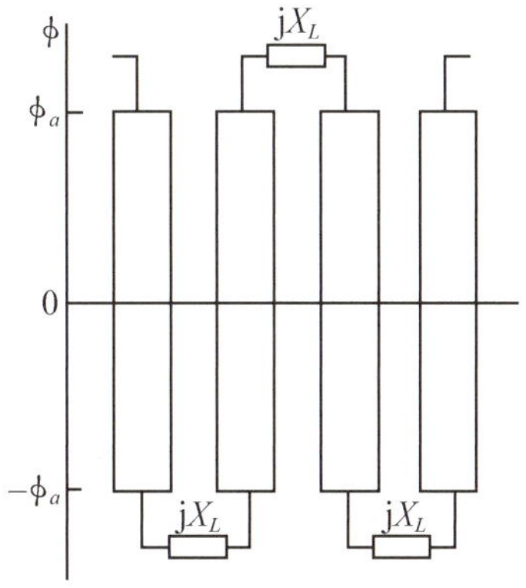

图 7.8.2　环圈结构的等效多根导体传输线

$$V_m=(A\cos\phi+B\sin\phi)\mathrm{e}^{-\mathrm{j}m(\theta+\pi)}+(C\cos\phi+D\sin\phi)\mathrm{e}^{-\mathrm{j}m\theta} \tag{7.8.45}$$

$$I_m=\mathrm{j}Y(\theta+\pi)(-A\sin\phi+B\cos\phi)\mathrm{e}^{-\mathrm{j}m(\theta+\pi)}+\mathrm{j}Y(\theta)(-C\cos\phi+D\cos\phi)\mathrm{e}^{-\mathrm{j}m\theta} \tag{7.8.46}$$

式中，θ 为相邻两环之间的相移；ϕ 为导体横向坐标的电长度；$Y(\theta)$ 为多导体系统的波导纳；A、B、C、D 是待定常数.

此多导体系统有下述边界条件：

$\phi=\phi_a=\frac{\pi}{2}(ka)$时：

$$V_m=V_{m+1}-\mathrm{j}X_L I_m \tag{7.8.47}$$

$$I_m=-I_{m+1} \tag{7.8.48}$$

$\phi=-\phi_a$ 时：

$$V_m=V_{m-1}-\mathrm{j}X_L I_m \tag{7.8.49}$$

$$I_m=-I_{m-1} \tag{7.8.50}$$

将方程(7.8.45)与方程(7.8.46)代入方程(7.8.47)～方程(7.8.50)，便可以求出色散方程.

对称模：

$$\frac{Y(\theta)}{Y(\theta+\pi)}\cot^2\frac{\theta}{2}=\cot^2\phi_a\frac{1-\frac{1}{2}X_L Y(\theta)\tan\phi_a}{1+\frac{1}{2}X_L Y(\theta+\pi)\cot\phi_a} \tag{7.8.51}$$

非对称模：

$$\frac{Y(\theta)}{Y(\theta+\pi)}\cot^2\frac{\theta}{2}=\tan^2\phi_a\frac{1-\frac{1}{2}X_L Y(\theta)\cot\phi_a}{1+\frac{1}{2}X_L Y(\theta+\pi)\tan\phi_a} \tag{7.8.52}$$

式(7.8.52)中，如令 $X_L=0$，即 7.7 节讨论的自由环杆结构情况. 由方程(7.8.51)可见，在色散的布里渊图上，环圈结构的色散特性曲线位于环杆结构色散曲线之下. 考虑到环圈结构圈的弯曲，不难得到定性的理解.

利用等效多根导体模型，也可求出耦合阻抗

$$K_c=\frac{v_p}{v_g}\left(\frac{\sin\frac{\alpha\theta}{2}}{\frac{\alpha\theta}{2}}\right)^2\cdot\frac{\sin^2\frac{\theta}{2}}{\frac{\theta}{2}}\cdot\frac{1}{W'}\cdot\frac{1}{Y(\theta)} \tag{7.8.53}$$

式中

$$W'=\frac{Y(\theta)}{Y(\theta+\pi)}\cdot\tan^2\phi_a\cdot\cot^2\frac{\theta}{2}\cdot\left(\phi_a-\frac{3}{2}\sin 2\phi_a\right)+\left(\phi_a+\frac{3}{2}\sin 2\phi_a\right) \tag{7.8.54}$$

$$\alpha=\frac{2\delta}{L}$$

对于环圈结构的一种变形——双圈结构，也可以用多导体传输线模型进行研究. 这种系统的相邻环用两个对称圈连接. 这种结构的色散方程为

对称模：

$$\sin^2\frac{\theta}{2}=-\frac{X_L}{4}Y(\theta)\cot\phi_a \tag{7.8.55}$$

非对称模：

$$\sin^2\frac{\theta}{2}=\frac{X_L}{4}Y(\theta)\tan\phi_a \tag{7.8.56}$$

以上多根导体传输线模型适合于自由环圈结构，如有介质夹持，可用 k' 代替 k，并对 $Y(\theta)$ 等作相应改变即可. 或者如 7.7 节处理环杆结构那样，将多导体分成有介质与无介质两个不同区域，然后加以相同处理即可.

7.9 参考文献

[1]PIERCE J R. Theory of the beam-type traveling-wave tube[J]. Proceedings of the IRE, 1947, 35(2):111-123.

[2]PIERCE J R, TIEN P K. Coupling of modes in helixes[J]. Proceedings of the IRE, 1954, 42(9):1389-1396.

[3]TIEN P K. Traveling-wave tube helix impedance[J]. Proceedings of the IRE, 1953, 41(11):1617-1623.

[4]MCMURTRY B J. Fundamental interaction impedance of a helix surrounded by a dielectric and a metal shield[J]. IRE Transactions on Electron Devices, 1962, 9(2):210-216.

[5]SENSIPER S. Electromagnetic wave propagation on helical structures[J]. Proceedings of the IRE, 1955, 43(2):149-161.

[6]TIEN P K. Bifilar helix for backward-wave oscillators[J]. Proceedings of the IRE, 1954, 42(7):1137-1143.

[7]STARK L. Lower modes of a concentric line having a helical inner conductor[J]. Journal of Applied Physics, 1954, 25(9):1155-1162.

[8]WATKINS D A, ASH E A. The helix as a backwardwave circuit structure[J]. Journal of Applied Physics, 1954, 25(6):782-790.

[9]CHODOROW M, CHU E L. Cross-wound twin helices for traveling-wave tubes[J]. Journal of Applied Physics, 1955, 26(1):33-43.

[10]AYERS W R, KIRSTEIN P T. Theoretical and experimental characteristics of connected-ring structures for use in high-power traveling-wave tubes[J]. AD117017,PB 127474, 1957.

[11]ASH E, PEARSON A, HORSLEY A, et al. Dispersion and impedance of dielectric-supported ring-and-bar slow-wave circuits[J]. Proceedings of the Institution of Electrical Engineers, 1964, 111(4):629-641.

[12]COOK J S, Kompfner R, Quate C F. Coupled helices[J]. Bell System Technical Journal, 1956, 35(1):127-178.

[13]PHILLIPS R M. High power ring-loop traveling-wave tubes for advanced radar[J]. Microwave System News, 1975(5):47.

[14]LIU S G. The theory of ring-loop structure[J]. 中国科学 A 辑(英文版), 1977:679.

[15]WATKINS D A, MENDLOWITZ H. Topics in electromagnetic theory[M]. New York:John Wiley and Sons Inc. , 1958.

[16]刘盛纲. 具有中心导体螺旋线上慢波的色散特性[J]. 成都电讯工程学院学报, 1962(1):1-5.

[17]刘盛纲. 慢波,快波及非慢波在具有中心导体螺旋线上的传播[J]. 成都电讯工程学院学报, 1961(01):30-43.

第 8 章　对插销慢波系统与梯形慢波系统

8.1 引言

对插销慢波系统与梯形慢波系统及其变形在 O 型与 M 型微波电子管中均有广泛的应用. 因此,有必要对它们进行详细分析.

由于这些系统边界条件的复杂性,用场的分析方法严格求解是困难的,一般都采用近似求解方法. 这类系统通常都采用第 6 章中所阐述的多导体传输线方法来进行分析. 由于分析方法的类似性,故将对插销系统与梯形系统的分析均放在本章中进行.

多导体传输线分析方法的关键之一,在于比较正确地确定多导体传输线的波导纳或波阻抗,这是决定慢波系统色散特性与耦合阻抗等参量的主要因素. 在第 6 章中,我们曾介绍过多导体波导纳的电容求解法. 如采用近似方法来确定电容,此方法简单易行,而且物理意义明确. 但除了应用实验模拟的方法之外,一般难以准确地计算导体之间的电容. 因而用此法计算波导纳的精确度较低. 对于本章所研究的慢波系统,导体杆截面一般为矩形,这时可采用场的方法求多导体的波导纳,其结果将有较高的精度.

本章我们将首先用场分析方法研究多导体传输线的波导纳,在此基础上,再分析对插销慢波系统与梯形慢波系统的特性参量. 本章所介绍的方法也适用于曲折线与分离折叠波导,由于篇幅所限,在此不再赘述.

8.2 多导体传输线波导纳的场计算法

首先研究单排多导体系统. 假定每根多导体杆的横截面均为相同的矩形,系统截面如图 8.2.1 所示. 假定多导体杆两侧均有理想金属盖板,在 z 方向,一个周期长度 L 内有 N 根导体杆. 相邻两导体杆中心之间的距离为 L_1,其余尺寸见图.

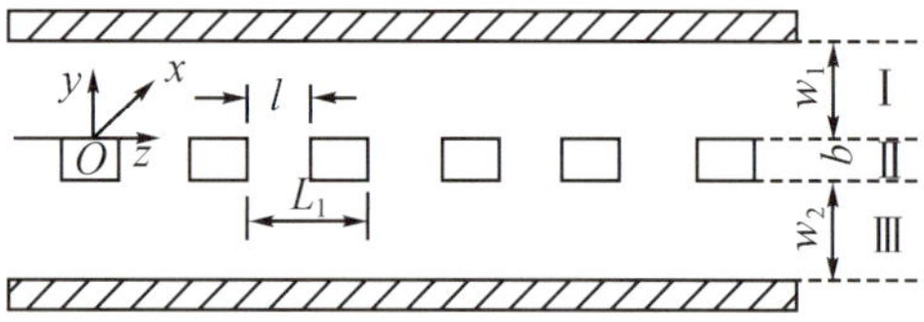

图 8.2.1　单排多导体系统截面图

由第 6 章分析可知,在第 m 根导体杆上,电压与电流波为

$$\begin{cases} V_m(x) = \sum_{s=0}^{N-1}[A_s\cos kx + B_s\sin kx]\mathrm{e}^{-\mathrm{j}m\phi_s} \\ I_m(x) = \mathrm{j}\sum_{s=0}^{N-1}Y_0(\phi_s)[B_s\cos kx - A_s\sin kx]\mathrm{e}^{-\mathrm{j}m\phi_s} \end{cases} \tag{8.2.1}$$

或

$$\begin{cases} V_m(x) = \sum_{s=0}^{N-1}[A'_s\mathrm{e}^{-\mathrm{j}kx} + B'_s\mathrm{e}^{\mathrm{j}kx}]\mathrm{e}^{-\mathrm{j}m\phi_s} \\ I_m(x) = \sum_{s=0}^{N-1}Y_0(\phi_s)[A'_s\mathrm{e}^{-\mathrm{j}kx} - B'_s\mathrm{e}^{\mathrm{j}kx}]\mathrm{e}^{-\mathrm{j}m\phi_s} \end{cases} \tag{8.2.2}$$

式中

$$\phi_s=\theta-\frac{2\pi}{N}s \quad (s=0,1,2,\cdots,N-1) \tag{8.2.3}$$

$$\begin{cases} A'_s=\dfrac{1}{2}(A_s+\mathrm{j}B_s) \\ B'_s=\dfrac{1}{2}(A_s-\mathrm{j}B_s) \end{cases} \tag{8.2.4}$$

式中，θ 为相邻两导体间基波的相移.

为了求波导纳 $Y_0(\phi_s)$，只需讨论导体杆上沿 $+x$ 方向传播的相邻两导体有 ϕ_s 相移的 TEM 波，这时

$$\begin{cases} V_{ms}(x)=A'_s\mathrm{e}^{-\mathrm{j}kx}\mathrm{e}^{-\mathrm{j}m\phi_s} \\ I_{ms}(x)=A'_sY_0(\phi_s)\mathrm{e}^{-\mathrm{j}kx}\mathrm{e}^{-\mathrm{j}m\phi_s} \end{cases} \tag{8.2.5}$$

由此可知

$$Y_0(\phi_s)=\frac{I_{ms}(x)}{V_{ms}(x)} \tag{8.2.6}$$

要求出波导纳，需先求 $I_{ms}(x)$. 为此，将空间分成如图 8.2.1 所示的Ⅰ、Ⅱ、Ⅲ三个区域. 由相邻两导体之间的电位差求出Ⅱ区的电场，进而求出各区中的场. 式(8.2.6)中的电流 $I_{ms}(x)$可通过磁场的闭路积分求得：

$$I_{ms}(x)=\oint H_m(\phi_s,-\mathrm{j}kx)\cdot\mathrm{d}\boldsymbol{l} \tag{8.2.7}$$

式中，积分沿第 m 根导体杆截面的周界进行.

假定在Ⅱ区($-b\leqslant y\leqslant 0$)杆间的电场为纯纵向场，且为常数. 当然，当导体的截面是矩形，且导体间距离比较小时，这一假定才成立，否则会产生误差. 这样在Ⅱ区，第 m 根与第 $m+1$ 根导体之间$[mL_1+(L_1-l)/2\leqslant z\leqslant mL_1+(L_1+l)/2]$，电场为

$$E_{z\mathrm{II}}=\frac{V_{ms}-V_{(m+1)s}}{l}=\frac{A'_s\mathrm{e}^{-\mathrm{j}kx}\mathrm{e}^{-\mathrm{j}m\phi_s}-A'_s\mathrm{e}^{-\mathrm{j}kx}\mathrm{e}^{-\mathrm{j}(m+1)\phi_s}}{l} \tag{8.2.8}$$

由此，得

$$E_{z\mathrm{II}}=A'_s\mathrm{e}^{-\mathrm{j}kx}\mathrm{e}^{-\mathrm{j}(m+1/2)\phi_s}\cdot\frac{2\mathrm{j}}{l}\sin\frac{\phi_s}{2} \tag{8.2.9}$$

因为

$$H_{y\mathrm{II}}=-\sqrt{\frac{\varepsilon_0}{\mu_0}}E_{z\mathrm{II}} \tag{8.2.10}$$

故

$$H_{y\mathrm{II}}=-\sqrt{\frac{\varepsilon_0}{\mu_0}}A'_s\mathrm{e}^{-\mathrm{j}kx}\mathrm{e}^{-\mathrm{j}(m+1/2)\phi_s}\cdot\frac{2\mathrm{j}}{l}\sin\frac{\phi_s}{2} \tag{8.2.11}$$

在Ⅰ区，位函数 $V_s(x,y,z)$在 yz 平面内满足拉普拉斯方程，可解得

$$V_s(x,y,z)=A'_s\mathrm{e}^{-\mathrm{j}kx}\sum_{i=-\infty}^{\infty}[C_{is}\mathrm{ch}\beta_{is}y+D_{is}\mathrm{sh}\beta_{is}y]\cdot\mathrm{e}^{-\mathrm{j}\beta_{is}z} \tag{8.2.12}$$

式中

$$\beta_{is}=\beta_{00}+\frac{2\pi(iN-s)}{L}=\frac{\phi_s+2\pi i}{L_1} \tag{8.2.13}$$

由 V_s 与电场关系，可得

$$E_{z\mathrm{I}}=-\frac{\partial V_s}{\partial z}=\mathrm{j}A'_s\mathrm{e}^{-\mathrm{j}kx}\sum_{i=-\infty}^{\infty}\beta_{is}[C_{is}\mathrm{ch}\beta_{is}y+D_{is}\mathrm{sh}\beta_{is}y]\mathrm{e}^{\mathrm{j}\beta_{is}z} \tag{8.2.14}$$

$$E_{y\mathrm{I}}=-\frac{\partial V_s}{\partial y}=-A'_s\mathrm{e}^{-\mathrm{j}kx}\sum_{i=-\infty}^{\infty}\beta_{is}[C_{is}\mathrm{sh}\beta_{is}y+D_{is}\mathrm{ch}\beta_{is}y]\mathrm{e}^{\mathrm{j}\beta_{is}z} \tag{8.2.15}$$

利用 $y=w_1$ 时 $E_{z\,\mathrm{I}}=0$ 的边界条件,可得

$$D_{is}=-C_{is}\operatorname{cth}\beta_{is}w_1 \tag{8.2.16}$$

将式(8.2.16)代入式(8.2.14)与式(8.2.15),得

$$\begin{cases} E_{z\,\mathrm{I}}=-\mathrm{j}A'_s\mathrm{e}^{-\mathrm{j}kx}\displaystyle\sum_{i=-\infty}^{\infty}C_{is}\beta_{is}\frac{\operatorname{sh}\beta_{is}(y-w_1)}{\operatorname{sh}\beta_{is}w_1}\mathrm{e}^{-\mathrm{j}\beta_{is}z} \\ E_{y\,\mathrm{I}}=A'_s\mathrm{e}^{-\mathrm{j}kx}\displaystyle\sum_{i=-\infty}^{\infty}C_{is}\beta_{is}\frac{\operatorname{ch}\beta_{is}(y-w_1)}{\operatorname{sh}\beta_{is}w_1}\mathrm{e}^{-\mathrm{j}\beta_{is}z}\end{cases} \tag{8.2.17}$$

再利用电场与磁场的关系

$$\begin{cases} H_y=-\sqrt{\dfrac{\varepsilon_0}{\mu_0}}E_z \\ H_z=\sqrt{\dfrac{\varepsilon_0}{\mu_0}}E_y\end{cases} \tag{8.2.18}$$

求得Ⅰ区中的磁场分量

$$\begin{cases} H_{y\,\mathrm{I}}=\mathrm{j}\sqrt{\dfrac{\varepsilon_0}{\mu_0}}A'_s\mathrm{e}^{-\mathrm{j}kx}\displaystyle\sum_{i=-\infty}^{\infty}C_{is}\beta_{is}\frac{\operatorname{sh}\beta_{is}(y-w_1)}{\operatorname{sh}\beta_{is}w_1}\mathrm{e}^{-\mathrm{j}\beta_{is}z} \\ H_{z\,\mathrm{I}}=\sqrt{\dfrac{\varepsilon_0}{\mu_0}}A'_s\mathrm{e}^{-\mathrm{j}kx}\displaystyle\sum_{i=-\infty}^{\infty}C_{is}\beta_{is}\frac{\operatorname{ch}\beta_{is}(y-w_1)}{\operatorname{sh}\beta_{is}w_1}\mathrm{e}^{-\mathrm{j}\beta_{is}z}\end{cases} \tag{8.2.19}$$

在Ⅰ区与Ⅱ区的共同边界上,场要满足匹配条件:

$y=0$ 时,

$$E_{z\,\mathrm{I}}=\begin{cases}0 & \left(mL_1-\dfrac{L_1-l}{2}\leqslant z\leqslant mL_1+\dfrac{L_1-l}{2}\right)\\ E_{z\,\mathrm{II}} & \left(mL_1+\dfrac{L_1-l}{2}\leqslant z\leqslant mL_1+\dfrac{L_1+l}{2}\right)\end{cases} \tag{8.2.20}$$

将场方程(8.2.17)代入方程(8.2.20),然后在方程两端同乘 $\mathrm{e}^{\mathrm{j}\beta_{is}z}$,并在$[mL_1,(m+1)L_1]$区间对 z 积分,得

$$\int_{mL_1+\frac{L_1-l}{2}}^{mL_1+\frac{L_1+l}{2}}E_{z\,\mathrm{II}}\,\mathrm{e}^{\mathrm{j}\beta_{is}z}\,\mathrm{d}z=\int_{mL_1}^{(m+1)L_1}E_{z\,\mathrm{I}}\,\mathrm{e}^{\mathrm{j}\beta_{is}z}\,\mathrm{d}z$$

积分后,整理可得

$$C_{is}=\frac{2(-1)^i\sin\dfrac{\phi_s}{2}}{\beta_{is}L_1}\cdot\frac{\sin\left(\dfrac{\beta_{is}l}{2}\right)}{\dfrac{\beta_{is}l}{2}} \tag{8.2.21}$$

与Ⅰ区类似,Ⅲ区内的纵向电场,利用 $y=-(b+w_2)$时 $E_{z\,\mathrm{III}}=0$ 的条件,解得

$$E_{z\,\mathrm{III}}=-\mathrm{j}A'_s\mathrm{e}^{-\mathrm{j}kx}\sum_{i=-\infty}^{\infty}C'_{is}\beta_{is}\frac{\operatorname{sh}\beta_{is}(y+b+w_2)}{\operatorname{sh}\beta_{is}w_2}\mathrm{e}^{-\mathrm{j}\beta_{is}z} \tag{8.2.22}$$

由Ⅲ区与Ⅱ区的共同边界($y=-b$)上场的匹配条件

$$E_{z\,\mathrm{III}}=\begin{cases}0 & \left(mL_1-\dfrac{L_1-l}{2}\leqslant z\leqslant mL_1+\dfrac{L_1-l}{2}\right)\\ E_{z\,\mathrm{II}} & \left(mL_1+\dfrac{L_1-l}{2}\leqslant z\leqslant mL_1+\dfrac{L_1+l}{2}\right)\end{cases} \tag{8.2.23}$$

可得

$$C'_{is}=-C_{is} \tag{8.2.24}$$

在此基础上,可求出Ⅲ区场的各分量:

$$\begin{cases} E_{z\mathrm{III}} = \mathrm{j}A'_s \mathrm{e}^{-\mathrm{j}kx} \sum\limits_{i=-\infty}^{\infty} C_{is}\beta_{is} \dfrac{\mathrm{sh}\beta_{is}(y+b+w_2)}{\mathrm{sh}\beta_{is}w_2} \mathrm{e}^{-\mathrm{j}\beta_{is}z} \\ E_{y\mathrm{III}} = -A'_s \mathrm{e}^{-\mathrm{j}kx} \sum\limits_{i=-\infty}^{\infty} C_{is}\beta_{is} \dfrac{\mathrm{ch}\beta_{is}(y+b+w_2)}{\mathrm{sh}\beta_{is}w_2} \mathrm{e}^{-\mathrm{j}\beta_{is}z} \\ H_{z\mathrm{III}} = -\sqrt{\dfrac{\varepsilon_0}{\mu_0}} A'_s \mathrm{e}^{-\mathrm{j}kx} \sum\limits_{i=-\infty}^{\infty} C_{is}\beta_{is} \dfrac{\mathrm{ch}\beta_{is}(y+b+w_2)}{\mathrm{sh}\beta_{is}w_2} \mathrm{e}^{-\mathrm{j}\beta_{is}z} \\ H_{y\mathrm{III}} = -\mathrm{j}\sqrt{\dfrac{\varepsilon_0}{\mu_0}} A'_s \mathrm{e}^{-\mathrm{j}kx} \sum\limits_{i=-\infty}^{\infty} C_{is}\beta_{is} \dfrac{\mathrm{sh}\beta_{is}(y+b+w_2)}{\mathrm{sh}\beta_{is}w_2} \mathrm{e}^{-\mathrm{j}\beta_{is}z} \end{cases} \tag{8.2.25}$$

至此，已求出各区内的场分布. 现在来求第 m 根导体上与相移 ϕ_s 相应的电流 $I_{ms}(x)$. 由式(8.2.7)得

$$\begin{aligned} I_{ms}(x) &= \oint \boldsymbol{H}_m \cdot \mathrm{d}\boldsymbol{l} \\ &= \int_{-b}^{0} \left[(H_{y\mathrm{II}})_{z=mL_1-\frac{L_1-l}{2}} - (H_{y\mathrm{II}})_{z=mL_1+\frac{L_1-l}{2}} \right] \mathrm{d}y \\ &\quad + \int_{mL_1-\frac{L_1-l}{2}}^{mL_1+\frac{L_1-l}{2}} [(H_{z\mathrm{I}})_{y=0} - (H_{z\mathrm{III}})_{y=-b}] \mathrm{d}z \end{aligned}$$

将前面求出的有关场分量代入上式，积分后整理，得

$$\begin{aligned} I_{ms}(x) &= A'_s \mathrm{e}^{-\mathrm{j}kx} \mathrm{e}^{-\mathrm{j}m\phi_s} \sqrt{\frac{\varepsilon_0}{\mu_0}} \sin\frac{\phi_s}{2} \\ &\cdot \left\{ \frac{4b}{l} \sin\frac{\phi_s}{2} + 4\sum_{i=-\infty}^{\infty} (-1)^i \frac{\sin\dfrac{\beta_{is}(L_1-l)}{2}}{\beta_{is}L_1} \right. \\ &\left. \cdot \frac{\sin\left(\dfrac{\beta_{is}l}{2}\right)}{\dfrac{\beta_{is}l}{2}} [\mathrm{cth}\beta_{is}w_1 + \mathrm{cth}\beta_{is}w_2] \right\} \end{aligned} \tag{8.2.26}$$

将式(8.2.5)与式(8.2.26)代入式(8.2.6)，就得到波导纳的表达式：

$$\begin{aligned} Y_0(\phi_s) &= \sqrt{\frac{\varepsilon_0}{\mu_0}} \sin\frac{\phi_s}{2} \left\{ \frac{4b}{l} \sin\frac{\phi_s}{2} + \sum_{i=-\infty}^{\infty} 4(-1)^i \right. \\ &\left. \cdot \frac{\sin\dfrac{\beta_{is}(L_1-l)}{2}}{\beta_{is}L_1} \cdot \frac{\sin\dfrac{\beta_{is}l}{2}}{\dfrac{\beta_{is}l}{2}} [\mathrm{cth}\beta_{is}w_1 + \mathrm{cth}\beta_{is}w_2] \right\} \end{aligned} \tag{8.2.27}$$

令 $\alpha = l/L_1$，$\tau_1 = w_1/L_1$，$\tau_2 = w_2/L_1$，式(8.2.27)可转化为

$$Y_0(\phi_s) = i\sqrt{\frac{\varepsilon_0}{\mu_0}} \sin\frac{\phi_s}{2} \left\{ \frac{4b}{\alpha L_1} \sin\frac{\phi_s}{2} + 2(1-\alpha) \cdot [S(\tau_1,\alpha) + S(\tau_2,\alpha)] \right\} \tag{8.2.28}$$

式中

$$\begin{aligned} S(\tau_{1,2},\alpha) &= \sum_{i=-\infty}^{\infty} (-1)^i \mathrm{cth}[\tau_{1,2}(\phi_s + 2\pi i)] \\ &\cdot \frac{\sin\dfrac{(1-\alpha)(\phi_s+2\pi i)}{2}}{\dfrac{(1-\alpha)(\phi_2+2\pi i)}{2}} \cdot \frac{\sin\dfrac{\alpha(\phi_s+2\pi i)}{2}}{\dfrac{\alpha(\phi_s+2\pi i)}{2}} \end{aligned} \tag{8.2.29}$$

式(8.2.27)与式(8.2.28)适合于不同的 w_1/L_1、w_2/L_1 值. 但无穷级数 $S(\tau_{1,2},\alpha)$ 收敛较慢. 为此，可采用下面的表达式来逼近式(8.2.28)：

$$Y_0(\phi_s) = \sqrt{\frac{\varepsilon_0}{\mu_0}} \left[G_1 \sin^2\frac{\phi_s}{2} + G_2 \right] \tag{8.2.30}$$

式中

$$\begin{cases} G_1=\dfrac{4b}{l}+\dfrac{2w_1}{3\alpha}[1-\tau(w_1,\alpha)]+\dfrac{2w_2}{3\alpha}[1-\tau(w_2,\alpha)] \\ G_2=(1-\alpha)\left(\dfrac{1}{w_1}+\dfrac{1}{w_2}\right) \\ \tau(x,\alpha)=\sum\limits_{n=1}^{\infty}\dfrac{6}{\pi^2 n^2}\left[\mathrm{e}^{-\alpha\frac{n\pi}{x}}+\mathrm{e}^{-(1-\alpha)\left(\frac{n\pi}{x}\right)}-\mathrm{e}^{-\frac{n\pi}{x}}\right] \end{cases} \tag{8.2.31}$$

式(8.2.31)中的 τ 函数收敛很快,一般在 $w_{1,2}/L_1\leqslant 1.5$ 时方程(8.2.30)可很好地逼近式(8.2.28),当 $w_{1,2}/L_1$ 很大时,两者差别较大,这时宜采用式(8.2.28)或式(8.2.27).

现在讨论双排多导体情况.假定两排多导体的杆截面均为相同的矩形,两排多导体的形状与尺寸一样,但两排导体在 z 方向有 d 的位错,系统的 yz 截面及其有关尺寸如图 8.2.2 所示.系统在 z 方向的周期为 L,每周期有 N 根导体.

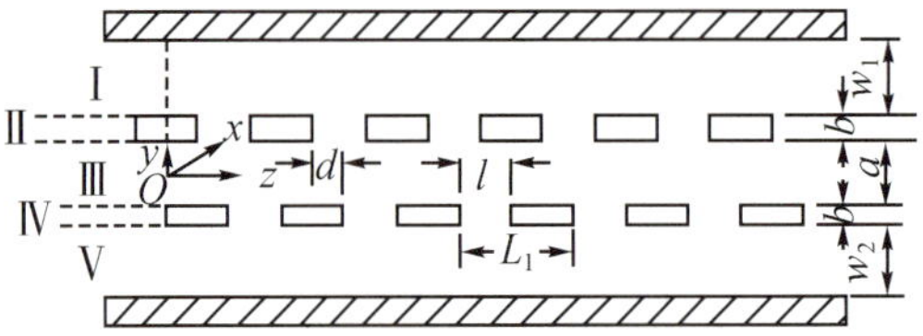

图 8.2.2 双排多导体系统截面图

第一排(上面一排)导体的第 m 根导体上电位与电流为

$$\begin{cases} V_m^h(x)=\sum\limits_{s=0}^{N-1}[(A_s')^h\mathrm{e}^{-\mathrm{j}kx}+(B_s')^h\mathrm{e}^{\mathrm{j}kx}]\mathrm{e}^{-\mathrm{j}m\phi_s} \\ I_m^h(x)=\sum\limits_{s=0}^{N-1}Y_0^h(\phi_s)[(A_s')^h\mathrm{e}^{-\mathrm{j}kx}-(B_s')^h\mathrm{e}^{\mathrm{j}kx}]\mathrm{e}^{-\mathrm{j}m\phi_s} \end{cases} \tag{8.2.32}$$

在第二排(下面一排)多导体的第 m 根导体上电位与电流为

$$\begin{cases} V_m^L(x)=\sum\limits_{s=0}^{N-1}[(A_s')^L\mathrm{e}^{-\mathrm{j}kx}+(B_s')^L\mathrm{e}^{\mathrm{j}kx}]\mathrm{e}^{-\mathrm{j}m\phi_s} \\ I_m^L(x)=\sum\limits_{s=0}^{N-1}Y_0^L(\phi_s)[(A_s')^L\mathrm{e}^{-\mathrm{j}kx}-(B_s')^L\mathrm{e}^{\mathrm{j}kx}]\mathrm{e}^{-\mathrm{j}m\phi_s} \end{cases} \tag{8.2.33}$$

在式(8.2.32)与式(8.2.33)中,$Y_0^h(\phi_s)$与 $Y_0^L(\phi_s)$分别为与 ϕ_s 相应的第一排与第二排多导体的波导纳.将系统分为Ⅰ、Ⅱ、Ⅲ、Ⅳ、Ⅴ五个区域,如图 8.2.2 所示.我们仍假定在Ⅱ区与Ⅳ区导体杆间的电场只有恒定的纵向分量.为求波导纳,我们只研究沿 $+x$ 方向传播的 TEM 波.与单排多导体系统一样,可先求得相邻两导体有 ϕ_s 相移的 TEM 波相应的各区中的场分布,然后再求波导纳.

在Ⅱ区($a/2\leqslant y\leqslant a/2+b$),在第 m 与($m+1$)根导体之间,即 z 在$[mL_1+(L_1-l)/2,mL_1+(L_1+l)/2]$区间,与前面单排多导体系统一样,可得到:

$$\begin{cases} E_{z\text{Ⅱ}}=(A_s')^h\mathrm{e}^{-\mathrm{j}kx}\mathrm{e}^{-\mathrm{j}(m+1/2)\phi_s}\dfrac{2\mathrm{j}}{l}\sin\dfrac{\phi_s}{2} \\ H_{y\text{Ⅱ}}=-\sqrt{\dfrac{\varepsilon_0}{\mu_0}}(A_s')^h\mathrm{e}^{-\mathrm{j}kx}\mathrm{e}^{-\mathrm{j}(m+1/2)\phi_s}\dfrac{2\mathrm{j}}{l}\sin\dfrac{\phi_s}{2} \end{cases} \tag{8.2.34}$$

在Ⅳ区($-a/2-b\leqslant y\leqslant -a/2$),第 m 与($m+1$)根导体之间,即 z 在$[mL_1+d+(L_1-l)/2,mL_1+d+(L_1+l)/2]$区间,同样可求得

$$\begin{cases} E_{z\text{Ⅳ}}=(A_s')^L\mathrm{e}^{-\mathrm{j}kx}\mathrm{e}^{-\mathrm{j}(m+1/2)\phi_s}\dfrac{2\mathrm{j}}{l}\sin\dfrac{\phi_s}{2} \\ H_{y\text{Ⅳ}}=-\sqrt{\dfrac{\varepsilon_0}{\mu_0}}(A_s')^L\mathrm{e}^{-\mathrm{j}kx}\mathrm{e}^{-\mathrm{j}(m+1/2)\phi_s}\dfrac{2\mathrm{j}}{l}\sin\dfrac{\phi_s}{2} \end{cases} \tag{8.2.35}$$

在Ⅰ区($a/2+b\leqslant y\leqslant a/2+b+w_1$)，纵向电场分量可表示为

$$E_{z\mathrm{I}}=\mathrm{j}\mathrm{e}^{-\mathrm{j}kx}\sum_{i=-\infty}^{\infty}\beta_{is}[C_{is}^{\mathrm{I}}\mathrm{ch}\beta_{is}y+D_{is}^{\mathrm{I}}\mathrm{sh}\beta_{is}y]\mathrm{e}^{-\mathrm{j}\beta_{is}z} \tag{8.2.36}$$

利用 $y=a/2+b+w_1$ 时 $E_{z\mathrm{I}}=0$ 的条件，得

$$D_{is}^{\mathrm{I}}=-C_{is}^{\mathrm{I}}\frac{\mathrm{ch}\beta_{is}\left(\frac{a}{2}+b+w_1\right)}{\mathrm{sh}\beta_{is}\left(\frac{a}{2}+b+w_1\right)} \tag{8.2.37}$$

将式(8.2.37)代入式(8.2.36)，可得

$$\begin{cases}E_{z\mathrm{I}}=-\mathrm{j}\mathrm{e}^{-\mathrm{j}kx}\sum\limits_{i=-\infty}^{\infty}C_{is}^{\mathrm{I}\prime}\beta_{is}\dfrac{\mathrm{sh}\beta_{is}\left[y-\left(\frac{a}{2}+b+w_1\right)\right]}{\mathrm{sh}\beta_{is}w_1}\mathrm{e}^{-\mathrm{j}\beta_{is}z}\\ C_{is}^{\mathrm{I}\prime}=C_{is}^{\mathrm{I}}\dfrac{\mathrm{sh}\beta_{is}w_1}{\mathrm{sh}\beta_{is}\left(\frac{a}{2}+b+w_1\right)}\end{cases} \tag{8.2.38}$$

在Ⅰ、Ⅱ两区的界面$\left(y=\frac{a}{2}+b\right)$上，两区场应该匹配，即式(8.2.20)应成立. 经过与单排多导体系统Ⅰ区场类似的处理，于是有

$$C_{is}^{\mathrm{I}\prime}=(-1)^i(A_s')^h\frac{2\sin\frac{\phi_s}{2}}{\beta_{is}L_1}\frac{\sin\frac{\beta_{is}l}{2}}{\frac{\beta_{is}l}{2}} \tag{8.2.39}$$

将式(8.2.39)代入式(8.2.38)，并利用关系

$$(E_{y\mathrm{I}})_{is}=\frac{\mathrm{j}}{\beta_{is}}\cdot\frac{\partial(E_{z\mathrm{I}})_{is}}{\partial y} \tag{8.2.40}$$

以及磁场分量与电场分量的关系，可求出Ⅰ区内全部场分量：

$$\begin{cases}E_{z\mathrm{I}}=-\mathrm{j}\mathrm{e}^{-\mathrm{j}kx}\dfrac{2(A_s')^h}{L_1}\sin\dfrac{\phi_s}{2}\sum\limits_{i=-\infty}^{\infty}(-1)^i\dfrac{\sin\frac{\beta_{is}l}{2}}{\frac{\beta_{is}l}{2}}\cdot\dfrac{\mathrm{sh}\beta_{is}\left[y-\left(\frac{a}{2}+b+w_1\right)\right]}{\mathrm{sh}\beta_{is}w_1}\mathrm{e}^{-\mathrm{j}\beta_{is}z}\\ E_{y\mathrm{I}}=\mathrm{e}^{-\mathrm{j}kx}\dfrac{2(A_s')^h}{L_1}\sin\dfrac{\phi_s}{2}\sum\limits_{i=-\infty}^{\infty}(-1)^i\dfrac{\sin\frac{\beta_{is}l}{2}}{\frac{\beta_{is}l}{2}}\cdot\dfrac{\mathrm{ch}\beta_{is}\left[y-\left(\frac{a}{2}+b+w_1\right)\right]}{\mathrm{sh}\beta_{is}w_1}\mathrm{e}^{-\mathrm{j}\beta_{is}z}\\ H_{z\mathrm{I}}=\sqrt{\dfrac{\varepsilon_0}{\mu_0}}\mathrm{e}^{-\mathrm{j}kx}\dfrac{2(A_s')^h}{L_1}\sin\dfrac{\phi_s}{2}\sum\limits_{i=-\infty}^{\infty}(-1)^i\dfrac{\sin\frac{\beta_{is}l}{2}}{\frac{\beta_{is}l}{2}}\dfrac{\mathrm{ch}\beta_{is}\left[y-\left(\frac{a}{2}+b+w_1\right)\right]}{\mathrm{sh}\beta_{is}w_1}\mathrm{e}^{-\mathrm{j}\beta_{is}z}\\ H_{y\mathrm{I}}=\mathrm{j}\sqrt{\dfrac{\varepsilon_0}{\mu_0}}\mathrm{e}^{-\mathrm{j}kx}\dfrac{2(A_s')^h}{L_1}\sin\dfrac{\phi_s}{2}\sum\limits_{i=-\infty}^{\infty}(-1)^i\dfrac{\sin\frac{\beta_{is}l}{2}}{\frac{\beta_{is}l}{2}}\dfrac{\mathrm{sh}\beta_{is}\left[y-\left(\frac{a}{2}+b+w_1\right)\right]}{\mathrm{sh}\beta_{is}w_1}\mathrm{e}^{-\mathrm{j}\beta_{is}z}\end{cases} \tag{8.2.41}$$

在Ⅴ区[$-(a/2+b+w_2)\leqslant y\leqslant-(a/2+b)$]，与Ⅰ区类似，可推得

$$E_{z\mathrm{V}}=\mathrm{j}\mathrm{e}^{-\mathrm{j}kz}\sum_{i=-\infty}^{\infty}\beta_{is}C_{is}^{\mathrm{V}\prime}\frac{\mathrm{sh}\beta_{is}\left(y+\frac{a}{2}+b+w_2\right)}{\mathrm{sh}\beta_{is}w_2}\mathrm{e}^{-\mathrm{j}\beta_{is}z} \tag{8.2.42}$$

$$C_{is}^{\mathrm{V}\prime}=C_{is}^{\mathrm{V}}\frac{\mathrm{sh}\beta_{is}w_2}{\mathrm{sh}\beta_{is}\left(\frac{a}{2}+b+w_2\right)} \tag{8.2.43}$$

在Ⅴ区与Ⅳ区的界面$[y=-(a/2+b)]$上,场应满足匹配条件

$$E_{z\mathrm{V}}=\begin{cases}0 & \left(mL_1-\dfrac{L_1-l}{2}+d\leqslant z\leqslant mL_1+\dfrac{L_1-l}{2}+d\right)\\ E_{z\mathrm{IV}} & \left(mL_1+\dfrac{L_1-l}{2}+d\leqslant z\leqslant mL_1+\dfrac{L_1+l}{2}+d\right)\end{cases} \tag{8.2.44}$$

式(8.2.44)两端乘 $\mathrm{e}^{\mathrm{j}\beta_{is}z}$,在 $mL_1+d\leqslant z\leqslant(m+1)L_1+d$ 区域对 z 积分,于是得到

$$C_{is}^{\mathrm{V}'}=(-1)^i(A_s')^L\frac{2\sin\dfrac{\phi_s}{2}}{\beta_{is}L_1}\frac{\sin\dfrac{\beta_{is}l}{2}}{\dfrac{\beta_{is}l}{2}}\mathrm{e}^{\mathrm{j}\beta_{is}d} \tag{8.2.45}$$

与Ⅰ区情况类似,可进一步解得Ⅴ区内场的各分量:

$$\begin{cases}E_{z\mathrm{V}}=\mathrm{j}\mathrm{e}^{-\mathrm{j}kx}(A_s')^L\dfrac{2\sin\dfrac{\phi_s}{2}}{L_1}\displaystyle\sum_{i=-\infty}^{\infty}(-1)^i\\ \quad\cdot\dfrac{\sin\dfrac{\beta_{is}l}{2}}{\dfrac{\beta_{is}l}{2}}\dfrac{\operatorname{sh}\beta_{is}\left(y+\dfrac{a}{2}+b+w_2\right)}{\operatorname{sh}\beta_{is}w_2}\mathrm{e}^{-\mathrm{j}\beta_{is}(z-d)}\\ E_{y\mathrm{V}}=-\mathrm{e}^{-\mathrm{j}kx}(A_s')^L\dfrac{2\sin\dfrac{\phi_s}{2}}{L_1}\displaystyle\sum_{i=-\infty}^{\infty}(-1)^i\\ \quad\cdot\dfrac{\sin\dfrac{\beta_{is}l}{2}}{\dfrac{\beta_{is}l}{2}}\dfrac{\operatorname{ch}\beta_{is}\left(y+\dfrac{a}{2}+b+w_2\right)}{\operatorname{sh}\beta_{is}w_2}\mathrm{e}^{-\mathrm{j}\beta_{is}(z-d)}\\ H_{z\mathrm{V}}=-\sqrt{\dfrac{\varepsilon_0}{\mu_0}}\mathrm{e}^{-\mathrm{j}kx}(A_s')^L\dfrac{2\sin\dfrac{\phi_s}{2}}{L_1}\displaystyle\sum_{i=-\infty}^{\infty}(-1)^i\\ \quad\cdot\dfrac{\sin\dfrac{\beta_{is}l}{2}}{\dfrac{\beta_{is}l}{2}}\dfrac{\operatorname{ch}\beta_{is}\left(y+\dfrac{a}{2}+b+w_2\right)}{\operatorname{sh}\beta_{is}w_2}\mathrm{e}^{-\mathrm{j}\beta_{is}(z-d)}\\ H_{y\mathrm{V}}=-\sqrt{\dfrac{\varepsilon_0}{\mu_0}}\mathrm{j}\mathrm{e}^{-\mathrm{j}kx}(A_s')^L\dfrac{2\sin\dfrac{\phi_s}{2}}{L_1}\displaystyle\sum_{i=-\infty}^{\infty}(-1)^i\\ \quad\cdot\dfrac{\sin\dfrac{\beta_{is}l}{2}}{\dfrac{\beta_{is}l}{2}}\dfrac{\operatorname{sh}\beta_{is}\left(y+\dfrac{a}{2}+b+w_2\right)}{\operatorname{sh}\beta_{is}w_2}\mathrm{e}^{-\mathrm{j}\beta_{is}(z-d)}\end{cases} \tag{8.2.46}$$

在Ⅲ区$(-a/2\leqslant y\leqslant a/2)$,纵向电场分量可表示为

$$E_{z\mathrm{III}}=\mathrm{j}\mathrm{e}^{-\mathrm{j}\beta x}\sum_{i=-\infty}^{\infty}[C_{is}^{\mathrm{III}}\operatorname{ch}\beta_{is}y+D_{is}^{\mathrm{III}}\operatorname{sh}\beta_{is}y]\beta_{is}\mathrm{e}^{-\mathrm{j}\beta_{is}z} \tag{8.2.47}$$

当 $y=a/2$ 时,有匹配条件

$$E_{z\mathrm{III}}=\begin{cases}0 & \left(mL_1-\dfrac{L_1-l}{2}\leqslant z\leqslant mL_1+\dfrac{L_1-l}{2}\right)\\ E_{z\mathrm{II}} & \left(mL_1+\dfrac{L_1-l}{2}\leqslant z\leqslant mL_1+\dfrac{L_1+l}{2}\right)\end{cases} \tag{8.2.48}$$

将式(8.2.47)与式(8.2.34)代入式(8.2.48),两端乘 $\mathrm{e}^{\mathrm{j}\beta_{is}z}$,并在$[mL_1,(m+1)L_1]$区间对 z 积分,得

$$C_{is}^{\text{Ⅲ}}\operatorname{ch}\beta_{is}\frac{a}{2}+D_{is}^{\text{Ⅲ}}\operatorname{sh}\beta_{is}\frac{a}{2}=(-1)^{i}\frac{2(A_s')\sin\dfrac{\phi_s}{2}}{\beta_{is}L_1}\frac{\sin\dfrac{\beta_{is}l}{2}}{\dfrac{\beta_{is}l}{2}}\tag{8.2.49}$$

当 $y=-a/2$ 时，有匹配条件

$$E_{z\text{Ⅱ}}=\begin{cases}0 & \left(mL_1-\dfrac{L-l}{2}+d\leqslant z\leqslant mL_1+\dfrac{L_1-l}{2}+d\right)\\ E_{z\text{Ⅳ}} & \left(mL_1+\dfrac{L-l}{2}+d\leqslant z\leqslant mL_1+\dfrac{L_1+l}{2}+d\right)\end{cases}\tag{8.2.50}$$

将有关场表达式代入式(8.2.5)，两端乘 $e^{j\beta_{is}z}$，并在$[mL_1+d,(m+1)L_1+d]$区间上对 z 积分，可求得

$$C_{is}^{\text{Ⅱ}}\operatorname{ch}\beta_{is}\frac{a}{2}-D_{is}^{\text{Ⅱ}}\operatorname{sh}\beta_{is}\frac{a}{2}=(-1)^{i}\frac{2(A_s')^{L}\sin\dfrac{\phi_s}{2}}{\beta_{is}L_1}\frac{\sin\dfrac{\beta_{is}l}{2}}{\dfrac{\beta_{is}l}{2}}e^{j\beta_{is}d}\tag{8.2.51}$$

联解方程(8.2.49)与方程(8.2.51)，得

$$\begin{cases}C_{is}^{\text{Ⅲ}}=\dfrac{(-1)^{i}\sin\dfrac{\phi_s}{2}}{\beta_{is}L_1\operatorname{ch}\beta_{is}\dfrac{a}{2}}\cdot\dfrac{\sin\dfrac{\beta_{is}l}{2}}{\dfrac{\beta_{is}l}{2}}\left[(A_s')^{h}+(A_s')^{L}e^{j\beta_{is}d}\right]\\[3ex] D_{is}^{\text{Ⅲ}}=\dfrac{(-1)^{i}\sin\dfrac{\phi_s}{2}}{\beta_{is}L_1\operatorname{sh}\beta_{is}\dfrac{a}{2}}\cdot\dfrac{\sin\dfrac{\beta_{is}l}{2}}{\dfrac{\beta_{is}l}{2}}\left[(A_s')^{h}-(A_s')^{L}e^{j\beta_{is}d}\right]\end{cases}\tag{8.2.52}$$

在此基础上，用前面类似的方法，可推出Ⅲ区中各场分量表达式：

$$\begin{cases}E_{z\text{Ⅲ}}=je^{-jkx}\dfrac{2\sin\dfrac{\phi_s}{2}}{L_1}\displaystyle\sum_{i=-\infty}^{\infty}(-1)^{i}\dfrac{\sin\dfrac{\beta_{is}l}{2}}{\dfrac{\beta_{is}l}{2}}\left[(A_s')^{h}\operatorname{sh}\beta_{is}\left(y+\dfrac{a}{2}\right)\right.\\ \qquad\left.-(A_s')^{L}e^{j\beta_{is}d}\operatorname{sh}\beta_{is}\left(y-\dfrac{a}{2}\right)\right]\dfrac{e^{-j\beta_{is}z}}{\operatorname{sh}\beta_{is}a}\\[3ex] E_{y\text{Ⅲ}}=-e^{-jkx}\dfrac{2\sin\dfrac{\phi_s}{2}}{L_1}\displaystyle\sum_{i=-\infty}^{\infty}(-1)^{i}\dfrac{\sin\dfrac{\beta_{is}l}{2}}{\dfrac{\beta_{is}l}{2}}\left[(A_s')^{h}\operatorname{ch}\beta_{is}\left(y+\dfrac{a}{2}\right)\right.\\ \qquad\left.-(A_s')^{L}e^{j\beta_{is}d}\operatorname{ch}\beta_{is}\left(y-\dfrac{a}{2}\right)\right]\dfrac{e^{-j\beta_{is}z}}{\operatorname{sh}\beta_{is}a}\\[3ex] H_{z\text{Ⅲ}}=-\sqrt{\dfrac{\varepsilon_0}{\mu_0}}e^{-jkx}\dfrac{2\sin\dfrac{\phi_s}{2}}{L_1}\displaystyle\sum_{i=-\infty}^{\infty}(-1)^{i}\dfrac{\sin\dfrac{\beta_{is}l}{2}}{\dfrac{\beta_{is}l}{2}}\left[(A_s')^{h}\operatorname{ch}\beta_{is}\left(y+\dfrac{a}{2}\right)\right.\\ \qquad\left.-(A_s')^{L}e^{j\beta_{is}d}\operatorname{ch}\beta_{is}\left(y-\dfrac{a}{2}\right)\right]\dfrac{e^{-j\beta_{is}z}}{\operatorname{sh}\beta_{si}a}\\[3ex] H_{y\text{Ⅲ}}=-j\sqrt{\dfrac{\varepsilon_0}{\mu_0}}e^{-jkx}\dfrac{2\sin\dfrac{\phi_s}{2}}{L_1}\displaystyle\sum_{i=-\infty}^{\infty}(-1)^{i}\dfrac{\sin\dfrac{\beta_{is}l}{2}}{\dfrac{\beta_{is}l}{2}}\left[(A_s')^{h}\operatorname{sh}\beta_{is}\left(y+\dfrac{a}{2}\right)\right.\\ \qquad\left.-(A_s')^{L}e^{j\beta_{is}d}\operatorname{sh}\beta_{is}\left(y-\dfrac{a}{2}\right)\right]\dfrac{e^{-j\beta_{is}z}}{\operatorname{sh}\beta_{is}a}\end{cases}\tag{8.2.53}$$

如果两排多导体杆是对准的，没有位错，即 $d=0$，而且假定$(A_s')^{h}=(A_s')^{L}$，即两排多导体激励状态相同，

则有(只写出电场分量)

$$\begin{cases} E_{z\mathrm{III}} = \mathrm{j}\mathrm{e}^{-\mathrm{j}kx} \dfrac{2\sin\dfrac{\phi_s}{2}}{L_1} \sum\limits_{i=-\infty}^{\infty} (-1)^i \\ \quad \cdot \dfrac{\sin\dfrac{\beta_{is} l}{2}}{\dfrac{\beta_{is} l}{2}} \cdot \dfrac{2\mathrm{sh}\beta_{is}\dfrac{a}{2}}{\mathrm{sh}\beta_{is} a} (A_s')^h \mathrm{ch}\beta_{is} y \mathrm{e}^{-\mathrm{j}\beta_{is} z} \\ E_{y\mathrm{III}} = -\mathrm{e}^{-\mathrm{j}kx} \dfrac{2\sin\dfrac{\phi_s}{2}}{L_1} \sum\limits_{i=-\infty}^{\infty} (-1)^i \\ \quad \cdot \dfrac{\sin\dfrac{\beta_{is} l}{2}}{\dfrac{\beta_{is} l}{2}} \cdot \dfrac{2\mathrm{sh}\beta_{is}\dfrac{a}{2}}{\mathrm{sh}\beta_{is} a} (A_s')^h \mathrm{sh}\beta_{is} y \cdot \mathrm{e}^{-\mathrm{j}\beta_{is} z} \end{cases} \tag{8.2.54}$$

由式(8.2.54)可见,对准的两排多导体,若激励状态相同,则纵向电场沿 y 是对称分布.

如果 $d=0$,$(A_s')^h=-(A_s')^L$,即反相激励状态,由式(8.2.53)可得

$$\begin{cases} E_{z\mathrm{III}} = \mathrm{j}\mathrm{e}^{-\mathrm{j}kx} (A_s')^h \dfrac{2\sin\dfrac{\phi_s}{2}}{L_1} \sum\limits_{i=-\infty}^{\infty} (-1)^i \\ \quad \cdot \dfrac{\sin\dfrac{\beta_{is} l}{2}}{\dfrac{\beta_{is} l}{2}} \cdot \dfrac{2\mathrm{ch}\beta_{is}\dfrac{a}{2}}{\mathrm{sh}\beta_{is} a} \mathrm{sh}\beta_{is} y \cdot \mathrm{e}^{-\mathrm{j}\beta_{is} z} \\ E_{y\mathrm{III}} = -\mathrm{e}^{-\mathrm{j}kx} (A_s')^h \dfrac{2\sin\dfrac{\phi_s}{2}}{L_1} \sum\limits_{i=-\infty}^{\infty} (-1)^i \\ \quad \cdot \dfrac{\sin\dfrac{\beta_{is} l}{2}}{\dfrac{\beta_{is} l}{2}} \cdot \dfrac{2\mathrm{ch}\beta_{is}\dfrac{a}{2}}{\mathrm{sh}\beta_{is} a} \mathrm{ch}\beta_{is} y \cdot \mathrm{e}^{-\mathrm{j}\beta_{is} z} \end{cases} \tag{8.2.55}$$

可见,反相激励时,纵向电场沿 y 是反对称分布的.

现在回到一般情况,求第一排第 m 根导体上的电流 $I_{ms}^h(x)$:

$$\begin{aligned} I_{ms}^h(x) &= \oint \boldsymbol{H}_m(\phi_s, -\mathrm{j}kx) \cdot \mathrm{d}\boldsymbol{l} \\ &= \int_{mL_1-\frac{L_1-l}{2}}^{mL_1+\frac{L_1-l}{2}} \left[(H_{z\mathrm{I}})_{y=\frac{a}{2}+b} - (H_{z\mathrm{III}})_{y=\frac{a}{2}} \right] \mathrm{d}z \\ &\quad + \int_{\frac{a}{2}}^{\frac{a}{2}+b} \left[(H_{y\mathrm{II}})_{z=mL_1-\frac{L_1-l}{2}} - (H_{y\mathrm{II}})_{z=mL_1+\frac{L_1-l}{2}} \right] \mathrm{d}y \end{aligned} \tag{8.2.56}$$

将相应的磁场分量代入式(8.2.56),积分后得

$$\begin{aligned} I_{ms}^h(x) = (A_s')^h \mathrm{e}^{-\mathrm{j}kx} \mathrm{e}^{-\mathrm{j}m\phi_s} \Bigg\{ & 2\sqrt{\frac{\varepsilon_0}{\mu_0}} \sin\frac{\phi_s}{2} \Bigg[\frac{2b}{l} \sin\frac{\phi_s}{2} \\ & + \frac{L_1 - l}{L_1} \sum_{i=-\infty}^{\infty} (-1)^i \frac{\sin\dfrac{\beta_{is} l}{2}}{\dfrac{\beta_{is} l}{2}} \frac{\sin\dfrac{\beta_{is}(L_1-l)}{2}}{\dfrac{\beta_{is}(L_1-l)}{2}} \\ & \cdot \left(\mathrm{cth}\beta_{is} w_1 + \mathrm{cth}\beta_{is} a - \frac{(A_s')^L}{(A_s')^h} \frac{\mathrm{e}^{\mathrm{j}\beta_{is} d}}{\mathrm{sh}\beta_{is} a} \right) \Bigg] \Bigg\} \end{aligned} \tag{8.2.57}$$

由此得出

$$
\begin{aligned}
Y_0^h(\phi_s) = & 2\sqrt{\frac{\varepsilon_0}{\mu_0}} \cdot \sin\frac{\phi_s}{2}\left[\frac{2b}{l}\sin\frac{\phi_s}{2} + \frac{L_1 - l}{L_1}\right. \\
& \cdot \sum_{i=-\infty}^{\infty}(-1)^i \frac{\sin\dfrac{\beta_{is} l}{2}}{\dfrac{\beta_{is} l}{2}} \frac{\sin\dfrac{\beta_{is}(L_1 - l)}{2}}{\dfrac{\beta_{is}(L_1 - l)}{2}} \\
& \left.\cdot \left(\operatorname{cth}\beta_{is} w_1 + \operatorname{cth}\beta_{is} a - \frac{(A_s')^L}{(A_s')^h}\frac{e^{j\beta_{is} d}}{\operatorname{sh}\beta_{is} a}\right)\right]
\end{aligned}
\tag{8.2.58}
$$

对第二排的第 m 根导体，同样可得出电流表达式

$$
\begin{aligned}
I_{ms}^L(x) = & (A_s')^L e^{-jkx} e^{-jm\phi_s}\left\{2\sqrt{\frac{\varepsilon_0}{\mu_0}}\sin\frac{\phi_s}{2}\left[\frac{2b}{l}\sin\frac{\phi_s}{2}\right.\right. \\
& + \frac{L_1 - l}{L_1}\sum_{i=-\infty}^{\infty}(-1)^i \frac{\sin\dfrac{\beta_{is} l}{2}}{\dfrac{\beta_{is} l}{2}} \frac{\sin\dfrac{\beta_{is}(L_1 - l)}{2}}{\dfrac{\beta_{is}(L_1 - l)}{2}} \\
& \left.\left.\cdot \left(\operatorname{cth}\beta_{is} w_2 + \operatorname{cth}\beta_{is} a - \frac{(A_s')^h}{(A_s')^L}\frac{e^{-j\beta_{is} d}}{\operatorname{sh}\beta_{is} a}\right)\right]\right\}
\end{aligned}
\tag{8.2.59}
$$

于是得

$$
\begin{aligned}
Y_0^L(\phi_s) = & 2\sqrt{\frac{\varepsilon_0}{\mu_0}}\sin\frac{\phi_s}{2}\left[\frac{2b}{l}\sin\frac{\phi_s}{2} + \frac{L_1 - l}{L_1}\right. \\
& \cdot \sum_{i=-\infty}^{\infty}(-1)^i \frac{\sin\dfrac{\beta_{is} l}{2}}{\dfrac{\beta_{is} l}{2}} \cdot \frac{\sin\dfrac{\beta_{is}(L_1 - l)}{2}}{\dfrac{\beta_{is}(L_1 - l)}{2}} \\
& \left.\cdot \left(\operatorname{cth}\beta_{is} w_2 + \operatorname{cth}\beta_{is} a - \frac{(A_s')^h}{(A_s')^L} \cdot \frac{e^{-j\beta_{is} d}}{\operatorname{sh}\beta_{is} a}\right)\right]
\end{aligned}
\tag{8.2.60}
$$

由式(8.2.58)与式(8.2.60)所确定的波导纳，就是所要求的双排多导体系统的波导纳. 以上分析与结果是有普适性的，只要多导体杆截面为矩形均可适用. 在分析时，我们假定在 z 方向一个周期 L 内包含有 N 根导体，因此，所得结果适用于多阶系统，包括对插销慢波线、梯形慢波线、曲折线等.

在式(8.2.58)中，如令 $d=0,(A_s')^L=0,a=w_2$，就可得到单排多导体系统的波导纳表达式(8.2.27). 同样，令 $d=0,(A_s')^h=0,a=w_1$，由式(8.2.60)亦可推得式(8.2.27).

当 $w_1\to\infty$或 $w_2\to\infty$，或 w_1 与 w_2 同时趋于无穷大时，即只有一个理想导电盖板或只有多导体而无导电盖板时，式(8.2.58)与式(8.2.60)仍然适用，只需用 γ_{is} 代替 $\operatorname{cth}\beta_{is}w$ 即可得

$$
\gamma_{is} = \lim_{W\to\infty}\operatorname{cth}\beta_{is} w = \begin{cases} 1 & (\beta_{is}\geqslant 0) \\ -1 & (\beta_{is}<0) \end{cases}
\tag{8.2.61}
$$

8.3 对插销慢波系统

如图 8.3.1 所示，对插销慢波系统一般有单排对插销结构与双排对插销结构，在毫米波波段也有采用多排结构的. 通常在对插销系统的两侧还加有金属盖板，以使结构牢固，改进导热性能和屏蔽电磁场. 我们对单排结构与双排结构进行详细分析，多排结构不难用所阐述的方法去解决.

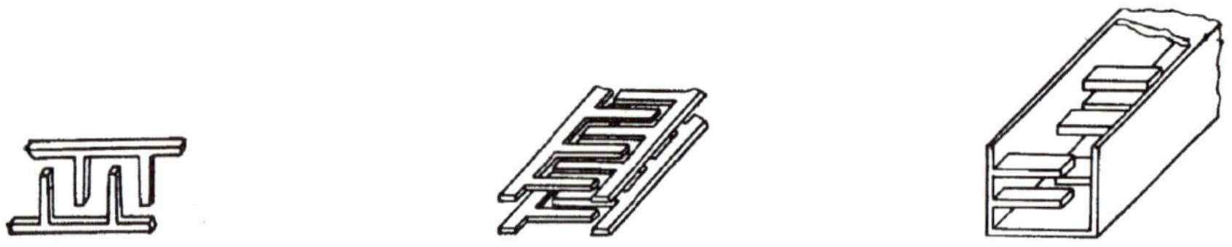

(a)无盖板单排对插销系统　(b)无盖板双排对插销系统　(c)有盖板双排对插销系统

图 8.3.1　对插销慢波系统示意图

对插销慢波系统的结构与有关尺寸如图 8.3.2 所示. 由图 8.3.2(a)看出，对插销系统可以看成一个在 xz 平面布置的多导体系统. 在宽度为 h 的区域，沿导体杆在 x 方向传播 TEM 波，整个系统在 z 方向传播满足周期性定律的电磁波. 由于在 z 方向一个周期长度 L 内有两根导体，$N=2$，是双周期系统，故多导体系统在 x 方向上的 TEM 波可以分解为两个 TEM 波. 它们具有不同的振幅，在 z 方向相邻两导体之间的相移分别为 ϕ_0 与 ϕ_1. 我们先讨论单排对插销系统，对于双排系统，则在有关诸量上加上标 h 或 L，即代表上排系统或下排系统的相应量. 由 8.2 节式(8.2.1)与式(8.2.2)可知，第 m 根导体上电位与电流为

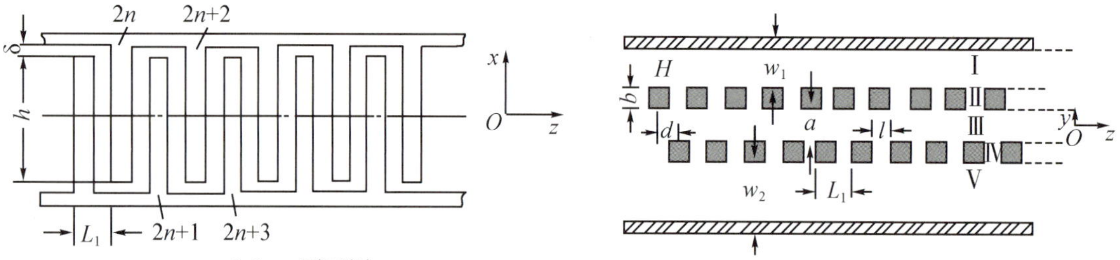

(a) xz 平面图　(b) 双排结构 yz 平面图

图 8.3.2　对插销系统结构图

$$\begin{cases} V_m(x)=(A_0\cos kx+B_0\sin kx)\mathrm{e}^{-\mathrm{j}m\phi_0}+(A_1\cos kx+B_1\sin kx)\mathrm{e}^{-\mathrm{j}m\phi_1} \\ I_m(x)=\mathrm{j}Y_0(\phi_0)(B_0\cos kx-A_0\sin kx)\mathrm{e}^{-\mathrm{j}m\phi_0}+\mathrm{j}Y_0(\phi_1)(B_1\cos kx-A_1\sin kx)\mathrm{e}^{-\mathrm{j}m\phi_1} \end{cases} \tag{8.3.1}$$

或

$$\begin{cases} V_m(x)=(A_0'\mathrm{e}^{-\mathrm{j}kx}+B_0'\mathrm{e}^{\mathrm{j}kx})\mathrm{e}^{-\mathrm{j}m\phi_0}+(A_1'\mathrm{e}^{-\mathrm{j}kx}+B_1'\mathrm{e}^{\mathrm{j}kx})\mathrm{e}^{-\mathrm{j}m\phi_1} \\ I_m(x)=Y_0(\phi_0)(A_0'\mathrm{e}^{-\mathrm{j}kx}-B_0'\mathrm{e}^{\mathrm{j}kx})\mathrm{e}^{-\mathrm{j}m\phi_0}+Y_0(\phi_1)(A_1'\mathrm{e}^{-\mathrm{j}kx}-B_1'\mathrm{e}^{\mathrm{j}kx})\mathrm{e}^{-\mathrm{j}m\phi_1} \end{cases} \tag{8.3.2}$$

式中

$$\begin{cases} \phi_0=\theta=\beta_{00}L_1 \\ \phi_1=\theta-\pi \end{cases} \tag{8.3.3}$$

式中，β_{00} 为基波的相位常数；A_s 与 A_s'，B_s 与 B_s' $(s=0,1)$ 之间的关系由式(8.2.4)决定，β_{is} 由式(8.2.13)决定.

如图 8.3.2(a)所示，对插销系统有如下边界条件：

$$\begin{cases} V_{2n}\left(\dfrac{h}{2}+\delta\right)=0 \\ I_{2n}\left(-\dfrac{h}{2}\right)=\mathrm{j}\omega CV_{2n}\left(-\dfrac{h}{2}\right) \\ V_{2n+1}\left(-\dfrac{h}{2}-\delta\right)=0 \\ I_{2n+1}\left(\dfrac{h}{2}\right)=\mathrm{j}\omega CV_{2n+1}\left(\dfrac{h}{2}\right) \end{cases} \tag{8.3.4}$$

式中，C 为多导体杆的端电容.

首先，我们假定 $C\approx0$，略去端电容，并且认为 $\delta\ll h$，于是式(8.3.4)就变为

$$\begin{cases} V_{2n}\left(\dfrac{h}{2}\right)=0 \\ I_{2n}\left(-\dfrac{h}{2}\right)=0 \\ V_{2n+1}\left(-\dfrac{h}{2}\right)=0 \\ I_{2n+1}\left(\dfrac{h}{2}\right)=0 \end{cases} \tag{8.3.5}$$

将式(8.3.1)代入式(8.3.5)，就得到

$$\begin{cases} A_0+B_0\tan\dfrac{kh}{2}+A_1+B_1\tan\dfrac{kh}{2}=0 \\ A_0-B_0\tan\dfrac{kh}{2}-A_1+B_1\tan\dfrac{kh}{2}=0 \\ B_0+A_0\tan\dfrac{kh}{2}+\dfrac{Y_0(\theta-\pi)}{Y_0(\theta)}\left(B_1+A_1\tan\dfrac{kh}{2}\right)=0 \\ B_0-A_0\tan\dfrac{kh}{2}-\dfrac{Y_0(\theta-\pi)}{Y_0(\theta)}\left(B_1-A_1\tan\dfrac{kh}{2}\right)=0 \end{cases} \tag{8.3.6}$$

方程组(8.3.6)就是待定系数 A_0、B_0、A_1、B_1 满足的方程. 它的解有两种可能情况：

$$(1)A_1=B_0=0, B_1\neq 0, A_0=-B_1\tan\frac{kh}{2} \tag{8.3.7a}$$

这时有色散方程

$$\tan^2\frac{kh}{2}=\frac{Y_0(\theta-\pi)}{Y_0(\theta)} \tag{8.3.8}$$

与此相对应，第 m 根导体上的电位分布为

$$V_m(x)=A_0\cos kx\mathrm{e}^{-\mathrm{j}m\theta}-A_0\cot\frac{kh}{2}\sin kx\mathrm{e}^{-\mathrm{j}m(\theta-\pi)} \tag{8.3.9}$$

由此看出，导体杆上的电位波由两部分构成：一部分相应于相邻杆之间有 θ 相差，这部分波称为“θ 模式”；另一部分与相邻杆间有 $\theta-\pi$ 的相差，这部分波称为“$\theta-\pi$ 模式”. 应当指出，这里所说的模式与一般所指的模式概念有所不同. 此处所指模式的波不能单独存在，对插销系统 θ 与$(\theta-\pi)$这两个模式的场叠加起来才能满足系统的边界条件，满足色散方程(8.3.8). 电位分布由式(8.3.9)所描述的波，其 θ 模沿导体杆的电位分布，也即杆间纵向电场沿 x 分布按余弦变化，属于对称分布. 而$(\theta-\pi)$模沿杆的电位分布与纵向电场沿 x 分布按正弦函数变化，属于非对称分布.

$$(2)A_0=B_1=0, B_0\neq 0, A_1=-B_0\tan\frac{kh}{2} \tag{8.3.7b}$$

这时色散方程为

$$\tan^2\frac{kh}{2}=\frac{Y_0(\theta)}{Y_0(\theta-\pi)} \tag{8.3.10}$$

相应的第 m 根导体杆上电位分布为

$$V_m(x)=B_0\sin kx\mathrm{e}^{-\mathrm{j}m\theta}-B_0\tan\frac{kh}{2}\cos kx\mathrm{e}^{-\mathrm{j}m(\theta-\pi)} \tag{8.3.11}$$

这种情况下，θ 模电位沿导体杆分布以及纵向电场沿 x 轴分布按正弦函数变化. $(\theta-\pi)$模的电位沿导体杆以及纵向电场沿 x 轴分布按余弦函数变化. $(\theta-\pi)$模纵向电场对 x 轴是对称分布，场在导体杆中心部分纵向电场取最大值.

在 O 型返波管中利用的是$(\theta-\pi)$模，而沿 x 方向纵向电场的对称分布有利于电子流与慢波系统场的相

互作用，因此返波管中利用的是色散方程(8.3.10)所描述的波.

上面我们讨论了单排对插销系统的色散方程. 现在来讨论双排系统的情况. 由于前面所述的原因，我们只讨论第二种情况. 显然，对于上面的一排系统或是对于下面的一排系统都有相同的边界条件式(8.3.5)，因此，对每一排系统色散方程(8.3.10)均成立，即有

$$\tan^2\frac{kh}{2}=\frac{Y_0^h(\theta)}{Y_0^h(\theta-\pi)}=\frac{Y_0^L(\theta)}{Y_0^L(\theta-\pi)} \tag{8.3.12}$$

不过，两排系统互相之间是有影响的. 由前面式(8.2.58)与式(8.2.60)可以看到：

$$\begin{cases} Y_0^h(\theta)=Y^h(\theta)-\dfrac{(A_s')^L}{(A_s')^h}B^h(\theta) \\ Y_0^L(\theta)=Y^L(\theta)-\dfrac{(A_s')^h}{(A_s')^L}B^L(\theta) \end{cases} \tag{8.3.13}$$

式中

$$\begin{cases} Y^h(\theta)=2\sqrt{\dfrac{\varepsilon_0}{\mu_0}}\sin\dfrac{\theta}{2}\left[\dfrac{2b}{l}\sin\dfrac{\theta}{2}\right. \\ \qquad +\dfrac{L_1-l}{L_1}\displaystyle\sum_{i=-\infty}^{\infty}(-1)^i\dfrac{\sin\frac{\beta_{i0}l}{2}}{\frac{\beta_{i0}l}{2}} \\ \qquad \left.\cdot\dfrac{\sin\frac{\beta_{i0}(L_1-l)}{2}}{\frac{\beta_{i0}(L_1-l)}{2}}(\mathrm{cth}\beta_{i0}w_1+\mathrm{cth}\beta_{i0}a)\right] \\ Y^L(\theta)=2\sqrt{\dfrac{\varepsilon_0}{\mu_0}}\sin\dfrac{\theta}{2}\left[\dfrac{2b}{l}\sin\dfrac{\theta}{2}\right. \\ \qquad +\dfrac{L_1-l}{L_1}\displaystyle\sum_{i=-\infty}^{\infty}(-1)^i\dfrac{\sin\frac{\beta_{i0}l}{2}}{\frac{\beta_{i0}l}{2}} \\ \qquad \left.\cdot\dfrac{\sin\frac{\beta_{i0}(L_1-l)}{2}}{\frac{\beta_{i0}(L_1-l)}{2}}(\mathrm{cth}\beta_{i0}w_2+\mathrm{cth}\beta_{i0}a)\right] \\ B^h(\theta)=2\sqrt{\dfrac{\varepsilon_0}{\mu_0}}\sin\dfrac{\theta}{2}\dfrac{L_1-l}{L_1}\displaystyle\sum_{i=-\infty}^{\infty}(-1)^i \\ \qquad \cdot\dfrac{\sin\frac{\beta_{i0}l}{2}}{\frac{\beta_{i0}l}{2}}\cdot\dfrac{\sin\frac{\beta_{i0}(L_1-l)}{2}}{\frac{\beta_{i0}(L_1-l)}{2}}\cdot\dfrac{e^{j\beta_{i0}d}}{\mathrm{sh}\beta_{i0}a} \\ B^L(\theta)=2\sqrt{\dfrac{\varepsilon_0}{\mu_0}}\sin\dfrac{\theta}{2}\dfrac{L_1-l}{L_1}\displaystyle\sum_{i=-\infty}^{\infty}(-1)^i \\ \qquad \cdot\dfrac{\sin\frac{\beta_{i0}l}{2}}{\frac{\beta_{i0}l}{2}}\dfrac{\sin\frac{\beta_{i0}(L_1-l)}{2}}{\frac{\beta_{i0}(L_1-l)}{2}}\dfrac{e^{-j\beta_{i0}d}}{\mathrm{sh}\beta_{i0}a} \end{cases} \tag{8.3.14}$$

式中

$$\beta_{i0}=\beta_{00}+\frac{2\pi i}{L_1}=\frac{\theta+2\pi i}{L_1} \tag{8.3.15}$$

关于 $Y^h(\theta-\pi)$、$Y_0^L(\theta-\pi)$也有式(8.3.13)与式(8.3.14). 只要将其中的 θ 用$(\theta-\pi)$代替，β_{i0}用 β_{i1}代替即可，β_{i1}为

$$\beta_{i1}=\beta_{00}+\frac{2\pi(2i-1)}{2L_1}=\frac{\theta+(2i-1)\pi}{L_1} \tag{8.3.16}$$

考虑到式(8.3.13)等，由式(8.3.12)得

$$\frac{Y^h(\theta)-\dfrac{(A_0')^L}{(A_0')^h}B^h(\theta)}{Y^h(\theta-\pi)-\dfrac{(A_1')^L}{(A_1')^h}B^h(\theta-\pi)}=\frac{Y^L(\theta)-\dfrac{(A_0')^h}{(A_0')^L}B^L(\theta)}{Y^L(\theta-\pi)-\dfrac{(A_1')^h}{(A_1')^L}B^L(\theta-\pi)} \tag{8.3.17}$$

此方程可以转化为

$$\begin{aligned}
&\frac{(A_0')^h}{(A_0')^L}Y^h(\theta)Y^L(\theta-\pi)+\frac{(A_1')^h}{(A_1')^L}B^h(\theta)B^L(\theta-\pi)\\
&\quad-\left[\frac{(A_0')^h(A_1')^h}{(A_0')^L(A_1')^L}Y^h(\theta)B^L(\theta-\pi)+B^h(\theta)Y^L(\theta-\pi)\right]\\
&=\frac{(A_1')^h}{(A_1')^L}Y^h(\theta-\pi)Y^L(\theta)\frac{(A_0')^h}{(A_0')^L}B^h(\theta-\pi)B^L(\theta)\\
&\quad-\left[\frac{(A_0')^h(A_1')^h}{(A_0')^L(A_1')^L}B^L(\theta)Y^h(\theta-\pi)+B^h(\theta-\pi)Y^L(\theta)\right]
\end{aligned} \tag{8.3.18}$$

由式(8.2.4)与式(8.3.7b)，可以证明

$$\frac{(A_0')^h}{(A_0')^L}=\frac{(A_1')^h}{(A_1')^L}=\frac{A^h}{A^L}=\frac{B_0^h}{B_0^L} \tag{8.3.19}$$

于是方程(8.3.18)变为

$$\begin{aligned}
&\left(\frac{A^h}{A^L}\right)^2\left[Y^h(\theta-\pi)B^L(\theta)-Y^h(\theta)B^L(\theta-\pi)\right]\\
&\quad+\left(\frac{A^h}{A^L}\right)\left[Y^h(\theta)Y^L(\theta-\pi)-Y^h(\theta-\pi)Y^L(\theta)\right.\\
&\quad\left.+B^h(\theta)B^L(\theta-\pi)-B^h(\theta-\pi)B^L(\theta)\right]\\
&\quad+\left[Y^L(\theta)B^h(\theta-\pi)-Y^L(\theta-\pi)B^h(\theta)\right]=0
\end{aligned} \tag{8.3.20}$$

这是一个关于(A^h/A^L)的一般方程，其解的形式很复杂. 现在来研究常见的 $w_1=w_2$，$d=0$ 的对准的对称结构. 这时由式(8.3.14)可得

$$\begin{cases}
B^h(\theta)=B^L(\theta)\\
B^h(\theta-\pi)=B^L(\theta-\pi)\\
Y^h(\theta)=Y^L(\theta)\\
Y^h(\theta-\pi)=Y^L(\theta-\pi)
\end{cases} \tag{8.3.21}$$

于是由方程(8.3.20)得

$$\left[\left(\frac{A^h}{A^L}\right)^2-1\right]\cdot\left[Y^h(\theta-\pi)B^L(\theta)-Y^h(\theta)B^L(\theta-\pi)\right]=0 \tag{8.3.22}$$

$$\frac{A^h}{A^L}=\frac{B_0^h}{B_0^L}=\pm 1 \tag{8.3.23}$$

$B_0^h/B_0^L=1$ 表明，两排对插销系统中相对导体杆的电位、电流波是同相位的且幅值相等，这就是两排系统同相激励情况. 如 8.2 节所述，空间的纵向电场沿 y 方向按双曲线余弦函数变化，是对称分布，当电子流从两排导体杆之间通过时，有利于电子流与场的相互作用. $B_0^h/B_0^L=-1$ 表明，两排对插销相对导体杆上的电位、电流波相位相反幅值相等，这是反相激励情况. 两排导体之间的空间，纵向电场沿 y 方向按双曲线正弦函数变化，是反对称分布，不利于其中电子流与场的相互作用. 两种激励状态，会有两种色散特性. 如果在波导纳

的级数表达式中只取一项，就可得出近似的色散方程：

$$\tan^2\frac{kh}{2}=\frac{Y_0^h(\theta)}{Y_0^h(\theta-\pi)}=\frac{\sin\frac{\theta}{2}}{\cos\frac{\theta}{2}}\cdot\left\{\left[\frac{2b}{l}\sin\frac{\theta}{2}+\frac{L_1-l}{L_1}\right.\right.$$

$$\left.\cdot\frac{\sin\frac{\theta l}{2L_1}}{\frac{\theta l}{2L_1}}\cdot\frac{\sin\frac{\theta(L_1-l)}{2L_1}}{\frac{\theta(L_1-l)}{2L_1}}\left(\mathrm{cth}\frac{\theta w_1}{L_1}+\mathrm{cth}\frac{\theta a}{L_1}\mp\frac{1}{\mathrm{sh}\frac{\theta a}{L_1}}\right)\right]$$

$$\cdot\left[\frac{2b}{l}\cos\frac{\theta}{2}+\frac{L_1-l}{L_1}\cdot\frac{\sin\frac{(\theta-\pi)l}{2L_1}}{\frac{(\theta-\pi)l}{2L_1}}\cdot\frac{\sin\frac{(\theta-\pi)(L_1-l)}{2L_1}}{\frac{(\theta-\pi)(L_1-l)}{2L_1}}\right.$$

$$\left.\left.\cdot\left(\mathrm{cth}\frac{(\theta-\pi)w_1}{L_1}+\mathrm{cth}\frac{(\theta-\pi)a}{L_1}\mp\frac{1}{\mathrm{sh}\frac{(\theta-\pi)a}{L_1}}\right)\right]\right\}\tag{8.3.24}$$

对同相激励，“$\mp$”号取“$-$”号；对反相激励，取“$+$”号. 令

$$\begin{cases}K_1(\phi_s)=\dfrac{\sin\frac{\phi_s l}{2L_1}}{\frac{\phi_s l}{2L_1}}\\[2ex] K_2(\phi_s)=\dfrac{\sin\frac{\phi_s(L_1-l)}{2L_1}}{\frac{\phi_s(L_1-l)}{2L_1}}\end{cases}\tag{8.3.25}$$

式中，$s=0,1$；$\phi_0=\theta$；$\phi_1=\theta-\pi$. 经过化简，由式(8.3.24)得同相激励色散方程为

$$\tan^2\frac{kh}{2}=\tan\frac{\theta}{2}\cdot\frac{\frac{2b}{l}\sin\frac{\theta}{2}+\frac{L_1-l}{L_1}K_1(\theta)K_2(\theta)\left(\mathrm{cth}\frac{\theta w}{L_1}+\mathrm{th}\frac{\theta a}{2L_1}\right)}{\frac{2b}{l}\cos\frac{\theta}{2}+\frac{L_1-l}{L_1}K_1(\theta-\pi)K_2(\theta-\pi)\left[\mathrm{cth}\frac{(\theta-\pi)w}{L_1}+\mathrm{cth}\frac{(\theta-\pi)a}{2L_1}\right]}\tag{8.3.26}$$

反相激励时色散方程为

$$\tan^2\frac{kh}{2}=\tan\frac{\theta}{2}\cdot\frac{\frac{2b}{l}\sin\frac{\theta}{2}+\frac{L_1-l}{L_1}K_1(\theta)K_2(\theta)\left(\mathrm{cth}\frac{\theta w}{L_1}+\mathrm{cth}\frac{\theta a}{2L_1}\right)}{\frac{2b}{l}\cos\frac{\theta}{2}+\frac{L_1-l}{L_1}K_1(\theta-\pi)K_2(\theta-\pi)\left[\mathrm{cth}\frac{(\theta-\pi)w}{L_1}+\mathrm{cth}\frac{(\theta-\pi)a}{2L_1}\right]}\tag{8.3.27}$$

对单排对插销系统，可得色散方程为

$$\tan^2\frac{kh}{2}=\tan\frac{\theta}{2}\cdot\frac{\frac{2b}{l}\sin\frac{\theta}{2}+\frac{L_1-l}{L_1}K_1(\theta)K_2(\theta)\left(\mathrm{cth}\frac{\theta w_1}{L_1}+\mathrm{cth}\frac{\theta w_2}{L_1}\right)}{\frac{2b}{l}\cos\frac{\theta}{2}+\frac{L_1-l}{L_1}K_1(\theta-\pi)K_2(\theta-\pi)\left[\mathrm{cth}\frac{(\theta-\pi)w_1}{L_1}+\mathrm{cth}\frac{(\theta-\pi)w_2}{L_1}\right]}\tag{8.3.28}$$

式(8.3.26)、式(8.3.27)与式(8.3.28)三个方程是近似方程，不过对实际应用来说，它们已有一定的精度. 对于同相激励、反相激励与同尺寸的单排系统$(\theta-\pi)$模(对应的相位常数为β_{01})的色散曲线如图 8.3.3 所示. 此处$(\theta-\pi)$模实指$(\theta-\pi)$模基波.

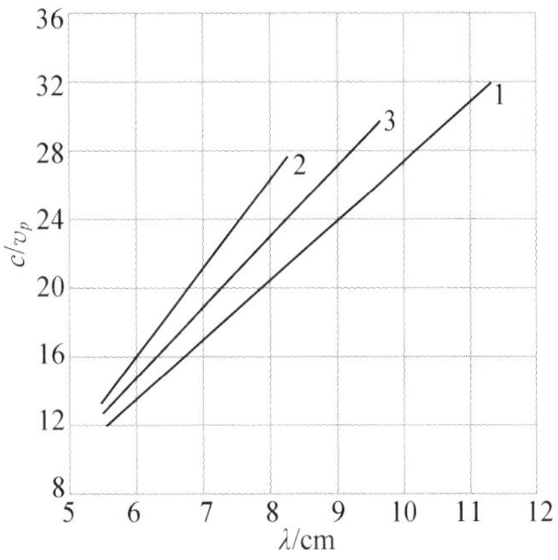

1—同相激励；2—反相激励；3—单排系统.

图 8.3.3　对插销系统的典型色散曲线

上面研究系统色散特性时没有考虑导体杆端电容 C 的影响. 现以单排系统为例来讨论这种影响. 如果间隙 δ 很小，系统应满足边界条件方程(8.3.4)，将式(8.3.2)代入式(8.3.4)，得

$$\begin{cases} A_0+B_0\tan\dfrac{kh}{2}+A_1+B_1\tan\dfrac{kh}{2}=0 \\ A_0-B_0\tan\dfrac{kh}{2}-A_1+B_1\tan\dfrac{kh}{2}=0 \\ Y_0(\theta)\left(B_0+A_0\tan\dfrac{kh}{2}\right)+Y_0(\theta-\pi)\left(B_1+A_1\tan\dfrac{kh}{2}\right) \\ \qquad =\omega C\left(A_0-B_0\tan\dfrac{kh}{2}+A_1-B_1\tan\dfrac{kh}{2}\right) \\ Y_0(\theta)\left(B_0-A_0\tan\dfrac{kh}{2}\right)-Y_0(\theta-\pi)\left(B_1-A_1\tan\dfrac{kh}{2}\right) \\ \qquad =\omega C\left(A_0+B_0\tan\dfrac{kh}{2}-A_1-B_1\tan\dfrac{kh}{2}\right) \end{cases} \tag{8.3.29}$$

方程组(8.3.29)是关于幅值系数 A_0、B_0、A_1、B_1 的齐次方程组. 由幅值系数有非零解的条件，得出考虑端电容的色散方程为

$$\left[\tan^2=\frac{kh}{2}-\frac{Y_0(\theta)}{Y_0(\theta-\pi)}\right]\left[\frac{Y_0(\theta)}{Y_0(\theta-\pi)}-\cot^2\frac{kh}{2}\right]=\left[\frac{2\omega C}{Y_0(\theta)}\right] \tag{8.3.30}$$

式中，$C=\varepsilon_0 S/\delta$，S 为导体杆端面积.

计算表明，对于慢波的工作区($c/v_{p0\,\mathrm{I}}>10$)，甚至在 δ 很小的情况下，端电容的影响也甚微. 故对于一般的 δ 值，可以忽略端电容.

当 δ 很大，大到可以与 h 相比拟，甚至大于 h 时，前面所述的边界条件失效. 如图 8.3.4 所示，这时对插销系统在 x 方向分成三个多导体区域，每区相当于一个多导体传输线，而在它们的连接处满足匹配条件.

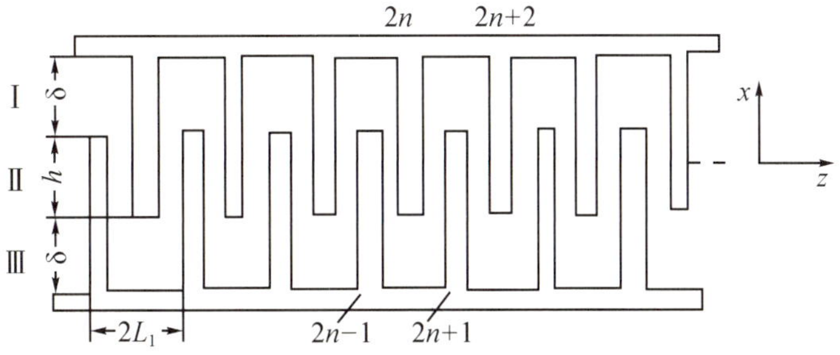

图 8.3.4　大间隙的对插销慢波线

在Ⅰ区($h/2\leqslant x\leqslant h/2+\delta$)，第 $2n$ 根导体上的电位、电流波为

$$\begin{cases} V_{2n}^{\mathrm{I}}(x)=[A_0^{\mathrm{I}}\cos kx+B_0^{\mathrm{I}}\sin kx]\mathrm{e}^{-\mathrm{j}2n\theta} \\ I_{2n}^{\mathrm{I}}(x)=\mathrm{j}Y_0^{\mathrm{I}}(\theta)[B_0^{\mathrm{I}}\cos kx-A_0^{\mathrm{I}}\sin kx]\mathrm{e}^{-\mathrm{j}2n\theta} \end{cases} \tag{8.3.31}$$

在Ⅰ区，L 内只有一根导体，$N=1$，故有上面的表达式.

在Ⅱ区($-h/2\leqslant x\leqslant h/2$)，$N=2$，第 m 根导体上的电位、电流波为

$$\begin{cases} V_m^{\mathrm{II}}(x)=[A_0^{\mathrm{II}}\cos kx+B_0^{\mathrm{II}}\sin kx]\mathrm{e}^{-\mathrm{j}m\theta} \\ \qquad\qquad +[A_1^{\mathrm{II}}\cos kx+B_1^{\mathrm{II}}\sin kx]\mathrm{e}^{-\mathrm{j}m(\theta-\pi)} \\ I_m^{\mathrm{II}}(x)=\mathrm{j}Y_0^{\mathrm{II}}(\theta)[B_0^{\mathrm{II}}\cos kx-A_0^{\mathrm{II}}\sin kx]\mathrm{e}^{-\mathrm{j}m\theta} \\ \qquad\qquad +\mathrm{j}Y_0^{\mathrm{II}}(\theta-\pi)[B_1^{\mathrm{II}}\cos kx-A_1^{\mathrm{II}}\sin kx]\mathrm{e}^{-\mathrm{j}m(\theta-\pi)} \end{cases} \tag{8.3.32}$$

在Ⅲ区($-h/2-\delta\leqslant x\leqslant -h/2$)，$N=1$，第 $2n+1$ 根导体上的电位、电流波为

$$\begin{aligned} V_{2n+1}^{\mathrm{III}}(x)&=[A_0^{\mathrm{III}}\cos kx+B_0^{\mathrm{III}}\sin kx]\mathrm{e}^{-\mathrm{j}(2n+1)\theta} \\ I_{2n+1}^{\mathrm{III}}(x)&=\mathrm{j}Y_0^{\mathrm{II}}(\theta)[B_0^{\mathrm{III}}\cos kx-A_0^{\mathrm{III}}\sin kx]\mathrm{e}^{-\mathrm{j}(2n+1)\theta} \end{aligned} \tag{8.3.33}$$

如果Ⅱ区中的导体是Ⅰ区导体的延续，那么 $m=2n$；如果是Ⅲ区导体的延续，那么 $m=2n+1$. 上面诸式中的 $Y_0^{\mathrm{I}}(\theta)$、$Y_0^{\mathrm{II}}(\theta)$、$Y_0^{\mathrm{III}}(\theta)$分别为Ⅰ、Ⅱ、Ⅲ区中多导体的波导纳，仍用 8.2 节所推导出的波导纳公式进行计算，不过在计算 $Y_0^{\mathrm{I}}(\theta)$与 $Y_0^{\mathrm{III}}(\theta)$时，公式中的 L_1 应换成 L，θ 应是 L 上基波的相移，而 $Y_0^{\mathrm{II}}(\theta)$的计算仍按原公式. 由于Ⅰ区与Ⅲ区的状况相同，由 8.2 节波导纳公式可以看出 $Y_0^{\mathrm{I}}(\theta)=Y_0^{\mathrm{III}}(\theta)$.

由图 8.3.4 可知，系统的边界条件可写成

$$\begin{cases} V_{2n}^{\mathrm{I}}\left(\dfrac{h}{2}+\delta\right)=0 \\ I_{2n}^{\mathrm{II}}\left(-\dfrac{h}{2}\right)=0 \\ V_{2n+1}^{\mathrm{III}}\left(-\dfrac{h}{2}-\delta\right)=0 \\ I_{2n+1}^{\mathrm{II}}\left(\dfrac{h}{2}\right)=0 \\ V_{2n}^{\mathrm{I}}\left(\dfrac{h}{2}\right)=V_{2n}^{\mathrm{II}}\left(\dfrac{h}{2}\right) \\ I_{2n}^{\mathrm{I}}\left(\dfrac{h}{2}\right)=I_{2n}^{\mathrm{II}}\left(\dfrac{h}{2}\right) \\ V_{2n+1}^{\mathrm{II}}\left(-\dfrac{h}{2}\right)=V_{2n+1}^{\mathrm{III}}\left(-\dfrac{h}{2}\right) \\ I_{2n+1}^{\mathrm{II}}\left(-\dfrac{h}{2}\right)=I_{2n+1}^{\mathrm{III}}\left(-\dfrac{h}{2}\right) \end{cases} \tag{8.3.34}$$

将多导体各区电位、电流的表达式(8.3.31)、式(8.3.32)与式(8.3.33)代入方程组(8.3.34)，经整理，就得到关于 A_0^{I}、B_0^{I}、A_0^{II}、B_0^{II}、A_1^{II}、B_1^{II}、A_0^{III}、B_0^{III} 八个待定幅值常数的齐次方程组，由待定幅值常数有非零解的条件，可解得

$$1-\frac{Y_0^{\mathrm{II}}(\theta-\pi)}{Y_0^{\mathrm{II}}(\theta)}\tan^2\frac{kh}{2}-2\frac{Y_0^{\mathrm{II}}(\theta-\pi)}{Y_0^{\mathrm{I}}(\theta)}\tan\frac{kh}{2}\tan k\delta=0 \tag{8.3.35}$$

这就是 δ 较大时，系统的色散方程. 此方程只能进行数值求解. 计算表明，当保持 $h+\delta$ 不变时，由式(8.3.35)计算的结果与忽略端电容的结果相差很小. 综上所述，参量 δ 对系统色散特性影响不大，在实际应用中可用近似式(8.3.26)～式(8.3.28)，或直接用式(8.3.10)计算.

计算表明，虽然多导体的波导纳 $Y_0(\theta)$和 $Y_0(\theta-\pi)$与几何参量 b、l、a、w_1、w_2 有很大关系，但当这些几

何参量在较大范围改变时，色散特性对这些参量并不敏感.

对$(\theta-\pi)$模，在实际中希望有更简化的公式来计算色散特性. 这时，把对插销慢波线看作曲折带状线，波以光速 c 沿曲折线行进，这时在 z 方向的速度为基波相速 v_{p00}：

$$\frac{h+L_1}{L_1}\approx\frac{c}{v_{p00}}$$

由此可求出基波的相位常数 $\beta_{00}=\omega/v_{p00}$，$(\theta-\pi)$模的相位常数 $\beta_{01}=\beta_{00}-\pi/L_1=\omega/v_{p01}$，考虑到 v_{p01} 与 v_{p00} 反向，得

$$\frac{c}{|v_{p01}|}=\frac{\lambda}{2L_1}-\frac{L_1+h}{L_1} \tag{8.3.36}$$

式中，v_{p01} 为$(\theta-\pi)$模基波的相速.

在 w_1 与 w_2 大于 L_1 时，式(8.3.36)有较高的精度，而 w_1 与 w_2 小于 L_1 时，式(8.3.36)的结果与实际有较大偏差. 这时宜采用本节前面介绍的公式，求出 θ 与 f 或 λ 的关系，然后按式(8.2.13)计算 β_{01}，这样就找出了 β_{01} 与 f 或 λ 的关系，这就是$(\theta-\pi)$模基波[β_{is} 中，$s=1$ 相当于$(\theta-\pi)$模，$i=0$ 表示此模基波]的色散关系.

8.4 对插销慢波系统的耦合阻抗

由耦合阻抗的定义，对插销这种双周期慢波系统第 is 次空间谐波(其相位常数为 β_{is})的耦合阻抗为

$$(K_c)_{is}=\frac{(E_z)_{is}(E_z)_{is}^*}{2\beta_{is}^2P} \tag{8.4.1}$$

我们限于研究$(\theta-\pi)$模纵向电场沿 x 轴对称分布的波，这时色散关系有式(8.3.10)，幅值常数满足式(8.3.7b). 并且研究这种$(\theta-\pi)$模的基波，这时 $i=0$，$s=1$. 其他波的任一次谐波也可以用类似的方法求得. 先研究双排系统，再推广至单排系统.

研究双排系统中Ⅲ区内任一点的耦合阻抗，式(8.4.1)中$(E_z)_{01}$应为两部分之和，即

$$(E_z)_{01}=E_{z\mathrm{II}}(-\mathrm{j}kx)+E_{z\mathrm{II}}(\mathrm{j}kx) \tag{8.4.2}$$

式中，$E_{z\mathrm{II}}(-\mathrm{j}kx)$由式(8.2.53)可得

$$\begin{aligned}E_{z\mathrm{II}}(-\mathrm{j}kx)=&\mathrm{j}\mathrm{e}^{-\mathrm{j}kx}\frac{2\sin\frac{\theta-\pi}{2}}{L_1}\frac{\sin\frac{\beta_{01}l}{2}}{\frac{\beta_{01}l}{2}}\Big[(A_1')^h\mathrm{sh}\beta_{01}\left(y+\frac{a}{2}\right)\\&-(A_1')^L\mathrm{e}^{\mathrm{j}\beta_{01}d}\mathrm{sh}\beta_{01}\left(y-\frac{a}{2}\right)\Big]\frac{\mathrm{e}^{\mathrm{j}\beta_{01}z}}{\mathrm{sh}\beta_{01}a}\end{aligned} \tag{8.4.3}$$

同样可得 $E_{z\mathrm{III}}(\mathrm{j}kx)$：

$$\begin{aligned}E_{z\mathrm{III}}(\mathrm{j}kx)=&\mathrm{j}\mathrm{e}^{\mathrm{j}kx}\frac{2\sin\frac{\theta-\pi}{2}}{L_1}\frac{\sin\frac{\beta_{01}l}{2}}{\frac{\beta_{01}l}{2}}\Big[(B_1')^h\mathrm{sh}\beta_{01}\left(y+\frac{a}{2}\right)\\&-(B_1')^L\mathrm{e}^{\mathrm{j}\beta_{01}d}\mathrm{sh}\beta_{01}\left(y-\frac{a}{2}\right)\Big]\frac{\mathrm{e}^{-\mathrm{j}\beta_{01}z}}{\mathrm{sh}\beta_{01}a}\end{aligned} \tag{8.4.4}$$

将式(8.4.3)与式(8.4.4)代入式(8.4.2)，得

$$(E_z)_{01}=\mathrm{j}\frac{2\sin\frac{\theta-\pi}{2}}{L_1}\cdot\frac{\sin\frac{\beta_{01}l}{2}}{\frac{\beta_{01}l}{2}}\cdot\frac{\mathrm{e}^{-\mathrm{j}\beta_{01}z}}{\mathrm{sh}\beta_{01}a}\Big\{\big[(A_1')^h\mathrm{e}^{-\mathrm{j}kx}$$

$$+(B_1')^h e^{jkx}]\operatorname{sh}\beta_{01}\left(y+\frac{a}{2}\right)-[(A_1')^L e^{-jkx}+(B_1')^L e^{jkx}]$$

$$\cdot e^{j\beta_{01}d}\operatorname{sh}\beta_{01}\left(y-\frac{a}{2}\right)\Big\}\tag{8.4.5}$$

考虑到幅值常数之间有关系式(8.2.4),并有关系式(8.3.7b),式(8.4.5)可化为

$$(E_z)_{01}=-j\frac{2\sin\frac{\theta-\pi}{2}}{L_1}\frac{\sin\frac{\beta_{01}l}{2}}{\frac{\beta_{01}l}{2}}B_0^h\tan\frac{kh}{2}\cos kx$$

$$\cdot\left[\operatorname{sh}\beta_{01}\left(y+\frac{a}{2}\right)-\frac{B_0^L}{B_0^h}e^{j\beta_{01}d}\operatorname{sh}\beta_{01}\left(y-\frac{a}{2}\right)\right]\frac{e^{-j\beta_{01}z}}{\operatorname{sh}\beta_{01}a}\tag{8.4.6}$$

为求耦合阻抗,尚需求功率流 P:

$$P=W_1 v_g\tag{8.4.7}$$

式中,W_1 为沿 z 方向单位线长上的电磁储能:

$$W_1=W_1^h(\theta)+W_1^L(\theta)+W_1^h(\theta-\pi)+W_1^L(\theta-\pi)\tag{8.4.8}$$

式中

$$W_1^h(\theta)=\frac{h}{cL_1}\operatorname{Re}[I_m^h(\theta,-jkx)V_m^{h*}(\theta,-jkx)]\tag{8.4.9}$$

$$W_1^h(\theta-\pi)=\frac{h}{cL_1}\operatorname{Re}[I_m^h(\theta-\pi,-jkx)V_m^{h*}(\theta-\pi,-jkx)]\tag{8.4.10}$$

将第 m 根导体上 θ 与 $(\theta-\pi)$ 模的电流、电位表达式代入式(8.4.10),得

$$W_1^h(\theta)=\frac{h}{cL_1}\cdot\frac{(B_0^h)^2}{4}\cdot Y_0^h(\theta)\tag{8.4.11}$$

$$W_1^h(\theta-\pi)=\frac{h}{cL_1}\cdot\frac{(B_0^h)^2}{4}\cdot\tan^2\frac{kh}{2}Y_0^h(\theta-\pi)\tag{8.4.12}$$

因有色散关系式(4.3.12),故有

$$W_1^h(\theta)=W_1^h(\theta-\pi)=\frac{h}{cL_1}\cdot\frac{(B_0^h)^2}{4}\cdot\tan^2\frac{kh}{2}Y_0^h(\theta-\pi)\tag{8.4.13}$$

同样可得

$$W_1^L(\theta)=W_1^L(\theta-\pi)=\frac{h}{cL_1}\cdot\frac{(B_0^L)^2}{4}\cdot\tan^2\frac{kh}{2}Y_0^L(\theta-\pi)\tag{8.4.14}$$

将式(8.4.13)与式(8.4.14)代入式(8.4.8),最后得到

$$W_1=\frac{1}{2}\cdot\frac{h}{cL_1}\left(B_0^h\tan\frac{kh}{2}\right)^2\left[Y_0^h(\theta-\pi)+\left(\frac{B_0^L}{B_0^h}\right)^2Y_0^L(\theta-\pi)\right]\tag{8.4.15}$$

利用式(8.4.7)与式(8.4.15),由式(8.4.1)得Ⅲ区中任一点的耦合阻抗

$$(K_c)_{01}=\frac{\frac{1}{4}\cdot\frac{L_1}{h}\cdot\frac{c}{v_g}\left(\frac{\sin\frac{\theta-\pi}{2}}{\frac{\theta-\pi}{2}}\cdot\frac{\sin\beta_{01}\frac{l}{2}}{\beta_{01}\frac{l}{2}}\cdot\frac{1}{\operatorname{sh}\beta_{01}a}\right)^2 2\cos^2 kx\cdot M}{Y_0^n(\theta-\pi)+Y_0^L(\theta-\pi)\left(\frac{B_0^L}{B_0^h}\right)^2}\tag{8.4.16}$$

式中

$$M=\left[\operatorname{ch}2\beta_{01}\left(y+\frac{a}{2}\right)-1\right]+\left(\frac{B_0^L}{B_0^h}\right)^2\left[\operatorname{ch}2\beta_{01}\left(y-\frac{a}{2}\right)-1\right]$$
$$-\frac{B_0^L}{B_0^h}2\cos\beta_{01}d(\operatorname{ch}2\beta_{01}y-\operatorname{ch}\beta_{01}a)\tag{8.4.17}$$

如果Ⅲ区中在如下的范围内有一个电子注通过：

$$\frac{h'}{2} \geqslant x \geqslant -\frac{h'}{2}$$

$$\Delta \geqslant y \geqslant -\Delta$$

即有一个截面积为 $2\Delta h'$ 的电子注通过，则在电子注的截面内耦合阻抗的平均值为

$$(\overline{K}_c)_{01} = \frac{1}{2\Delta h'}\int_{-\frac{h'}{2}}^{\frac{h'}{2}}\int_{-\Delta}^{\Delta}(K_c)_{01}\,\mathrm{d}x\mathrm{d}y$$

$$= \frac{\dfrac{1}{4}\cdot\dfrac{L_1}{n}\cdot\dfrac{c}{v_g}\left(\dfrac{\sin\dfrac{\theta-\pi}{2}}{\dfrac{\theta-\pi}{2}}\cdot\dfrac{\sin\beta_{01}\dfrac{l}{2}}{\beta_{01}\dfrac{l}{2}}\cdot\dfrac{1}{\mathrm{sh}\,\beta_{01}a}\right)^2 M_1M_2}{Y_0^h(\theta-\pi)+Y_0^L(\theta-\pi)\left(\dfrac{B_0^L}{B_0^h}\right)^2} \tag{8.4.18}$$

式中

$$\begin{cases} M_1 = 1+\dfrac{\sin kh'}{kh'} \\ M_2 = \left(\dfrac{\mathrm{ch}\,\beta_{01}a\,\mathrm{sh}\,2\beta_{01}\Delta}{2\beta_{01}\Delta}-1\right)\left[1+\left(\dfrac{B_0^L}{B_0^h}\right)^2\right] \\ \qquad -\left(\dfrac{B_0^L}{B_0^h}\right)2\cos\beta_{01}d\left(\dfrac{\mathrm{sh}\,2\beta_{01}\Delta}{2\beta_{01}\Delta}-\mathrm{ch}\,\beta_{01}a\right) \end{cases} \tag{8.4.19}$$

式(8.4.19)中 $h'\leqslant h$，$\Delta\leqslant a/2$。如果电子注充满Ⅲ区，那么有 $h'=h$，$\Delta=a/2$，这时有

$$\begin{cases} M_1 = 1+\dfrac{\sin kh}{kh} \\ M_2 = \left(\dfrac{\mathrm{sh}\,2\beta_{01}a}{2\beta_{01}a}-1\right)\left[1+\left(\dfrac{B_0^L}{B_0^h}\right)^2\right] \\ \qquad -\left(\dfrac{B_0^L}{B_0^h}\right)2\cos\beta_{01}d\left(\dfrac{\mathrm{sh}\,2\beta_{01}a}{2\beta_{01}a}-\mathrm{ch}\,\beta_{01}a\right) \end{cases} \tag{8.4.20}$$

耦合阻抗公式中的 c/v_g 可以由色散曲线 $c/v_{p01}=f(\lambda)$ 求得，或由下面的公式计算。

由色散关系式(8.3.12)，得

$$\tan\frac{kh}{2}Y_0(\theta-\pi)=\cot\frac{kh}{2}Y_0(\theta) \tag{8.4.21a}$$

两端对 ω 求导数：

$$\frac{\mathrm{d}Y_0(\theta-\pi)}{\mathrm{d}\theta}\cdot\frac{\mathrm{d}\theta}{\mathrm{d}\omega}\tan\frac{kh}{2}+Y_0(\theta-\pi)\sec^2\frac{kh}{2}\cdot\frac{h}{2c}$$
$$=\frac{\mathrm{d}Y_0(\theta)}{\mathrm{d}\theta}\cdot\frac{\mathrm{d}\theta}{\mathrm{d}\omega}\cdot\cot\frac{kh}{2}+Y_0(\theta)\csc^2\frac{kh}{2}\cdot\frac{-h}{2c} \tag{8.4.21b}$$

于是

$$\frac{\mathrm{d}\theta}{\mathrm{d}\omega}=\frac{\dfrac{h}{2c}\left[Y_0(\theta)\csc^2\dfrac{kh}{2}+Y_0(\theta-\pi)\sec^2\dfrac{kh}{2}\right]}{\dfrac{\mathrm{d}Y_0(\theta)}{\mathrm{d}\theta}\cdot\cot\dfrac{kh}{2}-\dfrac{\mathrm{d}Y_0(\theta-\pi)}{\mathrm{d}\theta}\cdot\tan\dfrac{kh}{2}} \tag{8.4.22}$$

由于

$$v_g=\frac{\mathrm{d}\omega}{\mathrm{d}\beta_{is}}=\frac{L_1}{\dfrac{\mathrm{d}\theta}{\mathrm{d}\omega}}$$

所以

$$\frac{c}{v_g}=\frac{c}{L_1}\cdot\frac{\mathrm{d}\theta}{\mathrm{d}\omega}=\frac{\dfrac{h}{2L_1}\left[Y_0(\theta)\csc^2\dfrac{kh}{2}+Y_0(\theta-\pi)\sec^2\dfrac{kh}{2}\right]}{\dfrac{\mathrm{d}Y_0(\theta)}{\mathrm{d}\theta}\cdot\cot\dfrac{kh}{2}-\dfrac{\mathrm{d}Y_0(\theta-\pi)}{\mathrm{d}\theta}\cdot\tan\dfrac{kh}{2}} \tag{8.4.23}$$

或

$$\frac{c}{v_g}=\frac{\dfrac{h}{L_1}\cdot\csc^2\dfrac{kh}{2}\cdot Y_0(\theta)}{\dfrac{\mathrm{d}Y_0(\theta)}{\mathrm{d}\theta}\cdot\cot\dfrac{kh}{2}-\dfrac{\mathrm{d}Y_0(\theta-\pi)}{\mathrm{d}\theta}\tan\dfrac{kh}{2}} \tag{8.4.24}$$

上面诸式中的波导纳可取第一排多导体的波导纳，也可全取第二排多导体的波导纳.

在式(8.4.16)～式(8.4.20)中，幅值系数之比 B_0^L/B_0^h 决定于式(8.3.20). 在 $d=0$，$w_1=w_2$ 的对准对称双排对插销系统中，如前所述，这个比值有两个解：对同相激励有 $B_0^h/B_0^L=1$；反相激励时，有 $B_0^h/B_0^L=-1$.

在同相激励时，式(8.4.16)变为

$$(K_c)_{01}=\frac{\dfrac{1}{4}\cdot\dfrac{L_1}{n}\cdot\dfrac{c}{v_g}\left(\dfrac{\sin\dfrac{\theta-\pi}{2}}{\dfrac{\theta-\pi}{2}}\cdot\dfrac{\sin\beta_{01}\dfrac{l}{2}}{\beta_{01}\dfrac{l}{2}}\cdot\dfrac{1}{\mathrm{sh}\beta_{01}a}\right)^2\cos^2 kxM}{Y_0(\theta-\pi)} \tag{8.4.25}$$

式中

$$M=2(\mathrm{ch}\beta_{01}a-1)(\mathrm{ch}\,2\beta_{01}y+1) \tag{8.4.26}$$

在反相激励时，式(8.4.25)仍成立，而 M 由下式决定：

$$M=2(\mathrm{ch}\beta_{01}a+1)(\mathrm{ch}\,2\beta_{01}y-1) \tag{8.4.27}$$

在 $d=0$，$w_1=w_2$ 情况下，在电子注截面 $2\Delta h'$ 上的平均耦合阻抗由式(8.4.18)得

$$(\overline{K}_c)_{01}=\frac{\dfrac{1}{4}\cdot\dfrac{L_1}{n}\cdot\dfrac{c}{v_g}\left(\dfrac{\sin\dfrac{\theta-\pi}{2}}{\dfrac{\theta-\pi}{2}}\cdot\dfrac{\sin\beta_{01}\dfrac{l}{2}}{\beta_{01}\dfrac{l}{2}}\cdot\dfrac{1}{\mathrm{sh}\beta_{01}a}\right)^2 M_1M_2}{2Y_0(\theta-\pi)} \tag{8.4.28}$$

式中，M_1 与前面一样，由式(8.4.19)决定，而 M_2 为

$$M_2=2(\mathrm{ch}\beta_{01}a\mp1)\left(\frac{\mathrm{sh}\,2\beta_{01}\Delta}{2\beta_{01}\Delta}\pm1\right) \tag{8.4.29}$$

式中，上面的符号与同相激励相对应，而下面的符号表示反相激励情况.

上面讨论的都是双排对插销系统. 其结果不难演变至单排对插销情况. 如令 $B_0^L=0$，$a=w_2$ 为对插销系统至下盖板的距离，于是由式(8.4.16)可得到Ⅲ区中任意一点(x,y)的耦合阻抗为

$$(K_c)_{01}=\frac{1}{Y_0(\theta-\pi)}\cdot\frac{L_1}{h}\cdot\frac{c}{v_g}\left(\frac{\sin\dfrac{\theta-\pi}{2}}{\dfrac{\theta-\pi}{2}}\cdot\frac{\sin\beta_{01}\dfrac{l}{2}}{\beta_{01}\dfrac{l}{2}}\cdot\frac{1}{\mathrm{sh}\beta_{01}w_2}\right)^2\cdot\cos^2 kx\cdot\mathrm{sh}^2\beta_{01}\left(y+\frac{w_2}{2}\right) \tag{8.4.30}$$

当电子注的截面积为$\Delta h'$$(-h'/2\leqslant x\leqslant h'/2, w_2/2-\Delta\leqslant y\leqslant w_2/2)$时，截面内的平均耦合阻抗为

$$(\overline{K}_c)_{01}=\frac{\dfrac{1}{4}\cdot\dfrac{L_1}{h}\cdot\dfrac{c}{v_g}\left(\dfrac{\sin\dfrac{\theta-\pi}{2}}{\dfrac{\theta-\pi}{2}}\cdot\dfrac{\sin\beta_{01}\dfrac{l}{2}}{\beta_{01}\dfrac{l}{2}}\cdot\dfrac{1}{\mathrm{sh}\beta_{01}w_2}\right)^2}{Y_0(\theta-\pi)}\cdot\left(1+\frac{\sin kh'}{kh'}\right)\left[\frac{\mathrm{ch}\,2\beta_{01}\left(w_2-\dfrac{\Delta}{2}\right)\mathrm{sh}\beta_{01}\Delta}{\beta_{01}\Delta}-1\right] \tag{8.4.31}$$

如果电子注充满Ⅲ区，那么有$\Delta=w_2, h'=h$，于是

$$(\overline{K}_c)_{01}=\frac{\dfrac{1}{4}\cdot\dfrac{L_1}{h}\cdot\dfrac{c}{v_g}\left(\dfrac{\sin\dfrac{\theta-\pi}{2}}{\dfrac{\theta-\pi}{2}}\cdot\dfrac{\sin\beta_{01}\dfrac{l}{2}}{\beta_{01}\dfrac{l}{2}}\cdot\dfrac{1}{\mathrm{sh}\beta_{01}w_2}\right)^2}{Y_0(\theta-\pi)}\cdot\left(1+\frac{\sin kh}{kh}\right)\left(\frac{\mathrm{sh}\,2\beta_{01}w_2}{2\beta_{01}w_2}-1\right) \tag{8.4.32}$$

为了比较双排对插销系统与单排对插销系统耦合阻抗的大小，我们令单排 w_2 等于双排时的 a，并且电子注都充满Ⅲ区，双排同相激励与反相激励时的耦合阻抗分别按式(8.4.28)与式(8.4.29)进行计算，单排对插销按式(8.4.32)进行计算. 计算的结果如图 8.4.1 所示. 由耦合阻抗曲线可知，同相激励时的耦合阻抗大于反相激励时的耦合阻抗，双排同相激励时的耦合阻抗也比单排系统的大. 因此，双排对插销系统宜工作在同相激励状态，联系前面所分析的Ⅲ区内的场分布，这是不难理解的. 从耦合阻抗来看，在返波管振荡器中双排系统比单排系统更有利.

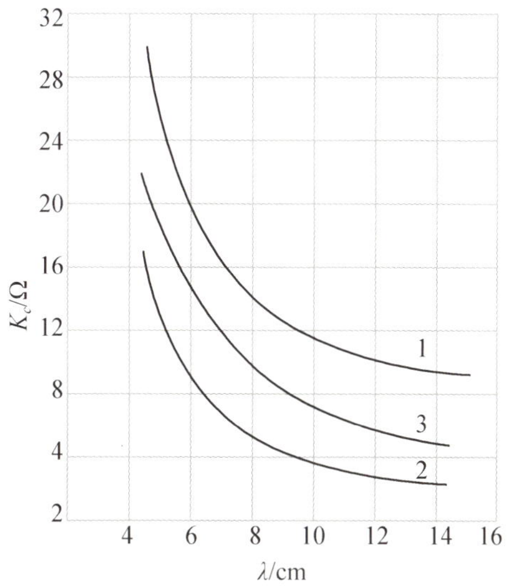

1—双排同相激励；2—双排反相激励；3—单排系统.

图 1　耦合阻抗曲线($h=10$ mm, $L_1=1.5$ mm, $a=b=l=1$ mm, $w_1\to\infty$)

8.5　梯形慢波系统

梯形慢波系统的基本结构如图 8.5.1 所示. 它分为单排系统、双排系统与多排系统. 图 8.5.1 中绘出了单排系统与双排系统. 本节只分析单排与双排梯形系统. 这种系统常用的分析方法还是多导体传输线分析方法. 本节拟采用这种方法来分析这种系统，求出系统的色散方程与耦合阻抗，并且先从双排梯形系统开始分析，然后再推广到单排系统.

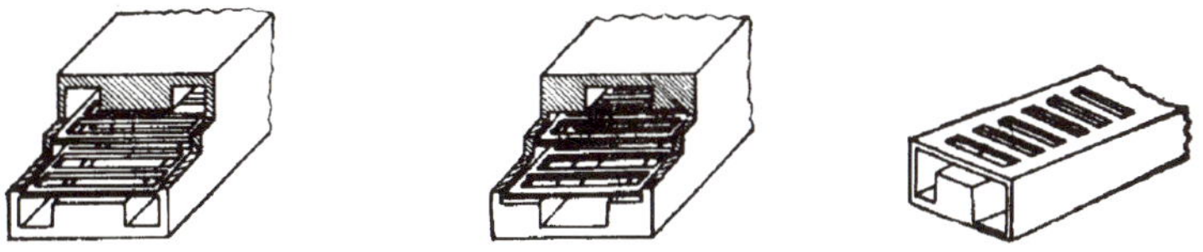

(a)双排系统(1)　　(b)双排系统(2)　　(c)单排系统

图 8.5.1　梯形慢波线结构图

系统的有关几何参量与采用的坐标系统如图 8.5.2 所示. 在 x 方向,梯形慢波系统是一个多导体传输线,在 z 方向是一个周期系统. 一个周期长度 L 内只有一根导体,所以这是一个单周期系统,$N=1$,$s=0$,即沿导体杆方向只有一个 TEM 波,其相邻两导体之间有 θ 相移. 与对插销系统一样,双排梯形慢波系统沿 y 方向分为Ⅰ、Ⅱ、Ⅲ、Ⅳ、Ⅴ五个区域. 而在 x 方向,根据结构将系统分为三个区域:

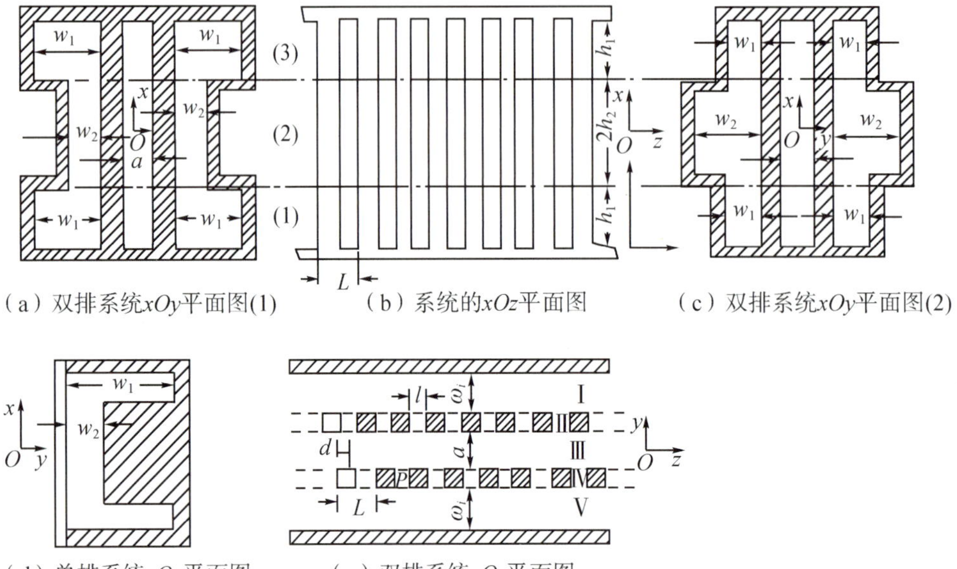

(a) 双排系统xOy平面图(1)　(b) 系统的xOz平面图　(c) 双排系统xOy平面图(2)

(d) 单排系统xOy平面图　(e) 双排系统yOz平面图

图 8.5.2　梯形慢波系统几何参量及坐标图

(1)区,$h_2 \leqslant x \leqslant h_1+h_2$;

(2)区,$-h_2 \leqslant x \leqslant h_2$;

(3)区,$-(h_1+h_2) \leqslant x \leqslant -h_2$.

每个区内有不同的波导纳 $Y_{0(n)}(\theta)$,$n=1,2,3$. 这些波导纳分别加上标 h 与 L,就分别表示第一排与第二排多导体的波导纳. 现在来分析两排多导体的任一排(有关参量均不加上标 h 与 L)在 x 方向上的任一区,例如(n)区第 m 根导体杆上的电位与电流波可写为

$$\begin{cases} V_{m(n)}(x)=(A_{0(n)}\cos kx+B_{0(n)}\sin kx)\mathrm{e}^{-\mathrm{j}m\theta} \\ I_{m(n)}(x)=\mathrm{j}Y_{0(n)}(\theta)(B_{0(n)}\cos kx-A_{0(n)}\sin kx)\mathrm{e}^{-\mathrm{j}m\theta} \end{cases} \tag{8.5.1}$$

或

$$\begin{cases} V_{m(n)}(x)=(A'_{0(n)}\mathrm{e}^{-\mathrm{j}kx}+B'_{0(n)}\mathrm{e}^{\mathrm{j}kx})\mathrm{e}^{-\mathrm{j}m\theta} \\ I_{m(n)}(x)=Y_{0(n)}(\theta)(A'_{0(n)}\mathrm{e}^{-\mathrm{j}kx}-B'_{0(n)}\mathrm{e}^{\mathrm{j}kx})\mathrm{e}^{-\mathrm{j}m\theta} \end{cases} \tag{8.5.2}$$

式中,$n=1,2,3$. 幅值常数有关系

$$\begin{cases} A'_{0(n)}=\dfrac{1}{2}(A_{0(n)}+\mathrm{j}B_{0(n)}) \\ B'_{0(n)}=\dfrac{1}{2}(A_{0(n)}-\mathrm{j}B_{0(n)}) \end{cases} \tag{8.5.3}$$

波导纳 $Y_{0(m)}(\theta)$由前面的式(8.2.58)与式(8.2.60)决定,其中的 $\phi_s=\phi_0=\theta$,β_{is} 变为 $\beta_i=\beta_0+2\pi i/L$. 这时波导纳公式为

$$\begin{aligned} Y^h_{0(n)}(\theta) = {} & 2\sqrt{\frac{\varepsilon_0}{\mu_0}}\sin\frac{\theta}{2}\Bigg[\frac{2b}{l}\sin\frac{\theta}{2}+\frac{L-l}{L} \\ & \cdot\sum_{i=-\infty}^{\infty}(-1)^i\frac{\sin\dfrac{\beta_i l}{2}}{\dfrac{\beta_i l}{2}}\cdot\frac{\sin\dfrac{\beta_i(L-l)}{2}}{\dfrac{\beta_i(L-l)}{2}} \\ & \cdot\left(\mathrm{cth}\,\beta_i w_{(n)}+\mathrm{cth}\,\beta_i a-\frac{(A'_{0(n)})^L}{(A'_{0(n)})^h}\frac{\mathrm{e}^{\mathrm{j}\beta_i^d}}{\mathrm{sh}\,\beta_i a}\right)\Bigg] \end{aligned} \tag{8.5.4}$$

$$Y^{L}_{0(n)}(\theta)=2\sqrt{\frac{\varepsilon_0}{\mu_0}}\sin\frac{\theta}{2}\Big[\frac{2b}{l}\sin\frac{\theta}{2}+\frac{L-l}{L}\cdot\sum_{i=-\infty}^{\infty}(-1)^i\frac{\sin\frac{\beta_i l}{2}}{\frac{\beta_i l}{2}}\cdot\frac{\sin\frac{\beta_i(L-l)}{2}}{\frac{\beta_i(L-l)}{2}}\cdot\Big(\operatorname{cth}\beta_i w_{(n)}+\operatorname{cth}\beta_i a-\frac{(A'_{0(n)})^h}{(A'_{0(n)})^L}\frac{e^{j\beta_i d}}{\operatorname{sh}\beta_i a}\Big)\Big] \tag{8.5.5}$$

对(1)区、(3)区,上两式中 $w_{(n)}=w_1$;对(2)区,$w_{(n)}=w_2$. 由此两式可知,当 $d=0$ 时,有 $Y^h_{0(n)}=Y^L_{0(n)}(\theta)$.

两排多导体系统的任意一排,其第 m 根导体上的电位与电流均要满足下面的边界条件:

$$\begin{cases}V_{m(1)}(h_1+h_2)=0\\ V_{m(1)}(h_2)=V_{m(2)}(h_2)\\ I_{m(1)}(h_2)=I_{m(2)}(h_2)\\ V_{m(2)}(-h_2)=V_{m(3)}(-h_2)\\ I_{m(2)}(-h_2)=I_{m(3)}(-h_2)\\ V_{m(3)}(-h_1-h_2)=0\end{cases} \tag{8.5.6}$$

将各区中的电位、电流表达式(8.5.1)代入方程组(8.5.6),得

$$\begin{cases}A_{0(1)}+B_{0(1)}\tan k(h_1+h_2)=0\\ A_{0(1)}+B_{0(1)}\tan kh_2=A_{0(2)}+B_{0(2)}\tan kh_2\\ Y_{0(1)}(\theta)[B_{0(1)}-A_{0(1)}\tan kh_2]=Y_{0(2)}(\theta)[B_{0(2)}-A_{0(2)}\tan kh_2]\\ A_{0(2)}-B_{0(2)}\tan kh_2=A_{0(3)}-B_{0(3)}\tan kh_2\\ Y_{0(2)}(\theta)[B_{0(2)}+A_{0(2)}\tan kh_2]=Y_{0(3)}(\theta)[B_{0(3)}+A_{0(3)}\tan kh_2]\\ A_{0(3)}-B_{0(3)}\tan k(h_1+h_2)=0\end{cases} \tag{8.5.7}$$

我们所研究的慢波系统(1)区与(3)区是对称的,具有相同的几何参数,故有

$$Y_{0(1)}(\theta)=Y_{0(3)}(\theta) \tag{8.5.8}$$

由方程组(8.5.7)可以找到各幅值常数之间的关系. 并且由各幅值常数有非零解的条件,由方程组(8.5.7)可得到梯形慢波系统的两个色散方程:

$$\tan kh_1\cdot\tan kh_2=\frac{Y_{0(1)}(\theta)}{Y_{0(2)}(\theta)} \tag{8.5.9}$$

$$-\frac{\tan kh_1}{\tan kh_2}=\frac{Y_{0(1)}(\theta)}{Y_{0(2)}(\theta)} \tag{8.5.10}$$

有两个色散方程就有两种可能存在的波,或者说有两种可能存在的模式. 满足色散方程式(8.5.9)的模式,第 m 根导体杆上电位与电流波有表达式为

$$\begin{cases}V_{m(1)}(x)=-B_{0(1)}\dfrac{\sin k(h_1+h_2-x)}{\cos k(h_1+h_2)}e^{-jm\theta}\\ I_{m(1)}(x)=jY_{0(1)}(\theta)B_{0(1)}(\theta)\dfrac{\cos k(h_1+h_2-x)}{\cos k(h_1+h_2)}e^{-jm\theta}\\ V_{m(2)}(x)=-B_{0(1)}\dfrac{\sin kh_1\cos kx}{\cos k(h_1+h_2)\cos kh_2}e^{-jm\theta}\\ I_{m(2)}(x)=jY_{0(2)}(\theta)B_{0(1)}\dfrac{\sin kh_1\sin kx}{\cos k(h_1+h_2)\cos kh_2}e^{-jm\theta}\\ V_{m(3)}(x)=-B_{0(1)}\dfrac{\sin k(h_1+h_2+x)}{\cos k(h_1+h_2)}e^{-jm\theta}\\ I_{m(3)}(x)=-jY_{0(1)}(\theta)B_{0(1)}\dfrac{\cos k(h_1+h_2+x)}{\cos k(h_1+h_2)}e^{-jm\theta}\end{cases} \tag{8.5.11}$$

由式(8.5.11)可以看出，导体杆上电位沿 x 轴的分布，以及相应的空间纵向电场沿 x 轴的分布对导体杆中心($x=0$)是对称的，因此，这种模式是对称模式. 这种场分布是有利于电子流与慢波系统场的相互作用的.

满足色散方程(8.5.10)的模式，第 m 根导体上的电位与电流分布表达式为

$$\begin{cases} V_{m(1)}(x) = -B_{0(1)} \dfrac{\sin k(h_1+h_2-x)}{\cos k(h_1+h_2)} \mathrm{e}^{-\mathrm{j}m\theta} \\ I_{m(1)}(x) = \mathrm{j}Y_{0(1)}(\theta) B_{0(1)} \dfrac{\cos k(h_1+h_2-x)}{\cos k(h_1+h_2)} \mathrm{e}^{-\mathrm{j}m\theta} \\ V_{m(2)}(x) = -B_{0(1)} \dfrac{\sin kh_1 \cdot \sin kx}{\cos k(h_1+h_2)\sin kh_2} \mathrm{e}^{-\mathrm{j}m\theta} \\ I_{m(2)}(x) = -\mathrm{j}Y_{0(2)}(\theta) B_{0(1)} \dfrac{\sin kh_1 \cdot \cos kx}{\cos k(h_1+h_2)\sin kh_2} \mathrm{e}^{-\mathrm{j}m\theta} \\ V_{m(3)}(x) = B_{0(1)} \dfrac{\sin k(h_1+h_2+x)}{\cos k(h_1+h_2)} \mathrm{e}^{-\mathrm{j}m\theta} \\ I_{m(3)}(x) = \mathrm{j}Y_{0(1)}(\theta) B_{0(1)} \dfrac{\cos k(h_1+h_2+x)}{\cos k(h_1+h_2)} \mathrm{e}^{-\mathrm{j}m\theta} \end{cases} \tag{8.5.12}$$

由式(8.5.12)看出，这种模式的电位沿 x 轴的分布以及空间纵向电场沿 x 轴分布相对于导体杆中心($x=0$)是反对称分布，因而这种模式称为反对称模式. 如果 $h_1=h_2$，由这种模式所满足的色散方程(8.5.10)看出，这时将不存在反对称模式波的传播，通带为零.

与双排对插销慢波系统类似，双排梯形慢波系统也存在两种激励状态，即两排梯形系统同相激励与反相激励. 我们只研究常用的 $d=0$ 的情况，同时，系统在 y 方向具有对称的几何结构. 因此，由式(8.5.4)与式(8.5.5)可以看出，对于同相或反相激励，$(A'_{0(n)})^h/(A'_{0(n)})^L=(B_{0(n)})^h/(B_{0(n)})^L=\pm 1$，故有 $Y^h_{0(n)}(\theta)=Y^L_{0(n)}(\theta)$.

对于同相激励的对称模式，将 $d=0$ 与 $(A'_{0(n)})^h/(A'_{0(n)})^L=+1$ 代入式(8.5.4)，且只取 $i=0$ 这一项，然后将波导纳表达式代入式(8.5.9)，得近似的色散方程为

$$\tan kh_1 \cdot \tan kh_2 = \frac{\dfrac{2b}{l}\cdot\sin\dfrac{\theta}{2}+\dfrac{L-l}{L}\cdot\dfrac{\sin\dfrac{\beta_0 l}{2}}{\dfrac{\beta_0 l}{2}}\cdot\dfrac{\sin\dfrac{\beta_0(L-l)}{2}}{\beta_0\dfrac{L-l}{2}}\left(\mathrm{cth}\,\beta_0 w_1+\mathrm{th}\beta_0\dfrac{a}{2}\right)}{\dfrac{2b}{l}\cdot\sin\dfrac{\theta}{2}+\dfrac{L-l}{2}\cdot\dfrac{\sin\dfrac{\beta_0 l}{2}}{\dfrac{\beta_0 l}{2}}\cdot\dfrac{\sin\dfrac{\beta_0(L-l)}{2}}{\beta_0\dfrac{L-l}{2}}\left(\mathrm{cth}\,\beta_0 w_2+\mathrm{th}\beta_0\dfrac{a}{2}\right)} \tag{8.5.13}$$

对于反相激励的对称模式，只需将式(8.5.13)中的 $\mathrm{th}(\beta_0 a/2)$ 用 $\mathrm{cth}(\beta_0 a/2)$ 代之即可.

将式(8.5.13)中的 $\tan kh_1 \cdot \tan kh_2$ 用 $-(\tan kh_1/\tan kh_2)$ 代替，就得到反对称模式色散特性的计算公式.

对于单排梯形系统，在 $Y_{0(n)}(\theta)$ 的计算公式(8.5.5)中，令 $(A'_{0(n)})^h=0$，然后在级数求和中只取 $i=0$ 的一项，最后将波导纳公式代入式(8.5.9)，于是得到单排对称模式的近似色散方程为

$$\tan kh_1 \cdot \tan kh_2 = \frac{\dfrac{2b}{l}\cdot\sin\dfrac{\theta}{2}+\dfrac{L-l}{L}\cdot\dfrac{\sin\dfrac{\beta_0 l}{2}}{\dfrac{\beta_0 l}{2}}\cdot\dfrac{\sin\dfrac{\beta_0(L-l)}{2}}{\beta_0\dfrac{L-l}{2}}(\mathrm{cth}\,\beta_0 w_1+\mathrm{cth}\,\beta_0 a)}{\dfrac{2b}{l}\cdot\sin\dfrac{\theta}{2}+\dfrac{L-l}{L}\cdot\dfrac{\sin\dfrac{\beta_0 l}{2}}{\dfrac{\beta_0 l}{2}}\cdot\dfrac{\sin\dfrac{\beta_0(L-l)}{2}}{\beta_0\dfrac{L-l}{2}}(\mathrm{cth}\,\beta_0 w_2+\mathrm{cth}\,\beta_0 a)} \tag{8.5.14}$$

式中，a 为盖板到梯形系统的距离.

如果没有金属盖板，即 $a\to\infty$时，$\mathrm{cth}\,\beta_0 a\to 1$，于是式(8.5.14)仍然成立.

在同样尺寸下，梯形系统中对称模同相激励与反相激励以及相应的单排梯形系统的色散曲线如图 8.5.3所示. 由图 8.5.3 可见，这三种情况下基波的相速是有差别的，而且双排梯形系统在同相激励下将有更宽的通带. 图 8.5.3 中只绘出了基波色散曲线，其他各次空间谐波(例如负一次空间谐波)不难由基波色散曲线得出. 图 8.5.3 中所绘出的曲线是脊形波导中的梯形线，即 $w_1>w_2$ 的情况. 如果 $w_1<w_2$，色散曲线的计算方程仍可用式(8.5.13)与式(8.5.14)，但这时的色散曲线与色散性质将有很大差别.

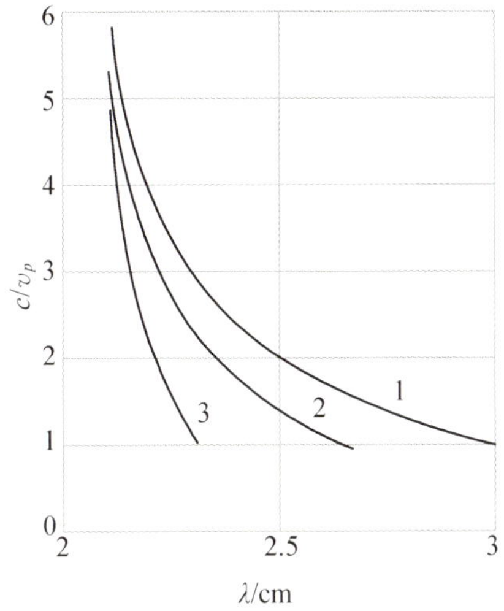

1—双排同相激励对称模；2—单排梯形慢波系统；3—双排反相激励对称模.

图 8.5.3　梯形慢波系统($w_1>w_2$)中基波的色散曲线

现在研究梯形慢波系统的耦合阻抗. 第 i 次空间谐波的耦合阻抗为

$$(K_c)_i=\frac{E_{zi}\cdot E_{zi}^*}{2\beta_i^2 P}=\frac{E_{zi}\cdot E_{zi}^*}{2\beta_i^2 W_1 v_g}\tag{8.5.15}$$

式中，E_{zi} 为第 i 次空间谐波在所研究点上的场强. 对双排梯形系统，需求出第Ⅲ区($-a/2\leqslant y\leqslant a/2$)中的耦合阻抗. 第Ⅲ区中，$E_{zi}$ 为

$$E_{zi}=E_{zi}(-\mathrm{j}kx)+E_{zi}(+\mathrm{j}kx)\tag{8.5.16}$$

由式(8.2.53)，考虑到梯形慢波线是单周期系统，得

$$\begin{aligned}E_{zi}(-\mathrm{j}kx)=&\mathrm{j}\mathrm{e}^{-\mathrm{j}kx}\frac{2\sin\dfrac{\theta}{2}}{L}(-1)^i\frac{\sin\dfrac{\beta_i l}{2}}{\dfrac{\beta_i l}{2}}(A'_{0(n)})^h\\&\cdot\left[\mathrm{sh}\beta_i\left(y+\frac{a}{2}\right)-\frac{(A'_{0(n)})^L}{(A'_{0(n)})^h}\mathrm{e}^{\mathrm{j}\beta_i d}\,\mathrm{sh}\beta_i\left(y-\frac{a}{2}\right)\right]\frac{\mathrm{e}^{-\mathrm{j}\beta_i z}}{\mathrm{sh}\beta_i a}\end{aligned}\tag{8.5.17}$$

类似的有

$$\begin{aligned}E_{zi}(\mathrm{j}kx)=&\mathrm{j}\mathrm{e}^{-\mathrm{j}kx}\frac{2\sin\dfrac{\theta}{2}}{L}(-1)^i\frac{\sin\dfrac{\beta_i l}{2}}{\dfrac{\beta_i l}{2}}(B'_{0(n)})^h\\&\cdot\left[\mathrm{sh}\beta_i\left(y+\frac{a}{2}\right)-\frac{(B'_{0(n)})^L}{(B'_{0(n)})^h}\mathrm{e}^{\mathrm{j}\beta_i d}\,\mathrm{sh}\beta_i\left(y-\frac{a}{2}\right)\right]\frac{\mathrm{e}^{-\mathrm{j}\beta_i z}}{\mathrm{sh}\beta_i a}\end{aligned}\tag{8.5.18}$$

与前面一样，上两式中的下标$(n)=(1),(2),(3)$，它们分别表示在 x 方向各区域中的值. 将式(8.5.17)与式(8.5.18)代入式(8.5.16)，得

$$E_{zi}=\mathrm{j}\frac{2\sin\dfrac{\theta}{2}}{L}(-1)^i\frac{\sin\dfrac{\beta_i l}{2}}{\dfrac{\beta_i l}{2}}\frac{\mathrm{e}^{-\mathrm{j}\beta_i z}}{\mathrm{sh}\beta_i a}\left\{\mathrm{sh}\beta_i\left(y+\frac{a}{2}\right)\right.$$

$$\cdot [(A'_{0(n)})^h e^{-jkx} + (B'_{0(n)})^h e^{jkx}] - e^{j\beta_i d} \operatorname{sh}\beta_i \left(y - \frac{a}{2}\right)$$

$$\cdot [(A'_{0(n)})^L e^{-jkx} + (B'_{0(n)})^L e^{jkx}]\Big\} \tag{8.5.19}$$

利用式(8.5.2),并且由式(8.5.11)与式(8.5.12),对于对称模式与反对称模式,有

$$\frac{V^h_{m(n)}(x)}{V^L_{m(n)}(x)} = \frac{B^h_{0(n)}}{B^L_{0(n)}} \tag{8.5.20}$$

于是由式(8.5.19),得

$$E_{zi} = j\frac{2\sin\frac{\theta}{2}}{L}(-1)^i \frac{\sin\frac{\beta_i l}{2}}{\frac{\beta_i l}{2}} V^h_{m(n)}(x) e^{jm\theta}$$

$$\cdot \left\{\operatorname{sh}\beta_i\left(y+\frac{a}{2}\right) - \frac{B^L_{0(n)}}{B^h_{0(n)}} e^{j\beta_i d} \operatorname{sh}\beta_i\left(y-\frac{a}{2}\right)\right\} \frac{e^{-j\beta_i z}}{\operatorname{sh}\beta_i a} \tag{8.5.21}$$

式中,$V^h_{m(n)}(x)$为由式(8.5.11)或式(8.5.12)确定的第(n)区第一排第 m 根导体上的电位函数. 由此得

$$E_{zi}E^*_{zi} = \left[\frac{2\sin\frac{\theta}{2}}{L} \cdot \frac{\sin\frac{\beta_i l}{2}}{\frac{\beta_i l}{2}} \cdot \frac{1}{\operatorname{sh}\beta_i a}\right]^2 |V_{m(n)}(x)|^2 \frac{1}{2}\left\{\left[\operatorname{ch}2\beta_i\left(y+\frac{a}{2}\right) - 1\right]\right.$$

$$\left. + \left(\frac{B^L_{0(1)}}{B^h_{0(1)}}\right)^2 \left[\operatorname{ch}2\beta_i\left(y-\frac{a}{2}\right) - 1\right] + \frac{B^L_{0(1)}}{B^h_{0(1)}} 2\cos\beta_i d[\operatorname{ch}\beta_i a - \operatorname{ch}2\beta_i y]\right\} \tag{8.5.22}$$

现在再求沿 z 单位线长的储能 W_1. 对双排系统,有

$$W_1 = W^h_{(1)} + W^h_{(2)} + W^h_{(3)} + W^L_{(1)} + W^L_{(2)} + W^L_{(3)} \tag{8.5.23}$$

式中,$W^h_{(1)}$为与第一排梯形系统相关的(1)区单位线长的储能,其余符号以此类推. 由于(1)区与(3)区的对称性,有

$$\begin{cases} W^h_{(1)} = W^h_{(3)} \\ W^L_{(1)} = W^L_{(3)} \end{cases} \tag{8.5.24}$$

故有

$$W_1 = 2W^h_{(1)} + 2W^L_{(1)} + 2W^h_{(2)} + 2W^L_{(2)} \tag{8.5.25}$$

其中

$$\begin{aligned} W^h_{(1)} &= \frac{h_1}{cL} \cdot \frac{1}{2}\operatorname{Re}[Y^h_{0(1)} Y^h_{m(1)}(-jkx) Y^{h*}_{m(1)}(-jkx) + Y^h_{0(1)} V^h_{m(1)}(jkx) V^{h*}_{m(1)}(jkx)] \\ &= \frac{h_1 Y^h_{0(1)}}{2cL}\operatorname{Re}[(A'_{0(1)})^h (A'_{0(1)})^{h*} + (B'_{0(1)})^h (B'_{0(1)})^{h*}] \\ &= \frac{h_1}{4cL} Y^h_{0(1)} [A^2_{0(1)} + B^2_{0(1)}] \\ &= \frac{h_1 Y^h_{0(1)}}{4cL} \cdot \frac{(B^h_{0(1)})^2}{\cos^2 k(h_1+h_2)} \end{aligned} \tag{8.5.26}$$

同样可推得

$$W^L_{(1)} = \frac{h_1 Y^L_{0(1)}}{4cL} \cdot \frac{(B^L_{0(1)})^2}{\cos^2 k(h_1+h_2)} \tag{8.5.27}$$

式(8.5.26)与式(8.5.27)对于对称模式与反对称模式均适用. 用同样的办法,推导得

$$W^h_{(2)} = \frac{h_2}{2cL} Y^h_{0(2)} [(A^h_{0(2)})^2 + (B^h_{0(2)})^2] \tag{8.5.28}$$

对于对称模式,$B^h_{0(2)} = 0$,得

$$W_{(2)}^h=\frac{h_2 Y_{0(2)}^h}{2cL}\cdot\frac{(B_{0(1)}^h)^2\sin^2 kh_1}{\cos^2 k(h_1+h_2)\cos^2 kh_2} \tag{8.5.29}$$

对于反对称模式，$A_{0(2)}^h=0$，得

$$W_{(2)}^h=\frac{h_2 Y_{0(2)}^h}{2cL}\cdot\frac{(B_{0(1)}^h)^2\sin^2 kh_1}{\cos^2 k(h_1+h_2)\sin^2 kh_2} \tag{8.5.30}$$

将式(8.5.29)与式(8.5.30)中的上标 h 换成 L，就得到 $W_{(2)}^L$ 的表达式．将式(8.5.26)、式(8.5.27)、式(8.5.29)与式(8.5.30)代入式(8.5.25)．

对于对称模式

$$W_1=\frac{1}{2cL}\cdot\frac{(B_{0(1)}^h)^2}{\cos^2 k(h_1+h_2)}\left\{h_1\left[Y_{0(1)}^h+\left(\frac{B_{0(1)}^L}{B_{0(1)}^h}\right)^2 Y_{0(1)}^L\right]\right.$$
$$\left.+h_2\frac{\sin^2 kh_1}{\cos^2 kh_2}\left[Y_{0(2)}^h+\left(\frac{B_{0(1)}^L}{B_{0(1)}^h}\right)^2 Y_{0(2)}^L\right]\right\} \tag{8.5.31}$$

对于反对称模式

$$W_1=\frac{1}{2cL}\cdot\frac{(B_{0(1)}^h)^2}{\cos^2 k(h_1+h_2)}\left\{h_1\left[Y_{0(1)}^h+\left(\frac{B_{0(1)}^L}{B_{0(1)}^h}\right)^2 Y_{0(1)}^L\right]\right.$$
$$\left.+h_2\frac{\sin^2 kh_1}{\sin^2 kh_2}\left[Y_{0(2)}^h+\left(\frac{B_{0(1)}^L}{B_{0(1)}^h}\right)^2 Y_{0(2)}^L\right]\right\} \tag{8.5.32}$$

将式(8.5.22)与式(8.5.31)代入式(8.5.15)，得到(2)区任一点对称模式第 i 次空间谐波的耦合阻抗

$$(k_c)_i=\frac{cL}{v_g}\cdot\frac{\left(\dfrac{2\sin\dfrac{\theta}{2}}{\theta+2\pi i}\cdot\dfrac{\sin\dfrac{\beta_i l}{2}}{\dfrac{\beta_i l}{2}}\cdot\dfrac{1}{\operatorname{sh}\beta_i a}\right)^2\dfrac{\sin^2 kh_1\cos^2 kx}{\cos^2 kh_2}}{h_1\left[Y_{0(1)}^h+\left(\dfrac{B_{0(1)}^L}{B_{0(1)}^h}\right)^2 Y_{0(1)}^L\right]+h_2\left[Y_{0(2)}^h+\left(\dfrac{B_{0(1)}^L}{B_{0(1)}^h}\right)^2 Y_{0(2)}^L\right]\dfrac{\sin^2 kh_1}{\cos^2 kh_2}}$$
$$\cdot\frac{1}{2}\left\{\left[\operatorname{ch}2\beta_i\left(y+\frac{a}{2}\right)-1\right]+\left(\frac{B_{0(1)}^L}{B_{0(1)}^h}\right)^2\left[\operatorname{ch}2\beta_i\left(y-\frac{a}{2}\right)-1\right]\right.$$
$$\left.-\frac{B_{0(1)}^L}{B_{0(1)}^h}2\cos\beta_i d[\operatorname{ch}2\beta_i y-\operatorname{ch}\beta_i a]\right\} \tag{8.5.33}$$

若 $d=0$，对同相或反相激励，有

$$(K_c)_i=\frac{cL}{v_g}\cdot\frac{\left(\dfrac{2\sin\dfrac{\theta}{2}}{\theta+2\pi i}\cdot\dfrac{\sin\dfrac{\beta_i l}{2}}{\dfrac{\beta_i l}{2}}\cdot\dfrac{1}{\operatorname{sh}\beta_i a}\right)^2\dfrac{\sin^2 kh_1\cos^2 kx}{\cos^2 kh_2}}{2\left[h_1 Y_{0(1)}^h+h_2\dfrac{\sin^2 kh_1}{\cos^2 kh_2}Y_{0(2)}^h\right]}$$
$$\cdot\frac{1}{2}\left\{\operatorname{ch}2\beta_i\left(y+\frac{a}{2}\right)+\operatorname{ch}2\beta_i\left(y-\frac{a}{2}\right)-2\pm 2[\operatorname{ch}\beta_i a-\operatorname{ch}2\beta_i y]\right\} \tag{8.5.34}$$

式(8.5.34)中的“±”号、“+”号对应于同相激励，“−”号对应于反相激励(以下均同)．

若电子注截面为 $2h\Delta$ $(-h\leqslant x\leqslant h,-\Delta/2\leqslant y\leqslant\Delta/2,h\leqslant h_2,\Delta\leqslant a)$，在(2)区内电子注截面上的平均耦合阻抗(仍假定 $d=0$)为

$$(\overline{K}_c)_i=\frac{cL}{v_g}\cdot\frac{\left(\dfrac{\sin\dfrac{\theta}{2}}{\theta+2\pi i}\cdot\dfrac{\sin\dfrac{\beta_i l}{2}}{\dfrac{\beta_i l}{2}}\cdot\dfrac{1}{\operatorname{sh}\beta_i a}\right)^2\dfrac{1}{\cos^2 kh_2}\left(1+\dfrac{\sin 2kh}{2kh}\right)}{\dfrac{h_1 Y_{0(1)}}{\sin^2 kh_1}+\dfrac{h_2 Y_{0(2)}}{\cos^2 kh_2}}$$
$$\cdot\left\{\left[\frac{\operatorname{sh}\beta_i\Delta\cdot\operatorname{ch}\beta_i a}{\beta_i\Delta}-1\right]\pm\left[\operatorname{ch}\beta_i a-\frac{\operatorname{sh}\beta_i\Delta}{\beta_i\Delta}\right]\right\} \tag{8.5.35}$$

式中，$Y_{0(1)}=Y_{0(1)}^{h}=Y_{0(1)}^{L}$，$Y_{0(2)}=Y_{0(2)}^{h}=Y_{0(2)}^{L}$，即 $Y_{0(1)}$、$Y_{0(2)}$ 分别为(1)区与(2)区多导体的波导纳.

若 $h\geqslant h_2$，即电子注跨越(1)、(2)、(3)区，则在电子注截面 $2h\Delta$ 内的平均耦合阻抗为

$$(\overline{K}_c)_i=\frac{c}{v_g}\cdot\frac{L}{h}\cdot\frac{\left(\dfrac{\sin\dfrac{\theta}{2}}{\theta+2\pi i}\cdot\dfrac{\sin\dfrac{\beta_i l}{2}}{\dfrac{\beta_i l}{2}}\cdot\dfrac{1}{\operatorname{sh}\beta_i a}\right)^2}{\dfrac{h_1 Y_{0(1)}}{\sin^2 kh_1}+\dfrac{h_2 Y_{0(2)}}{\sin^2 kh_2}}$$
$$\cdot\left\{\frac{2k(h-h_2)+2\sin k(h-h_2)\cos k(2h_1+h_2-h)}{2k\sin^2 kh_1}+\frac{2kh_2+\sin 2kh_2}{2k\cos^2 kh_2}\right\}$$
$$\cdot\left\{\left[\frac{\operatorname{sh}\beta_i\Delta\ \operatorname{ch}\beta_i a}{\beta_i\Delta}-1\right]\pm\left[\operatorname{ch}\beta_i a-\frac{\operatorname{sh}\beta_i\Delta}{\beta_i\Delta}\right]\right\}\tag{8.5.36}$$

当 $h=h_1+h_2$，$\Delta=a$，即电子注充满(1)、(2)、(3)区，则有

$$(\overline{K}_c)_i=\frac{c}{v_g}\cdot\frac{L}{h_1+h_2}\cdot\frac{\left(\dfrac{2\sin\dfrac{\theta}{2}}{\theta+2\pi i}\cdot\dfrac{\sin\dfrac{\beta_i l}{2}}{\dfrac{\beta_i l}{2}}\cdot\dfrac{1}{\operatorname{sh}\beta_i a}\right)^2}{\dfrac{h_1 Y_{0(1)}}{\sin^2 kh_1}+\dfrac{h_2 Y_{0(2)}}{\cos^2 kh_2}}\left\{\frac{2kh_1+\sin 2kh_1}{2k\sin^2 kh_1}+\frac{2kh_2+\sin 2kh_2}{2k\cos^2 kh_2}\right\}$$
$$\cdot\left\{\frac{\operatorname{sh}2\beta_i a}{2\beta_i a}-1\pm\left[\operatorname{ch}\beta_i a-\frac{\operatorname{sh}\beta_i a}{\beta_i a}\right]\right\}\tag{8.5.37}$$

当 $d=0$ 时，不难证明反对称模式在(2)区内的平均值为($h=h_2$)

$$(\overline{K}_c)_i=\frac{c}{v_g}\cdot\frac{L}{h_2}\cdot\frac{\left(\dfrac{\sin\dfrac{\theta}{2}}{\theta+2\pi i}\cdot\dfrac{\sin\dfrac{\beta_i l}{2}}{\dfrac{\beta_i l}{2}}\cdot\dfrac{1}{\operatorname{sh}\beta_i a}\right)^2}{\dfrac{h_1 Y_{0(1)}}{\sin^2 kh_1}+\dfrac{h_2 Y_{0(2)}}{\cos^2 kh_2}}\cdot\frac{2kh_2-\sin 2kh_2}{2k\sin^2 kh_2}$$
$$\cdot\left\{\left[\frac{\operatorname{sh}2\beta_i a}{2\beta_i a}-1\right]\pm\left[\operatorname{ch}\beta_i a-\frac{\operatorname{sh}\beta_i a}{\beta_i a}\right]\right\}\tag{8.5.38}$$

反对称模在(1)、(2)、(3)区即整个Ⅲ区的平均耦合阻抗为($h=h_1+h_2$，$\Delta=a$)

$$(\overline{K}_c)_i=\frac{c}{v_g}\cdot\frac{L}{h_1+h_2}\cdot\frac{\left(\dfrac{\sin\dfrac{\theta}{2}}{\theta+2\pi i}\cdot\dfrac{\sin\dfrac{\beta_i l}{2}}{\dfrac{\beta_i l}{2}}\cdot\dfrac{1}{\operatorname{sh}\beta_i a}\right)^2}{\dfrac{h_1 Y_{0(1)}}{\sin^2 kh_1}+\dfrac{h_2 Y_{0(2)}}{\cos^2 kh_2}}\left[\frac{2kh_2-\sin 2kh_2}{2k\sin^2 kh_2}\right.$$
$$\left.+\frac{2kh_1+\sin 2kh_1}{2k\sin^2 kh_1}\right]\left\{\left[\frac{\operatorname{sh}2\beta_i a}{2\beta_i a}-1\right]\pm\left[\operatorname{ch}\beta_i a-\frac{\operatorname{sh}\beta_i a}{\beta_i a}\right]\right\}\tag{8.5.39}$$

由前面所讨论的双排梯形系统的情况，不难推导出单排梯形系统的情况. 我们令 $d=0$，$B_{0(1)}^{L}=0$，由式(8.5.33)得到金属盖板与梯形系统的距离为 a 的第(2)区内($-h_2\leqslant x\leqslant -h_2$，$-a/2\leqslant y\leqslant a/2$)任一点对称模式的耦合阻抗为

$$(\overline{K}_c)_i=\frac{cL}{v_g}\cdot\frac{\left(\dfrac{2\sin\dfrac{\theta}{2}}{\theta+2\pi i}\cdot\dfrac{\sin\dfrac{\beta_i l}{2}}{\dfrac{\beta_i l}{2}}\cdot\dfrac{1}{\operatorname{sh}\beta_i a}\right)^2}{\dfrac{h_1 Y_{0(1)}}{\sin^2 kh_1}+\dfrac{h_2 Y_{0(2)}}{\cos^2 kh_2}}\cdot\frac{\cos^2 kx}{\cos^2 kh_2}$$
$$\cdot\frac{1}{2}\left[\operatorname{ch}2\beta_i\left(y+\frac{a}{2}\right)-1\right]\tag{8.5.40}$$

在电子注截面 $2\Delta h(h\leqslant h_2,\Delta\leqslant a)$ 内平均耦合阻抗为

$$(\overline{K}_c)_i=\frac{c}{v_g}\cdot\frac{L}{h}\cdot\frac{\left(\dfrac{\sin\dfrac{\theta}{2}}{\theta+2\pi i}\cdot\dfrac{\sin\dfrac{\beta_i l}{2}}{\dfrac{\beta_i l}{2}}\cdot\dfrac{1}{\operatorname{sh}\beta_i a}\right)^2}{\dfrac{h_1Y_{0(1)}}{\sin^2 kh_1}+\dfrac{h_2Y_{0(2)}}{\cos^2 kh_2}}\frac{2kh+\sin 2kh}{2k\cos^2 kh_2}\cdot\left\{\frac{\operatorname{ch}\beta_i a\operatorname{sh}\beta_i\Delta}{\beta_i\Delta}-1\right\}\tag{8.5.41}$$

当 $h\geqslant h_2$ 时，平均耦合阻抗为

$$(\overline{K}_c)_i=\frac{c}{v_g}\cdot\frac{L}{h}\cdot\frac{\left(\dfrac{\sin\dfrac{\theta}{2}}{\theta+2\pi i}\cdot\dfrac{\sin\dfrac{\beta_i l}{2}}{\dfrac{\beta_i l}{2}}\cdot\dfrac{1}{\operatorname{sh}\beta_i a}\right)^2}{\dfrac{h_1Y_{0(1)}}{\sin^2 kh_1}+\dfrac{h_2Y_{0(2)}}{\cos^2 kh_2}}\left\{\frac{2kh_2+\sin 2kh_2}{2k\cos^2 kh_2}\right.$$
$$\left.+\frac{2k(h-h_2)+2\sin k(h-h_2)\cos k(2h_1+h_2-h)}{2k\sin^2 kh_1}\right\}\cdot\left\{\frac{\operatorname{ch}\beta_i a\operatorname{sh}\beta_i\Delta}{\beta_i\Delta}-1\right\}\tag{8.5.42}$$

同样对单排梯形系统反对称模式，在截面 $2h\Delta$ 内 $(h\leqslant h_2)$ 平均耦合阻抗为

$$(\overline{K}_c)_i=\frac{c}{v_g}\cdot\frac{L}{h}\cdot\frac{\left(\dfrac{\sin\dfrac{\theta}{2}}{\theta+2\pi i}\cdot\dfrac{\sin\dfrac{\beta_i l}{2}}{\dfrac{\beta_i l}{2}}\cdot\dfrac{1}{\operatorname{sh}\beta_i a}\right)^2}{\dfrac{h_1Y_{0(1)}}{\sin^2 kh_1}+\dfrac{h_2Y_{0(2)}}{\sin^2 kh_2}}\frac{2kh-\sin 2kh}{2k\sin^2 kh_2}$$
$$\cdot\left\{\frac{\operatorname{ch}\beta_i a\operatorname{sh}\beta_i\Delta}{\beta_i\Delta}-1\right\}\tag{8.5.43}$$

当 $h\geqslant h_2$ 时，有

$$(\overline{K}_c)_i=\frac{c}{v_g}\cdot\frac{L}{h}\cdot\frac{\left(\dfrac{\sin\dfrac{\theta}{2}}{\theta+2\pi i}\cdot\dfrac{\sin\dfrac{\beta_i l}{2}}{\dfrac{\beta_i l}{2}}\cdot\dfrac{1}{\operatorname{sh}\beta_i a}\right)^2}{\dfrac{h_1Y_{0(1)}}{\sin^2 kh_1}+\dfrac{h_2Y_{0(2)}}{\sin^2 kh_2}}\left\{\frac{2kh_2-\sin 2kh_2}{2k\sin^2 kh_2}\right.$$
$$\left.+\frac{2k(h-h_2)+2\sin k(h-h_2)\cos k(2h_1+h_2-h)}{2k\sin^2 kh_1}\right\}\cdot\left\{\frac{\operatorname{ch}\beta_i a\operatorname{sh}\beta_i\Delta}{\beta_i\Delta}-1\right\}\tag{8.5.44}$$

现在再研究无金属盖板时单排系统的耦合阻抗，这时 $a\to\infty$. 先研究对称模式，将坐标原点选在梯形线表面上，如图 8.5.4 所示.

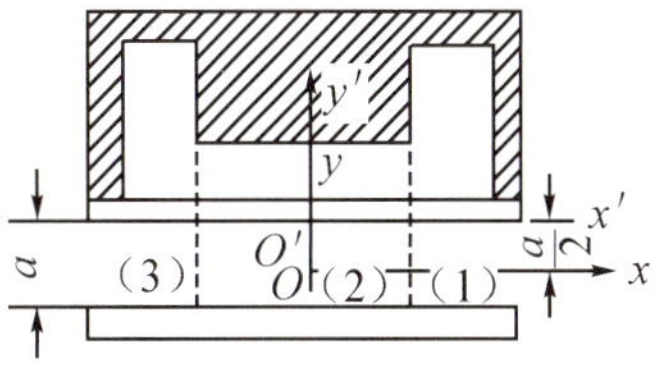

图 8.5.4　单排梯形慢波系统

这时有 $x'O'y'$ 坐标系，与原坐标系 xOy 有关系

$$\begin{cases}x=x'\\ y=y'+\dfrac{a}{2}\end{cases}\tag{8.5.45}$$

在新坐标系下，式(8.5.40)变为

$$(K_c)_i=\frac{cL}{v_g}\cdot\frac{\left(\dfrac{2\sin\dfrac{\theta}{2}}{\theta+2\pi i}\cdot\dfrac{\sin\dfrac{\beta_i l}{2}}{\dfrac{\beta_i l}{2}}\right)^2}{\dfrac{h_1Y_{0(1)}}{\sin^2kh_1}+\dfrac{h_2Y_{0(2)}}{\cos^2kh_2}}\cdot\frac{\cos^2kx'}{\cos^2kh_2}\cdot[\mathrm{sh}\beta_iy'\mathrm{cth}\beta_ia+\mathrm{ch}\beta_iy']^2 \tag{8.5.46}$$

当 $a\to\infty$的,即无盖板时,式(8.5.46)变为

$$(K_c)_i=\frac{cL}{v_g}\cdot\frac{\left(\dfrac{2\sin\dfrac{\theta}{2}}{\theta+2\pi i}\cdot\dfrac{\sin\dfrac{\beta_i l}{2}}{\dfrac{\beta_i l}{2}}\right)^2}{\dfrac{h_1Y_{0(1)}}{\sin^2kh_1}+\dfrac{h_2Y_{0(2)}}{\cos^2kh_2}}\cdot\frac{\cos^2kx'}{\cos^2kh_2}\cdot[\mathrm{sh}\beta_iy'+\mathrm{ch}\beta_iy']^2 \tag{8.5.47}$$

这就是无盖板时,在新坐标系下(2)区内任一点的耦合阻抗.若电子注截面 $2h\Delta$ 在(2)区内,即 $h\leqslant h_2$,则注截面内的平均耦合阻抗为

$$(\overline{K}_c)_i=\frac{c}{v_g}\cdot\frac{L}{h}\cdot\frac{2\left(\dfrac{\sin\dfrac{\theta}{2}}{\theta+2\pi i}\cdot\dfrac{\sin\dfrac{\beta_i l}{2}}{\dfrac{\beta_i l}{2}}\right)^2}{\dfrac{h_1Y_{0(1)}}{\sin^2kh_1}+\dfrac{h_2Y_{0(2)}}{\cos^2kh_2}}\cdot\frac{2kh+\sin 2kh}{2k\cos^2kh_2}\cdot\frac{\mathrm{sh}\,2\beta_i\Delta-\mathrm{ch}\,2\beta_i\Delta+1}{2\beta_i\Delta} \tag{8.5.48}$$

式(8.5.48)是在电子注截面上取平均值的结果,电子注截面范围为 $-h\leqslant x'\leqslant h$; $-\Delta\leqslant y'\leqslant 0$.若注在 y 方向仍保持上述范围,则将在 x 方向向两端扩展,即 $h\geqslant h_2$,这时,可以证明在注截面上的平均耦合阻抗为

$$(\overline{K}_c)_i=\frac{c}{v_g}\cdot\frac{L}{h}\cdot\frac{2\left(\dfrac{\sin\dfrac{\theta}{2}}{\theta+2\pi i}\cdot\dfrac{\sin\dfrac{\beta_i l}{2}}{\dfrac{\beta_i l}{2}}\right)^2}{\dfrac{h_1Y_{0(1)}}{\sin^2kh_1}+\dfrac{h_2Y_{0(2)}}{\cos^2kh_2}}\left\{\frac{2kh_2+\sin 2kh_2}{2k\cos^2kh_2}+\frac{2k(h-h_2)+2\sin k(h-h_2)\cos k(2h_1+h_2-h)}{2k\sin^2kh_1}\right\}\frac{\mathrm{sh}\,2\beta_i\Delta-\mathrm{ch}\,2\beta_i\Delta+1}{2\beta_i\Delta} \tag{8.5.49}$$

同样可得无金属盖板反对称模式的平均耦合阻抗.在注截面 $2h\Delta$ 内取平均,当 $h\leqslant h_2$ 时,有

$$(\overline{K}_c)_i=\frac{c}{v_g}\cdot\frac{L}{h}\cdot\frac{2\left(\dfrac{\sin\dfrac{\theta}{2}}{\theta+2\pi i}\cdot\dfrac{\sin\dfrac{\beta_i l}{2}}{\dfrac{\beta_i l}{2}}\right)^2}{\dfrac{h_1Y_{0(1)}}{\sin^2kh_1}+\dfrac{h_2Y_{0(2)}}{\sin^2kh_2}}\cdot\frac{2kh-\sin 2kh}{2k\sin^2kh_2}\cdot\frac{\mathrm{sh}\,2\beta_i\Delta-\mathrm{ch}\,2\beta_i\Delta+1}{2\beta_i\Delta}2\beta_i\Delta \tag{8.5.50}$$

当 $h_1+h_2\geqslant h\geqslant h_2$ 时,有

$$(\overline{K}_c)_i=\frac{c}{v_g}\cdot\frac{L}{h}\cdot\frac{2\left(\dfrac{\sin\dfrac{\theta}{2}}{\theta+2\pi i}\cdot\dfrac{\sin\dfrac{\beta_i l}{2}}{\dfrac{\beta_i l}{2}}\right)^2}{\dfrac{h_1Y_{0(1)}}{\sin^2kh_1}+\dfrac{h_2Y_{0(2)}}{\sin^2kh_2}}\left\{\frac{2kh_2-\sin 2kh_2}{2k\sin^2kh_2}\right.$$

$$+\frac{2k(h-h_2)+2\sin k(h-h_2)\cos k(2h_1+h_2-h)}{2k\sin^2 kh_1}\Bigg\}\cdot\frac{\operatorname{sh}2\beta_i\Delta-\operatorname{ch}2\beta_i\Delta+1}{2\beta_i\Delta}\tag{8.5.51}$$

现在已经求出各种情况下的第 i 次空间谐波耦合阻抗的表达式，各式中均有 c/v_g 因子. 与对插销慢波系统一样，它可由相应的色散曲线求得，同样也可根据下面的分析进行计算. 任一次空间谐波的群速为

$$v_g=\frac{\mathrm{d}\omega}{\mathrm{d}\beta}=\frac{L}{\dfrac{\mathrm{d}\theta}{\mathrm{d}\omega}}$$

对于对称模式，由色散方程，得

$$Y_{0(2)}\tan kh_2=Y_{0(1)}\cot kh_1$$

两边对 ω 微分，得

$$\begin{aligned}&\frac{\mathrm{d}Y_{0(2)}}{\mathrm{d}\theta}\cdot\frac{\mathrm{d}\theta}{\mathrm{d}\omega}\tan kh_2+Y_{0(2)}\sec^2 kh_2\cdot\frac{h_2}{c}\\&=-Y_{0(1)}\csc^2 kh_1\cdot\frac{h_1}{c}+\frac{\mathrm{d}Y_{0(1)}}{\mathrm{d}\theta}\frac{\mathrm{d}\theta}{\mathrm{d}\omega}\cot kh_1\end{aligned}$$

由此得

$$v_g=cL\frac{\dfrac{\mathrm{d}Y_{0(1)}}{\mathrm{d}\theta}\cot kh_1-\dfrac{\mathrm{d}Y_{0(2)}}{\mathrm{d}\theta}\tan kh_2}{h_1Y_{0(1)}\csc^2 kh_1+h_2Y_{0(2)}\sec^2 kh_2}\tag{8.5.52}$$

进一步利用色散方程，式(8.5.52)可化为

$$\frac{v_g}{c}=\frac{L}{2}\cdot\frac{\dfrac{1}{Y_{0(1)}}\cdot\dfrac{\mathrm{d}Y_{0(1)}}{\mathrm{d}\theta}-\dfrac{1}{Y_{0(2)}}\cdot\dfrac{\mathrm{d}Y_{0(2)}}{\mathrm{d}\theta}}{h_1\csc 2kh_1+h_2\csc 2kh_2}\tag{8.5.53}$$

或

$$\frac{v_g}{c}=\frac{L}{2}\cdot\frac{Y_{0(2)}}{Y_{0(1)}}\cdot\frac{\dfrac{\mathrm{d}}{\mathrm{d}\theta}\left(\dfrac{Y_{0(1)}}{Y_{0(2)}}\right)}{h_1\csc 2kh_1+h_2\csc 2kh_2}\tag{8.5.54}$$

反对称模式的计算也可用类似办法进行.

按方程(8.5.37)及方程(8.5.39)计算的对称及反对称模式、同相激励、基波的耦合阻抗如图 8.5.5 所示. 由图 8.5.5 可见，对称模式的耦合阻抗比反对称模式的耦合阻抗高得多. 故一般应用的是对称模式.

同相激励与反相激励的对称模式基波的耦合阻抗计算曲线如图 8.5.6 所示. 图 8.5.6 中还给出了单排相同几何参量的梯形系统基波耦合阻抗的计算曲线. 由图 8.5.6 可见，与对插销系统一样，在双排梯形系统中，同相激励情况下的耦合阻抗比反相激励情况下的耦合阻抗高得多，这是由它们的场分布所决定的. 因此在双排系统中，一般均使用同相激励. 由图 8.5.6 中还可以看出，双排同相激励时的耦合阻抗比单排梯形系统的耦合阻抗也要高. 双排同相激励的梯形线具有最高的耦合阻抗.

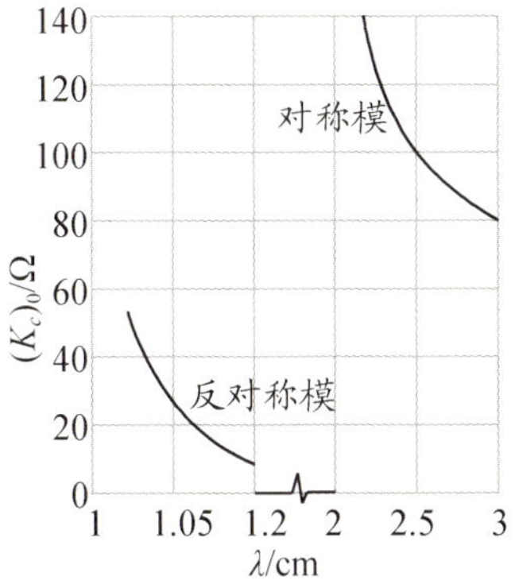

图 8.5.5 对称及反对称模式同相激励基波耦合阻抗曲线($L=1.5$ mm，$h_1=2$ mm，$h_2=3$ mm，$w_1=2$ mm，$a=b=l=w_2=0.5$ mm)

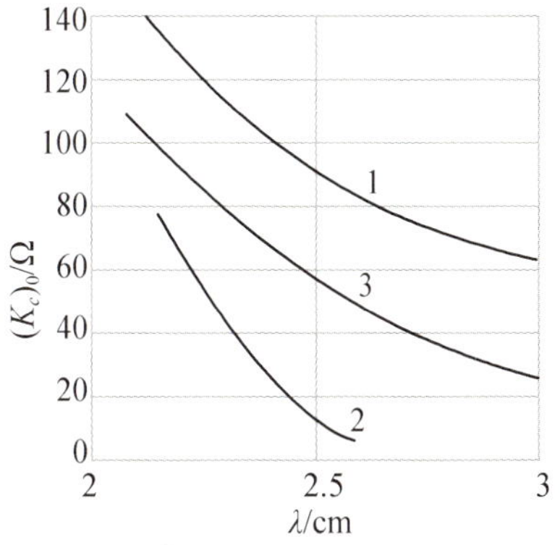

1—同相激励；2—反相激励；3—单排系统.

图 8.5.6 梯形慢波系统($w_1>w_2$)对称模式基波耦合阻抗曲线图

本节我们详细分析了基本的梯形慢波系统，包括双排系统与单排系统. 本节的分析完全适用于梯形系统的各种变形，如"π"型系统与"T"型系统.

8.6 参考文献

[1]FLETCHER R C. A broad-band interdigital circuit for use in traveling-wave-type amplifiers[J]. Proceedings of the IRE，1952，40(8)：951-958.

[2]Walling J C. Interdigital and other slow wave structures[J]. Electronics and Controe，1957 (3)：239.

[3]KARP A. Backward-wave oscillator experiments at 100 to 200 kilomegacycles[J]. Proceedings of the IRE，1957，45(4)：496-503.

[4]ASH E A. A new type of slow-wave structure for millimetre wavelengths[J]. Proceedings of the IEE-Part B：Radio and Electronic Engineering，1958，105(11)：737-745.

第 9 章　梳形及类似的慢波系统

9.1 引言

本章我们将研究平板梳形系统、具有周期性膜片的圆柱波导、具有膜片的同轴波导、均匀介质加载和介质膜片加载的圆柱波导等慢波系统. 这些系统都可以认为是均匀波导(均匀平板波导与圆柱波导)加载而成. 对这些系统进行分析的方法是多种多样的,但本章我们都采用第 6 章中介绍的场的匹配方法. 这些慢波系统在微波电真空器件与直线加速器中得到了广泛应用. 特别应该指出,由于微波电子学的发展,介质加载的圆柱波导在慢波电子回旋脉塞中获得了重要应用.

在分析具体系统时,对于本章中的周期慢波系统一般分两个步骤进行:第一,略去空间谐波,在一定条件下把慢波系统看成均匀系统,由此得出一系列近似结果;第二,进一步用场论的方法比较严格地研究空间谐波存在时的特性.

由于在微波电子学中最有意义的是具有纵向场分量的 TM 波,因此,在以后的分析中,只要能满足边界条件,我们将着重研究 TM 波. 但由后面的分析可知,对有的系统,单纯的 TM 波不能满足系统的边界条件,还需同时考虑 TE 波的存在.

9.2 梳形慢波系统的理论

我们研究如图 9.2.1 所示的各种梳形慢波系统. 取直角坐标系统如图 9.2.1 所示. 我们研究的梳形系统,其梳齿比较宽,即在 x 方向的尺寸比较大,为了简单起见,将忽略梳齿的边缘效应. 也就是将此结构作为无限宽的结构来处理. 因而场不是 x 的函数,即$\frac{\partial}{\partial x}=0$. 如果梳齿在 x 方向比较薄,这时可认为在 y 方向是一个多导体系统,可用前面介绍的多导体传输线理论来加以处理.

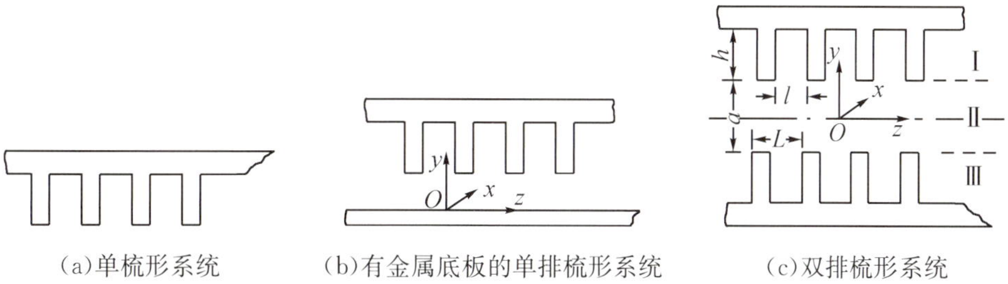

(a)单梳形系统　(b)有金属底板的单排梳形系统　(c)双排梳形系统

图 9.2.1　梳形慢波系统

这类系统是周期系统. 但如果系统的周期 L 比系统中所传播波的波导波长 λ_g 小得多,即在条件

$$L\ll\lambda_g$$

满足时,这种实际上不均匀的慢波系统可以近似地当作均匀慢波系统来处理. 本节就研究这种“均匀”梳形慢波系统的理论.

为方便起见，我们首先研究如图 9.2.1(c)所示的双排梳形系统，然后再将结果推广至图 9.2.1(a)、(b)两种单梳系统.

为了研究方便，将系统分为Ⅰ、Ⅱ、Ⅲ三个区域. 首先研究Ⅱ区$\left(-\frac{a}{2}\leqslant y\leqslant\frac{a}{2}\right)$中 TM 波的场分布. 这时各场分量满足

$$\begin{cases} E_{x\text{Ⅱ}}=H_{y\text{Ⅱ}}=H_{z\text{Ⅱ}}=0 \\ H_{x\text{Ⅱ}}=-\dfrac{\mathrm{j}\omega\varepsilon_0}{\gamma^2}\cdot\dfrac{\partial E_{z\text{Ⅱ}}}{\partial y} \\ E_{y\text{Ⅱ}}=\dfrac{\mathrm{j}\beta}{\gamma^2}\cdot\dfrac{\partial E_{z\text{Ⅱ}}}{\partial y} \\ \dfrac{\partial^2 E_{z\text{Ⅱ}}}{\partial y^2}-\gamma^2 E_{z\text{Ⅱ}}=0 \end{cases} \tag{9.2.1}$$

式中

$$\gamma^2=\beta^2-k^2$$

β为相位常数.

由方程(9.2.1)可首先解出纵向场分布. 这时有

$$E_{z\text{Ⅱ}}=A\mathrm{ch}\,\gamma y\cdot \mathrm{e}^{-\mathrm{j}\beta z} \tag{9.2.2}$$

或

$$E_{z\text{Ⅱ}}=B\mathrm{sh}\,\gamma y\cdot \mathrm{e}^{-\mathrm{j}\beta z} \tag{9.2.3}$$

$E_{z\text{Ⅱ}}$有两种可能的解，其中 A、B 为幅值常数. 两种解对应于两种场分布. 式(9.2.2)所决定的纵向场对 y 轴是对称分布的，相应的波称为对称波. 由式(9.2.3)所决定的纵向电场沿 y 轴是反对称分布的，相应的波称为反对称波.

我们首先研究对称波. 由方程组(9.2.1)可知整个场分布为

$$\begin{cases} E_{z\text{Ⅱ}}=A\mathrm{ch}\,\gamma y\cdot \mathrm{e}^{-\mathrm{j}\beta z} \\ E_{y\text{Ⅱ}}=\dfrac{\mathrm{j}\beta}{\gamma}A\,\mathrm{sh}\,\gamma y\cdot \mathrm{e}^{-\mathrm{j}\beta z} \\ H_{x\text{Ⅱ}}=-\dfrac{\mathrm{j}\omega\varepsilon_0}{\gamma}A\cdot\mathrm{sh}\,\gamma y\cdot \mathrm{e}^{-\mathrm{j}\beta z} \\ E_{x\text{Ⅱ}}=H_{y\text{Ⅱ}}=H_{z\text{Ⅱ}}=0 \end{cases} \tag{9.2.4}$$

这种场分布与匹配条件相关的横向阻抗为

$$Z=\frac{E_{z\text{Ⅱ}}}{H_{z\text{Ⅱ}}}=\mathrm{j}\,\frac{\gamma}{k}\sqrt{\frac{\mu_0}{\varepsilon_0}}\,\mathrm{cth}\,\gamma y \tag{9.2.5}$$

当 $y=\frac{a}{2}$ 时：

$$Z=\mathrm{j}\,\frac{\gamma}{k}\sqrt{\frac{\mu_0}{\varepsilon_0}}\,\mathrm{cth}(\gamma a/2) \tag{9.2.6}$$

当 $y=-\frac{a}{2}$ 时：

$$Z=-\mathrm{j}\,\frac{\gamma}{k}\sqrt{\frac{\varepsilon_0}{\mu_0}}\,\mathrm{cth}(\gamma a/2) \tag{9.2.7}$$

对于非对称波，由方程组(9.2.1)同样可得Ⅱ区场分布为

$$\begin{cases} E_{z\text{II}} = B \cdot \text{sh}\,\gamma y \cdot e^{-j\beta z} \\ E_{y\text{II}} = \dfrac{j\beta}{\gamma} B \cdot \text{ch}\,\gamma y \cdot e^{-j\beta z} \\ H_{x\text{II}} = -\dfrac{j\omega\varepsilon_0}{\gamma} B \cdot \text{ch}\,\gamma y \cdot e^{-j\beta z} \\ E_{x\text{II}} = H_{y\text{II}} = H_{z\text{II}} = 0 \end{cases} \tag{9.2.8}$$

同样这种场分布在 y 方向上与匹配有关的横向阻抗为

$$Z = j\,\frac{\gamma}{k}\sqrt{\frac{\mu_0}{\varepsilon_0}}\,\text{th}\,\gamma y \tag{9.2.9}$$

当 $x = \frac{a}{2}$ 时：

$$Z = j\,\frac{\gamma}{k}\sqrt{\frac{\mu_0}{\varepsilon_0}} \cdot \text{th}(\gamma a/2) \tag{9.2.10}$$

当 $x = -\frac{a}{2}$ 时：

$$Z = -j\,\frac{\gamma}{k}\sqrt{\frac{\mu_0}{\varepsilon_0}} \cdot \text{th}(\gamma a/2) \tag{9.2.11}$$

现在来讨论Ⅰ区$\left(\frac{a}{2} \leqslant y \leqslant h + \frac{a}{2}\right)$中的场分布. 在这一区域，空间周期地受到金属膜片的限制，因而波不能向 z 轴传播，而是向 y 方向传播，到达 $y = \frac{a}{2} + h$ 处受到金属的反射. 作为近似，我们忽略高次波型，认为Ⅰ区在 y 方向传播的是 TEM 波. 于是Ⅰ区的场可写为

$$\begin{cases} E_{z\text{I}} = A_1 \dfrac{\sin k\left(\dfrac{a}{2} + h - y\right)}{\sin k\left(\dfrac{a}{2} + h\right)} \\ H_{x\text{I}} = -\dfrac{jk}{\omega\mu_0} A_1 \dfrac{\cos k\left(\dfrac{a}{2} + h - y\right)}{\sin k\left(\dfrac{a}{2} + h\right)} \end{cases} \tag{9.2.12}$$

在 y 方向上与匹配有关的横向阻抗为

$$Z = \frac{E_{z\text{I}}}{H_{z\text{I}}} = j\,\frac{\omega\mu_0}{k}\tan k\left(\frac{a}{2} + h - y\right) \tag{9.2.13}$$

在Ⅰ区与Ⅱ区的界面上$\left(y = \frac{a}{2}\right)$有

$$Z = j\,\frac{\omega\mu_0}{k}\tan kh \tag{9.2.14}$$

对Ⅲ区$\left(-\frac{a}{2} - h \leqslant y \leqslant -\frac{a}{2}\right)$，同样可得场分量为

$$\begin{cases} E_{z\text{III}} = A_3 \cdot \dfrac{\sin k\left(\dfrac{a}{2} + h + y\right)}{\sin k\left(\dfrac{a}{2} + h\right)} \\ H_{x\text{III}} = \dfrac{jk}{\omega\mu_0} A_3 \cdot \dfrac{\cos k\left(\dfrac{a}{2} + h + y\right)}{\sin k\left(\dfrac{a}{2} + h\right)} \end{cases} \tag{9.2.15}$$

y 方向的横向阻抗为

$$Z=-\frac{\mathrm{j}\omega\mu_0}{k}\tan k\left(y+h+\frac{a}{2}\right) \tag{9.2.16}$$

当 $y=-\frac{a}{2}$ 时，有

$$Z=-\frac{\mathrm{j}\omega\mu_0}{k}\tan kh \tag{9.2.17}$$

在各区的界面上，场要满足匹配条件，即相应的横向阻抗应相等. 对于对称波，当 $y=\frac{a}{2}$ 时，由横向阻抗应当相等的条件，得

$$\mathrm{j}\,\frac{\omega\mu_0}{k}\tan kh=\mathrm{j}\,\frac{\gamma}{k}\sqrt{\frac{\varepsilon_0}{\mu_0}}\,\mathrm{cth}\left(\frac{\gamma a}{2}\right)$$

整理后，得

$$\frac{\gamma a}{2}\mathrm{cth}\left(\frac{\gamma a}{2}\right)=\frac{a}{2h}kh\cdot\tan kh \tag{9.2.18}$$

这就是对称波的色散方程. 如果利用对称波在Ⅱ区与Ⅲ区交界面上 $\left(y=-\frac{a}{2}\right)$ 两区横向阻抗相等的匹配条件，就可得出色散方程(9.2.18).

为了确定式(9.2.18)所代表的色散特性，可以分成以下两种情况来讨论.

(1)γ 是实数，这时相当于慢波情况：

$$\gamma^2=\beta^2-k^2>0$$

即 $v_p<c$，这样就有

$$\frac{a/2}{h}\cdot kh\cdot\tan kh=\frac{\gamma a}{2}\cdot\mathrm{cth}\left(\frac{\gamma a}{2}\right)\geqslant 1 \tag{9.2.19}$$

(2)γ 是虚数，我们得到的实际上不是慢波，而是与普通波导中的波相同的快波. 此时色散方程(9.2.18)取下述形式：

$$\frac{a/2}{h}\cdot kh\cdot\tan kh=\Gamma\cdot a/2\cdot\cot\frac{\Gamma a}{2} \tag{9.2.20}$$

式中，$\gamma=\mathrm{j}\Gamma$. 这里我们提醒一下，由于两排梳齿都向 x 方向无限伸展，所以系统可认为是封闭的，这才能谈到快波.

我们来分析一下在什么情况下发生第一种情况，在什么情况下发生第二种情况. 为此，我们用图解法来分析一下方程式(9.2.19)与式(9.2.20). 由方程(9.2.19)可以看到，为了满足慢波(γ 为实数)的要求，必须使 $\frac{a}{2h}\cdot kh\cdot\tan kh\geqslant 1$. 由图 9.2.2 可以看到，这只有 kh 在 $\left[(kh)_0,-\frac{\pi}{2}\right]$，$\left[(kh)_1,\frac{3\pi}{2}\right]$ 等区间中才能存在. 因此，这些区间就是方程(9.2.19)所述的慢波可以传播的区域.

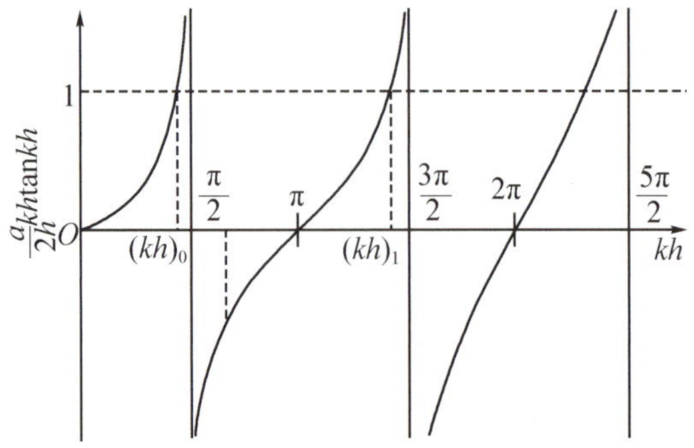

图 9.2.2 $\frac{a}{2h}\cdot kh\cdot\tan kh$ 曲线

慢波通频带的下限决定于

$$\frac{a}{2h}\cdot kh\cdot \tan kh=1 \tag{9.2.21}$$

因而决定于 a 与 h 之值. 慢波通频带的上限决定于

$$kh=(2n+1)\frac{\pi}{2}(n=0,1,2,\cdots) \tag{9.2.22}$$

由此即得到慢波的截止波长

$$\lambda_c=\frac{4h}{2n+1} \tag{9.2.23}$$

当 $n=0$ 时,有

$$(\lambda_c)_{n=0}=4h \text{ 或 } h=\frac{\lambda_c}{4} \tag{9.2.24}$$

为了确定第二种情况,即快波存在的范围,可进行如下分析. 在快波情况下有

$$\left(\frac{\beta}{k}\right)^2=\left(\frac{c}{v_p}\right)^2\leqslant 1$$

$$\left(\frac{\Gamma}{k}\right)^2=\frac{k^2-\beta^2}{k^2}=1-\left(\frac{c}{v_p}\right)^2\leqslant 1$$

即有

$$0\leqslant\frac{\Gamma a/2}{kh}\cdot\frac{h}{a/2}\leqslant 1 \tag{9.2.25}$$

这样,由方程(9.2.20)即得

$$0\leqslant\frac{\tan kh}{\cot(\Gamma a/2)}\leqslant 1 \tag{9.2.26}$$

在截止状态下有

$$\tan kh=\cot(\Gamma a/2) \tag{9.2.27}$$

快波存在的频率下限就由式(9.2.27)确定. 由式(9.2.27)可得

$$(\Gamma a/2)_c=(2n+1)\frac{\pi}{2}-(kh)_c \tag{9.2.28}$$

最后得截止波长

$$\lambda_c=4\left(h+\frac{a}{2}\right)/(2n+1) \tag{9.2.29}$$

式中,下标 c 表示截止状态.

关于快波频率上限,可以指出,它正与慢波存在的频率下限相等. 事实上,在这一频率上有

$$v_p=c$$

$$\mathrm{j}\Gamma a/2=\gamma a/2=0$$

即两种情况均能满足条件.

根据以上所述,双排梳形慢波系统在对称波情况下的色散特性如图 9.2.3 所示.

现在我们来分析非对称波的情况. 根据在 Ⅰ 区与 Ⅱ 区界面上横向阻抗相等的匹配条件,由式(9.2.14)与式(9.2.10),得

$$\frac{\gamma a}{2}\cdot \mathrm{th}\frac{\gamma a}{2}=\frac{a/2}{h}\cdot kh\tan kh \tag{9.2.30}$$

这就是非对称波的色散方程. 与式(9.2.18)比较,这里由 $\mathrm{th}\frac{\gamma a}{2}$ 代替了 $\mathrm{cth}\frac{\gamma a}{2}$. 我们仍然分两种情况来讨论.

(1)γ 是实数，即慢波情况. 此时色散方程就是式(9.2.30)，并有

$$\frac{\gamma a}{2}\cdot \operatorname{th}\frac{\gamma a}{2}=\frac{a/2}{h}\cdot kh\cdot \tan kh\geqslant 0 \tag{9.2.31}$$

因此，慢波存在的频率下限就决定于

$$kh=0,\pi,2\pi,\cdots,n\pi,\cdots \tag{9.2.32}$$

于是可得相应的波长为

$$(\lambda)_n=\frac{2h}{n} \tag{9.2.33}$$

慢波存在的频率上限按方程(9.2.31)的条件即为

$$kh=\frac{\pi}{2},\frac{3\pi}{2},\cdots,(2\pi+1)\frac{\pi}{2} \tag{9.2.34}$$

由此得频率上限的截止波长为

$$(\lambda_c)_n=\frac{4h}{(2n+1)} \tag{9.2.35}$$

这与对称波一样. 可见慢波的截止状态仅与 h 有关.

(2)在快波情况下，$\gamma=\mathrm{j}\Gamma$，色散方程(9.2.30)变为

$$\frac{a/2}{h}\cdot kh\cdot \tan kh=-\frac{\Gamma a}{2}\tan\frac{\Gamma a}{2} \tag{9.2.36}$$

与对称波一样，对快波仍然有方程(9.2.25)，考虑到方程(9.2.36)，即可求得快波存在的频率下限满足

$$\frac{\tan kh}{\tan(\Gamma a/2)}=-1$$

$$\tan kh=-\tan(\Gamma a/2) \tag{9.2.37}$$

即

$$kh=(2n+1)\pi-\Gamma a/2 \tag{9.2.38}$$

由此得快波的截止波长

$$(\lambda_c)=\frac{2(h+a/2)}{2n+1} \tag{9.2.39}$$

如前所述，快波存在的频率上限等于慢波存在的频率下限，即由方程(9.2.33)决定. 在方程(9.2.33)中，当 $n=0$ 时，$(\lambda)_0\to\infty$，即对应于最低通带，慢波不存在频率下限. 由此得出，此时快波不能存在，即在这种情况下，系统中仅传播慢波. 非对称波的色散特性在图 9.2.3 中用虚线绘出.

由图 9.2.3 可以看出，在双排梳形慢波系统中，每一通带(非对称波最低通带除外)都可划分为两个区间. 在频率较低的部分，其波为快波；频率较高的部分，其波为慢波.

现在我们将双排梳形系统的结果推广至单梳系统. 由前面分析，双排梳形系统中非对称波的场分布在 $y=0$ 的平面上有 $E_{z1}=0$，仅有电场的 y 向分量. 因而，如果在$y\leqslant 0$的区域用金属代替，构成有金属底板的单排梳形慢波系统，则原双排梳形系统的非对称波在 $y\geqslant 0$ 区域的场分布，必然满足有金属底板的单梳系统的边界条件. 因而，双排系统中的非对称波的场分布就是单排系统的场分布，双排梳形系统非对称波的色散方程(9.2.30)就是单排系统的色散方程. 因此，以上关于非对称波的一切讨论均适用于有金属底板的单梳系统. 特别是在第一个通带内，这种系统仅能传播慢波.

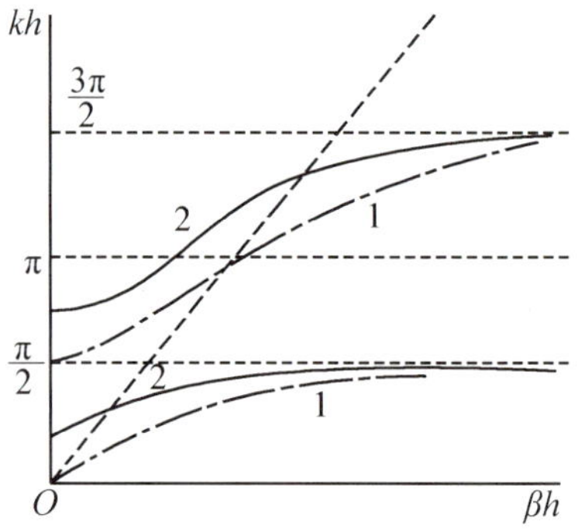

1—非对称波；2—对称波.

图 9.2.3 双排梳形系统的色散特性

对于双排梳形慢波系统，如果两排梳齿之间的距离 $a\to\infty$，就构成了

单排梳形系统. 或者由有金属底板的单排系统，当底板与梳齿之间的距离$\frac{a}{2}\to\infty$，也必然构成单排梳形系统. 这种无底板的单梳系统的色散方程，可由双梳系统的色散方程(9.2.18)或方程(9.2.30)得出. 当有条件 $a\to\infty$时，th $\frac{\gamma a}{2}$与 cth $\frac{\gamma a}{2}$均趋于 1. 因此，得

$$\gamma=k\tan kh \tag{9.2.40}$$

或

$$\beta^2=k^2(1+\tan^2 kh) \tag{9.2.41}$$

色散仍具有带通的特性，通带的上截止频率满足 $kh=\left(n+\frac{1}{2}\right)\pi$，相应的截止波长为

$$(\lambda_c)_n=\frac{4h}{2n+1} \tag{9.2.42}$$

通带下截止频率满足相应的截止波长为

$$(\lambda_c)_n=\frac{2h}{n} \tag{9.2.43}$$

对于第一通带，$n=0$，$(\lambda_c)_0\to\infty$，这与有金属底板的单梳系统一样.

以上全部讨论都是基于均匀理论得到的结果. 这是在假设条件 $L\ll\lambda_g$ 之下得出的. 如果这个条件不成立，就可能引起显著的误差. 这表现在所有慢波上截止频率附近，在这里，由于 $\beta\to\infty$，λ_g 很小，因而上述条件实际上不能成立.

至于耦合阻抗，不难根据我们求出的场分布得出.

9.3 梳形慢波系统的进一步分析

9.2 节的分析没有考虑系统周期不均匀性所带来的影响，没有考虑空间谐波的存在. 本节拟考虑这些因素做比较严格的处理. 我们仍然先研究双排梳形系统，然后再推广至单排梳形系统.

我们研究的系统及坐标系的选择如图 9.3.1 所示. 坐标原点在第一排梳齿之间隙缝的中心. 为实现研究的普遍性，假定第二排系统与第一排系统有一个位错 d，此外两排系统形状与尺寸完全相同. 与 9.2 节一样，研究的是厚齿情况，即认为梳形系统在 x 方向上的尺寸比较大. 为简单起见，认为系统在 x 方向无限伸展，可以忽略边缘效应，场不是 x 的函数. 我们仍然限于研究 TM 波. 如图 9.3.1 所示，我们将系统分为Ⅰ、Ⅱ、Ⅲ三个区域.

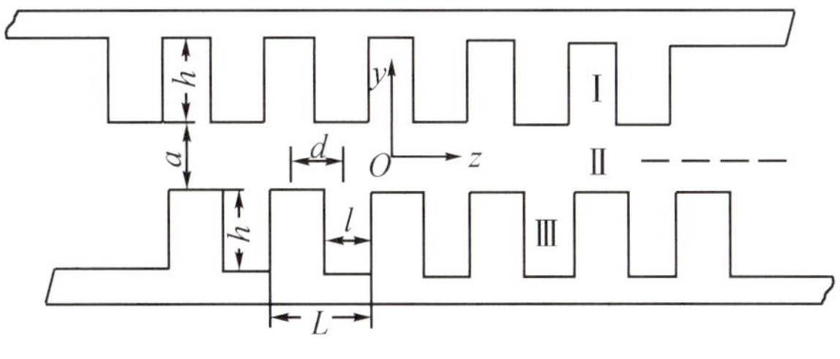

图 9.3.1　双排梳形慢波系统

首先，研究Ⅰ区$\left(\frac{a}{2}\leqslant y\leqslant\frac{a}{2}+h\right)$的场分布. 如 9.2 节所述，齿间的隙缝相当于平板波导，波向 y 方向传播，并在 $y=\frac{a}{2}+h$ 处全反射. Ⅰ区的场，可通过此区域场的纵向(y 向)分量 $E_{y\mathrm{I}}$ 与 $H_{y\mathrm{I}}$ 表示. 它们分别满足(场不是 x 的函数)

$$\frac{\partial^2 E_{y\mathrm{I}}}{\partial y^2}+\frac{\partial^2 E_{y\mathrm{I}}}{\partial z^2}+k^2E_{y\mathrm{I}}=0 \tag{9.3.1}$$

$$\frac{\partial^2 H_{y\mathrm{I}}}{\partial y^2}+\frac{\partial^2 H_{y\mathrm{I}}}{\partial z^2}+k^2H_{y\mathrm{I}}=0 \tag{9.3.2}$$

我们必须求出每一隙缝中的场表达式.坐标原点所对应的隙缝叫作第 0 隙缝,以后向 $+z$ 方向,依次为第 1、第 2、…、第 n 隙缝,向 $-z$ 方向隙缝编号为负整数.如第 0 号隙缝中的$\left(\frac{-l}{2}\leqslant z\leqslant\frac{l}{2}\right)$的场为 $E_{y\,\mathrm{I}}(y,z)$、$H_{y\,\mathrm{I}}(y,z)$,则第 n 号隙缝中的场可由弗洛奎定理得出,为 $E_{y\,\mathrm{I}}(y,z-nL)\mathrm{e}^{-\mathrm{j}\beta nL}$ 和 $H_{y\,\mathrm{I}}(y,z-nL)\mathrm{e}^{-\mathrm{j}\beta nL}$.这样,我们只需集中研究第 0 号隙缝的场分布就行了.

对 TM 波,考虑到各次模式的存在,由方程(9.3.1)解得(考虑了在 $y=\frac{a}{2}+h$ 处的反射)

$$E_{y\,\mathrm{I}}=\sum_{m=1}^{\infty}B_{\mathrm{I}m}\mathrm{ch}\,\gamma'_m\left(\frac{a}{2}+h-y\right)\cdot\sin\frac{m\pi}{l}\left(z+\frac{l}{2}\right)\tag{9.3.3}$$

其中

$$(\gamma'_m)^2=\left(\frac{m\pi}{l}\right)^2-k^2\tag{9.3.4}$$

由麦克斯韦方程可得场的其他分量与 E_y 的关系为

$$\begin{cases}E_x=\dfrac{1}{k^2+\gamma'^2}\cdot\dfrac{\partial^2E_y}{\partial x\partial y}\\[2mm]E_z=\dfrac{1}{k^2+\gamma'^2}\cdot\dfrac{\partial^2E_y}{\partial y\partial z}\\[2mm]H_x=\dfrac{-\mathrm{j}\omega\varepsilon_0}{k^2+\gamma'^2}\cdot\dfrac{\partial E_y}{\partial z}\\[2mm]H_y=0\\[2mm]H_z=\dfrac{\mathrm{j}\omega\varepsilon_0}{k^2+\gamma'^2}\cdot\dfrac{\partial E_y}{\partial x}\end{cases}\tag{9.3.5}$$

于是得整个 TM 模式为

$$\begin{cases}E_{y\,\mathrm{I}}=\displaystyle\sum_{m=1}^{\infty}B_{\mathrm{I}m}\mathrm{ch}\,\gamma'_m\left(\frac{a}{2}+h-y\right)\cdot\sin\frac{m\pi}{l}\left(z+\frac{l}{2}\right)\\[2mm]E_{z\,\mathrm{I}}=\displaystyle\sum_{m=1}^{\infty}\frac{-\gamma'_m}{\frac{m\pi}{l}}B_{\mathrm{I}m}\mathrm{sh}\,\gamma'_m\left(\frac{a}{2}+h-y\right)\cdot\cos\frac{m\pi}{l}\left(z+\frac{l}{2}\right)\\[2mm]H_{x\,\mathrm{I}}=\displaystyle\sum_{m=1}^{\infty}\frac{-\mathrm{j}\omega\varepsilon_0}{\frac{m\pi}{l}}B_{\mathrm{I}m}\mathrm{ch}\,\gamma'_m\left(\frac{a}{2}+h-y\right)\cdot\cos\frac{m\pi}{l}\left(z+\frac{l}{2}\right)\\[2mm]E_{x\,\mathrm{I}}=H_{y\,\mathrm{I}}=H_{z\,\mathrm{I}}=0\end{cases}\tag{9.3.6}$$

对 TE 波,各场分量与纵向场分量 H_y 有关系

$$\begin{cases}E_x=\dfrac{\mathrm{j}\omega\mu_0}{k^2+\gamma'^2}\cdot\dfrac{\partial H_y}{\partial z}\\[2mm]E_y=0\\[2mm]E_z=\dfrac{-\mathrm{j}\omega\mu_0}{k^2+\gamma'^2}\cdot\dfrac{\partial H_y}{\partial x}\\[2mm]H_x=\dfrac{1}{k^2+\gamma'^2}\cdot\dfrac{\partial^2H_y}{\partial x\partial y}\\[2mm]H_z=\dfrac{1}{k^2+\gamma'^2}\cdot\dfrac{\partial^2H_y}{\partial y\partial z}\end{cases}\tag{9.3.7}$$

于是由方程(9.3.2)与方程(9.3.7)解得 TE 模式的各场分量为

$$
\begin{cases}
H_{y\mathrm{I}} = \sum\limits_{m=1}^{\infty} B'_{\mathrm{I}m} \mathrm{sh}\, \gamma'_m \left(\dfrac{a}{2}+h-y\right) \cdot \cos \dfrac{m\pi}{l}\left(z+\dfrac{l}{2}\right) \\
E_{x\mathrm{I}} = \sum\limits_{m=1}^{\infty} \dfrac{-\mathrm{j}\omega\mu}{\dfrac{m\pi}{l}} B'_{\mathrm{I}m} \mathrm{sh}\, \gamma'_m \left(\dfrac{a}{2}+h-y\right) \cdot \sin \dfrac{m\pi}{l}\left(z+\dfrac{l}{2}\right) \\
H_{z\mathrm{I}} = \sum\limits_{m=1}^{\infty} \dfrac{\gamma'_m}{\dfrac{m\pi}{l}} B'_{\mathrm{I}m} \mathrm{ch}\, \gamma'_m \left(\dfrac{a}{2}+h-y\right) \cdot \sin \dfrac{m\pi}{l}\left(z+\dfrac{l}{2}\right) \\
H_{x\mathrm{I}} = E_{y\mathrm{I}} = E_{z\mathrm{I}} = 0
\end{cases}
\tag{9.3.8}
$$

式中，γ'_m 仍满足式(9.3.4). 一般有 $l \ll \lambda$，λ 为自由空间波长，所以 γ'_m 为实数. 场随着向隙缝内深入而迅速衰减，所以隙缝内的 TM 模式与 TE 模式的场只在 $y=\dfrac{a}{2}$ 附近存在，在隙缝内很弱.

隙缝内 TEM 波却不同，可以向 y 方向传播，在 $y=\dfrac{a}{2}+h$ 处全反射，形成 TEM 波的驻波，其场方程为

$$
\begin{cases}
E_{z\mathrm{I}} = B_{\mathrm{I}} \dfrac{\sin k\left(\dfrac{a}{2}+h-y\right)}{\sin k\left(h+\dfrac{a}{2}\right)} \\
H_{x\mathrm{I}} = -\dfrac{\mathrm{j}k}{\omega\mu_0} \cdot \dfrac{\cos k\left(\dfrac{a}{2}+h-y\right)}{\sin k\left(h+\dfrac{a}{2}\right)} B_{\mathrm{I}}
\end{cases}
\tag{9.3.9}
$$

梳形慢波系统场与电子的互作用区是Ⅱ区，我们感兴趣的是Ⅱ区中的 TM 波，这种波与Ⅰ区、Ⅲ区内的 TEM 波及 TM 波相耦合. 而 TEM 波与 TM 波相比，由上面场分布的分析可以看出，TEM 波更为主要. 所以我们只用 TEM 波的驻波场去近似隙缝内的场是合理的.

Ⅲ区$\left(-\dfrac{a}{2}-h \leqslant y \leqslant -\dfrac{a}{2}\right)$内的场分布类似于Ⅰ区. 我们仍用 TEM 波的驻波场去近似隙缝内的场. 这样在区域$\left(-d-\dfrac{l}{2} \leqslant z \leqslant -d+\dfrac{l}{2}\right)$内，场分布为

$$
\begin{cases}
E_{z\mathrm{III}} = B_{\mathrm{III}} \dfrac{\sin k\left(\dfrac{a}{2}+h+y\right)}{\sin k\left(\dfrac{a}{2}+h\right)} \\
H_{x\mathrm{III}} = \mathrm{j}\dfrac{k}{\omega\mu_0} B_{\mathrm{III}} \dfrac{\cos k\left(\dfrac{a}{2}+h+y\right)}{\sin k\left(\dfrac{a}{2}+h\right)}
\end{cases}
\tag{9.3.10}
$$

这样，由方程(9.3.9)与方程(9.3.10)决定的Ⅰ、Ⅲ区内的场均不是 z 的函数(在同一隙缝内).

现在来分析Ⅱ区$\left(-\dfrac{a}{2} \leqslant y \leqslant \dfrac{a}{2}\right)$内的场. 对 TM 波 $E_{z\mathrm{II}}$ 满足

$$
\frac{\partial^2 E_{z\mathrm{II}}}{\partial y^2} + \frac{\partial^2 E_{z\mathrm{II}}}{\partial z^2} + k^2 E_{z\mathrm{II}} = 0 \tag{9.3.11}
$$

考虑梳形慢波系统的周期性，方程(9.3.11)的解取下述形式：

$$
E_{z\mathrm{II}} = \sum_{i=-\infty}^{\infty} (A_i \mathrm{ch}\, \gamma_i y + B_i \mathrm{sh}\, \gamma_i y) \mathrm{e}^{-\mathrm{j}\beta_i z} \tag{9.3.12}
$$

式中

$$
\beta_i = \beta_0 + \frac{2\pi i}{L},\ \gamma_i^2 = \beta_i^2 - k^2
$$

在 $y=\frac{a}{2}$ 处，两区的纵向场(E_z)应连续：

$$E_{z\mathrm{II}}=\begin{cases}0 & \left(\frac{l}{2}\leqslant z\leqslant L-\frac{l}{2}\right)\\ M_1 & \left(-\frac{l}{2}\leqslant z\leqslant\frac{l}{2}\right)\end{cases} \tag{9.3.13}$$

式中

$$M_1=B_{\mathrm{I}}\frac{\sin kh}{\sin k\left(h+\frac{a}{2}\right)}$$

同样，在Ⅱ区与Ⅲ区的界面 $y=-\frac{a}{2}$ 上，两区的 E_z 也应连续：

$$E_{z\mathrm{II}}=\begin{cases}0 & \left(\frac{l}{2}-d\leqslant z\leqslant -d+L-\frac{l}{2}\right)\\ M_2 & \left(-d-\frac{l}{2}\leqslant z\leqslant -d+\frac{l}{2}\right)\end{cases} \tag{9.3.14}$$

式中

$$M_2=B_{\mathrm{II}}\frac{\sin kh}{\sin k\left(\frac{a}{2}+h\right)}$$

将方程(9.3.12)代入方程(9.3.13)，并在两端乘 $\mathrm{e}^{\mathrm{j}\beta_i z}$，然后在区间 $\left(-\frac{l}{2}\leqslant z\leqslant L-\frac{l}{2}\right)$ 对 z 积分，得

$$\int_{-\frac{l}{2}}^{L-\frac{l}{2}}E_{z\mathrm{II}}\cdot\mathrm{e}^{-\mathrm{j}\beta_i z}\mathrm{d}z=\int_{-\frac{l}{2}}^{\frac{l}{2}}M_1\mathrm{e}^{\mathrm{j}\beta_i z}\mathrm{d}z$$

$$[A_i\mathrm{ch}(\gamma_i a/2)+B_i\mathrm{sh}(\gamma_i a/2)]=M_1\cdot\frac{l}{2}\cdot\frac{\sin(\beta_i l/2)}{\beta_i l/2} \tag{9.3.15}$$

同样用 $\mathrm{e}^{\mathrm{j}\beta_i z}$ 乘方程(9.3.14)的两端，并在 $\left(-d-\frac{l}{2}\leqslant z\leqslant -d+L-\frac{l}{2}\right)$ 区间对 z 积分，得

$$\int_{-d-\frac{l}{2}}^{-d+L-\frac{l}{2}}E_{z\mathrm{II}}\cdot\mathrm{e}^{\mathrm{j}\beta_i z}\mathrm{d}z=\int_{-d-\frac{l}{2}}^{-d+\frac{l}{2}}M_2\mathrm{e}^{\mathrm{j}\beta_i z}\mathrm{d}z$$

将方程(9.3.12)代入上式，积分后得

$$A_i\mathrm{ch}(\gamma_i a/2)-B_i\mathrm{sh}(\gamma_i a/2)=M_2\cdot\frac{l}{L}\mathrm{e}^{-\mathrm{j}\beta_i d}\cdot\frac{\sin(\beta_i l/2)}{\beta_i l/2} \tag{9.3.16}$$

联解方程(9.3.15)与方程(9.3.16)，得

$$\begin{cases}A_i=\frac{l}{2L}\cdot\frac{\sin(\beta_i l/2)}{\beta_i l/2}\cdot\frac{1}{\mathrm{ch}(\beta_i a/2)}(M_1+M_2\mathrm{e}^{-\mathrm{j}\beta_i d})\\ B_i=\frac{l}{2L}\cdot\frac{\sin(\beta_i l/2)}{\beta_i l/2}\cdot\frac{1}{\mathrm{sh}(\beta_i a/2)}(M_1-M_2\mathrm{e}^{-\mathrm{j}\beta_i d})\end{cases} \tag{9.3.17}$$

将式(9.3.17)代入式(9.3.12)，得

$$E_{z\mathrm{II}}=\sum_{i=-\infty}^{\infty}\frac{l}{L}\cdot\frac{\sin(\beta_i l/2)}{\beta_i l/2}\left\{M_1\cdot\mathrm{sh}\,\gamma_i\left(y+\frac{a}{2}\right)-M_2\mathrm{e}^{-\mathrm{j}\beta_i d}\cdot\mathrm{sh}\,\gamma_i\left(y-\frac{a}{2}\right)\right\}\cdot\frac{\mathrm{e}^{-\mathrm{j}\beta_i z}}{\mathrm{sh}\,\gamma_i a} \tag{9.3.18}$$

利用 $E_{z\mathrm{II}}$ 与其他场分量的关系，可求得Ⅱ区内其他场分量的表达式：

$$\begin{cases} E_{y\text{II}} = \sum_{i=-\infty}^{\infty} \frac{l\sin(\beta_i l/2)}{L\beta_i l/2} \cdot \frac{\mathrm{j}\beta_i}{\gamma_i}\left\{M_1 \cdot \operatorname{ch}\gamma_i\left(y+\frac{a}{2}\right)\right. \\ \qquad \left.-M_2\mathrm{e}^{-\mathrm{j}\beta_i d}\operatorname{ch}\gamma_i\left(y-\frac{a}{2}\right)\right\} \cdot \frac{\mathrm{e}^{-\mathrm{j}\beta_i z}}{\operatorname{sh}\gamma_i a} \\ H_{x\text{II}} = -\mathrm{j}\omega\varepsilon_0 \sum_{i=-\infty}^{\infty} \frac{l}{L} \frac{\sin(\beta_i l/2)}{\beta_i l/2} \cdot \frac{1}{\gamma_i}\left\{M_1 \operatorname{ch}\gamma_i\left(y+\frac{a}{2}\right)\right. \\ \qquad \left.-M_2\mathrm{e}^{-\mathrm{j}\beta_i d}\operatorname{ch}\gamma_i\left(y-\frac{a}{2}\right)\right\} \frac{\mathrm{e}^{-\mathrm{j}\beta_i z}}{\operatorname{sh}\gamma_i a} \\ E_{x\text{II}} = H_{y\text{II}} = H_{z\text{II}} = 0 \end{cases} \tag{9.3.19}$$

这样，利用 $y=\pm\frac{a}{2}$ 处 E_z 的连续性求得了Ⅱ区场的表达式. 我们再利用不同区域界面上磁场的连续性，求系统的色散方程. 在 $y=\pm\frac{a}{2}$ 处，$H_{x\text{II}}$ 是 z 的某个函数. 而Ⅰ、Ⅲ区内 $H_{x\text{I}}$ 与 $H_{x\text{III}}$ 不是 z 的函数. 作为一种近似，我们在隙缝的宽度 l 上取 $H_{x\text{II}}$ 的平均值，使这个平均值等于隙缝内 $H_{x\text{I}}$ 与 $H_{x\text{III}}$.

在 $y=\frac{a}{2}$ 处：

$$\begin{aligned} \overline{H}_{x\text{II}} &= \frac{1}{l}\int_{-l/2}^{l/2} H_{x\text{II}}\,\mathrm{d}z \\ &= -\mathrm{j}\omega\varepsilon_0 \frac{l}{L}\sum_{i=-\infty}^{\infty}\left(\frac{\sin(\beta_i l/2)}{\beta_i l/2}\right)^2 \frac{1}{\gamma_i}\left[M_1\operatorname{ch}\gamma_i a - M_2\mathrm{e}^{-\mathrm{j}\beta_i d}\right] \cdot \frac{1}{\operatorname{sh}\gamma_i a} \end{aligned} \tag{9.3.20}$$

在 $y=-\frac{a}{2}$ 处：

$$\begin{aligned} \overline{H}_{x\text{II}} &= \frac{1}{l}\int_{-l/2-d}^{l/2-d} H_{x\text{II}}\,\mathrm{d}z \\ &= -\mathrm{j}\omega\varepsilon_0 \frac{l}{L}\sum_{i=-\infty}^{\infty}\left(\frac{\sin(\beta_i l/2)}{\beta_i l/2}\right)^2 \frac{1}{\gamma_i}\left[M_1 - M_2\mathrm{e}^{-\mathrm{j}\beta_i d}\operatorname{ch}\gamma_i a\right] \frac{\mathrm{e}^{\mathrm{j}\beta_i d}}{\operatorname{sh}\gamma_i a} \end{aligned} \tag{9.3.21}$$

在Ⅰ、Ⅱ区界面上令

$$\overline{H}_{x\text{II}} = H_{x\text{II}}$$

得

$$\frac{B_\text{I}}{k} \cdot \frac{\cos kh}{\sin k\left(\frac{a}{2}+h\right)} = \frac{l}{L}\sum_{i=-\infty}^{\infty}\left(\frac{\sin(\beta_i l/2)}{\beta_i l/2}\right)^2 \frac{1}{\gamma_i}\left[M_1\operatorname{ch}\gamma_i a - M_2\mathrm{e}^{-\mathrm{j}\beta_i d}\right] \cdot \frac{1}{\operatorname{sh}\gamma_i a} \tag{9.3.22}$$

在Ⅱ、Ⅲ区界面上，由 $\overline{H}_{x\text{II}} = H_{x\text{III}}$，得

$$\frac{B_\text{II}}{k} \cdot \frac{\cos kh}{\sin k\left(\frac{a}{2}+h\right)} = -\frac{l}{L} \cdot \sum_{i=-\infty}^{\infty}\left(\frac{\sin(\beta_i l/2)}{B_i l/2}\right)^2 \frac{1}{\gamma_i}\left[M_1\mathrm{e}^{\mathrm{j}\beta_i d} - M_2\operatorname{ch}\gamma_i a\right] \cdot \frac{1}{\operatorname{sh}\gamma_i a} \tag{9.3.23}$$

将 M_1 与 M_2 的表达式代入方程(9.3.22)与方程(9.3.23)，就得到双排梳形系统的色散方程：

$$\frac{\cot kh}{k} = \frac{l}{L} \cdot \sum_{i=-\infty}^{\infty}\left(\frac{\sin(\beta_i l/2)}{\beta_i l/2}\right)^2 \cdot \frac{1}{\gamma_i}\left[\operatorname{ch}\gamma_i a - \frac{B_\text{III}}{B_\text{I}}\mathrm{e}^{-\mathrm{j}\beta_i d}\right]\frac{1}{\operatorname{sh}\gamma_i a} \tag{9.3.24}$$

及

$$\frac{\cot kh}{k} = \frac{l}{L} \cdot \sum_{i=-\infty}^{\infty}\left(\frac{\sin(\beta_i l/2)}{\beta_i l/2}\right)^2 \cdot \frac{1}{\gamma_i}\left[\operatorname{ch}\gamma_i a - \frac{B_\text{I}}{B_\text{III}}\mathrm{e}^{\mathrm{j}\beta_i d}\right] \cdot \frac{1}{\operatorname{sh}\gamma_i a} \tag{9.3.25}$$

由上面两式，解得

$$\left(\frac{B_\text{III}}{B_\text{I}}\right)^2 = \frac{\sum_{i=-\infty}^{\infty}\left(\frac{\sin(\beta_i l/2)}{\beta_i l/2}\right)^2 \cdot \frac{1}{\gamma_i} \cdot \frac{\mathrm{e}^{\mathrm{j}\beta_i d}}{\operatorname{sh}\gamma_i a}}{\sum_{i=-\infty}^{\infty}\left(\frac{\sin(\beta_i l/2)}{\beta_i l/2}\right)^2 \frac{1}{\gamma_i} \frac{\mathrm{e}^{-\mathrm{j}\beta_i d}}{\operatorname{sh}\gamma_i a}} \tag{9.3.26}$$

若上下两排梳齿相互之间有任意的位错 d，就可由式(9.3.26)确定 $B_{Ⅲ}$ 与 $B_{Ⅰ}$ 之比值，然后代入式(9.3.24)或式(9.3.25)，即得双排系统的色散方程. 因此，式(9.3.26)、式(9.3.24)或式(9.3.25)一起构成这种系统的一般色散方程.

我们研究双排梳齿相互没有位错($d=0$)的常见情况，这时由式(9.3.26)，得

$$\frac{B_{Ⅲ}}{B_{Ⅰ}}=\pm 1 \tag{9.3.27}$$

式中，"+"号相当于两排梳齿系统同相激励，而"−"号相当于反相激励情况.

将式(9.3.27)代入式(9.3.24)或式(9.3.25)，对于同相激励，得出色散方程

$$\frac{\cot kh}{kh}=\frac{l}{Lh}\cdot\sum_{i=-\infty}^{\infty}\left(\frac{\sin(\beta_i l/2)}{\beta_i l/2}\right)^2\frac{1}{\gamma_i}\cdot \mathrm{th}\,\gamma_i\,\frac{a}{2} \tag{9.3.28}$$

对反相激励，得色散方程

$$\frac{\cot kh}{kh}=\frac{l}{Lh}\cdot\sum_{i=-\infty}^{\infty}\left(\frac{\sin(\beta_i l/2)}{\beta_i l/2}\right)^2\frac{1}{\gamma_i}\mathrm{cth}\,\gamma_i\,\frac{a}{2} \tag{9.3.29}$$

在式中，令 $B_{Ⅲ}=0$，即得出有金属底板(它与梳齿的距离为 a)的单排梳形系统的色散方程：

$$\frac{\cot kh}{kh}=\frac{l}{Lh}\cdot\sum_{i=-\infty}^{\infty}\left(\frac{\sin(\beta_i l/2)}{\beta_i l/2}\right)^2\cdot\frac{1}{\gamma_i}\mathrm{cth}\,\gamma_i a \tag{9.3.30}$$

如果 $a\to\infty$，由式(9.3.30)就可得出无金属底板的单梳系统的色散方程：

$$\frac{\cot kh}{kh}=\frac{l}{Lh}\cdot\sum_{i=-\infty}^{\infty}\left(\frac{\sin(\beta_i l/2)}{\beta_i l/2}\right)^2\cdot\frac{1}{\gamma_i} \tag{9.3.31}$$

以上各种情况的色散方程可以数值求解. 我们所感兴趣的是 $\beta_i\gg k$ 的慢波情况，这时 $\gamma_i\approx\beta_i$. 在式(9.3.28)至式(9.3.31)中，我们仅取 $i=0$ 的项，于是得到各种情况相应的近似色散方程：

$$\frac{\cot kh}{kh}\approx\frac{l}{h}\left(\frac{\sin\frac{\theta l}{2L}}{\frac{\theta l}{2L}}\right)^2\mathrm{th}\,\frac{\theta a}{2L}\cdot\frac{1}{\theta} \tag{9.3.32}$$

$$\frac{\cot kh}{kh}\approx\frac{l}{h}\left(\frac{\sin\frac{\theta l}{2L}}{\frac{\theta l}{2L}}\right)^2\mathrm{cth}\,\frac{\theta a}{2L}\cdot\frac{1}{\theta} \tag{9.3.33}$$

$$\frac{\cot kh}{kh}\approx\frac{l}{h}\left(\frac{\sin\frac{\theta l}{2L}}{\frac{\theta l}{2L}}\right)^2\mathrm{cth}\,\frac{\theta a}{L}\cdot\frac{1}{\theta} \tag{9.3.34}$$

$$\frac{\cot kh}{kh}\approx\frac{l}{h}\left(\frac{\sin\frac{\theta l}{2L}}{\frac{\theta l}{2L}}\right)^2\cdot\frac{1}{\theta} \tag{9.3.35}$$

式中，$\theta=\beta_0 L$.

根据方程(9.3.32)、方程(9.3.33)与方程(9.3.34)所计算的双排梳形系统与有金属底板的单排梳形系统的基波色散曲线如图 9.3.2 所示. 由图 9.3.2 可知，单梳系统色散曲线与双梳系统是有所差别的. 双梳系统的同相波通带很窄，而反相波通带很宽.

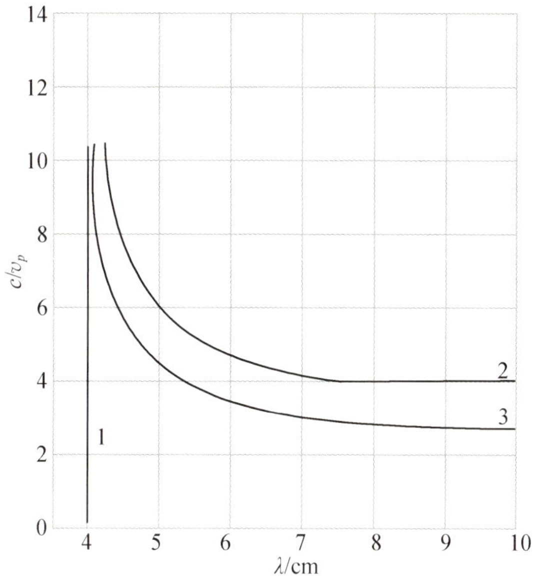

1—同相激励；2—反相激励；3—单排梳形系统.

图 9.3.2　梳形慢波系统基波的色散曲线（$L=1.5$ mm，$a=l=0.5$ mm，$h=10$ mm）

在上面分析的基础上，我们现在来研究在互作用的Ⅱ区中的耦合阻抗. 为此，先求系统的功率流. 由第 5 章介绍的有关定理，总功率为各空间谐波功率流之总和：

$$P=\sum_{i=-\infty}^{\infty}P_i=\sum_{i=-\infty}^{\infty}\frac{1}{2}\mathrm{Re}\int_{-\frac{b}{2}}^{\frac{b}{2}}\int_{-\frac{a}{2}}^{\frac{a}{2}}[-E_{y\mathrm{II}}\cdot H_{x\mathrm{II}}^{*}]_i\mathrm{d}x\mathrm{d}y$$

将式(9.3.19)代入上式，积分整理后，得

$$P=\frac{ab}{4}k\sqrt{\frac{\varepsilon_0}{\mu_0}}M_1M_1^{*}\cdot\left(\frac{l}{L}\right)^2\sum_{i=-\infty}^{\infty}\beta_i\left(\frac{\sin(\beta_i l/2)}{\beta_i l/2}\cdot\frac{1}{\gamma_i}\cdot\frac{1}{\mathrm{sh}\,\gamma_i a}\right)^2\cdot N_2 \tag{9.3.36}$$

式中，b 为系统在 x 方向的宽度，N_2 为

$$N_2=\left(\frac{\mathrm{sh}\,2\gamma_i a}{2\gamma_i a}+1\right)\left[1+\left(\frac{B_{\mathrm{III}}}{B_{\mathrm{I}}}\right)\left(\frac{B_{\mathrm{III}}}{B_{\mathrm{I}}}\right)^{*}\right]-\left(\frac{\mathrm{sh}\,\gamma_i a}{\gamma_i a}+\mathrm{ch}\,\gamma_i a\right)$$
$$\cdot\left[\left(\frac{B_{\mathrm{III}}^{*}}{B_{\mathrm{I}}^{*}}+\frac{B_{\mathrm{III}}}{B_{\mathrm{I}}}\right)\cos\beta_i d+\mathrm{j}\left(\frac{B_{\mathrm{III}}^{*}}{B_{\mathrm{I}}^{*}}-\frac{B_{\mathrm{III}}}{B_{\mathrm{I}}}\right)\sin\beta_i d\right] \tag{9.3.37}$$

将式(9.3.36)与式(9.3.18)代入耦合阻抗的公式，得到第 n 次空间谐波在空间任意一点的耦合阻抗：

$$(K_c)_n=\frac{\sqrt{\frac{\mu_0}{\varepsilon_0}}\left(\frac{\sin(\beta_n l/2)}{\beta_n l/2}\cdot\frac{1}{\mathrm{sh}\,\gamma_n a}\right)^2\cdot N_1}{kab\beta_n^2\sum_{i=-\infty}^{\infty}\beta_i\left(\frac{\sin\beta_i l/2}{\beta_i l/2}\cdot\frac{1}{\gamma_i}\cdot\frac{1}{\mathrm{sh}\,\gamma_i a}\right)^2\cdot N_2} \tag{9.3.38}$$

式中

$$N_1=\mathrm{ch}\,2\gamma_n\left(y+\frac{a}{2}\right)-1+\left(\frac{B_{\mathrm{III}}}{B_{\mathrm{I}}}\right)\left(\frac{B_{\mathrm{III}}}{B_{\mathrm{I}}}\right)^{2}\left[\mathrm{ch}\,2\gamma_n\left(y-\frac{a}{2}\right)-1\right]$$
$$-(\mathrm{ch}\,2\gamma_n y-\mathrm{ch}\,\gamma_n a)\left[\left(\frac{B_{\mathrm{III}}^{*}}{B_{\mathrm{I}}^{*}}+\frac{B_{\mathrm{III}}}{B_{\mathrm{I}}}\right)\cos\beta_n d+\mathrm{j}\left(\frac{B_{\mathrm{III}}^{*}}{B_{\mathrm{I}}^{*}}-\frac{B_{\mathrm{III}}}{B_{\mathrm{I}}}\right)\sin\beta_n d\right] \tag{9.3.39}$$

方程(9.3.38)就是两排梳齿在 z 向有任意的位错 d 时，Ⅱ区内任一点第 n 次空间谐波的耦合阻抗. 其中 $(B_{\mathrm{II}}/B_{\mathrm{I}})$ 决定于式(9.3.26).

若电子注充满Ⅱ区，则Ⅱ区的平均耦合阻抗为

$$(\overline{K}_c)_n=\frac{1}{ab}\int_{-\frac{b}{2}}^{\frac{b}{2}}\int_{-\frac{a}{2}}^{\frac{a}{2}}(K_c)_n\mathrm{d}x\mathrm{d}y$$

$$= \frac{\sqrt{\frac{\mu_0}{\varepsilon_0}}\left(\frac{\sin\beta_n l/2}{\beta_n l/2}\cdot\frac{1}{\operatorname{sh}\gamma_n a}\right)^2\cdot N_1'}{kab\beta_n^2\sum_{i=-\infty}^{\infty}\beta_i\left(\frac{\sin\beta_i l/2}{\beta_i l/2}\cdot\frac{1}{\gamma_i}\cdot\frac{1}{\operatorname{sh}\gamma_i a}\right)^2\cdot N_2} \tag{9.3.40}$$

式中

$$N_1' = \left(\frac{\operatorname{sh}2\gamma_n a}{2\gamma_n a}-1\right)\left(1+\frac{B_{\text{Ⅲ}}}{B_{\text{Ⅰ}}}\cdot\frac{B_{\text{Ⅲ}}^*}{B_{\text{Ⅰ}}^*}\right)-\left(\frac{\operatorname{sh}\gamma_n a}{\gamma_n a}-\operatorname{ch}\gamma_n a\right)\left[\left(\frac{B_{\text{Ⅲ}}^*}{B_{\text{Ⅰ}}^*}+\frac{B_{\text{Ⅲ}}}{B_{\text{Ⅰ}}}\right)\right.$$
$$\left.\cdot\cos\beta_i d+\mathrm{j}\left(\frac{B_{\text{Ⅲ}}^*}{B_{\text{Ⅰ}}^*}-\frac{B_{\text{Ⅱ}}}{B_{\text{Ⅰ}}}\right)\sin\beta_n d\right] \tag{9.3.41}$$

当 $B_{\text{Ⅲ}}=0$ 时,从式(9.3.38)与式(9.3.40)得到有金属底板的单排梳形慢波系统的耦合阻抗

$$(K_c)_n = \frac{\sqrt{\frac{\mu_0}{\varepsilon_0}}\left(\frac{\sin\beta_n l/2}{\beta_n l/2}\cdot\frac{1}{\operatorname{sh}\gamma_n a}\right)^2\left[\operatorname{ch}2\gamma_n\left(y+\frac{a}{2}\right)-1\right]}{kab\beta_n^2\sum_{i=-\infty}^{\infty}\beta_i\left(\frac{\sin\beta_i l/2}{\beta_i l/2}\cdot\frac{1}{\gamma_i}\cdot\frac{1}{\operatorname{sh}\gamma_i a}\right)^2\left(\frac{\operatorname{sh}2\gamma_i a}{2\gamma_i a}+1\right)} \tag{9.3.42}$$

及

$$(\overline{K}_c)_n = \frac{\sqrt{\frac{\mu_0}{\varepsilon_0}}\left(\frac{\sin\beta_n l/2}{\beta_n l/2}\cdot\frac{1}{\operatorname{sh}\gamma_n a}\right)^2\left(\frac{\operatorname{sh}2\gamma_n a}{2\gamma_n a}-1\right)}{kab\beta_n^2\sum_{i=-\infty}^{\infty}\beta_i\left(\frac{\sin\beta_i l/2}{\beta_i l/2}\cdot\frac{1}{\gamma_i}\cdot\frac{1}{\operatorname{sh}\gamma_i a}\right)^2\left(\frac{\operatorname{sh}2\gamma_i a}{2\gamma_i a}+1\right)} \tag{9.3.43}$$

现在我们来研究一些典型的两排梳形慢波系统的情况. 首先研究 $d=0$,即两排梳齿设有位错的情况. 这时由式(9.3.26)得

$$\left(\frac{B_{\text{Ⅲ}}}{B_{\text{Ⅰ}}}\right)=\pm 1$$

对同相激励,我们得Ⅱ区的平均耦合阻抗为

$$(\overline{K}_c)_n = \frac{\sqrt{\frac{\mu_0}{\varepsilon_0}}\left(\frac{\sin\beta_n l/2}{\beta_n l/2}\cdot\frac{1}{\operatorname{sh}\gamma_n a}\right)^2\left(\frac{\operatorname{sh}\gamma_n a}{\gamma_n a}+1\right)(\operatorname{ch}\gamma_n a-1)}{kab\beta_n^2\sum_{i=-\infty}^{\infty}\beta_i\left(\frac{\sin\beta_i l/2}{\beta_i l/2}\cdot\frac{1}{\gamma_i}\cdot\frac{1}{\operatorname{sh}\gamma_i a}\right)^2\left(\frac{\operatorname{sh}\gamma_i a}{\gamma_i a}-1\right)(\operatorname{ch}\gamma_i a-1)} \tag{9.3.44}$$

对反相激励,我们得Ⅱ区的平均耦合阻抗为

$$(\overline{K}_c)_n = \frac{\sqrt{\frac{\mu_0}{\varepsilon_0}}\left(\frac{\sin\beta_n l/2}{\beta_n l/2}\cdot\frac{1}{\operatorname{sh}\gamma_n a}\right)^2\left(\frac{\operatorname{sh}\gamma_n a}{\gamma_n a}-1\right)(\operatorname{ch}\gamma_n a+1)}{kab\beta_n^2\sum_{i=-\infty}^{\infty}\beta_i\left(\frac{\sin\beta_i l/2}{\beta_i l/2}\cdot\frac{1}{\gamma_i}\cdot\frac{1}{\operatorname{sh}\gamma_i a}\right)^2\left(\frac{\operatorname{sh}\gamma_i a}{\gamma_i a}+1\right)(\operatorname{ch}\gamma_i a+1)} \tag{9.3.45}$$

由式(9.3.43)与式(9.3.45)所计算的单梳系统与没有位错的反相激励的双排梳形系统基波的耦合阻抗如图 9.3.3 所示. 由图 9.3.3 看出,反相激励的双梳系统的耦合阻抗比单排梳形系统的耦合阻抗小得多,这可以很容易从场沿 y 轴的分布得到解释;而同相激励时的耦合阻抗(图中未画出)又比上述两种情况高得多. 因为反相激励耦合阻抗较低,而同相激励虽有大的耦合阻抗,但通带太窄,故这种 $d=0$ 的双梳系统在返波管中应用不多.

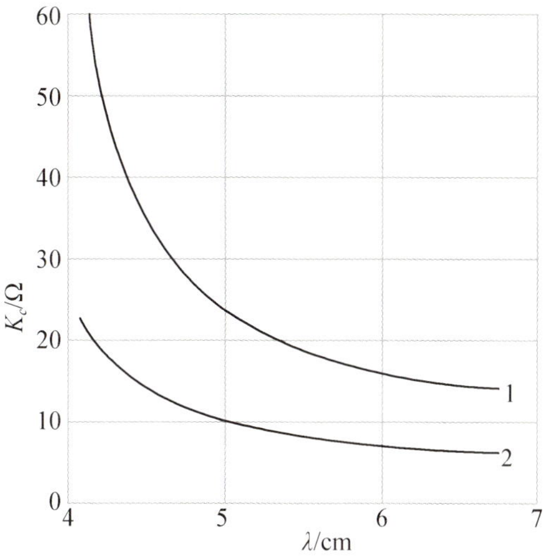

1—单排梳形系统;2—双排梳形系统,反相激励.

图 9.3.3　梳形系统的耦合阻抗曲线($L=1.5$ mm,$h=10$ mm,$a=l=0.5$ mm)

我们再来研究 $d=L/2$ 的双排梳形系统. 这两排梳齿除相互在 z 方向有位错外,其形状尺寸完全相同. 这时由式(9.3.26)可得

$$\frac{B_{\rm III}}{B_{\rm I}}=\pm e^{j\frac{\theta}{2}} \tag{9.3.46}$$

将式(9.3.46)代入式(9.3.24),得到这时的色散方程为

$$\frac{\cot kh}{k}=\frac{l}{L}\cdot\sum_{i=-\infty}^{\infty}\left(\frac{\sin(\beta_i l/2)}{\beta_i l/2}\right)^2\cdot\frac{l}{\gamma_i}\cdot\frac{\operatorname{ch}\gamma_i a\pm(-1)^{i+1}}{\operatorname{sh}\gamma_i a} \tag{9.3.47}$$

式中,“±”号中的“+”号表示对应隙缝中同相激励情况,“−”号表示反相激励情况. 如果级数中只取 i 等于零的项,即得到与 $d=0$ 时同相与反相激励的近似色散方程完全相同的形式. 这表明,$d=0$ 与 $d=L/2$ 两种情况,色散特性相近. 更精确的计算表明,在边频附近两者将有不大的差别.

至于 $d=L/2$ 时的耦合阻抗(在Ⅱ区的平均值),可将式(9.3.46)代入式(9.3.40),对于同相激励有

$$(\overline{K}_c)_n=\frac{\sqrt{\dfrac{\mu_0}{\varepsilon_0}}\left(\dfrac{\sin\beta_n l/2}{\beta_n l/2}\cdot\dfrac{1}{\operatorname{sh}\gamma_n a}\right)^2\left(\dfrac{\operatorname{sh}\gamma_n a}{\gamma_n a}+(-1)^n\right)(\operatorname{ch}\gamma_n a-(-1)^n)}{kab\beta_n^2\displaystyle\sum_{i=-\infty}^{\infty}\beta_i\left(\dfrac{\sin\beta_i l/2}{\beta_i l/2}\cdot\dfrac{1}{\gamma_i\operatorname{sh}\gamma_i a}\right)^2\left(\dfrac{\operatorname{sh}\gamma_i a}{\gamma_i a}-(-1)^i\right)(\operatorname{ch}\gamma_i a-(-1)^i)} \tag{9.3.48}$$

对反相激励有

$$(\overline{K}_c)_n=\frac{\sqrt{\dfrac{\mu_0}{\varepsilon_0}}\left(\dfrac{\sin\beta_n l/2}{\beta_n l/2}\cdot\dfrac{1}{\operatorname{sh}\gamma_n a}\right)^2\left(\dfrac{\operatorname{sh}\gamma_n a}{\gamma_n a}-(-1)^n\right)(\operatorname{ch}\gamma_n a+(-1)^n)}{kab\beta_n^2\displaystyle\sum_{i=-\infty}^{\infty}\beta_i\left(\dfrac{\sin\beta_i l/2}{\beta_i l/2}\cdot\dfrac{1}{\gamma_i\operatorname{sh}\gamma_i a}\right)^2\left(\dfrac{\operatorname{sh}\gamma_i a}{\gamma_i a}+(-1)^i\right)(\operatorname{ch}\gamma_i a+(-1)^i)} \tag{9.3.49}$$

比较 $d=L/2$ 的耦合阻抗的计算公式(9.3.48)、式(9.3.49)与 $d=L$ 时耦合阻抗的相应计算公式(9.3.44)、式(9.3.45),可以看出,n 为偶次的空间谐波的耦合阻抗作为零级近似两者没有变化. 但对于 n 为奇次的空间谐波,$d=\dfrac{L}{2}$ 时同相激励的耦合阻抗将减小,反相激励时耦合阻抗将增加. 如图 9.3.4 所示为 $d=L/2$ 与 $d=0$ 两种情况下反相激励时负一次空间谐波耦合阻抗的比值曲线. 由图 9.3.4 看出,$d=\dfrac{L}{2}$ 的系统负一次空间谐波的耦合阻抗大约为 $d=0$ 时相应耦合阻抗的两倍以上.

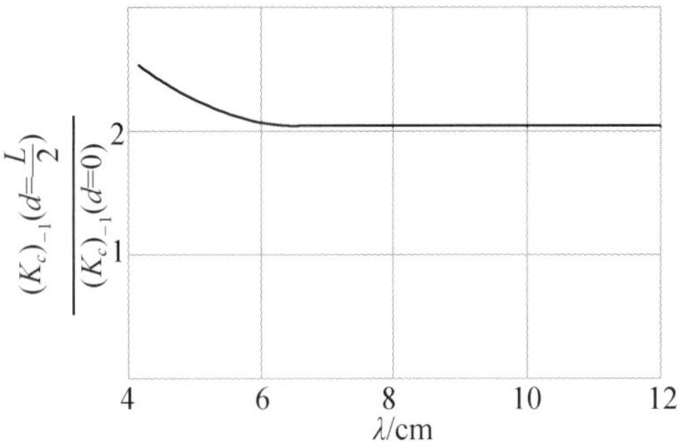

图 9.3.4 双排梳形系统 $d=\frac{L}{2}$ 与 $d=0$ 时，负一次空间谐波耦合阻抗(反相激励时)的比值关系

($h=10$ mm，$L=1.5$ mm，$a=l=0.5$ mm)

由以上的双排与单排平板梳形慢波系统的分析，可得出如下结论：具有位错 $d=\frac{L}{2}$ 的双排梳形慢波系统在返波管中有最大的应用前景，其反相激励的负一次空间谐波为工作的空间谐波.

还应指出，由于制造上不是很复杂，而较大的尺寸又易于散热，平板梳形慢波系统在行波管与返波管中都得到了应用，在厘米波与毫米波波段有特殊的应用前景.

9.4 具有周期性膜片的圆柱波导

在前面两节中我们研究了平板梳形慢波系统，与此相类似的是具有周期性膜片的圆柱波导，这种系统的剖面如图 9.4.1 所示. 与前面一样，如果满足条件 $L \ll \lambda$，则这种系统也可以当作均匀系统来处理. 为了简单起见，在以下的叙述中，我们仍限于研究 TM 型波.

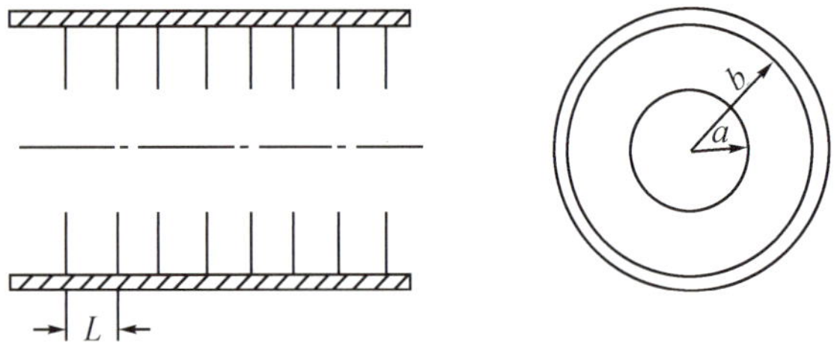

图 9.4.1 具有周期性膜片的圆柱波导

按第 6 章所述，在圆柱坐标系统中 TM 波的纵向场 E_z 在 Ⅰ 区($0 \leqslant r \leqslant a$)满足

$$\frac{1}{r}\cdot\frac{\partial}{\partial r}\left(r\cdot\frac{\partial E_{z\mathrm{I}}}{\partial r}\right)+\frac{1}{r^2}\cdot\frac{\partial^2 E_z}{\partial \varphi^2}-\gamma^2 E_{z\mathrm{I}}=0 \tag{9.4.1}$$

式中

$$\gamma^2=\beta^2-k^2$$

场的其他分量可通过 $E_{z\mathrm{I}}$ 表示.

为了简单起见，首先我们只研究角向完全对称的场，即令 $\frac{\partial}{\partial \varphi}=0$，因而式(9.4.1)可写成

$$\frac{\partial^2 E_{z\mathrm{I}}}{\partial r^2}+\frac{1}{r}\cdot\frac{\partial E_{z\mathrm{I}}}{\partial r}-\gamma^2 E_{z\mathrm{I}}=0 \tag{9.4.2}$$

这样可解得

$$E_{z\mathrm{I}}=A\mathrm{I}_0(\gamma r)+B\mathrm{K}_0(\gamma r) \tag{9.4.3}$$

考虑到 $r=0$ 时，$E_{z\,\mathrm{I}}$ 要为有限值，因而 $B=0$，所以 Ⅰ 区中的场就可写为

$$\begin{cases} E_{z\,\mathrm{I}}=A\mathrm{I}_0(\gamma r) \\ E_{r\,\mathrm{I}}=\dfrac{\mathrm{j}\beta}{\gamma}A\mathrm{I}_1(\gamma r) \\ H_{\varphi\,\mathrm{I}}=\dfrac{\mathrm{j}\omega\varepsilon_0}{\gamma}A\mathrm{I}_1(\gamma r) \\ H_{z\,\mathrm{I}}=H_{r\,\mathrm{I}}=E_{\varphi}=0 \end{cases} \tag{9.4.4}$$

式中，各分量均省去了传播因子 $\mathrm{e}^{\mathrm{j}(\omega t-\beta z)}$.

与研究平板梳形慢波系统一样，Ⅱ 区中的场不能用式(9.4.4)来表示. 因为式(9.4.4)所代表的场显然不能满足膜片的边界条件的要求. 但是，如果我们仍然略去两相邻膜片间场的相位差，那么每个膜片(圆盘)间的场可由下述概念求得.

我们先孤立地研究圆盘膜片间波的传播，这时两金属膜片所构成的系统好像一组径向波导. 同样，如果略去场沿角向的变化，则圆盘膜片间的场方程式可写成

$$\frac{\partial^2 E_{z\,\mathrm{II}}}{\partial r^2}+\frac{1}{r}\cdot\frac{\partial^2 E_{z\,\mathrm{II}}}{\partial r}+k^2E_{z\,\mathrm{I}}=0 \tag{9.4.5}$$

及

$$\begin{cases} H_{\varphi\,\mathrm{II}}=\dfrac{\mathrm{j}\omega\varepsilon_0}{k^2}\cdot\dfrac{\partial E_{z\,\mathrm{II}}}{\partial r} \\ E_{r\,\mathrm{II}}=E_{\varphi\,\mathrm{II}}=H_{r\,\mathrm{II}}=H_{z\,\mathrm{II}}=0 \end{cases} \tag{9.4.6}$$

式(9.4.5)为普通的贝塞尔方程，其解为

$$E_{z\,\mathrm{II}}=C\mathrm{J}_0(kr)+C'\mathrm{Y}_0(kr) \tag{9.4.7}$$

为了满足边界条件

$$r=b\ ,E_{z\,\mathrm{II}}=0$$

常数 C、C' 有以下关系：

$$C'=-C\frac{\mathrm{J}_0(kb)}{\mathrm{Y}_0(kb)} \tag{9.4.8}$$

如果令

$$C=D\mathrm{Y}_0(kb) \tag{9.4.9}$$

则

$$C'=-D\mathrm{J}_0(kb) \tag{9.4.10}$$

因此场方程即可写成

$$\begin{cases} E_{z\,\mathrm{II}}=D[\mathrm{J}_0(kr)\mathrm{Y}_0(kb)-\mathrm{Y}_0(kr)\mathrm{J}_0(kb)] \\ H_{\varphi\,\mathrm{II}}=\dfrac{\mathrm{j}\omega\varepsilon_0}{k}D[\mathrm{J}_1(kr)\mathrm{Y}_0(kb)-\mathrm{Y}_1(kr)\mathrm{J}_0(kb)] \end{cases} \tag{9.4.11}$$

我们仍然利用 $r=a$ 处边界上横向阻抗相等的条件，使两区中的场匹配.

在 Ⅰ 区中：

$$Z_1=\frac{E_{z\,\mathrm{I}}}{H_{\varphi\,\mathrm{I}}}=-\frac{\mathrm{j}\,\gamma\mathrm{I}_0(\gamma a)}{\omega\varepsilon_0\mathrm{I}_1(\gamma a)}$$

在 Ⅱ 区中

$$Z_2=-\frac{\mathrm{j}k[\mathrm{J}_0(ka)\mathrm{Y}_0(kb)-\mathrm{Y}_0(ka)\mathrm{J}_0(kb)]}{\omega\varepsilon_0[\mathrm{J}_1(ka)\mathrm{Y}_0(kb)-\mathrm{Y}_1(ka)\mathrm{J}_0(kb)]}$$

令上两式相等，即给出波的色散方程

$$\frac{\gamma a \mathrm{I}_0(\gamma a)}{\mathrm{I}_1(\gamma a)}=\frac{ka[\mathrm{J}_0(ka)\mathrm{Y}_0(kb)-\mathrm{Y}_0(ka)\mathrm{J}_0(kb)]}{\mathrm{J}_1(ka)\mathrm{Y}_0(kb)-\mathrm{Y}_1(ka)\mathrm{J}_0(kb)} \tag{9.4.12}$$

我们来研究一下式(9.4.12)所代表的波的色散特性. 式(9.4.12)右边是一个复杂的超越函数方程，可以进行数值计算. 式(9.4.12)左边具有如下性质：

$$\begin{cases}\lim\limits_{\gamma a\to\infty}\left[\gamma a\dfrac{\mathrm{I}_0(\gamma a)}{\mathrm{I}_1(\gamma a)}\right]=2\\ \lim\limits_{\gamma a\to\infty}\left[\gamma a\dfrac{\mathrm{I}_0(\gamma a)}{\mathrm{I}_1(\gamma a)}\right]=\gamma a\end{cases} \tag{9.4.13}$$

由此可见，只有当式(9.4.12)右边取大于 2 的数值时，方程才有解. 式(9.4.12)左边变化的趋势如图 9.4.2所示. 系统的色散特性如图 9.4.3 所示.

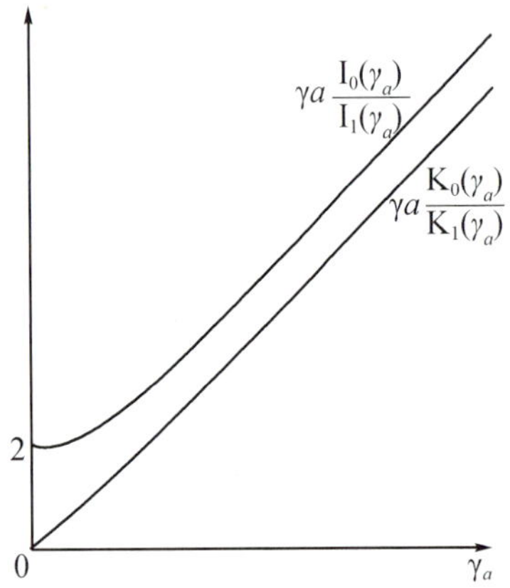

图 9.4.2　函数 $\gamma a\frac{\mathrm{I}_0(\gamma a)}{\mathrm{I}_1(\gamma a)}$与 $\gamma a\frac{\mathrm{K}_0(\gamma a)}{\mathrm{K}_1(\gamma a)}$的变化趋势

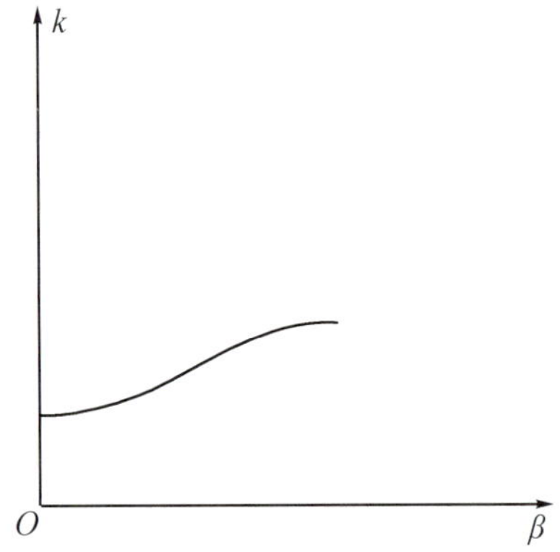

图 9.4.3　圆柱载膜波导的色散曲线

为了求得慢波系统的耦合阻抗，必须求出系统的功率流：

$$\begin{aligned}P&=\frac{1}{2}\mathrm{Re}\int_0^a\int_0^{2\pi}E_{r1}H_{\varphi1}^{*}\,r\mathrm{d}r\mathrm{d}\varphi\\&=\frac{1}{2}\mathrm{Re}\cdot 2\pi\int_0^a\frac{\omega\varepsilon_0\beta}{\gamma^2}A^2\mathrm{I}_1^2(\gamma r)r\mathrm{d}r\\&=\frac{\pi\beta\omega\varepsilon_0A^2}{\gamma^4}\left\{\frac{1}{2}(\gamma a)^2[\mathrm{I}_1^2(\gamma a)-\mathrm{I}_0(\gamma a)\mathrm{I}_2(\gamma a)]\right\}\end{aligned} \tag{9.4.14}$$

代入耦合阻抗的定义式，即可得

$$K_c(r)=\frac{\gamma^4\mathrm{I}_0^2(\gamma r)}{\pi\beta^3\omega\varepsilon_0(\gamma a)^2[\mathrm{I}_1^2(\gamma a)-\mathrm{I}_0(\gamma a)\mathrm{I}_2(\gamma a)]} \tag{9.4.15}$$

当 $r=0$ 时，轴上的耦合阻抗为

$$K_c(0)=\left(\frac{\gamma}{\beta}\right)^3\left(\frac{\gamma}{k}\right)\frac{\sqrt{\dfrac{\mu_0}{\varepsilon_0}}}{\pi(\gamma a)^2[\mathrm{I}_1^2(\gamma a)-\mathrm{I}_0(\gamma a)\mathrm{I}_2(\gamma a)]} \tag{9.4.16}$$

在以上的讨论中没有考虑场沿角向的变化，显然，如果考虑这种变化，场方程可以写成(略去因子 $\mathrm{e}^{\mathrm{j}\omega t-\beta z}$)

$$E_z=A\mathrm{I}_m(\gamma_m r)\begin{matrix}\cos m\varphi\\ \sin m\varphi\end{matrix}\quad(m=0,1,2,\cdots) \tag{9.4.17}$$

即可存在高次波型. 但是 r 很小时有

$$\mathrm{I}_m\approx\frac{1}{m!}\left(\frac{\gamma_m r}{2}\right)^m$$

因而，对于高次波型来说，场的纵向分量在轴线上的值很小. 因此在一些微波管的理论中，只考虑电子束与主波相互作用，而忽略与高次谐波的相互作用是允许的.

最后，让我们指出，在色散方程中，如令

$$\gamma a \to \infty, ka \to \infty$$

则根据贝塞尔函数的渐近公式可将式(9.4.12)化为以下形式，方程右边为

$$k_a \frac{\sin k(b-a)}{\sin\left(k(b-a)+\frac{\pi}{2}\right)} = ka\tan kh$$

式中，$h=b-a$.

色散方程(9.4.12)左边为

$$\gamma a \frac{I_0(\gamma a)}{I_1(\gamma a)} = \gamma a$$

因而得

$$\gamma h = kh\tan kh \tag{9.4.18}$$

这与单梳系统的色散方程(9.2.40)一致. 事实上，在这种情况下($\gamma a \to \infty, ka \to \infty$)，圆柱系统将转化为平面系统.

9.5 圆柱载膜波导的不均匀理论

在 9.4 节，我们叙述了圆柱载膜波导的均匀理论. 实验证明，由此得出的结果对于一般应用已足够精确. 但是，把这种系统用于直线加速器中时，一方面，要求电子与波的严格同步；另一方面，在直线加速器中，电子的速度接近光速，所以一般有 $v_p \approx c$. 根据以上所述空间周期较大，不均匀性的影响加剧. 因此，均匀近似理论已不能满足要求，需进一步考虑不均匀性的影响.

为了计算周期不均匀的影响，我们将场展开为空间谐波. 系统尺寸与坐标选择如图 9.5.1 所示. 我们仍将空间分为两个区域. 先考虑Ⅰ区($0 \leqslant r \leqslant a$)，此区的场可得(只考虑角向对称场)

$$\begin{cases} E_{z\mathrm{I}} = \sum\limits_{m=-\infty}^{\infty} A_m I_0(\gamma_m r)e^{-j\beta_m z} \\ E_{r\mathrm{I}} = \sum\limits_{m=-\infty}^{\infty} \frac{j\beta_m}{\gamma_m} A_m I_1(\gamma_m r)e^{-j\beta_m z} \\ H_{\varphi\mathrm{I}} = \sum\limits_{m=-\infty}^{\infty} \frac{j\omega\varepsilon_0}{\gamma_m} A_m I_1(\gamma_m r)e^{-j\beta_m z} \\ H_{z\mathrm{I}} = H_{r\mathrm{I}} = E_{\varphi\mathrm{I}} = 0 \end{cases} \tag{9.5.1}$$

式中

$$\gamma_m^2 = \beta_m^2 - k^2 \tag{9.5.2}$$

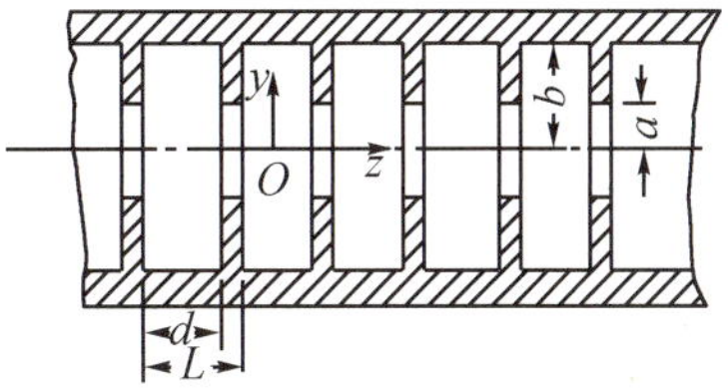

图 9.5.1　圆柱载膜波导剖面图

为了得到Ⅱ区($a\leqslant r\leqslant b$)中的场,我们作如下考虑:两膜片间的径向线内可能存在高次波型,并且,由于膜片的影响,沿 z 轴将呈现出驻波形式.我们先研究坐标原点所对应的“0”号径向线内的场 $E_{z\mathrm{II}}(r,z)$ 与 $H_{\varphi\mathrm{II}}(r,z)$,而第“$n$”号径向线内的场,由弗洛奎定理可得为 $E_{z\mathrm{II}}(r,z-nL)\cdot \mathrm{e}^{-\mathrm{j}\beta_0 nL}$ 及 $H_{\varphi\mathrm{II}}(r,z-nL)\mathrm{e}^{-\mathrm{j}\beta_0 nL}$.

考虑到径向线的边界条件,在区域 $-\dfrac{d}{2}\leqslant z\leqslant\dfrac{d}{2}$,可解得场分量

$$\begin{cases} E_{z\mathrm{II}} = \displaystyle\sum_{s=0}^{\infty} B_s \mathrm{F}_0(k'_{cs}r)\cos\frac{2s\pi}{d}z + \sum_{s=1}^{\infty} D_s \mathrm{F}_0(k'_{cs}r)\sin\frac{2s-1}{d}\pi z \\ H_{\varphi\mathrm{I}} = \displaystyle\sum_{s=0}^{\infty} \frac{\mathrm{j}\omega\varepsilon_0}{k'_{cs}} B_s \mathrm{F}_1(k'_{cs}r)\cos\frac{2s\pi}{d}z + \sum_{s=1}^{\infty} \frac{\mathrm{j}\omega\varepsilon_0}{k'_{cs}} D_s \mathrm{F}_1(k'_{cs}r)\sin\frac{2s-1}{d}\pi z \end{cases} \tag{9.5.3}$$

式中,对余弦项

$$k'^2_{cs} = \left(\frac{2\pi s}{d}\right)^2 - k^2 \tag{9.5.4}$$

对正弦项

$$k'^2_{cs} = \left(\frac{2s-1}{d}\pi\right)^2 - k^2 \tag{9.5.5}$$

并且有

$$\begin{cases} \mathrm{F}_0(k'_{cs}r) = \mathrm{I}_0(k'_{cs}r) - \dfrac{\mathrm{I}_0(k'_{cs}b)}{\mathrm{K}_0(k'_{cs}b)}\mathrm{K}_0(k'_{cs}r) \\ \mathrm{F}_1(k'_{cs}r) = \mathrm{I}_1(k'_{cs}r) + \dfrac{\mathrm{I}_0(k'_{cs}b)}{\mathrm{K}_0(k'_{cs}b)}\mathrm{K}_1(k'_{cs}r) \end{cases} \tag{9.5.6}$$

当 k'_{cs} 为虚数时,式(9.5.6)中的变态贝塞尔函数变为相应的一般贝塞尔函数,其宗量为 $|k'_{cs}r|$.

在Ⅰ、Ⅱ区的界面 $r=a$ 上,电场 $E_{z\mathrm{I}}$ 与 $E_{z\mathrm{II}}$ 应连续:

$$E_{z\mathrm{I}}\begin{cases} E_{z\mathrm{II}} & \left(-\dfrac{d}{2}\leqslant z\leqslant\dfrac{d}{2}\right) \\ 0 & \left(\dfrac{d}{2}\leqslant |z|\leqslant\dfrac{L}{2}\right) \end{cases} \tag{9.5.7}$$

分别用 $\cos\dfrac{2s\pi}{d}z$ 与 $\sin\dfrac{2s-1}{d}\pi z$ 去乘式(9.5.7)的两端,将式(9.5.1)与式(9.5.3)代入式(9.5.7),并在 $-\dfrac{L}{2}\leqslant z\leqslant\dfrac{L}{2}$ 上对 z 积分,考虑到三角函数的正交性,我们得到

$$\begin{cases} B_0 \mathrm{F}_0(k'_{c0}a)d = \displaystyle\sum_{m=-\infty}^{\infty} A_m \mathrm{I}_0(\gamma_m a) C_{om} \\ \dfrac{1}{2}B_s \mathrm{F}_0(k'_{cs}a)d = \displaystyle\sum_{m=-\infty}^{\infty} A_m \mathrm{I}_0(\gamma_m a) C_{sm} \\ \dfrac{1}{2}D_s \mathrm{F}_0(k'_{cs}a)d = \displaystyle\sum_{m=-\infty}^{\infty} A_m \mathrm{I}_0(\gamma_m a) S_{sm} \end{cases} \tag{9.5.8}$$

式中

$$\begin{cases} C_{sm} = \displaystyle\int_{-\frac{L}{2}}^{L/2} \cos\frac{2s\pi}{d}z\cdot \mathrm{e}^{-\mathrm{j}\beta_m z}\,\mathrm{d}z \\ S_{sm} = \displaystyle\int_{-\frac{L}{2}}^{L/2} \sin\frac{2s-1}{d}\pi z\cdot \mathrm{e}^{-\mathrm{j}\beta_m z}\,\mathrm{d}z \end{cases} \tag{9.5.9}$$

我们再利用 $r=a$ 处磁场连续条件.在区域 $-\dfrac{d}{2}\leqslant z\leqslant\dfrac{d}{2}$,$H_{\varphi\mathrm{I}}=H_{\varphi\mathrm{II}}$:

$$\sum_{m=-\infty}^{\infty} \frac{\mathrm{j}\omega\varepsilon_0}{\gamma_m} A_m \mathrm{I}_1(\gamma_m a)\mathrm{e}^{-\mathrm{j}\beta_m z} = \sum_{s=0}^{\infty} \frac{\mathrm{j}\omega\varepsilon_0}{k'_{cs}} B_s \mathrm{F}_1(k'_{cs}a)\cos\frac{2s\pi}{d}z$$

$$+\sum_{s=1}^{\infty}\frac{\mathrm{j}\omega\varepsilon_0}{k'_{cs}}D_s\mathrm{F}_1(k'_{cs}a)\sin\frac{2s-1}{d}\pi z \tag{9.5.10}$$

与前面一样，分别用 $\cos\frac{2s\pi}{d}z$ 与 $\sin\frac{2s-1}{d}\pi z$ 去乘式(9.5.10)的两端，在 $-\frac{d}{2}\leqslant z\leqslant\frac{d}{2}$ 上积分，得

$$\begin{cases}\dfrac{B_0}{k'_{c0}}d\mathrm{F}_1(k'_{c0}a)=\displaystyle\sum_{m=-\infty}^{\infty}\frac{A_m}{\gamma_m}\mathrm{I}_1(\gamma_m a)C'_{0m}\\ \dfrac{1}{2}\cdot\dfrac{B_s}{k'_{cs}}d\mathrm{F}_1(k'_{cs}a)=\displaystyle\sum_{m=-\infty}^{\infty}\frac{A_m}{\gamma_m}\mathrm{I}_1(\gamma_m a)C'_{sm}\\ \dfrac{1}{2}\cdot\dfrac{D_s}{k'_{cs}}d\mathrm{F}_1(k'_{cs}a)=\displaystyle\sum_{m=-\infty}^{\infty}\frac{A_m}{\gamma_m}\mathrm{I}_1(\gamma_m a)S'_{sm}\end{cases} \tag{9.5.11}$$

式中

$$\begin{cases}C'_{sm}=\displaystyle\int_{-d/2}^{d/2}\cos\frac{2s\pi}{d}z\cdot\mathrm{e}^{-\mathrm{j}\beta_m z}\,\mathrm{d}z\\ S'_{sm}=\displaystyle\int_{-d/2}^{d/2}\sin\frac{2s-1}{d}\pi z\cdot\mathrm{e}^{-\mathrm{j}\beta_m z}\,\mathrm{d}z\end{cases} \tag{9.5.12}$$

将 C_{sm}、S_{sm} 及 C'_{sm}、S'_{sm} 表示式中的积分求出后，得

$$\begin{cases}C_{sm}=L\left[\dfrac{\sin\left(\beta_m+\dfrac{2\pi s}{d}\right)\dfrac{L}{2}}{\left(\beta_m+\dfrac{2\pi s}{d}\right)L}+\dfrac{\sin\left(\beta_m-\dfrac{2\pi s}{d}\right)\dfrac{L}{2}}{\left(\beta_m-\dfrac{2\pi s}{d}\right)L}\right]\\ S_{sm}=\mathrm{j}L\left[\dfrac{\sin\left(\beta_m+\dfrac{2s-1}{d}\pi\right)\dfrac{L}{2}}{\left(\beta_m+\dfrac{2s-1}{d}\pi\right)L}-\dfrac{\sin\left(\beta_m-\dfrac{2s-1}{d}\pi\right)\dfrac{L}{2}}{\left(\beta_m-\dfrac{(2s-1)\pi}{d}\right)L}\right]\end{cases} \tag{9.5.13}$$

而对 C'_{sm} 及 S'_{sm}，只需将式(9.5.13)中的 L 换成 d 即可.

在式(9.5.8)与式(9.5.11)两组系数方程中消去及 B_s 与 D_s，经整理，得

$$\begin{cases}\displaystyle\sum_{m=-\infty}^{\infty}A_m\mathrm{I}_0(\gamma_m a)\left[\frac{k}{k'_{cs}}\cdot\frac{\mathrm{F}_1(k'_{cs}a)}{\mathrm{F}_0(k'_{cs}a)}C_{sm}-\frac{k}{\gamma_m}\cdot\frac{\mathrm{I}_1(\gamma_m a)}{\mathrm{I}_0(\gamma_m a)}C'_{sm}\right]=0\\ \qquad (s=1,2,\cdots)\\ \displaystyle\sum_{m=-\infty}^{\infty}A_m\mathrm{I}_0(\gamma_m a)\left[\frac{k}{k'_{cs}}\cdot\frac{\mathrm{F}_1(k'_{cs}a)}{\mathrm{F}_0(k'_{cs}a)}S_{sm}-\frac{k}{\gamma_m}\cdot\frac{\mathrm{I}_1(\gamma_m a)}{\mathrm{I}_0(\gamma_m a)}S'_{sm}\right]=0\\ \qquad (s=0,1,2,\cdots)\end{cases} \tag{9.5.14}$$

式(9.5.14)的第一式中 k'_{cs} 由式(9.5.4)决定，而第二式中的 k'_{cs} 则由式(9.5.5)决定. 式(9.5.14)是一个 $2s+1$ 列、m 行的齐次线性方程组. 由于 s 与 m 均取无穷序列，所以是一组无穷列、无穷行的线性方程组. 按线性代数理论，式中 A_m 不全为零的条件是其系数行列式为零. 设 Δ_{sm} 表示其系数行列式，则有

$$\Delta_{sm}=0 \tag{9.5.15}$$

由此得出的方程就是系统的色散方程. 可见，严格地求解色散方程，归结为求解一无穷列无穷行的行列式. 严格求解是很困难的. 实际上，往往只取有限项进行近似计算即可.

此外，为了得到分析表示的近似计算公式，列文曾作了如下工作. 将Ⅰ区与Ⅱ区中的场均只取二项，经过一些整理，可得如下色散方程：

$$\frac{ka[\mathrm{J}_0(ka)\mathrm{Y}_0(kb)-\mathrm{Y}_0(ka)\mathrm{J}_0(kb)]}{\mathrm{J}_1(ka)\mathrm{Y}_0(kb)-\mathrm{Y}_1(ka)\mathrm{J}_0(kb)}=\frac{\gamma a\mathrm{I}_0(\gamma a)}{\mathrm{I}_1(\gamma a)}\cdot\frac{L}{d}\left(1+\frac{\pi^2p^2d^2}{3\lambda^2}\right)+\frac{d}{\lambda}\cdot\frac{p^2ka}{\dfrac{\pi^2}{16}+\dfrac{2d^2}{9L^2}} \tag{9.5.16}$$

或

$$\frac{Y_0(kb)}{J_0(kb)}=\frac{\varphi' Y_1(ka)-kaY_0(ka)}{\varphi' J_1(ka)-kaJ_0(ka)} \tag{9.5.17}$$

式中，$p=\frac{c}{v_p}$，φ'为

$$\varphi'=\frac{\gamma a I_0(\gamma a)}{I_1(\gamma a)}\cdot\frac{L}{d}\left(1+\frac{\pi^2p^2d^2}{3\lambda^2}\right)+\frac{d}{\lambda}\cdot\frac{p^2ka}{\frac{\pi^2}{16}+\frac{2d^2}{9L^2}} \tag{9.5.18}$$

均匀理论所得色散方程(9.4.12)可化为

$$\frac{Y_0(kb)}{J_0(kb)}=\frac{\varphi Y_1(ka)-kaY_0(ka)}{\varphi J_1(ka)-kaJ_0(ka)} \tag{9.5.19}$$

式中

$$\varphi=\frac{\gamma a I_0(\gamma a)}{I_1(\gamma a)} \tag{9.5.20}$$

φ'与φ的差别就表示周期不均匀性的影响.

以上我们讨论了将圆柱载膜波导内的场按空间谐波展开的情况.理论发展的另一途径是把场展开成正交波型,即认为场可由E_{0n}模叠加而成.这种展开在利用等效电路分析时是有益的.然而考虑到电子注与波同步互作用时,空间谐波的展开更为适宜.由于圆柱加载波导在电子直线加速器中广泛应用,对这种系统已开展了大量研究工作,这里不再作更多的讨论.

9.6 具有膜片的同轴波导

试考察如图9.6.1所示的波导结构.在同轴线的内外导体上周期地载有金属膜片,其尺寸如图9.6.1所示.为了简单起见,假定内外导体上的膜片在z方向具有相同的几何尺寸.

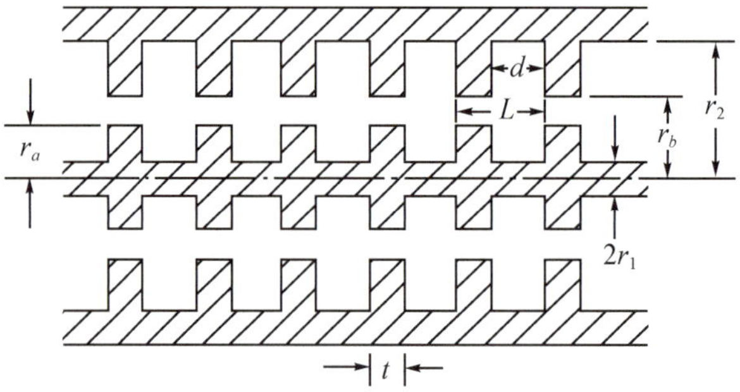

图9.6.1 同轴载膜波导剖面图

不难想象,作为上述同轴载膜波导的特例,我们得到以下几种情况:

(1)$r_a\to0$,$r_1\to0$,即内导体并不存在,因而系统变为前面研究过的圆柱载膜波导.

(2)$r_b=r_2$,即外导体上并无膜片,因而得到仅内导体上有膜片的同轴波导.

(3)$r_a=r_1$,即内导体上无膜片,因而得到仅外导体上有膜片的同轴波导,即在9.5节研究的圆柱载膜波导结构的轴线上安置一根导体的情况.

(4)$r_b\to\infty$,$r_2\to\infty$,即外导体并不存在,因而得到一周期性载膜的单根导体.

此外还可以进一步设想,当尺寸r_1、r_2、r_a、r_b都趋于无穷时,在极限情况下我们将得到平板梳形结构.

这样一来,几乎一切具有金属膜片的波导系统都可以作为如图9.6.1所示系统的特例来考虑.因而从这个意义上来讲,上述系统的研究就具有较普遍的意义.

为了便于研究，我们将其分为三个区域，即内外导体膜片之间的中间区域、外导体上膜片间的隙缝区域及内导体上膜片间的隙缝区域. 我们限于"均匀"的考虑，并仅研究 TM 波的最低波型.

在中心区($r_a \leqslant r \leqslant r_b$)中场方程可写成

$$\begin{cases} E_z = A\mathrm{I}_0(\gamma r) + B\mathrm{K}_0(\gamma r) \\ E_r = \dfrac{\mathrm{j}\beta}{\gamma}[A\mathrm{I}_1(\gamma r) - B\mathrm{K}_1(\gamma r)] \\ H_\varphi = \dfrac{\mathrm{j}\omega\varepsilon_0}{\gamma}[A\mathrm{I}_1(\gamma r) - B\mathrm{K}_1(\gamma r)] \end{cases} \tag{9.6.1}$$

式中

$$\gamma^2 = \beta^2 - k^2$$

如前所述，外导体上膜片间隙缝区及内导体上的隙缝区都可看成一个径向线. 因而场方程可写为

$r_1 \leqslant r \leqslant r_a$：

$$\begin{cases} E_z = C\mathrm{J}_0(kr) + D\mathrm{Y}_0(kr) \\ H_\varphi = \dfrac{\mathrm{j}\omega\varepsilon_0}{k}[C\mathrm{J}_1(kr) + D\mathrm{Y}_1(kr)] \end{cases} \tag{9.6.2}$$

$r_b \leqslant r \leqslant r_2$：

$$\begin{cases} E_z = F\mathrm{J}_0(kr) + G\mathrm{Y}_0(kr) \\ H_\varphi = \dfrac{\mathrm{j}\omega\varepsilon_0}{k}[F\mathrm{J}_1(kr) + G\mathrm{Y}_1(kr)] \end{cases} \tag{9.6.3}$$

未写出的场分量均为零. 上面两式中的常数 C、D、F、G 可利用下述边界条件

$$r = r_1 \text{ 与 } r = r_2 \text{ 时}, E_z = 0$$

消去两个常数.

我们再利用 $r = r_a$ 与 $r = r_b$ 处相邻两区横向阻抗相等的条件即可得出由下列两式表示的色散方程：

$$\frac{1}{\gamma} \cdot \frac{A\mathrm{I}_1(\gamma r_a) - B\mathrm{K}_1(\gamma r_a)}{A\mathrm{I}_0(\gamma r_a) + B\mathrm{K}_0(\gamma r_a)} = \frac{1}{k} \cdot \frac{\dfrac{\mathrm{Y}_0(kr_1)}{\mathrm{J}_0(kr_1)}\mathrm{J}_1(kr_a) - \mathrm{Y}_1(kr_a)}{\dfrac{\mathrm{Y}_0(kr_1)}{\mathrm{J}_0(kr_1)}\mathrm{J}_0(kr_a) - \mathrm{Y}_0(kr_a)} \tag{9.6.4}$$

及

$$\frac{1}{\gamma} \cdot \frac{A\mathrm{I}_1(\gamma r_b) - B\mathrm{K}_1(\gamma r_b)}{A\mathrm{I}_0(\gamma r_b) + B\mathrm{K}_0(\gamma r_b)} = \frac{1}{k} \cdot \frac{\dfrac{\mathrm{Y}_0(kr_2)}{\mathrm{J}_0(kr_2)}\mathrm{J}_1(kr_b) - \mathrm{Y}_1(kr_b)}{\dfrac{\mathrm{Y}_0(kr_2)}{\mathrm{J}_0(kr_2)}\mathrm{J}_0(kr_b) - \mathrm{Y}_0(kr_b)} \tag{9.6.5}$$

如果令

$$\begin{cases} \cot(kr_1, kr_a) = \dfrac{\mathrm{Y}_0(kr_1)\mathrm{J}_1(kr_a) - \mathrm{Y}_1(kr_a)\mathrm{J}_0(kr_1)}{\mathrm{Y}_0(kr_1)\mathrm{J}_0(kr_a) - \mathrm{Y}_0(kr_a)\mathrm{J}_0(kr_1)} \\ \cot(kr_2, kr_b) = \dfrac{\mathrm{Y}_0(kr_2)\mathrm{J}_1(kr_b) - \mathrm{Y}_1(kr_b)\mathrm{J}_0(kr_2)}{\mathrm{Y}_0(kr_2)\mathrm{J}_0(kr_b) - \mathrm{Y}_0(kr_b)\mathrm{J}_0(kr_2)} \end{cases} \tag{9.6.6}$$

联解方程(9.6.4)与方程(9.6.5)，即得色散方程的最后形式：

$$\frac{\mathrm{I}_1(\gamma r_a)}{\mathrm{K}_1(\gamma r_a)} \cdot \frac{\dfrac{k}{\cot(kr_1, kr_a)} - \gamma\dfrac{\mathrm{I}_0(\gamma r_a)}{\mathrm{I}_1(\gamma r_a)}}{\dfrac{k}{\cot(kr_1, kr_a)} + \gamma\dfrac{\mathrm{K}_0(\gamma r_a)}{\mathrm{K}_1(\gamma r_a)}} = \frac{\mathrm{I}_1(\gamma r_b)\left[\dfrac{k}{\cot(kr_2, kr_b)} - \gamma\dfrac{\mathrm{I}_0(\gamma r_b)}{\mathrm{I}_1(\gamma r_b)}\right]}{\mathrm{K}_1(\gamma r_b)\left[\dfrac{k}{\cot(kr_2, kr_b)} + \gamma\dfrac{\mathrm{K}_0(\gamma r_b)}{\mathrm{K}_1(\gamma r_b)}\right]} \tag{9.6.7}$$

我们来讨论上述色散方程，并分成以下数种情况进行：

(1)内外导体上均无膜片，这时 $r_a = r_1$，$r_b = r_2$，我们得到的是普通的同轴线.

(2)仅内导体上有膜片,外导体上无膜片,此时 $r_b=r_2$,色散方程为

$$\frac{1}{\gamma}\cdot\frac{\frac{K_0(\gamma r_2)}{I_0(\gamma r_2)}I_1(\gamma r_a)+K_1(\gamma r_a)}{\frac{K_0(\gamma r_2)}{I_0(\gamma r_2)}I_0(\gamma r_a)-K_0(\gamma r_a)}=\frac{1}{k}\cdot\frac{\frac{Y_0(kr_1)}{J_0(kr_1)}J_1(\gamma r_a)-Y_1(kr_a)}{\frac{Y_0(kr_1)}{J_0(kr_1)}J_0(kr_a)-Y_0(kr_a)} \tag{9.6.8}$$

由于 $r_2>r_a$,所以 $I_0(\gamma r_2)>I_0(\gamma r_a)$,$K_0(\gamma r_a)>K_0(\gamma r_2)$,可见上述方程的左边恒为负,方程右边则呈周期性变化,因而在这种情况下,系统交替地出现通带与阻带. 特别是当 $\gamma\to 0$,$v_p\to c$ 时,可得

$$\frac{Y_0(kr_1)}{J_0(kr_1)}J_0(kr_2)-Y_0(kr_a)=0 \tag{9.6.9}$$

式(9.6.9)只能在 $r_1\to r_a$ 时得到满足. 由此得出,在仅内导体上有膜片的同轴波导中不能传播快波,即 v_p 不能大于或等于光速. 除非内导体上的膜片实际上不存在,此时即可传播 TEM 波. 这与前面所研究过的平面梳形慢波系统完全相似.

(3)仅外导体上有膜片,这时 $r_1=r_a$,色散方程取下述形式:

$$\frac{1}{\gamma}\cdot\frac{\frac{K_0(\gamma r_1)}{I_0(\gamma r_1)}I_1(\gamma r_b)+K_1(\gamma r_b)}{\frac{K_0(\gamma r_1)}{I_0(\gamma r_1)}I_0(\gamma r_b)-K_0(\gamma r_b)}=\frac{1}{k}\cdot\frac{\frac{Y_0(kr_2)}{J_0(kr_2)}J_1(\gamma r_a)-Y_1(kr_a)}{\frac{Y_0(kr_2)}{J_0(kr_2)}J_0(kr_b)-Y_0(kr_b)} \tag{9.6.10}$$

类似前面所述,$r_b>r_1$,式(9.6.10)左边恒为正,而右边则呈周期性变化,因此,在这种系统中同样通带与阻带交替地出现. 完全与上面情况类似,快波只能在 $r_b=r_2$ 的情况下出现.

(4)如果内外导体同时载有膜片,则如前所述,色散方程即为式(9.6.7). 为简单起见,我们考虑下面的情况.

如果 $v_p\ll c$,$\gamma r_a\gg 1$,$\gamma r_2\gg 1$,即波缓慢甚大的情况下,这时利用渐近式

$$\frac{I_0(x)}{I_1(x)}=1,\ \frac{K_0(x)}{K_1(x)}=1,\ \frac{I_1(x)}{K_1(x)}=\frac{1}{\pi}e^{2x}$$

将色散方程简化为

$$\frac{\operatorname{th}\gamma(r_b-r_a)}{\gamma}=\frac{k[\cot(kr_2,kr_b)-\cot(kr_1,kr_a)]}{k^2-\gamma^2\cot(kr_1,kr_a)\cdot\cot(kr_2,kr_b)} \tag{9.6.11}$$

式(9.6.11)左边为单调函数,且

$$0\leqslant\frac{\operatorname{th}\gamma(r_b-r_a)}{\gamma}\leqslant r_b-r_a$$

$$\lim_{\gamma\to 0}\frac{\operatorname{th}\gamma(r_b-r_a)}{\gamma}\leqslant r_b-r_a$$

式(9.6.11)右边为周期变化的函数. 因此,系统具有交替的通带与阻带. 其次系统的截止波长可近似地表示为

$$(\lambda_c)_n=\frac{2(r_2-r_b)}{n-1}$$

显然 $n=1$,$(\lambda_c)_1\to\infty$,即表示 TEM 波,$n=2$ 时则相当于 TM 波的最低模式(E_{01} 波).

以上我们在"均匀"近似下作了分析. 周期性不均匀的考虑,可根据前面几节介绍的方法处理.

9.7 均匀介质填充的圆柱波导

我们讨论如图 9.7.1 所示的均匀介质填充的圆柱波导系统. 虽然人们曾经试图在此系统中应用契林柯夫效应来产生微波振荡,但之前在电真空器件中利用这种介质的慢波系统毕竟很少. 这是因为寻求既能满

足慢波要求(ε_r 大),又具有良好的真空性能且加工方便的电介质不是一件容易的事.此外,较大的电介质损耗,使慢波系统吸收很多的高频能量也是不希望有的.但是随着电子回旋脉塞在理论方面与实验方面的迅速发展,慢波回旋脉塞器件出现了.这种器件采用的就是这类部分介质填充的均匀慢波系统.本节我们就来分析这种均匀慢波系统.

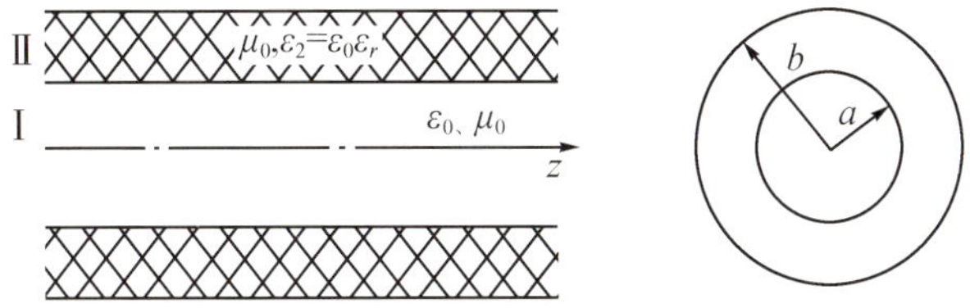

图 9.7.1 介质填充圆柱波导

我们将系统分为两个区域:Ⅰ区,$0\leqslant r\leqslant a$,此区内 $\varepsilon_1=\varepsilon_0$,$\mu_1=\mu_0$;Ⅱ区,$a\leqslant r\leqslant b$,此区内 $\varepsilon_2=\varepsilon_0\varepsilon_r$,$\mu_2=\mu_0$,$r=b$ 为理想金属边界.在这个波导系统中可以传播快波($v_p>c$),也可以传播慢波($v_p<c$).我们主要讨论慢波情况.

在Ⅰ区,我们可解出如下场分量:

$$\begin{cases} E_{z\text{I}}=A\text{I}_n(\gamma r)\cos(n\varphi) \\ H_{z\text{I}}=B\text{I}_n(\gamma r)\sin(n\varphi) \\ E_{r\text{I}}=\left[\dfrac{\text{j}\beta}{\gamma}A\text{I}'_n(\gamma r)+\dfrac{\text{j}\omega\mu_0 n}{\gamma^2 r}B\text{I}_n(\gamma r)\right]\cos(n\varphi) \\ E_{\varphi\text{I}}=\left[\dfrac{-\text{j}\beta n}{\gamma^2 r}A\text{I}_n(\gamma r)-\dfrac{\text{j}\omega\mu_0}{\gamma}B\text{I}'_n(\gamma r)\right]\sin(n\varphi) \\ H_{r\text{I}}=\left[\dfrac{\text{j}\omega\varepsilon_0 n}{\gamma^2 r}A\text{I}_n(\gamma r)+\dfrac{\text{j}\beta}{\gamma}B\text{I}'_n(\gamma r)\right]\sin(n\varphi) \\ H_{\varphi\text{I}}=\left[\dfrac{\text{j}\omega\varepsilon_0}{\gamma}A\text{I}'_n(\gamma r)+\dfrac{\text{j}\beta n}{\gamma^2 r}B\text{I}_n(\gamma r)\right]\cos(n\varphi) \end{cases} \tag{9.7.1}$$

式中

$$\gamma^2=\beta^2-k^2,k^2=\omega^2\varepsilon_0\mu_0$$

在Ⅱ区,同样可得

$$\begin{cases} E_{z\text{II}}=[C\text{J}_n(\gamma_2 r)+D\text{Y}_n(\gamma_2 r)]\cos(n\varphi) \\ H_{z\text{II}}=[F\text{J}_n(\gamma_2 r)+G\text{Y}_n(\gamma_2 r)]\sin(n\varphi) \end{cases} \tag{9.7.2}$$

利用 $r=b$ 的边界条件

$$\begin{cases} E_{z\text{II}}=0 \\ \dfrac{\partial H_{z\text{II}}}{\partial r}=0 \end{cases} \tag{9.7.3}$$

$$\begin{cases} D=-C\dfrac{\text{J}_n(\gamma_2 b)}{\text{Y}_n(\gamma_2 b)} \\ G=-F\dfrac{\text{J}'_n(\gamma_2 b)}{\text{Y}'_n(\gamma_2 b)} \end{cases} \tag{9.7.4}$$

以上各式中

$$\gamma_2^2=k_2^2-\beta^2=\omega^2\varepsilon_0\mu_0\varepsilon_r-\beta^2 \tag{9.7.5}$$

将式(9.7.4)代入式(9.7.2),并进一步求横向场分量,得到

$$\begin{cases} E_{z\text{II}}=C\text{F}_n(\gamma_2 r)\cos(n\varphi) \\ H_{z\text{II}}=F\text{G}_n(\gamma_2 r)\sin(n\varphi) \\ E_{r\text{II}}=\left[\dfrac{-\text{j}\beta}{\gamma_2}C\text{F}'_n(\gamma_2 r)-\dfrac{\text{j}\omega\mu_0 n}{\gamma_2^2 r}F\cdot\text{G}_n(\gamma_2 r)\right]\cos(n\varphi) \end{cases}$$

$$
\begin{cases}
E_{\varphi\mathrm{II}}=\left[\dfrac{\mathrm{j}\beta n}{\gamma_2 r}C\mathrm{F}_n(\gamma_2 r)+\dfrac{\mathrm{j}\omega\mu_0}{\gamma^2}F\cdot \mathrm{G}_n'(\gamma_2 r)\right]\sin(n\varphi)\\
H_{r\mathrm{II}}=\left[\dfrac{-\mathrm{j}\omega\varepsilon_0\varepsilon_r n}{\gamma_2^2 r}C\mathrm{F}_n(\gamma_2 r)-\dfrac{\mathrm{j}\beta}{\gamma^2}F\cdot \mathrm{G}_n'(\gamma_2 r)\right]\sin(n\varphi)\\
H_{\varphi\mathrm{II}}=\left[-\dfrac{\mathrm{j}\omega\varepsilon_0\varepsilon_r}{\gamma_2}C\mathrm{F}_n'(\gamma r)-\dfrac{\mathrm{j}\beta n}{\gamma_2^2 r}F\cdot \mathrm{G}_n(\gamma r)\right]\cos(n\varphi)
\end{cases}
\tag{9.7.6}
$$

式中

$$
\begin{cases}
\mathrm{F}_n(\gamma_2 r)=\mathrm{J}_n(\gamma_2 r)-\dfrac{\mathrm{J}_n(\gamma_2 b)}{\mathrm{Y}_n(\gamma_2 b)}\mathrm{Y}_n(\gamma_2 r)\\
\mathrm{G}_n(\gamma_2 r)=\mathrm{J}_n(\gamma_2 r)-\dfrac{\mathrm{J}_n'(\gamma_2 b)}{\mathrm{Y}_n'(\gamma_2 b)}\mathrm{Y}_n(\gamma_2 r)
\end{cases}
\tag{9.7.7}
$$

而 $\mathrm{F}_n'(\gamma_2 r)$、$\mathrm{G}_n'(\gamma_2 r)$ 为其对宗量 $(\gamma_2 r)$ 的导数.

Ⅰ区和Ⅱ区的场在其公共边界 $r=a$ 处要满足边界条件

$$
\begin{cases}
E_{z\mathrm{I}}=E_{z\mathrm{II}},E_{\varphi\mathrm{I}}=E_{\varphi\mathrm{II}}\\
H_{z\mathrm{I}}=H_{z\mathrm{II}},H_{\varphi1}=H_{\varphi2}
\end{cases}
\tag{9.7.8}
$$

将场方程(9.7.1)、方程(9.7.6)代入式(9.7.8),得

$$
\begin{cases}
A\mathrm{I}_n(\gamma a)-C\mathrm{F}_n(\gamma_2 a)=0\\
A\dfrac{\beta n}{(\gamma a)^2}\mathrm{I}_n(\gamma a)+B\dfrac{\omega\mu_0}{(\gamma a)}\mathrm{I}_n'(\gamma a)+C\dfrac{\beta n}{(\gamma_2 a)^2}\mathrm{F}_n(\gamma_2 a)+F\dfrac{\omega\mu_0}{(\gamma_2 a)}\mathrm{G}_n'(\gamma_2 a)=0\\
B\mathrm{I}_n(\gamma a)-F\mathrm{G}_n(\gamma_2 a)=0\\
A\dfrac{\omega\varepsilon_0}{\gamma a}\mathrm{I}_n'(\gamma a)+B\dfrac{\beta n}{(\gamma a)^2}\mathrm{I}_n(\gamma a)+C\dfrac{\omega\varepsilon_0\varepsilon_r}{(\gamma_2 a)}\mathrm{F}_n'(\gamma_2 a)+F\dfrac{\beta n}{(\gamma_2 a)^2}\mathrm{G}_n(\gamma_2 a)=0
\end{cases}
\tag{9.7.9}
$$

式(9.7.9)是关于幅值常数 A、B、C、F 的线性齐次方程组. 这些幅值常数有非零解,其系数行列式必等于零.

令

$$
\begin{cases}
x^2=(\gamma a)^2=(\beta^2-k^2)a^2\\
y^2=(\gamma_2 a)^2=k^2\varepsilon_r a^2-\beta^2 a^2
\end{cases}
\tag{9.7.10}
$$

由式(9.7.9)的系数行列式为零的条件,得

$$
\left(\frac{n\beta}{\omega}\right)^2\left(\frac{1}{x^2}+\frac{1}{y^2}\right)^2-\varepsilon_0\mu_0\left[\frac{1}{x}\cdot\frac{\mathrm{I}_n'(x)}{\mathrm{I}_n(x)}+\frac{1}{y}\cdot\frac{\mathrm{F}_n'(y)}{\mathrm{F}_n(y)}\varepsilon_r\right]\left[\frac{1}{x}\cdot\frac{\mathrm{I}_n'(x)}{\mathrm{I}_n(x)}+\frac{1}{y}\cdot\frac{\mathrm{G}_n'(y)}{\mathrm{G}_n(y)}\right]=0 \tag{9.7.11}
$$

方程(9.7.11)就是系统的慢波色散方程. 当 $\varepsilon_r=1$,式(9.7.11)的第一项为零. 方程其余部分可转化为 E 波与 H 波单独存在时普通圆波导的两个色散方程. 当 $n=0$,即圆对称模时,式(9.7.11)的第一项亦为零,这时方程(9.7.11)可化为两个简单方程:

$$
\frac{1}{x}\cdot\frac{\mathrm{I}_0'(x)}{\mathrm{I}_0(x)}+\frac{1}{y}\cdot\frac{\mathrm{F}_0'(y)}{\mathrm{F}_0(y)}\varepsilon_r=0 \tag{9.7.12}
$$

$$
\frac{1}{x}\cdot\frac{\mathrm{I}_0'(x)}{\mathrm{I}_0(x)}+\frac{1}{y}\cdot\frac{\mathrm{G}_0'(y)}{\mathrm{G}_0(y)}=0 \tag{9.7.13}
$$

这分别表示圆对称的 TM 与 TE 模单独存在时的色散方程. 这表明,在圆对称情况下,系统中能独立存在单纯的 TM 波与 TE 波. 下面再对圆对称的横磁波(TM_0)与横电波(TE_0)作较详细的分析.

(1)TM_0 波.

这种波 $H_z=0$,利用边界条件消去一些幅值常数,由式(9.7.1)与式(9.7.6)可得两区的场表达式:

$$
\begin{cases}
E_{z\mathrm{I}}=A\mathrm{I}_0(\gamma r)\\
E_{r\mathrm{I}}=\dfrac{\mathrm{j}\beta}{\gamma}A\mathrm{I}_1(\gamma r)\\
H_{r\mathrm{I}}=\dfrac{\mathrm{j}\omega\varepsilon_0}{\gamma}A\mathrm{I}_1(\gamma r)\\
E_{\varphi\mathrm{I}}=H_{r\mathrm{I}}=H_{z\mathrm{I}}=0
\end{cases}
\tag{9.7.14}
$$

与

$$\begin{cases} E_{z\,\mathrm{II}} = A\dfrac{\mathrm{I}_0(\gamma a)}{\mathrm{F}_0(\gamma_2 a)}\mathrm{F}_0(\gamma_2 r) \\ E_{r\,\mathrm{II}} = -A\dfrac{\mathrm{j}\beta}{\gamma_2}\cdot\dfrac{\mathrm{I}_0(\gamma a)}{\mathrm{F}_0(\gamma_2 a)}\mathrm{F}_0'(\gamma_2 r) \\ H_{\varphi\,\mathrm{II}} = -A\dfrac{\mathrm{j}\omega\varepsilon_0\varepsilon_r}{r_2}\cdot\dfrac{\mathrm{I}_0(\gamma a)}{\mathrm{F}_0(\gamma_2 a)}\mathrm{F}_0'(\gamma_2 r) \\ H_{z\,\mathrm{II}} = H_{r\,\mathrm{II}} = E_{\varphi\,\mathrm{II}} = 0 \end{cases} \tag{9.7.15}$$

令 $m=\dfrac{b}{a}$，TM_0 的色散方程(9.7.12)就可写为

$$\frac{1}{x}\cdot\frac{\mathrm{I}_1(x)}{\mathrm{I}_0(x)}-\frac{\varepsilon_r}{y}\cdot\frac{\mathrm{Y}_0(my)\mathrm{J}_1(y)-\mathrm{J}_0(my)\mathrm{Y}_1(y)}{\mathrm{Y}_0(my)\mathrm{J}_0(y)-\mathrm{J}_0(my)\mathrm{Y}_0(y)} \tag{9.7.16}$$

(2)TE_0 波.

这种波 $E_z=0$，与 TM_0 波类似，可得各区中的场分布为

$$\begin{cases} H_{z\,\mathrm{I}} = B\mathrm{I}_0(\gamma r) \\ H_{r\,\mathrm{I}} = B\dfrac{\mathrm{j}\beta}{\gamma}\mathrm{I}_1(\gamma r) \\ E_{\varphi\,\mathrm{I}} = -B\dfrac{\mathrm{j}\omega\mu_0}{\gamma}\mathrm{I}_1(\gamma r) \\ E_{z\,\mathrm{I}} = E_{r\,\mathrm{I}} = H_{\varphi\,\mathrm{I}} = 0 \end{cases} \tag{9.7.17}$$

与

$$\begin{cases} H_{z\,\mathrm{II}} = B\dfrac{\mathrm{I}_0(\gamma a)}{\mathrm{G}_0(\gamma_2 a)}\mathrm{G}_0(\gamma_2 r) \\ H_{r\,\mathrm{II}} = -B\dfrac{\mathrm{j}\beta}{\gamma_2}\cdot\dfrac{\mathrm{I}_0(\gamma a)}{\mathrm{G}_0(\gamma_2 a)}\mathrm{G}_0'(\gamma_2 r) \\ E_{\varphi\,\mathrm{II}} = B\dfrac{\mathrm{j}\omega\mu_0}{\gamma_2}\cdot\dfrac{\mathrm{I}_0(\gamma a)}{\mathrm{G}_0(\gamma_2 a)}\cdot\mathrm{G}_0'(\gamma_2 r) \\ E_{z\,\mathrm{II}} = E_{r\,\mathrm{II}} = H_{\varphi\,\mathrm{II}} = 0 \end{cases} \tag{9.7.18}$$

TE_0 波的场分布如图 9.7.2 所示. 由图 9.7.2 看出，场主要集中在介质填充部分及其表面附近. 对 TM_0 波的场也有类似特性.

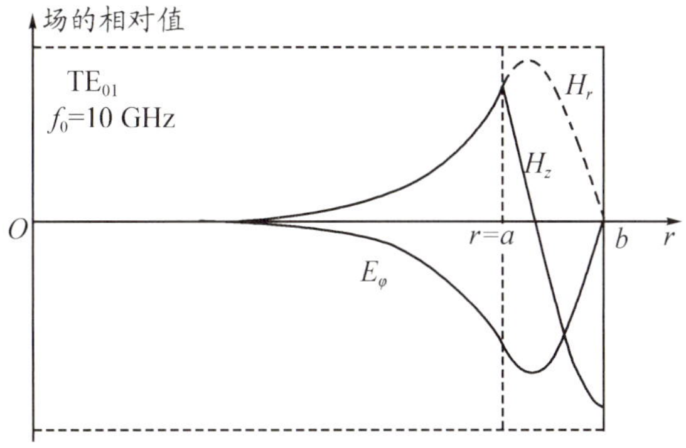

图 9.7.2　TE_{01} 波场分布

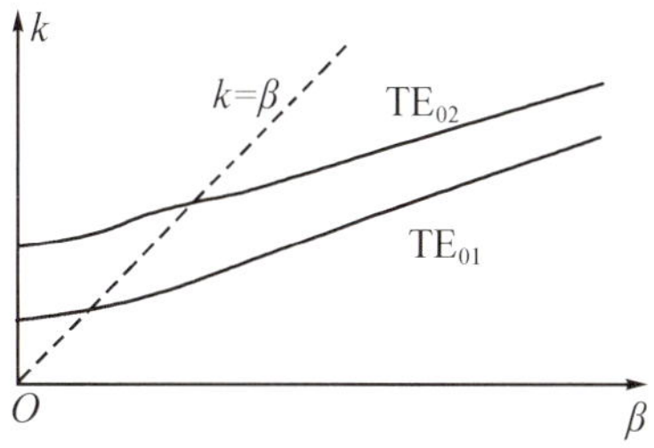

图 9.7.3　TE_0 波的色散曲线

TE_0 波的色散方程(9.7.13)可取下述形式：

$$\frac{1}{x}\cdot\frac{\mathrm{I}_1(x)}{\mathrm{I}_0(x)}-\frac{1}{y}\cdot\frac{\mathrm{Y}_1(my)\mathrm{J}_1(y)-\mathrm{J}_1(my)\mathrm{Y}_1(y)}{\mathrm{Y}_1(my)\mathrm{J}_0(y)-\mathrm{J}_1(my)\mathrm{Y}_0(y)}=0 \tag{9.7.19}$$

TE_0 波的色散曲线如图 9.7.3 所示.

上面我们讨论了慢波.对于快波,在Ⅰ区用$\gamma_1'^2=k^2-\beta^2$代替$\gamma^2=\beta^2-k^2$,用相应的贝塞尔函数代替变态的贝塞尔函数,以上分析仍适用.对快波一般的色散方程为

$$\left[yJ_n'(x)G_n(y)-xJ_n(x)G_n'(y)\right]\left[\frac{1}{\varepsilon_r}yJ_n'(x)F_n(y)-xJ_n(x)F_n'(y)\right]-\frac{(n\beta)^2(y^2-x^2)^2J_n^2(x)F_n(y)G_n(y)}{\varepsilon_r x^2y^2k^2}=0 \tag{9.7.20}$$

式中

$$x^2=(\gamma_1'a)^2=a^2(k^2-\beta^2),\ y^2=(\gamma_2'a)^2=(k^2\varepsilon_r-\beta^2)a^2$$

同样,对快波的圆对称模,$n=0$,可得到TM_0与TE_0单独存在的色散方程为

$$\frac{1}{x}\cdot\frac{J_1(x)}{J_0(x)}+\frac{\varepsilon_r}{y}\cdot\frac{F_0'(y)}{F_0(y)}=0 \tag{9.7.21}$$

$$\frac{1}{x}\cdot\frac{J_1(x)}{J_0(x)}+\frac{1}{y}\cdot\frac{G_0'(y)}{G_0(y)}=0 \tag{9.7.22}$$

9.8 介质膜片加载的圆柱波导

9.7节讨论了由均匀介质填充的圆柱波导所形成的慢波系统,它的缺点在于介质损耗较大,使系统的所谓并联阻抗(见第5章)

$$Z=\frac{|E_z|^2}{\alpha P_1}$$

大大下降,不利于应用.显然介质损耗的增加是由较大体积的介质所引起的,如果能减小介质的体积而又能保持所要求的色散特性,那么介质损耗无疑会降低.这就促成介质膜片加载波导的建立.理论与实验均表明:这种波导系统不仅比均匀介质填充的波导更佳,而且在有些性能上甚至比前面研究过的金属膜片加载波导还要优良.目前这种慢波系统已成功地用于电子直线加速器中.

如图9.8.1所示的慢波系统与前面所述的圆柱加载波导不同之处,仅在于加载膜片是由介质制成的.本节我们作均匀近似的研究.

我们仍利用前面多次采用的分区求解边界匹配的方法来分析场.不难看到,在Ⅰ区($0\leqslant r\leqslant a$),场结构同金属膜片中相类似,可写成

$$\begin{cases}E_{z\text{I}}=AI_0(\gamma r)e^{j(\omega t-\beta z)}\\ E_{r\text{I}}=\dfrac{j\beta}{r}AI_1(\gamma r)e^{j(\omega t-\beta z)}\\ H_{\varphi\text{I}}=\dfrac{j\omega\varepsilon_0}{r}AI_1(\gamma r)e^{j(\omega t-\beta z)}\end{cases} \tag{9.8.1}$$

但是,对于Ⅱ区($a\leqslant r\leqslant b$)中的场就需要进行另外的讨论.为了近似地求得Ⅱ区中的场,一种方便的办法就是把周期放置的介质膜片用等效各向异性介质来代替.其概念可以叙述如下.如图9.8.2所示,设介质的磁导率仍为μ_0,而介电常数为$\varepsilon=\varepsilon_1\varepsilon_0$.

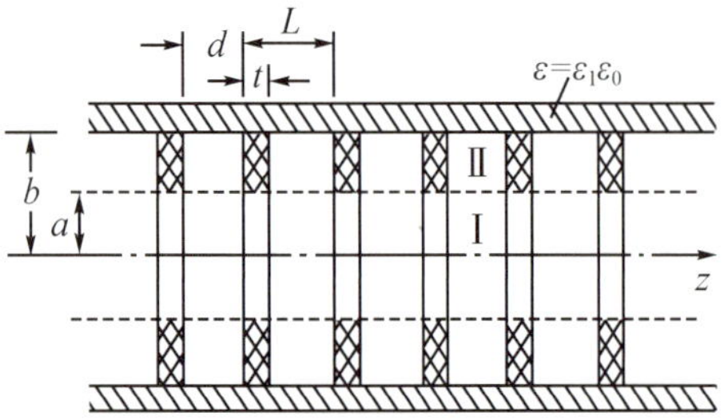

图9.8.1 介质膜片加载圆柱波导剖面图

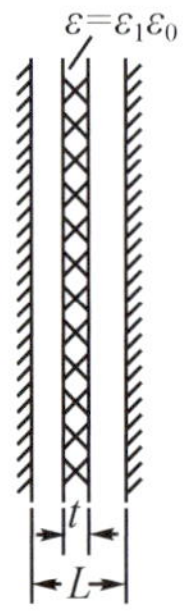

图9.8.2 求等效介质特性的电容器

设想有两金属片与 z 轴垂直安放，其中的介质填充情况如图 9.8.2 所示. 这样可求出其电容量. 如果认为此电容量可以和一同样安置但以另一种均匀介质填充的平板电容器等效，则立即可得等效介电常数为

$$\varepsilon_z=\frac{\varepsilon_0}{1-g\left(1-\dfrac{\varepsilon_0}{\varepsilon}\right)} \tag{9.8.2}$$

同样，用类似的办法可以求得 r 方向的等效介电常数

$$\varepsilon_r=\varepsilon_0\left[1+g\left(\frac{\varepsilon}{\varepsilon_0}-1\right)\right] \tag{9.8.3}$$

式中

$$g=\frac{t}{t+d}=\frac{t}{L} \tag{9.8.4}$$

不难看到，由于 $g<1$，$\varepsilon>\varepsilon_0$，一般有 $\varepsilon_r>\varepsilon_z$. 由于我们仅限于角向对称的场，$E_\varphi=0$，因而 φ 方向的介电常数无须求出.

既然介质膜片可用均匀等效各向异性介质代替，就可求出此均匀各向异性介质中的场. 我们从下述形式的基本方程出发：

$$\nabla\times\boldsymbol{H}_{\mathrm{II}}=\mathrm{j}\omega\boldsymbol{B}_{\mathrm{II}},\nabla\times\boldsymbol{E}_{\mathrm{II}}=-\mathrm{j}\omega\boldsymbol{B}_{\mathrm{II}}=-\mathrm{j}\omega\mu_0\boldsymbol{H}_{\mathrm{II}} \tag{9.8.5}$$

由于

$$D_{z\mathrm{II}}=\varepsilon_z E_{z\mathrm{II}},D_{r\mathrm{II}}=\varepsilon_r E_{r\mathrm{II}} \tag{9.8.6}$$

代入上述基本方程即可得到

$$\begin{cases}\mathrm{j}\beta H_{\varphi\mathrm{II}}=\mathrm{j}\omega\varepsilon_r E_{r\mathrm{II}}\\ \dfrac{1}{\gamma}\cdot\dfrac{\partial}{\partial r}(rH_{\varphi\mathrm{II}})=\mathrm{j}\omega\varepsilon_z E_{z\mathrm{II}}\\ \mathrm{j}\beta E_{r\mathrm{II}}+\dfrac{\partial E_{z\mathrm{II}}}{\partial r}=\mathrm{j}\omega\mu H_{\varphi\mathrm{II}}\end{cases} \tag{9.8.7}$$

而 E_z 满足方程

$$\frac{\partial^2 E_{z\mathrm{II}}}{\partial r^2}+\frac{1}{r}\cdot\frac{\partial E_{z\mathrm{II}}}{\partial r}+\left(\omega^2\varepsilon_z\mu_0-\frac{\varepsilon_z}{\varepsilon_r}\beta^2\right)E_{z\mathrm{II}}=0 \tag{9.8.8}$$

利用 $r=b$ 处的边界条件

$$E_{z\mathrm{II}}=0$$

由式(9.8.8)可解出 $E_{z\mathrm{II}}$，进而可求出其他场分量：

$$\begin{cases}E_{z\mathrm{II}}=B\mathrm{F}_0(\gamma' r)\mathrm{e}^{\mathrm{j}(\omega t-\beta z)}\\ E_{r\mathrm{II}}=\mathrm{j}B\dfrac{\varepsilon_z}{\varepsilon_r}\cdot\dfrac{\beta}{\gamma'}\mathrm{F}_1(\gamma' r)\mathrm{e}^{\mathrm{j}(\omega t-\beta z)}\\ H_{\varphi\mathrm{II}}=\mathrm{j}B\dfrac{\varepsilon_z}{\varepsilon_0}\cdot\dfrac{\omega\varepsilon_0}{\gamma'}\mathrm{F}_1(\gamma' r)\mathrm{e}^{\mathrm{j}(\omega t-\beta z)}\end{cases} \tag{9.8.9}$$

式中

$$\begin{cases}\gamma'^2=\omega^2\mu_0\varepsilon_z-\dfrac{\varepsilon_z}{\varepsilon_r}\beta^2\\ \mathrm{F}_0(\gamma' r)=\mathrm{Y}_0(\gamma' b)\mathrm{J}_0(\gamma' r)-\mathrm{J}_0(\gamma' b)\mathrm{Y}_0(\gamma' r)\\ \mathrm{F}_1(\gamma' r)=\mathrm{Y}_0(\gamma' b)\mathrm{J}_1(\gamma' r)-\mathrm{J}_0(\gamma' b)\mathrm{Y}_1(\gamma' r)\end{cases} \tag{9.8.10}$$

再代入 $r=a$ 处阻抗匹配条件，可求得

$$\gamma a\cdot\frac{\mathrm{I}_0(\gamma a)}{\mathrm{I}_1(\gamma a)}=\gamma' a\frac{\mathrm{F}_0(\gamma' a)}{\mathrm{F}_1(\gamma' a)\cdot\left(\dfrac{\varepsilon_z}{\varepsilon_0}\right)} \tag{9.8.11}$$

或

$$\frac{1}{\gamma a}\cdot\frac{I_1(\gamma a)}{I_0(\gamma a)}-\frac{\frac{\varepsilon_z}{\varepsilon_0}}{\gamma' a}\cdot\frac{F_1(\gamma' a)}{F_0(\gamma' a)}=0 \tag{9.8.12}$$

式(9.8.12)与均匀介质填充的色散方程(9.7.16)完全相似.可见,介质膜片加载的圆柱波导与均匀介质加载圆柱波导有相似的色散特性.

9.9 参考文献

[1]CHU E L, HANSEN W W. Disk-loaded wave guides[J]. Journal of Applied Physics, 1949(3): 280-285.

[2]WALKINSHAW W. Notes on "wave guides for slow waves"[J]. Journal of Applied Physics, 1949, 20(6):634-635.

[3]BRILLOUIN L. Wave guides for slow waves[J]. Journal of Applied Physics, 1948, 19(11): 1023-1041.

[4]LEVIN L. 现代波导理论[M]. 邱荷生,译. 北京:科学出版社,1960.

[5]杞绍良. 慢波回旋脉塞的研究[D]. 成都:成都电讯工程学院,1981.

[6]刘盛纲. 梳形周期性不均匀慢波系统的研究[J]. 成都电讯工程学院学报, 1961(01):120-125.

第 10 章　耦合腔慢波系统

10.1 引言

在大功率行波管中，由于散热等问题不能得到很好的解决，螺旋线及其变态系统的应用受到限制. 这时一般都采用各种周期性加载的波导系统. 一些周期性加载波导系统，从谐振腔的观点看来，可以当作耦合腔链. 这些耦合腔慢波系统可以工作在非常高的峰值功率电平上，也可以工作在很高的平均功率电平上.

对于耦合腔慢波系统的分析，可以追溯到很早的年代，但结合到大功率行波管的大量研究工作，则是 20 世纪 50 年代以后进行的. 目前来看，慢波系统的研究工作尚未结束.

耦合腔慢波系统的分析方法主要有两种：一种是等效网络的分析方法，另一种是场论分析方法. 场论的分析方法又主要有两种：一种是场匹配的分析方法，朱及汉森等人的工作就是以这种方法为基础的，看来，当耦合元件较复杂时，这种方法的困难很大；另一种是利用波导场论的方法，可以对耦合孔进行相当的计算，对于形状较复杂的耦合孔，则可利用变分法进行计算. 不过对于较复杂的耦合元件，这种方法的困难和场匹配法遇到的相似. 阿伦及肯诺在分析长隙缝耦合腔链时所提出来的半场论方法，有其实用价值.

我们将讨论在大功率行波管中应用的一些耦合腔慢波系统. 对于应用于直线加速器中的慢波系统的有关问题，如果没有必要，基本上就不去讨论. 在大功率行波管中应用的慢波系统，较普遍的有以下几种.

(1) 双耦合孔慢波系统，在文献中常称为乔多罗-纳诺斯结构. 这种慢波系统的色散特性取决于腔的谐振频率和耦合孔的谐振频率之间的关系. 一般有两个通带. 如令腔的谐振频率为 ω_c，耦合孔的谐振频率为 ω_s，则当 $\omega_s > \omega_c$ 时，第一通带基波为负色散返波；而当 $\omega_s < \omega_c$ 时，腔通带（第二通带）基波为正色散前向波. 在一般情况下，第二通带的色散特性与第一通带相反.

(2) 单耦合孔慢波系统，通常称为休斯结构. 与上一种结构的区别在于只有一个耦合孔. 耦合孔的位置又是交错的，因此，类似于曲折线情况. 在一般情况下，腔通带基波为负色散返波. 因此，这种结构适合用于返波管中. 在大功率行波管中，用它的第一次空间谐波.

(3) 蜈蚣形慢波系统，是一种负电感耦合慢波系统，因而基波为正色散前向波.

(4) 苜蓿草（三叶草）形慢波系统. 在这种系统中，利用金属突出物使相邻腔中磁力线在耦合孔处反向，从而得到负电感耦合，所以基波是正色散前向波.

(5) 长隙缝耦合腔链，是在双孔耦合腔链的基础上的一种改进，以适用于行波管. 由于 $\omega_s < \omega_c$，得到基波为前向波的色散特性.

(6) 杆耦合慢波系统. 目前提出了很多种类型的杆耦合慢波系统. 对称杆耦合慢波系统可以得到比三叶草慢波系统高得多的耦合阻抗.

本章首先用等效网络的方法分析耦合腔慢波系统，这是目前广泛采用的分析方法. 它一般分为以下几个步骤：首先，根据具体结构得出慢波线的等效网络链；其次，按第 6 章介绍的方法对所得等效电路进行分析；最后，为了对所研究的耦合腔链进行具体的计算，还必须设法求等效电路参量与耦合腔的几何尺寸之间的关系. 这要借助于场论的分析方法. 在本章的后面部分将讨论场论的分析方法.

10.2 双耦合孔谐振腔链

图 10.2.1 双耦合孔耦合腔结构

我们利用第 6 章所讨论的等效网络方法，讨论如图 10.2.1 所示的双耦合孔谐振腔链. 按前面所述的分析步骤，我们先来讨论如何从具体结构化为等效网络. 如图 10.2.1 所示，中间的间隙孔是电子注的通道，它有一个较长的漂移管. 漂移管的直径较小，一般使波处于截止状态，因此两腔通过中间孔的耦合是微弱的，可以忽略不计. 耦合效应主要是由开在靠近管壁电流最大、磁场最强（对于 TM_{010} 模式）处的耦合孔进行的. 因此，这种隙缝耦合是电感耦合. 原则上两隙缝（槽孔）的形状及大小并不一定都相同. 但为了简化分析，目前可以认为隙缝都是相同的. 假定无耦合隙缝时，每一个腔的谐振频率为 ω_c，于是可用一个并联 L_1C_1 回路来代替，条件是

$$\omega_c=\frac{1}{\sqrt{L_1C_1}} \tag{10.2.1}$$

考虑到谐振腔有损耗，所以要求

$$\frac{R}{Q}=\sqrt{\frac{L_1}{C_1}} \tag{10.2.2}$$

式中，R 为腔的并联电阻；Q 为品质因数.

另外，每一个耦合隙缝也可以产生谐振. 当隙缝是狭长形状时，它容易想象为两端短路的传输线. 如令 ω_s 为隙缝的谐振频率，也可令

$$\omega_s=\frac{1}{\sqrt{L_2C_2}} \tag{10.2.3}$$

假定没有隙缝时，流经谐振回路的电流为 I. 当有隙缝时，回路电流可以分成三部分：第一部分，电流从上面流经与前一个腔及后一个腔公共壁上的两个隙缝，因而将此腔与前后两腔相耦合；第二部分，电流从下面通过前后两个隙缝，将此腔与前后两腔相耦合；第三部分，电流不通过隙缝. 第一、二部分电流应相等. 如果令流经隙缝的总电流占回路全部电流的百分数为 $K(K<1)$，则流经上面与下面的电流各占 $K/2$，因此剩下的第三部分电流就是全部电流的 $(1-K)$ 倍. 考虑到电感量与电流之间的关系，因此开槽孔后腔的电感 L_1 变为 $L_1/(1-K)$、$2L_1/K$ 与 $2L_1/K$ 三个电感的并联. 由于第一、二部分电流是经过两个隙缝和腔体回路而流通的，所以两个隙缝和腔体对此部分电流来讲是串联的. 而且上、下两部分隙缝和电流都是对称的，所以等效电路上、下两边也是对称的. 经过以上分析，这种耦合腔结构的等效网络如图 10.2.2 所示. 经简化后，得到一个对称的四端网络链.

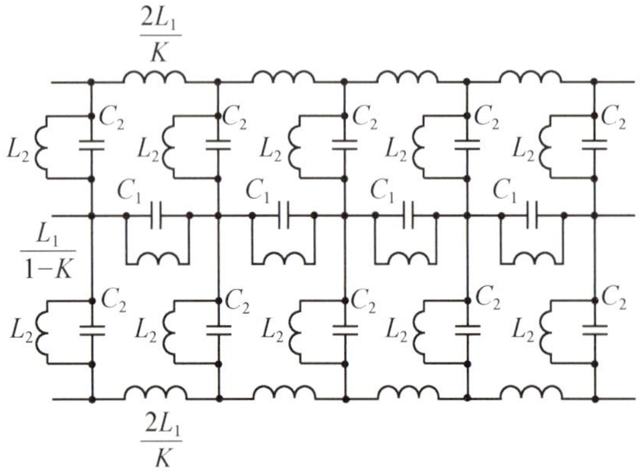

(a)微波形式时的线路

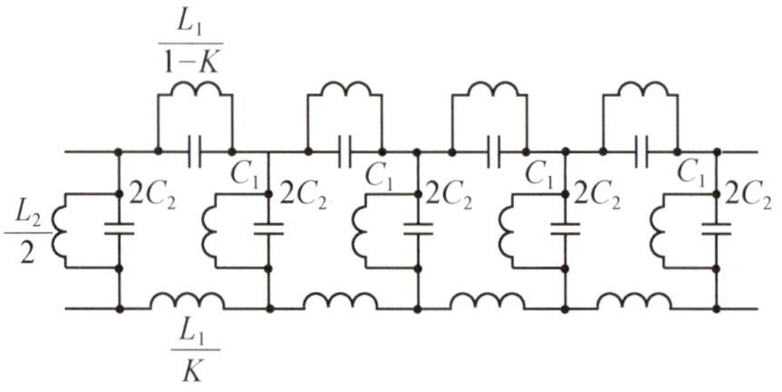

(b)过渡形式

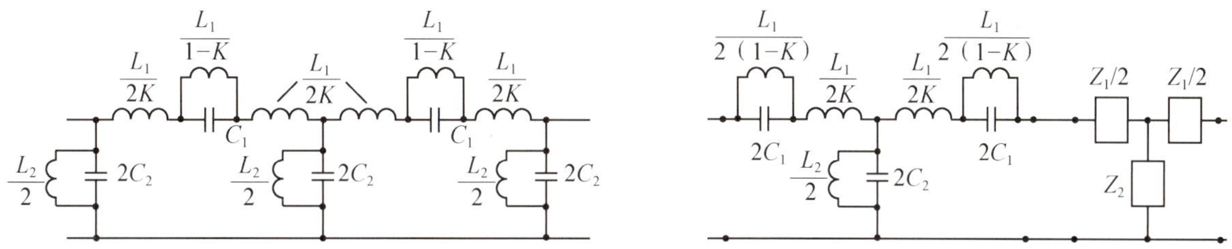

图 10.2.2　双孔耦合的耦合腔结构的等效网络及其转化图

按第 6 章所述，系统的色散方程为

$$\cos\phi = 1+\frac{Z_1}{2Z_2} \tag{10.2.4}$$

式中，ϕ 为每节的相移. Z_1、Z_2 可表示为

$$\begin{cases} Z_1 = \dfrac{\mathrm{j}\omega L_1}{K}+\dfrac{\mathrm{j}\omega L_1}{1-K-\omega^2 L_1 C_1} \\ Z_2 = \dfrac{\mathrm{j}\omega L_2}{2(1-\omega^2 L_2 C_2)} \end{cases} \tag{10.2.5}$$

如令

$$k_c = K\frac{L_2}{L_1} \tag{10.2.6}$$

$$\omega_k = \sqrt{\frac{1-K}{L_1 C_1}} \tag{10.2.7}$$

将以上各式代入式(10.2.4)，并利用式(10.2.1)与式(10.2.3)可得到色散方程

$$\cos\phi = 1+\frac{(1-\omega^2/\omega_c^2)(1-\omega^2/\omega_s^2)}{k_c(1-K)(1-\omega^2/\omega_k^2)} \tag{10.2.8}$$

ω_k 的物理意义由式(10.2.7)看出，是腔体去掉与隙缝耦合的两个并联电感 $2L_1/K$ 后的谐振频率. 这种慢波结构的色散特性，可根据方程(10.2.8)分几种情况来讨论.

(1)$\omega_s > \omega_c$ 情况.

如第 6 章所述，在这种情况下存在两个通带. 第一个通带的频率范围决定于下式：

$$\begin{cases} \phi = 0, \omega = \omega_c \\ \phi = \pi, \omega = (\omega_\pi)_1 \end{cases} \tag{10.2.9}$$

式中

$$(\omega_\pi)_1 = \left\{\frac{1}{2}\left\{\omega_c^2+\omega_s^2+2k_c(1-K)\frac{\omega_c^2\omega_s^2}{\omega_k^2} - \sqrt{\left[\omega_c^2+\omega_s^2+2k_c(1-K)\frac{\omega_c^2\omega_s^2}{\omega_k^2}\right]^2-4\omega_c^2\omega_s^2[1+2k_c(1-K)]}\right\}\right\}^{1/2} \tag{10.2.10}$$

由于 $\omega_c > (\omega_\pi)_1$，所以这个通带的基波是负色散、返向波. 第一个通带以腔体谐振频率为基础，因此称为腔体通带.

第二个通带决定于隙缝的谐振频率 ω_s，这个通带称为隙缝通带，其频率范围决定于

$$\begin{cases} \phi = 0, \omega = \omega_s \\ \phi = \pi, \omega = (\omega_\pi)_2 \end{cases} \tag{10.2.11}$$

式中

$$(\omega_\pi)_2 = \left\{\frac{1}{2}\left\{\omega_c^2+\omega_s^2+2k_c(1-K)\frac{\omega_c^2\omega_s^2}{\omega_k^2} + \sqrt{\left[\omega_c^2+\omega_s^2+2k_c(1-K)\frac{\omega_c^2\omega_s^2}{\omega_k^2}\right]^2-4\omega_c^2\omega_s^2[1+2k_c(1-K)]}\right\}\right\}^{1/2} \tag{10.2.12}$$

不难看到，由于 $(\omega_\pi)_2 > \omega_s$，所以隙缝通带的基波是正色散前向波.

两个通带的色散曲线如图 10.2.3 所示.

(2)$\omega_c > \omega_s$ 情况.

这时也存在两个通带,第一通带为隙缝通带,频率范围决定于下式:

$$\begin{cases} \phi = 0, \omega = \omega_s \\ \phi = \pi, \omega = (\omega_\pi)_{1s} \end{cases} \tag{10.2.13}$$

式中,$(\omega_\pi)_{1s}$的表达式仍由式(10.2.10)决定.

第二通带为腔通带,频率范围决定于

$$\begin{cases} \phi = 0, \omega = \omega_c \\ \phi = \pi, \omega = (\omega_\pi)_{2c} \end{cases} \tag{10.2.14}$$

式中,$(\omega_\pi)_{2c}$的表达式仍为式(10.2.12).

$\omega_s < \omega_c$ 时的色散曲线如图 10.2.4 所示. 由图看出腔通带基波为正色散前向波,而第一通带为隙缝通带,其色散情况决定于 ω_s 与 ω_k 之间的关系. 当 $\omega_s > \omega_k$ 时,隙缝通带基波为负色散返波;当 $\omega_s < \omega_k$ 时,基波为正色散前向波.

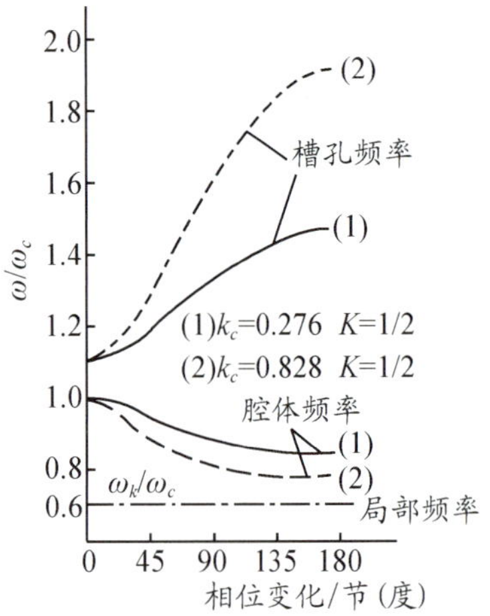

图 10.2.3 $\omega_s > \omega_c$ 时双槽孔耦合腔结构色散曲线

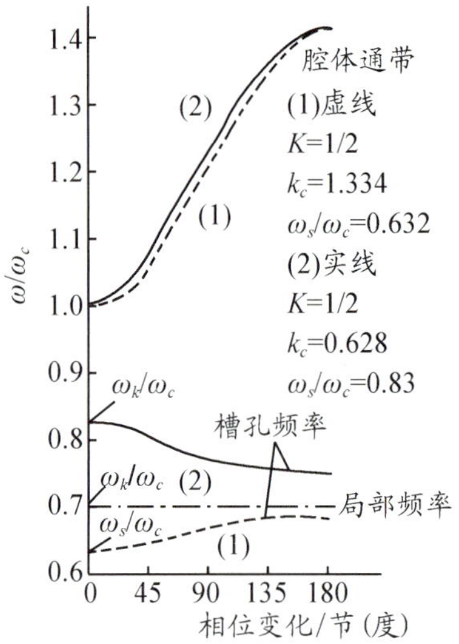

图 10.2.4 $\omega_s < \omega_c$ 时的色散曲线

由以上分析可以看出,对双槽孔耦合腔结构出现了第三个频率 ω_k. 不论是 $\omega_s > \omega_c$ 还是 $\omega_s < \omega_c$,ω_k 对第一通带 π 模截止频率影响都很大. 由于局部谐振频率 ω_k 的存在,引入了一个禁带,在 $\omega = \omega_k$ 附近传输线就停止了能量传输. 还应指出,在任何情况下,除了上述两个通带外,还存在其他高次模式通带.

在微波管中,应当保证工作于腔体通带,使电子流与场能有效地相互作用,因为电子流总是穿过腔中间的孔道的. 所以对于隙缝通带,耦合阻抗就很小,不利于电子流与场的相互作用. 因此对于行波管,当 $\omega_c < \omega_s$ 时,必须利用腔通带的前向空间谐波,或者设法使 $\omega_s > \omega_c$,这是后面要讨论的长隙缝耦合腔情况. 使腔通带基波为正色散的另一种方法,是使电感耦合为负值,即负电感耦合或电容耦合,这一问题也将在后面讨论.

现在来讨论这种耦合腔结构的耦合阻抗. 按定义

$$K_c = \frac{|E_z|^2}{2\beta^2 P} \tag{10.2.15}$$

如令

$$E_z = -\frac{\partial V}{\partial z} = \mathrm{j}\beta V \tag{10.2.16}$$

代入式(10.2.15),即得

$$K_c = \frac{V^2}{2P} \tag{10.2.17}$$

这里 V 应为与电子流相互作用的纵向场相对应的电压,在这种情况下,V 应为 C_1 两端的电压 V_1. 假定

通过每一个四端网络的电流为 i，则

$$V_1=iZ=i\cdot 2\frac{\mathrm{j}\omega\dfrac{L_1}{2(1-K)}\cdot\dfrac{1}{\mathrm{j}\omega 2C_1}}{\mathrm{j}\omega\dfrac{L_1}{2(1-K)}+\dfrac{1}{\mathrm{j}\omega 2C_1}}$$

$$V_1=\frac{\mathrm{j}\omega L_1}{1-K-\omega^2 L_1 C_1}i \tag{10.2.18}$$

而 i 可以通过四端网络链的特征阻抗 Z_c 表示：

$$|i|=\sqrt{\frac{2P}{Z_c}} \tag{10.2.19}$$

因为网络是对称的，故 Z_c 可用开路和闭路阻抗来表示：

$$Z_c=\sqrt{Z_{\mathrm{oc}}Z_{\mathrm{sc}}} \tag{10.2.20}$$

式中

$$\begin{cases}Z_{\mathrm{oc}}=Z_1/2+Z_2\\[2mm] Z_{\mathrm{sc}}=Z_1/2+\dfrac{Z_1Z_2/2}{Z_1/2+Z_2}\end{cases} \tag{10.2.21}$$

将式(10.2.5)代入式(10.2.21)，并由式(10.2.20)求得

$$Z_c=\frac{\omega}{\omega_c}\cdot\frac{R}{Q}\sqrt{-\frac{k_c\left(1-\dfrac{\omega^2}{\omega_c^2}\right)(1+\cos\phi)}{4K^2(1-K)\left(1-\dfrac{\omega^2}{\omega_s^2}\right)\left(1-\dfrac{\omega^2}{\omega_k^2}\right)}} \tag{10.2.22}$$

进而可求出耦合阻抗

$$K_c=\frac{|V|^2}{Z_c|i|^2}$$

即

$$K_c=\frac{2\omega}{\omega_c}\cdot\frac{R}{Q}\sqrt{-\frac{K^2(1-\omega^2/\omega_s^2)}{k_c(1-\omega^2/\omega_c^2)(1+\cos\phi)(1-K)^3(1-\omega^2/\omega_k^2)^3}} \tag{10.2.23}$$

式(10.2.23)表明对于腔体通带的两个边频，即两个截止频率(ω_c 与 ω_π)上，耦合阻抗极大，$K_c\to\infty$. 对槽通带，$\omega\to\omega_s$，$K_c\to 0$，而另一边频上，$K_c\to\infty$. 双槽孔耦合腔耦合阻抗 K_c 的变化曲线如图 10.2.5 所示. 由图可见，腔通带较适合于在微波管中应用，因为它有一段较平坦的部分可以使管子有较好的增益特性. 而隙缝通带的阻抗特性就没有平坦的部分.

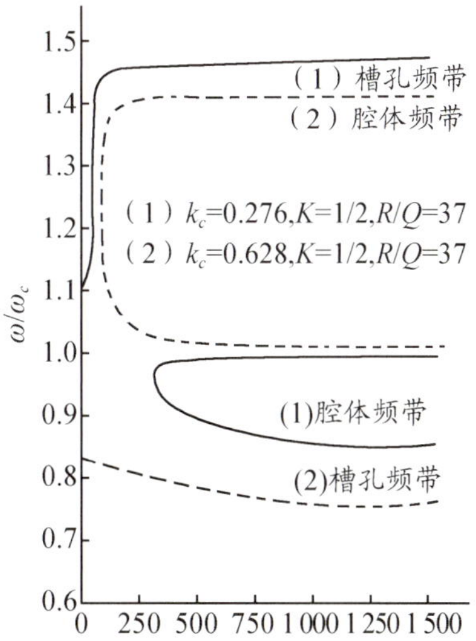

图 10.2.5　双槽孔耦合腔的耦合阻抗变化曲线

10.3 单隙缝(孔)耦合腔链

10.2 节讨论的电感隙缝耦合腔链,对每节都是对称的,因此得到的等效电路对于每一节也都是对称的. 在本节我们要研究一种不对称系统. 较典型的是不对称单隙缝(孔)耦合腔链,即所谓的休斯系统,如图 10.3.1 所示.

图 10.3.1 单隙缝(孔)耦合腔链

我们按 10.2 节所述方法来分析这种慢波系统的等效电路. 由图 10.3.1 可以看到,与 10.2 节讨论的系统的区别在于,流经与前面一个腔公共壁上隙缝的那部分电流,直接由管壁流回腔体,并不经过与后面一个腔公共壁上的隙缝;流经后一隙缝的另一部分电流也不经过与前面一个腔相耦合的隙缝. 考虑这一区别,其原始的等效电路如图 10.3.2 所示. 由图 10.3.2 可见,所得到的四端网络对于每一节是不对称的,而是一个双周期系统. 因此,休斯耦合腔链在某些特性上与曲折线或对插销式系统相类似.

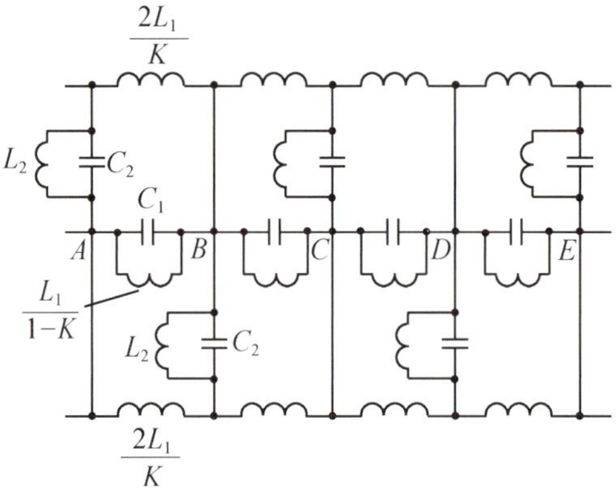

(a)微波形式时的线路

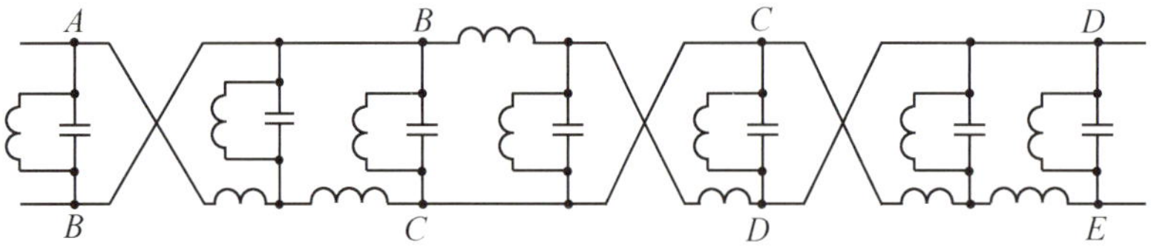

(b)第一步

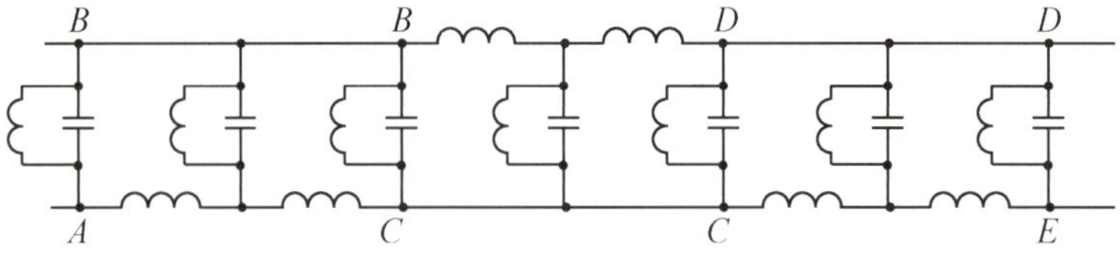

(c)第二步注意电容器 A、B、C、D 等皆已倒接

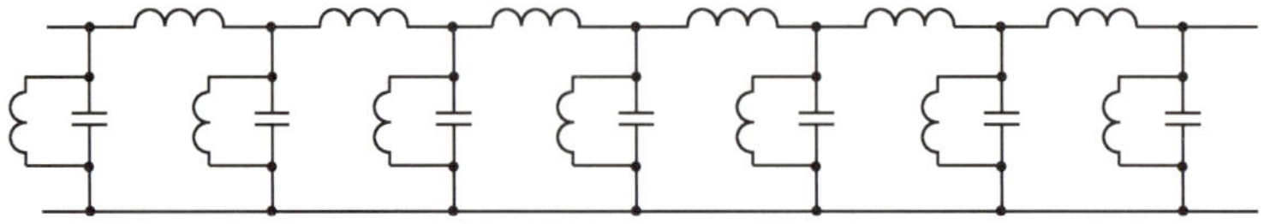

(d)最终形式

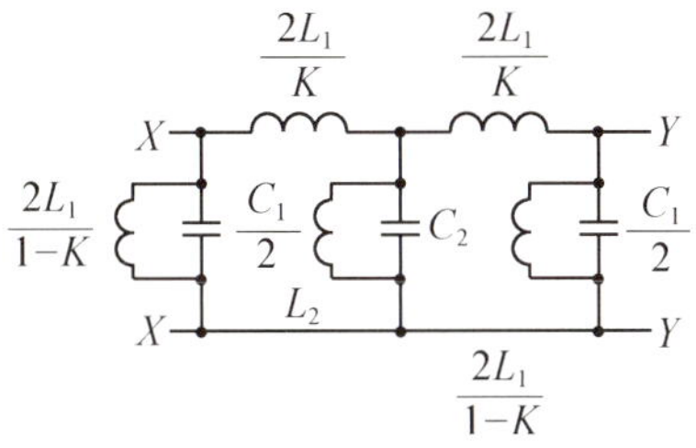

(e)网络的基本单元

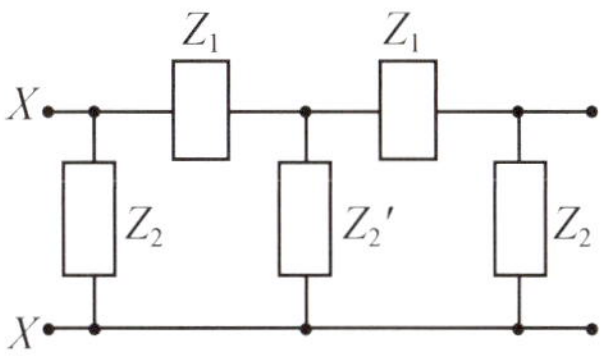

(f)转换图

图 10.3.2　单隙缝耦合腔链的等效网络及其转换图

电路在转换过程中，每隔一节，C_1 就反向一次. 因此，从电子与波相互作用的观点来看，每节都有一个附加的相差 π.

这种系统的色散特性可以通过开路阻抗和闭路阻抗来计算：

$$\cos\phi'=\sqrt{\frac{Z_{oc}}{Z_{oc}-Z_{sc}}} \tag{10.3.1}$$

式中，ϕ'为四端网络每节的相移.

由图 10.3.2 所示的电路，可以得到

$$Z_{oc}=Z_2\frac{Z_1^2+2Z_1Z_2'+Z_1Z_2+Z_2Z_2'}{Z_1^2+Z_2^2+2Z_1Z_2+2Z_1Z_2'+2Z_2Z_2'} \tag{10.3.2}$$

$$Z_{sc}=Z_2\frac{Z_2^2+2Z_1Z_2'}{Z_1^2+2Z_1Z_2'+Z_1Z_2+Z_2Z_2'} \tag{10.3.3}$$

将式(10.3.2)、式(10.3.3)代入式(10.3.1)，得

$$\cos\phi'=1+\frac{2Z_1}{Z_2}+\frac{Z_1}{Z_2'}+\frac{Z_1^2}{Z_2Z_2'} \tag{10.3.4}$$

式中

$$\begin{cases} Z_1=\dfrac{\mathrm{j}2\omega L_1}{K} \\ Z_2=\dfrac{\mathrm{j}2\omega L_1}{1-K-\omega^2L_1C_1} \\ Z_2'=\dfrac{\mathrm{j}\omega L_2}{1-\omega^2L_2C_2} \end{cases} \tag{10.3.5}$$

考虑到网络链转换中每节的附加相移 π 后，耦合腔链每节的相移 ϕ 满足

$$\cos\phi=1-\frac{2L_1}{K^2L_2}(1-\omega^2L_1C_1)\left(1+\frac{KL_2}{L_1}-\omega^2L_2C_2\right) \tag{10.3.6}$$

同样如令

$$\begin{cases} \omega_c=\dfrac{1}{\sqrt{L_1C_1}} \\ \omega_s=\dfrac{1}{\sqrt{L_2C_2}} \\ k_c=K\dfrac{L_2}{L_1} \end{cases} \tag{10.3.7}$$

可将色散方程最后写成

$$\cos\phi=1-\frac{2}{Kk_c}\left(1-\frac{\omega^2}{\omega_c^2}\right)\left(1+k_c-\frac{\omega^2}{\omega_s^2}\right) \tag{10.3.8}$$

与 10.2 节类似，仍然分以下两种情况来讨论.

(1)$\omega_s > \omega_c/\sqrt{1+k_c}$，即耦合隙缝谐振频率较高。这时有两个通带。对应于 ω_c 的腔体通带为第一通带，这时有

$$\begin{cases} \phi=0, \omega=\omega_c \\ \phi=\pi, \omega=(\omega_\pi)_1 \\ (\omega_\pi)_1=\left\{\dfrac{(1+k_c)\omega_s^2+\omega_c^2-\sqrt{[(1+k_c)\omega_s^2+\omega_c^2]^2-4(1+k_c-Kk_c)\omega_s^2\omega_c^2}}{2}\right\}^{1/2} \end{cases} \tag{10.3.9}$$

在一般情况下 $(\omega_\pi)_1<\omega_c$，因而腔体通带为负色散返波。

第二通带对应于 ω_s，为隙缝通带：

$$\begin{cases} \phi=0, \omega=\omega_s\sqrt{1+k_c} \\ \phi=\pi, \omega=(\omega_\pi)_2 \\ (\omega_\pi)_2=\left\{\dfrac{(1+k_c)\omega_s^2+\omega_c^2+\sqrt{[(1+k_c)\omega_s^2+\omega_c^2]^2-4(1+k_c-Kk_c)\omega_s^2\omega_c^2}}{2}\right\}^{1/2} \end{cases} \tag{10.3.10}$$

一般有 $(\omega_\pi)_2>\omega_s\sqrt{1+k_c}$，所以隙缝通带是正色散前向波。

(2)$\omega_s<\omega_c/\sqrt{1+k_c}$，这时也有两个通带。第一通带为隙缝通带，频率范围决定于

$$\begin{cases} \phi=0, \omega=\omega_s\sqrt{1+k_c} \\ \phi=\pi, \omega=(\omega_\pi)_1 \end{cases} \tag{10.3.11}$$

$(\omega_\pi)_1$ 仍决定于式(10.3.9)，但这时 $(\omega_\pi)_1<\omega_s$，故隙缝通带为负色散返波。

第二通带为腔体通带，这时有

$$\begin{cases} \phi=0, \omega=\omega_c \\ \phi=\pi, \omega=(\omega_\pi)_2 \end{cases} \tag{10.3.12}$$

$(\omega_\pi)_2$ 仍决定于式(10.3.10)，但 $(\omega_\pi)_2>\omega_c$，故腔体通带是正色散前向波。

色散曲线如图 10.3.3 所示。

耦合阻抗可按前面同样的方法求得。由于电子注与 C_1 跨接的电压相互作用，故得

$$K_c=\frac{V_1^2}{2P}=Z_c \tag{10.3.13}$$

即耦合阻抗与特征阻抗相等，于是得

$$K_c=\sqrt{Z_{oc}Z_{sc}} \tag{10.3.14}$$

将 Z_{oc} 与 Z_{sc} 有关公式代入式(10.3.14)，得

$$K_c=\omega L_1\sqrt{\frac{4L_1\left(1+K\dfrac{L_2}{L_1}-\omega^2L_2C_2\right)}{K^2L_2(1-\omega^2L_1C_1)\left[1-\dfrac{L_1}{K^2L_2}(1-\omega^2L_1C_1)\left(1+K\dfrac{L_2}{L_1}-\omega^2L_2C_2\right)\right]}} \tag{10.3.15}$$

利用色散方程，得

$$K_c=\frac{\omega}{\omega_c}\cdot\frac{R}{Q}\sqrt{\frac{8(1+k_c-\omega^2/\omega_s^2)}{Kk_c(1-\omega^2/\omega_c^2)(1+\cos\phi)}} \tag{10.3.16}$$

由式(10.3.16)可以看到，当 $1+\cos\phi=0$，即 $\phi=\pi$ 时，$K_c\to\infty$；当 $\omega\to\omega_c$ 时，$K_c\to\infty$；而 $\omega\to\omega_s\sqrt{1+k_c}$，即在隙缝通带的一个边频，$K_c\to 0$。耦合阻抗 K_c 与频率的关系如图 10.3.4 所示。仍然可以看到，腔体通带的情况适合于行波管的应用。

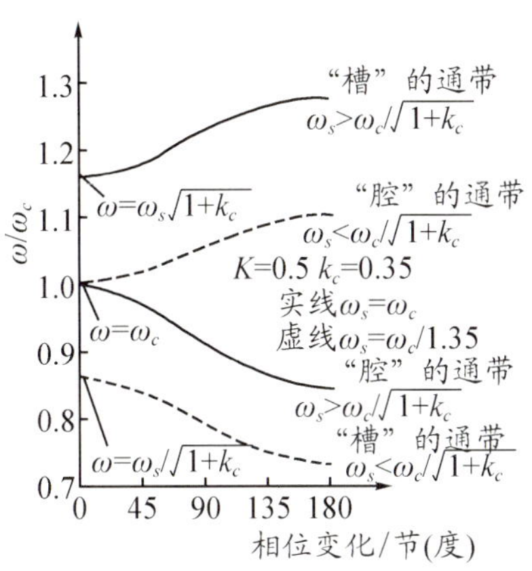

图 10.3.3　休斯结构色散曲线

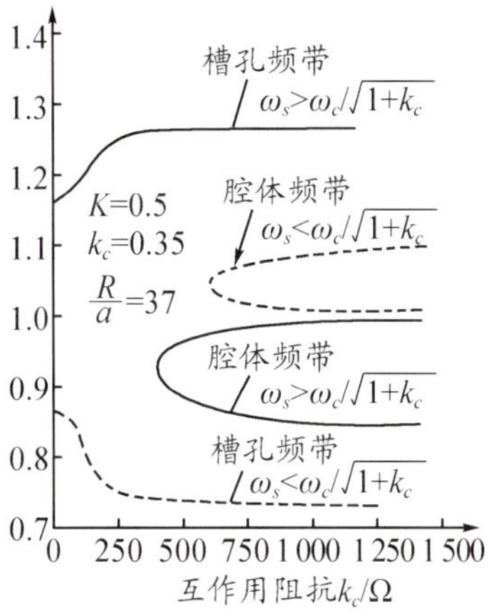

图 10.3.4　休斯结构的耦合阻抗曲线

我们要着重说明，本节及 10.2 节所讨论的色散方程适合于基波. 对耦合阻抗的计算都是近似的，如运用这种方法所得数据计算行波管，将产生较大误差；不过所得曲线的趋向仍然基本上是正确的，故这种计算仍不失其价值.

10.4　隙缝耦合腔链的近似等效电路

前面两节中利用等效网络的方法计算了隙缝耦合腔链的一般特性. 可以看到隙缝耦合腔链的特性与隙缝有很大关系. 而且当工作于行波管中时，还可能产生隙缝通带的寄生振荡，使隙缝的谐振频率与腔体谐振频率有较大差别，将两个通带的间隔拉开.

当隙缝的谐振频率 ω_s 比腔体谐振频率 ω_c 大得多时，耦合腔链的分析可以作适当简化. 既然两通带相差较远，所以在着重研究第一通带（腔体通带）时，可以不考虑隙缝的谐振特性，将隙缝看作一个纯电感耦合，这样，隙缝耦合腔链的近似等效电路就可以绘成如图 10.4.1 所示的电路. 图 10.4.1 中隙缝耦合用一个等效互感 M 来表示. 经过低频线路的简化以后，可以得到如图 10.4.1(d)所示的简单形式.

现在按图 10.4.1 所示的等效电路来计算色散特性.

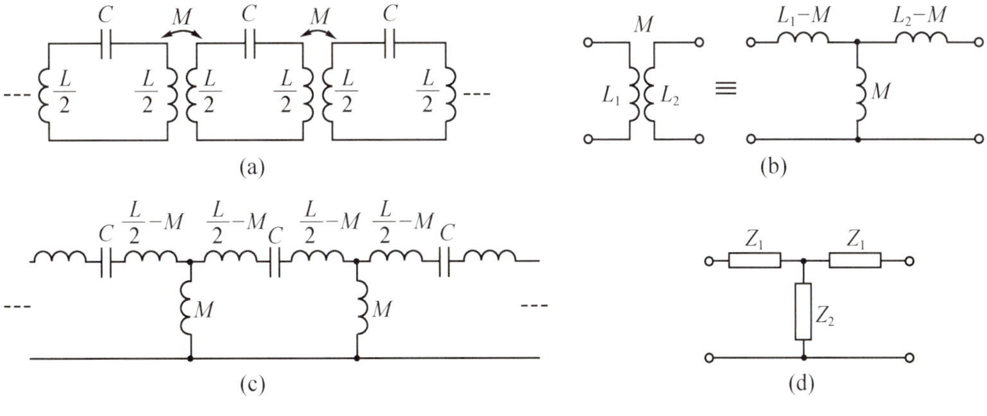

图 10.4.1　隙缝耦合腔链的近似等效电路

由图 10.4.1 可见

$$\begin{cases} Z_1=\mathrm{j}\omega\left(\dfrac{L}{2}-M\right)+\dfrac{1}{2\mathrm{j}\omega C} \\ Z_2=\mathrm{j}\omega M \end{cases} \tag{10.4.1}$$

因而色散方程即为

$$\cos\phi = 1 + \frac{(L-2M)\left[1-\dfrac{1}{\omega^2 C(L-2M)}\right]}{2M} \tag{10.4.2}$$

为了进一步化简上述方程，我们来考察一下第一通带的频率范围. 这时有

$$\begin{cases}\phi=0, \omega=\omega_2 \\ \phi=\pi, \omega=\omega_1\end{cases} \tag{10.4.3}$$

其中

$$\omega_2^2=\frac{1}{C(L-2M)} \tag{10.4.4}$$

即上截止频率决定于 Z_1 的串联谐振. 而下截止频率 ω_1 由下式决定：

$$\omega_1^2=\frac{1}{C(L+2M)} \tag{10.4.5}$$

由式(10.4.4)与式(10.4.5)，得

$$\left(\frac{\omega_2}{\omega_1}\right)^2=\frac{(L-2M)+4M}{L-2M} \tag{10.4.6}$$

考虑到以上诸式，由式(10.4.2)得简化的色散方程为

$$\cos\phi=1-2\frac{\dfrac{1}{\omega^2}-\dfrac{1}{\omega_2^2}}{\dfrac{1}{\omega_1^2}-\dfrac{1}{\omega_2^2}} \tag{10.4.7}$$

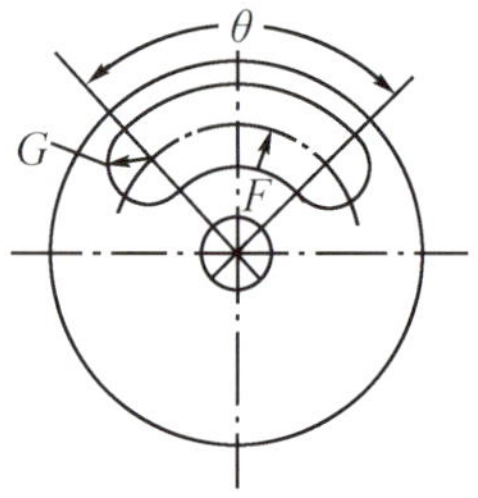

图 10.4.2　单耦合隙缝

上述近似计算还可作进一步考虑. 由式(10.4.4)与式(10.4.5)可以求得

$$\frac{L}{2M}=\frac{\omega_2^2+\omega_1^2}{\omega_2^2-\omega_1^2} \tag{10.4.8}$$

另外，根据绘制等效电路图的考虑，自感和互感是由腔体总电流与流经隙缝电流之比来考虑的. 这样对单个隙缝，如隙缝张角为 θ，有下述经验公式：

$$\frac{L}{2M}=\frac{360-\theta}{\theta} \tag{10.4.9}$$

式中，θ 角以度为单位，θ 意义如图 10.4.2 所示.

将式(10.4.9)代入式(10.4.8)，可以得到

$$\frac{\omega_2}{\omega_1}=\sqrt{\frac{180}{180-\theta}} \tag{10.4.10}$$

由上述可知，如果能确定某一截止频率，则由式(10.4.10)可确定另一截止频率，从而由方程(10.4.7)求出色散特性.

对于耦合阻抗，也可作一定简化. 在式(10.3.16)中令 $\omega_s\to\infty$，得休斯系统的耦合阻抗为

$$K_c=\frac{\omega}{\omega_c}\cdot\frac{R}{Q}\sqrt{\frac{8(1+k_c)}{Kk_c\left(1-\dfrac{\omega^2}{\omega_c^2}\right)(1+\cos\phi)}} \tag{10.4.11}$$

至于 ω_c 的计算，将在以后介绍.

10.5 其他类型的耦合腔结构

对微波管来说，总希望耦合腔系统工作于腔体通带，因为隙缝通带的耦合阻抗小，而且容易引起其他模式的振荡. 对于行波管，又总是希望耦合腔系统工作于正色散的前向基波，因为工作于高次空间谐波，故有

以下缺点:(1)容易发生基波的寄生振荡,因为这时基波是返波,而且有足够的耦合阻抗;(2)工作于空间谐波时,由于谐波的场强相对较弱,所以耦合阻抗较低.为了使腔体通带基波为正色散前向波,一种方法是利用前面所分析的两种结构,使 $\omega_s<\omega_c$,将耦合隙缝加长就可以达到这个目的,于是就得到长隙缝耦合腔链;另一种方法是耦合电感为负,这样就出现了负电感耦合谐振腔链.本节对这些耦合腔结构加以讨论.此外,对称杆耦合腔慢波结构也有其优良的性能,本节也将予以介绍.

首先,我们分析长隙缝耦合腔链的特性.实际的长隙缝耦合腔链如图 10.5.1 所示.在靠近管壁的地方开一个长的隙缝.与以前一样,如果仍用 ω_s、ω_c 分别表示隙缝及腔体的谐振频率,则长隙缝耦合谐振腔慢波系统的色散特性仍由方程(10.2.8)来描述,只是 $\omega_s<\omega_c$,色散曲线如图 10.2.4 所示.由前面的讨论可以看到,当 ω_s、ω_c 均确定以后,隙缝耦合谐振腔慢波结构的特性在很大程度上与耦合系数 K 有关.耦合系数 K 可以通过改变每个隙缝的长度或总的隙缝数目 n 来加以调整.

设隙缝的张角为 θ,当 $\theta=90°$时,最大的隙缝数为 4,这时即为全耦合,$K=1$.而当 $n=1,2,3$ 时,近似地有 $K=\frac{1}{4},\frac{2}{4},\frac{3}{4}$.当 $\omega_s/\omega_c=2/3$ 时,计算所得色散与耦合阻抗曲线如图 10.5.2 所示.由图 10.5.2 可见,当 K 改变时,对腔体通带色散特性影响很微小,而对隙缝通带则有较大影响,甚至可以使隙缝通带从负色散变为正色散.当 $K\approx1/2$ 时,隙缝通带很窄.不过,K 值改变对于腔体通带的耦合阻抗有较大影响.由图 10.5.2 看出,当 ϕ 在 60°以前,K 的增加使 K_c 减小;而当 ϕ 大于 60°以后,K 的增加反而使 K_c 增大.

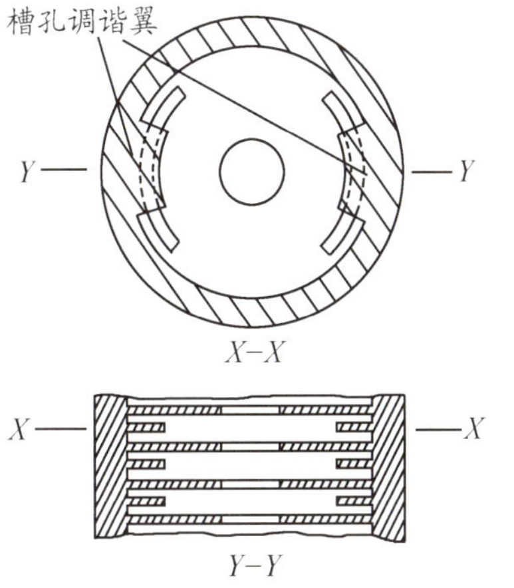

图 10.5.1　实际的长隙缝耦合腔链

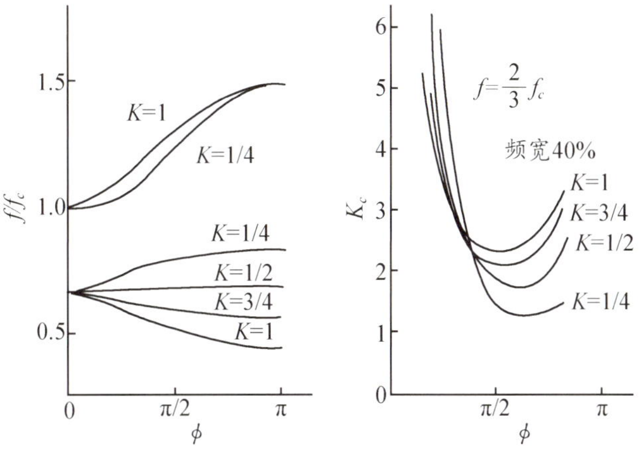

图 10.5.2　长隙缝耦合腔链的色散与耦合阻抗(归一化)曲线

长隙缝耦合腔链的缺点之一是由于工作在第二通带,相速较快,要求的工作电压较高.降低腔体长度并不是降低相速的有效方法,因为当腔体长度较小时,隙缝之间的直接耦合将起重要作用.阿伦、肯诺等提出了一种方法可以有效地改善耦合腔链的色散特性.这种方法是在腔体中加上两个金属突出物,如图 10.5.3 所示.突出物对色散特性的影响可以说明如下.

当相移 $\phi=0$ 时,各腔体内部都是 TM_{010} 模.因此金属突出物的存在基本上没有影响.当 $\phi=\pi$ 时,突出物的场如图 10.5.3 所示,因此也无明显影响.但当 ϕ 在 0 与 π 之间时,金属突出物附近的场就较为复杂,突出物的影响将加大.因此,金属突出物的引入并不影响腔体通带的带宽,而仅影响其色散特性,如图 10.5.4 所示.由图 10.5.4 可见,突出物的存在相当于增加了隙缝电容,隙缝电容的增加既降低了隙缝的谐振频率 ω_s,又使隙缝的阻抗降低,结果就把腔体通带的色散曲线拉下来了.金属突出物对隙缝通带的影响也是很重要的.由于 ω_s 下降,所以有可能使隙缝通带也具有正色散前向基波,从而可以避免出现隙缝通带的返波振荡.

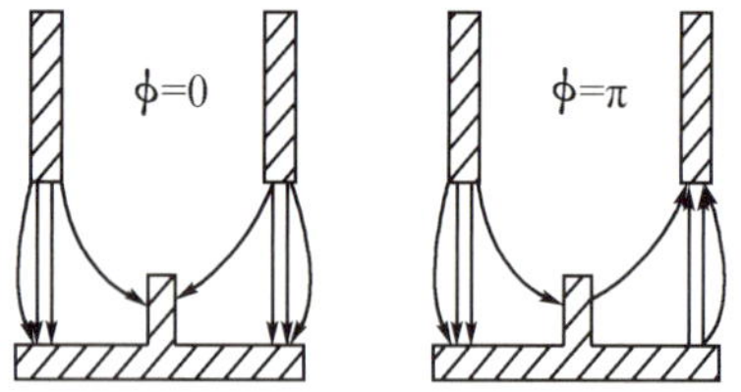

图 10.5.3　腔中有金属突出物的情况

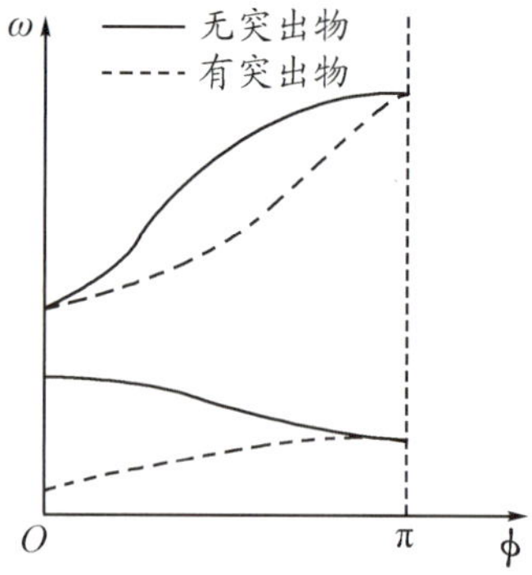

图 10.5.4　金属突出物对色散特性的影响

为了消除低通带返波振荡，有时也采用将隙缝分为两组的方法.某两个腔用某一尺寸的长缝耦合，而与其相邻近的两个腔则用另一种尺寸的隙缝相耦合.如此选择两个隙缝的尺寸，使得两者的隙缝通带错开，这样就不能在同一频率上有同一个隙缝通带，从而可以消除返波振荡.

现在来讨论负电感耦合谐振腔链.负电感耦合的实现基本上有两种方法：一种是通过径向隙缝耦合的苜蓿叶形（三叶草）慢波结构，另一种是通过耦合环耦合的蜈蚣形慢波结构.

苜蓿叶形慢波结构由乔多罗和克雷格（1957）首先提出，其结构如图 10.5.5 所示.由图 10.5.5 可见，在相邻两腔的公共壁上开有径向隙缝 8 个.而每一个腔体内都有劈形金属突出物 4 个，这 4 个突出物的角向位置每相邻两腔均相差 45°.

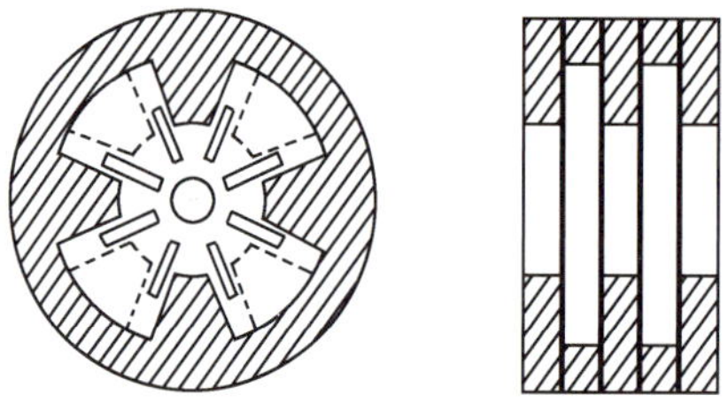

图 10.5.5　苜蓿叶形慢波结构

我们来定性地看一下在苜蓿叶形耦合腔链中如何实现负电感耦合.由于金属突出端的影响，腔中磁力线呈现如图 10.5.6 所示的形状，苜蓿叶形的名称就由此而来.因此金属突出物的存在，使原来是环形的磁力线出现了径向分量，从而通过径向隙缝耦合到另一腔中去.另外，由于相邻两腔中金属突出物的角向位置相差 45°，所以相邻两腔中的磁场穿过同一隙缝的径向分量反向，从而实现了负电感耦合.于是金属突出物的存在提供了径向分量磁场，而相邻腔体旋转 45°的作用，则在于使径向磁场反向.由于上述原因，苜蓿叶形慢波结构的第一通带为腔体通带，而且具有正色散前向基波，并有较高的耦合阻抗.它的不足之处是频带较窄.频带较窄的原因有两个：一是必须保证 $\omega_s > \omega_c$，因而隙缝尺寸受到限制；二是每个腔体仅有部分回路电流流到槽口边缘给出适合的耦合场，因而耦合磁场较弱.

苜蓿叶形慢波结构的等效电路可以按以前所述的方法考虑，如图 10.5.7 所示.但是这种结构的具体计算要比一般电感隙缝耦合腔链更为困难.

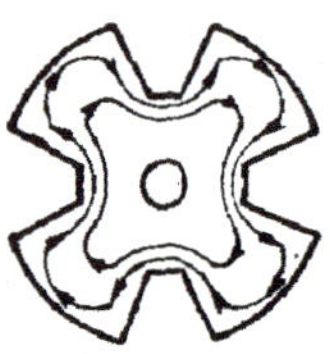

图 10.5.6　苜蓿叶形慢波结构的磁力线分布

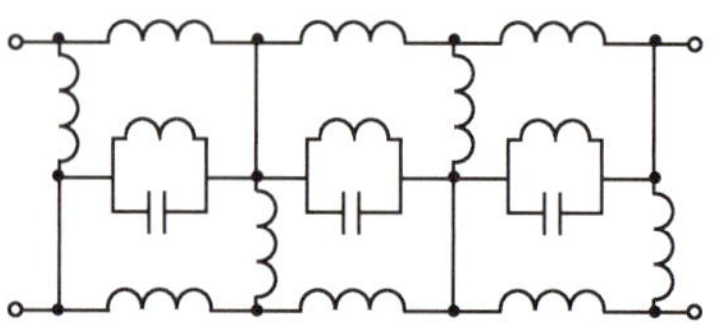

图 10.5.7　苜蓿叶形结构的等效电路

苜蓿叶形慢波结构中，各低次模式的场结构如图 10.5.8 所示.由图 10.5.8 可见，对于 TM_{010} 模，在 8 个隙缝上磁场耦合均是负的，因此具有最大的负电感耦合，所以这种主模式的通带最宽.对于 TM_{110} 模，只在 4

个隙缝上有负电感耦合，其余4个隙缝上电感耦合相抵消，无净的耦合，因而其通带较窄. 对 TM_{210} 模，由图10.5.8可见，8个隙缝上的耦合均是相抵消的，因而只有极其微小的耦合，所以通带很窄. 但是，如图10.5.8所示的5H模，则有较大的耦合. 5H模的振荡频率大约为基本模式的2倍，因此5H模式很容易引起自激，必须设法予以抑止.

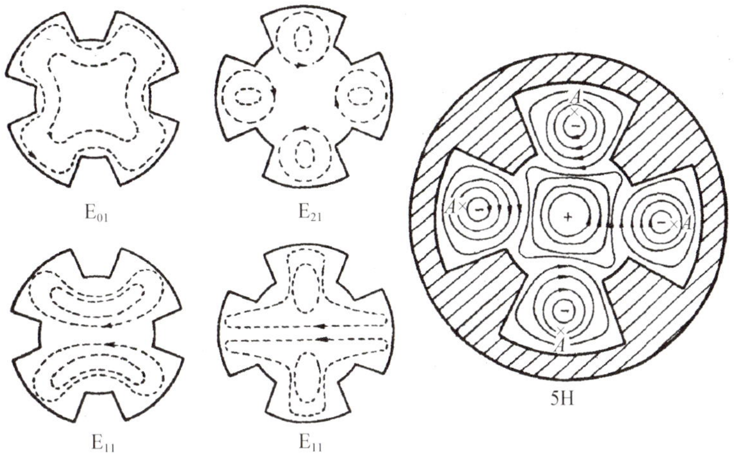

图10.5.8　苜蓿叶形慢波结构中各低次模式的场结构(磁力线分布)

哈里斯于1964年提出了一种改进型的苜蓿叶形慢波结构，采取了两个措施：一个是隙缝数目减少到4个，另一个就是4个隙缝每隔一个腔旋转45°. 改进后的苜蓿叶慢波结构的等效电路如图10.5.9所示. 比较图10.5.9与图10.5.7可以看出两者之间的区别. 原结构与改进后结构的色散特性曲线如图10.5.9所示.

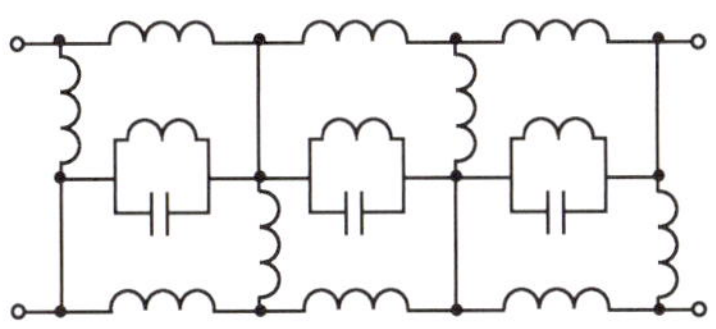

图10.5.9　改进后的苜蓿叶形结构的等效电路

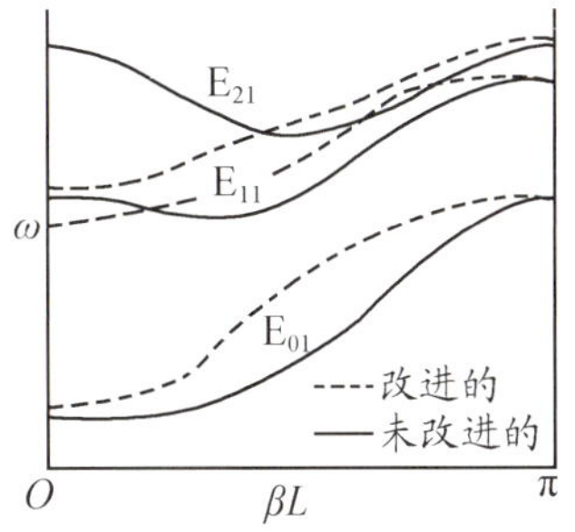

图10.5.10　两种苜蓿叶形结构色散特性的比较

另一种负电感耦合的方案是所谓的蜈蚣形结构，如图10.5.11所示，它是众多反向耦合环演变出来的新结构. 蜈蚣形结构的等效电路分析同以前一样，只是具体计算更为困难. 实验表明，这种结构的冷通带可达35%，热通带可达18%.

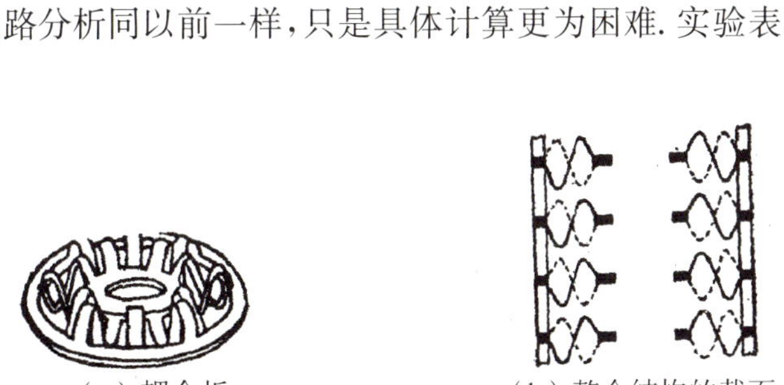

(a) 耦合板　　(b) 整个结构的截面

图10.5.11　蜈蚣形结构

用金属杆耦合谐振腔构成慢波结构，早在1958年就由毕尔斯提出，后来金在1968年提出一种改进型结构，即对称杆耦合腔链，如图10.5.12所示. 由于杆式耦合提供的是电感耦合，所以，为了使腔体通带是正色散前向基波，耦合元件(杆)的通带必须低于腔通带.

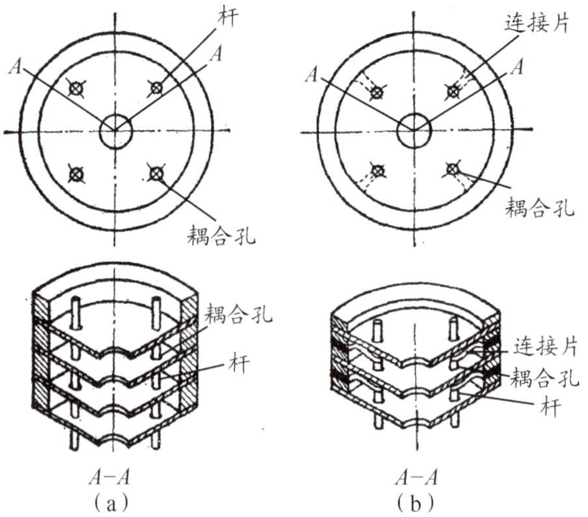

图 10.5.12 对称杆耦合腔链

实验表明,为了增大频带宽度,可以增加杆的数目,其情况见表 10.5.1 所列.但是,当杆的数目增大之后,就出现了很多杆的模式.这在色散图 10.5.13 中可以看出.因此克服这些寄生振荡就必须加以注意.这种结构的耦合阻抗比三叶草结构的要高 60%.更仔细的讨论可以参考有关文献.

表 10.5.1 对称杆耦合腔链带宽与杆数的关系

杆 数	2	4	8
冷通带/%	16.8	19.6	23.8

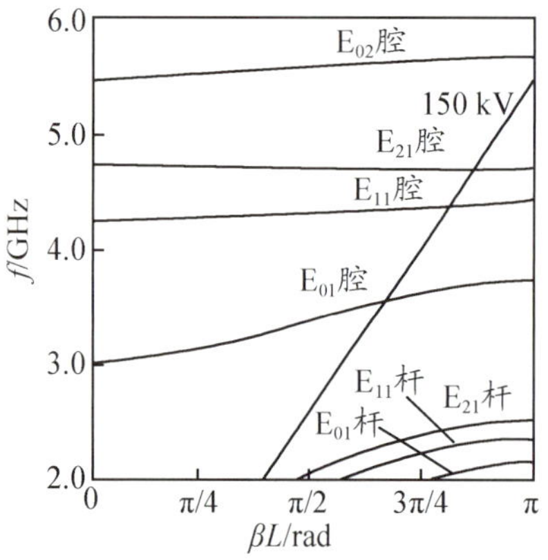

图 10.5.13 对称杆耦合腔慢波结构的色散曲线

10.6 耦合腔慢波结构的场论分析

前面几节讨论了利用等效电路分析耦合腔慢波系统的问题.可以看到,利用这种方法进行分析对于理解和使用慢波系统有很大帮助.但是网络理论不能给出慢波系统的尺寸与网络参量之间的定量关系.所以用这种方法并不能定量地解决慢波系统的设计计算问题.

理想的严格的方法当然是直接求解麦克斯韦方程的场论方法.前面曾指出,由于边界条件的复杂性,场论方法往往受到很多数学上的限制.早在 20 世纪 40 年代,贝思提出了电磁波的小孔绕射理论,求解了 $(ka)^2 \ll 1$ 情况下谐振腔的耦合问题,这里 a 为孔的半径.其后斯拉特等人对谐振腔中电场的正交展开作了较详细的讨论,对研究谐振腔的激励和耦合问题提出了新的可能性.另外,随着波导技术的发展,马凯维茨、柯林等人所提出的一套导波场论的方法，也为研究谐振腔链的问题奠定了基础. 后来，比文西在利用场论方法研究慢波系统(主要是耦合腔链)的问题上作了很多工作. 由于篇幅的限制，在本节以及以后数节中，我们将只对于场论的方法作一般性的讨论. 在讨论中所涉及的一些数学物理问题的细节，则请读者去参考有关原著.

在没有叙述场论的方法之前，我们先从谐振腔微扰理论的角度来对耦合腔链的问题作一个定性的讨论. 这种讨论有助于对耦合腔链中若干物理现象的理解，而且可以同前面网络分析的结果作一比较.

谐振腔的微扰理论在斯拉特等人的著作中已有仔细的讨论，我们这里直接引用他们的结果. 当谐振腔受到微扰时，腔的谐振频率将发生相应的变化. 按照微扰理论，对我们讨论的情况可以得到

$$\frac{\Delta\lambda}{\lambda}=\frac{\Delta W}{W} \tag{10.6.1}$$

式中

$$\left.\begin{aligned}W&=\frac{1}{2}\iiint_V(\varepsilon_0\boldsymbol{E}\cdot\boldsymbol{E}^*+\mu_0\boldsymbol{H}\cdot\boldsymbol{H}^*)\mathrm{d}V\\ \Delta W&=\frac{1}{2}\iiint_{\Delta V}(\mu_0\boldsymbol{H}\cdot\boldsymbol{H}^*-\varepsilon_0\boldsymbol{E}\cdot\boldsymbol{E}^*)\mathrm{d}V\end{aligned}\right\} \tag{10.6.2}$$

式中，第一个积分是在整个谐振腔体积内进行的，第二个积分是在受扰动的体积 ΔV 内进行的. 当扰动很小时，式(10.6.1)相当精确，而当扰动较大时，式(10.6.1)虽不能作严格的定量计算，但仍可用来作定性的分析. 由方程(10.6.1)看出，若谐振腔中受扰动的仅是磁场，则谐振波长将增大；而若谐振腔中受扰动的仅是电场，则谐振波长将减少. 我们来看一下如何将这一结论用于说明耦合腔链的问题.

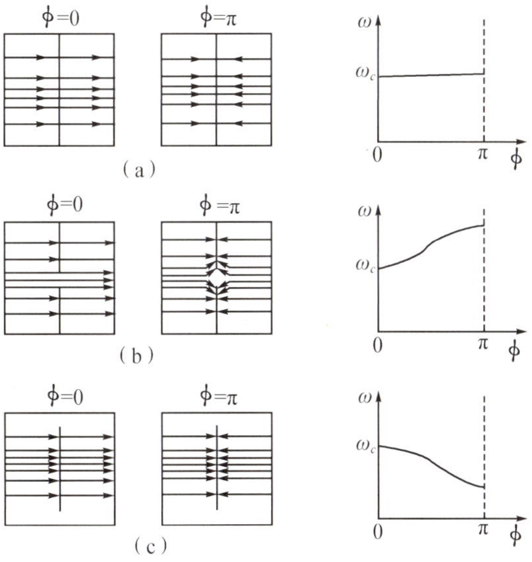

图 10.6.1　耦合腔链色散特性的定性讨论

为方便起见，我们仅研究两个腔相耦合的问题，对于腔链也不会有原则上的不同. 如图 10.6.1(a)所示，当谐振腔间没有耦合，两腔中场相位移 $\phi=0$ 与 $\phi=\pi$ 时，场谐振在同一频率 ω_c 上，因此频率特性是 $\omega=\omega_c$ 的直线. 在图 10.6.1(b)中，耦合孔开在中间，当谐振腔工作在 TM_{010} 模式时，在轴线中间电场最强，磁场很弱. 因而当耦合孔很小时，可以认为主要是电场受到扰动. 由图 10.6.1 可见，在相移 $\phi=0$ 时，小孔对电场的扰动很小，因而谐振频率受到的影响很小. 而当 $\phi=\pi$ 时，小孔对电场的扰动就很大，因此按式(10.6.1)与式(10.6.2)，谐振波长减小，这样色散曲线就如图 10.6.1 所示，频率增高. 如果在靠近管壁开耦合隙缝，如图 10.6.1(c)所示，则受扰动的主要是磁场，按同样的考虑，色散曲线也如图 10.6.1 所示，频率降低.

由以上讨论可以看到，正的电感耦合导致负色散特性，而正的电容耦合导致正色散特性. 这与前几节所

述相符.

现在我们来讨论耦合谐振腔中场的正交展开，作为以后对耦合腔链场论分析的基础. 假定 $\boldsymbol{E}_{in}$、$\boldsymbol{H}_{in}$ 为第 i 个谐振腔中无耦合时的第 n 个固有振荡模式的场，则它们必满足麦克斯韦方程：

$$\begin{cases}\nabla\times\boldsymbol{E}_{in}=-\mathrm{j}\omega_{in}\mu\boldsymbol{H}_{in}\\ \nabla\times\boldsymbol{H}_{in}=\mathrm{j}\omega_{in}\varepsilon\boldsymbol{E}_{in}\end{cases}\tag{10.6.3}$$

式中，ω_{in} 为相应的固有谐振频率.

在腔壁上，必须满足边界条件

$$\begin{cases}\boldsymbol{n}_i\times\boldsymbol{E}_{in}=0\\ \boldsymbol{n}_i\cdot\boldsymbol{H}_{in}=0\end{cases}\tag{10.6.4}$$

式中，$\boldsymbol{n}_i$ 为外法线方向单位矢量.

利用方程(10.6.3)与边界条件式(10.6.4)，不难证明以下正交性：

$$\iiint_V\varepsilon_0\boldsymbol{E}_{in}\cdot\boldsymbol{E}_{im}^*\mathrm{d}V=\begin{cases}0(m\neq n)\\ 2W_{in}(m=n)\end{cases}\tag{10.6.5}$$

及

$$\iiint_V\mu_0\boldsymbol{H}_{in}\cdot\boldsymbol{H}_{im}^*\mathrm{d}V=\begin{cases}0(m\neq n)\\ 2W_{in}(m=n)\end{cases}\tag{10.6.6}$$

式中，W_{in} 为谐振腔体积 V 内的电磁储能.

斯拉特等人证明，当谐振腔无外界耦合和激励时，上述正规模式展开组成一个正交完备系.

泰奇曼和威格纳指出，当谐振腔有外界耦合时，以上仅由有旋场的展开式就不能构成完备系，此时必须加上无旋场：

$$\begin{cases}\boldsymbol{E}=\sum\limits_n e_{in}\boldsymbol{E}_{in}+\boldsymbol{E}_{i0}\\ \boldsymbol{H}=\sum\limits_n h_{in}\boldsymbol{H}_{in}+\boldsymbol{H}_{i0}\end{cases}\tag{10.6.7}$$

有旋场及无旋场分别满足：

$$\begin{cases}\nabla\cdot(\varepsilon_0\boldsymbol{E}_{in})=0\\ \nabla\cdot(\mu_0\boldsymbol{H}_{in})=0\end{cases}\tag{10.6.8}$$

及

$$\begin{cases}\boldsymbol{E}_{i0}=\nabla\phi_i\\ \boldsymbol{H}_{i0}=\nabla\psi_i\end{cases}\tag{10.6.9}$$

即可以将无旋场表示为某标量函数的梯度.

可以证明，当谐振腔仅仅通过隙缝耦合时，则无旋场 $\boldsymbol{E}_{i0}=0$，仅有无旋场 $\boldsymbol{H}_{i0}$. 因此对于隙缝耦合谐振腔，展开式可以写成

$$\begin{cases}\boldsymbol{E}_i=\sum\limits_n e_{in}\boldsymbol{E}_{in}\\ \boldsymbol{H}_i=\sum\limits_n h_{in}\boldsymbol{H}_{in}+\nabla\psi_i\end{cases}\tag{10.6.10}$$

现在来求展开式中的展开系数 e_{in} 与 h_{in}. 对于腔的固有振荡模式，我们有

$$\begin{cases}\nabla\times\boldsymbol{E}_{in}=-\mathrm{j}\omega_{in}\mu\boldsymbol{H}_{in}\\ \nabla\times\boldsymbol{H}_{in}=\mathrm{j}\omega_{in}\varepsilon\boldsymbol{E}_{in}\\ \nabla\times\boldsymbol{E}_{in}^*=\mathrm{j}\omega_{in}\mu\boldsymbol{H}_{in}^*\\ \nabla\times\boldsymbol{H}_{in}^*=-\mathrm{j}\omega_{in}\varepsilon\boldsymbol{E}_{in}^*\end{cases}\tag{10.6.11}$$

对于谐振腔，边界条件可以写成

$$\begin{cases} \boldsymbol{n}_i \times \boldsymbol{E}_{in} = 0 \\ \boldsymbol{n}_i \cdot \boldsymbol{H}_{in} = 0 \\ S = S_i, S_i', S_i'' \end{cases} \tag{10.6.12}$$

式中，S_i' 与 S_i'' 分别为与前腔和后腔相耦合的隙缝公共表面；S_i 为其余表面.

耦合腔中待求场为 $\boldsymbol{E}_i$、$\boldsymbol{H}_i$，显然 $\boldsymbol{E}_i$、$\boldsymbol{H}_i$ 亦满足麦克斯韦方程，而边界条件则应写成

$$\begin{cases} \boldsymbol{n}_i \times \boldsymbol{E}_i = 0 \\ \boldsymbol{n}_i \cdot \boldsymbol{H}_i = 0 \\ S_i = S - S_i' - S_i'' \end{cases} \tag{10.6.13}$$

利用固有振荡模式(特征函数)的正交性，不难求得方程(10.6.10)中的展开系数：

$$\begin{cases} e_{in} = \dfrac{\iiint\limits_V \varepsilon \boldsymbol{E}_i \cdot \boldsymbol{E}_{in}^* \mathrm{d}V}{\iiint\limits_V \varepsilon \boldsymbol{E}_{in} \cdot \boldsymbol{E}_{in}^* \mathrm{d}V} \\ h_{in} = \dfrac{\iiint\limits_V \mu \boldsymbol{H}_i \cdot \boldsymbol{H}_{in}^* \mathrm{d}V}{\iiint\limits_V \mu \boldsymbol{H}_{in} \cdot \boldsymbol{H}_{in}^* \mathrm{d}V} \end{cases} \tag{10.6.14}$$

为了求表达式(10.6.14)，考虑以下积分：

$$\iiint\limits_V \nabla \cdot (\boldsymbol{E}_i \times \boldsymbol{H}_{in}^*) \mathrm{d}V = \iiint\limits_V [\boldsymbol{H}_{in}^* \cdot \nabla \times \boldsymbol{E}_i - \boldsymbol{E}_i \cdot \nabla \times \boldsymbol{H}_{in}^*] \mathrm{d}V \tag{10.6.15}$$

将式(10.6.11)代入式(10.6.15)，并利用边界条件与散度定理，可以得到

$$\begin{gathered} \iiint\limits_V \nabla \cdot (\boldsymbol{E}_i \times \boldsymbol{H}_{in}^*) \mathrm{d}V = \mathrm{j}\omega_{in} \iiint\limits_V \varepsilon \boldsymbol{E}_i \cdot \boldsymbol{E}_{in}^* \mathrm{d}V - \mathrm{j}\omega \iiint\limits_V \mu \boldsymbol{H}_i \cdot \boldsymbol{H}_{in}^* \mathrm{d}V \\ \iint\limits_{S_i' + S_i''} [\boldsymbol{E}_i \times \boldsymbol{H}_{in}^*] \cdot \boldsymbol{n}_i \mathrm{d}S = \mathrm{j}\omega_{in} \iiint\limits_V \varepsilon \boldsymbol{E}_i \cdot \boldsymbol{E}_{in}^* \mathrm{d}V - \mathrm{j}\omega \iiint\limits_V \mu \boldsymbol{H}_i \cdot \boldsymbol{H}_{in}^* \mathrm{d}V \end{gathered} \tag{10.6.16}$$

同样可得

$$\begin{gathered} \iint\limits_S [\boldsymbol{E}_{in}^* \times \boldsymbol{H}_i]_{n_i} \mathrm{d}S = \mathrm{j}\omega_{in} \iiint\limits_V \mu \boldsymbol{H}_i \cdot \boldsymbol{H}_{in}^* \mathrm{d}V - \mathrm{j}\omega \iiint\limits_V \varepsilon \boldsymbol{E}_i \cdot \boldsymbol{E}_{in}^* \mathrm{d}V \\ 0 = \mathrm{j}\omega_{in} \iiint\limits_V \mu \boldsymbol{H}_i \cdot \boldsymbol{H}_{in}^* \mathrm{d}V - \mathrm{j}\omega \iiint\limits_V \varepsilon \boldsymbol{E}_i \cdot \boldsymbol{E}_{in}^* \mathrm{d}V \end{gathered} \tag{10.6.17}$$

利用式(10.6.16)与式(10.6.17)，可求得

$$\begin{cases} e_{in} = \dfrac{\mathrm{j}\omega_{in}}{\omega^2 - \omega_{in}^2} \cdot \dfrac{\iint\limits_{S_i'' + S_i} [\boldsymbol{E}_i \times \boldsymbol{H}_{in}^*] \cdot \boldsymbol{n}_i \mathrm{d}S}{2W_{in}} \\ h_{in} = \dfrac{\mathrm{j}\omega}{\omega^2 - \omega_{in}^2} \cdot \dfrac{\iint\limits_{S_i' + S_i''} [\boldsymbol{E}_i \times \boldsymbol{H}_{in}^*] \cdot \boldsymbol{n}_i \mathrm{d}S}{2W_{in}} \end{cases} \tag{10.6.18}$$

式中

$$W_{in} = \frac{1}{2} \iiint\limits_V \varepsilon \boldsymbol{E}_{in} \cdot \boldsymbol{E}_{in}^* \mathrm{d}V = \frac{1}{2} \iiint\limits_V \mu \boldsymbol{H}_{in} \cdot \boldsymbol{H}_{in}^* \mathrm{d}V \tag{10.6.19}$$

这样，就求得了有旋场的展开式. 关于无旋场，因为 $\nabla \cdot \boldsymbol{H}_i = 0$，故无旋场的位函数 ψ_i 应满足

$$\nabla^2 \psi_i = 0 \tag{10.6.20}$$

并满足边界条件(在 $S_i'+S_i''$ 上)

$$\boldsymbol{n}_i\cdot\nabla\psi_i=\boldsymbol{n}_i\cdot\boldsymbol{H}_i \tag{10.6.21}$$

由以上的推导得到的重要结果是,对于隙缝耦合谐振腔慢波系统,有旋场展开系数均取决于积分

$$\iint_{S_i'+S_i''}[\boldsymbol{E}_i\times\boldsymbol{H}_m^*]\cdot\boldsymbol{n}_i\mathrm{d}S$$

积分是在耦合隙缝上进行的,这一点对以后的讨论是很重要的.

10.7 对称耦合腔链的色散方程

为了明显起见,我们先分析两个相耦合的谐振腔,如图 10.7.1 所示. 为了简单起见,假定两个谐振腔是同样的. 当无耦合孔时,即当耦合孔"封闭"时,腔的固有谐振频率为 ω_1. 如前所述,对固有振荡模式(闭路模式)有

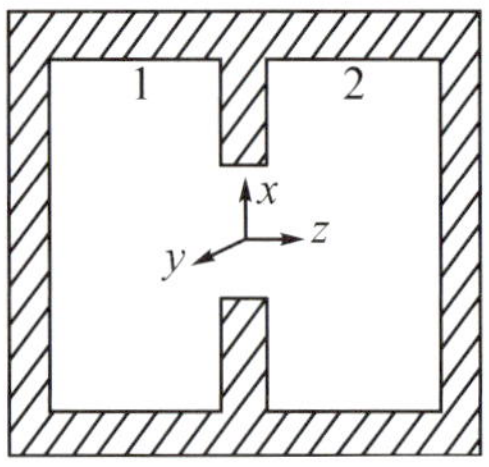

图 10.7.1　相耦合的两个谐振腔

$$\begin{cases}\nabla\times\boldsymbol{E}_1=-\mathrm{j}\omega_1\mu\boldsymbol{H}_1\\ \nabla\times\boldsymbol{H}_1=\mathrm{j}\omega_1\varepsilon\boldsymbol{E}_1\end{cases} \tag{10.7.1}$$

边界条件是(在 S 上)

$$\boldsymbol{E}_1\times\boldsymbol{n}=0 \tag{10.7.2}$$

为了简化书写,引入归一化条件

$$W_1=\iiint_V\varepsilon\boldsymbol{E}_1\cdot\boldsymbol{E}_1^*\mathrm{d}V=\iiint_V\mu\boldsymbol{H}_1\cdot\boldsymbol{H}_1^*\mathrm{d}V=1 \tag{10.7.3}$$

则由式(10.6.18)可得到

$$e_1(\omega^2-\omega_1^2)=\mathrm{j}\omega_1\iint_{S_i'+S_i''}[\boldsymbol{E}\times\boldsymbol{H}_1^*]\cdot\boldsymbol{n}\mathrm{d}S \tag{10.7.4}$$

对于图 10.7.1 所示的结构,可以得到

$$\iint_{孔}[\boldsymbol{E}\times\boldsymbol{H}_1^*]\cdot\boldsymbol{n}\mathrm{d}S=\iint_{孔}[\boldsymbol{E}_t\times\boldsymbol{H}_{1t}^*]\cdot\boldsymbol{i}_z\mathrm{d}S \tag{10.7.5}$$

式中,$\boldsymbol{E}_t$、$\boldsymbol{H}_{1t}^*$ 表示 $\boldsymbol{E}$、$\boldsymbol{H}_1^*$ 的切向分量;$\boldsymbol{i}_z$ 表示 z 向的单位矢量.

但 $\boldsymbol{E}_t$ 可以写成

$$\boldsymbol{E}_t=e_1^{(1)}\boldsymbol{E}_{1t}-e_1^{(2)}\boldsymbol{E}_{1t} \tag{10.7.6}$$

式中,$e_1^{(1)}$、$e_1^{(2)}$ 表示第一腔及第二腔中电场的展开系数.

当相邻两腔内相移 $\phi=0$ 时,即闭路时,隙缝上无切向电场,因此 $\boldsymbol{E}_t=0$. 而当 $\phi=\pi$ 时,在隙缝口电场最大,这时 $e_1^{(1)}=-e_1^{(2)}$,所以

$$\boldsymbol{E}_t=2e_1^{(1)}\boldsymbol{E}_{1t} \tag{10.7.7}$$

将式(10.7.6)代入式(10.7.4),得

$$e_1(\omega^2-\omega_1^2)=\mathrm{j}\omega_1\iint\limits_{S'_i+S''_i}(e_1^{(1)}\boldsymbol{E}_{1t}-e_1^{(2)}\boldsymbol{E}_{1t})\times\boldsymbol{H}_{1t}^*\cdot\boldsymbol{i}_z\mathrm{d}S \tag{10.7.8}$$

因此问题在于求积分

$$\iint\limits_{S'_i+S''_i}(\boldsymbol{E}_{1t}\times\boldsymbol{H}_{1t}^*)\cdot\boldsymbol{i}_z\mathrm{d}S \tag{10.7.9}$$

为了求得上述积分，按照前面所述，如果令 $\phi=\pi$，即所谓“开路”（耦合孔开路）时，腔中振荡模式的电场为 $\boldsymbol{E}_{1r}^0$，则有

$$\frac{1}{2}\boldsymbol{E}_{1t}^0=\boldsymbol{E}_{1t} \tag{10.7.10}$$

代入式(10.7.9)，即得

$$\iint\limits_{S'_i+S''_i}(\boldsymbol{E}_{1t}\times\boldsymbol{H}_{1t}^*)\cdot\boldsymbol{i}_z\mathrm{d}S=\frac{1}{2}\iint\limits_{S'_i+S''_i}(\boldsymbol{E}_{1t}^0\times\boldsymbol{H}_{1t}^*)\cdot\boldsymbol{i}_z\mathrm{d}S \tag{10.7.11}$$

注意，在式(10.7.11)中，$\boldsymbol{E}_{1t}^0$ 是开路电场，而 $\boldsymbol{H}_{1t}^*$ 为闭路磁场. 可见积分式(10.7.11)是由开路和闭路场求出的.

在以上的讨论中，我们仅考虑单一个振荡模式，这显然只是在窄频带内才是正确的.

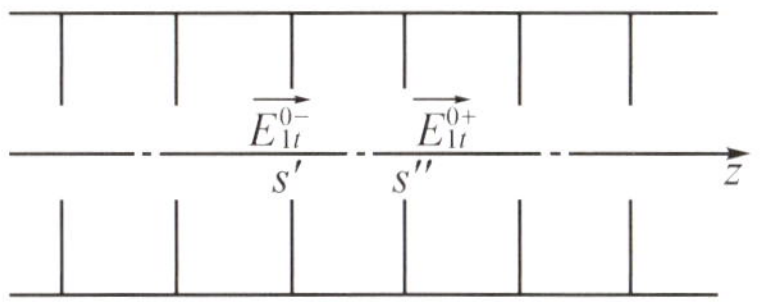

图 10.7.2　耦合腔链示意图

以上仅考虑两个腔相耦合的情况，现在考虑无限个腔耦合成耦合腔链的情况. 按弗洛奎定理，如令第一个腔内开路场为 $\boldsymbol{E}_1$、$\boldsymbol{H}_1$，则第二个腔内开路场即为 $\boldsymbol{E}_1\mathrm{e}^{-\mathrm{j}\phi}$、$\boldsymbol{H}_1\mathrm{e}^{-\mathrm{j}\phi}$，如此等等. 如图 10.7.2 所示，在耦合腔链的情况下，积分式(10.7.8)可以写成

$$\begin{aligned}e_1(\omega_1^2-\omega^2)=&-\mathrm{j}\omega_1\iint\limits_{S''}\frac{e_1^0}{2}(\boldsymbol{E}_{1t}^0+\mathrm{e}^{-\mathrm{j}\phi}\boldsymbol{E}_{1t}^{0+})\times\boldsymbol{H}_{1t}^*\cdot\boldsymbol{i}_z\mathrm{d}S\\&-\mathrm{j}\omega_1\iint\limits_{S'}\frac{e_1^0}{2}(E_{1t}^0+\mathrm{e}^{+\mathrm{j}\phi}E_{1t}^{0-})\times \mathrm{H}_{1t}^*\cdot(-\boldsymbol{i}_z)\mathrm{d}S\end{aligned} \tag{10.7.12}$$

式中，e_1^0 表示相应于开路模式的展开系数. e_1^0 可能与 e_1 有所不同.

如令

$$M_{11}=\mathrm{j}\iint\limits_{S'}(\boldsymbol{E}_{1t}^0\times\boldsymbol{H}_1^*)\cdot\boldsymbol{i}_z\mathrm{d}S \tag{10.7.13}$$

代入方程式(10.7.12)，就可以得到

$$e_1(\omega_1^2-\omega^2)=M_{11}\omega_1(1-\cos\phi)e_1^0 \tag{10.7.14}$$

在得到式(10.7.14)时，考虑到各腔中场在隙缝处有如下关系：

$$\begin{cases}\boldsymbol{E}_{1t}^0=-\boldsymbol{E}_{1t}^{0+} & (\text{在 } S''\text{ 面上})\\ \boldsymbol{E}_{1t}^0=-\boldsymbol{E}_{1t}^{0-} & (\text{在 } S'\text{ 面上})\end{cases} \tag{10.7.15}$$

如果近似假定开路及闭路时谐振腔内场强近似不变，即

$$e_1\boldsymbol{E}_1\approx e_1^0\boldsymbol{E}_1^0 \tag{10.7.16}$$

并利用归一化条件式(10.7.3)，有

$$e_1\approx e_1^0\iiint\limits_V\varepsilon\boldsymbol{E}_1^*\cdot\boldsymbol{E}_1^0\mathrm{d}V \tag{10.7.17}$$

令

$$T_{11}=\iiint_V \varepsilon \boldsymbol{E}_1^* \cdot \boldsymbol{E}_1^0 \mathrm{d}V \tag{10.7.18}$$

则有

$$e_1=e_1^0 T_{11} \tag{10.7.19}$$

代入式(10.7.14)，可得

$$T_{11}(\omega_1^2-\omega^2)=M_{11}\omega_1(1-\cos\phi) \tag{10.7.20}$$

方程(10.7.20)就是耦合腔链的色散方程.

当 $\phi=\pi$ 时，式(10.7.20)给出

$$T_{11}(\omega_1^2-\omega_\pi^2)=2M_{11}\omega_1 \tag{10.7.21}$$

于是可将色散方程写成

$$\omega_1^2-\omega^2=\frac{1}{2}(\omega_1^2-\omega_\pi^2)(1-\cos\phi) \tag{10.7.22}$$

式中，$\omega=\omega_\pi$ 是 $\phi=\pi$ 时的截止频率.

以上是通过开路电场计算积分. 当耦合孔处电场很小而磁场很强时，应当通过闭路磁场来求积分. 考虑到闭路磁场的对称条件：

$$\begin{cases}\boldsymbol{H}_{1t}=-\boldsymbol{H}_1^+ & (\text{在 } S''\text{面上})\\ \boldsymbol{H}_{1t}=-\boldsymbol{H}_1^- & (\text{在 } S'\text{面上})\\ (H_{1t})s'=-(H_{1t})s'' \end{cases} \tag{10.7.23}$$

则按照上面同样的方法可以得到

$$(\omega_2^2-\omega^2)e_2=\omega_2 M_{22}(1+\cos\phi)e_2^s \tag{10.7.24}$$

式中

$$M_{22}=\iint_{S'} \boldsymbol{E}_{2t}\times\boldsymbol{H}_2^{s*}\cdot\boldsymbol{i}_z \mathrm{d}S \tag{10.7.25}$$

下标"2"表示另一个通带，上标"s"表示闭路模.

按照同样的方法，可以将色散方程写成如下形式：

$$\omega_2^2-\omega^2=\frac{1}{2}(\omega_2^2-\omega_0^2)(1+\cos\phi) \tag{10.7.26}$$

式中，ω_0 为 $\phi=0$ 时的截止频率.

不难看到，方程(10.7.22)所表示的色散是正色散、前向波，而方程(10.7.26)所表示的是负色散、返向波.

10.8 强耦合谐振腔链的近似解

在微波管中应用的耦合腔链，一般耦合都很强，频带较宽，所以并不能直接引用 10.7 节的结果. 为了研究强耦合腔链，我们从基本方程式(10.6.18)～式(10.6.21)出发，可以得到

$$\boldsymbol{H}_i=\sum_n \frac{\mathrm{j}\omega\boldsymbol{H}_{in}}{\omega^2-\omega_{in}^2}\left[\frac{\iint_{S_i'+S_i''}(\boldsymbol{E}_i\times\boldsymbol{H}_{in}^*)\cdot\boldsymbol{n}_i\mathrm{d}S}{2W_{in}}\right]+\nabla\psi_i=\sum_n h_{in}\boldsymbol{H}_{in}+\nabla\psi_i \tag{10.8.1}$$

开始时，我们略去无旋场. 同 10.7 节所述一样，腔中的场可以通过隙缝上的切向电场来计算，式中，$\boldsymbol{H}_{in}$ 为闭腔中的固有振荡(特征函数). 问题仍在于求隙缝上的切向电场.

在微波管中所用的耦合腔链，耦合隙缝一般都是狭长的，因此可以把隙缝看作一种传输线. 设 d 是隙缝宽度，则当 $d \ll \lambda_0$ 时，这种传输线上传播的波是 TEM 波. 这样，隙缝就被看作两端短路的 TEM 波传输线. 这就是阿伦及肯诺(1960)的分析方法. 隙缝的形状、尺寸如图 10.8.1 所示. 隙缝中的切向电场是腔体的磁场所激励起的，因此就相当于有一外来电流激励传输线的情况. 所以隙缝的等效电路就如图 10.8.2 所示. 为了能写出所求的传输线方程，可以把电流分成两个部分：一部分电流 I 沿隙缝长度流动，由隙缝上的法向磁场决定；另一部分电流为 J_y，由隙缝处纵向磁场确定. 这样在第 i 个谐振腔与第$(i-1)$个谐振腔的公共壁上，激励电流 J_y 就可以通过以下方程写出：

$$J_y = J_{(i-1)y} + J_{iy} = \{[\boldsymbol{n}_i \times \boldsymbol{H}_i]_{s'i} + [\boldsymbol{n}_i \times \boldsymbol{H}_{i-1}]_{s''i}\}_y \tag{10.8.2}$$

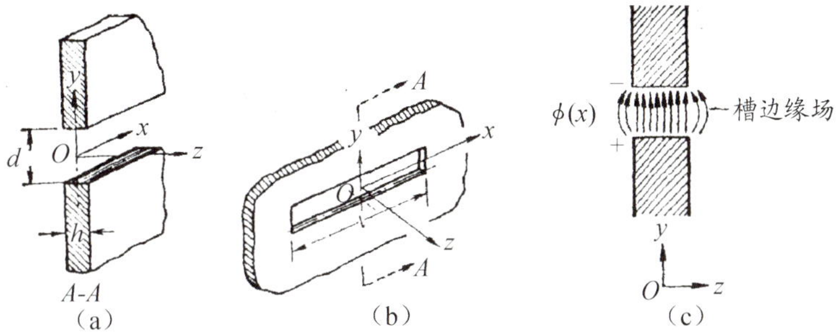

图 10.8.1　长耦合隙缝图

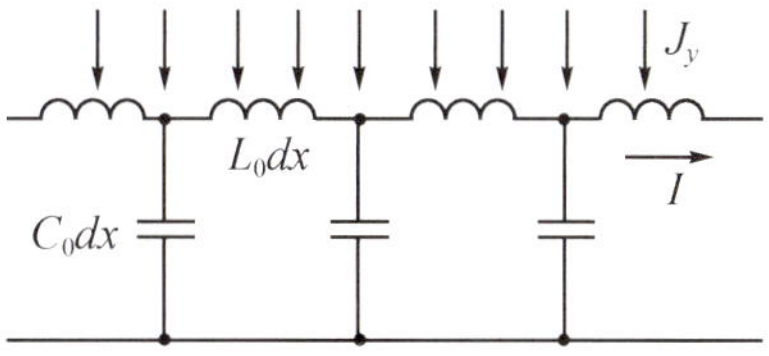

图 10.8.2　隙缝的等效电路

而线路方程就可写成

$$\begin{cases} \dfrac{\partial \phi}{\partial x} = -j\omega L_0 I \\ \dfrac{\partial I}{\partial x} = -j\omega C_0 \phi + J_y \end{cases} \tag{10.8.3}$$

边界条件是

$$x = \pm \frac{l}{2}, \phi = 0 \tag{10.8.4}$$

由式(10.8.3)可以得到关于 $\phi(x)$的方程：

$$\frac{\partial^2 \phi}{\partial x^2} + k^2 \phi = -jkZ_0 J_y \tag{10.8.5}$$

式中，Z_0 为线的特征阻抗：

$$Z_0 = \sqrt{\frac{L_0}{C_0}} \tag{10.8.6}$$

如果隙缝宽度及厚度均很小，则 ϕ 仅与 x 有关，因此方程(10.8.5)是一个二阶非齐次常微分方程，其解可写成以下形式：

$$\begin{aligned} \phi(x) = & \frac{\sin k\left(\frac{l}{2} - x\right)}{k \sin kl} \int_{-\frac{l}{2}}^{x} \sin k\left(\frac{l}{2} + \xi\right)\left[-jkZ_0 J_y\left(\frac{l}{2} + \xi\right)\right] d\xi \\ & + \frac{\sin k\left(\frac{l}{2} + x\right)}{k \sin kl} \int_{x}^{\frac{l}{2}} \sin k\left(\frac{l}{2} - \xi\right)\left[-jkZ_0 J_y\left(\frac{l}{2} - \xi\right)\right] d\xi \end{aligned} \tag{10.8.7}$$

这样,问题可归结为求激励电流 J_y. 激励电流 J_y 可以按方程(10.8.2)计算,于是可得

$$J_y=\left\{\left[\boldsymbol{n}_i\times\sum_n h_{in}\boldsymbol{H}_{in}\right]_{S'_i}+\left[\boldsymbol{n}_i\times\sum_n h_{(i-1)n}\boldsymbol{H}_{(i-1)n}\right]_{S''_i}\right\}_y \tag{10.8.8}$$

如令

$$\left.\begin{aligned}J'_{in}&=(\boldsymbol{n}_i\times\boldsymbol{H}_{in})_{S'_i}\\ J''_{(i-1)n}&=(\boldsymbol{n}_i\times\boldsymbol{H}_{(i-1)n})_{S''_i}\end{aligned}\right\} \tag{10.8.9}$$

这样,式(10.8.8)就可简化为

$$J_y=\sum_n h_{in}J'_{iny}+\sum_n h_{(i-1)n}J''_{(i-1)ny} \tag{10.8.10}$$

按弗洛奎定理,有

$$h_{(i-1)n}=h_{in}\mathrm{e}^{\mathrm{j}\beta L} \tag{10.8.11}$$

另外,如果各个谐振腔都是相同的、对称的,则有

$$J''_{in}=J''_{(i-1)n}=\pm J'_{in} \tag{10.8.12}$$

方程中的"±"号选择须视腔内场的具体结构而定. 利用以上所述,就可以将 J_y 简化为

$$J_y=\sum_n h_{in}(1\pm\mathrm{e}^{\mathrm{j}\beta L})J'_{iny} \tag{10.8.13}$$

在方程(10.8.13)中包含有展开系数 h_{in},利用关系式(10.8.9),可将展开系数 h_{in} 的表示式(10.6.18)写成

$$h_{in}=\frac{-\mathrm{j}\omega}{\omega^2-\omega_{in}^2}\cdot\frac{\iint_{S''_i}\boldsymbol{E}_i\cdot\boldsymbol{J}''^*_{in}\,\mathrm{d}S+\iint_{S'_i}\boldsymbol{E}_i\cdot\boldsymbol{J}'^*_{in}\,\mathrm{d}S}{2W_{in}} \tag{10.8.14}$$

再利用弗洛奎定理及关系式(10.8.12),可得

$$h_{in}=\frac{-\mathrm{j}\omega}{\omega^2-\omega_{in}^2}\cdot\frac{\iint_{S'_i}\boldsymbol{E}_i\cdot\boldsymbol{J}'^*_{in}(1\pm\mathrm{e}^{-\mathrm{j}\beta L}\,\mathrm{d}S)}{2W_{in}} \tag{10.8.15}$$

现在假定 J'_{in} 仅与坐标 x 有关,于是

$$\iint_{S'_i}\boldsymbol{E}_i\cdot\boldsymbol{J}'^*_{in}(1\pm\mathrm{e}^{-\mathrm{j}\beta L})\mathrm{d}S=\int_{-\frac{d}{2}}^{\frac{d}{2}}\int_{-\frac{l}{2}}^{\frac{l}{2}}\boldsymbol{E}_i\cdot\boldsymbol{J}'^*_{in}(1\pm\mathrm{e}^{-\mathrm{j}\beta L})\mathrm{d}x\mathrm{d}y=(1\pm\mathrm{e}^{-\mathrm{j}\beta L})\int_{-\frac{l}{2}}^{\frac{l}{2}}\phi_i J'^*_{iny}\mathrm{d}x \tag{10.8.16}$$

式中

$$\phi_i=-\int_{-\frac{d}{2}}^{\frac{d}{2}}E_{iy}\mathrm{d}y$$

最后得到

$$h_{in}=\frac{\mathrm{j}\omega}{\omega^2-\omega_{in}^2}\cdot\frac{(1\pm\mathrm{e}^{-\mathrm{j}\beta L})\int_{-\frac{l}{2}}^{\frac{l}{2}}\phi_i J'^*_{iny}\mathrm{d}x}{2W_{in}} \tag{10.8.17}$$

将所求得的 h_{in} 代入式(10.8.13),得

$$J_y=\sum_n\frac{\mathrm{j}\omega(1\pm\cos\beta L)J'_{iny}\int_{-\frac{l}{2}}^{\frac{l}{2}}\phi_i J'^*_{iny}\mathrm{d}x}{(\omega^2-\omega_{in}^2)W_{in}} \tag{10.8.18}$$

这样我们就得到了激励电流 J_y,可以看到 J_y 又是通过 $\phi_i(x)$ 来表示的. 于是我们得到了两个方程:方程(10.8.7)表示激励电流对线的作用,将线上电位通过激励电流来表示;方程(10.8.18)则表示腔中场在隙缝上产生的电流,此电流是通过线上电位来表示的,这电流又正是激励隙缝中场的电流. 这样传输线上问题的解就必须联解方程(10.8.7)和方程(10.8.18). 将方程(10.8.7)代入方程(10.8.18),可以得到

$$J_y=\sum\frac{\mathrm{j}\omega(1\pm\cos\beta L)}{(\omega^2-\omega_{in}^2)W_{in}}\int_{-\frac{l}{2}}^{\frac{l}{2}}\mathrm{d}x\left\{J'^*_{iny}\left\{\frac{\sin k\left(\frac{l}{2}-x\right)}{k\sin kl}\right.\right.$$

$$\cdot\int_{-\frac{l}{2}}^{x}\sin k\left(\frac{l}{2}+\xi\right)\left[-\mathrm{j}kZ_0J_y\left(\frac{l}{2}+\xi\right)\right]\mathrm{d}\xi+\frac{\sin k\left(\frac{l}{2}+x\right)}{k\sin kl}$$

$$\left.\left.\cdot\int_{x}^{\frac{l}{2}}\sin k\left(\frac{l}{2}-\xi\right)\cdot\left[-\mathrm{j}kZ_0J_y\left(\frac{l}{2}-\xi\right)\right]\mathrm{d}\xi\right\}\right\}\tag{10.8.19}$$

所得到的方程(10.8.19)是一个第二类弗雷德霍姆积分方程. 求解方程(10.8.19)相当困难. 阿伦及肯诺建议用以下变分形式求解. 为此将所求得的激励电流 J_y 直接代入传输线方程(10.8.5),得到

$$\frac{\partial^2\phi_i}{\partial x^2}+k^2\phi_i=kZ_0\sum_n\frac{\omega(1\pm\cos\beta L)J'_{iny}\int_{-\frac{l}{2}}^{\frac{l}{2}}\phi_iJ'^*_{iny}\mathrm{d}x}{(\omega^2-\omega_{in}^2)W_{in}}\tag{10.8.20}$$

以 ϕ_i^* 乘式(10.8.20),并在隙缝上积分一次,利用部分积分,最后就可以得到

$$\frac{\omega^2}{c^2}\cdot\int_{-\frac{l}{2}}^{\frac{l}{2}}\phi_i\phi_i^*\mathrm{d}x-\int_{-\frac{l}{2}}^{\frac{l}{2}}\frac{\partial\phi_i}{\partial x}\cdot\frac{\partial\phi_i^*}{\partial x}\mathrm{d}x=\frac{Z_0}{c}\cdot\sum_n\frac{\omega^2(1\pm\cos\beta L)}{(\omega^2-\omega_{in}^2)W_{in}}\cdot\int_{-\frac{l}{2}}^{\frac{l}{2}}J'_{iny}\phi_i^*\mathrm{d}x\cdot\int_{-\frac{l}{2}}^{\frac{l}{2}}\phi_iJ'^*_{iny}\mathrm{d}x\tag{10.8.21}$$

并且有

$$\phi_{\left(\pm\frac{l}{2}\right)}=0\tag{10.8.22}$$

可以证明,当条件式(10.8.22)满足时,有

$$\frac{\delta(\omega^2)}{\delta\phi_i}=0\tag{10.8.23}$$

即方程(10.8.21)是一种变分表示式. 通过式(10.8.21)计算时,ϕ_i 的改变所引起的 ω^2 的改变为 ϕ_i 改变的二阶小量. 这样,我们求解积分方程(10.8.20)或变分方程(10.8.21)就可以得到隙缝耦合腔链慢波系统的色散特性. 以上计算还未考虑到无旋场的影响.

我们来通过具体计算,进一步说明所述结果. 现在考虑一个如图 10.8.3 所示的耦合腔链. 为简单起见,仅考虑基本振荡模式 TM_{010},而略去其余全部高次模式. 这样,固有模式的特征函数就为

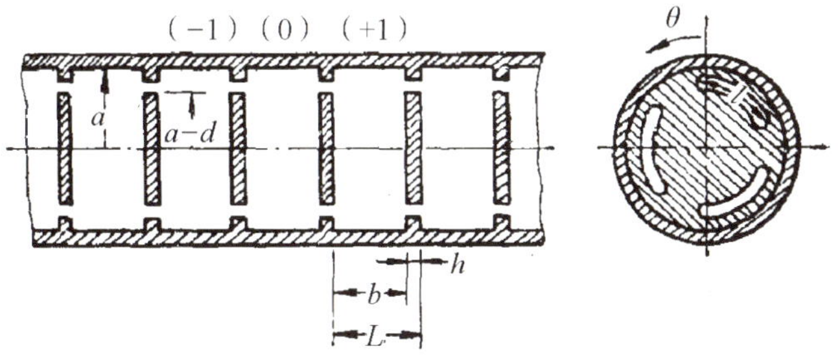

图 10.8.3　长隙缝耦合腔结构

$$\begin{cases}E_{z1}=E_0\mathrm{J}_0(\gamma_1'r)\\ H_{\varphi1}=\dfrac{\mathrm{j}E_0}{\sqrt{\dfrac{\mu_0}{\varepsilon_0}}}\mathrm{J}_1(r_1'r)\end{cases}\tag{10.8.24}$$

式中,$\gamma_1'=p_{01}/a=2.405/a$,而 p_{01} 是零阶贝塞尔函数的第一个根.

可见,基本模式的场沿角向无变化. 在以上讨论的坐标系统中,就表示场及电流沿 x 无变化. 如果假定腔中的场仅由基本模式场组成,则将式(10.8.24)代入式(10.8.9),可以求出电流 J_i' 及 J''_{i-1},然后代入式(10.8.7)可以求出传输线上的电位 $\phi(x)$:

$$\phi(x)=\frac{-\mathrm{j}Z_0}{k}J_y\left(1-\frac{\cos kx}{\cos kl/2}\right) \tag{10.8.25}$$

再代入方程(10.8.18),即得色散方程

$$\frac{\Omega_1(1-\Omega_1^2)}{\tan\left(\frac{\rho\Omega_1\pi}{2}\right)-\frac{\rho\Omega_1\pi}{2}}=\alpha_\pi\sin^2\frac{\beta L}{2}=\alpha \tag{10.8.26}$$

式中

$$\alpha_\pi=\frac{4J_y^2Z_0c^2}{W_1\omega_c^2} \tag{10.8.27}$$

$$\begin{cases}\rho=\dfrac{\omega_c}{\omega_s}\\ \Omega_1=\dfrac{\omega}{\omega_c}\end{cases} \tag{10.8.28}$$

式中,ω_c 为腔谐振角频率;ω_s 为槽谐振角频率;c 为真空中的光速.

色散方程(10.8.26)对于给定的 α_π 值,都有一组解.当 $\alpha_\pi\sin^2\beta L/2=0$ 时,$\beta L=0$,有

$$\Omega_1=1,\omega=\omega_c$$

及

$$\rho\Omega_1=1,\omega=\omega_s$$

这样,方程(10.8.26)的解就给出隙缝耦合腔的各个通带,以 ω_c 为基础的通带为腔体通带,而以 ω_s 为基础的通带则为隙缝通带.

方程(10.8.26)表明,色散特性在很大程度上取决于 α_π,α_π 称为耦合系数,按方程(10.8.27)计算.在单一基本模式的近似下有

$$J_y^2=\frac{E_0^2}{\frac{\mu_0}{\varepsilon_0}}\mathrm{J}_1^2(\gamma_1'a) \tag{10.8.29}$$

而

$$W_1=b\int_0^a\frac{\varepsilon_0|E_z|^2}{2}2\pi r\mathrm{d}r \tag{10.8.30}$$

将式(10.8.24)代入式(10.8.30),然后将式(10.8.29)及式(10.8.30)代入式(10.8.27),即可得到

$$\alpha_\pi=\frac{8Z_0c^2}{\frac{\mu_0}{\varepsilon_0}\pi\varepsilon_0ba^2\omega_c^3} \tag{10.8.31}$$

对于 TM_{010} 模式

$$\omega_c^3=\frac{8\pi^2c^3}{17.8a^3} \tag{10.8.32}$$

因此最后可得

$$a_\pi=0.18\left(\frac{a}{b}\right)Z_0/\sqrt{\frac{\mu_0}{\varepsilon_0}} \tag{10.8.33}$$

对于某一具体的耦合腔链的计算结果与实验比较如图 10.8.4 所示,可见计算结果与实验的符合是良好的,但是在隙缝通带上可以看出明显的偏差.实验表明,当隙缝张角 θ 较大以及 $d\approx b$ 时,偏差更加严重.后面将会表明,这种偏差是由于我们在上述分析中略去了无旋场而引起的.我们现在就来考虑这种无旋场的作用.

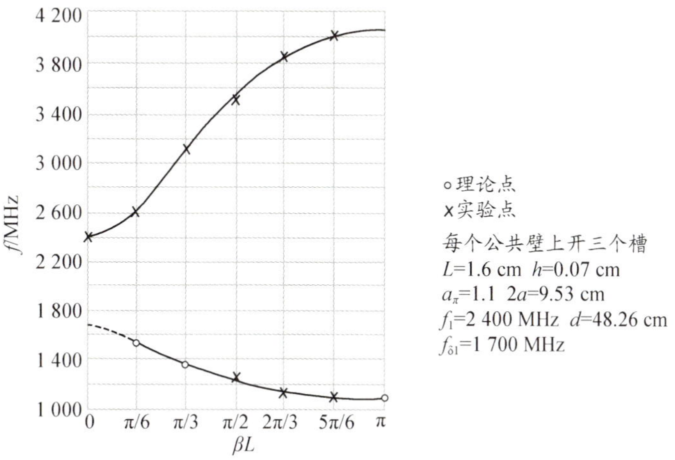

图 10.8.4　隙缝耦合腔链的色散特性

方程(10.8.1)表明,无旋场将提供磁场的另一部分.无旋磁场由下式决定:

$$\begin{cases} \boldsymbol{H}_n = \nabla\psi = \dfrac{\partial \psi}{\partial n} & (\text{在 } S_i' \text{ 与 } S_i'' \text{ 上}) \\ \boldsymbol{H}_n = 0 & (\text{在 } S_i \text{ 上}) \\ \nabla^2 \psi = 0 \end{cases} \tag{10.8.34}$$

前面曾指出,沿隙缝等效传输线流动的电流为 I,因此可以近似认为

$$L_0 I = \mu H_n d \tag{10.8.35}$$

略去场沿隙缝宽度的变化,可以令

$$I = I_0 \sin(ak\varphi) \tag{10.8.36}$$

这样,将式(10.8.35)、式(10.8.36)代入式(10.8.34)的第一式,得

$$\left.\frac{\partial \psi}{\partial z}\right|_{z=L} = \frac{Z_0}{\sqrt{\dfrac{\mu_0}{\varepsilon_0}}} \cdot \frac{I_0}{d} \sin(ak\varphi) \tag{10.8.37}$$

另外,由式(10.8.34)的第三式,ψ 的通解为

$$\psi = \sum_{m,n} A_{mn} \operatorname{ch}(\beta_n z) J_m(\beta_n r) \sin(m\varphi) \tag{10.8.38}$$

这样就可以求出无旋磁场对传输线的附加激励.由式(10.8.34)、式(10.8.35)、式(10.8.38)等求出无旋磁场,然后利用方程(10.8.9)与方程(10.8.13)等,最后求得无旋场的激励电流为

$$J_{y0} = -P \frac{\partial I}{\partial x} + Q \frac{\partial I}{\partial x} \cos(\beta L) \tag{10.8.39}$$

式中

$$\begin{cases} P = \displaystyle\sum_n \frac{B_n}{\operatorname{th} \beta_n L} \\ Q = \displaystyle\sum_n \frac{B_n}{\operatorname{sh} \beta_n L} \\ B_n = \dfrac{Z_0}{\sqrt{\dfrac{\mu_0}{\varepsilon_0}}} \dfrac{\beta_n a}{[(\beta_n a)^2 - 1]} \cdot \left(\dfrac{\sin \dfrac{\beta_n d}{2}}{\dfrac{\beta_n d}{2}} \right)^2 \end{cases} \tag{10.8.40}$$

方程(10.8.40)中,由于每一项均含有因子$\left(\sin \dfrac{\beta_n d}{2} \Big/ \dfrac{\beta_n d}{2}\right)^2$,当 n 增大时,收敛很快,所以在式(10.8.40)中可以仅取一项计算.这样,如果以激励电流

$$J'_y = J_y + J_{y0}$$

代入有关方程,则求得的色散方程就修正为

$$\frac{\Omega_1(1-\Omega_1^2)}{\tan\left(\frac{\rho'\Omega_1\pi}{2}\right)-\left(\frac{\rho'\Omega_1\pi}{2}\right)} = \alpha'_\pi \sin^2\left(\frac{\beta L}{2}\right) \tag{10.8.41}$$

式中

$$\rho' = \rho / \sqrt{1+P-Q\cos(\beta L)} \tag{10.8.42}$$

$$\alpha'_\pi = \alpha_\pi \sqrt{1+P-Q\cos(\beta L)} \tag{10.8.43}$$

在比文西的书中还考虑到对电子通道孔的修正.

以上讨论的是色散特性.对于耦合阻抗也可以进行一些讨论.按定义,n 次空间谐波的耦合阻抗为

$$K_{cn} = \frac{E_{zn}^2}{2\beta_n^2 P} = \frac{E_{zn}^2}{2\beta_n^2 v_g W_1} \tag{10.8.44}$$

式中:E_{zn} 为 n 次谐波的纵向场强;W_1 为单位长度的平均电磁储能.

如令 W_L 为每周期内的电磁储能,则有

$$K_{cn} = \frac{E_{zn}^2 L}{2\beta_n^2 v_g W_L} \tag{10.8.45}$$

由于 β_n 与 v_g 可以由色散特性求出,所以问题就归结为求 E_{zn}^2/W_L.谐振腔中场可展开为

$$\boldsymbol{E} = \left(\sum_n e_{0n}\boldsymbol{E}_{0n}\right) + \boldsymbol{E}' \tag{10.8.46}$$

式中,$\boldsymbol{E}_{0n}$ 相应于 TM_{0n0} 各模式,因为在所考虑的一段频带内,更高的模式可以略去.而 $\boldsymbol{E}'$ 则表示其余的场分量,例如由耦合隙缝引起的附加场.由于 $\boldsymbol{E}'$ 与 $\boldsymbol{E}_{0n}$ 各模式是正交的,因而有

$$W_L = \frac{1}{2}\iiint_{V_i} \varepsilon_0 \sum \boldsymbol{E}\cdot\boldsymbol{E}^*\,\mathrm{d}V = \sum_n e_{0n}^2 W_{0n} + \frac{1}{2}\iiint_{V_i}\varepsilon_0 \boldsymbol{E}'\cdot\boldsymbol{E}'^*\,\mathrm{d}V \tag{10.8.47}$$

式中,W_{0n} 相应于各模式的储能.式(10.8.47)中第二项可认为是隙缝中的储能,可以表示为

$$W_{sE} = \frac{1}{2}\iiint_{V_i}\varepsilon \boldsymbol{E}'\cdot\boldsymbol{E}'^*\,\mathrm{d}V = \frac{1}{2}\int_{-\frac{l}{2}}^{\frac{l}{2}} C_0\phi^2\,\mathrm{d}x \tag{10.8.48}$$

这样,对于具体的结构,W_{0n}、W_{sE} 均可求得,于是耦合阻抗在原则上可以算出.显然,在计算时,必须将电场 E_z 展开成空间谐波.

10.9 隙缝耦合腔链色散特性与耦合阻抗的计算

在本节中,我们将在前面各节的基础上,来研究一下隙缝耦合谐振腔链的计算问题.先考虑色散特性的计算问题.为此将前面各节中所得到的色散特性综合如下.

(1)单周期耦合腔:

$$\cos\phi = 1 + \frac{(1+\omega^2/\omega_c^2)(1-\omega^2/\omega_s^2)}{k_c(1-K)(1-\omega^2/\omega_k^2)} \tag{10.9.1}$$

式中

$$k_c = KL_2/L_1 \tag{10.9.2}$$

$$\omega_k = \sqrt{\frac{1-K}{L_1C_1}} = \omega_c\sqrt{1-K} \tag{10.9.3}$$

(2)双周期耦合腔:

$$\cos\phi=1-\frac{2}{Kk_c}(1-\omega^2/\omega_c^2)(1+k_c-\omega^2/\omega_s^2) \tag{10.9.4}$$

(3)$\omega_s \gg \omega_c$ 时，可以近似得

$$\cos\phi=1-2\frac{\left(\frac{1}{\omega^2}-\frac{1}{\omega_2^2}\right)}{\left(\frac{1}{\omega_1^2}-\frac{1}{\omega_2^2}\right)} \tag{10.9.5}$$

对于单个隙缝，如果隙缝张角为 θ，则近似有

$$\frac{\omega_2}{\omega_1}=\sqrt{\frac{180^\circ}{180^\circ-\theta}} \tag{10.9.6}$$

(4)正电感耦合腔：

$$\frac{\Omega_1(1-\Omega_1^2)}{\tan\left(\frac{\rho'\Omega_1\pi}{2}\right)-\left(\frac{\rho'\Omega_1\pi}{2}\right)}=\alpha'_\pi\sin^2\left(\frac{\beta L}{2}\right) \tag{10.9.7}$$

式中

$$\rho'=\frac{\omega_c}{\omega_s}/\sqrt{1+P-Q\cos(\beta L)}=\frac{\omega_c}{\omega_s'},\Omega_1=\frac{\omega}{\omega_c} \tag{10.9.8}$$

前面三个公式是利用等效网络的方法推得的，后面一个公式是利用场论近似法得到的. 由以上各个方程都可看到，不论利用哪一种方法，首先，都必须计算谐振腔的固有振荡频率 ω_c(一般是基本模式的)；其次，就是计算耦合隙缝的谐振频率 ω_s 以及有关的耦合系数. 下面我们将逐项加以讨论.

先讨论腔体固有谐振频率的计算，为此来看看如图 10.9.1 所示的腔体一般结构. 由图 10.9.1 可见，在一般情况下，腔体属于一种电容性负载的径向线谐振腔. 我们将 r_2 至 r_3 一段看作径向线，而将作用间隙(小于 r_2 的部分)看作电容性负载. 这样，腔体就被看成一端($r=r_3$)短接，另一端($r=r_2$)接有电容负载的径向线谐振腔. 这样就可以计算这种腔的固有振荡频率 ω_c.

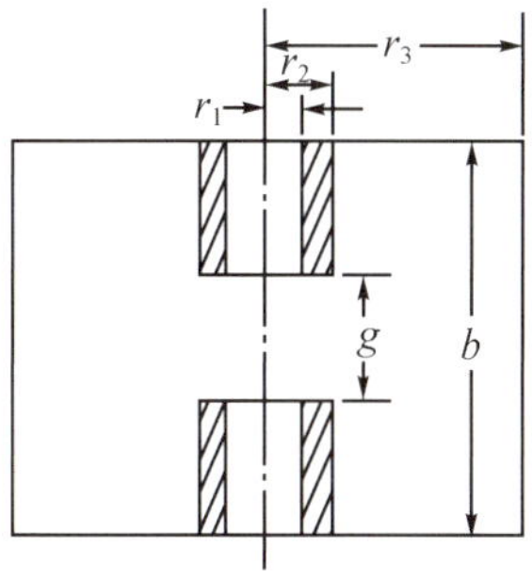

图 10.9.1 耦合腔链的一节腔体图

径向线上场方程可写成

$$\begin{cases} E_z=AH_0^{(1)}(kr)+BH_0^{(2)}(kr) \\ H_\varphi=j\sqrt{\frac{\varepsilon_0}{\mu_0}}[AH_1^{(1)}(kr)+BH_1^{(2)}(kr)] \end{cases} \tag{10.9.9}$$

式中，$H_0^{(1)}$、$H_0^{(2)}$、$H_1^{(1)}$、$H_1^{(2)}$ 表示第一类和第二类汉格尔函数.

由于 $r=r_3=a$ 时，有边界条件

$$E_z=0$$

于是可得

$$\frac{A}{B}=-\frac{H_0^{(2)}(ka)}{H_0^{(1)}(ka)} \tag{10.9.10}$$

代入式(10.9.9)，可将场方程写成

$$\begin{cases} E_z=B\left\{-\frac{H_0^{(2)}(ka)}{H_0^{(1)}(ka)}H_0^{(1)}(kr)+H_0^{(2)}(kr)\right\} \\ H_\varphi=j\sqrt{\frac{\varepsilon_0}{\mu_0}}B\left\{-\frac{H_0^{(2)}(ka)}{H_0^{(1)}(ka)}H_1^{(1)}(kr)+H_1^{(2)}(kr)\right\} \end{cases} \tag{10.9.11}$$

对于径向线可定义电压及电流为

$$\begin{cases} V = bE_z \\ I = 2\pi r H_\varphi \end{cases} \tag{10.9.12}$$

从而就可以定义阻抗 Z：

$$Z = \frac{V}{I} = \frac{b}{2\pi r} \cdot \frac{E_z}{H_\varphi} \tag{10.9.13}$$

当 $r = r_2$ 时，由径向线向内看入，接的容性负载为

$$Z_C = \frac{1}{\mathrm{j}\omega C_\partial} \tag{10.9.14}$$

由阻抗相等的概念可以得到

$$-\mathrm{j}\sqrt{\frac{\mu_0}{\varepsilon_0}} \cdot \frac{b}{2\pi r_2} \cdot \frac{-\dfrac{\mathrm{H}_0^{(2)}(ka)}{\mathrm{H}_0^{(1)}(ka)}\mathrm{H}_0^{(1)}(kr_2) + \mathrm{H}_0^{(2)}(kr_2)}{-\dfrac{\mathrm{H}_0^{(2)}(ka)}{\mathrm{H}_0^{(1)}(ka)}\mathrm{H}_1^{(1)}(kr_2) + H_1^{(2)}(kr_2)} = \frac{1}{\mathrm{j}\omega C_\partial} \tag{10.9.15}$$

汉格尔函数与贝塞尔函数之间有如下关系：

$$\mathrm{H}_0^{(1)}(x) = \mathrm{J}_0(x) + \mathrm{j}\mathrm{Y}_0(x)$$

$$\mathrm{H}_0^{(2)}(x) = \mathrm{J}_0(x) - \mathrm{j}\mathrm{Y}_0(x)$$

$$\mathrm{j}\mathrm{H}_1^{(1)}(x) = -\mathrm{Y}_1(x) + \mathrm{j}\mathrm{J}_1(x)$$

$$\mathrm{j}\mathrm{H}_1^{(2)}(x) = \mathrm{Y}_1(x) + \mathrm{j}\mathrm{J}_1(x)$$

整理以后，方程(10.9.15)可写成如下形式：

$$\frac{2\pi r_2}{\omega b C_\partial}\sqrt{\frac{\varepsilon_0}{\mu_0}} = \frac{\mathrm{J}_0(kr_2)\mathrm{Y}_0(ka) - \mathrm{Y}_0(kr_2)\mathrm{J}_0(ka)}{\mathrm{Y}_0(ka)\mathrm{J}_1(kr_2) - \mathrm{J}_0(ka)\mathrm{Y}_1(kr_2)} \tag{10.9.16}$$

方程(10.9.16)也可写成以下形式：

$$\theta_3 = \arctan\left[\frac{\sin\theta_2 + \dfrac{2\pi r_2}{\omega C_\partial Z_2 b}\cos\varphi_2}{\cos\theta_2 - \dfrac{2\pi r_2}{\omega C_\partial Z_2 b}\sin\varphi_2}\right] \tag{10.9.17}$$

式中

$$\begin{cases} \theta_i = \arctan\left[\dfrac{\mathrm{Y}_0(kr_i)}{\mathrm{J}_0(kr_i)}\right] \quad (i = 1, 2, 3) \\ \varphi_2 = \arctan\left[-\dfrac{\mathrm{J}_1(kr_2)}{\mathrm{Y}_1(kr_2)}\right] \\ Z_2 = \sqrt{\dfrac{\mu_0}{\varepsilon_0}}\left[\dfrac{\mathrm{J}_0^2(kr_2) + \mathrm{Y}_0^2(kr_2)}{\mathrm{J}_1^2(kr_2) + \mathrm{Y}_1^2(kr_2)}\right]^{1/2} \end{cases} \tag{10.9.18}$$

方程(10.9.16)或方程(10.9.17)就是确定腔体谐振频率的关系式.

计算腔体谐振频率，按方程(10.9.16)还需确定等效电容 C_∂，它由以下几个部分组成：

$$C_\partial = C_g + C_h + C_{d1} + C_{d2} \tag{10.9.19}$$

式中，C_g 为作用间隙的电容，可按平板电容器计算：

$$C_g = \varepsilon_0 \pi (r_2^2 - r_1^2)/g \tag{10.9.20}$$

C_h 称为孔电容，可以假想为面积等于电子注通道截面积，而距离为 $L/2$ 的平板电容：

$$C_h = 2\varepsilon_0 \pi r_1^2 / L \tag{10.9.21}$$

电容 C_{d1}、C_{d2}分别为 $r = r_1$ 和 $r = r_2$ 处的不连续性引起的电容. 拉姆及惠勒建议的计算方法为

$$C_{di} = \pi r_i C'_d \tag{10.9.22}$$

C'_d 与尺寸有关，通过保角变换，求得如图 10.9.2 所示的结果.

这样求得 C_∂ 之后，代入方程(10.9.16)就可以计算出谐振频率 $\omega=\omega_c$. 方程(10.9.16)是一个超越方程，可用数值计算法求解.

现在来考虑隙缝谐振频率 ω_s 的计算问题. 如果假定耦合隙缝是狭而长的，可将隙缝看作一个两端短路的传输线，因而其谐振波长(或频率)为

$$\lambda_s=2l \tag{10.9.23}$$

$$f_s=\frac{c}{2l}\approx\frac{1.5\times10^8}{l} \tag{10.9.24}$$

隙缝的几何尺寸如图 10.9.3 所示. 如以 F 表示隙缝的平均半径，G 表示两端的圆半径，则 l 可以写成

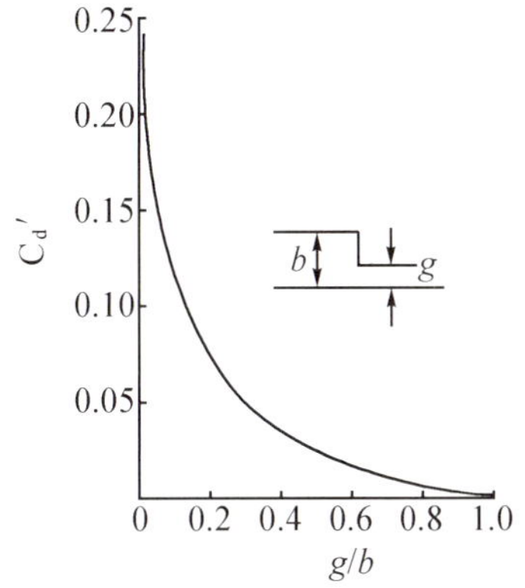

图 10.9.2　不连续性电容的计算曲线

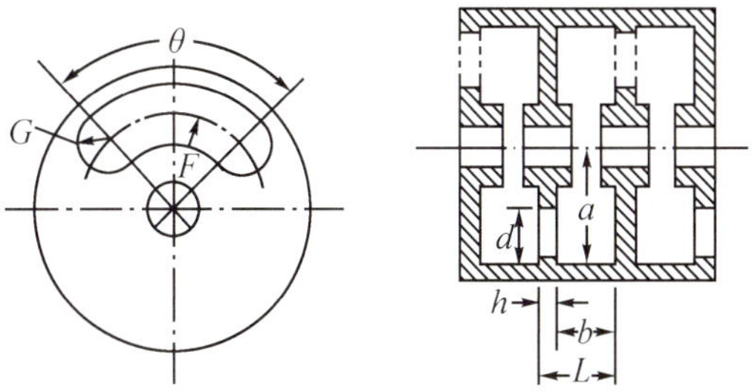

图 10.9.3　耦合腔链及其有关尺寸示意图

$$l=F\theta(\text{弧度})+2G=F\left(\frac{\theta}{57.3^\circ}\right)+2G$$

这时式(10.9.24)化为

$$f_s\approx\frac{1.5\times10^8}{F\left(\dfrac{\theta}{57.3^\circ}\right)+2G} \tag{10.9.25}$$

上面的计算显然是近似的. 这一方面是由于将隙缝看作传输线的本身有一定的局限性，另一方面按上述方法计算长度 l 也是近似的. 同时隙缝周围的结构对隙缝也将产生影响. 隙缝的谐振频率可按下面的经验公式计算：

$$f'_s=\frac{1.5\times10^8}{F\left(\dfrac{\theta}{57.3^\circ}\right)+\sigma G}\cdot\sqrt{1+\left(\frac{\theta}{180^\circ}\right)^2} \tag{10.9.26}$$

式(10.9.26)在两个方面进行了修正，一方面是对不同张角的修正，另一方面是对有效长度的修正. 修正系数 σ 与 $f_c=\omega_c/2\pi$ 的关系如图 10.9.4 所示.

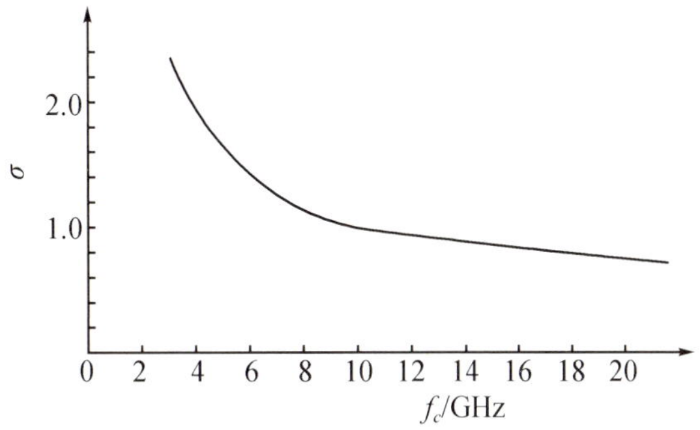

图 10.9.4　修正系数 σ 与 f_c 的关系

在计算色散特性时，要求计算隙缝等效传输线的阻抗 Z_0. Z_0 可通过其等效分布电容 C_0 求出：

$$Z_0=\sqrt{\frac{\mu_0}{\varepsilon_0}}\cdot\frac{\varepsilon_0}{C_0} \tag{10.9.27}$$

因此有

$$\frac{Z_0}{\sqrt{\frac{\mu_0}{\varepsilon_0}}}=\frac{\varepsilon_0}{C_0} \tag{10.9.28}$$

C_0 可按静电的方法求出. 如果隙缝厚度很薄，即 h 很小，贝文西给出了以下近似结果. 如令

$$\begin{cases}\phi=u(\eta+\mathrm{j}\xi)\\ u+\mathrm{j}v=\arccos\left(\dfrac{\eta+\mathrm{j}\xi}{d}\right)\end{cases} \tag{10.9.29}$$

如图 10.9.5 所示，$\eta=0$ 的平面与隙缝上下的电位差为 $\pi/2$，而单位长度上的电荷量 q 可以求得为

$$q=\varepsilon_0\int_{-md}^{md}-\frac{\partial u}{\partial\eta}\mathrm{d}\xi=2\varepsilon_0\,\mathrm{arsh}\,m \tag{10.9.30}$$

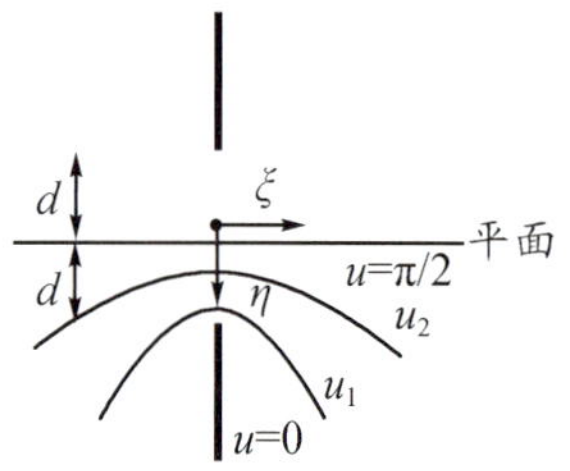

图 10.9.5　隙缝附近的电位 $u(\eta,\xi)$

式中，m 是用来衡量场在 ξ 方向伸展的. 这样就可以求得电容

$$C_0'=\varepsilon_0\frac{q}{V}=\varepsilon_0\frac{4}{\pi}\mathrm{arsh}\,m \tag{10.9.31}$$

考虑到实际隙缝的宽度为图中所示的一半，因而可以得到

$$\frac{1}{\varepsilon_0}C_0=\frac{2}{\pi}\mathrm{arsh}\,m \tag{10.9.32}$$

当 $m=1.33$ 时，可以得到 $C_0\approx0.5\varepsilon_0$.

对厚度 h 不可忽略的情况，科恩做了很多工作. 可以作如下的考虑：如果 $h\gg d$，则隙缝为一平板线，于是有

$$\frac{Z_0}{\sqrt{\frac{\mu_0}{\varepsilon_0}}}=\frac{d}{h} \tag{10.9.33}$$

当 h 较小，即 $h\approx d$ 时，场的边缘效应起着较大的作用，这时式(10.9.33)将给出严重的误差. 当 $h\gtrsim0.5d$ 时，可以作如下修正：

$$\frac{Z_0}{\sqrt{\frac{\mu_0}{\varepsilon_0}}}=\frac{\varepsilon_0}{\frac{h}{d}-\varepsilon_0+\Delta C'\left(\frac{h}{d}\right)} \tag{10.9.34}$$

式中，$\Delta C'\left(\frac{h}{d}\right)$是修正电容量，由下式决定：

$$\Delta C'\left(\frac{h}{d}\right)=\frac{2\varepsilon_0}{h}\ln\left[\frac{E(k)-\frac{1}{2}(k')^2K(k)}{\sqrt{k}}\right] \tag{10.9.35}$$

式中，$E(k)$、$K(k)$分别为第一类及第二类全椭圆积分. k 为其模，由下式确定：

$$\frac{h}{d}=\frac{\frac{1+k^2}{2}K(k')-E(k')}{2\left[E(k)-\frac{(k')^2}{2}K(k)\right]} \tag{10.9.36}$$

式中，k'为 k 的余模：

$$k'=\sqrt{1-k^2} \tag{10.9.37}$$

按以上诸方程计算的结果如图 10.9.6 所示.

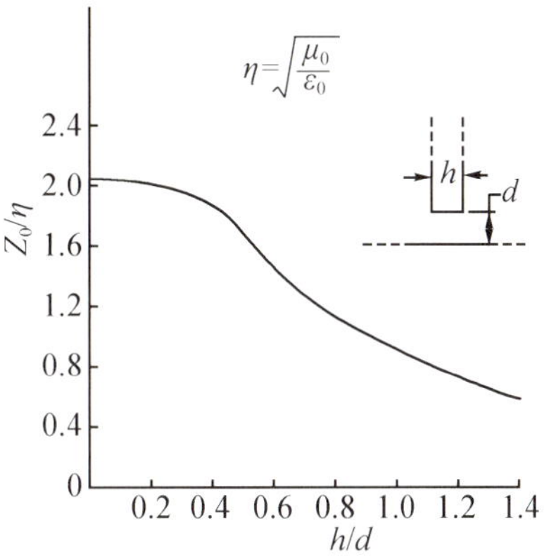

图 10.9.6　$Z_0/\sqrt{\mu_0/\varepsilon_0}$ 的计算曲线

为了计算色散特性，还必须计算耦合参量 α_π. α_π 的修正按式(10.8.40)与式(10.8.43)进行. 不过在文献中还提出了一种经验公式：

$$(\alpha'_\pi)_{TM_{010}}=\alpha_\pi\left[1+\left(\frac{\theta}{180°}\right)\right]^2\sqrt{\frac{\theta}{180°}} \tag{10.9.38}$$

$$(\alpha'_\pi)_s=\alpha_\pi\left[1+\left(\frac{\theta}{180°}\right)^2\right]\left(2-\frac{\theta}{180°}\right) \tag{10.9.39}$$

即对腔体通带和隙缝通带有不同的修正.

让我们指出，上面引入的方程，有些是经验公式，其精确度是有很大局限性的. 前面讨论了耦合腔链色散特性的计算. 下面再来讨论耦合阻抗的计算问题. 要说明的是，在一般情况下耦合阻抗的计算是比较困难的，因为这涉及场结构的计算问题.

耦合阻抗可表示为

$$K_{cn}=\frac{E_{zn}^2}{2\beta_n^2 v_g W_1} \tag{10.9.40}$$

因此，为了计算某次谐波的耦合阻抗，必须将场展开成空间谐波. 假定作用间隙上的电压为 V，则场强即为

$$E_0=-\frac{V}{g} \tag{10.9.41}$$

我们假定间隙宽度很小，以致间隙中的场大体上是均匀的. 将上述场展开为空间谐波：

$$E_z(z)=\sum_{n=-\infty}^{\infty}E_n\cos\beta_n z \tag{10.9.42}$$

式中

$$\beta_n=\beta_0+\frac{2\pi n}{L}=\frac{1}{L}(\phi+2\pi n) \tag{10.9.43}$$

式中，ϕ 为一个周期的相移(基波).

取坐标原点在间隙的中间，则第 i 个间隙中间的场为

$$E_z(z=iL)=\sum_{k=-\infty}^{\infty}E_k\cos\beta_k(iL)=\cos(i\phi)\sum_{k=-\infty}^{\infty}E_k \tag{10.9.44}$$

第 n 次空间谐波的幅值 E_n 可由下式求得：

$$E_n=\frac{2}{NL}\int_{-\frac{L}{2}}^{NL-\frac{L}{2}}E_z(z)\cos\beta_n z\,\mathrm{d}z \tag{10.9.45}$$

取积分间隔 NL 是为了使在 $l=2NL$ 范围内场分布为一个周期.

按前面假定，在每一个间隙中场强是均匀的，而且是常数（在给定的瞬间），因此，积分式(10.9.45)可写成

$$E_n=\frac{2}{NL}\sum_{i=0}^{N-1}E(z=iL)\int_{iL-\frac{g}{2}}^{iL+\frac{g}{2}}\cos\beta_n z\,\mathrm{d}z \tag{10.9.46}$$

将式(10.9.44)代入式(10.9.46)，并注意到

$$\frac{1}{N}\sum_{i=1}^{N}\cos^2(i\phi)\approx\frac{1}{2} \tag{10.9.47}$$

可以得到

$$E_n=\frac{\sin\frac{\beta_n g}{2}}{\frac{\beta_n L}{2}}\sum_{k=-\infty}^{\infty}E_k \tag{10.9.48}$$

在间隙处场的幅值有下述关系：

$$\frac{V}{g}=\sum_{k=-\infty}^{\infty}E_k \tag{10.9.49}$$

这样，式(10.9.48)可写成

$$E_n=\frac{\sin\frac{\beta_n g}{2}}{\frac{\beta_n L}{2}}\left(\frac{V}{g}\right) \tag{10.9.50}$$

以此代入耦合阻抗表示式，即得

$$K_{cn}=\frac{M_n^2}{\phi_n^2}\cdot\frac{V^2}{2P} \tag{10.9.51}$$

式中

$$\begin{cases}M_n=\left(\dfrac{\sin\frac{\beta_n g}{2}}{\frac{\beta_n g}{2}}\right)\\ \phi_n=\beta_n L\end{cases} \tag{10.9.52}$$

根据式(10.9.51)，问题归结为求 $V^2/2P$. 前面曾指出：

$$P=W_1 v_g \tag{10.9.53}$$

式中，W_1 为单位长度的电磁储能，它与每节腔内储能有如下关系：

$$W_1=\frac{1}{L}W_L \tag{10.9.54}$$

而 W_L 可表示为

$$W_L=W_{Lc}+W_{Ls} \tag{10.9.55}$$

式中，W_{Lc} 表示腔体内的储能，相当于式(10.8.47)的第一项；W_{Ls} 为隙缝储能，相当于式(10.8.47)的第二项.

由前面可见，作用间隙等效电容为 C_∂，因此腔内储能可近似地写成

$$W_{Lc}=\frac{1}{2}C_{\partial}V^2 \tag{10.9.56}$$

而按式(10.8.48),隙缝储能可写成

$$W_{Ls}=W_{sE}=\frac{1}{2}\int_{-\frac{l}{2}}^{\frac{l}{2}}C_0\phi^2(x)\mathrm{d}x \tag{10.9.57}$$

但

$$\phi(x)=\frac{Z_0E_{0z}}{k\sqrt{\frac{\mu_0}{\varepsilon_0}}}J_1(\gamma_1'a)\left(1-\frac{\cos kx}{\cos\frac{kl}{2}}\right) \tag{10.9.58}$$

所以原则上 W_{Ls} 对耦合阻抗的影响是可以估计的.但如果略去 W_{Ls} 的作用,则近似可得

$$K_{cn}=\frac{M_n^2}{\phi_n^2}\left(\frac{L}{C_{\partial}v_g}\right) \tag{10.9.59}$$

但

$$\frac{L}{v_g}=\left(\frac{\partial\omega}{\partial\varphi}\right)^{-1} \tag{10.9.60}$$

故可得

$$K_{cn}=\frac{M_n^2}{\phi_n^2}\cdot\frac{1}{C_{\partial}}\left(\frac{\partial}{\partial}\frac{\omega}{\varphi}\right)^{-1} \tag{10.9.61}$$

可见当色散特性求出后,耦合阻抗可按式(10.9.61)估计.由于略去了隙缝储能,故式(10.9.61)给出的数值偏大.

10.10 参考文献

[1] GITTINS J F, HAGGER H J. Power travelling-wave tubes[M]. London: The English Universities Press Ltd.,1965.

[2] CHODOROW M, NALOS E J. The design of high-power traveling-wave tubes[J]. Proceedings of the IRE, 1956, 44(5):649-659.

[3] CHODOROW M, NALOS E J, OTSUKA S P, et al. The design and characteristics of a megawatt space-harmonic traveling-wave tube[J]. Electron Devices, IRE Transactions on, 1959, 6(1): 48-53.

[4] COLLIER R J, HELM G D, LAICO J P, et al. The ground station high-power traveling-wave tube[J]. Bell System Technical Journal, 2014, 42(4):1829-1861.

[5] CHODOROW M, CRAIG R A. Some new circuits for high-power traveling-wave tubes[J]. Proceedings of the IRE, 1957, 45(8):1106-1118.

[6] PEARCE N W. A modified circuit for high power traveling wave tubes[C]. Microwave Tubes Proceedings of the 5th International Congress,1964.

[7] PEARCE A F. A structure, using resonant coupling elements, suitable for a high-power travelling-wave tube[J]. Proceedings of the IEE-Part B: Radio and Electronic Engineering, 1958, 105(11):719.

[8] King R C M. Some symmetrical rod coupled circuit for high-power traveling-wave tubes[C].

MOGA,1968.
[9]CURNOW H J. A general equivalent circuit for coupled-cavity slow-wave structures[J]. IEEE Transactions on Microwave Theory and Techniques, 1965, 13(5):671-675.
[10] JAMES B G. A new circuit for generaling high-power at millimeter wavelengths [C]. MOGA,1970.
[11]CHU E L, HANSEN W W. Disk-loaded wave guides[J]. Journal of Applied Physics, 1949(3): 280-285.
[12]MARCUVITZ N . Waveguide handbook[M]. New York:Mc-Graw-Hill Book Co. ,1951.
[13]COLLIN R E. Field theory of guided waves[J]. Physics Today, 1961, 14(9):50-51.
[14]BETHE H A. Theory of diffraction by small holes[J]. Physical Review, 1944, 66(7-8):163.
[15]TEICHMANN T, WIGNER E P. Electromagnetic field expansions in loss-free cavities excited through holes[J]. Journal of Applied Physics, 1953, 24(3):262-267.
[16]SLATER J C. Microwave electronics[M]. Princeton:D. Van Nostrand and Co. ,1950.
[17]ALLEN M A, KINO G S. On the theory of strongly coupled cavity chains[J]. IRE Transactions on Microwave Theory & Techniques, 2003, 8(3):362-372.
[18]BEVENSEE R M. Electromagnetic slow wave systems[M]. New York:John Wiley & Sons, Inc. ,1964.
[19]RAMO S, WHINNERY J R, TWERSKY V. Fields and waves in modern radio[J]. Physics Today, 1954, 7(10):50.
[20] COHN S B. Thickness corrections for capacitive obstacles and strip conductors [J]. IRE Transactions on Microwave Theory and Techniques,1960, 8(6):638-644.

第 3 篇

微波管的线性理论

第11章 概　述

11.1 引言

在微波管中，利用电子与电磁波的相互作用而实现能量交换的物理过程是非常复杂的，以致在对它进行充分而全面的研究时，将会遇到很多物理和数学上的困难.

近代物理学始终是在“波动”和“粒子”这两个基本概念的对立统一的斗争中发展的. 微波管作为一种基本的电子器件，又必须同时研究电子（粒子）和波的运动过程.

微波管从来都是被当作一种宏观的系统来看待的，但是在实际上，在微波管的作用过程中又包含着微观粒子的基本过程. 另外，对于微波管中发生的物理现象（除噪声外）的理解，基本上是建立在经典宏观力学和电动力学的基础上的. 然而，现代微波管理论发现，管中的宏观现象可能是统计系统的表征.

根据以上所述，就容易理解微波管理论分析的特点，也就不难看出在微波管的理论中所存在的内在矛盾. 微波管的基本属性依据于“波”和“电子”的对立统一的运动过程，其斗争结果既改变了电子的运动状况，又改变了波的运动状况. 这就是微波电子学研究的主要对象.

诚然，作为工程应用来讲，似乎不必去追究物理学方法论上的问题. 但是如果能更深刻地理解微波管内所发生的物理现象的本质，就可以更清晰地了解各种分析方法的真实内容.

11.2 自洽场方法的建立和困难

微波管实际上是一种含有多粒子的系统，在微波管中除电子外，必然还包含各种残余气体的分子，电子与这些气体分子碰撞又必然产生离子等. 但是，如前所述，主要的和基本的是电子与波相互作用的过程，分子和离子的作用是可以忽略的.

于是，问题就自然归结为以下三个方面：

（1）在波场的作用下电子运动的变化；

（2）在电子的激励下波场运动的变化；

（3）波场和电子相互作用所产生的总的结果.

不难看出，问题仍然归结为我们对“波”和“电子”的基本认识.

我们不妨从物理学的方法上来考察一下上述内容的处理.

对于宏观电磁系统的描述，以麦克斯韦方程为基础的电磁场理论已为我们解决“波”的问题提供了有力的手段. 因此，关键就在于对“电子”运动过程的处理了.

电子在和波场的相互作用过程中，总是集体参与的. 因此，电子注本身就包含有多粒子的属性，这就使得对电子的描述出现原则上的困难. 从目前来看，这种描述可以有以下几种不同的方法.

1. 点电荷概念

把电子看作一个点电荷，质量为 m，带电量为 $-e$. 因此，略去相对论效应后，电子的运动可以简单地用牛顿定律来表示：

$$m_i \frac{\mathrm{d}\boldsymbol{v}_i}{\mathrm{d}t} = -e(\boldsymbol{E}+\mu_0 \boldsymbol{v}_i \times \boldsymbol{H}) \tag{11.2.1}$$

在点电荷概念下，电子运动方程虽然简单，但电子对场的作用，却并不是很容易得出的. 问题在于麦克斯韦方程，从物理本质上来讲，是以欧拉变量为基础对连续媒质的宏观描述，而点电荷的本身在概念上就是与连续媒质相冲突的.

为了解决上述困难，可以采用著名的狄拉克 δ 函数. 它的定义是

$$\int_{-\infty}^{\infty} \delta(x)\mathrm{d}x = 1 \tag{11.2.2}$$

这时，场方程可以表示为

$$\begin{cases} \nabla \times \boldsymbol{E} = -\mu_0 \dfrac{\partial \boldsymbol{H}}{\partial t} \\ \nabla \times \boldsymbol{H} = -\sum e v_i(t)\delta[\boldsymbol{r}-\boldsymbol{r}_i(t)] + \varepsilon_0 \dfrac{\partial \boldsymbol{E}}{\partial t} \\ \nabla \cdot \boldsymbol{H} = 0 \\ \nabla \cdot \boldsymbol{E} = -\dfrac{1}{\varepsilon_0}\sum e\delta[\boldsymbol{r}-\boldsymbol{r}_i(t)] \end{cases} \tag{11.2.3}$$

于是，问题就归结为联解方程(11.2.1)～(11.2.3). 然而，实际上并非如此简单，上述方程在物理上和数学上都有原则上的困难.

首先，利用 δ 函数虽然在形式上解决了场方程与点电荷的矛盾，但并不能改变问题的物理状况，原因在于点电荷的场在电荷所在的点是发散的. 这一点不难看出，按库仑定律有

$$E_{r_i} = -\frac{1}{4\pi\varepsilon_0} \cdot \frac{e}{r_i^2} \tag{11.2.4}$$

$$W_i = \frac{1}{2}\varepsilon_0 \int E_{r_i}^2 \mathrm{d}V \tag{11.2.5}$$

可见，当 $r_i \to 0$ 时，场强与储能都是发散的. 因此，点电荷概念在原则上是行不通的[①].

其次，求解方程组(11.2.1)～(11.2.3)时要求对各个电子一一进行积分，这在数学上也是一个难以克服的困难.

2. 流体力学概念

既然麦克斯韦方程是以欧拉变量写出的连续媒质电动力学的基础，因此自然就会考虑到，把电子注也看作为一个流体力学体系就可能会满足对"电子"描述的要求. 为此，我们摒弃点电荷概念，引入连续的电荷密度 ρ 及电流密度 $\boldsymbol{J}$，则场方程就成为

$$\begin{cases} \nabla \times \boldsymbol{H} = \boldsymbol{J} + \varepsilon_0 \dfrac{\partial \boldsymbol{E}}{\partial t} \\ \nabla \times \boldsymbol{E} = -\mu_0 \dfrac{\partial \boldsymbol{H}}{\partial t} \\ \nabla \cdot \boldsymbol{E} = \dfrac{1}{\varepsilon_0}\rho \\ \nabla \cdot \boldsymbol{H} = 0 \end{cases} \tag{11.2.6}$$

① 在经典场论中，解决这一困难的办法是假定电子有一个有效半径 r_0.

电子运动方程则写成

$$m\frac{\mathrm{d}\boldsymbol{v}}{\mathrm{d}t}=-e(\boldsymbol{E}+\mu_0\boldsymbol{v}\times\boldsymbol{H}) \tag{11.2.7}$$

显然，方程(11.2.7)在形式上与方程(11.2.1)是一致的.

虽然联解上述方程(11.2.6)和方程(11.2.7)在微波管理论中应用很广泛，但是，从物理学的方法论来看，方程组(11.2.6)和方程(11.2.7)包含着内在的矛盾. 方程组(11.2.6)是以流体力学概念描述电子的(荷电的流体)，而方程(11.2.7)则又是从点电荷出发描述的. 因此，在场方程中电子注被看作连续的流体，而在运动方程中则又被看作是点电荷. 不同概念的方程组合在一起联解，在原则上是包含有矛盾的.

为了在形式上改善上述情况，对于无旋电子流，可以引入作用函数 ψ：

$$m\boldsymbol{v}-e\boldsymbol{A}=\nabla\psi \tag{11.2.8}$$

于是，运动方程可以用流体力学中的伯努利方程导出：

$$\frac{1}{2}mv^2-eV=-\psi \tag{11.2.9}$$

式(11.2.8)、式(11.2.9)中，$\boldsymbol{A}$、V 为矢量位及标量位.

3. 统计力学的处理

物理学家在研究多粒子系统(多粒子与电磁场相互作用)时，从 20 世纪 40 年代开始，就已感觉到了上述方程的困难与矛盾. 不少力学家认为，可以把统计力学中粒子的分布函数与麦克斯韦方程联合求解，以改善上述方法.

设在相空间中电子的分布函数为 $f(\boldsymbol{r},\boldsymbol{v},t)$，则电荷密度与电流密度容易由以下方程求得[①]：

$$\rho=-e\int_{-\infty}^{\infty}f(\boldsymbol{r},\boldsymbol{v},t)\mathrm{d}(\boldsymbol{v}) \tag{11.2.10}$$

$$\boldsymbol{J}=-e\int_{-\infty}^{\infty}\boldsymbol{v}f(\boldsymbol{r},\boldsymbol{v},t)\mathrm{d}(\boldsymbol{v}) \tag{11.2.11}$$

因此，场方程可以写成以下形式：

$$\begin{cases}\nabla\times\boldsymbol{H}=-e\displaystyle\int_{-\infty}^{\infty}\boldsymbol{v}f(\boldsymbol{r},\boldsymbol{v},t)\mathrm{d}(\boldsymbol{v})+\varepsilon_0\frac{\partial\boldsymbol{E}}{\partial t}\\ \nabla\times\boldsymbol{E}=-\mu_0\dfrac{\partial\boldsymbol{H}}{\partial t}\\ \nabla\cdot\boldsymbol{E}=-\dfrac{e}{\varepsilon_0}\displaystyle\int_{-\infty}^{\infty}f(\boldsymbol{r},\boldsymbol{v},t)\mathrm{d}(\boldsymbol{v})\\ \nabla\cdot\boldsymbol{H}=0\end{cases} \tag{11.2.12}$$

这时，运动方程则可以按刘维定律写成玻耳兹曼方程形式：

$$\frac{\partial f}{\partial t}+\boldsymbol{v}\nabla_r f+\frac{e}{m}[\boldsymbol{E}+\mu_0(\boldsymbol{v}\times\boldsymbol{H})]\nabla_\sigma f=0 \tag{11.2.13}$$

在式(11.2.13)中略去了碰撞效应.

这样，代替单个电子的运动方程，方程(11.2.13)所描述的是电子“集体”的运动状态. 因而方程组(11.2.10)～(11.2.13)就避免了连续性与质点性之间的矛盾，方程组(11.2.10)～(11.2.13)已在近代等离子体物理学中获得了广泛的运用.

除了上述各种方法以外，也发展了一些其他的方法. 例如，采用薛定谔方程的分析方法，以及类似于契

---

① 可参考刘盛纲著《相对论电子学》一书.

林柯夫效应的分析方法(辐射方法)等.但是,目前距离工程应用还有相当的距离.

前面分别讨论了对“波”和“电子”的描述,自洽场的方法就是联解场方程和电子运动方程,不过,这种直接联解,仅对于个别的情况才可以实现,并且也很复杂.因此,在具体求解时,往往采取其他办法.一般分为以下步骤:首先,研究在场作用下电子的运动,从而得出所谓的电子学方程;其次,研究在群聚电子流的激励下波的运动,从而得出所谓的线路方程.自洽的概念在于,既然作用于电子的场,就是电子流激励起的场,反之,受场作用而运动的电子流,亦正是激励起场的电子流.因此,场的运动与电子的运动是一个矛盾过程的两个方面,是互相制约又互相促进的一个统一体.从数学上讲,就是同属于一个方程的解.这样,自洽场求解的最后步骤就是联解电子学方程和线路方程.

至于对“电子”的描述,在以后的分析中,我们将主要采用流体力学的近似.

11.3 基本假设

除了前面所述的在建立自洽场基本方程方面所遇到的一些原则困难,从而使基本方程本身就带有一定的局限性以外,在具体求解过程中还不得不再作一些其他的近似假定.这些基本假定大致有以下几点.

1. 略去碰撞效应

在微波管中,电子与残余气体分子的碰撞效应,一直是被忽略的.这就意味着我们在研究电子所受到的作用力时,仅考虑远距离作用力,而不考虑近距离作用力.

在近代微波管中,真空度一般能保证在 1.3×10^{-5} Pa 左右或更高,气体分子的自由路程大于管内的线长度.因此,近似地略去碰撞效应是可以接受的.不过,实验表明,在处于上述真空度下的微波管内,常常存在着或多或少的电离现象,这种电离也显然是由于高速电子与气体分子碰撞而引起的结果.电离现象常常导致微波管的附加离子噪声甚至使高频信号受到干扰,这表明,碰撞效应实际上并不是可以完全不考虑的.不过通常的概念是:在上述适当的真空度下,碰撞并不影响电子注的集体行动,而仅仅产生附加的离子.因此,这种假定在一定程度上反映了事物的本质方面.

2. 略去相对论效应

在微波管的理论分析中,往往限于非相对论的研究,即假定 $v/c\ll1$.在近代中小功率微波管中,加速电压不超过数千伏,由近似公式 $v/c=1.98\times10^{-3}\sqrt{V}$($V$ 为加速电压,以伏特计)可见,条件 $v/c\ll1$ 是可以满足的.但是,在大功率器件中,电压已达到数万伏甚至更高,这时略去相对论效应将导致严重的错误.因此,在大功率器件中,必须进行相对论效应的修正.

3. 略去量子效应

如前所述,在研究微波管能量交换问题时,目前仍限于宏观经典的研究,不考虑量子过程.在微波波段,频率低于数百千兆赫,量子数 $h\upsilon$ 很小($h=1.05\times10^{-34}$ J·s),因此,换能机构的量子性确实可以忽略.当然,也已经有人提出利用量子力学的方法来分析微波管的过程,但目前还只是个别的.

此外,在进行具体计算时,还要作一些其他假定,我们将在以后相应的地方给出.

11.4 关于微波管理论的简短说明

我们已指出,建立微波管的理论在于完成 11.2 节中所提出的三方面的任务. 现在我们在前面两节的基础上对上述问题作更进一步的说明,以便了解微波管分析方法的特点.

我们先讨论波场对电子的作用.

微波管中的所谓电子,基本上可以分为两大类:一类是用各种方法所成形的某种形状的电子注,另一类是连续发射的封闭电子云. 不论哪一种情况,电子注或电子云在波场的作用下将产生调制作用:一部分电子受到加速,而另一部分电子受到减速. 受到加速场作用的电子,速度趋向变快;而受到减速场作用的电子,速度趋向变慢. 在一定的条件下,这种作用过程得以积累,从而使电子注或电子云形成某种特定的不均匀状态. 一旦在电子注或电子云内形成这种不均匀性,就立即产生定向电荷作用力,这种力将对电子的调制作用产生强烈的影响. 可见,电子注或电子云的上述调制过程是一个复杂的物理过程,它本质上是非线性的现象.

因此,对于场对电子的作用的分析,就形成两种理论:非线性理论和线性理论.

所谓线性理论,就是在描述上述电子过程的数学方程中略去非线性项而使方程线性化. 这样线性化的基本依据是,必须假定物理量的交变分量与直流分量相比很小,从而可以略去. 所以,线性理论是建立在小信号的假定下的,因而线性理论也可称为小信号理论.

如果放弃小信号的假定,则得到的是非线性方程. 非线性方程一般没有解析解,必须利用数值计算求解. 借助于数值计算技术,从分析上述非线性方程出发而建立的微波管理论,称为非线性理论. 相对于小信号理论而言,非线性理论也可称为大信号理论,虽然两者之间还是有区别的.

然而线性理论和非线性理论之间并不能截然分开,而是有着密切的联系. 线性理论是基础理论,它不仅给出微波管中物理过程的基本概念性表述,而且是非线性理论的依据和前提. 非线性理论则是线性理论的必然发展. 两种理论都有实用价值,从目前情况来看,它们都已得到了相当程度的发展,而且仍在不断深入.

至于电子对波的作用的研究,不同的作者往往借助于不同的模型和概念.

首先是由皮尔斯提出的等效线路模型,在微波管的理论分析中占有重要的地位,对于 O 型器件及 M 型器件都可以应用. 瓦因斯坦的波导激励理论也得到了一定的发展.

把电子注的交变电流当作激励源,对等效传输线或波导进行激励,在此概念下就可导出所谓的线路方程,从而解决微波管中的第二个基本问题.

不过,与场对电子注作用的分析情况不同,在分析电子对场的作用问题时,所采用的具体方法除了上述两种模型外,还有很多别的方法.

不论是哪一种方法,在得到了线路方程之后,既可以与小信号的电子学方程联解,也可以与大信号的电子学方程联解,从而完成线性理论或非线性理论. 因为除非在慢波结构中引入非线性物质(如等离子体等),在微波管中一般认为慢波线路都是线性系统.

最后我们指出,从微波管理论的现状来看,建立在 11.3 节基本假定下的上述理论,被认为是“严格”的理论. 除此之外,还存在很多种近似的理论,例如逐次逼近法、给定场法、给定运动法等. 从数学的观点出发,给定场法或给定运动法都可归并为逐次逼近法,作为零级近似处理.

另外,利用模式耦合理论来分析微波管也是很有价值的方法.

在后面的叙述中,我们将着重于自洽场的理论体系.

11.5 参考文献

[1]PIERCE J R. 行波管[M]. 吴鸿适，译. 北京：科学出版社，1961.

[2] GITTINS J F, HAGGER H J. Power travelling-wave tubes [M]. London: The English Universities Press Ltd., 1965.

[3]HUTTER R, HARRISON S W. Beam and wave electronics in microwave tubes[M]. New York: D. Van Nostrand Company Inc., 1960.

[4]陆钟祚. 行波管[M]. 上海：上海科学技术出版社，1962.

第12章 线型行波管的小信号理论

12.1 引言

线型行波管或O型行波管，一般简称为行波管，是最重要的微波器件之一. 从20世纪40年代发明行波管至今，实践表明，它是一种成熟而富有生命力的微波器件.

随着实践的发展和深入，对于行波管的理论分析，也愈来愈完善，行波管的小信号或线性理论已发展得很成熟，而且推动了其他各种微波管理论的深入研究.

皮尔斯以等效线路和正规模式两种概念，发展了行波管线性自洽场理论，经过几十年的补充和深入，已成为行波管设计及研究的基本依据，尤其在西方各国得到了广泛的应用. 在苏联，瓦因斯坦从波导激励的观点出发，也给出了行波管的线性自洽场理论，这一理论在苏联得到普遍应用并由卡茨等人作了进一步的补充.

上述两种自洽场理论，构成了现今行波管理论的两个主要体系. 瓦因斯坦的方程与皮尔斯的方程之间仅存在微小的差别.

康弗纳早在20世纪40年代提出的逐次近似法，在苏联得到了深入的发展. 舍夫契克等人在逐次近似的概念下，发展了一套方法，可以对各种微波管进行分析，所得结果与自洽场理论大体上一致.

与此同时，对行波管中波动过程的研究的启示，发展并应用了模式耦合理论. 模式耦合理论目前已可以用于有效地分析各种微波管的线性理论，虽然这种抽象理论必须建立在更具体的分析的基础上.

除此之外，还有一些其他的近似方法.

另外，从20世纪50年代开始，就对行波管的线性理论进行了实验验证. 精密的测量表明，行波管的线性自洽场理论与实验令人满意. 由此可见，行波管的小信号理论已经相当成熟了. 虽然如此，理论工作仍然在继续深入.

在本章中，我们主要依据自洽场的方法进行讨论，对于其他的方法及一些近期的发展，也给予适当的注意.

最后我们要说明，小信号理论和线性理论这两个术语是从两个不同角度出发来讲的. 所谓小信号是指物理量的交变分量与直流分量相比很小，因此可略去二阶以上微小量；而所谓线性理论，则指的是由于略去二阶微小量而使工作方程线性化. 在以后的叙述中，我们将不加区别地予以使用.

12.2 行波管的工作方程

为了对行波管进行定量分析，首先必须对行波管的工作进行数学抽象，得出描述行波管内物理过程的工作方程. 因此，有必要使读者先对行波管的物理图像有一个概念性的了解.

在行波管中，电子注与慢波系统上的电磁波相互作用，产生能量交换，当行波相速与电子注运动速度同步时,这一相互作用最为有效.我们先来定性地讨论一下这一物理过程.取如图 12.2.1 所示的系统,管子的轴线与 z 轴重合.

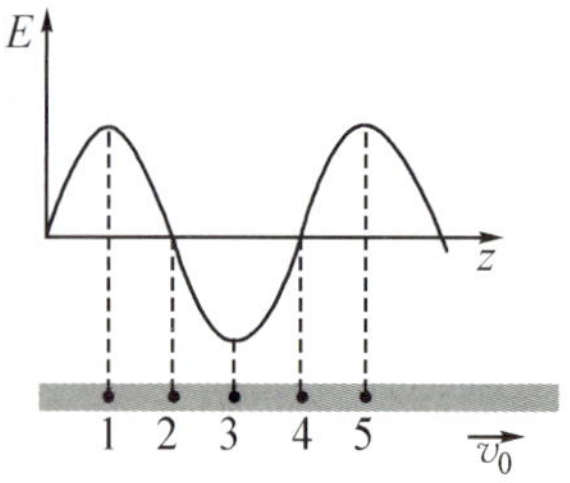

图 12.2.1　行波管中场与电子的相互作用

在同步状态下,

$$v_0 = v_p$$

式中,v_0 为电子运动速度;v_p 为波沿线传播的相速.

这时,在一个以 v_0 速度运动的观察者看来,处于不同位置上的电子就受到不同的行波场作用.在图 12.2.1 中,位置 1 的电子受到加速场作用,因此电子的速度将加快;而位置 3 的电子受到减速场的作用,其速度将减慢.这样,电子将在位置 2 附近形成群聚.在完全同步的条件下,位置 1 及其附近的电子得到加速,从而从场中吸取能量,这将正好与位置 3 及其附近的电子受到减速而交给场的能量相抵消,结果并无净的能量交换.但是,如果这时 $v_0 \geqslant v_p$,即电子注速度稍大于波的相速,则可以想象得到,电子群聚中心将向减速场中移动,从而有更多的电子把动能交给场,这时就产生了净的能量交换,使行波得以增强.

上述电子注在行波场作用下的群聚过程,可以由如图 12.2.2 所示清楚地看出来.随着电子的群聚逐渐增加,行波场同时得以逐渐增强;最后,当电子群聚中心分裂成为两个峰,出现了"超越"现象以后,群聚电流峰值有可能逐渐转移到加速场相位中去,从而使净的能量交换减弱以致相抵消,这时行波场强出现饱和状态;群聚过程的进一步发展,就将导致相反的结果,电子将从场中吸取能量,从而使行波场减弱.

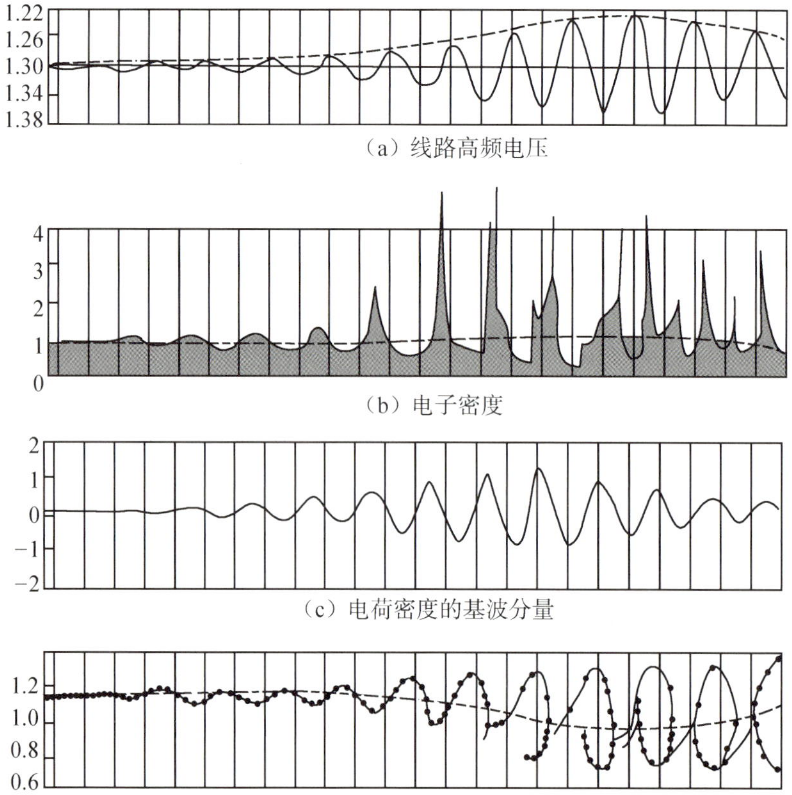

(a) 线路高频电压

(b) 电子密度

(c) 电荷密度的基波分量

(d) 电子速度

图 12.2.2　行波管中电子群聚的物理过程

由上述过程可以看到，电子在行波场的作用下，速度调制和密度调制是伴随着进行的，而不是像速调管中那样，先是速度调制，然后转变为密度调制的.

为了分析上述物理过程，可以采用如图 12.2.3 所示的等效线路模型. 其中用一个具有分布参数 L、C 的传输线代替慢波系统，在此系统上传播有电压波及电流波，而密度调制电子流对场的作用，可以看作为此传输线加上一个外加的激励电流. 我们假定电子注很细且十分接近线路，以致沿电子注中的位移电流与从电子注到线路的位移电流相比可以忽略不计，在这种情况下，流到线路的位移电流即上述激励电流就等于徙动电流随距离的变化率：

$$J_l = \frac{\partial i_1}{\partial z} \tag{12.2.1}$$

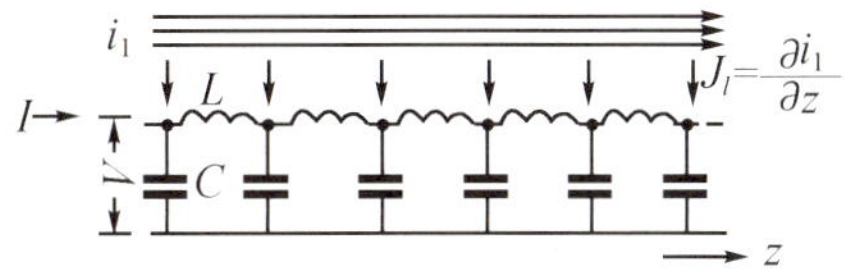

图 12.2.3　行波管等效线路

另外，我们设激励电子注长度为 l，而传输线是无限的（或者是有限的，但在两端具有理想的匹配）.

为了使上述等效线路模型与行波管工作相仿，必须有以下几个条件.

（1）L、C 的选择应使得传输线上波的传播常数与慢波系统上波的传播常数相同，即

$$\Gamma_0 = \mathrm{j}\sqrt{XB} = \mathrm{j}\omega\sqrt{LC} = \mathrm{j}\beta \tag{12.2.2}$$

式中，Γ_0 为传输线上的固有传播常数；β 为慢波系统的相位常数（此时认为 $\alpha=0$）；$B=\omega C$，$X=\omega L$，分别为等效线路上相应于 C、L 的分布电纳和分布电抗.

（2）线上的电压波 V 与慢波系统中的纵向场之间应有以下关系：

$$E_z = -\frac{\partial V}{\partial z} \tag{12.2.3}$$

以便场对电子的作用可以通过此电压波来等效.

（3）为了使电子与线上电压波的作用同慢波系统中电子与场的作用相等效，必须使等效传输线的阻抗与慢波系统的耦合阻抗相等，即

$$Z = \sqrt{\frac{X}{B}} = \sqrt{\frac{L}{C}} = K_c \tag{12.2.4}$$

式中，Z 为等效线路的特征阻抗；K_c 为慢波线的耦合阻抗.

不难看到，在以上条件下，等效线路模型描述了行波管的主要问题. 当然，利用等效线路描述行波管，不可避免地会引起一些误差. 例如，慢波系统上的场是交变电磁波，因此若用标量电位来表示[如式(12.2.3)]，只能是一种近似；而用分布参数传输线来代替慢波线，也有一定的局限性.

现在我们就利用上述等效线路模型来建立行波管的小信号工作方程. 按照第 11 章所讲的，为了得到自洽场的行波管方程，可以将问题分为两个方面：场对电子注运动的作用和调制电子注对场的作用. 在以下推导中所用的假设，基本上与第 3 章中讨论空间电荷波时所作的假设一样，这里就不再重复.

我们先考虑场对电子运动的作用. 运动方程为

$$\frac{\mathrm{d}\boldsymbol{v}}{\mathrm{d}t} = -\eta \boldsymbol{E}_T \tag{12.2.5}$$

式中，η 为电子荷质比；$\boldsymbol{E}_T$ 表示总电场：

$$\boldsymbol{E}_T = \boldsymbol{E}_c + \boldsymbol{E}_s \tag{12.2.6}$$

式中，$\boldsymbol{E}_c$ 为线路场；$\boldsymbol{E}_s$ 为空间电荷场.

如果仅限于考虑一维(z 向)的情况和略去场的横向变化的影响，并考虑到$\frac{\partial}{\partial t}=\mathrm{j}\omega$，则运动方程就可简化为

$$\mathrm{j}\omega v_1+v_0\frac{\partial v_1}{\partial z}=-\eta E_z \tag{12.2.7}$$

这时总场 E_z 成为

$$E_z=E_c+E_s \tag{12.2.8}$$

式中，速度 v 表示成

$$v=v_0+v_1 \tag{12.2.9}$$

式中，v_0 为速度的直流分量，亦即电子注由加速电压 V_0 获得的速度；v_1 为速度的交变分量，亦即场对电子注作用引起的调制分量.

另外，限于 z 方向时电流的连续性方程是

$$\frac{\partial J_1}{\partial z}=-\frac{\partial \rho_1}{\partial t}=-\mathrm{j}\omega\rho_1 \tag{12.2.10}$$

而在一维假定下并略去电子注在横向的变化时，空间电荷场则可以近似地用下述方程求得

$$\frac{\partial E_s}{\partial z}=\frac{\rho_1}{\varepsilon_0} \tag{12.2.11}$$

将该式与连续性方程比较，即可得到

$$E_s=\mathrm{j}\frac{J_1}{\omega\varepsilon_0} \tag{12.2.12}$$

以上各式中，类似于速度表示式，电流密度 J 及电荷密度 ρ 亦可写成相应直流分量和交变分量的和：

$$J=J_0+J_1 \tag{12.2.13}$$

$$\rho=\rho_0+\rho_1 \tag{12.2.14}$$

根据 $J=\rho v$，略去交变量与交变量之间的乘积，将方程线性化，则可得

$$J_0\doteq\rho_0 v_0 \tag{12.2.15}$$

$$J_1=\rho_0 v_1+v_0\rho_1 \tag{12.2.16}$$

要指出的是，这里的 J 应按习惯用法的意义来理解，即指单位面积上流过的电流，应该注意它与式(12.2.1)所定义的具有下标 l 的 J_l 的区别.

由式(12.2.16)及式(12.2.10)即可得出交变速度 v_1：

$$v_1=\eta\frac{2V_0}{J_0 v_0}\left[J_1-\frac{\mathrm{j}}{\beta_e}\frac{\partial J_1}{\partial z}\right] \tag{12.2.17}$$

略去电子注截面 S_e 内电流密度的变化时，电流的直流分量与交变分量即可表示为

$$I_0=-J_0S_e,\ i_1=J_1S_e \tag{12.2.18}$$

则式(12.2.17)就可写为

$$v_1=-\eta\frac{2V_0}{I_0 v_0}\left[i_1-\frac{\mathrm{j}}{\beta_e}\frac{\partial i_1}{\partial z}\right] \tag{12.2.19}$$

式中，V_0 为电子注直流加速电压；$\beta_e=\frac{\omega}{v_0}$.

将式(12.2.12)及式(12.2.17)代入运动方程(12.2.7)，并利用关系式(12.2.18)，就可以得到以下场对电子注作用的基本方程：

$$\frac{\partial^2 i_1}{\partial z^2}+2\mathrm{j}\beta_e\frac{\partial i_1}{\partial z}-(\beta_e^2-\beta_q^2)i_1=\frac{\mathrm{j}\beta_e I_0}{2V_0}E_c \tag{12.2.20}$$

式中

$$\beta_q=\frac{\omega_q}{v_0},\omega_q^2=-\eta\frac{\rho_0}{\varepsilon_0},\beta_e=\frac{\omega}{v_0} \tag{12.2.21}$$

以上所得微分方程(12.2.20)即称为行波管的电子学方程.这里需要说明的是,方程(12.2.20)不受等效线路模型的影响.因为由上述推导可以看出,不论是什么系统,只要提供一个与电子注相互作用的场 E_c,就可以得到方程(12.2.20).等效线路模型的作用,在于可以利用调制电流 i_1 来求出这个场,下面我们就接着来讨论这个问题.

如图 12.2.3 所示,在外加电流 J_l 的作用下,分布参数传输线方程可写成

$$\begin{cases}\dfrac{\partial I}{\partial z}=-\mathrm{j}BV+J_l\\[2mm]\dfrac{\partial V}{\partial z}=-\mathrm{j}XI\end{cases} \tag{12.2.22}$$

式中,I 和 V 分别为线路中的电流和电压.将 J_l 的定义式(12.2.1)代入上述方程,即可得

$$\begin{cases}\dfrac{\partial^2 V}{\partial z^2}-\Gamma_0^2V=\mathrm{j}X\dfrac{\partial i_1}{\partial z}\\[2mm]\dfrac{\partial^2 I}{\partial z^2}-\Gamma_0^2I=-\dfrac{\partial^2 i_1}{\partial z^2}\end{cases} \tag{12.2.23}$$

其中,Γ_0 如式(12.2.2)所定义.考虑到关系式(12.2.4),上述第一个方程又可写成

$$\frac{\partial^2 V}{\partial z^2}-\Gamma_0^2V=K_c\Gamma_0\frac{\partial i_1}{\partial z} \tag{12.2.24}$$

这就是电子注交变分量对传输线的激励.将式(12.2.24)对 z 微分,并利用关系式(12.2.3),同时用 E_c 代替式中的 E_z,因为目前我们仅考虑纵向线路场的作用,就可以得到场强的表示式

$$\frac{\partial^2 E_c}{\partial z^2}-\Gamma_0^2E_c=-K_c\Gamma_0\frac{\partial^2 i_1}{\partial z^2} \tag{12.2.25}$$

方程(12.2.25)就是行波管的线路方程,我们由调制电流 i_1 通过该方程就可以求得 E_c.

线路方程也可以用下述方法得到:电子注对传输线的激励可以看成是无限个单元激励源 $A(z)\mathrm{d}z$ 对线的作用的叠加.于是,在传输线上引起的扰动可写成

$$E_c(z)=\left[\frac{1}{2}\int_0^z A(z')\mathrm{e}^{-\Gamma_0(z-z')}\mathrm{d}z'+\frac{1}{2}\int_z^l A(z')\mathrm{e}^{\Gamma_0(z-z')}\mathrm{d}z'\right]+E_c\mathrm{e}^{-\Gamma_0 z} \tag{12.2.26}$$

由于我们认为线对源点 z' 是对称的,因此激励源引起的扰动向两个方向的传播应当是相等的.

将式(12.2.26)对 z 取两次微分,可以得到

$$\frac{\partial^2 E_c}{\partial z^2}-\Gamma_0^2E_c=-\Gamma_0A(z) \tag{12.2.27}$$

将式(12.2.27)与式(12.2.25)比较,不难看出,如果

$$A(z)=K_c\frac{\partial^2 i_1}{\partial z^2} \tag{12.2.28}$$

则所得到的线路方程与式(12.2.25)一致.这样就可以得到

$$E_c(z)=E_0\mathrm{e}^{-\Gamma_0 z}+\frac{1}{2}K_c\int_0^z\frac{\partial^2 i_1}{\partial z'^2}\mathrm{e}^{-\Gamma_0(z-z')}\mathrm{d}z'+\frac{1}{2}K_c\int_z^l\frac{\partial^2 i_1}{\partial z'^2}\mathrm{e}^{\Gamma_0(z-z')}\mathrm{d}z' \tag{12.2.29}$$

这就是积分形式的线路方程.

12.3 行波管的特征方程

在 12.2 节中,我们求得了表征行波管工作的两个微分方程,即电子学方程(12.2.20)和线路方

程(12.2.25).自洽场方法就在于将上述两个方程联合求解.为此,可将方程(12.2.20)代入方程(12.2.25),并且考虑到目前我们仅限于一维的问题,因而可以将偏微分符号用常微分符号来代替,这样我们就得到了以下关于行波管中线路场的方程①:

$$\frac{d^4 i_1}{dz^4}+2j\beta_e\frac{d^3 i_1}{dz^3}-\left[\Gamma_0^2+(\beta_e^2-\beta_q^2)-\frac{j\beta_e I_0}{2V_0}K_c\Gamma_0\right]\frac{d^2 i_1}{dz^2}-2j\beta_e\Gamma_0^2\frac{di_1}{dz}+[\Gamma_0^2(\beta_e^2-\beta_q^2)]i_1=0 \tag{12.3.1}$$

这是一个四阶常系数线性齐次微分方程,它必定具有 $e^{-\Gamma z}$ 形式的解.其特征方程为

$$\Gamma^4-2j\beta_e T^3-[\Gamma_0^2+(\beta_e^2-\beta_q^2)-2j\beta_e\Gamma_0 C^3]\Gamma^2+2j\beta_e\Gamma_0^2\Gamma+[\Gamma_0^2(\beta_e^2-\beta_q^2)]=0 \tag{12.3.2}$$

式中

$$C^3=\frac{K_c I_0}{4V_0} \tag{12.3.3}$$

称为行波管的增益参量.

式(12.3.2)也可以写成习惯的形式:

$$(\Gamma^2-\Gamma_0^2)[(\Gamma-j\beta_e)^2+\beta_q^2]+2j\beta_e C^3\Gamma_0\Gamma^2=0 \tag{12.3.4}$$

这就是通常所用的行波管方程.

这样,我们就证明了由微分方程(12.2.20)和方程(12.2.25)所描述的行波管工作,存在 $e^{(j\omega t-\Gamma z)}$ 形式的自洽场解,其中 Γ 即由特征方程(12.3.4)所确定,它是有电子流存在时波的传播常数,注意它与没有电子流存在时的传播常数 Γ_0 不同.自洽场解是微分方程求解的数学要求.

既然存在 $e^{(j\omega t-\Gamma z)}$ 形式的自洽场解,因而可以将方程(12.2.20)和方程(12.2.25)化成简单的代数形式:

$$i_1=\frac{j\beta_e}{(\Gamma-j\beta_e)^2+\beta_q^2}\cdot\frac{I_0E_c}{2V_0} \tag{12.3.5}$$

$$E_c=\frac{-\Gamma^2\Gamma_0K_c}{(\Gamma^2-\Gamma_0^2)}i_1 \tag{12.3.6}$$

在这里,由于

$$E_c=E_z=-\frac{\partial V}{\partial z}=\Gamma V \tag{12.3.7}$$

因此式(12.3.6)又可写成

$$V=-\frac{\Gamma\Gamma_0K_c}{(\Gamma^2-\Gamma_0^2)}i_1 \tag{12.3.8}$$

而特征方程(12.3.4)也就可以说是代数方程(12.3.5)和方程(12.3.6)联解的结果.

将式(12.3.5)代入式(12.2.19),就可以得到交变速度的代数式:

$$v_1=\frac{\Gamma-j\beta_e}{(\Gamma-j\beta_e)^2+\beta_q^2}\cdot\frac{\eta E_c}{v_0} \tag{12.3.9}$$

皮尔斯用另一种方法来导出行波管的特征方程,也得到了较广泛的应用.这一方法的特点在于空间电荷场不在行波管的电子学方程中计算,而放在线路方程中去考虑,于是在自洽场假定下电子学方程化简为

$$i_1=\frac{j\beta_e}{(\Gamma-j\beta_e)^2}\cdot\frac{I_0}{2V_0}\Gamma V \tag{12.3.10}$$

相应地,式(12.3.9)亦就可化为

$$v_1=\frac{\eta\Gamma V}{v_0(\Gamma-j\beta_e)} \tag{12.3.11}$$

为了在线路方程中计算空间电荷场,皮尔斯在等效线路中引入电容 C_1,如图12.3.1所示.于是,按照以

---

①微分方程(12.2.20)、方程(12.2.25)的求解也可以化为四个一阶微分方程组,所得结果相同.

前的同样的方法，可以求得线路方程：

$$V=\left[-\frac{\Gamma\Gamma_0 K_c}{(\Gamma^2-\Gamma_0^2)}-\frac{\mathrm{j}\Gamma}{\omega C_1}\right]i_1 \tag{12.3.12}$$

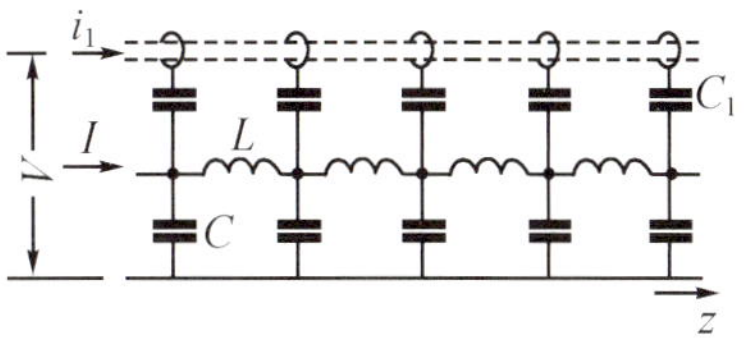

图 12.3.1　行波管等效线路的另一种形式

可以看出，式(12.3.12)中第一项就是前面求得的不计入空间电荷场时的线路电压[式(12.3.8)]，因而，第二项显然就代表了空间电荷场的贡献. 如果引入空间电荷参量

$$Q=\frac{\beta_e}{2\omega C_1 K_c} \tag{12.3.13}$$

则由式(12.3.10)、式(12.3.12)联解得到的特征方程为

$$\left[\frac{\Gamma^2\Gamma_0 K_c}{\Gamma^2-\Gamma_0^2}+\frac{2\mathrm{j}Q\Gamma^2 K_c}{\beta_e}\right]\frac{\mathrm{j}\beta_e}{(\Gamma-\mathrm{j}\beta_e)^2}\cdot\frac{I_0}{2V_0}=-1 \tag{12.3.14}$$

比较式(12.3.14)与式(12.3.4)，不难看出，如果令

$$4QC^3\Gamma^2=-\beta_q^2 \tag{12.3.15}$$

则两个特征方程完全一致，这正是我们所期望的结果.

在增益参量 C 较小时，可以认为 $\mathrm{j}\beta_e\approx\Gamma$，式(12.3.15)就可近似地写成

$$4QC=\frac{\omega_q^2}{\omega^2 C^2} \tag{12.3.16}$$

下面我们来进一步讨论上面引入的空间电荷参量 Q 的物理意义.

前面已指出，式(12.3.12)中右边第一项表示线路场的作用，而第二项则表示自身的空间电荷场和非同步场的作用. 在式(12.3.14)中也有同样的情形. 因此，如果在式(12.3.14)中仅保留左边含有 Q 的一项而略去另一项，这就意味着我们不考虑与电子注同步的外线路场的作用，则可得到

$$-1=\frac{2\mathrm{j}Q\Gamma^2 K_c}{\beta_e}\cdot\frac{\mathrm{j}\beta_e}{(\Gamma-\mathrm{j}\beta_e)^2}\cdot\frac{I_0}{2V_0} \tag{12.3.17}$$

该式可化为

$$(\Gamma-\mathrm{j}\beta_e)^2=4QC^3\Gamma^2 \tag{12.3.18}$$

即

$$-\Gamma=\frac{-\mathrm{j}\beta_e}{(1\mp\sqrt{4QC^3})} \tag{12.3.19}$$

在第 3 章中我们已经指出，在没有高频线路时. 空间电荷波的相位常数为

$$-\Gamma=-\mathrm{j}\beta_e\left(1\pm\frac{\omega_q}{\omega}\right) \tag{12.3.20}$$

当 $\sqrt{4QC^3}\ll 1$ 时，式(12.3.19)给出

$$-\Gamma=-\mathrm{j}\beta_e(1\pm\sqrt{4QC^3}) \tag{12.3.21}$$

比较以上两式可得

$$\omega_q=\omega\sqrt{4QC^3} \tag{12.3.22}$$

或

$$4QC=\frac{\omega_q^2}{\omega^2 C^2}$$

即方程(12.3.16).

可见,参量 QC 与等离子体频率 ω_q 直接相关,而后者是决定于空间电荷密度的,正因为如此,我们把 Q 称为空间电荷参量.

12.4 行波管的正规模式方程

在 12.2 节和 12.3 节中,我们利用等效线路模型讨论了行波管的小信号工作方程及其特征方程,显然,其结果将决定于模型的选择是否正确.在本节中,我们将从场方程出发来求出行波管方程,这是一种严格的方法,因而,将它与前面的结果比较,至少可以在一定程度上证明,上述等效线路模型的概念是正确的.

众所周知,电场 $\boldsymbol{E}$ 与磁场 $\boldsymbol{H}$ 可以通过矢量位 $\boldsymbol{A}$ 及标量位 φ 来表示:

$$\begin{cases}\boldsymbol{H}=\nabla\times\boldsymbol{A}\\ \boldsymbol{E}=-\nabla\varphi-\mu_0\dfrac{\partial\boldsymbol{A}}{\partial t}\end{cases}\tag{12.4.1}$$

而 φ 与 $\boldsymbol{A}$ 之间可以引入归一化条件:

$$\nabla\cdot\boldsymbol{A}+\varepsilon_0\frac{\partial\varphi}{\partial t}=0\tag{12.4.2}$$

在所讨论的情况下,矢量位 $\boldsymbol{A}$ 及标量位 φ 分别满足以下波方程:

$$\begin{cases}\nabla^2\boldsymbol{A}-\varepsilon_0\mu_0\dfrac{\partial^2\boldsymbol{A}}{\partial t^2}=-\boldsymbol{\rho v}\\ \nabla^2\varphi-\varepsilon_0\mu_0\dfrac{\partial^2\varphi}{\partial t^2}=-\dfrac{\boldsymbol{\rho}}{\varepsilon_0}\end{cases}\tag{12.4.3}$$

如果电子仅沿 z 轴运动,$\boldsymbol{v}=\boldsymbol{i}_z v_z$,则 $\boldsymbol{A}$ 仅有 z 向分量,可令

$$\boldsymbol{A}=\boldsymbol{i}_z\Pi\tag{12.4.4}$$

及

$$\Pi=\Pi(x,y,z)=\Pi(x,y)\mathrm{e}^{-\Gamma z}\tag{12.4.5}$$

不难看到,由这种纵向电子流激起的波为 TM 波.事实上,根据上式,由式(12.4.2)即可得到标量位 φ 为

$$\varphi=\frac{\mathrm{j}}{\omega\varepsilon_0}\cdot\frac{\partial\Pi}{\partial z}=-\frac{\mathrm{j}\Gamma}{\omega\varepsilon_0}\Pi\tag{12.4.6}$$

式中,仍然采用自洽场的因子 $\mathrm{e}^{\mathrm{j}\omega t-\Gamma z}$.于是不难得到场分量方程:

$$\begin{cases}E_x=\dfrac{\mathrm{j}\Gamma}{\omega\varepsilon_0}\cdot\dfrac{\partial\Pi}{\partial x}\\ E_y=\dfrac{\mathrm{j}\Gamma}{\omega\varepsilon_0}\cdot\dfrac{\partial\Pi}{\partial y}\\ H_x=\dfrac{\partial\Pi}{\partial y}\\ H_y=-\dfrac{\partial\Pi}{\partial x}\end{cases}\tag{12.4.7}$$

及

$$E_z=\frac{\mathrm{j}}{\omega\varepsilon_0}\left(\frac{\partial^2\Pi}{\partial x^2}+\frac{\partial^2\Pi}{\partial y^2}\right)+\frac{\mathrm{j}}{\omega\varepsilon_0}\boldsymbol{J}\tag{12.4.8}$$

式中,$\boldsymbol{J}=\rho\boldsymbol{v}=\boldsymbol{i}_z\rho v_z=\boldsymbol{i}_z J$.

对于“冷”系统来说，方程(12.4.3)化为

$$\begin{cases}\nabla^2 \mathbf{A}+k^2\mathbf{A}=0\\ \nabla^2\varphi+k^2\varphi=0\end{cases} \tag{12.4.9}$$

式中，$k^2=\omega^2\mu_0\varepsilon_0$. 式(12.4.9)又可进一步化为

$$\begin{cases}\nabla_{\mathrm{T}}^2 \mathbf{A}+(k^2+\Gamma^2)\mathbf{A}=0\\ \nabla_{\mathrm{T}}^2\varphi+(k^2+\Gamma^2)\varphi=0\end{cases} \tag{12.4.10}$$

则有

$$\nabla_{\mathrm{T}}^2\Pi+(k^2+\Gamma^2)\Pi=0 \tag{12.4.11}$$

而无激励电子流时，方程(12.4.8)亦可简化为

$$E_z=\frac{\mathrm{j}}{\omega\varepsilon_0}\left(\frac{\partial^2\Pi}{\partial x^2}+\frac{\partial^2\Pi}{\partial y^2}\right) \tag{12.4.12}$$

将式(12.4.11)代入，则该式又可写成

$$E_z=-\frac{\mathrm{j}}{\omega\varepsilon_0}(\Gamma^2+k^2)\Pi(x,y)\mathrm{e}^{-\Gamma z} \tag{12.4.13}$$

由式(12.4.11)可知，它存在无限个特征函数Π_n及其对应的特征值Γ_m，而且各特征函数是相互正交的，即

$$\iint_S \Pi_m(x,y)\Pi_n(x,y)\mathrm{d}x\mathrm{d}y=0(m\neq n) \tag{12.4.14}$$

式中，S为系统的横截面面积.

每有一个特征函数$\Pi_n(x,y)$，就存在一组与其相对应的电磁场模式，其传播常数为$\pm\Gamma_n$. 因此，第n次空间谐波的正向波就可写成

$$E_{z,n}=E_{z,n}(x,y)\mathrm{e}^{-\Gamma_n z}=A_n\left(-\frac{\mathrm{j}}{\omega\varepsilon_0}\right)(\Gamma_n^2+k^2)\Pi_n(x,y)\mathrm{e}^{-\Gamma_n z} \tag{12.4.15}$$

式中，A_n为该场场强的幅值系数.

令在某一给定点比如$x=0,y=0$处，

$$\begin{cases}E_{z,n}(x,y)=E_{z,n}(0,0)\\ \Pi_n(x,y)=\Pi_n(0,0)\end{cases} \tag{12.4.16}$$

代入式(12.4.15)即可得到

$$A_n=\frac{\mathrm{j}\omega\varepsilon_0 E_{z,n}(0,0)}{(\Gamma_n^2+k^2)\Pi_n(0,0)} \tag{12.4.17}$$

我们知道，将坡印亭矢量在x,y平面导体边界以内积分可求得功率流：

$$P=\frac{1}{2}\iint_S(E_xH_y^*-E_yH_x^*)\mathrm{d}x\mathrm{d}y \tag{12.4.18}$$

将式(12.4.7)代入并利用在导体边界上$\Pi_n(x,y)=0$的条件及关系式(12.4.11)，可得

$$P_n=A_nA_n^*\left(\frac{\mathrm{j}\Gamma_n}{2\omega\varepsilon_0}\right)(\Gamma_n^2+k^2)\iint_S\Pi_n^2(x,y)\mathrm{d}x\mathrm{d}y \tag{12.4.19}$$

其中，A_n又已由式(12.4.16)给出，则

$$P_n=-\frac{\mathrm{j}\omega\varepsilon_0\Gamma_n[E_{z,n}(0,0)E_{z,n}^*(0,0)]}{2(\Gamma_n^2+k^2)\Pi_n^2(0,0)}\iint_S\Pi_n^2(x,y)\mathrm{d}x\mathrm{d}y \tag{12.4.20}$$

而总功率则为

$$P=\sum_n P_n \tag{12.4.21}$$

当有电子流激励时，可以将电子流写成

$$J=J(x,y,z)=J(x,y)\mathrm{e}^{-\Gamma z} \tag{12.4.22}$$

同时，由式(12.4.3)不难得到

$$\nabla_{\mathrm{T}}^{2}\Pi+(k^{2}+\Gamma^{2})\Pi=-J \tag{12.4.23}$$

我们将 $J(x,y)$ 按"冷"系统的特征函数 $\Pi_n(x,y)$ 展开：

$$J(x,y)=\sum_{-\infty}^{+\infty}J_n\Pi_n(x,y) \tag{12.4.24}$$

式中，展开系数 J_n 为

$$J_n=-\frac{\iint\limits_{S_e}J(x,y)\Pi_n(x,y)\mathrm{d}x\mathrm{d}y}{\iint\limits_{S_e}\Pi_n^2(x,y)\mathrm{d}x\mathrm{d}y} \tag{12.4.25}$$

根据广义傅里叶级数理论，因为 Π_n 函数是正交函数系，所以这种展开是可能的. 同样，虽然由于电子流的存在，波发生了变化，但可假定仍可按正交系 $\Pi_n(x,y)$ 展开：

$$\Pi=\mathrm{e}^{-\Gamma z}\sum_{-\infty}^{\infty}C_n\Pi_n(x,y) \tag{12.4.26}$$

对于"冷"系统特征函数的 n 次分量，由式(12.4.11)可得

$$\nabla_{T}^{2}\Pi_n+(k^2+\Gamma^2)\Pi_n=0 \tag{12.4.27}$$

而对于有电子注的系统，特征函数的 n 次分量，根据式(12.4.26)，以及电流的 n 次分量，根据式(12.4.24)，可分别写为 $C_n\Pi_n(x,y)$ 及 $J_n\Pi_n(x,y)$，将它们代入式(12.4.23)，得到

$$C_n\nabla_{\mathrm{T}}^{2}\Pi_n+C_n(k^2+\Gamma^2)\Pi_n=-J_n\Pi_n \tag{12.4.28}$$

由上述两式即可求出式(12.4.26)中的展开系数 C_n：

$$C_n=\frac{J_n}{\Gamma_n^2-\Gamma^2} \tag{12.4.29}$$

式中，Γ_n 为"冷"系统的传播常数，而 Γ 为考虑有电子流后系统的传播常数.

将 C_n 的表示式代入式(12.4.26)，

$$\Pi=\mathrm{e}^{-\Gamma z}\sum_{-\infty}^{\infty}\frac{\Pi_n(x,y)}{\Gamma_n^2-\Gamma^2}J_n \tag{12.4.30}$$

另外，我们已经得到无电子流激励时的 E_z 表达式(12.4.13). 实际上，当有电子流激励时，用式(12.4.23)代入式(12.4.8)，就可以得出与式(12.4.13)完全同样的 E_z 表达式. 将式(12.4.30)代入该表达式，即可求得有电子流时场的纵向分量：

$$E_z=-\mathrm{e}^{-\Gamma z}\sum_{-\infty}^{\infty}\frac{\mathrm{j}(\Gamma^2+k^2)\Pi_n(x,y)}{\omega\varepsilon_0(\Gamma_n^2-\Gamma^2)}J_n \tag{12.4.31}$$

有了以上数学推导结果，现在我们就可以着手来推导线路方程了. 为此，我们设想，在方程(12.4.31)中，实际上只有一个模式，例如 $n=0$ 的模式与电子同步. 这是与行波管实际工作情况符合的，因为行波管一般都是工作在最低模式上的，而其余各模式因与电子速度相差很远，所以与电子作用很弱，比之同步模式与电子的相互作用来说，完全可以略去. 另外，为了简化起见，我们还假定电子流是通过点(0,0)的一根细电子注，因而可以不考虑场在电子注截面上的变化. 在这些假定下，式(12.4.31)就可化简为

$$E_z=-\frac{\mathrm{j}}{\omega\varepsilon_0}\cdot\frac{(\Gamma^2+k^2)\Pi_0(0,0)}{(\Gamma_0^2-\Gamma^2)}\mathrm{e}^{-\Gamma z}J_0 \tag{12.4.32}$$

式中，J_0 根据 J_n 的表达式(12.4.25)为

$$J_0=\frac{J(0,0)S_e\Pi_0(0,0)}{\iint\limits_{S_e}\Pi_0^2(x,y)\mathrm{d}x\mathrm{d}y} \tag{12.4.33}$$

由式(12.4.20)又不难得出：

$$\Pi_0^2(0,0)=-\frac{\mathrm{j}\omega\varepsilon_0\Gamma_0|E_{z,0}(0,0)|^2}{2(\Gamma_0^2+k^2)P_0}\iint_S\Pi_0^2(x,y)\mathrm{d}x\mathrm{d}y \tag{12.4.34}$$

将以上两式代入式(12.4.32)，则

$$E_z=\frac{(\Gamma^2+k^2)\Gamma_0^3K_c}{(\Gamma_0^2+k^2)(\Gamma_0^2-\Gamma^2)}J(0,0)S_\varepsilon\mathrm{e}^{-\Gamma z} \tag{12.4.35}$$

式中

$$K_c=\frac{|E|^2}{2\beta^2P}=-\frac{|E|^2}{2\Gamma^2P} \tag{12.4.36}$$

考虑到

$$J(0,0)S_e\mathrm{e}^{-\Gamma z}=i_1$$

及

$$|\Gamma|\gg k,|\Gamma_0|\gg k \tag{12.4.37}$$

则式(12.4.35)可化简为

$$E_z=\frac{\Gamma^2\Gamma_0K_c}{(\Gamma_0^2-\Gamma^2)}i_1 \tag{12.4.38}$$

可以看出，所得方程与式(12.3.6)完全相同.

不过，在一系列情况下，非同步波的影响并非完全可以略去. 因此，若考虑到非同步波的影响，式(12.4.31)可以写成

$$\begin{aligned}E_z&=\left[\frac{\Gamma^2\Gamma_0K_c}{(\Gamma_0^2-\Gamma^2)}i_1+\sum_{n\neq0}\left(-\frac{\mathrm{j}}{\omega\varepsilon_0}\right)\frac{(\Gamma^2+k^2)\Pi_n(x,y)}{(\Gamma_n^2-\Gamma^2)}J_n\mathrm{e}^{-\Gamma z}\right]\\&=\left[\frac{\Gamma^2\Gamma_0K_c}{(\Gamma_0^2-\Gamma^2)}+\sum_{n\neq0}\left(-\frac{\mathrm{j}}{\omega\varepsilon_0}\right)\frac{(\Gamma^2+k^2)\Pi_n(x,y)}{(\Gamma_n^2-\Gamma^2)}\cdot\frac{J_n}{J(0,0)S_e}\right]i_1\end{aligned} \tag{12.4.39}$$

如令

$$\frac{1}{C_1}=\sum_{n\neq0}\frac{\Pi_n(x,y)}{\varepsilon_0(\Gamma_n^2-\Gamma^2)}\cdot\frac{J_n}{J(0,0)S_e} \tag{12.4.40}$$

并考虑到条件式(12.4.37)，则式(12.4.39)就可写成

$$E_z=\left[\frac{\Gamma^2\Gamma_0K_c}{(\Gamma_0^2-\Gamma^2)}-\frac{\mathrm{j}\Gamma^2}{\omega C_1}\right]i_1 \tag{12.4.41}$$

这一结果的物理含义是，将式(12.4.39)中所有非同步波的作用全都算到了等效电容 C_1 内.

式(12.4.41)与式(12.3.12)完全一致. 由此，我们可以得出结论，对于细电子注，利用正规模式展开所得到的结果与等效线路模型给出的结果是一致的.

12.5 正规模式展开的另一种形式

我们在 12.3 节中已利用等效线路方法，求得了行波管的工作方程. 皮尔斯利用正规模式方法证明了等效线路方程的可靠性(见 12.4 节)；另外，瓦因斯坦提出的从波导激励的场论观点出发，求出行波管的自洽场方程的方法，也得到了较普遍的使用. 两种方法的结果只有微小的区别. 在本节中，我们先给出瓦因斯坦的场的展开方法，然后把得到的结果与 12.4 节所述的展开方法加以比较.

考虑一无限长的导波系统(如慢波系统)，场可展开为如下一组正交模式：

$$\begin{cases} \boldsymbol{E} = \sum\limits_n (C_n\boldsymbol{E}_n + C_{-n}\boldsymbol{E}_{-n}) - \dfrac{1}{\mathrm{j}\omega\varepsilon_0}\boldsymbol{J}_e \\ \boldsymbol{H} = \sum\limits_n (C_n\boldsymbol{H}_n + C_{-n}\boldsymbol{H}_{-n}) \end{cases} \tag{12.5.1}$$

式中,$\boldsymbol{E}_n$ 为向正 z 方向传播的模式,有因子 $\mathrm{e}^{-\Gamma_n z}$;$\boldsymbol{E}_{-n}$为向负 z 方向传播的模式,有因子 $\mathrm{e}^{-\Gamma_{-n} z}$,且有

$$\Gamma_{-n} = -\Gamma_n$$

因而 $\boldsymbol{E}_{-n}$波亦可说具有因子 $\mathrm{e}^{\Gamma_n z}$;$\boldsymbol{H}_n$ 及 $\boldsymbol{H}_{-n}$的意义与$\boldsymbol{E}_n$,$\boldsymbol{E}_{-n}$完全类似;C_n,C_{-n}为展开系数:

$$\begin{cases} C_n = \dfrac{1}{N_n}\displaystyle\int_V \boldsymbol{J}_e\boldsymbol{E}_{-n}\mathrm{d}V \\ C_{-n} = \dfrac{1}{N_n}\displaystyle\int_V \boldsymbol{J}_e\boldsymbol{E}_n\mathrm{d}V \end{cases} \tag{12.5.2}$$

式中,V 为激励源所占全部体积;N_n 为正规模式的归一化系数:

$$N_n = \int_{S_e} [\boldsymbol{E}_n \times \boldsymbol{H}_{-n} - \boldsymbol{E}_{-n} \times \boldsymbol{H}_n] \cdot \mathrm{d}\boldsymbol{S} \tag{12.5.3}$$

这里我们仍假定电子流仅有 z 向分量:

$$\boldsymbol{J}_e = J\boldsymbol{i}_z \tag{12.5.4}$$

并且为了可以考虑电子注在截面内密度分布的不均匀性,我们令

$$J(x,y,z) = \psi(x,y)\frac{i_1(z)}{S_e} \tag{12.5.5}$$

式中,S_e 为电子注截面积,而其中

$$i_1(z) = \int_{S_e} J(x,y,z)\mathrm{d}S \tag{12.5.6}$$

因此,电流分布函数 $\psi(x,y)$就可以求得为

$$\int_{S_e} \psi(x,y)\mathrm{d}S = S_e \tag{12.5.7}$$

而场的纵向分量可以写成

$$\begin{cases} E_{z,n} = E_{z,n}^0\varphi_n(x,y)\mathrm{e}^{-\Gamma_n z} \\ E_{z,-n} = E_{z,n}^0\varphi_n(x,y)\mathrm{e}^{\Gamma_n z} \end{cases} \tag{12.5.8}$$

式中,$E_{z,n}^0$为波的幅值;$\varphi_n(x,y)$为横向分布函数.

这样,由式(12.5.1)就可以得到

$$E_z = \sum_n (C_nE_{z,n} + C_{-n}E_{z,-n}) - \frac{1}{\mathrm{j}\omega\varepsilon_0}J \tag{12.5.9}$$

而展开系数则可写成

$$\begin{cases} C_n = \dfrac{1}{N_n}\cdot\dfrac{1}{S_e}\displaystyle\int_{S_e} E_{z,n}^0\varphi_n(x,y)\mathrm{e}^{-\Gamma_n z}\psi(x,y)\mathrm{d}x\mathrm{d}y\int_{-\infty}^{z} \mathrm{e}^{\Gamma_n\xi}i_1(\xi)\mathrm{d}\xi \\ C_{-n} = \dfrac{1}{N_n}\cdot\dfrac{1}{S_e}\displaystyle\int_{S_e} E_{z,n}^0\varphi_n(x,y)\mathrm{e}^{\Gamma_n z}\psi(x,y)\mathrm{d}x\mathrm{d}y\int_{z}^{\infty} \mathrm{e}^{-\Gamma_n\xi}i_1(\xi)\mathrm{d}\xi \end{cases} \tag{12.5.10}$$

将式(12.5.10)、式(12.5.5)代入式(12.5.9),即可得到由纵向电子流激励的纵向场:

$$E_z = \frac{1}{2}\sum_n R_n^0\psi_n\varphi_n(x,y)\left\{\mathrm{e}^{-\Gamma_n z}\int_{-\infty}^{z} \mathrm{e}^{\Gamma_n\xi}i_1(\xi)\mathrm{d}\xi + \mathrm{e}^{\Gamma_n z}\int_{z}^{\infty} \mathrm{e}^{-\Gamma_n\xi}i_1(\xi)\mathrm{d}\xi\right\} - \frac{1}{\mathrm{j}\omega\varepsilon_0 S_e}\cdot\psi(x,y)i_1(z) \tag{12.5.11}$$

式中

$$\begin{cases} R_n^0 = \dfrac{2(E_{z,n}^0)^2}{N_n} \\ \psi_n = \dfrac{1}{S_e}\displaystyle\int_{S_e}\psi(x,y)\varphi_n(x,y)\mathrm{d}S \end{cases} \tag{12.5.12}$$

不难看出，由于 $N_n=4P_n$，P_n 为功率流，所以 R_n^0 与耦合阻抗 K_c 之间有如下关系：

$$R_n^0=\beta_n^2\cdot K_{c,n}(0) \tag{12.5.13}$$

式中，$K_c(0)$表示 K_c 的最大值；β 为相位常数.

现在引入自洽场假定：

$$i_1(z)=A_0\mathrm{e}^{-\Gamma z} \tag{12.5.14}$$

式中，Γ 为传播常数. 于是，将式(12.5.14)代入式(12.5.11)，即得

$$E_z=\left[\sum_n\frac{\Gamma_nR_n^0}{(\Gamma_n^2-\Gamma^2)}\psi_n\varphi_n(x,y)-\frac{1}{\mathrm{j}\omega\varepsilon_0S_e}\psi(x,y)\right]i_1(z) \tag{12.5.15}$$

式(12.5.15)即相当于前面所讨论的线路方程.

另外，将电子运动方程(12.2.7)、连续性方程(12.2.10)及式(12.5.5)联解，不难得到电子学方程：

$$\left[\frac{\partial^2 i_1}{\partial z^2}+2\mathrm{j}\beta_e\frac{\partial i_1}{\partial z}-\beta_e^2 i_1\right]\psi(x,y)=\eta\frac{\mathrm{j}\beta_eS_e\rho_0}{v_0}E_z \tag{12.5.16}$$

事实上，将空间电荷场并入 E_z，并利用关系式(12.5.5)就可以从以前所得的电子学方程(12.2.20)中得到式(12.5.16).

将式(12.5.14)代入式(12.5.16)，得

$$\psi(x,y)(\Gamma-\mathrm{j}\beta_e)^2 i_1(z)=\mathrm{j}\eta\frac{\beta_eS_e\rho_0}{v_0}E_z \tag{12.5.17}$$

至此，只需将方程(12.5.15)与方程(12.5.17)联解就可以求得自洽场解：

$$\sum_n\frac{\Gamma_nR_n^0}{\Gamma_n^2-\Gamma^2}\psi_n\varphi_n(x,y)-\frac{1}{\mathrm{j}\omega\varepsilon_0S_e}\psi(x,y)=\frac{\psi(x,y)(\Gamma-\mathrm{j}\beta_e)^2}{\mathrm{j}\eta\beta_eS_e\rho_0/v_0} \tag{12.5.18}$$

由式(12.5.18)解出 $\psi(x,y)$，再将式(12.5.12)代入，就可以得到

$$\psi(x,y)\left[\frac{1}{\mathrm{j}\omega\varepsilon_0}+\frac{(\Gamma-\mathrm{j}\beta_e)^2}{\mathrm{j}\eta\beta_e\rho_0/v_0}\right]=\iint\sum_n\frac{\Gamma_nR_n^0}{\Gamma_n^2-\Gamma^2}\varphi_n(x,y)\varphi_n(\xi,\eta)\psi(\xi,\eta)\mathrm{d}\xi\mathrm{d}\eta \tag{12.5.19}$$

式(12.5.19)亦可写成如下形式：

$$\psi(x,y)+\iint K(x,y;\xi,\eta)\psi(\xi,\eta)\mathrm{d}\xi\mathrm{d}\eta=0 \tag{12.5.20}$$

即化成齐次积分方程的形式. 该方程的核为

$$K(x,y;\xi,\eta)=\frac{1}{\left[\dfrac{1}{\mathrm{j}\omega\varepsilon_0}+\dfrac{(\Gamma-\mathrm{j}\beta_e)^2}{\mathrm{j}\eta\beta_e\rho_0/v_0}\right]}\sum_n\frac{\Gamma_nR_n^0}{\Gamma^2-\Gamma_n^2}\varphi_n(x,y)\varphi_n(\xi,\eta) \tag{12.5.21}$$

可见这是一个关于 x,y 及 ξ,η 的对称核.

于是自洽场的求解归结为解对称核积分方程(12.5.20). 传播常数 Γ 由积分方程的特征值给出，而分布函数 $\psi(x,y)$即为积分方程的特征函数.

为了求得方程(12.5.20)的特征值，可以利用积分方程的变分原理.

对方程(12.5.20)两边乘 $\psi(x,y)$，然后在电子注截面范围内积分，得

$$\mathscr{F}\{\psi\}=\iint\psi^2(x,y)\mathrm{d}x\mathrm{d}y+\iiiint K(x,y;\xi,\eta)\psi(x,y)\psi(\xi,\eta)\mathrm{d}x\mathrm{d}y\mathrm{d}\xi\mathrm{d}\eta=0 \tag{12.5.22}$$

泛函 $\mathscr{F}\{\psi\}$由 $\psi(x,y)$决定，因而特征值 Γ 是 $\psi(x,y)$的泛函. 由式(12.5.22)，得

$$\frac{\partial\mathscr{F}}{\partial\Gamma}\delta\Gamma+\delta\mathscr{F}=0 \tag{12.5.23}$$

由对称核积分方程的变分原理 $\delta\mathscr{F}=0$，于是有

$$\delta\Gamma=0 \tag{12.5.24}$$

事实上，由式(12.5.22)直接求变分，得

$$\delta\mathscr{F}=2\iint\delta\psi(x,y)\left\{\psi(x,y)+\iint K(x,y;\xi,\eta)\psi(\xi,\eta)\mathrm{d}\xi\mathrm{d}\eta\right\}\mathrm{d}x\mathrm{d}y=0 \tag{12.5.25}$$

代入式(12.5.23),即可得式(12.5.24).

由此可知电子注截面分布函数的变化,对特征值 Γ 的影响属于二阶以上微小. 这样,由式(12.5.22)就可以得到以下确定的 Γ 的方程:

$$\sum_n \frac{\Gamma_n R_n^0 \psi_n^2}{\Gamma_n^2-\Gamma^2}+\frac{\mathrm{j}}{\omega\varepsilon_0}\cdot\frac{1}{S_{\mathrm{eff}}}+\frac{\mathrm{j}(\Gamma-\mathrm{j}\beta_e)^2}{\eta(\rho_0/v_0)\beta_e S_{\mathrm{eff}}}=0 \tag{12.5.26}$$

将 R_n^0、ψ_n 等有关方程代入式(12.5.26),并设 $n=0$ 为同步波,$n\neq 0$ 的各模式均为非同步波. 在式(12.5.26)中将同步波一项括出,而将全部非同步波合成一项. 最后可以得到如下特征方程:

$$(\Gamma^2-\Gamma_0^2)[(\Gamma-\mathrm{j}\beta_e)^2+p^2\beta_p^2]-2\mathrm{j}\beta_e C^3\Gamma_0\beta_0^2\frac{S_{\mathrm{eff}}}{S_e}=0 \tag{12.5.27}$$

式中,S_{eff} 为等效面积:

$$S_{\mathrm{eff}}=\frac{S_e^2}{\iint \psi^2 \mathrm{d}S} \tag{12.5.28}$$

当 $\psi=1$,即电子注均匀分布时,$S_{\mathrm{eff}}=S_e$,而 p 则由下式确定:

$$p^2=1-\mathrm{j}\omega\varepsilon_0 S_{\mathrm{eff}}\sum_{n\neq 0}\frac{\Gamma_n\beta_n^2 K_{c,n}}{\Gamma^2-\Gamma_n^2} \tag{12.5.29}$$

$$K_{c,n}=R_n^0\cdot\frac{\psi_n^2}{\beta_n^2} \tag{12.5.30}$$

p^2 是由空间电荷场和非同步场决定的函数,通常称为等离子体压缩系数. 不难看到,p^2 起的作用与第3章中讨论过的等离子体降低因子类似.

在方程(12.5.27)中,如果有 $p^2\beta_p^2=\beta_q^2$,$S_{\mathrm{eff}}=S_e$,则最终得到的行波管特征方程为

$$(\Gamma^2-\Gamma_0^2)[(\Gamma-\mathrm{j}\beta_e)^2+\beta_q^2]-2\mathrm{j}\beta_e C^3\Gamma_0\beta_0^2=0 \tag{12.5.31}$$

这与由等效线路模型得到的特征方程(12.3.4)比较,仅有微小的差别. 而且可以看出,只有对方程(12.5.31)最后一项作出假定

$$\Gamma^2=-\beta_0^2=\Gamma_0^2 \tag{12.5.32}$$

时,两者才会相同.

在中小功率行波管中,增益参量 C 一般都不大,因而上述两种形式的特征方程所给出的结果,相差一般是很微小的.

现在,我们来研究一下本节及12.4节中两种正规模式展开之间的关系.

在方程(12.4.31)中,可将(Γ^2+k^2)写成

$$\Gamma^2+k^2=\Gamma^2-\Gamma_n^2+\Gamma_n^2+k^2$$

因而该式就成为

$$E_z=\left\{\left(\frac{-\mathrm{j}}{\omega\varepsilon_0}\right)\sum_n\frac{(\Gamma_n^2+k^2)\prod_n(x,y)}{\Gamma_n^2-\Gamma^2}J_n+\frac{\mathrm{j}}{\omega\varepsilon_0}\sum_n\prod_n(x,y)J_n\right\}\mathrm{e}^{-\Gamma z} \tag{12.5.33}$$

将式(12.4.24)及式(12.4.25)代入,可得到

$$E_z=\left\{\left(-\frac{\mathrm{j}}{\omega\varepsilon_0}\right)\sum_n\frac{(\Gamma_n^2+k^2)\prod_n(x,y)\iint_{S_e}\prod_n(x,y)J(x,y)\mathrm{d}x\mathrm{d}y}{(\Gamma_n^2-\Gamma^2)\iint_{S_e}\prod_n^2(x,y)\mathrm{d}x\mathrm{d}y}+\frac{\mathrm{j}}{\omega\varepsilon_0}J(x,y)\right\}\mathrm{e}^{-\Gamma z} \tag{12.5.34}$$

式(12.5.34)第二项表示空间电荷场,而第一项则为线路上各次模式(同步的及非同步的模式)的场. 考虑到关系式(12.5.5)后,就不难看出上述第二项与式(12.5.15)中的第二项完全相同. 因此,剩下的工作在于处理第一项. 由于

$$R_n^0=\beta_n^2\cdot K_{c,n}/\psi_n^2=\frac{(E_{z,n}^0)^2}{2P_n} \tag{12.5.35}$$

并注意到式(12.5.12)中的第二个关系式，则式(12.5.15)中的第一项就可以写成

$$\sum_n \frac{\Gamma_n R_n^0}{(\Gamma_n^2-\Gamma^2)}\psi_n\varphi_n(x,y)i_1(z)=\sum_n \frac{\Gamma_n(E_{z,n}^0)^2\varphi_n(x,y)}{2P_n(\Gamma_n^2-\Gamma^2)}i_1(z)\cdot\frac{1}{S_e}\iint_{S_e}\psi(x,y)\varphi(x,y)\mathrm{d}x\mathrm{d}y \tag{12.5.36}$$

而根据式(12.5.8)和式(12.5.5)有

$$\begin{cases}E_{x,n}^0\varphi_n(x,y)=E_{z,n}(x,y)\\ i_1(z)\psi(x,y)=S_eJ(x,y,z)=S_eJ(x,y)\mathrm{e}^{-\Gamma z}\end{cases} \tag{12.5.37}$$

于是将式(12.5.37)代入式(12.5.36)后即可得到

$$\sum_n \frac{\Gamma_n R_n^0}{(\Gamma_n^2-\Gamma^2)}\psi_n\varphi_n(x,y)i_1(z)=\mathrm{e}^{-\Gamma z}\sum_n \frac{\Gamma_n E_{z,n}(x,y)}{2P_n(\Gamma_n^2-\Gamma^2)}\iint_{S_e}J(x,y)\cdot E_{z,n}(x,y)\mathrm{d}x\mathrm{d}y \tag{12.5.38}$$

再进一步将式(12.4.15)及式(12.4.19)代入，则有

$$\sum_n \frac{\Gamma_n R_n^0}{(\Gamma_n^2-\Gamma^2)}\psi_n\varphi_n(x,y)i_1(z)=\mathrm{e}^{-\Gamma z}\sum_n\left(-\frac{\mathrm{j}}{\omega\varepsilon_0}\right)\frac{(\Gamma_n^2+k^2)\Pi_n(x,y)\iint_{S_e}\Pi_n(x,y)J(x,y)\mathrm{d}x\mathrm{d}y}{(\Gamma_n^2-\Gamma^2)\iint_{S_e}\Pi_n^2(x,y)\mathrm{d}x\mathrm{d}y} \tag{12.5.39}$$

式(12.5.39)左边即式(12.5.15)中的第一项，而右边则为式(12.5.34)中的第一项，两式的第二项我们在前面已说明相等. 由此可见，式(12.5.15)与式(12.5.34)完全一致.

由此自然就会出现这样的问题：既然已经证明了皮尔斯正规模式方程与瓦因斯坦的展开式是完全一致的，那么为什么由两种方法得出的行波管方程(及其特征方程)不同呢？看来，问题在于当展开式取不同形式时所产生的区别，这种区别就反映在特征方程的第二项和第三项中.

试看特征方程(12.3.4)：

$$(\Gamma^2-\Gamma_0^2)[(\Gamma-\mathrm{j}\beta_e)^2+\beta_q^2]+2\mathrm{j}\beta_eC^3\Gamma_0\Gamma^2=0$$

及特征方程(12.5.27)：

$$(\Gamma^2-\Gamma_0^2)[(\Gamma-\mathrm{j}\beta_e)^2+p^2\beta_q^2]-2\mathrm{j}\beta_eC^3\Gamma_0\beta_0^2=0$$

我们已经指出，虽然两者形式不同，但它们反映的是同一物理过程，所以本来应该有同等的效果，只是当我们假定

$$p^2\beta_q^2=\beta_q^2$$

后，两者就出现了差别，以致只有进一步假定 $\Gamma^2=-\beta_0^2=\Gamma_0^2$ 后它们才仍然等效. 由此可见，p^2 虽然与等离子体降低因子接近，但却并不是完全相等的(参看 13.15 节).

上述两个特征方程的差别，可以从线路方程的积分形式上更清楚地看出来.

当不考虑电子注及场的横向分布时，对于一维问题可令

$$\begin{cases}\psi(x,y)=1\\ \varphi_n(x,y)=1\end{cases} \tag{12.5.40}$$

则方程(12.5.11)给出：

$$E_z=E_0\mathrm{e}^{-\Gamma_0 z}+\frac{1}{2}\sum_n\Gamma_n^2K_{c,n}\int_0^1 i_1(\xi)\mathrm{e}^{-\Gamma_n|z-\xi|}\mathrm{d}\xi+\frac{\mathrm{j}}{\omega\varepsilon_0}i_1(z) \tag{12.5.41}$$

我们仍将场 E_z 分为线路场(及由同步模式所确定的场)和空间电荷场(包括非同步模式场)[见式(12.2.8)]：

$$E_z=E_c+E_s$$

于是得

$$\begin{cases} E_c = E_0 e^{-\Gamma_0 z} + \dfrac{1}{2}\Gamma_0^2 K_{c,0}\displaystyle\int_0^1 i_1(\xi) e^{-\Gamma_0 |z-\xi|} d\xi \\ E_s = \dfrac{1}{2}\displaystyle\sum_{n\neq 0}\Gamma_n^2 K_{c,n}\int_0^l i_1(\xi) e^{-\Gamma_n |z-\xi|} d\xi + j\dfrac{1}{\omega\varepsilon_0} i_1(z) \end{cases} \tag{12.5.42}$$

E_c 又可以写成

$$E_c = E_0 e^{-\Gamma_0 z} + \frac{1}{2}\Gamma_0^2 K_{c,0}\int_0^z i_1(\xi) e^{-\Gamma_0 (z-\xi)} d\xi + \frac{1}{2}\Gamma_0^2 K_{c,0}\int_z^l i_1(\xi) e^{-\Gamma_0 (\xi-z)} d\xi \tag{12.5.43}$$

不难看出，与式(12.5.43)对应的微分方程是：

$$\frac{d^2 E_c}{dz^2} - \Gamma_0^2 E_c = (-\Gamma_0^2)\Gamma_0 K_{c,0} i_1(z) \tag{12.5.44}$$

这就是线路方程的微分形式.将该式与式(12.2.25)比较，就可以看到，原来特征方程的区别来源于线路方程，这与前面所述是相符的，且正如前面所述，这种区别只是当 C 较大时才呈现出来.

根据上面的推导，两种特征方程的区别还可作如下解释：当 C 很小时，线路上同步波与非同步波相差很远，而同步波与电子注相互作用后出现的三个前向波的相位常数相差极微小(参见 13.2 节)，所以在这种情况下慢波线与电子注的相互作用可以近似地用一个模式的等效线路来表示；但是当增益参量 C 增大时，非同步波的影响增大，而且同步波与电子注相互作用产生的三个前向波的相速也出现显著的区别，这时再用一个模式的等效线路来模拟就必然要出现差别.

除了上述各种方法外，还可以利用洛伦兹引理导出行波管的特征方程，所得到的结果与瓦因斯坦给出的一致.

12.6 参考文献

[1]PIERCE J R. Theory of the beam-type traveling-wave tube[J]. Proceedings of the IRE, 1947, 35(2):111-123.

[2]KOMPFNER R. The traveling-wave tube as amplifier at microwaves[J]. Proceedings of the IRE, 1947, 35(2):124-127.

[3]CHU L J, JACKSON J D. field theory of traveling-wave tubes[J]. Proceedings of the IRE, 1948, 36(7):853-863.

[4]MULLEN J A. A power series solution of the traveling-wave tube equations[J]. Electron Devices IRE Transactions on, 1957, 4(2):159-160.

第 13 章　行波管工作的基本分析

13.1 引言

在第 12 章中,我们用各种方法分析了行波管中电子与波的相互作用,建立了行波管中小信号理论的基础,并曾指出,由不同的方法得到的行波管工作方程基本上是相同的,仅有微小的区别.在本章中,我们将利用第 12 章的结果,对行波管的工作状态作基本的分析.

行波管问世已经有八十多年了,人们已经积累了大量的实践与理论知识.因此,本章中所讨论的仅是一些基本问题.另外,需要说明的是,我们的讨论主要是针对中小功率行波管进行的。不过,对于大功率行波管,线性理论也有着重要的指导意义.至于大功率所带来的非线性问题,将留待在论述非线性理论的专门一篇中进行讨论.

13.2 行波管特征方程的代数解

在第 12 章中,我们已经得到行波管工作方程的特征方程(12.3.4)为

$$(\Gamma^2-\Gamma_0^2)[(\Gamma-\mathrm{j}\beta_e)^2+\beta_q^2]+2\mathrm{j}\beta_e C^3\Gamma_0\Gamma^2=0 \tag{13.2.1}$$

或写成另一形式(12.3.14):

$$\left[\frac{\Gamma^2\Gamma_0 K_c}{\Gamma^2-\Gamma_0^2}+\frac{2\mathrm{j}Q\Gamma^2K_c}{\beta_e}\right]\frac{\mathrm{j}\beta_e}{(\Gamma-\mathrm{j}\beta_e)^2}\cdot\frac{I_0}{2V_0}=-1 \tag{13.2.2}$$

式(13.2.2)中各参量间有以下关系:

$$\begin{cases}C^3=\dfrac{I_0K_c}{4V_0}\\[2ex]4QC=\dfrac{\omega_q^2}{C^2\omega^2}\end{cases} \tag{13.2.3}$$

特征方程(13.2.1)或方程(13.2.2)是一个关于 Γ 的四次代数方程,所以 Γ 有四个根.为了求出相应于我们所考虑的接近于同步状态的 Γ 的根,可以作如下处理,令

$$\begin{cases}\Gamma=\mathrm{j}\beta_e-\beta_e C\delta\\\Gamma_0=\mathrm{j}\beta_e+\mathrm{j}\beta_e Cb+\beta_e Cd\end{cases} \tag{13.2.4}$$

由于增益参量 C 一般很小,所以上面的等式实际上就意味着传播常数与电子波数仅有一些不大的差别.式(13.2.4)中,b 称为速度参量,它表示在没有电子注的系统中波的相速 v_p 和电子注速度 v_0 之间的相对差值:

$$b=\frac{1}{C}\cdot\frac{v_0-v_p}{v_p} \tag{13.2.5}$$

式中,d 称为损耗参量;δ 则为待求以确定 Γ 大小的一个参量.

将式(13.2.4)代入式(13.2.1)或式(13.2.2),并考虑到$C\ll 1$,而且假定d、b、δ都是与1相差不大的量,则在展开式中,略去含有C的项而保留QC项,就可以近似地得到

$$\delta^2=\frac{1}{(-b+\mathrm{j}d+\mathrm{j}\delta)}-4QC \tag{13.2.6}$$

这是一个δ的三次方程,只有三个根.这就是说,在上述近似处理过程中漏掉了一个根.即便如此,方程(13.2.6)的求解也不是一件很容易的事.

我们先从最简单的情况入手来讨论.假定

$$Q=0,d=0,b=0$$

即略去损耗d和空间电荷Q的影响,而且电子与"冷"系统上的波完全同步.这时式(13.2.6)就化简为

$$\delta^3=-\mathrm{j} \tag{13.2.7}$$

由此不难求出δ的三个根:

$$\begin{cases}\delta_1=\mathrm{e}^{-\mathrm{j}\frac{\pi}{6}}=\frac{1}{2}\sqrt{3}-\mathrm{j}\,\frac{1}{2}\\ \delta_2=\mathrm{e}^{-\mathrm{j}\frac{5}{6}\pi}=-\frac{1}{2}\sqrt{3}-\mathrm{j}\,\frac{1}{2}\\ \delta_3=\mathrm{e}^{\mathrm{j}\frac{\pi}{2}}=\mathrm{j}\end{cases} \tag{13.2.8}$$

代入式(13.2.4),得到Γ的三个根:

$$\begin{cases}-\Gamma_1=-\mathrm{j}\beta_e\left(1+\frac{1}{2}C\right)+\frac{\sqrt{3}}{2}\beta_eC\\ -\Gamma^2=-\mathrm{j}\beta_e\left(1+\frac{1}{2}C\right)-\frac{\sqrt{3}}{2}\beta_eC\\ -\Gamma_3=-\mathrm{j}\beta_e(1-C)\end{cases} \tag{13.2.9}$$

由此可见,由Γ的三个根代表的三个波的情况是:第一个波的相速比电子速度略小,是一个增幅波;第二个波的相速也比电子速度略小,是一个减幅波;第三个波的相速比电子速度稍大,是一个等幅波.

前文已指出,特征方程(13.2.2)应有四个根,而方程(13.2.6)只给出了三个根,$C\ll 1$的近似使我们漏掉了一个根.这个根将在后面予以讨论,在这里我们先作一个简单说明.实际上,由方程(13.2.2)所确定的"热"系统(存在电子注的系统)中的四个波,其中两个是"冷"系统的线路波,另外两个是空间电荷波.显然,线路波中一个是向正z方向传播的波,一个应是向负z方向传播的波.而由式(13.2.9)不难看出,由于C一般是小于1的数,所以由该式所得的三个波均为正z向的波,由此可见,方程(13.2.6)漏掉的一个根必定是代表反向波的根.而在一般情况下,反向波与电子注的相互作用比较弱,所以在C较小的情况下可以认为它的传播常数不发生变化,这也就说明了为什么在$C\ll 1$时特征方程变为三阶方程.

为了进一步研究行波管中上述各波的特点,必须具体计算各波的幅值大小,为此,应该引入边界条件.略去向负z方向传播的第四个波,对于其余三个波,在$z=0$处应有

$$\sum_{n=1}^{3}(i_1)_n=0 \tag{13.2.10}$$

$$\sum_{n=1}^{3}(v_1)_n=0 \tag{13.2.11}$$

式中,$(i_1)_n$、$(v_1)_n$表示相应于各波的电子注的交变电流和交变速度分量.由于电子注在进入互作用区时预先并无调制,所以在$z=0$处它们均应为零.

由第12章的式(12.3.10)及式(12.3.11)并注意到$\Gamma V=E$,可得

$$(i_1)_n=\frac{\mathrm{j}\beta_e}{(\Gamma_n-\mathrm{j}\beta_e)^2}\cdot\frac{I_0}{2V_0}E_n\quad(n=1,2,3) \tag{13.2.12}$$

$$(v_1)_n=\frac{\eta E_n}{v_0(\Gamma_n-\mathrm{j}\beta_e)}\quad(n=1,2,3) \tag{13.2.13}$$

式中，E_n 为相应各波的场强. 代入式(13.2.10)和式(13.2.11)，即得

$$\sum_{n=1}^{3}\frac{E_n}{\delta_n}=0 \tag{13.2.14}$$

$$\sum_{n=1}^{3}\frac{E_n}{\delta_n^2}=0 \tag{13.2.15}$$

另外，在行波管的输入端，显然还应有

$$\sum_{n=1}^{3}E_n=E_0 \tag{13.2.16}$$

式中，E_0 为输入信号的高频场幅值.

联解式(13.2.14)至式(13.2.16)，可以得到

$$E_n=\frac{\delta_n^2E_0}{(\delta_n-\delta_{n+1})(\delta_n-\delta_{n+2})}\quad(n=1,2,3)$$

$$(\delta_4=\delta_1,\delta_5=\delta_2) \tag{13.2.17}$$

在式(13.2.8)的条件下得到

$$E_1=E_2=E_3=\frac{1}{3}E_0 \tag{13.2.18}$$

即在输入端，三个波的幅值是相等的.

这样，在上述近似条件下经过一段 z 长度相互作用区之后的行波管增益，就可以如此来计算：

$$\begin{aligned}E_z&=\left(\frac{E_0}{3}\right)e^{-j\beta_e z}\left[e^{-j\frac{1}{2}\beta_eCz+\frac{\sqrt{3}}{2}\beta_eCz}+e^{-j\frac{1}{2}\beta_eCz-\frac{\sqrt{3}}{2}\beta_eCz}+e^{j\beta_eCz}\right]\\&=\left(\frac{E_0}{3}\right)e^{-j\beta_e(1-C)z}\left[1+2\mathrm{ch}\left(\frac{\sqrt{3}}{2}\beta_eCz\right)e^{-j\frac{3}{2}\beta_eCz}\right]\end{aligned} \tag{13.2.19}$$

因此得

$$\left|\frac{E_z}{E_0}\right|^2=\frac{1}{9}\left[1+4\mathrm{ch}^2\left(\frac{\sqrt{3}}{2}\beta_eCz\right)+4\cos\left(\frac{3}{2}\beta_eCz\right)\mathrm{ch}\left(\frac{\sqrt{3}}{2}\beta_eCz\right)\right] \tag{13.2.20}$$

若令 G 表示增益，则按其定义

$$G=10\lg\left|\frac{E_z}{E_0}\right|^2 \tag{13.2.21}$$

即得

$$G=-9.54+\lg\left[1+4\mathrm{ch}^2\left(\frac{\sqrt{3}}{2}\beta_eCz\right)+4\cos\left(\frac{3}{2}\beta_eCz\right)\mathrm{ch}\left(\frac{\sqrt{3}}{2}\beta_eCz\right)\right] \tag{13.2.22}$$

按该式计算所得的结果如图 13.2.1 中，图中 N 为互作用区的电长度，定义见式(13.2.25).

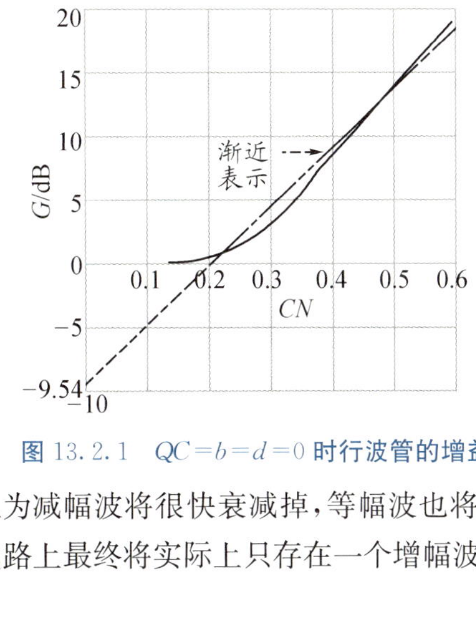

图 13.2.1　$QC=b=d=0$ 时行波管的增益

在以上的讨论中，我们可以认为减幅波将很快衰减掉，等幅波也将由于实际上必然存在的线路损耗而迅速衰减. 因此，当 z 足够大时，线路上最终将实际上只存在一个增幅波，亦即

$$|E_z|=\frac{1}{3}E_0\mathrm{e}^{\frac{1}{2}\sqrt{3}\beta_e Cz}=\frac{1}{3}E_0\mathrm{e}^{\sqrt{3}\pi CN} \tag{13.2.23}$$

由此可以得到增益 G 的如下简单关系式：

$$G=20\lg\left|\frac{E_z}{E_0}\right|=A+BCN=-9.54+47.3CN \tag{13.2.24}$$

式(13.2.24)中，有

$$\begin{cases} A=20\lg\dfrac{1}{3}=-9.54 \\ B=20\lg\mathrm{e}^{\sqrt{3}\pi}=47.3 \\ N=\dfrac{\beta_e z}{2\pi}=\dfrac{\beta_e l}{2\pi} \end{cases} \tag{13.2.25}$$

式中，l 为互作用区长度.

图 13.2.1 中的虚线即为按式(13.2.24)计算的结果.

以上是我们在略去 QC、b、d 等参量影响的情况下讨论的结果，下面我们来分别考虑这些参量的贡献.

首先，让我们来考虑速度参量 b 的作用，而仍略去 QC 及 d. 这时方程(13.2.6)成为

$$\delta^2(\delta+\mathrm{j}b)=-\mathrm{j} \tag{13.2.26}$$

根据 b 的定义式(13.2.5)，b 与波的相速 v_p 之间有以下关系：

$$\frac{v_0}{v_p}=(1+Cb) \tag{13.2.27}$$

为了求解方程(13.2.26)，令

$$\delta=x+\mathrm{j}y \tag{13.2.28}$$

即用 x 表示波的幅度变化情况，y 表示波的相速变化情况. 将式(13.2.28)代入方程(13.2.26)，就可以分别得到对于实部和虚部的两个方程：

$$(x^2-y^2)(y+b)+2x^2y+1=0 \tag{13.2.29}$$

$$x(x^2-3y^2-2yb)=0 \tag{13.2.30}$$

可以看出，方程(13.2.30)有三个根，其中一个显然为

$$x_3=0 \tag{13.2.31}$$

而另两个则由下式决定：

$$x^2=3y^2+2yb \tag{13.2.32}$$

对应于 $x_3=0$ 的等幅波，由式(13.2.29)可得

$$y_3^2(y_3+b)=1 \tag{13.2.33}$$

或

$$b=-y_3+\frac{1}{y_3^2} \tag{13.2.34}$$

由此解出 y_3 与 b 之间的关系，如图 13.2.2 所示.

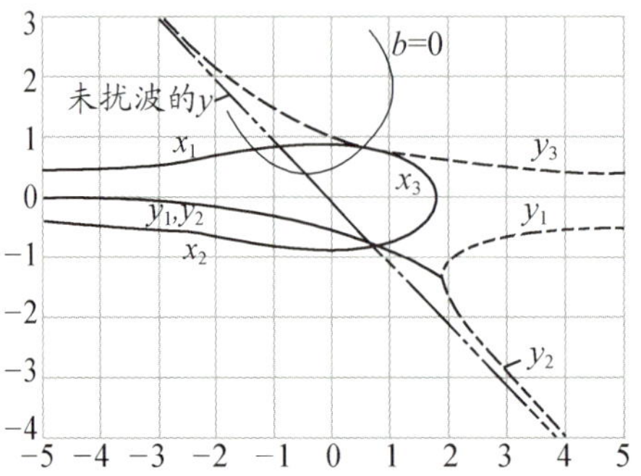

图 13.2.2 $QC=d=0$ 时行波管特征方程的解

对应于由式(13.2.32)所决定的另外两个波 x_1,x_2,其相应的 y 值可由下式决定:

$$2yb^2+8y^2b+8y^3+1=0 \tag{13.2.35}$$

可以把它看作是一个 b 的二次方程,从而解出 b 与 y 之间的关系,再代入式(13.2.32),即可求出 x_1、x_2,所得到的曲线,一并绘于图 13.2.2 中.

由图 13.2.2 所示的曲线可以看到,当 $b<\frac{3}{2}\sqrt[3]{2}\approx1.89$ 时,存在一个等幅波 x_3、一个增幅波 x_1 和一个减幅波 x_2;对应于 x_1、x_2 的 y_1、y_2 相等,且都是负号,这就是说,增幅波和减幅波的相速相同,且均比电子速度稍慢一些;对应于等幅波的 y_3 一般为正,故其相速比电子速度稍快.所有这些均与前面 $b=0$ 时计算所得的结论是一致的,事实上,从图 13.2.2 上亦可立即看出,当 $b=0$ 时,曲线仍然具有上述关系.

当 $b>\frac{3}{2}\sqrt[3]{2}\approx1.89$ 时,增幅波和减幅波没有了,这时 $x_1=x_2=x_3=0$,出现了三个等幅波,其中两个相速(y_1、y_2)小于电子速度,一个相速(y_3)大于电子速度.这三个波的相互关系及其作用将在以后讨论.

现在我们再来考虑线路损耗 d 的影响.

当不存在电子注时,线路上的波在每一波长长度 λ_g 上的衰减量 L 为

$$L=20\,|\lg \mathrm{e}^{-\beta_e\lambda_g Cd}|=54.6Cd \tag{13.2.36}$$

或

$$d=0.018\,36\,\frac{L}{C} \tag{13.2.37}$$

当有电子注时,情况显然复杂得多.这时如仍令 $QC=0$,则由式(13.2.6),得

$$\delta^2=\frac{1}{(-b+\mathrm{j}d+\mathrm{j}\delta)} \tag{13.2.38}$$

仍以 $\delta=x+\mathrm{j}y$ 代入,得到两个方程:

$$(x^2-y^2)(y+b)+2xy(x+d)+1=0 \tag{13.2.39}$$

$$(x^2-y^2)(x+d)-2xy(y+b)=0 \tag{13.2.40}$$

以上两个代数方程只能用数值解.对于 $d=0.5$,$d=1$ 的两种情况所得的结果,绘于图 13.2.3 和图 13.2.4 中.

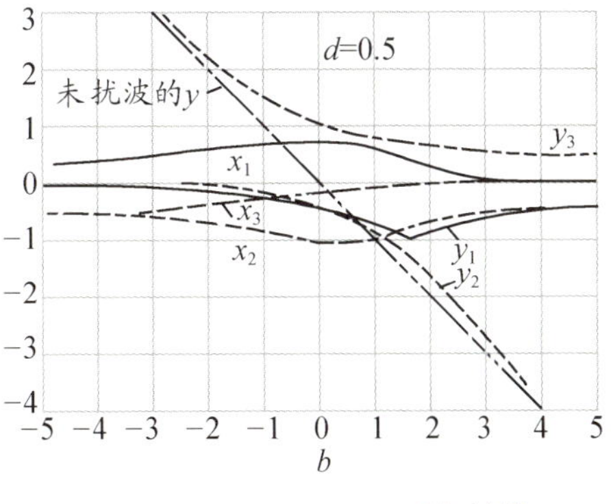

图 13.2.3　$QC=0$,$d=0.5$ 时行波管特征方程的解

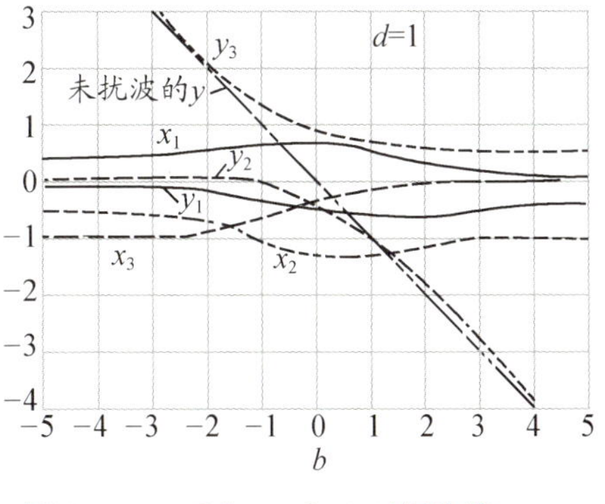

图 13.2.4　$QC=0$,$d=1$ 时行波管特征方程的解

由图 13.2.3 和图 13.2.4 可以看出:虽然 x_1 的最大值随 d 的增大而减小,但是只要 $d\neq0$,则在 b 的较大变化范围内,x_1 都表示一个增幅波($x_1>0$),而 y_1 与 y_2 值现在对所有 b 值都不再相同。此外,可以看出,对于较小的 d 值,x_1 的最大值出现在十分接近 $b=0$ 的地方.事实上,若在式(13.2.39)和式(13.2.40)中令 $b=0$,则可得

$$y(x^2-y^2)+2xy(x+d)+1=0 \tag{13.2.41}$$

$$(x^2-y^2)(x+d)-2xy^2=0 \tag{13.2.42}$$

由式(13.2.42)立即可求出

$$y=\pm x\left(\frac{1+\dfrac{d}{x}}{3+\dfrac{d}{x}}\right)^{1/2} \tag{13.2.43}$$

代入式(13.2.41),以参量 d/x 的形式求得 x 为

$$x=\mp\left[\frac{\left(\dfrac{3+\dfrac{d}{x}}{1+\dfrac{d}{x}}\right)^{1/2}}{2\left(\dfrac{1}{3+\dfrac{d}{x}}+1+\dfrac{d}{x}\right)}\right]^{1/3} \tag{13.2.44}$$

当 $d/x\ll l$ 时,将式(13.2.44)展开并略去高阶小量,可得

$$x=\mp\left(\frac{\sqrt{3}}{2}\right)\left(1-\frac{1}{3}\cdot\frac{d}{x}\right) \tag{13.2.45}$$

式中,"+"号给出 x_1 值,表示增幅波;"−"号表示减幅波.若令 $d=0$ 时 x_1 的值为 x_{10},则有

$$x_{10}=\frac{\sqrt{3}}{2} \tag{13.2.46}$$

那么,当 d 不大时,就有

$$x_1=x_{10}\left(1-\frac{1}{3}\cdot\frac{d}{x_{10}}\right)=x_{10}-\frac{1}{3}d \tag{13.2.47}$$

这就是说,对于小的损耗,增幅波的 x_1 值随 d 的增大而下降,亦即其增益比无损耗时的增益降低线路衰减的分贝数的 1/3.

在 13.3 节我们将要指出,如果仅考虑一个增幅波,而且令 $QC=0$,那么增益可按下式计算:

$$G=A+BCN \tag{13.2.48}$$

式中

$$\begin{cases}B=54.6x_1\\ A=-20\lg\left[\left(1-\dfrac{\delta_2}{\delta_1}\right)\left(1-\dfrac{\delta_3}{\delta_1}\right)\right]\end{cases} \tag{13.2.49}$$

式中,B 表示当 $C=1,N=1$ 时的增益分贝数,它与 b 的关系在图 13.2.5 给出,图 13.2.6 则给出了 A 与 b 的关系.

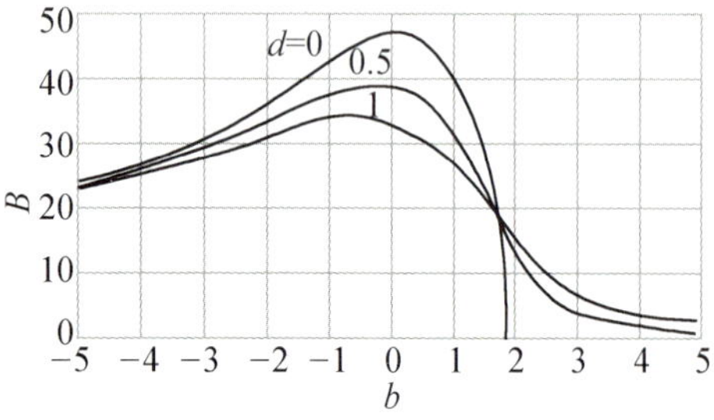

图 13.2.5 $QC=0$ 时,不同 d 值下的 B 与 b 的关系

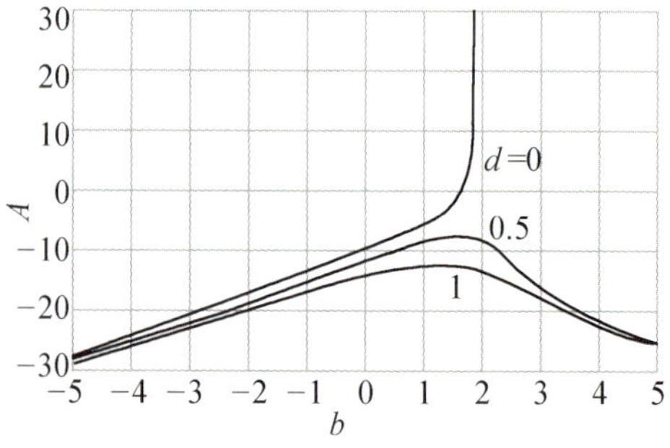

图 13.2.6 $QC=0$ 时,不同 d 值下的 A 与 b 的关系

最后,我们来考虑空间电荷参量 QC 的影响.为简单起见,可以令 $d=0$,于是将式(13.2.6)简化为

$$\delta^2=\frac{1}{(-b+j\delta)}-4QC \tag{13.2.50}$$

以 $\delta=x+\mathrm{j}y$ 代入，得

$$(x^2-y^2)(b+y)+2x^2y+4QC(b+y)+1=0 \tag{13.2.51}$$

$$x[(x^2-y^2)-2y(y+b)+QC]=0 \tag{13.2.52}$$

对于给定的 QC 值，方程(13.2.51)和方程(13.2.52)可以用数值计算法求解，所得结果如图 13.2.7 和图 13.2.8 所示.

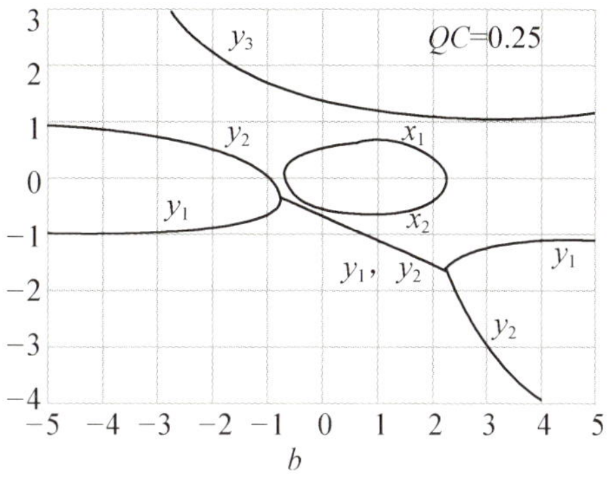

图 13.2.7　$d=0$、$QC=0.25$ 时，行波管特征方程的解

由图 13.2.7 可以看到，当 QC 增大时，x_1、x_2 曲线向右边移动，而且最大值降低. 因此，当 QC 增大时，获得最大增益要求的速度参量 b 增大，即要求电子注速度提高，而且可能得到的最大增益也要下降. 增益与 QC 的这种关系如图 13.2.9 所示，图中纵坐标与 x_1 的最大值成正比，而横坐标为 QC.

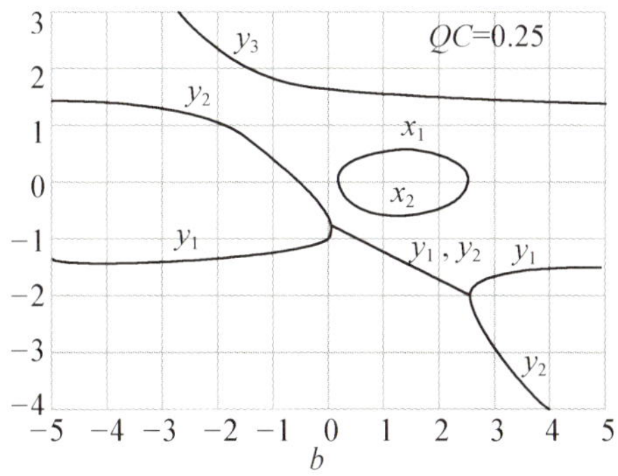

图 13.2.8　$d=0$、$QC=0.5$ 时，行波管特征方程的解

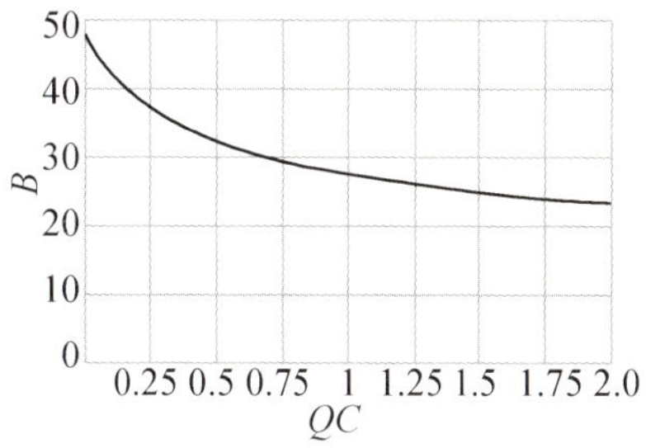

图 13.2.9　x_1 取最大值时，每波长每单位 C 的增益 B 对 QC 的关系

此外，由方程(13.2.50)可见，当 b 很大时，近似有

$$\delta=\pm 2\mathrm{j}\sqrt{QC} \tag{13.2.53}$$

因而得到

$$-\Gamma=-\mathrm{j}\beta_e(1\pm 2\sqrt{QC^3}) \tag{13.2.54}$$

即与式(12.3.21)所给出的结果一致. 可见当 b 很大时，仅存在相当于一般空间电荷波的等幅波.

需要指出，大空间电荷参量 QC 的情况还需要进一步研究. 由式(13.2.54)可见，当 QC 很大时，两空间电荷波的相速将相差很远，因此，线路波实际上仅能与其中的一个同步. 如果仍略去反向波，那么在行波管中将只存在两个波. 这些情况，我们将在下面进行较详细的讨论.

综上所述，在 d、b、QC 均不可忽略的最一般情况下，当 $\delta=x+\mathrm{j}y$ 时，可以得到下述方程：

$$y^3+by^2-y(3x^2+2dx+4QC)-4QCb-bx^2-1=0 \tag{13.2.55}$$

$$x^3+dx^2-x(3y^2+2by-4QC)+4QCd-dy^2=0 \tag{13.2.56}$$

这两个方程一般亦只能用数值计算方法求解. 所得结果如图 13.2.10 至图 13.2.13 所示.

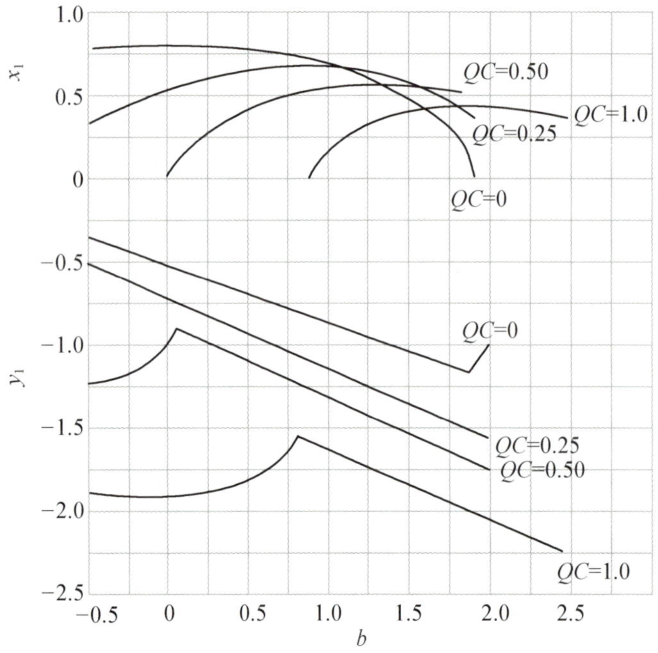

图 13.2.10　以 QC 为参变量时，行波管特征方程的解 x_1、y_1 与 b 的关系($d=0$)

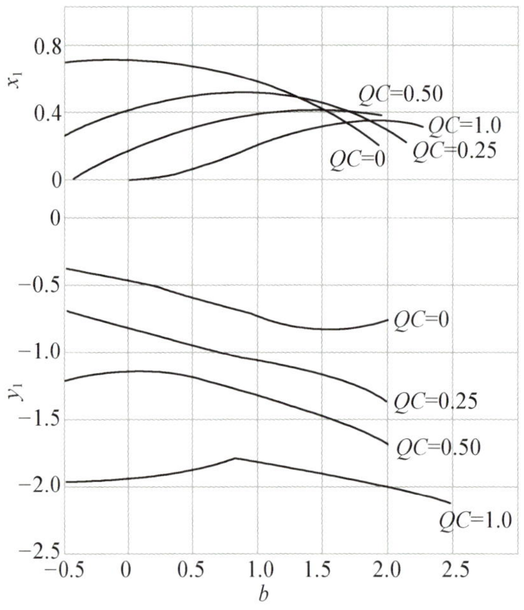

图 13.2.11　以 QC 为参变量时，行波管特征方程的解 x_1、y_1 与 b 的关系($d=0.5$)

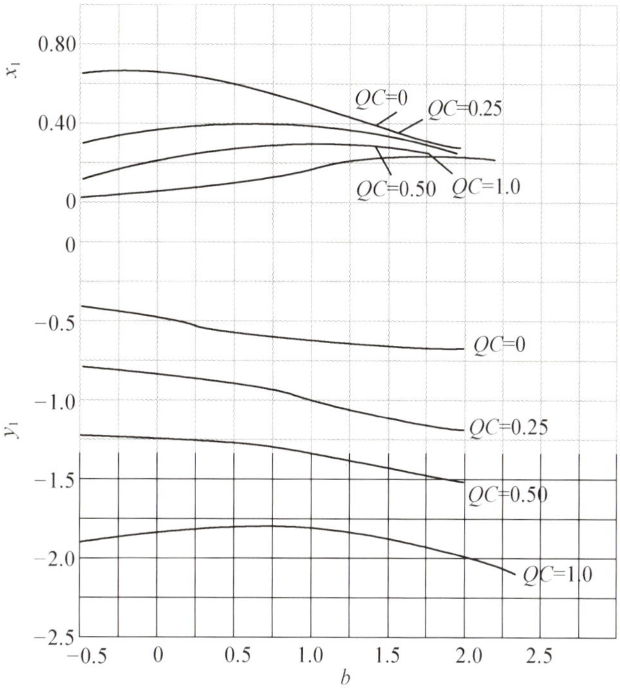

图 13.2.12 以 QC 为参变量时,行波管特征方程的解 x_1、y_1 与 b 的关系($d=1.0$)

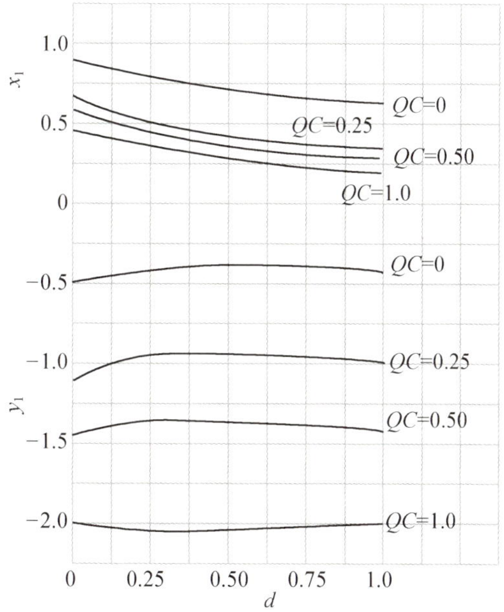

图 13.2.13 不同 QC 值时,行波管特征方程的解 x_1、y_1 与 d 的关系

13.3 增益参量 C 较大时行波管增益的计算

在 13.3 节的计算中,我们曾假定了增益参量 C 很小,因而在展开式中略去了含有 C 的项而仅保留 QC 项,因此得到了简化的方程(13.2.6),在此基础之上,对行波管的增益进行了一系列计算. 但是,当行波管中电子注的导流系数较大,阻抗 K_c 也较大时,增益参量 C 往往有较大的数值,忽略以后将引起较大的误差,因此必须计算在内.

如果 C 不再能忽略，那么按式(12.3.5)、式(12.3.9)并考虑到定义式(12.3.15)及式(12.2.4)，就可以得到如下关系式：

$$i_1=\frac{\mathrm{j}\beta_e\dfrac{I_0E_c}{2V_0}}{\beta_e^2C^2[\delta^2+4QC(1+\mathrm{j}C\delta)^2]} \tag{13.3.1}$$

$$v_1=-\frac{\eta}{v_0}E_c\frac{\beta_eC\delta}{\beta_e^2C^2[\delta^2+4QC(1+\mathrm{j}C\delta)^2]} \tag{13.3.2}$$

而这时特征方程的形式为

$$\begin{aligned}&\left[\delta+\frac{\mathrm{j}\sqrt{4QC}}{1-\sqrt{4QC^3}}\right]\left[\delta-\frac{\mathrm{j}\sqrt{4QC}}{1+\sqrt{4QC^3}}\right](\delta+\mathrm{j}b+d)\left(\delta-\mathrm{j}b-d-\frac{2\mathrm{j}}{C}\right)\\&=\left(\delta-\frac{\mathrm{j}}{C}\right)^2\cdot\frac{2C(1+Cb-\mathrm{j}Cd)}{1-4QC^3}\end{aligned} \tag{13.3.3}$$

经过适当的转换后，方程(13.3.3)可以写成更方便的形式：

$$\delta^2=\frac{(1+\mathrm{j}C\delta)^2[1+C(b-\mathrm{j}d)]}{\left[-b+\mathrm{j}d+\mathrm{j}\delta+C\left(\mathrm{j}bd-\dfrac{b^2}{2}+\dfrac{d^2}{2}-\dfrac{\delta^2}{2}\right)\right]}-4QC(1+\mathrm{j}C\delta)^2 \tag{13.3.4}$$

当 $C\to0$ 时，保留 QC 项，即可将式(13.3.4)化为式(13.2.6).

方程(13.3.4)为 δ 的四次方程，因此应有 δ 的四个根. 在 13.2 节中我们曾指出，第四个根是反向传播的波. 利用求解代数方程近似根的牛顿方法，可以由方程(13.3.4)先求出这个根：

$$\delta_4=\mathrm{j}\left(\frac{2}{C}+b-\mathrm{j}d-\frac{C^2}{4}\right) \tag{13.3.5}$$

从而根据式(13.2.4)的定义得到

$$-\Gamma_4=-\mathrm{j}\beta_e+\beta_eC\left[\mathrm{j}\left(\frac{2}{C}+b-\mathrm{j}d-\frac{C^2}{4}\right)\right]=\mathrm{j}\beta_e\left(1+bC-\frac{C^3}{4}\right)+\beta_eCd \tag{13.3.6}$$

可见，它确实是一个向负 z 方向传播的波，即反向波.

若令 $b=d=0$，则以上两式就化简为

$$\delta_4=\mathrm{j}\left(\frac{2}{C}-\frac{C^2}{4}\right) \tag{13.3.7}$$

$$-\Gamma_4=\mathrm{j}\beta_e\left(1-\frac{C^3}{4}\right) \tag{13.3.8}$$

传播常数只有虚部，它表明在这种情况下第四个波实际上是一个反向的等幅波.

已知一个根以后，四次代数方程(13.3.4)就可以降价为三次方程：

$$\begin{aligned}&\delta^3+\mathrm{j}\left[(b-\mathrm{j}d)-\frac{C^2}{4}\right]\delta^2+\left[4QC+\frac{C}{2}+\frac{C^2}{2}(b-\mathrm{j}d)\right]\delta\\&+\mathrm{j}\left[1+(b-\mathrm{j}d)4QC+\frac{5}{2}(b-\mathrm{j}d)C+2(b-\mathrm{j}d)^2C^2-\frac{C^2}{4}\cdot4QC\right]=0\end{aligned} \tag{13.3.9}$$

或写成以下形式：

$$\delta^2=\frac{\left(1+\mathrm{j}\dfrac{C}{2}\delta\right)[1+C(b-\mathrm{j}d)]-C(b-\mathrm{j}d)\left[\dfrac{7}{2}+2C(b-\mathrm{j}d)\right]}{\left(-b+\mathrm{j}d+\mathrm{j}\delta+\dfrac{C^2}{4}\right)}-4QC \tag{13.3.10}$$

这样，当 C 较大时，对应于三个前向波的三个根就可以由式(13.3.10)求出. 如果仍认为电子注无初始调制，那么式(12.3.5)、式(12.3.9)在 $z=0$ 处的边界条件式(13.2.10)、式(13.2.11)及式(13.2.16)这时可以写成

$$\begin{cases}\sum_{n=1}^{3} E_n = E_0 \\ \sum_{n=1}^{3} \dfrac{1}{(\Gamma_n - \mathrm{j}\beta_e)^2 + \beta_q^2} E_n = 0 \\ \sum_{n=1}^{3} \dfrac{\Gamma_n - \mathrm{j}\beta_e}{(\Gamma_n - \mathrm{j}\beta_e)^2 + \beta_q^2} E_n = 0 \end{cases} \tag{13.3.11}$$

根据方程(13.3.1)和方程(13.3.2),上述边界条件也可写成

$$\begin{cases}\sum_{n=1}^{3} E_n = E_0 \\ \sum_{n=1}^{3} \dfrac{E_n}{[\delta_n^2 + 4QC(1+\mathrm{j}C\delta_n)^2]} = 0 \\ \sum_{n=1}^{3} \dfrac{\delta_n E_n}{[\delta_n^2 + 4QC(1+\mathrm{j}C\delta_n)^2]} = 0 \end{cases} \tag{13.3.12}$$

联解式(13.3.12),可得到

$$\begin{cases} E_1 = E_0 \left[\dfrac{(\delta_1 - \delta_2)(\delta_1 - \delta_3)(1 - 4QC^3)}{\delta_1^2 + 4QC(1+\mathrm{j}C\delta_1)^2} \right]^{-1} \\ E_2 = E_0 \left[\dfrac{(\delta_2 - \delta_1)(\delta_2 - \delta_3)(1 - 4QC^3)}{\delta_2^2 + 4QC(1+\mathrm{j}C\delta_2)^2} \right]^{-1} \\ E_3 = E_0 \left[\dfrac{(\delta_3 - \delta_1)(\delta_3 - \delta_2)(1 - 4QC^3)}{\delta_3^2 + 4QC(1+jC\delta_3)^2} \right]^{-1} \end{cases} \tag{13.3.13}$$

为了计算增益,可以将以上关于场强的关系转化为电压的关系:

$$V_n = \frac{E_n}{\Gamma_n} \tag{13.3.14}$$

于是边界条件(13.3.12)的第一式可以写成

$$\sum_{n=1}^{3} V_n = V_{\mathrm{in}} = \sum_{n=1}^{3} \frac{E_n}{\Gamma_n} \tag{13.3.15}$$

式中,V_{in}为相应于 E_0 的输入高频电压.

如果仅考虑三个波之中的增幅波,比如我们可仍认为 δ_1 代表增幅波,则由上式就可得

$$\frac{V_1}{V_{\mathrm{in}}} = \left[1 + \frac{E_2}{E_1} \cdot \frac{\Gamma_1}{\Gamma_2} + \frac{E_3}{E_1} \cdot \frac{\Gamma_1}{\Gamma_3} \right]^{-1} \tag{13.3.16}$$

将式(13.3.13)代入式(13.3.16),则成为

$$\frac{V_1}{V_{\mathrm{in}}} = \left[1 + \frac{\delta_2^2 + 4QC(1+\mathrm{j}C\delta_2)^2}{\delta_1^2 + 4QC(1+\mathrm{j}C\delta_1)^2} \cdot \frac{(\delta_1 - \delta_3)(1+\mathrm{j}C\delta_1)}{(\delta_3 - \delta_2)(1+\mathrm{j}C\delta_2)} + \frac{\delta_3^2 + 4QC(1+\mathrm{j}C\delta_3)^2}{\delta_1^2 + 4QC(1+\mathrm{j}C\delta_1)^2} \cdot \frac{(\delta_2 - \delta_1)(1+\mathrm{j}C\delta_1)}{(\delta_3 - \delta_2)(1+\mathrm{j}C\delta_3)} \right]^{-1} \tag{13.3.17}$$

化简以后,可以得到 $z=0$ 时

$$\frac{V_1}{V_{\mathrm{in}}} = \frac{\delta_1^2 (1+\mathrm{j}C\delta_2)(1+\mathrm{j}C\delta_3)[\delta_1^2 + 4QC(1+\mathrm{j}C\delta_1)^2]}{(\delta_1 - \delta_2)(\delta_1 - \delta_3)\delta_1^2} \tag{13.3.18}$$

则线上任意点的高频电压幅值为

$$\frac{V_1(z)}{V_{\mathrm{in}}} = \frac{V_1}{V_{\mathrm{in}}} \mathrm{e}^{\beta_e C x_1 z} \tag{13.3.19}$$

在管子输出端 $z=1$ 处,

$$\frac{V_1(l)}{V_{\mathrm{in}}} = \frac{V_1}{V_{\mathrm{in}}} \mathrm{e}^{2\pi C x_1 N} \tag{13.3.20}$$

于是可以得到行波管的增益

$$G = 20 \lg \frac{V_1(l)}{V_{\mathrm{in}}} = A + BCN \tag{13.3.21}$$

式中

$$\begin{cases}A=A_1+A_2\\A_1=20\lg\dfrac{\delta_1^2(1+\mathrm{j}C\delta_2)(1+\mathrm{j}C\delta_3)}{(\delta_1-\delta_2)(\delta_1-\delta_3)}\\A_2=20\lg\dfrac{\delta_1^2+4QC(1+\mathrm{j}C\delta_1)^2}{\delta_1^2}\end{cases}\tag{13.3.22}$$

$$B=54.6x_1\tag{13.3.23}$$

x_1 决定于 δ_1 的值，$\delta_1=x_1+\mathrm{j}y_1$.

在式(13.3.23)中，若令 $QC=d=b=0$，则此时的 δ_1、δ_2、δ_3 值已由式(13.2.8)给出，代入式(13.3.23)，即得

$$A_1=-9.54,A_2=0,B=47.3$$

即与式(13.2.25)所得结果完全一致.

若令 $C=0$，即 $QC=0$，代入上式，得

$$\begin{cases}A_1=20\lg\dfrac{\delta_1^2}{(\delta_1-\delta_2)(\delta_1-\delta_3)}=-20\lg\left[\left(1-\dfrac{\delta_2}{\delta_1}\right)\left(1-\dfrac{\delta_3}{\delta_1}\right)\right]\\A_2=0\end{cases}\tag{13.3.24}$$

此即为式(13.2.49)所给出的结果.

可见，增益的计算仍旧归结为求代数方程的根 δ_n. 对于三次方程(13.3.9)或方程(13.3.10)，同样一般只能用数值计算法求解，并令 $\delta=x+\mathrm{j}y$. 当增益按式(13.3.21)计算时，根据式(13.3.9)或式(13.3.10)计算所得的 x_1 与 A 值如图 13.3.1 所示.

若我们定义按“冷”相速计算的互作用区电长度为

$$N_g=\frac{\beta l}{2\pi}=\frac{\omega}{v_p}\cdot\frac{l}{2\pi}\tag{13.3.25}$$

则它与按电子速度定义的电长度

$$N=\frac{\beta_e l}{2\pi}=\frac{\omega}{v_0}\cdot\frac{l}{2\pi}\tag{13.3.26}$$

之间有以下关系：

$$N_g=(1+Cb)N\tag{13.3.27}$$

则增益公式(13.3.21)就可改写成

$$G=A+54.6x_1\left(\frac{C}{1+Cb}\right)N_g\tag{13.3.28}$$

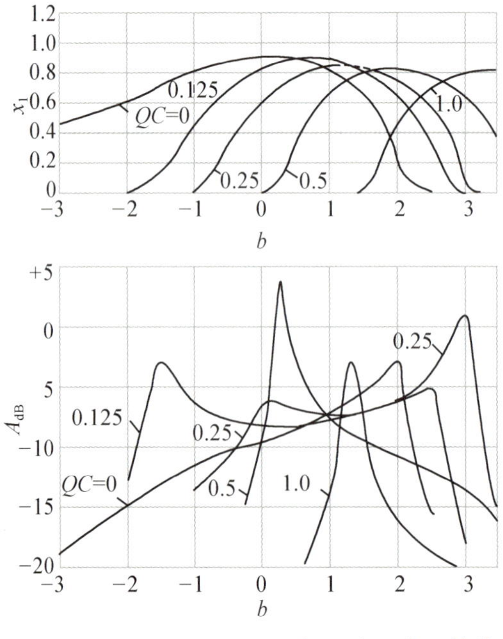

图 13.3.1　$C=0.2$，$d=0.025$ 时，x_1 和 A 与 b 的关系

或者说，若令

$$B=54.6\left(\frac{x_1}{1+Cb}\right) \tag{13.3.29}$$

则增益公式即可保持式(13.3.21)的形式.

在 13.2 节我们就已指出，x_1 值将随 b 值的变化而改变，并将在某个 b 值下出现最大值 $x_{1\max}$. 根据式(13.3.9)或式(13.3.10)计算所得的 $x_{1\max}$ 以及相应的 $\left(\frac{x_1}{1+Cb}\right)_{\max}$ 值与 C 及 QC 的关系如图 13.3.2 和图 13.3.3 所示.

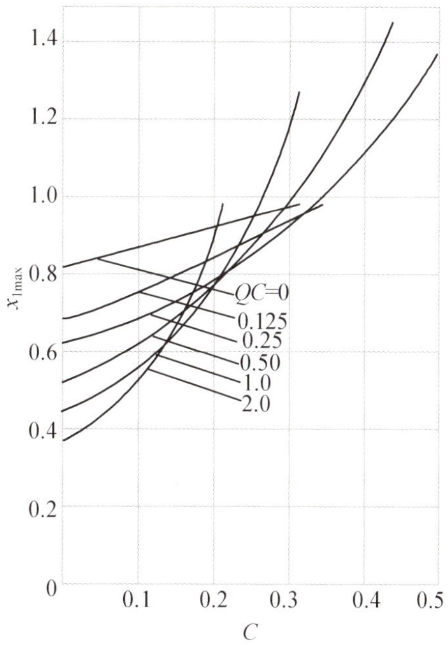

图 13.3.2　$d=0.125$ 时，不同 QC 值下的 $x_{1\max}$ 与 C 的关系

图 13.3.4 至图 13.3.6 则给出了与 $x_{1\max}$ 或 $\left(\frac{x_1}{1+Cb}\right)_{\max}$ 相对应的 b 值与 QC 或 $\frac{\omega_q}{\omega C}$ 的关系.

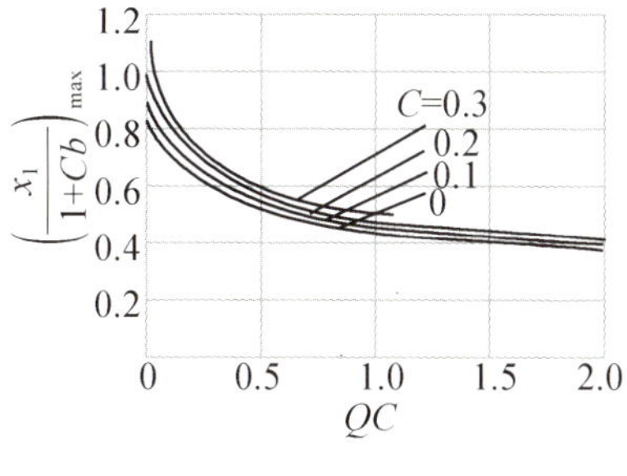

图 13.3.3　$d=0.125$ 时，不同 C 值下的 $\left(\frac{x_1}{1+Cb}\right)_{\max}$ 与 QC 的关系

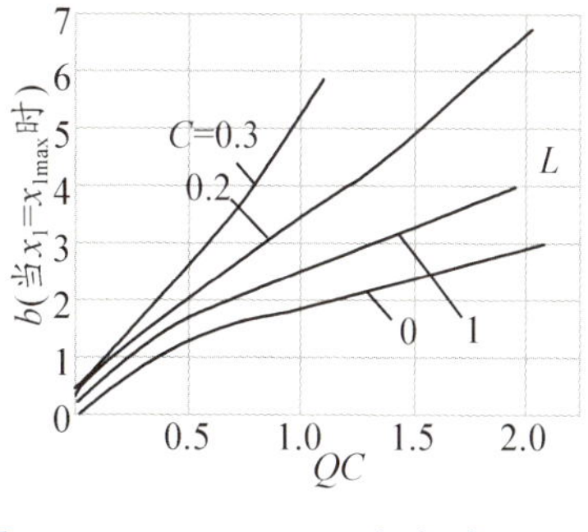

图 13.3.4　$d=0.125$ 时，相应于 $x_{1\max}$ 时的 b 值与 QC 的关系

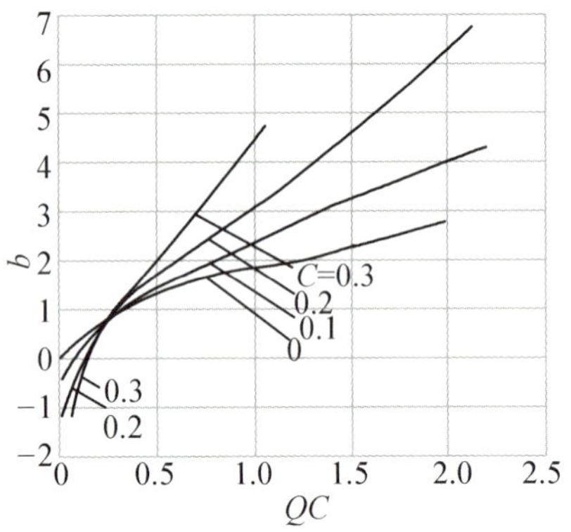

图 13.3.5 $d=0.125$ 时，相应于 $\left(\frac{x_1}{1+Cb}\right)_{\max}$ 时的 b 值与 QC 的关系

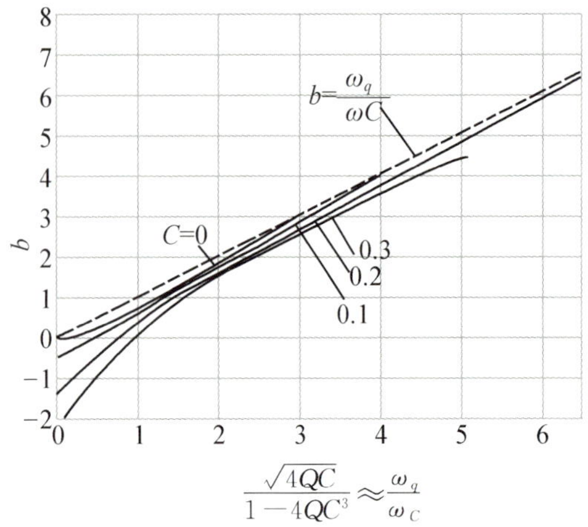

图 13.3.6 $d=0.125$ 时，相应于 $\left(\frac{x_1}{1+Cb}\right)_{\max}$ 时的 b 值与 $\frac{\omega_q}{\omega C}$ 的关系

13.4 反向波的影响

在前面两节的计算中，我们都略去了反向波的存在. 在本节中我们来考虑反向波的影响.

13.3 节我们曾经指出，当 C 较大不能忽略时，特征方程化为式(13.3.4)，而且按牛顿法可求得该式的代表反向波的一个根(13.3.5). 按关系式(13.2.4)，当 $b=d=0$ 时，其相应的传播常数就是

$$\Gamma_4=-\mathrm{j}\beta_e+\mathrm{j}\beta_e\frac{C^3}{4} \tag{13.4.1}$$

可见 Γ_4 确是代表着一个反向波. 由于 $C^3/4$ 是一个较小的量，所以该反向波以接近于电子的速度向负 z 向传播.

δ 的其他三个根可由方程(13.3.10)求出，这样 δ 的四个根就均可求得了. 下面我们着重研究第四个根的作用. 为此必须重新考虑当存在四个波时的边界条件问题.

我们从行波管方程出发来进行讨论. 电子学方程由式(12.2.20)给出：

$$\frac{\mathrm{d}^2 i_1}{\mathrm{d}z^2}+2\mathrm{j}\beta_e\frac{\mathrm{d}i_1}{\mathrm{d}z}-(\beta_e^2-\beta_q^2)i_1=\frac{\mathrm{j}\beta_e I_0}{2V_0}E_c \tag{13.4.2}$$

而积分形式的线路方程(12.2.29)可以重写成如下形式：

$$E_c(z)=E_0\mathrm{e}^{-\Gamma_0 z}+\frac{1}{2}K_c\Gamma^2\mathrm{e}^{-\Gamma_0 z}\int_0^z i_1(z')\mathrm{e}^{\Gamma_0 z'}\mathrm{d}z'+\frac{1}{2}K_c\Gamma^2\mathrm{e}^{\Gamma_0 z}\int_z^l i_1(z')\mathrm{e}^{-\Gamma_0 z'}\mathrm{d}z' \tag{13.4.3}$$

对于 $z=0$ 的起始端，式(13.4.3)给出：

$$E_c(0)=E_0+\frac{1}{2}K_c\Gamma^2\int_0^l i_1(z')\mathrm{e}^{-\Gamma_0 z'}\mathrm{d}z'=\sum_{n=1}^{4}E_n \tag{13.4.4}$$

方程(13.4.4)表明，在输入端波的场强由两部分组成：第一部分是输入信号的场强；第二部分则表示调制电子注向反向的辐射，即调制电子流在线上激励起的反向波. 因此，在考虑反向波后，输入端波的场强与输入波的场强并不相等，所以由方程(13.2.16)表示的边界条件不再适用.

在自洽场假定下，由方程(13.4.2)可以得到

$$i_z(z)=\frac{\mathrm{j}\beta_e I_0}{2V_0}\sum_{n=1}^{4}\frac{E_n\mathrm{e}^{-\Gamma_n z}}{[(\Gamma_n-\mathrm{j}\beta_e)^2+\beta_q^2]} \tag{13.4.5}$$

而电子注的交变速度可按式(12.2.19)求得

$$v_1(z)=-\eta\frac{2V_0}{I_0v_0}\left[i_1+\frac{1}{\mathrm{j}\beta_e}\cdot\frac{\mathrm{d}i_1}{\mathrm{d}z}\right] \tag{13.4.6}$$

电子注进入行波管输入端时无调制，故有

$$\begin{cases}i_1(0)=0\\ \left(\mathrm{j}\beta_e i_1+\dfrac{\mathrm{d}i_1}{\mathrm{d}z}\right)\Bigg|_{z=0}=0\end{cases} \tag{13.4.7}$$

将方程(13.4.5)中的 $i_1(z)$ 代入式(13.4.4)中，可以得到关于场强的一个边界条件，连同式(13.4.7)，就一共有了三个边界条件. 但是，为了确定 $E_1\sim E_4$ 四个值，还必须找到一个边界条件才行. 为此，对式(13.4.3)取 z 的微分并令 $z=0$，得

$$E_c'(0)=-\sum_{n=1}^{4}\Gamma_nE_n=-E_0\Gamma_0-\frac{1}{2}K_c\Gamma^2\Gamma_0\int_0^1 i_1(z')\mathrm{e}^{-\Gamma_0z'}\mathrm{d}z' \tag{13.4.8}$$

这样，将电流 $i_1(z)$ 按式(13.4.5)的形式代入式(13.4.7)、式(13.4.4)和式(13.4.8)中，即可得到如下一组边界条件：

$$\begin{cases}\displaystyle\sum_{n=1}^{4}\frac{E_n}{(\Gamma_n-\mathrm{j}\beta_e)^2+\beta_q^2}=0\\ \displaystyle\sum_{n=1}^{4}\frac{(\Gamma_n-\mathrm{j}\beta_e)E_n}{(\Gamma_n-\mathrm{j}\beta_e)^2+\beta_q^2}=0\\ \displaystyle\sum_{n=1}^{4}E_n-\frac{1}{2}K_c\Gamma^2\frac{\mathrm{j}\beta_eI_0}{2V_0}\sum_{n=1}^{4}\int_0^l E_n\frac{\mathrm{e}^{-(\Gamma_0+\Gamma_n)z'}}{(\Gamma_n-\mathrm{j}\beta_e)^2+\beta_q^2}\mathrm{d}z'=E_0\\ \displaystyle\sum_{n=1}^{4}\Gamma_nE_n-\frac{1}{2}K_c\Gamma^2\Gamma_0\frac{\mathrm{j}\beta_eI_0}{2V_0}\sum_{n=1}^{4}\int_0^1 E_n\frac{\mathrm{e}^{-(\Gamma_0+\Gamma_n)z'}}{(\Gamma_n-\mathrm{j}\beta_e)^2+\beta_q^2}\mathrm{d}z'=\Gamma_0E_0\end{cases} \tag{13.4.9}$$

上述四个方程决定了四个波幅值 E_n 之间的关系. 将关系式(13.2.4)代入后，可以将它们化为如下一组方程：

$$\begin{cases}\displaystyle\sum_{n=1}^{4}\left\{1-C(1+Cb)^2\frac{1-\mathrm{e}^{\mathrm{j}[2+C(b-\mathrm{j}d)+\mathrm{j}C\delta_n]\cdot2\pi N}}{(\delta_n^2+4QC)[2+C(b-\mathrm{j}d)+\mathrm{j}C\delta_n]}\right\}E_n=E_0\\ \displaystyle\sum_{n=1}^{4}\left\{\delta_n+\mathrm{j}(b-\mathrm{j}d)C(1+bC)^2\frac{1-\mathrm{e}^{\mathrm{j}[2+C(b-\mathrm{j}d)+\mathrm{j}C\delta_n]\cdot2\pi N}}{(\delta_n^2+4QC)[2+C(b-\mathrm{j}d)+\mathrm{j}C\delta_n]}\right\}E_n=-\mathrm{j}(b-\mathrm{j}d)E_0\\ \displaystyle\sum_{n=1}^{4}\frac{E_n}{\delta_n^2+4QC}=0\\ \displaystyle\sum_{n=1}^{4}\frac{E_n\delta_n}{\delta_n^2+4QC}=0\end{cases} \tag{13.4.10}$$

方程(13.4.10)的解给出：

$$E_n=\frac{1}{(\delta_n+\mathrm{j}b+d)}\cdot\frac{W_n}{W_0}E_0(n=1,2,3,4) \tag{13.4.11}$$

式中

$$\begin{aligned}W_0=&-\frac{(\delta_1-\delta_3)(\delta_2-\delta_3)(\delta_1-\delta_2)}{(\delta_1+\mathrm{j}b+d)(\delta_2+\mathrm{j}b+d)(\delta_3+\mathrm{j}b+d)}\cdot\frac{\mathrm{e}^{2\pi CN\delta_4}}{2+C(b-\mathrm{j}d+\mathrm{j}\delta_4)}\\ &-\frac{(\delta_1-\delta_3)(\delta_1-\delta_4)(\delta_3-\delta_4)}{(\delta_1+\mathrm{j}b+d)(\delta_3+\mathrm{j}b+d)(\delta_4+\mathrm{j}b+d)}\cdot\frac{\mathrm{e}^{2\pi CN\delta_2}}{2+C(b-\mathrm{j}d+\mathrm{j}\delta_2)}\\ &+\frac{(\delta_1-\delta_2)(\delta_1-\delta_4)(\delta_2-\delta_4)}{(\delta_1+\mathrm{j}b+d)(\delta_2+\mathrm{j}b+d)(\delta_4+\mathrm{j}b+d)}\cdot\frac{\mathrm{e}^{2\pi CN\delta_3}}{2+C(b-\mathrm{j}d+\mathrm{j}\delta_3)}\\ &+\frac{(\delta_2-\delta_3)(\delta_2-\delta_4)(\delta_3-\delta_4)}{(\delta_2+\mathrm{j}b+d)(\delta_3+\mathrm{j}b+d)(\delta_4+\mathrm{j}b+d)}\cdot\frac{\mathrm{e}^{2\pi CN\delta_1}}{2+C(b-\mathrm{j}d+\mathrm{j}\delta_1)}\end{aligned} \tag{13.4.12}$$

$$W_1=\frac{\delta_2-\delta_3}{2+C(b-\mathrm{j}d+\mathrm{j}\delta_4)}\mathrm{e}^{2\pi CN\delta_4}-\frac{\delta_2-\delta_4}{2+C(b-\mathrm{j}d+\mathrm{j}\delta_3)}\mathrm{e}^{2\pi CN\delta_3}-\frac{\delta_3-\delta_4}{2+C(b-\mathrm{j}d+\mathrm{j}\delta_2)}\mathrm{e}^{2\pi CN\delta_2} \tag{13.4.13}$$

$W_2\sim W_4$ 可以按照上式依次交换 δ_n 的下标得到.

为了做进一步的计算,可以将式(13.4.12)和式(13.4.13)做一些简化书写:

$$\begin{cases}W_0=A_{04}\dfrac{1}{C^3}\mathrm{e}^{\theta\delta_4}+A_{03}\dfrac{1}{C}\mathrm{e}^{\theta\delta_3}+A_{02}\dfrac{1}{C}\mathrm{e}^{\theta\delta_2}+A_{01}\dfrac{1}{C}\mathrm{e}^{\theta\delta_1}\\ W_1=A_{14}\dfrac{1}{C^3}\mathrm{e}^{\theta\delta_4}+A_{13}\dfrac{1}{C}\mathrm{e}^{\theta\delta_3}+A_{12}\dfrac{1}{C}\mathrm{e}^{\theta\delta_2}\\ W_2=A_{24}\dfrac{1}{C^3}\mathrm{e}^{\theta\delta_4}+A_{23}\dfrac{1}{C}\mathrm{e}^{\theta\delta_3}+A_{21}\dfrac{1}{C}\mathrm{e}^{\theta\delta_1}\\ W_3=A_{34}\dfrac{1}{C^3}\mathrm{e}^{\theta\delta_4}+A_{32}\dfrac{1}{C}\mathrm{e}^{\theta\delta_2}+A_{31}\dfrac{1}{C}\mathrm{e}^{\theta\delta_1}\\ W_4=A_{43}\dfrac{1}{C}\mathrm{e}^{\theta\delta_3}+A_{42}\dfrac{1}{C}\mathrm{e}^{\theta\delta_2}+A_{41}\dfrac{1}{C}\mathrm{e}^{\theta\delta_1}\end{cases} \tag{13.4.14}$$

式中,$\theta=2\pi CN$;系数 A_{nm} 是 δ_n 的函数,可以由式(13.4.12)及式(13.4.13)求出.

我们指出,δ_3、δ_4 是纯虚数,而 δ_1、δ_2 则为复数.因而由式(13.4.14)可以看到,当互作用距离很短时,也就是说,当 θ 很小时,$W_0\sim W_3$ 中的第一项与其余诸项相比很大,其余各项都可以略去,因为在一般情况下 C 是小于1的数.这样可以得到在行波管的作用距离很短时各波的幅值关系:

$$\begin{cases}E_1=\dfrac{A_{14}}{A_{04}(\delta_1+\mathrm{j}b+d)}E_0=\dfrac{(\delta_2+\mathrm{j}b+d)(\delta_3+\mathrm{j}b+d)}{(\delta_1-\delta_2)(\delta_1-\delta_3)}E_0\\ E_2=\dfrac{A_{24}}{A_{04}(\delta_2+\mathrm{j}b+d)}E_0=\dfrac{(\delta_3+\mathrm{j}b+d)(\delta_1+\mathrm{j}b+d)}{(\delta_2-\delta_3)(\delta_2-\delta_1)}E_0\\ E_3=\dfrac{A_{34}}{A_{04}(\delta_3+\mathrm{j}b+d)}E_0=\dfrac{(\delta_1+\mathrm{j}b+d)(\delta_2+\mathrm{j}b+d)}{(\delta_3-\delta_1)(\delta_3-\delta_2)}E_0\\ E_4=\dfrac{A_{43}\mathrm{e}^{\theta\delta_3}+A_{42}\mathrm{e}^{\theta\delta_2}+A_{41}\mathrm{e}^{\theta\delta_1}}{A_{04}\mathrm{e}^{\theta\delta_4}}\cdot\dfrac{C^4}{\mathrm{j}\left(2+\mathrm{j}Cb+Cd-\mathrm{j}\dfrac{C^3}{4}\right)}\end{cases} \tag{13.4.15}$$

可见,当互作用距离很短时,第四个波即反向波的幅值正比于 C^4,因而可以略去.因此我们得出,当互作用距离小时,反向波的作用可以忽略.

但是,当互作用距离较大时,情况就有所不同.为了便于计算,我们研究一种假想情况,即作用距离如此之长,以至于在方程(13.4.4)的各式中,除含有指数增量 $\mathrm{e}^{\theta\delta_1}$ 的项外,其余各项都可略去(这相当于近似 C 较小的情况,这时只有 δ_1 是增长波).这样便可得到在行波管输出端波的场强为

$$E(l)=\left\{\frac{1}{C^2(\delta_1+\mathrm{j}b+d)}(A_{14}\mathrm{e}^{\theta\delta_4}+C^2A_{13}\mathrm{e}^{\theta\delta_3}+C^2A_{12}\mathrm{e}^{\theta\delta_2})\right.$$
$$\left.+\frac{A_{21}}{(\delta_2+\mathrm{j}b+d)}\mathrm{e}^{\theta\delta_2}+\frac{A_{31}}{(\delta_3+\mathrm{j}b+d)}\mathrm{e}^{\theta\delta_3}+\frac{C^2A_{41}}{j\left(2+2Cb+2\mathrm{j}Cd-\dfrac{C^3}{2}\right)}\mathrm{e}^{\theta\delta_4}\right\}\cdot\frac{E_0}{A_{01}} \tag{13.4.16}$$

在式(13.4.6)中,大括号内的第一项表示第一个波,其余三项依次表示第二至第四个波,可见第四个波的幅值在互作用距离很长时不再是正比于 C^4,而是正比于 C^2.

此外,方程(13.4.16)表明,输出端的场强与 $\mathrm{e}^{\theta\delta_1}$ 无关.由于 δ_3、δ_4 都是纯虚数,δ_2 表示衰减波,因而式(13.4.16)还表明,当互作用距离很长时,输出端的场强将呈现某种饱和状态;波的幅值随着距离的增加而出现起伏现象,而不是小信号状态下的指数增长.

出现上述增益饱和现象的原因就在于电子注交变电流的反向辐射.正如我们在式(13.4.3)中已经得出的,电子流的反向辐射场可表示为

$$E^{-}(z)=\frac{K_c\Gamma^2}{2}e^{\Gamma_0 z}\int_z^l i_1(z')e^{-\Gamma_0 z'}dz' \tag{13.4.17}$$

在 $z=0$ 处计算场强的最大值，并利用前面所述的结果，可以求得

$$E^{-}(0)=\frac{W}{W_0} \tag{13.4.18}$$

式中

$$W=[(\Gamma_3-\Gamma_2)(\Gamma_4-\Gamma_3)(\Gamma_4-\Gamma_2)e^{-\Gamma_1 l}-(\Gamma_3-\Gamma_1)(\Gamma_4-\Gamma_3)(\Gamma_4-\Gamma_1)e^{-\Gamma_2 l}+(\Gamma_4-\Gamma_1)(\Gamma_4-\Gamma_2)(\Gamma_2-\Gamma_1)e^{-\Gamma_3 l}-(\Gamma_2-\Gamma_1)(\Gamma_3-\Gamma_1)(\Gamma_3-\Gamma_2)e^{-\Gamma_4 l}]\cdot\frac{2E_0}{K_c\Gamma^2}[(\Gamma_1+\Gamma_0)(\Gamma_2+\Gamma_0)(\Gamma_3+\Gamma_0)(\Gamma_4+\Gamma_0)]^{-1} \tag{13.4.19}$$

将诸 δ_n 代入式(13.4.19)，并且在互作用距离很长的情况下，可以从 W、W_0 中略去 $e^{\theta\delta_1}$ 以外的各项，于是分析结果就可以得到，反向辐射的场强正比于 E_0/C 而与距离无关．这种朝反向辐射的波，就是限制增益的原因．由式(13.4.14)即可以看出，这种增益限制将发生在下述条件得到满足时：

$$A_{n1}e^{\theta\delta_1}\gg\frac{A_{n4}}{C^2}e^{\theta\delta_4}\quad(n=0,1,2,3,4) \tag{13.4.20}$$

由于 δ_4 是虚数，而 A_{n1} 与 A_{n4} 具有相同的量级，所以上述不等式又可近似地写成

$$e^{\theta\delta_1}\gg\frac{1}{C^2}$$

由此即得

$$BCN\gg-40\lg C$$

或者

$$CN\gg-\frac{0.735}{x_1}\lg C \tag{13.4.21}$$

式(13.4.21)可以用来估计发生增益限制的长度．例如，当 $C=0.2$，$d=0$，$4QC=0$，$(x_1)_{max}=0.867$ 时，由式(13.4.21)可得，$CN\gg0.6$，或近似写成 $CN\gg1$．显然，当考虑空间电荷及线上损耗的影响时，$(x_1)_{max}$ 将减小，这就使 CN 更加增大．

如上所述，增益的限制是由于电子注的反向辐射达到输入端而引起的，所以线上损耗的增大将使这种限制减弱．进而，当行波管具有内部集中衰减器时，反向波实际上达不到输入端，因此在实际上往往不会发生上述限制情况，这也是设置管内衰减器的功用之一．

不过，即使没有发生上述限制，行波管的增益也不是可以通过增加作用长度而任意提高的，因为电子的群聚过程将产生不利的变化，如图12.2.2所示．这将在讨论行波管的非线性理论时加以研究．

最后，我们指出，电子注的反向辐射场与前面讨论过的特征方程的第四个根所代表的反向波，其实并不是完全相同的，虽然它们之间有着密切的联系．为了说明这个问题，我们仍然从行波管的基本方程出发．不考虑电子注的反向辐射后，线路方程的积分形式为

$$E_c(x)=E_0e^{-\Gamma_0 z}+\frac{1}{2}K_c\Gamma^2e^{-\Gamma_0 z}\int_0^z i_1(z')e^{\Gamma_0 z'}dz' \tag{13.4.22}$$

其微分形式是

$$\frac{dE_c}{dz}+\Gamma_0E_c=\frac{1}{2}K_c\Gamma^2 i_1(z) \tag{13.4.23}$$

可见它降为了一阶微分方程．

将式(13.4.23)与电子学方程(13.4.2)联解，得到下述特征方程：

$$(\Gamma-\Gamma_0)[(\Gamma-j\beta_e)^2+\beta_q^2]+j\beta_e\Gamma^2C^3=0 \tag{13.4.24}$$

将关系式(13.2.4)代入,得到

$$\delta^2=\frac{(1+\mathrm{j}C\delta)^2}{(-b+\mathrm{j}d+\mathrm{j}\delta)}-4QC(1+\mathrm{j}C\delta)^2 \tag{13.4.25}$$

可见,该式与方程(13.3.10)不同,也就是说,略去电子注反向辐射所得的结果与消去第四个波的结果是不同的.所以电子注的反向辐射的作用不仅表现在产生第四个波(反向波)方面,而且使其余三个波的色散关系都要受到影响.由方程(13.4.25)可以看到,当 $C\to 0$ 时,式(13.4.25)就与式(13.2.6)一样,这表明,所有上述区别,都只有当 C 值较大时才显示出来.

13.5 反射对行波管特性的影响

在前面各节的讨论中,我们都忽略了行波管中可能存在的反射,即认为管子理想匹配,因而不存在反射波.但是,在实际中,行波管的输入、输出部分总是由一般的传输系统过渡到慢波系统的,这种不同传输线的过渡很难在宽频带内保证理想的匹配,因而总有或多或少的反射.因此,讨论反射的作用是很必要的.下面将指出,在条件适合时这种反射将导致行波放大管的自激振荡,从而破坏了工作状态.为此在行波管内一般引入一个足够大的衰减器用于抑制由反射引起的反馈.显然这种衰减器也不可能是完全理想匹配的,仍然要引起附加的反射.在本节中,我们先讨论在行波管内引入衰减器的问题,而后再讨论衰减器也有反射时对行波管工作的影响.

设由信号源进入行波管输入端的信号为 E_{in},而由输出端因反射引起的反馈到输入端的信号为 E_{r},输出信号为 E_{out},则此时管子的增益可表示为

$$G=\frac{E_{\mathrm{out}}}{E_{\mathrm{in}}+E_{\mathrm{r}}}=\frac{G_0}{1+\alpha G_0}\quad(\text{倍}) \tag{13.5.1}$$

式中,α 为反馈系数:

$$\alpha=\frac{E_{\mathrm{r}}}{E_{\mathrm{out}}} \tag{13.5.2}$$

G_0 为无反馈时的增益:

$$G_0=\frac{E_{\mathrm{out}}}{E_{\mathrm{in}}}\quad(\text{倍}) \tag{13.5.3}$$

如果输出信号与输入信号间有相差,那么可令

$$\begin{cases}G_0=|G_0|\,\mathrm{e}^{\mathrm{j}\varphi_g}\\ \alpha=|\alpha|\,\mathrm{e}^{\mathrm{j}\varphi_\alpha}\end{cases} \tag{13.5.4}$$

则由式(13.5.1)可得

$$|G|=\frac{|G_0|}{\sqrt{1+|\alpha G_0|^2-2|\alpha G_0|\cos(\varphi_g+\varphi_\alpha)}}\quad(\text{倍}) \tag{13.5.5}$$

另外,如果输入、输出端的反射系数分别为 Γ_1、Γ_2,那么显然存在关系:

$$E_{\mathrm{r}}=\Gamma_1\Gamma_2E_{\mathrm{out}}\mathrm{e}^{\Gamma_0 l} \tag{13.5.6}$$

式中,$\Gamma_0=\mathrm{j}\beta_0$ 为慢波线的"冷"传播常数;l 为慢波线长度.如果系统存在损耗,那么式(13.5.6)应改为

$$E_{\mathrm{r}}=\Gamma_1\Gamma_2E_{\mathrm{out}}\mathrm{e}^{\Gamma_0 l}/L=|\Gamma_1||\Gamma_2|E_{\mathrm{out}}\mathrm{e}^{\mathrm{j}(\beta_0 l+\varphi_1+\varphi_2)}/L \tag{13.5.7}$$

式中,L 为"冷"系统以倍数计的总损耗;φ_1、φ_2 则分别表示 Γ_1、Γ_2 的反射相位.

将式(13.5.7)与式(13.5.2)比较,即可得出

$$\alpha=|\Gamma_1||\Gamma_2|\mathrm{e}^{\mathrm{j}(\beta_0 l+\varphi_1+\varphi_2)}/L \tag{13.5.8}$$

于是式(13.5.5)可写成

$$|G| = \frac{|G_0|}{\sqrt{1+|G_0\Gamma_1\Gamma_2/L|^2-2|G_0\Gamma_1\Gamma_2/L|\cos\Phi}} \quad (倍) \tag{13.5.9}$$

式中，相角

$$\Phi = (\varphi_g+\varphi_1+\varphi_2+\beta_0 l) \tag{13.5.10}$$

方程(13.5.9)表明，反射将使行波管的增益在其平均值左右摆动. 摆动的幅度取决于$|G_0\Gamma_1\Gamma_2/L|$的大小. 显然，当 $\cos\Phi=\pm1$，即 $\Phi=0,\pi$ 时，G 的摆动最大，这时

$$|G| = \frac{|G_0|}{1\pm|G_0\Gamma_1\Gamma_2/L|} \quad (倍) \tag{13.5.11}$$

由此即可看出，当条件

$$1-|G_0\Gamma_1\Gamma_2/L|=0 \tag{13.5.12}$$

成立时，就满足了反馈振荡条件. 由于行波管的增益 G_0 很大，如果不额外引入衰减器，那么即使只有很小的反射也将引起自激振荡，所以在行波管中一般都必须引入一个衰减器以破坏条件(13.5.12)的成立. 按式(13.5.12)可以估计出引入的衰减量大小为

$$L|_{dB} > G_0|_{dB} + 20\lg|\Gamma_1\Gamma_2| \tag{13.5.13}$$

注意此时 $L|_{dB}$，$G_0|_{dB}$是以 dB 计的总冷损耗和无反馈增益. 由于$|\Gamma_1\Gamma_2|\ll1$，式(13.5.13)右边第二项为负值，所以实际上仅需满足

$$L|_{dB} \geqslant G_0|_{dB} \tag{13.5.14}$$

即可，而在一般情况下，$L|_{dB}$可以比 $G_0|_{dB}$大 20～30 dB.

但是，问题并不是到此就为止了，因为引入的衰减器本身也会有反射. 为了作进一步的分析以便定量地来估计各种反射对行波管工作产生的影响，我们采用如图 13.5.1 所示的等效网络.

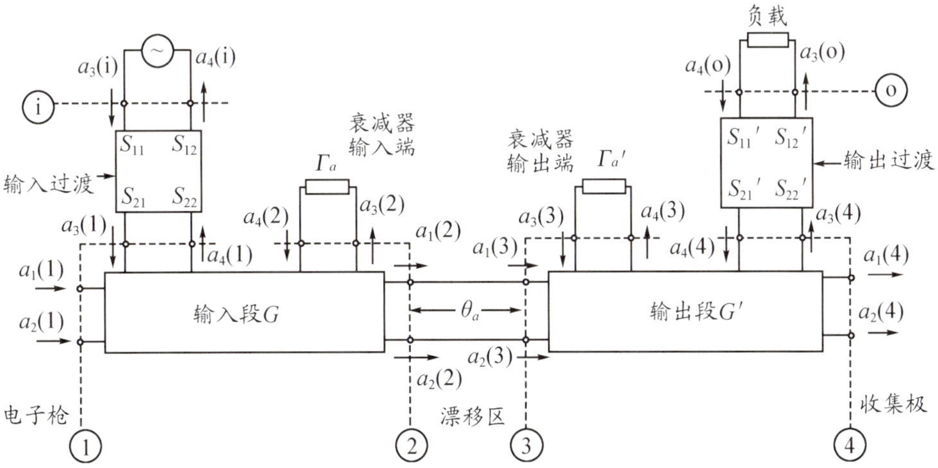

图 13.5.1　具有衰减器的行波管等效网络

在图 13.5.1 中，$\boldsymbol{S}$、$\boldsymbol{S}'$表示输入、输出转换器(过渡部分)的散射矩阵，在衰减器前面的一段相互作用区的放大作用以矩阵 $\boldsymbol{G}$ 表示，而衰减器后面的放大部分则用矩阵 $\boldsymbol{G}'$ 表示；中间一段表示衰减器部分. 图 13.5.1 中以 a_1 和 a_2 分别表示电子注中的快空间电荷波和慢空间电荷波；而 a_3 和 a_4 则分别表示线路上的前向波和反向波.

为了进行分析，还要作以下一些假定：

(1)衰减器部分可以看作一个漂移区，因而在这一段上没有线路波，而且两个空间电荷波之间也无耦合. 在后面讨论衰减器部分的作用时，这一假定将予以放弃.

(2)电子注与反向波之间的作用可以忽略.

(3)我们暂时还不考虑电子注对阻抗的影响. 电子注引起的附加反射(电子反射),将不予考虑,因为在螺旋线行波管中这种效应很小.

不难想到,在功率行波管中,电子注的导流系数大,因而增益参量 C 较大时,上述(2)、(3)两项假定引起的误差将是可观的.

(4)电子进入行波管输入端时无附加调制,而且不考虑噪声起伏,因而在输入端电子注中的交变分量 $a_1=a_2=0$.

在上述假定的基础上,可以得到各部分的关系如下.

(1)输入过渡变换器部分:

$$\begin{bmatrix} a_4(\mathrm{i}) \\ a_3(1) \end{bmatrix} = \boldsymbol{S} \begin{bmatrix} a_3(\mathrm{i}) \\ a_4(1) \end{bmatrix} \tag{13.5.15}$$

式中

$$\boldsymbol{S} = \begin{bmatrix} S_{11} & S_{12} \\ S_{21} & S_{22} \end{bmatrix}$$

(2)输入放大部分(衰减器前面一段):

$$\begin{bmatrix} a_1(2) \\ a_2(2) \\ a_3(2) \\ a_4(1) \end{bmatrix} = \boldsymbol{G} \begin{bmatrix} a_1(1) \\ a_2(1) \\ a_3(1) \\ a_4(2) \end{bmatrix} \tag{13.5.16}$$

对于矩阵 $\boldsymbol{G}$,按上述各项假定,有

$$G_{34}=G_{43}=G_{41}=G_{14}=G_{24}=G_{42}=0 \tag{13.5.17}$$

$\boldsymbol{G}$ 为四阶矩阵.

若令输入段(衰减器前端)反射系数为 Γ_a,则有

$$a_4(2)=\Gamma_a a_3(2) \tag{13.5.18}$$

(3)衰减器部分:根据上述假定(1),按第 3 章中关于空间电荷波矩阵的概念,可以得到

$$\begin{bmatrix} a_1(3) \\ a_2(3) \end{bmatrix} = \begin{bmatrix} T_1 & 0 \\ 0 & T_2 \end{bmatrix} \begin{bmatrix} a_1(2) \\ a_2(2) \end{bmatrix} \tag{13.5.19}$$

式中

$$\begin{cases} T_{1,2}=\mathrm{e}^{-\mathrm{j}(\theta_e \mp \theta_q)} \\ \theta_e=\dfrac{\omega l_2}{v_e} \\ \theta_q=\dfrac{\omega_q l_2}{v_e} \end{cases} \tag{13.5.20}$$

式中,l_2 为衰减器部分的长度.

(4)输出放大部分(衰减器后面一段):

$$\begin{bmatrix} a_1(4) \\ a_2(4) \\ a_3(4) \\ a_4(3) \end{bmatrix} = \boldsymbol{G}' \begin{bmatrix} a_1(3) \\ a_2(3) \\ a_3(3) \\ a_4(4) \end{bmatrix} \tag{13.5.21}$$

对于矩阵 $\boldsymbol{G}'$,仍然有

$$G'_{34}=G'_{43}=G'_{41}=G'_{14}=G'_{24}=G'_{42}=0 \tag{13.5.22}$$

同样,若令输出段(衰减器后端)反射系数为 Γ'_a,则有

$$a_3(3)=\Gamma'_a a_4(3) \tag{13.5.23}$$

(5)输出过渡部分:

$$\begin{bmatrix} a_3(o) \\ a_4(4) \end{bmatrix}=\boldsymbol{S}'\begin{bmatrix} a_4(o) \\ a_3(4) \end{bmatrix} \tag{13.5.24}$$

式中

$$\boldsymbol{S}'=\begin{bmatrix} S'_{11} & S'_{12} \\ S'_{21} & S'_{22} \end{bmatrix} \tag{13.5.25}$$

根据以上各关系就可以进行具体计算了. 我们先讨论一种理想的情况:设衰减器良好匹配,即 $\Gamma_a=\Gamma'_a=0$的情况. 如果进而认为对于输入、输出过渡也有着良好的匹配,亦即认为

$$S_{11}=S_{22}=\Gamma_1=0$$

$$S'_{11}=S'_{22}=\Gamma_2=0$$

则这时由式(13.5.11)~式(13.5.20)可得

$$\frac{a_3(o)}{a_3(i)}=S_{21}S'_{21}[G'_{31}T_1G_{13}+G'_{32}T_2G_{23}] \tag{13.5.26}$$

因而在此理想情况下,增益就是

$$G_0=20\ \lg|S_{21}S'_{12}[G'_{31}T_1G_{13}+G'_{32}T_2G_{23}]|\quad (\mathrm{dB}) \tag{13.5.27}$$

在实际情况下,各部分都会有反射,因而 Γ_a、Γ'_a、S_{11}、S_{22}、S'_{11} 和 S'_{22} 等均不为零. 于是按以上各关系,在一般情况下可以得到

$$\frac{a_3(o)}{a_3(i)}=S_{21}S'_{12}[G'_{31}T_1G_{15}+G'_{32}T_2G_{23}]\left(\frac{1}{1-G_L}\right)\left(\frac{1}{1-G'_L}\right) \tag{13.5.28}$$

式中

$$\begin{cases} G_L=G_{33}G_{44}S_{22}\Gamma_a \\ G'_L=G'_{33}G'_{44}S'_{22}\Gamma'_a \end{cases} \tag{13.5.29}$$

显然,当 G_L、G'_L 均取正值时,得到增益的最大值;而 G_L、G'_L 均取负值时,则相应于最小增益. 因而增益的变化为

$$\Delta G=20\ \lg\frac{1+|G_L|}{1-|G_L|}+20\ \lg\frac{1+|G'_L|}{1-|G'_L|} \tag{13.5.30}$$

在一般情况下,G_L 及 G'_L 都是复数,因此按式(13.5.30)所引起的增益变化具有起伏的特性.

在方程(13.5.24)中,G_{33}表示输入放大段两端前向波之间的关系,因此代表前向波增益;而 G_{44}则表示两端反向波之间的关系,因此是反向波在线上的衰减. 因为我们已假定反向波与电子注无相互作用,所以,如果用 dB 表示,那么 $G_{33}G_{44}$正好是上述增益与衰减分贝数之差,在一般情况下,其典型数值为 20~30 dB. 而 S_{22}则为输入过渡器的输入反射系数,即 $S_{22}=\Gamma_1$. 对于衰减器后面的输出部分的 G'_{33}、G'_{44}及 S'_{22}等,也有同样的情况.

这样,由方程(13.5.22)及方程(13.5.25)可以作出如下的估计:如果仅考虑输入放大部分,那么当输入过渡部分驻波小于 1.3,而 G_{33}、G_{44}为 20 dB 时,如果要求增益起伏不超过 1 dB,那么必须保证衰减器输入驻波系数不大于 1.1. 而当考虑到输出放大部分时,这种要求还要更加苛刻. 可见,对衰减器匹配的要求比对于输入、输出端过渡匹配的要求更加严格.

此外,由于 G_L、G'_L 均是复数,所以由式(13.5.25)可见,反射不仅使增益发生变化,而且使输出信号的相位也要引起变化. 如令相位延迟为

$$\tau = -\frac{\partial}{\partial \omega}\left\{\mathrm{Im}\left[\lg \frac{a_3(\mathrm{o})}{a_3(\mathrm{i})}\right]\right\} \tag{13.5.31}$$

由式(13.5.23)可得

$$\Delta\tau = \frac{4|G_L|}{1-|G_L|^2} + \frac{4|G_L'|}{1-|G_L'|^2} \tag{13.5.32}$$

13.6 行波管特征方程的级数解

由 13.2 节至 13.4 节可以看到，在一般情况下求解行波管的特征方程是十分困难的，在有些情况下甚至是不可能的. 那么，是否可以不必求出特征方程的根就能计算行波管的增益呢？这方面的研究导致了行波管方程的级数解，它的特点是可以不求解特征方程，而直接利用方程系数的关系就求出行波管的增益. 因此，这种方法适合于一些较复杂的情形. 本节先介绍这种方法，下一节将介绍利用这种方法计算衰减器的影响.

在增益参数 C 较小的情况下，略去反向波后，行波管的特征方程为式(13.2.6)，该式也可以写成

$$\delta^3 + \mathrm{j}(b-\mathrm{j}d)\delta^2 + 4QC\delta + \mathrm{j}[4QC(b-\mathrm{j}d)+1] = 0 \tag{13.6.1}$$

13.2 节在求解该式时，利用了电子注无初始调制的边界条件. 为了以后讨论的需要，下面我们将采用有初始调制的电子注的边界条件. 这时，在条件式(13.2.10)、式(13.2.11)中，等式右边不再为零，而应分别为电流和速度的初始调制值 $i_1(0)$ 和 $v_1(0)$. 于是，与方程(13.6.1)的三个根相对应的三个波的边界条件，按式(13.3.1)、式(13.4.2)略去 $\mathrm{j}C\delta$ 项后，得

$$\begin{cases} \sum_{n=1}^{3} E_n = E_0 \\ \sum_{n=1}^{3} \frac{E_n}{\delta_n^2 + 4QC} = \beta_e \frac{2V_0 C^2}{\mathrm{j}I_0} i_1(0) = -\frac{\mathrm{j}\beta_e K_c}{2C} i_1(0) \\ \sum_{n=1}^{3} \frac{\delta_n E_n}{\delta_n^2 + 4QC} = -\frac{v_0 C\beta_e}{\eta} v_1(0) = -\frac{2V_0 C\beta_e}{v_0} v_1(0) \end{cases} \tag{13.6.2}$$

由上述方程可得

$$E_1 = \frac{\delta_1^2 + 4QC}{(\delta_1-\delta_2)(\delta_1-\delta_3)}\left[E_0 - (\delta_2\delta_3 - 4QC)\frac{\mathrm{j}\beta_e i_1(0) K_c}{2C} + (\delta_2+\delta_3)\frac{v_0\beta_e C}{\eta} v_1(0)\right] \tag{13.6.3}$$

E_2、E_3 可以按式(13.6.3)变换 δ_n 的下标而得到. 因而总的场强可以写成

$$\begin{aligned} E(z) = \Bigg\{ & \left[\frac{\delta_1^2+4QC}{(\delta_1-\delta_2)(\delta_1-\delta_3)}\mathrm{e}^{\theta\delta_1} + \frac{\delta_2^2+4QC}{(\delta_2-\delta_3)(\delta_2-\delta_1)}\mathrm{e}^{\theta\delta_2} + \frac{\delta_3^2+4QC}{(\delta_3-\delta_1)(\delta_3-\delta_2)}\mathrm{e}^{\theta\delta_3}\right]E_0 \\ & - \left[\frac{(\delta_2\delta_3-4QC)(\delta_1^2+4QC)}{(\delta_1-\delta_2)(\delta_1-\delta_3)}\mathrm{e}^{\theta\delta_1} + \frac{(\delta_1\delta_3-4QC)(\delta_2^2+4QC)}{(\delta_2-\delta_3)(\delta_2-\delta_1)}\mathrm{e}^{\theta\delta_2} + \frac{(\delta_2\delta_1-4QC)(\delta_3^2+4QC)}{(\delta_3-\delta_1)(\delta_3-\delta_2)}\mathrm{e}^{\theta\delta_3}\right]\frac{\mathrm{j}\beta_e K_c}{2C} i_1(0) \\ & + \left[\frac{(\delta_2+\delta_3)(\delta_1^2+4QC)}{(\delta_1-\delta_2)(\delta_1-\delta_3)}\mathrm{e}^{\theta\delta_1} + \frac{(\delta_3+\delta_1)(\delta_2^2+4QC)}{(\delta_2-\delta_3)(\delta_2-\delta_1)}\mathrm{e}^{\theta\delta_2} + \frac{(\delta_1+\delta_2)(\delta_3^2+4QC)}{(\delta_3-\delta_1)(\delta_3-\delta_2)}\mathrm{e}^{\theta\delta_3}\right]\frac{\beta_e C v_0}{\eta} v_1(0)\Bigg\} \end{aligned} \tag{13.6.4}$$

式中，$\theta = 2\pi CN = \beta_e Cl$.

对于交变电流及交变速度，由式(13.6.2)后两个方程也可以得到类似于式(13.6.4)的表达式. 可见，增益的求解将十分复杂，因为式(13.6.4)的计算已经相当复杂的了，何况为了求出 δ_n 还需要求解三次代数方程. 因而，我们设法用级数方法来寻求另外的计算增益的途径.

为了得到级数解，引入以下函数：

$$P_s(\theta)=\sum_{n=1}^{3}\frac{\delta_n^s e^{\theta\delta_n}}{(\delta_n-\delta_{n+1})(\delta_n-\delta_{n+2})}(\delta_4=\delta_1,\delta_5=\delta_2) \tag{13.6.5}$$

比较一下即可发现，当 $4QC=0$ 时，式(13.6.4)中 E_0 的系数，或者说，无初始调制时的场强表示式(13.3.13)中 E_0 的三个系数之和即为 $s=2$ 时的 $P_s(\theta)$. 因此，$s=2$时的 $P_s(\theta)$值就代表没有初始调制时的行波管增益.

现在，我们用级数来表示式(13.6.5)所定义的函数 $P_s(\theta)$. 为此，首先将 $e^{\theta\delta_n}$ 表示成幂级数：

$$e^{\theta\delta_n}=\sum_{m=0}^{\infty}\frac{\theta^m}{m!}\delta_n^m \tag{13.6.6}$$

将式(13.6.6)代入式(13.6.5)，即可将 $P_s(\theta)$表示为如下级数：

$$P_s(\theta)=\sum_{m=0}^{\infty}\frac{\theta^m}{m!}\frac{\delta_1^{s+m}(\delta_2-\delta_3)+\delta_2^{s+m}(\delta_3-\delta_1)+\delta_3^{s+m}(\delta_1-\delta_2)}{-(\delta_1-\delta_2)(\delta_2-\delta_3)(\delta_3-\delta_1)} \tag{13.6.7}$$

令

$$D_s=\sum_{n=1}^{3}\delta_n^s(\delta_{n+1}-\delta_{n+2})(\delta_4=\delta_1,\delta_5=\delta_2) \tag{13.6.8}$$

即可以看出

$$D_0=D_1=0$$

而

$$D_2=-(\delta_1-\delta_2)(\delta_2-\delta_3)(\delta_3-\delta_1) \tag{13.6.9}$$

将式(13.6.8)及式(13.6.9)代入式(13.6.7)，得

$$P_s(\theta)=\sum_{m=0}^{\infty}\frac{\theta^m}{m!}\frac{D_{s+m}}{D_2} \tag{13.6.10}$$

如果将特征方程(13.6.1)写成如下形式：

$$\begin{cases}\delta_1^3+a_1\delta_1^2+a_2\delta_1+a_3=0\\ \delta_2^3+a_1\delta_2^2+a_2\delta_2+a_3=0\\ \delta_3^3+a_1\delta_3^2+a_2\delta_3+a_3=0\end{cases} \tag{13.6.11}$$

将第一个方程乘上 $\delta_1^s(\delta_2-\delta_3)$，第二个方程乘上 $\delta_2^s(\delta_3-\delta_1)$，第三个方程乘上 $\delta_3^s(\delta_1-\delta_2)$，则

$$\begin{aligned}&\delta_1^{s+3}(\delta_2-\delta_3)+\delta_2^{s+3}(\delta_3-\delta_1)+\delta_3^{s+3}(\delta_1-\delta_2)+a_1[\delta_1^{s+2}(\delta_2-\delta_3)\\&+\delta_2^{s+2}(\delta_3-\delta_1)+\delta_3^{s+2}(\delta_1-\delta_2)]+a_2[\delta_1^{s+1}(\delta_2-\delta_3)+\delta_2^{s+1}(\delta_3-\delta_1)\\&+\delta_3^{s+1}(\delta_1-\delta_2)]+a_3[\delta_1^{s}(\delta_2-\delta_3)+\delta_2^{s}(\delta_3-\delta_1)\\&+\delta_3^{s}(\delta_1-\delta_2)]=0\end{aligned} \tag{13.6.12}$$

于是，立即可得出 D_s 与特征方程系数之间的关系为

$$D_{s+3}+a_1D_{s+2}+a_2D_{s+1}+a_3D_s=0 \tag{13.6.13}$$

方程(13.6.13)对于任意 s 值都成立，所以它是一个 D_s 的递推公式. 但已知 $D_0=D_1=0$，而 D_2 已由式(13.6.9)给出，因此一切 D_s(当 $s>2$ 时)都可以用 D_2 来表示：

$$\begin{cases}D_3=-a_1D_2,D_{-1}=\dfrac{-1}{a_3}D_2\\ D_4=(a_1^2-a_2)D_2,D_{-2}=\dfrac{a_2}{a_3^2}D_2\end{cases} \tag{13.6.14}$$

另外，按式(13.6.9)，D_2^2 是一个对称函数，而其中的 δ_n 又是特征方程的根，因此 D_2 可以用此特征方程的系数来表示：

$$D_2^2=-27a_3^2-4a_2^3+a_1a_2^2+18a_1a_2a_3-4a_1^3a_3 \tag{13.6.15}$$

实际上，在方程(13.6.10)中，D_2 一项是可约去而并不需要用式(13.6.15)来直接计算的.

为了将行波管中的场强通过 $P_s(\theta)$ 及特征方程的系数来表示，还需要利用表征各波分量的三次方程诸根与其系数之间的以下关系：

$$\begin{cases}\delta_1+\delta_2+\delta_3=-a_1\\ \delta_1\delta_2\delta_3=-a_3\end{cases}\tag{13.6.16}$$

将式(13.6.5)和式(13.6.16)代入方程(13.6.4)，就可以得到场强 $E(z)$ 的表达式为

$$\begin{aligned}E(z)=&(P_2+4QCP_0)E_0-[a_1P_2+P_3+4QC(a_1P_0+P_1)]\frac{\beta_eCv_0}{\eta}v_1(0)\\&+[a_3P_1+4QCP_2+4QC(a_3P_{-1}+4QCP_0)]\frac{\mathrm{j}\beta_eK_c}{2C}i_1(0)\end{aligned}\tag{13.6.17}$$

相应地，交变速度和交变电流为

$$v_1(z)=\frac{-\eta}{\beta_eCv_0}\left[P_1E_0-(a_1P_1+P_2)\frac{\beta_eCv_0}{\eta}v_1(0)+(a_3P_0+4QCP_1)\frac{\mathrm{j}\beta_eK_c}{2C}i_1(0)\right]\tag{13.6.18}$$

$$i_1(z)=\frac{2C}{\mathrm{j}\beta_eK_c}\left[P_0E_0-(a_1P_0+P_1)\frac{\beta_eCv_0}{\eta}v_1(0)+(a_3P_{-1}+4QCP_0)\frac{\mathrm{j}\beta_eK_c}{2C}i_1(0)\right]\tag{13.6.19}$$

根据特征方程(13.6.1)，各系数 a_1、a_2、a_3 分别为

$$\begin{cases}a_1=(\mathrm{j}b+d)\\ a_2=4QC\\ a_3=\mathrm{j}[4QC(b-\mathrm{j}d)+1]\end{cases}\tag{13.6.20}$$

方程(13.6.17)～方程(13.6.19)表明，在具有初始调制的一般情况下，行波管中场强可以通过 $P_s(\theta)$ 及系数 a_1、a_2、a_3 来表示，而不必解出特征方程的根，从而可求出行波管的增益.

不过，利用计算幂级数以代替求解特征方程的方法，只有在幂级数的计算较为方便的情况下才是可取的. 因此，关键在于级数的收敛问题. 由方程(13.6.10)可见，D_{s+m}/D_2 是特征方程系数的函数，因此级数的收敛取决于

$$\sum_{m=0}^{\infty}\frac{\theta^m}{m!}$$

的收敛. 不难看出，上述级数在 $\theta\leqslant1$ 时收敛很快. 因此，如果限于 $\theta<1$ 的情况，那么级数(13.6.10)仅需计算头几项(如 3～5 项)，就已经具有足够的精确度了. 遗憾的是，在实际行波管中，$\theta=2\pi CN$ 一般都大于 2π，因为为了得到足够高的增益，都取 $CN>1$，所以 $\theta<1$ 的条件并不满足. 克服这一困难的办法是将行波管分成若干段，使每段内 $\theta<1$(如可取 $\theta=0.1$). 这样虽然就整个行波管来讲 θ 较大，但对于各段来讲，仍然有 $\theta<1$，从而使级数收敛很快，便于计算.

实际计算时，只有在行波管的第一段，即从输入端开始的头一个 $\theta=0.1$ 的一段内，电子注才是没有初始调制的. 在以后的各段中，都必须考虑电子注有初始调制，并须满足各段之间的连续条件，这就是我们一开始就导出有初始调制时的关系式的原因. 综上所述，将行波管分段计算，这是级数法求解的特点.

13.7 行波管内部衰减器的分析

我们在前面指出，为了防止行波管由于内部反射而引起自激振荡，在行波管内需要引入一段衰减器. 内部衰减器的引入虽然使行波管工作稳定，但是也必然带来一些其他问题. 例如，衰减器将吸收一部分功率，若不加特殊措施，将导致行波管效率下降等. 因此，有必要对管内衰减器的作用作进一步的分析.

如果衰减器分布在一段很短的长度上，我们可以想象，当衰减量逐渐增大时，增益最后将达到一个恒定值而不再继续下降. 这是因为，即使衰减量增到无限大，使线上的波被完全吸收掉，已被调制的电子注也仍

然会在衰减器后面的慢波线上迅速地重新激励起电磁波. 因此,早期的分析就从这一概念出发,将衰减器部分理想化而看成是一段切断区.

显然,如果被切断段的长度为零,那么慢波线第一段的输出端也就是第二段的输入端. 当切断段有一定长度时,在两端之间就存在一段空间,在上述完全吸收的假定下,这段空间就被当作一段漂移区看待.

应当指出,这种切断慢波线的分析方法,包含很多近似. 例如,衰减器不可能立即全部吸收电磁波,因此在衰减器段实际上将存在场与电子的相互作用,而这种作用往往被全部忽略了;或者虽然考虑了衰减器段中场与电子的相互作用,但假定只有一个增长波,而仍略去了其余两个波的作用. 又如,衰减器一般是用蒸涂在慢波线介质支持杆表面上的吸收物质做成的,显然,这不仅是总衰减量,而且衰减量的分布以至吸收物质的表面电阻率也都会对管子特性有影响.

下面我们就在小信号理论的范围内,研究一下管内衰减器的作用.

如图 13.7.1 所示,衰减器位于 $a-b$ 段内,长度为 l_2. a 平面到输入端 I 的距离为 l_1,b 平面到输出端 O 的距离为 l_3. 从原则上讲,可以分析在 $a-b$ 段内任意分布的衰减器,但在具体计算时,则往往比较困难. 因而我们限于以下的假定情况:在 $a-b$ 段内衰减量是均匀分布的,因而在 a 平面和 b 平面均有一个衰减量的突变,并且暂不考虑衰减器两端的不匹配问题.

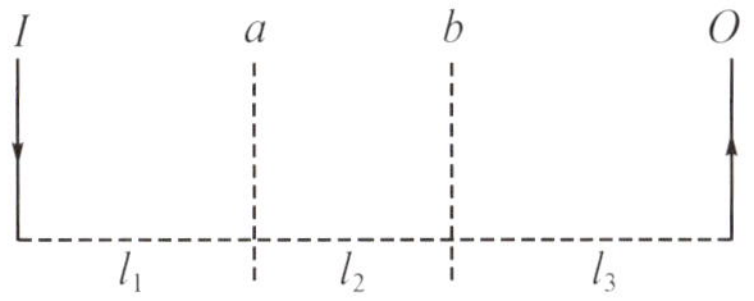

图 13.7.1 衰减器示意图

我们先作一个定性的讨论. 在 $I-a$ 段内,电子与线上波的作用,如同前面分析的那样,当略去反向波时,存在三个前向波. 这三个波到达 a 平面时将发生突然的变化. 这种变化的引起可以说明如下:在 $a-b$ 段内,由于均匀分布有较大的衰减,这相当于一段有较大 d 值的慢波系统,因而在此段内由于线上波与电子的相互作用,虽然也产生三个前向波,但这三个波的相互关系却与前一段($I-a$ 段)不一样. 这就是说,在 $a-b$ 段内与 $I-a$ 段内的三个波有不同的组成关系,因而当 $I-a$ 段的三个前向波进入 a 平面时,就要发生这种突变. 另外,按照电磁波的连续性,在 a 平面,总的场又应当是连续的. 同样的情况也发生在 b 平面上.

我们先考虑第一段. 在此段内,电压波、电子注中交变速度及交变电流波可由式(13.6.2)乘上因子 $e^{-\Gamma_n z}=e^{(-j\beta_e+\beta_e C\delta_n)z}$ 求得

$$
\begin{cases}
V(z) = \sum\limits_{n=1}^{3} V_n e^{2\pi CN\delta_n} e^{-j2\pi N} \\
j\dfrac{v_0 C}{\eta} v_1(z) = \sum\limits_{n=1}^{3} \dfrac{V_n\delta_n}{\delta_n^2+4QC} e^{2\pi CN\delta_n} e^{-j2\pi} \\
-\dfrac{2V_0}{I_0} C^2 i_1(z) = \sum\limits_{n=1}^{3} \dfrac{V_n}{\delta_n^2+4QC} e^{2\pi CN\delta_n} e^{-j2\pi N}
\end{cases}
\tag{13.7.1}
$$

式中,$2\pi N=\beta_e z$;$V_n=E_n/\Gamma_n$,并注意在小信号情况下有近似关系 $\Gamma_n\approx j\beta_e$,因而 $V_n\approx E_n/j\beta_e$.

在输入端 I 平面,$N=0$,由于电子注无初始调制,故有

$$
\begin{cases}
V(0) = \sum\limits_{n=1}^{3} V_n = V_{\text{in}} \\
j\dfrac{v_0 C}{\eta} v_1(0) = \sum\limits_{n=1}^{3} \dfrac{V_n\delta_n}{\delta_n^2+4QC} = 0,\ v_1(0)=0 \\
-\dfrac{2V_0}{I_0} C^2 i_1(1) = \sum\limits_{n=1}^{3} \dfrac{V_n}{\delta_n^2+4QC} = 0,\ i_1(0)=0
\end{cases}
\tag{13.7.2}
$$

于是由式(13.7.2)可解得

$$\begin{cases} V_1 = V_{\text{in}} \dfrac{\delta_1^2 + 4QC}{(\delta_1 - \delta_2)(\delta_1 - \delta_3)} \\ V_2 = V_{\text{in}} \dfrac{\delta_2^2 + 4QC}{(\delta_2 - \delta_1)(\delta_2 - \delta_3)} \\ V_3 = V_{\text{in}} \dfrac{\delta_3^2 + 4QC}{(\delta_3 - \delta_1)(\delta_3 - \delta_2)} \end{cases} \tag{13.7.3}$$

不难看到，上述方程只有在 C 很小(但保留 QC)的情况下才能得出，这时，由方程(13.3.13)就可直接化为式(13.7.3).

当上述三个波到达 a 平面时，得到

$$\begin{cases} V(a) = \sum\limits_{n=1}^{3} V_n \mathrm{e}^{2\pi C N_1 \delta_n} \mathrm{e}^{-\mathrm{j}2\pi N_1} \\ \mathrm{j} \dfrac{v_0 C}{\eta} v_1(a) = \sum\limits_{n=1}^{3} \dfrac{V_n \delta_n}{\delta_n^2 + 4QC} \mathrm{e}^{2\pi C N_1 \delta_n} \mathrm{e}^{-\mathrm{j}2\pi N_1} \\ -\dfrac{2V_0}{I_0} C^2 i_1(a) = \sum\limits_{n=1}^{3} \dfrac{V_n}{\delta_n^2 + 4QC} \mathrm{e}^{2\pi C N_1 \delta_n} \mathrm{e}^{-\mathrm{j}2\pi N_1} \end{cases} \tag{13.7.4}$$

式中，$2\pi N_1 = \beta_e l_1$.

现在再看第二段，即衰减器所在的 $a-b$ 段. 如前所述，在此段内由于 d 较大，所以特征方程不同，各波的 δ_n 也不同. 为了与前面一段中的 δ_n 区别，我们用 δ_n' 表示. 于是有

$$\begin{cases} V'(z) = \sum\limits_{n=1}^{3} V_n' \mathrm{e}^{2\pi C N \delta_n'} \mathrm{e}^{-\mathrm{j}2\pi N} \\ \mathrm{j} \dfrac{v_0 C}{\eta} v_1'(z) = \sum\limits_{n=1}^{3} \dfrac{V_n' \delta_n'}{\delta_n'^2 + 4QC} \mathrm{e}^{2\pi C N \delta_n'} \mathrm{e}^{-\mathrm{j}2\pi N} \\ -\dfrac{2V_0}{I_0} C^2 i_1'(z) = \sum\limits_{n=1}^{3} \dfrac{V_n'}{\delta_n'^2 + 4QC} \mathrm{e}^{2\pi C N \delta_n'} \mathrm{e}^{-\mathrm{j}2\pi N} \end{cases} \tag{13.7.5}$$

在该段始端，即 a 平面上，有 $N=0$，则式(13.7.5)为

$$\begin{cases} V'(a) = \sum\limits_{n=1}^{3} V_n' \\ \mathrm{j} \dfrac{v_0 C}{\eta} v_1'(a) = \sum\limits_{n=1}^{3} \dfrac{V_n' \delta_n'}{\delta_n'^2 + 4QC} \\ -\dfrac{2V_0}{I_0} C^2 i_1'(a) = \sum\limits_{n=1}^{3} \dfrac{V_n'}{\delta_n'^2 + 4QC} \end{cases} \tag{13.7.6}$$

但根据在 a 平面的连续条件，显然应有

$$\begin{cases} V'(a) = V(a) \\ v_1'(a) = v_1(a) \\ i_1'(a) = i_1(a) \end{cases} \tag{13.7.7}$$

将式(13.7.7)代入式(13.7.6)，即得到在 a 平面上各波的交变电压：

$$V_1' = \left\{ V(a) + (\delta_2' \delta_3' - 4QC)\left[-\frac{2V_0}{I_0} C^2 i_1(a) \right] - (\delta_2' + \delta_3')\left[\mathrm{j} \frac{v_0}{\eta} C v_1(a) \right] \right\} \times \frac{\delta_1'^2 + 4QC}{(\delta_1' - \delta_2')(\delta_1' - \delta_3')} \tag{13.7.8}$$

V_2'、V_3' 可以用轮换 δ_n' 的下标得到. 而 i_1、v_1 则根据式(13.3.1)、式(13.3.2)与 V 有如下关系：

$$i_1 = -\frac{\beta_e^2}{\beta_e^2 C^2 (\delta^2 + 4QC)} \frac{I_0 V}{2V_0} \tag{13.7.9}$$

$$v_1=-\mathrm{j}\frac{\eta}{v_0}C\delta\frac{\beta_e^2}{\beta_e^2C^2(\delta^2+4QC)}V=\mathrm{j}\frac{v_0}{I_0}C\delta i_1 \tag{13.7.10}$$

故由各 V_n 即可求得相应的 i_{1n}、v_{1n}.

而在该段的三个前向波到达 b 平面后，即有

$$\begin{cases}V'(b)=\sum_{n=1}^{3}V'_n\mathrm{e}^{2\pi CN_2\delta'_n}\mathrm{e}^{-\mathrm{j}2\pi N_2}\\ \mathrm{j}\dfrac{v_0C}{\eta}v'_1(b)=\sum_{n=1}^{3}\dfrac{V'_n\delta'_n}{\delta'^2_n+4QC}\mathrm{e}^{2\pi CN_2\delta'_n}\mathrm{e}^{-\mathrm{j}2\pi N_2}\\ -\dfrac{2V_0}{I_0}C^2i'_1(b)=\sum_{n=1}^{3}\dfrac{V'_n}{\delta'^2_n+4QC}\mathrm{e}^{2\pi CN_2\delta'_n}\mathrm{e}^{-\mathrm{j}2\pi N_2}\end{cases} \tag{13.7.11}$$

式中，$2\pi N_2=\beta_e l_2$.

最后一段也可以作同样的分析. 由于假定这一段线路参数与第一段完全相当，所以在此段内的方程与方程(13.7.1)一致. 但需要注意的是，在该段的输入端，即 b 平面，电子注已经是有初始调制的了，因此，b 平面的方程应仿照式(13.7.6)写出，且它与方程(13.7.11)应满足连续条件：

$$\begin{cases}V''(b)=\sum_{n=1}^{3}V''_n=V'(b)\\ \mathrm{j}\dfrac{v_0C}{\eta}v''_1(b)=\sum_{n=1}^{3}\dfrac{V''_n\delta_n}{\delta_n^2+4QC}=\mathrm{j}\dfrac{v_0C}{\eta}v'_1(b)\\ -\dfrac{2V_0}{I_0}C^2i''_1(b)=\sum_{n=1}^{3}\dfrac{V''_n}{\delta_n^2+4QC}=-\dfrac{2V_0}{I_0}C^2i'_1(b)\end{cases} \tag{13.7.12}$$

由此解得在 b 平面上的各波电压：

$$V''_1=\left\{V'(b)+(\delta_2\delta_3-4QC)\left[-\frac{2V_0}{I_0}C^2i'_1(b)\right]-(\delta_2+\delta_3)\left[\mathrm{j}\frac{v_0}{\eta}Cv'_1(b)\right]\right\}\times\frac{\delta_1^2+4QC}{(\delta_1-\delta_2)(\delta_1-\delta_3)} \tag{13.7.13}$$

同样，V''_2、V''_3 可以轮换 δ_n 的下标而得到.

而到行波管的最后输出端 O 平面时，电压波即为

$$V_{\text{out}}=\sum_{n=1}^{3}(V''_n)\mathrm{e}^{2\pi CN_3\delta_n}\mathrm{e}^{-\mathrm{j}2\pi N_3} \tag{13.7.14}$$

式中，$2\pi N_3=\beta_e l_3$. 交变电流波及交变速度波也可以同样求得.

这样，在式(13.7.14)的基础上就可以计算行波管的增益了. 不过，按照以上各步分析进行具体计算显然比较复杂，因此，我们考虑一种理想的简化情况：假定衰减器 $a-b$ 段的长度趋于零，而衰减量则趋于无限大. 这相当于慢波系统被切断，而且两边无任何耦合的情况. 为简单计，还要认为从两端看去，此切断处均无反射. 在这种情况下，上面所进行的讨论可以得到简化.

当波到达 a 平面后，线上电场突然全被衰减，因而线电压 $V(a)$ 突然降为零. 这样，式(13.7.4)变为

$$\begin{cases}0=\sum_{n=1}^{3}V_n\mathrm{e}^{2\pi CN_1\delta_n}\mathrm{e}^{-\mathrm{j}2\pi N_1}\\ \mathrm{j}\dfrac{v_0C}{\eta}v_1(a)=\sum_{n=1}^{3}\dfrac{V_n\delta_n}{\delta_n^2+4QC}\mathrm{e}^{2\pi CN_1\delta_n}\mathrm{e}^{-\mathrm{j}2\pi N_1}\\ -\dfrac{2V_0}{I_0}C^2i_1(a)=\sum_{n=1}^{3}\dfrac{V_n}{\delta_n^2+4QC}\mathrm{e}^{2\pi CN_1\delta_n}\mathrm{e}^{-\mathrm{j}2\pi N_1}\end{cases} \tag{13.7.15}$$

式中，V_n 由式(13.7.3)确定.

对于切断处的另一边(b 平面)，由于假设了衰减器长度为零，b 平面即与 a 平面重合，所以 $V'(b)=$

$V'(a)=V(a)=0$，以及 $v_1'(b)=v_1'(a)=v_1(a)$，$i_1'(b)=i_1'(a)=i_1(a)$，故方程(13.7.12)化为

$$\begin{cases} 0=\sum\limits_{n=1}^{3}V_n'' \\ \mathrm{j}\,\dfrac{v_0C}{\eta}v_1(a)=\sum\limits_{n=1}^{3}\dfrac{V_n''\delta_n}{\delta_n^2+4QC} \\ -\dfrac{2V_0}{I_0}C^2i_1(a)=\sum\limits_{n=1}^{3}\dfrac{V_n''}{\delta_n^2+4QC} \end{cases} \tag{13.7.16}$$

由方程(13.7.16)即可求出由于电子注的初始调制而在输出段起始端(b 平面，也就是 a 平面)激起的各电压波：

$$V_1''=\left\{(\delta_2\delta_3-4QC)\left[-\frac{2V_0}{I_0}C^2i_1(a)\right]-(\delta_2+\delta_3)\left[\mathrm{j}\,\frac{v_0}{\eta}Cv_1(a)\right]\right\}\times\frac{\delta_1^2+4QC}{(\delta_1-\delta_2)(\delta_1-\delta_3)} \tag{13.7.17}$$

V_2''、V_3'' 可以同样求出. 而在输出端的线路增长波电压可以写成

$$\begin{aligned} V_{\text{out}}=&\left\{(\delta_2\delta_3-4QC)\left[-\frac{2V_0}{I_0}C^2i_1(a)\right]-(\delta_2+\delta_3)\left[\mathrm{j}\,\frac{v_0}{\eta}Cv_1(a)\right]\right\} \\ &\times\frac{\delta_1^2+4QC}{(\delta_1-\delta_2)(\delta_1-\delta_3)}\mathrm{e}^{2\pi CN_3\delta_1}\mathrm{e}^{-\mathrm{j}2\pi N_3} \end{aligned} \tag{13.7.18}$$

将交变电流与交变速度之间的关系代入以上两式即可得到

$$V_1''=-\frac{2V_0}{I_0}C^2i_1(a)\frac{\delta_1^2+4QC}{(\delta_1-\delta_2)(\delta_1-\delta_3)}(\delta_2\delta_3-\delta_1\delta_2-\delta_1\delta_3-4QC) \tag{13.7.19}$$

$$V_{\text{out}}=-\frac{2V_0}{I_0}C^2i_1(a)\frac{\delta_1^2+4QC}{(\delta_1-\delta_2)(\delta_1-\delta_3)}(\delta_2\delta_3-\delta_1\delta_2-\delta_1\delta_3-4QC)\mathrm{e}^{2\pi CN_3\delta_1}\mathrm{e}^{-\mathrm{j}2\pi N_3} \tag{13.7.20}$$

为了估计切断慢波线对行波管增益的影响，可以比较一下切断与不切断时 a 平面(亦即 b 平面)处的线路电压. 零距离切断时线上的电压已求出，如式(13.7.17)、式(13.7.19)所示，而对于未切断时管子 a 平面处的电压，也可以按照前面的方法得到. 不过，如果我们假定 l_1 足够大，以致可以仅考虑一个增长波时，计算就可以大为简化. 这时，在未切断时，在 a 平面处有

$$V_1'=-\frac{2V_0}{I_0}C^2(\delta_1^2+4QC)i_1(a) \tag{13.7.21}$$

与前面求出的有切断时在 a 平面的增长波电压式(13.7.19)比较，即可得到

$$\frac{V_1''}{V_1'}=\frac{\delta_2\delta_3-\delta_1\delta_2-\delta_1\delta_3-4QC}{(\delta_1-\delta_2)(\delta_1-\delta_3)} \tag{13.7.22}$$

由此得出，若令 A_B 为附加的增益损失，则在理想情况下，零距离切断引起的增益损失为

$$A_B=20\lg\frac{\delta_2\delta_3-\delta_1\delta_2-\delta_1\delta_3-4QC}{(\delta_1-\delta_2)(\delta_1-\delta_3)} \tag{13.7.23}$$

在 13.2 节中我们已得到，当 $QC=0$，$b=0$，$d=0$ 时，

$$\begin{cases} \delta_1=\dfrac{\sqrt{3}}{2}-\mathrm{j}\,\dfrac{1}{2} \\ \delta_2=-\dfrac{\sqrt{3}}{2}-\mathrm{j}\,\dfrac{1}{2} \\ \delta_3=\mathrm{j} \end{cases} \tag{13.7.24}$$

代入式(13.7.23)即可得

$$A_B=20\lg\frac{2}{3}=-3.5\ \text{dB}$$

这样我们就得到了在零距离切断的假设情况下切断对增益的影响，这就是使增益下降 3.5 dB. 在实际

中，衰减器总是有一定长度的，为此可以推广以上所作的假设，认为切断区具有一段有限长度，由于在此段内场全部被衰减而成为无线路场区，所以可以认为是一个漂移区.

在这种情况下，前面所讨论的 $I-a$ 段和 $b-O$ 段的方程完全有效，而 $a-b$ 段则需用漂移区中电子注内的空间电荷波来描述.

在第 3 章中我们已指出，空间电荷波的传播常数为

$$\Gamma=\mathrm{j}\beta_e\left(1\pm\frac{\omega_q}{\omega}\right) \tag{13.7.25}$$

式中，"±"分别相应于慢空间电荷波和快空间电荷波. 电子注中的交变电流 i_1 和交变电压 V 都由两个波叠加而成，因此漂移管两端的空间电荷波由以下矩阵关联：

$$\begin{bmatrix}V'(b)\\ i_1'(b)\end{bmatrix}=\boldsymbol{K}\begin{bmatrix}V'(a)\\ i_1'(a)\end{bmatrix} \tag{13.7.26}$$

与前面一样，我们以上标"′"表示 $a-b$ 段的参量. 式中

$$\boldsymbol{K}=\begin{bmatrix}\cos\theta_q & -\mathrm{j}W\sin\theta_q\\ -\dfrac{\mathrm{j}}{W}\sin\theta_q & \cos\theta_q\end{bmatrix} \tag{13.7.27}$$

$$\begin{cases}W=\dfrac{2V_0}{I_0}\cdot\dfrac{\beta_q}{\beta_e}\\ \theta_q=\displaystyle\int_0^z\beta_q\mathrm{d}z=\frac{\omega_q}{v_0}z\end{cases} \tag{13.7.28}$$

而动电压为

$$V=v_0v_1/\eta \tag{13.7.29}$$

因此

$$\begin{cases}V'(a)=v_0v_1'(a)/\eta\\ V'(b)=v_0v_1'(b)/\eta\end{cases} \tag{13.7.30}$$

这样，考虑到上述关系，由式(13.7.26)就可以得到

$$\begin{cases}V'(b)=\left[\dfrac{v_0v_1'(a)}{\eta}\cos\theta_q-\mathrm{j}\dfrac{2V_0}{I_0}\dfrac{\beta_q}{\beta_e}i_1'(a)\sin\theta_q\right]\\ i_1'(b)=\left[-\mathrm{j}\dfrac{I_0}{2V_0}\dfrac{\beta_e}{\beta_q}\dfrac{v_0v_1'(a)}{\eta}\sin\theta_q+i_1'(a)\cos\theta_q\right]\end{cases} \tag{13.7.31}$$

再利用关系式(13.7.10)，在仅考虑一个增幅波的假定下，式(13.7.31)可重写成

$$\begin{cases}V'(b)=\left[\mathrm{j}\dfrac{2V_0}{I_0}C\delta_1\cos\theta_q-\mathrm{j}\dfrac{2V_0}{I_0}\cdot\dfrac{\beta_q}{\beta_e}\sin\theta_q\right]i_1'(a)\\ i_1'(b)=\left[\cos\theta_q+\dfrac{\beta_e}{\beta_q}C\delta_1\sin\theta_q\right]i_1'(a)\end{cases} \tag{13.7.32}$$

仍然利用关系式(13.7.30)，由式(13.7.32)$V'(b)$的表达式不难得到

$$v_1'(b)=\frac{\eta}{v_0}V'(b)=\left[\mathrm{j}\frac{v_0}{I_0}C\delta_1\cos\theta_q-\mathrm{j}\frac{v_0}{I_0}\cdot\frac{\beta_q}{\beta_e}\sin\theta_q\right]i_1'(a) \tag{13.7.33}$$

将上述 $i_1'(b)$、$v_1'(b)$的式(13.7.32)、式(13.7.33)代回到式(13.7.13)中，由于我们前面已假定在衰减段内场已被全部衰减，所以该式中相应于初始线路场的项$V'(b)$此时为零. 由此可得

$$V_1''=-\frac{2V_0}{I_0}C^2i_1'(a)\left[(\delta_2\delta_3-4QC)\left(\cos\theta_q+\frac{\beta_e}{\beta_q}C\delta_1\sin\theta_q\right)\right.$$
$$\left.-(\delta_2+\delta_3)\times\left(\delta_1\cos\theta_q-\frac{\beta_q}{\beta_eC}\sin\theta_q\right)\right]\frac{\delta_1^2+4QC}{(\delta_1-\delta_2)(\delta_1-\delta_3)} \tag{13.7.34}$$

由于 $\beta_q/\beta_e=\sqrt{4QC^3}$（见 12.3 节），故将式(13.7.34)与式(13.7.21)比较，就可求得有限长度切断的终端 b 平面上的增长波电压与无切断时 a 平面处增长波电压之比为

$$\frac{V_1''}{V_1'}=\frac{(\delta_2\delta_3-\delta_1\delta_2-\delta_1\delta_3-4QC)\cos\theta_q}{(\delta_1-\delta_2)(\delta_1-\delta_3)}+\frac{\left[(\delta_2+\delta_3-\delta_1)\sqrt{4QC}+\dfrac{\delta_1\delta_2\delta_3}{\sqrt{4QC}}\right]\sin\theta_q}{(\delta_1-\delta_2)(\delta_1-\delta_3)} \tag{13.7.35}$$

式中，θ_q 可写成

$$\theta_q=\beta_q l_2=\beta_e l_2\sqrt{4QC^3}=2\pi CN_2\sqrt{4QC} \tag{13.7.36}$$

这样，在漂移区近似为有限切断长度时引起的附加损耗即为

$$A_B=20\lg\left|\frac{V_1''}{V_1'}\right| \tag{13.7.37}$$

当 $QC=0$ 时，式(13.7.35)可化为

$$\frac{V_1''}{V_1'}=\frac{\delta_2\delta_3-\delta_1\delta_3-\delta_1\delta_2+2\pi CN_2\delta_1\delta_2\delta_3}{(\delta_1-\delta_2)(\delta_1-\delta_3)} \tag{13.7.38}$$

将式(13.7.24)给出的各 δ 值代入，即得

$$\frac{V_1''}{V_1'}=\frac{2}{3}\left[1+\frac{\pi CN_2}{2}(\sqrt{3}-\mathrm{j})\right] \tag{13.7.39}$$

由该式不难看出，当 CN_2 满足以下条件：

$$\left|\left(1+\frac{\sqrt{3}}{2}\pi CN_2\right)-\mathrm{j}\frac{\pi}{2}CN_2\right|=\frac{3}{2} \tag{13.7.40}$$

时，$A_B=0$，即不引起附加的损耗. 由此即可求出此时 CN_2 的值为

$$CN_2\approx 0.175$$

现在，我们将进一步不仅放弃零距离切断的假定，而且将放弃以上关于衰减量无限大的假定，而认为衰减量也是一个有限值，但假定在 $a-b$ 段内的衰减量是一个均匀分布的常数. 这时，若令该段的总损耗为 L，则按照式(13.2.26)就有

$$L=54.6CN_2d_2 \tag{13.7.41}$$

亦即将 $a-b$ 段看作是一段损耗系数为 d_2 的慢波线.

在这种情况下，如果仍假定在各段中均可仅考虑一个增长波，那么根据前面的结果可以得到以下结果.

(1)在第一段的始端，即管子输入端，式(13.7.3)给出：

$$V_1=V_{\text{in}}\frac{\delta_1^2+4QC}{(\delta_1-\delta_2)(\delta_1-\delta_3)} \tag{13.7.42}$$

而当它传播到该段末端，即平面 a 时，显然应为

$$V_1(a)=V_1\mathrm{e}^{2\pi CN_1\delta_1}\mathrm{e}^{-\mathrm{j}2\pi N_1} \tag{13.7.43}$$

(2)在第二段的始端，即还是 a 平面，根据式(13.7.8)，经过简单的变换，有

$$V_1'=V_1(a)\frac{\delta_1'^2+4QC}{(\delta_1'-\delta_2')(\delta_1'-\delta_3')}\left[1+\frac{(\delta_2'\delta_3'-\delta_1'\delta_2'-\delta_1'\delta_3'-4QC)}{\delta_1^2+4QC}\right] \tag{13.7.44}$$

同样，当它传播到该段末端即 b 平面时，应为

$$V_1'(b)=V_1'\mathrm{e}^{2\pi CN_2\delta_1'}\mathrm{e}^{-\mathrm{j}2\pi N_2} \tag{13.7.45}$$

(3)在第三段的始端，仍是 b 平面，根据式(13.7.13)，采用类似的变换，可得

$$V_1''=V_1'(b)\frac{\delta_1^2+4QC}{(\delta_1-\delta_2)(\delta_1-\delta_3)}\left[1+\frac{(\delta_2\delta_3-\delta_1\delta_2-\delta_1\delta_3-4QC)}{\delta_1'^2+4QC}\right] \tag{13.7.46}$$

而当它传播到第三段末端，即管子输出端时，同样应有

$$V_{\text{out}}=V_1''\mathrm{e}^{2\pi CN_3\delta_1}\mathrm{e}^{-\mathrm{j}2\pi N_3} \tag{13.7.47}$$

将 V_1''、$V_1'(b)$、V_1'、$V_1(a)$及 V_1 的表示式逐次代入，就得到

$$V_{\text{out}}=V_{\text{in}}\left[\frac{\delta_1^2+4QC}{(\delta_1-\delta_2)(\delta_1-\delta_3)}\right]^2\cdot\frac{(\delta_1'^2+4QC)}{(\delta_1'-\delta_2')(\delta_1'-\delta_3')}\cdot\left[1+\frac{(\delta_2\delta_3-\delta_1\delta_2-\delta_1\delta_3-4QC)}{\delta_1'^2+4QC}\right]$$
$$\cdot\left[1+\frac{(\delta_2'\delta_3'-\delta_1'\delta_2'-\delta_1'\delta_3'-4QC)}{\delta_1^2+4QC}\right]\cdot e^{2\pi CN_1\delta_1+2\pi CN_2\delta_1'+2\pi CN_3\delta_1}e^{-j2\pi(N_1+N_2+N_3)} \tag{13.7.48}$$

式(13.7.48)可立即化为

$$V_{\text{out}}=V_{\text{in}}\left[\frac{\delta_1^2+4QC}{(\delta_1-\delta_2)(\delta_1-\delta_3)}\right]e^{2\pi C(N_1\delta_1+N_2\delta_1'+N_3\delta_1)}e^{-j2\pi(N_1+N_2+N_3)} \tag{13.7.49}$$

显然，无衰减器时 V_{out}的表达式应是

$$V_{\text{out}}=V_{\text{in}}\left[\frac{\delta_1^2+4QC}{(\delta_1-\delta_2)(\delta_1-\delta_3)}\right]e^{2\pi C\delta_1(N_1+N_2+N_3)}e^{-j2\pi(N_1+N_2+N_3)} \tag{13.7.50}$$

根据 $\delta=x+jy$，$\delta'=x'+jy'$，波的幅度变化将仅决定于 x、x'. 而 x 与 x'的关系可以根据 $d\neq0$ 时的特征方程(13.2.6)，即

$$\delta^2=\frac{1}{(-b+jd+j\delta)}-4QC \tag{13.7.51}$$

求出. 将式(13.7.51)对 d 求微分：

$$\frac{\partial\delta}{\partial d}=\left[\frac{-j2\delta}{(\delta^2+4QC)^2}-1\right]^{-1} \tag{13.7.52}$$

因而就有

$$\frac{\partial x_1}{\partial d}=\text{Re}\left(\frac{\partial\delta}{\partial d}\right) \tag{13.7.53}$$

于是，作为近似估计用，就可以得到 x 与 x'的关系：

$$(x_1'-x_1)\approx\left(\frac{\partial x_1}{\partial d}\right)(d_2-d) \tag{13.7.54}$$

式中，x_1'、d_2 为对应于衰减器段的参量；x_1、d 则是无衰减器时慢波线本身的参量. 在图 13.7.2 中，给出了相应于$(x_1)_{\max}$时的$\dfrac{\partial x_1}{\partial d}$与 QC 的关系.

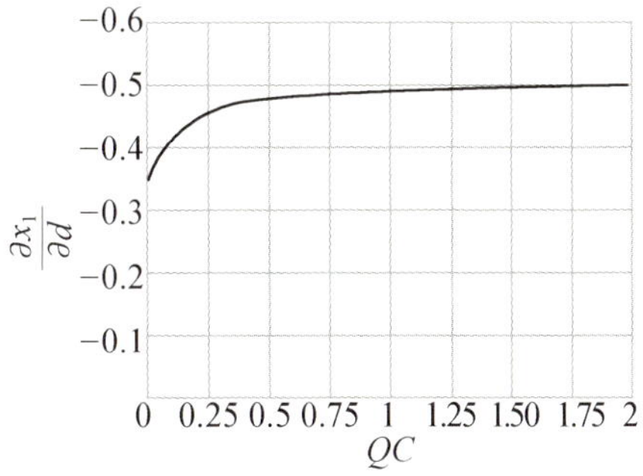

图 13.7.2 在 $d=0$ 时，x_1 对 d 的变化率与的 QC 关系

由于在衰减器段增长波的幅值正比于 $e^{\beta_e Cx_1'z}$，而无衰减器时则正比于 $e^{\beta_e Cx_1 z}$. 所以，由管内衰减器所引起的增益变化为

$$A_B=54.6(x_1'-x_1)CN_2\quad(\text{dB}) \tag{13.7.55}$$

所得 A_B 一般为负值，因而式(13.7.55)实际上表示由衰减器所引起的附加损耗，即增益降低.

比较一下式(13.7.55)与式(13.7.41)，可见衰减器引起的热损耗与冷损耗是不同的，在一般情况下，热损耗比冷损耗小.

我们已知当 $Q=0$，$b=0$，$d=0$ 时，$x_1=\sqrt{3}/2$. 在极限情况下，可设 $x_1'=0$，即意味着在衰减器段波的幅值

没有变化,或者说在衰减器段电子与慢波线互作用引起的波的增长与衰减器对波的衰减作用刚好相抵消.这时,代入式(13.7.55)即可得

$$A_B=-47.3CN_2 \quad (\mathrm{dB})$$

当 $CN_2=0.4$ 时,

$$A_B=-19 \quad (\mathrm{dB})$$

可见远小于冷衰减量.

实际上,在一般情况下衰减器段总是很短的,所以在此段内三个前向波还远来不及分开,所以上述仅考虑一个增幅波的计算只是近似的.严格地讲,应当同时考虑三个波的作用.但是,正如前面我们已指出的,同时计算三个波将使波方程过于复杂,在13.6节中我们介绍了一种在这种复杂情况下的级数求解法,并利用级数函数 $P_s(\theta)$ 得出了行波管中任一点上的场强、交变电流及交变速度表达式(13.6.17)~(13.6.19).

式(13.6.17)~式(13.6.19)对于任意参量下的情况都适合.在我们这里,当利用上述方程计算时,则假定除 d 值外,特征方程中的其他参量对于各段均保持不变(这一假定在上面的计算中实际上早已采用).另外,正如在13.6节中所述,在计算时,为了使级数函数 $P_s(\theta)$ 很快收敛,将把各段均分成若干小段,使每小段中 $2\pi CN\approx0.1$.

计算结果如图13.7.3~图13.7.5所示.

图13.7.3给出了典型的放大系数与系统长度在存在衰减器情况下的关系,曲线1和曲线2相应于不同的衰减段参数,它们分别为 $d_2=2$,$CN_2=0.4$;$d_2=1$,$CN_2=0.5$.但 d 及 $4QC$ 则在两种情况下具有相同的数值:$d=0.1$,$4QC=1$.这些曲线表明,在衰减器的开始段,波受到衰减器的吸收,开始下降.但是和冷状态下不同,在经过一段距离之后,即使仍在衰减器范围内,虽然电磁波能量仍在不断被吸收,但波也不再继续衰减,甚至开始上升.这意味着,在衰减器段仍然存在电子注与电磁波的相互作用.

在具有衰减器的行波管中,增益不仅仅取决于管子的参数,而且亦取决于衰减段的参数(它的长度、在慢波线上的位置和衰减量).增益与衰减器长度的关系将是线性的,增益随衰减器长度的增加而线性下降;而增益和衰减器位置 CN_1 的关系如图13.7.4所示.图13.7.4是在 $d_2=2$,$4QC=1$,$d=0.1$ 及 b 为最佳值的情况下得出的,其中曲线1相应于 $CN=1$,$CN_2=0.4$;曲线2相应于 $CN=1.2$,$CN_2=0.6$;曲线3相应于 $CN=1.2$,$CN_2=0.4$.由图13.7.4可见,当 $CN_1\approx0.25$ 时,增益最大.

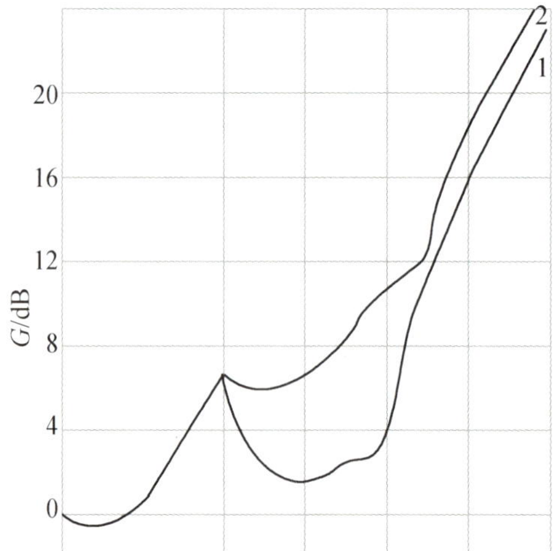

图13.7.3 存在衰减器时行波管增益与慢波线长度的关系

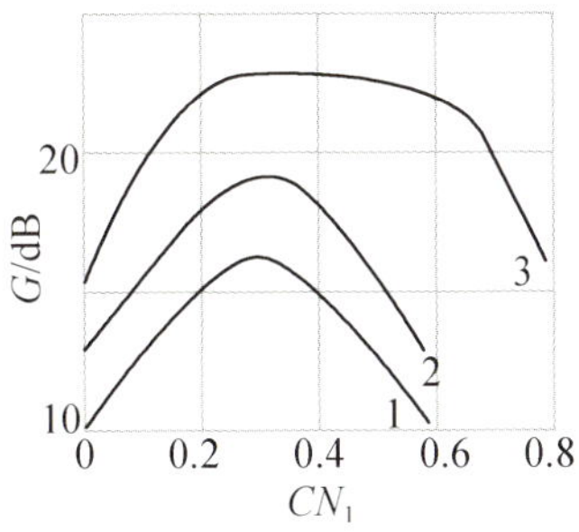

图 13.7.4　行波管增益与衰减器位置的关系

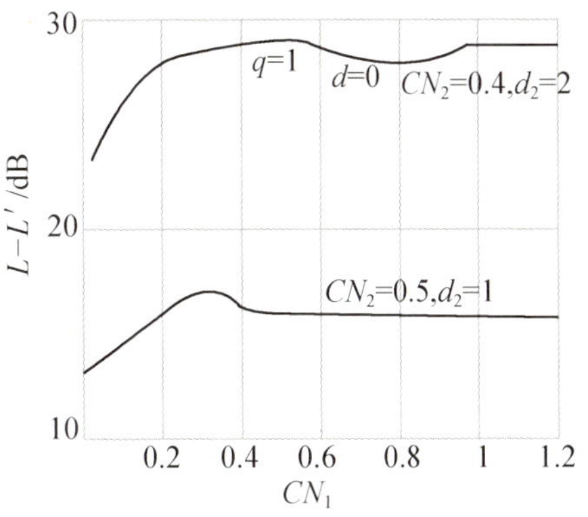

图 13.7.5　衰减器的冷损耗与热损耗之差与其位置的关系

图 13.7.5 给出了冷损耗 L 与热损耗 $|A_B|$ 的差值与衰减器位置 CN_1 的关系，该图对应于 $d=0.1$，$4QC=1$ 的慢波线参数画出，由图 13.7.5 所示的曲线可见，差值 $L-|A_B|$ 取决于衰减器段的参量并可达到 25 dB. 正如计算所表明的，没有衰减器的行波管和存在衰减器的行波管其增益之间的差值小于上述冷损耗与热损耗之间的差，这表明，在具有衰减器的管子中，经过衰减器段后场的增长将比具有同样参数而不存在衰减器的管子更迅速.

在结束本节之前，我们还应指出：在以上所有计算之中，都没有考虑输入、输出端及衰减器两端的反射，这种反射的影响可以按 13.5 节所述方法进行研究. 但在这里，我们只作如下简单讨论.

现在管子被分为三段：输入段、衰减器段、输出段. 假定 Γ_{in}、Γ_{out}，Γ_s 分别表示输入端、输出端及衰减器两端的以 dB 计的反射系数. 如果输入段的最大增益为 G_{in}，那么根据条件式(13.5.13)，保证管子稳定工作而不产生自激的条件如下：

$$G_{in}\leqslant L_{in}+|\Gamma_{in}|+|\Gamma_s| \tag{13.7.56}$$

而对于输出段来说，类似地有

$$G_{out}\leqslant L_{out}+|\Gamma_{out}|+|\Gamma_s| \tag{13.7.57}$$

式中，L_{in}、L_{out} 分别为输入、输出段上的冷损耗.

因此，管子的总增益应满足：

$$G\leqslant L_{in}+L_{out}+|\Gamma_{in}|+|\Gamma_{out}|+2|\Gamma_s| \tag{13.7.58}$$

然而，该式虽然计算了由衰减器引起的反射，但并没有考虑衰减器段本身引入的附加损耗. 在前面的讨论中我们已求出，由于衰减器引起的管子增益变化为 A_B，所以，计算这一变化后，式(13.7.58)就应修正为

$$G+A_B\leqslant L_{in}+L_{out}+|\Gamma_{in}|+|\Gamma_{out}|+2|\Gamma_s| \tag{13.7.59}$$

由于 A_B 一般为负值，表示损耗，所以式(13.7.59)也可改写成

$$G\leqslant L_{in}+L_{out}+|\Gamma_{in}|+|\Gamma_{out}|+2|\Gamma_s|+|A_B| \tag{13.7.60}$$

这就是具有衰减器的行波管为防止自激其总增益应满足的条件.

在一般条件下，由于衰减器两端的反射可远小于管子输入、输出端的反射，换句话说，以 dB 表示的 $|\Gamma_s|$ 值可远大于 $|\Gamma_{in}|$ 和 $|\Gamma_{out}|$ 值. 因此，由于衰减器的引入，管子稳定性提高，能达到的增益大于无衰减器的管子增益.

衰减器的引入除了使管子增益受到影响外，还会影响管子的效率，这将在 13.11 节中讨论效率的估计时考虑.

13.8 衰减器表面比电阻的影响

在13.7节中,我们讨论了行波管衰减器的作用.不难看出,在整个分析过程中,我们始终默认了一个假定:衰减器除了引入一个衰减量外,并不产生任何别的影响,特别是不影响波的同步作用.这就是在衰减器范围内波仍得以与电子相互作用的前提.然而,实际情况却要复杂得多.

从目前实际情况来看,管内衰减器的引入有两种方案:一种是在管内直接引入吸收物质;另一种则是以某种方式将电磁能量耦合出来,然后在管外吸收.对于后一种方案,如果能量耦合器不影响波的相速,就接近理想情况,与13.7节中的分析所依据的假定相符.现在则还要考察一下前一种方案.

在管内引入吸收物质而又不影响电子注的通道,一般的方法是引入一层表面吸收物质.例如在螺旋慢波线情况下,通常可将吸收物质蒸涂在介质夹持杆上等.而在慢波线的附近,即使只在表面蒸涂一层吸收物质,其结果除了引起波的衰减外,也必然影响波的相速以及其他性质(如场结构等).因此,在这种情况下,13.7节中的假定就值得考虑了.

从目前来看,关于吸收物质的表面比电阻对波的传播特性的影响,仅对于螺旋慢波线作了较多的分析,对于其他类型的慢波系统,分析得还很不够.

对于螺旋慢波线,为了简化分析,采用了螺旋导电面的模型,且假定在螺旋线外面,有一有限导电率(比电阻为 R_F)的圆柱表面.令 a 为螺旋线半径,c 为有限导电率圆柱面的半径,在 $r=a$ 的表面上利用螺旋导电面边界条件,而在 $r=c$ 的面上利用列昂托维奇边界条件,则按场的匹配方法求得各区中的场,并满足各边界面的边界条件,即可求得如下的色散方程:

$$\frac{(\gamma a)^2}{(ka\cot\psi)^2}=\frac{\mathrm{I}_1(\gamma a)\mathrm{K}_1(\gamma a)-\dfrac{\mathrm{I}_1^2(\gamma a)\mathrm{K}_1^2(\gamma c)}{\mathrm{I}_1(\gamma c)\mathrm{K}_1(\gamma c)-\mathrm{j}\dfrac{R_F}{Z_0kc}}}{\mathrm{I}_0(\gamma a)\mathrm{K}_0(\gamma a)-\dfrac{\mathrm{I}_0^2(\gamma a)\mathrm{K}_0^2(\gamma c)}{\mathrm{I}_0(\gamma c)\mathrm{K}_0(\gamma c)+\mathrm{j}\dfrac{R_Fka}{Z_0\gamma a\gamma c}}} \tag{13.8.1}$$

式中

$$\begin{cases}\gamma^2=-(\Gamma^2+k^2)\\ k^2=\omega^2\mu_0\varepsilon_0\end{cases} \tag{13.8.2}$$

Γ 为纵向传播常数:

$$\Gamma=\alpha+\mathrm{j}\beta \tag{13.8.3}$$

R_F 为 c 表面上的比电阻,$Z_0=377\ \Omega$.

不难看到,当 $R_F\to 0$ 时,即得到有理想导体屏蔽筒的螺旋线色散方程,而当 $R_F\to\infty$ 时,即相当于单根螺旋线的色散方程.显然,在上述两种情况下,系统的衰减为零.

按方程(13.8.1)对 $ka\cot\psi=1.5$ 时的情况进行计算的结果绘于图13.8.1.由该图可看出,随着比电阻 R_F 的增大,衰减常数逐渐增大,出现最大值后,再逐渐下降;而相位常数则随着 R_F 的增大而减小.可见,不同的比电阻不仅引起不同的衰减,而且使波有不同的相速.

如果 $c=a$,这时可假定,螺旋导电圆柱面在垂直于螺线方向上具有有限的导电性,则所得的色散方程为

$$\frac{(ka\cot\psi)^2}{(\gamma a)^2}=\frac{\mathrm{I}_0(\gamma a)\mathrm{K}_0(\gamma a)}{\mathrm{I}_1(\gamma a)\mathrm{K}_1(\gamma a)}+\mathrm{j}\frac{Z_0}{R_F}(\cot^2\psi+1)ka\mathrm{I}_0(\gamma a)\mathrm{K}_0(\gamma a) \tag{13.8.4}$$

按式(13.8.4)计算的结果与图13.8.1基本一致.

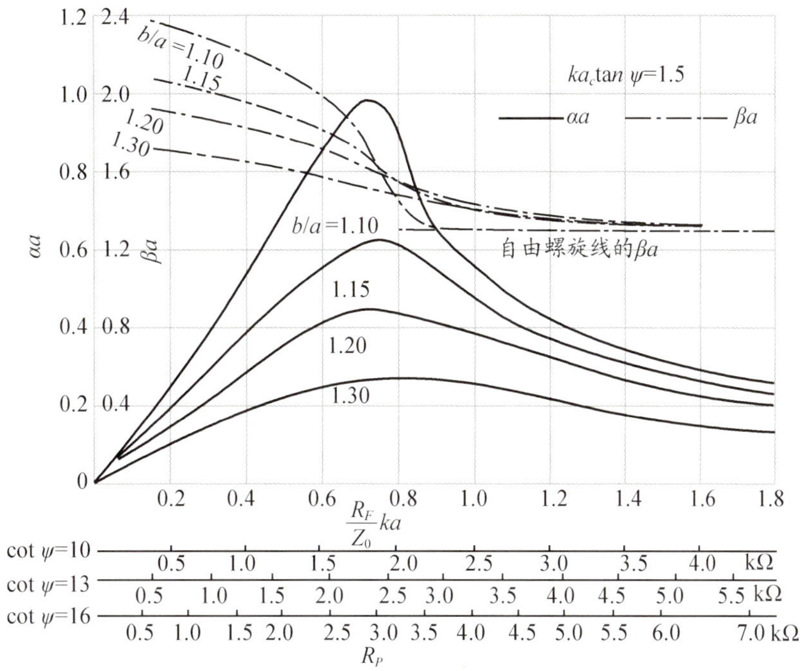

图 13.8.1　传播常数的实部和虚部与衰减器表面比电阻的关系

在衰减器的实际设计上，对它的要求总是两方面的：一方面，要求尽可能给出大的冷衰减以保证管子的稳定性；另一方面，又希望在衰减器段电子与波就有一定的能量交换，以减小管子的增益损失（降低衰减器的热损耗）. 从前一方面要求出发，希望选择 α 接近最大值时的 R_F 以保证冷衰减尽可能能大（因为 $d=\alpha/\beta_e C$），但是，正如图 13.8.1 所示，此时相位常数未必符合后一方面要求，该要求意味着希望电子注速度与波的相速之间的关系符合最佳状态，也就是说，同步参量 b 处于最佳值. 因此，实际上，比电阻 R_F 必须作适当的选择.

有两种选择 R_F 的方法：一种是给定总衰减量不变，于是在选择不同的 R_F 的同时，可以适当地调整管内衰减器的长度；另一种则是衰减段长度不变，因此，在不同的 R_F 时就给出不同的总衰减量.

目前，虽然还没有良好的解析方法可以简洁地解决衰减器的上述设计问题，但是一些有关的原则是清楚的，可以用下面的计算曲线来说明.

图 13.8.2 表示在有衰减器的行波管中增益与相互作用长度在不同比电阻值时的关系. 图中曲线 1 相应于 $\frac{R_F}{Z_0}ka=1.2$ 的情况，曲线 2 则相应于 $\frac{R_F}{Z_0}ka=0.45$. 选择 $\frac{c}{a}=1.3$，$C=0.08$，$\beta_e a=1.25$，则这时曲线 1 就相当于 $b=1.5$，$d=2$ 的情况，曲线 2 则相当于 $b=4.5$，$d=2$ 的情况. 在这两种情况下，均取 $4QC=1$. 虚线表示在衰减器段内也完全同步的情况，而曲线 3 则相当于衰减器段被一漂移区代替的情况.

图 13.8.2 中的曲线表明，当偏离同步状态不大时（曲线 1），对增益的影响很小；但当偏离同步状态较大时（曲线 2），则对增益就有较大的影响. 比较曲线 2 和曲线 3 可见，当偏离同步状态很大时，波与电子的作用实际上已很微弱，已接近漂移区的情况了.

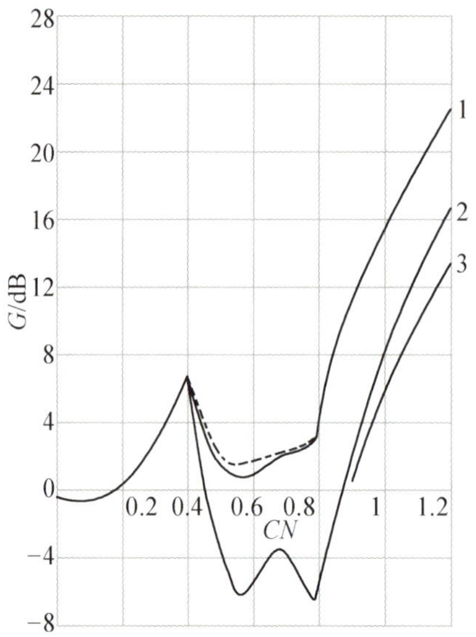

图 13.8.2 在不同衰减器表面比电阻下行波管增益与慢波线长度的关系

由此可见，当给定衰减器段长度时，必须如此选择表面比电阻 R_F，以使波的相速实际上变化很小.

除了以上所述之外，表面比电阻 R_F 对衰减器两端的匹配情况也有很大的影响. 但是这方面的工作做得还很不够.

13.9 行波管的自激振荡

众所周知，行波管特别是螺旋线行波管是一种宽频带放大器，且可以获得高的增益. 但是，我们同样熟知，宽频带高增益放大器，往往容易产生自激振荡而破坏管子的正常工作.

行波管的自激振荡原则上分为两类：一类是前向波自激振荡，另一类则是返波振荡. 在某种情况下，当电子注与螺旋线上的反向空间谐波的相互作用条件得到满足时，就可能产生返波振荡. 有关返波振荡的机理等问题，将在下一章专门讨论返波管理论时论述. 我们在这里仅指出，电子注与前向波的相互作用和电子注与返波的相互作用不同，在前向波相互作用下，不存在固有的内部反馈. 因此，前向波自激也就与返波自激不同，必然要依赖于某种途径的反馈. 当然，这里没有包括电子注的自身不稳定性.

因此，消除行波管的自激振荡，就在于找出反馈的原因，并设法加以消除.

在行波管中，如果不考虑外加反馈，则反馈可能有以下几种途径.

1. 慢波反馈

反馈以慢波状态沿慢波线传输，而反馈本身则可能由于以下几种反射而引起：

(1)输入及输出端的反射；

(2)管内衰减器两端的反射；

(3)慢波线不均匀性引起的反射.

2. 快波反射

反馈以快波状态沿管外或管内某种路径传输，而引起反馈的原因也是上述几种反射.

可见，消除反馈就在于减少或去除反射，或者破坏反馈传输路径，后者在快波反馈情况下特别应予注意.

我们先来研究一下反馈自激振荡的过程，以便对于行波管自激振荡的物理机理有一个定性的了解.

首先，不妨假定在行波管的输入端有一微弱的噪声起伏. 该噪声信号沿慢波线传输，若它与电子注的同步条件得以满足，则就将逐渐增强. 若行波管的小信号增益为 G，则噪声信号到达输出端时，就将增强 G 倍（如 G 以倍数计）. 这时，如果输出端匹配不良，那么一部分波被反射，反射波仍沿慢波线向输入端行进. 如前所述，如果反射损失加上线上包括衰减器在内的总损耗低于行波管的增益，那么反射波到达输入端时，其强度已大于原来的初始信号. 被增强了的信号又由于输入端的反射而沿慢波线行进，又同电子注相互作用. 其次，到达输出端时，又进一步得到加强. 这样，波在行波管中多次反射，多次与电子注相互作用. 这种过程反复进行，一直到输出端的功率达到行波管的饱和功率时为止. 由此可以得出结论：自激振荡一旦产生，其功率必然接近于行波管的饱和功率. 这也是前向波自激振荡的一个特点.

在输入端，信号分解为三个前向波，但由于线上的损耗及管内衰减器的存在，其中仅有增幅波可以到达输出端. 根据式(13.2.9)可知，增幅波的相位常数为

$$\beta_1=\beta_e(1+0.5C) \tag{13.9.1}$$

因此，增幅波到达输出端时的相位移为

$$\psi_1=\beta_1 l=\beta_e(1+0.5C)l \tag{13.9.2}$$

式中，l 为总的互作用长度.

从输出端反射的波，沿慢波线向输入端行进. 由于行波管中电子注总是由输入端向输出端运动的，所以这种反向传输的波的相位常数根据式(13.3.8)应为

$$|\beta_4|=\beta_e\left(1-\frac{C^3}{4}\right) \tag{13.9.3}$$

因此，反向波自输出端到达输入端时，相位移为

$$\psi_2=\beta_e\left(1-\frac{C^3}{4}\right)l \tag{13.9.4}$$

假定在输入端及输出端反射时产生的相位改变分别为 φ_1、φ_2，则波来回反射一周引起的总相位移就是

$$\psi=\psi_1+\psi_2+\varphi_1+\varphi_2 \tag{13.9.5}$$

按照振荡的相位条件，得到

$$\psi_1+\psi_2+\varphi_1+\varphi_2=2n\pi \tag{13.9.6}$$

如果近似假定 $\varphi_1=\varphi_2=\pi/2$，并将式(13.9.2)及式(13.9.4)代入，即可得到

$$\beta_e(1+0.5C)l+\beta_e\left(1-\frac{C^3}{4}\right)l=(2n-1)\pi \tag{13.9.7}$$

这就是行波管自激振荡的相位条件.

至于自激振荡的幅值条件，以前已经得到，为

$$G\geqslant(|\Gamma_1|+|\Gamma_2|+L)\quad(\text{dB}) \tag{13.9.8}$$

式中，Γ_1、Γ_2 分别为输入、输出端的反射系数(以分贝计)，L 为线上的总损耗.

由于行波管的小信号增益 G 在其他条件不变时，将随着工作电流的增加而增大，所以可以想象，当工作电流低于某一数值 I_{st} 后，式(13.9.8)便不能满足，即行波管不会自激. 由此可见，行波管的自激振荡也存在一个起振电流.

这样，在自激振荡状态下，增益参量 C 就应写成

$$C^3=\frac{K_c I_{st}}{4V_0} \tag{13.9.9}$$

代入式(13.9.7)，即可求得自激振荡的波长：

$$\lambda_0=\frac{505l}{2n-1}\left[\frac{4}{\sqrt{V_0}}+\frac{1}{\sqrt{V_0}}\cdot\sqrt[3]{\frac{K_c I_{st}}{4V_0}}-\frac{1}{\sqrt{V_0}}\cdot\frac{K_c I_{st}}{8V_0}\right] \tag{13.9.10}$$

由此我们可以得出一些重要的物理结论：行波管自激振荡的波长正比于互作用长度，并与工作电压及工作电流有关；此外，行波管自激时可以振荡在一系列的模式上，$n=1$ 为最低模式，n 越大，振荡波长越短.

但是，所得到的上述方程，并不能作为精确计算公式应用，这是因为在管内衰减器范围内，波的传播情况较为复杂，因而相位常数不能确定. 此外，两端反射引起的相差也并不正好都是 $\pi/2$. 虽然如此，该式作为对振荡波长的一个粗略估计，也还是有用处的.

了解了行波管产生自激的物理过程，就可以采取相应措施来加以抑制了. 自激振荡的相位条件，一般来说，我们无法控制，因而可以用破坏其幅值条件的方法来消除自激. 为此，除了可以减小输入、输出端的反射外，还可在管内引入衰减器. 前两节我们对衰减器已进行过专门讨论，这里再补充讨论几点.

为了消除自激振荡，管内衰减器必须满足两个要求：一个是足够大的衰减量，另一个是足够小的反射. 此外，从整管结构和减少管子增益损失上来讲，还希望管内衰减器不要做得太长.

管内衰减器的吸收损耗的典型曲线如图 13.9.1 所示. 两端有一定距离的过渡，在中间保持足够的衰减，总衰减量就是图示曲线的积分，这一数值应大于行波管的小信号增益(一般大 20 dB 左右).

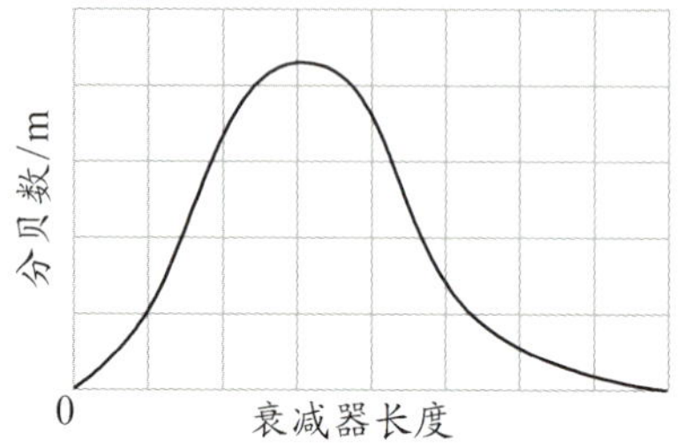

图 13.9.1　行波管衰减器的吸收损耗分布曲线

对于螺旋线行波管来说，管内衰减器一般是在夹持杆上蒸涂一层吸收物质，并且为了匹配，其两端的吸收物质总是逐渐减薄(R_F 增大)的，中间则较厚(R_F 减小)以获得足够的衰减量. 在 13.8 节中我们曾利用一种简化模型分析了衰减器吸收物质表面比电阻对波的传播特性的影响，我们可以参考其分析结果(图 13.8.1). 由图 13.8.1 可见，为了使管内衰减器的损耗特性有如图 13.9.1 所示的曲线形状，衰减器的表面比电阻应选取以下数值：

$$\frac{R_F}{Z_0}ka \approx 0.8$$

精确的数值必须通过实验来确定. 不过，我们可以指出，如果比电阻 R_F 太大，衰减量就会不够；但如果 R_F 太小，衰减器中间一段的 R_F 超过最大吸收值(即在图 13.8.1 上横坐标落在 0.6～0.8 的范围内)，那么管内衰减器的损耗曲线，将不是如图 13.9.1 所示的形状，而呈现一个马鞍形状. 结果中间一段吸收作用效果很差，且要引起附加的反射.

行波管中另一类应特别引起注意并加以抑制的自激振荡为返波振荡. 根据我们在第 2 篇中已介绍过的慢波系统理论可知，行波管慢波线上的场是一系列空间谐波分量的合成，空间谐波既可以有正方向的相速，也可以具有反方向的相速. 电子注将同时与全部空间谐波相互作用，因而对于某些谐波来说，当一定的条件得到满足时，就可能导致自激振荡. 这一问题对螺旋线慢波系统尤为重要.

螺旋线慢波系统的理论分析表明，随着空间谐波号数的增加，它的相速对波长的依赖关系(色散)增强而同时它的幅值减小(因而，耦合阻抗也减小). 但是，其中负一次空间谐波无论就其相速的绝对值来说，还是就其耦合阻抗的大小来说，在一定条件下都有可能达到与零次谐波接近或相等. 另外，大家熟知的是，为了获得最大频宽，行波管一般总是工作在零次谐波上的，因而，在这种情况下，电子注就完全可能同时与负一次空间谐波也发生有效作用，以致产生振荡. 电子注与负一次空间谐波相互作用亦就是返波振荡管的工作原理，我们将在下一章专门讨论，这里仅就振荡的产生与抑制作一简单叙述.

根据返波管理论可以得出，当下述条件得到满足时，就可能激励起负一次谐波振荡：

$$(CN)_{-1} > (CN)_s \tag{13.9.11}$$

式中

$$C_{-1}^3 = \frac{I_0 (K_c)_{-1}}{4V_0}$$

$(K_c)_{-1}$ 为负一次空间谐波在振荡频率上的耦合阻抗；N_{-1} 为在振荡频率上的互作用电长度；$(CN)_s$ 则为在大 QC 值大损耗下负一次空间谐波的起振值，它决定于空间电荷参量和衰减量的大小.

而负一次谐波与零次谐波的 CN 值之间的关系为

$$(CN)_{-1}=(CN)_0\left[\frac{(K_c)_{-1}}{(K_c)_0}\right]^{1/3}\frac{k_{-1}a}{k_0 a} \tag{13.9.12}$$

式中，$k_{-1}a=\dfrac{2\pi a}{\lambda_{-1}}$，$\lambda_{-1}$ 为负一次谐波振荡波长；$k_0 a=\dfrac{2\pi a}{\lambda_0}$，$\lambda_0$ 为行波管工作波长，a 是螺旋线半径；$(K_c)_0$ 为零次谐波的耦合阻抗.

$(K_c)_{-1}$ 与 $(K_c)_0$ 有如下关系：

$$\frac{(K_c)_{-1}}{(K_c)_0}=\frac{k_0 a}{1-k_{-1}a}\cdot\frac{\mathrm{I}_0^2(\gamma_{-1}b)+\mathrm{I}_1^2(\gamma_{-1}b)-\dfrac{2}{\gamma_{-1}b}\mathrm{I}_0(\gamma_{-1}b)\mathrm{I}_1(\gamma_{-1}b)}{\mathrm{I}_0^2(\gamma_0 b)-\mathrm{I}_1^2(\gamma_0 b)}\cdot \exp\left[-2\gamma_0 a\left(\frac{k_{-1}a}{k_0 a}-1\right)\right] \tag{13.9.13}$$

式中，$\gamma_0=k_0\dfrac{c}{(v_p)_0}$；$\gamma_{-1}=k_{-1}\dfrac{c}{(v_p)_{-1}}$；$b$ 为电子注的半径；I_0、I_1 为变态贝塞尔函数.

在式(13.9.13)的推导中，我们假定 $|(v_p)_0|=|(v_p)_{-1}|$，因此，$\gamma_0/\gamma_{-1}=k_0/k_{-1}$. 我们指出，这一假定是正确的，因为实际上也只有在相速相等的条件下，电子注才可能与负一次谐波有效作用而产生振荡. 根据螺旋线慢波系统空间谐波相位常数表达式

$$\beta_n a\approx(ka+n)\cot\psi \tag{13.9.14}$$

可知，当 $k_{-1}a=0.5$ 时，零次和负一次空间谐波的相速在绝对值上相等(当然，存在介质时，这一数值比 0.5 小，大约为 0.35). 式中，ψ 为螺距角.

由此我们就可知道，行波管在负一次谐波上自激振荡的频率将大致为

$$f=\frac{0.5c}{2\pi a} \tag{13.9.15}$$

将式(13.9.13)代入式(13.9.12)，并令其中的 $k_{-1}a=0.5$，得到

$$\frac{(CN)_{-1}}{(CN)_0}=(2k_0 a)^{1/3}\left[\frac{\mathrm{I}_0^2(\gamma_{-1}b)+\mathrm{I}_1^2(\gamma_{-1}b)-\dfrac{2}{\gamma_{-1}b}\mathrm{I}_0(\gamma_{-1}b)\mathrm{I}_1(\gamma_{-1}b)}{\mathrm{I}_0^2(\gamma_0 b)-\mathrm{I}_1^2(\gamma_0 b)}\right]^{1/3}\cdot \frac{0.5}{k_0 a}\exp\left[-\frac{1}{3}\gamma_0 a\left(\frac{1}{k_0 a}-2\right)\right] \tag{13.9.16}$$

根据式(13.9.16)计算所得的在不同 b/a 值下 $\dfrac{(CN)_{-1}}{(CN)_0}$ 与 $k_0 a$ 的关系如图 13.9.2 所示. 图 13.9.2 中虚线对应于 $\gamma a=1.4$，其余曲线均对 $\gamma a=1$ 画出.

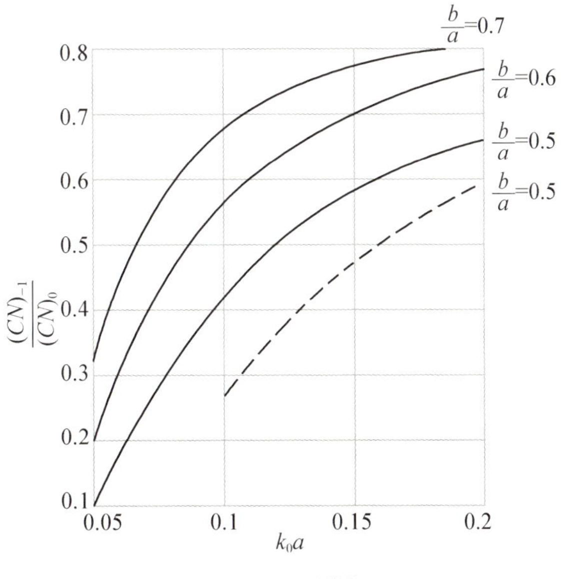

图 13.9.2 不同 b/a 值下的 $\dfrac{(CN)_{-1}}{(CN)_0}$ 与 $k_0 a$ 的关系

另外，在负一次谐波空间电荷参量与零次谐波空间电荷参量之间又有如下关系：

$$(4QC)_{-1}=(4QC)_0\left[\frac{(CN)_0}{(CN)_{-1}}\right]^2 \tag{13.9.17}$$

由于$\frac{(CN)_0}{(CN)_{-1}}>1$(图 13.9.2)，所以$(4QC)_{-1}>(4QC)_0$. 如果根据式(13.9.17)对应$(4QC)_{-1}$值计算所得到的$(CN)_{-1}$大小满足条件(13.9.11)，那么振荡就能激励，并由此可以确定保证行波管稳定工作所允许的零次谐波上的最大电长度.

因为行波管中总是应用有衰减器，所以在使用条件(13.9.11)时，必须确定出存在有大衰减量情况下的$(CN)_s$值. 我们以前叙述过的级数方法可以求解这一问题，其计算结果如图 13.9.3 所示，图上给出了$(CN)_s$值与衰减量的关系，且有

$$d_{-1}=d_0\,\frac{(CN)_{-1}}{(CN)_0} \tag{13.9.18}$$

根据图 13.9.3，即可在已知衰减量情况下确定出行波管稳定工作所允许的最大$(CN)_0$，或者反过来，在已知$(CN)_0$后确定出稳定工作所必需的最小衰减量.

图 13.9.4 给出了$(CN)_s$与衰减器位置的关系. 可见，随着衰减器离输入端距离的增加，$(CN)_s$增大，也就是说，行波管工作越稳定，或者换句话说，衰减器的衰减量可以减小.

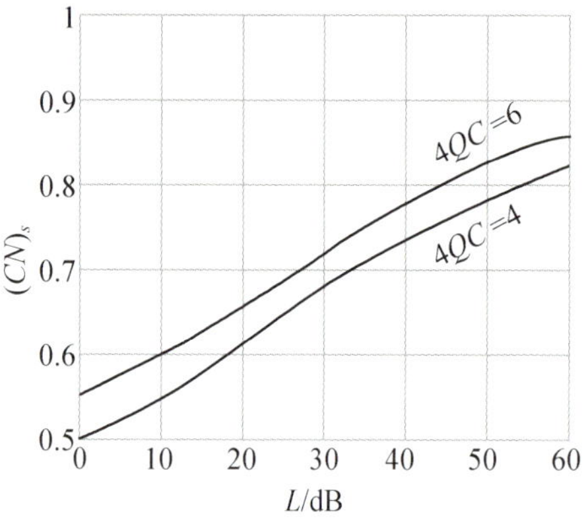

图 13.9.3　在不同空间电荷参量值下$(CN)_s$与衰减量的关系

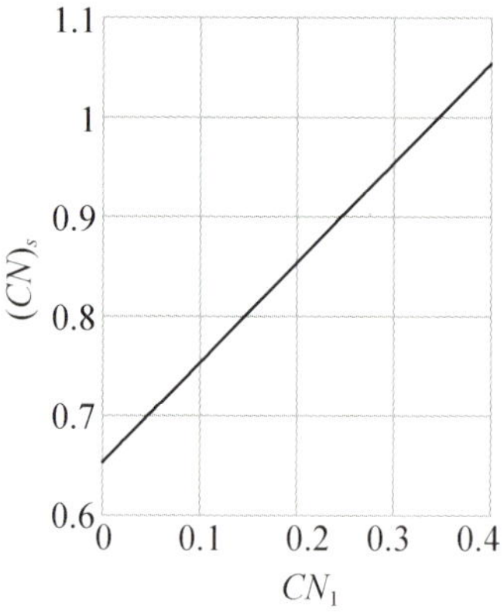

图 13.9.4　$(CN)_s$与衰减器位置的关系

除了以上所述之外，行波管的自激振荡还有所谓的通带边缘振荡，这种振荡的抑制对于耦合腔慢波结构的行波管，有特别重要的意义. 我们在这里不做详细讨论.

13.10 速度零散的影响

在以前的所有讨论中，我们都认为任一截面上电子注中电子的轴向速度是相同的，而忽略了电子注截面上电子速度和密度的分布. 在第 1 篇中我们曾指出，仅仅对于理想的布里渊流，电子注截面上才不存在速度分布和密度分布.

如果在电子注截面上存在电荷密度的变化，但截面上各电子速度相同，这时各层电子就均处于相同的同步状态，电子密度的不同仅使电流的数值发生变化. 在这种情况下，至少在形式上，以前的讨论仍然有效.

但是，当电子注截面上存在速度分布时，情况就复杂一些了，因为这时不同速度的电子的同步状态有所不同. 在本节中我们将主要讨论这一问题.

在电子注中，由于空间电荷的效应，截面上各点的电位是不同的. 因此，如果不能像理想布里渊流那样，

使电子注中除相应于 z 方向速度分量以外的位能均转化为旋转动能，那么在电子注截面上就必然会产生 z 方向速度的变化. 这种变化情况，在有关电子光学的书中都有所论述.

除了由于空间电荷效应引起的电子速度零散外，电子注中的热速度当然也是引起速度零散的因素. 不过由热速度引起的速度分布往往是与电子注中的噪声相联系，而表现为起伏现象的.

按照自洽场的方法和概念，电子注中的速度分布仅影响电子注的群聚过程，对线路方程本身没有影响. 而速度分布电子注中的群聚过程可以利用空间电荷波理论来描述.

为了简化起见，仍仅考虑一维的问题. 因此，可以假定相空间中电子的分布函数为 $f(z,v,t)$，而电子速度 v 也仅指沿 z 方向的分布. 我们令

$$F(z,v,t)=ef(z,v,t)S_e \tag{13.10.1}$$

式中，e 为电子电荷的绝对值，S_e 为电子注的截面积. 于是，徙动电流即可表示为

$$i(z,t)=-\int_{-\infty}^{\infty} vF(z,v,t)\mathrm{d}v \tag{13.10.2}$$

按刘维定律，在相空间中分布函数对时间的全微分为零，即

$$\frac{\mathrm{d}F(z,v,t)}{\mathrm{d}t}=0 \tag{13.10.3}$$

将式(13.10.3)展开，得

$$\frac{\partial F}{\partial t}+\frac{\mathrm{d}z}{\mathrm{d}t}\cdot\frac{\partial F}{\partial z}+\frac{\mathrm{d}v}{\mathrm{d}t}\cdot\frac{\partial F}{\partial v}=0 \tag{13.10.4}$$

这就是在所讨论的简单情况下的玻耳兹曼方程. 而电子运动方程仍可写成

$$\frac{\mathrm{d}v}{\mathrm{d}t}=-\eta E=\eta\frac{\partial V}{\partial z} \tag{13.10.5}$$

为了进一步讨论，将分布函数、电压、电流都分成直流部分和交流部分，即

$$\begin{cases}F(z,v,t)=F_0(z,v)+F(z,v)\mathrm{e}^{\mathrm{j}\omega t}\\ V(z,t)=V_0(z)+V(z)\mathrm{e}^{\mathrm{j}\omega t}\\ i(z,t)=-I_0+i_1(z)\mathrm{e}^{\mathrm{j}\omega t}\end{cases} \tag{13.10.6}$$

而且按照小信号理论的假定，所有上述各交变量都远小于其相应的直流量，将式(13.10.5)、式(13.10.6)代入方程(13.10.4)，略去交流分量的乘积，可以得到

$$\mathrm{j}\omega F(z,v)+v\frac{\partial F(z,v)}{\partial z}+\eta\frac{\partial V}{\partial z}\frac{\partial F_0(z,v)}{\partial v}+\eta\frac{\partial V_0}{\partial z}\frac{\partial F(z,v)}{\partial v}=0 \tag{13.10.7}$$

当 $V_0=$常数时，式(13.10.7)简化为

$$\mathrm{j}\omega F(z,v)+v\frac{\partial F(z,v)}{\partial z}+\eta\frac{\partial V}{\partial z}\frac{\partial F_0(z,v)}{\partial v}=0 \tag{13.10.8}$$

由于在所述的情况下，式(13.10.8)是将玻耳兹曼方程和运动方程联解得到的，所以，它相当于一般行波管中的电子学方程，后者则是由连续性方程和运动方程联解得到的.

这样，根据自洽场的概念，我们就应当把方程(13.10.8)与线路方程联解. 按 12.3 节所述，线路方程为

$$V=\left[\frac{\Gamma\Gamma_0K_c}{\Gamma_0^2-\Gamma^2}-\mathrm{j}\frac{\Gamma}{\beta_e}2K_cQ\right]i_1 \tag{13.10.9}$$

根据自洽场解的因子 $\mathrm{e}^{-\Gamma z}$ 就有 $\Gamma=-\frac{\partial}{\partial z}$，代入式(13.10.9)，得

$$\Gamma_0^2V-\frac{\partial^2V}{\partial z^2}=-\Gamma_0K_c\frac{\partial i_1}{\partial z}+\mathrm{j}\frac{2K_cQ}{\beta_e}\Gamma_0^2\frac{\partial i_1}{\partial z}-\mathrm{j}\frac{2K_cQ}{\beta_e}\frac{\partial^3 i_1}{\partial z^3} \tag{13.10.10}$$

引入以下符号：

$$\begin{cases}\varphi=\beta_e Cz=2\pi CN\\ V(z)=\overline{V}(\varphi)\mathrm{e}^{-\mathrm{j}\frac{\varphi}{C}}\\ \Gamma_0=\mathrm{j}(1+bC)\beta_e\\ F(z,v)=\overline{F}(\varphi,v)\mathrm{e}^{-\mathrm{j}\frac{\varphi}{C}}\end{cases}\tag{13.10.11}$$

代入式(13.10.10)，对 z 积分一次，并且将方程(13.10.2)代入，即可得到如下线路方程：

$$C^2\frac{\partial\overline{V}}{\partial\phi}-\mathrm{j}2C\overline{V}+bC(2+bC)\int_\phi\overline{V}\mathrm{d}\phi=-\mathrm{j}K_c\Big\{(1+bC)[C+2QC(1+bC)]\times\int_{-\infty}^{\infty}v\Big[\overline{F}-\mathrm{j}\frac{1}{C}\int_\phi\overline{F}\mathrm{d}\phi\Big]\mathrm{d}v+$$

$$2QC\int_{-\infty}^{\infty}v\Big[C^2\frac{\partial^2\overline{F}}{\partial\phi^2}-\mathrm{j}3C\frac{\partial\overline{F}}{\partial\phi}+\mathrm{j}\frac{1}{C}\int_\phi\overline{F}\mathrm{d}\phi\Big]\mathrm{d}v\Big\}\tag{13.10.12}$$

同样，利用式(13.10.11)的符号，亦可将方程(13.10.8)表示为

$$\mathrm{j}\omega\overline{F}+\beta_e v\Big[C\frac{\partial\overline{F}}{\partial\phi}-\mathrm{j}\,\overline{F}\Big]=-\eta\beta_e\Big[C\frac{\partial\overline{V}}{\partial\phi}-\mathrm{j}\,\overline{V}\Big]\frac{\partial F_0}{\partial v}\tag{13.10.13}$$

下一步就只需将方程(13.10.12)和方程(13.10.13)联解就行，此时边界条件为

$$\begin{cases}z=0\quad\phi=0\\ \overline{F}(\phi,v)=0\\ \overline{V}(\phi)=V_i\,(i=1,2,3)\\ \dfrac{\partial\overline{V}}{\partial\phi}=-\mathrm{j}bCV_i\,(i=1,2,3)\end{cases}\tag{13.10.14}$$

并利用拉普拉斯变换：

$$\begin{cases}\displaystyle\int_0^{\infty}\overline{F}(\phi,v)\mathrm{e}^{-\delta\phi}\mathrm{d}\phi=\mathscr{F}(\delta,v)\\ \displaystyle\int_0^{\infty}\overline{V}(\phi)\mathrm{e}^{-\delta\phi}\mathrm{d}\phi=\mathscr{V}(\delta)\end{cases}\tag{13.10.15}$$

于是根据运算微积的方法，可将方程(13.10.12)、方程(13.10.13)化为

$$C^2\delta\mathscr{V}-C^2V_i-2C\mathscr{V}+\frac{bC(2+bC)}{\delta}\mathscr{V}+\mathrm{j}\frac{C(2+bC)V_i}{\delta}=\mathrm{j}K_cA\int_{-\infty}^{\infty}v\mathscr{F}\mathrm{d}v\tag{13.10.16}$$

$$\mathscr{F}(\delta,v)=\frac{-\beta_e[(\delta C-\mathrm{j})\mathscr{V}-CV_i]}{\mathrm{j}\omega+\beta_e v(\delta C-\mathrm{j})}\frac{\partial F_0}{\partial v}\tag{13.10.17}$$

式中

$$A=-C\Big[1+bC+4QCb+2b^2QC^2-\mathrm{j}\frac{b}{\delta}-2\mathrm{j}\frac{b^2QC}{\delta}+2\delta^2QC^2-\mathrm{j}6\delta QC\Big]+\Big(\frac{\mathrm{j}}{\delta}+\frac{4QCb}{\delta}+4QC\Big)\tag{13.10.18}$$

对方程(13.10.17)实行部分积分，利用性质 $F_0(\phi,\pm\infty)=0$ 并注意到 $\beta_e=\omega/v_0$，则得

$$\int_{-\infty}^{\infty}v\mathscr{F}(\delta,v)\mathrm{d}v=-\frac{2\mathrm{j}C}{K_c\delta^2}[(\delta C-\mathrm{j})\mathscr{V}-CV_i]\xi\tag{13.10.19}$$

式中

$$\xi=\frac{v_0}{I_0}\int_{-\infty}^{\infty}\frac{\delta^2C^2F_0\mathrm{d}v}{\Big[\mathrm{j}+\Big(\dfrac{v}{v_0}\Big)(\delta C-\mathrm{j})\Big]^2}\tag{13.10.20}$$

将方程(13.10.19)代入方程(13.10.16)，略去 C^2 以上高次项，最后得

$$\mathscr{V}(\delta)=\frac{\delta^2V_i}{\delta^3+\mathrm{j}b\delta^2+(4QC\delta+\mathrm{j}b4QC+\mathrm{j})\xi}\tag{13.10.21}$$

现在我们就来利用上述结果讨论几种具体情况.

1. 单速度情况

这时 $v=v_0$，因而

$$\int_{-\infty}^{\infty} vF_0 \mathrm{d}v = I_0 \tag{13.10.22}$$

$$F_0(v)=\frac{I_0}{v_0}\delta(v-v_0) \tag{13.10.23}$$

式中，$\delta(v-v_0)$为 δ 函数.

将 $v=v_0$ 及 $F_0(v)$的函数代入式(13.10.20)，可得到

$$\xi=1$$

因此，方程(13.10.21)就可化为

$$\mathscr{V}(\delta)=\frac{\delta^2 V_i}{\delta^3+\mathrm{j}b\delta^2+(4QC\delta+\mathrm{j}b4QC+\mathrm{j})} \tag{13.10.24}$$

对 $\mathscr{V}(\delta)$实行反变换，就可求得 $d=0$ 时的交变电压. 用海维赛德法展开时，式(13.10.24)分母的根为

$$\delta^3+\mathrm{j}b\delta^2+(4QC\delta+\mathrm{j}b4QC+\mathrm{j})=0 \tag{13.10.25}$$

由此即可得到式(13.2.6)(当 $d=0$ 时).

2. 矩形分布情况

如图 13.10.1 所示，其分布函数可表示为

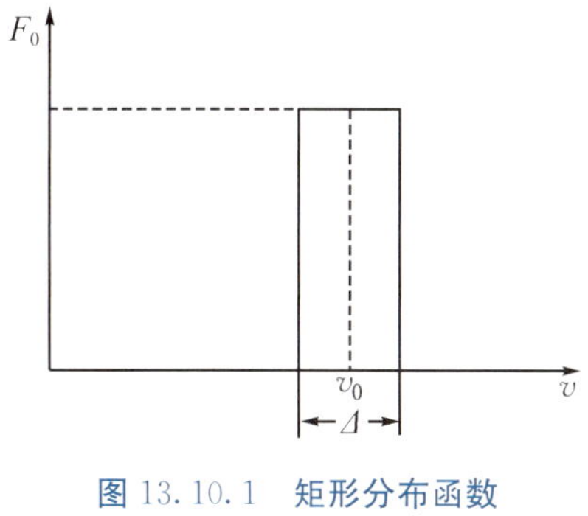

图 13.10.1　矩形分布函数

$$F_0(v)=\begin{cases} 0\left(-\infty<v<v_0-\dfrac{\Delta}{2}\right) \\ \dfrac{I_0}{\Delta}\left(v_0-\dfrac{\Delta}{2}<v<v_0+\dfrac{\Delta}{2}\right) \\ 0\left(v_0+\dfrac{\Delta}{2}<v<\infty\right) \end{cases} \tag{13.10.26}$$

将式(13.10.26)代入式(13.10.20)，得

$$\xi=\frac{1}{\Delta}\int_{v_0-\Delta/2}^{v_0+\Delta/2}\frac{\delta^2C^2\mathrm{d}v}{\left[\mathrm{j}+\left(\dfrac{v}{v_0}\right)(\delta C-\mathrm{j})\right]^2} \tag{13.10.27}$$

该式可化简为

$$\xi=\frac{-\mathrm{j}\delta^2}{\left[\delta^2+\left(\dfrac{\Delta/2}{v_0C}\right)^2\right](\delta C-\mathrm{j})} \tag{13.10.28}$$

在式(13.10.28)中如果与 j 相比 δC 项可略去，那么

$$\xi=\frac{\delta^2}{\left[\delta^2+\left(\frac{\Delta/2}{v_0C}\right)^2\right]} \tag{13.10.29}$$

引入均方速度变化σ：

$$\sigma^2=\frac{\langle(v-v_0)^2\rangle_{平均}}{v_0^2} \tag{13.10.30}$$

对于上述矩形分布可以得到均方速度变化为

$$\sigma^2=\frac{1}{12}\left(\frac{\Delta}{v_0}\right)^2 \tag{13.10.31}$$

因而式(13.10.29)可表示成

$$\xi=\frac{\delta^2}{\left[\delta^2+3\left(\frac{\sigma}{C}\right)^2\right]} \tag{13.10.32}$$

代入式(13.10.21)，电压变换式就变为

$$\mathscr{V}(\delta)=\frac{[\delta^2+S]V_i}{\delta^3+\mathrm{j}b\delta^2+(4QC+S)\delta+\mathrm{j}b(4QC+S)+\mathrm{j}} \tag{13.10.33}$$

于是特征方程(13.10.25)就可写为

$$\delta^3+\mathrm{j}b\delta^2+(4QC+S)\delta+\mathrm{j}b(4QC+S)+\mathrm{j}=0 \tag{13.10.34}$$

式中，

$$S=3\left(\frac{\sigma}{C}\right)^2=\frac{1}{4C^2}\left(\frac{\Delta}{v_0}\right)^2$$

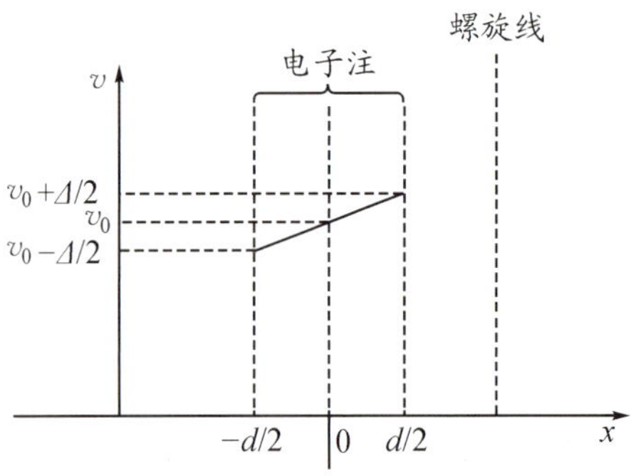

图 13.10.2　在横截面上具有线性速度分布的电子注

可见，速度分布表现在特征方程中是使 $4QC$ 项增加了一个 S. 这样，我们就可以说，速度分布的一个影响，是加重了空间电荷效应.

除了上述两种分布形式以外，当然还可以有其他分布形式，例如麦克斯韦分布，我们在这里就不再一一讨论了.

我们指出，速度分布的影响，不仅表现在使空间电荷参量增加的方面，而且要使电子注中交变电流沿横截面产生不均匀的分布. 这就进一步导致电子注与线路场相互作用效果的下降.

我们仅取平面一维模型来进行讨论，所述方法不难推广到轴对称情况中去. 为了简化分析，可以假定电子注中的速度分布是线性的，如图 13.10.2 所示，亦即

$$v=v_0\left(1+\frac{\Delta}{v_0}\,\frac{x}{d}\right) \tag{13.10.35}$$

因而

$$\rho=\frac{\rho_0}{1+\frac{\Delta}{v_0}\,\frac{x}{d}} \tag{13.10.36}$$

空间电荷波方程按第 3 章所述应为

$$\frac{\mathrm{d}^2E_z}{\mathrm{d}x^2}-\beta^2\left(1-\frac{\omega_p^2}{\omega_d^2}\right)E_z=0 \tag{13.10.37}$$

式中，

$$\omega_p^2=-\frac{e\rho}{m\varepsilon_0},\omega_d=\omega-\beta v \tag{13.10.38}$$

可见，在所述情况下，ω_p、ω_d 均不是常数. 若令 ρ_0 及 v_0 为电子注中心的电荷密度与电子速度，则可将式(13.10.38)展开为

$$\omega_p^2=\omega_{p0}^2\left[1-\frac{\Delta}{v_0}\frac{x}{d}+\left(\frac{\Delta}{v_0}\frac{x}{d}\right)^2-\cdots\right] \tag{13.10.39}$$

$$\omega_d^{-2}=\omega_{d0}^{-2}\left[1-2\frac{1}{F}\frac{\omega}{\omega_{p0}}\frac{\Delta}{v_0}\frac{x}{d}+3\left(\frac{1}{F}\frac{\omega}{\omega_{p0}}\frac{\Delta}{v_0}\frac{x}{d}\right)^2\right]-\cdots \tag{13.10.40}$$

式中，F 为等离子频率降低因子，而

$$\omega_{p0}^2=-\frac{e\rho_0}{m\varepsilon_0},\omega_{d0}=\omega-\beta v_0 \tag{13.10.41}$$

显然，展开式(13.10.39)和式(13.10.40)只有在

$$\frac{\Delta}{v_0}\frac{x}{d}<1,\frac{1}{F}\frac{\omega}{\omega_{p0}}\frac{\Delta}{v_0}\frac{x}{d}<1 \tag{13.10.42}$$

的情况下才是收敛的. 由于$\Delta \ll v_0$，x 的最大值只是 $d/2$，所以不等式$\frac{\Delta}{v_0}\frac{x}{d}<1$ 总是成立的.

这样，如果引入符号：

$$\begin{cases}\xi=\dfrac{x}{d}\\ \lambda=\beta^2d^2\left[\dfrac{1}{F^2}+1\right]\\ a=-2\beta^2d^2\dfrac{1}{F^3}\left(\dfrac{\omega}{\omega_{p0}}\dfrac{\Delta}{v_0}\right)\\ b=3\beta^2d^2\dfrac{1}{F^4}\left(\dfrac{\omega}{\omega_{p0}}\dfrac{\Delta}{v_0}\right)^2\end{cases} \tag{13.10.43}$$

把式(13.10.39)、式(13.10.40)代入式(13.10.37)，则可得到如下波方程：

$$\frac{\mathrm{d}^2E_z}{\mathrm{d}\xi^2}+\lambda E_z+a\xi E_z+b\xi^2E_z=0 \tag{13.10.44}$$

这是一个变系数微分方程，很难得到解析解. 但如果 a、b 均为很小的数，则可以用微扰法求解. 当 a、b 均为零时，式(13.10.44)变为

$$\frac{\mathrm{d}^2E_z}{\mathrm{d}\xi^2}+\lambda E_z=0 \tag{13.10.45}$$

式(13.10.45)的最初几个特征值及特征函数为

$$1.072\cos(1.305\xi);1.322\sin(3.684\xi);$$
$$1.382\cos(6.363\xi);1.398\sin(9.655\xi);$$
$$1.406\cos(12.72\xi);1.410\sin(15.83\xi).$$

因此，用微扰法后，相应于最低模式的特征值变为

$$\lambda=1.7-1.4\left(\frac{\omega}{\omega_{p0}}\frac{\Delta}{v_0}\right)^2 \tag{13.10.46}$$

而场强则可以求得为

$$E_z=1.072\left[1-0.02\left(\frac{\omega}{\omega_{p0}}\frac{\Delta}{v_0}\right)^2\right]\cos(1.305\xi)\mp0.262\frac{\omega}{\omega_{p0}}\frac{\Delta}{v_0}\sin(3.684\xi)-0.05\left(\frac{\omega}{\omega_{p0}}\frac{\Delta}{v_0}\right)^2\cos(6.363\xi)$$ (13.10.47)

电子注中交变电流密度与场强之间的关系是

$$J_1=-\mathrm{j}\omega\varepsilon_0\frac{\omega_p^2}{\omega_d^2}E_z$$ (13.10.48)

将式(13.10.39)、式(13.10.40)代入式(13.10.48),得

$$J_1=-\mathrm{j}\omega\varepsilon_0\frac{1}{F^2}\left[1-2\frac{1}{F}\frac{\omega}{\omega_{p0}}\frac{\Delta}{v_0}\xi+3\frac{1}{F^2}\left(\frac{\omega}{\omega_{p0}}\frac{\Delta}{v_0}\right)^2\xi^2\right]E_z$$ (13.10.49)

再将式(13.10.47)代入,即得

$$J_1=-\mathrm{j}\omega\varepsilon_0\cdot1.65\left\{\left[1-0.019\left(\frac{\omega}{\omega_{p0}}\frac{\Delta}{v_0}\right)^2\mp3.29\left(\frac{\omega}{\omega_{p0}}\frac{\Delta}{v_0}\right)\xi+8.11\left(\frac{\omega}{\omega_{p0}}\frac{\Delta}{v_0}\right)^2\xi^2\right]1.072\cos(1.305\xi)\right.$$
$$\left.\mp\left[1\mp3.29\left(\frac{\omega}{\omega_{p0}}\frac{\Delta}{v_0}\right)\xi\right]\cdot0.262\frac{\omega}{\omega_{p0}}\frac{\Delta}{v_0}\sin(3.684\xi)-0.05\left(\frac{\omega}{\omega_{p0}}\frac{\Delta}{v_0}\right)^2\cos(6.363\xi)\right\}$$ (13.10.50)

式中,上面的符号对应慢空间电荷波,下面的符号对应快空间电荷波.

可见,这时交变电流沿注截面的分布是一个较复杂的函数. 当 $\beta d=2.0$, $\frac{\omega}{\omega_{p0}}\frac{\Delta}{v_0}=0.3$ 时,对于慢空间电荷波按式(13.10.50)计算结果如图 13.10.3 所示. 由图可以看出,交变电流密度在注截面上的分布是不均匀的,且交变电流集中在慢电子注区,即集中在远离慢波系统的地方. 因而,这就使电子注与线路场的相互作用效果进一步减弱,考虑到慢波系统上场结构的表面波特性,上述情况就更加严重了.

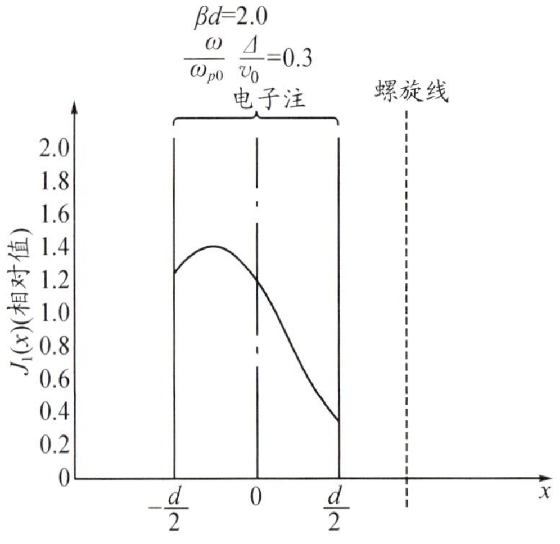

图 13.10.3　线性速度分布电子注中慢空间电荷波的电流密度分布

我们定义下述耦合阻抗降低因子:

$$r=\left[\frac{\int_{-\frac{1}{2}}^{\frac{1}{2}}J_1E_c\mathrm{d}\xi\int_{-\frac{1}{2}}^{\frac{1}{2}}J_{10}\mathrm{d}\xi}{\int_{-\frac{1}{2}}^{\frac{1}{2}}J_1\mathrm{d}\xi\int_{-\frac{1}{2}}^{\frac{1}{2}}J_{10}E_c\mathrm{d}\xi}\right]$$ (13.10.51)

来表征上述电流在注截面上的不均匀分布对互作用的影响.

式(13.10.51)中,J_{10} 表示电子注无速度分布时的交变电流密度;E_c 表示线路场.

如果我们假定场结构为

$$E_c=E_a\mathrm{e}^{-\beta(a-x)}$$ (13.10.52)

式中,a 为螺旋线半径;E_a 为在螺旋线表面的场强. 当假定 J_{10} 是均匀分布时,则按式(13.10.52)计算结果如

图 13.10.4 所示.

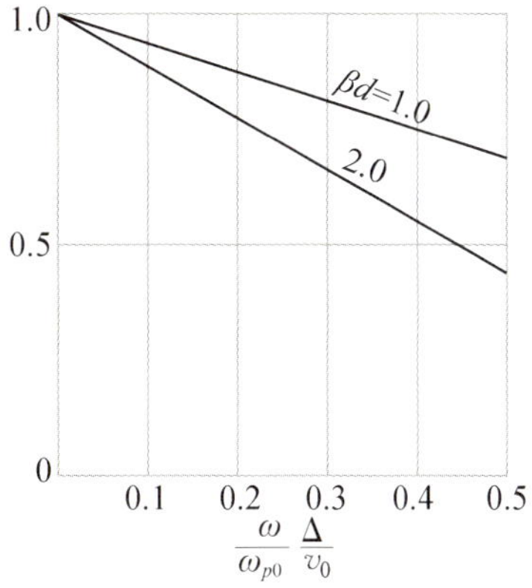

图 13.10.4　耦合阻抗降低因子 r 与 $\frac{\omega}{\omega_{p0}}\frac{\Delta}{v_0}$ 的关系

综上所述,由以上近似分析可以得出,电子注中的速度分布产生了两种效应:一种可以归结为空间电荷参量 $4QC$ 的增大,另一种则可以归结为耦合阻抗的降低. 两种效应都使电子注与线路场相互作用的效果减弱.

如果在行波管中利用磁限制流,那么由于电子注中心处电位降低而引起的电子速度零散,近似地可以按下式计算:

$$\sigma^2 = 4.78\times 10^6\,\frac{I_0^2}{V_0^3}$$

如果 $I_0/V_0^{3/2}=8$ Wb,而 $C=0.15$,那么可求得

$$\begin{cases}\sigma^2 = 3.06\times 10^{-4}\\ S=0.0408\end{cases}$$

可见,$4QC$ 的增量很小,计算表明,由此引起的增益降低为 1%左右. 另外,对于行波管来讲,慢波系统内部场的变化,远不如返波管中强烈. 因而,阻抗降低的影响,也不至很强. 在下一章中将指出,这种情况对于返波管,特别是低压返波管来讲,影响要严重得多.

13.11 行波管效率的估计

行波管,特别是功率行波管,其效率的精确计算,不可能在小信号理论范围内解决,必须应用大信号分析. 不过,在小信号理论的限制下,我们仍然可以对行波管的效率作出一定的估计,而这种估计也是十分有意义的.

行波管的电子效率定义为

$$\eta_e = \frac{P_e}{I_0 V_0} \tag{13.11.1}$$

式中,P_e 是电子注与行波的交换功率. 慢波系统的效率定义为

$$\eta_e = \frac{P_H}{P_e} = \frac{1}{1+\frac{P_L}{P_H}} = \left(1-\frac{P_L}{P_e}\right) \tag{13.11.2}$$

式中,P_H 是进入负载的功率;P_L 为慢波系统上的损耗功率.

因此,行波管的总效率即为

$$\eta = \eta_e \cdot \eta_c \tag{13.11.3}$$

假定电子注的交变徒动电流 i_1 与直流电流 I_0 有以下关系：

$$i_1=SI_0 \tag{13.11.4}$$

另外，

$$C^3=\frac{K_cI_0}{4V_0},K_c=\frac{E_zE_z^*}{2\beta^2P_e}$$

而交变电流 i_1，根据式(13.3.1)，仅取增幅波时可写为

$$i_1\approx\frac{\mathrm{j}E_z}{\beta C^2}\ \frac{I_0}{2V_0}\ \frac{1}{(\delta_1^2+4QC)} \tag{13.11.5}$$

因此可以将功率流表示为

$$P_e=\frac{|E_z|^2}{2\beta^2K_c}\approx S^2\ \frac{CV_0I_0}{2}|\delta_1^2+4QC|^2 \tag{13.11.6}$$

在最大增益的条件下，

$$|\delta_1^2+4QC|^2\approx\begin{cases}1 & (QC\to 0\text{ 时})\\ 2\sqrt{4QC} & (QC\text{ 大时})\end{cases} \tag{13.11.7}$$

于是，代入式(13.11.6)，即可得

$$\eta_e=\begin{cases}\frac{1}{2}S^2C & (QC\to 0\text{ 时})\\ S^2C\sqrt{4QC} & (QC\text{ 大时})\end{cases} \tag{13.11.8}$$

由式(13.11.8)可以看出，电子效率 η_e 正比于增益参量 C，因此可以得到一个普遍关系：

$$\eta_e=kC \tag{13.11.9}$$

式中，k 为比例常数.

现在来看行波管的线路效率. 当慢波系统有损耗时，电子注给出的功率有一部分就消耗在管子内，只有一部分输出. 此外，慢波线的损耗还将导致电子注给出功率的下降，即电子效率下降，所以行波管的线路效率还要影响到电子效率.

设有损耗时电子注给出的高频功率为 P_{el}，线路损耗为 P_l，输出功率为 P_{Hl}，则按式(13.11.1)至式(13.11.3)可以得到

$$\eta_{el}=\eta_e\cdot\frac{P_{el}}{P_e} \tag{13.11.10}$$

$$\eta_c=\left(1+\frac{P_1}{P_{Hl}}\right)^{-1}=\left(1-\frac{P_1}{P_{el}}\right) \tag{13.11.11}$$

而总效率则为

$$\eta=\eta_{el}\cdot\eta_c \tag{13.11.12}$$

可见，为了求得线路效率，必须求出 P_l/P_{Hl} 的值. 令 α 表示线上的损耗常数，为了以后讨论的普遍性，可以认为 $\alpha=\alpha(z)$ 是 z 的函数. 因此按定义，线上的功率损耗为

$$P_l=2\int_0^l\alpha(z)P(z)\mathrm{d}z \tag{13.11.13}$$

式中，l 为慢波线长度. 这样，η_c 就可表示为

$$\eta_c=\left[1+\frac{2}{P_{Hl}}\int_0^l\alpha(z)P(z)\mathrm{d}z\right]^{-1} \tag{13.11.14}$$

我们以该式作为计算线路效率的基本公式来讨论以下三种情况.

1. 损耗在整个慢波线上均匀分布

假设在整个慢波线的全长上分布有均匀的损耗，则如同 13.7 节所述，这相当于线路有一定的 d 值. 为普

遍起见，现在假定管子工作于接近饱和的状态下，如图 13.11.1 所示，且近似地认为在 $0\sim l_1$ 段，管子处于指数放大部分，而在 $l_1\sim l$ 段内，则处于饱和状态. 在这种假定下，如果仅考虑一个增长波，那么在 $0\sim l_1$ 段有

$$P(z)=P_{in}\mathrm{e}^{2\beta_e Cx_1 z} \tag{13.11.15}$$

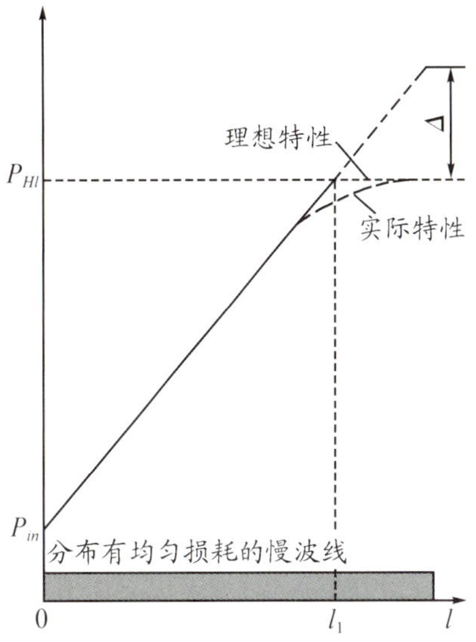

图 13.11.1 在慢波线全长上分布有均匀损耗时行波管的功率输出曲线

式中，P_{in} 可写成

$$P_{in}=P_{Hl}\mathrm{e}^{-2\beta_e Cx_1 l_1} \tag{13.11.16}$$

由于损耗在整个长度上均匀分布，故 α 是常数，因而此时损耗功率可表示为

$$P_1=2\alpha P_{Hl}\int_0^{l_1}\mathrm{e}^{2\beta_e Cx_1(z-l_1)}\mathrm{d}z+2\alpha P_{Hl}\int_{l_1}^{l}\mathrm{d}z=P_{Hl}\frac{\alpha}{\beta_e Cx_1}\left[1-\mathrm{e}^{-2\beta_e Cx_1 l_1}+2\beta_e Cx_1(l-l_1)\right] \tag{13.11.17}$$

在均匀分布损耗的条件下，有

$$\alpha=\beta_e Cd \tag{13.11.18}$$

因此

$$\frac{\alpha}{\beta_e Cx_1}=\frac{d}{x_1} \tag{13.11.19}$$

又令

$$\begin{cases}G=10\lg\mathrm{e}^{2\beta_e Cx_1 l_1}=8.69\beta_e Cx_1 l_1\\ \Delta=10\lg\mathrm{e}^{2\beta_e Cx_1(l-l_1)}=8.69\beta_e Cx_1(l-l_1)\end{cases} \tag{13.11.20}$$

于是可以得到

$$\frac{P_l}{P_{Hl}}=\frac{d}{x_1}\left[1-\mathrm{e}^{-\frac{2G}{8.69}}+\frac{2\Delta}{8.69}\right] \tag{13.11.21}$$

在式(13.11.21)中，如果 $G>10$ dB，那么第二项的数值很小，于是有

$$\frac{P_l}{P_{Hl}}=\frac{d}{x_1}\left(1+\frac{2\Delta}{8.69}\right) \tag{13.11.22}$$

代入式(13.11.11)，就得到

$$\eta_c=\left[1+\frac{d}{x_1}(1+0.23\Delta)\right]^{-1} \tag{13.11.23}$$

对于 $QC=0.5$，$\Delta=8$ dB，$x_1=x_{1\max}$时，在不同 C 值下的 η_c 与 d 的关系以及 $QC=0.5$，$\Delta=8$ dB，$C=0.1$ 时，在不同 x_1 值下的同一关系，按式(13.11.23)计算的结果如图 13.11.2 和图 13.11.3 所示.

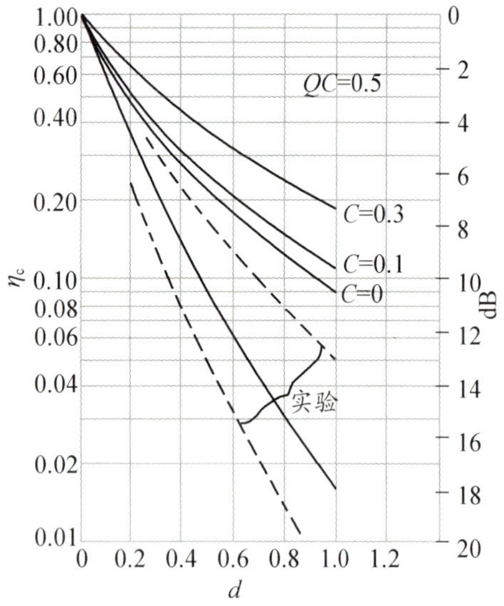

图 13.11.2 在不同 C 值下行波管线路效率与损耗的关系

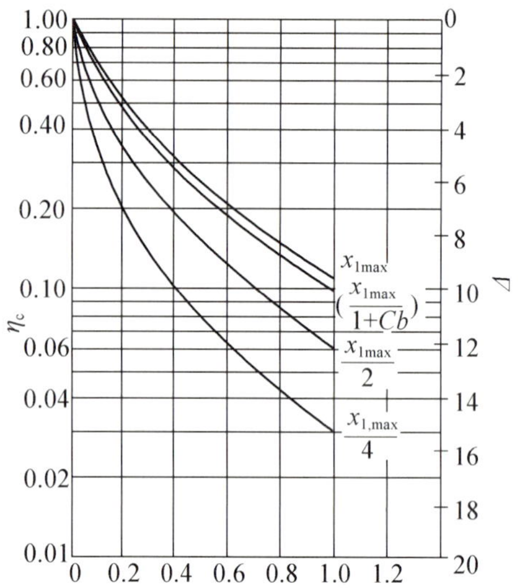

图 13.11.3 在不同 $x_{1\max}$ 值下线路效率与损耗的关系

图 13.11.2 中的虚线是实验数据，可见与实线所示理论计算结果相差甚大. 这是因为图中实线是根据 $x_{1\max}$ 计算得到的，而 η_c 与 x_1 的关系很大，因而必然引起较大误差. η_c 对 x_1 的依赖关系由图 13.11.3 亦可看出.

2. 损耗只集中在衰减器段范围内

在一般行波管中，如前所述，管内衰减器是放在管子中间靠前的一段距离上的. 假设如图 13.11.4 所示，衰减器放在 $z_1 \sim z_2$ 范围内，长度为 l_2. 原则上，衰减器上衰减量的分布可以是任意的，η_c 可以按式(13.11.14)求出. 但为了计算简单，可以假定在衰减器段范围内损耗分布是均匀的，而在这范围以外就没有损耗. 这样，按上面同样的方法不难求得以下结果：

$$\eta_c = \left[1 + \frac{L_L}{G_L} e^{-0.23G_{\text{out}}} (1 - e^{-0.23G_L})\right]^{-1} \tag{13.11.24}$$

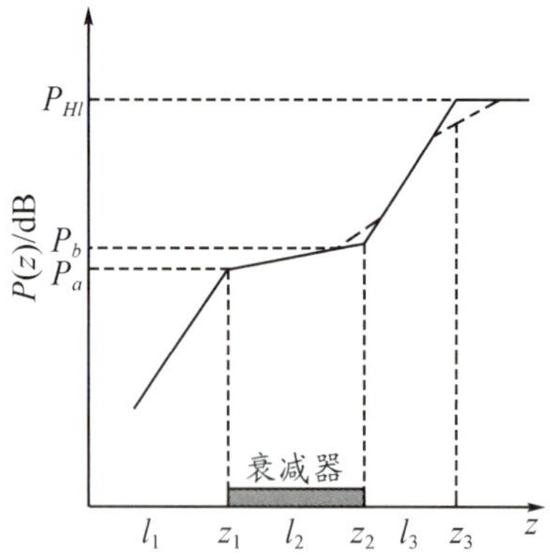

图 13.11.4 具有集中衰减器时行波管的功率输出曲线

式中，G_L、L_L 分别为衰减器段的增益和衰减量，G_{out} 为输出段的增益：

$$\begin{cases} G_L = 10 \lg e^{2\beta_e C x_1' (z_2 - z_1)} = 8.69\beta_e C x_1' l_2 \\ L_L = 10 \lg e^{\alpha (z_2 - z_1)} = 4.34\alpha l_2 \\ G_{\text{out}} = 10 \lg e^{2\beta_e C x_1 (z_3 - z_2)} = 8.69\beta_e C x_1 l_3 \end{cases} \tag{13.11.25}$$

式中，x_1' 为衰减器段内增幅波的参数.

按式(13.11.24)对于 $L_L = 40$ dB 时不同 G_L 值下的 η_c 与 G_{out} 关系的计算结果如图 13.11.5 所示. 由图可

以看到，衰减器段内电子与波的相互作用效果(表现为 G_L 的大小)对管子的线路效率有相当大的影响.

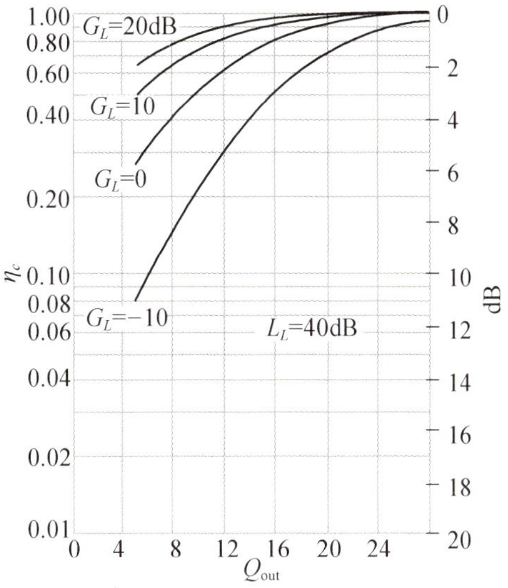

图 13.11.5　在不同衰减器段增益大小下线路效率与输出段增益的关系

3. 切断慢波线

在 13.7 节中已经指出，在理想情况下，管内集中衰减器可以看作是切断的慢波线. 在这种概念下，按前述方法求得的线路效率 η_c 则为

$$\eta_c=[1+e^{-0.23G_{out}}e^{-0.23A_B}]^{-1} \tag{13.11.26}$$

式中，A_B 是由于切断引入的附加损耗. 如 13.7 节所述，如果令 $A_B=-6$ dB，那么代入式(13.11.26)，得

$$\eta_c=[1+4e^{-0.23G_{out}}]^{-1} \tag{13.11.27}$$

从以上的讨论可以看到，为了提高线路效率，希望 G_{out} 不能太小. 因此，一般行波管都设计得使 G_{out} 不小于 24 dB.

这样，管子的总效率就可以按式(13.11.12)进行计算. 关于管子电子效率的进一步考虑以及提高管子效率的各种途径，我们将在讨论了行波管大信号理论之后再加以研究.

13.12 行波管中的差拍状态

我们已经知道，在行波管特征方程系数的一定变化范围内，存在四个根，它们对应于四个波. 其中一个是反向波，三个是前向波. 而在三个前向波中，一个是增幅波，一个是等幅波，另一个是衰减波. 我们以前的所有讨论都是假定行波管工作在有增幅波的状态下来进行的，因而，这就要求特征方程参数的变化有一定范围. 例如，要求电子注与行波接近同步状态，以保证有增幅波存在，且希望使增幅波接近最大值. 反之，当参量 b 过大时，增幅波就不再存在，这时 $x_1=0$. 因此，按照以前讨论的情况，这时就不会有波的放大作用.

然而，情况并不完全如此. 确实，从利用增幅波的观点来看，当 b 过分大时，放大作用已不复存在. 但是，问题在于还可能存在其他的状态，也能给出波的放大. 这种状态就是所谓的差拍状态.

当 b 很大时，三个前向波的传播常数均为纯虚数，即三个波都是等幅波，但它们的相位常数不同. 这三个以不同相速传播的波，在其行进中各波间的相位关系逐渐发生变化，引起相干而形成差拍. 结果，在一些特定的长度上各波相干而呈现波腹，而在另一些地方呈现波节. 这样，如果能将输入端置于波节处，而将输出端置于波腹处，就可以得到信号的放大.

这种利用差拍状态放大信号的现象可以在小信号理论的基础上进行分析. 按 13.2 节所述，如果略去损耗 d 及空间电荷参量 QC，那么在增益参量 $C\ll1$ 时，行波管特征方程为

$$\delta^2=\frac{1}{(-b+\mathrm{j}\delta)} \tag{13.12.1}$$

在该节我们已求得，当 $\delta=x+\mathrm{j}y$ 时，式(13.12.1)给出：

$$\begin{cases}x_{1,2}=\pm\sqrt{3y^2+2yb}\\x_3=0\end{cases} \tag{13.12.2}$$

可见，$x_{1,2}=0$ 的条件是

$$3y^2+2yb=0 \tag{13.12.3}$$

因此得到解（$y=0$ 显然不是问题的解）

$$b=-\frac{3}{2}y \tag{13.12.4}$$

另外，当 $x=0$ 时，由式(13.12.1)又可得

$$b=\frac{1}{y^2}-y \tag{13.12.5}$$

将式(13.12.4)代入式(13.12.5)即得

$$b=\frac{3}{2}\sqrt[3]{2}\approx1.89 \tag{13.12.6}$$

这就是保证 $x_1=x_2=x_3=0$ 所要求的速度参量，即无增幅波所要求的速度参量. 可见当 $b\geqslant1.89$ 时，三个前向波均为等幅波.

当 $b>1.89$ 时，各个根可以这样来求得：由方程(13.12.5)，当 $6\gg y$ 时，可得

$$y_{1,3}=\pm\left(\frac{1}{b}\right)^{1/2} \tag{13.12.7}$$

显然这两个根在 b 很大时趋于零. 而此时另一个根是

$$y_2=-b \tag{13.12.8}$$

这样，当 $b>1.89$ 时，我们就得到特征方程的以下三个根：

$$\begin{cases}\delta_1=-\mathrm{j}\left(\dfrac{1}{b}\right)^{1/2}\\\delta_2=-\mathrm{j}b\\\delta_3=\mathrm{j}\left(\dfrac{1}{b}\right)^{1/2}\end{cases} \tag{13.12.9}$$

它们与 b 的关系如图 13.12.1 所示. δ_1、δ_3 是相速相等、方向相反的一对波，可见相当于两个空间电荷波，而 δ_2 则相当于线路上的波.

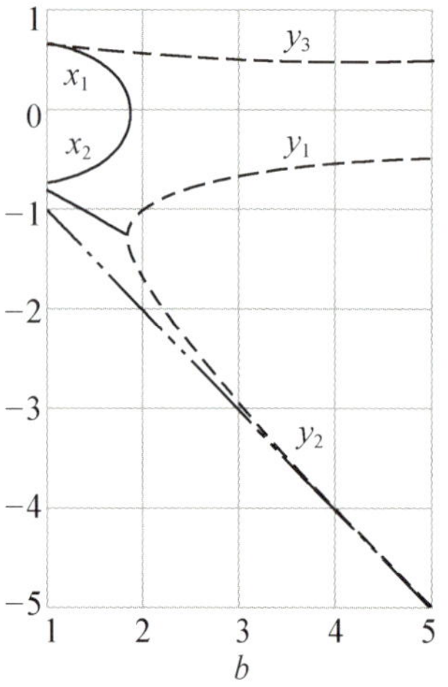

图 13.12.1 $QC=d=0$ 时大 b 值情况下的行波管特征方程的解

为了计算增益，仍然必须利用边界条件确定各波的幅值. 将式(13.12.9)代入下述边界条件：

$$\begin{cases}\sum_{n=1}^{3} E_n = E_0 \\ \sum_{n=1}^{3} \dfrac{1}{\delta_n^2 + 4QC} E_n = 0 \\ \sum_{n=1}^{3} \dfrac{\delta_n}{\delta_n^2 + 4QC} E_n = 0\end{cases} \tag{13.12.10}$$

可以得到

$$\begin{cases}E_1 = \dfrac{\left(\dfrac{1}{b}\right)^{1/2}}{2\left[\left(\dfrac{1}{b}\right)^{1/2} - b\right]} E_0 \\ E_2 = -\dfrac{b^2}{\left(\dfrac{1}{b} - b^2\right)} E_0 \\ E_3 = \dfrac{\left(\dfrac{1}{b}\right)^{1/2}}{2\left[\left(\dfrac{1}{b}\right)^{1/2} + b\right]} E_0\end{cases} \tag{13.12.11}$$

利用前面讲的三个波的相干引起差拍的概念，可以求出增益为

$$G = 10\lg\left(\frac{1}{1-b^3}\right)^2\left[1 + b^6 + (b^3 - 1)\sin^2\frac{\theta}{b^{1/2}} - 2b^3\left(\cos\theta b\cos\frac{\theta}{b^{1/2}} + b^{3/2}\sin\theta b\sin\frac{\theta}{b^{1/2}}\right)\right] \tag{13.12.12}$$

式中，$\theta = \beta_e Cz = 2\pi CN$.

在实际情况下，一般有 $b > 2.5$，故式(13.12.12)可以简化为

$$G = 10\lg\left[1 + \frac{1}{b^3}\left(\sin^2\frac{\theta}{b^{1/2}} - 2\cos\theta b\cos\frac{\theta}{b^{1/2}} - 2b^{3/2}\sin\theta b\sin\frac{\theta}{b^{1/2}}\right)\right] \tag{13.12.13}$$

可见，随着 θ 的增加，增益呈周期性变化，

式(13.12.13)的极值条件是

$$\sin\frac{\theta}{b^{1/2}}\left[\cos\frac{\theta}{b^{1/2}} - b^3\cos\theta b\right] = 0 \tag{13.12.14}$$

由此得到以下两个方程：

$$\sin\frac{\theta}{b^{1/2}} = 0 \tag{13.12.15}$$

$$\frac{1}{b^3}\cos\frac{\theta}{b^{1/2}} = \cos\theta b \approx 0 \tag{13.12.16}$$

上面第二个方程利用了 $b > 1$ 的条件，因而等号左边应接近于零. 由此得到

相应于 $\sin\dfrac{\theta}{b^{1/2}} = 0$：

$$CN = \frac{nb^{1/2}}{2}\ (n = 0, 1, 2, \cdots) \tag{13.12.17}$$

相应于 $\cos\theta b \approx 0$：

$$CN = \frac{2n+1}{4b}\ (n = 0, 1, 2, \cdots) \tag{13.12.18}$$

可以证明，式(13.12.17)代表最小值条件，而式(13.12.18)代表最大值条件. 由式(13.12.18)，当 $n = 1$ 时，得

$$(CN)_{\max}=\frac{0.75}{b} \tag{13.12.19}$$

对于以上所作的分析，还可以进行更详细的讨论. 这时，13.2 节所述的有关方程都是适合的，只是注意这时 $b>1.89$，$x_1=x_2=x_3=0$. 所得结果如图 13.12.2 和图 13.12.3 所示. 图中线路电压 V_{cn} 等于

$$\frac{V_{cn}}{V}=1+4QC\frac{(1+\mathrm{j}C\delta_n)^2}{\delta_n^2} \tag{13.12.20}$$

差拍行波管的特点是管子可以做得较短，这一特点可以结合电子注的聚焦系统来加以考虑. 设 $2a$ 为螺旋线直径，l 为其长度，如果电子注有同样的尺寸，那么由于空间电荷限制的最大导流系数为

$$p=38.6\times10^{-6}\left(\frac{2a}{l}\right)^2 \tag{13.12.21}$$

经过一些简单的换算后，可以得到，式(13.12.21)即相当于

$$(CN)_s=0.34 \tag{13.12.22}$$

此值与差拍行波管所需之 CN 值接近. 由此可见，在差拍行波管中，可以仅用很弱的聚焦磁场，或者甚至不用聚焦磁场.

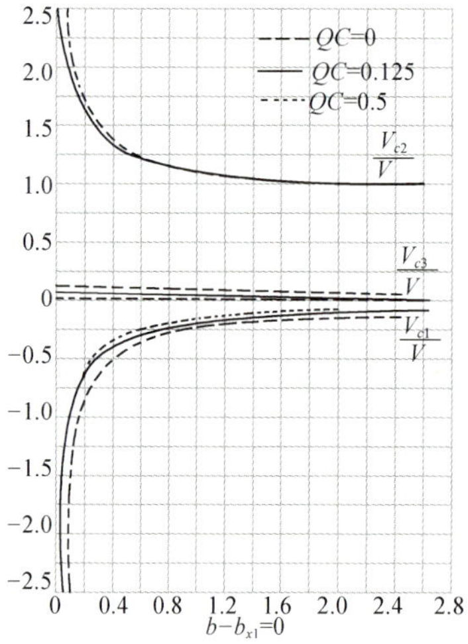

图 13.12.2 在差拍状态下，行波管中各波的电压幅值与速度参量($b-b_{x_1=0}$)的关系($C=0.1$，$d=0$)

尽管如此，从目前看来，这种管子并没有得到很大的实际发展.

最后我们还要指出，利用各波的相干现象，不仅在行波管中可以导致一种新的工作状态，而且也是返波管工作中的基本物理现象之一，这将在讨论返波管时再研究.

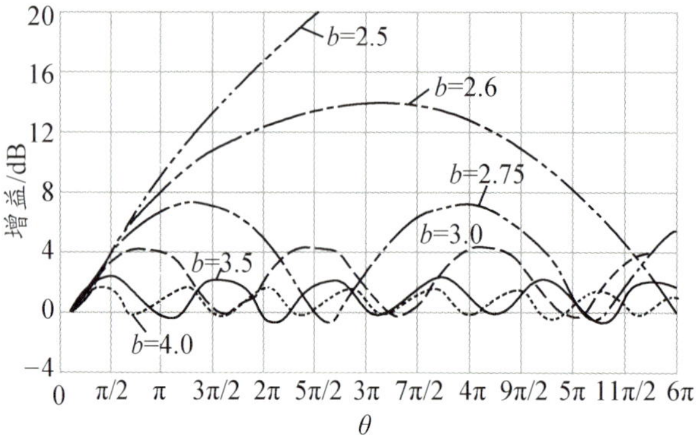

图 13.12.3 差拍行波管增益与长度的关系($C=0.1$，$QC=0.25$，$d=0$，$b_{x_1=0}=2.57$)

13.13　行波管的零增益状态

在行波管中，除了上述差拍状态以外，还有另一种重要的工作状态，即零增益状态. 理论及实验表明，在一定的条件下，行波管的输出功率为零，而不管输入端有无功率输入. 这种零增益状态，由康弗纳首先发现，所以又称为“康弗纳效应”.

在 13.2 节中我们已得到，当 $C\ll1$ 时的行波管特征方程为

$$\delta^2=\frac{1}{(-b+\mathrm{j}d+\mathrm{j}\delta)}-4QC \tag{13.13.1}$$

并且在 13.7 节中求出了在 $i_1(0)=v_1(0)=0$ 的初始条件下，各波的高频电压为

$$V_n=\frac{(\delta_n^2+4QC)}{(\delta_n-\delta_{n+1})(\delta_n-\delta_{n+2})}V_{\mathrm{in}}\,(n=1,2,3,\delta_4=\delta_1,\delta_5=\delta_2) \tag{13.13.2}$$

式中，V_{in} 为 $z=0$ 处的输入高频电压.

因而在输出端线上的总电压为

$$V=\sum_{n=1}^{3}V_n\mathrm{e}^{2\pi CN\delta_n}=\sum_{n=1}^{3}\frac{(\delta_n^2+4QC)}{(\delta_n-\delta_{n+1})(\delta_n-\delta_{n+2})}V_{\mathrm{in}}\mathrm{e}^{2\pi CN\delta_n}\,(n=1,2,3,\delta_4=\delta_1,\delta_5=\delta_1) \tag{13.13.3}$$

所谓零增益状态即对应于

$$V=0$$

的情况，由此可得

$$\sum_{n=1}^{3}\frac{(\delta_n^2+4QC)}{(\delta_n-\delta_{n+1})(\delta_n-\delta_{n+2})}\mathrm{e}^{2\pi CN\delta_n}=0 \tag{13.13.4}$$

式中，各 δ_n 应满足方程(13.13.1). 因此说，零增益状态的条件由方程(13.13.1)和方程(13.13.4)联解给出.

上述两方程联解的数值计算结果见表 13.13.1 所列，按此表绘成的曲线如图 13.13.1 和图 13.13.2 所示.

表 13.13.1 中 L 为以 dB 计的总线路损耗，l 是互作用区长度，$H=2\pi CN\sqrt{4QC}$.

当 QC 较大时，可以进行下面的简化讨论，且物理概念更为清楚.

表 13.13.1　行波管零增益状态下的各参数值

$QC=0$					
L	CN	$(\beta-\beta_e)l$	b	d	
0	0.314 1	−3.004 0	−1.522	0	
3.201	0.293 1	−2.911 6	−1.581	0.2	
6.017	0.275 5	−2.836 9	−1.639	0.4	
8.527	0.260 3	−2.772 1	−1.695	0.6	
10.79	0.247 1	−2.716 9	−1.750	0.8	
12.85	0.235 4	−2.669 7	−1.805	1.0	
$QC=0.2$					
L	CN	$(\beta-\beta_e)l$	b	QC/CN	H
0	0.336 3	−3.178 0	−1.504	0.594 7	1.890
3.391	0.310 5	−3.049 2	−1.563	0.644 1	1.745

续表

L	CN	$(\beta-\beta_e)l$	b	QC/CN	H
6.318	0.289 3	−2.944 9	−1.620	0.691 3	1.626
8.898	0.271 6	−2.862 0	−1.677	0.736 4	1.526
11.20	0.256 5	−2.791 6	−1.732	0.779 7	1.441
13.29	0.243 4	−2.733 2	−1.787	0.821 7	1.368
		$d=0$			
QC/CN	CN	$(\beta-\beta_e)l$	b	QC	H
0	0.314 1	−3.004	−1.522	0	0
0.594 7	0.336 3	−3.178	−1.504	0.2	1.890
0.728 0	0.343 4	−3.239	−1.501	0.25	2.158
1.253 1	0.399 0	−3.843	−1.533	0.5	3.545
1.380 3	0.434 7	−4.438	−1.625	0.6	4.231
1.609 8	0.465 9	−5.368	−1.834	0.75	5.070
2.035 4	0.491 3	−6.396	−2.072	1.00	6.174
2.369 7	0.527 5	−7.549	−2.278	1.25	7.410
2.716 4	0.552 2	−8.672	−2.499	1.5	8.500

特征方程(12.3.4)可以重写成如下形式：

$$(\Gamma-\Gamma_0)(\Gamma+\Gamma_0)(\Gamma-j\beta_e-j\beta_q)(\Gamma-j\beta_e+j\beta_q)=-2j\beta_e C^3\Gamma_0\Gamma^2 \tag{13.13.5}$$

由于 Γ 与 Γ_0 相差很小，所以可以近似地令

$$\Gamma+\Gamma_0=2\Gamma_0 \tag{13.13.6}$$

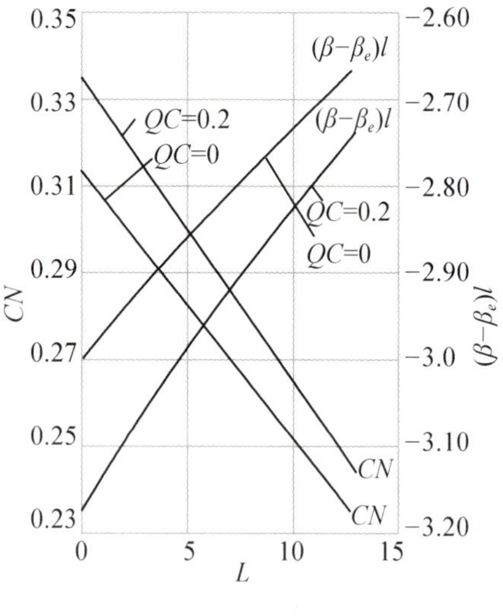

图 13.13.1　行波管零增益状态的条件与损耗 L 的关系

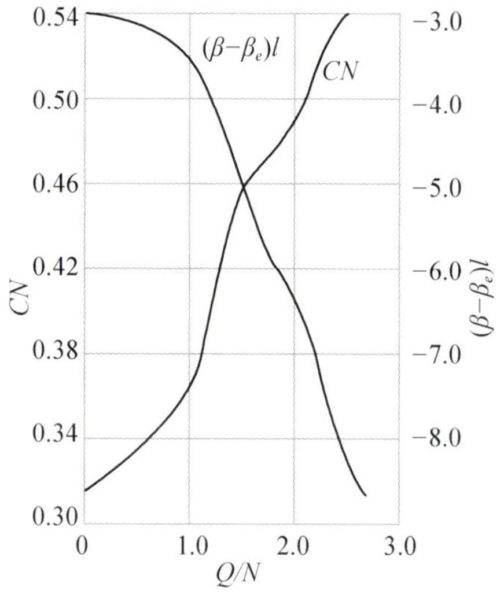

图 13.13.2　$L=0$ 时行波管零增益状态的条件与 Q/N 值的关系

同时，令

$$\Gamma=j\beta, \Gamma_0=j\beta_0 \tag{13.13.7}$$

将它们一起代入式(13.13.5)，并在该方程右边以 $-\beta_0^2$ 近似代替 Γ^2，可以得到简化的特征方程：

$$(\beta-\beta_0)(\beta-\beta_e-\beta_q)(\beta-\beta_e+\beta_q)=-\beta_e\beta_0^2C^3 \tag{13.13.8}$$

我们知道，

$$\beta_e \pm \beta_q = \beta_{1,2} \tag{13.13.9}$$

是快空间电荷波和慢空间电荷波的相位常数. 因此，当 β_q 较大时，也就是说，由于

$$\beta_q^2 \approx \beta_e^2 \cdot 4QC^3 \tag{13.13.10}$$

所以 QC 较大时，两个空间电荷波的相位常数就相差很大，线路上的行波实际上只可能与其中的一个同步而相互作用，而与另一个的相互作用可以忽略. 在这种情况下，我们就可以分成下面两种情况来讨论.

(1)线路波与慢空间电荷波同步，即

$$\beta \approx \beta_e + \beta_q \tag{13.13.11}$$

于是，方程(13.13.8)即可化为

$$(\beta_0 - \beta)(\beta - \beta_e - \beta_q) \cdot 2\beta_q = \beta_e \beta_0^2 C^3 \tag{13.13.12}$$

仍以关系式

$$\begin{cases} \beta = \beta_e(1 + \mathrm{j}C\delta) \\ \beta_0 = \beta_e(1 + bC - \mathrm{j}Cd) \end{cases} \tag{13.13.13}$$

代入，得出如下关于 δ 的特征方程：

$$(\delta + \mathrm{j}b + d) = \frac{(1 + bC - \mathrm{j}Cd)^2}{2\sqrt{4QC}(\delta + \mathrm{j}\sqrt{4QC})} \tag{13.13.14}$$

可见，简化的结果所得到的是一个二次方程. 不难得到其解是

$$\delta_{1,2} = -\frac{\mathrm{j}(b + \sqrt{4QC}) + d}{2} \pm \sqrt{\left[\frac{\mathrm{j}(b - \sqrt{4QC}) + d}{2}\right]^2 + \frac{(1 + bC - \mathrm{j}Cd)^2}{2\sqrt{4QC}}} \tag{13.13.15}$$

即得到两个根.

我们看到，由于略去了快空间电荷波，仅考虑慢空间电荷波与线上行波的作用，就只能得到两个波. 这两个波是行波与慢空间电荷波相互作用的结果. 如果稍加简化，这种相互作用可以看得更加清楚. 为此令

$$\begin{cases} d = 0 \\ b = \sqrt{4QC} \end{cases} \tag{13.13.16}$$

即略去线上损耗，且假定电子注比“冷”系统上的行波稍快一些. 于是在小信号假设下，由式(13.13.15)即得

$$\delta_{1,2} = -\mathrm{j}\sqrt{4QC} \pm \frac{1}{2(QC)^{1/4}} \tag{13.13.17}$$

因而

$$\beta_{1,2} = \beta_e + \beta_e\sqrt{4QC^3} \pm \mathrm{j}\frac{\beta_e C}{2(QC)^{1/4}} = \beta_e + \beta_q \pm \mathrm{j}\frac{\beta_e C}{2(QC)^{1/4}} \tag{13.13.18}$$

注意 $\Gamma = \mathrm{j}\beta$，则式(13.13.18)表明，一个波是增幅波，另一个波是减幅波，它们的相位常数则均为 $\beta_e + \beta_q$. 而线上的场就由此两个波叠加而成，可以写成

$$E(z) = \frac{1}{2}E_0\left[\mathrm{e}^{\frac{\pi CN}{(QC)^{1/4}}} + \mathrm{e}^{-\frac{\pi CN}{(QC)^{1/4}}}\right]\mathrm{e}^{-\mathrm{j}(\beta_e + \beta_q)z} = E_0\cosh\frac{\pi CN}{(QC)^{1/4}}\mathrm{e}^{-\mathrm{j}(\beta_e + \beta_q)z} \tag{13.13.19}$$

所以线上行波与慢空间电荷波的相互作用，可以导致增幅波，这是行波管中得到放大的基础.

(2)线路波与快空间电荷波同步，即

$$\beta \approx \beta_e - \beta_q \tag{13.13.20}$$

于是，方程(13.13.8)化为

$$(\beta_0 - \beta)(\beta - \beta_e + \beta_q)(-2\beta_q) = \beta_e \beta_0^2 C^3 \tag{13.13.21}$$

这时得到的特征方程为

$$(\delta + \mathrm{j}b + d) = \frac{-(1 + Cb - \mathrm{j}Cd)^2}{2\sqrt{4QC}(\delta - \mathrm{j}\sqrt{4QC})} \tag{13.13.22}$$

其解为

$$\delta_{1,2}=-\frac{\mathrm{j}(b-\sqrt{4QC})+d}{2}\pm\sqrt{\left[\frac{\mathrm{j}(b+\sqrt{4QC})+d}{2}\right]^2-\frac{(1+bC-\mathrm{j}Cd)^2}{2\sqrt{4QC}}} \tag{13.13.23}$$

仍考虑以下的简化条件：

$$\begin{cases}d=0\\ b=-\sqrt{4QC}\end{cases} \tag{13.13.24}$$

即认为电子注比“冷”系统上的行波稍慢一些.于是，式(13.13.23)给出的解可写成

$$\delta_{1,2}=\mathrm{j}\sqrt{4QC}\pm\frac{\mathrm{j}}{2(QC)^{1/4}} \tag{13.13.25}$$

因而得到的两个波的传播常数为

$$\beta_{1,2}=\beta_e-\beta_e\sqrt{4QC}\mp\frac{\beta_e C}{2(QC)^{1/4}}=\beta_e-\beta_q\mp\frac{\beta_e C}{2(QC)^{1/4}} \tag{13.13.26}$$

由于所得传播常数 $\Gamma=\mathrm{j}\beta$ 为纯虚数，可见，这两个波均为等幅波，一个相速稍快，另一个相速稍慢.而线上的场则由此两波相干而成，可表示为

$$E(z)=\frac{1}{2}E_0\left[\mathrm{e}^{\mathrm{j}\frac{\pi CN}{(QC)^{1/4}}}-\mathrm{e}^{-\mathrm{j}\frac{\pi CN}{(QC)^{1/4}}}\right]\mathrm{e}^{-\mathrm{j}(\beta_e-\beta_q)z}=E_0\cos\frac{\pi CN}{(QC)^{1/4}}\mathrm{e}^{-\mathrm{j}(\beta_e-\beta_q)z} \tag{13.13.27}$$

当 $z=l$ 时，若满足下述条件：

$$\frac{\pi CN}{(QC)^{1/4}}=\left(2n+\frac{1}{2}\right)\pi \tag{13.13.28}$$

则得到

$$E(l)=0$$

这就是康弗纳效应.因此，方程(13.13.28)就表示了产生康弗纳效应的条件，可将它改写成

$$(CN)_k=\left(2n+\frac{1}{2}\right)(QC)^{1/4} \tag{13.13.29}$$

在 $n=0$ 时，有

$$(CN)_k=\frac{1}{2}(QC)^{1/4}=\frac{\sqrt{2}}{4}(4QC)^{1/4} \tag{13.13.30}$$

综上所述，我们可以得出结论：线路上的行波与快空间电荷波相互作用的结果导致康弗纳效应；而线上行波与慢空间电荷波的相互作用，就导致一般的行波管放大状态.由分析还可以看到：康弗纳效应是由两个相速不同的等幅波相干而引起的，因此，在这一点上，可以说康弗纳效应与13.12节中讨论的行波管差拍状态相似.或者更明确地讲，康弗纳效应也是一种差拍现象，只不过与差拍行波管中的差拍现象有所不同而已.

康弗纳效应也可以利用将在第15章介绍的逐次逼近法进行讨论，且可以得到更清晰的概念.按式(15.5.6)，零增益状态要求：

$$\begin{cases}1-(2\pi CN)^3F_{1a}(\Phi_0,\theta_q)=0\\ F_{1r}(\Phi_0,\theta_q)=0\end{cases} \tag{13.13.31}$$

如果略去空间电荷效应，那么可按方程(15.3.4)得到零增益状态的条件：

$$\begin{cases}1-(2\pi CN)^3F_{1a}(\Phi_0)=0\\ F_{1r}(\Phi_0)=0\end{cases} \tag{13.13.32}$$

由式(13.13.32)第二个方程可得

$$\Phi_0=\pi \tag{13.13.33}$$

将它代入第一个方程，则

$$(CN)_k^3=\frac{1}{(2\pi)^3F_{1a}(\pi)}=\frac{\pi^3}{4(2\pi)^3}=0.03125 \tag{13.13.34}$$

于是得到康弗纳效应的条件是

$$\begin{cases}\Phi_0=(\beta_e-\beta)l=\pi\\(CN)_k=0.315\end{cases} \tag{13.13.35}$$

当 QC 较大时，也可以采用逐次逼近法来分析，所得结果与前面简化分析结果一致.

康弗纳效应被广泛应用于各种慢波结构特性的测量技术中（即所谓慢波系统的热测）. 为了测量方便，还有人制成了专用的“电子笔”. 设慢波系统的冷损耗 L 为已知，作用长度 l 也不难确定，则在一定的电子注电压及电流条件下可以发生零增益状态. 这时如果不计 QC，就立即可以得出 $(\beta-\beta_e)l$、b 及 $(CN)_k$ 值（图 13.3.1）. 由于 N 已知，从而也就可以确定 C 值，然后根据定义

$$C^3=\frac{I_0K_c}{4V_0} \tag{13.13.36}$$

即可求出耦合阻抗 K_c 值. 而慢波系统的 β 值则不难由 $(\beta-\beta_e)l$ 及 b 值求出. 一般进行实际测量时，所用电子注电流均较小，因而略去 QC 影响不太大. 如果要估计 QC 值的修正，那么可以根据电子注的参量及几何形状，近似按下式估计 QC 值，然后仍然由数值计算或查图 13.13.1 曲线得到各相应参量：

$$4QC^3=\frac{F^2\omega_p^2}{\omega^2} \tag{13.13.37}$$

而 ω_p^2 则为

$$\omega_p^2=\frac{\sqrt{\eta}I_0}{\varepsilon_0S_e\sqrt{2V_0}} \tag{13.13.38}$$

式中，F 为等离子频率降低因子，可按第 3 章及 13.15 节讨论结果进行估计；S_e 为电子注截面积.

13.14 螺旋线行波管参量的计算

直到目前为止，我们对行波管小信号理论的讨论，都是普遍性的，并没有局限于某种特定的慢波系统，因而也就不能给出诸如 K_c、C、QC 等参量与系统结构之间的关系. 而这些参量显然是取决于慢波系统和电子注的结构特性的. 因此，在具体计算设计行波管时，必须对不同的系统进行分别计算.

在中小功率行波管和低噪声行波管中，广泛地应用螺旋线慢波系统，因此有必要对螺旋线慢波系统的具体参量作较详细的计算. 并且，事实上，由于其他结构的复杂性，理论计算也仅对螺旋线行波管才能得以充分和深入.

为了较严格地求出螺旋线行波管的有关参量，我们采取以下步骤：用场论的方法对螺旋线行波管进行求解，然后将所得的结果与以前所述的理论加以比较，从而得出各参量与具体结构尺寸之间的关系.

因此，我们首先来讨论螺旋线行波管的场方程. 在第 3 章中我们已得到有源波动方程为

$$\begin{cases}\nabla_T^2E_z-T'^2E_z=0\\\nabla_T^2H_z-\gamma^2H_z=0\end{cases} \tag{13.14.1}$$

式中，

$$T'^2=\gamma^2\left[1-\frac{\beta_p^2}{(\beta_e-\beta)^2}\right] \tag{13.14.2}$$

$$\gamma^2=\beta^2-k^2=-\Gamma^2-k^2 \tag{13.14.3}$$

而 $\Gamma=\mathrm{j}\beta$. 注意在这里 T'^2 与第 3 章的 T^2 相差一个负号.

对于轴对称系统，式(13.14.1)化为

$$\begin{cases}\dfrac{\partial^2 E_z}{\partial r^2}+\dfrac{1}{r}\dfrac{\partial E_z}{\partial r}-T'^2E_z=0\\[2ex]\dfrac{\partial^2 H_z}{\partial r^2}+\dfrac{1}{r}\dfrac{\partial H_z}{\partial r}-\gamma^2H_z=0\end{cases}\tag{13.14.4}$$

显然，只有 TM 波场才可能与纵向运动的电子注产生相互作用，TE 波的场分量不受纵向运动电子注的作用.

由方程(13.14.4)即可解出各场分量，代入相应的边界条件，即得到具体场分量表达式.

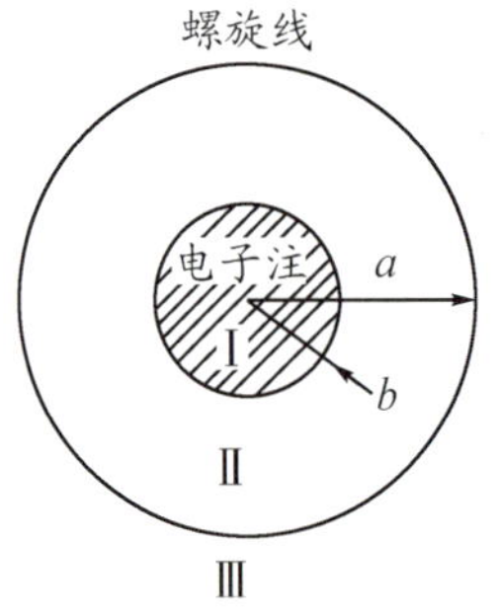

图 13.14.1 行波管互作用区横截面示意图

螺旋线行波管的横截面模型如图 13.14.1 所示，各区中的场可写成如下形式.

Ⅰ区：$0\leqslant r\leqslant b$

$$\begin{cases}E_z=B_1\mathrm{I}_0(T'r)\\H_z=A_1\mathrm{I}_0(T'r)\end{cases}\tag{13.14.5}$$

Ⅱ区：$b\leqslant r\leqslant a$

$$\begin{cases}E_z=C_3\mathrm{I}_0(\gamma r)+C_4\mathrm{K}_0(\gamma r)\\H_z=C_5\mathrm{I}_0(\gamma r)+C_6\mathrm{K}_0(\gamma r)\end{cases}\tag{13.14.6}$$

Ⅲ区：$a\leqslant r\leqslant\infty$

$$\begin{cases}E_z=C_1\mathrm{K}_0(\gamma r)\\H_z=A_2\mathrm{K}_0(\gamma r)\end{cases}\tag{13.14.7}$$

场的其余分量可以由麦克斯韦方程求得.上述各式中的系数由以下边界条件确定：$r=b$，

$$\begin{cases}E_z^{\mathrm{I}}=E_z^{\mathrm{II}}\\H_\varphi^{\mathrm{I}}=H_\varphi^{\mathrm{II}}\end{cases}\tag{13.14.8}$$

$$\begin{cases}E_\varphi^{\mathrm{I}}=E_\varphi^{\mathrm{II}}\\H_z^{\mathrm{I}}=H_z^{\mathrm{II}}\end{cases}\tag{13.14.9}$$

而采用螺旋导电面近似时，在螺旋线面上的边界条件应为：垂直于螺线方向的法向电场在导电面上连续，平行于螺线方向的磁场切向分量沿导电面亦连续，即 $r=a$，

$$\begin{cases}E_z^{\mathrm{II}}=E_z^{\mathrm{III}}\\E_z^{\mathrm{II}}\sin\psi+E_\varphi^{\mathrm{II}}\cos\psi=0\\E_z^{\mathrm{III}}\sin\psi+E_\varphi^{\mathrm{III}}\cos\psi=0\\H_z^{\mathrm{II}}\sin\psi+H_\varphi^{\mathrm{II}}\cos\psi=H_z^{\mathrm{III}}\sin\psi+H_\varphi^{\mathrm{III}}\cos\psi\end{cases}\tag{13.14.10}$$

式中，ψ 为螺旋线的螺旋角.

将场方程代入边界条件，即可得到确定常数T'^2 及 γ^2 间关系的色散方程：

$$T'b\,\frac{\mathrm{I}_1(T'b)}{\mathrm{I}_0(T'b)}=\gamma b\,\frac{\mathrm{I}_1(\gamma b)-K_1(\gamma b)\dfrac{C_4}{C_3}}{\mathrm{I}_0(\gamma b)+\mathrm{K}_0(\gamma b)\dfrac{C_4}{C_3}}\tag{13.14.11}$$

式中，

$$\frac{C_4}{C_3}=\frac{\left(\dfrac{ka}{\gamma a}\right)^2\cot^2\psi\,\mathrm{I}_1(\gamma a)\mathrm{K}_1(\gamma a)-\mathrm{I}_0(\gamma a)\mathrm{K}_0(\gamma a)}{\mathrm{K}_0^2(\gamma a)}\tag{13.14.12}$$

由该方程就可以确定波的传播常数 Γ.

但是，我们的目的还不是通过求解色散方程(13.14.11)去求出行波管的有关特性，而是想在螺旋线慢

波系统的具体情况下，利用以上场方程来计算以前讨论的行波管理论中各有关参量的关系. 为此，在通过以上步骤求得各有关场方程之后，就可以利用第 3 章中所提到的电子注边缘上导纳匹配的概念，即电子注内外导纳的差与电子注本身的导纳相等.

于是，利用以上所得结果，在 $r=b$ 处，从电子注边缘向外的导纳为

$$Y_0=\frac{H_\varphi^{\mathrm{II}}}{E_z^{\mathrm{II}}} \tag{13.14.13}$$

而从电子注边缘向内的导纳为

$$Y_i=\frac{H_\varphi^{\mathrm{I}}}{E_z^{\mathrm{I}}} \tag{13.14.14}$$

另外，由前面所得的行波管方程有

$$E_c=-\left[\frac{\Gamma^2\Gamma_0K_c}{\Gamma^2-\Gamma_0^2}+\frac{2\mathrm{j}QK_c\Gamma^2}{\beta_e}\right]i_1 \tag{13.14.15}$$

以及

$$i_1=\frac{\mathrm{j}\beta_e}{(\Gamma-\mathrm{j}\beta_e)^2}\cdot\frac{I_0E_c}{2V_0} \tag{13.14.16}$$

由方程(13.14.16)即可确定电子注的参量是

$$\frac{i_1}{E_c}=\frac{\mathrm{j}\beta_e}{(\Gamma-\mathrm{j}\beta_e)^2}\cdot\frac{I_0}{2V_0} \tag{13.14.17}$$

而由方程(13.14.15)则可确定线路参量：

$$\frac{i_1}{E_c}=-\left(\frac{\Gamma^2\Gamma_0K_c}{\Gamma^2-\Gamma_0^2}+\frac{2\mathrm{j}QK_c\Gamma^2}{\beta_e}\right)^{-1} \tag{13.14.18}$$

这一导纳定义是从等效线路观点得到的普适性参量，所以下面的问题在于利用其结果来取得螺旋线行波管的参量.

为此，我们先求一个半径为 b 的无限薄空心电子注，其电流仍为 I_0 及 i_1. 这时，在$r=b$的电子注层上连续条件要求：

$$\begin{cases}H_\varphi^{\mathrm{II}}-I_\varphi^{\mathrm{I}}=\dfrac{i_1}{2\pi b}\\[2ex] E_z^{\mathrm{I}}=E_z^{\mathrm{II}}\end{cases} \tag{13.14.19}$$

这样一来，式(13.14.13)和式(13.14.14)的导纳匹配就导致以下条件：

$$Y_e=Y_0-Y_i=\frac{1}{2\pi b}\cdot\frac{i_1}{E_z} \tag{13.14.20}$$

而根据前面场方程结果，在 $r=b$ 处电子注的内外导纳可写成

$$Y_i=\frac{\mathrm{j}\omega\varepsilon_0}{\gamma}\frac{\mathrm{I}_1(\gamma b)}{\mathrm{I}_0(\gamma b)} \tag{13.14.21}$$

$$Y_0=\frac{\mathrm{j}\omega\varepsilon_0}{\gamma}\frac{\mathrm{I}_1(\gamma b)-\dfrac{C_4}{C_3}\mathrm{K}_1(\gamma b)}{\mathrm{I}_0(\gamma b)+\dfrac{C_4}{C_3}\mathrm{K}_0(\gamma b)} \tag{13.14.22}$$

于是，在方程(13.14.20)左边用场方程所得结果式(13.14.21)和式(13.14.22)代入，而在其右边用等效线路模型所得的方程(13.14.18)代入，即可得到所需要的关系：

$$-\frac{\Gamma^2\Gamma_0K_c}{\Gamma^2-\Gamma_0^2}-\frac{2\mathrm{j}QK_c\Gamma^2}{\beta_e}=\frac{1}{2\pi bY_e} \tag{13.14.23}$$

式中，

$$Y_c=\frac{j\omega\varepsilon_0}{\gamma}\left\{\frac{I_1(\gamma b)-\dfrac{C_4}{C_3}K_1(\gamma b)}{I_0(\gamma b)+\dfrac{C_4}{C_3}K_0(\gamma b)}-\frac{I_1(\gamma b)}{I_0(\gamma b)}\right\} \tag{13.14.24}$$

显然，Y_c 的表示式过于复杂不便于计算，因而有必要设法加以简化. 对式(13.14.24)稍加分析即可发现，该式有两个极点和一个零点.

立即可以看出，当 $C_4/C_3=0$，亦即

$$\left(\frac{ka}{\gamma a}\right)^2\cot^2\psi=\frac{I_0(\gamma a)K_0(\gamma a)}{I_1(\gamma a)K_1(\gamma a)} \tag{13.14.25}$$

时，可以得到 Y_c 的零点，对应的 γa 值记为 $\gamma_0 a$；$\gamma=0$ 则是 Y_c 的一个极点.

计算表明，Y_c 的另一个极点发生在 $\gamma_0 a$ 附近，记为 $\gamma_p a$. 极点 $\gamma_p a$ 可由下述方程解出：

$$\frac{I_0(\gamma b)}{K_0(\gamma b)}=-\frac{1}{K_0^2(\gamma a)}\left[\left(\frac{ka\cot\psi}{\gamma a}\right)^2 I_1(\gamma a)K_1(\gamma a)-I_0(\gamma a)K_0(\gamma a)\right] \tag{13.14.26}$$

这样，就可以将导纳 Y_c 写成如下近似式：

$$Y_c\approx-(\gamma_p-\gamma_0)\left(\frac{\gamma-\gamma_0}{\gamma-\gamma_p}\right)\left(\frac{\partial Y_c}{\partial\gamma}\right)_{\gamma=\gamma_0} \tag{13.14.27}$$

不难验证，行波管方程的解就在此零点附近，如图 13.14.2 所示. 并且，由展开式亦不难看出，如果

$$\Gamma_0^2=-\gamma_0^2-k^2 \tag{13.14.28}$$

$$\frac{2Q}{\beta_e}=\left(1+\frac{k^2}{\gamma_0^2}\right)^{-1/2}\left(\frac{\gamma_0}{\gamma_p^2-\gamma_0^2}\right) \tag{13.14.29}$$

$$\frac{1}{K_c}=-j\pi b\left(1+\frac{k^2}{\gamma_0^2}\right)^{3/2}\gamma_0^2\left(\frac{\partial Y_c}{\partial\gamma}\right)_{\gamma=\gamma_0} \tag{13.14.30}$$

则方程(13.14.23)就可以成立，或者说，上述方程所表示的 Γ_0、Q、K_c 是方程(13.14.23)的解.

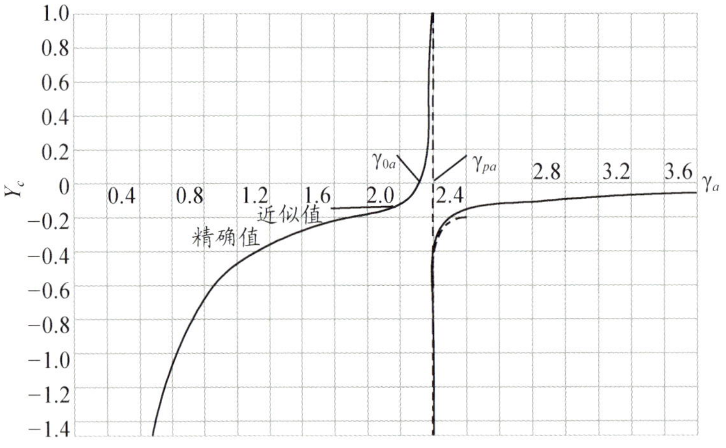

图 13.14.2　电子注导纳 Y_c 与 γa 的关系曲线($ka=0.2$，$b/a=0.2$)

由方程(13.14.25)及方程(13.14.28)可以看到，Y_c 的零点实际上就是波在“冷”螺旋线系统中的传播情况，方程(13.14.25)正是螺旋线慢波系统中波的色散方程.

根据方程(13.14.24)和方程(13.14.27)，可求出微分 $\left(\dfrac{\partial Y_c}{\partial\gamma}\right)_{\gamma=\gamma_0}$，代入式(13.14.30)，即可求得 K_c：

$$\frac{1}{K_c}=\pi\sqrt{\frac{\varepsilon_0}{\mu_0}}\left(1+\frac{k^2}{\gamma_0^2}\right)^{3/2}\frac{k^2}{I_0^2(\gamma_0 b)}\frac{I_0(\gamma_0 a)}{K_0(\gamma_0 a)}\left[\frac{I_1(\gamma_0 a)}{I_0(\gamma_0 a)}-\frac{I_0(\gamma_0 a)}{I_1(\gamma_0 a)}+\frac{K_0(\gamma_0 a)}{K_1(\gamma_0 a)}-\frac{K_1(\gamma_0 a)}{K_0(\gamma_0 a)}+\frac{4}{\gamma_0 a}\right] \tag{13.14.31}$$

由此可见，在薄电子注的情况下，所求得的 γ_0 及 K_c 值，即方程(13.14.25)及方程(13.14.31)，与“冷”螺旋线所得的结果完全一致.

为了计算 Q 值，首先应由方程(13.14.25)及方程(13.14.26)得出 γ_0 及 γ_p，然后代入方程(13.14.29)，

就可求得 Q. 所得结果如图 13.14.3 所示. 在图中,系数 $\frac{\gamma_0}{\beta_e}\left(1+\frac{k^2}{\gamma_0^2}\right)^{-1/2}$ 很接近于 1,因为在同步条件下 $\gamma_0 \approx \beta_e$,而 $\gamma_0 \gg k$. 因而图中纵坐标实际上就是 Q.

下面我们进一步考虑实心电子注的情况. 在推导方程(13.14.15)、方程(13.14.16)时并没有考虑高频场沿电子注截面的变化,因此只适用于薄电子注的情况. 而对于一个完全充满了半径 b 以内的空间的实心电子注,无论正规模式法或场方法的电子方程都使解变得非常复杂. 在这种情况下,为了求解就必须作几个简化的假定. 既然薄电子层的有关方程已经求得,自然就会想到,一种方便的假定就是使实心的"厚"电子注设法用一个"等效"的薄电子注来代替,那么就完全可以利用以上所得结果了.

这种"等效"薄电子注的概念的实质在于:如果使两个电子注边缘向外看的导纳相等,那么与场的匹配条件就完全一致,所以它们好像是等效的. 因此,求"等效"薄电子注的问题就归结为求出一个薄电子层的位置与电子流值,使得在 $r=b$ 处求得的导纳 Y_c 值与半径为 b 的实心电子注的导纳相等. 显然,这种"等效"不可能在所有的 γ 值上都满足,但可以大体上使其在行波管工作范围内得到满足.

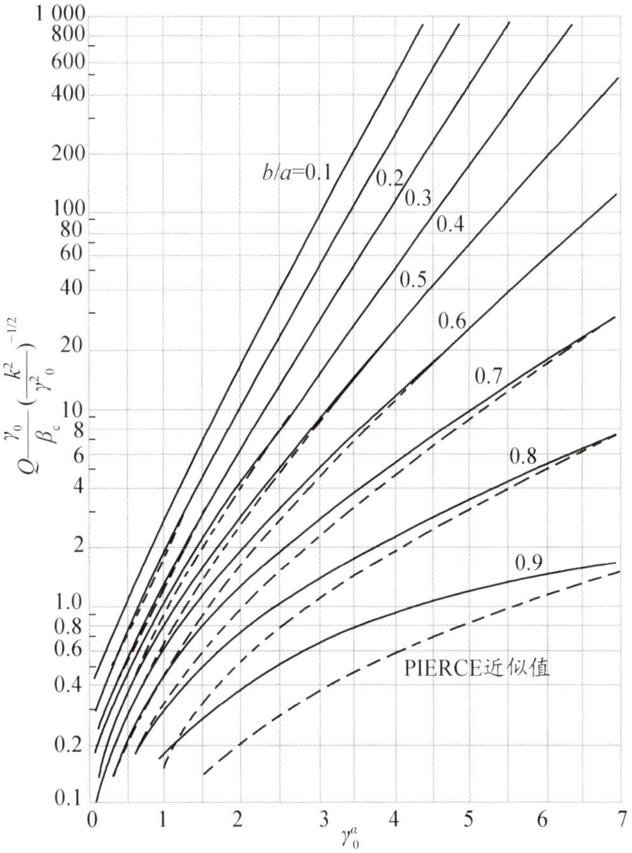

图 13.14.3　薄空心电子参量 Q 与 $\gamma_0 a$ 的关系

因此,按照式(13.14.13)、式(13.14.14)和式(13.14.24)等有关方程,可以将实心电子注的导纳写成

$$\frac{H_\varphi}{E_z}=\frac{\mathrm{j}\omega\varepsilon_0}{\gamma}-\left[1-\frac{\beta_p^2}{(\beta_e-\beta)^2}\right]^{1/2}\frac{\mathrm{I}_1(T'b)}{\mathrm{I}_0(T'b)} \tag{13.14.32}$$

$$Y_e=\frac{H_\varphi}{E_z}-Y_i=\frac{\mathrm{j}\omega\varepsilon_0}{\gamma b}\left\{\frac{\left[1-\frac{\beta_p^2}{(\beta_e-\beta)^2}\right]^{1/2}\mathrm{I}_1(T'b)}{\mathrm{I}_0(T'b)}-\frac{\mathrm{I}_1(\gamma b)}{\mathrm{I}_0(\gamma b)}\right\} \tag{13.14.33}$$

如果有 $Y_e=Y_c$,即令式(13.14.33)所表示的实心电子注导纳 Y_e 与前面的空心电子注的导纳 Y_c 相等,那么两者即可"等效". 计算表明,当 γ 满足条件

$$n^2=1-\frac{\beta_p^2}{(\beta_e-\beta)^2}=0 \tag{13.14.34}$$

时，即有

$$\begin{cases} Y_e \approx Y_c \\ \dfrac{\partial Y_e}{\partial \gamma} \approx \dfrac{\partial Y_c}{\partial \gamma} \end{cases} \tag{13.14.35}$$

也就是说，Y_e 曲线与 Y_c 曲线在上述 γ 值处相切.

假定在半径 sb 处有一电流为 tI_0 的空心薄电子注，则在半径 b 处的 H_φ/E_z 值，在条件(13.14.34)满足时，给出 Y_{eH} 值为

$$Y_{eH}=\left(\frac{H_\varphi}{E_z}\right)_{r=b}-Y_i=-\mathrm{j}\omega\varepsilon_0 b\,\frac{t}{2}\,\frac{\mathrm{I}_0^2(s\gamma b)}{\mathrm{I}_0^2(\gamma b)}\cdot\left\{1-\gamma^2 b^2\mathrm{I}_0^2(s\gamma b)\frac{t}{2}\left[\frac{\mathrm{K}_0(s\gamma b)}{\mathrm{I}_0(s\gamma b)}-\frac{\mathrm{K}_0(\gamma b)}{\mathrm{I}_0(\gamma b)}\right]\right\}^{-1} \tag{13.14.36}$$

将式(13.14.36)与式(13.14.33)比较并令其相等，就可以得到关于 t 的第一个关系式：

$$\frac{1}{t}=\frac{1}{2}(\gamma_e b)^2\mathrm{I}_0^2(s\gamma_e b)\left[\frac{\mathrm{K}_0(s\gamma_e b)}{\mathrm{I}_0(s\gamma_e b)}+\frac{\mathrm{K}_1(\gamma_e b)}{\mathrm{I}_1(\gamma_e b)}\right] \tag{13.14.37}$$

式中，γ_e 即是满足条件 $n=0$[式(13.14.34)]的 β 值所对应的 γ 值：

$$\gamma_e^2=\beta^2-k^2$$

另外，在 $n=0$ 附近，n 随 γ 而改变得很快，因此按$(\partial Y_e/\partial\gamma)$匹配与按$(\partial Y_e/\partial n)_\gamma$ 匹配相接近，利用这一近似，可以用$(\partial Y_e/\partial n)_r$ 代替$(\partial Y_e/\partial \gamma)$. 将方程(13.14.33)和方程(13.14.36)对 n 微分，并在 $n=0$ 处令其相等，就可以得到关于 t 的第二个关系式：

$$\frac{1}{t}=(\gamma_e b)^2\mathrm{I}_0^2(\gamma_e b)\mathrm{I}_0^2(s\gamma_e b)\left[\frac{\mathrm{K}_0(s\gamma_e b)}{\mathrm{I}_0(s\gamma_e b)}+\frac{\mathrm{K}_1(\gamma_e b)}{\mathrm{I}_1(\gamma_e b)}\right]^2 \tag{13.14.38}$$

由两个 t 的关系式即可以得到 s 的隐方程为

$$\frac{\mathrm{K}_0(s\gamma_e b)}{\mathrm{I}_0(s\gamma_e b)}=-\frac{\mathrm{K}_1(\gamma_e b)}{\mathrm{I}_1(\gamma_e b)}+\frac{1}{2\mathrm{I}_1^2(\gamma_e b)} \tag{13.14.39}$$

同时，确定 t 的方程本身也得以简化：

$$t=\frac{4}{(\gamma_e b)^2}\frac{\mathrm{I}_1^2(\gamma_e b)}{\mathrm{I}_0^2(\gamma_e b)} \tag{13.14.40}$$

按式(13.14.39)和式(13.14.40)计算的 s 和 t 与 $\gamma_e b$ 的关系曲线如图 13.14.4 所示.

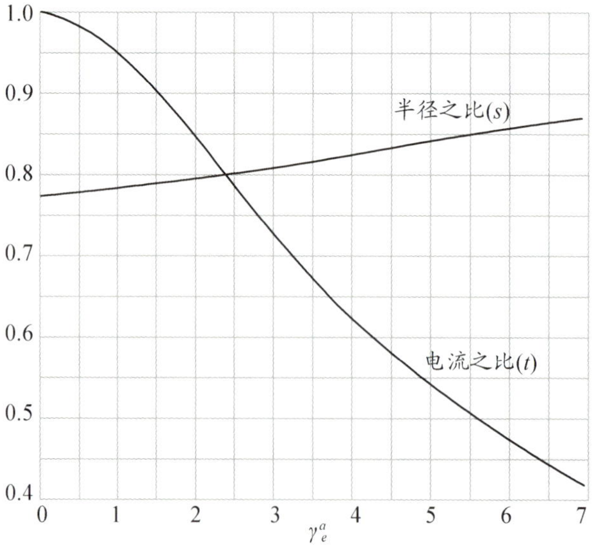

图 13.14.4　与半径为 b、电流为 I_0 的实心注等效的空心注参量

现在，我们就可以求出适合于实心注的参量 Q_s 和 K_{cs} 了. 若 $Q(\gamma_0 a, b/a)$ 和 $K_c(\gamma_0 a, b/a)$ 是由方程(13.14.29)、方程(13.14.31)算出的空心注的值，则得

$$Q_s = Q(\gamma_0 a, sb/a) \tag{13.14.41}$$

$$K_{cs} = tK_c(\gamma_0 a, sb/a) \tag{13.14.42}$$

在图 13.14.5 和图 13.14.6 中，对不同的 b/a 值，和 $\gamma_e = \gamma_0$ 时所取的 t 与 s 值，画出了计算所得的 Q_s 和 K_{cs} 值与 $\gamma_0 a$ 的关系.

于是，只要用 Q_s 及 K_{cs} 值代替以前的 Q 和 K_c，则对空心注求得的所有解都可用于实心注.

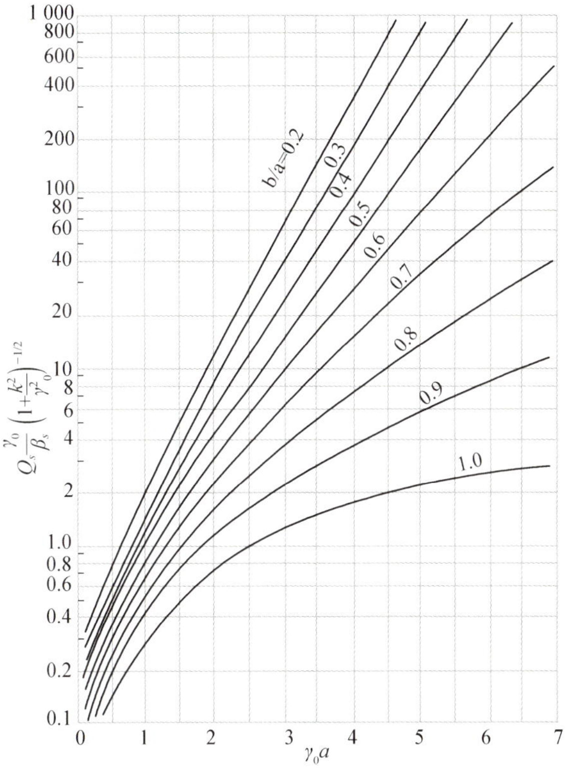

图 13.14.5　实心电子注参量 Q_s 与 $\gamma_0 a$ 的关系

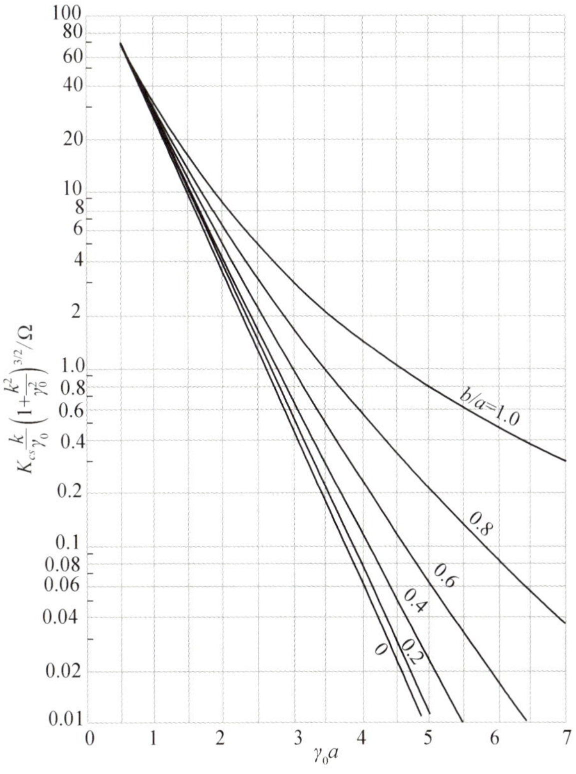

图 13.14.6　实心电子注阻抗 K_{cs} 与 $\gamma_0 a$ 的关系

13.15 关于等离子频率降低因子的估计

我们在第 3 章专门讨论过空间电荷波的等离子频率降低因子，曾经得到如下关系式：

$$\omega_q = F\omega_p \tag{13.15.1}$$

$$F = \frac{1}{\sqrt{1+\dfrac{T^2}{\beta^2-k^2}}} \tag{13.15.2}$$

且在一般情况下 $F \leqslant 1$. 式中符号意义同第 3 章.

在本章前面各节的讨论中，我们亦曾多次遇到过等离子频率 ω_q，我们用 ω_q 代替 ω_p，主要就是考虑到关系式(13.15.1). 不过，在这里显然与第 3 章所讨论的情况不同，因为在我们现在研究的行波管中，在电子注的外边已不是自由空间或漂移管，而是慢波系统. 由于在慢波系统表面上所要求的场的边界条件与漂移管表面所要求的场的边界条件有本质的不同，所以在两种情况下等离子频率降低因子也有所区别.

根据方程(12.3.19)和方程(12.3.20)，有

$$\omega_q = F\omega_p = \omega\frac{\sqrt{4QC^3}}{1\pm\sqrt{4QC^3}} \tag{13.15.3}$$

当 $4QC^3 \ll 1$ 时，式(13.15.3)给出：

$$F = \frac{\omega}{\omega_p}\sqrt{4QC^3} \tag{13.15.4}$$

我们指出，以上两式是在不考虑两个空间电荷波与线路场相互作用的情况下才得到的. 然而，当电子注外面是慢波线时，情况显然并非如此，为此，我们可以利用表面导纳的关系来讨论慢波系统是螺旋线时的情况.

在 13.14 节中曾定义电子注边缘向外的导纳为

$$Y_0 = \frac{H_\varphi}{E_z} \tag{13.15.5}$$

根据这一定义，对于漂移管及自由空间的情况，分别有

$$Y_0 = \frac{\mathrm{j}\omega\varepsilon_0}{\gamma}\frac{[\mathrm{K}_0(\gamma a)\mathrm{I}_1(\gamma b)+\mathrm{K}_1(\gamma b)\mathrm{I}_0(\gamma a)]}{[\mathrm{K}_0(\gamma a)\mathrm{I}_0(\gamma b)-\mathrm{K}_0(\gamma b)\mathrm{I}_0(\gamma a)]}\text{(漂移管)} \tag{13.15.6}$$

$$Y_0 = \frac{\mathrm{j}\omega\varepsilon_0}{\gamma}\frac{\mathrm{K}_1(\gamma r)}{\mathrm{K}_0(\gamma r)}\text{(自由空间)} \tag{13.15.7}$$

而对于螺旋线慢波系统的情况，13.14 节已给出 Y_0 为

$$Y_0 = \frac{\mathrm{j}\omega\varepsilon_0}{\gamma}\frac{\mathrm{I}_1(\gamma b)-\dfrac{C_4}{C_3}\mathrm{K}_1(\gamma b)}{\mathrm{I}_0(\gamma b)+\dfrac{C_4}{C_3}\mathrm{K}_0(\gamma b)}\text{(螺旋线)} \tag{13.15.8}$$

式中，C_4/C_3 由式(13.14.12)给出.

上述三种不同情况的导纳 Y_0 与 γa 的关系绘于图 13.15.1 中. 由图中所给出的三条曲线就可以清楚地看出三者之间的区别. 由此可见，在不同情况下对电子注的影响是不同的，所以严格地讲，在行波管的实际情况下(有慢波线的情况)，等离子频率降低因子和自由空间电荷波理论所给出的结果是不同的.

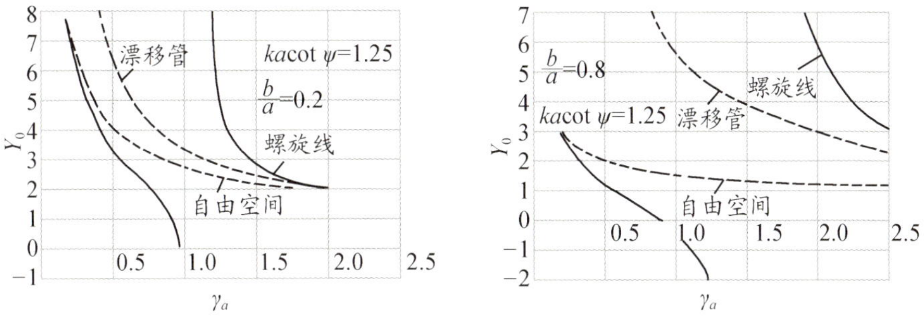

(a) $kacot\ \psi=1.25, b/a=0.2$　　(b) $kacot\ \psi=1.25, b/a=0.8$

图 13.15.1　三种不同情况下的 Y_0 值与 γa 的关系

不过，我们可以近似地找出一种简单的计算方法. 根据关系式(13.15.4)可以看出，如果对于某种具体的慢波系统，Q 值可以求得，那么代入式(13.15.4)，也就可以计算出等离子频率降低因子了. 至于该式中的增益参量 C，则可以通过导流系数 p 及耦合阻抗 K_c 来表示：

$$C^3=\frac{K_c I_0}{4V_0}=\frac{\sqrt{V_0}}{4}K_c p \tag{13.15.9}$$

计算表明，在实际情况下，由这种方法求得的 F 值与空间电荷波理论得到的相差很小.

在 12.5 节中我们曾在按瓦因斯坦的方法得到的行波管特征方程中引入参数 p[见式(12.5.29)]：

$$p^2=1-\mathrm{j}\omega\varepsilon_0 S_{\mathrm{eff}}\sum_{n\neq 0}\frac{\Gamma_n\beta_n^2 K_{cn}}{\Gamma^2-\Gamma_n^2} \tag{13.15.10}$$

式中，p 称为等离子体压缩系数(注意与前面的导流系数相区别). 我们指出，等离子体压缩系数与等离子体频率降低因子是不相同的，但是，我们可以求得它们之间的近似关系.

由空间电荷波理论，若令 $\Gamma=\mathrm{j}\beta$，可以得到

$$(\Gamma-\mathrm{j}\beta_e)^2=-\beta_p^2\left[\frac{1}{1-\dfrac{T^2}{(\Gamma^2+k^2)}}\right]=-F^2\beta_p^2 \tag{13.15.11}$$

而由行波管的特征方程(12.5.27)可以得到

$$(\Gamma-\mathrm{j}\beta_e)^2=-p^2\beta_p^2+\frac{2\mathrm{j}\beta_e C^3\Gamma_0\beta_0^2}{(\Gamma^2-\Gamma_0^2)} \tag{13.15.12}$$

如果我们忽略行波管中波的传播常数 Γ 与空间电荷波的传播常数 Γ 之间的区别，那么由上两式即可得到

$$F^2=p^2-\frac{2\mathrm{j}\beta_e C^3\beta_0^2\Gamma_0}{(\Gamma^2-\Gamma_0^2)}\cdot\frac{1}{\beta_p^2} \tag{13.15.13}$$

可见，当 C 很小时，等离子体压缩系数 p^2 与等离子体频率降低因子相差极其微小. 这种情况再次说明了由不同方法导出的行波管特征方程之间的关系.

13.16 参考文献

[1] BIRDSALL C K, BREWER G R. Traveling wave tube characteristics for finite values of C[J]. Transactions of the IRE Professional Group on Electron Devices, 1954, 1(3):1-11.

[2] BREWER G R, BIRDSALL C K. Travelling wave tube propagation constants [J]. IRE Transactions on Electron Devices, 1957, 4(2):140-144.

[3]LOUISELL W H. Approximate analytic expressions for TWT propagation constants[J]. Electron Devices IRE Transactions on, 1958, 5(4):257-259..

[4] WEBBER S E. Calculations of wave propagation on a helix in the attenuation region[J]. Transactions of the IRE Professional Group on Electron Devices, 1954, 1(3):35-39.

[5]COHEN S A. Traveling-wave tube gain fluctuations with frequency[J]. IRE Transactions on Electron Devices, 1957, 4(1):70-78.

[6]NISHIDA S,KAWASAKI. Design and performance of the x-band 10kW cw travelling-wave tube [C]. MOGA,1968.

[7]BIRDSALL C K, JOHNSON C C. Traveling-wave tube efficiency degradation due to power absorbed in an attenuator[J]. IRE Transactions on Electron Devices, 1959, 6(1):6-9.

[8]ROWE J E. Theory of the crestatron: A forward-wave amplifier[J]. Proceedings of the IRE, 1958, 47(4):536-545.

[9]KOMPFNER R. On the operation of the travelling wave tube at low level[J]. Journal of the British Institution of Radio Engineers, 1950, 10(8-9):283-289.

[10]BRANCH G M, MIHRAN T G. Plasma frequency reduction factors in electron beams[J]. IRE Transactions on Electron Devices, 1955, ED-2(2):3-11.

[11]BIRDSALL C K , SCHUMACHER F M. Plasma frequency reduction in electron streams by helices and drift tubes[J]. IRE Transactions on Electron Devices, 1959, 6(4):468-469.

[12]WATKINS D A, RYNN N. Effect of velocity distribution on traveling-wave tube gain[J]. Journal of Applied Physics, 1954, 25(11):1375-1379.

第 14 章　返波管的小信号分析

14.1 引言

利用线型电子注与电磁行波相互作用，不仅可以实现高频信号的放大，正如第 13 章中已指出的，而且可以做成高频信号发生器. 由放大器到振荡器，必须有反馈机构的存在，反向行波就是一种最方便的反馈路径. 本章将专门来讨论返波管的有关问题.

我们先从第 13 章中讨论过的行波管入手. 如图 14.1.1 所示，如果在管子的输入端和输出端之间接一个反馈系统，并使其满足以下条件：

$$\beta l+\beta_b l_b=2\pi N \quad (N=1,2,\cdots) \tag{14.1.1}$$

那么反馈信号就满足振荡所要求的相位条件. 式(14.1.1)中的 β 及 l 为慢波系统上波的相位常数和作用长度；而 β_l 及 l_b 则表示反馈系统上波的相位常数和反馈长度.

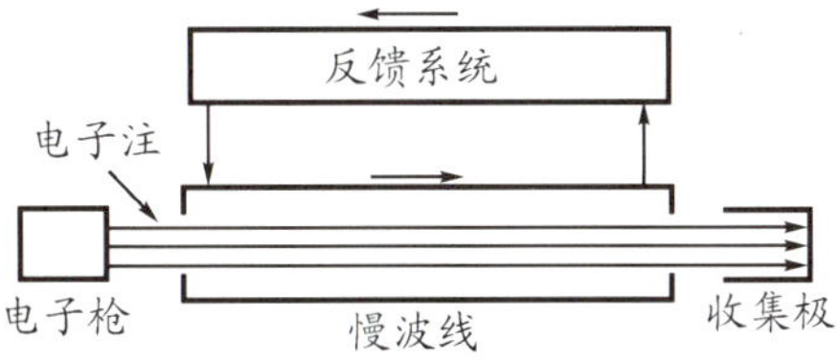

图 14.1.1　行波管振荡器

为了使式(14.1.1)能在所要求的频带范围内都得到满足，必须附加一个条件：

$$\frac{\mathrm{d}}{\mathrm{d}\omega}(\beta_b l_b+\beta l)=2\pi\frac{\mathrm{d}N}{\mathrm{d}\omega}=0 \tag{14.1.2}$$

即 N 应与频率无关. 式(14.1.1)亦可写成

$$\frac{\omega}{v_b}l_b+\frac{\omega}{v_p}l=\frac{2\pi}{\lambda_b}l_b+\frac{2\pi}{\lambda_g}l=2\pi N=\text{常数} \tag{14.1.3}$$

式中，v_b、λ_b 和 v_p、λ_g 分别为波在反馈系统和慢波系统上的相速、波长.

又由于 $\mathrm{d}\beta/\mathrm{d}\omega=v_g^{-1}$，$v_g$ 为波的群速，所以式(14.1.2)又可写成

$$\frac{l_b}{(v_g)_b}+\frac{l}{v_g}=0 \tag{14.1.4}$$

由此可见，为了实现宽频带的振荡，波在相互作用部分和反馈部分的色散特性应当满足式(14.1.4). 这就是说，在振荡闭合回路中，其两部分电路的群速的符号应相反，或在调谐时(改变频率)，其电长度若在一部分电路上增加，则应在另一部分上相应减少，以保持总的 N 值不变；或者如果它们的相速随频率的增减而同时增减，那么 N 值同样可保持不变。这就意味着，电路应具有异常的色散特性($\mathrm{d}v_p/\mathrm{d}_f>0$). 因而，用一般传输系统来做成外反馈线路，就不能满足上述要求，因为一般传输线具有正常色散特性，它们虽然可能满足条件式(14.1.1)，但始终不可能满足式(14.1.3)的要求. 因此，利用外反馈线路的行波管振荡器，不可能是宽频带性的.

由图 14.1.1 可以看出，如果我们现在要利用管子内部反馈来实现振荡，首先就必须能构成一个能量的传输回路. 其实，我们不难发现，管内除了慢波线可以传输电磁波外，电子注也可以作为一种传输线来看待，因而它们两者就有可能构成一个完整的传输波的能量的回路，问题就在于它们上面波的能量传输方向是否相反.

我们先来看一下波在电子注中的传播. 在第 3 章中我们已经知道,这种传播表现为空间电荷波的形式,其相位常数为

$$\beta_{1,2}=\beta_e\pm\beta_q \tag{14.1.5}$$

在一般情况下,$\beta_q\ll\beta_e$,因此空间电荷波的相速实际上接近于电子的速度. 在第 3 章中也已证明,空间电荷波总是正色散的,也就是说,波的相速与群速方向总是相同的,且群速等于电子速度 v_0,所以,作为一种传输线,电子注不具有负色散特性,亦即信号不可能在电子运动的相反方向上传播. 虽然慢空间电荷波的功率是负值,但那是不同的另一种概念.

既然在电子注中,空间电荷波能量的传播方向只能是电子运动方向,那么,为了构成回路,就必须要求在慢波线上波的能量具有相反的传播方向,即电子运动的反方向. 但是,为了实现电子注与电磁行波的有效相互作用,以从电子注中吸取能量,又要求电子注必须与电磁波的相速同步. 这样,作为振荡器来说,就对波在慢波线上的群速与相速的方向提出了相反的要求. 波在慢波线上的传播特性取决于慢波线的色散特性,上述要求意味着慢波线必须具有负色散特性.

在专门讨论慢波系统的第 2 篇中我们曾经指出,在周期性不均匀慢波系统中,线上的波分解为无限个空间谐波,其相位常数为

$$\beta_m=\beta_0+\frac{2\pi m}{L}\quad(m=\pm1,\pm2,\cdots) \tag{14.1.6}$$

式中,m 为空间谐波号数,L 为空间周期,β_0 为零次谐波的相位常数. 因此,第 m 次空间谐波的相速可表示为

$$(v_p)_m=\frac{\omega}{\beta_0+\dfrac{2\pi m}{L}}=\frac{(v_p)_0}{1+\dfrac{(\lambda_g)_0}{L}m} \tag{14.1.7}$$

式中,$(v_p)_0$ 为零次谐波的相速,$(\lambda_g)_0$ 则为它的波导波长. 而群速则为

$$(v_g)_m=\left(\frac{\mathrm{d}\beta}{\mathrm{d}\omega}\right)^{-1}=\left(\frac{\mathrm{d}\beta_0}{\mathrm{d}\omega}\right)^{-1}=(v_g)_0 \tag{14.1.8}$$

即波的相速对于各不同次空间谐波是不同的,但波的群速却都是相同的,并都等于零次谐波(基波)的群速.

在方程(14.1.7)中可以看到,凡满足以下条件

$$\left[1+\frac{(\lambda_g)_0}{L}m\right]<0 \tag{14.1.9}$$

的各次谐波,其相速均与基波的相速$(v_p)_0$ 方向相反.

由此就可以得出,如果基波是正色散的,那么满足条件式(14.1.9)的各次谐波都是负色散的,而如果基波是负色散的,那么满足条件式(14.1.9)的各次谐波就都是正色散的. 特别是在实际中,慢波系统中往往有$(\lambda_g)_0>L$,因此,当 $m=-1$ 时,以上条件就可以得到满足,也就是说,在一般情况下 $m=-1$ 就已经是负色散了.

现在我们就来讨论一下,如果利用上述负色散的慢波线来做成振荡器,情况将会如何. 这时,在所讨论的情况下,波的相速与电子注速度相等而且同向,而波的能量则朝相反的方向进行.

既然电子注与波同步,因而场对电子注的作用结果得以积累,电子注的群聚作用在它向前行进的同时逐渐增大. 与此同时,波的能量却向反方向传播. 这样,群聚电子注对场的作用就得以实现反馈,且这种反馈的特点是:电子注所走过的距离同时也是波所走过的距离,因此反馈的路径始终得以维持.

这样,我们就看到,当利用相速和群速反向的负空间谐波作用,即一般称为返波相互作用时,必然存在反馈现象. 这时,电子注除了作为能源之外,还起着反馈线的一环的作用;而慢波线除作为缓慢电磁波传播的系统外,又是反馈系统的另一环. 这种反馈不是外加的,而是内部必然存在的.

根据色散的性质我们知道,上述负空间谐波,不仅是负色散的,而且具有异常色散特性,即 v_p 将随频率

增加而增加，与此同时，我们可以增加电压提高电子速度来增加 v_b，因而当利用返波作用时，条件(14.1.3)也就同时得到了满足. 所以，返波的利用不仅使得振荡可以实现，而且可以得到宽的频带.

下面我们来进一步考虑一下这种反馈的相位关系.

在第 3 章讨论空间电荷波时曾经指出，电子注中的交变分量与激励信号之间的相位相差 $\pi/2$. 因此，当把电子注当作反馈线的一环时，必须把上述相位差计算在内. 由此，方程(14.1.1)应改写成

$$-\frac{2}{\pi}+\frac{\omega}{v_b}l-\frac{\pi}{2}+\frac{\omega}{(v_p)_{-1}}l=2\pi n \tag{14.1.10}$$

由于反馈是电子注产生的，故 $v_b\approx -v_0$，因而式(14.1.10)变为

$$(\beta-\beta_e)l=(2n+1)\pi\quad(n=0,1,2,\cdots) \tag{14.1.11}$$

式中，用 β 代替了 β_{-1} 以简化书写. 由此得

$$\frac{1}{v_0}=\frac{1}{(v_p)_{-1}}-\frac{\left(\frac{1}{2}+n\right)\lambda}{cl} \tag{14.1.12}$$

式中，c 为光速.

在以上各式中，n 称为返波管工作模式的序数. $n=0$ 为主模式，$n\geqslant 1$ 为高次模式，一般返波管均用主模式，而高次模式的出现则总是不希望的.

由方程(14.1.12)可以看到，当 n 不太大时，近似有

$$v_0\approx(v_p)_{-1} \tag{14.1.13}$$

即成为同步条件.

由式(14.1.13)进一步就可得到

$$\beta_{-1}\approx\beta_e \tag{14.1.14}$$

这就表明，由于在返波管中负一次空间谐波必须与电子注同步，所以该谐波亦应是向正 z 方向传输的，而能量则向负 z 方向传输. 也就是说，返波管中的工作谐波(负一次空间谐波)的相位常数 β_{-1} 应该取为正值，并且就等于电子注的相位常数 β_e；相反，这时基波相位常数 β_0 应为负值.

因此，在电子与返波相互作用的情况下，不仅反馈必然存在，而且反馈要求的条件与同步条件一致. 这再次说明了电子与返波相互作用在原则上适合作为宽频带振荡器.

正如我们在前面已指出的，式(14.1.10)及式(14.1.11)对任意频率都能成立，因为当频率改变，返波相速变化时，我们可改变电子注的速度 v_0，即改变加速电压 V_0，以保证上述条件的成立，这就是返波管工作的调谐.

14.2 返波管工作方程

由以上定性讨论的结果可以看到，与行波管不同，在返波管中，电子是与反向的电磁行波相互作用的. 不过，在第 13 章讨论行波管时所采用的各种方法都没有对慢波系统上波的色散特性给出假定和限制. 因此，没有理由认为讨论行波管的方法对于返波管并不适合. 当然，当我们利用第 13 章中所叙述的方法来研究返波管时，必须注意返波管所具有的特点.

在 O 型返波管中，电子注与在行波管中时并没有实质上的不同，而仅是慢波线上波的色散特性不同. 所以，在按自洽场概念分析返波管时，电子学方程自然没有变化，仍与行波管中的情况一样. 返波管的特点必须在线路方程中加以考虑.

我们仍然用等效电路模型来进行分析. 由于在返波管中，慢波线上的波是返波，因此等效电路必须做适

当的改变. 如图 14.2.1 所示,用串接的电容 C 及并接的电感 L 组成的电路来代替分析行波管所用的等效电路图 12.2.3. 这样改变后的等效电路就能满足负色散的要求,所以这时 $\beta = 1/\omega\sqrt{LC}$,因而

$$v_g^{-1} = \frac{d\beta}{d\omega} = -\frac{1}{\omega^2\sqrt{LC}} < 0$$

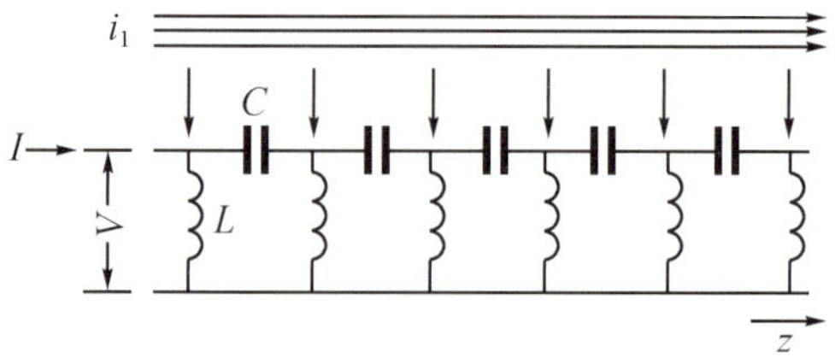

图 14.2.1 返波管等效电路

换句话说,只有在这样的电路上才可能得到负的群速,即传输负的(负 z 方向的)功率流.

以下采用与 13.2 节中同样的方法进行分析. 如前所述,电子学方程应仍与式(12.3.10)相同,即

$$i_1 = \frac{j\beta_e}{(\Gamma - j\beta_e)^2} \cdot \frac{I_0}{2V_0} E_z \tag{14.2.1}$$

至于线路方程,则必须做必要的修正.

在 12.2 节中导出线路方程时,我们曾引入耦合阻抗 K_c:

$$K_c = \frac{E_z \cdot E_z^*}{2\beta^2 P} \tag{14.2.2}$$

式中,P 为线上的功率流. 在行波管中,利用电子注与正色散的前向波相互作用,因此功率流 P 指向正 z 方向. 在返波管中,群速与电子注运动方向相反,因此功率流指向负 z 方向,即功率流实际上是负的. 为了使耦合阻抗仍为正值,所以对于返波管来说,应有

$$(K_c)_{-1} = -\frac{E_z \cdot E_z^*}{2\beta_{-1}^2 P} \tag{14.2.3}$$

这样,其他有关参量就无须再修正,即

$$\begin{cases} (Q)_{-1} = \dfrac{\beta_e}{2\omega C_1 (K_c)_{-1}} \\ (C^3)_{-1} = \dfrac{I_0 (K_c)_{-1}}{4V_0} \\ (4QC)_{-1} = \dfrac{\omega_q^2}{\omega^2 C^2} \end{cases} \tag{14.2.4}$$

为了简化书写,在本章以后的讨论中,一般我们将不再保留下标"-1".

因而线路方程(12.3.12)相应修正为

$$E_z = \left[\frac{\Gamma^2\Gamma_0 K_c}{(\Gamma^2 - \Gamma_0^2)} - \frac{2j\Gamma^2 Q K_c}{\beta_e}\right] i_1 \tag{14.2.5}$$

这里,Γ_0 表示"冷"返波的传播常数.

将方程(14.2.1)与方程(14.2.5)联解,即得返波管的特征方程:

$$\left[\frac{\Gamma^2\Gamma_0 K_c}{\Gamma^2 - \Gamma_0^2} - \frac{2jQ\Gamma^2 K_c}{\beta_e}\right]\left[\frac{j\beta_e}{(\Gamma - j\beta_e)^2} \cdot \frac{I_0}{2V_0}\right] = 1 \tag{14.2.6}$$

返波管的工作方程和特征方程,也可以用不同的方法,从原始方程出发导出. 由于推导过程和步骤与行波管的基本一致,所以我们就不再进行具体推导. 不过,在这里要指出,当把空间电荷场计算在电子学方程中时,有

$$i_1 = \frac{j\beta_e}{[(\Gamma - j\beta_e)^2 + \beta_q^2]} \cdot \frac{I_0}{2V_0} E_c \tag{14.2.7}$$

而线路方程则为

$$E_c = \frac{\Gamma^2 \Gamma_0 K_c}{\Gamma^2 - \Gamma_0^2} i_1 \tag{14.2.8}$$

这样得到的特征方程即为

$$\left[\frac{\Gamma^2\Gamma_0 K_c}{\Gamma^2-\Gamma_0^2}\right]\left[\frac{\mathrm{j}\beta_e}{(\Gamma-\mathrm{j}\beta_e{}^2)+\beta_q^2}\cdot\frac{I_0}{2V_0}\right]=1 \tag{14.2.9}$$

同样,可以证明方程(14.2.9)是与方程(14.2.6)等价的.

下面我们仿照行波管特征方程的解法,令

$$\begin{cases}\Gamma=\mathrm{j}\beta_e-\beta_e C\delta\\ \Gamma_0=\mathrm{j}\beta_e+\mathrm{j}\beta_e Cb-\beta_e Cd\end{cases} \tag{14.2.10}$$

式中,b 为速度参量;d 为损耗参量;δ 为由特征方程所决定的待求量.需要指出的是,Γ_0 中含有 d 的一项的符号在这里与行波管不同,这是因为在返波管中,损耗应该是使波沿负 z 方向衰减,而不再是如行波管中那样沿正 z 方向衰减,因而为了保持 d 仍用正值来表示损耗,应该使该项变号.

将式(14.2.10)代入方程(14.2.6)或方程(14.2.9),即得

$$\delta^2=\frac{(1+\mathrm{j}C\delta)^2[1+C(b+\mathrm{j}d)]}{\left[b+\mathrm{j}d-\mathrm{j}\delta+C\left(\mathrm{j}bd+\frac{b^2}{2}-\frac{d^2}{2}+\frac{\delta^2}{2}\right)\right]}-4QC(1+\mathrm{j}C\delta)^2 \tag{14.2.11}$$

将式(14.2.11)与方程(13.3.4)加以比较可以看出,两者仅有一些符号的差别.

如果限于增益参数 $C\ll1$ 的情况,那么上式简化为三次方程:

$$\delta^2=\frac{1}{b+\mathrm{j}d-\mathrm{j}\delta}-4QC \tag{14.2.12}$$

方程(14.2.12)与方程(13.2.6)的比较将在以后给出.与行波管中一样,在得到这个三次方程时被略去的第四个根所代表的波,其相速与电子注的运动方向相反,因此不可能与电子注发生有效互作用.

14.3 返波管工作的基本分析

在 14.2 节我们已求得 $C\ll1$ 时的返波管特征方程(14.2.12),它应有三个根.采用与 13.3 节中完全类似的推导,我们不难写出在返波管情况下的边界条件,三个波的幅值及增益.

边界条件($z=0$)以电压形式表示可写为

$$\begin{cases}\sum\limits_{n=1}^{3}V_n=V\\ \sum\limits_{n=1}^{3}\frac{(1+\mathrm{j}C\delta_n)V_n}{\delta_n^2+4QC}=0\quad(n=1,2,3)\\ \sum\limits_{n=1}^{3}\delta_n\frac{(1+\mathrm{j}C\delta_n)V_n}{\delta_n^2+4QC}=0\end{cases} \tag{14.3.1}$$

写出以上各式时,注意 $\Gamma_nV_n=\mathrm{j}\beta_e(1+\mathrm{j}C\delta_n)V_n=E_n$.联解上述边界条件,即可以得到

$$\begin{aligned}\frac{V_n}{V}=\Bigg[1&+\frac{(\delta_{n+1}^2+4QC)}{(\delta_n^2+4QC)}\cdot\frac{(\delta_n-\delta_{n+2})}{(\delta_{n+2}-\delta_{n+1})}\cdot\frac{(1+\mathrm{j}C\delta_n)}{(1+\mathrm{j}C\delta_{n+1})}\\&+\frac{(\delta_{n+2}^2+4QC)}{(\delta_n^2+4QC)}\cdot\frac{(\delta_{n+1}-\delta_n)}{(\delta_{n+2}-\delta_{n+1})}\cdot\frac{(1+\mathrm{j}C\delta_n)}{(1+\mathrm{j}C\delta_{n+2})}\Bigg]^{-1}\end{aligned} \tag{14.3.2}$$

$(n=1,2,3,\delta_4=\delta_1,\delta_5=\delta_2)$

略去含 C 的项而保留 QC 项,则式(14.3.2)可简化为

$$
\begin{cases}
\dfrac{V_1}{V}=\dfrac{\delta_1^2+4QC}{(\delta_1-\delta_2)(\delta_1-\delta_3)}\\[2ex]
\dfrac{V_2}{V}=\dfrac{\delta_2^2+4QC}{(\delta_2-\delta_1)(\delta_2-\delta_3)}\\[2ex]
\dfrac{V_3}{V}=\dfrac{\delta_3^2+4QC}{(\delta_3-\delta_1)(\delta_3-\delta_2)}
\end{cases}
\tag{14.3.3}
$$

根据上述 $z=0$ 处波的幅值，乘上传播因子 $e^{-\Gamma_n z}$，即可得到线上任意点的高频电压：

$$
\frac{V(z)}{V}=e^{-j2\pi N}\sum_{n=1}^{3}\left[\frac{\delta_n^2+4QC}{(\delta_n-\delta_{n+1})(\delta_n-\delta_{n+2})}e^{2\pi CN\delta_n}\right]
$$

$$
(n=1,2,3,\delta_4=\delta_1,\delta_5=\delta_2) \tag{14.3.4}
$$

式中，$e^{-j2\pi N}\cdot e^{2\pi CN\delta_n}=e^{-\beta_e z(j-C\delta_n)}=e^{-\Gamma_n z}$.

在返波管中，$z=0$ 处是管子的输出端，而 $z=L$ 处则是输入端. 因此，如果定义放大系数为

$$
G=\frac{V(0)}{V(L)} \tag{14.3.5}
$$

那么由式(14.3.4)就可以得到

$$
G=\frac{\displaystyle\sum_{n=1}^{3}\frac{\delta_n^2+4QC}{(\delta_n-\delta_{n+1})(\delta_n-\delta_{n+2})}e^{j2\pi N}}{\displaystyle\sum_{n=1}^{3}\frac{\delta_n^2+4QC}{(\delta_n-\delta_{n+1})(\delta_n-\delta_{n+2})}e^{2\pi CN\delta_n}} \tag{14.3.6}
$$

展开后，式(14.3.6)可化为

$$
G=\frac{\displaystyle\sum_{n=1}^{3}(\delta_{n+2}-\delta_{n+1})(\delta_n^2+4QC)e^{j2\pi N}}{\displaystyle\sum_{n=1}^{3}(\delta_{n+2}-\delta_{n+1})(\delta_n^2+4QC)e^{2\pi CN\delta_n}} \tag{14.3.7}
$$

因此，求返波管的增益归结为求解特征方程(14.2.12)，求出各个根 δ_n 的值，然后代入式(14.3.7)即可得到. 仍然令

$$
\delta=x+jy
$$

代入式(14.2.12)，得到以下两个联立代数方程：

$$
\begin{cases}
(x^2-y^2+4QC)(d-x)+2xy(y+b)=0\\
(x^2-y^2+4QC)(b+y)+2xy(x-d)=1
\end{cases}
\tag{14.3.8}
$$

三次联立代数方程的解，很难用分析方法求出，一般只能用数值计算得到. 不过我们可以和行波管中的有关方程做对比来进行研究. 由方程(14.2.12)与方程(13.2.6)的比较可见，如果在行波管的特征方程中，以$(-\delta)$及$(-b)$来代替其中的 δ 及 b，那么就化成为返波管特征方程. 这种关系对于式(14.3.8)与式(13.2.55)、式(13.2.56)也同样成立，即以$(-\delta=-x-jy)$和$(-b)$代替$(\delta=x+jy)$、b，即可由式(13.2.55)和式(13.2.56)得到式(14.3.8). 由此可以想象，返波管特征方程(14.2.12)的解与行波管特征方程(13.2.6)的解对 x 轴、y 轴及 b 轴是镜像对称的. 当然，这一结论只有在 $C\ll1$ 的条件下才成立. 因为当 C 不可忽略时，方程(14.2.11)与方程(13.3.4)之间并没有上述简单的关系.

这样一来，对于小 C 值时，通过行波管特征方程的解，就可以得到返波管特征方程的解，只要注意以上转换关系就行了.

当 $C=0.1$ 时，对于 $QC=0$ 及 $QC=0.125$ 两种情况，略去损耗后，计算结果如图 14.3.1 及图 14.3.2 所示.

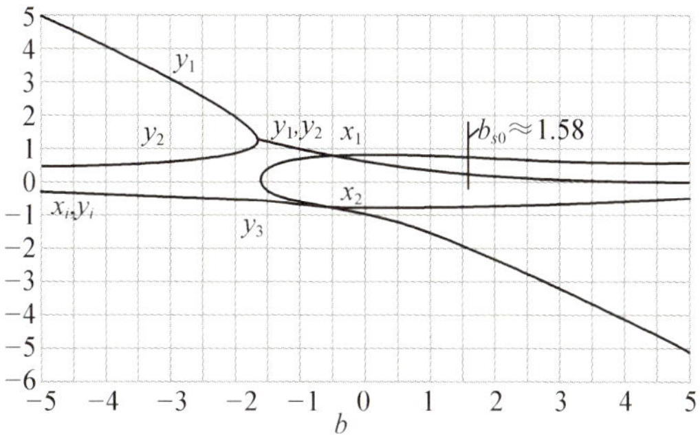

图 14.3.1　$C=0.1, QC=0, d=0$ 时
返波管特征方程的解

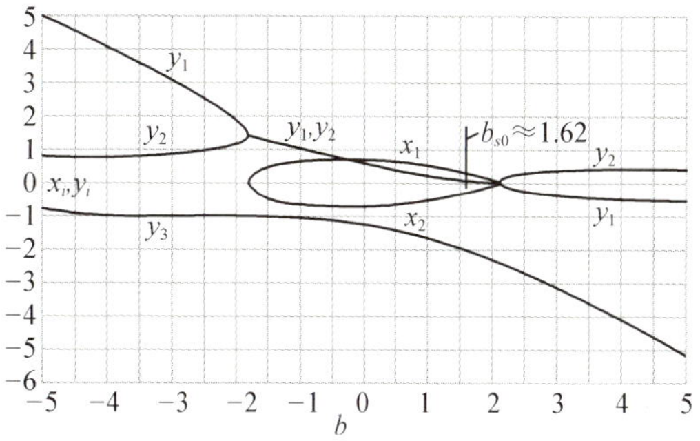

图 14.3.2　$C=0.1, QC=0.125, d=0$ 时
返波管特征方程的解

至此，返波管增益的求解问题得到了解决. 我们接着就可以来讨论返波管的自激振荡问题了，因为这对于返波管来说更为典型.

自激振荡得以实现的条件是 $G\to\infty$，因而由方程(14.3.6)可以得到，当 $G\to\infty$时，

$$\frac{(\delta_1^2+4QC)}{(\delta_1-\delta_2)(\delta_1-\delta_3)}e^{2\pi CN\delta_1}+\frac{(\delta_2^2+4QC)}{(\delta_2-\delta_1)(\delta_2-\delta_3)}e^{2\pi CN\delta_2}$$
$$+\frac{(\delta_3^2+4QC)}{(\delta_3-\delta_1)(\delta_3-\delta_2)}e^{2\pi CN\delta_3}=0 \tag{14.3.9}$$

将由特征方程(14.2.12)得到的各 δ 解代入式(14.3.9)，就可以求出振荡条件下，各有关参数(b、CN 等)与 d、QC 之间的关系. 计算表明，对于每组给定的参量，方程(14.3.9)有无限个分立的 CN 值解(方程的无限个根)，相当于无限个分立的振荡模式. 第一个根相应于基本振荡(主振荡)模式，其余的根都是高模式的杂波振荡.

显然，方程(14.3.9)的上述解只能用数值计算方法进行. 表 14.3.1 中列出了在不同空间电荷参量 QC 值及不同损耗 L 值下对主振荡($n=0$)计算的结果，表中：

$$L=54.6dCN(\text{dB})$$

$$H=2\pi N\frac{\omega_q}{\omega}=2\pi N\sqrt{QC^3}$$

由表 14.3.1 可见，当 $QC=0, d=0$ 时，起振条件对应为 $b_0=1.522$，$(CN)_0=0.314$.

与表 14.3.1 相对应的曲线如图 14.3.3 和图 14.3.4 所示.

表 14.3.1　返波管振荡器的理论起振条件

	L	b	CN	H	$(\beta-\beta_e)l$	QC/CN
$QC=0$	0	1.522	0.314 1	0	3.003	0
	2	1.488	0.327 5	0	3.062	0
	4	1.457	0.341 4	0	3.125	0
	6	1.427	0.355 6	0	3.188	0
	10	1.375	0.384 7	0	3.324	0
	15	1.318	0.422 9	0	3.502	0
	20	1.271	0.462 7	0	3.695	0
	25	1.231	0.504 0	0	3.898	0
	30	1.197	0.547 0	0	4.114	0

续表

	L	b	CN	H	$(\beta-\beta_e)l$	QC/CN
$QC=0.25$	0	1.501	0.343 4	2.158	3.238	0.728 0
	2	1.472	0.360 3	2.264	3.333	0.693 9
	4	1.445	0.377 4	2.371	3.426	0.662 4
	6	1.421	0.395 5	2.485	3.531	0.632 1
	10	1.380	0.432 9	2.720	3.754	0.577 5
	15	1.341	0.482 6	3.032	4.066	0.518 0
	20	1.314	0.534 8	3.360	4.415	0.467 5
	25	1.294	0.589 3	3.703	4.791	0.424 2
	30	1.282	0.645 1	4.053	5.196	0.387 5
$QC=0.50$	0	1.533	0.399 0	3.545	3.843	1.253
	2	1.526	0.423 7	3.765	4.063	1.180
	4	1.526	0.448 3	3.984	4.298	1.115
	6	1.530	0.473 1	4.204	4.548	1.057
	10	1.543	0.520 7	4.627	5.048	0.960 2
	15	1.553	0.577 5	5.132	5.635	0.865 8
	20	1.555	0.634 4	5.637	6.198	0.788 1
	25	1.551	0.693 4	6.161	6.758	0.721 1
	30	1.547	0.755 4	6.712	7.343	0.661 9
$QC=0.75$	0	1.834	0.466 0	5.071	5.370	1.609
	2	1.838	0.485 7	5.286	5.609	1.544
	4	1.839	0.506 2	5.509	5.849	1.482
	6	1.833	0.527 3	5.739	6.073	1.422
	10	1.825	0.573 0	6.236	6.571	1.309
	15	1.818	0.635 8	6.919	7.263	1.180
	20	1.817	0.702 3	7.643	8.018	1.068
	25	1.818	0.768 6	8.365	8.780	0.975 8
	30	1.821	0.835 9	9.097	9.564	0.897 2
$QC=1.00$	0	2.072	0.491 4	6.174 5	6.397	2.035
	2	2.064	0.515 6	6.479	6.687	1.939
	4	2.059	0.541 3	6.802	7.003	1.847
	6	2.058	0.568 4	7.143	7.350	1.759
	10	2.063	0.621 8	7.814	8.060	1.608
	15	2.067	0.686 6	8.628	8.917	1.456
	20	2.065	0.753 7	9.471	9.779	1.327
	25	2.063	0.824 9	10.366	10.69	1.212
	30	2.064	0.898 2	11.287	11.65	1.113
$QC=1.50$	0	2.499	0.552 2	8.498	8.670	2.629
	2	2.498	0.576 4	8.871	9.047	2.602
	4	2.495	0.602 2	9.268	9.441	2.491
	6	2.491	0.629 3	9.685	9.850	2.384
	10	2.490	0.688 1	10.59	10.77	2.180
	15	2.493	0.760 5	11.70	11.91	1.972
	20	2.492	0.835 0	12.85	13.07	1.796
	25	2.492	0.913 8	14.06	14.31	1.641
	30	2.492	0.993 5	15.29	15.56	1.510

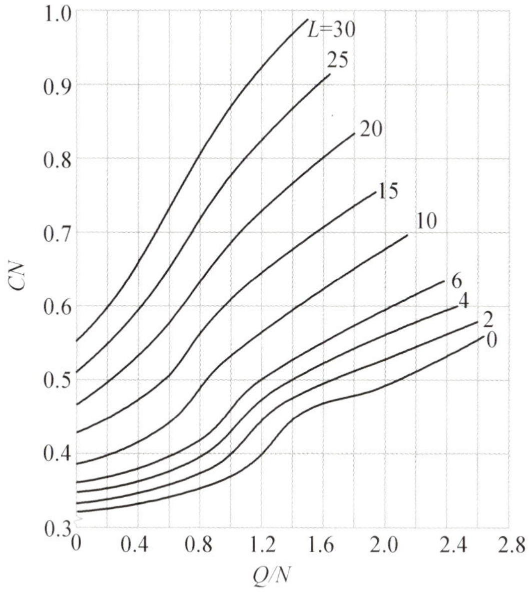

图 14.3.3　返波管起振 CN 值与 Q/N 的关系

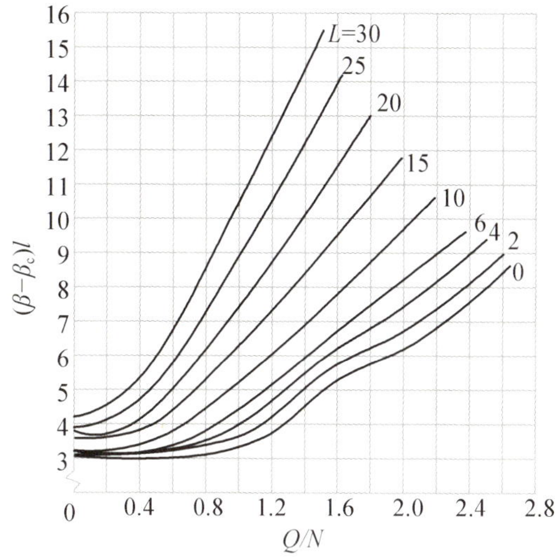

图 14.3.4　返波管起振时对应的 $(\beta-\beta_e)l$ 值与 Q/N 的关系

表 14.3.2 则给出了不同 QC 及 L 值下，对应于起振情况(即在表 14.3.1 中给出的相应 b、CN 值下)而根据式(14.2.12)计算所得的各个 δ 根.

当 $d=0$ 时，以上计算所得起振情况下的各 δ 值及起振时的 b、CN 值如图 14.3.5～图 14.3.7 所示. 图 14.3.5为对应于主模式振荡($n=0$)的计算结果；图 14.3.6 则对应于第一个高次模式的振荡($n=1$)；图 14.3.7 则给出了上述两个模式起振所要求的 b、CN 值与 QC 的关系.

不过，当 QC 较大而 $d=0$ 时，我们可以找到一个近似的分析表示式. 为此，我们先来考察一下根据式(14.3.3)进行数值计算所得到的返波管中各波幅值的关系，式中各 δ 值由式(14.2.12)在起振情况下(及 $d=0$ 时)确定，计算结果绘于图 14.3.8 中.

表 14.3.2　对应于起振情况的返波管中各波的 δ 值

	L	δ_1		δ_2		δ_3	
$QC=0$	0	0.725 21	+0.150 46j	−0.725 21	+0.150 46j	0	−1.822 93j
	2	0.743 90	+0.139 38j	−0.715 27	+0.168 64j	0.083 275	−1.796 02j
	4	0.761 68	+0.127 75j	−0.705 37	+0.184 23j	0.158 38	−1.768 98j
	6	0.778 85	+0.115 91j	−0.695 89	+0.197 84j	0.226 24	−1.740 75j
	10	0.810 36	+0.091 18j	−0.678 05	+0.219 64j	0.343 89	−1.685 82j
	15	0.845 60	+0.059 76j	−0.658 72	+0.239 95j	0.463 03	−1.617 70j
	20	0.875 94	+0.028 27j	−0.642 44	+0.254 59j	0.558 50	−1.553 86j
	25	0.902 20	−0.002 46j	−0.628 90	+0.265 52j	0.635 62	−1.494 07j
	30	0.924 76	−0.031 80	−0.617 75	+0.273 82j	0.697 99	−1.439 02j
$QC=0.25$	0	0	−0.355 93j	0	+0.744 79j	0	−1.889 86j
	2	0.054 19	−0.343 76j	−0.016 18	+0.741 46j	0.063 69	−1.869 70j
	4	0.105 93	−0.337 55j	−0.031 59	+0.740 44j	0.119 85	−1.847 89j
	6	0.154 27	−0.336 72j	−0.045 65	+0.741 47j	0.169 38	−1.825 75j
	10	0.240 07	−0.346 16j	−0.069 08	+0.747 41j	0.252 31	−1.781 25j
	15	0.327 03	−0.370 39j	−0.089 87	+0.757 92j	0.332 34	−1.728 53j
	20	0.394 68	−0.401 27j	−0.103 46	+0.768 62j	0.394 08	−1.681 35j
	25	0.447 79	−0.433 02j	−0.112 48	+0.777 93j	0.442 09	−1.638 91j
	30	0.488 65	−0.465 39j	−0.118 31	+0.785 92j	0.481 66	−1.602 54j

续表

	L	δ_1		δ_2		δ_3	
QC=0.50	0	0	−0.798 76j	0	+1.282 50j	0	−2.016 74j
	2	0.046 76	−0.796 80j	−0.004 494	+1.282 31j	0.044 23	−2.011 51j
	4	0.088 35	−0.801 45j	−0.008 465	+1.282 72j	0.083 61	−2.007 27j
	6	0.125 07	−0.810 25j	−0.011 934	+1.283 50j	0.119 26	−2.003 25j
	10	0.186 85	−0.834 42j	−0.017 663	+1.285 58j	0.182 72	−1.994 15j
	15	0.249 63	−0.865 76j	−0.023 288	+1.288 06j	0.249 56	−1.975 30j
	20	0.301 51	−0.895 17j	−0.027 729	+1.290 16j	0.303 92	−1.950 00j
	25	0.345 22	−0.921 56j	−0.031 282	+1.291 86j	0.346 66	−1.921 30j
	30	0.380 99	−0.946 62j	−0.034 054	+1.293 34j	0.380 76	−1.893 71j
QC=0.75	0	0	−1.196 45j	0	+1.647 04j	0	−2.284 59j
	2	0.038 10	−1.199 88j	−0.001 933	+1.647 18j	0.039 287	−2.285 31j
	4	0.073 16	−1.203 15j	−0.003 706	+1.647 28j	0.075 342	−2.281 13j
	6	0.105 47	−1.207 75j	−0.005 329	+1.647 41j	0.108 26	−2.274 65j
	10	0.163 33	−1.217 65j	−0.008 181	+1.647 62j	0.164 65	−2.254 97j
	15	0.222 18	−1.236 35j	−0.011 015	+1.648 11j	0.221 13	−2.229 75j
	20	0.268 25	−1.259 34j	−0.013 193	+1.648 74j	0.226 74	−2.206 40j
	25	0.305 45	−1.284 30j	−0.014 931	+1.649 42j	0.305 48	−2.184 12j
	30	0.335 44	−1.309 21j	−0.016 322	+1.650 06j	0.338 38	−2.162 85j
QC=1.0	0	0	−1.500 29j	0	+1.936 63	0	−2.508 34j
	2	0.036 174	−1.497 54j	−0.001 165	+1.936 52j	0.036 061	−2.502 98j
	4	0.069 266	−1.498 45j	−0.002 223	+1.936 50j	0.068 358	−2.497 05j
	6	0.099 034	−1.502 94j	−0.003 173	+1.936 56j	0.097 539	−2.491 63j
	10	0.150 05	−1.518 68j	−0.004 804	+1.936 85j	0.149 36	−2.481 17j
	15	0.202 69	−1.541 51j	−0.006 478	+1.937 25j	0.204 09	−2.463 73j
	20	0.246 89	−1.562 00j	−0.007 839	+1.937 52j	0.247 15	−2.440 52j
	25	0.282 04	−1.583 23j	−0.008 909	+1.937 80j	0.281 87	−2.418 57j
	30	0.310 87	−1.604 45j	−0.009 779	+1.938 07j	0.310 91	−2.397 62j
QC=1.5	0	0	−1.999 50j	0	+2.407 53j	0	−2.907 03j
	2	0.031 861	−2.000 14j	−0.000 553 4	+2.407 53j	0.032 273	−2.905 39j
	4	0.061 188	−2.001 68j	−0.001 060	+2.407 52j	0.061 572	−2.900 84j
	6	0.088 230	−2.004 15j	−0.001 523	+2.407 51j	0.087 993	−2.894 37j
	10	0.134 64	−2.015 38j	−0.002 319	+2.407 58j	0.133 98	−2.882 20j
	15	0.182 05	−2.034 83j	−0.003 135	+2.407 71j	0.182 49	−2.865 88j
	20	0.221 32	−2.053 83j	−0.003 798	+2.407 82j	0.221 38	−2.845 99j
	25	0.252 74	−2.073 19j	−0.004 327	+2.407 92j	0.252 89	−2.826 73j
	30	0.278 91	−2.092 23j	−0.004 764	+2.408 02j	0.279 16	−2.807 79j

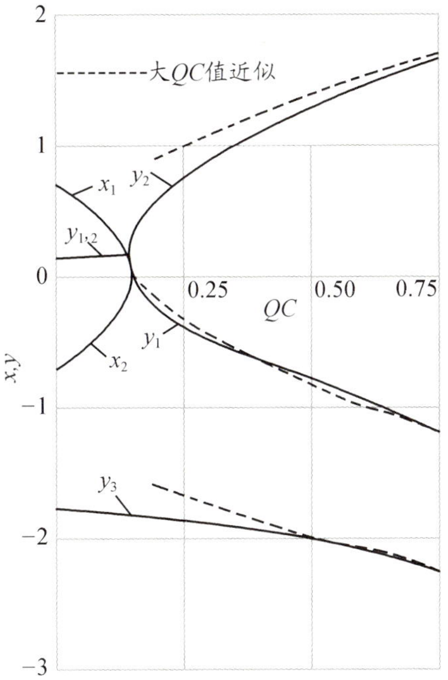

图 14.3.5　在主模($n=0$)起振条件下返波管中各波的δ值($d=0$)

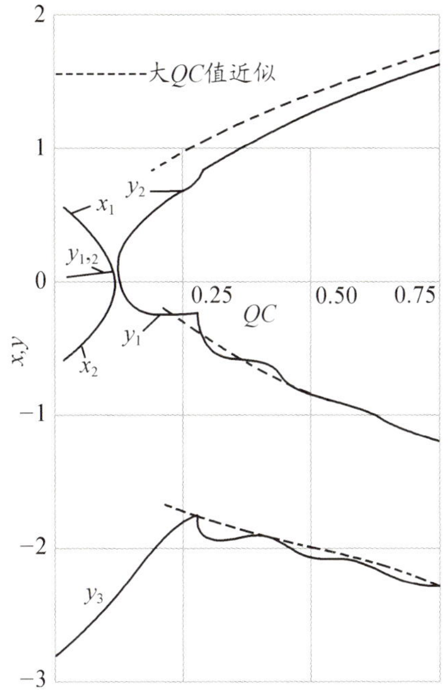

图 14.3.6　在一次模式($n=1$)起振条件下返波管中各波的δ值($d=0$)

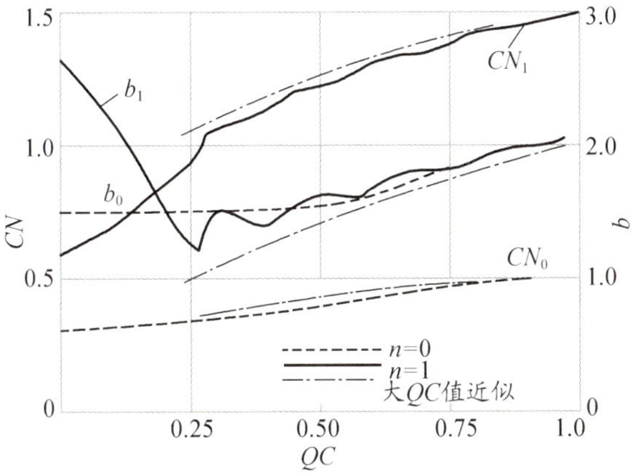

图 14.3.7　$d=0$ 时返波管主模($n=0$)和一次模($n=1$)的起振条件

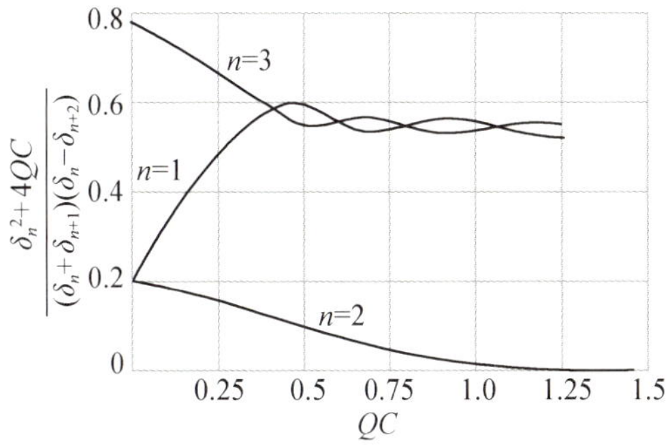

图 14.3.8　在起振情况下返波管中各波的相对幅值与空间电荷参量 QC 的关系($d=0$)

由图 14.3.8 可以看到,随着 QC 的增大,第二个波的幅值逐渐减小而趋近于零,而另外两个波的幅值则大约相等.因而,当 QC 较大时,我们可以近似认为第二个波的幅值等于零.从方程(14.3.3)立即可以看出,第二个波近似为零的条件是

$$\delta_2 \approx \mathrm{j}\sqrt{4QC} \tag{14.3.10}$$

这样,我们就得出了方程(14.2.12)的第二个根.其相应的传播常数为

$$\Gamma_2 = \mathrm{j}\beta_e - \mathrm{j}\beta_e C\sqrt{4QC} \tag{14.3.11}$$

可以发现,它就是我们在 12.3 节中已提到过的快空间电荷波的传播常数[参考式(12.3.21)及第 3 章].因此,上述第二个波相当于快空间电荷波,也就是说,当条件(14.3.10)成立时,在返波管中快空间电荷波可以略去,因而慢波线上的波将仅与慢空间电荷波相互作用.

将式(14.3.10)表示的第二个根代入方程(14.3.9),就得到

$$\frac{\delta_1^2+4QC}{(\delta_1-\delta_2)(\delta_1-\delta_3)}e^{2\pi CN\delta_1}+\frac{\delta_3^2+4QC}{(\delta_3-\delta_2)(\delta_3-\delta_1)}e^{2\pi CN\delta_3}=0 \tag{14.3.12}$$

根据图 14.3.8 所示，当 QC 较大时，第一个波与第三个波的幅值接近，于是式(14.3.12)可进一步简化为

$$e^{2\pi CN\delta_1}+e^{2\pi CN\delta_3}=0 \tag{14.3.13}$$

其解给出：

$$2\pi CN(\delta_1-\delta_3)=j(2n+1)\pi \tag{14.3.14}$$

另外，由于 δ_2 可按式(14.3.10)确定，于是代入特征方程(14.2.12)，从而将三次方程降为二次方程，解得

$$\delta_{1,3}\approx -j\sqrt{4QC}\left[1\mp\frac{1}{4(QC)^{3/4}}\right] \tag{14.3.15}$$

将它代入式(14.3.14)，即得到振荡条件：

$$(CN)_n=\frac{1}{2}(2n+1)(QC)^{1/4} \tag{14.3.16}$$

式中，n 为返波管的振荡模式的号数.

以上求得的 $d=0$ 时大 QC 值下的 δ 表达式(14.3.10)和式(14.3.15)及起振条件式(14.3.16)在图 14.3.5 至图 14.3.7 中用虚线给出.

将 C 的表达式(14.2.4)代入式(14.3.16)，即可得到返波管的起振电流：

$$(I_{st})_n=\frac{4V_0(CN)_n^3}{K_cN^3}=(2n+1)^3\frac{V_0(QC)^{3/4}}{2K_cN^3} \tag{14.3.17}$$

可见，返波管的起振电流随着 QC 的增大而增大，而随着 K_c 的增大而下降，并且反比于 N 的三次方.

如果对于 $n=0$ 和 $n=1$ 两模式，其余参量近似不变，则按式(14.3.17)，$(I_{st})_1\approx 27(I_{st})_0$，即第一个高次模式的起振电流是主模的 27 倍. 较详细的计算可以按方程(14.3.9)及方程(14.2.12)进行，所得结果如图 14.3.9 所示. 由图可见，当 $QC\to 0$ 时，$(I_{st})_1\approx 6.3(I_{st})_0$. 因此，为了保证返波管工作时第一个高次模式不致被激起，一般应选工作电流为 $I_0\approx(2\sim5)(I_{st})_0$.

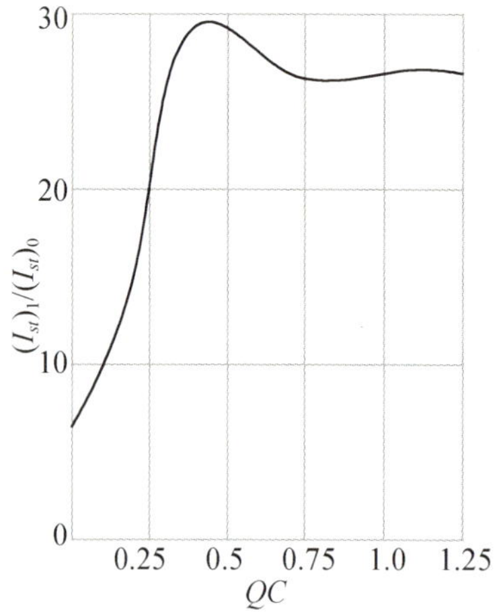

图 14.3.9　返波管中主模($n=0$)和一次模($n=1$)起振电流的比

下面我们再讨论返波管的频率特性.

由速度参量 b 的定义

$$b=\frac{1}{C}\frac{v_0-v_p}{v_p} \tag{14.3.18}$$

不难得出主模的振荡波长为

$$\lambda_0=\frac{l}{b_0(CN)_0}\left(\frac{c}{v_p}-\frac{505}{\sqrt{V_0}}\right) \tag{14.3.19}$$

式中，$(CN)_0$ 项中的 C 为增益参量，而 c/v_p 项中的 c 则为光速，注意两者不要混淆；l 为慢波线长度.

根据前面得出的慢波线上的波仅与慢空间电荷波相互作用的结论，且我们已知快空间电荷波的传播常数式(14.3.11)，则由关系式(14.1.5)或者直接从式(14.3.15)不难看出，在大 QC 值的近似下，对应于慢空间电荷波应有

$$\Gamma_1\approx \mathrm{j}\beta_e+\mathrm{j}\beta_e C\sqrt{4QC} \tag{14.3.20}$$

因而上述结论即意味着：

$$b_0=\frac{\beta-\beta_e}{\beta_e C}\approx\sqrt{4QC} \tag{14.3.21}$$

又由式(14.3.16)，当 $n=0$ 时有

$$(CN)_0=\frac{1}{2}(QC)^{1/4} \tag{14.3.22}$$

将它们代入方程(14.3.19)，可以得到

$$\lambda_0=\frac{l}{(QC)^{3/4}}\left[\frac{c}{v_p}-\frac{505}{\sqrt{V_0}}\right] \tag{14.3.23}$$

同时，方程(14.3.17)可写成

$$(I_{st})_0=\frac{4V_0(CN)_0^3}{K_c N^3}=\frac{V_0(QC)^{3/4}}{2K_c N^3} \tag{14.3.24}$$

设慢波系统的色散特性有

$$\frac{c}{v_p}=\alpha\lambda$$

系数 α 可能是波长的函数. 于是式(14.3.23)可以重写为

$$\lambda_0=\frac{l\dfrac{505}{\sqrt{V_0}}}{[\alpha l-(QC)^{3/4}]} \tag{14.3.25}$$

对于高次模式，类似地可以得到

$$\lambda_n=\frac{l\dfrac{505}{\sqrt{V_0}}}{[\alpha l-(2n+1)(QC)^{3/4}]} \tag{14.3.26}$$

式中，QC 可按式(14.2.4)及式(13.15.1)计算：

$$(QC)^{3/4}=\left(\frac{F\omega_p}{2\omega C}\right)^{3/2} \tag{14.3.27}$$

式(14.3.25)和式(14.3.26)即为所求的返波管频率特性.

由方程(14.3.2)可以看到，当各 δ_n 为复数时，V_n 一般也为复数；而当各 δ_n 为纯虚数时，V_n 即为实数. 当 QC 较大时，我们已求得近似的各 δ_n 值[式(14.3.10)和式(14.3.15)]，它们都是虚数. 数值计算表明(参见图 14.3.5)，当 $QC>0.15$ 时，各 δ_n 值就是纯虚数，因而给出的各波幅值都为实数.

由于 δ_n 皆为纯虚数，所以三个波都是等幅波，但相位常数不同. 这就是说，当 QC 较大且 $d=0$ 时，在返波管中没有增长波，也没有衰减波. 而上述三个等幅波由于相位常数不同，在前进过程中将由于相干而产生差拍现象，如同行波管中的差拍状态一样. 因此，在空间呈现干涉的差拍波分布，这时，如同差拍行波管一样，如果输入端置于波节处，而在波腹处输出，就可得到信号的放大.

这种干涉现象可以从式(14.3.12)更清楚地看到. 事实上，方程(14.3.12)之所以会等于零，是因为两个

波的干涉结果. 因此,在 QC 较大时,返波管中的波可写成

$$E=E_1+E_3=E_{10}e^{-\Gamma_1 z}+E_{30}e^{-\Gamma_3 z}=E_{10}e^{-j\beta_e z+\beta_e C\delta_1 z}+E_{30}e^{-j\beta_e z+\beta_e C\delta_3 z} \tag{14.3.28}$$

由于 $E_{10}=E_{30}=E_0$,将式(14.3.15)代入式(14.3.28),略去 $\sqrt{4QC^3}$ 项,即可求得

$$E(z)\approx 2E_0 e^{-j\beta_e z}\cdot\cos\left[\frac{\beta_e C z}{2(QC)^{1/4}}\right] \tag{14.3.29}$$

可见,在上述条件下,在返波管中,场沿管子长度的分布是一余弦分布,这与行波管中的指数增长波的原则不同. 如将式(14.3.16)代入式(14.3.29),可以化简为

$$E(z)=2E_0 e^{-j\beta_e z}\cos\left[\frac{(2n+1)}{2}\pi\frac{z}{l}\right] \tag{14.3.30}$$

$n=0$ 时,

$$E(z)=2E_0 e^{-j\beta_e z}\cos\left(\frac{\pi}{2}\cdot\frac{z}{l}\right) \tag{14.3.31}$$

显然,在返波管中,$z=0$ 处场强最大,而在 $z=l$ 处场强为零. 大信号理论分析表明,这一场分布与实际结果相当符合.

14.4 大 QC 值及大损耗下的起振电流

式(14.3.16)是在损耗可以忽略($d=0$)而空间电荷参量很大的情况下的振荡条件. 现在我们来考虑损耗很大时的情况. 显然,方程(14.2.12)及方程(14.3.9)适合于 $C\ll 1$ 时的任何情况,包括大损耗时的情况,且在 30 dB 的损耗范围内,在表 14.3.1 和表 14.3.2 及图 14.3.3 和图 14.3.4 中已经给出根据这两个方程进行计算所得的结果. 但是我们希望能找到一个较简单的方程,可以直接计算,并且能达到足够的精确度.

我们分两步来进行讨论,首先研究损耗很大但 QC 可以忽略的情况,然后研究损耗很大,QC 也很大的情况.

如 14.3 节所述,令 $QC=0$ 后,对于起振条件就应当联解以下两方程:

$$\delta^2=\frac{1}{b+jd-j\delta} \tag{14.4.1}$$

$$\frac{\delta_1^2 e^{2\pi CN\delta_1}}{(\delta_1-\delta_2)(\delta_1-\delta_3)}+\frac{\delta_2^2 e^{2\pi CN\delta_2}}{(\delta_2-\delta_1)(\delta_2-\delta_3)}+\frac{\delta_3^2 e^{2\pi CN\delta_3}}{(\delta_3-\delta_1)(\delta_3-\delta_2)}=0 \tag{14.4.2}$$

现在假定式(14.4.1)的解取以下形式:

$$\begin{cases}\delta_1=ja[(1+je)-\varepsilon]\\ \delta_2=ja[(1+je)+\varepsilon]\\ \delta_3=-j\dfrac{a}{2}\left[(1+je)-\dfrac{\varepsilon^2}{(1+je)}\right]\end{cases} \tag{14.4.3}$$

式中,a、e 为待定常数;ε 为一微小量. 因而,δ_1 与 δ_2 相差很小,而 δ_3 与 δ_1、δ_2 相差均大.

将式(14.4.1)代入式(14.4.2),可得

$$\begin{aligned}&\frac{e^{2\pi CN\delta_1}}{(\delta_1-\delta_2)(\delta_1-\delta_3)(b+jd-j\delta_1)}+\frac{e^{2\pi CN\delta_2}}{(\delta_2-\delta_1)(\delta_2-\delta_3)(b+jd-j\delta_2)}\\&\quad+\frac{e^{2\pi CN\delta_3}}{(\delta_3-\delta_1)(\delta_3-\delta_2)(b+jd-j\delta_3)}=0\end{aligned} \tag{14.4.4}$$

由于 δ_1、δ_2 两根很接近,所以在式(14.4.4)中,前两项分母很小,数值很大,比较起来,第三项就显得很小,可以略去. 再将式(14.4.3)代入,于是式(14.4.4)简化为

$$\frac{e^{-j2\pi CNa\varepsilon}}{-j2a\varepsilon(\delta_1-\delta_3)(b+jd-j\delta_1)}+\frac{e^{j2\pi CNa\varepsilon}}{j2a\varepsilon(\delta_2-\delta_3)(b+jd-j\delta_2)}=0 \tag{14.4.5}$$

该式的严格解仍然只能用数值计算法进行，但我们可以做如下的进一步近似. 由于 δ_1 与 δ_2 很接近，我们不妨近似地认为在式(14.4.5)中两项的幅值相等，于是就得到

$$-e^{-j2\pi CNa\varepsilon}+e^{j2\pi CNa\varepsilon}=0 \tag{14.4.6}$$

即

$$2\pi CNa\varepsilon=(n+1)\pi \tag{14.4.7}$$

因而振荡条件可表示为

$$(CN)_n=\frac{(n+1)\pi}{2\pi a\varepsilon} \tag{14.4.8}$$

对于主模($n=0$)则为

$$(CN)_0=\frac{1}{2a\varepsilon} \tag{14.4.9}$$

为了得到 a、ε 的表达式，可以将式(14.4.3)的解代入方程(14.4.1)中，并且考虑到当损耗很大时，$2\pi CN$ 值一般较大，为了使振荡条件(14.4.5)能得到满足，两个根 δ_1、δ_2 只能相差一个很小的虚数部分. 这样，由式(14.4.1)可以得到以下的关系：

$$\begin{cases} b=\dfrac{a}{2}\left(3+\dfrac{\varepsilon^2}{1+e^2}\right) \\ d=\dfrac{ae}{2}\left(3-\dfrac{\varepsilon^2}{1+e^2}\right) \\ e^2\approx 3-2\varepsilon^2 \\ a^3\approx\dfrac{1}{4-2\varepsilon^2} \end{cases} \tag{14.4.10}$$

由此略去 $2\varepsilon^2$ 项后，即可得到

$$\begin{cases} d\approx d_0\left[1-\left(\dfrac{\varepsilon}{2}\right)^2\right] \\ a\approx\sqrt[3]{\dfrac{1}{4}}=\dfrac{1}{\sqrt[3]{4}} \end{cases} \tag{14.4.11}$$

式(14.4.11)中，d_0 定义为下述常数：

$$d_0=\frac{3}{2}\cdot\frac{\sqrt{3}}{\sqrt[3]{4}}=1.636\ 685$$

由式(14.4.11)求出 ε，于是振荡条件(14.4.9)就可写成

$$(CN)_0=\frac{1}{4^{2/3}\left[1-\dfrac{d}{d_0}\right]^{1/2}} \tag{14.4.12}$$

该式表明，当 $d=d_0$ 时，$(CN)_0\to\infty$，因此，常数 d_0 就表示返波管所能允许的最大损耗限制，达到或超过此损耗值时，返波管即不可能起振.

由于总损耗量与 d 之间有关系式

$$L=54.6CNd(\text{dB}) \tag{14.4.13}$$

因而式(14.4.12)化为

$$(CN)_0=0.011\ 2L\left[1+\frac{1\ 013}{L^2}\right] \tag{14.4.14}$$

当 L 很大时，可简化为

$$(CN)_0=0.011\,2L \tag{14.4.15}$$

即$(CN)_0$直接与损耗成正比.

式(14.4.14)和式(14.4.15)虽然是近似结果,但实际计算表明,它具有足够的精确度.图14.4.1给出了根据式(14.4.14)近似计算和根据式(14.2.12)、式(14.3.9)严格数值计算所得到的曲线,可见两者非常接近.该图也可以以稍微不同的形式画出,如图14.4.2所示.图中$N\to\infty$的直线即决定于式(14.4.15),在该线右边为无振荡区,也就是说,在这一区域中,无论怎样增加返波管的长度,都不可能产生振荡.

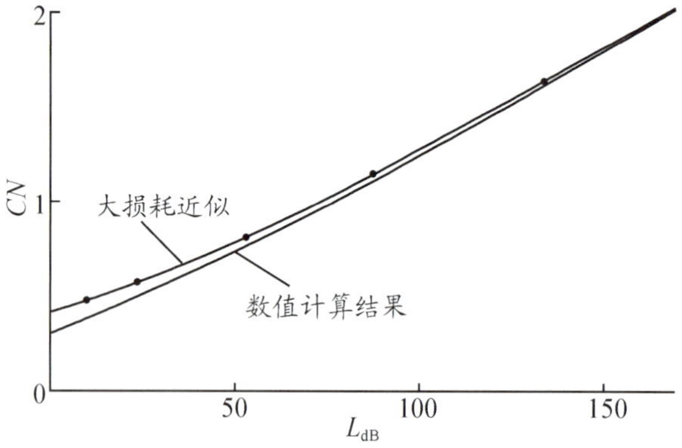

图14.4.1 起振CN值的近似计算结果与数值计算结果的比较

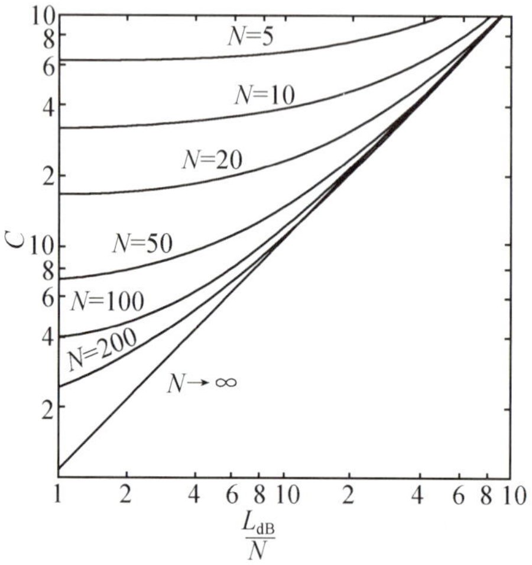

图14.4.2 起振时增益参量C与每波长损耗L/N的关系

以上是$QC=0$的情况.现在我们再来考虑当空间电荷参量QC及损耗均很大时,返波管的起振条件.

根据表14.3.1,当$QC=0$,$d=0$,既不考虑空间电荷参量,又不考虑损耗时,

$$(CN)_0=0.314$$

当QC很大,但忽略损耗时,起振条件则由式(14.3.16)确定;而当损耗很大但忽略QC时,起振条件则由式(14.4.14)或式(14.4.15)确定.因此,对于既要考虑QC,又要考虑损耗时,可以写出以下半经验公式:

$$(CN)_0=\frac{(CN)_0|_{QC=0}\cdot(CN)_0|_{d=0}}{0.314} \tag{14.4.16}$$

不难看出,计算公式(14.4.16)至少在以上三种极限情况下是正确的.计算表明,公式(14.4.16)具有足够的精确度.

将式(14.3.16)和式(14.4.14)代入式(14.4.16),可得

$$(CN)_0=0.017\,8(QC)^{1/4}L\left[1+\frac{1\,013}{L^2}\right] \tag{14.4.17}$$

式中,L应以dB计.

以上我们求得了大空间电荷参量值及大损耗值下起振条件的近似公式.正如本节一开始我们就已指出的,在这种情况下,起振条件的严格求解同样可以由方程(14.2.12)和方程(14.3.9)用数值计算法进行.我们在14.3节只是给出了QC和L不太大($QC\leqslant1.5$,$L\leqslant30$ dB)时的计算结果,在这里我们再进一步给出大QC值($QC\leqslant25$)和大L值($L\leqslant225$ dB)情况下的严格计算结果.

图14.4.3、图14.4.4类似于图14.3.3和图14.3.4,分别给出了在不同L值下起振时CN值和$(\beta-\beta_e)l$值与Q/N的关系.图14.4.5与图14.4.3稍有不同,给出的是CN与QC而不再是Q/N的关系.

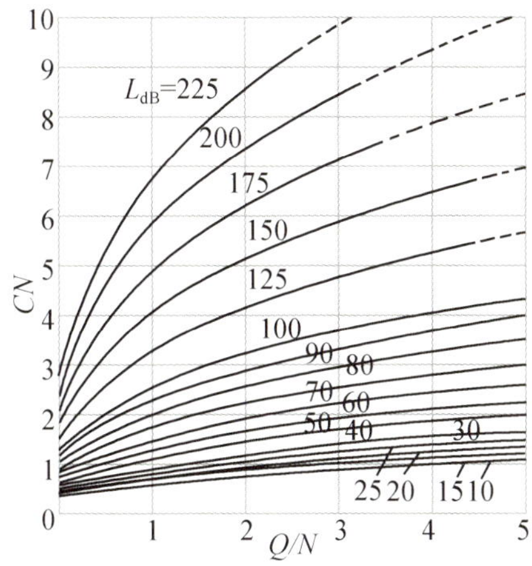

图 14.4.3　大 L 值下返波管起振 CN 值与 Q/N 的关系

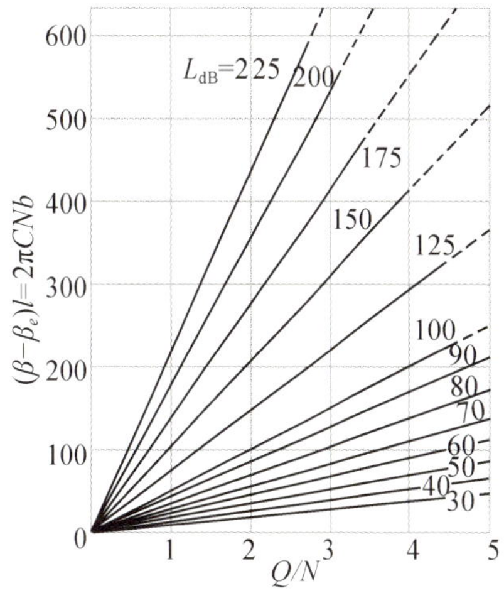

图 14.4.4　大 L 值下返波管起振时对应的 $(\beta-\beta_e)l$ 值与 Q/N 的关系

图 14.4.6 表示了当 $QC<0.5$ 时返波管起振时的速度参量和空间电荷参量的关系. 当 $QC>0.5$ 后,不同 L 值的上述各关系曲线将会集成单一的一条曲线,而不再与 L 有关,这一现象如图 14.4.7 所示.

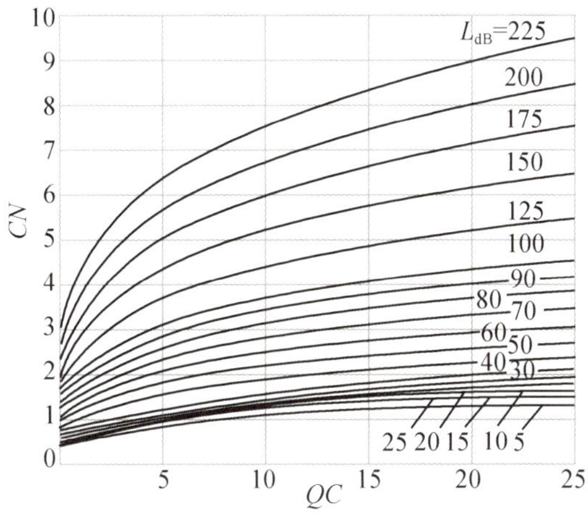

图 14.4.5　返波管起振时 CN 值与 QC 的关系

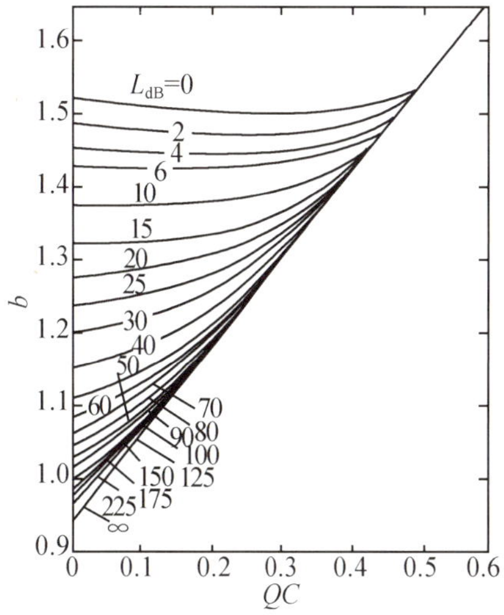

图 14.4.6　$QC<0.5$ 时返波管起振时的 b 与 QC 的关系

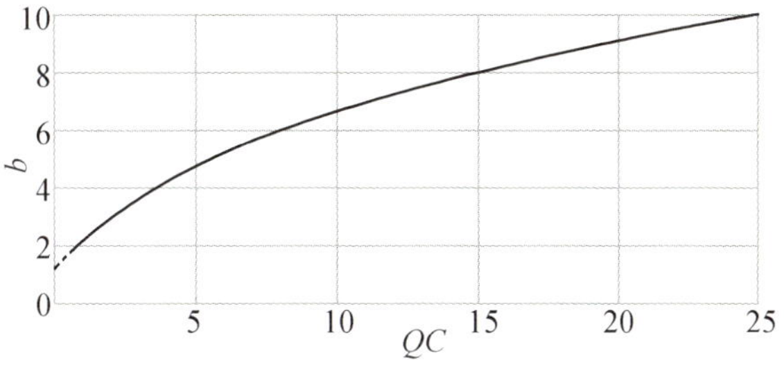

图 14.4.7　$QC>0.5$ 后返波管起振时的 b 与 QC 的关系

14.5 外部反馈和反射对返波管振荡器的影响

与讨论行波管时一样,一开始我们都没有考虑反射的影响,而假定管子两端都是理想匹配的. 实践证明，反射对返波管工作有很大的影响，因而有必要加以研究. 另外，在某些情况下，如要求稳幅输出时，在管子的外线路中需人为地引入反馈. 显然，这也是一种与反射同样性质的工作状态，所以我们放在本节一起研究.

当然，在一般返波管中，人为引入外反馈是由于工作需要，而反射对返波管的工作却总是会产生不利影响的. 但是，在所谓的“谐振返波管”中，情况又是另一回事了，这时反射成为返波管工作所必要的条件.

本节将对返波管的反馈和反射进行较普遍的分析，分析中有一部分采取了逐次逼近理论. 这部分有关公式的来源，可以参看第 15 章的内容.

为了使以下的讨论具有一般性，我们将返波管的工作状态用图 14.5.1(a)表示，图 14.5.1(b)则表示反馈的等效线路.

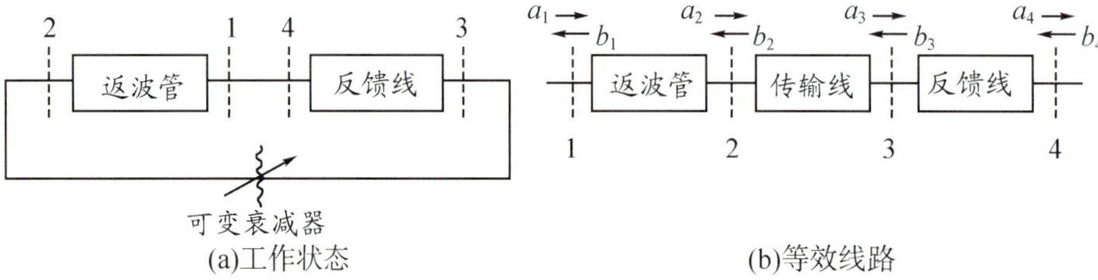

图 14.5.1　考虑存在有反馈时返波管的工作状态及其等效线路

如图 14.5.1 所示，返波管的收集极端为 1 平面，返波管输出端则为 2 平面，2～3 平面间为外部传输线，3～4 平面间则为外部反馈线.

设返波管的传输矩阵为 $\boldsymbol{T}_B$，而 $\boldsymbol{T}_L$ 及 $\boldsymbol{T}_C$ 分别表示外部传输线及反馈线的传输矩阵，则有

$$\begin{cases} \boldsymbol{T}_B=\begin{bmatrix} G\mathrm{e}^{-\Gamma l} & 0 \\ 0 & \mathrm{e}^{-\Gamma * l} \end{bmatrix} \\ \boldsymbol{T}_L=\begin{bmatrix} \mathrm{e}^{-\gamma L} & 0 \\ 0 & \mathrm{e}^{-\gamma * L} \end{bmatrix} \\ \boldsymbol{T}_C=\begin{bmatrix} T_{11} & T_{12} \\ T_{21} & T_{22} \end{bmatrix} \end{cases} \tag{14.5.1}$$

式中，G 为返波管的增益；Γ 为返波管慢波线上波的传播常数，$\Gamma=\alpha+\mathrm{j}\beta_{-1}$；$l$ 为慢波线长度；γ 为外线路上的传播常数；L 为外线路长度.

由于有损耗，所以“正”向传播常数是“反”向传播常数的共轭值.

而 a_1、b_1 及 a_4、b_4 的关系可写成

$$\begin{bmatrix} a_4 \\ b_4 \end{bmatrix}=\boldsymbol{T}_C\boldsymbol{T}_L\boldsymbol{T}_B\begin{bmatrix} a_1 \\ b_1 \end{bmatrix}=\boldsymbol{T}\begin{bmatrix} a_1 \\ b_1 \end{bmatrix} \tag{14.5.2}$$

式中，

$$\boldsymbol{T}=\begin{bmatrix} GT_{11}\mathrm{e}^{-\gamma L-\Gamma l} & T_{12}\mathrm{e}^{-\gamma * L-\Gamma * l} \\ GT_{21}\mathrm{e}^{-\gamma L-\Gamma l} & T_{12}\mathrm{e}^{-\gamma * L-\Gamma * l} \end{bmatrix} \tag{14.5.3}$$

返波管中的反馈特性，就由以上两个方程确定.

现在考虑以下两种典型情况.

1. 反馈完全由外部反馈线引起

这时，假定各部分都不引起反射，反馈线及外线路将平面 1 与平面 4 直接连接[图 14.5.1(a)中 1、4 平面重合]，因而有

$$a_1=a_4, b_1=b_4 \tag{14.5.4}$$

这样，方程(14.5.2)就变为

$$\begin{bmatrix}(1-GT_{11}e^{-\gamma*L-\Gamma*l-\Gamma l}) & -T_{12}e^{-\gamma L-\Gamma*l}\\ -GT_{21}e^{-\gamma*L-\Gamma*l-\Gamma l} & (1-T_{22}e^{-\gamma L-\Gamma*l})\end{bmatrix}\begin{bmatrix}a_1\\ b_1\end{bmatrix}=0 \tag{14.5.5}$$

式(14.5.5)有非零解的条件是式中矩阵的行列式为零. 如果反馈线是线性可逆网络，那么有

$$\det(\boldsymbol{T}_C)=1$$

即

$$T_{11}T_{22}-T_{12}T_{21}=1 \tag{14.5.6}$$

于是就可以得到如下起振条件：

$$GHe^{-\Gamma*l}=1 \tag{14.5.7}$$

式中，

$$H=\left[\frac{1-T_{22}e^{-\gamma L-\Gamma*l}}{T_{11}-e^{-\gamma L-\Gamma*l}}\right]e^{-\gamma L} \tag{14.5.8}$$

可见，当反馈线路的特性确定以后，就可以求得反馈对起振条件的影响.

2. 反馈完全由反射引起

如果反馈完全是由返波管两端的反射所引起的，那么显然有

$$\det\boldsymbol{T}_L=\det(\boldsymbol{T}_C)=1 \tag{14.5.9}$$

且有

$$a_4=a_3=a_2, b_4=b_3=b_2 \tag{14.5.10}$$

$$\begin{cases}b_2=\Gamma_c a_2=|\Gamma_c|e^{j\psi_c}a_2\\ a_1=\Gamma_k b_1=|\Gamma_k|e^{j\psi_k}b_1\end{cases} \tag{14.5.11}$$

式中，Γ_c、Γ_k 分别表示靠近收集极端及靠近电子枪端的反射系数；$|\Gamma_c|$、$|\Gamma_k|$、ψ_c、ψ_k 则分别为其相应的模及相角.

将式(14.5.9)～式(14.5.11)代入式(14.5.2)，就可以得到以下起振条件：

$$GH_0e^{-\Gamma*l}=1 \tag{14.5.12}$$

式中，

$$H_0=|\Gamma_c||\Gamma_k|e^{j(\psi_c+\psi_k)-\Gamma*l} \tag{14.5.13}$$

因为

$$\Gamma=\alpha+j\beta_{-1} \tag{14.5.14}$$

所以式(14.5.13)可写成

$$H_0=|\Gamma|e^{j(\psi+\beta_{-1}l)-\alpha l} \tag{14.5.15}$$

式中，

$$\begin{cases}|\Gamma|=|\Gamma_c|\cdot|\Gamma_k|\\ \psi=\psi_c+\psi_k\end{cases} \tag{14.5.16}$$

或者，我们也可将起振条件式(14.5.12)写成

$$G\rho=1 \tag{14.5.17}$$

而令式中

$$\rho=|\Gamma|e^{j(\psi+2\beta_{-1}l)-2\alpha l} \tag{14.5.18}$$

现在，我们就可以利用以上结果对起振条件做进一步讨论了.

返波管的增益已由式(14.3.9)给出.在无反射时,$|\Gamma|=0$,$\rho=0$,得到的起振条件为

$$1/G=0,G\to\infty \tag{14.5.19}$$

而当$|\Gamma|\neq 0$时,则起振条件如式(14.5.17)所示:

$$1/G=\rho \tag{14.5.20}$$

对应于条件式(14.5.19),我们已经在表14.3.1中列出方程(14.3.9)的解:

$$CN=(CN)_{s0},b=b_{s0} \tag{14.5.21}$$

类似地,对应于条件式(14.5.20),必有

$$CN=(CN)_{s\rho},b=b_{s\rho} \tag{14.5.22}$$

在这里,我们省略了参量CN和b的原来表示基本模($n=0$)的下标0,现在的下标$s0$、$s\rho$即则分别表示$1/G=0$,$1/G=\rho$两种情况.

如果ρ不是很大,那么$(1/G)$可以在0附近展开,且为了简化书写,我们令$(CN)_{s0}=\eta_{s0}$,则有

$$\frac{1}{G}=\left.\frac{\partial\left(\frac{1}{G}\right)}{\partial b}\right|_{b_{s0},\eta_{s0}}\cdot\Delta b+\left.\frac{\partial\left(\frac{1}{G}\right)}{\partial \eta}\right|_{b_{s0},\eta_{s0}}\cdot\Delta\eta \tag{14.5.23}$$

令

$$\begin{cases}\left|\left.\dfrac{\partial\left(\frac{1}{G}\right)}{\partial b}\right|_{b_{sc},\eta_{s0}}\right.=f_b+\mathrm{j}g_b\\ \left|\left.\dfrac{\partial\left(\frac{1}{G}\right)}{\partial \eta}\right|_{b_{s0},\eta_{s0}}\right.=f_\eta+\mathrm{j}g_\eta\end{cases} \tag{14.5.24}$$

式中,f_b、f_η、g_b、g_n原则上可由方程(14.3.9)求得,对于给定的返波管,它们都是确定的系数.于是,式(14.5.18)可以写成

$$(f_b+\mathrm{j}g_b)\Delta b+(f_n+\mathrm{j}g_n)\Delta\eta=|\Gamma|\mathrm{e}^{\mathrm{j}(\psi+2\beta_{-1}l)-2\alpha l} \tag{14.5.25}$$

由此得到

$$\begin{cases}f_b\Delta b+f_\eta\Delta\eta=|\Gamma|\mathrm{e}^{-2\alpha l}\cos(\psi+2\beta_{-1}l)\\ g_b\Delta b+g_\eta\Delta\eta=|\Gamma|\mathrm{e}^{-2\alpha l}\sin(\psi+2\beta_{-1}l)\end{cases} \tag{14.5.26}$$

由该式就可求出当$|\Gamma|\neq 0$时,b和CN值的变化是

$$\begin{cases}\Delta b=\dfrac{|\Gamma|\mathrm{e}^{-2\alpha l}\sin(A-\theta)}{(f_b^2+g_b^2)^{1/2}\sin(B-A)}\\ \Delta\eta=\dfrac{|\Gamma|\mathrm{e}^{-2\alpha l}\sin(\theta-B)}{(f_\eta^2+g_\eta^2)^{1/2}\sin(B-A)}\end{cases} \tag{14.5.27}$$

式中,

$$\begin{cases}\sin A=\dfrac{g_n}{(g_\eta^2+f_\eta^2)^{1/2}}\\ \sin B=\dfrac{g_b}{(g_b^2+f_b^2)^{1/2}}\\ \theta=\psi+2\beta_{-1}l\end{cases} \tag{14.5.28}$$

利用式(14.5.27)可以估计出,与无反射情况相比,反射对起振电流和频率特性的影响.如果认为Δb对$\Delta\eta$的影响不大,那么起振电流I_{st}的变化,就可以直接由$\Delta\eta$求得

$$(I_{st})_{s\rho}=\frac{4V_0}{K_c}\left[\frac{(CN)_{s0}+\Delta(CN)}{N}\right]^3 \tag{14.5.29}$$

注意式中$\Delta(CN)$即$\Delta\eta$,式(14.5.29)可改写成

$$\frac{(I_{st})_{s\rho}}{(I_{st})_{s0}}=\left[1+\frac{\Delta(CN)}{(CN)_{s0}}\right]^3 \tag{14.5.30}$$

可见，随着 $\Delta(CN)$ 的符号的改变，反射引起起振电流的变化，也或大或小.

而反射对频率特性的影响，则按式(14.3.19)可以直接写出：

$$(\lambda_0)_\rho=\frac{1}{(b_0+\Delta b)[(CN)_{s0}+\Delta(CN)]}\left[\frac{c}{v_p}-\frac{505}{\sqrt{V_0}}\right] \tag{14.5.31}$$

方程(14.5.31)表明，随着 b_{s0} 及 $(CN)_{s0}$ 的变化[Δb、$\Delta(CN)$ 的大小]，振荡波长也要发生改变. 随着频率的不同，Δb 及 $\Delta(CN)$ 的符号会发生改变，将使 λ_0 的变化呈现出较复杂的曲线形状. 当反射较严重时，这种变化甚至出现淤滞或断裂现象.

显然，以上的讨论还不能直接进行定量的计算，因为 f_b、f_η、g_b、g_η 并未求出，而必须仍由方程(14.3.9)作数值计算. 典型的计算数据是：当 $QC=0.25$，$d=0.102$ 时，可以求得

$$\Delta b=0.901|\Gamma|\mathrm{e}^{-2\alpha l}\sin(\theta-A)$$

$$\Delta\eta=0.806|\Gamma|\mathrm{e}^{-2\alpha l}\sin(\theta-B)$$

如果利用逐次逼近法的结果，就可以进行更为清楚的讨论.

按第 15 章的结果式(15.6.9)至式(15.6.12)，我们可以得出

$$\frac{1}{G}=1+(2\pi CN)^3F_{1a}(\Phi_0,\theta_q,\alpha l)+\mathrm{j}(2\pi CN)^3F_{1r}(\Phi_0,\theta_q,\alpha l) \tag{14.5.32}$$

式中，

$$\Phi_0=(\beta_e-\beta_{-1})l,\theta_q^2=4QC(2\pi CN)^2$$

于是代入式(14.5.17)，即可得出如下表示反射存在时的起振条件：

$$\begin{cases}|\Gamma|\mathrm{e}^{-2\alpha l}\cos\psi-1=(2\pi CN)^3F_{1a}(\Phi_0,\theta_q,\alpha l)\\|\Gamma|\mathrm{e}^{-2\alpha l}\sin\psi=(2\pi CN)^3F_{1r}(\Phi_0,\theta_q,\alpha l)\end{cases} \tag{14.5.33}$$

当 $|\Gamma|=0$ 时，即得到式(15.6.14)：

$$\begin{cases}1+(2\pi CN)^3F_{1a}(\Phi_0,\theta_q,\alpha l)=0\\F_{1r}(\Phi_0,\theta_q,\alpha l)=0\end{cases} \tag{14.5.34}$$

因而，当 $|\Gamma|=0$ 时，由式(14.5.34)可以得到一组 Φ_0、θ_q 等；而当 $|\Gamma|\neq0$ 时，Φ_0、θ_q 等都将变化，使 F_{1a}、F_{1r} 改变以满足条件式(14.5.33).

由起振电流表达式(14.3.17)可见：

$$\frac{(I_{st})_{s\rho}}{(I_{st})_{s0}}=\frac{\dfrac{(CN)_{s\rho}^3}{N_{s\rho}^3}}{\dfrac{(CN)_{s0}^3}{N_{s0}^3}} \tag{14.5.35}$$

由于现在我们是就同一管子来比较考虑或不考虑反射两种情况下的起振电流大小，所以管子的电长度不变，即 $N_{s\rho}=N_{s0}$，所以

$$\frac{(I_{st})_{s\rho}}{(I_{st})_{s0}}=\frac{(CN)_{s\rho}^3}{(CN)_{s0}^3} \tag{14.5.36}$$

由方程(14.5.33)第一式求出 $(CN)_{s\rho}^3$ 值，而由方程(14.5.34)第一式求出 $(CN)_{s0}^3$ 值，代入式(14.5.36)，得到

$$\frac{(I_{st})_{s\rho}}{(I_{st})_{s0}}=(1-|\Gamma|\mathrm{e}^{-2\alpha l}\cos\psi)\frac{F_{1a}^0(\Phi_0,\theta_q,\alpha l)}{F_{1a}(\Phi_0,\theta_q,\alpha l)} \tag{14.5.37}$$

式中，$F_{1a}^0(\Phi_0,\theta_q,\alpha l)$ 表示相当于 $|\Gamma|=0$ 时的起振条件.

考虑到 θ_q^2 正比于 C^3，所以式(14.5.36)还可以写成

$$\frac{(I_{st})_{s\rho}}{(I_{st})_{s0}}=\frac{(\theta_q)^2_{s\rho}}{(\theta_q)^2_{s0}} \tag{14.5.38}$$

于是,由式(14.5.33)就可以求得

$$\tan\psi=\left[\frac{F_{1a}}{F_{1r}}-\frac{F^0_{1a}}{F_{1r}}\frac{(\theta_q)^2_{s0}}{(\theta_q)^2_{s\rho}}\right]^{-1} \tag{14.5.39}$$

$$|\Gamma|=\frac{e^{2\alpha l}}{\cos\psi-\dfrac{F_{1a}}{F_{1r}}\sin\psi} \tag{14.5.40}$$

反射对振条件的影响,就可以按式(14.5.39)、式(14.5.40)进行计算. 可见,对于一定的$|\Gamma|$,不同的ψ要求不同的条件.

式(14.5.39)、式(14.5.40)的方便之处就在于,可以将有关参量间的关系绘在反射系数平面上(绘成圆图形式). 图 14.5.2～图 14.5.4 给出了圆图形式的计算结果.

由图可以看出,对于确定的$|\Gamma|$值,$(I_{st})_{s\rho}/(I_{st})_{s0}$、$\Phi_0$ 等均随着ψ的变化而变化,因为ψ又是随着频率的改变而变化的,所以当反射存在时,$(I_{st})_{s\rho}$及Φ_0均随着频率的变化而变化. $(I_{st})_{s\rho}$的改变,又将引起振荡功率的改变,从而造成功率波动,并且显然,在$(I_{st})_{s\rho}\to\infty$时,即出现功率的断裂点;而$\Phi_0$的变化则引起振荡频率的变化.

由于$\Phi_0=(\beta_e-\beta_{-1})l$,而$\partial\beta_{-1}/\partial\omega=\partial\beta/\partial\omega=-1/|v_g|$,故$\Phi_0$的变化引起的频率调谐为

$$\frac{d\omega}{dV_0}=\frac{\omega}{V_0}\cdot\frac{1}{\left\{1+\dfrac{v_0}{|v_g|}\left[1-\dfrac{|v_g|}{l}\dfrac{d\psi}{d\omega}\dfrac{d\Phi_0}{d\psi}\right]\right\}} \tag{14.5.41}$$

式中,$d\psi/d\omega$项的大小由两个因素决定:当频率改变时反射的相位角ψ_c、ψ_k均要发生改变. 另外,当频率改变时,$2\beta_{-1}l$也必然有变化. 这样就使返波管的调谐曲线呈现如图 14.5.5 所示的形状. 图中实线是实验结果,而虚线则为理论计算结果,线上箭头指示的是理论预言的频率断裂点.

由图 14.5.2～图 14.5.4 还可以看出,线上的分布损耗对反射有很大的影响,当损耗较大时,反射的影响减小. 这种关系亦可以从方程(14.5.40)直接看出,实际上,当$2\alpha l=1$时,即总损耗$L=4.34$ dB 时,反射的影响就已经是很小的了.

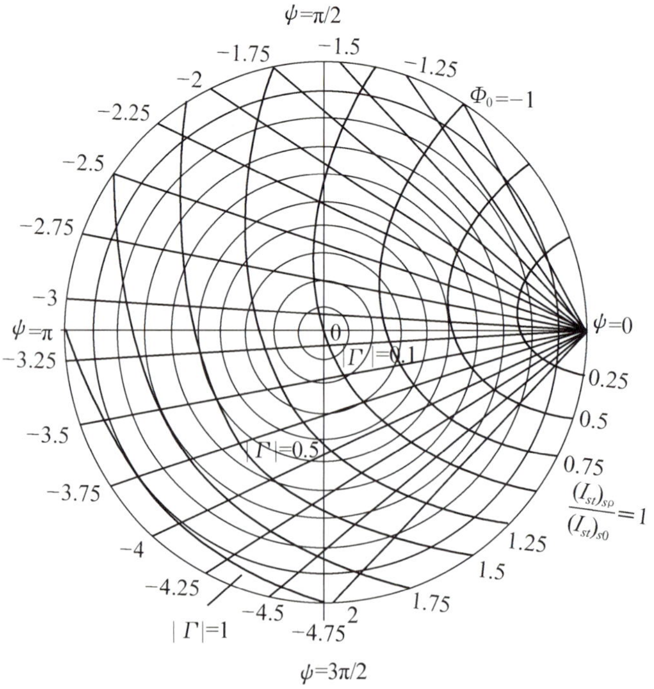

图 14.5.2　$\theta_q=0$ 时起振条件[Φ_0 与$(I_{st})_{s\rho}/(I_{st})_{s0}$]与反射系数(幅值$|\Gamma|$与相位$\psi$)的关系

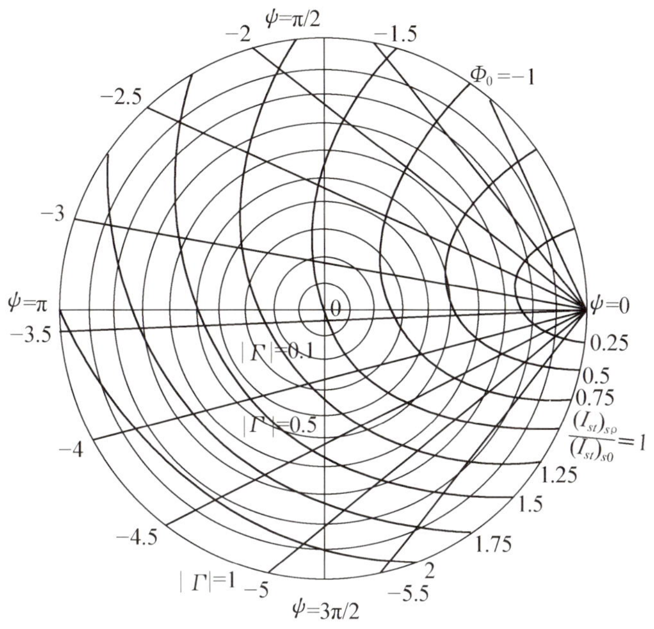

图 14.5.3　$\theta_q=2.15$ 时 Φ_0，$(I_{st})_{st}/(I_{st})_{s0}$ 与 $|\Gamma|$，ψ 的关系

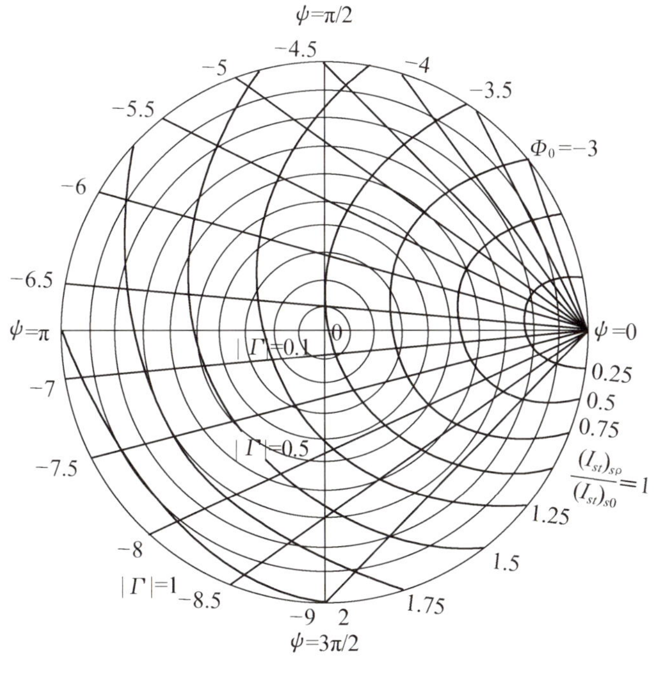

图 14.5.4　$\theta_q=6.28$ 时 Φ_0，$(I_{st})_{sp}/(I_{st})_{s0}$ 与 $|\Gamma|$，ψ 的关系

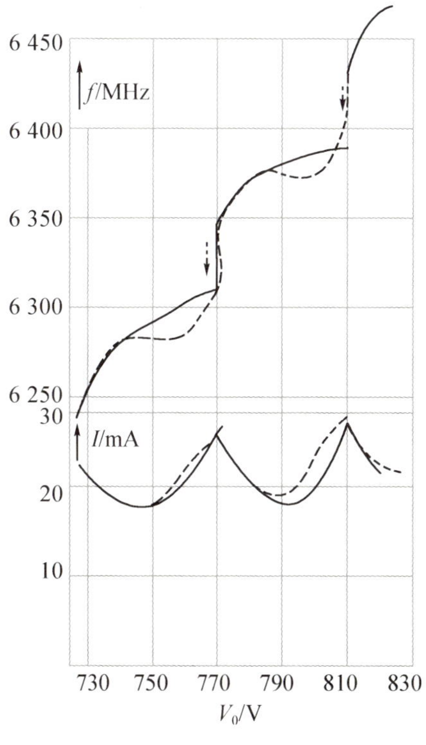

图 14.5.5　返波管实测和理论计算的特性曲线

最后，我们简单提一下"谐振返波管"．当反射系数 $|\Gamma|\approx 1$，即全反射时，慢波线就成为一个"行波谐振腔"形式的系统，整个系统呈现谐振特性．当系统的损耗很小时，这种谐振特性更加明显，这和一般谐振腔一样，当 Q 值高时，谐振特性更加尖锐．

在这种情况下，返波管的频率调谐特性及功率频率特性，也呈现出谐振特性．这种返波管就是所谓的谐振返波管．它是一种可以实现电子调谐的间断的狭带振荡器，比起一般的返波管来讲，它能给出更大的功率和更高的效率．

14.6 速度分布对返波管起振电流的影响

在 13.10 节中我们曾讨论了电子注中速度分布对电子注与高频场相互作用的影响，曾经指出，速度分布的作用，可以归结为两种效应：一是使空间电荷参量产生一个增量 S；二是使电子注中的交变电流在截面内分布不均匀，且集中在远离慢波线的慢电子区. 这两种效应都使电子注与线路场的相互作用效果降低. 不难看到，由于在返波管中利用的是慢波线上的反向空间谐波，所以线上的场随着与慢波线表面距离的增大两更加迅速地减弱，从而使由于交变电流远离慢波线引起的耦合阻抗的降低更为严重.

这种情况在低压返波管中以及在一般返波管的低压部分表现得特别突出，因为当电子注速度 v_0 较慢时，空间电荷效应增大，而电子注中的速度零散也表现得更加严重. 实验表明，在返波管的低频端，起振电流急剧上升，大大地超过了按 14.5 节分析所计算的结果.

我们先来看看 QC 的增量对起振电流的影响. 如果工作电流比起电子注的极限电流来为极小，那么对厚度为 d 的空心电子注，可以求解泊松方程及拉氏方程得到

$$\left(\frac{\Delta}{v_0}\right)=\frac{d}{8\pi\varepsilon_0 b}\sqrt{\frac{m}{2e}}\,\frac{I_0}{V_0^{3/2}} \tag{14.6.1}$$

式中，b 为空心电子注平均半径.

而根据式(13.10.35)的定义：

$$S=\frac{1}{4C^2}\left(\frac{\Delta}{v_0}\right)^2 \tag{14.6.2}$$

于是根据 13.10 对于 S 的解释，在矩形速度分布情况下，我们可以定义等效 QC 为

$$(QC)'=QC+\frac{1}{16C^2}\left(\frac{\Delta}{v_0}\right)^2 \tag{14.6.3}$$

在 14.4 节中已经指出，起振条件 CN 是 QC、b(速度参量)、L(损耗)等的复杂函数. 当 $L=0$ 而其他条件不变时，一般有

$$CN=f(QC)=f\left[\frac{Q}{N}(CN)\right] \tag{14.6.4}$$

函数 $f(QC)$ 由式(14.3.9)确定. 根据式(14.6.1)和式(14.6.3)，并考虑到关系式可得 $C^3=I_0K_c/4V_0$，可得

$$(QC)'=\frac{Q}{N}(CN)+D(CN)^4 \tag{14.6.5}$$

因而考虑 QC 的增量后，式(14.6.4)应写成

$$CN=f\left[\frac{Q}{N}(CN)+D(CN)^4\right] \tag{14.6.6}$$

对于具有矩形速度分布的空心电子注，式中

$$D=\frac{d^2 m}{128\pi^2\varepsilon_0^3 eN^4K_c^2b^2V_0}=0.574\times10^8 d^2/b^2N^4K_c^2V_0 \tag{14.6.7}$$

方程(14.6.6)数值计算的结果示于图 14.6.1 中. 图中曲线以 Q 为参变量，D 的值根据式(14.6.7)计算.

数值计算结果发现，当 $D\geqslant16$ 时，就很难得到起振. 因此，作为初步估计，可以认为 $D>16$ 是起振的临界条件，超过此值后，返波管即不能起振. 于是由式(14.6.7)可得

$$N\geqslant44\,\frac{d^{1/2}}{b^{1/2}K_c^{1/2}V_0^{1/4}} \tag{14.6.8}$$

对于高次模式可以写为

$$N \geqslant 44(2n+1)\frac{d^{1/2}}{b^{1/2}K_c^{1/2}V_0^{1/4}} \tag{14.6.9}$$

如果希望工作在基本模式($n=0$)，而不产生高次($n\geqslant 1$)模式的激励，那么应满足条件

$$132\frac{d^{1/2}}{b^{1/2}K_c^{1/2}V_0^{1/4}} > N > \frac{d^{1/2}}{b^{1/2}K_c^{1/2}V_0^{1/4}} \tag{14.6.10}$$

该条件对于避免行波管产生返波自激也是有用的. 在行波管中，一般 $n=0$ 次模式的振荡在设计时就已避免(由同步电压的选择等来考虑)，但如果式(14.6.10)不能得到满足，就可能产生高次模式的返波振荡.

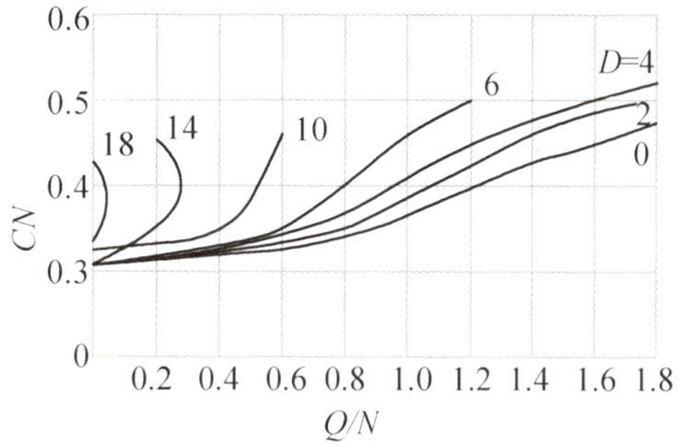

图 14.6.1　考虑电子注中的速度零散后，$L=0$ 时返波管起振 CN 值与 Q/N 的关系

如上所述，电子注中速度零散的另一个效应在于使耦合阻抗降低. 因此，在式(14.6.8)～式(14.6.10)中，K_c 必须用修正值代入. 按 13.10 节所述，K_c 的降低因子可重写为

$$r=\left[\frac{\int_{-\frac{1}{2}}^{\frac{1}{2}} i_1 E_c \mathrm{d}\xi \int_{-\frac{1}{2}}^{\frac{1}{2}} i_{10} \mathrm{d}\xi}{\int_{-\frac{1}{2}}^{\frac{1}{2}} i_1 \mathrm{d}\xi \int_{-\frac{1}{2}}^{\frac{1}{2}} i_{10} E_c \mathrm{d}\xi}\right]^2 \tag{14.6.11}$$

显然，现在式(14.6.11)中的 E_c 必须用负一次空间谐波的场代入. 如果在图 13.10.4 中用 β_{-1} 来代替 β，则该图对于返波管仍然适用. 计算还表明，按上述方法求得的起振情况与实验结果较为符合.

我们还可以利用给定场的近似方法来研究速度零散的影响. 假定返波管慢波线上的场为

$$E_z = E_0 \mathrm{e}^{\alpha z + \mathrm{j}(\omega t - \beta_{-1} z)} \tag{14.6.12}$$

式中，β_{-1} 应为正值，表明波是在正 z 方向传播的；α 亦是正值，表明波在负 z 方向将受到衰减.

若根据式(13.10.1)定义的分布函数 F 满足以下小信号条件：

$$\begin{cases} F = F_0 + F_1,\ F_1 \ll F_0 \\ \left(\dfrac{\partial F_1}{\partial v}\right) \ll \left(\dfrac{\partial F_0}{\partial v}\right) \end{cases} \tag{14.6.13}$$

则玻耳兹曼方程(13.10.4)就可写成

$$\mathrm{j}\omega F_1 + v\frac{\partial F_1}{\partial z} + \frac{eE_z}{m}\frac{\partial F_0}{\partial v} = 0 \tag{14.6.14}$$

若 $z=0$ 时，有初始条件：

$$F_1(v,z)\big|_{z=0} = F_1(v,0) \tag{14.6.15}$$

$F_1(v,0)$为已知函数，则方程(14.6.14)的积分为

$$F_1(v,z) = F_1(v,0)\mathrm{e}^{-\mathrm{j}\beta_e z} - \frac{\eta}{v}\int_0^z \mathrm{e}^{\mathrm{j}\beta_e(u-z)}\frac{\partial F_0}{\partial v}E_z(u)\mathrm{d}u \tag{14.6.16}$$

考虑到交变场引起的速度及密度调制，都可归结为相空间中分布函数 F_1 的变化，因而根据式(13.10.2)的定义，交变电流可以表示为

$$i_1 = -\int_{-1}^{\infty} vF_1(v,z)\mathrm{d}v \tag{14.6.17}$$

将式(14.6.16)代入，得

$$i_1 = -\int_{-\infty}^{\infty} vF_1(v,0)\mathrm{e}^{-\mathrm{j}\beta_e z}\mathrm{d}v + \frac{e^2}{m}\int_0^z\int_{-\infty}^{\infty} E_z(u)\frac{\partial F_0}{\partial v}\mathrm{e}^{\mathrm{j}\beta_e(u-z)}\mathrm{d}v\mathrm{d}u \tag{14.6.18}$$

对于分布函数 $F_0(v)$ 来说，有

$$F_0(v)|_{v\to\infty} = F_0(v)|_{v\to-\infty} = 0 \tag{14.6.19}$$

在行波管和返波管中，电子注进入作用空间时，可以认为没有初始调制，即 $F_1(v,0)=0$，我们假定 $F_0(v)$ 为矩形分布，即

$$f_0(v) = \frac{I_0}{\Delta}\left\{\int_{-\infty}^{\infty}\delta\left[v-\left(v_0-\frac{\Delta}{2}\right)\right]\mathrm{d}v - \int_{-\infty}^{\infty}\delta\left[v-\left(v_0+\frac{\Delta}{2}\right)\right]\mathrm{d}v\right\} \tag{14.6.20}$$

式中，符号同 13.10 节. 将它们代入式(14.6.18)，并考虑到式(14.16.12)，则得

$$\begin{aligned} i_1 = \frac{\mathrm{j}\omega I_0 \mathrm{e} E_0}{m v_0^3}\mathrm{e}^{-\mathrm{j}\beta_e z \mathrm{e}\mathrm{j}\omega t}\mathrm{e}^{\eta z}&\left\{\frac{1+\varepsilon^2}{\eta^2} - \frac{\varepsilon^2\beta_e^2}{\eta^4} - \mathrm{j}\frac{2\beta_e\varepsilon^2}{\eta^3}\right.\\ &+\mathrm{e}^{-\eta z}\left[-\frac{1+\varepsilon^2}{\eta^2}(\eta z+1) + \frac{\varepsilon^2\beta_e^2}{6\eta}z^3 + \frac{\varepsilon^2\beta_e^2}{2\eta^2}z^2 + \frac{\varepsilon^2\beta_e^2}{\eta^3}z\right.\\ &\left.\left.+\frac{\varepsilon^2\beta_e^2}{\eta^4} + \mathrm{j}\frac{\beta_e\varepsilon^2}{\eta}z^2 + \mathrm{j}\frac{2\beta_e\varepsilon^2}{\eta^2}z + \mathrm{j}\frac{2\beta_e\varepsilon^2}{\eta^3}\right]\right\} \end{aligned} \tag{14.6.21}$$

式中，

$$\begin{cases} \varepsilon = \dfrac{\Delta}{2v_0} \\ \eta = \alpha + \mathrm{j}\beta_e - \mathrm{j}\beta \end{cases} \tag{14.6.22}$$

由于在这种分析中没有考虑电子注的空间分布，所以交变电流 i_1 也没有能反映出空间分布的情况. 方程(14.6.21)仅表示速度分布电子注受给定场作用后引起的交变电流，或者说，表示了速度分布对电子注群聚的影响. 式中，当 $\varepsilon=0$ 时即成为我们将在第 15 章中叙述的零级近似交变电流. 可以看出，在这里所进行的分析与 13.10 节中的分析的区别就在于，在 13.10 节中，我们将速度分布的影响归结为 QC 值的增加，而不是像本节一样引起交变电流.

电子注与给定场间的能量交换为

$$P_e = \frac{1}{2}\int_0^l i_1 E_z^* \mathrm{d}z \tag{14.6.23}$$

式中，l 为作用区长度.

将式(14.6.12)及式(14.6.21)代入式(14.6.23)，得

$$\begin{aligned} P_e = P_0\frac{\mu^2\varphi_0}{4\Phi_0^3\left(1+\frac{\alpha^2 l^2}{\Phi_0^2}\right)^2} - &\left\{\frac{\mathrm{e}^{2\alpha l}-1}{2\alpha}(1+\xi_1+\mathrm{j}\xi_2)\cdot\left[2a+\mathrm{j}\left(\frac{\alpha^2 l^2}{\Phi_0^2}-1\right)(\beta_e-\beta)\right] + (1+\xi_1+\mathrm{j}\xi_2)\cdot\left[2-\left(2+\right.\right.\right.\\ &\left.\left.\mathrm{j}\left(1+\frac{\alpha^2 l^2}{\Phi_0^2}\right)\Phi_0\right)\mathrm{e}^{\alpha l-\mathrm{j}\Phi_0}\right] + \frac{1}{2}\left[\xi_2-\mathrm{j}\xi_1+\mathrm{j}\varepsilon^2\cdot\left(1-\frac{\varphi_0^2}{\Phi_0^2+\alpha^2 l^2}\right)\right]\left\{\left[\Phi_0^2\left(1+\frac{\alpha^2 l^2}{\Phi_0^2}\right)\left(\frac{\alpha l}{\Phi_0}+\mathrm{j}\right) + 2\Phi_0\left(1-\frac{\alpha^2 l^2}{\Phi_0^2}\right) - \right.\right.\\ &\left.\left.\left.\mathrm{j}4\alpha l + 2\frac{\left(\mathrm{j}+\frac{\alpha l}{\Phi_0}\right)^3}{\left(1+\frac{\alpha^2 l^2}{\Phi_0^2}\right)}\right]\mathrm{e}^{\alpha l-\mathrm{j}\Phi_0} - 2\frac{\left(\mathrm{j}+\frac{\alpha l}{\Phi_0}\right)^3}{1+\frac{\alpha^2 l^2}{\Phi_0^2}}\right\} + \mathrm{j}\frac{\varepsilon^2\varphi_0^2\Phi_0}{6}\left(1+\frac{\alpha^2 l^2}{\Phi_0^2}\right)\mathrm{e}^{\alpha l-\mathrm{j}\Phi_0}\right\} \end{aligned} \tag{14.6.24}$$

式中，

$$
\begin{cases}
\xi_1=\varepsilon^2\left[1-\dfrac{2\varphi_0}{\Phi_0\left(1+\dfrac{\alpha^2l^2}{\Phi_0^2}\right)}-\dfrac{\varphi_0^2\left(\dfrac{\alpha^2l^2}{\Phi_0^2}-1\right)}{\Phi_0^2\left(1+\dfrac{\alpha^2l^2}{\Phi_0^2}\right)^2}\right]\\
\xi_2=-\varepsilon^2\left[\dfrac{2\varphi_0\alpha l}{\Phi\left(1+\dfrac{\alpha^2l^2}{\Phi_0^2}\right)}-\dfrac{2\varphi_0^2\alpha l}{\Phi_0^3\left(1+\dfrac{\alpha^2l^2}{\Phi_0^2}\right)^2}\right]\\
\mu=\dfrac{E_0l}{V_0}\\
\Phi_0=\left(1-\dfrac{v_0}{v_p}\right)\varphi_0,\varphi_0=\dfrac{\omega l}{v_0}
\end{cases}
\tag{14.6.25}
$$

当 $\alpha=0$ 时，式(14.6.24)可以写成

$$
P_e=P_{ea}+\mathrm{j}P_{er}=\frac{P_0}{4}\mu^2\varphi_0(F_{1a}+\mathrm{j}F_{1r})
\tag{14.6.26}
$$

式中，

$$
\begin{aligned}
F_{1a}=\frac{1}{\Phi_0^3}\Big\{&[2(1-\cos\Phi_0)-\Phi_0\sin\Phi_0]+\varepsilon^2\Big[2(1-\cos\Phi_0)-\Phi_0\sin\Phi_0\\
&-\frac{2\varphi_0}{\Phi_0}\left(\frac{\Phi_0^2}{2}\cos\Phi_0+3(1-\cos\Phi_0)-2\Phi_0\sin\Phi_0\right)\\
&+\frac{\varphi_0^2}{\Phi_0^2}\left(\Phi_0^2\cos\Phi_0+4(1-\cos\Phi_0)+\left(\frac{\Phi_0^3}{6}-3\Phi_0\right)\sin\Phi_0\right)\Big]\Big\}
\end{aligned}
\tag{14.6.27}
$$

$$
\begin{aligned}
F_{1r}=\frac{1}{\Phi_0^3}\Big\{&[2\sin\Phi_0-\Phi_0(1+\cos\Phi_0)]+\varepsilon^2\Big[2\sin\Phi_0-\Phi_0(1+\cos\Phi_0)\\
&+\frac{2\varphi_0}{\Phi_0}\left(\Phi_0-3\sin\Phi_0+\frac{\Phi_0^2}{2}\sin\Phi_0+2\Phi_0\cos\Phi_0\right)\\
&-\frac{\varphi_0^2}{\Phi_0^2}\left(\Phi_0-4\sin\Phi_0+\Phi_0^2\sin\Phi_0-\frac{\Phi_0^3}{6}\cos\Phi_0+3\Phi_0\cos\Phi_0\right)\Big]\Big\}
\end{aligned}
\tag{14.6.28}
$$

不难看到，当 $\varepsilon=0$ 时，式(14.6.27)、式(14.6.28)即得出第 15 章中的零级近似结果.

以 ε 作为参变量的 P_{ea} 及 P_{er} 与 Φ_0 的关系曲线绘于图 14.6.2 中. 由图可见，F_{1a} 及 F_{1r} 都随着 ε 的增加而下降，这表明电子注与场的相互作用效果降低了.

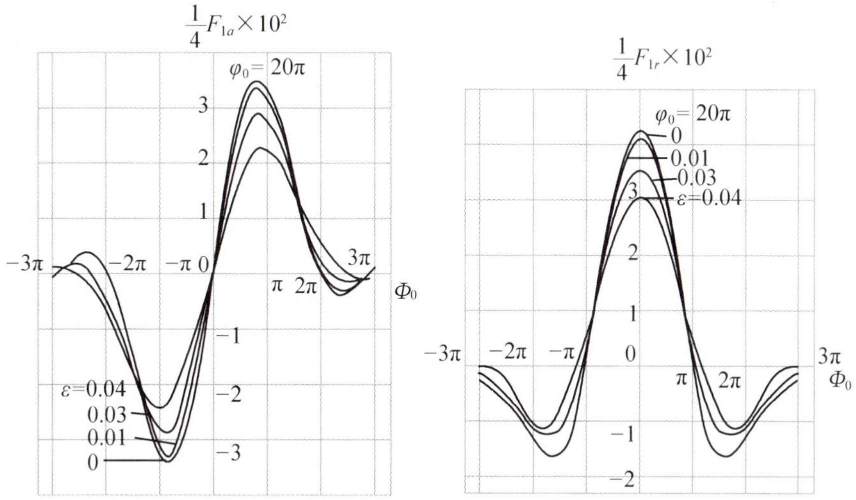

图 14.6.2　在不同电子注速度零散参量 ε 下 P_{ea} 和 P_{er} 与 Φ_0 的关系

在 15.6 节中将指出，在求得 F_{1a}、F_{1r} 后，返波管的起振条件根据式(15.6.14)可以表示为

$$\begin{cases}(CN)_{st}=\dfrac{1}{2\pi}\sqrt[3]{\dfrac{e^{2\alpha l}}{|F_{1a}|}}\\ F_{1r}=0\end{cases} \tag{14.6.29}$$

当 $\alpha=0$ 时，式(14.6.29)变为

$$\begin{cases}(CN)_{st}=\dfrac{1}{2\pi}\sqrt[3]{\dfrac{1}{|F_{1a}|}}\\ F_{1r}=0\end{cases} \tag{14.6.30}$$

由此可见，随着 ε 的增加，由于 F_{1a} 将降低，此起 $(CN)_{st}$ 增加，亦即引起起振电流增加，增大的系数可求得为

$$\frac{(I_{st})_{\varepsilon\neq0}}{(I_{st})_{\varepsilon=0}}=\frac{(F_{1a})_{\varepsilon\neq0}}{(F_{1a})_{\varepsilon=0}} \tag{14.6.31}$$

按式(14.6.27)和式(14.6.31)求得的结果绘于图 14.6.3 中.

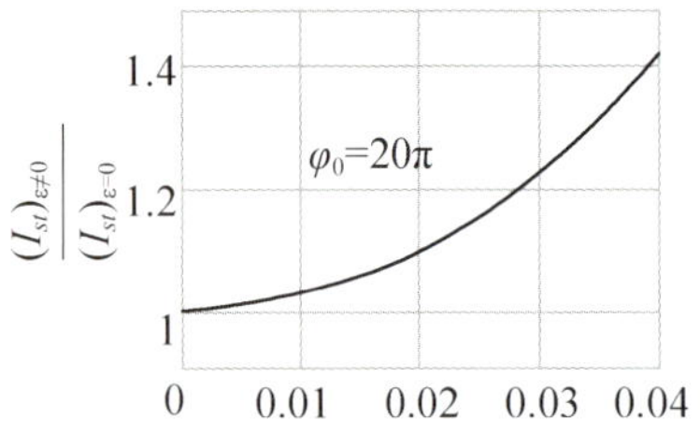

图 14.6.3 起振电流增长率与电子注速度零散参量 ε 的关系

由上面两种方法的分析可以看到，它们所得结果大体上是一致的，但在具体定量上相差多少，则较难以比较. 因为在两种情况下，方程都比较繁杂，难以找到简单的函数关系可供比较，只能借助于数值计算.

14.7 返波管放大器

前面已经指出，在返波管中利用的是反向空间谐波，它具有强烈的色散特性，这必然导致返波管具有以下特点：作为振荡器，它是一个电子调谐的宽带信号发生器；而作为一个放大器，它就是一个电子调谐的窄带放大器(一种可以实现电子调谐的选频放大器).

实现返波放大的方案可以有以下两种：即单级放大器和双级(或多级)放大器，如图 14.7.1 所示. 图 14.7.1(a)所示为单级放大器，它与返波管振荡器基本相同，不同之处只是不仅有输出端，而且有信号输入端；图 14.7.1(b)所示则为双级放大器，慢波系统分为两段，第一段为输入段，信号在该段输入而其末端接匹配负载. 电子注在这一段被调制后进入第二段，在第二段上激励起高频场. 该段称为输出段，被放大的信号由其末端输出，而其始端则予以匹配. 应当注意，我们在这里所指的始端、末端均为相对于返波而言的. 实验及理论均表明，双级放大器比两个相同结构的单级放大器的增益还要高两倍以上.

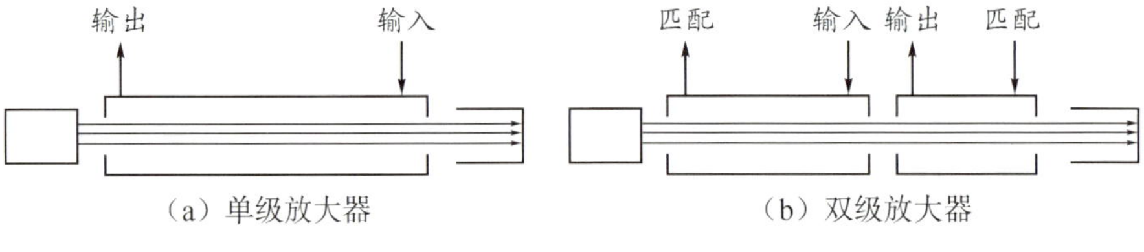

图 14.7.1 返波管放大器

现在我们来讨论返波放大器的增益. 对于单级放大器，在 14.3 节中我们已求得其增益为

$$G=\frac{\sum_{n=1}^{3}(\delta_n^2+4QC)(\delta_{n+2}-\delta_{n+1})\mathrm{e}^{\mathrm{j}2\pi N}}{\sum_{n=1}^{3}(\delta_n^2+4QC)(\delta_{n+2}-\delta_{n+1})\mathrm{e}^{2\pi CN\delta_n}}\quad(\delta=1,2,3;\delta_4=\delta_1;\delta_5=\delta_2)\tag{14.7.1}$$

式中,各 δ_n 为方程(14.2.12)

$$(\delta_2+4QC)(\delta+\mathrm{j}b-d)=\mathrm{j}\tag{14.7.2}$$

的诸根.

对于双级放大器,我们可以作如下分析.

当电子注进入第二段慢波线的输出端时(对照图 14.7.1),已经在第一段受到调制.如果不考虑两段慢波结构之间的间断影响(此影响原则上是不难进行考虑的),那么此调制电子注应该就等于第一段输入端处的调制电子注.因而,可以写出如下边界条件.

当 $z=l_1$ 时(即第一级输入端):

$$\begin{cases}V_1(l_1)=\sum_{n=1}^{3}V_n\mathrm{e}^{\mathrm{j}2\pi CN_1b_n}\\ \sum_{n=1}^{3}\frac{(1+\mathrm{j}C\delta_n)V_n}{\delta_n}\mathrm{e}^{\mathrm{j}2\pi CN_1\delta_n}=\frac{\mathrm{j}v_0C}{\eta}v_1(l_1)\\ \sum_{n=1}^{3}\frac{(1+\mathrm{j}C\delta_n)V_n}{\delta_n^2}\mathrm{e}^{\mathrm{j}2\pi CN_1\delta_n}=\frac{2V_0C^2}{I_0}i_1(l_1)\end{cases}\tag{14.7.3}$$

式中,l_1 及 N_1 为第一段慢波线的长度及线上的波长数.至于 $z=0$ 处即第一级匹配端的边界条件,则已由式(14.3.1)给出.

当 $z=l_1$ 时(即第二级输出端):

$$\begin{cases}V'(l_1)=\sum_{n=1}^{3}V'_n\\ \sum_{n=1}^{3}\frac{(1+\mathrm{j}C'\delta'_n)V'_n}{\delta'_n}=\frac{\mathrm{j}v_0C'}{\eta}v_1(l_1)\\ \sum_{n=1}^{3}\frac{(1+\mathrm{j}C'\delta'_n)V'_n}{\delta'^2_n}=-\frac{2V_0C'^2}{I_0}-i_1(l_1)\end{cases}\tag{14.7.4}$$

式中,$V'(l_1)$为第二级输出电压;V'_n、C'、δ'_n 亦均为对第二级而言的相应参数.

当 $z=l_1+l_2$ 时(即第二级的匹配端):

$$\sum_{n=1}^{3}V'_n\mathrm{e}^{\mathrm{j}2\pi CN_2\delta'_n}=0\tag{14.7.5}$$

显然,这种求解方法类似于我们在 13.7 中讨论行波管衰减器时所用的方法.因而,同样地,我们可由式(14.7.3)求得 $v_1(l_1)$及 $i_1(l_1)$,代入式(14.7.4),作为起始条件,然后再由此求出 $V'_1(l_1)$值.于是放大系数

$$G=\frac{V'(l_1)}{V(l_1)}\tag{14.7.6}$$

即可求得

$$G=\frac{\chi_1\Phi_2+\chi_2\Phi_1}{\left[\sum_{n=1}^{3}(\delta_n^2+4QC)(\delta_{n+2}-\delta_{n+1})\mathrm{e}^{2\pi CN_1\delta_n}\right]^2}\tag{14.7.7}$$

式中

$$\begin{cases} \chi_1 = \sum_{n=1}^{3} (\delta_{n+2} - \delta_{n+1}) e^{2\pi CN_1 \delta_n} \\ \chi_2 = \sum_{n=1}^{3} (\delta'_{n+2} - \delta'_{n+1}) e^{2\pi CN_2 \delta'_n} \\ \Phi_1 = \sum_{n=1}^{3} \delta_n (\delta_{n+2} - \delta_{n+1}) e^{2\pi CN_1 \delta_n} \\ \Phi_2 = \sum_{n=1}^{3} \delta'_n (\delta'_{n+2} - \delta'_{n+1}) e^{2\pi CN_2 \delta'_n} \end{cases} \tag{14.7.8}$$

χ、Φ 的下标分别表示第一级和第二级.

如果两段慢波线完全一样，那么式(14.7.8)可简化为

$$G = \frac{2\chi\Phi}{\left[\sum_{n=1}^{3} (\delta_n^2 + 4QC)(\delta_{n+2} - \delta_{n+1}) e^{2\pi CN\delta_n}\right]^2} \tag{14.7.9}$$

式中，$N_1 = N_2 = N$.

对于多级返波管放大器，完全可以类似地计算. 不过在实际中很少使用多于两级的结构.

对式(14.7.1)或式(14.7.9)取平方，即可求出功率增益.

下面我们再计算返波管放大器的增益与电流的关系及带宽.

由于 δ_n 是 b、QC、d 等参量的函数，所以增益 G 也是这些参量的函数. 而 C 与工作电流有直接关系. 显然，当工作电流达到起振值时，放大器即不能工作，所以一般返波放大器的工作电流小于起振电流. 令

$$\xi_0 = \frac{I_0}{\bar{I}_0}, \xi_m = \frac{I_0}{I_{st}} \tag{14.7.10}$$

式中，I_0 为工作电流；$\bar{I}_0$ 表示在工作点计算的起振电流；I_{st} 则表示返波管作为振荡器时的起振电流(见 14.4 节). 因为 I_{st} 随着 QC 的增加而增加，所以在工作点($I = I_0$)上的起振电流 $\bar{I}_0$ 小于起振电流 I_{st}，因而

$$\xi_0 \geqslant \xi_m \tag{14.7.11}$$

图 14.7.2、图 14.7.3 给出了增益与 ξ_0 的关系.

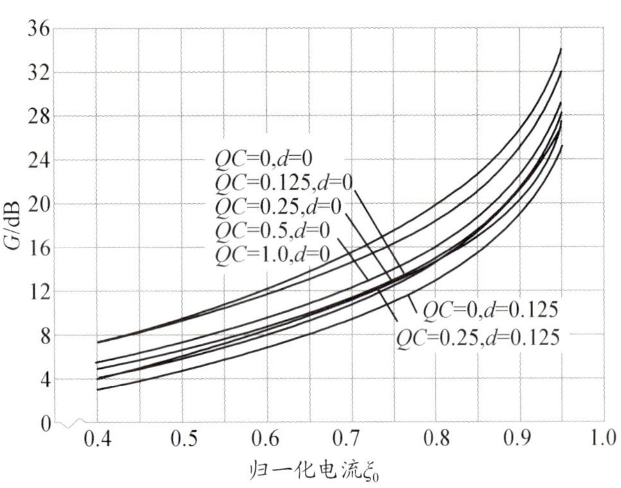

图 14.7.2 单级返波管放大器增益与电流的关系

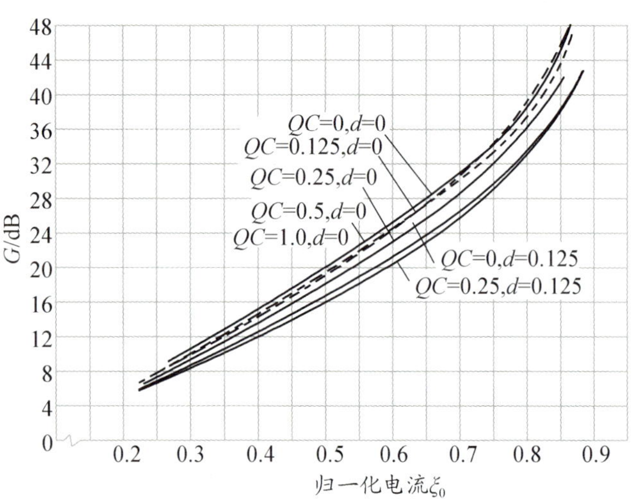

图 14.7.3 双级返波管放大器增益与电流的关系

计算表明，当 $QC>1$ 时，则有

$$G_{\text{双级}}(\text{dB}) \approx 2G_{\text{单级}}(\text{dB}) \tag{14.7.12}$$

至于返波放大器的半功率带宽，可这样来考虑：假定在确定的参量 QC、d、CN、b 的情况下，半功率点相

当于 Δb，则不难求得

$$\frac{\Delta V_0}{V_0}=2C(\Delta b) \tag{14.7.13}$$

式中，V_0 为电子注电压. 于是按返波管的电子调谐特性，即有

$$\frac{\Delta f}{f_0}=C(\Delta b)\left[1+\frac{v_p}{v_g}\right]^{-1} \tag{14.7.14}$$

式中，v_p 及 v_g 分别表示返波管慢波线上的相速及群速. 例如，对于螺旋线慢波系统，有

$$\frac{\Delta f}{f_0}=C(\Delta b)\left[1-\frac{ka}{\mathrm{DLF}}\right]^{-1} \tag{14.7.15}$$

式中，k 为自由空间波数；a 为螺旋线半径；DLF 为螺旋线基波的介质负载因子.

Δb 可以按 3 dB 增益跌落进行计算. 计算结果示于图 14.7.4 和图 14.7.5 中. 由图可见，当 ξ_0 增大即工作电流提高时，在增益上升的同时，带宽将变窄.

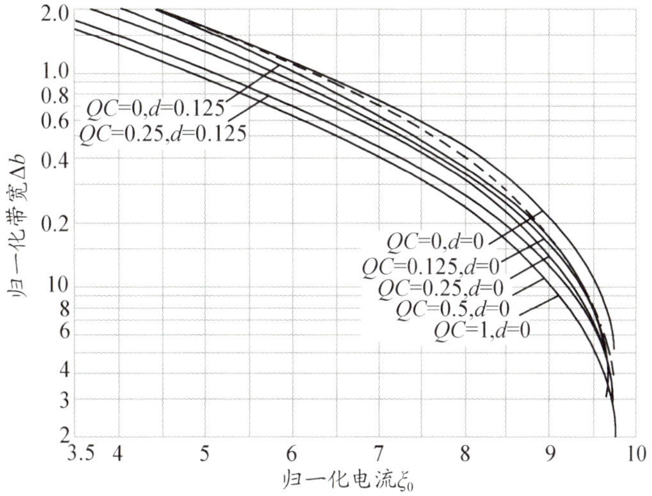

图 14.7.4　单级返波管放大器半功率点归一化带宽 Δb 与归一化工作电流 ξ_0 的关系

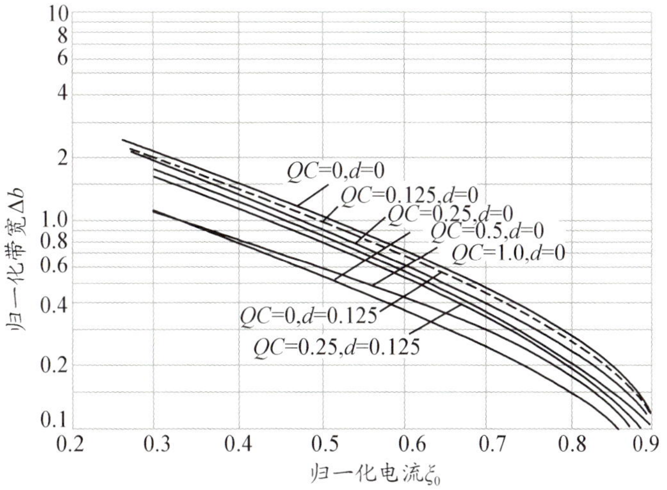

图 14.7.5　双级返波管放大器半功率点归一化带宽 Δb 与归一化工作电流 ξ_0 的关系

在 14.4 节中，我们曾讨论过在大 QC 值情况下的返波管起振电流和频率特性的近似表达式，指出当 QC 较大时，线路波仅与慢空间电荷波同步，此时可获得最大增益. 根据式(14.3.21)就有

$$b_{\mathrm{opt}}=\sqrt{4QC} \tag{14.7.16}$$

而此时返波管中第二个波可以略去，第一个波和第三个波的幅值接近. 式(14.3.15)已给出

$$\delta_{1,3}\approx -\mathrm{j}\sqrt{4QC}\left[1\mp\frac{1}{(4QC)^{3/4}}\right] \tag{14.7.17}$$

可见 $\delta_{1,3}$ 仅与 QC 值有关(不考虑 d 时). 在式(14.7.2)中，将 $\delta_{1,3}$ 按

$$b=b_{\mathrm{opt}}+\Delta b \tag{14.7.18}$$

展开，然后代入增益方程(14.7.1)及方程(14.7.9)，即可求得单级和双级返波放大器的增益的以下近似表达式.

对于单级放大器：

$$(G_s)_{\max}=\sec^2\left(\frac{\pi}{2}\frac{CN}{\overline{CN}}\right) \tag{14.7.19}$$

$$\frac{G_s}{(G_s)_{\max}}=\left[1+(\Delta b)^2\sqrt{QC}\tan^2\left(\frac{\pi}{2}\frac{CN}{\overline{CN}}\right)\right]^{-1} \tag{14.7.20}$$

而半功率点对应的带宽为

$$\begin{cases}(\Delta b)_s=\dfrac{2}{\sqrt[4]{QC}}\cot\left(\dfrac{\pi}{2}\dfrac{CN}{\overline{CN}}\right)\\[2ex]\left(\dfrac{\Delta f}{f_0}\right)=\dfrac{1}{N}\left(\dfrac{CN}{\overline{CN}}\right)\left(1-\dfrac{ka}{\mathrm{DLF}}\right)\cot\left(\dfrac{\pi}{2}\dfrac{CN}{\overline{CN}}\right)\quad(\text{螺旋线})\end{cases} \tag{14.7.21}$$

对于双级放大器：

$$(G_c)_{\max}=\tan^2\left(\frac{\pi}{2}\frac{CN}{\overline{CN}}\right) \tag{14.7.22}$$

$$\frac{G_c}{(G_c)_{\max}}=\left[1+(\Delta b)^2\sqrt{QC}\tan^2\left(\frac{\pi}{2}\frac{CN}{\overline{CN}}\right)\right]^{-2} \tag{14.7.23}$$

而半功率点对应的带宽则为

$$\begin{cases}(\Delta b)_c=\sqrt{\sqrt{2}-1}\dfrac{2}{\sqrt[4]{QC}}\cot\left(\dfrac{\pi}{2}\dfrac{CN}{\overline{CN}}\right)\\[2ex]\left(\dfrac{\Delta f}{f_0}\right)_c=\dfrac{\sqrt{\sqrt{2}-1}}{N}\left(\dfrac{CN}{\overline{CN}}\right)\left(1-\dfrac{ka}{\mathrm{DLF}}\right)\cot\left(\dfrac{\pi}{2}\dfrac{CN}{\overline{CN}}\right)\quad(\text{螺旋线})\end{cases} \tag{14.7.24}$$

在以上各式中，$\overline{CN}$ 为决定于起振条件式(14.3.22)的值.

$$\overline{CN}=\frac{1}{2}\sqrt[4]{QC} \tag{14.7.25}$$

根据 C 的定义和 I_{st} 的表达式(14.3.24)，不难看出

$$\frac{CN}{\overline{CN}}=\xi_0^{1/3}\approx\xi_m^{1/4} \tag{14.7.26}$$

这样，对于螺旋线型返波管放大器，就可以得到以下简单的增益带宽乘积的计算公式.

对于单级放大器：

$$G_s\left(\frac{\Delta f}{f_0}\right)=\frac{\xi_m^{1/4}}{N}\left(1-\frac{ka}{\mathrm{DLF}}\right)\csc\left(\frac{\pi}{2}\xi_m^{1/4}\right) \tag{14.7.27}$$

对于双级放大器：

$$G_c\left(\frac{\Delta f}{f_0}\right)=\frac{0.64\xi_m^{1/4}}{N}\left(1-\frac{ka}{\mathrm{DLF}}\right)\tan\left(\frac{\pi}{2}\xi_m^{1/4}\right) \tag{14.7.28}$$

这些公式作为初步计算都是十分有用的.

14.8 返波管变频器

我们讨论过了返波管作为宽频带电子调谐振荡器和窄频带电子调谐放大器的情形.除此之外,返波管还可以做成各种复合器件,其中返波管变频器就是一种具有独特性能的复合器件.

图 14.8.1 就是这种返波管变频器的示意图.它利用一个电子注通过几段起不同作用的慢波系统而达到变频目的,其中第一、二段螺旋线慢波系统组成一个双级返波管放大器,第三段螺旋线慢波系统则起着返波管振荡器的作用.它们的长度分别为 l_1、l_2 和 l_3.

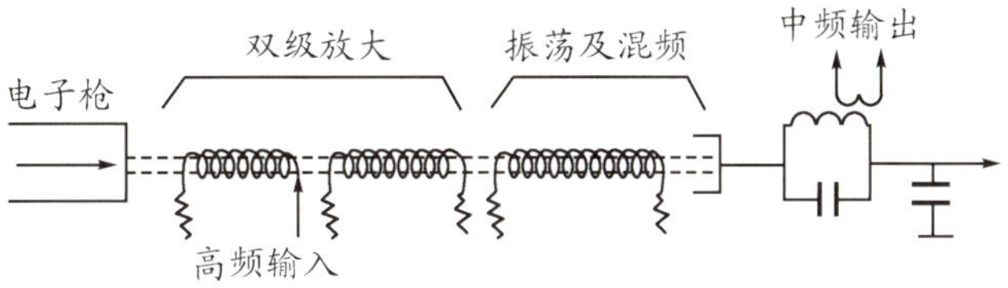

图 14.8.1　返波管变频器

高频信号由第一段螺旋线输入端输入,该段输出端及第二段螺旋线的两端均接匹配负载.因此,信号在返波放大器段,主要是调制电子注,产生电子注的高频交变分量,这样,当电子注进入返波管振荡器段之前,就已经受到高频信号的调制,具有适当的交变电流了.

如果返波管振荡器部分如此设计,使得在返波管放大器的运用状态下(指相同的电子注参量,原则上也可以有不同的参量,但这样会使得放大器部分的结构设计十分复杂)可以起振,而且振荡频率与输入高频信号频率不同但接近.这样,在电子注中除了已经受到的信号频率的调制以外,现在又受到了振荡频率的调制,从而使电子注的交变电流中除了信号频率及振荡频率之外,还包含各种上述两频率的叠加和差拍的成分.设 ω_s 为输入信号频率,ω_0 为振荡频率,则在电子注中所包含的频率成分就是

$$\omega_d = p\omega_s + q\omega_0 \quad (p, q' = \pm 1, \pm 2, \cdots) \tag{14.8.1}$$

当 $p=+1, q=-1$ 时,得到差频分量:

$$\omega_d = \omega_s - \omega_0 \tag{14.8.2}$$

如果如此设计返波管振荡器的频率 ω_0,使得 $\omega_d = \omega_s - \omega_0$ 正好为某一整机放大电路中的中频,则此中频信号分量就可以由收集极回路里的中频调谐电路输出.这样,在整机比如雷达接收机中,一个返波管变频器,就可以同时起着高频放大、本地振荡及混频等三个部件的作用.

由上面的叙述我们不难看出,返波管变频器的工作状态可以根据返波管放大器和返波管振荡器的小信号理论来进行分析.

我们从电子枪一端开始,先考虑返波放大部分.双级返波放大器的小信号理论已在 13.7 节中讨论过,在现在的情况下,我们并不是要求在该部分输出高频功率,而只是希望能给出适当的电子注交变电流.如此,定义互导 g_m 为

$$g_m = \left| \frac{i_s}{V_{\text{in}}} \right| \tag{14.8.3}$$

式中,i_s 是双级返波放大器部分末端(指 $z=l_1+l_2$ 处)的电子注中的交变电流幅值;V_{in}是输入高频电压幅值.

如果输入传输线的特性阻抗为 Z_c,那么 V_{in}与输入功率 P_{in}之间的关系为

$$P_{\text{in}} = \frac{1}{2} \frac{|V_{\text{in}}|^2}{Z_c} \tag{14.8.4}$$

另外,根据慢波线耦合阻抗的定义又有

$$P_{\text{in}} = \frac{1}{2} \frac{|E_{\text{in}}|^2}{\beta^2 K_c} \tag{14.8.5}$$

由此得到

$$|E_{\mathrm{in}}|=\beta\sqrt{\frac{K_c}{Z_c}}|V_{\mathrm{in}}| \tag{14.8.6}$$

代入式(14.8.3)：

$$g_m=\beta\sqrt{\frac{K_c}{Z_c}}\left|\frac{i_s}{E_{\mathrm{in}}}\right| \tag{14.8.7}$$

按14.7节所述，在双级返波管放大器末端，交变电子流决定于下述关系：

$$\frac{2V_0C'^2}{I_0}i_1(l_2)=\sum_{n=1}^{3}\frac{(1+\mathrm{j}C'\delta'_n)}{\delta'^2_n}\mathrm{e}^{\mathrm{j}2\pi C'N_2\delta'_nV'_n} \tag{14.8.8}$$

如果将带撇的记号去掉，而且注意到

$$i_1(l_2)=i_s \tag{14.8.9}$$

以及对于返波放大器第一段的信号输入端有

$$E(l_1)=\sum_{n=1}^{3}\frac{V_n}{\Gamma_n}\mathrm{e}^{\mathrm{j}2\pi CN_1\delta_n} \tag{14.8.10}$$

那么在认为双级放大器两级结构参量完全一样，而且不考虑漂移管长度的假定下，联解方程(14.8.4)至方程(14.8.6)及方程(14.8.10)，求出V'_n之后，代入式(14.8.8)中即可求得

$$g_m=\frac{2C}{\sqrt{K_cZ_z}}=\left|\frac{\Lambda\chi}{\Delta^2}-\frac{\Psi\Phi}{\Delta^2}\right| \tag{14.8.11}$$

式中，χ、Φ已由式(14.7.8)给出，其余符号为

$$\Delta=\sum_{n=1}^{3}(\delta_n^2+4QC)(\delta_{n+1}-\delta_{n+2})\mathrm{e}^{2\pi CN\delta_n} \tag{14.8.12}$$

$$\Psi=\mathrm{e}^{-\mathrm{j}2\pi N}\left\{\sum_{n=1}^{3}(\delta_{n+1}^2-\delta_{n+2}^2)\mathrm{e}^{[2\pi CN(\delta_{n+1}+\delta_{n+2})]}\right\} \tag{14.8.13}$$

$$\Lambda=\mathrm{e}^{-\mathrm{j}2\pi N}\left\{\sum_{n=1}^{3}\delta_n(\delta_{n+1}^2-\delta_{n+2}^2)\mathrm{e}^{[2\pi CN(\delta_{n+1}+\delta_{n+2})]}\right\} \tag{14.8.14}$$

在14.7节中我们已求得双级返波放大器的增益式(14.7.9)，如果写成功率增益的形式，就应为

$$G=\left|\frac{2\chi\Phi}{\Delta^2}\right|^2 \tag{14.8.15}$$

比较式(14.8.11)和式(14.8.15)可见，g_m与G之间有着一定关系，这种关系如图14.8.2所示. 该图表明，双级返波放大器的增益越大，则互导g_m也就越大.

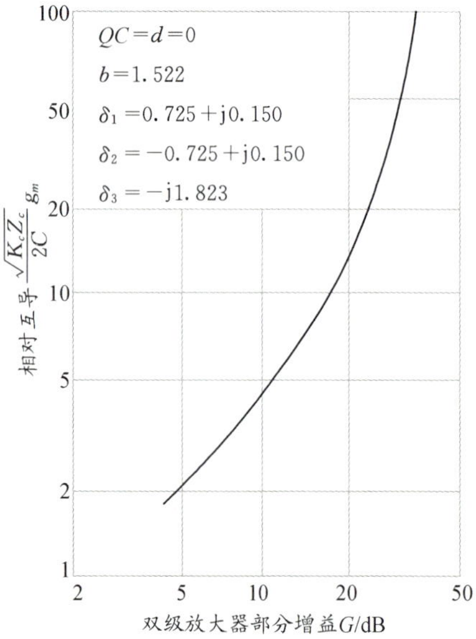

图 14.8.2 返波管变频器放大部分互导与增益的关系

现在我们接着考虑返波管振荡器部分. 如图 14.8.1 所示,在返波管振荡部分的始端($z=l_1+l_2$),电子注电流可表示为

$$i_s(t)=\mathrm{Re}\{I_0+g_m|V_{\text{in}}|\mathrm{e}^{\mathrm{j}(\omega_s t-\varphi)}\} \tag{14.8.16}$$

式中,φ 表示相角.

原则上,我们可以将方程(14.8.16)作为起始交变电流,代入返波管振荡器的有关方程中去计算,但这将使计算工作比较复杂. 不过,我们所求的并不是返波振荡管的有关高频参量,而是电子注中的交变分量. 也就是说,我们所求的仅是电子注的调制问题. 因此,为了简化计算起见,可以采用给定场的方法(详见第 15 章).

在 14.3 节中我们已得出,当 QC 较大时,返波管振荡器中高频场的分布是一个余弦分布,即按方程(14.3.31)有

$$E(z,t)=E_0\cos\left(\frac{\pi z}{2l_3}\right)\mathrm{e}^{\mathrm{j}(\omega_0 t-\beta_e z)} \tag{14.8.17}$$

与式(14.3.31)不同的是此处 E_0 为最大场强,因而已将系数 2 包含在内.

假定电子注在进入返波振荡部分时所有电子的运动速度均近似为 v_0,则若设电子进入时刻为 t_1,到达 z 的时刻为 t,就有

$$z=v_0(t-t_1) \tag{14.8.18}$$

令

$$\begin{cases}\Omega=\dfrac{\pi v_0}{2l_3}\\[2ex]\zeta=1-\dfrac{v_0}{v_p}\end{cases} \tag{14.8.19}$$

式中,v_p 为慢波线上负一次空间谐波的相速.

这样,电子运动方程就可写成为

$$\frac{\mathrm{d}^2z}{\mathrm{d}t^2}\approx-\eta E_0\cos[\Omega(t-t_1)]\mathrm{e}^{\mathrm{j}(\omega_0\zeta t+\beta v_0 t_1)} \tag{14.8.20}$$

设电子到达 $z=l_1+l_2+l_3$ 处的时间为 t_2,渡越角 θ 就为

$$\theta=\omega_0(t_2-t_1) \tag{14.8.21}$$

则式(14.8.20)的积分给出:

$$\theta=\theta_0+\frac{MA}{\zeta}\sin(\omega_0 t_1-\psi) \tag{14.8.22}$$

式中,M、θ_0、A、ψ 由以下诸式确定:

$$\begin{cases}M=E_0 l_3\left[2V_0\dfrac{\omega_0 l_3}{v_0}\zeta\right]^{-1}\\[2ex]\theta_0=\dfrac{\omega_0 l_3}{v_0}\end{cases} \tag{14.8.23}$$

$$2A\cos\psi=\frac{\Theta_0}{1+\dfrac{\Omega}{\zeta\omega_0}}+\frac{\Theta_0}{1-\dfrac{\Omega}{\zeta\omega_0}}-\frac{\sin\left(1+\dfrac{\Omega}{\zeta\omega_0}\right)\Theta_0}{\left(1+\dfrac{\Omega}{\zeta\omega_0}\right)^2}-\frac{\sin\left(1-\dfrac{\Omega}{\zeta\omega_0}\right)\Theta_0}{\left(1-\dfrac{\Omega}{\zeta\omega_0}\right)^2} \tag{14.8.24}$$

$$2A\sin\psi=\frac{1}{\left(1+\dfrac{\Omega}{\zeta\omega_0}\right)^2}+\frac{1}{\left(1-\dfrac{\Omega}{\zeta\omega_0}\right)^2}-\frac{\cos\left(1+\dfrac{\Omega}{\zeta\omega_0}\right)\Theta_0}{\left(1+\dfrac{\Omega}{\zeta\omega_0}\right)^2}-\frac{\cos\left(1-\dfrac{\Omega}{\zeta\omega_0}\right)\Theta_0}{\left(1-\dfrac{\Omega}{\zeta\omega_0}\right)^2} \tag{14.8.25}$$

式中

$$\Theta_0 = \zeta\theta_0 \tag{14.8.26}$$

假定返波振荡部分末端($z=l_1+l_2+l_3=l$)电子注中的交变电流可表示为

$$i_1(l,t_2) = \sum_{p=-\infty}^{\infty}\sum_{q=-\infty}^{\infty} B_{pq}\mathrm{e}^{\mathrm{j}(p\omega_s+q\omega_0)t_2} \tag{14.8.27}$$

式中,系数 B_{pq} 为

$$B_{pq} = \lim_{T\to\infty}\frac{1}{T}\int_{-T/2}^{T/2} i_1(l,t_2)\mathrm{e}^{-\mathrm{j}(p\omega_s+q\omega_0)t_2}\mathrm{d}t_2 \tag{14.8.28}$$

由于电流 $i_1(l,t_2)$应为实数,故应有

$$B_{-p-q} = B_{pq}^* \tag{14.8.29}$$

又为了使积分式(14.8.28)便于计算,可以利用电荷守恒定律:

$$\sum_j i_s(t_{1j})|\mathrm{d}t_{1j}| = i_1(l,t_2)|\mathrm{d}t_2| \tag{14.8.30}$$

将式(14.8.28)化为

$$B_{pq} = \lim_{T\to\infty}\frac{1}{T}\int_{-T/2}^{T/2} i_s(t_1)\mathrm{e}^{-\mathrm{j}(p\omega_s+q\omega_0)t_2}\mathrm{d}t_1 \tag{14.8.31}$$

式中,t_2 可以借助于式(14.8.21)用 t_1 表示. 而 $i_s(t_1)$可由式(14.8.16)给出.

这样,将式(14.8.22)代入式(14.8.31),并考虑到在实际中我们并不需要求出所有的电流分量,而仅需求中频分量,亦即求 $p=-q=\pm1$ 时的情况后,就可以求得中频电流:

$$I_d = g_m|V_{in}|\mathrm{J}_1\left(\frac{\omega_d}{\zeta\omega_0}MA\right) \tag{14.8.32}$$

式中,$\omega_d=|\omega_s-\omega_0|$为中频频率;$\mathrm{J}_1$ 为第一类贝塞尔函数.

至此,我们就可以看到,受信号频率 ω_s 调制的电子流,在返波振荡部分起着混频或变频的作用,中频电流如式(14.8.32)所示.

为了将式(14.8.32)进一步化简,可以再利用定义式(14.8.5). 当场强为 E_0、功率为 P 时,有

$$E_0 = \beta\sqrt{2PK_c} \tag{14.8.33}$$

另外,由于 $v_0\approx v_p$,式(14.8.23)可化为

$$M = \frac{\sqrt{\frac{K_cP}{2}}}{\zeta V_0} \tag{14.8.34}$$

而且在返波管振荡器的条件下,一般取 $\Theta_0=\zeta\theta_0=-\pi$. 将这些条件代入式(14.8.32),即可得

$$I_d = g_m|V_{\mathrm{in}}|\mathrm{J}_1\left[\frac{\omega_d}{\omega_0}\frac{\sqrt{\frac{K_cP}{2}}}{V_0\left(\frac{\pi}{\theta_0}\right)^2}A\right] \tag{14.8.35}$$

当式(14.8.35)中贝塞尔函数的宗数值很小时,利用近似式,可将其进一步简化为

$$I_d \approx \frac{g_m|V_{\mathrm{in}}|}{2}\frac{\omega_d}{\omega_0}\frac{\sqrt{\frac{K_cP}{2}}}{\pi^2V_0}\left(\frac{\omega_0 l_3}{v_0}\right)^2 A \tag{14.8.36}$$

如果中频调谐回路的谐振阻抗为 R_L,那么有中频电压:

$$V_d = I_dR_L = \frac{g_mR_LA}{4\pi^2}\frac{\omega_d\omega_0 l_3^2}{\eta V_0}\left(\frac{K_cP}{2V_0^2}\right)^{1/2}|V_{\mathrm{in}}| \tag{14.8.37}$$

定义变频增益为

$$G_c = 20\lg\left|\frac{V_d}{V_{\mathrm{in}}}\right| \tag{14.8.38}$$

则得

$$G_c=20\lg\left(\frac{g_m R_L A}{4\pi^2}\right)+20\lg\left(\frac{\omega_d\omega_0 l_3^2}{\eta V_0}\right)+10\lg\left(\frac{K_c P}{2V_0^2}\right) \tag{14.8.39}$$

式中，常数 A 可由式(14.8.24)和(14.8.25)求得. 当 $\Theta_0=\xi\theta_0=-\pi$ 时可以得到 $\Omega/\zeta\omega_0=-1/2$，而 $A\approx3.35$.

可见，变频增益分为三项：一项正比于互导 g_m；一项正比于中频 ω_d 及振荡频率 ω_0，以及返波振荡部分的长度 l_3；最后一项则正比于耦合阻抗 K_c.

上述结论已为实验结果很好地证实. 例如，一个 500～1 000 mHz 的返波变频器的理论计算结果与实验结果的比较，如图 14.8.3 所示. 可以看出，理论与实验的符合程度是相当令人满意的.

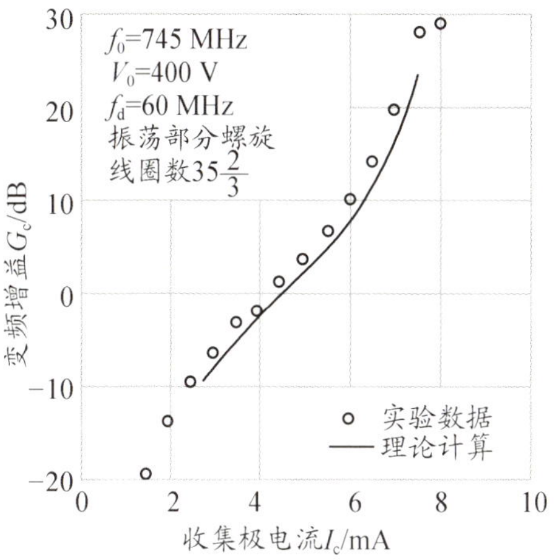

图 14.8.3　返波管变频器变频增益与收集极电流的关系

返波管变频器不仅可以直接得到中频信号，还可以提供一定的增益. 因此，这种复合器件是有相当的优点的. 不过，事物总是一分为二的. 由于在这种复合器件中，设计必须照顾到各种作用，所以只能采取折中考虑，既不能达到放大的最佳状态，也不能达到振荡的最佳状态. 因此，这种管子的性能难免会受到影响. 另外，由图 14.8.3也可看到，变频增益与工作电流的关系是一条很陡的曲线，因而，这就对工作电流的稳定度提出了很高的要求. 此外，为了得到足够的变频增益，工作电流必须足够大，这又会使管子的噪声增大. 由于这些原因，加之管子本身结构又比较复杂，所以这种管子在实用上并没有得到发展.

14.9 参考文献

[1]KOMPFNER R. Backward-wave oscillation[J]. Bell Lab. Recod.，1953，31(8)：281.

[2]HEFFNER H. Analysis of the backward-wave travelling-wave tube[J]. PIRE，1954，42(6)：930.

[3]JOHNSON H R. Backward-wave oscillators[J]. EIRE，1955，43(6)：684.

[4]ROWE J E. Analysis of nonlinear o-type backward-wave oscillators[J]. Electronic Waveguides，1958，315.

[5]PALLUEL P，GOLDBERGER A K. The o-type carcinotron tube[J]. Proceedings of the IRE，1956，44(3)：333-345.

[6]GROW R W，WATKINS D A. Backward-wave oscillator efficiency[J]. PIRE，1955，43(7)：848.

[7]WALKER L R. Starting Currents in BWO[J]. JAP，1953，24(7)：854.

[8]WEGFEIN R D. Backward-wave oscillator starting condition[J]. IRE Transactions，1957，ED-4(2)：177.

[9]GROW R W，GUNDERSON D R. Starting conditions for backward-wave oscillators with large loss and large space charge[J]. IEEE Transactions，1970，ED-17(12)：1032.

[10]CURRIE M R，FORSTER D C. The gain and bandwidth characteristics of backward-wave amplifiers[J]. IRE Transactions，1957，ED-4(1)：24.

[11]BROWN A V. Some transient phenomena in microwave tubes[J]. Proceedings of the IEE-Part B：Radio and Electronic Engineering，1958，105(10)：468-474.

[12]SAMMABA J. Build-up of o-type backward-wave oscillator[J]. IEEE of Japan, 1960, 43(1):61.

[13]BOBROFF D L. The build-up of oscillator in an electron beam backward-wave oscillator[J]. IEEE Transactions, 1965, ED-12(6):307.

[14]GOULD R W. A coupled mode description of the backward-wave oscillator and the Kompfner dip condition[J]. IRE Transactions on Electron Devices, 2005, 2(4): 37-42.

[15]GROSS F. Resonant backward-wave tubes as wide band tunable oscillators[J]. MOGA, 1964, 53.

[16]WATKINS D A, RYNN N. Effect of velocity distribution on travelling-wave tube gain[J]. JAP, 1954, 25(11): 1375.

[17]CHANG N C, SHAW A W, WATKINS D A. The effect of beam cross-sectional velocity variation on backward-wave oscillator current[J]. IRE Transactions, 1959, ED-6(4): 437.

[18]SIRKIS M D, KENYON R J, WERTMAN R C, et al. The backward-wave converter, an electronically swept receiver[J]. IEEE Transactions, 1965, ED-12(5): 289.

第 15 章　微波管小信号理论的逐次逼近法

15.1 引言

在前面三章中，我们利用自洽场的概念和方法，建立了线型微波管的小信号理论. 在第 16 章，我们还将同样采用自洽场方法来建立正交场微波管的小信号理论. 可见，自洽场方法是微波管理论的基础方法之一. 同时，我们在本篇一开始也已指出过，除了自洽场方法之外，还有一些其他的分析方法，在微波管理论中也都有着一定的地位，其中比较重要的一种是逐次逼近法.

逐次逼近法由康弗纳首先提出，但是当时似乎没有得到足够的发展. 这种分析方法在苏联由舍夫契克等人做了大量的工作，进而取得了较大的进展.

这种方法的基本概念在于：为了求得电子与场之间的相互作用，可以先假定其中之一，例如假定电场（称为给定场）. 于是，作为零级近似，从这种假定的场出发，求得电子在此给定场作用下的调制作用，由此得到的交变电流与给定场之间的能量交换，就构成了零级近似理论.

然后，由以上求得的交变电流出发，考虑到电子对场的作用，求得受电子注作用后的场，就可作为一级近似的场. 由一级近似的场出发，又可求出电子的交变分量，由此得到的换能作用，就是一级近似理论. 以此类推，反复进行就可以得到高级近似理论.

不难看出，逐次近似法是以微分方程（或积分方程）的逐次逼近法求解为数学基础的. 因此，无论从物理上还是数学上来讲，逐次逼近法都有着坚实的基础.

本章着重介绍这种方法的物理实质和它的基本数学手段，并利用这种方法讨论行波管及返波管的一些基本问题.

15.2 给定场作用下电子的群聚（零级近似）

当我们讨论逐次逼近法理论时，将先假定已知电场，这就是给定场的近似法. 由于高频场已给定，所以分析的步骤自然首先在于讨论在此种给定场作用下电子的群聚现象，即电子的速度调制和密度调制，然后讨论电子注与此种给定场之间的能量交换.

现在假定高频行波场有以下形式：

$$E = E(z)e^{j\omega t} = E_0 e^{j(\omega t - \beta_0 z)} \tag{15.2.1}$$

作为零级近似，可以假定 E_0 是一个常数，略去空间电荷的影响，电子的运动方程可以写成

$$\frac{\partial v_1}{\partial t} + v_0 \frac{\partial v_1}{\partial z} = -\eta E \tag{15.2.2}$$

同样，我们仍令

$$v = v_0 + v_1, \ |v_1| \ll v_0 \tag{15.2.3}$$

考虑到交变量均有因子 $e^{j\omega t}$，因而式(15.2.2)可以写成

$$\frac{\partial v_1}{\partial z}+j\beta_e v_1=-\eta E \tag{15.2.4}$$

对于一维的情况，式(15.2.4)中的偏微分符号化为常微分符号，即得

$$\frac{dv_1}{dz}+j\beta_e v_1=-\eta E \tag{15.2.5}$$

一阶常微分方程(15.2.5)的解可以写成

$$v_1=\frac{v_0}{2V_0}e^{j(\omega t-\beta_e z)}\int_0^z E(\xi)e^{j\beta_e\xi}d\xi \tag{15.2.6}$$

代入式(15.2.3)，即可将电子运动速度写成

$$v=v_0\left[1+\frac{1}{2V_0}e^{j(\omega t-\beta_e z)}\int_0^z E(\xi)e^{j\beta_e\xi}d\xi\right] \tag{15.2.7}$$

再将给定场式(15.2.1)代入式(15.2.7)，积分后取其实数部分，得

$$v=v_0\left\{1+\frac{E_0 z}{2V_0}\frac{\sin\frac{(\beta_e-\beta_0)}{2}z}{\frac{(\beta_e-\beta_0)}{2}z}\cdot\cos\left[\omega t_1+\frac{\beta_e-\beta_0}{2}z\right]\right\} \tag{15.2.8}$$

式中，ωt_1 表示电子进入作用区时的相位.

当 $z=l$ 时，如令

$$\mu=\frac{E_0 l}{V_0} \tag{15.2.9}$$

$$\Phi_0=(\beta_e-\beta_0)l=\frac{\omega l}{v_0}\left(1-\frac{v_0}{v_p}\right)=\varphi_0\left(1-\frac{v_0}{v_p}\right) \tag{15.2.10}$$

式中，$v_p=\omega/\beta_0$ 表示“冷”系统上波的相速. 于是式(15.2.8)可以简化写为

$$v=v_0\left\{1+\frac{\mu}{2}M\cos\left(\omega t_1+\frac{\Phi_0}{2}\right)\right\} \tag{15.2.11}$$

式中

$$M=\frac{\sin\Phi_0/2}{\Phi_0/2} \tag{15.2.12}$$

显然，μ 与 M 按其定义来看，与第 2 章中讨论高频间隙中场对电子调制时的相应系数有着相同的形式和相似的物理意义.

由以上结果也可以看到，为了使行波场对电子的作用有较好的效果，换句话说，为了使 v_1 较大，应使 $\beta_e=\beta_0$，即电子与波应处于同步状态. 同时也可以看出，在同步条件下，作用效果基本上不受渡越角 φ_0 的影响，这是因为在行波场作用下，系数 M 由 Φ_0 决定，而不是像在间隙中的驻波场作用时由 φ_0 决定. 这就是行波场同步作用的一个优点.

现在再接着讨论电子在行波场作用下的密度调制. 我们在前面已经得出场对电子注作用的基本方程(12.2.20)，当略去空间电荷效应时，该方程给出

$$\frac{\partial^2 i_1}{\partial z^2}+2j\beta_e\frac{\partial i_1}{\partial z}-\beta_e^2 i_1=\frac{j\beta_e I_0}{2V_0}E \tag{15.2.13}$$

二阶非齐次微分方程的一个特解，可以利用改变任意常数法写成如下积分形式：

$$i_1=j\frac{\beta_e I_0}{2V_0}e^{-j\beta_e z}\int_0^z E(\xi)e^{j\beta_e\xi}(z-\xi)d\xi \tag{15.2.14}$$

将给定场式(15.2.1)代入，积分后可得

$$i_1 = I_0\left\{-\mathrm{j}\frac{\beta_e E_0 z^2}{2V_0}\cdot\frac{\mathrm{e}^{\mathrm{j}(\beta_e-\beta_0)z}-\mathrm{j}(\beta_e-\beta_0)z-1}{[(\beta_e-\beta_0)z]^2}\mathrm{e}^{\mathrm{j}(\omega t_1-\beta_0 z)}\right\} \tag{15.2.15}$$

考虑到 $i=-I_0+i_1$，并令 $z=l$，于是可以得到

$$i_1 = I_0\left\{-1-\mathrm{j}\frac{\beta_e E_0 l^2}{2V_0}\cdot\frac{\mathrm{e}^{\mathrm{j}(\beta_e-\beta_0)l}-\mathrm{j}(\beta_e-\beta_0)l-1}{[(\beta_e-\beta_0)l]^2}\mathrm{e}^{\mathrm{j}(\omega t_1-\beta_0 l)}\right\} \tag{15.2.16}$$

若令

$$X=\frac{\mu M}{2}\varphi_0 \tag{15.2.17}$$

则式(15.2.16)就可以写成

$$i=I_0\left\{-1+\frac{X}{\Phi_0}\mathrm{e}^{\mathrm{j}\left(\omega t_1-\beta_0 l+\frac{\Phi_0}{2}\right)}\left[1-\mathrm{j}\Phi_0(\mathrm{e}^{\mathrm{j}\Phi_0}-1)^{-1}\right]\right\} \tag{15.2.18}$$

由式(15.2.17)定义的参量 X，在形式上与前面讲过的群聚参量相似，所以可以称为行波场作用下的群聚参量.

交变电流 i_1 的表达式(15.2.15)可以改写成如下形式：

$$i_1=I_0\frac{\mu\varphi_0}{2}\left\{\frac{\sin\Phi_0-\Phi_0}{\Phi_0^2}+\mathrm{j}\frac{\sin^2\Phi_0/2}{\Phi_0^2/2}\right\}\mathrm{e}^{\mathrm{j}(\omega t_0-\beta_0 l)} \tag{15.2.19}$$

可见，在电子注中的交变分量中，括号中第一项表示与“冷”系统上高频行波场同相位的成分，而第二项则为与其相差 $\pi/2$ 相位的成分. 因此，在一般情况下，可以写成

$$i_1=I_0\frac{\mu\varphi_0}{2}\left[\left(\frac{\sin\Phi_0-\Phi_0}{\Phi_0^2}\right)^2+\left(\frac{\sin^2\Phi_0/2}{\Phi_0^2/2}\right)^2\right]^{1/2}\mathrm{e}^{\mathrm{j}(\omega t_1-\beta_0 l+\psi_i)} \tag{15.2.20}$$

式中，相位角

$$\psi_i=-\Phi_0+\arctan^{-1}\left[\frac{2\sin^2\Phi_0/2}{(\sin\Phi_0-\Phi_0)}\right] \tag{15.2.21}$$

在完全同步的条件下，

$$\beta_e=\beta_0,\ \Phi_0=0 \tag{15.2.22}$$

就可以得到

$$\psi_i=\frac{\pi}{2} \tag{15.2.23}$$

这就表明，在完全同步的条件下，交变电流分量与行波场相差 $\pi/2$ 相角. 这时，由式(15.2.20)可得到

$$i_1=I_0\frac{\mu\varphi_0}{2}\cdot\frac{\mathrm{e}^{\mathrm{j}\frac{\pi}{2}}}{2!} \tag{15.2.24}$$

将 μ 的表示式(15.2.9)和 $\varphi_0=\beta_e l$[见式(15.2.10)]代入，式(15.2.24)即可写成

$$\frac{i_1}{E_0}=\frac{(2\pi N)^2}{2!}\cdot\frac{I_0}{2\beta_e V_0}\mathrm{e}^{\mathrm{j}\frac{\pi}{2}} \tag{15.2.25}$$

式(15.2.25)可以看成是行波场作用下的电子导纳. 这样，我们就解决了给定场近似下场对电子注的作用问题.

解决了场对电子的作用问题后，我们就可以来讨论电子与场的能量交换问题了. 这可以通过交变电流与电场之间的功率交换而得到：

$$P=\frac{1}{2}\int_0^l i_1 E^*\,\mathrm{d}z=\frac{1}{2}\frac{1}{\beta_e}\int_0^{\varphi_0} i_1 E^*\,\mathrm{d}\varphi_0 \tag{15.2.26}$$

将式(15.2.1)和式(15.2.19)代入，积分后就可以得到

$$P=\frac{1}{4}\frac{I_0 V_0\mu^2\varphi_0}{\Phi_0^3}\{[2(1-\cos\Phi_0)-\Phi_0\sin\Phi_0]+\mathrm{j}[2\sin\Phi_0-\Phi_0(1+\cos\Phi_0)]\} \tag{15.2.27}$$

将式(15.2.27)写成以下形式：

$$P=P_a+\mathrm{j}P_r \tag{15.2.28}$$

式中

$$\begin{cases} P_a=\dfrac{1}{4}P_0\mu^2\varphi_0F_{1a}(\Phi_0) \\ P_r=\dfrac{1}{4}P_0\mu^2\varphi_0F_{1r}(\Phi_0) \end{cases} \tag{15.2.29}$$

式中，P_a 和 P_r 分别为实功率和虚功率. 其中函数 $F_{1a}(\Phi_0)$、$F_{1r}(\Phi_0)$分别表示如下：

$$\begin{cases} F_{1a}(\Phi_0)=\dfrac{1}{\Phi_0^3}[2(1-\cos\Phi_0)-\Phi_0\sin\Phi_0] \\ F_{1r}(\Phi_0)=\dfrac{1}{\Phi_0^3}[2\sin\Phi_0-\Phi_0(1+\cos\Phi_0)] \end{cases} \tag{15.2.30}$$

式中，$P_0=I_0V_0$ 表示直流功率.

将式(15.2.30)与第 14 章的式(14.6.30)和式(14.6.31)比较，立即可以看出，式(15.2.30)只是第 14 章所得结果在 $\varepsilon=0$ 时的一种特例. 因此，图 14.6.2 中 $\varepsilon=0$ 的曲线即本节中 $F_{1a}(\Phi_0)$、$F_{1r}(\Phi_0)$的函数关系.

为使电子注能给出功率，要求函数 $F_{1a}(\Phi_0)$取负值，如图 15.2.1 所示. 当 Φ_0 取 $0\sim-2\pi$，$2\pi\sim3\pi$ 等之间的值时，可以实现上述要求. 而$F_{1a}(\Phi_0)$的最大负值出现在 $\Phi_0\approx-\pi$ 的地方. 由图 15.2.1 也可以看到，在零级近似下，$\Phi_0=0$ 时没有功率交换，而 F_{1r}却取最大值，即虚功率最大.

以上就是逐次逼近法的零级近似理论.

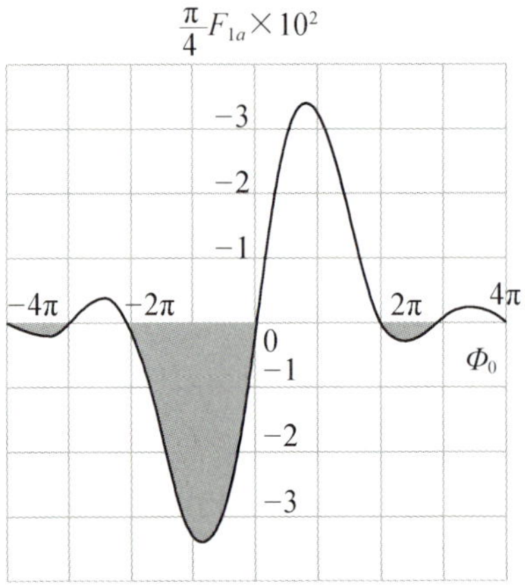

图 15.2.1　微波管零级近似理论中 F_{1a} 的函数关系

15.3 一级近似和二级近似

在 15.2 节我们求出了在零级近似下电子与波的相互作用. 在零级近似下场是给定的，并且假定为等幅波. 但是在实际上，当场与电子相互作用之后，波的幅值不可能是不变的，它将变成增幅波或者衰减波. 所以在零级近似下只是考虑了场对电子的作用，而未能进一步研究群聚电子流对场的作用，这一问题只有在更高级近似理论中才能解决. 因此，必须将逐次逼近法继续进行下去.

在第 12 章中我们已指出，群聚电子对场的作用，可以用下式表示：

$$E(z)=E_0\mathrm{e}^{\mathrm{j}\beta_0z}-\frac{\beta_0^2K_c}{2}\int_0^z i_1(\xi)\mathrm{e}^{-\mathrm{j}\beta_0(z-\xi)}\mathrm{d}\xi-\frac{\beta_0^2K_c}{2}\int_z^l i_1(\xi)\mathrm{e}^{-\mathrm{j}\beta_0(\xi-z)}\mathrm{d}\xi \tag{15.3.1}$$

至于场对电子的作用，已由方程(15.2.14)给出：

$$i_1 = \mathrm{j}\frac{\beta_e I_0}{2V_0}\mathrm{e}^{\mathrm{j}\beta_e z}\int_0^z E(\xi)\mathrm{e}^{\mathrm{j}\beta_e \xi}(z-\xi)\mathrm{d}\xi \tag{15.3.2}$$

在零级近似下，假定了等幅波，这实际上相当于将方程(15.3.1)中右边第二项及第三项均略去了，因而不能考虑群聚电子对场的作用. 现在我们就在方程(15.3.1)的基础上来考虑这种作用. 第12章曾指出，该方程中的第三项表示反向传播的波，略去这一项在一般情况下引入的误差是不大的，但却可以大大简化计算. 这样，可将式(15.3.1)简化为

$$E(z) = E_0\mathrm{e}^{-\mathrm{j}\beta_0 z} - \frac{\beta_0^2 K_c}{2}\int_0^z i_1(\xi)\mathrm{e}^{-\mathrm{j}\beta_0(z-\xi)}\mathrm{d}\xi \tag{15.3.3}$$

将由零级近似求得的交变电流式(15.2.20)代入式(15.3.3)积分，可以求得一级近似场 E_1：

$$E_1(z) = E_0\mathrm{e}^{-\mathrm{j}\beta_0 z}\{1-(2\pi CN)^3[F_{1a}(\Phi_0)+\mathrm{j}F_{1r}(\Phi_0)]\} \tag{15.3.4}$$

式中，函数 $F_{1a}(\Phi_0)$ 和 $F_{1r}(\Phi_0)$ 已由方程(15.2.30)给出.

为了求得一级近似的交变电子流，可以将以上求得的一级近似场代入式(15.3.2)中去积分. 将由此求出的一级近似电子流再代入式(15.3.3)，就可求得二级近似场：

$$E_2(z) = E_0\mathrm{e}^{-\mathrm{j}\beta_0 z} - \mathrm{j}\beta_e\beta_0^2 C^3\mathrm{e}^{-\mathrm{j}\beta_0 z}\int_0^z \mathrm{e}^{\mathrm{j}(\beta_0-\beta_e)\xi}\int_0^\xi E_1(z')(\xi-z')\mathrm{e}^{-\mathrm{j}\beta_e z'}\mathrm{d}z'\mathrm{d}\xi \tag{15.3.5}$$

将式(15.3.4)代入式(15.3.5)，即得

$$\begin{aligned} E_2(z) = E_0\mathrm{e}^{-\mathrm{j}\beta_0 z}\{&1-(2\pi CN)^3[F_{1a}(\Phi_0)+\mathrm{j}F_{1r}(\Phi_0)] \\ &-(2\pi CN)^6[F_{2a}(\Phi_0)+\mathrm{j}F_{2r}(\Phi_0)]\} \end{aligned} \tag{15.3.6}$$

式(15.3.6)中二级近似函数：

$$F_{2a} = \frac{(60-9\Phi_0^2)\cos\Phi_0 + (36-\Phi_0^2)\Phi_0\sin\Phi_0 - (60-3\Phi_0^2)}{6\Phi_0^6} \tag{15.3.7}$$

$$F_{2r} = \frac{(36-\Phi_0^2)\Phi_0\cos\Phi_0 - (60-9\Phi_0^2)\sin\Phi_0 + 24\Phi_0}{6\Phi_0^6} \tag{15.3.8}$$

其函数关系如图15.3.1所示.

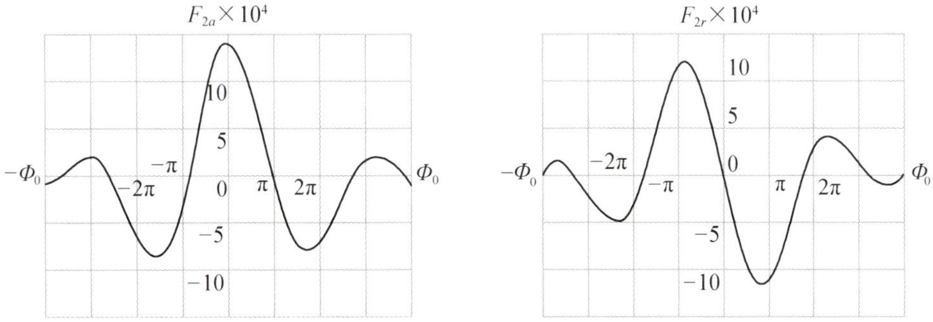

图15.3.1 函数 F_{2a}、F_{2r} 与 Φ_0 的关系

显然，将求得的二级近似场代入方程(15.3.2)，即可求得二级近似交变电子流，然后将二级交变电子流再代入式(15.3.3)，就可以求出三级近似场……以此类推，逐次逼近，最后可以求出任意次逼近的场和交变电子流. 不过我们要指出，由以上二级近似所得到的场，已经足够精确，在一系列的情况下，与用自洽场方法所得到的结果是一致的.

15.4 行波管增益的计算

在15.3节我们利用逐次逼近法研究了电子与场的相互作用的问题，与自洽场方法一样，由此即可解决

微波管的各种理论问题.在这一节中,我们先来讨论如何利用15.3节的结果来计算线型行波管的增益.

为此,在方程(15.3.6)中,将三角函数用幂级数展开,经过一定的数学推导后,即可得到当 $z=l$ 时,有

$$E(l)=E_0 e^{-j\beta_0 l}\left\{1+\sum_{m=1}^{\infty}(-j)^m \frac{(2\pi CN)^{3m}}{(3m)!}\cdot\left[x\sum_{D=1}^{\infty}\frac{\prod_{m=1}^{\infty}(D+2m-1)(3m)}{(2m-1)!(D+3m)!}(-j\Phi_0)^D\right]\right\} \tag{15.4.1}$$

当电子与波完全同步时,$\Phi_0=0$,则式(15.4.1)简化为

$$E(l)=E_0 e^{-j\beta_0 l}\sum_{m=0}^{\infty}\frac{(j2\pi CN)^{3m}}{(3m)!} \tag{15.4.2}$$

可以证明,级数(15.4.2)对于任何 $2\pi CN$ 都是收敛的.因此,可以令

$$y=j2\pi CN \tag{15.4.3}$$

则有

$$\sum_{m=1}^{\infty}\frac{(y)^{3m}}{(3m)!}=A(e^{\alpha_1 y}+e^{\alpha_2 y}+e^{\alpha_3 y}) \tag{15.4.4}$$

式中,待定常数 A、α_1、α_2 和 α_3 可以用以下方法确定:

$$\sum_{m=1}^{\infty}\frac{(y)^{3m}}{(3m)!}=A\left\{\sum_{m=0}^{\infty}\frac{(\alpha_1 y)^m}{m!}+\sum_{m=0}^{\infty}\frac{(\alpha_2 y)^m}{m!}+\sum_{m=0}^{\infty}\frac{(\alpha_3 y)^m}{m!}\right\} \tag{15.4.5}$$

比较等式两边,y 的同次幂的系数应该相等,即得

$$\begin{cases} y^0 \text{ 项系数}:3A=1 \\ y^1 \text{ 项系数}:A(\alpha_1+\alpha_2+\alpha_3)=0 \\ y^2 \text{ 项系数}:\dfrac{1}{2}A(\alpha_1^2+\alpha_2^2+\alpha_3^2)=0 \\ y^3 \text{ 项系数}:A(\alpha_1^3+\alpha_2^3+\alpha_3^3)=1 \end{cases} \tag{15.4.6}$$

由此即可解出上述四个待定常数:

$$\begin{cases} A=\dfrac{1}{3} \\ \alpha_1=1 \\ \alpha_2=-\dfrac{1}{2}+j\dfrac{1}{2}\sqrt{3} \\ \alpha_3=-\dfrac{1}{2}-j\dfrac{1}{2}\sqrt{3} \end{cases} \tag{15.4.7}$$

将所得到的 A、α_1、α_2 和 α_3 代入式(15.4.4),则场表达式(15.4.2)就可写成

$$E(l)=\frac{1}{3}E_0 e^{-j\beta_0 z}\left[e^{j2\pi CN}+e^{\left(-\frac{1}{2}+j\frac{\sqrt{3}}{2}\right)z2\pi CN}+e^{\left(-\frac{1}{2}-j\frac{\sqrt{3}}{2}\right)j2\pi CN}\right] \tag{15.4.8}$$

或者写成

$$E(l)=\frac{1}{3}E_0 e^{-j\beta_e(1-C)z}\left\{\left[1+2\cos\left(\frac{3}{2}\theta\right)\mathrm{ch}\left(\frac{\sqrt{3}}{2}\theta\right)\right]-2j\sin\left(\frac{3}{2}\theta\right)\mathrm{ch}\left(\frac{\sqrt{3}}{2}\theta\right)\right\} \tag{15.4.9}$$

式中,$\theta=2\pi CN$.

所得到的结果与我们在13.2节中用自洽场方法在忽略 b、d 和 QC(即电子与波同步、忽略损耗、不考虑空间电荷)的简单情况下所得结果式(13.2.19)完全一致.因此,进一步的增益计算步骤就与13.2节中所讨

论的完全一样了，在这里就没有必要再逐一写出了.

与自洽场方法进行比较时可以发现，常数 A 相当于自洽场中的幅值，而诸 α_m 则与诸 δ_n 相对应，只是相差一个 j. 此外，我们还注意到，在忽略 b、d 和 QC 时，由逐次逼近法二级近似所得的结果就已经与自洽场小 C 时的结果完全一致，这也是很有趣的.

最后，我们还要指出，在以上讨论中，常数 A 的确定似乎并没有利用到边界条件，实际上，边界条件已经在积分时考虑进去了，y^0 的常数项就是由积分常数决定的.

15.5 空间电荷影响的考虑

在 15.4 节的讨论中没有考虑到空间电荷场，因而在电子注交变电流的二阶微分方程中，略去了 β_q^2 项，从而使微分方程的特征方程有两个重根，其积分形式取式(15.2.13). 在第 13 章中我们已经指出，在实际情况下，尤其是功率较大时，忽略空间电荷效应将引起不能允许的误差，因此必须加以考虑.

考虑空间电荷场后，交变电流的微分方程为

$$\frac{\partial^2 i_1}{\partial z^2}+2\mathrm{j}\beta_e\frac{\partial i_1}{\partial_z}-(\beta_e^2-\beta_q^2)i_1=\frac{i\beta_e I_0}{2V_0}=E_z \tag{15.5.1}$$

和忽略了 β_q^2 的方程(15.2.13)不同，式(15.5.1)的特征方程不具有重根，因而在不存在初始调制[$i_1(0)=0, v_1(0)=0$]时，其积分为

$$i_1(z)=\frac{\mathrm{j}\beta_e I_0}{2V_0}\int_0^z E(\xi)\frac{\sin\beta_q(z-\xi)}{\beta_q}\mathrm{e}^{-\mathrm{j}\beta_e(z-\xi)}\mathrm{d}\xi \tag{15.5.2}$$

而略去返波后的交变电流对场的作用，则仍然由式(15.3.3)确定：

$$E(z)=E_0\mathrm{e}^{-\mathrm{j}\beta_0 z}-\frac{\beta_0^2K_c}{2}\int_0^z i_1(\xi)\mathrm{e}^{-\mathrm{j}\beta_0(z-\xi)}\mathrm{d}\xi \tag{15.5.3}$$

将式(15.5.2)代入式(15.5.3)，可以得到

$$E(z)=E_0\mathrm{e}^{-\mathrm{j}\beta_0 z}-\frac{\beta_e\beta_0^2C^3}{2\beta_q}\left\{\int_0^z \mathrm{e}^{-\mathrm{j}\beta_0(z-\xi)}\mathrm{d}\xi\cdot\int_0^\xi\left[\mathrm{e}^{-\mathrm{j}(\beta_e-\beta_q)(\xi-z')}-\mathrm{e}^{-\mathrm{j}(\beta_e+\beta_q)(\xi-z')}\right]E(z')\mathrm{d}z'\right\} \tag{15.5.4}$$

方程(15.5.4)与方程(15.3.5)一样，是写成逐次逼近形式的. 因此，如同以前的讨论步骤一样，先以零级近似场

$$E(z)=E_0\mathrm{e}^{-\mathrm{j}\beta_0 z} \tag{15.5.5}$$

代入式(15.5.4)，积分以后，就可以求得一级近似场为

$$E_1(z)=E_0\mathrm{e}^{-\mathrm{j}\beta_0 z}\{1-(2\pi CN)^3[F_{1a}(\Phi_0,\theta_q)+\mathrm{j}F_{1r}(\Phi_0,\theta_q)]\} \tag{15.5.6}$$

式中，$\theta_q=2\pi CN\sqrt{4QC}$，而 F_{1a}、F_{1r} 为考虑空间电荷影响后的一次近似函数，它们是

$$F_{1a}(\Phi_0,\theta_q)=\frac{2\Phi_0-\dfrac{1}{2\theta_q}[(\theta_q+\Phi_0)^2\cos(\Phi_0-\theta_q)-(\theta_q-\Phi_0)^2\cos(\Phi_0+\theta_q)]}{(\theta_q+\Phi_0)^2(\theta_q-\Phi_0)^2} \tag{15.5.7}$$

$$F_{1r}(\Phi_0,\theta_q)=\frac{\theta_q^2-\Phi_0^2+\dfrac{1}{2\theta_q}[(\theta_q+\Phi_0)^2\sin(\Phi_0-\theta_q)-(\theta_q-\Phi_0)^2\sin(\Phi_0+\theta_q)]}{(\theta_q+\Phi_0)^2(\theta_q-\Phi_0)^2} \tag{15.5.8}$$

函数 $F_{1a}(\Phi_0,\theta_q)$的曲线绘于图 15.5.1 中. 由图 15.5.1 可以清楚地看到 θ_q 的影响. 空间电荷的增大(θ_q 增大)将使 $F_{1a}(\Phi_0,\theta_q)$的最大值减小，同时最大值出现的位置向 Φ_0 增加的方向移动. 由图 15.5.1 还可以看到，$F_{1a}(\Phi_0,\theta_q)$的最大值相当于条件：

$$\theta_q=\Phi_0 \tag{15.5.9}$$

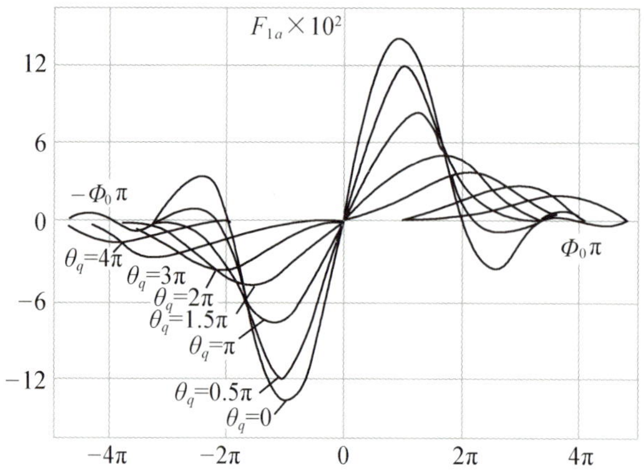

图 15.5.1　不同 θ_q 值下的 F_{1a} 函数关系

因此可以引入

$$|\theta_q|+\delta_\theta=\Phi_0 \tag{15.5.10}$$

式中，δ_θ 为一微小量. 将式(15.5.10)代入式(15.5.7)及式(15.5.8)，可得

$$F_{1a}(\theta)=\frac{2(\theta_q+\delta_\theta)-\dfrac{1}{2\theta_q}\left[(2\theta_q+\delta_\theta)^2\cos\delta_\theta-\delta_\theta^2\cos(2\theta_q+\delta_\theta)\right]}{(2\theta_q\delta_\theta+\delta_\theta^2)^2} \tag{15.5.11}$$

$$F_{1r}(\theta)=\frac{-2\theta_q\delta_\theta-\delta_\theta^2+\dfrac{1}{2\theta_q}\left[(2\theta_q+\delta_\theta)^2\sin\delta_\theta-\delta_\theta^2\sin(2\theta_q+\delta_\theta)\right]}{(2\theta_q\delta_\theta+\delta_\theta^2)^2} \tag{15.5.12}$$

当 $\delta_\theta\to0$ 时，有

$$F_{1a}(\theta)=\frac{2\theta_q^2+\cos 2\theta_q-1}{8\theta_q^3} \tag{15.5.13}$$

$$F_{1r}(\theta)=\frac{2\theta_q-\sin 2\theta_q}{8\theta_q^3} \tag{15.5.14}$$

如果 θ_q 很大，即 $\theta_q\gg1$，那么根据式(15.5.6)、式(15.5.7)及式(15.5.8)可得

$$E_1(z)=E_0\mathrm{e}^{-\mathrm{j}\beta_0 z}\left[1\mp\frac{(2\pi CN)^3}{4\theta_q}\right] \tag{15.5.15}$$

将式(15.5.15)代入式(15.5.4)，即可得到二级近似场：

$$E_2(z)=E_0\mathrm{e}^{-\mathrm{j}\beta_0 z}\left[1\mp\frac{(2\pi CN)^3}{4\theta_q}+\frac{(2\pi CN)^6}{96\theta_q^2}\right] \tag{15.5.16}$$

但 θ_q 可以写成

$$\theta_q=\sqrt{4QC}(2\pi CN)=\beta_q l \tag{15.5.17}$$

故式(15.5.16)又可写成

$$E_2(z)=E_0\mathrm{e}^{-\mathrm{j}\beta_0 z}\left\{1\mp\frac{1}{2!}\left[\frac{\pi CN}{\sqrt[4]{QC}}\right]^2+\frac{1}{4!}\left[\frac{\pi CN}{\sqrt[4]{QC}}\right]^4\right\} \tag{15.5.18}$$

方程(15.5.18)也可以写成指数形式. 对此我们讨论以下两种特殊情况.

(1)$\beta_0=\beta_e-\beta_q$ 的情况，即“冷”系统上行波与快空间电荷波同步. 这时有 $\Phi_0=\theta_q$，这样，方程(15.5.18)近似等于(为了简便起见，我们不再写出表示二级近似的下标“2”)

$$E(z)=\frac{E_0}{2}\left\{\mathrm{e}^{\mathrm{j}\frac{\pi CN}{\sqrt[4]{QC}}}+\mathrm{e}^{-\mathrm{j}\frac{\pi CN}{\sqrt[4]{QC}}}\right\}\mathrm{e}^{-\mathrm{j}(\beta_e-\beta_q)z} \tag{15.5.19}$$

式(15.5.19)表明，在系统中存在两个波，它们的相速不同，但幅值相同. 两个相速不同的等幅波，在传输过程中将引起相干而形成拍波. 由式(15.5.19)立即可得该拍波为

$$E(z)=E_0\cos\left[\frac{\pi CN}{\sqrt[4]{QC}}\right]e^{-j(\beta_e-\beta_q)z} \tag{15.5.20}$$

可见，相干的结果在线上形成一个幅值按余弦分布的行波.

在输入端，$E(z)=E_0$，但当满足以下条件

$$\frac{\pi CN}{\sqrt[4]{QC}}=\left(\frac{\pi}{2}+2n\pi\right)(n=0,1,2,\cdots) \tag{15.5.21}$$

时，波的幅值即为零，这种现象称为康弗纳"下沉"效应. 这一效应我们在13.13节中已经遇到过.

(2)$\beta_0=\beta_e+\beta_q$ 的情况，即"冷"系统上行波与慢空间电荷波同步. 这时有 $\Phi_0=-\theta_q$，则方程(15.5.18)近似等于

$$E(z)=\frac{E_0}{2}\left\{e^{\frac{\pi CN}{\sqrt[4]{QC}}}+e^{-\frac{\pi CN}{\sqrt[4]{QC}}}\right\}e^{-j(\beta_e-\beta_q)z} \tag{15.5.22}$$

可见，得到的是一个增幅波和一个衰减波. 这两个波相干的结果为

$$E(z)=\mathrm{ch}\left(\frac{\pi CN}{\sqrt[4]{QC}}\right)e^{-j(\beta_e+\beta_q)z} \tag{15.5.23}$$

上述讨论表明，只有线路波与慢空间电荷波的相互作用，才导致增幅波产生. 不言而喻，这种讨论也都只是在空间电荷参量 QC 较大时才有意义，因为当 QC 较小时，两个空间电荷波的相速相差甚微.

以上讨论结果与我们在13.13节中所得结果完全一致，这再次说明了，二次近似理论与自洽场理论已经有着满意的吻合.

15.6 返波管的逐次逼近法分析

前面我们利用逐次逼近法分析了行波管的一些问题，所得结果与自洽场方法完全一致. 现在来讨论利用逐次逼近法分析返波管的问题. 在返波管中，由于电子与反向行进的波相互作用，场的幅值在慢波线的始端(能量输出端)最大，因此，作为零级近似，可以令给定场为

$$E(z)=E(l)e^{-j\beta_{-1}(z-l)}=E_0e^{-j\beta_{-1}(z-l)} \tag{15.6.1}$$

式中，$E_0=E(l)$为输入端的场强，在返波管中，即为慢波线末端处的场强. 注意式中 $\beta_{-1}\approx\beta_e$ 为正值.

而电子对场的激励则可写成

$$E(z)=E_0e^{-j\beta_{-1}(z-l)}-\frac{\beta_{-1}^2K_c}{2}\int_z^l i_1(\xi)e^{-j\beta_{-1}(z-\xi)}d\xi-\frac{\beta_{-1}^2K_c}{2}\int_0^z i_1(\xi)e^{-j\beta_{-1}(z-\xi)}d\xi \tag{15.6.2}$$

将式(15.6.2)与式(15.3.1)比较，可以看到，在式(15.6.2)中第二项表示交变电子向输出端的辐射场，而最后一项则表示交变电子对输入端的辐射，这正好与行波管的情况相反. 同样，如果略去反向辐射，式(15.6.2)即可简化为

$$E(z)=E_0e^{-j\beta_{-1}(z-l)}-\frac{\beta_{-1}^2K_c}{2}\int_z^l i_1(\xi)e^{-j\beta_{-1}(z-\xi)}d\xi \tag{15.6.3}$$

或者写成微分形式：

$$\frac{\partial E_z}{\partial z}+j\beta_{-1}E_z=\frac{\beta_{-1}^2K_c}{2}i_1(z) \tag{15.6.4}$$

在返波管中，电子运动的方向与行波管中的一样，所以电子方程与行波管中的一致. 因此，当不考虑空间电荷场时，交变电流仍可以写成

$$i_1(z)=j\frac{\beta_eI_0}{2V_0}e^{-j\beta_ez}\int_0^z E(\xi)e^{j\beta_e\xi}(z-\xi)d\xi \tag{15.6.5}$$

而考虑空间电荷场时，有

$$i_1(z)=\mathrm{j}\frac{\beta_e I_0}{2V_0}\int_0^z E(\xi)\frac{\sin\beta_q(z-\xi)}{\beta_q}\mathrm{e}^{-\mathrm{j}\beta_e(z-\xi)}\mathrm{d}\xi \tag{15.6.6}$$

这样，与讨论行波管时相似，返波管中场的逐次逼近方程为

$$\begin{aligned}E(z)=&E_0\mathrm{e}^{-\mathrm{j}\beta_{-1}(z-l)}-\frac{\beta_e\beta_{-1}^2}{2\beta_q}C^3\left\{\int_z^l \mathrm{e}^{\mathrm{j}\beta_{-1}(z-\xi)}\mathrm{d}\xi\cdot\int_0^\xi\left[\mathrm{e}^{-\mathrm{j}(\beta_e-\beta_q)(\xi-z')}\right.\right.\\&\left.\left.-\mathrm{e}^{-\mathrm{j}(\beta_e+\beta_q)(\xi-z')}\right]E(z')\mathrm{d}z'\right\}\end{aligned} \tag{15.6.7}$$

同前面一样，按这一方程，即可求得各级近似场。

如果需要考虑线路损耗，只需在式(15.6.7)中以$(\mathrm{j}\beta_{-1}-\alpha_0)$来代替$\mathrm{j}\beta_{-1}$即可，这里$\alpha_0$为衰减常数：

$$\begin{aligned}E(z)=&E_0\mathrm{e}^{-\mathrm{j}\beta_{-1}(z-l)+\alpha_0(z-l)}-\frac{\beta_e\beta_{-1}^2}{2\beta_q}C^3\left\{\int_z^l \mathrm{e}^{\mathrm{j}\beta_{-1}(z-\xi)}\cdot\mathrm{e}^{\alpha_0(z-\xi)}\mathrm{d}\xi\right.\\&\left.\cdot\int_0^\xi\left[\mathrm{e}^{-\mathrm{j}(\beta_e-\beta_q)(\xi-z')}-\mathrm{e}^{-\mathrm{j}(\beta_e+\beta_q)(\xi-z')}\right]E(z')\mathrm{d}z'\right\}\end{aligned} \tag{15.6.8}$$

以零级近似的给定场代入式(15.6.8)，积分后可以得到

$$E(z)=E_0\mathrm{e}^{-\mathrm{j}\beta_{-1}(z-l)+\alpha_0(z-l)}\{1+(2\pi CN)^3[F_{1a}(\Phi_0,\alpha_0 z,\theta_q)+\mathrm{j}F_{1r}(\Phi_0,\alpha_0 z,\theta_q)]\} \tag{15.6.9}$$

式中，函数$F_{1a}(\Phi_0,\alpha_0,z,\theta_q)$，$F_{1r}(\Phi_0,\alpha_0,z,\theta_q)$可以写成以下形式：

$$\begin{aligned}F_{1a}=&\frac{1}{2\theta_q}\left[\mathrm{e}^{-\alpha_0 z}\left\{\frac{[(\Phi_0+\theta_q)^2-(\alpha_0 z)^2]\cos(\Phi_0+\theta_q)+2\alpha_0 z(\Phi_0+\theta_q)\sin(\Phi_0+\theta_q)}{(\Phi_0+\theta_q)^2+(\alpha_0 z)^2}\right.\right.\\&\left.+\frac{[(\alpha_0 z)^2-(\Phi_0-\theta_q)^2]\cos(\Phi_0-\theta_q)-2\alpha_0 z(\Phi_0-\theta_q)\sin(\Phi_0-\theta_q)}{(\Phi_0-\theta_q)^2+(\alpha_0 z)^2}\right\}\\&\left.+\frac{4\Phi_0\theta_q\alpha_0 z}{[(\Phi_0-\theta_q)^2+(\alpha_0 z)^2]^2[(\Phi_0+\theta_q)^2+(\alpha_0 z)^2]^2}\right]\end{aligned} \tag{15.6.10}$$

$$\begin{aligned}F_{1r}=&\frac{1}{2\theta_q}\left[\mathrm{e}^{-\alpha_0 z}\left\{\frac{2\alpha_0 z(\Phi_0+\theta_q)\cos(\Phi_0+\theta_q)-[(\Phi_0+\theta_q)^2-(\alpha_0 z)^2]\sin(\Phi_0+\theta_q)}{(\Phi_0+\theta_q)^2+(\alpha_0 z)^2}\right.\right.\\&\left.-\frac{2\alpha_0 z(\Phi_0-\theta_q)\cos(\Phi_0-\theta_q)-[(\Phi_0-\theta_q)^2-(\alpha_0 z)^2]\sin(\Phi_0-\theta_q)}{(\Phi_0-\theta_q)^2+(\alpha_0 z)^2}\right\}\\&-\frac{2\theta_q[\Phi_0^2-\theta_q^2-(\alpha_0 z)^2]}{[(\Phi_0-\theta_q)^2+(\alpha_0 z)^2][(\Phi_0+\theta_q)^2+(\alpha_0 z)^2]}\\&\left.-\frac{4\theta_q(\alpha_0 z)\{[\Phi_0^2-\theta_q^2-(\alpha_0 z)^2]-4\Phi_0^2(\alpha_0)^2\}-16\Phi_0^2\theta_q(\alpha_0 z)^2[\Phi_0^2-\theta_q^2-(\alpha_0 z)^2]}{[(\Phi_0-\theta_q)^2+(\alpha_0 z)^2]^2[(\Phi_0+\theta_q)^2+(\alpha_0 z)^2]^2}\right]\end{aligned} \tag{15.6.11}$$

因此，返波管的增益就可以立即由式(15.6.11)得到

$$G=\frac{E(0)}{E(l)} \tag{15.6.12}$$

返波管自激振荡的条件是

$$G\to\infty,\text{即 } E(l)=0 \tag{15.6.13}$$

根据式(15.6.9)，即可得到如下振荡条件：

$$\begin{cases}F_{1r}(\Phi_0,\theta_q,\alpha_0 l)=0\\1+(2\pi CN)^3F_{1a}(\Phi_0,\theta_q,\alpha_0 l)=0\end{cases} \tag{15.6.14}$$

将式(15.6.10)和式(15.6.11)代入式(15.6.14)所得到的振荡条件比较复杂。为此，可以讨论一些简化的情况。如果空间电荷力及损耗都可以略去，即$\theta_q=0$，$\alpha_0=0$，那么式(15.6.14)即可简化为

$$\begin{cases}2\sin\Phi_0-\Phi_0(1+\cos\Phi_0)=0\\1+(2\pi CN)^3\dfrac{2(1-\cos\Phi_0)-\Phi_0\sin\Phi_0}{\Phi_0^3}=0\end{cases} \tag{15.6.15}$$

由方程(15.6.15)的第一式可得到以下解：

$$\Phi_0 = (-\pi - 2n\pi) = -(2n+1)\pi \tag{15.6.16}$$

式中，n 为振荡模式. 当 $n=0$ 时为主模式，此时，

$$(\Phi_0)_{n=0} = -\pi \tag{15.6.17}$$

代入方程(15.6.15)的第二式，得

$$(2\pi CN)_{st}^3 = \frac{\pi^3}{4}$$

即

$$(CN)_{st} = 0.315 \tag{15.6.18}$$

可以看出，这与自洽场方法所得结果是一致的.

由式(15.6.18)可求得起振电流为

$$I_{st} = \frac{V_0}{8.2K_cN^3} \tag{15.6.19}$$

以及根据 $\Phi_0 = (\beta_e - \beta_0)l$ 可求得速度参量

$$b_{st} = -\frac{\Phi_0}{2\pi CN_{st}} \approx 1.587 \tag{15.6.20}$$

由以上分析结果可见，与行波管一样，利用逐次逼近法来讨论返波管问题，所得结果与自洽场方法的结果是相同的.

15.7 给定场的另一种解法

本章一开始我们就曾指出，除了逐次逼近法外，还有很多种不同的近似方法，其中给定场法是一种重要的近似方法. 前面已经指明，给定场法是逐次逼近法的零级近似. 在本节中，我们从另一角度分析给定场的方法，并与15.2节的零级近似解加以比较.

对于电子注与行波场相互作用的器件，同前面一样，可以令给定场为

$$E_z = E_z(0)e^{j(\omega t - \beta_0 z)} \tag{15.7.1}$$

在行波场的作用下，电子注的交变电流满足式(15.5.1)的微分方程：

$$\frac{d^2 i_1}{dz^2} + 2j\beta_e \frac{di_1}{dz} - (\beta_e^2 - \beta_q^2)i_1 = j\frac{I_0\beta_e}{2V_0}E_z \tag{15.7.2}$$

式中，对于一维情况已经用常微分符号代替了偏微分符号.

为了求解方程(15.7.2)，也可以不用积分形式的解式(15.5.2)，而采用拉普拉斯变换方法进行，为此令

$$\begin{cases} \bar{i}_1 = \int_0^\infty i_1(z)e^{-sz}dz \\ \bar{E}_z = \int_0^\infty E_z(z)e^{-sz}dz \end{cases} \tag{15.7.3}$$

这样，常微分方程(15.7.2)可以解出

$$\bar{i}_1 = j\left(\frac{I_0\beta_e}{2V_0}\right)\frac{\bar{E}_z}{[s+j(\beta_e+\beta_a)][s+j(\beta_e-\beta_q)]} \tag{15.7.4}$$

其中，我们假定了边界条件为

$$i_1(0) = \left.\frac{di_1}{dz}\right|_{z=0} = 0 \tag{15.7.5}$$

若令

$$\begin{cases}\beta_e+\beta_q=a\\ \beta_e-\beta_q=b\end{cases} \tag{15.7.6}$$

则式(15.7.4)可重写成

$$\bar{i}_1=-\left(\frac{I_0\beta_e}{2V_0}\right)\frac{\overline{E}_z}{(a-b)}\left[\frac{1}{s+\mathrm{j}a}-\frac{1}{s+\mathrm{j}b}\right]$$

对上式实行反变换,即得

$$i_1=-\frac{I_0\beta_e}{2V_0}\cdot\frac{1}{2\beta_q}\left[\int_0^z E_z(u)\mathrm{e}^{-\mathrm{j}a(z-u)}\mathrm{d}u-\int_0^z E_z(u)\mathrm{e}^{-\mathrm{j}b(z-u)}\mathrm{d}u\right] \tag{15.7.7}$$

取式(15.7.7)的共轭值:

$$i_1^*=-\frac{I_0\beta_e}{2V_0}\cdot\frac{1}{2\beta_q}\left[\int_0^z E_z^*(u)\mathrm{e}^{\mathrm{j}a(z-u)}\mathrm{d}u-\int_0^z E_z^*(u)\mathrm{e}^{\mathrm{j}b(z-u)}\mathrm{d}u\right] \tag{15.7.8}$$

则电子注与场的相互作用的功率式(15.2.26)可表示为

$$P=\frac{1}{4}\int_{-\infty}^{\infty}(E_z i_1^*+i_1E_z^*)\mathrm{d}z \tag{15.7.9}$$

积分显然仅在 $0\sim l$,即在作用区长度范围内进行才有效,而在此范围外积分无贡献.

若令

$$\begin{cases}-\dfrac{I_0}{4V_0}\cdot\dfrac{\beta_e}{\beta_q}I_1=\displaystyle\int_{-\infty}^{\infty}E_z\cdot i_1^*\,\mathrm{d}z\\[2ex] -\dfrac{I_0}{4V_0}\cdot\dfrac{\beta_e}{\beta_q}I_2=\displaystyle\int_{-\infty}^{\infty}i_1\cdot E_z^*\,\mathrm{d}z\end{cases} \tag{15.7.10}$$

则有

$$I_1=\int_{-\infty}^{\infty}E_z(z)\mathrm{d}z\int_0^z E_z^*(u)\mathrm{e}^{\mathrm{j}a(z-u)}\mathrm{d}u-\int_{-\infty}^{\infty}E_z(z)\mathrm{d}z\int_0^z E_z^*(u)\mathrm{e}^{\mathrm{j}b(z-u)}\mathrm{d}u \tag{15.7.11}$$

或者写成

$$I_1=\int_{-\infty}^{\infty}E_z(z)\mathrm{e}^{\mathrm{j}az}\mathrm{d}z\int_0^z E_z^*(u)\mathrm{e}^{\mathrm{j}au}\mathrm{d}u-\int_{-\infty}^{\infty}E_z(z)\mathrm{e}^{\mathrm{j}bz}\mathrm{d}z\int_0^z E_z^*(u)\mathrm{e}^{-\mathrm{j}bu}\mathrm{d}u \tag{15.7.12}$$

令

$$\begin{cases}M_a=\displaystyle\int_{-\infty}^{\infty}E_z(u)\mathrm{e}^{\mathrm{j}au}\mathrm{d}u\\[2ex] M_b=\displaystyle\int_{-\infty}^{\infty}E_z(u)\mathrm{e}^{\mathrm{j}bu}\mathrm{d}u\end{cases} \tag{15.7.13}$$

M_a、M_b 表示慢空间电荷波及快空间电荷波与场的相互作用的耦合系数. 由式(15.7.13)我们可以定义其共轭值

$$\begin{cases}M_a^*=\displaystyle\int_{-\infty}^{\infty}E_z^*(u)\mathrm{e}^{-\mathrm{j}au}\mathrm{d}u\\[2ex] M_b^*=\displaystyle\int_{-\infty}^{\infty}E_z^*(u)\mathrm{e}^{-\mathrm{j}bu}\mathrm{d}u\end{cases} \tag{15.7.14}$$

利用积分号下求微分的法则,即可得到

$$I_1=\int_{-\infty}^{\infty}\frac{\partial M_a}{\partial z}M_a^*\,\mathrm{d}z-\int_{-\infty}^{\infty}\frac{\partial M_b}{\partial z}M_b^*\,\mathrm{d}z \tag{15.7.15}$$

对 I_2 作同样的变换,可以得到

$$I_2=\int_{-\infty}^{\infty}\frac{\partial M_a^*}{\partial z}M_a\mathrm{d}z-\int_{-\infty}^{\infty}\frac{\partial M_b^*}{\partial z}M_b\mathrm{d}z \tag{15.7.16}$$

则式(15.7.9)就可写成

$$P=-\frac{I_0}{16V_0}\frac{\beta_e}{\beta_q}(|M_a|^2-|M_b|^2) \tag{15.7.17}$$

显然，这是一个实功率.这就是说，电子注与场相互作用的实功率交换正比于慢空间电荷波及快空间电荷波与场作用的耦合系数的平方差.同样我们还可以定义一个虚功率

$$P_i=\frac{1}{4}\int_{-\infty}^{\infty}(E_z i_1^*-E_z^* i_1)\mathrm{d}z \tag{15.7.18}$$

用同样的方法可以求得

$$P_i=-\frac{I_0}{16V_0}\frac{\beta_e}{\beta_q}\left[\int_{-\infty}^{\infty}\left(\frac{\partial M_a}{\partial z}M_a^*-\frac{\partial M_a^*}{\partial z}M_a\right)\mathrm{d}z-\int_{-\infty}^{\infty}\left(\frac{\partial M_b}{\partial z}M_b^*-\frac{\partial M_b^*}{\partial z}M_b\right)\mathrm{d}z\right] \tag{15.7.19}$$

至此，我们原则上已经给出了问题的解.上述讨论并不具有普遍性，因为我们实际上仅是从方程(15.7.2)出发，并没有涉及场 E_z 的具体形式.下面我们利用以上结果讨论具体的问题.如果限于行波管或返波管，可以利用如式(15.7.1)形式的给定场，将它代入式(15.7.13)，得

$$\begin{cases}M_a=E_z(0)l\int_{-\infty}^{\infty}\dfrac{\mathrm{e}^{-\mathrm{j}(\beta_0-a)u}}{l}\mathrm{d}u\\ M_b=E_z(0)l\int_{-\infty}^{\infty}\dfrac{\mathrm{e}^{-\mathrm{j}(\beta_0-b)u}}{l}\mathrm{d}u\end{cases} \tag{15.7.20}$$

式中，l 为作用区长度.

式(15.7.20)积分可得

$$\begin{cases}M_a=E_z(0)l\dfrac{\sin(\beta_0-a)l+\mathrm{j}[\cos(\beta_0-a)l-1]}{(\beta_0-a)l}\\ M_b=E_z(0)l\dfrac{\sin(\beta_0-b)l+\mathrm{j}[\cos(\beta_0-b)l-1]}{(\beta_0-b)l}\end{cases} \tag{15.7.21}$$

由此得到

$$\begin{cases}|M_a|^2=|E_0l|^2\left[\dfrac{\sin\dfrac{(\beta_0-a)l}{2}}{\dfrac{(\beta_0-a)l}{2}}\right]^2\\ |M_b|^2=|E_0l|^2\left[\dfrac{\sin\dfrac{(\beta_0-b)l}{2}}{\dfrac{(\beta_0-b)l}{2}}\right]^2\end{cases} \tag{15.7.22}$$

式中，$E_0=E_z(0)$，代入式(15.7.17)，即可得出实功率：

$$P=\frac{I_0}{8V_0}|E_0l|^2\frac{\beta_e}{\beta_q}\left[\frac{1-\cos(\Phi_0-\theta_q)}{(\Phi_0-\theta_q)^2}-\frac{1-\cos(\Phi_0+\theta_q)}{(\Phi_0+\theta_q)^2}\right] \tag{15.7.23}$$

或者写成

$$P=\frac{I_0}{4V_0}|E_0l|^2\beta_e l\cdot\frac{2(1-\cos\Phi_0\cos\theta_q)-\Phi_0\sin\Phi_0\left(1+\dfrac{\theta_q^2}{\Phi_0^2}\right)\dfrac{\sin\theta_q}{\theta_q}}{\Phi_0^3\left(1-\dfrac{\theta_q^2}{\Phi_0^2}\right)^2} \tag{15.7.24}$$

按照类似方法可以求得虚功率：

$$P_i=\frac{I_0}{4V_0}|E_0l|^2\frac{\beta_e l}{2\theta_q}\left[\frac{(\Phi_0+\theta_q)-\sin(\Phi_0+\theta_q)}{(\Phi_0+\theta_q)^2}-\frac{(\Phi_0-\theta_q)-\sin(\Phi_0-\theta_q)}{(\Phi_0-\theta_q)^2}\right] \tag{15.7.25}$$

式(15.7.24)和式(15.7.25)也可写成

$$\begin{cases} P = \dfrac{1}{4} P_0 \mu^2 \varphi_0 F_{1a}(\Phi_0, \theta_q) \\ P_i = \dfrac{1}{4} P_0 \mu^2 \varphi_0 F_{1r}(\Phi_0, \theta_q) \end{cases} \tag{15.7.26}$$

式中，$\mu = E_0 l / V_0$，$\varphi_0 = \omega l / v_0 = \beta_e l$，与 15.2 节的定义相同. 并且不难看出，式中函数 $F_{1a}(\Phi_0, \theta_q)$ 和 $F_{1r}(\Phi_0, \theta_q)$ 与 15.5 节中所求得的相同.

因此，以上结果与 15.5 节中所述的零级近似结果一致. 这并不是偶然的，因为以上两种方法的出发依据都是一样的，差别仅在于：在逐次逼近法中利用微分方程的直接积分形式，而在本节所述的方法中，则是利用运算微积的方法来求解微分方程.

对于其他的近似方法，都可以进行类似的讨论，在这里我们就不再一一叙述了.

15.8 参考文献

[1]KOMPFNER R. The travelling-wave tube as centimeter wave amplifier[J]. Wireless Engn.，1947，24:255.

[2]KOMPFNER R，WILLIAMS N T. Backward-wave tubes[J]. PIRE，1953，41(11)：1602.

[3]BECK A H. Electron beams and landau damping[J]. MOGA，1970，18：1.

第 16 章　正交场器件的小信号分析

16.1 引言

正交场微波器件是不同于行波管、速调管的另一大类微波管. 正交场器件通常也称为 M 型器件，以区别于行波管、速调管等 O 型器件.

在行波管、速调管等器件中，相互作用空间内存在的轴向直流磁场与电子的能量转换过程无关，这一磁场只是为了保持电子流的一定截面形状而采取的聚束措施，因而原则上也可以用其他聚束手段（比如静电聚束）来代替. 如果不考虑单个电子的运动轨迹，那么相互作用空间内的电子注，在总体上通常总具有柱状、管状或带状的型式，即所谓“线形注”型式，因而行波管、速调管又称为“线形注微波管”.

而正交场器件区别于其他微波管的特点则是管内的直流磁场总是与管内的直流电场方向相垂直的，并在电子运动和能量交换过程中是必不可少的，它不再仅仅是聚束电子注的手段.

在能量交换机理上，M 型微波管也与 O 型微波管不同，在大多数情况中，具有正交场的微波器件是把电子的位能转换成微波电磁能量的装置，而线形注器件则刚好相反，后者的能源是电子的动能.

正交场器件的阳极由专门的慢波系统构成，它可以形成和维持超高频电磁波的存在，这个场总是可以作为具有不同相速的纯正弦行波的相互叠加来研究的，这样的波之一具有与电子速度 v_e 十分接近的相速 v_p，其余的波与电子注不同步并对它影响很小，因此，在多数情况中，正交场器件的工作基于在行波管中所用的行波原理. 但是，在行波管等 O 型器件中，能量由电子注向增幅波的转换是在条件 $v_e>v_p$ 下进行的，电子效率决定于电子“多余”速度的多少；而在 M 型器件中，类似的能量转换则是在条件 $v_e\approx v_p$ 下进行的，电子在本质上是在向阳极移动过程中失去位能而向高频场交出能量的，所以有较高的效率.

正交场器件按其本身来说基本上是二维的，电子在磁场力和电场力作用下的基本运动在它们的垂直方向上，同时，由于横向磁场的存在，速度的高频分量产生明显的高频分力，该力既与速度本身垂直，亦与静磁场垂直，换句话说，它具有横向振荡运动分量；而行波管、速调管则基本上是一维的，场（电场、磁场）和电子速度都在同一坐标上.

正交场器件由于其工作机理，具有大功率、高效率及极高相位稳定性的特点.

本章将着重讨论注入式正交场放大管，然后简单叙述一下注入式正交场返波振荡管. 至于正交场器件中最普遍而重要的一种管型——磁控管，由于已经有不少有关的专著，我们在这里就不再进行讨论了.

16.2 场方程与电子运动方程

注入式正交场器件一般都作为大功率放大管，因此，小信号理论或者线性理论在它们的实际工作中，尤其是在高效率器件的实际工作过程中，可能是不适用的. 虽然如此，基于以下一些理由，我们认为它在正交场器件的分析和设计中还是十分有用的：小信号特性与各个物理参量之间有着明确的关系，有助于理解管子内部发生的物理过程以及各种因素对管子的影响，比如，采用小信号假设来求解电子运动方程和场方程所得到的小信号增益解，在数学形式上比较简单，含义明确，概括性强，可以说明各个有关参量(如电子注阻抗、慢波线耦合阻抗、电子注的空间位置、电子速度、空间电荷效应等)对小信号特性的影响；另外，正交场放大管的噪声和寄生振荡都决定于管子的小信号增益，因而必须从管子的小信号特性来理解管子的稳定性问题；在一些实验性的放大管中，忽略空间电荷影响时分析得出的小信号增益与实测结果比较接近，这说明小信号分析在一定程度上是具有实践基础和指导意义的.

像对线形注行波管中的小信号分析所做的处理一样，我们的目的在于求得正交场中电子注与慢波线行波场相互作用时的自洽解. 先忽略空间电荷影响，然后再讨论考虑这种影响的情况.

我们研究如图 16.2.1 所示的系统. 假定相互作用空间在 x 轴方向是无限的；作为低压电极的底极是平面电极，而慢波系统作为高压电极，直流电压加在这两个电极之间且等于 V_0，$V_0=V_e+V_s$，它们之间的距离为 d；直流磁场均匀且仅具有 x 向分量，磁感应强度为 B；在直流场状态下，电子束厚度为 Δy，其中心平面的位置为 y_0.

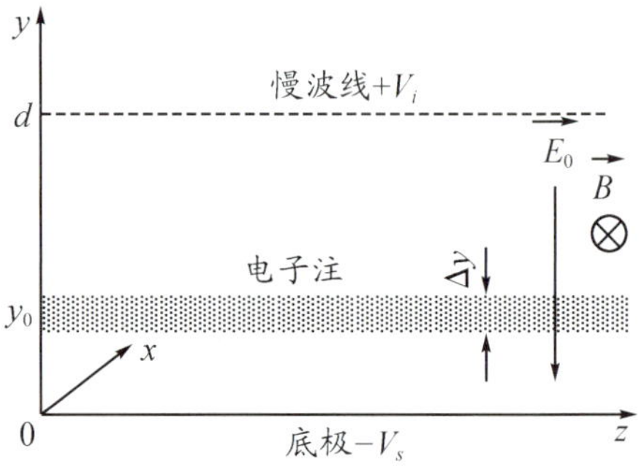

图 16.2.1　正交场器件的相互作用空间

此外，我们假设电子注厚度 Δy 无限薄，因此，可以忽略由于电子注存在而引起的电场在电子注所在位置的突变，空间电荷层流中的速度差异趋于零，也就是说，可以认为电子注中所有电子具有相同的纵向速度

$$v_0=v_e=\frac{E_0}{B} \tag{16.2.1}$$

而其中

$$E_0=\frac{V_0}{d} \tag{16.2.2}$$

如果电子注中空间电荷的体密度的直流分量等于 ρ_0，那么在薄电子注假设下，就可以用表面电荷密度 $\sigma_0=\rho_0\Delta y$ 来表示以速度 v_0 沿 z 向运动的无限薄电子流.

在系统在 x 方向无限伸展的假设下，所有物理量在 x 方向没有变化，因而可以仅限于在 y、z 二维范围内讨论问题.

在以上假设下，我们首先讨论相互作用空间的行波场结构.

当不存在电子流时，平板形相互作用空间中的行波场可以由波动方程求解，然后代入上下电极的边界条件而得出. 慢波线一般都具有周期不均匀性，相互作用空间的行波总可以分解成为无穷多个空间谐波，若令其中与电子注同步的某次谐波的传播常数为 Γ_0，则

$$\Gamma_0=\alpha_0+\mathrm{j}\beta_0 \tag{16.2.3}$$

式中，α_0、β_0 分别为衰减常数与相位常数.

在如图 16.1.1 所示的系统中，电场将具有 y 与 z 方向分量，磁场只有 x 方向分量，即

$$\begin{cases}\boldsymbol{E}=\boldsymbol{i}_yE_y+\boldsymbol{i}_zE_z\\ \boldsymbol{H}=\boldsymbol{i}_x\boldsymbol{H}_z\end{cases} \tag{16.2.4}$$

它们满足波动方程

$$\begin{cases}\nabla^2\boldsymbol{E}-\mu_0\varepsilon_0\dfrac{\partial^2\boldsymbol{E}}{\partial t^2}=0\\ \nabla^2\boldsymbol{H}-\mu_0\varepsilon_0\dfrac{\partial^2\boldsymbol{H}}{\partial t^2}=0\end{cases} \tag{16.2.5}$$

采用分离变量法求解，且场在纵向按传播因子 $\mathrm{e}^{\mathrm{j}\omega t-\Gamma_0 z}$ 变化，则对 E_z 就有

$$E_z = (A\mathrm{e}^{\gamma y} + B\mathrm{e}^{-\gamma y})\mathrm{e}^{\mathrm{j}\omega t - \Gamma_0 z} \tag{16.2.6}$$

而

$$E_y = \frac{\Gamma_0}{\gamma^2}\frac{\partial E_z}{\partial y} = \frac{\Gamma_0}{\gamma}(A\mathrm{e}^{\gamma y} - B\mathrm{e}^{-\gamma y})\mathrm{e}^{\mathrm{j}\omega t - \Gamma_0 z} \tag{16.2.7}$$

$$H_x = -\frac{\mathrm{j}\omega\varepsilon_0}{\gamma^2}\frac{\partial E_z}{\partial y} = -\frac{\mathrm{j}\omega\varepsilon_0}{\gamma}(A\mathrm{e}^{\gamma y} - B\mathrm{e}^{-\gamma y})\mathrm{e}^{\mathrm{j}\omega t - \Gamma_0 z} \tag{16.2.8}$$

式中

$$-\gamma^2 = \omega^2\mu_0\varepsilon_0 + \Gamma_0^2 \tag{16.2.9}$$

A、B 是由边界条件确定的常数. 在底极为理想导体，慢波线表面的纵向电场幅值为$(E_{zm})_s$时，边界条件可写成为

$$\begin{cases} y=0, E_z = 0 \\ y=d, E_z = (E_{zm})_s \mathrm{e}^{\mathrm{j}\omega t - \Gamma_0 z} \end{cases} \tag{16.2.10}$$

代入式(16.2.6)，求得

$$\begin{cases} A = \dfrac{(E_{zm})_s}{2\mathrm{sh}\,\gamma d} \\ B = -A \end{cases} \tag{16.2.11}$$

同时，在慢波线中，慢波的相速一般远小于光速，即 $\omega^2\mu_0\varepsilon_0 \ll \beta_0^2$，因而有近似关系

$$\gamma^2 \approx -\Gamma_0^2, \gamma \approx \mathrm{j}\Gamma_0 \tag{16.2.12}$$

而且，我们认为慢波线的冷损耗很小，$\alpha_0 \ll \beta_0$，所以

$$\Gamma_0 \approx \mathrm{j}\beta_0 \tag{16.2.13}$$

即

$$r \approx -\beta_0 \tag{16.2.14}$$

于是就有

$$\begin{cases} E_z = (E_{zm})_s \dfrac{\mathrm{sh}\,\beta_0 y}{\mathrm{sh}\,\beta_0 d}\mathrm{e}^{\mathrm{j}\omega t - \Gamma_0 z} \\ E_y = \mathrm{j}(E_{zm})_s \dfrac{\mathrm{ch}\,\beta_0 y}{\mathrm{sh}\,\beta_0 d}\mathrm{e}^{\mathrm{j}\omega t - \Gamma_0 z} \end{cases} \tag{16.2.15}$$

在慢波线中，当 $v_p \ll c$ 时，高频磁场十分微弱，波动方程可以近似写成拉普拉斯方程的形式，亦即允许作为“似稳场”问题来处理，因此交变电场可近似地以一个标量位函数 $V(y,z,t)$ 来描述：

$$\begin{cases} E_z = -\dfrac{\partial V}{\partial z} \\ E_y = -\dfrac{\partial V}{\partial y} \end{cases} \tag{16.2.16}$$

它满足拉普拉斯方程

$$\nabla^2 V(y,j,t) = 0 \tag{16.2.17}$$

若令慢波线表面相对于底极的高频电位幅值是 V_m，则有

$$V(y,z,t) = V_m \frac{\mathrm{sh}\,\beta_0 y}{\mathrm{sh}\,\beta_0 d}\mathrm{e}^{\mathrm{j}\omega t - \Gamma_0 z} \tag{16.2.18}$$

以及

$$\begin{cases} E_z = \mathrm{j}\beta_0 V_m \dfrac{\mathrm{sh}\,\beta_0 y}{\mathrm{sh}\,\beta_0 d}\mathrm{e}^{\mathrm{j}\omega t - \Gamma_0 z} \\ E_y = -\beta_0 V_m \dfrac{\mathrm{ch}\,\beta_0 y}{\mathrm{sh}\,\beta_0 d}\mathrm{e}^{\mathrm{j}\omega t - \Gamma_0 z} \end{cases} \tag{16.2.19}$$

由式(16.2.15)可见,纵向和横向交变电场幅值分别为

$$\begin{cases} E_{zm}=(E_{zm})_s \dfrac{\operatorname{sh}\beta_0 y}{\operatorname{sh}\beta_0 d} \\ E_{ym}=\mathrm{j}(E_{zm})_s \dfrac{\operatorname{ch}\beta_0 y}{\operatorname{sh}\beta_0 d} \end{cases} \tag{16.2.20}$$

它们在横向上分别按双曲正弦和双曲余弦变化,即随着离开慢波线表面而迅速下降.

在上述相互作用空间场分布的基础上,我们就可以进而讨论在此行波场作用下的电子运动方程.

我们以 y_1 表示在某一瞬时某一位置上的电子相对于其纵向静态位置 y_0 所偏离的量值,而 z_1 则表示该电子偏离其横向静态位置 z_0 的大小.因此,y_1 表示了电子的横向位移,z_1 则反映了电子在纵向的群聚.

一般来说,E_y 和 E_z 应包括线路场和空间电荷交变分量形成的库仑场.在 Δy 很小时,库仑场的大小同样可以认为与 y 无关,即可取一个平均值.如果忽略空间电荷影响,那么 E_y 与 E_z 纯属外加线路场.

如前所述,忽略高频磁场,因而电子运动方程可以表示成如下形式:

$$m\frac{\mathrm{d}v}{\mathrm{d}t}=-e[\boldsymbol{E}+(\boldsymbol{v}\times\boldsymbol{B})] \tag{16.2.21}$$

我们用 E_0、v_0 表示直流分量,E_y、E_z、v_y、v_z 表示相应量的交变分量,因而式(16.2.21)中

$$\boldsymbol{E}=(0,-E_0+E_y,E_z) \tag{16.2.22}$$

$$v=(0,v_y,v_0+v_z) \tag{16.2.23}$$

在二维情况下,式(16.2.21)可以分解成两个标量方程,即

$$\begin{cases} \dfrac{\mathrm{d}v_y}{\mathrm{d}t}+\omega_c v_z=-\dfrac{e}{m}E_y \\ \dfrac{\mathrm{d}v_z}{\mathrm{d}t}-\omega_c v_y=-\dfrac{e}{m}E_z \end{cases} \tag{16.2.24}$$

式中,$\omega_c=\dfrac{e}{m}B$ 为电子回旋振荡频率.

在一般情况下,、v_y、v_z、y_1、z_1 都是 y、z、t 的函数,即

$$f=f(y,z,t) \tag{16.2.25}$$

因此有

$$\frac{\mathrm{d}f}{\mathrm{d}t}=\frac{\partial f}{\partial t}+\frac{\partial f}{\partial y}\frac{\mathrm{d}y}{\mathrm{d}t}+\frac{\partial f}{\mathrm{d}z}\frac{\mathrm{d}z}{\mathrm{d}t} \tag{16.2.26}$$

在薄电子注的假设下,我们可以认为在 Δy 厚度内的所有交变量都与 y 无关,因而式(16.2.26)中$\partial f/\partial y$项为零.将该式应用于上述变量,并根据$\dfrac{\partial}{\partial t}=\mathrm{j}\omega$,$\dfrac{\partial}{\partial z}=-\Gamma$(这里应注意,当存在电子流时,传播常数写成 $\Gamma=\alpha+\mathrm{j}\beta$ 以代替无电子流时的 $\Gamma_0=\alpha_0+\mathrm{j}\beta_0$),在略去二阶小量项后,即可得

$$\begin{cases} \dfrac{\mathrm{d}v_y}{\mathrm{d}t}\approx(\mathrm{j}\omega-\Gamma v_0)v_y=\mathrm{j}\omega_e y_y \\ \dfrac{\mathrm{d}v_z}{\mathrm{d}t}\approx(\mathrm{j}\omega-\Gamma v_0)v_z=\mathrm{j}\omega_e v_z \end{cases} \tag{16.2.27}$$

$$\begin{cases} \dfrac{\mathrm{d}y_1}{\mathrm{d}t}\approx v_y\approx(\mathrm{j}\omega-\Gamma v_0)y_1=\mathrm{j}\omega_e y_1 \\ \dfrac{\mathrm{d}z_1}{\mathrm{d}t}\approx v_z\approx(\mathrm{j}\omega-\Gamma v_0)z_1=\mathrm{j}\omega_e z_1 \end{cases} \tag{16.2.28}$$

式中

$$\mathrm{j}\omega_e=\mathrm{j}\omega-\Gamma v_0$$

$$\Gamma\approx\mathrm{j}\beta \tag{16.2.29}$$

ω_e 为高频场对电子的作用频率，等于在与电子注一起运动的坐标系中测出的信号频率.

将式(16.2.27)代入式(16.2.24)，联解即可得出电子交变速度方程：

$$\begin{cases} v_y = \dfrac{e}{m} \dfrac{\omega_c E_z - \mathrm{j}\omega_e E_y}{\omega_c^2 - \omega_e^2} \\ v_z = -\dfrac{e}{m} \dfrac{\omega_c E_y + \mathrm{j}\omega_e E_z}{\omega_c^2 - \omega_e^2} \end{cases} \tag{16.2.30}$$

再将式(16.2.30)代入式(16.2.28)中，即可得到电子的位移方程：

$$\begin{cases} y_1 = \dfrac{e}{m}\left[\dfrac{\omega_c E_z}{\mathrm{j}\omega_e(\omega_c^2 - \omega_e^2)} - \dfrac{E_y}{(\omega_c^2 - \omega_e^2)}\right] \\ z_1 = \dfrac{-e}{m}\left[\dfrac{\omega_c E_y}{\mathrm{j}\omega_e(\omega_c^2 - \omega_e^2)} + \dfrac{E_z}{(\omega_c^2 - \omega_e^2)}\right] \end{cases} \tag{16.2.31}$$

由此可见，较大的位移交变分量在下述两种情况下出现：

(1) $\left|\dfrac{\omega_e}{\omega_c}\right| \ll 1$.

这种情况下，在电子运动坐标系中的信号频率，即场的作用频率接近于零：

$$\begin{cases} \omega_e = \omega - \beta v_0 \approx 0 \\ v_0 \approx \dfrac{\omega}{\beta} = v_p \end{cases} \tag{16.2.32}$$

也就是说，电子速度十分接近于相速，对应于同步状态.

(2) $\omega_e \approx \pm\omega_c$.

这时，随着电子在磁场中的回旋，在作用频率 ω_e 与回旋频率 ω_c 之间发生谐振，因此，速度的交变分量根据式(16.2.28)就比在情况(1)时大得多.

我们感兴趣的是同步状态下的电子运动. 根据条件 $|\omega_e/\omega_c| \ll 1$，式(16.2.30)、式(16.2.31)可以简化为

$$\begin{cases} v_y = \dfrac{E_z}{B} \\ v_z = -\dfrac{E_y}{B} \\ y_1 = \dfrac{E_z}{\mathrm{j}\omega_e B} = \dfrac{v_y}{\mathrm{j}\omega_e} = \dfrac{e}{m} \cdot \dfrac{E_z}{\mathrm{j}\omega_e \omega_c} \\ z_1 = -\dfrac{E_y}{\mathrm{j}\omega_e B} = \dfrac{v_z}{\mathrm{j}\omega_e} = -\dfrac{e}{m} \cdot \dfrac{E_y}{\mathrm{j}\omega_e \omega_c} \end{cases} \tag{16.2.33}$$

不难看到，速度的交变分量、电子的位移总是垂直于电场的，实际上

$$(\boldsymbol{i}_y E_y + \boldsymbol{i}_z E_z) + (\boldsymbol{i}_y v_y + \boldsymbol{i}_z v_z) \times \boldsymbol{B} = 0 \tag{16.2.34}$$

而且，磁场总是与电场互相垂直的：

$$(\boldsymbol{i}_y v_y + \boldsymbol{i}_z v_z) = \frac{(\boldsymbol{i}_y E_y + \boldsymbol{i}_z E_z) \times \boldsymbol{B}}{B^2} \tag{16.2.35}$$

方程(16.2.33)至方程(16.2.35)通常称为“绝热运动方程”. 这是因为，在同步条件下得到的式(16.2.33)中的前两个关系式，可以看成是在式(16.2.24)中左边的加速项小得可以忽略而获得的结果. 这一简化，就意味着速度变化十分缓慢，正因为如此，它们才称为“绝热的”. 这一近似在所有电子的速度接近于波的相速的条件下是正确的. 从电子运动状态来讲，这一近似就意味着略去了电子运动轨迹的轮摆过程，而保留了电子的平均漂移过程.

方程(16.2.33)给出了同步状态下电子速度交变量和位移交变量与交变电场的关系. 由此可以看出，电子的横向位移与漂移速度取决于行波场的纵向分量，而电子的纵向位移与漂移速度则取决于行波场的横向

分量.

图 16.2.2 给出了薄电子注在行波场作用前后的空间位置图.

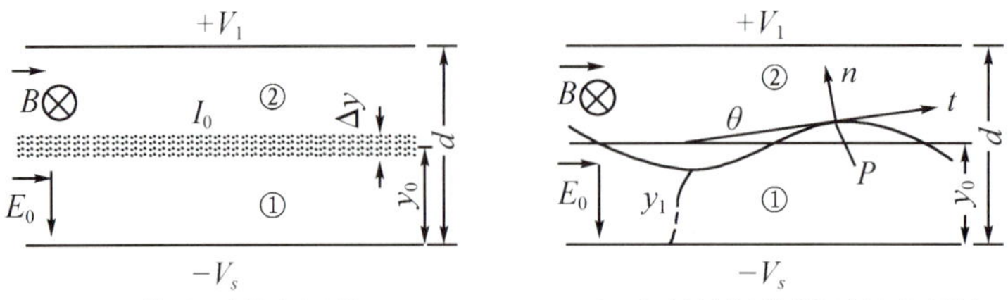

图 16.2.2 薄电子注在行波场作用前后的位置变化

下面我们来看由上述速度和位置的变化(速度调制)是如何引起电子注的密度调制的.

利用连续性方程

$$\mathrm{div}(\rho v) = -\frac{\partial \rho}{\partial t} \tag{16.2.36}$$

在二维情况下,其形式为

$$\frac{\partial}{\partial y}(\rho v_y) + \frac{\partial}{\partial z}[\rho(v_0 + v_z)] = -\frac{\partial \rho}{\partial t} \tag{16.2.37}$$

在薄电子注假设下,电子注密度在 y 方向的变化等于零,即式(16.2.37)左边第一项为零,并采用面电荷密度 σ 来代替空间电荷密度 ρ,因而式(16.2.37)变为

$$\frac{\partial}{\partial z}[\sigma(v_0 + v_z)] = -\frac{\partial \sigma}{\partial t} \tag{16.2.38}$$

设 $\sigma = \sigma_0 + \sigma_1$,下标 0、1 分别对应于面电荷密度的直流与交流分量. 代入式(16.2.38),略去二阶小量后,得

$$\sigma_1 = \frac{\Gamma \sigma_0 v_z}{\mathrm{j}\omega_e} = \Gamma \sigma_0 z_1 = -\frac{\Gamma \sigma_0 E_y}{\mathrm{j}\omega_e B} \tag{16.2.39}$$

由式(16.2.39)可见,面电荷密度的交变分量取决于电子束在纵向上的压缩或伸长. 也就是说,电子在波传播方向上的交变运动引起了电子注的调制.

16.3 正交场器件中的电荷波效应

在正交场管中,电子流一旦受到扰动(而这种扰动,不论是来自外部信号和噪声的激励,还是热阴极发射电流固有的起伏噪声,总是会存在的),电子便失去平衡而产生横向位移,由于空间电荷库仑场和磁场的作用,这种横向位移将不断得到加强. 我们可用图 16.3.1 来定性地说明这一物理过程的发生. 图 16.3.1 中虚线表示的是电子注未受扰动前的平衡位置. 假定现在电子注因受扰动而引起了横向的微小波动[图 16.3.1(a)],A 处的电子就将受到一个向上的空间电荷斥力(库仑场力). 但由于磁场的作用,这些电子将在其原有的纵向漂移速度上产生一个附加的漂移速度 δv,总的漂移速度就有所增加. 而在 C 处的电子,则情况刚好相反,其总的纵向漂移速度有所下降. 于是,电子就向 B 区域群聚. 而一旦这种群聚出现,如图 16.3.1(b)所示,就随之产生了附加的纵向库仑场,B 处的群聚电子就会对 A、C 处的电子产生附加斥力;同样又在磁场作用下,使得 A、C 处电子的横向漂移速度又增加了一个附加的漂移 $\delta v'$,而且方向是使得横向位移进一步增强的. 这一过程如此不断循环,使得电子注的横向起伏不断得到加强. 这种电子注的横向起伏的波动形式,随着电子注在纵向前进,因而具有波的形式,因此称为正交场管中的"空间电荷波". "空间电荷波"的幅值将沿着纵向不断增强,这是正交场管独特的固有现象,称为正交场管中的"空间电荷波效应".

正交场中的电荷波效应使得正交场放大管中的小信号增益有所提高，对正交场返波振荡管来说则使起振电流有所降低. 另外，它也会引起底极电流的增加、噪声输出的增强等. 总之，它是分析正交场管工作时不可忽略的一个重要因素，因而有必要进行进一步的讨论.

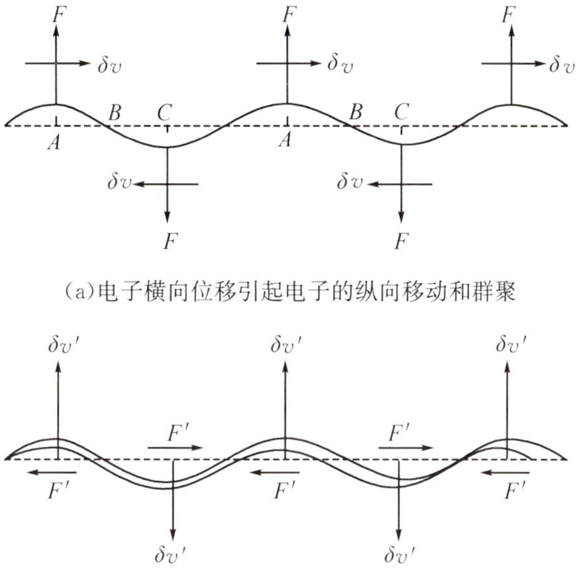

(a)电子横向位移引起电子的纵向移动和群聚

(b)电子的群聚使电子横向位移增强

图 16.3.1　正交场器件中的空间电荷波

我们首先要讨论的是：在如图 16.1.1 所示的系统中(假设这时上下电极都是光滑的平板导体)，当电子注受到某种高频激励时，求出随之出现的空间电荷波的传播常数.

参看图 16.3.1(b)，电场的法向分量在电子注的上下边缘是不连续的，因为在这两个边缘之间存在着一层空间电荷，而电场的切向分量则保持连续. 设垂直于电子注上、下边缘的电场分量分别为 E_{n2}、E_{n1}，而相切于边缘的电场分量分别为 E_{t2}、E_{t1}，电子注在该处的面电荷密度是 σ，则

$$E_{n2}-E_{n1}=\frac{\sigma}{\varepsilon_0} \tag{16.3.1}$$

$$E_{t2}-E_{t1}=0 \tag{16.3.2}$$

投影到坐标轴上(应注意电场在 $-y$ 方向上存在直流分量)，就得到

$$(E_{y2}-E_{02})-(E_{y1}-E_{01})=(E_{n2}-E_{n1})\cos\theta=\frac{\sigma}{\varepsilon_0}\cos\theta \tag{16.3.3}$$

$$E_{z2}-E_{z1}=-(E_{n2}-E_{n1})\sin\theta=-\frac{\sigma}{\varepsilon_0}\sin\theta \tag{16.3.4}$$

式中，各电场分量的下标“2”“1”分别表示该分量在电子注上、下边缘的值. 在小信号状态下，电子的横向位移是不大的，因而 θ 甚小，这样就有

$$\sin\theta\approx\frac{\partial y_1}{\partial z},\cos\theta\approx 1 \tag{16.3.5}$$

如果 σ 值表示成直流分量和交变分量之和的形式：

$$\sigma=\sigma_0+\sigma_1 \tag{16.3.6}$$

以及存在下述电场直流分量的边界条件：

$$E_{01}-E_{02}=\frac{\sigma_0}{\varepsilon_0} \tag{16.3.7}$$

那么将式(16.3.6)、式(16.3.7)及式(16.2.40)代入式(13.3.3)和式(16.3.4)并舍去二阶小量后，就得到

$$E_{y2}-E_{y1}=-\frac{\sigma_0}{\varepsilon_0}\frac{\partial z_1}{\partial z}=\frac{\sigma_0}{\varepsilon_0}\Gamma z_1 \tag{16.3.8}$$

$$E_{z2}-E_{z1}=-\frac{\sigma_0}{\varepsilon_0}\frac{\partial y_1}{\partial z}=\frac{\sigma_0}{\varepsilon_0}\Gamma y_1 \tag{16.3.9}$$

式(16.3.9)表示了横向运动的影响:由于电荷密度的直流分量的存在,电子注的斜率(交变分量的大小)引起了纵向电场的不连续.

在16.2节推导电子运动方程时,我们曾假设电子注厚度很薄,因而在不同横向位置上的电子运动情况和所受的场强都是相同的,或者也可以说,这就意味着我们以位于中心层 y_0 上的电子来代替了所有电子.在这里,式(16.3.8)和式(16.3.9)表明了电场的不连续性,也就是说,必须承认电子注有一定厚度,这就与16.2节的假设发生了矛盾.解决这个矛盾的办法仍然是用电子注中心层电子的运动状态来近似代表所有电子,与16.2节不同的只是,在这里,我们认为中心层电子所受的交变场强是电子注上、下边缘上场强的平均值,即

$$\begin{cases}E_y=\dfrac{(E_{y2}+E_{y1})}{2}\\[2ex] E_z=\dfrac{(E_{z2}+E_{z1})}{2}\end{cases} \tag{16.3.10}$$

因为在小信号状态下,电子轨道不相交,在中心层电子的上面和下面都总是会有电荷的,因而上述平均是允许的.至于在电子注边缘运动的电子,则薄电子注假设保证了它们所受高频场不至于偏离平均值过大.

利用上面得出的高频场的不连续性,在给定边界条件下或给定慢波线特性的情况下,就可以求出空间电荷波的传播常数了.

将式(16.2.34)及式(16.3.10)代入式(16.3.8)、式(16.3.9),我们得到

$$\begin{cases}E_{y2}-E_{y1}=\mathrm{j}\dfrac{\eta\sigma_0\Gamma}{\varepsilon_0\omega_e\omega_c}\cdot\dfrac{E_{y2}+E_{y1}}{2}\\[2ex] E_{z2}-E_{z1}=-\mathrm{j}\dfrac{\eta\sigma_0\Gamma}{\varepsilon_0\omega_e\omega_c}\cdot\dfrac{E_{z2}+E_{z1}}{2}\end{cases} \tag{16.3.11}$$

式中,$\eta=\dfrac{e}{m}$为电子荷质比.

我们引入等离子频率

$$\omega_p^2=-\eta\frac{\rho_0}{\varepsilon_0}=-\eta\frac{\sigma_0}{\varepsilon_0\Delta y} \tag{16.3.12}$$

于是式(16.3.11)就可重新写成如下形式:

$$E_{y2}\left[1+\mathrm{j}\frac{\omega_p^2}{\omega_e\omega_c}\frac{\Gamma\Delta y}{2}\right]=E_{y1}\left[1-\mathrm{j}\frac{\omega_p^2}{\omega_e\omega_c}\cdot\frac{\Gamma\Delta y}{2}\right] \tag{16.3.13}$$

$$E_{z2}\left[1-\mathrm{j}\frac{\omega_p^2}{\omega_e\omega_c}\frac{\Gamma\Delta y}{2}\right]=E_{z1}\left[1+\mathrm{j}\frac{\omega_p^2}{\omega_e\omega_c}\cdot\frac{\Gamma\Delta y}{2}\right] \tag{16.3.14}$$

式中,$\omega_c=\dfrac{e}{m}B$;$\omega_e=\omega+\mathrm{j}\Gamma v_0$;$\omega=\beta_e v_0$.

式(16.3.13)和式(16.3.14)确定了电子注上、下边缘上的电场所必须满足的关系.至于在无空间电荷的区域,则只需求解波动方程后代入上、下光滑电极的边界条件就可求出其中传播的波,并且假定电极离开电子注足够远,因而可以忽略电极上的感应电荷影响.在16.2节中我们已求出互作用空间的场分量为

$$\begin{cases}E_z=(A\mathrm{e}^{\gamma y}+B\mathrm{e}^{-\gamma y})\mathrm{e}^{\mathrm{j}\omega t-\Gamma z}\\[1ex] E_y=\dfrac{\Gamma}{\gamma}(A\mathrm{e}^{\gamma y}-B\mathrm{e}^{-\gamma y})\mathrm{e}^{\mathrm{j}\omega t-\Gamma z}\end{cases} \tag{16.3.15}$$

如果$|\beta|\gg\frac{\omega}{c}$，$\beta\gg\alpha$，那么

$$\begin{cases}\Gamma=\alpha+\mathrm{j}\beta\approx\mathrm{j}\beta_e\\ \gamma^2=-\left(\Gamma^2+\frac{\omega^2}{c^2}\right)\approx-\Gamma^2\\ \gamma\approx\mathrm{j}\Gamma\approx-\beta_e\end{cases}\tag{16.3.16}$$

取坐标$y=0$与电子注重合，则在电子注上部区域②(见图16.2.2)，当y足够大时(已设电极离电子注足够远)，场E_z应有限，因而式(16.3.15)中B应为零. 同理，在电子注下部区域①，A应为零. 于是就有

在区域②($y>0$)：

$$\begin{cases}E_{z2}=A\mathrm{e}^{\mathrm{j}\Gamma y}\mathrm{e}^{\mathrm{j}\omega t-\Gamma z}\\ E_{y2}=-\mathrm{j}A\mathrm{e}^{\mathrm{j}\Gamma y}\mathrm{e}^{\mathrm{j}\omega t-\Gamma z}\end{cases}\tag{16.3.17}$$

即

$$E_{y2}=-\mathrm{j}E_{z2}\tag{16.3.18}$$

在区域①($y<0$)：

$$\begin{cases}E_{z1}=B\mathrm{e}^{-\mathrm{j}\Gamma y}\mathrm{e}^{\mathrm{j}\omega t-\Gamma z}\\ E_{y1}=\mathrm{j}B\mathrm{e}^{-\mathrm{j}\Gamma y}\mathrm{e}^{\mathrm{j}\omega t-\Gamma z}\end{cases}\tag{16.3.19}$$

即

$$E_{y1}=\mathrm{j}E_{z1}\tag{16.3.20}$$

将它们与式(16.3.13)、式(16.3.14)比较，显然两者结果应该是一致的，从而得出

$$\frac{\omega_p^2}{\omega_e\omega_c}\cdot\frac{\Gamma\Delta y}{2}=\pm1\tag{16.3.21}$$

将$\omega_e=\frac{\omega}{\beta_e}(\beta_e+\mathrm{j}\Gamma)$代入，求出传播常数$\Gamma$：

$$\Gamma\left(1\pm\mathrm{j}\frac{\omega_p^2}{\omega\omega_c}\cdot\frac{\beta_e\Delta y}{2}\right)=\mathrm{j}\beta_e\tag{16.3.22}$$

$$\Gamma(1\pm\mathrm{j}D_s)=\mathrm{j}\beta_e\tag{16.3.23}$$

式中，定义

$$D_s=\frac{\omega_p^2}{\omega\omega_c}\cdot\frac{\beta_e\Delta y}{2}\tag{16.3.24}$$

为“电荷波增益参量”.

我们指出，对于薄电子注来说，$(\beta_e\Delta y)\ll1$，而频率ω与ω_c在大多数情况下具有同一数量级，ω_p则一般都不大于ω_c，因此，D_s是一个远小于1的值，于是式(16.3.23)就可以近似写成

$$\Gamma\approx\mathrm{j}\beta_e(1\mp\mathrm{j}D_s)=\mathrm{j}\beta_e\pm D_s\beta_e\tag{16.3.25}$$

即

$$\begin{cases}\alpha=\pm D_s\beta_e\\ \beta=\beta_e\end{cases}\tag{16.3.26}$$

这就是小信号分析的结果. 由方程(16.3.25)可以看到，电子注中的空间电荷波也是成对地产生的，其中一个是增长波($\alpha<0$)，另一个是衰减波($\alpha>0$)，它们共同的相速等于电子的漂移速度v_0.

增长波在l长度内引起的增益为

$$G=20\lg(\mathrm{e}^{|\alpha|l})=8.68|\alpha|l=8.68D_s\beta_e l\tag{16.3.27}$$

电子与慢波同步，$\beta_e l=2\pi N$，N为慢波线的电长度，因此式(16.3.27)就又可写成

$$G=54.6D_sN \tag{16.3.28}$$

D_s 还可以表示成更便于计算的形式，以

$$\omega_p^2=-\eta\frac{\rho_0}{\varepsilon_0},\beta_e=\frac{\omega}{v_0},\omega_0=\eta B,I_0=-\rho_0 v_0 h\Delta y$$

代入式(16.3.24)，就得出

$$D_s=\frac{I_0}{2\varepsilon_0 B v_0^2 h}=\frac{1}{2}\sqrt{\frac{\mu_0}{\varepsilon_0}}\ \frac{I_0}{V_0}\ \frac{d}{h}\ \frac{c}{v_0}=\frac{1}{4\pi}\sqrt{\frac{\mu_0}{\varepsilon_0}}\ \frac{I_0}{V_0}\beta_e d\ \frac{\lambda}{h} \tag{16.3.29a}$$

式中，$V_0=V_l+V_s$；I_0 为电子流；h 是电子注宽度；λ 为自由空间波长；$v_0=v_e=E_0/B$. 例如 $I_0/h=0.1$ A/cm，$V_0=2\,000$ V，$d=0.3$ cm，$c/v_0=30$，则 $D_s=0.085$，在一个波长距离上得到的增益为 4.6 dB.

根据在静态下 $\Delta E_0=E_{02}-E_{01}=-\sigma_0/\varepsilon_0=-\rho_0\Delta y/\varepsilon_0$，$v_0=E_0/B$ 及 ω_p、ω_c 的定义，不难得到

$$D_s=\frac{1}{2}\ \frac{\Delta v}{v_0} \tag{16.3.29b}$$

可见，空间电荷波增益参量比例与速度的相对变化.

如果考虑上、下电极对电荷波效应的影响，如图 16.1.1 所示的实际系统，上、下电极仍假设为理想导体，则式(16.3.25)可修正为

$$\Gamma=\mathrm{j}\beta_e\left[1\mp\mathrm{j}D_s\frac{2}{[\mathrm{cth}\beta_e y_0+\mathrm{cth}\beta_e(d-y_0)]}\right] \tag{16.3.30}$$

空间电荷波效应是正交场中的电子注的一种固有物理现象，对电子注的任何扰动(比如阴极本身的热噪声、电子注注入条件不理想而使电子偏离直线运动等)都将由于电荷波效应而得到增强，它可能使部分电子产生显著的横向位移，其中一部分电子向慢波线移动，降低直流位能；另一部分电子向底极移动，提高了直流位能. 而两者的动能基本不变，这就是说，通过空间电荷场的作用，在这两部分电子之间产生了能量的转移，从而使得部分电子具有足够的能量可以打上底极，出现底极电流. 另外，更为重要的是由电荷波效应增强了的电子流噪声，在耦合到慢波线上后，将会转为噪声输出，从而提高了管子输出功率中的噪声分量，降低了管子的信噪比.

16.4 忽略空间电荷影响时的小信号分析

在这里，我们将类似于行波管小信号理论，采用一个沿线受到外来电流分布激励的传输线，来等效一个受到电子注分布激励的慢波系统. 描述外来激励电流对等效传输线上电压波传播特性的影响的关系式，称为“线路方程”，而反过来描述电压波如何影响电子运动和外来激励电流的表达式，则称为“电子学方程”. 最后将这两个方程统一起来，即可得到一个确定波与电子注相互作用后的传播特性的“特性方程”，代入必要的边界条件后，就可获得放大器的增益表达式.

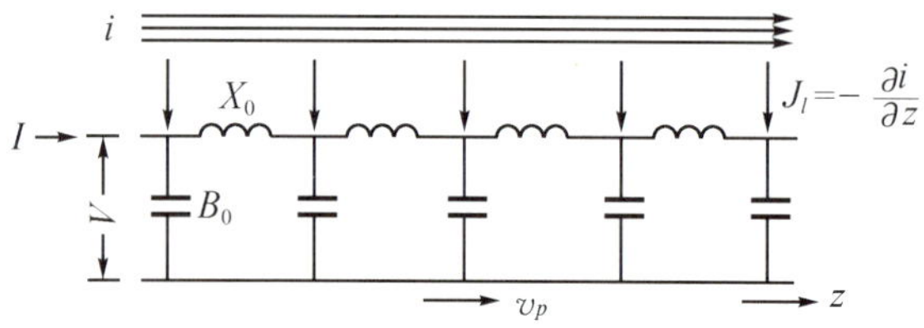

图 16.4.1　正交场器件慢波线的等效传输线

我们采用如图 16.4.1 所示的传输线来等效正交场管中的慢波系统，它满足以下条件。

(1)电磁波沿等效传输线传播的相速与慢波线上某一空间谐波的冷相速相等，即

$$\mathrm{j}\sqrt{X_0B_0}=\Gamma_0 \tag{16.4.1}$$

(2)等效传输线的特性阻抗等于慢波线的表面耦合阻抗，即

$$\sqrt{X_0/B_0}=(K_c)_s \tag{16.4.2}$$

(3)传输线上的电压波 V 与慢波线表面的高频电场 E_y、E_z 之间近似地有着下述关系：

$$E_y=-\frac{\partial V}{\partial y},E_z=-\frac{\partial V}{\partial z} \tag{16.4.3}$$

设沿线每个单位长度上从外部分布注入的电流为 $J_l=-\partial i/\partial z$，在此外加电流作用下，分布参数传输线方程为

$$\begin{cases}\dfrac{\partial V}{\partial z}=-\mathrm{j}X_0 I\\ \dfrac{\partial I}{\partial z}=-\mathrm{j}B_0 V+J_l\end{cases} \tag{16.4.4}$$

即

$$\begin{cases}\dfrac{\partial^2 V}{\partial z^2}-\Gamma_0^2 V=-\mathrm{j}X_0 J_l\\ \dfrac{\partial^2 I}{\partial z^2}-\Gamma_0^2 I=\dfrac{\partial J_l}{\partial z}\end{cases} \tag{16.4.5}$$

将式(16.4.1)、式(16.4.2)代入式(16.4.5)，就可以得到

$$\frac{\partial^2 V}{\partial z^2}-\Gamma_0^2 V=-\Gamma_0(K_c)_s J_l \tag{16.4.6}$$

注意到$\dfrac{\partial V}{\partial z}=-\Gamma$，式(16.4.6)就可以化为

$$V=-\frac{\Gamma_0(K_c)_s J_l}{\Gamma^2-\Gamma_0^2} \tag{16.4.7}$$

这就是所求的“线路方程”. 而式(16.4.6)则是线路方程的微分形式. 从线路方程的推导过程可以看到，它与线形注行波管的线路方程的推导和结果形式完全相同. 这是显而易见的，因为到此为止我们还未引入任何与正交场特点有关的参量或概念.

下面我们接着来推导电子学方程.

由式(16.2.18)已知，正交场管中相互作用空间的高频电位，在有电子注存在的情况下，应具有如下的一般形式：

$$V(y,z,t)=V_m\frac{\mathrm{sh}\beta y}{\mathrm{sh}\beta d}\mathrm{e}^{\mathrm{j}\omega t-\Gamma z}\approx V\frac{\mathrm{sh}\beta_0 y}{\mathrm{sh}\beta_0 d} \tag{16.4.8}$$

注意式中应用了近似关系 $\Gamma\approx\Gamma_0\approx\mathrm{j}\beta_0$.

在 16.2 节中我们已经知道，高频场将引起电子的横向和纵向两个方向上的位移. 现在我们来考察一下它们对产生感应电流的作用. 我们分别设由电子横向位移和纵向群聚而引起的感应电流为 J_{l1} 和 J_{l2}.

设在给定 $\mathrm{d}z$ 长度内，电子注的宽度(x 方向)为 h，则总电荷量就为 $i(\sigma_0+\sigma_1)h\mathrm{d}z$，若这些电荷在 δt 时间内由(y_0+y_1)位置移到了$(y_0+y_1+\delta y_1)$位置，则其相应的高频电位增量为

$$\begin{aligned}\delta V&=\frac{V}{\mathrm{sh}\beta_0 d}[\mathrm{sh}\beta_0(y_0+y_1+\delta y_1)-\mathrm{sh}\beta_0(y_0+y_1)]\\&\approx\frac{V}{\mathrm{sh}\beta_0 d}\frac{\partial(\mathrm{sh}\beta_0 y)}{\partial y}\delta y_1=\beta_0 V\frac{\mathrm{ch}\beta_0 y}{\mathrm{sh}\beta_0 d}\delta y_1\end{aligned} \tag{16.4.9}$$

因而电荷向高频场交出的位能是

$$\delta W_e=(\sigma_0+\sigma_1)h\mathrm{d}z\beta_0 V\frac{\mathrm{ch}\beta_0 y}{\mathrm{sh}\beta_0 d}\delta y_1 \tag{16.4.10}$$

从等效线路的观点来看，这一能量也就是高频线路上增加的能量

$$\delta W_c=J_{l_1}V\delta t\,\mathrm{d}z \tag{16.4.11}$$

显然，$\delta W_e=\delta W_c$，所以

$$J_{l_1}=(\sigma_0+\sigma_1)h\frac{\beta_0\mathrm{ch}\beta_0 y}{\mathrm{sh}\beta_{0d}}\frac{\delta y_1}{\delta_t}\approx \mathrm{j}\omega\sigma_0 h y_1\frac{\beta_0\mathrm{ch}\beta_0 y}{\mathrm{sh}\beta_0 d} \tag{16.4.12}$$

这就是电子横向位移引起的感应电流密度.

另外,若在 $\mathrm{d}z$ 长度内面电荷密度在 δt 时间内由 $(\sigma_0+\sigma_1)$ 增加到 $(\sigma_0+\sigma_1+\delta\sigma_1)$,即在 $\mathrm{d}z$ 内增加的电荷量是 $\delta\sigma_1 h\mathrm{d}z$,则电荷失去的能量就是

$$\delta W_e=\delta\sigma_1 h\mathrm{d}zV\frac{\mathrm{sh}\beta_0 y}{\mathrm{sh}\beta_0 d} \tag{16.4.13}$$

同样,从等效线路来看,在同一时间内线路上增加的能量是

$$\delta W_c=J_{l_2}V\mathrm{d}z\delta t \tag{16.4.14}$$

所以,由能量守恒概念可得到

$$J_{l_2}=h\frac{\mathrm{sh}\beta_0 y}{\mathrm{sh}\beta_0 d}\cdot\frac{\delta\sigma_1}{\delta t}=\mathrm{j}\omega h\sigma_1\frac{\mathrm{sh}\beta_0 y}{\mathrm{sh}\beta_0 d} \tag{16.4.15}$$

这就是由电子纵向群聚引起的感应电流密度.

于是,沿线单位长度上总感应电流增量就是

$$J_l=J_{l_1}+J_{l_2}=\mathrm{j}\omega h\left(\frac{\mathrm{sh}\beta_0 y}{\mathrm{sh}\beta_0 d}\sigma_1+\frac{\beta_0\mathrm{ch}\beta_0 y}{\mathrm{sh}\beta_0 d}y_1\sigma_0\right) \tag{16.4.16}$$

将式(16.2.28)、式(16.2.40)代入式(16.4.16),得

$$\begin{aligned}J_l&=\mathrm{j}\omega h\left[\frac{\mathrm{sh}\beta_0 y}{\mathrm{sh}\beta_0 d}\cdot\frac{\Gamma\sigma_0 v_z}{\mathrm{j}\omega_e}+\frac{\beta_0\mathrm{ch}\beta_0 y}{\mathrm{sh}\beta_0 d}\cdot\frac{\sigma_0 v_y}{\mathrm{j}\omega_e}\right]\\&\approx\frac{\omega}{\omega_e}\sigma_0 h\left[\Gamma\frac{\mathrm{sh}\beta_0 y}{\mathrm{sh}\beta_0 d}v_z+\beta_0\frac{\mathrm{ch}\beta_0 y}{\mathrm{sh}\beta_0 d}v_y\right]\end{aligned} \tag{16.4.17}$$

由式(16.4.17)立即可以看出,右边的第一项与第二项分别与 v_z 和 v_y 相联系,这正证明了在正交场管中电子的纵向群聚和横向位移将分别导致感应电流的增加. 而且,如果第二项中 $v_y=0$,即电子没有横向位移,那么该项不存在,这就是O型行波管的情况,所得结果与行波管小信号分析结果完全一致.

以 $v_z=-E_y/B$,$v_y=E_z/B$ 代入式(16.4.17),并考虑到

$$\begin{cases}E_y=-\dfrac{\partial V(y,z,t)}{\partial y}=-V\dfrac{\beta_0\mathrm{ch}\beta_0 y}{\mathrm{sh}\beta_0 d}\\[2ex]E_z=-\dfrac{\partial V(y,z,t)}{\partial y}=\Gamma V(y,z,t)\end{cases} \tag{16.4.18}$$

即可得

$$J_l=\frac{2h\sigma_0}{B}\frac{\omega}{\omega_e}\beta_0\Gamma V\frac{\mathrm{sh}\beta_0 y\mathrm{ch}\beta_0 y}{\mathrm{sh}^2\beta_0 d} \tag{16.4.19}$$

这就是正交场管中的电子学方程.

自洽场方法就在于将上面得到的线路方程(16.4.7)和电子学方程(16.4.19)联立求解,消去其中的 J_l 和 V,即可得到正交场器件的特征方程

$$\frac{2\omega\Gamma_0\Gamma}{\omega_e(\Gamma^2-\Gamma_0^2)}D^2=1 \tag{16.4.20}$$

式中

$$D^2=-\frac{\sigma_0 h(K_c)_s}{B}\beta_0\frac{\mathrm{sh}\beta_0 y\mathrm{ch}\beta_0 y}{\mathrm{sh}^2\beta_0 d} \tag{16.4.21}$$

该方程描述了电子与波相互作用后波的传播特性.

参量 D 称为正交场管的"增益参量",它类似于行波管中的增益参量 C. 为了与16.3节中的"电荷波增益参量"D_s 相区别,有时我们也把 D 特别称为"线路增益参量". 由于

$$I_0 = -\sigma_0 h v_0 \tag{16.4.22}$$

其中 $v_0 = E_0/B = (V_s + V_e)/Bd$，及互作用空间任意位置的耦合阻抗

$$K_c = (K_c)_s \left(\frac{\text{sh}\, B_0 y}{\text{sh}\, B_0 d}\right)^2 \tag{16.4.23}$$

所以，可以将 D 表示成更为直观的形式：

$$D^2 = \frac{I_0}{V_0}\beta_0 d K_c \text{cth} \beta_0 y \tag{16.4.24}$$

我们感兴趣的当然只是电子注所在位置 $y = y_0$ 处的增益参量：

$$D^2 = \frac{I_0}{V_0}\beta_0 d (K_c)_{y_0} \text{cth} \beta_0 y_0 \tag{16.4.25}$$

可见，D 实际上反映了管子工作电压、电流、电子注所在位置以及电子注与行波场相互作用的强弱对增益的影响.

如果以对应于电子同步速度 v_e 的电位 V_e 代入式(16.4.25)，则增益参量又可表示为

$$D^2 = \left(\frac{\omega}{2\omega_c}\right)\frac{I_0}{V_e}(K_c)_{y_0} \text{cth}\, B_0 y_0 \tag{16.4.26}$$

可见，D 将随回旋频率 ω_c 的增大，亦即随工作磁场的提高而下降. 在实际的注入式正交场管中，D 一般为 0.005～0.05.

特征方程(16.4.20)是一个 Γ 的二次代数方程，因此 Γ 有两个根. 为了便于处理，类似行波管的小信号分析，我们令无电子流时，慢波线上波的传播常数 Γ_0 为

$$\Gamma_0 = \alpha_0 + \text{j}\beta = \text{j}\beta_e (1 + Db - \text{j}Dd) \tag{16.4.27}$$

而存在电子流时传播常数 Γ 为

$$\Gamma = \alpha + \text{j}\beta = \text{j}\beta_e (1 + \text{j}D\delta) \tag{16.4.28}$$

其中，b 为速度参量，表示冷相速与电子速度的相对差值：

$$b = \frac{\beta_0 - \beta_e}{\beta_e D} = \frac{v_0 - v_p}{v_p D} \tag{16.4.29}$$

即

$$\beta_0 = \beta_e (1 + Db) \tag{16.4.30}$$

式中，d 为衰减参量，表示慢波线冷损耗的相对量值：

$$d = \frac{\alpha_0}{\beta_e D} \tag{16.4.31}$$

式中，α_0 为冷衰减常数；δ 是一个待求的传播参量，它表示有电子流时的传播常数与电子波数之间的相对关系. 在一般情况下，它是一个复数，所以我们令

$$\delta = x + \text{j}y \tag{16.4.32}$$

则

$$\Gamma = -\beta_e D x + \text{j}\beta_e (1 - Dy) \tag{16.4.33}$$

将式(16.4.27)、式(16.4.28)代入特征方程，考虑到在实际上 $D \ll 1$，因而在展开式中可略去包含有 D 的项，就可以近似地得到

$$\delta(\delta + \text{j}b + d) = 1 \tag{16.4.34}$$

显然，这是一个 δ 的二次方程，解此方程可以求得 δ 的两个根 δ_1、δ_2，它们相应的传播常数是 Γ_1、Γ_2.

现在我们就来讨论 δ 的解的具体形式. 首先讨论 $d = 0$ 的情况，也就是忽略慢波线损耗的情况.

当 $d = 0$ 时，式(16.4.34)简化为

$$\delta = (\delta + \text{j}b) = 1 \tag{16.4.35}$$

将式(16.4.32)代入,得两个方程:

$$\begin{cases}(x^2-y^2)-(yb+1)=0\\ x(2y+b)=0\end{cases} \tag{16.4.36}$$

当$|b|\leqslant 2$时,方程(16.4.36)的解为

$$\begin{cases}x_{1,2}=\pm\sqrt{1-\dfrac{b^2}{4}}\\ y_{1,2}=-\dfrac{b}{2}\end{cases} \tag{16.4.37}$$

当$|b|>2$时,方程(16.4.36)的解则为

$$\begin{cases}x_{1,2}=0\\ y_{1,2}=-\dfrac{b}{2}\pm\sqrt{\dfrac{b^2}{4}-1}\end{cases} \tag{16.4.38}$$

由方程(16.4.36)所决定的x、y与b之间的上述关系,可以画成如图16.4.2所示的曲线.由图可见:在$|b|\leqslant 2$的范围内,将激励起两个波,一个是增长波($x_1>0$),另一个是衰减波($x_2<0$).它们的增益常数(衰减常数)是

$$\alpha=\mp\beta_e D\sqrt{1-\frac{b^2}{4}} \tag{16.4.39}$$

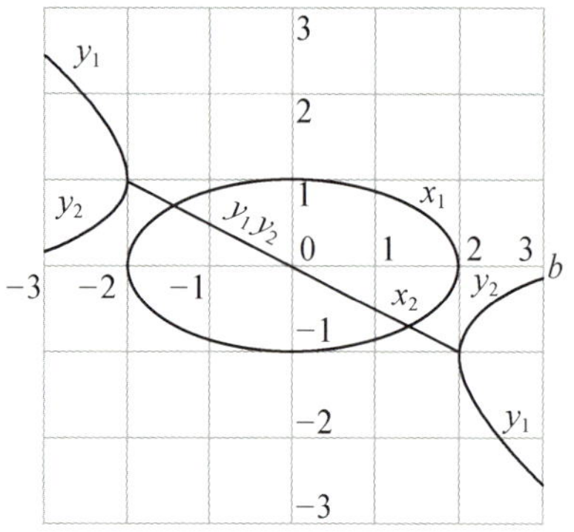

图16.4.2 $d=0$及忽略空间电荷影响时正交场器件特征方程的解

而它们的相位常数是

$$\beta=\beta_e\left(1+\frac{Db}{2}\right)=\frac{\beta_0+\beta_e}{2} \tag{16.4.40}$$

而在$|b|\geqslant 2$的范围内,由于$x=0$,$\alpha=0$,所以出现的是两个等幅波,它们的相位常数是

$$\beta=\beta_e\left[1-\left(-\frac{b}{2}\pm\sqrt{\frac{b^2}{4}-1}\right)D\right] \tag{16.4.41}$$

波的最大增长出现在$b=0$时,这时$x_1=1$,也就是说,在完全同步状态下($\beta_e=\beta_0$)管子的小信号增益达到最大;而当$|b|$达到2时,$x_1=0$,即管子增益下降至0.显然,我们主要关心的是增长波,至于衰减波,因为它将沿线很快消失,所以我们不必讨论x_2的情况,尽管它与x_1有着完全类似的变化.

在完全同步状态下,$b=0$,这时式(16.4.35)进一步简化成

$$\delta^2=1 \tag{16.4.42}$$

从而

$$\delta_{i,2}=\pm 1 \tag{16.4.43}$$

我们仍然得到Γ的两个解Γ_1、Γ_2,因而,比如说对于电场,就可以用如下形式来描述:

$$E_z = E_1 e^{j\omega t - \Gamma_1 z} + E_2 e^{j\omega t - \Gamma_2 z} \tag{16.4.44}$$

当然，一般来说，慢波线上的场应该以无穷多个波的合成来表示，以便它们能满足输入端的任意边界条件. 但是，在这里我们不必将场写成如此复杂的形式，因为只存在两个波，而且根据边界条件只可以传播这两个波，所以写成上述式(16.4.44)已足够.

根据式(16.4.43)和式(16.2.34)，输入端($z=0$)的初始条件可以写成

$$\begin{cases} E_z = (E_1 + E_2) e^{j\omega t} = E_0 e^{j\omega t} \\ y_1 = \dfrac{E_z}{j\omega_e B} = \dfrac{E_1 e^{j\omega t}}{B(j\omega - \Gamma_1 v_0)} + \dfrac{E_2 e^{j\omega t}}{B(j\omega - \Gamma_2 v_0)} = 0 \end{cases} \tag{16.4.45}$$

而根据 $\beta = \beta_e(1 + jD\delta)$，$\omega_e = \omega - \beta v_e$ 及 $\beta_e = \dfrac{\omega}{v_e}$，可以得出

$$\frac{j\omega - \Gamma v_0}{\omega} = \frac{j\omega_e}{\omega} = D\delta \tag{16.4.46}$$

因而代入上述初始条件后即得

$$\begin{cases} E_1 + E_2 = E_0 \\ \dfrac{E_1}{\delta_1} + \dfrac{E_2}{\delta_2} = 0 \end{cases} \tag{16.4.47}$$

由此可得

$$\begin{cases} E_1 = \dfrac{\delta_1}{\delta_1 - \delta_2} E_0 \\ E_2 = -\dfrac{\delta_2}{\delta_1 - \delta_2} E_0 \end{cases} \tag{16.4.48}$$

将式(16.4.43)代入，即得

$$E_1 = E_2 = \frac{E_0}{2} \tag{16.4.49}$$

这样，慢波线上任何点的场 E_z 就可表示成

$$E_z = \left(\frac{E_0}{2} e^{\beta_e D z} + \frac{E_0}{2} e^{-\beta_e D z} \right) e^{j(\omega t - \beta_e z)} = E_0 \operatorname{ch}(D\beta_e z) e^{j(\omega t - \beta_e z)} \tag{16.4.50}$$

以上分析表明，δ_1、δ_2 所分别表征的增长波和衰减波，在一开始具有相同的幅值，然而衰减波很快就交出了自己的全部电子自由能，因而在输出端实际上只需考虑增长波即可. 这样，小信号增益就可表示为

$$G = 20\lg \frac{(E_z)_l}{E_0} = 20\lg\left(\frac{1}{2} e^{\beta_e D l}\right) = -6 + 54.6DN \quad (\text{dB}) \tag{16.4.51}$$

式中，l 为慢波线长度；$N = \dfrac{\beta_e l}{2\pi}$ 为慢波线电长度. 初始损耗 6 dB 是由于输入信号分裂成两个波而引起的. 与同样情况下的行波管小信号增益式(13.2.24)比较，式(16.4.51)有着十分类似的形式，因而，我们亦可以将它写成增益的普遍形式：

$$G = A + BDN \quad (\text{dB}) \tag{16.4.52}$$

式中，A 是初始损耗；B 是放大因子；D 是增益参量；N 为电长度.

以上讨论都是在 $d=0$ 的情况下进行的，现在我们就来讨论 $d \neq 0$ 的情况，即分析慢波线冷损耗对增益的影响. 分析同样在完全同步，即 $b=0$ 的条件下进行.

当 $b=0$，$d \neq 0$ 时，式(16.4.34)变为

$$\delta(\delta + d) = 1 \tag{16.4.53}$$

解得

$$\delta_{1,2}=-\frac{d}{2}\pm\sqrt{1+\frac{d^2}{4}} \tag{16.4.54}$$

在一般情况下，d 是一个不大的数值，$d\leqslant 1$，因而式(16.4.54)可以近似为

$$\delta_{1,2}\approx-\frac{d}{2}\pm 1 \tag{16.4.55}$$

显然，$\delta_1=1-\frac{d}{2}>0$，它代表一个增长波，而 $\delta_2=-\left(1+\frac{d}{2}\right)<0$，则代表一个衰减波. 与 $d=0$ 时的 $\delta_{1,2}=\pm 1$ 比较，由于慢波线冷损耗的存在，增长波的增益常数降低了，而衰减波的衰减常数却增大了.

假如 d 足够小，则仍然可以近似地认为两个波的初始幅值相等，那么根据式(16.4.51)，存在分布损耗时的小信号增益就可写成

$$G=20\lg\left[\frac{1}{2}e^{\beta_e\left(1-\frac{d}{2}\right)Dl}\right]=-6-27.3DNd+54.6DN\quad(\text{dB}) \tag{16.4.56}$$

为了与可直接测量得到的慢波线插入损耗 L 直接联系起来，可以这样来换算：由于不存在电子流(因而无互作用引起的波的增长或衰减)时，波将仅受分布衰减 d 的影响，此时，其衰减量可表示为

$$L=20\left|\lg(e^{-\alpha_0 l})\right|=20\left|\lg(e^{-\beta_e dDl})\right|=54.6dDN\quad(\text{dB}) \tag{16.4.57}$$

这样，小信号增益(16.4.56)就可改写成

$$G=-6-\frac{L}{2}+54.6DN\quad(\text{dB}) \tag{16.4.58}$$

式中，L 是用 dB 表示的慢波线插入损耗.

当 $b\neq 0$，$d\neq 0$ 时，可以以 d 作为参变量，在具体的不同 d 值下求解式(16.4.34)，求解结果如图 16.4.3 所示. 由该图亦可清楚地看出，随着 d 的增加，x_1 值下降.

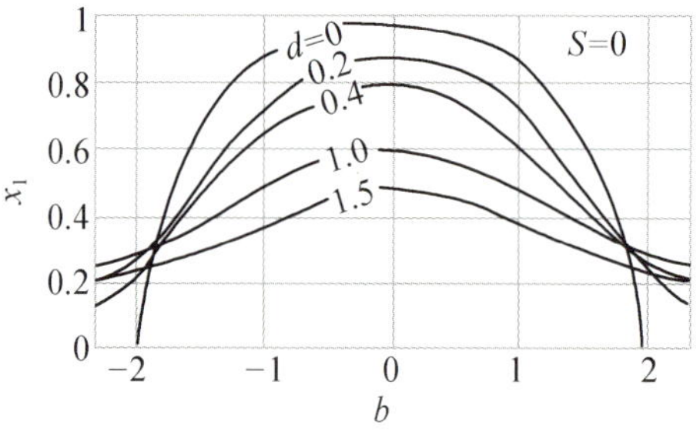

图 16.4.3 在不同 d 值下 x_1 与 b 的关系

16.5 考虑空间电荷影响时的小信号分析

在 16.4 节中，我们在不考虑空间电荷影响的条件下进行了正交场器件的小信号分析，得出了小信号增益的表达式. 现在我们将在空间电荷波效应的基础上，进一步分析在小信号状态下空间电荷对放大管增益的影响. 分析将仍利用如图 16.2.1 所示的系统，在薄电子注假设下进行.

我们在 16.2 节中已求得互作用空间的场分量表达式(16.2.6)至式(16.2.8)，为了分析方便，在这里我们改取如下边界条件：

$$\begin{cases}y=0, E_z=0\\ y=0, H_z=H_m e^{j\omega t-\Gamma z}\end{cases} \tag{16.5.1}$$

由此重新来确定方程(16.2.6)～方程(16.2.8)中的待定常数，得

$$\begin{cases} A = \mathrm{j}\,\dfrac{H_m\gamma}{2\omega\varepsilon_0} \\ B = -A \end{cases} \tag{16.5.2}$$

以此代入式(16.2.6)至式(16.2.8)，并再次采用相速远小于光速的假设，就有

$$H_x = H_m \mathrm{ch}(\mathrm{j}\Gamma y)\mathrm{e}^{\mathrm{j}\omega t - \Gamma z} \tag{16.5.3}$$

$$E_y = \mathrm{j}\,\frac{\Gamma}{\omega\varepsilon_0} H_m \mathrm{ch}(\mathrm{j}\Gamma y)\mathrm{e}^{\mathrm{j}\omega t - \Gamma z} \tag{16.5.4}$$

$$E_z = -\frac{\Gamma}{\omega\varepsilon_0} H_m \mathrm{sh}(\mathrm{j}\Gamma y)\mathrm{e}^{\mathrm{j}\omega t - \Gamma z} \tag{16.5.5}$$

如果我们采用如下形式的横向导纳定义：

$$Y(y) = -\frac{H_x}{E_z} \tag{16.5.6}$$

就可以得到

即

$$Y(y) = \frac{\omega\varepsilon_0}{\Gamma}\mathrm{cth}(\mathrm{j}\Gamma y) \tag{16.5.7}$$

在电子注的下边缘$\left(y = y_0 - \dfrac{\Delta y}{2}\right)$，考虑到在薄电子注假设下$\dfrac{\Delta y}{2}$项甚小，$Y(y)$就应具有如下量值：

$$Y\left(y_0 - \frac{\Delta y}{2}\right) = \frac{\omega\varepsilon_0}{\Gamma}\mathrm{cth}(\mathrm{j}\Gamma y_0) \tag{16.5.8}$$

利用场在电子注上下边缘的不连续性条件(16.3.13)、(16.3.14)，并由

$$H_x = -\mathrm{j}\,\frac{\omega\varepsilon_0}{\Gamma}E_y \tag{16.5.9}$$

即可得出电子注上边缘$\left(y = y_0 + \dfrac{\Delta y}{2}\right)$的横向导纳

$$Y\left(y_0 + \frac{\Delta y}{2}\right) = Y\left(y_0 - \frac{\Delta y}{2}\right)\left[\frac{1 - \mathrm{j}\,\dfrac{\omega_p^2}{\omega_e\omega_c}\,\dfrac{\Gamma\Delta y}{2}}{1 + \mathrm{j}\,\dfrac{\omega_p^2}{\omega_e\omega_c}\,\dfrac{\Gamma\Delta y}{2}}\right]^2 = Y\left(y_0 - \frac{\Delta y}{2}\right)M^2 \tag{16.5.10}$$

式中

$$M^2 = \left[\frac{1 - \mathrm{j}\,\dfrac{\omega_p^2}{\omega_e\omega_c}\,\dfrac{\Gamma\Delta y}{2}}{1 + \mathrm{j}\,\dfrac{\omega_p^2}{\omega_e\omega_c}\,\dfrac{\Gamma\Delta y}{2}}\right]^2 \tag{16.5.11}$$

而根据导纳定义式(16.5.6)及场表达式(16.2.6)、式(16.2.8)，在 $\Delta y/2 \to 0$ 的假设下，又可写出

$$Y\left(y_0 + \frac{\Delta y}{2}\right) = \frac{\omega\varepsilon_0}{\Gamma}\,\frac{A\mathrm{e}^{\mathrm{j}\Gamma y_0} - B\mathrm{e}^{-\mathrm{j}\Gamma y_0}}{A\mathrm{e}^{\mathrm{j}\Gamma y_0} + B\mathrm{e}^{-\mathrm{j}\Gamma y_0}} \tag{16.5.12}$$

同样，在慢波线表面($y = d$)可写出

$$Y(d) = \frac{\omega\varepsilon_0}{\Gamma}\,\frac{A\mathrm{e}^{\mathrm{j}\Gamma d} - B\mathrm{e}^{-\mathrm{j}\Gamma d}}{A\mathrm{e}^{\mathrm{j}\Gamma d} + B\mathrm{e}^{-\mathrm{j}\Gamma d}} \tag{16.5.13}$$

将上述两式联立，消去常数 A，B，即可得到式(16.5.13)的另一形式的表达式：

$$Y(d) = \frac{\omega\varepsilon_0}{\Gamma}\,\frac{Y\left(y_0 + \dfrac{\Delta y}{2}\right) + \dfrac{\omega\varepsilon_0}{\Gamma}\mathrm{th}[\mathrm{j}\Gamma(d - y_0)]}{\dfrac{\omega\varepsilon_0}{\Gamma} + Y\left(y_0 + \dfrac{\Delta y}{2}\right)\mathrm{th}[\mathrm{j}\Gamma(d - y_0)]} \tag{16.5.14}$$

如 16.4 节，我们仍然令

$$\Gamma = \alpha + \mathrm{j}\beta = \mathrm{j}\beta_e(1 + \mathrm{j}D\delta) \tag{16.5.15}$$

注意，这里的 δ 是考虑了空间电荷影响后的传播参量，而我们已知 $D\ll1$，将此式代入 M 的定义式(16.5.11)，略去二阶小量，则得

$$M^2\approx\left[\frac{\mathrm{j}\delta-\dfrac{D_s}{D}}{\mathrm{j}\delta+\dfrac{D_s}{D}}\right]=\left[\frac{\mathrm{j}\delta-S}{\mathrm{j}\delta+S}\right]^2 \tag{16.5.16}$$

式中

$$S=\frac{D_s}{D} \tag{16.5.17}$$

称为正交场器件的空间电荷参量，它等于电荷波增益参量与线路增益参量的比值. 显然，它反映了空间电荷效应与线路波的作用的相对强弱.

将关系式(16.5.8)、式(16.5.10)及式(16.5.16)代入式(16.5.14)，经整理后可得

$$Y(d)=\frac{\omega\varepsilon_0}{\Gamma}\,\frac{(\mathrm{j}\delta-S)^2\mathrm{cth}(\mathrm{j}\Gamma y_0)+(\mathrm{j}\delta+S)^2\mathrm{th}[\mathrm{j}\Gamma(d-y_0)]}{(\mathrm{j}\delta+S)^2+(\mathrm{j}\delta-S)^2\mathrm{cth}(\mathrm{j}\Gamma y_0)\mathrm{th}[\mathrm{j}\Gamma(d-y_0)]} \tag{16.5.18}$$

由此可以看出，慢波线表面的横向导纳决定于相互作用空间的几何参量和空间电荷参量 S，以及频率 ω 和传播常数 Γ.

另外，慢波线表面的横向导纳亦应可以根据慢波线的具体结构和边界条件，从场方程出发求解场结构和色散特性来得到. 设这样得到的波导纳为 Y_c，就应有 $Y_c=Y(d)$，从而可得出特征方程. 但是，由于场的求解往往十分困难，所以我们改用对 Γ 进行微扰的方法来求出 Y_c 对 Γ 的变化规律.

当 $|\beta-\beta_0|\ll1$，即 $\Gamma\approx\Gamma_0$ 时，

$$Y_c(\Gamma)\approx Y_c(\Gamma_0)+\left.\frac{\partial Y_c}{\partial\Gamma}\right|_{\Gamma=\Gamma_0}(\Gamma-\Gamma_0)+\left.\frac{\partial Y_c}{\partial\omega}\right|_{\omega=\omega_0}(\omega-\omega_0) \tag{16.5.19}$$

式中，右边第一项为不存在电子流时，即 $\Gamma=\Gamma_0$ 时的导纳，由式(16.5.7)可知它应为

$$Y_c(\Gamma_0)=Y(d)|_{\Gamma=\Gamma_0}=\frac{\omega\varepsilon_0}{\Gamma}\mathrm{cth}(\mathrm{j}\Gamma_0 d) \tag{16.5.20}$$

式(16.5.19)中右边的第三项，对于放大器来说，$\omega=\omega_0$，所以该项为零. 于是，求 $Y_c(\Gamma)$ 的问题就归结为求第二项中的 $\left.\dfrac{\partial Y_c}{\partial\Gamma}\right|_{\Gamma=\Gamma_0}$ 的问题了.

我们取一个无限薄的平面电子注，让它在贴近慢波线表面的位置上通过，由于电子注无限薄，空间电荷效应可以忽略. 如果电子只有纵向运动，那么对这样一个电子注来说，式(16.4.7)已求出它对线路波的影响：

$$V=-\frac{\Gamma_0(K_c)_s J_l}{\Gamma^2-\Gamma_0^2} \tag{16.5.21}$$

已知

$$\begin{cases}J_l=-\dfrac{\partial i}{\partial z}=\Gamma i\\[2ex] E_z=-\dfrac{\partial V}{\partial z}=\Gamma V\end{cases} \tag{16.5.22}$$

以及前述 $\Gamma\approx\Gamma_0$ 的假设，就可以由式(16.5.21)得到

$$\frac{i}{E_z}\approx-\frac{2(\Gamma-\Gamma_0)}{\Gamma_0^2(K_c)_s} \tag{16.5.23}$$

在这个无限薄平面电子注的上、下边缘，电场 E_z 可以认为是连续的，然而，由于电子流的存在，磁场则不连续. 若以 $H_x(d^+)$ 和 $H_x(d^-)$ 分别表示电子注上、下边缘的磁场，则这一边界条件可写成

$$H_x(d^+)-H_x(d^-)=-\frac{i}{h} \tag{16.5.24}$$

即

$$-\frac{H_x(d^+)}{E_z}=-\frac{H_z(d^-)}{E_z}+\frac{i}{E_zh} \tag{16.5.25}$$

式中，h 为电子注宽度. 该式左边一项即经过电子注微扰后慢波线表面的横向导纳 $Y_c(\Gamma)$；而右边第一项，在电子注厚度无限薄的假设下，可以认为就是无电子流时的波导纳 $Y_c(\Gamma_0)$. 因此它可以写成

$$Y_c(\Gamma)=Y_c(\Gamma_0)-\frac{2}{\Gamma_0^2(K_c)_sh}(\Gamma-\Gamma_0) \tag{16.5.26}$$

将式(16.5.26)与式(16.5.19)比较，即得

$$\left.\frac{\partial Y_c}{\partial \Gamma}\right|_{\Gamma=\Gamma_0}=-\frac{2}{\Gamma_0^2(K_c)_sh} \tag{16.5.27}$$

将它及式(16.5.20)代入式(16.5.19)，并使后者与 $Y(d)$ 的表达式(16.5.18)相等，略去微小项，考虑到式(16.4.27)、式(16.4.28)和 $D\ll 1$ 时的近似关系 $\Gamma\approx\Gamma_0\approx \mathrm{j}\beta_e$，就可以得到

$$\begin{aligned}&\mathrm{cth}(\beta_e d)+\frac{2}{\omega\varepsilon_0(K_c)_sh}D(\mathrm{j}\delta+\mathrm{j}d-b)\\&=\frac{(\mathrm{j}\delta-S)^2\mathrm{cth}(\beta_e y_0)+(\mathrm{j}\delta+S)^2\mathrm{th}\,\beta_e(d-y_0)}{(\mathrm{j}\delta+S)^2+(\mathrm{j}\delta-S)^2\mathrm{cth}(\beta_e y_0)\mathrm{th}\,\beta_e(d-y_0)}\end{aligned} \tag{16.5.28}$$

这就是考虑了空间电荷影响时求解 δ 的特征方程，不过，它的形式过于复杂，不便于具体计算.

利用 D_s 和 D 的定义式(16.3.29)和式(16.4.24)，并注意到 $1/\sqrt{\varepsilon_0\mu_0}=c$（$c$ 为光速），则不难证明

$$\frac{2}{\omega\varepsilon_0(K_c)_sh}=4\frac{S}{D}\left[\frac{\mathrm{sh}(\beta_e y_0)}{\mathrm{sh}(\beta_e d)}\right]^2\mathrm{cth}(\beta_e y_0) \tag{16.5.29}$$

并且我们引入如下定义的参量 g：

$$g=\frac{\mathrm{th}[\beta_e(d-y_0)]-\mathrm{th}(\beta_e y_0)}{\mathrm{th}[\beta_e(d-y_0)]+\mathrm{th}(\beta_e y_0)} \tag{16.5.30}$$

显然，g 决定于电子注的空间位置，当 $y_0=d/2$ 即 $d-y_0=y_0$ 时，$g=0$.

这样，特征方程(16.5.28)就可以化简成为

$$(\delta+d+\mathrm{j}b)(\delta^2+2\mathrm{j}gS\delta-S^2)=\delta \tag{16.5.31}$$

它是一个 δ 的三次方程，因而有三个根，也就是说，在慢波线上一共传播有三个波.

(1) 如果忽略空间电荷效应，$S=0$，那么式(16.5.31)就与不考虑空间电荷时所得结果式(16.4.34)完全一致. 可见式(16.4.34)只是我们这里所得结果的一种特例.

(2) 如果在互作用空间电子与波失去同步，即 $b\gg 1$，以及如果上下电极离电子注都足够远，因而 $d-y_0\approx y_0$，$g=0$，那么式(16.5.31)就可以化简为

$$(\delta^2-S^2)=0 \tag{16.5.32}$$

$$\delta_{1,2}=\pm S \tag{16.5.33}$$

因而

$$\Gamma_{1,2}=\mathrm{j}\beta_e(1\pm \mathrm{j}DS) \tag{16.5.34}$$

如果注意到 $DS=D_s$，那么立即可以看出，这一结果与我们在 16.3 节中所得到的式(16.3.25)完全相同. 这是因为当电子完全失去同步时，它与线路波的相互作用就不再存在，而仅仅在相互作用空间激励起一对空间电荷波，这正如 16.3 节中所假设的在两块平板电极中的情形一样. 可见式(16.3.25)亦仅是式(16.5.31)的一种特例.

(3) 当电子与线路波冷相速完全同步，$b=0$ 时，并假设慢波线损耗可以忽略，$d=0$，而电子注位于相互作用空间的中央，$g=0$，则这时式(16.5.31)变为

$$\delta(\delta^2-S^2)=\delta \tag{16.5.35}$$

得

$$\begin{cases}\delta_1=0\\ \delta_{2,3}=\pm\sqrt{1+S^2}\end{cases}\tag{16.5.36}$$

相应地

$$\begin{cases}\Gamma_1=\mathrm{j}\beta_e\\ \Gamma_{2,3}=\mp\beta_e D\sqrt{1+S^2}+\mathrm{j}\beta_e\end{cases}\tag{16.5.37}$$

可见，三个波的相位常数都是 β_e，也就是说，它们的速度都与电子速度相同，而衰减常数则三者互不相同，Γ_1 是等幅波，Γ_2 是增长波，Γ_3 则是衰减波.

(4)在一般情况下，应当认为 $b\neq0$，但我们可仍然假设 $g=d=0$. 这样，式(16.5.31)应该写成

$$(\delta+\mathrm{j}b)(\delta^2-S^2)=\delta\tag{16.5.38}$$

或

$$\delta^3+\mathrm{j}b\delta^2-(S^2+1)\delta-\mathrm{j}bS^2=0\tag{16.5.39}$$

这是一个 δ 的三次方程，由此可求出 δ 的三个根. 我们在这里将直接给出根据求解结果而画出的曲线. 仍然令 $\delta=x+\mathrm{j}y$，则所得 x_1、x_2、x_3 及 y_1、y_2、y_3 与 b 的关系如图 16.5.1 所示，该图是对应于 $S=1$ 的情况画出的. 由图可见，类似于上面第(3)种情况，三个波中第一个波是等幅波($x_1=0$)，第二个波是增长波($x_2>0$)，第三个波是衰减波($x_3<0$). 而且当 $b=0$ 时，增益参数 x_2 达到最大，然后随着 $|b|$ 值的增大而下降，最后趋近于 1. 这意味着增益常数 $\beta_e Dx_2$ 这时接近于 $\beta_e D_s$(注意在这里 $S=1$)，这正表明当电子的不同步足够大时，小信号增益将完全由空间电荷波增益提供，线路增益消失.

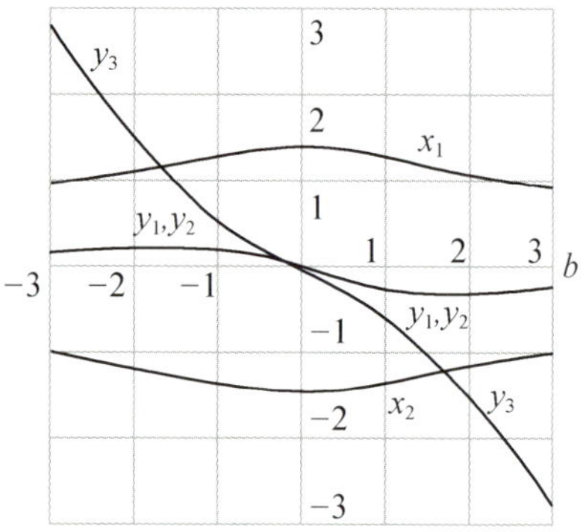

图 16.5.1 $d=0$ 但考虑空间电荷影响($S=1$)时正交场器件特征方程的解

考虑空间电荷影响后，正交场放大管的小信号增益的计算基本上与 16.4 节一样进行. 需要特别指出的是，在这里电场将由两部分组成：由调制电子注引起的空间电荷场，以及在慢波线上传播的线路场. 前者在慢波线的输入端等于零，因而在输入端($z=0$，$y=d$)仅有输入信号激励起的初始场. 设该初始电场幅值为 E_{in}，相应三个波的初始幅值分别为 E_1、E_2、E_3，并设在电子注始端处($z=0$，$y=y_0$)，对应三个波的电子横向位移初始幅值为 $y_{1,1}$、$y_{1,2}$、$y_{1,3}$，而空间电荷面密度交变分量的初始幅值为 $\sigma_{1,1}$、$\sigma_{1,2}$、$\sigma_{1,3}$，则存在如下起始条件：

$$\begin{cases}E_1+E_2+E_3=E_{\mathrm{in}}\\ y_{1,1}+y_{1,2}+y_{1,3}=0\\ \sigma_{1,1}+\sigma_{1,2}+\sigma_{1,3}=0\end{cases}\tag{16.5.40}$$

如果设波在电子注上、下边缘的场强分别为 $E_{yi}(y_0^+)$、$E_{zi}(y_0^+)$ 与 $E_{zi}(y_0^-)$、$E_{zi}(y_0^-)$($i=1,2,3$，以下同)，那么根据式(16.3.10)，有

$$\begin{cases}E_{yi}(y_0)=\dfrac{1}{2}[E_{yi}(y_0^+)+E_{yi}(y_0^-)]\\ E_{zi}(y_0)=\dfrac{1}{2}[E_{zi}(y_0^+)+E_{zi}(y_0^-)]\end{cases}\tag{16.5.41}$$

我们先在电子注上部空间$\left(y_0+\dfrac{\Delta y}{2}<y<d\right)$求解方程，可以得到

$$
\begin{cases}
E_{zi}(y_0^+)=E_i\left\{\mathrm{ch}[\mathrm{j}\Gamma_i(y_0-d)]\right.\\
\qquad\left.+\dfrac{\Gamma_i}{\omega\varepsilon_0}Y(d)\mathrm{sh}[\mathrm{j}\Gamma_i(y_0-d)]\right\}\mathrm{e}^{\mathrm{j}\omega t-\Gamma_i z}\\
\qquad\approx E_i\left\{\mathrm{ch}[\beta_e(d-y_0)]\right.\\
\qquad\left.+\dfrac{\Gamma_i}{\omega\varepsilon_0}Y(d)\mathrm{sh}[\beta_e(d-y_0)]\right\}\mathrm{e}^{\mathrm{j}\omega t-\Gamma_i z}\\
E_{yi}(y_0^+)=-\mathrm{j}E_i\left\{\mathrm{sh}[\mathrm{j}\Gamma_i(y_0-d)]\right.\\
\qquad\left.+\dfrac{\Gamma_i}{\omega\varepsilon_0}Y(d)\mathrm{ch}[\mathrm{j}\Gamma_i(y_0-d)]\right\}\mathrm{e}^{\mathrm{j}\omega t-\Gamma_i z}\\
\qquad\approx -\mathrm{j}E_i\left\{\mathrm{sh}[\beta_e(d-y_0)]\right.\\
\qquad\left.+\dfrac{\Gamma_i}{\omega\varepsilon_0}Y(d)\mathrm{ch}[\beta_e(d-y_0)]\right\}\mathrm{e}^{\mathrm{j}\omega t-\Gamma_i z}
\end{cases}
\tag{16.5.42}
$$

将 $Y(d)$ 的表达式(16.5.18)代入并简化，则

$$
\begin{cases}
E_{zi}(y_0^+)=E_i\dfrac{\mathrm{sh}(\beta_e y_0)}{\mathrm{sh}(\beta_e d)}\cdot\dfrac{(\mathrm{j}\delta_i+S)^2}{(S^2-\delta_i^2-2\mathrm{j}gS\delta_i)}\mathrm{e}^{\mathrm{j}\omega t-\Gamma_i z}\\
E_{yi}(y_0^-)=\mathrm{j}E_i\dfrac{\mathrm{ch}(\beta_e y_0)}{\mathrm{sh}(\beta_e d)}\cdot\dfrac{(\mathrm{j}\delta_i-S)^2}{(S^2-\delta_i^2-2\mathrm{j}gS\delta_i)}\mathrm{e}^{\mathrm{j}\omega t-\Gamma_i z}
\end{cases}
\tag{16.5.43}
$$

根据式(16.3.13)和式(16.3.14)，就可以得出电子注下边缘的场为

$$
\begin{cases}
E_{zi}(y_0^-)=ME_{zi}(y_0^+)\\
E_{yi}(y_0^-)=\dfrac{1}{M}E_{yi}(y_0^+)
\end{cases}
\tag{16.5.44}
$$

式中，M 的定义同式(16.5.11)及式(16.5.16)。这样，式(16.5.41)就又可写成

$$
\begin{cases}
E_{zi}(y_0)=\dfrac{\delta_i}{\delta_i-\mathrm{j}S}E_{zi}(y_0^+)\\
E_{yi}(y_0)=\dfrac{\delta_i}{\delta_i+\mathrm{j}S}E_{yi}(y_0^+)
\end{cases}
\tag{16.5.45}
$$

而横向位移和面电荷密度的交变分量，根据式(16.2.33)、式(16.2.39)应为

$$
y_{1i}=\frac{E_{zi}(y_0)}{\mathrm{j}\omega_e B}
\tag{16.5.46}
$$

$$
\sigma_{1i}=-\frac{\Gamma_i\sigma_0E_{yi}(y_0)}{\mathrm{j}\omega_e B}
\tag{16.5.47}
$$

如此，将式(16.5.43)、式(16.5.45)、式(16.5.46)及式(16.5.47)同时代入初始条件式(16.5.40)，就可以得到

$$
\begin{cases}
\sum\limits_{i=1}^{3}E_i=E_{in}\\
\sum\limits_{i=1}^{3}\dfrac{\delta_i-\mathrm{j}S}{\delta_1^2+2\mathrm{j}gS\delta_i-S^2}E_i=0\\
\sum\limits_{i=1}^{3}\dfrac{\delta_i+\mathrm{j}S}{\delta_i^2+2\mathrm{j}gS\delta_i-S^2}E_i=0
\end{cases}
\tag{16.5.48}
$$

当 $g=0$ 时，将实部和虚部分别等于零后，上述初始条件就可简化为

$$\begin{cases} E_1+E_2+E_3=E_{\text{in}} \\ \dfrac{E_1}{\delta_1^2-S^2}+\dfrac{E_2}{\delta_2^2-S^2}+\dfrac{E_3}{\delta_3^2-S^2}=0 \\ \dfrac{\delta_1}{\delta_1^2-S^2}E_1+\dfrac{\delta_2}{\delta_2^2-S^2}E_2+\dfrac{\delta_3}{\delta_3^2-S^2}E_3=0 \end{cases} \tag{16.5.49}$$

由此即可求出三个波的初始幅值：

$$\begin{cases} E_1=\dfrac{\delta_1^2-S^2}{(\delta_1-\delta_2)(\delta_1-\delta_3)}E_{\text{in}} \\ E_2=\dfrac{\delta_2^2-S^2}{(\delta_2-\delta_3)(\delta_2-\delta_1)}E_{\text{in}} \\ E_3=\dfrac{\delta_3^2-S^2}{(\delta_3-\delta_1)(\delta_3-\delta_2)}E_{\text{in}} \end{cases} \tag{16.5.50}$$

而传播参量 δ_i 已由式(16.5.31)给出.

在 $g=d=b=0$ 的简单情况下，δ_i 的解已给出为如式(16.5.36)所示. 代入式(16.5.50)，得

$$\begin{cases} E_1=\dfrac{S^2}{1+S^2}E_{\text{in}} \\ E_2=\dfrac{1}{2(1+S^2)}E_{\text{in}} \\ E_3=\dfrac{1}{2(1+S^2)}E_{\text{in}} \end{cases} \tag{16.5.51}$$

于是，沿线高频场分布就可表示为

$$\begin{aligned} E_z &= E_1 e^{j\omega t-\Gamma_1 z}+E_2 e^{j\omega t-\Gamma_2 z}+E_3 e^{j\omega t-\Gamma_3 z} \\ &= E_{\text{in}}\left[\frac{S^2+\text{ch}(\beta_e D\sqrt{1+S^2}z)}{1+S^2}\right]e^{j(\omega t-\beta_e z)} \end{aligned} \tag{16.5.52}$$

如果器件的增益足够高，那么在输出端的等幅波和衰减波就可以忽略. 这样，

$$E_z(l)=\frac{E_{\text{in}}}{2(1+S^2)}e^{\beta_e D\sqrt{1+S^2}l}e^{j(\omega t-\beta_e l)} \tag{16.5.53}$$

则

$$\begin{aligned} G &= 20\lg\frac{|E_z(l)|}{|E_z(0)|}=20\lg\left[\frac{1}{2(1+S^2)}e^{\beta_e D\sqrt{1+S^2}l}\right] \\ &= -6-20\lg(1+S^2)+54.6DN\sqrt{1+S^2}\quad (\text{dB}) \end{aligned} \tag{16.5.54}$$

式中，前两项为忽略等幅波和衰减波而引起的起始衰减，第三项则是互作用引起的放大. 由此可见，空间电荷效应对管子总增益的影响，一方面是增加了起始衰减量，另一方面则又增加了互作用的增益，而后者是主要的，因而总的效果导致小信号增益增加.

注意到 $D\sqrt{1+S^2}=\sqrt{D^2+D_s^2}$，而 D 又正比于 $\sqrt{I_0/V_0}$［见式(16.4.24)］，D_s 则正比于 I_0/V_0［见式(16.3.29)］，因此，将式(16.5.54)与式(16.4.56)比较即可以看出，为了获得给定的增益，所必需的电子注电流与高频系统长度的关系，在不考虑空间电荷作用时，电流的平方根反比于长度，而若要考虑空间电荷影响，则电流的一次方反比于长度. 显然，前者只适用于系统长度较长而电子注电流较小，因而空间电荷影响较小时；反之，减少系统长度而增加电流，就必须考虑空间电荷的作用.

这些结果与某些管子的实验数据能较好地一致. 当然，当实际电子注偏离薄电子注假设较大时，理论的偏差就较大了.

16.6 正交场放大管工作状态的基本分析

在本节中我们将着重讨论正交场管的效率和影响增益的一些实际因素. 至于在正交场放大管特性中占有重要地位的寄生振荡问题，以及噪声、频宽等其他问题，目前有关资料上曾作过不少以定性为主的分析，深入的理论分析尚较少，因而我们在这里就不作详细介绍了.

首先我们讨论正交场放大管的效率.

一般来说，管子的总效率定义为

$$\eta=\frac{P_{out}-P_{in}}{P_0} \tag{16.6.1}$$

式中，P_{out} 为高频输出功率；P_{in} 为高频输入功率；P_0 则为管子电源消耗的直流功率. η 又可以表示为

$$\eta=\eta_e \cdot n_a \tag{16.6.2}$$

式中，η_e 为电子效率，它的定义是

$$\eta_e=\frac{P_e}{P_0} \tag{16.6.3}$$

而 η_c 为线路效率，它的定义是

$$\eta_c=\frac{P_{out}-P_{in}}{P_e} \tag{16.6.4}$$

在上述两式中，P_e 是在互作用空间由直流功率转换成的高频功率. 由于慢波线总会存在一定损耗，P_e 并不能全部作为有用的高频功率输出，所以 P_{out} 总是小于 P_e.

$$P_e=(P_{out}-P_{in})+P_r \tag{16.6.5}$$

式中，P_r 为沿慢波线损耗的总功率. 由于 P_r 可以是由于慢波线的分布衰减和在慢波线适当位置安置的集中衰减器(或切断区)两方面引起的，所以相应地 η_c 也可以分成两部分来计算.

对于由慢波线冷损耗引起的线路效率问题，由于在管子的不同工作状态下，高频功率在线上损耗大小的规律亦不同，所以我们仅讨论小信号状态这种较简单的情况. 这时，沿线的有用功率和损耗功率都按指数规律增长，单位长度的功率增长率是个常数. 如果放大管的增益常数为 α，那么沿线功率分布为

$$P(z)=P_{in}e^{2\alpha z} \tag{16.6.6}$$

在 dz 长度内的功率增量就是

$$\mathrm{d}P(z)=2\alpha P_{in}e^{2\alpha z}\mathrm{d}z=2\alpha P(z)\mathrm{d}z \tag{16.6.7}$$

同样，如果慢波线分布损耗的衰减常数为 α_0，那么在 dz 长度内所损耗的功率是

$$\mathrm{d}P_L=P(z)-P(z)e^{-2\alpha_0\mathrm{d}z}=P(z)(1-e^{-2\alpha_0\mathrm{d}z})\approx 2\alpha_0 P(z)\mathrm{d}z \tag{16.6.8}$$

因而

$$\mathrm{d}P_e=\mathrm{d}P(z)+\mathrm{d}P_L=2(\alpha+\alpha_0)P(z)\mathrm{d}z \tag{16.6.9}$$

$$P_e=\int_0^l \mathrm{d}P_e=\frac{\alpha+\alpha_0}{\alpha}(P_{out}-P_{in}) \tag{16.6.10}$$

则

$$(\eta_c)_1=\frac{P_{out}-P_{in}}{P_e}=\frac{1}{1+\frac{\alpha_0}{\alpha}} \tag{16.6.11}$$

式中，α、α_0 的单位均为 N_p/m(奈培/米). 若用 α_0、α 与慢波线总损耗 L 和管子增益 G 的关系代入，则式(16.6.11)就可改写为

$$(\eta_c)_1=\frac{1}{1+\dfrac{10\lg L}{10\lg G}} \tag{16.6.12}$$

式中，G，L 的单位均为倍. 由该式可见，在 L 一定时，管子增益 G 越大，η_c 越高. 换言之，如果 G 一定，那么 L 越小，η_c 越高. 当管子工作于接近饱和状态时，由于功率的增长将偏离指数关系而越来越缓慢，即 G 不再明显增大，而 L 却不受饱和的影响继续按指数规律增加（当 L 以倍数计时），因而此时线路效率将低于由式(16.6.12)给出的值. 实际上，只要注意到式(16.6.12)仅只是小信号假设下的结果，上述结论也就不难理解了.

为了防止放大管中的自激振荡，正如行波管一样，应该在慢波线的适当位置上安置集中衰减器或者切断区，切断区的存在也就相当于在这里安放了一个衰减量为无穷大的集中衰减器. 对于由这种集中衰减器引起的对线路效率的影响，我们以具有切断区的慢波线为例来讨论. 若整管的实际增益为 G，管子在切断区前面的一段增益为 G_1，G 和 G_1 均以倍数计，则这时切断区负载吸收的功率和管子实际输出功率就分别是

$$P_L=G_1P_{\text{in}} \tag{16.6.13}$$

$$P_{\text{out}}=GP_{\text{in}} \tag{16.6.14}$$

因而对应的线路效率就是

$$(\eta_c)_2=\frac{1}{1+\dfrac{G_1}{G-1}} \tag{16.6.15}$$

可见，若 G_1 较小，则 η_c 可以较高，这就是说，管子前段长度应较短，切断区不宜安置在慢波线中央. 当然，从电子注能形成足够的群聚这一观点来说，管子前段长度也不宜过短. 在实际管子中，慢波线前、后段的比一般选择在 1∶2 左右.

同时计及分布损耗和集中衰减器的影响时，线路效率就可以表示为

$$\begin{aligned}\eta_c=(\eta_c)_1(\eta_c)_2&=\frac{1}{\left(1+\dfrac{10\lg L}{10\lg G}\right)\left(1+\dfrac{G_1}{G-1}\right)}\\&\approx\frac{1}{\left(1+\dfrac{\lg L}{\lg G}+\dfrac{G_1}{G}\right)}\end{aligned} \tag{16.6.16}$$

式中，L、G、G_1 均以倍数计量.

下面我们再来确定电子效率 η_e. 如果按所有电子都交出全部直流位能而打上慢波线的理想情况来计算，最大电子效率就是

$$\eta_e=1-k\frac{V_e}{V_l} \tag{16.6.17}$$

式中，V_e 是对应于电子纵向漂移速度 v_0 的直流电位；V_l 为慢波线电位.

式(16.6.17)中的 k 是一个决定于电子运动轨迹的修正因子，如果电子接近于直线运动，电子以速度 v_0 打上慢波线，那么 $k=1$；如果电子作圆摆线运动，电子以速度 $2v_0$ 打上慢波线，那么 $k=4$；当轨迹圆小于滚动圆时，$1<k<4$；反之，当轨迹圆大于滚动圆时，则 $k>4$.

根据临界磁场的概念，

$$B_c=\frac{V_0}{d}\sqrt{\frac{2m}{eV_l}} \tag{16.6.18}$$

及 $v_e=v_0=E_0/B$，就可以将 η_e 表示为

$$\eta_e=1-\frac{k}{4}\left(\frac{B_c}{B}\right)^2 \tag{16.6.19}$$

我们在写出式(16.6.17)时,实际上只考虑了电子在静态场下的轨迹运动,而忽略了电子在高频场作用下的运动,使得电子打上慢波线时具有的横向速度被略去了.因此,有必要对电子在慢波线上的耗能进行修正.根据相位聚焦的概念,电子将在最大纵向高频减速场中群聚,在这里,横向高频电场则接近于零.因此,如果不考虑电子轮摆运动的影响,当 $k=1$ 时,那么电子打上慢波线时的纵向速度和横向速度分量分别为

$$\begin{cases} \text{纵向}: v_0=\dfrac{E_0}{B}, (v_z)_s=-\dfrac{(E_{ym})_s}{B}=0 \\ \text{横向}: (v_y)_s=\dfrac{(E_{zm})_s}{B} \end{cases} \tag{16.6.20}$$

式中,下标 s 表示慢波线表面.这时相应的电子动能就是

$$W_e=\frac{1}{2}m[(v_y)_s^2+v_0^2]=\frac{m}{B^2}\beta^2P(K_c)_s+eV_e \tag{16.6.21}$$

式中,$(K_c)_s=\dfrac{(E_{zm})_s^2}{2\beta^2P}$;$eV_e=\dfrac{1}{2}mv_0^2$;$P$ 为电子打上慢波线处的行波功率.

由于 P 沿线是变化的,所以在不同纵向位置打上慢波线的电子耗散能量也就不同.如果我们用最大行波功率(输出端的功率)来作一个保守的估计,即 $P=P_{out}$,同时,如果认为在饱和状态下,全部电子都打上了慢波线,因而所有电子都交出全部自由能,电子注转换成的高频功率达到最大$[(P_e)_{max}]$,则

$$P_{out}=GP_{in}=P_{in}+(P_e)_{max}=(P_e)_{max}\frac{G}{G-1} \tag{16.6.22}$$

式中,G 为以倍数计的管子增益.这样,将式(16.6.22)代入式(16.6.21),最大电子效率就可写成

$$(\eta_e)_{max}=1-\frac{W_e}{eV_l}=1-\frac{V_e}{V_l}-\frac{m}{eV_lB^2}\beta^2(K_c)_s\frac{G}{G-1}(P_e)_{max} \tag{16.6.23}$$

根据$(\eta_e)_{max}=(P_e)_{max}/I_0V_l$,式(16.6.23)又可写成

$$(\eta_e)_{max}=\frac{1-\dfrac{V_e}{V_l}}{1+\dfrac{2I_0V_e}{(V_l+V_s)^2}(\beta d)^2(K_c)_s\dfrac{G}{G-1}} \tag{16.6.24}$$

如果仍然考虑电子运动轨迹的修正,那么类似于式(16.6.17),可以引入修正因子 k:

$$(\eta_e)_{max}=\frac{1-k\dfrac{V_e}{V_l}}{1+\dfrac{2I_0V_e}{V_0^2}(\beta d)^2(K_c)_s\dfrac{G}{G-1}} \tag{16.6.25}$$

与式(16.6.17)比较,可见,考虑了电子横向速度后的电子效率,只是在分母上多了一项,使最大电子效率有所降低.式(16.6.25)同时也反映出了耦合阻抗对电子效率的影响.在许多实际管子中,$V_e/V_0\approx0.04\sim0.2$,$V_0/I_0\approx10\sim20$ kΩ(连续波管)或 $1\sim2$ kΩ(大功率脉冲管),$G\gg1$(以倍数计),因而 $G/(G-1)\approx1$,$(K_c)_s\approx10\sim100$ Ω,$(\beta d)\approx2\sim4$,将这些值代入式(16.6.25)分母中的第二项,对连续波管其值为 $0.02\sim0.04$,对大功率脉冲管为 $0.2\sim0.4$.由此可见,电子横向速度和耦合阻抗对管子最大电子效率的影响,在连续波管中可以忽略,对大功率脉冲管则比较显著.

当然,在实际管子中,不可能所有电子都交出全部位能,即 P_e 不可能真正达到$(P_e)_{max}$,因而正交场放大管的实际电子效率要比由式(16.6.25)所决定的值小.但是,如果我们将这一修正一并在修正因子 k 中加以考虑,那么实际电子效率就仍可用式(16.6.25)来计算,这时,对于脉冲工作的管子,k 一般为 $3\sim5$;对于连续波管,k 一般为 $2\sim4$.

根据式(16.6.16)和式(16.6.25),管子的总效率就可由式(16.6.2)求出.应当指出的是,在实际中,由

于慢波线分布损耗的影响，最大总效率并不是在对应于使100%的电子为慢波线收集时的输入激励状态(或慢波线长度)下得到，而是在一个相对较小的激励功率(或相对较短的线长度)下出现的此时对应有60%～70%的电子为慢波线所收集.这是因为，线路效率与电子效率之间存在一定牵制，电子效率达到最大时，线路效率往往已明显降低.比如说，如果为了收集全部电子，在输入功率一定时，就可以增加慢波线长度，这时电子效率显然得到了提高，但同时沿线的分布损耗也会引起线路效率的下降，因此，在某一长度上会出现总效率的最大值；或者，换句话说，当线长度一定时，随着输入功率的增加，亦会使电子效率有所提高，但同样会引起线路效率的下降，在某一输入功率下才会使总效率达到最大，而此时仍然会有部分电子未被慢波线收集.因此，分布损耗的影响，不仅使得部分高频功率损耗在慢波线上，还使得部分电子具有的直流位能不能得到充分利用，也就是说，既降低了线路效率，又使得电子效率不能达到最大值.

显然，降低慢波线的分布损耗可以使效率提高，适当增大耦合阻抗亦有利于提高管子效率.此外，还可以采取一些特殊的措施来提高效率，比如采用降压收集极来回收进入收集极区的电子所具有的剩余直流位能，就是一个有效的方法之一.至于空间电荷的影响，分析表明，空间电荷效应虽然能使管子的饱和效率略有增加，但总的说来，这一影响不是很显著的.

在16.4节和16.5节中，我们已经分别得出了不考虑空间电荷影响和考虑这种影响两种情况下正交场放大管的小信号增益，现在我们再进一步来讨论一些实际因素的修正.

1. 慢波线切断区对增益的影响

慢波线切断区对于电子注来说，相当于一段无高频场的漂移管，分析表明，当切断区前后的慢波线输入段与输出段的小信号增益都比较大(例如不小于10 dB)，切断区的高频隔离度为理想无限大时，正交场放大管的小信号增益成为

$$G=-12-40\lg(1+S^2)+54.6(DN_t\sqrt{1+s^2}+DN_sS)\quad(\text{dB})\tag{16.6.26}$$

式中，N_t 为慢波线(不包括切断区)的总长度；N_s 为切断区的电长度；$DS=D_s$；其余符号意义同前.

不存在切断区时的增益式为

$$G=-6-20\lg(1+S^2)+54.6DN\sqrt{1+S^2}\quad(\text{dB})\tag{16.6.27}$$

将式(16.6.26)与式(16.6.27)比较，立即就可以看出，由于引入切断区而引起的增益增量就是

$$G_s=-6-20\lg(1+S^2)+54.6DN_sS\quad(\text{dB})\tag{16.6.28}$$

式中，前两项是切断区引入的额外损耗，后一项是在切断区内获得的电荷波增益.可见，当 N_s 或 S 较大时，由切断区引入的电荷波增益就有可能大于它引入的损耗，切断区增益 G_s 成为正值，导致管子总的小信号增益有所提高.但是，这时显然将同时容易引起管子的自激，所以，为了保证正交场放大管工作的稳定性，一般都希望 $G_s\leqslant0$，即

$$N_s\leqslant\frac{1}{54.4DS}[6+20\lg(1+S^2)]\tag{16.6.29}$$

必须指出，上述分析都是在小信号假设的前提下进行的.当管子输入信号的功率增大时，例如功率放大管在额定输入功率下，电子注在输入段一般即已形成显著的纵向群聚和横向位移，当进入切断区后，群聚块中的空间电荷库仑场都将指向群聚中心，在直流磁场作用下，就会使电子块内靠近边缘的电子环绕群聚中心电子做旋转运动.在切断区较长或者空间电荷效应较强时，这种旋转运动就可能使电子群聚程度和电流交变分量显著减弱，从而导致管子的大信号增益下降.因此，一般来说，只是在小信号状态下，切断区增益才可能是正的，而在大信号状态下，切断区增益变为负值，即引入损耗，并随着输入功率的增大而使损耗增大.当输入功率一定时，则损耗将随管子的电流和空间电荷参量 S 值的增大而增大.对于脉冲工作的大功率管，空间电荷影响严重，采用切断区可能显著地降低管子的增益和效率，因此，在保证足够的隔离度足以防止管

子自激的前提下，应尽可能缩短切断区长度.

2. 电子注厚度对增益的影响

在前面的所有小信号分析中，我们都作了薄电子注假设，而在实际管子中，这一假设往往偏离实际情况甚远，从而使得按薄电子注假设得出的增益公式计算所得增益要比实测结果大得多. 然而，研究厚电子注情况遇到了很大困难，在这种情况下，由于电子轨道的相互交叉和空间电荷在电子束边缘的强烈积聚，数学分析将无法进行. 因此，我们只能研究静态下电子轨迹为直线和空间电荷密度均匀的电子注这种理想化的简单情况，在这里，我们不准备详细叙述分析过程，而只直接引出分析结果.

分析表明，在 $\omega_p^2 \ll \omega_c^2$ 情况下空间电荷增益参量与电子注厚度之间的关系，如图 16.6.1 所示，其中 β_{e0} 为相应电子注中心位置电子的相位常数，$\beta_{e0}=\omega/v_e$. 当电子注厚度较薄($\beta_{e0}\Delta y<0.4$)时，可以认为 D_s 与 Δy 基本上符合式(16.3.24)所确定的线性关系，图中同时用虚线画出了薄电子注假设下的这种关系；在 ρ_0 与 B 不变的条件下，继续增加电子注厚度(即增大电流)，电荷波增益就将偏离线性增长关系而渐趋饱和，并大约在 $\beta_{e0}\Delta y=0.8$ 时达到最大值；随后随电子注厚度的继续增加而下降，直至 $\beta_{e0}\Delta y\approx 1.27$ 时降到零，即空间电荷波效应完全消失.

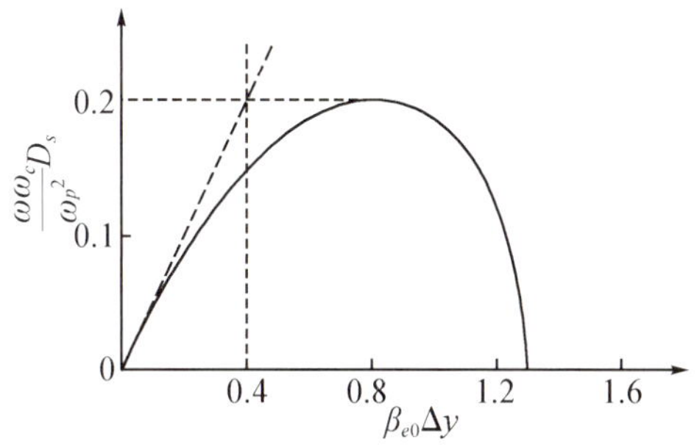

图 16.6.1 空间电荷波增益参量与电子注厚度的关系

由此可见，在厚电子注下，空间电荷增益将大大低于由式(16.3.27)所确定的值，这一差异必然也将影响到放大管的小信号增益[式(16.5.54)]. 厚电子注放大管的小信号理论在场论的基础上计算了具有弱空间电荷的厚电子注与慢波线之间的相互作用，得出了传播常数 Γ 的如下方程：

$$\Delta\frac{\Gamma(\Gamma-\Gamma_0)}{\Gamma_0^2}=\frac{\omega h}{2c}\sqrt{\frac{\varepsilon_0}{\mu_0}}\left[K_{c2}\left(\frac{\omega_{e1}\omega_c}{\omega_p^2}-a_{11}\right)+2\sqrt{K_d K_{c2}}\,a_{12}-K_{c1}\left(\frac{\omega_{e2}\omega_c}{\omega_p^2}+a_{22}\right)\right] \tag{16.6.30}$$

式中

$$\Delta=\left(\frac{\omega_{e1}\omega_c}{\omega_p^2}-a_{11}\right)\left(\frac{\omega_{e2}\omega_c}{\omega_p^2}+a_{22}\right)+a_{12}^2 \tag{16.6.31}$$

$$a_{ij}=-\frac{\mathrm{sh}j\Gamma y_i\,\mathrm{sh}j\Gamma(d-y_i)}{\mathrm{sh}j\Gamma d}\quad (i=1,2;j=1,2) \tag{16.6.32}$$

$$\omega_{e1}=\omega+\mathrm{j}\Gamma v_{e1},\ \omega_{e2}=\omega+\mathrm{j}\Gamma v_{e2} \tag{16.6.33}$$

式中，v_{e1}、v_{e2} 分别为在电子注下边缘、上边缘(即 $y=y_1$ 和 $y=y_2$)时的电子速度；K_{c1}、K_{c2} 为相应位置上电子注的耦合阻抗；h 为电子注的宽度；c 为自由空间光速；d 为慢波线与底极间的距离.

如果电子注的厚度很大，那么下边缘的电子能够如此接近底极以及它们的速度能与慢波系统中的波的相速如此不同，以致波与它们之间不再有效相互作用，即 $y_1=0$，$a_{11}=a_{12}=0$；$K_{c1}=0$，于是方程(16.6.30)就可以简化成为

$$\left(\frac{\mathrm{j}\Gamma+\beta_{e2}}{F\beta_{e2}}+\alpha\right)\frac{\mathrm{j}(\Gamma-\Gamma_0)}{F\beta_{e2}}=\pm 1 \tag{16.6.34}$$

式中,符号"－"和"＋"分别对应前向波和返波,而

$$\beta_{e2}=\frac{\omega}{v_{e2}} \tag{16.6.35}$$

$$\alpha=\frac{-\omega_p^2}{\omega\omega_c F[\mathrm{cth}\,\mathrm{j}\Gamma y_2+\mathrm{cth}\,\mathrm{j}\Gamma(d-y_2)]} \tag{16.6.36}$$

$$F^2=-\frac{\omega h}{2c}\sqrt{\frac{\varepsilon_0}{\mu_0}}\,|K_{c2}|\,\frac{\omega_p^2}{\omega\omega_c}\,\frac{\mathrm{j}\Gamma_0}{\beta_{e2}} \tag{16.6.37}$$

方程(16.6.34)与特征方程(16.4.20)十分相似,只是现在用系数 F 代替了增益参量 D,另外,α 项的存在表明了最强的相互作用不再出现在电子注上边缘电子与线路波冷相速之间完全同步时,而在这里,这些电子运动得稍快一点.当空间电荷密度很小时,对交变场的影响可以忽略,因而 α 项消失.

原则上来说,由方程(16.6.34)解出传播常数 Γ 后就不难求得在考虑电子注厚度情况下的增益了,当然,实际求解过程是十分复杂的.我们只能给出一种最简单情况下的增益近似计算公式.在 $b=d=0$ 以及慢波线和底极离电子注都足够远($d\gg\Delta y$)时,考虑电子注厚度时的小信号增益可以这样来近似计算:

$$G=-6-20\lg(1+aS^2)+54.6\sqrt{1+aS^2}\,DN(\mathrm{dB}) \tag{16.6.38}$$

式中

$$a=\frac{\mathrm{e}^{-2\beta_e\Delta y}-(1-\beta_e\Delta y)^2}{\beta_e^2\Delta y^2} \tag{16.6.39}$$

参量 a 表征了电子注厚度对空间电荷参量 S 的修正.a 与 $\beta_e\Delta y$ 的关系如图 16.6.2 所示,当 $\Delta y\to 0$ 时,$a\to 1$,这就是薄电子注情况.

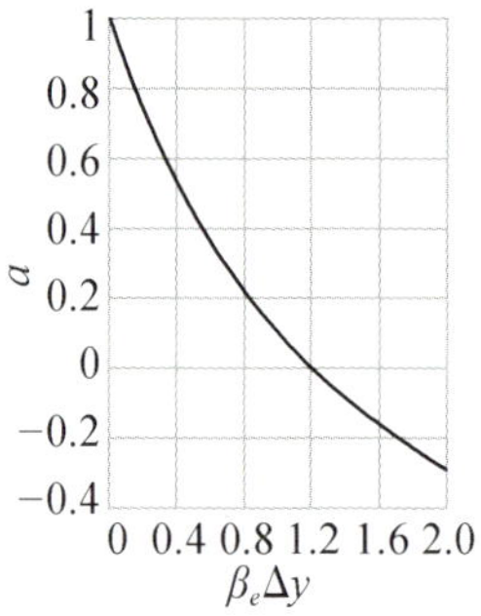

图 16.6.2　参量 a 与 $\beta_e\Delta y$ 的关系

16.7 正交场返波管的小信号分析

正交场返波振荡管的小信号分析,可以采用与 16.4 节和 16.5 节类似的方法进行.这时由于应用了慢波线的负色散特性,所以群速 v_g 的方向与相速方向亦即电子流方向相反.同样,耦合阻抗 $(K_c)_s$ 亦相应地变为 $-(K_c)_s$.因此,返波管的线路方程就可写成

$$V=\frac{\Gamma_0(K_c)_s J_l}{\Gamma^2-\Gamma_0^2} \tag{16.7.1}$$

而电子学方程在这时并没有变化,即仍为式(16.4.19):

$$J_l=\frac{2h\sigma_0}{B}\,\frac{\omega}{\omega_e}\,\beta_0\Gamma V\,\frac{\mathrm{sh}\,\beta_0 y\,\mathrm{ch}\,\beta_0 y}{\mathrm{sh}^2\beta_0 d} \tag{16.7.2}$$

因而返波管的特征方程变为

$$\frac{2\omega\Gamma_0\Gamma}{\omega_e(\Gamma^2-\Gamma_0^2)}D^2=-1 \tag{16.7.3}$$

式(16.7.3)中符号 D 的定义同式(16.4.21). 由此可见,与前向波放大管的特征方程(16.4.20)相比较,两者仅相差等式右边的一个负号.

我们假定,未调制电子注在 $z=0$ 处注入,在 $+z$ 方向运动,而功率则沿 $-z$ 方向增长,线上的高频损耗则将使波沿 $-z$ 方向有所衰减. 如果衰减参量 d 仍用正值表示,那么这时传播常数就应写成

$$\Gamma_0=\alpha_0+\mathrm{j}\beta_0=\mathrm{j}\beta_e(1+Db+\mathrm{j}Dd) \tag{16.7.4}$$

如前,仍令

$$\begin{cases}\Gamma=\alpha+\mathrm{j}\beta=\mathrm{j}\beta_e(1+\mathrm{j}D\delta)\\ \delta=x+\mathrm{j}y\end{cases} \tag{16.7.5}$$

若 $D\ll1$,则将式(16.7.4)、式(16.7.5)代入特征方程(16.7.3),略去微小项后,得

$$\delta(\delta+\mathrm{j}b-d)=-1 \tag{16.7.6}$$

由此即可求出 δ,从而确定出波的传播常数 Γ 和波的性质.

如果要考虑空间电荷影响,同样只需在我们已经得到的式(16.5.23)中将 $(K_c)_s$ 以 $-(K_c)_s$ 代替即可:

$$\frac{i_z}{E_z}\approx\frac{2(\Gamma-\Gamma_0)}{\Gamma_0^2(K_c)_s} \tag{16.7.7}$$

其余分析步骤与 16.5 节完全相同,最后得

$$(\delta-d+\mathrm{j}b)(\delta^2+2\mathrm{j}gS\delta-S^2)=-\delta \tag{16.7.8}$$

式中,S 为空间电荷参量;g 的定义如前式(16.5.30). 显然,式(16.7.8)是一个 δ 的三次方程,因而在一般情况下它有三个根.

如果忽略空间电荷影响,令 $S=0$,那么式(16.7.8)就归结为式(16.7.6).

当计及空间电荷影响但忽略损耗时,即 $d=0$,$S\neq0$ 时,在 $g=0$ 的情况下,式(16.7.8)化为

$$(\delta+\mathrm{j}b)(\delta^2-S^2)=-\delta \tag{16.7.9}$$

这时 δ 仍将出现三个根. 当 $S=1$ 时它的解在图 16.7.1 上给出.

设在管子的输出端($z=0$),三个波的纵向交变电场幅值分别为 E_1、E_2 和 E_3,电子横向位移的初始幅值为 y_1、y_2 和 y_3,而电荷面密度的初始幅值为 σ_1、σ_2 和 σ_3,则存在如下起始条件:

$$\begin{cases}E_1+E_2+E_3=E(0)\\ y_1+y_2+y_3=0\\ \sigma_1+\sigma_2+\sigma_3=0\end{cases} \tag{16.7.10}$$

式中,$E(0)$为在管子输出端的纵向电场总幅值.

在 $g=0$ 的情况下经过类似于 16.5 节中所进行的推导,并注意到式(16.7.5)的定义,就不难得到

$$\begin{cases}E_1+E_2+E_3=E(0)\\ \dfrac{1}{\delta_1^2-S^2}E_1+\dfrac{1}{\delta_2^2-S^2}E_2+\dfrac{1}{\delta_3^2-S^2}E_3=0\\ \dfrac{\delta_1}{\delta_1^2-S^2}E_1+\dfrac{\delta_2}{\delta_2^2-S^2}E_2+\dfrac{\delta_3}{\delta_3^2-S^2}E_3=0\end{cases} \tag{16.7.11}$$

由此可解得

$$\begin{cases}E_1=E(0)\dfrac{\delta_1^2-S^2}{(\delta_1-\delta_2)(\delta_1-\delta_3)}\\ E_2=E(0)\dfrac{\delta_2^2-S^2}{(\delta_2-\delta_3)(\delta_2-\delta_1)}\\ E_3=E(0)\dfrac{\delta_3^2-S^2}{(\delta_3-\delta_1)(\delta_3-\delta_2)}\end{cases} \tag{16.7.12}$$

于是,沿线纵向电场就可表示为

$$E_z=E_1\mathrm{e}^{\mathrm{j}\omega t-\Gamma_1z}+E_2\mathrm{e}^{\mathrm{j}\omega t-\Gamma_2z}+E_3\mathrm{e}^{\mathrm{j}\omega t-\Gamma_3z}$$

$$=E(0)\sum_{i=1}^{3}\frac{\delta_i^2-S^2}{(\delta_i-\delta_{i+1})(\delta_i-\delta_{i+2})}e^{\beta_e D\delta_i z}e^{j(\omega t-\beta_e z)}$$

$$(\delta_4=\delta_1,\delta_5=\delta_2) \tag{16.7.13}$$

若设管子输入端($z=l$)纵向交变电场幅值 $E(l)=E_{in}$,将 $z=l$ 代入式(16.7.13),则返波放大管的增益就可求得

$$G=20\lg\left|\frac{E(0)}{E_{in}}\right|=20\lg\left[\sum_{i=1}^{3}\frac{\delta_i^2-S^2}{(\delta_i-\delta_{i+1})(\delta_i-\delta_{i+2})}e^{\beta_e D\delta_i l}\right]^{-1}(\mathrm{dB})$$

$$(\delta_4=\delta_1,\delta_5=\delta_2) \tag{16.7.14}$$

而对于返波振荡管来说,由于

$$E(l)=E_{in}=0 \tag{16.7.15}$$

代入式(16.7.13),就得到

$$\sum_{i=1}^{3}\frac{\delta_i^2-S^2}{(\delta_i-\delta_{i+1})(\delta_i-\delta_{i+2})}e^{\beta_e D\delta_i l}=0$$

$$(\delta_4=\delta_1,\delta_5=\delta_2) \tag{16.7.16}$$

此即返波振荡管的自激条件.

忽略空间电荷影响以及分布损耗时,$S=d=0$,则根据式(16.7.6)可知,这时 δ 有两个根:

$$\delta_{1,2}=-j\left[\frac{b}{2}\mp\sqrt{\frac{b^2}{4}+1}\right]=jy_{1,2} \tag{16.7.17}$$

可见 δ_1、δ_2 为纯虚数,表明我们得到的是两个等幅波,其中一个的相速大于电子平均速度,另一个的相速则小于电子平均速度.由式(6.7.17)可以画出图 16.7.2 所示的曲线.

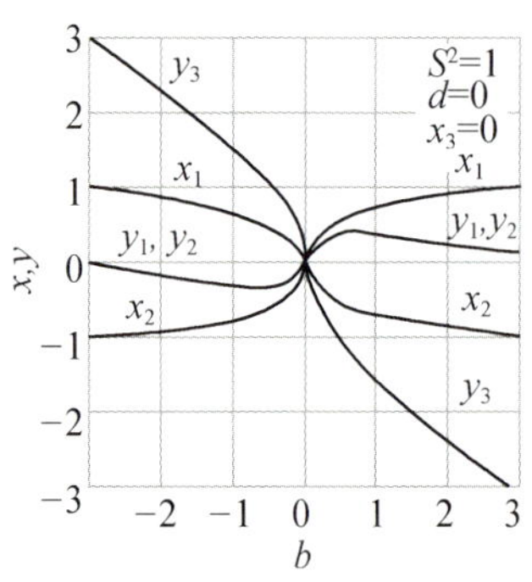

图 16.7.1 $d=0$,$S=1$ 时正交场返波管特征方程的解

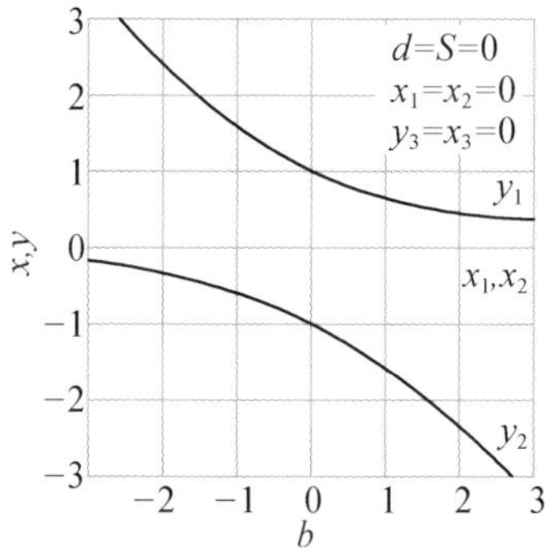

图 16.7.2 $S=d=0$ 时正交场返波管特征方程的解

将它们代入起振条件式(16.7.16),就可以得到

$$e^{j\beta_e Dl(y_1-y_2)}=\frac{y_2}{y_1} \tag{16.7.18}$$

又由 $\delta=x+jy$ 可知,y 本身为实数,因此式(16.7.18)等号右边 y_2/y_1 项为实数,这就要求等号左边也为实数,因而可得

$$\beta_e Dl(y_1-y_2)=\begin{cases}2n\pi\\2n\pi+\pi\end{cases}\quad(n=0,1,2,\cdots) \tag{16.7.19}$$

对应于 $2n\pi$ 的解,意味着要求 $y_1=y_2$,显然这与我们实际解得的 δ_1、δ_2 值相矛盾,因而不可取;而对应于 $2n\pi+\pi$ 的解,则意味着要求 $y_1=-y_2$,立即可以看出,当 $b=0$ 时,δ_1、δ_2 的值能满足这一要求.由此我们得出结论,正交场返波振荡管将在 $b=0$ 的情况下起振,也就是说,只有当电子与波完全同步时,管子才能起振.于是,由式(16.7.18),将 $y_2/y_1=-1$ 代入,即可得

$$2\beta_e Dl=2n\pi+\pi\quad(n=0,1,2,\cdots) \tag{16.7.20}$$

因而，起振要求的 DN 值 $(DN)_{st}$ 是

$$(DN)_{st}=\frac{2n+1}{4}\quad (n=0,1,2,\cdots) \tag{16.7.21}$$

式中，N 为慢波线的电长度，$2\pi N=\beta_e l$；D 为小信号线路增益参量：

$$D^2=\frac{I_0}{V_0}\beta_e dK_c \operatorname{cth}\beta_e y_0 \tag{16.7.22}$$

由此即可确定管子需要的起振电流 I_{st}，或者确定所需慢波线长度 l：

$$I_{st}=\frac{V_0}{\beta_e dK_c \operatorname{cth}\beta_e y_0}\cdot\frac{(2n+1)^2}{16N^2} \tag{16.7.23}$$

在上面两式中，$V_0=V_l+V_s$. 由式(16.7.23)可以看出，对应于 $n=0$ 的最低振荡模式要求起振电流最小，管子一般都工作在最低模式上，而 $n=1$ 模式的起振电流就将是最低模式的 9 倍. 因此，为了使管子不致激励起高次模式，一般要求工作电流不超过工作模式起振电流的 3～5 倍.

由式(16.7.17)可知，在起振($b=0$)时，

$$\delta_1=\mathrm{j},\delta_2=-\mathrm{j} \tag{16.7.24}$$

则根据式(16.7.12)(此时 $S=0,\delta_3=0$)不难求得

$$E_1=E_2=\frac{E(0)}{2} \tag{16.7.25}$$

因而沿线纵向交变电场分布为

$$E_z=\frac{E(0)}{2}\left(\mathrm{e}^{\mathrm{j}\beta_e Dz}+\mathrm{e}^{-\mathrm{j}\beta_e Dz}\right)\mathrm{e}^{\mathrm{j}(\omega t-\beta_e z)}=E(0)\cos(\beta_e Dz)\mathrm{e}^{\mathrm{j}(\omega t-\beta_e z)} \tag{16.7.26}$$

这就是说，在相互作用空间激励起的两个等幅行波，由于它们的相速大小相同而方向相反，沿线传播时，会产生相拍而形成余弦分布. 注意到式(16.7.21)，场的沿线幅值分布就可写成

$$E(z)=E(0)\cos\left(2\pi DN\frac{z}{l}\right)=E(0)\cos\left(\frac{2n+1}{2}\pi\frac{z}{l}\right)$$

$$(n=0,1,2,\cdots) \tag{16.7.27}$$

$n=0,1,2$ 三个振荡模式的高频电场幅值沿线分布如图 16.7.3 所示.

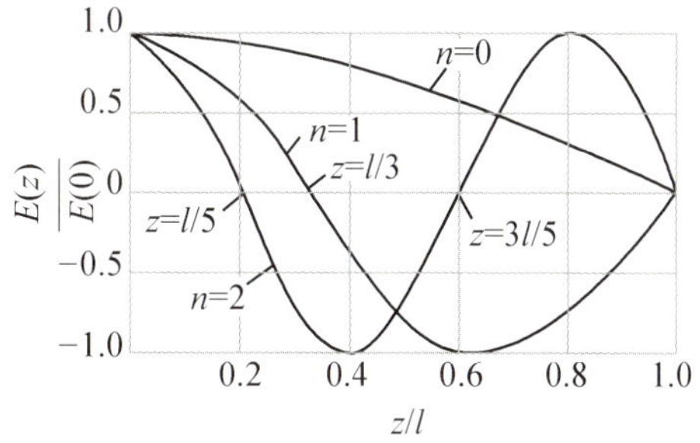

图 16.7.3　不同模式高频场幅值的沿线分布规律

由图 16.7.3 可见，当 $n=0$ 时，幅值从管子的输入端($z=l$)至输出端($z=0$)单调增长. 当 $n>0$ 时，幅值分布沿线有周期性变化，这种情况与 O 型返波管相类似，所不同的是，正交场返波管要求电子与波的完全同步，而 O 型返波管则要求两者有一定差别.

现在我们在 $b=0$ 的情况下来考虑分布损耗对起振条件的影响. 这时，式(16.7.6)变为

$$\delta(\delta-d)=-1 \tag{16.7.28}$$

所以

$$\delta_{1,2}=\frac{d}{2}\pm\mathrm{j}\sqrt{1-\frac{d^2}{4}} \tag{16.7.29}$$

以此代入起振条件式(16.7.18)($S=0$ 时的起振条件),得

$$\frac{\alpha_0 l}{2}\tan\sqrt{[2\pi(DN)_{st}]^2-\left(\frac{\alpha_0 l}{2}\right)^2}+\sqrt{[2\pi(DN)_{st}]^2-\left(\frac{\alpha_0 l}{2}\right)^2}=0 \tag{16.7.30}$$

式中

$$\frac{\alpha_0 l}{2\pi(DN)_{st}}=d \tag{16.7.31}$$

α_0 为慢波线冷衰减常数,若慢波线总分布损耗为 L(dB),则

$$L=8.68\alpha_0 l \quad (\text{dB}) \tag{16.7.32}$$

以此代入式(16.7.30),即可求得起振时所要求的$(DN)_{st}$值与 L 的关系. 当 $L=0$ 时,$(DN)_{st}=0.25$,随后,$(DN)_{st}$值将随着 L 的增加而有所提高,表明在有损耗时,管子要求较高的起振电流或较长的慢波线.

下面我们再来讨论一下空间电荷对起振条件的影响. 讨论仍在忽略损耗的情况,即 $d=0$ 的条件下进行,并设电子注离开慢波线与底极都足够远,因而可以认为 $g=0$. 另外,在忽略空间电荷影响和线路损耗时,我们已知起振时 $b=0$,计及空间电荷影响后,在一般情况下,$b\neq0$,但对 $n=0$ 的最低模式的计算表明,b 是一个远小于 1 的值,因此,这就允许我们认为在起振时同样存在 $b\approx0$ 的条件. 这样,$d=g=b=0$,特征方程(16.7.8)就简化为

$$\delta(\delta^2-S^2)=-\delta \tag{16.7.33}$$

解得 δ 的三个根为

$$\begin{cases}\delta_{1,2}=\pm\sqrt{S^2-1}=\pm\mathrm{j}\sqrt{1-S^2}\\ \delta_3=0\end{cases} \tag{16.7.34}$$

式(16.7.34)表明,返波管在小信号状态下,当 $S>1$ 时,将出现一个增长波、一个衰减波,而它们的相速相同,这类似于在正交场放大管的空间电荷理论中所得结果;当 $S<1$ 时,则出现两个相速不同的等幅波,类似于上面忽略空间电荷效应时所得的结果. 上述关系若画成曲线,则如图 16.7.4 所示.

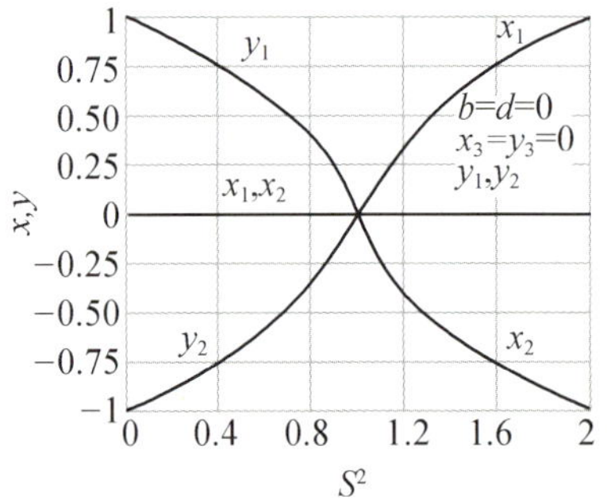

图 16.7.4 $b=d=0$ 时特征方程的根与空间电荷参量的关系

将式(16.7.34)代入起振条件的一般形式(16.7.16),就可得

$$\mathrm{ch}(2\pi DN\sqrt{S^2-1})=S^2 \tag{16.7.35}$$

由此即可在给定 N 值下计算起振电流 I_{st},或者在给定 I_{st} 下计算所需慢波线长度. 计算表明,$(DN)_{st}$值小于 0.25,即小于在不考虑空间电荷影响时由式(16.7.21)所决定的 $n=0$ 的$(DN)_{st}$值. 这是因为,电荷波效应引起了小信号增益的增加,使得管子在较低的电子流上或者较短的慢波线长度上即能起振,这与 O 型返波管的情形正好相反.

电荷波效应同样对高次振荡模式的起振电流有所影响,分析表明,其影响程度更甚于最低次振荡模式,使得两者之间起振电流的差别减小. 比如,忽略空间电荷影响时,$n=1$ 模式的起振电流是 $n=0$ 模式的 9 倍;而考虑空间电荷影响后,这一比值将只有 3~5 倍,这将导致管子容易产生寄生振荡.

最后,我们简单地讨论一下返波振荡管的效率.

返波管电源提供的总功率 P_0 是这样分配的：

$$P_0 = P_e + P_l + P_c + P_s \tag{16.7.36}$$

式中，P_e 为高频功率；P_l 为由于电子打上慢波线而损耗的功率；P_c 为收集极上损耗的功率；P_s 为底极上损耗的功率.

实验表明，正交场返波振荡管的收集极电流一般接近于起振电流而与管子实际工作电流关系不大，$I_c \approx I_{st}$，而且在一般情况下，收集极将与慢波线同电位，因而

$$P_c \approx I_{st} V_l \tag{16.7.37}$$

打上慢波线的电流则是

$$I_l \approx I_0 - I_{st}$$

因此

$$P_l = kI_l V_e = k(I_0 - I_{st}) V_e \tag{16.7.38}$$

式中，V_e 为电子同步电压；k 为决定于电子轨迹的一个系数，也就是我们在式(16.6.17)中已经引入的系数.

至于底极电流 I_s，在管子正常工作状态下，当底极负电位绝对值不小于慢波线电位的 25%时，它一般小于 I_0 的 10%，而 P_s 仅约为 P_0 的 1%或者稍多一点，因而可以忽略不计. 于是

$$P_e \approx P_0 - P_c - P_l = V_l I_0 \left(1 - \frac{I_{st}}{I_0}\right)\left(1 - k\frac{V_e}{V_l}\right) \tag{16.7.39}$$

因此，管子的电子效率为

$$\eta_e = \frac{P_e}{P_0} = \left(1 - \frac{I_{st}}{I_0}\right)\left(1 - k\frac{V_e}{V_l}\right) = \left(1 - \frac{I_{st}}{I_0}\right)\left[1 - \frac{k}{4}\left(\frac{B_c}{B}\right)^2\right] \tag{16.7.40}$$

式中，B 为工作磁场；B_c 为临界磁场：

$$B_c = \frac{V_l + V_s}{d}\sqrt{\frac{2m}{eV_l}} \tag{16.7.41}$$

可以看出，式(16.7.40)中右边的第二项即正交场放大管的最大电子效率，第一项则是返波振荡管多出的修正项.

至于返波管的线路效率，实验表明，在厘米波段，可高达 90%，因而对管子总效率的影响可以认为是很小的，只有到毫米波段，管子总效率才会受到线路效率的显著影响.

将工作条件相同的注入式返波管与前向波管相比较，前者的效率总是比后者要低一些，其原因是，二者高频场沿线的变化规律是相反的. 在前向波放大管中，越接近收集极端，高频场越强，原处于不利相位中的电子可能完全转为有利相位，因而全部电子打上慢波线就有可能；而在返波振荡管中，高频场最强处却是在靠近电子枪端，这时电子尚有一部分处于不利相位，而越靠近收集极端，高频场反而越弱，原处于不利相位的电子不可能全部转为有利相位. 因而，总会有部分电子为收集极所吸收，而且，由于这些电子处在靠近底极的位置上，其直流位能较高，打上收集极时消耗的能量较大，所以管子的效率就较低.

16.8 参考文献

[1] SEDIN J W. A large-signal analysis of beam-type crossed-field traveling-wave tubes[J]. IRE Transactions on Electron Devices, 1958, 9(1):41-50.

[2]ROWE J E. Nonlinear electron-wave interaction phenomena[J]. Academic Press, 1965.

[3]张兆镗. 微波电子管原理[M]. 北京：国防工业出版社，1981.

[4]HULL I F, KOOYERS G P. Experimental and theoretical characteristics of injected beam type

forward-wave crossed-field amplifiers[J]. MOGA，1960：151.

[5]DAVIES M C，SMITH D J，SMOL G. On the design of thin injected beam crosed-field amplifiers [J]. MOGA，1966：204.

[6]APTER H，MOURIER G. On the theory of M-type tubes with thick beam[J]. MOGA，1960：144.

[7]JONES C L，HERIOTT R W. A high power，high efficiency crossed-field amplifier[J]. MOGA，1970：8-13.

[8]ARNARD J，DIAMAND F，EPSZTEIN B. Spurious phenomena in m-type tabes[J]. MOGA，1962：133.

[9]SOBOTKA W. Computation of nonreentrant CFA characteristics[J]. IEEE Transactions on Electron Devices，1970，17(8)：622-632.

[10]WARNECKE R R，GUENARD P，DOEHLER O，et al. The "M"-Type carcinotron tube[J]. Proceedings of the IRE，2007，43(4)：413-424.

[11]GOULD R W. Space-charge efiects in beam type magnetrons[J]. JAP，1957，28：599.

第 4 篇

微波管的非线性理论

第 17 章　建立非线性理论的某些基本问题

17.1 引言

在各种微波管中，电子注与电磁波的相互作用过程，本质上是一种非线性过程，有关各种管子的非线性理论，都随着它们的发展和成熟而很好地建立起来了. 要对各种管子的非线性理论作详细的介绍，将要花很多篇幅，事实上，每一种管子的非线性理论都能写成一本专著. 因而本书将只对 O 型行波管的非线性理论作比较详细的讨论. 这是因为行波管在各种现代微波管中占有相当重要的地位，且其非线性理论也可作为其他许多器件非线性理论的基础，对其稍加修改或仿照其求解思路，就能建立起相应器件的非线性理论. 鉴于这种典型性和重要性，我们有必要对 O 型行波管的非线性理论作较为深入的讨论.

有关行波管的理论分析，习惯上分为小信号和大信号理论. 前者是指在建立行波管工作方程时，假定各物理量的交变分量比直流分量小很多，以至于可以仅考虑线性项而略去二次以上的非线性项. 因此，小信号理论不能讨论非线性问题.

除此之外，正如下面将要指出的那样，从物理本质上看，小信号理论的缺点不仅在于忽略了二次以上的非线性项的效应，而是这种方法中描述物理量的方法本身就不适于研究电子注中的非线性过程.

从 20 世纪 50 年代初期发展起来的行波管大信号理论，从物理上和数学上脱离了小信号理论的范畴，为描述行波管中复杂的物理过程提供了可能性. 行波管大信号理论推动了各种微波管理论的发展，同时也为不断改进行波管本身的性能提供了可靠的依据.

行波管中所发生的非线性过程虽然和信号功率电平有关，但绝不是说功率小时就没有非线性过程发生，功率大时才具有非线性现象. 因此，术语“小信号理论”和“大信号理论”具有某些不明确性，如果采用线性理论和非线性理论代之，可以消除这种不明确性.

我们分三个步骤来讨论行波管的非线性理论. 首先，研究建立这种理论的某些基本问题；其次，导出行波管非线性工作方程；最后，利用非线性理论分析行波管中的若干非线性现象.

由于仅就行波管的非线性理论而言，所涉及的问题已是十分广泛，因此本书不能做到面面俱到、毫不遗漏，我们只试图对问题的主要方面给出一个较完整的叙述.

17.2 自洽场方法建立的困难性

这一问题在线性理论中已给出了较详细的讨论. 这里，为了讨论大信号理论的需要，我们再扼要复述一下.

在行波管中，电子注与电磁波的互作用，可以归结为以下三个方面的问题：

(1)在波场作用下电子运动的变化；

(2)在电子作用下波场的变化；

(3)上述两种过程相互结合所产生的总的自洽的结果.

可见,对于这三方面问题的研究,依赖于我们对电子注和电磁波的基本认识和理解.

行波管作为一种工程器件,对它的研究似乎没有必要作方法论的讨论.然而,如果对于处理方法进行一些基本的研究,不仅有助于了解各种方法的局限性,而且也可以使我们对管内发生的物理过程的本质认识进一步深化.

首先,讨论对电磁波的基本认识.在微波频率范围内,量子效应尚不明显时,电磁波可用经典电动力学的理论来加以描述,即它服从于以麦克斯韦方程为基础的宏观电磁理论.这一理论是以欧拉变量为基础的对连续媒质的电磁性质做宏观的描述.

其次,讨论对电子运动的基本认识.这是处理注-波作用的关键所在.电子注在与场的互作用过程中,本质上是一个多粒子系统,因此原则上是一个难以处理的对象.对电子运动的描述,通常有以下几种不同的方法.

1. 点电荷概念

把电子看作一个点电荷,质量为 m,带有电量 $-e$,因此,运动方程就是牛顿运动方程:

$$m\frac{\mathrm{d}v}{\mathrm{d}t}=-e(\boldsymbol{E}+\mu_0 v\times\boldsymbol{H}) \tag{17.2.1}$$

因此,在点电荷概念下,电子运动方程是很简单的,但是,在处理电子对波场的作用时就遇到了很大的困难.因为前面已指出,电磁波所服从的麦克斯韦方程是以欧拉变量为基础的对连续媒质的宏观描述,显然,这与点电荷概念是相抵触的.为了克服这一困难,似乎可以借助狄拉克 δ 函数将场方程表示为如下形式:

$$\begin{cases}\nabla\times\boldsymbol{E}=-\mu_0\dfrac{\partial\boldsymbol{H}}{\partial t}\\ \nabla\times\boldsymbol{H}=\varepsilon_0\dfrac{\partial\boldsymbol{E}}{\partial t}-\sum\limits_i ev_i(t)\delta[\boldsymbol{r}-\boldsymbol{r}_i(t)]\\ \nabla\cdot\boldsymbol{H}=0\\ \nabla\cdot\boldsymbol{E}=\dfrac{1}{\varepsilon_0}\sum\limits_i -e\,\delta[\boldsymbol{r}-\boldsymbol{r}_i(t)]\end{cases} \tag{17.2.2}$$

式中,δ 函数满足关系

$$\int_{-\infty}^{\infty}\delta(x)\mathrm{d}x=1 \tag{17.2.3}$$

然而,问题并没有解决.首先,δ 函数的引入只在数学形式上统一了场与点电荷的运动方程,并没有解决物理上的原则困难;其次,对于大量的电子,联解上述方程实际上是不可能的.

2. 流体力学概念

既然麦克斯韦方程是用欧拉变量描述连续媒质中的电动力学,那么,自然会想到把电子注也看作一个连续的媒质.这样,弃去点电荷概念,引入连续的电荷密度 ρ 及电流密度 J,就得到电子注的流体力学概念.于是得到场方程

$$\begin{cases}\nabla\times\boldsymbol{H}=\boldsymbol{J}+\varepsilon_0\dfrac{\partial\boldsymbol{E}}{\partial t}\\ \nabla\times\boldsymbol{E}=-\mu_0\dfrac{\partial\boldsymbol{H}}{\partial t}\\ \nabla\cdot\boldsymbol{E}=\dfrac{1}{\varepsilon_0}\rho\\ \nabla\cdot\boldsymbol{H}=0\end{cases} \tag{17.2.4}$$

而电子运动方程仍为

$$m\frac{\mathrm{d}v}{\mathrm{d}t}=-e(\boldsymbol{E}+\mu_0 v\times\boldsymbol{H}) \tag{17.2.5}$$

虽然联解方程(17.2.4)和方程(17.2.5)在微波管理论中应用已很广泛.但是,从方法论上来看,方程(17.2.4)和方程(17.2.5)中包含有内在矛盾.在场方程中,电子注被看作连续媒质,而在运动方程中,又被看作点电荷.不同概念上的方程组进行联解,在原则上是包含着矛盾的.

3. 统计力学模型

早在20世纪40年代研究多粒子系统时,物理学者们就已经发觉了上述理论上的困难.不少学者认为,可以把统计力学中粒子的分布函数概念与麦克斯韦方程结合起来,以排除上述困难.

设在相空间中电子的分布函数为 $f(\boldsymbol{r},\boldsymbol{v},\boldsymbol{t})$,则麦克斯韦方程可写成

$$\begin{cases}\nabla\times\boldsymbol{H}=-e\int_{-\infty}^{\infty}v\cdot f(\boldsymbol{r},\boldsymbol{v},\boldsymbol{t})\mathrm{d}v+\varepsilon_0\dfrac{\partial\boldsymbol{E}}{\partial t}\\ \nabla\times\boldsymbol{E}=-\mu_0\dfrac{\partial\boldsymbol{H}}{\partial t}\\ \nabla\cdot\boldsymbol{H}=0\\ \nabla\cdot\boldsymbol{E}=-\dfrac{e}{\varepsilon_0}\int_{-\infty}^{\infty}f(\boldsymbol{r},\boldsymbol{v},\boldsymbol{t})\mathrm{d}v\end{cases} \tag{17.2.6}$$

这时运动方程可以按刘维定律写成玻耳兹曼方程:

$$\frac{\partial f}{\partial t}+\boldsymbol{v}\cdot\nabla_r f+\frac{-e}{m}[\boldsymbol{E}+\mu_0(\boldsymbol{v}+\boldsymbol{H})\nabla_v f]=0 \tag{17.2.7}$$

式中,略去了碰撞效应.

这样一来,代替单个电子的运动方程的是方程(17.2.7),它所描述的是电子"集体"的运动状态.方程(17.2.6)和方程(17.2.7)在一定程度上避免了连续性与质点性之间的矛盾.在等离子体物理中,上述方程得到了广泛的应用.

除了上述方法外,也发展了一些其他的方法.例如采用薛定谔方程的方法、类似于契林柯夫效应的方法等.但是,这些方法目前离工程应用还很远.

17.3 行波管的等效线路模型和分析的基本假定

正如17.2节指出的,建立严格的自洽场理论,不仅在方法的统一性上,而且在很多具体问题上都存在困难.因此在行波管非线性理论中,大量的工作是基于把行波管设想为一种等效线路模型.这种等效电路模型如图17.3.1所示.

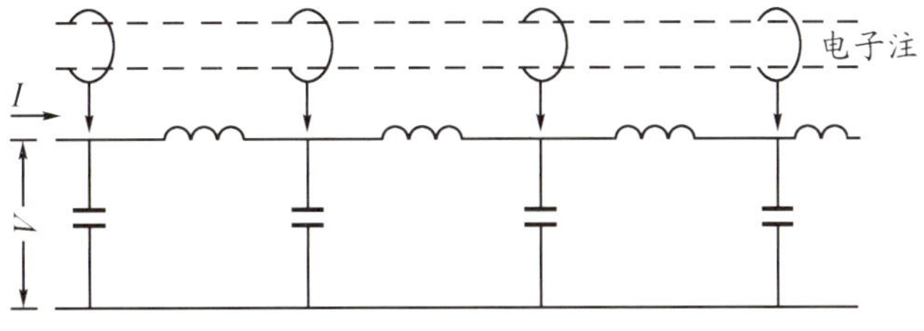

图17.3.1　行波管等效线路模型

不难看到,这种等效电路模型和行波管小信号的等效电路是完全一致的.所以在等效电路模型的前提下,大信号理论与小信号理论的区别在于电子注的非线性群聚状态.因此,基于上述等效电路模型的大信号

理论是与小信号理论一脉相承的.利用这种抽象模型只能分析行波管中的稳定状态,或者更确切地讲,这种理论只能在我们已经了解的稳定物理状态下对行波管的行为进行定量的研究.这就是等效模型的必然局限性.

我们还可以看到,图 17.3.1 的模型即使从等效电路的观点看来,也只能较好地代表螺旋线行波管;对于耦合腔行波管来讲,图 17.3.1 的等效电路并不适合.

除了局限于上述等效电路模型外,为了分析简单起见,目前我们还作如下一些规定:

(1)限于一维的分析,而略去电子注的横向运动和场的横向变化;

(2)仅考虑单一频率的工作状态;

(3)略去相对论效应.

显然,上述三个假定对许多实际情形都是可以成立的,某些进一步的讨论将在以后陆续给出.

这样,我们的分析就是建立在等效电路模型上的,然而,必须指出一点,即使使用同一模型,也可能有不同的处理方法.

根据图 17.3.1 所示的电路,如果不计损耗,可以得到线路方程

$$\frac{\partial^2 V(z,t)}{\partial t^2}-v_0^2\frac{\partial^2 V(z,t)}{\partial z^2}=v_0 Z_0\frac{\partial^2 \rho(z,t)}{\partial t^2} \tag{17.3.1}$$

式中,v_0 表示线上的相速;Z_0 表示线的特征阻抗.同线性理论一样,v_0 与慢波线上的相速相等,Z_0 相当于慢波线的耦合阻抗.$V(z,t)$是线上的电压波,$\rho(z,t)$则是电子注的交变电荷密度.

可能读者已经注意到,线路方程(17.3.1)与线性理论的线路方程是一致的.这一点不足为奇,前面已指出,线性理论和非线性理论的区别只表现在电子注的特性上,而描述电磁波的等效线路方程在形式上应该是一致的.因此,两种理论的区别仅反映在式(17.3.1)右边的激励项上.

如果需要考虑到线路损耗的作用,那么线路方程变成

$$\frac{\partial^2 V(z,t)}{\partial t^2}-v_0^2\frac{\partial^2 V(z,t)}{\partial z^2}+2\omega Cd\frac{\partial V(z,t)}{\partial t}=v_0 Z_0\left[\frac{\partial^2 \rho(z,t)}{\partial t^2}+2\omega Cd\frac{\partial \rho(z,t)}{\partial t}\right] \tag{17.3.2}$$

式中,C、d 分别为行波管增益参量和线路损耗参量.由此可见,建立非线性理论的任务集中地表现在求出电子注交变电荷密度 $\rho(z,t)$的问题上.

在以上的讨论中,实际上利用了流体力学模型,把电子注看成一种连续媒质.为进一步讨论电子注的物理过程,以便正确地求出 $\rho(z,t)$,有必要对流体力学的基本概念和关系进行若干讨论.

17.4 流体力学的基本关系　电子注中的物理量

既然在等效电路模型中,把电子注视为一种流体,认为电子注中的物理量都是连续的,因此,必须用流体力学的观点和方法来加以描述.

在流体力学理论中,有两种不同的处理方法:一种是由拉格朗日发展的,称为拉格朗日体系;另一种是由欧拉提出并发展的,称为欧拉体系.在按照流体力学模型来研究微波管中电子注的物理问题时,尤其是在讨论非线性问题时,对这两种体系必须有较深入的理解.

现在先讨论欧拉法.根据这种方法的观点看来,研究的目的与其说是流体本身,不如说是流体所在的空间,即研究各物理量的空间场.这样所涉及的就是以下两个问题:

(1)空间指定点(而不是流体中指定点)上各物理量随时间的变化;

(2)由该点转换至其他点时,物理量的变化.

如此一来,流体空间就被看成某种特定的场,而各点上的物理量就表示成空间坐标和时间的连续函数.例如,速度、加速度、电荷密度分别表示为

$$\begin{cases} \boldsymbol{v}=\dfrac{\mathrm{d}\boldsymbol{r}}{\mathrm{d}t}=\boldsymbol{v}(\boldsymbol{r},t) \\ \boldsymbol{a}=\dfrac{\mathrm{d}v}{\mathrm{d}t}=\boldsymbol{a}(\boldsymbol{r},t) \\ \rho=\rho(\boldsymbol{r},t) \end{cases} \tag{17.4.1}$$

由上述可知,欧拉法对我们来说是很熟悉的,电磁理论中的麦克斯韦方程以及本书前面所述的线性理论等都采用欧拉法.

由此可知,欧拉法的特点就是研究空间点上物理量随时间的变化,它不去考察流体中各点运动的整个过程,而只是研究空间场.

再来看一看拉格朗日方法.它与欧拉方法不同,认为研究流体的运动情况,必须通过跟踪流体中各个别点运动的全过程来加以考察.因此,拉格朗日法的目的在于:

(1)研究与某一个别点相关联的各物理量的时间变化;

(2)由某一个别点至另一个别点时,各物理量的转换.

由此可知,拉格朗日法是直接研究流体本身的.

设取直角坐标系.流体中某一个别点在时间为 t_0 时的位置为

$$\begin{cases} x=x_0 \\ y=y_0 \quad (t=t_0) \\ z=z_0 \end{cases}$$

而当时间 $t=t$ 时,该点的位置为

$$\begin{cases} x=x \\ y=y \quad (t=t) \\ z=z \end{cases}$$

在流体运动过程中,该点的运动以下列各关系确定:

$$\begin{cases} x=\varphi_1(t,x_0,y_0,z_0) \\ y=\varphi_2(t,x_0,y_0,z_0) \\ z=\varphi_3(t,x_0,y_0,z_0) \end{cases} \tag{17.4.2}$$

且根据上述,当 $t=t_0$ 时,有

$$\begin{cases} x=x_0=\varphi_1(t_0,x_0,y_0,z_0) \\ y=y_0=\varphi_2(t_0,x_0,y_0,z_0) \\ z=z_0=\varphi_3(t_0,x_0,y_0,z_0) \end{cases} \tag{17.4.3}$$

为了使讨论更具有普遍意义,设 $t=t_0$ 时的坐标 (x_0,y_0,z_0) 可通过另外三个变量 (a,b,c) 来表示,即

$$\begin{cases} x_0=\psi_1(a,b,c) \\ y_0=\psi_2(a,b,c) \\ z_0=\psi_3(a,b,c) \end{cases} \tag{17.4.4}$$

可以认为式(17.4.4)是一组正交曲面坐标.显然,(a,b,c) 取决于 $t=t_0$.在这组正交曲面坐标下,流体中某点在 t 时刻的坐标可表示为

$$\begin{cases}x=f_1(a,b,c,t)\\y=f_2(a,b,c,t)\\z=f_3(a,b,c,t)\end{cases}\tag{17.4.5}$$

适合方程(17.4.2)或方程(17.4.5)的变量称为拉格朗日变量，它将流体中个别点的坐标的变化通过起始时刻的坐标来表示.因此，拉格朗日方法的特点在于考虑了流体中个别点的历史状况，研究个别点运动的全过程.

在拉格朗日变量下，各物理量之间的关系是

$$\boldsymbol{v}=\frac{\partial r}{\partial t},\boldsymbol{a}=\frac{\partial^2 r}{\partial t^2}\tag{17.4.6}$$

或写为分量形式

$$\begin{cases}v_x=\dfrac{\partial f_1}{\partial t},v_y=\dfrac{\partial f_2}{\partial t},v_z=\dfrac{\partial f_3}{\partial t}\\a_x=\dfrac{\partial^2 f_1}{\partial t^2},a_y=\dfrac{\partial^2 f_2}{\partial t^2},a_z=\dfrac{\partial^2 f_3}{\partial t^2}\end{cases}\tag{17.4.7}$$

流体密度(电荷密度)表示为

$$\rho=\rho(a,b,c,t)\tag{17.4.8}$$

依据所研究对象的物理特征，选用不同的变量形式，可以使讨论方便些，于是就产生了从某一变量形式转换至另一变量形式的问题.不难看到，在线性理论中，通常采用欧拉变量，因为麦克斯韦方程是按这种变量表述的.然而，在非线性理论中，我们将看到，欧拉变量不能适用，而要采用拉格朗日变量.因此，就必须了解两种变量形式之间的关系.

设式(17.4.5)是单值函数，这表示在某一初始时刻 $t=t_0$，从起始点出发的流体中某一点在 $t=t$ 时能够且仅能达到某一点.因此，函数行列式不为零，亦不趋于无限大，即

$$D=\frac{D(x,y,z)}{D(a,b,c)}\neq 0\tag{17.4.9}$$

或

$$\frac{1}{D}\nrightarrow\infty\tag{17.4.10}$$

这样就可以从式(17.4.5)解出

$$\begin{cases}a=g_1(x,y,z,t)\\b=g_2(x,y,z,t)\\c=g_3(x,y,z,t)\end{cases}\tag{17.4.11}$$

假设有某一函数 $F(x,y,z,t)$ 是用欧拉变量写出的，如果要将它转换为拉格朗日变量形式，仅需将式(17.4.2)或式(17.4.5)代入式(17.4.11)即可.

为了求得微分关系，可以利用复合函数微分法则，得

$$\begin{cases}\dfrac{\mathrm{d}F}{\mathrm{d}a}=\dfrac{\partial F}{\partial x}\dfrac{\partial x}{\partial a}+\dfrac{\partial F}{\partial y}\dfrac{\partial y}{\partial a}+\dfrac{\partial F}{\partial z}\dfrac{\partial z}{\partial a}\\\dfrac{\mathrm{d}F}{\mathrm{d}b}=\dfrac{\partial F}{\partial x}\dfrac{\partial x}{\partial b}+\dfrac{\partial F}{\partial y}\dfrac{\partial y}{\partial b}+\dfrac{\partial F}{\partial z}\dfrac{\partial z}{\partial b}\\\dfrac{\mathrm{d}F}{\mathrm{d}c}=\dfrac{\partial F}{\partial x}\dfrac{\partial x}{\partial c}+\dfrac{\partial F}{\partial y}\dfrac{\partial y}{\partial c}+\dfrac{\partial F}{\partial z}\dfrac{\partial z}{\partial c}\end{cases}\tag{17.4.12}$$

以及

$$\frac{\mathrm{d}F}{\mathrm{d}t}=\frac{\partial F}{\partial x}\frac{\partial x}{\partial t}+\frac{\partial F}{\partial y}\frac{\partial y}{\partial t}+\frac{\partial F}{\partial z}\frac{\partial z}{\partial t}+\frac{\partial F}{\partial t}\tag{17.4.13}$$

或

$$\frac{\mathrm{d}F}{\mathrm{d}t}=\boldsymbol{v}\cdot\nabla F+\frac{\partial F}{\partial t} \tag{17.4.14}$$

现在我们来求出欧拉变量形式的流体力学中的若干关系. 这时,速度和加速度为

$$\boldsymbol{v}=\frac{\mathrm{d}x}{\mathrm{d}t}\boldsymbol{i}+\frac{\mathrm{d}y}{\mathrm{d}t}\boldsymbol{j}+\frac{\mathrm{d}z}{\mathrm{d}t}\boldsymbol{k} \tag{17.4.15}$$

$$\boldsymbol{a}=\frac{\mathrm{d}\boldsymbol{v}}{\mathrm{d}t} \tag{17.4.16}$$

设流体的密度为 ρ,则通过流体中任一封闭面的流量为

$$S=\oint_S \rho\boldsymbol{v}\cdot\mathrm{d}\boldsymbol{s}=\int_V \nabla\cdot(\rho\boldsymbol{v})\mathrm{d}V \tag{17.4.17}$$

如果流体是不可压缩的,那么对于任意封闭面必有

$$S=0 \tag{17.4.18}$$

亦即不可压缩流的条件为

$$\nabla\cdot(\rho\boldsymbol{v})=0 \tag{17.4.19}$$

在欧拉变量形式下,连续性方程为

$$\frac{\partial\rho}{\partial t}+\nabla\cdot(\rho\boldsymbol{v})=0 \tag{17.4.20}$$

若令

$$\frac{D}{Dt}=\frac{\partial}{\partial t}+(\boldsymbol{v}\cdot\nabla) \tag{17.4.21}$$

则式(17.4.20)可以表示为

$$\frac{D\rho}{Dt}+\rho\nabla\cdot\boldsymbol{v}=0 \tag{17.4.22}$$

利用前面所导出的转换关系,即可求出式(17.4.15)~式(17.4.22)的拉格朗日变量形式的相应关系.

有了上面所述的一些预备知识,现在利用它们再来讨论电子注问题. 为了简单起见,仅研究一维情况,多维情况可仿此进行.

在欧拉变量形式中,一维电子注各物理量可表示为

$$\begin{cases}\boldsymbol{v}=\boldsymbol{v}(z,t)\\ \boldsymbol{a}=\boldsymbol{a}(z,t)\\ \rho=\rho(z,t)\\ \boldsymbol{J}=\boldsymbol{J}(z,t)\end{cases} \tag{17.4.23}$$

将其转换至拉格朗日变量后,分别表示为

$$\begin{cases}z=z(z_0,t)\\ \boldsymbol{v}=\boldsymbol{v}(z_0,t)\\ \boldsymbol{a}=\boldsymbol{a}(z_0,t)\\ \rho=\rho(z_0,t)\\ \boldsymbol{J}=\boldsymbol{J}(z_0,t)\end{cases} \tag{17.4.24}$$

在行波管中,初始坐标 z_0 往往选择在慢波结构的入口处,因此,对于一切电子均有 $z_{0i}=z_0$,即对所有电子取同一值 z_0. 然而,不同电子却是在不同的初始时刻 t_0 进入慢波结构的,因此,宜表示为

$$z=z(t_0,t) \tag{17.4.25}$$

即用初始时间代替初始坐标. 以后用 τ 代替 t_0,于是各物理量表示为

$$\begin{cases} z=z(\tau,t) \\ \boldsymbol{v}=\boldsymbol{v}(\tau,t) \\ \boldsymbol{a}=\boldsymbol{a}(\tau,t) \\ \rho=\rho(\tau,t) \\ \boldsymbol{J}=\boldsymbol{J}(\tau,t) \end{cases} \tag{17.4.26}$$

且有

$$\boldsymbol{v}=\frac{\partial z(\tau,t)}{\partial t}=\boldsymbol{v}(\tau,t)$$

$$\boldsymbol{a}=\frac{\mathrm{d}\boldsymbol{v}}{\mathrm{d}t}=\frac{\partial \boldsymbol{v}(\tau,t)}{\partial t}=\boldsymbol{a}(\tau,t) \tag{17.4.27}$$

在行波管中一维电子注的情况下,欧拉变量形式与拉格朗日变量形式之间的转换关系变为

$$\psi(z,t)=\psi[z(\tau,t),t]=\varphi(\tau,t) \tag{17.4.28}$$

式中,$\psi(z,t)$是欧拉变量下的一个函数,而$\varphi(\tau,t)$就是$\psi(z,t)$在拉格朗日变量下的形式.其微分关系为

$$\begin{cases} \dfrac{\partial \psi(z,t)}{\partial \tau}=\dfrac{\partial \psi(z,t)}{\partial z}\dfrac{\partial z}{\partial \tau} \\ \dfrac{\partial \varphi(\tau,t)}{\partial t}=\dfrac{\partial \psi(z,t)}{\partial z}\dfrac{\partial z}{\partial t}+\dfrac{\partial \psi(z,t)}{\partial t} \\ =v\dfrac{\partial \psi(z,t)}{\partial z}+\dfrac{\partial \psi(z,t)}{\partial t} \end{cases} \tag{17.4.29}$$

在本节最后,讨论一下为什么欧拉变量形式不适宜非线性理论的问题.

在线性理论中,电子注的群聚不发生超越现象,因此各物理量是坐标和时间的单值函数,欧拉变量可以成功地应用.但在非线性情况下,电子注的群聚往往发生超越现象,因而不同初始时刻出发的电子可以在同一时刻到达同一位置.这样一来,如果仍用欧拉变量,那么电子注的各物理量,如 $\boldsymbol{v}$ 和 $\boldsymbol{a}$ 等,就不再是坐标和时间的单值函数,而是多值函数了.多值函数不仅不便于计算,而且在物理意义上也不适宜.因此,在发生超越现象时,欧拉变量不宜被采用.这时应该用拉格朗日变量,因为在拉格朗日变量下,考察了运动的全过程,不同初始时刻出发的电子在同一时刻到达同一位置的现象是极其自然的现象.

不过,由于场方程习惯于表示为欧拉变量形式,所以在用拉格朗日变量讨论了电子注的运动之后,又必须将所得结果转换成欧拉变量形式,以便和场方程联立求解,这也是非线性理论方法的一个特点.

17.5 电子运动方程 运动坐标系

按照流体力学模型,电子注中电子的运动是被作为连续流体中某一特定荷电质点(实际上是质量元)的运动来考察的.在拉格朗日变量形式中,一维情形下,任一点的坐标可表示为

$$z=F(z_0,t)=\mathscr{F}(t_0,t) \tag{17.5.1}$$

式中,z_0 是电子的初始坐标,t_0 是初始时刻.该式中 z 是 t 的单值函数,且其雅可比行列式满足式(17.4.9),于是可解得

$$t=G(z,t_0) \tag{17.5.2}$$

式中,t 亦是 z 的单值函数.

在拉格朗日变量下,电子速度表示为

$$u=\frac{\partial z}{\partial t}=\frac{\partial F(z_0,t)}{\partial t} \tag{17.5.3}$$

或者,由式(17.5.2)表示为

$$u=\left(\frac{\partial t}{\partial z}\right)^{-1}=\left(\frac{\partial G}{\partial z}\right)^{-1} \tag{17.5.4}$$

电子运动的加速度表示为

$$\boldsymbol{a}=\frac{\partial u}{\partial t}=\frac{\partial^2 z}{\partial t^2}=\frac{\partial^2 F(z_0,t)}{\partial t^2} \tag{17.5.5}$$

或

$$\boldsymbol{a}=\frac{\partial}{\partial t}\left(\frac{\partial t}{\partial z}\right)^{-1}=-\frac{\dfrac{\partial^2 G}{\partial z^2}}{\left(\dfrac{\partial G}{\partial z}\right)^3} \tag{17.5.6}$$

于是,电子的运动方程就可表示为

$$\frac{\partial^2 z}{\partial t^2}=-\frac{e}{m}(E_z+E_{zs}) \tag{17.5.7}$$

或

$$\frac{\partial^2 G}{\partial z^2}=\left(\frac{\partial G}{\partial z}\right)^3\frac{e}{m}(E_z+E_{zs}) \tag{17.5.8}$$

上面表示的运动方程中,左端是以拉格朗日变量写出的,所以右端的场亦要转换成拉格朗日变量的形式. 方程中的 E_z 表示高频线路场,E_{zs} 表示空间电荷场.

在非线性理论中,一般引入运动坐标系来考察电子的运动和高频场的运动. 由于在行波管中电子注的平均速度 u_0 与波的相速 v_0 并不相等,因此,运动坐标系就有两种选择:一种是电子平均速度 u_0 运动的坐标系,另一种是波的相速 v_0 运动的坐标系. 两种选择在原则上没有区别,不过一般都乐于采用 u_0 运动的坐标系. 在这种坐标系中,仅可观察到电子运动的交变分量.

在新的坐标系中,可以引入如下归一化变量:

$$y=C\frac{\omega}{\mu_0}z=\frac{2\pi C}{\lambda_e}z \tag{17.5.9}$$

$$\phi_0=\frac{\omega}{u_0}z_0=\omega t_0 \tag{17.5.10}$$

$$\theta(y)=\omega\left(\frac{z}{u_0}-t\right)-\phi(z,t)=\frac{y}{C}-\omega t-\phi(y,t) \tag{17.5.11}$$

$$\phi(z,t)=\int_0^z\beta(z)\mathrm{d}z-\omega t=\phi(y,t) \tag{17.5.12}$$

上述各归一化变量的物理意义可说明如下:式(17.5.9)表示用电子波长 λ_e 来归一化长度 z;ϕ_0 表示初相;式(17.5.11)表示电子波的相角与行波相角之差,所谓电子波是以 u_0 为相速的假想波.

在归一化变量下,电子速度为

$$u(y,\phi_0)=u_0[1+2Cu(y,\phi_0)] \tag{17.5.13}$$

即将电子的速度分为直流和交变两部分. 电子的加速度为

$$a(y,\phi_0)=2C^2u_0\omega[1+2Cu(y,\phi_0)]\frac{\partial u(y,\phi_0)}{\partial y} \tag{17.5.14}$$

电子运动方程为

$$2C^2\omega u_0[1+2Cu(y,\phi_0)]\frac{\partial u(y,\phi_0)}{\partial y}=-\frac{e}{m}[E_z+E_{zs}] \tag{17.5.15}$$

式中,E_z 由线路上的高频场确定,是与电子注相互作用的场;而空间电荷场 E_{zs} 与电子注本身的运动状态有关. 因此,空间电荷场 E_{zs} 的求解是非线性理论中最困难的问题之一. 下面几节就专门讨论这一问题.

17.6 空间电荷场的计算之一(圆盘模型)

前面已指出,为了建立行波管非线性理论,必须讨论电子注的运动问题,为此必须计算空间电荷场,而空间电荷场又与电子注的运动状态有关.在非线性状态下,电子运动状态十分复杂,出现了超越现象.因此,计算空间电荷场就是很困难的问题.导致计算时必须做出各种假设.

田炳耕首先提出荷电圆盘模型,成功地计算了空间电荷场,并且能够有效地考虑超越现象.圆盘模型已广泛地用于各种O型器件中.与田炳耕的方法不同,诺埃假定电子注中的空间电荷沿管轴方向有一确定的分布,从而计算出空间电荷场.计算结果与田炳耕的结果基本上相符.这两种方法都是美国学者提出的,除此之外,苏联的瓦因斯坦则将田炳耕的模型作了进一步的讨论和改进,所得结果更加精细.

这一节先讨论田炳耕的方法,后面两节再分别对诺埃和瓦因斯坦的工作进行一定的讨论.

圆盘模型的分析是以漂移管中场的格林函数为基础的.因此,我们来讨论如图17.6.1所示的区域内点电荷的场.

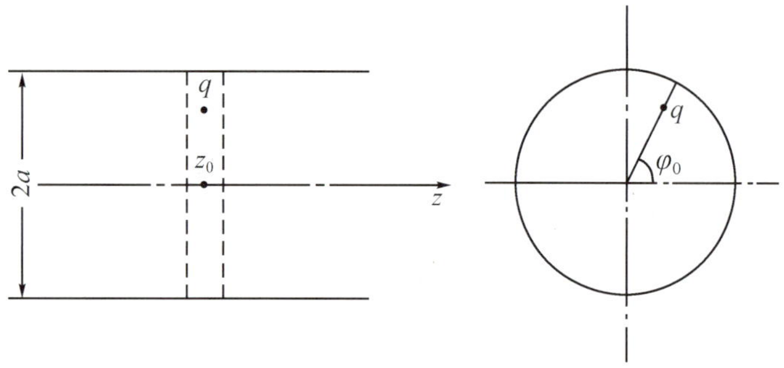

图17.6.1 漂移管中的点电荷

设圆筒漂移管内有一点电荷q,则在任一点产生的电位可以表示为

$$V_s(r,z,\varphi)=\sum_{m=0}^{\infty}\sum_{n=1}^{\infty}A_{mn}\mathrm{e}^{-\frac{\mu_{mn}}{a}|z-z_0|}\cdot \mathrm{J}_m\left(\mu_{mn}\frac{r}{a}\right)\cos m(\phi-\phi_0) \tag{17.6.1}$$

式中,$\mathrm{J}_m(\mu_{mn}r/a)$为第一类贝塞尔函数,$u_{mn}$是$\mathrm{J}_m(\mu_{mn})=0$的零点.

设坐标轴如图17.6.1所取的那样,在电荷q所在的$z=z_0$的平面上围绕点电荷所在位置取一小体积ΔV,并注意到仅在ΔV内$\left.\frac{\partial V_s}{\partial z}\right|_{z=z_0}\neq 0$这一事实,则在$\Delta V$内有

$$\left(\frac{\partial V_s}{\partial z}\right)_{z\approx z_0}=-\sum_{m=0}^{\infty}\sum_{n=1}^{\infty}\frac{\mu_{mn}}{a}A_{mn}\mathrm{J}_m\left(\mu_{mn}\frac{r}{a}\right)\cdot\cos m(\phi-\phi_0) \tag{17.6.2}$$

将式(17.6.2)两边乘$r\mathrm{J}_p(\mu_{pn}r/a)\cos p(\varphi-\varphi_0)$,然后在漂移管横截面内积分,利用贝塞尔函数和三角函数的正交性,可以求得

$$A_{mn}=\frac{-(2-\delta_m^0)a}{\pi\mu_{mn}[a\mathrm{J}_{m+1}(\mu_{mn})]^2}\iint\left(\frac{\partial V_s}{\partial z}\right)_{z\approx z_0}r\mathrm{J}_m\left(\mu_{mn}\frac{r}{a}\right)\cos m(\varphi-\varphi_0)\mathrm{d}r\mathrm{d}\varphi \tag{17.6.3}$$

式中,

$$\delta_m^0=\begin{cases}1 & (m=0)\\ 0 & (m\neq 0)\end{cases} \tag{17.6.4}$$

显然,在此小体积内,$\mathrm{J}_m(\mu_{mn}r/a)\approx$常数,而$\cos m(\varphi-\varphi_0)\approx 1$,且由高斯定理有关系

$$\iint\left(\frac{\partial V_s}{\partial z}\right)_{z\approx z_0}r\mathrm{d}r\mathrm{d}\varphi=-\frac{q}{2\varepsilon_0}$$

所以，最后求得

$$A_{mn}=\frac{q(2-\delta_m^0)\mathrm{J}_m\left(\mu_{mn}\frac{r}{a}\right)}{2\pi\varepsilon_0\mu_{mn}a[\mathrm{J}_{m+1}(\mu_{mn})]^2} \tag{17.6.5}$$

当点电荷的电量 $q=1$ 时，即得格林函数为

$$G_s(p_0,p)=\frac{1}{2\pi\varepsilon_0 a}\sum_{m=0}^{\infty}\sum_{n=1}^{\infty}(2-\delta_m^0)\mathrm{e}^{-\frac{\mu_{mn}|z-z_0|}{a}}\times\frac{\mathrm{J}_m\left(\mu_{mn}\frac{r_0}{a}\right)\mathrm{J}_m\left(\mu_{mn}\frac{r}{a}\right)}{\mu_{mn}[\mathrm{J}_{m+1}(\mu_{mn})]^2}\cos m(\varphi-\varphi_0) \tag{17.6.6}$$

式中，$p_0(r_0,\varphi_0,z_0)$为点电荷所在位置的坐标.

根据格林函数，任一点的电位可表示为

$$V_s(r,\varphi,z)=\iiint\rho G_s(p_0,p)r_0\mathrm{d}r_0\mathrm{d}\varphi_0\mathrm{d}z_0 \tag{17.6.7}$$

现在我们来引入荷电圆盘模型的假定，以便使上面的计算得以简化. 荷电圆盘模型认为，设想将电子注切成很多无限薄的圆盘，每一个圆盘上都均匀地分布有电荷，并且这种均匀分布状况在以后的运动中都保持不变. 因此，这种电荷圆盘在运动中是一个形状、荷电量及电荷分布都不变化的“刚体”. 由此可知，荷电圆盘模型排除了考虑电子横向运动的可能性. 同时，为了使电子的超越现象能被计入，还假定荷电圆盘之间彼此是可以穿透的. 以后将看到，当两圆盘无限接近时，彼此之间的作用力不是发散的，这一点使“穿透性”的假设成为可能.

由上述可见，圆盘模型中又把连续电子注流体切成许多不连续的圆盘，因此，从物理学方法论的观点看来，这种处理未必严谨. 不过，该模型却有很好的直观性和较清楚的物理图像.

我们现在开始来计算圆盘模型假设下的空间电荷场. 按假定，荷电圆盘上的电荷密度可表示为

$$\rho=\frac{Q}{\pi b^2}\delta(z-z_0) \tag{17.6.8}$$

式中，Q 是圆盘上的电荷量，b 是圆盘的半径，即电子注半径. 考虑到在这种情况下场是轴对称的，因此，式(17.6.6)中的双重求和化为单重求和(即 m 只取 $m=0$ 的一项). 此时，式(17.6.7)化为

$$V_s(r,\varphi,z)=\frac{Q}{\pi\varepsilon_0 b}\sum_{n=1}^{\infty}\mathrm{e}^{-\mu_{0n}\frac{|z-z_0|}{a}}\cdot\frac{\mathrm{J}_0\left(\mu_{0n}\frac{r}{a}\right)\mathrm{J}_1\left(\mu_{0n}\frac{b}{a}\right)}{[\mu_{0n}\mathrm{J}_1(\mu_{0n})]^2} \tag{17.6.9}$$

这是位于 z_0 的圆盘在(r,φ,z)点所产生的空间电荷位，而在该点产生的空间电荷场为

$$E_{zs}=-\frac{\partial V_s}{\partial z} \tag{17.6.10}$$

即

$$E_{zs}=\frac{Q}{\pi\varepsilon_0 ab}\left\{\sum_{n=1}^{\infty}\mathrm{e}^{-\mu_{0n}\frac{|z-z_0|}{a}}\cdot\frac{\mathrm{J}_0\left(\mu_{0n}\frac{r}{a}\right)\mathrm{J}_1\left(\mu_{0n}\frac{b}{a}\right)}{\mu_{0n}[\mathrm{J}_1(\mu_{0n})]^2}\right\}\cdot\mathrm{sgn}(z-z_0) \tag{17.6.11}$$

式中，

$$\mathrm{sgn}(z-z_0)=\begin{cases}1 & (z>z_0)\\ -1 & (z<z_0)\end{cases} \tag{17.6.12}$$

由此可知，E_{zs}是 r 的函数. 由式(17.6.11)能够求出 z_0 处的圆盘在 z 处圆盘平面上各点产生的平均空间电荷场是

$$E_{zs1}=\frac{1}{\pi b^2}\int_0^b\int_0^{2\pi}E_{zs}r\mathrm{d}r\mathrm{d}\varphi$$

$$=\frac{Q}{2\pi\varepsilon_0 b^2}\sum_{n=1}^{\infty}\mathrm{e}^{-\mu_{0n}\frac{b}{a}\frac{|z-z_0|}{b}}\left[\frac{2}{\mu_{0n}}\frac{\mathrm{J}_0\left(\mu_{0n}\frac{b}{a}\right)}{\mathrm{J}_1(\mu_{0n})}\right]^2\cdot\mathrm{sgn}(z-z_0) \tag{17.6.13}$$

所有圆盘在 z 处圆盘平面上产生的平均场，取决于圆盘沿 z 轴的分布，即取决于电荷密度的一维分布 $\rho(z_0)$：

$$E_{zs0}=\int_{-\infty}^{\infty}\rho(z_0)E_{zs1}\mathrm{d}z_0 \tag{17.6.14}$$

现在我们来研究一下所得到的空间电荷场表示式(17.6.13)的某些性质. 由该式可知场是 z 的函数，它可表示为

$$E_{zs1}=QB(|z-z_0|) \tag{17.6.15}$$

式中，$B(|z-z_0|)$是以$|z-z_0|$为变量的函数. 根据式(17.6.13)，画出如图 17.6.2 所示的曲线. 当$|z-z_0|\to 0$ 时，$2\pi\varepsilon_0 b^2 B(|z-z_0|)\to 1$，即彼此无限接近的荷电圆盘之间的空间电荷场趋于一个常数. 所以前面假设的圆盘彼此可以穿透是可以接受的. 这一性质可以这样来理解，因为我们已经假设了圆盘上电荷是均匀分布的，且在运动中其分布不变，所以当两个圆盘无限接近时，其间的电场对应于两无限大平面间的均匀场. 另外，根据图中的计算结果表明，如果用近似式

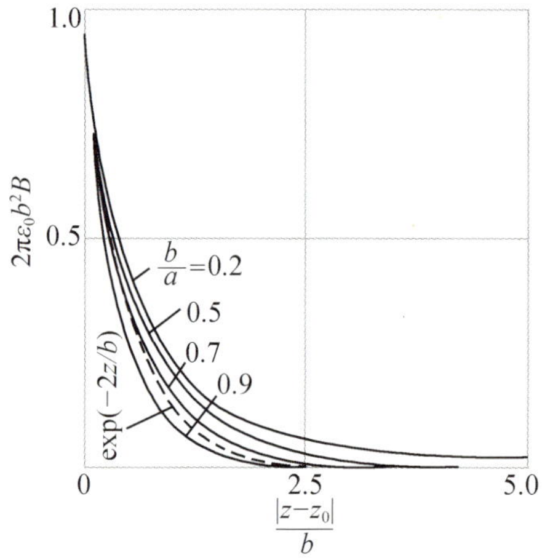

图 17.6.2 一个圆盘产生的空间电荷场与 z 的关系

$$E_{zs1}=QB(|z-z_0|)=\frac{Q}{2\pi\varepsilon_0 b^2}\mathrm{e}^{-\frac{2|z-z_0|}{b}} \tag{17.6.16}$$

来代替式(17.6.13)所引起的误差是很小的，而计算公式却大大简化了. 于是，单个荷电圆盘的空间电荷场的计算就归结为式(17.6.16)的简单公式. 当采用该式时，所有圆盘产生的总的空间电荷场式(17.6.14)为

$$E_{zsc}=\int_{-\infty}^{\infty}\frac{\rho(z_0)\mathrm{d}z_0}{2\pi\varepsilon_0 b^2}\mathrm{e}^{-\frac{2|z-z_0|}{b}}\mathrm{sgn}(z-z_0) \tag{17.6.17}$$

根据电荷守恒定律有

$$\rho(z_0)\mathrm{d}z_0=\rho_0\mathrm{d}z_{00} \tag{17.6.18}$$

式中，ρ_0 是电子注直流空间电荷密度，可表示为

$$\rho_0=\frac{\varepsilon_0}{|\eta|}\omega_p^2 \tag{17.6.19}$$

且变换为归一化变量后有

$$\mathrm{d}z_{00}=\frac{\mu_0}{\omega}\mathrm{d}\phi_0' \tag{17.6.20}$$

$$z-z_0=z(t_0,t)-z(t_0+\Delta t_0,t)$$

$$=u_T(t_0+\Delta t_0,z)[t(t_0+\Delta t_0,z)-t(t_0,z)]$$

$$=\frac{u_0}{\omega}[1+2Cu(y,\phi_0')][\phi(y,\phi_0)-\phi(y,\phi_0')] \tag{17.6.21}$$

将上诉诸式代入式(17.6.17)，不难得到以归一化变量表达的空间电荷场为

$$E_{zsc}=\frac{u_0\omega}{2|\eta|}\left(\frac{\omega_p}{\omega}\right)^2\int_{-\infty}^{\infty}\exp\left\{-\frac{2u_0}{b\omega}|\phi(y,\phi_0)-\phi(y,\phi_0')|\right.$$

$$\left.\times[1+2Cu(y,\phi_0')]\right\}\mathrm{d}\phi_0'\cdot\mathrm{sgn}[\phi(y,\phi_0)-\phi(y,\phi_0')] \tag{17.6.22}$$

17.7 空间电荷场的计算之二(诺埃的方法)

除了17.7节介绍的田炳耕提出的计算空间电荷场的方法外，诺埃从不同的角度提出了另一种计算空间电荷场的方法. 现在我们来讨论这种方法.

当电子注受到调制后发生群聚，结果在电子注中产生了无穷多次谐波分量. 因此，交变电荷密度可以展开为富氏级数：

$$\rho(z,t)=\sum_{n=1}^{\infty}\rho_n(z,t)\mathrm{e}^{-\mathrm{j}n\omega t} \tag{17.7.1}$$

为了计算这种群聚电子注产生的空间电荷场，诺埃假定：

(1)上述各谐波分量均以电子注的平均速度 u_0 向 z 方向前进；

(2)每一次谐波分量在空间的分布均为

$$\rho_n(z,z')=\rho_{n0}\mathrm{e}^{-\mathrm{j}\omega_n\frac{z-z'}{u_0}} \tag{17.7.2}$$

式中，幅度 ρ_{n0} 保持不变.

(3)用漂移管代替慢波线. 这一假定与圆盘模型中的假定相同.

上诉三个假定都是近似的. 在非线性状态下，电子注中的交变速度已不能忽略，且各谐波分量在管子的不同位置有不同的幅值. 因此，上述第(1)、第(2)个假设显然与事实不符. 不过，由于对空间电荷场贡献最大的只是一个周期内的空间电荷，且在每一个周期内变化总是不大的，所以这两个假定才是被允许的. 其次，用漂移管代替慢波系统的问题，在诺埃的工作中曾在一定程度上验证了这一假定的可靠性. 诺埃曾证明，当用具有一定阻抗的表面代替漂移管时，所引入的修正并不大.

如此一来，我们可以根据叠加原理仅考虑一种谐波的场，然后将各次谐波的场叠加起来.

设某次电荷密度的轴向空间分布为

$$\rho(z)=\rho_0\mathrm{e}^{-\mathrm{j}\beta z} \tag{17.7.3}$$

式中，ρ_0 为复数振幅；β 是该次谐波的电子波传播常数. 于是确定空间电荷位的泊松方程为

$$\nabla^2V_s(r,z)=-\frac{\rho(z)}{\pi\varepsilon_0b^2}=-A\rho_0\mathrm{e}^{-\mathrm{j}\beta z} \tag{17.7.4}$$

该方程的解是

$$V_s(r)\mathrm{e}^{-\mathrm{j}\beta z}=\left[\frac{A\rho_0}{\beta^2}+B\mathrm{I}_0(\beta r)\right]\mathrm{e}^{-\mathrm{j}\beta z} \tag{17.7.5}$$

式中，A、B 为待定常数，由边界条件确定；$\mathrm{I}_0(\beta r)$ 是第一类修正贝塞尔函数. 空间电荷场由式(17.7.5)确定，得

$$E_{zs}=-\frac{\partial V_s}{\partial z}=\mathrm{j}\beta\left[\frac{A\rho_0}{\beta^2}+B\mathrm{I}_0(\beta r)\right]\mathrm{e}^{-\mathrm{j}\beta z} \tag{17.7.6}$$

为了确定待定常数 A 和 B，可利用边界条件

$$\begin{cases} E_r^i(b)=E_r^o(b) \\ E_z^i(b)=E_z^o(b) \end{cases}（电子注边缘上） \tag{17.7.7}$$

$$E_z^o(a)=0（漂移管壁上） \tag{17.7.8}$$

式中，上标"i"和"o"分别表示电子注内和外的场. 电子注外的场由拉普拉斯方程求得.

对式(17.7.6)应用边界条件，求得空间电荷场为

$$E_{zs}=\frac{\mathrm{j}\rho_0 A}{\beta}\left\{1-\beta b\frac{\mathrm{I}_0(\beta r)}{\mathrm{I}_0(\beta a)}[\mathrm{I}_1(\beta b)\mathrm{K}_0(\beta a)+\mathrm{I}_0(\beta a)\mathrm{K}_1(\beta b)]\right\}\mathrm{e}^{-\mathrm{j}\beta z} \tag{17.7.9}$$

在轴上，$r=0$，场强变成

$$E_{zs}\big|_{r=0}=\frac{\mathrm{j}\rho_0 A}{\beta}\left\{1-\frac{\beta b}{\mathrm{I}_0(\beta a)}[\mathrm{I}_1(\beta b)\mathrm{K}_0(\beta a)+\mathrm{I}_0(\beta a)\mathrm{K}_1(\beta b)]\mathrm{e}^{-\mathrm{j}\beta z}\right\} \tag{17.7.10}$$

若令

$$R^2=1-\frac{\beta b}{\mathrm{I}_0(\beta a)}[\mathrm{I}_1(\beta b)\mathrm{K}_0(\beta a)+\mathrm{I}_0(\beta a)\mathrm{K}_1(\beta b)] \tag{17.7.11}$$

则式(17.7.10)化成

$$E_{zs}=\frac{\mathrm{j}\rho_0 A}{\beta}R^2\mathrm{e}^{-\mathrm{j}\beta z} \tag{17.7.12}$$

式中，R^2 非常接近于等离子体频率降低因子.

如果将各次谐波分量都考虑在内，由式(17.7.12)可得到总的空间电荷场是

$$E_{zsc}=-\sum_{n=1}^{\infty}\rho_n\left(\frac{\omega_{qn}}{\omega}\right)^2\frac{\omega}{\left(\frac{|I_0|}{u_0^2}\right)\left|\frac{e}{m}\right|n(1+Cb)}\mathrm{e}^{-\mathrm{j}\left(n\phi+\frac{\pi}{2}\right)} \tag{17.7.13}$$

式中，

$$\omega_{qn}^2=R_n^2\omega_p^2 \tag{17.7.14}$$

$$R_n^2=1-\frac{n\beta b}{\mathrm{I}_0(\beta_n a)}[\mathrm{I}_1(\beta_n b)\mathrm{K}_0(\beta_n a)+\mathrm{I}_0(\beta_n a)\mathrm{K}_1(\beta_n b)] \tag{17.7.15}$$

而

$$\phi=\omega\frac{z-z_0}{u_0}$$

因此，利用这种方法求空间电荷场时，最后又归结为将电子注中空间电荷密度展开成各次谐波. 这一展开问题将在第 18 章中讨论，这里先引用其结果如下：

$$\rho_n=\frac{|I_0|}{u_0\pi}\int_0^{2\pi}\frac{\mathrm{e}^{\mathrm{j}n\phi(y,\phi_0')}}{1+2Cu(y,\phi_0')}\mathrm{d}\phi_0' \tag{17.7.16}$$

并将此式代入式(17.7.13)，得

$$E_{zsc}=\frac{|I_0|}{u_0}\sum_{n=1}^{\infty}\left(\frac{1}{n}\right)\left(\frac{\omega_p}{\omega}\right)^2R_n^2\mathrm{e}^{\mathrm{j}\left(n\phi+\frac{\pi}{2}\right)}\frac{\omega u_0^2}{|I_0||\eta|(1+Cb)} \times\left\{\frac{1}{\pi}\int_0^{2\pi}\frac{\mathrm{e}^{\mathrm{j}n\Phi(y,\phi_0')}}{1+2Cu(y,\phi_0')\mathrm{d}\phi_0'}\right\} \tag{17.7.17}$$

式(17.7.17)中的积分是均匀收敛的，因此，积分号与求和号可以交换次序，由此得

$$E_{zsc}=\frac{-2\omega u_0}{\frac{|e|}{m}(1+Cb)}\left(\frac{\omega_p}{\omega}\right)^2\int_0^{2\pi}\left\{\sum_{n=1}^{\infty}\mathrm{e}^{-\mathrm{j}n(\phi-\phi')-\mathrm{j}\frac{\pi}{2}}\times\frac{R_n^2}{2\pi n}\right\}\frac{\mathrm{d}\phi_0'}{[1+2Cu(y,\phi_0')]} \tag{17.7.18}$$

取其实部，得

$$E_{zsc}=-\frac{2\omega u_0}{\frac{|e|}{m}(1+Cb)}\left(\frac{\omega_p}{\omega}\right)^2\int_0^{2\pi}\left\{\sum_{n=1}^{\infty}\frac{\sin(\phi-\phi')R_n^2}{2\pi n}\right\}\times\frac{\mathrm{d}\phi_0'}{[1+2Cu(y,\phi_0')]}\tag{17.7.19}$$

引入一个空间电荷度量函数 $F_{1z}(\phi-\phi')$,其定义为

$$F_{1z}(\phi-\phi')=\sum_{n=1}^{\infty}\frac{\sin(\phi-\phi')R_n^2}{2\pi n}\tag{17.7.20}$$

于是,空间电荷场式(17.7.19)可表示为

$$E_{zsc}=-\frac{2\omega u_0}{\frac{|e|}{m}(1+Cb)}\left(\frac{\omega_p}{\omega}\right)^2\int_0^{2\pi}\frac{F_{1z}(\phi-\phi')\mathrm{d}\phi_0'}{1+2Cu(y,\phi_0')}\tag{17.7.21}$$

空间电荷度量函数 $F_{1z}(\phi-\phi')$ 如图 17.7.1 所示.

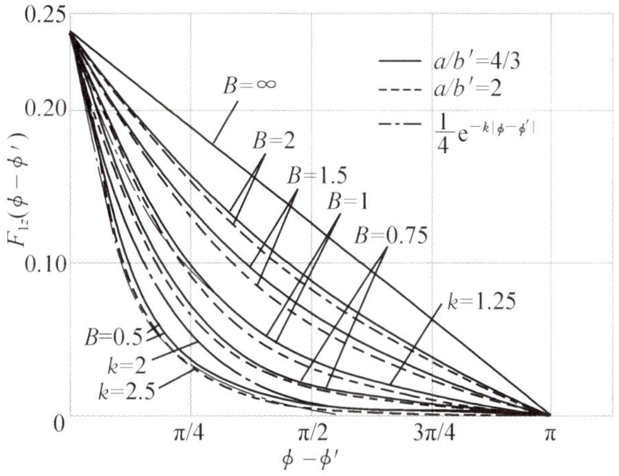

17.7.1 一维空间电荷度量函数

按照式(17.7.20)和式(17.7.21)的定义,对于荷电圆盘模型也可以求出空间电荷度量函数为

$$F_{1z}'=2\pi\varepsilon_0 b^2 B(z)\tag{17.7.22}$$

式中,

$$B(z)=\frac{1}{2\pi\varepsilon_0 b^2}e^{-\frac{2|z-z_0|}{b}}\tag{17.7.23}$$

但

$$\frac{|z-z_0|}{b}=\frac{|\phi-\phi'|}{\beta b}\tag{17.7.24}$$

故

$$F_{1z}'=e^{-2\frac{|\phi-\phi'|}{\beta b}}\tag{17.7.25}$$

诺埃通过计算,指出当式(17.7.25)中指数的系数不是 2,而是 1.25 时,则两种方法计算的结果一致.

17.8 空间电荷场的计算之三(瓦因斯坦的方法)

除了前面两节中讨论的两种计算空间电荷场的方法之外,瓦因斯坦(1957 年)和王(1958 年)都讨论了电子注中空间电荷场的计算问题.限于本书篇幅,这里仅简略地介绍瓦因斯坦的方法.

在本书线性理论部分,介绍瓦因斯坦的行波管线性理论时,已知空间电荷场可以表示为

$$E_s=R_e\left\{\sum_k \mathrm{j}\frac{p_k^2 i_k}{\varepsilon_0 k\omega S_k}e^{\mathrm{j}k\phi}\right\}\tag{17.8.1}$$

式中，p_k^2 称为等离子体压缩系数，它与第 3 章中引入的等离子体频率降低因子十分接近. 事实上，在计算中往往以后者代替前者. S_k 是电子注有效横截面积. 这些参量都已在线性理论的讨论中予以说明.

如用瓦因斯坦的归一化参量（在第 18 章中引入），式(17.8.1)为

$$F_s = R_e\left\{\frac{\mathrm{j}}{C^2}\left(\frac{\omega_p}{\omega}\right)^2 \sum_k \frac{p_k^2 S}{kS_k} I_k \mathrm{e}^{\mathrm{j}k\phi}\right\} \tag{17.8.2}$$

式中，电流展开系数 I_k 为

$$I_k = \frac{1}{\pi}\int_0^{2\pi} \mathrm{e}^{-\mathrm{j}k\phi}\,\mathrm{d}\varphi_0 \tag{17.8.3}$$

以此式代入式(17.8.2)，得

$$F_s = \frac{1}{\pi}\frac{S\omega_p^2}{C^2\omega^2}\int_0^{2\pi}\left\{\sum_k \frac{p_k^2}{kS_k}\sin k[\phi(\theta,\varphi_0')-\phi(\theta,\varphi_0)]\right\}\mathrm{d}\varphi_0' \tag{17.8.4}$$

在线性理论中已叙述过 $S_k \approx S$，这时式(17.8.4)变为

$$F_s = \frac{1}{\pi}\frac{\omega_p^2}{C^2\omega^2}\int_0^{2\pi}\sum_k p_k^2 \frac{\sin k[\phi(\theta,\varphi_0')-\phi(\theta,\varphi_0)]}{k}\mathrm{d}\varphi_0' \tag{17.8.5}$$

因此，为了求出 F_s，必须知道 p_k^2. 而 p_k^2 可表示为

$$p_k^2 = 1-\left[\frac{\Gamma_k\beta_k^2 K_{ck}}{\Gamma^2-\Gamma_k^2}\right]\mathrm{j}\omega\varepsilon_0 S_k,\ k\neq 0 \tag{17.8.6}$$

式中，K_{ck} 是模式 k 的耦合阻抗. 在不同步的条件下，即 $\Gamma\neq\Gamma_k$ 时，随着 k 的增大，K_{ck} 迅速下降. 所以，可以设想有一个 m 存在，当 $k>m$ 时，$p_k^2\approx 1$. 由此，可以将式(17.8.5)表示为

$$\begin{aligned} F_s = \frac{1}{\pi}\frac{\omega_p^2}{C^2\omega^2}\int_0^{2\pi}&\left\{\sum_{k=m+1}^{\infty}\frac{\sin k[\phi(\theta,\varphi_0')-\phi(\theta,\varphi_0)]}{k}\right.\\ &\left.+\sum_{k=1}^{m} p_k^2\frac{\sin k[\phi(\theta,\varphi_0')-\phi(\theta,\varphi_0)]}{k}\right\}\mathrm{d}\varphi_0' \end{aligned} \tag{17.8.7}$$

利用关系式

$$\sum_{k=1}^{\infty}\frac{\sin kx}{x} = \frac{\pi-x}{2}(0<x<2\pi) \tag{17.8.8}$$

可求得

$$\begin{aligned} F_s = \frac{1}{\pi}\frac{\omega_p^2}{C^2\omega^2}\int_0^{2\pi}&\left\{\frac{\pi-[\phi(\theta,\varphi_0')-\phi(\theta,\varphi_0)]}{2}\right.\\ &\left.-\sum_{k=1}^{m}(1-p_k^2)\frac{\sin k[\phi(\theta-\varphi_0')-\phi(\theta,\varphi_0)]}{k}\right\}\mathrm{d}\varphi_0' \end{aligned} \tag{17.8.9}$$

由于 $\phi(\theta,\varphi_0')-\phi(\theta,\varphi_0)<0$ 是可能的，这时式(17.8.8)变为

$$\sum_{k=1}^{\infty}\frac{\sin k|x|}{k} = \frac{|x|-\pi}{2}(-2\pi<x<0) \tag{17.8.10}$$

而式(17.8.9)变为

$$\begin{aligned} F_s = \frac{1}{\pi}\frac{\omega_p^2}{C^2\omega^2}\int_0^{2\pi}&\left\{\frac{|\phi(\theta,\varphi_0')-\phi(\theta,\varphi_0)|-\pi}{2}\right.\\ &\left.-\sum_{k=1}^{m}(1-p_k^2)\frac{\sin k[\phi(\theta,\varphi_0')-\phi(\theta,\varphi_0)]}{k}\right\}\mathrm{d}\varphi_0' \end{aligned} \tag{17.8.11}$$

式(17.8.9)和式(17.8.11)可以合并写为

$$\begin{aligned} F_s = \frac{1}{\pi}\frac{\omega_p^2}{C^2\omega^2}\int_0^{2\pi}&\left\{\frac{\pi-|\phi(\theta,\varphi_0')-\phi(\theta,\varphi_0)|}{2}\sin[\phi(\theta,\varphi_0')\right.\\ &\left.-\phi(\theta,\varphi_0)]-\sum_{k=1}^{m}(1-p_k^2)\frac{\sin k[\phi(\theta,\varphi_0')-\phi(\theta,\varphi_0)]}{k}\right\}\mathrm{d}\varphi_0' \end{aligned} \tag{17.8.12}$$

由此可知，只要知道了 p_k^2，就可以求出空间电荷场 F_s. 瓦因斯坦(1957 年)指出，如果假定空间电荷密度沿电子注横截面不变，且两个截面间的互作用力是按指数规律变化的，那么得到

$$p_k^2=\frac{\left(\frac{\omega}{v_0}\right)^2}{\left(\frac{k\omega}{v_0}\right)^2+\frac{\beta_0'}{b}} \tag{17.8.13}$$

式中，v_0 为电子直流速度；β_0' 是接近于 1 的数值；b 是电子注半径. 这种情形相当于田炳耕的荷电圆盘模型. 如果进一步假定两截面间相互作用场为

$$E_z=\frac{\Delta_0\sin z}{[|z|+r]^2} \tag{17.8.14}$$

式中，

$$r=\frac{\omega b}{v_0\sqrt{2}} \tag{17.8.15}$$

则这时压缩系数与由式(3.8.13)求得的值之差为

$$\Delta p_k^2\approx-\left(\frac{r}{2\pi+r}\right)^2 \tag{17.8.16}$$

从式(17.8.15)可以看出 $r\ll1$，因此，两者之差是很微小的.

瓦因斯坦(1958)指出，在一般情况下，上述理论计算的结果与田炳耕和诺埃的理论计算的结果是相符合的.

17.9 参考文献

[1] WEBBER S E. Ballistic analysis of a two-cavity finite beam klystron[J]. IRE Transactions on Electron Devices, 1958, 5(2):98-108.

[2] WEBBER S E. Large signal analysis of the multicavity klystron[J]. IRE Transactions on Electron Devices, 2005, 5(4):306-315.

[3] NORDSIECK A. Theory of the large signal behavior of traveling-wave amplifiers[J]. Proceedings of the IRE, 1953, 41(5):630-637.

[4] TIEN P K. A large signal theory of traveling wave amplifiers[J]. Bell Labs Technical Journal, 1956, 35(2):349-374.

[5] ROWE J E. A large-signal analysis of the traveling-wave amplifier: Theory and general results[J]. IRE Transactions on Electron Devices, 1956, 3(1):39-56.

[6] 符拉索夫. 多粒子理论[M]. 北京：科学出版社，1960.

[7] ROWE J E. One-dimensional traveling-wave tube analysis and the effect of radial electric field variations[J]. IRE Transactions, 1960, ED-7:16.

[8] TEMPLE G. Static and dynamic electricity[J]. McGraw-Hill, 1939.

[9] ROWE J E. Nonlinear electro-wave interaction phenomena[J]. Academic press, 1965.

[10] PASCHKE F. On the nonlinear behavior of electron-beam devices[J]. RCA Review, 1957: 221-242.

[11] PASCHKE F. Generation of second harmonic in a velocity-modulated electron beam of finite diameter[J]. RCA Review, 1958, 19:617.

第 18 章 行波管非线性理论

18.1 引言

在 20 世纪 40 年代末，行波管发展的初期，多勒及克仑(1948)、布里渊(1949)讨论了行波管的大信号理论问题，他们的某些基本概念和方法，至今仍有价值. 然而，行波管非线性理论的系统性工作是从诺齐克(1953)才开始的. 诺齐克的理论没有考虑空间电荷效应，且限于 $c \ll 1$ 的情况. 此后，行波管非线性理论有了较快的发展. 田炳耕、渥克、渥仑梯斯(1955)、泡特尔(1954)、诺埃(1955)以及瓦因斯坦(1956)等人相继发表了他们的研究结果. 这些工作为行波管的非线性理论奠定了基础.

田炳耕、诺埃等人的非线性理论，建立于等效线路模型，与皮尔斯的线性理论一脉相承. 虽然田炳耕和诺埃的工作在形式上不同，但诺埃证明了两种方法是一致的. 瓦因斯坦则从他的自洽场理论出发，建立了行波管的非线性理论，与田炳耕和诺埃等人的工作稍有区别.

在建立行波管的非线性理论时，一个重要而又困难的问题就是空间电荷力的计算. 电子注的非线性群聚，超越现象的产生，使得空间电荷场的求解较为复杂. 田炳耕等人首先提出电荷圆盘近似模型，成功地计算了空间电荷力，且圆盘模型理论很快地推广到了速调管的非线性理论中.

诺埃从假定电子注空间分布出发，计算了空间电荷力，所得结果与圆盘模型相近. 对于空间电荷场的计算，瓦因斯坦作了更为详细的讨论. 虽然如此，空间电荷力的问题仍然没有圆满解决.

早期的行波管非线性理论有一定的局限性. 例如，只讨论单频率工作问题，而未涉及多频率工作的问题；同时，只考虑一维问题而未涉及电子注中电子横向运动的影响. 而且早期的工作主要针对螺旋线行波管. 多频率理论、二维及三维理论，以及耦合腔型慢波结构的行波管非线性理论等问题，都是 20 世纪 60 年代以后发展起来的，在此时期，对相对论效应的问题也作了一定的分析.

然而，涉及行波管非线性工作的很多问题，至今仍有待于进行深入细致的研究.

18.2 行波管非线性工作方程

在第 17 章所述理论的基础上，可以建立行波管的非线性工作方程. 我们先讨论诺埃和田炳耕的等效线路模型，然后讨论瓦因斯坦的自洽场理论.

在第 17 章中已经得到不考虑线路损耗时等效线路模型中电子注激励的线路方程为

$$\frac{\partial^2 V(z,t)}{\partial t^2} - v_0^2 \frac{\partial^2 V(z,t)}{\partial z^2} = v_0 Z_0 \frac{\partial^2 \rho}{\partial t^2} \tag{18.2.1}$$

在计及线路损耗时为

$$\begin{aligned}&\frac{\partial^2 V(z,t)}{\partial t^2} - v_0^2 \frac{\partial^2 V(z,t)}{\partial z^2} + 2\omega C d \frac{\partial V(z,t)}{\partial t} \\ &= v_0 Z_0 \frac{\partial^2 \rho}{\partial t^2} + 2\omega C d v_0 Z_0 \frac{\partial \rho(z,t)}{\partial t}\end{aligned} \tag{18.2.2}$$

在写出上面的线路方程时，我们仍然保留了它的原始形式，以后将利用无因次的归一化变量组(17.5.9)至(17.5.12)对它进行变换.

由线路方程可知，行波管非线性理论的下一步工作就在于求出电子注中的交变空间电荷密度. 为此必须利用电子运动方程(17.5.15)，在一维情况下为

$$2C^2\omega u_0[1+2Cu(y,\phi_0)]\frac{\partial u(y,\phi_0)}{\phi y}=-\frac{e}{m}[E_z+E_{zs}] \tag{18.2.3}$$

这里的运动方程已表示为归一化变量形式. 此外，还要利用电荷守恒定律，在一维情况下为

$$\rho(z,t)\mathrm{d}z=\rho(z_0,t_0)\mathrm{d}z_0 \tag{18.2.4}$$

即

$$\rho(z,t)=\rho(z_0,t_0)\frac{\mathrm{d}z_0}{\mathrm{d}z} \tag{18.2.5}$$

当出现超越现象时，z_0 是 z 的多值函数，因此，式(18.2.5)应写成

$$\rho(z,t)=\rho(z_0,t_0)\sum_{i=1}^{N}\left|\frac{\mathrm{d}z_0}{\mathrm{d}z}\right|_i \tag{18.2.6}$$

式中，求和号对所有可能同时达到 z 平面的电子求和. 利用归一化变量，该式变为

$$\rho(y,\phi)=\frac{I_0}{u_0}\sum_{i=1}^{N}\left|\frac{\partial\phi_0}{\partial\phi}\right|_i\frac{1}{[1+2Cu(y,\phi_0)]} \tag{18.2.7}$$

由于电子注的非线性群聚，交变电荷密度中包含了很多谐波分量，所以对交变电荷密度可作傅里叶展开，得

$$\rho(y,\phi)=\sum_{n=1}^{\infty}A_n\cos(-n\phi)+\sum_{n=1}^{\infty}B_n\sin(-n\phi) \tag{18.2.8}$$

其中，展开系数为

$$\begin{cases}A_n=\dfrac{1}{\pi}\displaystyle\int_0^{2\pi}\rho(y,\phi)\cos(-n\phi)\mathrm{d}\phi\\[2ex]B_n=\dfrac{1}{\pi}\displaystyle\int_0^{2\pi}\rho(y,\phi)\sin(-n\phi)\mathrm{d}\phi\end{cases} \tag{18.2.9}$$

以 $\rho(y,\phi)$ 的表示式代入式(18.2.9)，求得

$$\begin{cases}A_n=\dfrac{I_0}{\pi u_0}\displaystyle\int_0^{2\pi}\sum_{i=1}^{N}\left|\frac{\partial\phi_0}{\partial\phi}\right|_i\frac{\cos(-n\phi)}{1+2Cu(y,\phi_0)}\mathrm{d}\phi\\[2ex]B_n=\dfrac{I_0}{\pi u_0}\displaystyle\int_0^{2\pi}\sum_{i=1}^{N}\left|\frac{\partial\phi_0}{\partial\phi}\right|_i\frac{\sin(-n\phi)}{1+2Cu(y,\phi_0)}\mathrm{d}\phi\end{cases} \tag{18.2.10}$$

在上面的积分中，ϕ_0 是 ϕ 的多值函数. 如果通过变换将对 ϕ 的积分变成对 ϕ_0 的积分就方便得多，因为 ϕ 是 ϕ_0 的单值函数. 于是得

$$\begin{cases}A_n=\dfrac{I_0}{u_0\pi}\displaystyle\int_0^{2\pi}\frac{\cos n\phi(y,\phi_0')}{1+2Cu(y,\phi_0')}\mathrm{d}\phi_0'\\[2ex]B_n=\dfrac{I_0}{u_0\pi}\displaystyle\int_0^{2\pi}\frac{-\sin n\phi(y,\phi_0')}{1+2Cu(y,\phi_0')}\mathrm{d}\phi_0'\end{cases} \tag{18.2.11}$$

将所得到的 A_n 和 B_n 代入展开式(18.2.8)得

$$\begin{aligned}\rho(y,\phi)=\frac{I_0}{u_0\pi}\mathrm{Re}\sum_{n=1}^{\infty}\Bigg\{\mathrm{e}^{-\mathrm{j}n\phi}\Bigg[&\int_0^{2\pi}\frac{\cos n\phi(y,\phi_0')}{1+2Cu(y,\phi_0')}\mathrm{d}\phi_0'\\&+\mathrm{j}\int_0^{2\pi}\frac{\sin n\phi(y,\phi_0')}{1+2Cu(y,\phi_0')}\mathrm{d}\phi_0'\Bigg]\Bigg\}\end{aligned} \tag{18.2.12}$$

至此，我们求得了交变空间电荷密度表达式，且它是用欧拉变量表示的，恰好适合于线路方程中的应用.

原则上讲,电子注中空间电荷密度的各次谐波都将在线路上激励起相应的场,从而使得行波管输出信号的频谱发生一定的畸变.然而,目前我们仅限于讨论第一次谐波的作用,这是问题的本质方面.至于其他谐波的效应,将在以后讨论.取第一次谐波分量为

$$\rho_1=\frac{I_0}{u_0\pi}\left[\int_0^{2\pi}\frac{\sin\phi(y,\phi_0')\mathrm{d}\phi_0'}{1+2Cu(y,\phi_0')}\sin\phi+\int\frac{\cos\phi(y,\phi_0')\mathrm{d}\phi_0'}{1+2Cu(y,\phi_0')}\cos\phi\right]\tag{18.2.13}$$

于是可以求得所需的 ρ_1 的各阶导数:

$$\frac{\partial\rho_1}{\partial t}=\frac{\partial\rho_1}{\partial\phi}\cdot\frac{\partial\phi}{\partial t}$$

$$\frac{\partial^2\rho_1}{\phi t^2}=\frac{\partial\rho_1}{\partial\phi}\frac{\partial^2\phi}{\partial t^2}+\left(\frac{\partial\phi}{\phi t}\right)^2\frac{\partial^2\rho_1}{\partial\phi^2}\tag{18.2.14}$$

前面已经指出,线路方程必须用归一化参量来表示.采用诺埃引用的归一化参量式(17.5.9)~式(17.5.12),线路上的电压表为

$$V(z,t)=V(y,\phi)=\mathrm{Re}\left\{\frac{Z_0I_0}{C}A(y)\mathrm{e}^{-\mathrm{j}\phi}\right\}\tag{18.2.15}$$

式中,相位 ϕ 表示为

$$\phi(z,t)=\phi(y,t)=\phi(y,t_0)=\phi(y,\phi_0)\tag{18.2.16}$$

这样,线路电压能表示为其拉格朗日形式:

$$V(z,t)=\mathrm{Re}\left\{\frac{I_0Z_0}{C}A(y)\mathrm{e}^{-\mathrm{j}\phi(y,\phi_0)}\right\}\tag{18.2.17}$$

这正是电子运动方程中所要求的形式.因为电子运动的速度和加速度通常都是以拉格朗日形式表示的,所以就要求电压用拉格朗日变量表示.由式(18.2.17)可求出其导数为

$$\begin{cases}\dfrac{\partial V}{\partial z}=\dfrac{I_0Z_0}{C}\left[\dfrac{\mathrm{d}A(y)}{\mathrm{d}y}\cos\phi-A(y)\sin\phi\dfrac{\partial\phi}{\phi y}\right]\dfrac{C\omega}{u_0}\\ \dfrac{\partial^2V}{\partial z^2}=\dfrac{I_0Z_0}{C}\left(\dfrac{C\omega}{u_0}\right)^2\left[\dfrac{\mathrm{d}^2A(y)}{\mathrm{d}y^2}\cos\phi-2\dfrac{\mathrm{d}A(y)}{\mathrm{d}y}\sin\phi\dfrac{\partial\phi}{\partial y}\right.\\ \qquad\left.-A(y)\cos\phi\left(\dfrac{\partial\phi}{\phi y}\right)^2-A(y)\sin\phi\dfrac{\partial^2\phi}{\partial y^2}\right]\end{cases}\tag{18.2.18}$$

并且利用下列微分关系:

$$\begin{cases}\dfrac{\partial V}{\partial t}=\dfrac{Z_0I_0}{C}A(y)\omega\sin\phi\\ \dfrac{\partial^2V}{\partial t^2}=-\dfrac{Z_0I_0}{C}A(y)\omega^2\cos\phi\end{cases}\tag{18.2.19}$$

将式(18.2.13)代入式(18.2.14),然后将所得结果与式(18.2.18)和式(18.2.19)一起代入线路方程(18.2.1)或式(18.2.2),加以整理,就得出以归一化拉格朗日变量形式表示的线路上电压幅值和相位的方程为

$$\begin{aligned}&\frac{\mathrm{d}^2A(y)}{\mathrm{d}y^2}-A(y)\left[\left(\frac{1}{C}-\frac{\mathrm{d}\theta(y)}{\mathrm{d}y}\right)^2-\left(\frac{1+Cb}{C}\right)^2\right]\\&=\frac{1+Cb}{\pi C}\left[\int_0^{2\pi}\frac{\cos\phi(y,\phi_0')\mathrm{d}\phi_0'}{1+2Cu(y,\phi_0')}+2Cd\int_0^{2\pi}\frac{\sin\phi(y,\phi_0')\mathrm{d}\phi_0'}{1+2Cu(y,\phi_0')}\right]\end{aligned}\tag{18.2.20}$$

$$\begin{aligned}&A(y)\left[\frac{\mathrm{d}^2\theta(y)}{\mathrm{d}y^2}-\frac{2d}{C}(1+Cb)^2\right]+\frac{2\mathrm{d}A(y)}{\mathrm{d}y}\left(\frac{\mathrm{d}\theta(y)}{\mathrm{d}y}-\frac{1}{C}\right)\\&=\frac{1+Cb}{\pi C}\left[\int_0^{2\pi}\frac{\sin\phi(y,\phi_0')\mathrm{d}\phi_0'}{1+2Cu(y,\phi_0')}-2Cd\int_0^{2\pi}\frac{\cos\phi(y,\phi_0')\mathrm{d}\phi_0'}{1+2Cu(y,\phi_0')}\right]\end{aligned}\tag{18.2.21}$$

在导出以上方程时，我们利用了关系式

$$\frac{u_0}{v_0}=(1+Cb) \tag{18.2.22}$$

由于线路场可以表示为

$$E_z=-\frac{\partial V(y,\phi)}{\partial z} \tag{18.2.23}$$

且根据方程(17.7.21)，空间电荷场可以通过空间度量函数表示为

$$E_{zsc}=\frac{-2u_0\omega}{\left|\frac{e}{m}\right|(1+Cb)}\left(\frac{\omega_p}{\omega}\right)^2\int_0^{2\pi}\frac{F_{1z}(\phi-\phi')\mathrm{d}\phi_0'}{1+2Cu(y,\phi_0')} \tag{18.2.24}$$

由此，电子运动方程以归一化拉格朗日变量形式表示为

$$\begin{aligned}[1+2Cu(y,\phi_0)]\frac{\partial u(y,\phi_0)}{\partial y}=&-A(y)\left[1-C\frac{\mathrm{d}\theta(y)}{\mathrm{d}y}\right]\cdot\sin\phi(y,\phi_0)\\&+C\frac{\mathrm{d}A(y)}{\mathrm{d}y}\cos\phi(y,\phi_0)+\frac{1}{1+Cb}\left(\frac{\omega_p}{\omega}\right)^2\int_0^{2\pi}\frac{F_{1z}(\phi-\phi')\mathrm{d}\phi_0'}{1+2Cu(y,\phi_0')}\end{aligned} \tag{18.2.25}$$

式中，$F_{1z}(\phi-\phi')$由式(17.7.20)确定.

在非线性理论中，我们要确定的是四个物理量，即 $A(y)$、$\phi(y,\phi_0)$、$u(y,\phi_0)$和 $\theta(y)$. 前面已求得了三个方程，因此还必须确立一个关于 $\phi(y,\phi_0)$与 $\theta(y)$之间的关系式. 这个方程可自其定义式求出，为

$$\frac{\partial\phi(y,\phi_0)}{\partial y}+\frac{\mathrm{d}\theta(y)}{\mathrm{d}y}=\frac{1}{C}\left[\frac{1}{1+2Cu(y_0,\phi_0)}-\frac{1}{1+2Cu(y,\phi_0)}\right] \tag{18.2.26a}$$

如果初始速度为零，那么上式变为

$$\frac{\partial\phi(y,\phi_0)}{\partial y}+\frac{\mathrm{d}\theta(y)}{\mathrm{d}y}=\frac{2u(y,\phi_0)}{1+Cu(y,\phi_0)} \tag{18.2.26b}$$

显然，方程(18.2.20)、方程(18.2.21)以及方程(18.2.25)、方程(18.2.26)就是行波管一维非线性工作方程组，是四个联立的非线性微分方程.

18.3 工作方程组的初始条件

在线性状态下，工作方程组最终可以化为代数方程组，因而可以解析地求解. 但在非线性状态下，工作方程组是四个联立微分积分方程，一般不能解析地求解，只能依靠计算机进行计算求解.

为了求解上述方程组，还必须知道初始条件. 这与线性工作方程的求解相似. 实际上，当输入信号不是很大时，在一定长度内行波管中的过程可以作为线性过程处理.

行波管中高频电压的起始条件可以写成

$$A(y)\big|_{y=0}=A_0 \tag{18.3.1}$$

$$\left.\frac{\mathrm{d}A(y)}{\mathrm{d}y}\right|_{y=0}=0 \tag{18.3.2}$$

$$\theta(y)\big|_{y=0}=0 \tag{18.3.3}$$

$$\left.\frac{\mathrm{d}\theta(y)}{\mathrm{d}y}\right|_{y=0}=-b \tag{18.3.4}$$

条件式(18.3.1)中的 A_0 的选择在一定程度上是任意的，一般可以取为 $A_0=0.0225$，这相当于比 CI_0V_0 低 30 dB. 条件式(18.3.2)表明当电子注无初始调制时，信号刚进入行波管，此时刻线路场未受电子注的影响，其空间变率为零. 如果考虑到线路损耗的影响，该条件可以修改为

$$\frac{\mathrm{d}A(y)}{\mathrm{d}y}=-A_0d(1+Cb) \tag{18.3.5}$$

在相位差方程(18.2.21)中,略去空间电荷场,并注意到 $\mathrm{d}^2\theta(y)/\mathrm{d}y^2|_{y=0}=0$ 即可得到式(18.3.5).条件式(18.3.3)是很直接的,而条件式(18.3.4)则可自相位差的定义式直接求得.

另外,电子注的初始条件可表示为

$$u(y,\phi_0)|_{y=0}=0 \tag{18.3.6}$$

$$\phi(y,\phi_0)|_{y=0}=\phi_{0j} \tag{18.3.7}$$

条件式(18.3.6)表明电子注无初始调制.条件式(18.3.7)中的 ϕ_{0j} 表示不同时刻进入行波管的电子的初相.

假定我们在每一个周期内取 m 个电子,则有

$$\phi_{0j}=\frac{2\pi j}{m}\quad (j=0,1,2,\cdots,m) \tag{18.3.8}$$

显然,m 取得越大,计算精度也就越高,但计算工作量却大大增加.

除了上述关于线路电压和电子注的初始条件之外,为了进行计算,还必须规定以下行波管的参量值:

(1)增益参量 C;

(2)速度非同步参量 $b=(u_0-v_0)/Cv_0$;

(3)线路损耗参量 d;

(4)相对等离子体频率 ω_p/ω;

(5)空间电荷参量 QC.

显然,电子注的一些直流参量,如 V_0、I_0 和电子注半径等,以及慢波系统的参量也都应该给定.

根据电子注的有关参量,可以求得

$$QC=\frac{1}{4C^2}\left[\frac{F\dfrac{\omega_p}{\omega}}{1+F\dfrac{\omega_p}{\omega}}\right]^2$$

式中,F 是等离子体频率降低因子.

在我们还没有讨论数字计算结果之前,先来看看根据上述理论,预期可求出怎样的结果.

显然,上述四个工作方程所描述的四个参量 $A(y)$、$\phi(y,\phi_0)$、$\theta(y)$ 及 $u(y,\phi_0)$ 均可以在所给的初始条件和管子结构参量下计算出来.$A(y)$ 表示高频电压的幅值,因此,根据所得的 $A(y)$ 即可求得管子增益为

$$G=20\lg\frac{A(y)}{A_0} \tag{18.3.9}$$

为了求得输出功率,可以利用等效传输线上电压和电流的关系:

$$\frac{C\omega}{u_0}\frac{\partial V(y,\phi)}{\partial y}+\frac{Z_0}{v_0}\frac{\partial I}{\partial \phi}\frac{\partial \phi}{\partial t}=0 \tag{18.3.10}$$

求出电流为

$$I(y,\phi)=\frac{I_0}{(1+Cb)}\left[\left(\frac{1}{C}-\frac{\mathrm{d}\theta(y)}{\mathrm{d}y}\right)A(y)\mathrm{e}^{-\mathrm{j}\phi}+\mathrm{j}\frac{\mathrm{d}A(y)}{\mathrm{d}y}\mathrm{e}^{-\mathrm{j}\phi}\right] \tag{18.3.11}$$

于是根据输出功率的定义

$$P=\frac{1}{2}\mathrm{Re}\{V*I\} \tag{18.3.12}$$

可以求得输出功率为

$$P=2CI_0V_0A^2(y)\frac{\left[1-C\dfrac{\mathrm{d}\theta(y)}{\mathrm{d}y}\right]}{(1+Cb)} \tag{18.3.13}$$

由于 $P_0=I_0V_0$ 为电子注直流功率，所以可以求得电子效率为

$$\eta=2CA^2(y)\frac{\left[1-C\dfrac{\mathrm{d}\theta(y)}{\mathrm{d}y}\right]}{(1+Cb)} \tag{18.3.14}$$

该式中的因子 $\left[1-C\dfrac{\mathrm{d}\theta(y)}{\mathrm{d}y}\right]/(1+Cb)$ 实际上是未扰动线路波的相速与真实线路波相速之比，可以认为它接近于1，所以效率近似为

$$\eta\approx 2CA^2(y) \tag{18.3.15}$$

由此可知，在线性理论中求得的效率表示式为

$$\eta=kC \tag{18.3.16}$$

定性地看是正确的.

除了高频幅值外，还可以求得高频相位 $\phi(y,\phi_0)$ 以及相位差 $\theta(y)$. 相位差 $\theta(y)$ 与不同参量之间的关系表明行波管的非线性相移特性，以后还要讨论它.

我们注意到，工作方程中仅仅考虑了第一次谐波电流. 实际上，电子注中包含有各次谐波，它们可以求得为

$$\begin{aligned}\frac{i_n}{I_0}=&\frac{1}{\dfrac{1}{2\pi}\displaystyle\int_0^{2\pi}\rho_0[1+2C_u(y,\phi_0')]\mathrm{d}\phi_0'}\left\{\left[\frac{1}{\pi}\int_0^{2\pi}\rho_0[1+2Cu(y,\phi_0')]\right.\right.\\&\left.\times\cos n\phi(y,\phi_0')\mathrm{d}\phi_0'\right]^2+\left[\frac{1}{\pi}\int_0^{2\pi}\rho_0[1+2Cu(y,\phi_0')]\right.\\&\left.\left.\times\sin n\phi(y,\phi_0')\mathrm{d}\phi_0'\right]^2\right\}^{1/2}\end{aligned} \tag{18.3.17}$$

在线路方程中各次谐波电流的影响问题，将在以后讨论.

除上述之外，还可以求出电子注的交变速度 $u(y,\phi_{0j})$，它与进入的初相 ϕ_{0j} 有关.

18.4 建立行波管非线性工作方程的另一种方案

前面已指出，在相同的等效线路模型下，建立行波管非线性工作方程，仍可能有不同的方案. 前面讨论的第一种方案是诺埃提出的，这一节我们介绍田炳耕等人所发展的理论. 为了便于查阅田炳耕的原文，我们沿用他的符号.

在不计及线路损耗时，线路方程为

$$\frac{\partial^2V(z,t)}{\partial t^2}-v_0^2\frac{\partial^2V(z,t)}{\partial z^2}=v_0Z_0\frac{\partial^2\rho(z,t)}{\partial t^2} \tag{18.4.1}$$

在前面讨论的方案中，直接求解这一方程，因此得到的是二阶微分积分方程组. 而田炳耕法的特点之一，是将式(18.4.1)的积分解写出，然后化为两个一阶微分方程. 方程(18.4.1)的解可表示为

$$\begin{aligned}V(z,t)=&\left\{V_{\mathrm{in}}\mathrm{e}^{-\Gamma_0z}+\frac{\Gamma_0v_0Z_0}{2}\mathrm{e}^{-\Gamma_0z}\int_0^z\mathrm{e}^{\Gamma_0z'}\rho(z')\mathrm{d}z'\right.\\&\left.+\frac{\Gamma_0v_0Z_0}{2}\mathrm{e}^{\Gamma_0z}\int_z^l\mathrm{e}^{-\Gamma_0z'}\rho(z')\mathrm{d}z'\right\}\mathrm{e}^{\mathrm{j}\omega t}\end{aligned} \tag{18.4.2}$$

式中，Γ_0 是慢波系统的传播常数；l 是管子的互作用长度. 式(18.4.2)表明，线路上高频电压可以分为向 $+z$ 方向传播的波和向 $-z$ 方向传播的波，相应于交变电子流激发的波向两个方向传播. 于是，可以令

$$\begin{cases}F(z)=V_{\text{in}}e^{-\Gamma_0 z}+\dfrac{\Gamma_0 v_0 Z_0}{2}e^{-\Gamma_0 z}\displaystyle\int_0^z e^{\Gamma_0 z'}\rho_1(z')dz' \\ B(z)=\dfrac{\Gamma_0 v_0 Z_0}{2}e^{\Gamma_0 z}\displaystyle\int_z^l e^{-\Gamma_0 z'}\rho_1(z')dz'\end{cases} \tag{18.4.3}$$

式(18.4.3)中仅考虑了交变空间电荷密度的第一次谐波分量.

将方程(18.4.1)的解分为两部分之后,其每一部分都满足一个一阶微分方程,即

$$\frac{\partial F(z,t)}{\partial z}+\frac{1}{v_0}\frac{\partial F(z,t)}{\partial t}=\frac{Z_0}{2}\frac{\partial\rho_1(z,t)}{\partial t} \tag{18.4.4}$$

$$\frac{\partial B(z,t)}{\partial z}-\frac{1}{v_0}\frac{\partial B(z,t)}{\partial t}=-\frac{Z_0}{2}\frac{\partial\rho_1(z,t)}{\partial t} \tag{18.4.5}$$

另外,田炳耕所采用的归一化变量也与诺埃采用的稍有不同.田炳耕的归一化变量为

$$y=C\frac{\omega}{u_0}z \tag{18.4.6}$$

$$\varphi=\omega\left(\frac{z}{v_0}-t\right)=\omega\left(\frac{z}{u_0}-t\right)+by \tag{18.4.7}$$

$$\varphi_0=\frac{\omega z_0}{u_0} \tag{18.4.8}$$

$$\theta(y)=\omega\left(\frac{z}{u_0}-t\right)-\varphi(z,t) \tag{18.4.9}$$

把这组归一化变量与由式(17.5.9)~式(17.5.12)表示的诺埃的变量相比较,可以发现他们所用的运动坐标系是相同的,即都采用电子平均速度运动的坐标系,归一化变量 y 是相同的,归一化变量 φ_0 与 ϕ_0 相同.但归一化变量 φ 与 ϕ 则不相同.据式(18.4.7),φ 是冷慢波系统上冷波的相位,而据式(17.5.12),ϕ 是相互作用发生后的热波相位,因而 $\theta(y)$ 也不相同.

线路上冷波相速与热波相速的区别可以由下面的表示式看出:

$$v_0=\frac{u_0}{1+Cb} \tag{18.4.10}$$

而

$$v_y=\frac{u_0}{1-C\dfrac{d\theta(y)}{dy}} \tag{18.4.11}$$

此外,在田炳耕的方案中,令电子注的速度为

$$u(y,\varphi_0)=u_0[1+Cw(y,\varphi_0)] \tag{18.4.12}$$

由此可见,$w(y,\varphi_0)$ 相当于 $2u(y,\varphi_0)$.

为了进一步求解,引入如下幅度参量:

$$F(y,\varphi)=\frac{Z_0 I_0}{4C}[a_1(y)\cos\varphi-a_2(y)\sin\varphi] \tag{18.4.13}$$

$$B(y,\varphi)=\frac{Z_0 I_0}{4C}[b_1(y)\cos\varphi-b_2(y)\sin\varphi] \tag{18.4.14}$$

在田炳耕的归一化变量下,由电荷守恒定律同样可以求得交变电荷密度的展开式.由方程(18.2.12)求得

$$\rho_1(y,\varphi)=-\frac{1}{\pi}\frac{I_0}{u_0}\left\{\int_0^{2\pi}\frac{\sin\varphi(y,\varphi_0)}{[1+Cw(y,\varphi_0)]}d\varphi_0\sin\varphi+\int_0^{2\pi}\frac{\cos\varphi(y,\varphi_0)}{[1+Cw(y,\varphi_0)]}d\varphi_0\cos\varphi\right\} \tag{18.4.15}$$

将式(18.4.15)和(18.4.13)代入前向波方程(18.4.4)易得

$$\frac{\mathrm{d}a_1(y)}{\mathrm{d}y}=-\frac{2}{\pi}\int_0^{2\pi}\frac{\sin\varphi(y,\varphi_0)}{[1+Cw(y,\varphi_0)]}\mathrm{d}\varphi_0 \tag{18.4.16}$$

$$\frac{\mathrm{d}a_2(y)}{\mathrm{d}y}=-\frac{2}{\pi}\int_0^{2\pi}\frac{\cos\varphi(y,\varphi_0)}{[1+Cw(y,\varphi_0)]}\mathrm{d}\varphi_0 \tag{18.4.17}$$

这就是前向波幅度服从的方程式. 为了计算反向波,同样可以将式(18.4.14)和式(18.4.15)代入反向波方程(18.4.5)中去. 然而也可以利用前向波和反向波的关系:

$$\frac{\partial F(z,t)}{\partial z}+\frac{1}{v_0}\frac{\partial F(z,t)}{\partial t}=-\frac{\partial B(z,t)}{\partial z}+\frac{1}{v_0}\frac{\partial B(z,t)}{\partial t} \tag{18.4.18}$$

求得它们的幅度关系为

$$\begin{cases}b_1(y)=-\dfrac{C}{2(1+Cb)}\dfrac{\mathrm{d}}{\mathrm{d}y}[a_2(y)+b_2(y)]\\[2ex] b_2(y)=-\dfrac{C}{2(1+Cb)}\dfrac{\mathrm{d}}{\mathrm{d}y}[a_1(y)+b_1(y)]\end{cases} \tag{18.4.19}$$

于是得

$$B(y,\varphi)=-\frac{Z_0I_0}{4C}\cdot\frac{C}{2(1+Cb)}\left\{\frac{\mathrm{d}[a_2(y)+b_2(y)]}{\mathrm{d}y}\cos\varphi+\frac{\mathrm{d}[a_1(y)+b_1(y)]}{\mathrm{d}y}\sin\varphi\right\} \tag{18.4.20}$$

联解式(18.4.19)和式(18.4.20)给出

$$B(y,\varphi)=\frac{Z_0I_0}{4C}\left\{-\frac{C}{2(1+Cb)}-\left[\frac{\mathrm{d}a_1(y)}{\mathrm{d}y}\sin\varphi+\frac{\mathrm{d}a_2(y)}{\mathrm{d}y}\cos\varphi\right]+\frac{C^2}{4(1+Cb)^2}\left[-\frac{\mathrm{d}^2a_1(y)}{\mathrm{d}y^2}\cos\varphi+\frac{\mathrm{d}^2a_2(y)}{\mathrm{d}y^2}\sin\varphi\right]+\cdots\right\} \tag{18.4.21}$$

由该式可知,当 $C^2\ll 1$ 时,可以化为较简单的形式,即这时只取式(18.4.21)中的第一项就足够了.

引用幅值变量后,线路上的高频电压可表示为

$$\begin{aligned}V(y,\varphi)&=F(y,\varphi)+B(y,\varphi)\\&=\frac{Z_0I_0}{4C}\left\{[a_1(y)+b_1(y)]\cos\varphi-[a_2(y)+b_2(y)]\sin\varphi\right\}\end{aligned} \tag{18.4.22}$$

由此,场强表示为

$$E_z=-\frac{\partial V}{\partial z}=-\frac{C\omega}{u_0}\frac{\partial V}{\partial y} \tag{18.4.23}$$

据此,电子运动方程在田炳耕归一化变量下表示为

$$\begin{aligned}2[1+Cw(y,\varphi_0)]\frac{\partial w(y,\varphi_0)}{\partial y}=&(1+Cb)[a_1(y)\sin\varphi+a_2(y)\cos\varphi]\\&-\frac{C}{2}\left[\frac{\mathrm{d}a_1(y)}{\mathrm{d}y}\cos\varphi-\frac{\mathrm{d}a_2(y)}{\mathrm{d}y}\sin\varphi\right]+\frac{C^2}{4(1+Cb)}\\&\cdot\left[\frac{\mathrm{d}^2a_1(y)}{\mathrm{d}y^2}\sin\varphi+\frac{\mathrm{d}^2a_2(y)}{\mathrm{d}y^2}\cos\varphi\right]-\frac{2\eta}{u_0\omega C^2}E_{zs}\end{aligned} \tag{18.4.24}$$

式中,E_{zs} 表示空间电荷场,这在前一章里已经求出了.

还必须知道相移与交变速度的关系式:

$$\frac{\partial\varphi(y,\varphi_0)}{\partial}-b=\frac{w(y,\varphi_0)}{1+Cw(y,\varphi_0)} \tag{18.4.25}$$

方程(18.4.16)、方程(18.4.17)、方程(18.4.24)和方程(18.4.25)构成田炳耕理论中的行波管非线性

工作方程.它们的初始条件与诺埃理论中所述相同,这里不再赘述.

18.5 两种方案的比较

已经看到,在同样的等效电路模型下,上述两种方案所得到的行波管非线性工作方程在形式上有很大的区别.在本节中我们将对它们进行比较.

田炳耕与诺埃两种方案的区别表现在如下三个方面:

(1)空间电荷场的计算;

(2)归一化变量的选择;

(3)线路方程的处理.

先讨论第一点区别.田炳耕利用荷电圆盘模型计算空间电荷力,而诺埃从假定空间电荷展开式每一谐波的空间分布出发,计算了空间电荷场.在第 17 章中已经分别讨论过它们,并且阐明了由它们所得的结果大体一致,所以这一区别是可以接受的.

关于第二个区别,即归一化变量的选择不同.这一点并非本质问题,归一化变量的选择只影响方程的表面形式而不影响问题的实质.因而,需要讨论的是第三个区别,即线路方程处理上的区别.这一问题在行波管非线性理论发展的初期,曾经引起过争论.

如上所述,田炳耕和诺埃的方案都是从同一个等效线路模型出发的,得到的线路方程为

$$\frac{\partial^2 V(z,t)}{\partial t^2}-\frac{1}{v_0^2}\frac{\partial^2 V(z,t)}{\partial z^2}=v_0 Z_0\frac{\partial^2 \rho}{\partial t^2} \tag{18.5.1}$$

诺埃的方案是直接求解上述二阶微分方程,为此令

$$V(y,\phi)=\mathrm{Re}\left\{\frac{Z_0 I_0}{C}A(y)\mathrm{e}^{-\mathrm{j}\phi}\right\} \tag{18.5.2}$$

将此式代入方程(18.5.1),就可以得到关于高频电压幅值及相位的两个二阶微分方程.

而田炳耕的方案则与此不同.他从方程(18.5.1)的积分形式解出发,将线上高频电压分解为两个部分:前向波与反向波,即

$$V(y,\varphi)=F(y,\varphi)+B(y,\varphi) \tag{18.5.3}$$

并引入以下的幅值函数及相位系数:

$$\begin{cases}F(y,\varphi)=\dfrac{Z_0 I_0}{4C}[a_1(y)\cos\varphi-a_2(y)\sin\varphi]\\[2ex] B(y,\varphi)=\dfrac{Z_0 I_0}{4C}[b_1(y)\cos\varphi-b_2(y)\sin\varphi]\end{cases} \tag{18.5.4}$$

由此,线路上的电压表示为

$$V(y,\varphi)=\frac{Z_0 I_0}{4C}\left\{[a_1(y)+b_1(y)]\cos\varphi-[a_2(y)+b_2(y)]\sin\varphi\right\} \tag{18.5.5}$$

由于 $b_1(y)$、$b_2(y)$可以用 $a_1(y)$、$a_2(y)$表示,所以可以得到关于 $a_1(y)$和 $a_2(y)$的两个一阶微分方程.

因此,我们的问题就是讨论上述两种线路方程的解是否存在差异.

先从式(18.5.5)出发.令

$$\begin{cases}A_1(y)=a_1(y)+b_1(y)\\ A_2(y)=a_2(y)+b_2(y)\end{cases} \tag{18.5.6}$$

由于 $a_1(y)$、$a_2(y)$、$b_1(y)$、$b_2(y)$之间存在关系式(18.4.19),所以按上述定义,它们可用 $A_1(y)$和 $A_2(y)$

表示为

$$\begin{cases} a_1(y)=A_1(y)+\dfrac{C}{2(1+Cb)}\cdot\dfrac{\mathrm{d}A_2(y)}{\mathrm{d}y} \\ a_2(y)=A_2(y)-\dfrac{C}{2(1+Cb)}\cdot\dfrac{\mathrm{d}A_1(y)}{\mathrm{d}y} \end{cases} \tag{18.5.7}$$

$$\begin{cases} b_1(y)=-\dfrac{C}{2(1+Cb)}\cdot\dfrac{\mathrm{d}A_2(y)}{\mathrm{d}y} \\ b_2(y)=\dfrac{C}{2(1+Cb)}\cdot\dfrac{\mathrm{d}A_1(y)}{\mathrm{d}y} \end{cases} \tag{18.5.8}$$

由此，线路电压式(18.5.5)能写成

$$V(y,\varphi)=\mathrm{Re}\left\{\frac{Z_0 I_0}{C}A(y)\mathrm{e}^{-\mathrm{j}\phi}\right\} \tag{18.5.9}$$

式中，

$$A(y)=\frac{1}{4}\sqrt{A_1^2(y)+A_2^2(y)} \tag{18.5.10}$$

$$\phi=(-\varphi)+\theta' \tag{18.5.11}$$

而

$$-\theta'=\tan^{-1}\left[\frac{A_2(y)}{A_1(y)}\right] \tag{18.5.12}$$

如此一来，就将田炳耕关于线路上高频电压的表示式化为诺埃的表示式.

另外，根据诺埃的归一化变量，ϕ 为

$$\phi=\int_0^z \beta(z)\mathrm{d}z-\omega t=\int_0^z \frac{\omega}{v(z)}\mathrm{d}z-\omega t \tag{18.5.13}$$

而据田炳耕的归一化变量，φ 是

$$\varphi=\omega\left(\frac{z}{v_0}-t\right) \tag{18.5.14}$$

但由 $\theta(y)$ 的定义

$$\theta(y)=\frac{y}{C}-\omega t-\phi \tag{18.5.15}$$

可以得到

$$\beta(z)=\frac{1}{C}-\frac{\mathrm{d}\theta(y)}{\mathrm{d}y} \tag{18.5.16}$$

或

$$v(z)=\frac{u_0}{1-C\dfrac{\mathrm{d}\theta(y)}{\mathrm{d}y}} \tag{18.5.17}$$

由此，可以得到

$$-\theta'=-\theta(y)-by \tag{18.5.18}$$

于是得

$$-\theta(y)-by=\tan^{-1}\left[\frac{A_2(y)}{A_1(y)}\right] \tag{18.5.19}$$

这样一来，我们就证明了，当式(18.5.10)和式(18.5.19)成立时，诺埃方案中关于线路上高频电压的描述与田炳耕的描述是完全等价的. 而且从上面的讨论已经看到，在两种归一化变量的情况下，可以自然地实现这两个条件.

既然我们证明了关于线路上高频电压的关系式是一致的，而线路上电压所满足的线路方程(18.5.1)又是同一的，因而诺埃的方程和田炳耕的方程就一定是一致的．事实上，将方程(18.5.9)、方程(18.5.10)、方程(18.5.19)代入线路方程，即按诺埃的方法处理线路方程，我们得到

$$\begin{cases}\dfrac{\mathrm{d}A_1(y)}{\mathrm{d}y}+\dfrac{C}{2(1+Cb)}\cdot\dfrac{\mathrm{d}^2A_2(y)}{\mathrm{d}y^2}=-\dfrac{2}{\pi}\displaystyle\int_0^{2\pi}\dfrac{\sin\phi(y,\varphi_0')\mathrm{d}\varphi_0'}{1+Cw(y,\varphi_0')}\\ \dfrac{\mathrm{d}A_2(y)}{\mathrm{d}y}+\dfrac{C}{2(1+Cb)}\cdot\dfrac{\mathrm{d}^2A_1(y)}{\mathrm{d}y^2}=-\dfrac{2}{\pi}\displaystyle\int_0^{2\pi}\dfrac{\cos\phi(y,\varphi_0')\mathrm{d}\varphi_0'}{1+Cw(y,\varphi_0')}\end{cases}\tag{18.5.20}$$

利用关系式(18.5.7)就不难得到

$$\begin{cases}\dfrac{\mathrm{d}a_1(y)}{\mathrm{d}y}=-\dfrac{2}{\pi}\displaystyle\int_0^{2\pi}\dfrac{\sin\varphi(y,\varphi_0')\mathrm{d}\varphi_0'}{1+Cw(y,\varphi_0')}\\ \dfrac{\mathrm{d}a_2(y)}{\mathrm{d}y}=-\dfrac{2}{\pi}\displaystyle\int_0^{2\pi}\dfrac{\cos\varphi(y,\varphi_0')\mathrm{d}\varphi_0'}{1+Cw(y,\varphi_0')}\end{cases}\tag{18.5.21}$$

这恰是田炳耕的结果式(18.4.16)和(18.4.17)．

上面我们证明了，虽然诺埃方案和田炳耕方案在线路方程的处理上有所不同，但结果是等效的．至于运动方程和相位方程形式上的不同，则完全是由于所采用的归一化变量的定义不同所引起的，并无处理方法差异．

本节最后，我们还需要说明下面两个问题．

首先，要讨论一下前面曾提到过的，关于行波管大信号理论发展初期的争论问题．争论的问题之一是诺埃的工作中是否忽略了返向波分量．我们的看法是，诺埃的工作包含了返向波分量，只是没有明显地区分开来．这一点从上面的证明可以清楚地看到．实际上，田炳耕从方程(18.5.1)的解的积分形式出发，不可能比直接从微分方程(18.5.1)出发求出任何新的结果．两者实际上是相同的，只是田炳耕的结果中明显地将波分为两个部分而已．

其次，返向波的作用仅在于影响电子注与场的相互作用及输出功率，它并不能从输出端输出．电子注在线路上激起的波向反向辐射的这种返向波作用，在小信号理论中已经讨论过了．在大信号理论中也有类似的情况．

另外，我们还需指出，在诺埃的方案中，用一个幅值函数和一个相位函数来描述高频电压，即通过 $A(y)$ 和 $\theta(y)$ 来描述．而在田炳耕的方案中，则通过 $a_1(y)$ 和 $a_2(y)$ 来描述高频电压．显然其相位就由 $a_1(y)$ 与 $a_2(y)$ 的关系式(18.5.19)来确定．所以，实际上两者是一致的．

18.6 行波管非线性工作方程的第三种方案

前面几节所叙述的两种行波管非线性工作方程，在欧美得到了较普遍的应用．并且，18.5 节还证明了这两种方案的一致性．

瓦因斯坦从波导激励的观点出发，在他的小信号自洽理论的基础上，发展了行波管大信号理论．这一理论在苏联得到了普遍应用．本节将简略介绍这种方案，并与前面两种方案进行简单比较．

根据小信号理论所述，波导的激励方程即线路方程为

$$\frac{\mathrm{d}^2E_k}{\mathrm{d}z^2}-\Gamma_0^2kE_k=K_{0k}\Gamma_{0k}\beta_{0k}i_k\tag{18.6.1}$$

式中，下标 k 表示第 k 次谐波；β_{0k} 表示第 k 次波导模式的冷相位常数：

$$\mathrm{j}\beta_{0k}=\Gamma_{0k}$$

场可表示为

$$E=\sum_k E_k+E_s \tag{18.6.2}$$

式中，E_s 是空间电荷场.

引入如下的归一化变量及运动坐标系：

$$\begin{cases}\xi=\dfrac{\omega}{v_0}z,\varphi=\omega t\\ J=\dfrac{i}{I_0},f=\dfrac{\dfrac{e}{m}E}{\omega v_0}\end{cases} \tag{18.6.3}$$

以及

$$\begin{cases}\theta=C\xi=C\dfrac{\omega}{v_0}z\\ \varphi=\varphi_0+\xi+\vartheta(\theta,\varphi_0)=\omega t_0+\omega\dfrac{z}{v_0}+\vartheta(\theta,\varphi_0)\end{cases} \tag{18.6.4}$$

式中，v_0 是电子平均运动速度. 可见，运动坐标系以电子平均速度向前运动. 将瓦因斯坦和诺埃的归一化变量和运动坐标系比较，可以看出前者中的 θ 与后者的 y 相同，而 $\vartheta(\theta,\varphi_0)$ 相当于后者的 θ.

在上述归一化变量下，方程(18.6.1)变成

$$\frac{\mathrm{d}^2 f_k}{\mathrm{d}\xi^2}-\frac{\Gamma_{0k}^2}{\beta_e^2}f_k=\frac{\Gamma_{0k}\beta_{0k}^2}{\beta_e^2}\cdot 2C_k^3 J_k \tag{18.6.5}$$

归一化的电子坐标，以拉格朗日变量写成

$$\xi=\xi(\varphi,\varphi_0) \tag{18.6.6}$$

式中，φ_0 是电子进入行波管互作用区的初相位. 由式(18.6.6)可得

$$\varphi=\varphi(\xi,\varphi_0) \tag{18.6.7}$$

于是由式(17.5.8)，运动方程变为

$$\frac{\partial^2\varphi}{\partial\xi^2}=-\left(\frac{\partial\varphi}{\partial\xi}\right)^3\mathrm{Re}\left[\sum_k(f_k+f_{ks})\right] \tag{18.6.8}$$

式中，

$$f_k=\frac{\dfrac{e}{m}E_k}{\omega v_0},f_{ks}=\frac{\dfrac{e}{m}E_{sk}}{\omega v_0} \tag{18.6.9}$$

式中，f_{ks} 表示空间电荷场的第 k 次分量.

在非线性情况下，群聚电子流中含有各次谐波，故可以展开成

$$i(z,t)=I_0+\mathrm{Re}\sum_{k=1}^{\infty}I_k\mathrm{e}^{\mathrm{j}k\omega t} \tag{18.6.10}$$

归一化后变成

$$J(\xi,\varphi)=1+\mathrm{Re}\sum_k J_k\mathrm{e}^{\mathrm{j}k\varphi} \tag{18.6.11}$$

从傅里叶级数理论可知，其展开系数 J_k 为

$$J_k=\frac{1}{\pi}\int_0^{2\pi}J\mathrm{e}^{-\mathrm{j}k\varphi}\mathrm{d}\varphi \tag{18.6.12}$$

电荷守恒定律为

$$i\mathrm{d}z=I_0\mathrm{d}z_0 \tag{18.6.13}$$

归一化后变成

$$J\,\mathrm{d}\varphi=\mathrm{d}\varphi_0 \tag{18.6.14}$$

将此式代入式(18.6.12),得

$$J_k=\frac{1}{\pi}\int_0^{2\pi}\mathrm{e}^{-\mathrm{j}k\varphi}\,\mathrm{d}\varphi_0 \tag{18.6.15}$$

上面得到的方程(18.6.5)、方程(18.6.8)和方程(18.6.15)就构成了瓦因斯坦方案的非线性工作方程. 由此可见,这种方案与诺埃和田炳耕的方案比较,非线性方程组由三个方程组成,在形式上有明显差异.

进一步再令

$$\begin{cases}F_k(\theta)=\dfrac{1}{C^2}\mathrm{e}^{\mathrm{j}k\xi}f_k\\ I_k(\theta)=\mathrm{e}^{\mathrm{j}k\xi}J_k\\ \varphi-\xi=\varphi_0+\vartheta(\theta,\varphi_0)=\Phi=\omega t-\beta_e z\end{cases} \tag{18.6.16}$$

并注意到耦合阻抗随频率增加而迅速减小,以及线路通常存在色散,故可以近似地认为在激励方程中只有基波有显著贡献,于是工作方程化为

$$C\frac{\mathrm{d}^2F}{\mathrm{d}\theta^2}-2\mathrm{j}\frac{\mathrm{d}F}{\mathrm{d}\theta}+(2r+Cr^2)F=2\mathrm{j}(1+Cr)(1+bC)^2I_1 \tag{18.6.17}$$

$$\frac{\partial^2\Phi}{\partial\theta^2}=-\left(1+C\frac{\partial\Phi}{\partial\theta}\right)^2\mathrm{Re}\{F\mathrm{e}^{\mathrm{j}\Phi}+F_s\} \tag{18.6.18}$$

$$I_k=\frac{1}{\pi}\int_0^{2\pi}\mathrm{e}^{-\mathrm{j}k\Phi}\,\mathrm{d}\varphi_0 \tag{18.6.19}$$

在推导中,仿照小信号理论将冷线路传播常数 Γ_0 表示为

$$\Gamma_0=\mathrm{j}\beta_e+\mathrm{j}\beta_e bC+\beta_e Cd=\mathrm{j}\beta_e+\mathrm{j}\beta_e Cr \tag{18.6.20}$$

式中,归一化空间电荷场为

$$F_s=\frac{1}{\pi}\frac{S\omega_p^2}{\omega^2C^2}\int_0^{2\pi}\left\{\sum_k\frac{p_k^2}{kS_k}\sin k[\Phi(\theta,\varphi_0')-\Phi(\theta,\Phi_0)]\right\}\mathrm{d}\varphi_0' \tag{18.6.21}$$

为了求解工作方程,所需的初始条件可按前面两节所述的方法得出为

$$\begin{cases}\theta=0\text{ 时},\Phi=\varphi_0,\dfrac{\partial\Phi}{\partial\theta}=0\\ F=F_0\mathrm{e}^{\mathrm{j}\alpha_0},\dfrac{\mathrm{d}F}{\mathrm{d}\theta}=-\mathrm{j}rF_0\mathrm{e}^{\mathrm{j}\alpha_0}\end{cases} \tag{18.6.22}$$

通常可令场的初相 α_0 为零,并不失一般性.

现在我们来讨论一下,瓦因斯坦方案与诺埃方案、田炳耕方案之间的异同点. 18.5 节中我们曾讨论了诺埃与田炳耕方案间的异同点. 曾经指出,它们是从同一个等效线路模型出发的,但在具体处理上有不同的地方,然而所得的结论是基本一致的. 与此不同,瓦因斯坦方案乃是从波导激励的观点出发来讨论问题的,因此可以认为是从不同的物理模型出发的. 这样一来,与诺埃和田炳耕方案比较,其间的差别在于以下几个方面:

(1)采用不同的物理模型,导致不同的原始线路方程;

(2)空间电荷场的计算模型和方法不同;

(3)归一化变量的选择不同;

(4)电子注速度的表示不同;

(5)电子群聚的处理不同.

我们先讨论第一个区别. 由于瓦因斯坦方案中采用波导激励的概念,所以得到的线路方程是关于波导系统中场强的微分方程;而在诺埃方案和田炳耕方案中,线路方程是线上电压的微分方程. 与小信号理论不

同，在大信号理论中，并不能利用简单关系从电压的微分方程直接化为电场强度的微分方程，因为这时线路上波的传播常数均与距离有关.因此，线路方程的这一区别比在小信号理论中表现得更具有实质性的意义.

关于第二个差别，在第 17 章中讨论空间电荷场的计算时已经较详细地研究过了.

第三个区别是归一化变量的选择不同.从原则上讲，这虽然不属于本质性的区别，但是由于变量定义和符号的不同，往往容易搞混淆，下面我们将列表予以比较.

第四个区别在于对电子注速度的处理不同.在诺埃及田炳耕方案中，均假定电子速度仍可分为直流分量和交变分量，因而写成

$$u=u_0[1+2Cu(y,\phi)]$$

的形式.而在瓦因斯坦方案中并没有做这样的区分.

第五个区别在于对电子群聚的处理.在诺埃和田炳耕的方案中，均将电荷密度展开为各次谐波，而在瓦因斯坦方案中不是展开电荷密度而是展开电流为各次谐波.这一区别也具有实质性的意义.

综上所述可以知道，瓦因斯坦方案是属于另一个体系的理论.并且，目前还难以用解析的方法，求出它与诺埃和田炳耕方案之间的关系.萨维多夫(1967)等人曾指出，按诺埃等人的方案计算得的效率大于按瓦因斯坦方案计算得到的数值.更为详细的讨论尚有待于进一步深入.

为了便于读者了解并避免混淆起见，表 18.6.1 列出了上述三种方案的主要特点.

表 18.6.1　三种方案主要特点一览表

序号	名称	诺埃	田炳耕	瓦因斯坦
1	电子速度	u_0	u_0	v_0
2	行波相速	$v(z)$	v_0(平均)	v_ϕ
3	运动坐标及归一化变量	$y=C\dfrac{\omega}{u_0}z$	$y=C\dfrac{\omega}{u_0}z$	$\theta=C\xi$ $\xi=\dfrac{\omega}{v_0}z$
4	高频场相位	$-\phi=\omega t-\int\beta(z)\mathrm{d}z$	$\varphi=\omega\left(\dfrac{z}{v_0}-t\right)$	$\phi=\omega t-\beta_e z$
5	初相	$\phi_0=\omega t_0$	$\varphi_0=\omega t_0$	$\varphi_0=\omega t_0$
6	运动坐标系与高频场相位差	$\theta(y)=\omega\left(\dfrac{z}{u_0}-t\right)-\phi(z,t)$	$\theta(y)=\omega\left(\dfrac{z}{u_0}-t\right)-\varphi(z,t)$	$\vartheta(\theta,\varphi_0)=\phi-\varphi_0$
7	电子速度	$u_0[1+2Cu(y,\phi)]$	$u_0[1+Cw(y,\phi)]$	$\dfrac{\partial\xi}{\partial\varphi}=1/\dfrac{\partial\varphi}{\partial\xi}$
8	空间电荷密度展开成谐波	$\rho=\rho_0+\sum\limits_n A_n\cos(-n\phi)+\sum\limits_n B_n\sin(-n\phi)$	$\rho=\rho_0+\sum\limits_n A_n\cos(-n\varphi)+\sum\limits_n B_n\sin(-n\varphi)$	—
9	电子流展开为谐波	—	—	$i=I_0+\mathrm{Re}\sum\limits_k I_k\mathrm{e}^{\mathrm{j}k\varphi}$
10	高频电压	$V(z,t)=\mathrm{Re}\left[\dfrac{I_0Z_0}{C}\times A(z)\mathrm{e}^{-\mathrm{j}\phi}\right]$	$V(z,t)=F(z,t)+B(z,t)$	—
11	高频场强	—	—	$f_k=\dfrac{\frac{e}{m}E_k}{\omega v_0}$ $F_k(\theta)=\dfrac{1}{C^2}\mathrm{e}^{\mathrm{j}k\xi}f_k$

18.7 行波管大信号理论的计算结果

利用本章所得到的行波管非线性工作方程，进行数值计算，可以分析行波管的一系列大信号工作状态并得到工作参量. 我们先来看一下在大信号状态下电子运动的特性，以便对行波管中的非线性过程有一个直观的物理上的了解.

图 18.7.1 绘出了电子运动的时空图(相空间轨迹). 设电子注没有初始调制，因而以均匀速度 u_0 进入行波管互作用区的入口. 在一个周期(相角为 2π)内，设电子注被分为 m 个电子群，相邻两群的相差是$\frac{2\pi}{m}$. 不同相位的电子注受到不同场的作用，其相空间轨迹就不同，从而导致群聚现象的出现. 电子注产生群聚的过程逐渐发展，直至出现超越现象. 图 18.7.1 中还标识出了产生超越的界限.

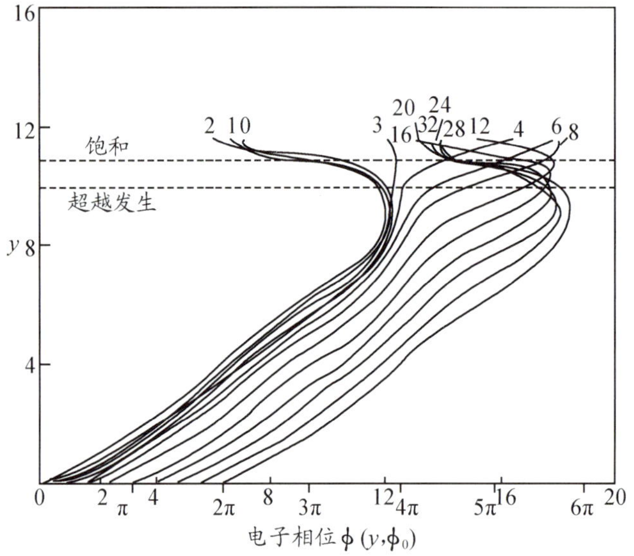

图 18.7.1 电子运动时空图($C=0.1, QC=0, d=0, \varphi_0=-30, b=2.0$)

由图 18.7.1 可知，电子群聚中心大体上位于推斥场中，这使电子注不断地向场馈给能量. 当发生超越现象后，群聚中心开始分裂，有一部分电子群进入加速场中，致使电子向场交出能量出现饱和状态. 这种电子群聚的变化如图 18.7.2 所示.

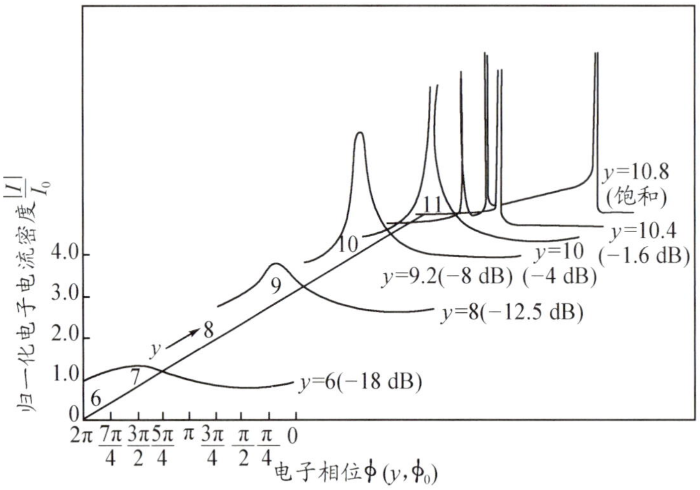

图 18.7.2 群聚电流随电子相位的变化($C=0.1, QC=0, d=0, \varphi_0=-30, b=2$)

随着电子注群聚电流波形的变化，电子注中的谐波分量也发生变化.一开始，第一次谐波分量逐渐增加，达到一定数值后，群聚进一步增加，反而使第一次谐波分量下降.这一点如图 18.7.3 所示.

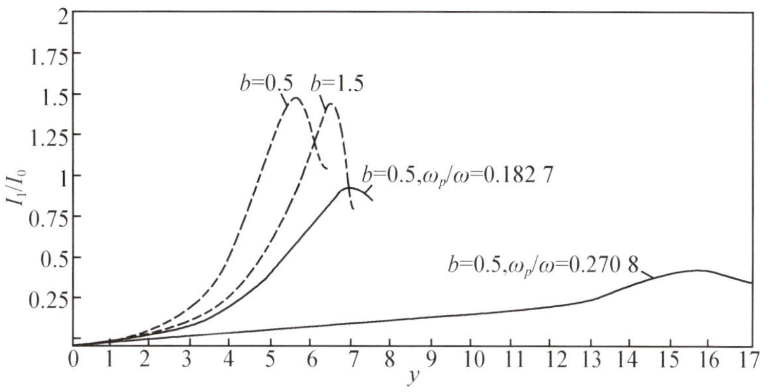

图 18.7.3　电子注电流基波随距离的关系($C=0.1, \gamma b'=1, d=0, \psi_0=-30$)

电子注的交变速度分量随电子相位的变化如图 18.7.4 所示.我们知道，在小信号状态下，电子注交变速度分量按正弦函数变化.在大信号状态下，由此图可知，交变速度的变化已不再是正弦函数了.在发生超越现象以后，甚至成为多值函数.由此可见，在大信号状态下，与小信号相比，电子注的运动情况发生了一系列本质性的变化.电子运动的非线性就是行波管一系列非线性现象的基本原因.

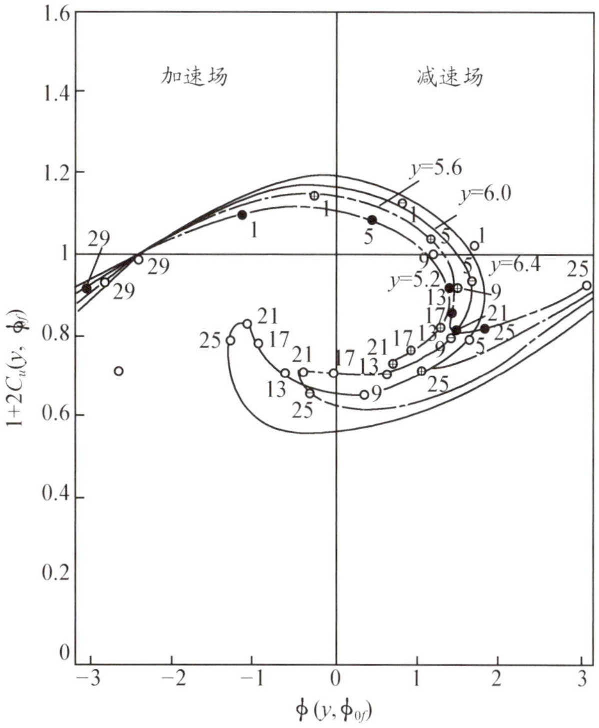

图 18.7.4　行波管的相图($C=0.1, QC=0, d=0, b=1, \psi_0=-30$ dB)

上面我们叙述了有关电子注参量的某些非线性计算结果.现在来讨论一下与高频电压幅值 $A(y)$ 有关的参量.

如图 18.7.5 所示为高频电压幅值 $A(y)$ 与归一化距离 y 的关系.参变量是电子注的速度参量 b 及 $\gamma b'$ (b' 为电子注半径).按照小信号理论，当速度参量对于增幅波为最佳时，即 x_1 为 $(x_1)_{\max}$ 时，小信号增益为最大；当 b 超过 $x_1=0$ 所对应的数值时，小信号增益即为零.按照小信号理论所给出的增益最大值与大信号理论所给出的小信号增益相当一致.但对于 $b=b_{\max}$ 的情况不能给出最大的饱和输出功率，最大饱和输出功率要求 $b>b_{\max}$.由图 18.7.5 可知，当作用距离过长时，会出现过度群聚状态，使输出功率下降.过度群聚的距

离随 b 值的增大而增大.

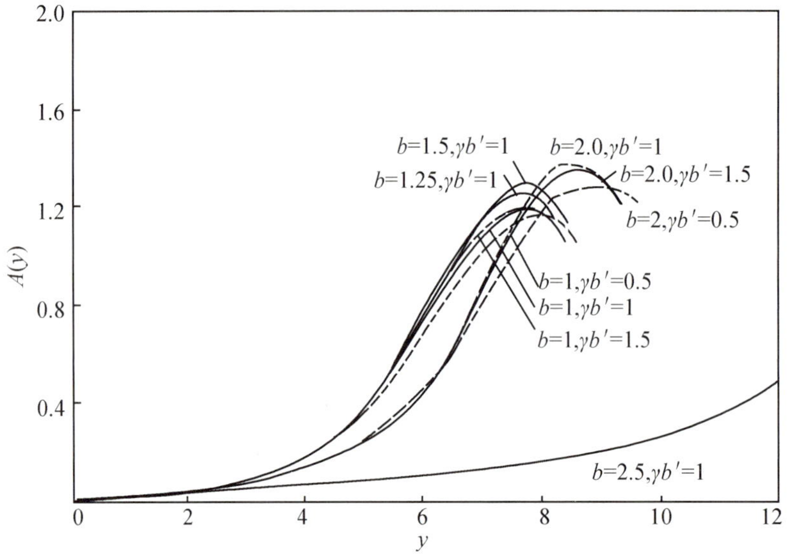

图 18.7.5 高频电压幅值与距离的关系($C=0.1$,$QC=0.25$,$d=0$,$\psi_0=-30$)

图 18.7.6 所示为输出功率与输入功率的关系. 由图 18.7.6 可知,特定行波管的最大输出功率是有限的. 输入功率和作用长度的增加并不能提高行波管的最大输出功率,但可以改变其增益.

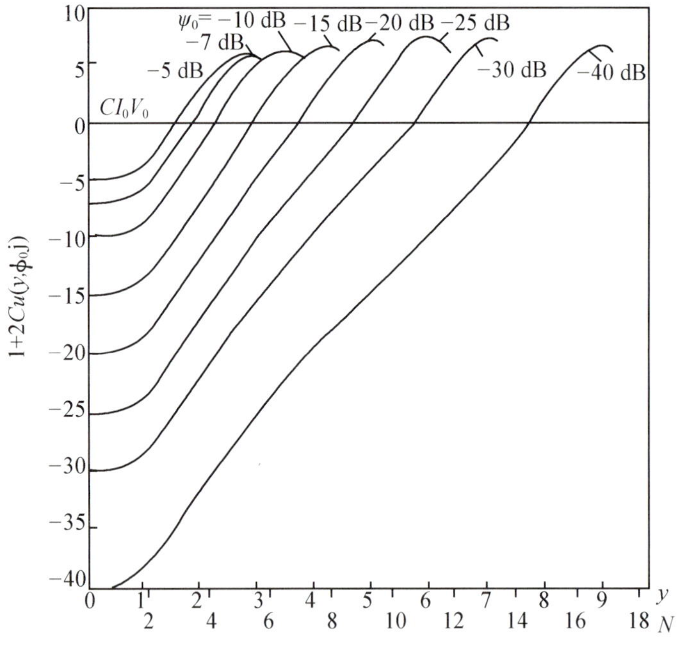

图 18.7.6 高频输出一输入特性($C=0.1$,$QC=0.125$,$d=0$,$b=1.5$)

行波管中由于电子注的作用而产生的相移由 $\theta(y)$决定. 如上所述,行波管中的高频行波实际相速应为

$$v(z)=\frac{u_0}{1-C\dfrac{\mathrm{d}\theta(y)}{\mathrm{d}y}} \tag{18.7.1}$$

因此,相对于线路上的冷电磁波的相位落后为

$$\theta'(y)=-\theta(y)-by=\phi(y,\phi_0)-\varphi \tag{18.7.2}$$

式中,$-by$ 是线性部分;$\theta(y)$是非线性部分. 如果相对于电子注波来说,则相位落后为

$$-\theta(y)=\phi(y,\phi_0)-\frac{y}{C}+\omega t=\phi(y,\phi_0)-\omega\frac{z}{u_0}+\omega t \tag{18.7.3}$$

$\theta(y)$与 y 及 b 的关系如图 18.7.7 所示. 如图 18.7.8 所示为相位改变与输入电平的关系. 由图 18.7.8

可知，输入功率的增大将引起相位 $\theta(y)$ 的改变. 由此可见，当输入信号弱小时，$\theta(y)$ 是线性的，而当输入信号达到一定的电平之后，就出现了非线性效应.

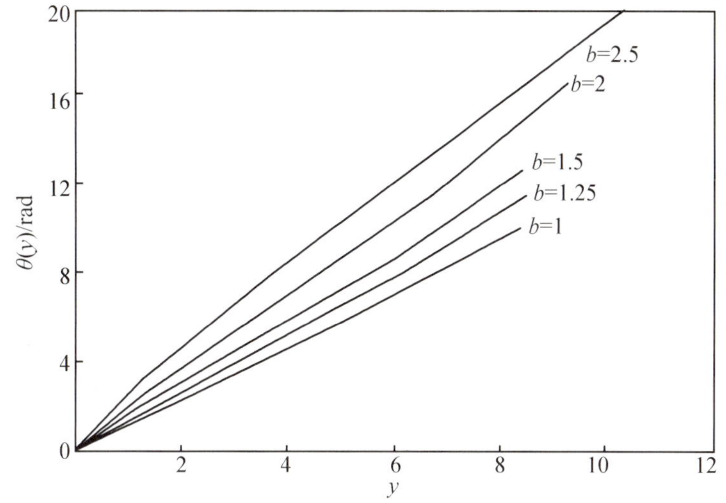

图 18.7.7　热波相对于电子注波的相位落后与距离的关系（$C=0.1$，$QC=0.25$，$d=0$，$\gamma b'=1$，$\psi_0=-30$）

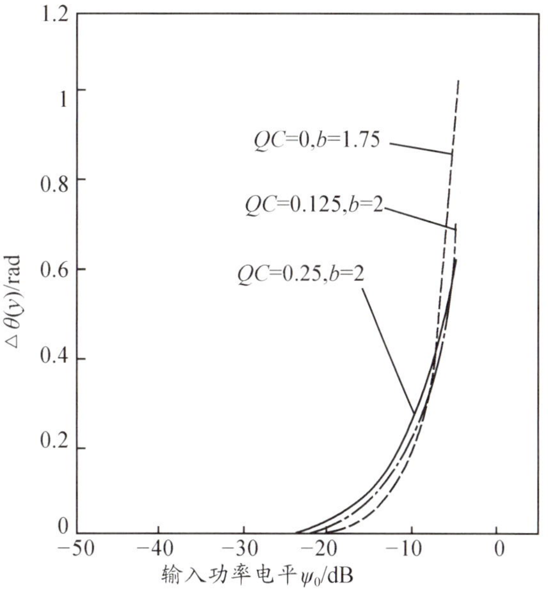

图 18.7.8　相位移改变 $\Delta\theta(y)$ 与输入电平的关系（$C=0.05$，$N_g=13$，$d=0$，$\gamma b'=1$）

最后，我们来讨论一下效率问题. 由前面的讨论已经看到，对一确定的行波管，其饱和输出功率是在确定的长度上获得的. 如果行波管总长是调整在最佳作用长度上输出，那么饱和效率就是饱和输出与直流功率 I_0V_0 之比. 饱和效率 η_s 与 QC、C、b 等参量有关，如图 18.7.9 和图 18.7.10 所示. 由它们可以看到，获得最大饱和效率所需的速度参量 b，大于最大小信号增益所要求的 b 值.

饱和效率与 QC 和 C 的关系如图 18.7.11～18.7.13 所示. 图 18.7.11 表示的是，当 b 等于最大小信号增益时，饱和效率与 QC 的关系. 如图 18.12 所示则是当 b 调节到最大饱和效率时 y_s 和 QC 的关系. 由此可见，后一种情况下的 η_s 总大于前一种情况的 η_s，且依赖于 QC 的变化规律也是不同的. 在前一种情况下，存在着某一 QC 最佳值使 η_s 最大；而在后一种情况下，随 QC 增大，η_s 单调下降. 如图 18.7.13 所示为 η_s 与 C 的关系. 由图 18.7.13 可知，当 C 较小时（$C\approx0.12$），η_s 随着 C 的增大而迅速上升；当 C 较大时，进一步提高 C 值，对 η_s 增大的贡献就不显著了.

作为本章的结束语，我们指出，前面所述的三种行波管非线性或大信号理论，无论对线路和电子注我们都采用了一维模型.这一模型虽然在定量上带来了某些误差,但已能较充分地反映行波管内注-波互作用的非线性本质了.另外,在一维理论的基础上,可以逐步发展线路或电子注以及两者的多维理论.限于本书的目的和篇幅,就不一一叙述了.

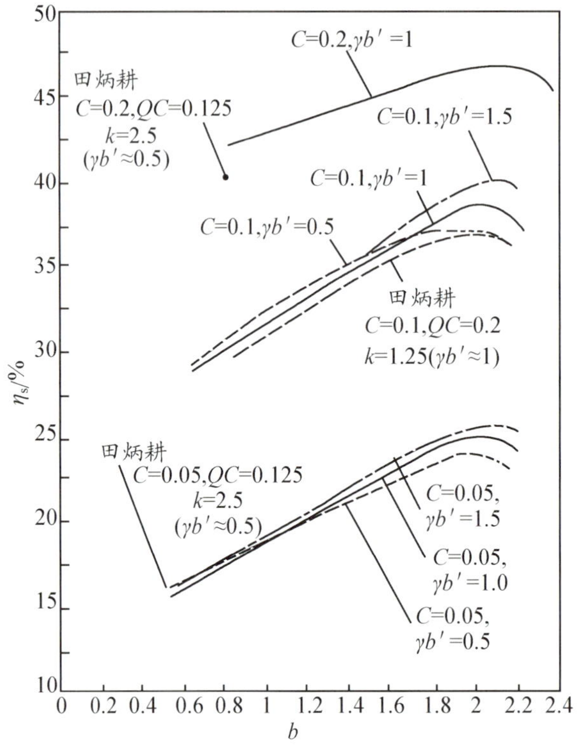

图 18.7.9 饱和效率与 b 的关系($QC=0.125,d=0$)

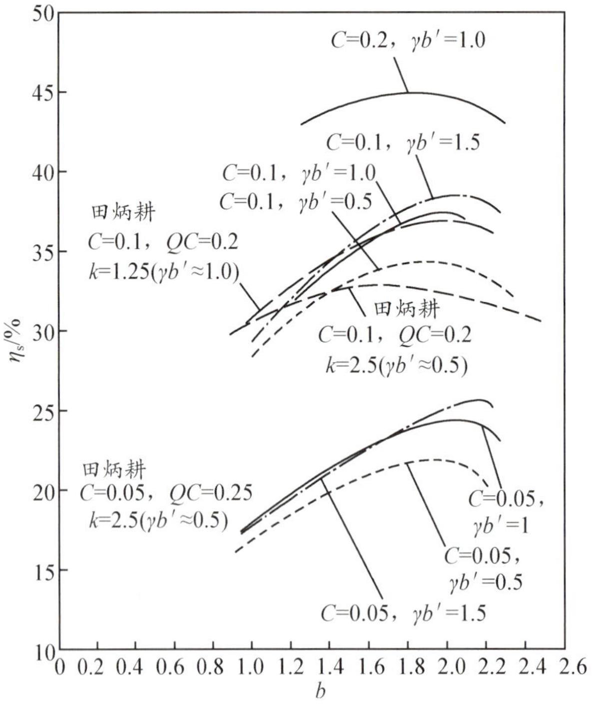

图 18.7.10 饱和效率与 b 的关系($QC=0.25,d=0$)

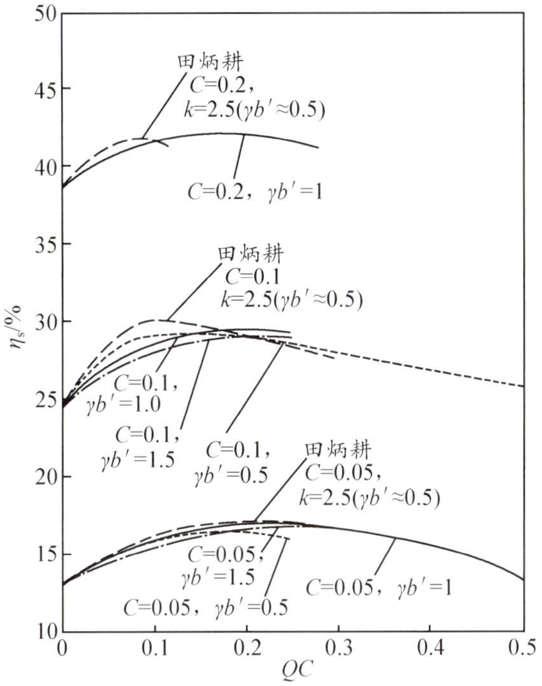

图 18.7.11　饱和效率与空间电荷参量的关系(b 对应于最大增益，$d=0$)

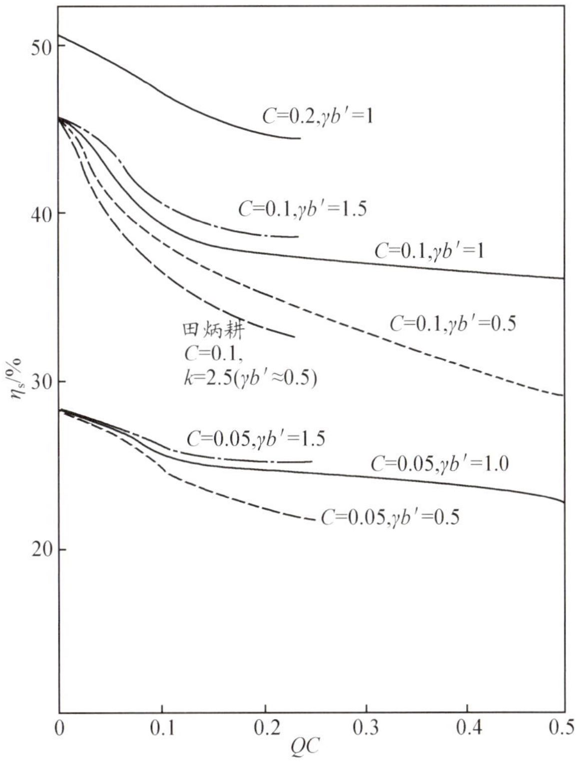

图 18.7.12　饱和效率与空间电荷参量的关系(b 对应于最大饱和效率，$d=0$)

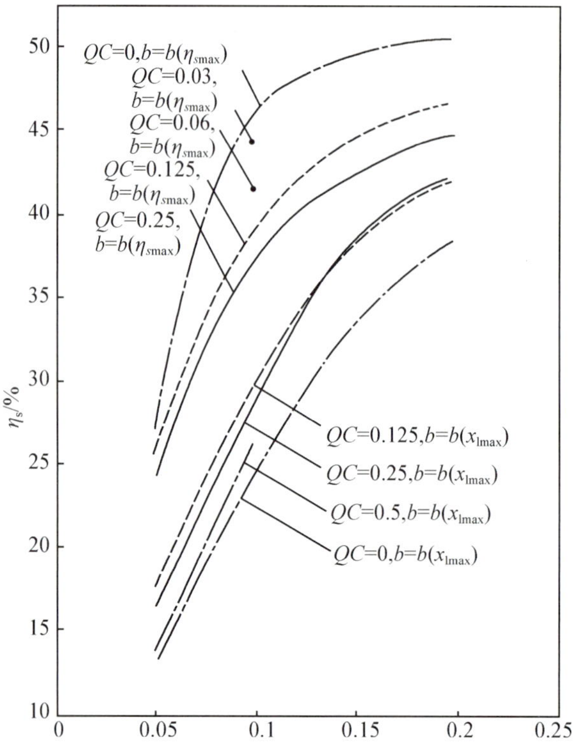

图 18.7.13 饱和效率与增益参量的关系($\gamma b'=1, d=0$)

18.8 参考文献

[1]BRILLOUIN L. The traveling-wave tube (discussion of waves for large amplitudes)[J]. Journal of Applied Physics，1949，20(12):1196-1206.

[2]NORDSIECK A. Theory of the large signal behavior of traveling-wave amplifiers[J]. Proceedings of the IRE，1953，41(5):630-637.

[3]TIEN P K. A large signal theory of traveling wave amplifiers[J]. Bell Labs Technical Journal，1956，35(2):349-374.

[4]ROWE J E. Design information on large-signal traveling-wave amplifiers[J]. Proceedings of the IRE，1956，44(2):200-210.

[5]ROWE J E. A large-signal analysis of the traveling-wave amplifier: Theory and general results[J]. IRE Transactions on Electron Devices，1956，3(1):39-56.

[6]CUTLER C C. The nature of power saturation in traveling wave tubes[J]. The Bell System technical journal，1956，35(4):841-876.

[7]PASCHKE F. On the nonlinear behavior of electron-beam devices. [J]. RCA Review，1957: 221-242.

[8]ROWE J E. Nonlinear electron-wave interaction phenomena[J]. Academic Press，1965.

第 19 章　行波管非线性状态的基本分析及其效率改善问题

19.1 引言

行波管作为一种微波技术器件，在本质上是非线性的. 随着信号电平的增加，这种非线性特征愈加明显地表现出来.

研究事物的本质，必须从现象入手，然后深入本质，把握本质. 下面我们来看看行波管的一些主要非线性现象.

(1)在低功率电平下，输出信号功率与输入信号功率为线性关系. 但是，当输入信号功率达到一定电平时，两者的关系就逐渐偏离了线性关系，变成了非线性关系，最后达到饱和状态. 这时，输入功率的增加并不导致输出功率的增加，甚至会导致输出功率的下降，此时呈过饱和状态.

(2)在低电平下，输出信号的相位与输入信号无关，而与管子互作用长度呈线性关系. 当非线性效应出现后，输出信号的相位与输入信号有关，从而使信号发生相位失真，并且在调制状态下，将产生调幅和调相的转换.

(3)在低电平下，输出信号频率同输入信号频率相同，谐波功率非常弱小. 当非线性效应出现后，输出信号中包含了一定功率的很多输入信号频率的谐波分量.

上述三点只是行波管在单一信号频率下工作的情况. 当行波管工作于多个输入信号频率时，除上述现象之外，还产生了一些非线性现象.

(4)各信号频率之间将产生相互调制现象. 因此，输出信号中不仅有各信号频率分量，而且含有($mf_1 \pm nf_2 \pm \cdots$)的虚假信号频率分量，信号出现相互调制失真.

(5)各信号频率之间产生所谓的交叉调制现象. 这时每一频率的信号均受到其他频率信号的影响. 因此，当某一个频率信号受到调制时，其他频率的信号也将受到不应有的调制.

如此等等，还有一些其他的非线性现象. 所有这些非线性现象对行波管的工作有很大的影响. 它们都是和行波管中电子过程的非线性状态分不开的.

本章中，我们将在前面两章的基础上对行波管中的非线性状态进行某些基本的分析. 我们仍然着重于讨论现象的物理本质. 我们先讨论单一频率信号工作时的非线性状态，然后讨论多频运用状态. 讨论中，主要采用前两章所述的大信号理论，然而，对于个别问题也应用一些其他作者的分析方法.

19.2 具有集中衰减器的行波管的大信号分析

现在利用前面两章所述的大信号理论，分析具有集中衰减器行波管的工作状态. 关于行波管中衰减器的问题，在小信号理论中已经详细地讨论过，有关的物理问题基本相同，只是电子过程更为复杂.

如图 19.2.1 所示，衰减器将行波管分为三段，衰减器位于 ab 段. 为了简单起见，假定衰减量在 ab 段内是均匀分布的.同小信号状态的分析一样,假定输入、输出两端完全匹配,并略去衰减器两端的反射,认为在从一段过渡到另一段时,仅线路上的损耗有一个突变,而其他物理量都是连续的.

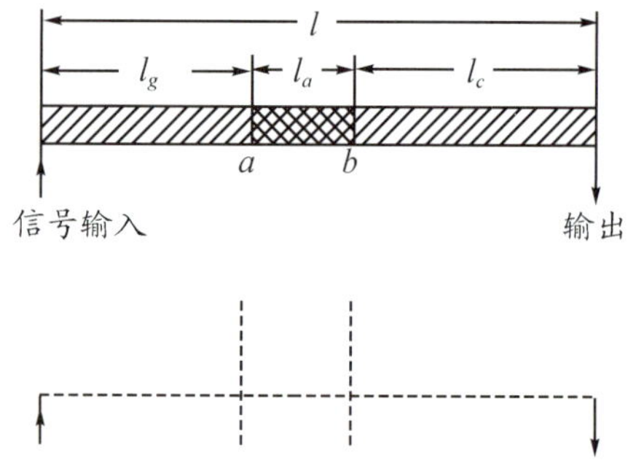

图 19.2.1 具有集中衰减器的行波管的示意图

除上述简化假设之外,为了使分析简单些,而又能突出其物理本质,我们限于分析小增益参量的情形,即设 $C\ll 1$. 在实际行波管中,C 一般在 0.1 左右,因而这个限制不至于引起很大的偏差.

当 $C\ll 1$ 时,工作方程式(18.2.20)和式(18.2.21)简化为

$$2A(y)\frac{\mathrm{d}\theta(y)}{\mathrm{d}y}=-b-\frac{1}{\pi}\int_0^{2\pi}\frac{\cos\phi(y,\phi_0')\mathrm{d}\phi_0'}{1+2Cu(y,\phi_0')} \tag{19.2.1}$$

$$2\frac{\mathrm{d}A(y)}{\mathrm{d}y}=2A(y)d+\frac{1}{\pi}\int_0^{2\pi}\frac{\sin\phi(y,\phi_0')\mathrm{d}\phi_0'}{1+2Cu(y,\phi_0')} \tag{19.2.2}$$

这个结果与诺齐克(1957)和阿伯尔(1956)等人所得的结果一致,仅符号略有不同而已.

如果在 $C\ll 1$ 的条件下,利用田炳耕的荷电圆盘模型来计算空间电荷场,那么运动方程和相位方程分别写成

$$\frac{\partial u(y,\phi_0)}{\partial y}=-A(y)\sin\phi(y,\phi_0)+QC\int_{-\infty}^{\infty}\mathrm{e}^{[-k|\phi(y,\phi_0)-\phi(y,\phi_0')|]}\cdot\mathrm{sgn}[\phi(y,\phi_0)-\phi(y,\phi_0')]\mathrm{d}\phi_0' \tag{19.2.3}$$

以及

$$\frac{\partial\phi(y,\phi_0)}{\partial y}=\frac{-\mathrm{d}\theta(y)}{\mathrm{d}y}+2u(y,\phi_0) \tag{19.2.4}$$

式中,空间电荷参量 QC 仍然为小信号的定义:

$$4QC=\frac{\omega_p^2}{\omega^2C^2} \tag{19.2.5}$$

然而,在阿伯尔(1956)的工作中,对 QC 引入一个修正因子,以 $(1+k^2)QC$ 代替上面的 QC. 由上述可知,在 $C\ll 1$ 的条件下,工作方程简化为一个一阶微分方程组.

为了对所得工作方程进行数字积分,必须给出初始条件.为此,我们来进行某些讨论.令

$$\begin{cases}R_c=\dfrac{1}{\pi}\displaystyle\int_0^{2\pi}\cos\phi(y,\phi_0')\mathrm{d}\phi_0'\\R_s=\dfrac{1}{\pi}\displaystyle\int_0^{2\pi}\sin\phi(y,\phi_0')\mathrm{d}\phi_0'\end{cases} \tag{19.2.6}$$

即 R_c 和 R_s 分别表示交变空间电荷基波分量的两个部分.又令

$$R_1=\frac{\rho_1}{\rho_0} \tag{19.2.7}$$

表示相对基波空间电荷,则显然有

$$R_1=|R_1|\cos(\phi+\alpha) \tag{19.2.8}$$

式中,

$$\begin{cases}|R_1|=\sqrt{R_c^2+R_s^2}\\\alpha=-\tan^{-1}\left(\dfrac{R_s}{R_c}\right)\end{cases} \tag{19.2.9}$$

分别表示空间电荷基波的幅值及相对于线路上行波的相位差.

现在假定行波管输入信号足够小，以致在起始一段中仍然处于线性状态，从而可以用小信号理论进行分析. 由此有

$$\rho_1 = \frac{-\mathrm{j}\Gamma}{\omega} i_1 \rho_0 \tag{19.2.10}$$

$$i_1 = \frac{\mathrm{j}\beta_e}{(\mathrm{j}\beta_e - \Gamma)^2 + \beta_q^2} \cdot \frac{I_0 E_c}{2V_0} \tag{19.2.11}$$

$$\Gamma = \mathrm{j}\beta_e (1 + \mathrm{j}\delta), \delta = \xi_1 + \mathrm{j}\xi_2 \tag{19.2.12}$$

$$\delta^2 + 4QC = \frac{-\mathrm{j}}{(d + \delta + \mathrm{j}b)} \tag{19.2.13}$$

$$v_1 = 2u = \frac{\eta E_c}{v_0 (\mathrm{j}\beta_e - \Gamma)} \tag{19.2.14}$$

由此可得

$$\frac{\rho_1}{\rho_0} = [1 + 2 |\Lambda| A_0 \cos(\phi + \alpha_0)] \tag{19.2.15}$$

$$u = |\Lambda \cdot \delta| A_0 \cos(\phi + \gamma) \tag{19.2.16}$$

式中，

$$\begin{cases} \Lambda = d + \mathrm{j}b + \delta \\ \alpha_0 = \arg(\mathrm{j}\Lambda) \\ \gamma = \arg(\delta\Lambda) \end{cases} \tag{19.2.17}$$

在小信号状态下，电荷守恒定律为

$$\left(\frac{\partial \phi_0}{\partial \phi}\right)_{y=\text{常数}} = \frac{\rho_1}{\rho_0} \tag{19.2.18}$$

由于假定了在行波管起始一段内处于线性状态，所以上述小信号结果对于此段适用. 设在某一位置 $y = y_0$ 起，开始进入非线性状态，那么这一位置的小信号结果就能作为非线性分析的初始条件. 为了书写简便，我们可以选择该位置 y_0 为坐标原点，即 $y_0 = 0$. 这时积分式(19.2.18)适当选择 ϕ_0 使积分常数为零，得

$$\phi_0 = \phi(y_0, \phi_0) + 2\Lambda A_0 \sin[\phi(y_0, \phi_0) + \alpha_0] \tag{19.2.19}$$

于是，如果 $y = y_0 = 0$ 处的幅值 A_0 选定后，那么 ϕ_0、α_0、ρ_1 和 u 等初始值就都可以得到，对工作方程式(19.2.1)～式(19.2.4)的数值积分就可以进行了.

当行波管中有一段衰减器时，可以假定在吸收衰减器段内有

$$\begin{cases} d = D \\ \delta = \delta_D = \xi_{1D} + \mathrm{j}\xi_{2D} \end{cases} \tag{19.2.20}$$

而在其余段内有

$$\begin{cases} d = 0 \\ \delta = \delta = \xi_1 + \mathrm{j}\xi_2 \end{cases} \tag{19.2.21}$$

可能存在三种情况：

(1)非线性过程发生于衰减器后靠近收集极一端的那段内；

(2)非线性过程发生于衰减器段内；

(3)非线性过程发生于衰减器前靠近电子枪那段内.

首先，考虑第一种情况. 这时，假定从靠近收集极一段内的某一位置开始，行波管的工作处于非线性状态，并选该处的坐标为 $y = y_0 = 0$. 在这一位置之前，包括衰减器段在内，都可以引用小信号理论的结果. 在 $y = y_0 = 0$ 这点的小信号结果就是非线性工作方程的初始条件. 从 $y_0(=0)$这点直至输出端点，对非线性工作

方程进行数值积分即可.

在这种情况下,工作方程式(19.2.2)变成

$$\frac{2\mathrm{d}A(y)}{\mathrm{d}y}=\frac{1}{\pi}\int_0^{2\pi}\frac{\sin\phi(y,\phi_0')\mathrm{d}\phi_0'}{1+2Cu(y,\phi_0')} \tag{19.2.22}$$

其次,看第二种情况.这时在衰减器段内已经处于非线性状态,所以衰减器段就分为两小段,前一小段是线性过程,可以采用小信号结果;后一小段是非线性过程,其非线性工作方程式(19.2.2)为

$$2\frac{\mathrm{d}A(y)}{\mathrm{d}y}=-2A(y)D+\frac{1}{\pi}\int_0^{2\pi}\frac{\sin\phi(y,\phi_0')\mathrm{d}\phi_0'}{1+2Cu(y,\phi_0')} \tag{19.2.23}$$

式中,D是衰减器的分布损耗参量.而在衰减器之后靠近收集极的一段内,非线性工作方程式(19.2.2)化为式(19.2.22).在衰减器末端所得的结果作为下一段工作方程的初始值.

最后,我们考虑第三种情况.这时自非线性过程起点 $y_0(=0)$ 到衰减器始端和自衰减器末端到管子输出端点都适用方程(19.2.22),而在整个衰减器段内适用方程(19.2.23).计算的原则和步骤与前面两种情况相同.

现在我们来讨论这样一个问题:当输入功率变化时,上述过程将如何改变?设在某一输入功率电平下,行波管中某一点开始处于非线性状态.当输入信号电平增大时,此非线性过程的起点显然要向管子的输入端方向移动,因为输入功率增大时,非线性过程将提前发生.反之,当输入信号电平减小时,非线性起点将向收集极一端的方向移动,即非线性过程推迟发生.因此,非线性状态起点的位置并不是固定的,而是随着输入信号电平的变化而改变的.如此一来,就引出了下面两个问题.

首先,进入非线性状态的标准是什么?其次,输入信号在什么条件下可以保证至少前面一段是小信号状态?

对于后一个问题,多数作者的意见是,当输入信号功率比 I_0V_0 低 30 dB 时就可以保证输入段处于小信号状态.于是由方程(18.3.13)可以确定 $A_0=0.0225$.

至于进入非线性状态的标准问题,乃是一个比较困难的问题.我们可以认为,当 $A(y)$ 和 y 的关系偏离指数规律时,就进入幅值非线性状态.至于偏离百分之几,那就因作者而异了.

按照上面所述的过程对行波管 TWT2EO 所做的计算结果,将在 19.3 节中一并给出(阿伯尔,1965).

19.3 行波管的相位失真 AM-PM 转换

一、相位失真

当行波管用于通信及雷达系统时,相位失真是一个极严重的问题.一般地,行波管中互作用区长度多在数十个波长范围内,以保证其具有足够的增益.在这种情况下,当不考虑电子注对相移的影响时,慢波系统的相位延迟在 3 600°以上.当信号电平增大到足够的电平之后,电子注对相位的影响要增大到不能忽略的程度,这时电子注将引起一附加的相移,并且这一附加相移具有非线性特征,从而引起信号的相位失真.在本节中,我们将首先用小信号理论讨论行波管中的相位问题,然后用大信号理论作进一步的研究.

根据小信号理论所用的定义,慢波线上的冷相位常数为

$$\beta_1=\beta_e(1+Cb) \tag{19.3.1}$$

而在发生注-波互作用后,行波管的相位常数为

$$\beta=\beta_e(1-Cy_1) \tag{19.3.2}$$

式中，y_1 是小信号理论中的相位参量，其定义为

$$\delta = x_1 + jy_1 \tag{19.3.3}$$

下标"1"用以区别于非线性理论中的归一化距离 y.

在小信号理论中已导出 y_1 和 b、QC、C 等参量的关系，而 δ 满足下列方程：

$$\delta^2 + 4QC = \frac{1}{(-b + jd + j\delta)} \tag{19.3.4}$$

比姆(1956)曾由这个方程求得近似公式：

$$y_1 = -(0.42 + 0.07QC)b - (0.5 + 0.5QC) \tag{19.3.5}$$

由式(19.3.2)可以求得其增量关系：

$$\Delta\beta = \Delta\beta_e(1 - Cy_1) - \beta_e(y_1\Delta C + C\Delta y_1) \tag{19.3.6}$$

由此可知，β_e、C 和 y_1 的变化均可引起相位常数的变化. 另外，由式(19.3.5)可得

$$\begin{aligned}\Delta y_1 &= -(0.42 + 0.07QC)\Delta b - 0.07b\Delta(QC) - 0.5\Delta(QC)\\ &= -(0.42 + 0.07QC)\Delta b - (0.5 + 0.07b)\Delta(QC)\end{aligned} \tag{19.3.7}$$

以此代入式(19.3.6)，得

$$\begin{aligned}\Delta\beta = &(1 - Cy_1)\Delta\beta_e - \beta_e y_1\Delta C + (0.42 + 0.07QC)\Delta b\\ &+ (0.5 + 0.07b)\Delta(QC)\end{aligned} \tag{19.3.8}$$

此式表示了行波管各有关参量的变化对相位常数的影响. 其中，b 的变化 Δb 可以通过式(19.3.1)与 $\Delta\beta_e$ 联系起来，即

$$\frac{\Delta\beta_e}{\beta_e} = -\frac{C\Delta b}{1 + Cb} \tag{19.3.9}$$

以此代入式(19.3.8)，得

$$\begin{aligned}\Delta\beta = &[1 - Cy_1 - (0.42 + 0.07QC)(1 + bC)]\Delta\beta_e\\ &+ (0.5 + 0.07b)\Delta(QC) - \beta_e y_1\Delta C\end{aligned} \tag{19.3.10}$$

由此可以求得相位变化为

$$\Delta\phi = \Delta\beta L \tag{19.3.11}$$

组合式(19.3.10)和式(19.3.11)就可以求出各有关参量变化时所引起的相位变化.

现在讨论加速电压引起的相位变化. 设加速电压 V_0 变为 ΔV_0，则可得到

$$\frac{\Delta\beta_e}{\beta_e} = -\frac{1}{2}\frac{\Delta V_0}{V_0} \tag{19.3.12}$$

如果略去 ΔV_0 对 QC 和 C 的影响，那么可得到

$$\Delta\beta = \frac{\Delta V_0}{2V_0}\beta_e[Cy_1 - 1 + (0.42 + 0.07QC)(1 + Cb)]\Delta\beta_e \tag{19.3.13}$$

和

$$\Delta\phi = \frac{\Delta V_0}{V_0}\pi N[(1 + Cb)(0.42 + 0.07QC) + Cy_1] \tag{19.3.14}$$

式中，N 表示慢波线上的波数. 在 QC 和 C 都可忽略不计的时候，式(19.3.14)变为

$$\Delta\phi \approx -105\frac{\Delta V_0}{V_0}N \quad (\text{度}) \tag{19.3.15}$$

用同样的方法还可以计算控制极电压变化所引起的相位改变，结果为

$$\Delta\phi = 90\frac{\Delta V_1}{V_1}C(1 + QC)N \tag{19.3.16}$$

式中，V_1 表示某一控制极电压.

再来讨论一下功率电平的变化引起的相位改变.

行波管中信号功率的增加意味着从电子注吸取了更多的功率,从而使电子的速度变慢,这相当于加速电压 V_0 变化时的效应,不过这种变化是随距离而改变的.

在小信号状态下,可以假定功率与距离的关系是指数率的.这在达到饱和功率前是基本正确的.令 G_1 为单位长度内的增益,则有

$$P(z)=P_2\mathrm{e}^{-0.230\,3G_1z} \tag{19.3.17}$$

式中,P_2 为输出功率.假定电子注进入行波管时的电位 V_0,则在 z 处的电位为

$$V(z)=V_0-\frac{P_2}{I_0}\mathrm{e}^{-0.230\,3G_1z} \tag{19.3.18}$$

故一个电子到达 z 时的能量损失为

$$(\Delta V_0)_1=-\frac{P_2}{I_0}\mathrm{e}^{-0.230\,3G_1z} \tag{19.3.19}$$

将此式代入式(19.3.13)并积分,即得总的相位移为

$$\Delta\phi=-\int_{z_0}^{0}\mathrm{d}z\left\{\frac{P}{2I_0V_0}\mathrm{e}^{-0.230\,3G_1z}\cdot\beta_e[(1+bC)(0.42+0.07QC)+Cy_1-1]\right\} \tag{19.3.20}$$

式中,积分下限 z_0 的选择是有些困难的.z_0 如选为行波管输入端的话,并不正确.因为在输入端的某一小段内,信号功率并不按指数规律变化.比姆(1956)建议将 z_0 选为负无穷大,并指出,当集中衰减器后面一段中行波管的增益大于 14 dB 时,所得的误差不超过 10%,这个值低于其他因素引起的误差.在这种假设下,得

$$\Delta\phi=-\frac{4.343}{G_1}\cdot\frac{P_2}{2I_0V_0}\beta_e[(1+bC)(0.42+0.07QC)+Cy_1-1] \tag{19.3.21}$$

由这个式(19.3.21)可以知道,在小信号状态下,$\Delta\phi$ 反比于增益 G_1.在线性理论中已经求得最大增益为 $BC\beta_e/2\pi$,故最小相移为

$$(\Delta\phi)_{\min}=-\frac{13.7}{I_0V_0}=\frac{(1+bC)(0.42+0.07QC)+Cy_1-1}{BC} \tag{19.3.22}$$

将 $B=47.3$ 代入,并略去 QC 和 bC,可得

$$(\Delta\phi)_{\min}\approx 9.6\frac{P_{\mathrm{out}}}{P_0}\cdot\frac{1}{C}\quad(\text{度}) \tag{19.3.23}$$

式中,$P_0=I_0V_0$ 是直流电子注功率.

当行波管两端不匹配而具有反射时,相当于从电子注中吸取了更多的能量,这时可以得到

$$(\Delta\phi)_{\min}\approx 9.6\frac{P_{\mathrm{out}}}{P_0}\frac{(1+\rho)^2}{2\rho}\cdot\frac{1}{C} \tag{19.3.24}$$

式中,ρ 为输入、输出端的驻波系数,这里假设它们是相等的.

以上我们以小信号理论研究了行波管的相位问题.假设在距行波管输入端某一位置开始进入非线性状态,那么在此位置之前可以用上述小信号结果来计算其相移特性,而在此位置之后,则不能用上述方办法进行计算.设此位置距行波管输出端的距离为 y,并将该位置取为 y 的坐标原点,则按小信号理论有

$$P_{\mathrm{A}}=P_{\mathrm{i}}\mathrm{e}^{g(l-y)} \tag{19.3.25}$$

式中,P_{A} 是进入非线性状态时的功率电平;P_{i} 是输入信号的功率电平,而

$$g=8.686x_1 \tag{19.3.26}$$

对于一给定的行波管,P_{A} 是一确定的值.19.4 节中已指出,当 P_{i} 变化时,进入非线性状态的点也随之而变化.这时由式(19.3.25)有

$$\Delta\ln P_{\mathrm{i}}-g\Delta y=0$$

即

$$\Delta y=\frac{1}{g}\Delta\ln P_{\mathrm{i}}=\frac{1}{g}\cdot\frac{\Delta P_{\mathrm{i}}}{P_{\mathrm{i}}} \tag{19.3.27}$$

当输入功率 P_{i} 增大时，非线性区增长，线性区缩短；反之，当 P_{i} 减小时，非线性区缩短，线性区增长.

对于非线性区，相位特性应该用大信号理论来计算. 根据式(17.5.11)有

$$\theta(y)=\omega\left(\frac{z}{u_0}-t\right)-\phi(z,t)=\left(\frac{y}{C}-\omega t\right)-\left[\int_0^z\beta(z)\mathrm{d}z-\omega t\right] \tag{19.3.28}$$

关于大信号理论的数字计算结果，19.4 节中已讨论过.

二、AM(调幅)-PM(调相)转换

首先定性地看一看为什么在行波管中调幅会引起调相. 如前所述，调幅相当于改变输大功率电平，而输入电平 P_{i} 的改变将引起行波管非线性区起点的移动，从而引起相位的变化. 这样一来，当非线性状态发生时，调幅就必然引起调相.

设输出端到非线性状态起点的距离为 y，则输出功率可以表示为

$$P_{\mathrm{out}}=\frac{K_c I_0^2}{2C^2}[A\{y(P_{\mathrm{i}})\}]^2 \tag{19.3.29}$$

式中，$A\{y(P_{\mathrm{i}})\}$是输出端的高频电压幅值. 由此式可以看到，AM-PM 转换可定义为

$$\{\text{AM-PM}\}=\frac{(\Delta\theta)_T}{\Delta\ln P_i}=k_{\text{A-P}} \tag{19.3.30}$$

式中，$(\Delta\theta)_T$ 表示整管的相位移. 不难知道，$(\Delta\theta)_T$ 可由下式决定：

$$(\Delta\theta)_T=\theta(y+\Delta y)-[\theta(y)+y_1\Delta y] \tag{19.3.31}$$

式中，$\theta(y)$ 表示非线性相移；$y_1\Delta y$ 表示线性相移（再次指出，y_1 与 y 的意义截然不同）. 但是由式(19.3.27)有

$$\Delta\ln P_i=g\Delta y \tag{19.3.32}$$

组合式(19.3.30)至式(19.3.32)可以求得

$$k_{\text{AM-PM}}=\frac{-180^\circ}{\pi g}\left[\left(\frac{\mathrm{d}\theta}{\mathrm{d}y}\right)_{y=l}-y_1\right]\quad(\text{度/dB}) \tag{19.3.33}$$

在行波管中，通常都具有集中衰减器，根据 19.2 节所述，按非线性状态开始的位置，可以分为三种情况. 实际上，在衰减器前的一段内进入非线性状态的情况较少遇到，因此可以仅考虑其余两种情况，即非线性状态在衰减器后的一段内开始和在衰减器段内开始的情况. 对于其中前一种情况，AM 到 PM 转换显然由式(19.3.33)确定. 如果非线性状态在衰减器段内开始，那么设此点到衰减器末端的距离为 y_a，y_a 的原点取在非线性状态开始处，这时有

$$P_{\mathrm{out}}=\frac{K_c I_0^2}{2C^2}[A\{y_a(P_i),l_c\}]^2 \tag{19.3.34}$$

而在衰减器段内 AM 到 PM 转换由下式计算：

$$k_{\text{AM-PM}}=\frac{-180^\circ}{\pi g_D}-\left[\frac{\partial\theta(y_a,l_c)}{\partial y_a}-y_D\right] \tag{19.3.35}$$

式中，g_D 和 y_D 是衰减器段内($d=D$)的小信号参量.

根据上面所述的方法，阿伯尔(1965)对 2EO 型行波管做了计算，该管的参量如下：

$K_c=52\ \Omega$	$C=0.086$
$QC=0.46$	$k=2.3$
$D=1.2$	$I_0=50$ mA
$l=126$ mm	$l_a=67$ mm
$f=4$ GHz	$V_0=980、1\,045、1\,110$ V

如图 19.3.1 和图 19.3.2 所示为其计算结果.

如图 19.3.1(a)～(d)所示是对 $d=0$ 的均匀螺旋线的计算结果，而如图 19.3.1(e)～(h)所示是 $D=d=$

1.2 时均匀螺旋线的结果. 由图可知,随着损耗的增加,输出功率下降,而 AM-PM 的转换上升.

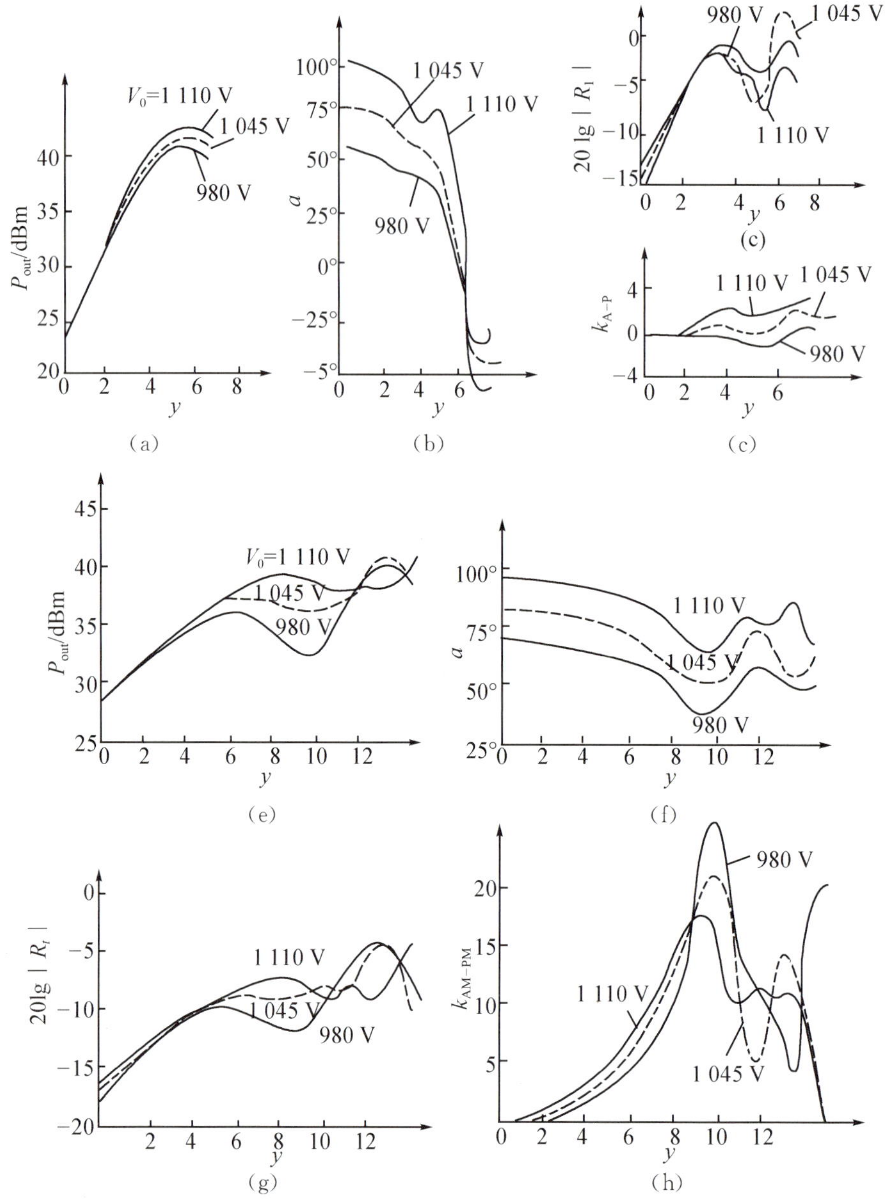

图 19.3.1　2EO 型行波管的大信号计算结果

如图 19.3.2(a)~(j)所示为管子总长度为 126 mm、衰减器长度为 67 mm 时,五种不同衰减器位置,即不同 l_c 时的计算结果. 由图可以清楚地看到,随着衰减器的位置向输入端移动,可以降低 AM-PM 转换. 另外,由图可知,当衰减器位置向输入端移动时,还可以增大输出功率. 关于这些现象的物理解释,在阿伯尔的文章中给出了某些讨论. 读者可直接查阅.

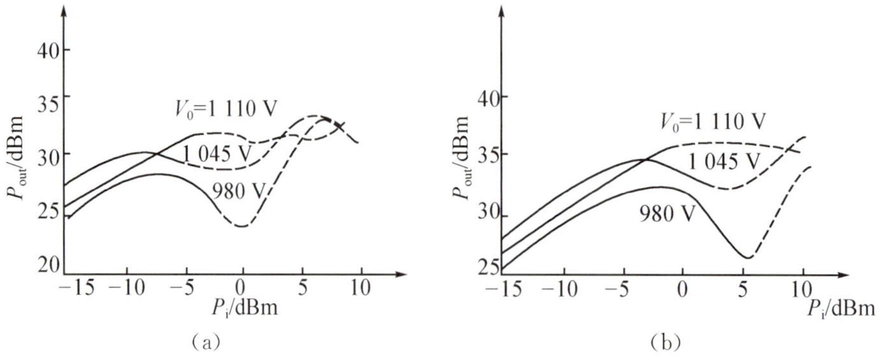

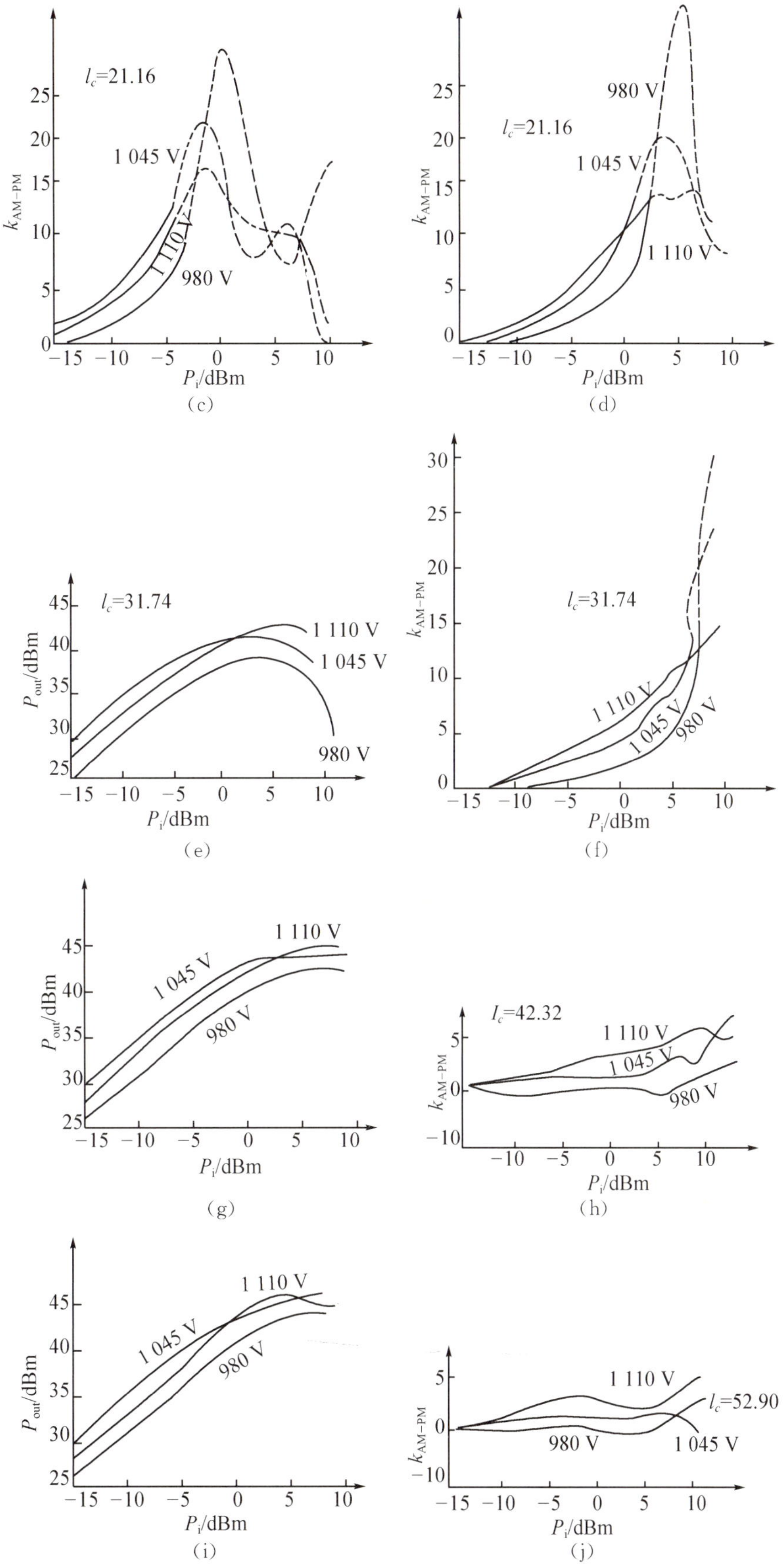

图 19.3.2　2EO 型行波管输出功率、k_{A-P} 与衰减器位置和输入功率的关系

综上所述，无论从提高饱和输出功率而言，还是从减小 AM-PM 转换而言，都应该将衰减器置于向输入端尽可能靠近的地方. 当然，这种靠近不是无限制的，还必须避免发生其他不良后果，如要避免由于衰减器

后一段内的增益过大而引起的自激振荡.

关于非线性失真问题,瓦兰德(1969)曾做过计算.他获得了如下结果:

(1)为了降低 AM-PM 转换,宜将行波管设计于低电压工作,但从降低幅度非线性失真来看,又宜将其设计于高电压工作,因此设计时必须折中考虑,二者兼顾.

(2)相位失真和幅度失真均与线路波和二次谐波的耦合有关.与二次谐波耦合越强,失真越大.

(3)集中衰减器后一段内的增益低于 25 dB 时,失真及 AM-PM 转换将增大.因此,应使衰减器后的一段内的增益大于 25 dB.

(4)分布损耗愈小,AM-PM 转换愈小.

19.4 行波管的效率问题

长期以来,提高行波管的效率都是一个重要的研究课题.在行波管中,电子注与线路行波场之间的能量交换属于动能和电磁场能的交换.当电子注把相当一部分动能转移给行波场后,电子注的平均速度将变慢,使得电子注与行波不能继续维持同步状态,因此也就不能继续进行有效的正向能量转换,甚至会发生反向能量转换,即电子注又从行波场吸取能量.这就是限制 O 型器件的效率的根本原因之一.

根据这一物理机理,如果能设法保持电子注与波的长期同步,那么,行波管的效率必然能得到显著改善.由此可知,要保持注-波同步,有时称速度再同步,不外乎有两种方法:一种方法是使行波的相速逐渐地变慢;另一种方法是设法使电子注的速度增大.前一种情况称为相速渐变;后一种办法通常是通过在一较短的距离内提高电子注电压的方法来实现的,因而称为电压跳变.

显然,上述两种方法都是从提高注-波互作用的电子效率方面来改善行波管的效率的.另外,我们注意到,电子从互作用区出来后,仍然具有相当的能量,通常这部分能量在电子被收集极收集时,以热能的形式耗散于收集极上.从这一过程可以想到,如果能收回这部分能量,那么行波管的效率还能显著提高.这种方法就是用降压收集极.

所以,对于一个行波管来讲,提高互作用效率可使输出功率增大;而采用降压收集极则不改变输出功率而使直流功率下降,从而使管子效率提高.

无论从小信号理论还是大信号理论分析,都表明电子注的速度必须略大于线路上行波的冷相速,如图 19.4.1 所示.如果要求管子有较大的增益,那么电子速度仅略大于冷相速.实际上,根据小信号理论,当 d 及 QC 可以忽略不计时,最大增益条件下的非同步参量 b 接近于零;而当 d 和 QC 不可略去时,最大增益条件下的 b 略大于零.然而,如果要求提高效率,那么为了使电子注能交出更多的能量,一般要增大电子注的速度,使行波管处于"超压运用".显然,此时不能获得最大增益,因此这里提高效率是以牺牲增益为代价的.

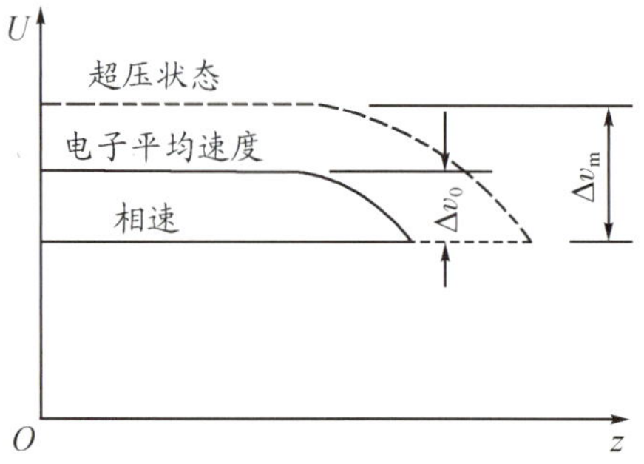

图 19.4.1 行波管中的电子注速度示意图

速度再同步方案,就是为避免上述矛盾而提出来的.如图 19.4.2 所示为前面提到过的两种速度再同步方案. 如图 19.4.2(a)所示为相速渐变法，如图 19.4.2(b)所示为电压跳变法. 在未进行分析之前，我们先对这两种方法作一些定性的研究. 乍一看，似乎相速渐变较为理想，因为它可以使电子注与行波始终都处于同步状态. 但实际上并不尽然. 因为当相速变化时，慢波线的耦合阻抗 K_c 也要改变，使电子注与线上的波的相互作用偏离最佳运用状态而逐渐变弱. 当电子注速度变化较大时，空间电荷的影响增强，使 QC 的值增大，电子注中的去聚现象增加. 综合以上讨论可知，相速渐变法是有一定限制的. 至于电压跳变法则有着较大的潜力. 它是通过在较短的距离内提高电子注电压的方法来实现速度再同步的，没有相速渐变法中所存在的那些缺点. 然而，由于慢波线上的不同段处于不同的直流电位，所以在结构上就必然带来一些附加的困难，实施起来难度较大. 而相速渐变法就没有这一困难. 所以二者各具优点.

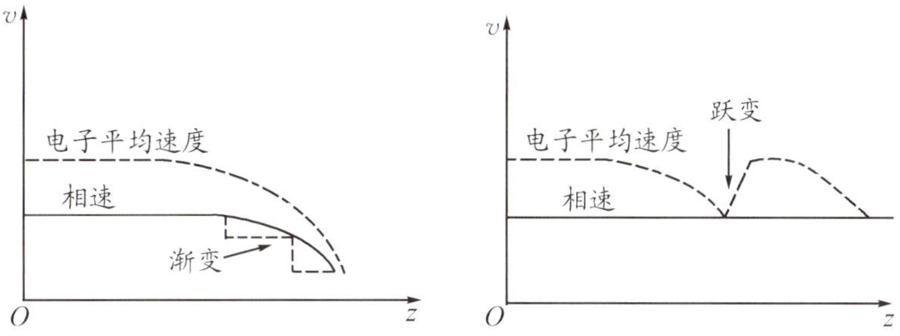

图 19.4.2　行波管的速度再同步方案

为了实现速度再同步，在行波管的结构设计上必须解决以下几个问题：

(1)渐变或跃变开始的位置；

(2)渐变或跃变段的长度；

(3)渐变或跃变的幅度；

(4)前面一段均匀区的长度及有关参量选择；

(5)渐变或跃变段与均匀区段之间的过渡区的状况.

这些问题的分析和解决，在小信号理论范围内是无法进行的，必须利用大信号理论才能进行. 为此，我们先给出一些定性的分析，然后讨论大信号的计算.

对于渐变或跃变开始位置和其长度选择的问题，可以利用图 19.4.3 所示的曲线来说明. 从提高效率的观点看来，应当充分发挥每一段的潜力. 因此，渐变或跃变开始的位置，应当在前一段的饱和位置上，而每一段的长度也都正好由效率最大点来确定. 由图 19.4.3 可以看出，渐变或跃变位置和长度都是很临界的，为了得到最大效率，必须仔细地计算和设计它们.

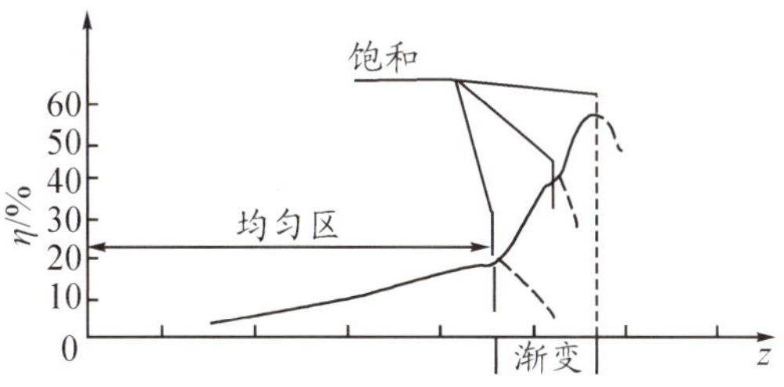

图 19.4.3　效率与速度渐变示意图

均匀段参量的选择既决定了此段的互作用效率，也将影响其后各段中电子与波的相互作用，因为其后段中的电子注调制的起始状态是由均匀段所提供的. 如图 19.4.4 所示，随着 b 的增加，出现三种状态，即最佳群聚状态、最大增益状态和最大超压(最大效率)状态. 在最佳群聚状态下，电子注中基波分量最大而谐波分量较小. 在最大超压状态下，二次谐波分量比基波分量还要大. 而在最大增益状态下，情况介于二者之间.

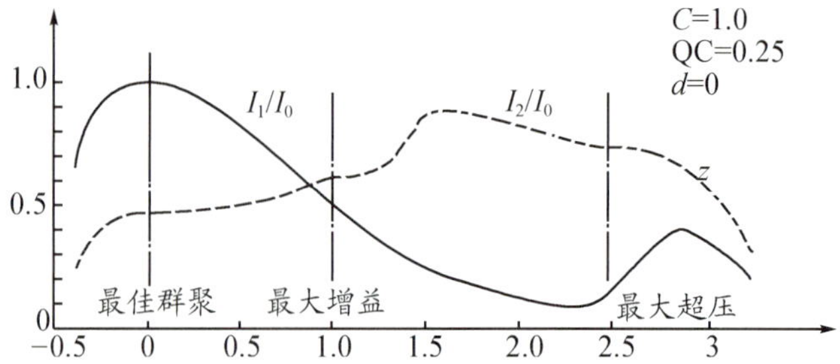

图 19.4.4 行波管的三种状态与非同步参量的关系

为了提高行波管的效率，必须从整体上考虑问题. 若在均匀段中已工作于最大超压状态，则其后段中的潜力就已经不大. 这时再进行渐变或跳变，效果就会不明显. 因此，均匀段应工作于最佳群聚状态. 这样做，虽然在均匀段内的效率不高，但却能提供一个良好群聚的电子注，把较大的潜力留给以后各段，从而使整个管子的效率得以显著提高.

在做了上面这些定性讨论之后，我们现在来进行大信号分析. 综上所述，在速度再同步行波管中，一般分为两段：第一段是均匀段，目的在于提供一良好群聚的电子注；第二段是相速渐变或跳变段. 在这一段内，线路上行波的冷相速应按一定的规律沿距离而变化，或者电子注的电压发生某种跳变. 因此，大信号分析时，也应分为两段进行. 在第一段中，对于均匀相速慢波线行波管的大信号理论，前面几章已作充分讨论，可以直接引用其结果. 这里着重讨论第二段，即渐变或跃变段.

在渐变或跃变段内，行波管的主要特点是线路上波的相速 v_0 和特征阻抗 Z_0 都是距离 z 的函数，并且可能有直流电位的变化. 因此，行波管的大信号工作方程必须加以修正.

当线路参量随距离而变，且有直流电位梯度时，行波管的线路方程和运动方程分别为

$$\frac{\partial^2 V(z,t)}{\partial z^2}-\frac{1}{v_0^2(z)}\frac{\partial^2 V(z,t)}{\partial t^2}-\frac{\partial}{\partial z}\ln\left[\frac{Z_0(z)}{v_0(z)}\right]\frac{\partial V(z,t)}{\partial z}-\frac{2\omega C(z)\mathrm{d}(z)}{v_0^2(z)}\frac{\partial v(z,t)}{\partial t}$$
$$=-\frac{Z_0(z)}{v_0(z)}\left[\frac{\partial^2\rho(z,t)}{\partial t^2}+2\omega C(z)\mathrm{d}(z)\frac{\partial\rho(z,t)}{\partial t}\right] \tag{19.4.1}$$

$$\frac{\mathrm{d}^2 z}{\mathrm{d}t^2}=|\eta|\left[\frac{\partial V(z,t)}{\partial z}+\frac{\mathrm{d}V_{dc}(z)}{\mathrm{d}z}-E_{zt}\right] \tag{19.4.2}$$

式中，$C^3(z)=I_0Z_0(z)/(4V_0)$. 在归一化参量下，利用电荷守恒定律，由上面两式可得

$$\frac{\mathrm{d}^2A(y)}{\mathrm{d}y^2}-A(y)\left[\left(\frac{\mathrm{d}\theta(y)}{\mathrm{d}y}-\frac{1}{C_0}\right)^2-\left(\frac{1+C_0b(y)}{C_0}\right)^2\right]-\frac{\mathrm{d}A(y)}{\mathrm{d}y}\left[\frac{\mathrm{d}}{\mathrm{d}y}\ln\left(\frac{Z_0(y)}{Z_0}\right)+\frac{C_0}{1+C_0b(y)}\frac{\mathrm{d}b(y)}{\mathrm{d}y}\right]$$
$$=-\left(\frac{1+C_0b(y)}{\pi C_0}\right)\left(\frac{Z_0(y)}{Z_0}\right)\zeta(y)\left[\int_0^{2\pi}\frac{\cos\phi(y,\phi_0')}{1+2C_0u(y,\phi_0')}\mathrm{d}\phi_0'+2C_0\mathrm{d}(y)\int_0^{2\pi}\frac{\sin\phi(y,\phi_0')}{1+2C_0u(y,\phi_0')}\mathrm{d}\phi_0'\right] \tag{19.4.3}$$

$$A(y)\left[\frac{\mathrm{d}^2\theta(y)}{\mathrm{d}y^2}-\left(\frac{\mathrm{d}\theta(y)}{\mathrm{d}y}-\frac{1}{C_0}\right)\left(\frac{\mathrm{d}}{\mathrm{d}y}\ln\frac{Z_0(y)}{Z_0}+\frac{C_0}{1+C_0b(y)}\frac{\mathrm{d}b(y)}{\mathrm{d}y}\right)-\frac{2\mathrm{d}(y)}{C_0}(1+C_0b(y))^2\right]+2\left(\frac{\mathrm{d}\theta(y)}{\mathrm{d}y}-\frac{1}{C_0}\right)\frac{\mathrm{d}A(y)}{\mathrm{d}y}$$
$$=-\left(\frac{1+C_0b(y)}{\pi C_0}\right)\left(\frac{Z_0(y)}{Z_0}\right)\zeta(y)\left[\int_0^{2\pi}\frac{\sin\phi(y,\phi_0')}{1+2C_0u(y,\phi_0')}\mathrm{d}\phi_0'-2C_0\mathrm{d}(y)\int_0^{2\pi}\frac{\cos\phi(y,\phi_0')}{1+2C_0u(y,\phi_0')}\mathrm{d}\phi_0'\right] \tag{19.4.4}$$

$$\frac{\partial u(y,\phi_0)}{\partial y}[1+2C_0u(y,\phi_0)]=\zeta(y)\left[-A(y)\left(1-C_0\frac{\mathrm{d}\theta(y)}{\mathrm{d}y}\right)\right.$$
$$\left.\cdot\sin\phi(y,\phi_0)+C_0\frac{\mathrm{d}A(y)}{\mathrm{d}y}\cos\phi(y,\phi_0)\right]+C_0\frac{\mathrm{d}A_{dc}(y)}{\mathrm{d}y}$$
$$+\frac{1}{1+C_0b(y)}\left(\frac{\omega_p}{\omega C_0}\right)^2\int_0^{2\pi}\frac{F(\phi-\phi')\mathrm{d}\phi_0'}{1+2C_0u(y,\phi_0')} \tag{19.4.5}$$

式中，$\zeta(y)=[C(y)/C_0]^{3/2}$ 表示因线路参量渐变而引起的电子注与电磁波耦合的变化. 另外还要加上相位关系：

$$\frac{\partial \phi(y,\phi_0)}{\partial y}+\frac{\mathrm{d}\theta(y)}{\mathrm{d}y}=\frac{2u(y,\phi_0)}{1+2C_0u(y,\phi_0)} \tag{19.4.6}$$

不难看到，上述工作方程是十分复杂的，即使利用计算机求解，也非常难. 因此，诺埃等人(1962)引入所谓“硬核群聚”的近似处理. 这时，假设在每一个波长范围内，电子注中的电子结合在一个群聚块内，且此群聚块总是维持在一定的相位 ϕ_f 内.

在渐变或跃变段内，可以假设在每一个横截面上能量守恒定律都是满足的. 如此，略去群聚块内的空间电荷场中所贮存的小部分能量后，可以得到

$$\frac{2C_0A^2(y)}{\dfrac{Z_0(y)}{Z_0}}=2CA_0^2+\frac{1}{2\pi}\int_0^{2\pi}\Big\{[1+2C_0u(y,\phi_0)]^2\big|_{y=0}$$
$$-[1+2C_0u(y,\phi_0)^2\big|_{y=y}]\Big\}\mathrm{d}\phi_0 \tag{19.4.7}$$

根据“硬核群聚”近似，式(19.4.7)变成

$$\frac{2C_0A^2(y)}{\dfrac{Z_0(y)}{Z_0}}=2CA_0^2+1-[1+2C_0u(y,\phi_f)]^2 \tag{19.4.8}$$

解得

$$A(y)=\left\{\frac{Z_0(y)}{2Z_0C_0}[2C_0A_0^2+1-(1+2C_0u(y,\phi_f))^2]\right\}^{1/2} \tag{19.4.9}$$

当我们考虑最大转换效率状态时，$\phi_f=\pi/2$，即“硬核群聚块”处于最大减速相位.

另外，在“硬核群聚”假定下，方程(19.4.4)简化为

$$\frac{\mathrm{d}A(y)}{\mathrm{d}y}=\frac{\zeta(y)Z_0(y)}{Z_0}\cdot\frac{\sin\phi_f}{[1+2C_0u(y,\phi_f)]}$$
$$+\frac{A(y)}{2}\frac{1}{Z_0(y)}\frac{\mathrm{d}Z_0(y)}{\mathrm{d}y} \tag{19.4.10}$$

将式(19.4.9)代入式(19.4.10)，并令

$$X(y,\phi)=1+2C_0u(y,\phi) \tag{19.4.11}$$

可以求得

$$\sqrt{2C_0}\sin\phi_f\mathrm{d}y=\frac{-X^2(y,\phi_f)\mathrm{d}X(y,\phi_f)}{\zeta(y)\left\{\dfrac{Z_0(y)}{Z_0}[2C_0A_0^2+1-X^2(y,\phi_f)]^{1/2}\right\}} \tag{19.4.12}$$

这个方程就是电子注群聚块的速度应该服从的方程，而电子块的速度显然为

$$u_t=u_0X(y,\phi_0) \tag{19.4.13}$$

这个速度应该与线路上波的相速同步. 因此，求解上述方程就可以得到渐变或跃变所应满足的规律. 现分以下三种情况来加以讨论.

(1) $Z_0(y)/Z_0=1$，即渐变段内阻抗不变化，这时有

$$\zeta(y)=\left[\frac{C(y)}{C_0}\right]^{3/2}=\left[\frac{Z_0(y)I_0}{4V_0}\cdot\frac{4V_0}{Z_0I_0}\right]^{3/2}=1$$

式(19.4.12)的解为

$$\sqrt{2C_0}(\sin\phi_f)y=\frac{1}{2}\Big\{X(y,\phi_f)\sqrt{2C_0A_0^2+1-X^2(y,\phi_f)}$$
$$-\sqrt{2C_0A_0^2}-(1+2C_0A_0^2)\left[\sin^{-1}\frac{X(y,\phi_f)}{\sqrt{1+2C_0A_0^2}}-\sin^{-1}\frac{1}{\sqrt{1+2C_0A_0^2}}\right]\Big\} \tag{19.4.14}$$

对于小增益参量情况，即 $C_0\ll1$，忽略 C_0^2 项，并取 $\phi_f=\pi/2$，式(19.4.14)变成

$$u(y,\phi_f)=1-2C_0A_0y-C_0y^2 \tag{19.4.15}$$

必须指出，等阻抗假设仅对小渐变才成立.

(2)阻抗变化按以下规律：

$$\frac{Z_0(y)}{Z_0}=\left[\frac{C(y)}{C_0}\right]^3=\left[\frac{v_0(y)}{v_0}\right]^{3/2} \tag{19.4.16}$$

这时有

$$\zeta(y)=\left[\frac{C(y)}{C_0}\right]^{3/2}=\left[\frac{v_0(y)}{v_0}\right]^{3/4} \tag{19.4.17}$$

将此式代入方程(19.4.12)并进行积分，得解为

$$\sqrt{2C_0}(\sin\phi_f)y=\left\{\frac{(1+2C_0A_0^2)^{1/4}}{\sqrt{2}}\left\{4E\left(\frac{1}{\sqrt{2}},z'\right)-2F\left(\frac{1}{2},z'\right)\right|_{z'=z_2'}^{z'=z_1'} \tag{19.4.18}$$

式中，E 和 F 是第二类和第一类椭圆积分，其积分限为

$$\begin{cases} z_1'=\sin^{-1}\left\{\sqrt{2}\sin\left[\dfrac{\cos^{-1}(X(y,\phi_f)/\sqrt{1+2C_0A_0^2})}{2}\right]\right\} \\ z_2'=\sin^{-1}\left\{\sqrt{2}\sin\left[\dfrac{\cos^{-1}(1/\sqrt{1+2C_0A_0^2})}{2}\right]\right\} \end{cases} \tag{19.4.19}$$

(3)令阻抗变化规律如下：

$$\frac{Z_0(y)}{Z_0}=\left[\frac{C(y)}{C_0}\right]^3=\left[\frac{v_0(y)}{v_0}\right]^2 \tag{19.4.20}$$

这时

$$\zeta(y)=\left[\frac{C(y)}{C_0}\right]^{3/2}=\frac{v_0(y)}{v_0} \tag{19.4.21}$$

将式(19.4.21)代入方程(19.4.12)并求解，得

$$\sqrt{2C_0}(\sin\phi_f)y=\cos^{-1}\left(\frac{X(y,\phi_f)}{\sqrt{1+2C_0A_0^2}}\right)-\cos^{-1}\left(\frac{1}{\sqrt{1+2C_0A_0^2}}\right) \tag{19.4.22}$$

以上三种情况的结果，绘成 $X(y,\phi_f)$ 和 $\sqrt{2C_0}(\sin\phi_f)y$ 的函数关系，如图 19.4.5～图 19.4.7 所示.

上面我们对速度渐变做了近似的解析解. 除此之外，还可以利用计算机直接对其大信号工作方程式(19.4.3)～式(19.4.6)进行求解. 求解时，为了简化，我们假设仅对最大效率情况有兴趣，从而可以令群聚块维持在减速相位中心.

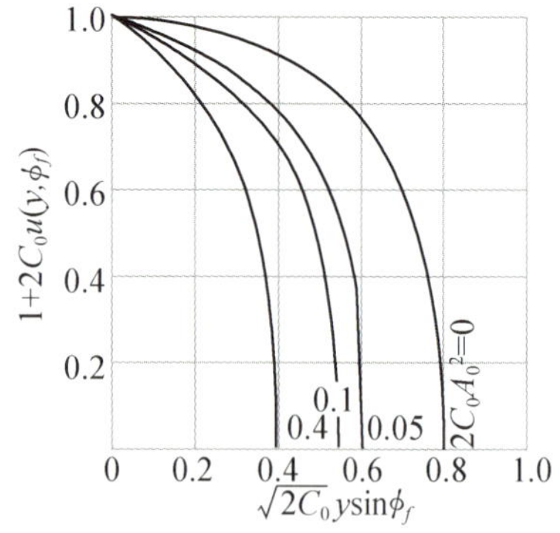

图 19.4.5　$Z_0(y)/Z_0=1$ 时，电子速度与归一化距离的关系

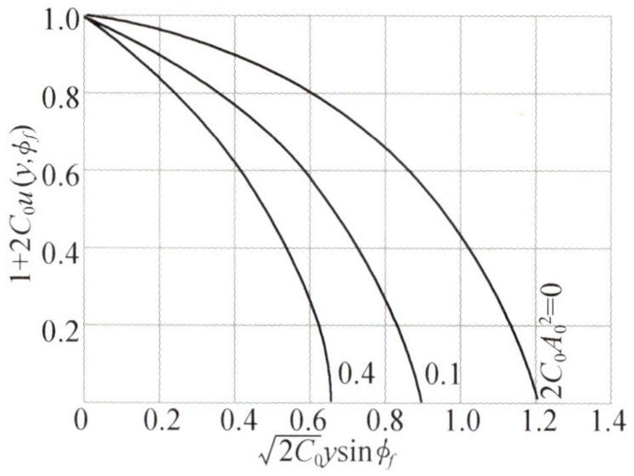

图 19.4.6　$Z_0(y)/Z_0=[v_0(y)/v_0]^{3/2}$ 时，电子速度与归一化距离的关系

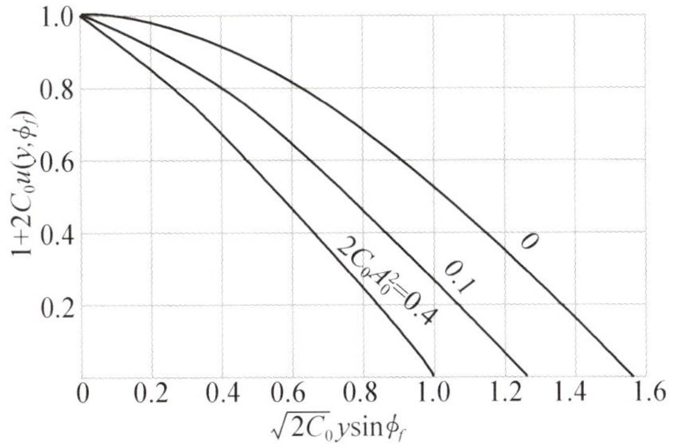

图 19.4.7　$Z_0(y)/Z_0=[v_0(y)/v_0]^2$ 时，电子速度与归一化距离的关系

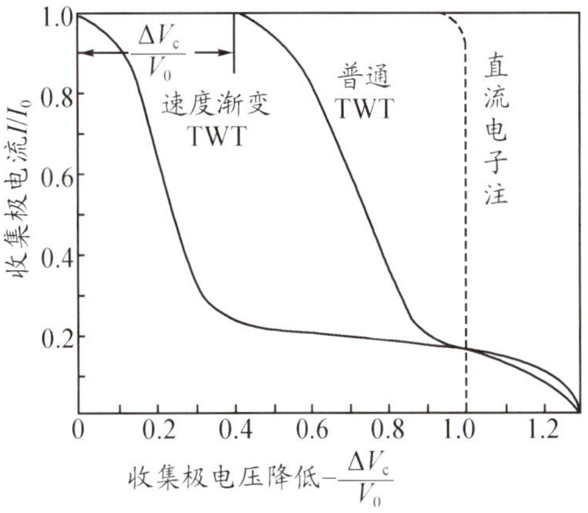

图 19.4.8　降压收集极电流

对于电压跳变的情形，也可以进行类似的讨论，本书就不再详述了.

上面讨论的是提高行波管的作用效率即电子效率的方法. 提高管子总效率的另一种有效方法是采用降压收集极. 降低收集极的电压受到电子注中速度分布的限制. 从作用区中出来的电子注中的电子，其速度具有较大的零散，如果收集极电压低于大部分电子的电位，那么大部分电子就将返回相互作用区，收集极的电流将大为减小. 这种情况一旦发生，不但不能达到提高效率的目的，而且返回的电子将严重影响行波管的正常工作. 这种现象如图 19.4.8 所示. 由图 19.4.8 可知，对于没有实现速度再同步的行波管，收集极电压降低约 40%时，尚不至于引起收集极电流的明显下降. 然而对于具有速度再同步的行波管，即使收集极电压仅有不大的下降，也将引起收集极电流的明显下降. 由此表明，利用速度再同步技术后，行波管的作用效率提高了，大多数电子已把相当一部分能量交给了电磁场，因而大部分电子的速度都降低了可观的数量. 因此，对于利用速度再同步的办法已经提高了效率的行波管而论，采用单级降压收集极对效率的改善效果并不显著.

为了进一步提高具有速度再同步的行波管的效率，可采用多级(二级或二级以上)降压收集极. 阿卡锡等人(1972)提出了多极降压收集极的方案，在原则上可以实现电子的"软着陆"，从而全面收回电子与波作用后的剩余能量，以使行波管的总效率接近 100%. 当然，哪怕是最完美的结构和工艺也难免有某些能量耗散，所以实现全回收只是一种理想情况.

另外，对于电子速度零散较大的情况，除上述多级降压收集极外，别雅夫斯基曾提出另一种方案，叫电子注的去群聚. 即设法对从作用空间出来的已调制电子注进行去调制，从而去除电子注中的速度零散，然后用一个收集极收集. 然而这种设想，尚未见有实验结果报道.

19.5 行波管中收集极内的能量分布

如 19.4 节所述，为了设计多级降压收集极，必须了解从互作用空间出来的电子注中电子的能量分布. 现在我们来讨论这一问题.

对于任一特定的电荷群，在它与波互作用过程中，其能量变化量为

$$\frac{mu_{tj}^2}{2}-qV_0=-qV_j=\mathscr{E}_j \tag{19.5.1}$$

式中，下标 j 表示特定的第 j 个电荷群；V_j 为等效的高频电位，对于给出能量的电荷群 V_j 是正值，对于吸取能量的电荷群它是负值；$\mathscr{E}_j$ 是 V_j 相应的等效能量.

对于不受高频场作用的电荷群，能量改变量为零，即

$$\frac{mu_0^2}{2}-qV_0=0 \tag{19.5.2}$$

联解上述二式，可得

$$\left(\frac{u_{tj}}{u_0}\right)^2=1-\frac{V_j}{V_0} \tag{19.5.3}$$

我们记得，电荷群的全速度的定义为

$$u_t(y,\phi_{0j})=u_0[1+2Cu(y,\phi_{0j})] \tag{19.5.4}$$

于是式(19.5.3)可表示为

$$\left(\frac{u_{tj}}{u_0}\right)^2=[1+2Cu(y,\phi_{0j})]^2=1-\frac{V_j}{V_0} \tag{19.5.5}$$

式中，$[1+2Cu(y,\phi_{0j})]$即为归一化速度.

在下面的分析中，假设电子注的流通率是100%. 定义下列各种能量：

$\mathscr{E}_{dc}$——相互作用区的输入电子能量；

$\mathscr{E}_i$——线路的高频输入能量；

$\mathscr{E}_d$——线路上耗散的高频能量；

$\mathscr{E}_a$——给予收集极的直流能量；

$\mathscr{E}_0$——线路输出的高频能量.

而管子的特征效率定义如下：

η_e——电子转换效率；

η_0——总效率.

假设有 m 个电荷群注入相互作用空间，那么这些效率可用上面定义的各种能量来表示. 电子效率表示为

$$\eta_e=\frac{\mathscr{E}_0-\mathscr{E}_i+\mathscr{E}_d}{\mathscr{E}_{dc}}=1-\frac{\mathscr{E}_c}{\mathscr{E}_{dc}} \tag{19.5.6}$$

而总效率表示为

$$\eta_0=\frac{\mathscr{E}_0-\mathscr{E}_i}{\mathscr{E}_{dc}} \tag{19.5.7}$$

由电子注给出的高频能量可以用电子等效高频电位 V_j 来表示，即

$$\mathscr{E}_0-\mathscr{E}_i+\mathscr{E}_d=\sum_{j=1}^{m}qV_j \tag{19.5.8}$$

式中的量通常满足关系式 $\mathscr{E}_0\gg\mathscr{E}_i$(对应于高增益).

如果收集极电位与高频线路的电位相同，那么能量和效率是

$$\mathscr{E}_{dc}=mqV_0 \tag{19.5.9a}$$

$$\mathscr{E}_c=\sum_{j=1}^{m}q(V_0-V_i) \tag{19.5.9b}$$

$$\eta_e=1-\frac{\sum_{j=1}^{m}q(V_0-V_j)}{mqV_0}=1-\frac{1}{m}\sum_{j=1}^{m}\left(1-\frac{V_j}{V_0}\right)=\frac{1}{m}\sum_{j=1}^{m}\frac{V_j}{V_0} \tag{19.5.9c}$$

以及

$$\eta_0=\frac{\mathscr{E}_0}{mqV_0} \tag{19.5.9d}$$

利用式(19.5.5)，式(19.5.9c)可变为

$$\eta_e = \frac{1}{m}\sum_{j=1}^{m}\{1-[1+2Cu(y,\phi_{0j})]^2\} \tag{19.5.10}$$

利用上面所给出的各个关系式，可以求得多级降压收集极的管子效率，只要假定从互作用区出来的电子注在给定电位的各收集极上“着陆”的百分数即可. 假设有 $r+1$ 级收集极，其电位分别为 $V_0>V_{c1}>V_{c2}>\cdots>V_{cr}$. 这样一种收集极的示意图如图 19.5.1 所示.

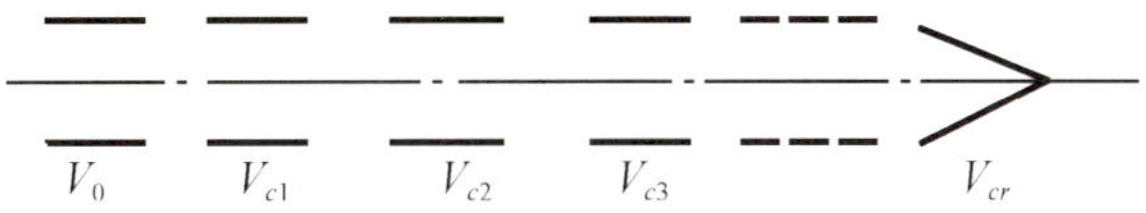

图 19.5.1　多级降压收集极示意图

电子注交给各单级的能量分配为

$$\mathscr{E}_{c(r+1)} = \sum_{i=1}^{p_1} q(V_{cr}-V_i) + \sum_{j=1}^{p_2} q(V_{c(r-1)}-V_j) + \sum_{k=1}^{p_3} q(V_{c(r-2)}-V_k) + \cdots + \sum_{l=1}^{p_{r+1}} q(V_0-V_l) \tag{19.5.11}$$

式中，

$$p_1+p_2+p_3+\cdots+p_{r+1}=m \tag{19.5.12}$$

而 p_i 表示被第 i 级收集的电荷群数.

式(19.5.11)可以变换为

$$\mathscr{E}_{c(r+1)} = q\left[p_1V_{cr}+p_2V_{c(r-1)}+p_3V_{c(r-2)}+\cdots+p_{r+1}V_0-\sum_{i=1}^{m}V_i\right] \tag{19.5.13}$$

于是

$$\mathscr{E}_{dc(r+1)} = \mathscr{E}_0+\mathscr{E}_d+\mathscr{E}_{c(r+1)} = q[p_1V_{cr}+p_2V_{c(r-1)}+p_3V_{c(r-2)}+\cdots+p_{r+1}V_0] \tag{19.5.14}$$

所以，这种共有 $r+1$ 级收集极的管子的电子效率为

$$\eta_{e(r+1)} = \frac{\mathscr{E}_0-\mathscr{E}_i+\mathscr{E}_d}{\mathscr{E}_{dc(r+1)}} \approx \frac{\mathscr{E}_0+\mathscr{E}_d}{\mathscr{E}_{dc(r+1)}} \tag{19.5.15}$$

而总效率为

$$\eta_{0(r+1)} = \frac{\mathscr{E}_0-\mathscr{E}_i}{\mathscr{E}_{dc(r+1)}} \approx \frac{\mathscr{E}_0}{\mathscr{E}_{dc(r+1)}} \tag{19.5.16}$$

比较一下具有 $r+1$ 级收集极的器件的效率和仅具有与慢波线同电位的单一收集极器件的效率是很有意义的. 这时有

$$\frac{\eta_{e(r+1)}}{\eta_e} = \frac{\eta_{0(r+1)}}{\eta_0} = \frac{\mathscr{E}_{dc}}{\mathscr{E}_{dc(r+1)}} = \frac{1}{\frac{p_1}{m}\left(\frac{V_{cr}}{V_0}\right)+\frac{p_2}{m}\left(\frac{V_{c(r-1)}}{V_0}\right)+\cdots+\frac{p_{r+1}}{m}} \tag{19.5.17}$$

将式(19.5.9c)和式(19.5.10)代入后，具有 $r+1$ 级收集极的器件的电子效率可以用等效高频电位表示为

$$\eta_{e(r+1)} = \frac{\sum_{i=1}^{m}\frac{V_i}{V_0}}{p_1\left(\frac{V_{cr}}{V_0}\right)+p_2\left(\frac{V_{c(r-1)}}{V_0}\right)+\cdots+p_{r+1}} \tag{19.5.18}$$

或以电子全速度表示为

$$\eta_{e(r+1)}=\frac{\sum_{i=1}^{m}\{1-[1+2Cu(y,\phi_{0i})]^2\}}{p_1\left(\frac{V_{cr}}{V_0}\right)+p_2\left(\frac{V_{c(r-1)}}{V_0}\right)+\cdots+p_{r+1}}\tag{19.5.19}$$

而具有 $r+1$ 级收集极的器件的总效率以高频电压幅值和相位差可表示为

$$\eta_{0(r+1)}=\frac{2C(A_{\max}^2-A_0^2)\left(1-C\frac{\mathrm{d}\theta(y)}{\mathrm{d}y}\right)/(1+Cb)}{\frac{p_1}{m}\left(\frac{V_{cr}}{V_0}\right)+\frac{p_2}{m}\left(\frac{V_{c(r-1)}}{V_0}\right)+\cdots+\frac{p_{r+1}}{m}}\tag{19.5.20}$$

利用上述关于效率的诸方程式，我们就能计算具有 $r+1$ 级收集极(其中第一级与高频线路同电位)的多级降压收集极行波管的效率(电子效率和总效率). 在图 19.5.2 和图 19.5.3 所示两种状态下，表达了总效率的改善因子 $\eta_{0(r+1)}/\eta_0$ 与收集极电位 V_c/V_0 的关系.

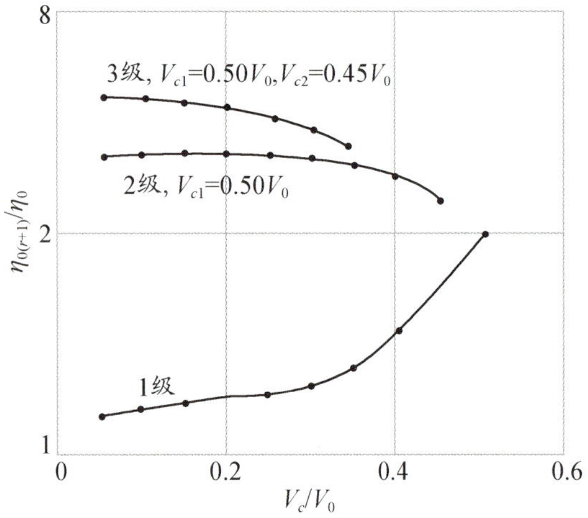

图 19.5.2 效率改善因子与收集极电位的关系($C=0.1,\gamma b'=1,QC=0.125,b=0.65,d=0,y=6.8$)

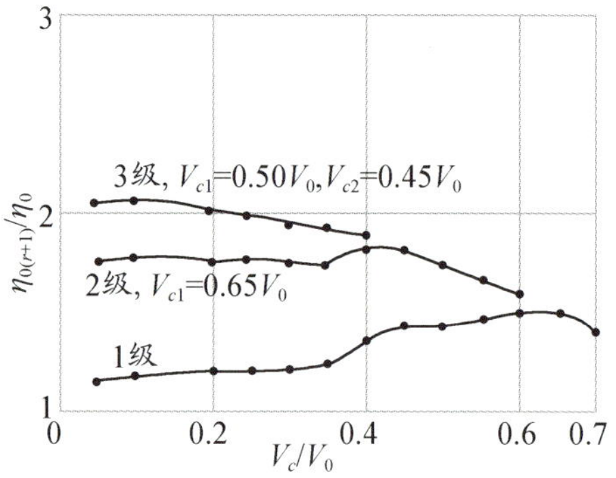

图 19.5.3 效率改善因子与收集极电位的关系($C=0.1,\gamma b'=1,QC=0.125,b=1.5,d=0,y=7.2$)

诺埃指出，对各种情况的计算表明，多级降压收集极的各级，其最佳电位近似地见表 19.5.1 所列.

表 19.5.1 最佳收集极电位

收集极级数	V_{c1}/V_0	V_{c2}/V_0	V_{c3}/V_0
1	0.5	—	—
2	0.6	0.25	—
3	0.6	0.4	0.1

本章最后，我们指出，在此之前所讨论的理论及其计算结果都是对 O 型行波管而言的. 下一章我们将转入对 M 型行波管的讨论.

19.6 参考文献

[1]ROWE J E,SOBOL H. General design procedure for high-efficiency traveling-wave amplifiers[J]. Electron Devices IRE Transactions on, 1958, 5(4):288-300.

[2]STERZER F. Improvement of traveling-wave tube efficiency through collector potential depression [J]. Electron Devices IRE Transactions on, 1958, 5(4):300-305.

[3]WOLKSTEIN H J. Effect of collector potential on the efficiency of traveling-wave tubes[C]// International Electron Devices Meeting. IEEE, 1956.

[4]WEBBER S E. Large signal bunching of electron beams by standing-wave and traveling-wave systems[J]. Electron Devices IRE Transactions on, 1959, 6(4):365-372.

[5]ROWE J E. Theory of the crestatron: a forward-wave amplifier[J]. 1959, 47(4):536-545.

[6]WEBBER S E. Some calculations on the large signal energy exchange mechanisms in linear beam tubes[J]. IRE Transactions on Electron Devices, 1960, 7(3):154-162.

[7]PASCHKE F. Nonlineas Theory of a velocity-modulated electron beam with finite diameter[J]. RCA Review, 1960(21):53.

[8]ROWE J E. One-dimensional traveling-wave tube analysis and the effect of radial electric field vasiations[J]. IRE Transactions, 1960,ED-7:16.

[9]SOLYMAR L. Exact solution of the one-dimen sional bunching problem[J]. JEC,1961, 10:165.

[10]SOLYMAR L. Extension of the one-dimensional (klystron) solution to finite gaps[J]. International Journal of Electronics, 1961, 11(5):361-383.

[11]MEEKER J G, ROWE J E. Phase focusing in linear-beam devices[J]. IRE Transactions on Electron Devices, 1962, 9(3):257-266.

[12]SOLYMAR L. Large signal calculations of the admittance of an electron beam traversing a high frequency gap[J]. International Journal of Electronics, 1962, 12(4):313-317.

[13]BATES D L, SCOTT A W. The effect of circuit tapering on the efficiency bandwith characteristic of dispersive TWTs[J]. IRE Transactions, 1963, ED-10:89.

[14]PUTZ J. Non-Linear behavior of traveling-wave amplifiers[J]. MOGA, 1964, 5:56.

[15]FOSTER J H,KUNZ W E. Intermodulation and crossmodulation in traveling-wave tubes[J]. MOGA,1964, 5:75.

[16]POND N H. Improvement of trave ling-wave tube efficiency through period tape ring[J]. IRE Transactions,1966,ED-13:956.

[17]SCHINDLER M J. The effect of various design parameters on the performance of medium-power traveling-wave tubes[J]. IEEE Transactions on Electron Devices, 1967, 14(2):97-101.

[18]GIAROLA A J. A theoretical description for the multiple-signal operation of a TWT[J]. Electron Devices IEEE Transactions on, 1968, 15(6):381-395.

[19]DIONNE N J. Harmonic generation in octave bandwidth traveling-wave tubes[J]. IEEE Transactions on Electron Devices, 1970, 17(4):365-372.

[20]SAUSENG D O. Octave Bandwith high power helix tubes with high efficiency using velocity resynchronisation and axially slotted helix shields[J]. MOGA, 1970,8:535.

[21]NISHIHARA H. Measurement of Small-Si-gnal parameters in traveling-wave tube theory[J]. IRE Transactions, 1971,ED-18: 1155.

[22]OKOSHI T, CHIU E B, MATSUKI S. The tilted electric field soft-landing collector and its application to a traveling-wave tube[J]. Electron Devices IEEE Transactions on, 1972, 19(1): 104-110.

[23]NEUGEBAUER W, MIHRAN T G. A ten-stage electrostatic depressed collector for improving klystron efficiency[J]. IEEE Transactions on Electron Devices, 2005, 19(1):111-121.

[24] HAMILTON J J, ZAVADIL D. Harmonically-enhanced two-octave TWTA [J]. Microwave Journal, 1972, 15:24.
[25] WALLANDER S. Large signal computer analysis of distortion in traveling wave tubes [J]. Chinese Journal of Environmental Engineering, 1969, 58(5):667-681.
[26] JR J J C, HOCH O L. Large signal behavior of high power traveling-wave amplifiers [J]. IRE Transactions on Electron Devices, 1956, 3(1):6-17.

第 20 章　注入式正交场前向波器件的非线性理论及其效率改善问题

20.1 引言

注入式正交场前向波放大器通常称为 M 型行波管. 关于这类器件,相对于 O 型行波管的特点和优点,在小信号理论中已给予了详细的叙述. 本章的目的是研究其大信号工作方程以及提高其效率的有关问题.

M 型器件一般分为分布发射式和注入式两类,本章只涉及注入式的器件,所以后面就不予说明,希望不要引起混淆.

M 型行波管就其结构而论,可以有三种形式:负底极式、正底极式及具有预群聚段的混合底极式. 它们的结构示意图如 20.1.1～图 20.1.4 所示.

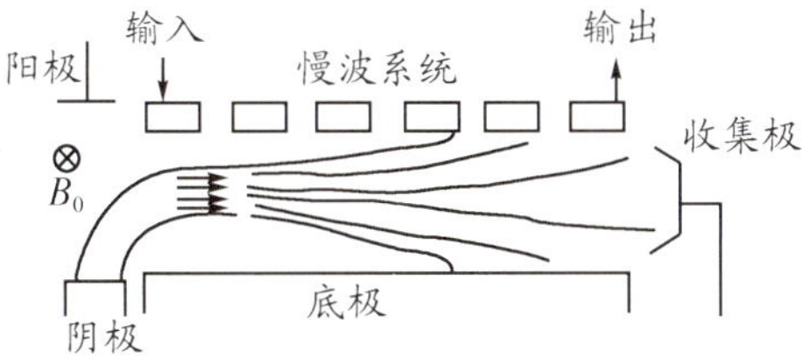

图 20.1.1　负底极式 M 型行波管示意图

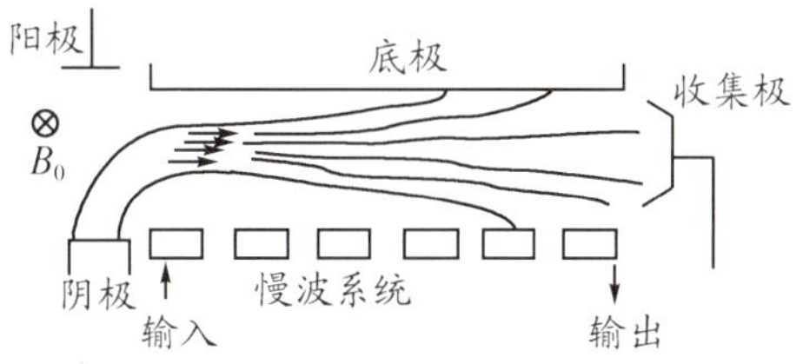

图 20.1.2　正底极式 M 型行波管示意图

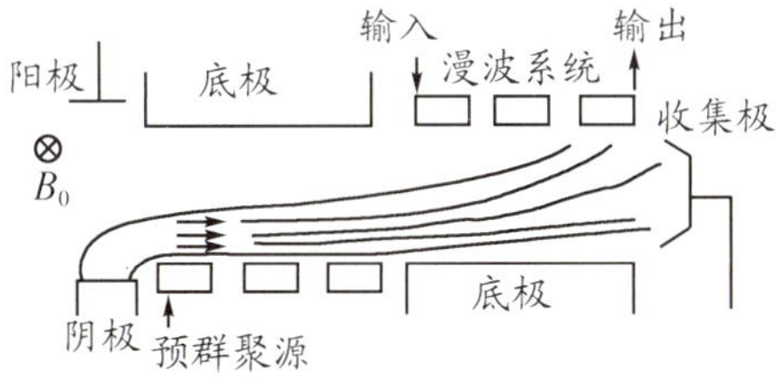

图 20.1.3　混合底极式 M 型行波管示意图

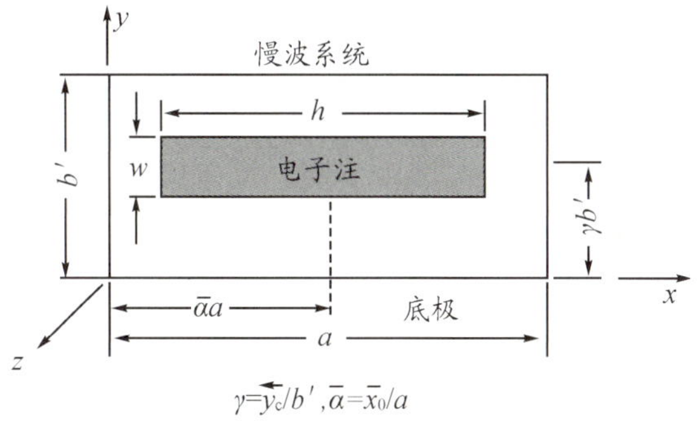

图 20.1.4　电子注和慢波系统横截面示意图

我们主要讨论负底极式 M 型行波管. 关于其他形式的行波管和 M 型返波管一般不涉及,对它们的讨论可以由负底极式 M 型行波管的讨论进行推广和引申.

20.2 二维 M 型行波管的大信号分析

分析时,我们采用考虑空间电荷场的等效线路模型. 并且为了简单明确起见,只讨论两维情况,即横向变化只考虑一维的情况. 具体来说,考虑 y 和 z 的二维变化,其中 z 是管子的轴向,y 是管子的横向. 在这种情况下,运动方程的分量形式为

$$\frac{\mathrm{d}v_z}{\mathrm{d}t}=|\eta|\frac{\partial V_c}{\partial z}+|\eta|\frac{\partial V_{zsc}}{\partial z}+\omega_c v_y \tag{20.2.1}$$

$$\frac{\mathrm{d}v_y}{\mathrm{d}t}=|\eta|\frac{\partial V_c}{\partial z}+|\eta|\frac{\partial V_{ysc}}{\partial z}-\omega_c v_z \tag{20.2.2}$$

式中，V_c 和 V_{sc} 是线路高频电压和空间电荷位函数. ω_c 是电子在直流磁场内的回旋频率：

$$\omega_c=|\eta|B_0 \tag{20.2.3}$$

分析中引入以下的归一化变量系：

$$q=\frac{D\omega}{\bar{u}_0}z=2\pi DN_s \tag{20.2.4}$$

式中，D 为注波耦合参量或增益参量，对应于 O 型器件中的 C；$\bar{u}_0$ 是电子注初始位置处的平均速度；N_s 是假想的电子波$\left(\frac{\omega}{\bar{u}_0}\text{是其相位常数}\right)$的波长数. 显然，$q$ 是归一化的轴向距离.

$$\phi(z,t)=\omega\left(\frac{z}{u_{0z}}-t\right)+\theta(z)=\int_0^z\beta(z)\mathrm{d}z-\omega t \tag{20.2.5}$$

式中，$\phi(z,t)$是线路上热波的相位；$\omega\left(\frac{z}{u_{0z}}-t\right)$是假想的电子波的相位(以电子初始轴向速度 u_{0z} 行进的波)；$\theta(z)$是电子注对线路的加载而引起的高频相位差.

$$u_z=\bar{u}_0(1+2Du) \tag{20.2.6}$$

式中，u_z 是电子的轴向全速度；u 是其交变分量.

$$\phi_0=\frac{\omega z_0}{u_{z0}(y_0)} \tag{20.2.7}$$

式中，ϕ_0 是电子的初始相位.

$$v_{yw}=\frac{1}{\omega w}\frac{\mathrm{d}y}{\mathrm{d}t} \tag{20.2.8}$$

式中，v_{yw}是电子在 y 方向的高频归一化速度；w 是电子注在横向(y 方向)的宽度.

$$\bar{u}_0=v_0(1+Db) \tag{20.2.9}$$

式中，v_0 是慢波系统的冷相速，而速度参量(非同步参量)b 描述电子注初始位置的平均速度和线路冷相速的差.

$$p=\frac{y}{w} \tag{20.2.10}$$

式中，P 是 y 方向上的归一化距离.

除上述与电子运动有关的各归一化参量和变量外，关于线路高频电压将表示为

$$V(y,z,t)=\mathrm{Re}\left[\frac{Z_0I_0}{D}A(z)\psi(y)\mathrm{e}^{-\mathrm{j}\phi}\right] \tag{20.2.11}$$

式中，$A(z)$是线路高频电压幅度；$\psi(y)$是其耦合函数，它描述由线路到底极移动时高频电位的跌落，以及指明电子注到线路的耦合. 对于平行平板几何结构而言，不难证明 $\psi(y)$为

$$\psi(y)=\frac{\sin h\beta y}{\sin h\beta b'} \tag{20.2.12}$$

式中，b'是线路到底极的距离.

利用上述所定义的各个归一化变量，就可以来建立 M 型行波管的工作方程了.

一、运动方程

当采用上述的归一化变量后，线路高频电压表达式(20.2.11)将变为

$$V(p_0,\phi_0,q)=\mathrm{Re}\left[\frac{Z_0|I_0|}{D}A(q)\psi(p)\mathrm{e}^{-\mathrm{j}\phi}\right] \tag{20.2.13}$$

式(20.2.13)已表示为拉格朗日变量系. 对式(20.2.13)、式(20.2.6)和式(20.2.8)求出对时间 t 和坐标 z 的偏导数后代入式(20.2.1)和式(20.2.2),则可以得到所需的运动方程为

$$
\begin{aligned}
&[1+2Du(p_0,\phi,q)]\frac{\delta u(p_0,\phi_0,q)}{\delta q}\\
&=\frac{\omega\psi(p)}{2\omega_c}\left[\frac{\mathrm{d}A(q)}{\mathrm{d}q}\cos\phi-\frac{A(q)\sin\phi}{D}\left(1+D\frac{\mathrm{d}\theta(q)}{\mathrm{d}q}\right)\right]\\
&+\frac{sv_{y\omega}}{2D^2 l}+\left(\frac{\omega_p}{\omega}\right)^2\frac{rs}{\pi D^2}F_{2-z}
\end{aligned}
\tag{20.2.14}
$$

$$
\begin{aligned}
&[1+2Du(p_0,\phi,q)]\left[\frac{\delta v_{y\omega}}{\delta q}+\frac{l}{sD}\left(\frac{\omega_c}{\omega}\right)^2\right]\\
&=\frac{l}{s}\left[1+D\frac{\mathrm{d}\theta(q)}{\mathrm{d}q}\right]\frac{\cos h\left[\frac{\omega}{\omega_c}\frac{ps}{l}\left(1+D\frac{\mathrm{d}\theta(q)}{\mathrm{d}q}\right)\right]}{\sin h\left[\frac{\omega}{\omega_c rl}\left(1+D\frac{\mathrm{d}\theta(q)}{\mathrm{d}q}\right)\right]}A(q)\cos\phi\\
&+\frac{rl^2}{SD}\left(\frac{\omega_c}{\omega}\right)^2\left(\frac{V_a}{2V_0}\right)-2\frac{rl}{\pi D}\left(\frac{\omega_c}{\omega}\right)\left(\frac{\omega_p}{\omega}\right)^2F_{2-y}
\end{aligned}
\tag{20.2.15}
$$

式中,$r=\bar{y}_0/b'$是电子的归一化平均初始位置;$l=\dfrac{\bar{u}_0}{\omega_c\bar{y}_0}$是无因次的电子初始平均速度 $\bar{u}_0$ 与初始平均位置 $\bar{y}_0$ 的比;V_a 是直流阳极电位;$s=w/\bar{y}_0$ 是归一化到电子初始平均位置 $\bar{y}_0$ 的电子注的 y 方向厚度. 而

$$
F_{2-y}=\frac{\pi\varepsilon_0 b'}{2|\rho_0|}\cdot\frac{\bar{\beta}}{w}E_{sc-y}
$$

$$
F_{2-z}=-\frac{\pi\varepsilon_0 b'}{2|\rho_0|}\cdot\frac{\bar{\beta}}{w}E_{sc-z}
$$

为直角坐标系中矩形截面电子注的空间电荷场 y 分量和 z 分量的度量函数. 关于它们的计算及其所得结果请参阅有关文献. 另外,在推导中假设热波传播常数 $\beta(q)$是随长度缓变的,所以利用了下列近似式:

$$
\begin{aligned}
\beta(q)&=\frac{\partial\phi}{\partial z}=\frac{\omega}{u_{z0}}+D\frac{\omega}{\bar{u}_{z0}}\frac{\mathrm{d}\theta(q)}{\mathrm{d}q}=\bar{\beta}\left(\frac{\bar{u}_0}{\bar{u}_{z0}}+D\frac{\mathrm{d}\theta(q)}{\mathrm{d}q}\right)\\
&\approx\bar{\beta}\left(1+D\frac{\mathrm{d}\theta(q)}{\mathrm{d}q}\right)
\end{aligned}
\tag{20.2.16}
$$

还应指出,本章内$\dfrac{\delta}{\delta q}$、$\dfrac{\delta}{\delta p_0}$、$\dfrac{\delta}{\delta\phi_0}$表示对独立变量$(p_0,\phi_0,q)$的偏微分.

二、线路方程

等效线路方程的原始形式与前面两章讨论的 O 型器件时的情况一样,这里重写如下:

$$
\begin{aligned}
&\frac{\partial^2 V(z,t)}{\partial t^2}-v_0^2\frac{\partial^2 v(z,t)}{\partial z^2}+2\omega Dd\frac{\partial V(z,t)}{\partial t}\\
&=v_0 Z_0\left[\frac{\partial^2\rho_1(z,t)}{\partial t^2}+2\omega Dd\frac{\partial\rho_1(z,t)}{\partial t}\right]
\end{aligned}
\tag{20.2.17}
$$

不难看到,线路方程是一维的. 另外,为了研究它,必须首先解决交变空间电荷密度及其导数的问题,这与 O 型器件的情况也一样.

方程(20.2.17)中出现的增益参量 D 的定义与 O 型器件的相应参量 C 的有些不同,为

$$
D^2=\frac{\omega_c}{\omega}\frac{|I_0|Z_0}{2V_0}
\tag{20.2.18}
$$

而且我们指出,不同作者的定义还稍有差异,但这不是本质问题.

现在来研究交变空间电荷密度的计算. 由拉格朗日变量系下的连续性方程,即电荷守恒定律有

$$\rho(y,z,t)\mathrm{d}y\mathrm{d}z=\rho_0(y_0,z_0,0)\sum|\mathrm{d}y_0\mathrm{d}z_0| \tag{20.2.19}$$

式中，求和是对因超越而同时达到同一位置的、由不同初始位置出发的电荷而进行. 其中，绝对值符号表示所有进入该位置的电荷元都做正的贡献. 由式(20.2.19)有

$$\rho(y,z,t)=\rho_0\sum\begin{vmatrix}\dfrac{\partial y_0}{\partial y} & \dfrac{\partial y_0}{\partial z}\\ \dfrac{\partial z_0}{\partial y} & \dfrac{\partial z_0}{\partial z}\end{vmatrix}=\rho_0\sum\left|\frac{\partial y_0}{\partial y}\frac{\partial z_0}{\partial z}-\frac{\partial y_0}{\partial z}\frac{\partial z_0}{\partial y}\right| \tag{20.2.20}$$

为了将 $\rho(y,z,t)$ 用归一化变量表示，我们求得

$$\begin{aligned}\left.\frac{\partial\phi}{\partial z}\right|_{y,t}&=\frac{\delta\phi}{\delta z}+\frac{\delta\phi}{\delta\phi_0}\frac{\partial\phi_0}{\partial z}+\frac{\delta\phi}{\delta y_0}\frac{\partial y_0}{\partial z}\\&=\frac{\omega}{u_{z0}}-\omega\frac{\delta t}{\delta z}+\frac{\mathrm{d}\theta(z)}{\mathrm{d}z}+\frac{\delta\phi}{\delta\phi_0}\frac{\partial\phi_0}{\partial z}+\frac{\delta\phi}{\delta y_0}\frac{\partial y_0}{\partial z}=\frac{\omega}{u_{z0}}+\frac{\mathrm{d}\theta(z)}{\mathrm{d}z}\end{aligned}$$

即

$$\frac{\delta\phi}{\delta\phi_0}\frac{\partial\phi_0}{\partial z}+\frac{\delta\phi}{\delta y_0}\frac{\partial y}{\partial z}=\frac{\omega}{\overline{u}_0(1+2Du)} \tag{20.2.21}$$

和

$$\left.\frac{\partial\phi}{\partial y}\right|_{z,t}=\frac{\delta\phi}{\delta\phi_0}\frac{\partial\phi_0}{\partial y}+\frac{\delta\phi}{\delta y_0}\frac{\partial y_0}{\partial y}=0 \tag{20.2.22}$$

将式(20.2.21)和式(20.2.22)代入式(20.2.20)，即得

$$\rho(y,z,t)=-|\rho_0|\sum\left|\frac{u_{z0}(y_0)}{\overline{u}_0(1+2Du)}\frac{\delta\phi_0}{\delta\phi}\frac{\partial y_0}{\partial y}\right| \tag{20.2.23}$$

为了使之适合一维的线路方程，我们对 y 做一加权平均，其权函数为上述的耦合函数 $\psi(y)$，结果便得线密度

$$\begin{aligned}\rho(z,t)&=h\int\psi(y)\rho(y,z,t)\mathrm{d}y\\&=-|\rho_0|h\int\sum\psi(y)\frac{u_{z0}(y_0)}{\overline{u}_0(1+2Du)}\frac{\delta\phi_0}{\delta\phi}\frac{\partial y_0}{\partial y}\mathrm{d}y\end{aligned} \tag{20.2.24}$$

将式(20.2.24)中的变量代换为 $\rho(\phi,z)$，并对 ϕ 作傅里叶级数展开后取其基波分量，结果就得与高频线路发生互相耦合的线电荷密度为

$$\rho_{1\sin\phi}=-|\rho_0|hw\int_0^{2\pi}\int_{\frac{1}{s}-\frac{1}{2}}^{\frac{1}{s}+\frac{1}{2}}\psi(p)\frac{1+2Du_i(p_0,\phi_0,0)}{1+2Du(p_0,\phi_0,q)}\sin\phi\,\mathrm{d}\phi_0\,\mathrm{d}p_0 \tag{20.2.25}$$

及

$$\rho_{1\cos\phi}=-|\rho_0|hw\int_0^{2\pi}\int_{\frac{1}{s}-\frac{1}{2}}^{\frac{1}{s}+\frac{1}{2}}\psi(p)\frac{1+2Du_i(p_0,\phi_0,0)}{1+2Du(p_0,\phi_0,q)}\cos\phi\,\mathrm{d}\phi_0\,\mathrm{d}p_0 \tag{20.2.26}$$

式中，耦合函数由式(20.2.12)给出，变量代换后成为

$$\psi(p)=\frac{\sin h(\beta wp)}{\sin h(\beta b')} \tag{20.2.27}$$

将所求得的电荷密度交变分量式(20.2.25)和式(20.2.26)代入线路方程的右端，并注意到式(20.2.13)，然后进行整理，便得

$$\begin{aligned}&\frac{\mathrm{d}^2A(q)}{\mathrm{d}q^2}-A(q)\left[\left(\frac{1}{D}+\frac{\mathrm{d}\theta(q)}{\mathrm{d}q}\right)^2-\left(\frac{1+Db}{D}\right)^2\right]\\&=-\frac{(1+Db)}{\pi D}\left[\int_0^{2\pi}\int_{\frac{1}{s}-\frac{1}{2}}^{\frac{1}{s}+\frac{1}{2}}\psi(p)\frac{1+2Du_i(p_0,\phi_0,0)}{1+2Du(p_0,\phi_0,q)}\cos\phi\,\mathrm{d}\phi_0\,\mathrm{d}p_0\right.\\&\qquad\left.+2dD\int_0^{2\pi}\int_{\frac{1}{s}-\frac{1}{2}}^{\frac{1}{s}+\frac{1}{2}}\psi(p)\frac{1+2Du_i(p_0,\phi_0,0)}{1+2Du(p_0,\phi_0,q)}\sin\phi\,\mathrm{d}\phi_0\,\mathrm{d}p_0\right]\end{aligned} \tag{20.2.28}$$

和

$$2\frac{\mathrm{d}A(q)}{\mathrm{d}q}\left(\frac{1}{D}+\frac{\mathrm{d}\theta(q)}{\mathrm{d}q}\right)+A(q)\left[\frac{\mathrm{d}^2\theta(q)}{\mathrm{d}q^2}+\frac{2d}{D}(1+Db)^2\right]$$
$$=\frac{(1+Db)}{\pi D}\left[\int_0^{2\pi}\int_{\frac{1}{s}-\frac{1}{2}}^{\frac{1}{s}+\frac{1}{2}}\psi(p)\frac{1+2Du_i(p_0,\phi_0,0)}{1+2Du(p_0,\phi_0,q)}\sin\phi\mathrm{d}\phi_0\mathrm{d}p_0\right.$$
$$\left.-2dD\int_0^{2\pi}\int_{\frac{1}{s}-\frac{1}{2}}^{\frac{1}{s}+\frac{1}{2}}\psi(p)\frac{1+2Du_i(p_0,\phi_0,0)}{1+2Du(p_0,\phi_0,q)}\cos\phi\mathrm{d}\phi_0\mathrm{d}p_0\right] \tag{20.2.29}$$

三、相位关系和位置关系

与 O 型器件相似，除了前面已讨论过的运动方程和线路方程之外，还必须加上相位关系式，且因为现在是二维电子注的情况，所以还要加一个位置关系，这样才能构成一个完全的非线性方程组，从而对五个待求量进行求解. 相位关系式不难由相位变量的定义式(20.2.5)导出

$$\frac{\delta\phi(p_0,\phi_0,q)}{\delta q}-\frac{\mathrm{d}\theta(q)}{\mathrm{d}q}$$
$$=\frac{1}{D}\left[\frac{1}{1+Du_i(p_0,\phi_0,0)}-\frac{1}{1+2Du(p_0,\phi_0,q)}\right] \tag{20.2.30}$$

这是相位关系. 下面来求位置关系.

电子在横方向 y 的位置为

$$y=y_0+\int_0^t\frac{\mathrm{d}y}{\mathrm{d}t}\mathrm{d}y=y_0+\int_0^z\frac{\mathrm{d}y}{\mathrm{d}t}\cdot\frac{1}{\bar{u}_0(1+2Du)}\mathrm{d}z \tag{20.2.31}$$

引入前面定义的归一化变量，并注意到

$$\omega w v_{y\omega}=\frac{\mathrm{d}y}{\mathrm{d}t}=\omega w\left[\frac{\mathrm{d}p}{\mathrm{d}(\omega t)}\right] \tag{20.2.32}$$

则式(20.2.31)变为

$$p(p_0,\phi_0,q)=p_0+\int_0^q\frac{v_{yw}}{D[1+2Du(p_0,\phi_0,q)]}\mathrm{d}q \tag{20.2.33}$$

这就是所需的位置关系.

方程(20.2.14)、方程(20.2.15)、方程(20.2.28)、方程(20.2.29)、方程(20.2.30)和方程(20.2.33)构成了一组注入式 M 型负底极前向波放大器的非线性工作方程组. 由它加上适当的一组初始条件，就构成该方程组的初值问题. 由于它是非线性的，而且很一般，所以寻求其解析解是几乎不可能的，只有利用电子计算机进行数值计算求解. 下面我们给出注入式 M 型行波管的初始条件($q=0$).

1. 电子注的初始条件

(1)初始横向位置和纵向位置：

$$p_{jk_0}=\left(\frac{1}{s}-\frac{1}{2}\right)+\frac{k}{(n-1)}\quad(k=0,1,2,\cdots,n) \tag{20.2.34}$$

及

$$\phi_{jk0}=\frac{2\pi j}{m}\quad(j=0,1,2,\cdots,m) \tag{20.2.35}$$

式中，n 是电子注在 y 方向被分成的层数，m 是每一层在 z 方向被分成的电荷群数. 在计算时，取 n 的原则是使每一层约为慢波系统到底极的距离 b' 的 4%～5%，而取 m 的原则是至少分为 32 个电荷群，即 $m\geqslant32$.

(2)初始纵向速度和横向速度：

$$u_{jk0}=\frac{(k/n)-\dfrac{1}{2}}{(2Dl/s)}L_{k0} \tag{20.2.36}$$

及

$$(v_{y\omega})_{jk0}=M_{k0} \tag{20.2.37}$$

对于布里渊流而言，式中的 $L_{k0}=1$，而 $M_{k0}=0$.

2. 高频电压和注波关系的初始条件

(1)高频电压的幅值和相位差：

规定

$$A(0)=A_0 \tag{20.2.38}$$

和

$$\theta(0)=0 \tag{20.2.39}$$

其中，第二个条件表示在行波管入口处，电子注对输入端的高频电压的相位尚无影响.

(2)高频电压的幅值和相位差的导数.

高频电压表示为

$$V(y,z,t)=\mathrm{Re}\left[\frac{Z_0|I_0|}{D}\psi(y)A(z)\mathrm{e}^{-\mathrm{j}\phi}\right]=\mathrm{Re}\left[V_{\mathrm{in}}\psi(y)\mathrm{e}^{\mathrm{j}\omega t-\mathrm{j}\beta_0 z}\right] \tag{20.2.40a}$$

式中，$\beta_0=\omega/v_0$ 是未扰动的线路相位常数. 式(20.2.40a)对 z 的导数是$[\psi(b')=1]$

$$\frac{\partial V(y,z,t)}{\partial z}=-\mathrm{j}\beta_0 V_{\mathrm{in}}\mathrm{e}^{\mathrm{j}(\omega t-\beta_0 z)}=\frac{Z_0|I_0|}{D}\left[\frac{\mathrm{d}A(z)}{\mathrm{d}z}-\mathrm{j}A(z)\frac{\partial\phi}{\partial z}\right]\mathrm{e}^{-\mathrm{j}\phi} \tag{20.2.40b}$$

令式(20.2.40b)的实部和虚部分别相等，并在 $z=0$ 处计算其值，对于无损耗线路得

$$\left.\frac{\mathrm{d}A(q)}{\mathrm{d}q}\right|_{q=0}=0 \tag{20.2.41}$$

及

$$\left.\frac{\partial\phi}{\partial q}\right|_{q=0}=\frac{1}{D(1+2Du_i)}+\left.\frac{\partial\theta(q)}{\partial q}\right|_{q=0}=\beta_0\frac{u_0}{D\omega} \tag{20.2.42}$$

即

$$\left.\frac{\mathrm{d}\theta(q)}{\mathrm{d}q}\right|_{q=0}=b+\frac{2u_i}{1+2Du_i} \tag{20.2.43}$$

当初始调制 $u_i=0$ 时，式(20.2.43)变为

$$\left.\frac{\mathrm{d}\theta(q)}{\mathrm{d}q}\right|_{q=0}=b \tag{20.2.44}$$

前面所得的非线性工作方程组加上这里所得到的初始条件所构成的初值问题，可以用计算机进行求解. 当然，在求解时，还必须就特定的情况对一些参量作具体的规定：

D——增益参量；

$b=(\bar{u}_0-v_0)/v_0D$——非同步参量(速度参量)；

d——线路损耗参量；

$s=\dfrac{w}{y_0}$——电子注厚度参量；

$r=\dfrac{\bar{y}_0}{b'}$——电子注位置参量；

l——电子注平均速度对 $\omega_c\bar{y}_0$ 之比；

$\dfrac{\omega_c}{\omega}$——归一化回旋频率；

$\dfrac{\omega_p}{\omega}$——归一化等离子体频率；

$\dfrac{V_a}{V_0}$——直流阳极电压与平均电子注速度的等效电压之比.

20.3 计算结果举例

20.2 节求得了负底极两维 M 型行波管的非线性工作方程及其初始条件，由此可以计算出所需的行波管工作情况. 对于一个大功率器件来说，人们最关心的管子工作参量是输出功率和效率，除此之外，还关心管子的增益. 下面就列举出某些计算结果. 不过，必须指出的是，非线性工作方程组计算结果所给出的信息远远多于这几个工作参量，限于本书的篇幅，不能一一列举.

按照式(20.2.13)的高频线路电压，输出功率可以由下式计算：

$$P_{\text{out}} = \left.\frac{V^2(z,t)}{Z_0}\right|_{\text{平均}} \tag{20.3.1}$$

式中，平均是指对计算时所取的全部电荷群而言的. 而互作用效率(电子效率)则为

$$\eta_e = \frac{P_{\text{out}}}{I_0 V_a} \tag{20.3.2}$$

式中，I_0V_a 是直流电子注功率，将式(20.3.1)和式(20.2.13)代入式(20.3.2)，即得

$$\eta_e = \frac{I_0 V_0}{I_0 V_a}\,\frac{A_{\max}^2}{(\omega_c/\omega)} = r\left(1-\frac{s}{4}\right)\frac{A_{\max}^2}{\omega_c/\omega} \tag{20.3.3}$$

则电子效率与电子注的初始横向位置 r 有关，所以还可以定义一个更为有用的效率，即

$$\eta_a = \frac{\eta_e}{r} = \left(1-\frac{s}{4}\right)\frac{A_{\max}^2}{(\omega_c/\omega)} \tag{20.3.4}$$

如图 20.3.1 所示为增益与管子长度及输入电平的关系. 由图可知，M 型器件的饱和情况与 O 型器件不同，它在相当长的距离上不出现明显的饱和点，而是逐渐上升的，且这一现象与输入信号电平无关. 因此，要计算管子的效率，就必须有一个饱和的判据. 显然，确定这个判据是带有一些任意性的，通常规定在电子注电流的 70% 被高频线路所收集的位置平面作为饱和判据，在图 20.3.1 中给出了这一位置，它与输入信号电平有关. 计算时，输入信号电平用一个“信号电平参量 ψ_0”来表示，它是输入信号功率和 $I_0V_0\omega/(2\omega_c)$ 之比，相关参数如表 20.3.1 所示.

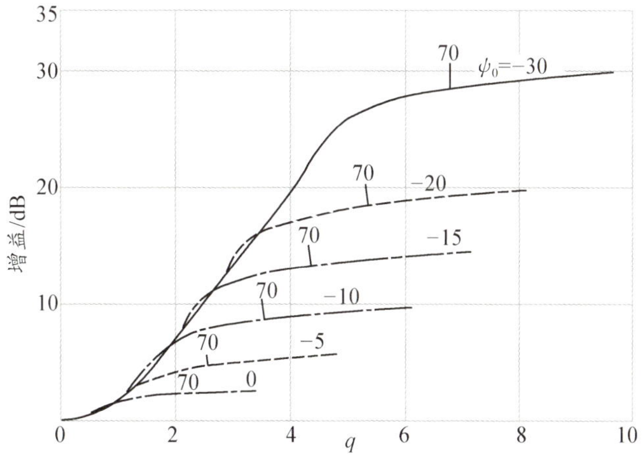

图 20.3.1　增益随管子长度和输入电平的关系($D=0.05$, $b=0$, $r=0.5$, $s=0.1$, $\omega_c/\omega=0.5$, $\omega_p/\omega=0$)

表 20.3.1　信号电平参量相关参数

ψ_0	70%收集	效率/%	增益/dB
−30	$q=6.85$	32.57	28.2
−20	$q=5.3$	33.17	18.39
−15	$q=4.4$	32.27	13.41
−10	$q=3.55$	31.77	8.76
−5	$q=2.60$	31.84	4.87
0	$q=1.75$	33.31	2.26

另外，计算时还必须先确定耦合函数 $\psi(p)$[式(20.2.12)]，它与 βy 和 $\beta b'$ 的关系如图 20.3.2 所示. 且由于

$$\beta b'=\frac{\omega}{\omega_c}\frac{1}{rl} \tag{20.3.5}$$

所以图 20.3.2 即为 $\psi(p)$ 和 ω/ω_c 与 r 的关系.

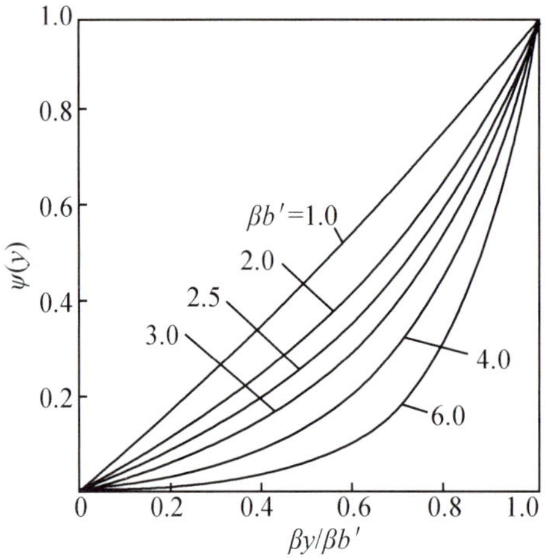

20.3.2　电子注和线路的耦合函数

由于速度参量 $b=0$ 时给出最大输出，所以所有的计算都在这种情况下进行.

如图 20.3.3 和图 20.3.4 所示为增益和效率 η_a 与 ω_c/ω 及 D 的关系.

如图 20.3.5 和图 20.3.6 所示为增益与长度和电子注厚度的关系以及饱和增益与输入信号电平的关系，表 20.3.2 所示为增益与长度和电子注厚度相关参数.

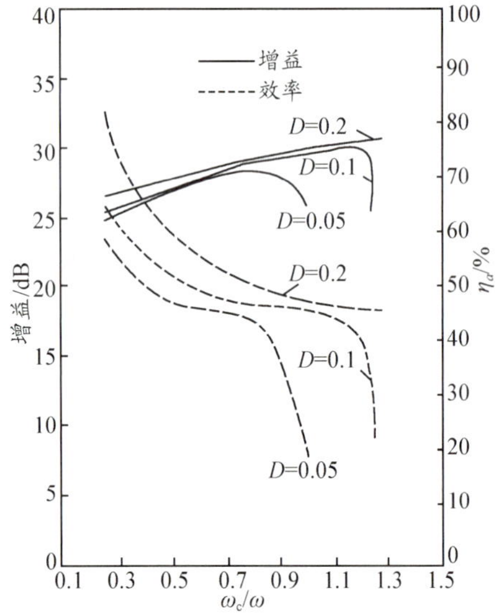

图 20.3.3　50%收集平面上增益和效率与 ω_c/ω 及 D 的关系
($r=0.5, s=0.1, \psi_0=-30, b=0, \omega_p/\omega=0$)

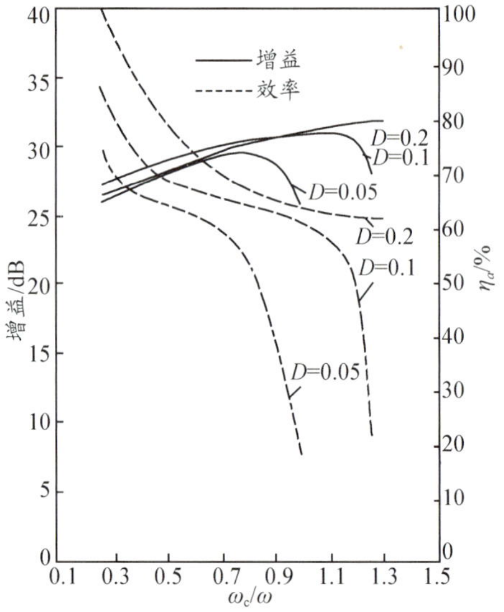

图 20.3.4　70%收集平面上增益和效率与 ω_c/ω 及 D 的关系
($r=0.5, s=0.1, \psi_0=-30, b=0, \omega_p/\omega=0$)

如图 20.3.7 所示为效率 η_a 与输入信号电平的关系.

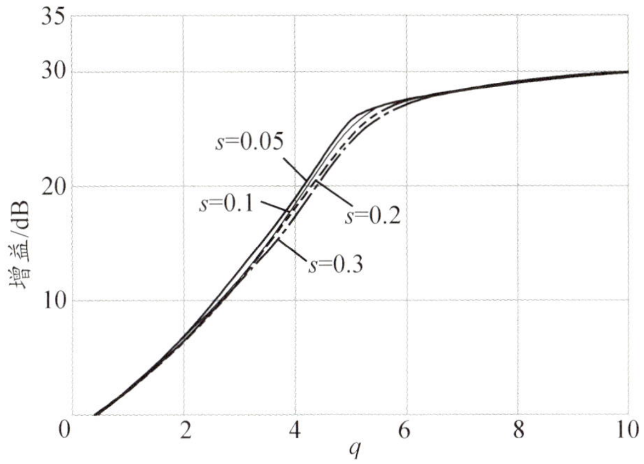

图 20.3.5　增益与长度和电子注厚度的关系($D=0.1$, $b=0$, $r=0.5$, $\omega_c/\omega=0.5$, $\omega_p/\omega=0$, $\psi_0=-30$)

表 20.3.2　增益与长度和电子注厚度相关参数

s	70%收集	效率/%	增益/dB
0.05	$q=6.7$	33.66	28.29
0.1	$q=6.9$	35.11	28.53
0.2	$q=7.0$	33.59	28.45
0.3	$q=7.1$	32.92	28.48

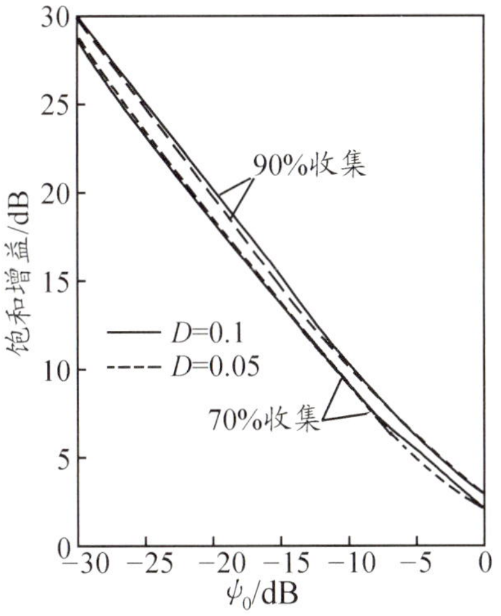

图 20.3.6　饱和增益随输入信号电平的变化($b=0$, $r=0.5$, $s=0.1$, $\omega_c/\omega=0.5$, $\omega_p/\omega=0$)

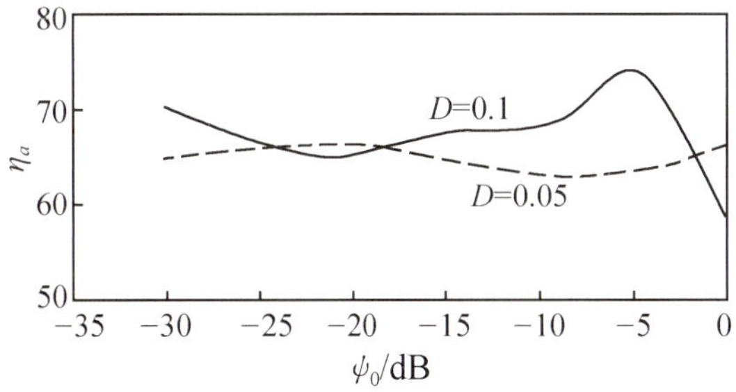

图 20.3.7　效率 η_a 与 ψ_0 的关系($b=0$, $r=0.5$, $s=0.1$, $\omega_c/\omega=0.5$, $\omega_p/\omega=0$)

我们还必须指出一点,上述的 M 型行波管的非线性方程和某些计算结果是根据甘地-诺埃的方法做出的. 而非线性理论还有一些其他的方法,如塞鼎的方法、弗斯丁-肯诺的方法、胡尔-库页尔斯的方法,这些方法都能给出类似的结果. 有兴趣的读者请参阅本章末所引的文献.

20.4　M 型行波管的效率改善

在小信号理论篇中已经指出 M 型器件和 O 型器件的换能机理是显著不同的. 由于在 M 型器件中随着

电子注位能转换为高频场能量，电子群聚中心与波的相对相位保持不变，所以其效率比 O 型器件要高得多. 然而，O 型器件采用速度再同步方法之后，效率显著改善了，结果两类器件之间的竞争就加剧了. 于是自然而然地产生了一个问题：M 型器件能否实现效率的改善呢？回答是肯定的. 其中心思想是设法将 M 型器件中的部分动能变换为高频场能(通过动能先变为位能). 实现这一目标的主要过程是由实现直流电场或直流磁场的渐变，使电子群聚块得以和高频波的减慢一道被绝热减速，以便能保持相位锁定，从而有更多的能量转换为高频场能. 下面将证明通过这样一种过程，确实能改善器件的效率和增益.

非线性工作方程可以用计算机数字求解，也可以在硬核模型下解析求解，这与 O 型器件的情况相似. 可以在下述三种有意义的情况下求解非线性工作方程.

(1)位能转换态. 在这种工作状态下，注波严格同步而动能维持不变.

(2)动能转换态. 在这种工作状态下，电子的 y 向位置保持不变，因而其位能也不变.

(3)动能和位能同时转换态. 在这种情况下，是通过渐变慢波系统与底极间的间隔和慢波系统的相速二者来实现动能和位能都转换为高频场能.

上述三种状态如图 20.4.1 所示.

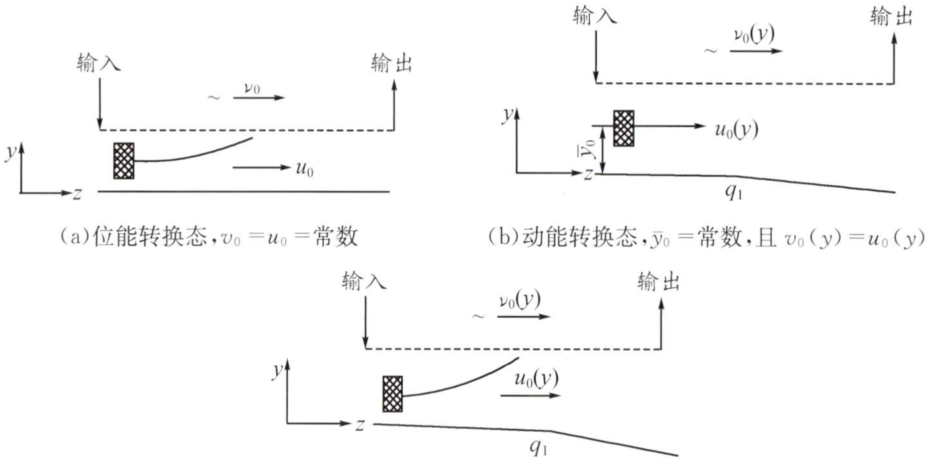

(a)位能转换态，$v_0=u_0=$常数

(b)动能转换态，$\bar{y}_0=$常数，且 $v_0(y)=u_0(y)$

(c)动能和位能转换态，$y\neq$常数，$u_0(y)=u_0(y)$

图 20.4.1　M 型行波管的能量转换态

现在分别对上述三种情况，在硬核模型下加以讨论.

1. M 型行波管非线性工作方程在位能转换态的解析解

为了求出解析解，假设电子注群聚为硬核群聚，且空间电荷力可以略去不计. 另外，还假设增益参量 $D\ll 1$，在这种情况下，非线性工作方程组变为

$$\frac{\mathrm{d}A(q)}{\mathrm{d}q}=\frac{1}{2\pi}\int_0^{2\pi}\int_{\frac{1}{s}-\frac{1}{2}}^{\frac{1}{s}+\frac{1}{2}}\psi(p)\sin\phi(p_0',\phi_0',q)\,\mathrm{d}\phi_0'\,\mathrm{d}p_0' \tag{20.4.1}$$

$$\frac{\mathrm{d}\theta(q)}{\mathrm{d}q}-b=\frac{1}{2\pi A(q)}\int_0^{2\pi}\int_{\frac{1}{s}-\frac{1}{2}}^{\frac{1}{s}+\frac{1}{2}}\psi(p)\cos\phi(p_0',\phi_0',q)\,\mathrm{d}\phi_0'\,\mathrm{d}p_0' \tag{20.4.2}$$

$$\frac{\partial\phi}{\partial q}-\frac{\mathrm{d}\theta(q)}{\mathrm{d}q}=2[u(p_0,\phi_0,q)-u_i(p_0,\phi_0,0)] \tag{20.4.3}$$

$$p(p_0,\phi_0,q)=p_0+\frac{1}{D}\int_{q_0}^{q}v_{y\omega}(p_0,\phi_0,q)\,\mathrm{d}q \tag{20.4.4}$$

$$\frac{\partial u(p_0,\phi_0,q)}{\partial q}=-\frac{\omega}{2\omega_c D}\psi(p)A(q)\sin\phi(p_0,\phi_0,q)+\frac{s}{2lD}v_{y\omega}(p_0,\phi_0,q) \tag{20.4.5}$$

$$\frac{\partial v_{y\omega}(p_0,\phi_0,q)}{\partial q}=\frac{l}{s}\varphi(p)A(q)\cos\phi(p_0,\phi_0,q)-\frac{2l}{s}\left(\frac{\omega_c}{\omega}\right)^2[u(p_0,\phi_0,q)-u_i(p_0,\phi_0,0)] \tag{20.4.6}$$

式中，

$$\begin{cases}\psi(p)=\dfrac{\sin h\left[\dfrac{\omega ps}{\omega_c l}\left(1+D\dfrac{\mathrm{d}\theta(q)}{\mathrm{d}q}\right)\right]}{\sin h\left[\dfrac{\omega}{\omega_c rl}\left(1+D\dfrac{\mathrm{d}\theta(q)}{\mathrm{d}q}\right)\right]}\\ \varphi(p)=\dfrac{\cos h\left[\dfrac{\omega ps}{\omega_c l}\left(1+D\dfrac{\mathrm{d}\theta(q)}{\mathrm{d}q}\right)\right]}{\sin h\left[\dfrac{\omega}{\omega_c rl}\left(1+D\dfrac{\mathrm{d}\theta(q)}{\mathrm{d}q}\right)\right]}\end{cases} \tag{20.4.7}$$

在上面的各个方程中，为了明确起见，写出了独立变量(p_0,ϕ_0,q)后，为了简便计，将略去它们而不明显地表示出来.

如前所述，在位能转换态，有注波严格同步，不存在动能变化，且设硬核群聚块集中于最大减速相位$\frac{\pi}{2}$.这时有

$$\frac{\partial\phi}{\partial q}=0,b=0\text{ 及 }u=0 \tag{20.4.8}$$

如果进一步设非线性方程组中的加速项是很小的，那么该方程组将再进一步简化为

$$\frac{\mathrm{d}A(q)}{\mathrm{d}q}=\psi(p) \tag{20.4.9}$$

$$v_{y\omega}=\frac{\omega D}{\omega_c}\left(\frac{l}{s}\right)\psi(p)A(q) \tag{20.4.10}$$

$$p=p_0+\int_{q_0}^{p}\frac{v_{y\omega}}{D}\mathrm{d}q \tag{20.4.11}$$

式中，q_0 表示群聚块注入的 z 向位置，而 p_0 表示此时的 y 向位置.解该方程组得到

$$\frac{\mathrm{d}p}{\mathrm{d}q}=\frac{\omega l}{\omega_c s}\psi(p)\int_{q_0}^{q}\psi(p)\mathrm{d}q \tag{20.4.12}$$

积分此方程便得

$$q-q_0=\frac{1}{\sqrt{2C}}\int\frac{\mathrm{d}\pi(q)}{\sin h\,\pi(q)\sqrt{\dfrac{\alpha\pi(q)}{C}-1}} \tag{20.4.13}$$

式中，

$$\begin{cases}\pi(q)=\dfrac{\omega s}{\omega_c l}p(q)\\ \alpha=\dfrac{\left(\dfrac{\omega}{\omega_c}\right)^2}{\left[\sin h\left(\dfrac{\omega}{\omega_c rl}\right)\right]^2}\\ C=\alpha\dfrac{\omega}{\omega_c}\dfrac{s}{l}p_0\end{cases} \tag{20.4.14}$$

而积分常数由在初始群聚块位置(q_0,p_0)时 $v_{y\omega}=0$ 来确定.最后可以得到

$$v_{y\omega}=\frac{Dl}{s}\left[2\frac{\omega}{\omega_c}\frac{s}{l}(p-p_0)\right]^{1/2}\psi(p) \tag{20.4.15}$$

$$q(p)-q_0=\frac{s}{l}\int_{p'=p_0}^{p'=p}\frac{\mathrm{d}p'}{\psi(p')\left[2\frac{\omega}{\omega_c}\frac{s}{l}(p'-p_0)\right]^{1/2}} \tag{20.4.16}$$

及

$$A(p)=\left[2\frac{\omega_c}{\omega}\frac{s}{l}(p-p_0)\right]^{1/2} \tag{20.4.17}$$

硬核轨迹方程(20.4.16)对于 $p>p_0$ 的情况是收敛的，因此不难对其进行计算，所得结果如图 20.4.2 所示. 当 prs=1 时，表示电子被高频线路所收集.

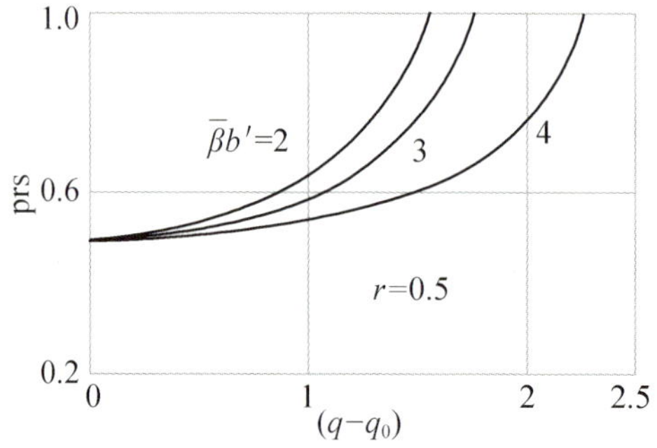

图 20.4.2　位能转换态中的硬核群聚块的轨迹($r=0.5$)

2. M 型行波管非线性工作方程在动能转换态的解析解

由 M 型行波管的换能机理可以想象，动能转换态应该位于这样的时候，即当电子在底极-高频线路空间运动了相当的距离 prs≈0.8～0.9 之后，亦即在位能转换态充分工作之后. 在动能转换态中绝热减速电子，以转变其动能为高频场能.

尤其是我们假设在这种状态中，电子的位能保持不变，以及硬核群聚块保持与高频波同步，注意这时高频波是逐渐减慢的. 这些条件用数学式子表示为

$$v_{y\omega}=0 \text{ 或 } p=\text{常数} \tag{20.4.18}$$

及

$$\frac{\partial\phi}{\partial q}=0 \tag{20.4.19}$$

由于所施加的同步和等位能条件，就要求特殊地设计高频线路，以使其具有特定的渐变相速规律，并且还要求 z 方向直流速度也具有特定的渐变(减速)规律. 结果又要求 $\partial u/\partial q$ 必须按一定规律而变化，以使 $p=$ 常数.

前面已经提到过，电子直流速度的减慢是通过增加高频线路-底极间隔，因而是通过降低直流电场或者缓慢增加直流磁场来实现的.

另外，假设 z 方向的直流电场比起横向直流电场来说是很小的，而且由于电子是被绝热减速，所以 $\partial v_{y\omega}/\partial q$ 也是很小的. 如果进入位置以 q 表示，那么横向直流电场表示为

$$E_{yT}=E_{y0}[1-2De_y] \tag{20.4.20}$$

在上述这些假设之下，非线性工作方程可表示为

$$\frac{\mathrm{d}A(q)}{\mathrm{d}q}(1+2Du)=\psi(p_1) \tag{20.4.21}$$

$$\frac{\mathrm{d}\theta(q)}{\mathrm{d}q}-b=0 \tag{20.4.22}$$

$$\frac{\mathrm{d}u}{\mathrm{d}q}(1+2Du)^2=-\frac{\omega}{2\omega_c D}\psi(p_1)A(q) \tag{20.4.23}$$

$$e_y+u=0 \tag{20.4.24}$$

$$\frac{\mathrm{d}\theta(q)}{\mathrm{d}q}=-\frac{2u}{1+2Du} \tag{20.4.25}$$

$$p=p_1=\text{常数} \tag{20.4.26}$$

在动能转换态中，可以令耦合函数 $\psi(p_1)\approx1$，因为在前面曾假定在此之前的位能转换态中，电子已运动到 prs≈0.8 或 0.9 的横向位置. 另外，在这种态中，动能变换成高频场能是可观的，所以 $2Du$ 比之于 1 是不能再被忽略不计的.

对于方程组(20.4.21)至方程组(20.4.26)，首先求出 $u(q)$，而后其余所有的量就不难求出. 组合方程(20.4.21)和方程(20.4.23)，得

$$X^3\frac{\mathrm{d}^2X}{\mathrm{d}q^2}+2X^2\left(\frac{\mathrm{d}X}{\mathrm{d}q}\right)^2+\frac{\omega}{\omega_c}\psi^2(p_1)=0 \tag{20.4.27}$$

式中，已令

$$X(q)=1+2Du(q) \tag{20.4.28}$$

显然所得的关于 X 的方程的一个初始条件是：当 $q=q_1$ 时，$X=1$. 在此条件下求解方程(20.4.27)可得

$$\begin{aligned}&2\frac{\omega}{\omega_c}(q-q_1)\\&=X\sqrt{C_1-\frac{\omega}{\omega_c}\psi^2X^2}-\sqrt{C_1-\frac{\omega}{\omega_c}\psi^2}\\&\quad-\frac{C_1}{\psi\left(\frac{\omega}{\omega_c}\right)^{1/2}}\left[\sin^{-1}\left(\sqrt{\frac{1}{C_1}\frac{\omega}{\omega_c}}\psi X\right)-\sin^{-1}\left(\sqrt{\frac{1}{C_1}\frac{\omega}{\omega_c}}\psi\right)\right]\end{aligned} \tag{20.4.29}$$

因为方程(20.4.27)是二阶方程，所以还需要一个一阶导数的初始条件来定解. 这可以由选择解式(20.4.29)中的常数 C_1 来满足. 选取 C_1 使得在 $q=q_1$ 时，$A(q_1)=A_1$. 这样一来，由方程(20.4.23)可得

$$A_1=-\frac{\omega_c}{\omega\psi}\left.\frac{\mathrm{d}X}{\mathrm{d}q}\right|_{q=q_1} \tag{20.4.30}$$

在这样的选取下，就能求出速度与距离的关系为

$$\begin{aligned}2\psi\left(\frac{\omega}{\omega_c}\right)^{1/2}(q-q_1)=&X\left[1+\left(\frac{\omega}{\omega_c}\right)A_1^2-X^2\right]^{1/2}-A_1\left(\frac{\omega}{\omega_c}\right)^{1/2}\\&-\left[A_1^2\left(\frac{\omega}{\omega_c}\right)+1\right]\left[\sin^{-1}\frac{X}{\sqrt{1+A_1^2\left(\frac{\omega}{\omega_c}\right)}}-\sin^{-1}\frac{1}{\sqrt{1+A_1^2\left(\frac{\omega}{\omega_c}\right)}}\right]\end{aligned} \tag{20.4.31}$$

将式(20.4.31)画成曲线，如图 20.4.3 所示.

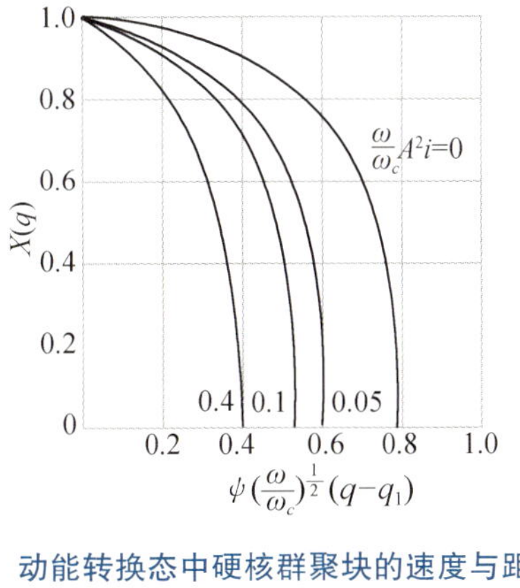

图 20.4.3　动能转换态中硬核群聚块的速度与距离的关系

由所得到的速度 u 与$(q-q_1)$的关系就能计算出底极-高频线路间隔随距离的关系，即

$$b'(q)=\frac{b_0'}{1-2De_y}=\frac{b_0'}{1+2Du}=\frac{b_0'}{X} \tag{20.4.32}$$

以及高频线路冷相速与距离的关系：

$$v_0(q)=\frac{\bar{u}_0}{1+Db(q)}=\bar{u}_0(1+2Du)=\bar{u}_0 X \tag{20.4.33}$$

或以非同步参量(速度参量)与距离的关系表示为

$$b(q)=\frac{1-X}{DX} \tag{20.4.34}$$

式(20.4.32)至式(20.4.34)就是我们所需的动能转换态中的高频线路的渐变关系.

不难发现,当做了下述对应变化后:

$$\begin{cases}2C_0A_0^2\Leftrightarrow\left(\dfrac{\omega}{\omega_c}\right)A_1^2\\ \sqrt{2C_0}\,y\Leftrightarrow\psi\left(\dfrac{\omega}{\omega_c}\right)^{1/2}(q-q_1)\end{cases} \tag{20.4.35}$$

方程(20.4.31)所给出的硬核群聚块的绝热减速关系与O型器件的关系式(19.4.14)形式上完全相同. 而且计算表明 $\psi=1$ 且$\frac{\omega_c}{\omega}\approx 0.75$ 时,可获得较高的效率,所以 M 型器件的渐变斜率要大些.

3. M 型行波管非线性工作方程在位能-动能转换态的解析解

仍然利用硬核群聚模型,且仍假设硬核群聚块和波严格同步,即设$\frac{\partial\varphi}{\partial q}=0$. 在现在所讨论的状态中,群聚块以确定的轨道向高频线路运动的同时被绝热地减速,以便将其部分动能转换为高频场能. 此外,还假设硬核群聚块处于最大减速场相位$\frac{\pi}{2}$. 在上述这些条件下,非线性工作方程表示为

$$\frac{\mathrm{d}A(q)}{\mathrm{d}q}=\frac{\psi(p)}{1+2Du(q)} \tag{20.4.36}$$

$$[1+2Du(q)]\frac{\partial[1+2Du(q)]}{\partial q}$$
$$=-\frac{\omega}{\omega_c}\frac{\psi(p)A(q)}{[1+2Du(q)]}+\frac{s}{l}[1+2Du(q)]\frac{\mathrm{d}p(q)}{\mathrm{d}q} \tag{20.4.37}$$

$$p=-\frac{2u(q)}{1+2Du(q)} \tag{20.4.38}$$

及

$$e_y(q)=-\frac{s}{2l}\left(\frac{\omega}{\omega_c}\right)^2[1+2Du(q)]\frac{\mathrm{d}v_{y\omega}}{\mathrm{d}q}-u(q) \tag{20.4.39}$$

为了使这个方程组成为封闭的方程组,还需要一个 $u(q)$ 和 $p(q)$ 之间的附加关系式,它描述动位能转换的相对大小. 设 $X(q)=[1+2Du(q)]$后,可以将这个关系表示为

$$\frac{\mathrm{d}X}{\mathrm{d}p}=\frac{s}{l}\left(1-\frac{\beta^2}{X^2}\right) \tag{20.4.40}$$

式中,β 是高频线路的相位常数. 对于 X 的更高次幂所表示的附加关系式,渐变将更迅速. 在这种条件下,方程(20.4.37)对于 p 求解得

$$\mathrm{prs}=1+rl\left[X-\beta\tan h^{-1}\frac{X}{\beta}\right] \tag{20.4.41}$$

前面指出,当 prs$=1$ 时,表示电荷群被高频线路收集. 必须指出该方程的形式是完全任意的,取决于$\frac{\mathrm{d}X}{\mathrm{d}p}$

与 X 的关系的选取. 不难看到,对于 $X\to 0$ 的电子,$prs\to 1$,当其还未被高频线路收集时,处于全动能转换态. 关系式(20.4.41)绘成曲线后,如图 20.4.4 所示.

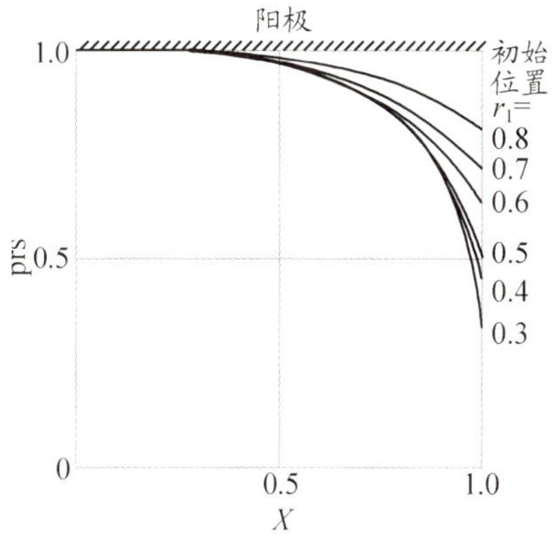

图 20.4.4 速度渐变和群聚块横向位置的关系

电子注的横向注入位置由 r 表示,于是有

$$\beta\tan h^{-1}\frac{1}{\beta}=1+\frac{(1-r)}{rl}\approx\frac{r+1}{2r} \tag{20.4.42}$$

组合方程(20.4.36)和方程(20.4.37)求得

$$\frac{\mathrm{d}p}{\mathrm{d}q}\left(\frac{\mathrm{d}X}{\mathrm{d}p}-\frac{s}{l}\right)=-\frac{\omega}{\omega_c}\frac{\psi(p)}{X^2}\int_{q_0}^{q}\frac{\psi(p)}{X}\mathrm{d}q \tag{20.4.43}$$

然后,联解式(20.4.41)和式(20.4.43)得

$$\begin{aligned}\left(\frac{\mathrm{d}p}{\mathrm{d}q}\right)^2&=\frac{2}{\beta^2}\left(\frac{\omega}{\omega_c}\right)\frac{l}{s}\psi^2[p,X(p)]\int_{p'=\frac{1}{s}}^{p'=p}\frac{\mathrm{d}p'}{X(p')}\\&=\frac{1}{2\beta^2}\left(\frac{\omega}{\omega_c}\right)\left(\frac{l}{s}\right)^2\psi^2[p,X(p)]\ln\left(\frac{\beta^2-X^2}{\beta^2-1}\right)\end{aligned} \tag{20.4.44}$$

在推导中曾使用了下述条件:

$$\begin{cases}v_{y\omega}=0\\ \dfrac{\mathrm{d}p}{\mathrm{d}q}=0\end{cases}\qquad(\text{在注入位置 } r \text{ 上}) \tag{20.4.45}$$

对方程(20.4.44)积分,得解

$$\frac{l}{\beta s}\left(\frac{\omega}{\omega_c}\right)^{1/2}(q-q_0)=\int_{p'=\frac{1}{s}}^{p'=p}\frac{\sin h\left[\dfrac{\omega}{\omega_C}\cdot\dfrac{1}{rl}\dfrac{1}{X(p')}\right]\mathrm{d}p'}{\sin h\left[\dfrac{\omega}{\omega_c}\dfrac{s}{l}\dfrac{p'}{X(p')}\right]\sqrt{\ln\left(\dfrac{\beta^2-X^2(p')}{\beta^2-1}\right)}} \tag{20.4.46}$$

这个式子右端的积分是收敛的,故 $p=p_0$ 处的奇异性并不产生任何麻烦. 对该式做变量代换,得

$$\begin{aligned}&\frac{1}{\beta}\left(\frac{\omega}{\omega_c}\right)^{1/2}(q-q_0)\\&=\int_{X'=1}^{X'=X}\frac{X'^2\sin h\left(\dfrac{\omega}{\omega_c rl}\cdot\dfrac{1}{X'}\right)\mathrm{d}X'}{(\beta^2-X'^2)\sin h\left[\dfrac{\omega}{\omega_c}\cdot\dfrac{s}{l}\cdot\dfrac{p(X')}{X}\right]\sqrt{\ln\left(\dfrac{\beta^2-X'^2}{\beta^2-1}\right)}}\end{aligned} \tag{20.4.47}$$

式(20.4.47)给出了 p 与 q 和 $X(q)$ 的关系,如图 20.4.5 所示.

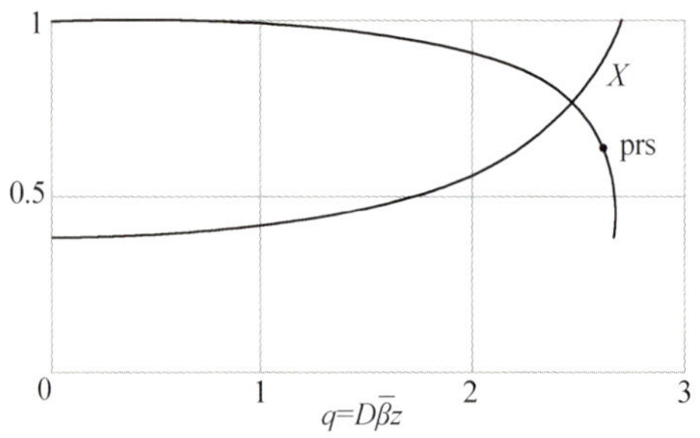

图 20.4.5　群聚块横向位置和速度与轴向距离的关系

$\left(r=0.5, \bar{\beta}b'=\left(\frac{\omega}{\omega_c}\right)\left(\frac{1}{rl}\right)=4\right)$

高频电压幅值函数能够求得，即

$$A(q)=\beta\left[\left(\frac{\omega_c}{\omega}\cdot\frac{l}{2s}\right)\ln\left(\frac{\beta^2-X^2}{\beta^2-1}\right)\right]^{1/2} \tag{20.4.48}$$

式中，$A(q)$随距离 q 的变化如图 20.4.6 所示. 图 20.4.6 中同时给出了两种情况下的结果，充分说明 M 型器件效率的改善是完全可以实现的.

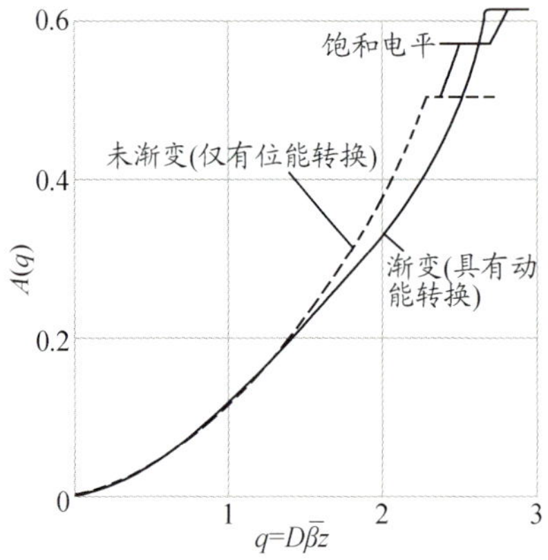

图 20.4.6　位能转换态和位动能转换态中的高频电压幅值函数与距离的关系（$r=0.5, A_0=0, \bar{\beta}b'=4$）

根据上面求得的渐变关系即可求出底极-高频线路间隔（相互作用空间宽度）的渐变关系为

$$b'(q)=\frac{b_0'}{X\left[1+\frac{s}{l}\left(\frac{\omega D}{\omega_c}\right)^2\left(X\frac{\mathrm{d}^2P}{\mathrm{d}q^2}+\frac{\mathrm{d}X}{\mathrm{d}q}\frac{\mathrm{d}p}{\mathrm{d}q}\right)\right]} \tag{20.4.49}$$

式中，b_0' 是渐变前的均匀间隔宽度. 一组典型的间隔宽度渐变律如图 20.4.7 所示.

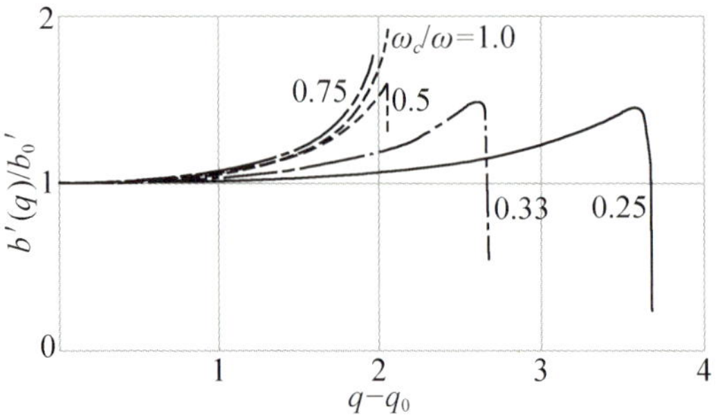

图 20.4.7　位动能转换态中保持注波同步所需的相互作用空间宽度的渐变关系（$r=0.5, r_1=0.5, D=0.05, l=1.95$）

20.5 具有相速渐变和相互作用空间渐变的 M 型行波管非线性方程

在讨论效率改善时，使用了均匀传输线的线路方程，且在讨论中又引入了必要的渐变，这显然是一个矛盾. 因而，正如在讨论 O 型器件的效率问题时所做的那样，为了讨论渐变结构对效率的改善问题，必须从变参量传输线方程出发. 传输线方程中有两个独立的线路参量，即分布电容和电感或者等效地用特征阻抗和线路相速来表征. 所以，讨论中所用的线路方程，应该是其特征阻抗，因而增益参量 D 和相速是随距离而变化的传输线方程. 除此之外，为了实现电子和波的速度再同步，互作用空间也是渐变的，即底极-高频线路间隔宽度 b' 是随距离而变化的，这导致耦合函数 $\psi(p)$ 与距离的关系变得更复杂，这时 $\psi(p)$ 为

$$\psi(p)=\frac{\sin h\beta y}{\sin h\beta b'(q)}=\frac{\sin h\left[\frac{\omega}{\omega_c}C(q)p\frac{s}{l}\left(1+D\frac{\mathrm{d}\theta}{\mathrm{d}q}\right)\right]}{\sin h\left[\frac{\omega}{\omega_c}\frac{C(q)}{rl}\left(1+D\frac{\mathrm{d}\theta}{\mathrm{d}q}\right)\right]} \tag{20.5.1}$$

式中，

$$C(q)=\frac{b'(q)}{b'_0} \tag{20.5.2}$$

然而，诺埃曾指出，在大多数实际情况中，它们却能保持相对地不随距离而变，所以 20.4 节的分析仍然是有价值的.

在传输线的两个独立变参量 $Z_0(q)$ 和 $v_0(q)$ 中，可以令 $Z_0(q)$ 因而 $D(q)$ 为常数，而仅 $v_0(q)$ 即 $b(q)$ 随距离而变化. 这时类似于均匀线路方程的情况分为以下两种.

线路方程：

$$\begin{aligned}&\frac{\mathrm{d}^2A}{\mathrm{d}q^2}-\frac{D}{1+Db}\frac{\mathrm{d}b}{\mathrm{d}q}\frac{\mathrm{d}A}{\mathrm{d}q}-A\left\{\left(\frac{1}{D}+\frac{\mathrm{d}\theta}{\mathrm{d}q}\right)^2-\left(\frac{1+Db}{D}\right)^2\right\}\\&=-\frac{1+Db}{\pi D}\left[\int_0^{2\pi}\int_{\frac{1}{s}-\frac{1}{2}}^{\frac{1}{s}+\frac{1}{2}}\psi(p)\cos\phi\frac{1+2Du_i}{1+2Du}\mathrm{d}\phi'_0\mathrm{d}p'_0\right.\\&\left.\quad+2dD\int_0^{2\pi}\int_{\frac{1}{s}-\frac{1}{2}}^{\frac{1}{s}+\frac{1}{2}}\psi(p)\sin\phi\frac{1+2Du_i}{1+2Du}\mathrm{d}\phi'_0\mathrm{d}p'_0\right]\end{aligned} \tag{20.5.3}$$

$$\begin{aligned}&2\frac{\mathrm{d}A}{\mathrm{d}q}\left(\frac{1}{D}+\frac{\mathrm{d}\theta}{\mathrm{d}q}\right)+A\left\{\frac{\mathrm{d}^2\theta}{\mathrm{d}q^2}-\frac{D}{1+Db}\left(\frac{1}{D}+\frac{\mathrm{d}\theta}{\mathrm{d}q}\right)\frac{\mathrm{d}b}{\mathrm{d}q}-\frac{2d}{D}(1+Db)^2\right\}\\&=\frac{1+Db}{\pi D}\left[\int_0^{2\pi}\int_{\frac{1}{s}-\frac{1}{2}}^{\frac{1}{s}+\frac{1}{2}}\psi(p)\sin\phi\frac{1+2Du_i}{1+2Du}\mathrm{d}\phi'_0\mathrm{d}p'_0\right.\\&\left.\quad-2dD\int_0^{2\pi}\int_{\frac{1}{s}-\frac{1}{2}}^{\frac{1}{s}+\frac{1}{2}}\psi(p)\cos\phi\frac{1+2Du_i}{1+2Du}\mathrm{d}\phi'_0\mathrm{d}p'_0\right]\end{aligned} \tag{20.5.4}$$

运动方程：

$$\begin{aligned}\frac{\partial u}{\partial q}(1+2Du)&=\frac{\omega}{2\omega_c}\psi(p)\left[\frac{\mathrm{d}A}{\mathrm{d}q}\cos\phi-A\sin\phi\left(\frac{1}{D}+\frac{\mathrm{d}\theta}{\mathrm{d}q}\right)\right]\\&\quad+\frac{1}{2D^2}\frac{s}{l}v_{yw}+\left(\frac{\omega_p}{\omega}\right)^2\frac{rs}{\pi D^2}F_{2-z}\end{aligned} \tag{20.5.5}$$

$$\begin{aligned}(1+2Du)\left[\frac{\partial v_{yw}}{\partial q}+\left(\frac{\omega_c}{\omega}\right)^2\frac{l}{sD}\right]&=C\frac{l}{s}\varphi(p)A\cos\phi\left(1+D\frac{\mathrm{d}\theta}{\mathrm{d}q}\right)\\&\quad+\left(\frac{\omega_c}{\omega}\right)^2\frac{l}{sD}\left(\frac{V_a}{2V_0}rl-1+\frac{1}{C}\right)-2\left(\frac{\omega_p}{\omega}\right)^2\frac{rl}{\pi D}\frac{\omega_c}{\omega}F_{2-y}\end{aligned} \tag{20.5.6}$$

式中，

$$\varphi(p)=\frac{\cos h\left[\frac{\omega}{\omega_c}Cp\frac{s}{l}\left(1+D\frac{\mathrm{d}\theta}{\mathrm{d}q}\right)\right]}{\sin h\left[\frac{\omega}{\omega_c}\frac{C}{rl}\left(1+D\frac{\mathrm{d}\theta}{\mathrm{d}q}\right)\right]} \tag{20.5.7}$$

相位关系和位置关系分别与式(20.2.30)和式(20.2.33)相同.

上述方程组可以用计算机进行求解.具体计算,由于篇幅所限,在此不予叙述.

20.6 参考文献

[1]GANDHI O P, ROWE J E. Nonlinear theory of injected-beam crossed-field devices[M]. New York: Academic Press, 1961, 439.

[2]FEINSTEIN J, KINO G S. The Large-signal behavior of crossed-field traveling-wave devices[J]. Proceedings of the Ire, 1957, 45(10):1364-1373.

[3]SEDIN J W. A large-signal analysis of beam-type crossed-field traveling-wave tubes[J]. IRE Transactions on Electron Devices, 1958, 9(1):41-50.

[4]GOULD R W. Space charge effects in beam-type magnetrons[J]. Journal of Applied Physics, 1957, 28(5):599-605.

[5]HADDAD G I, ROWE J E. General velocity tapers for phase-focused forward-wave amplifiers[J]. IEEE Transactions on Electron Devices, 1963, 10(3):212.

第 5 篇

新型毫米波太赫兹器件

第 21 章　概　述

小型化的电真空辐射源器件分为线性注器件和正交场器件，典型的线性注器件有行波管、返波管、扩展互作用器件和奥罗管等；正交场器件主要是磁控管，磁控管广泛用于微波加热，是微波炉的核心器件，频率通常在微波频段. 本章主要对线性注器件进行讨论分析.

21.1 引言

在前面各篇中，我们仔细地研究了各类微波管的工作原理，以这些原理为依据，研制成了各类微波器件，有效地在微波波段工作，成为近代微波技术发展的基础. 但是，当波长进一步缩短，波长达到数毫米时，以普通微波管原理为基础的器件，遇到了一系列原则性的困难，不能有效地工作. 因此，从 20 世纪 50 年代起，人们就在寻求新的工作原理. 艰巨的探索工作一直持续到现在.

从 20 世纪 50 年代到 20 世纪 70 年代，经过较长时间的研究之后，至少有两种新的原理以及以这两种新的原理为基础发展起来的器件，已达到比较成熟的阶段. 其中一种是电子回旋谐振受激放射原理，另一种是电子绕射辐射原理. 以电子回旋脉塞原理为基础而发展起来的回旋管，可以说是近代微波电子学最大的突破和成就；同时，以电子的绕射辐射原理为基础而发展起来的一类器件，也有较强的生命力，而且有可能向可见光波段发展. 当然，除了这两种新的原理以外，还有一些有价值的新原理，例如电子的受激散射和韦伯效应、伯恩斯坦波不稳定性效应等.

在本篇中，我们将着重介绍上述两种新的原理，以及由这两种新原理发展起来的两大类新型器件.

21.2 毫米波、太赫兹器件的发展概况

早在 20 世纪 40 年代末期，人们就开始探索发展毫米波电子器件的问题，认为这是微波管进一步发展的必然趋势. 进入 21 世纪，太赫兹(THz)在许多科学和技术领域引起了广泛的关注，如核聚变中的等离子体诊断、高数据速率通信、远程高分辨率成像、化学光谱学、材料研究、深空通信研究、基础生物光谱学和生物医学诊断. 但太赫兹要在这些领域得到充分应用，需要有足够功率的太赫兹辐射源，高输出功率的真空电子器件(VEDs)可能是太赫兹辐射源的最佳选择. 其中自由电子激光器(FEL)和回旋管可以产生千瓦级的太赫兹波，但由于其外围设备过大，需要的引导磁场过强、成本过高，故不适用于大多数应用场景. 长期以来，人们沿着两个原则上不同的途径开展这项工作：其一是设法把普通微波管(包括各种微波管)的工作频率推进到毫米波、太赫兹频段；其二则是寻求新的工作机理，研究原则上完全不同的新型毫米波、太赫兹器件.

经过多年的努力，在把普通微波管向高频发展的方向上，已取得了很大的成绩和进展. 毫米波太赫兹频段的速调管、行波管、磁控管、返波管等均已制出，并具有良好的性能. 毫米波反射速调管至今仍是较可靠的毫米波信号源，用于各种仪器设备中；毫米波行波管，特别是采用耦合腔作为慢波结构(采用休斯结构)的毫米波行波管，具有良好的性能，预期会有很好的发展前景；在磁控管方面，同轴及反同轴磁控管在毫米波段

有较强的竞争能力,性能优良的毫米波同轴及反同轴磁控管早已经制出;到目前为止,返波管是利用普通微波管向毫米波太赫兹频段前进的所有器件中能达到最短波长的一种器件,已经制作出了频率大于 300 GHz 的返波管.

分布互作用腔速调管(又称为"漂移速调管",国外通称为"EIO""EIA")是 20 世纪 60 年代初发展起来的一种器件,它的互作用机理介于行波管与速调管之间. 近年来,研究结果表明,分布互作用腔速调管在毫米波太赫兹频段有很强的竞争能力,特别是在中、小功率水平方面.

虽然普通微波管向毫米波太赫兹频段发展取得了很大的成绩,但是人们很快就发现,沿这一途径向前发展有原则性的限制. 众所周知,普通微波管是以经典波导谐振腔系统为基础的,因此,波长与几何尺寸之间的共度性是一个原则,正是这一原则成为太赫兹发展的严重限制. 在毫米波太赫兹频段,波导谐振腔及慢波结构的尺寸已经很小,加工非常困难,而表面处理的不良与趋肤效应加在一起,使得高频结构的损耗很大,Q 值大大下降;另外,互作用空间体积很小,功率容量受到极大的限制,对阴极的要求甚至超过了目前阴极发展的实际可能性. 因此,当波长缩短到大约 3 mm 时,采用普通微波管已经非常困难,进一步缩短波长实际上是不可能的①. 这样,进一步的工作使人们不得不转向另一个途径,即寻求新的原理的途径.

不过,事实上,在寻求新的原理方面,人们也早就开始了工作,只不过后来越来越认识到这方面的重要性.

在寻求新的原理方面,20 世纪 60 年代后期以后,特别是 20 世纪 70 年代,取得了很大的成就. 人们提出了各种各样的方案,从目前来看,具有实际工程价值的方案是以下两种类型:

(1)电子回旋谐振受激辐射以及在此基础上发展起来的回旋管;

(2)史密斯-帕塞尔效应以及在此基础上发展起来的奥罗管.

以上两种类型的器件,已开始有工业产品出售.

除了以上两种类型之外,还有不少新的原理正在发展,目前还没有达到工程设计的水平. 从目前来讲,最重要的一类是自由电子激光. 自由电子激光器可以工作在从毫米波直到光波的很宽的频率范围内(甚至希望能工作到紫外、真空紫外等更短波长上去).

① 返波管由于采用了负一次空间谐波,尺寸稍大,可以发展到亚毫米波,但加工上的困难已非常突出. 何况此时功率及效率均已很小.

第 22 章　史密斯-帕塞尔效应和绕射辐射电子器件

22.1 引言

早在 1953 年，美国哈佛大学的史密斯和帕塞尔两人发现，电子沿光栅运动时，有电磁波辐射出来，这就是史密斯-帕塞尔效应. 20 世纪 60 年代以后，以这种效应为基础发展成为一类新型的电子器件，工作于毫米波及亚毫米波波段.

由于史密斯-帕塞尔效应的物理实质是电子沿光栅运动时，电磁波的绕射辐射，因此，以此种效应为基础而建立起来的新型电子器件称为绕射辐射器件. 由于在此类新型电子器件中，采用了准光学谐振腔（开放谐振腔和光栅），所以此类器件又称为“奥罗管”（它是 Oscillation with Open Cavity and Reflecting Grating 的缩写，意为具有开放谐振腔及反射光栅的振荡器），这一名称是苏联学者鲁辛提出的. 此外，由于在这种器件中有两种工作状态（返波管工作状态及绕射辐射电子学工作状态），因此，日本学者奥劳等人又把这种器件称为“来达管”（Ledatron），即孪生管的意思.

本章研究绕射辐射电子器件. 由于在这种器件中采用准光学谐振腔，电子与此种准光学谐振腔中的场相互作用，因此，在没有讨论电子与波互作用之前，必须研究一下准光学谐振腔.

22.2 绕射辐射器件的基本结构和参量

绕射辐射器件（简称“奥罗管”）的典型结构如图 22.2.1 所示. 图中 1、2 两反射镜组成一个准光学谐振腔. 在一般情况下，其中：1 为球面反射镜；2 为柱面反射镜，而且带有光栅；3 为输出波导，通过绕射输出孔 4 与准光腔耦合；5 表示电子枪，它能提供一个薄的带状电子注；6 表示带状电子注沿光栅表面通过；7 为电子注的收集极.

电子注沿光栅通过时，要产生电磁波的辐射，这就是史密斯-帕塞尔效应. 如果没有谐振系统，那么这种辐射并不是相干的. 由于有了准光学谐振系统，由史密斯-帕塞尔效应产生的电磁波受到高品质因数的准光学谐振腔的谐振作用，可以建立起稳定的相干振荡，从而发展成为一种器件. 分析表明，当电子注的速度与光栅上电磁波的相速同步时，可得到最好的工作状态. 此时，电子注在场的作用下群聚，而群聚的电子注可以与场产生更有效的净的能量交换.

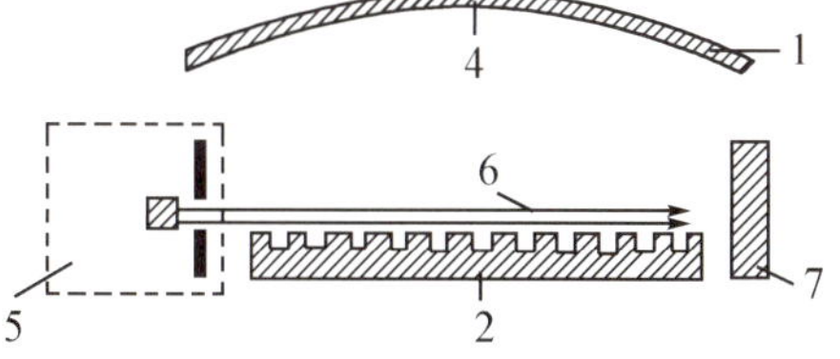

图 22.2.1　绕射辐射振荡器示意图

利用图 22.2.1 所示结构的器件，还可进行频率的机械调谐，只要改变两反射镜之间的距离就可以.

最早从事绕射辐射研究的是苏联的鲁辛和色什塔帕洛夫等人. 他们仅用了三只管子就覆盖了整个毫米波波段，见表 22.2.1 所列.

表 22.2.1　苏联奥罗管的波段覆盖情况

No.	L/mm	b/mm	H/mm	U/kV	λ/mm
1	1.00	1.50	30～20	2.5～15	10～4.3
2	0.55	0.70		2.5～15	4.3～2.3
3	0.40	0.40		9.2～18	2.1～1.5

表 22.2.1 中，L 表示光栅周期；b 表示光栅槽深度；H 表示两反射镜的距离.

苏联发展的奥罗管、在 4 mm 波段可实现 10 W 的连续波输出，在 2 mm 波段可实现 2 W 的连续波输出.

日本的米苏劳及奥劳等人也研究了这种器件.

美国陆军电子学研究与发展指挥部的哈利-戴蒙实验室研制了 75 GHz 的奥罗管，输出功率在 10 W，谱线宽度小于 0.25 MHz；而且管子可在 60～90 GHz 内调谐；工作电压为 2.5 kV.

由于奥罗管是利用准光学谐振腔的高次模式工作的，所以在不同电压情况下，有可能出现不同模式的振荡. 例如，由上述哈利-戴蒙实验室研制的管子，在电压为 2 412 V，两反射镜间距离由 10 mm 变化到 20 mm 时，振荡模式由 TEM_{204} 变到 TEM_{2010}. 另一只管子在 TEM_{208} 模式下工作，可从 50 GHz 调到 75 GHz，其中在 65.65 GHz 时又产生 TEM_{209} 模式振荡. 同时，奥罗管也可能有较小的电子调谐，例如上述管子，在 70 GHz 时，电子调谐斜率为 0.25 MHz/V.

奥罗管在机械调谐过程中，振荡模式的变化如图 22.2.2 所示.

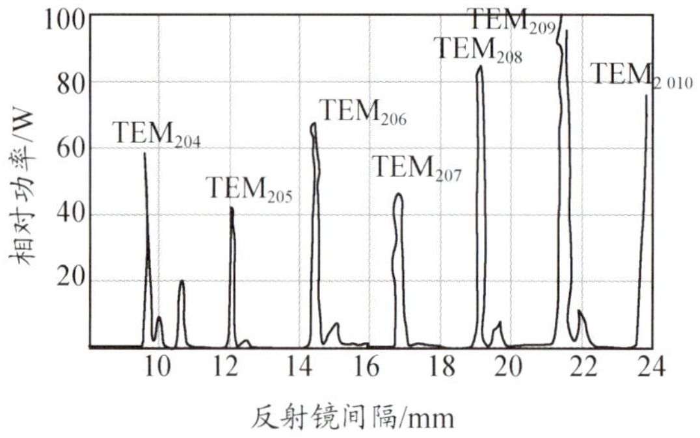

图 22.2.2　输出功率随两个谐振器之间的间距而变化

随着奥罗管研制工作的发展，也出现了其他不同的结构. 例如采用旋转对称的准光学谐振腔及环形电子注的结构，详情可参考有关文献.

22.3 准光学谐振系统

由于在奥罗管中广泛地采用了准光学谐振腔，所以深刻地了解准光学谐振腔的特性对于理解奥罗管是必不可少的. 因此，在分析奥罗管的工作原理之前，我们先来研究准光学谐振系统. 还要指出，微波电子学向毫米波及更短波长发展，无论采用哪种电子与波的互作用机理，采用准光学谐振系统都是不可避免的. 所以，研究准光学谐振腔就更具有较普遍的意义.

为此，我们先来考虑一下为什么当工作波长进一步缩短时，人们不得不采用准光学谐振系统.

工作于基本模式(或较低模式)的普通波导谐振腔的一个重要特点是波长与谐振腔尺寸方面的共度性，即腔的尺寸与波长可以比拟. 因此，除非工作于极高次模式，当工作波长很短时，普通波导谐振腔的尺寸太小，不仅难以加工，而且由于种种原因，品质因数很低，无法工作.

采用高次模式工作自然是一个出路. 不过，普通波导谐振腔工作于高次模式时，虽可将尺寸增大，Q 值增高，但却出现了严重的模式竞争问题，而且往往难以克服，以致无法工作. 原因就在于普通波导谐振腔（封闭谐振系统）的频谱密度随着频率的提高而增大. 因此，在高频率上，在高工作模式附近，聚集了很多其他模式，模式之间的间隔很小，难以采取有效的抑制措施. 因此，当工作波长约为数毫米或更短时，普通波导谐振系统原则上就无法采用了.

准光学谐振腔则没有上述问题. 准光学谐振腔一般由两面反射镜组成，如图 22.3.1 所示. 准光学谐振腔适合工作在高次模式. 分析表明，在准光学谐振腔中，频谱密度大体上是一个常数，不因工作频率的提高而增大. 因此，准光学谐振腔工作于任何模式时都有大致相同的模式间隔. 所以，准光学谐振腔可以工作于极高的模式，即使工作波长很短，也可得到较大的尺寸、较高的 Q 值.

准光学谐振腔的上述特点可以从简单的物理概念的讨论来理解. 如图 22.3.1 所示的准光学谐振腔，它与普通波导谐振腔的不同点就在于它没有侧壁，因而是一种“开放式腔”. 为了讨论这种开放式谐振腔与普通波导谐振腔之间的原则区别，先考虑与两反射镜面形状相同但具有侧壁的普通波导谐振腔. 由波导谐振腔的理论可知，在此种封闭腔中，有无限个谐振模式，模式密度随着频率的提高而增大. 现在把侧壁去掉一部分，于是有一部分振荡模式的场将从此被去掉侧壁的地方漏出去（向空间绕射辐射），从而使这一部分振荡模式不能存在，于是模式就少了一些. 如果把全部侧壁都去掉，就形成了如图 22.3.1 所示的准光学开放腔. 这时有很多模式的场都从侧壁漏掉，使这些模式无法存在. 这样，仅剩下那些其场不从侧壁辐射出去的模式. 因此，只有这样一些模式才构成准光学谐振腔的振荡模式. 由此可见，相对于封闭的普通波导谐振腔，准光学谐振腔的模式密度大为减少.

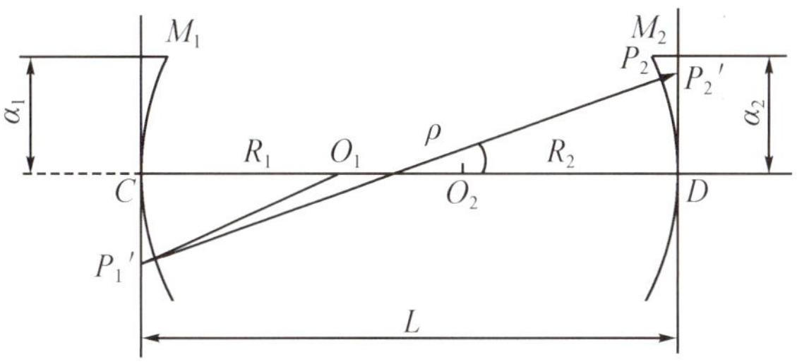

图 22.3.1　球面准光学谐振腔计算示意图

准光学谐振腔的理论和实验研究受到各国学者的重视，发展很快. 下面，我们介绍一些与本书关系密切的内容.

一种分析准光学谐振腔中电磁波的特性的较清楚的方法，是从惠更斯-菲涅尔原理出发，得到自洽积分方程. 对于一些较简单的结构，这种积分方程有解析解；而对于一般情况，则可用数值解法进行. 我们来研究这个问题.

按这种方法求解的一个重要概念就是自再现原理，可以阐述如下：从镜面 M_1 上出发的电磁波到达镜面 M_2 后，一部分反射回来，一部分被衍射而损失掉；反射回来的波在 M_1 上又形成新的场分布. 这样无限次往返后，在 M_1 及 M_2 上场形成一种稳定的场分布（场斑）. 由自再现原理可知，往返一次后，场斑的区别至多仅差一个复数常数.

从惠更斯-菲涅尔原理出发，波阵面上任一点的波场，均是发出次球面波的波源. 这样，波阵面上各点发出的次波的相互干涉的总和，就构成下一时刻新的波阵面上的波. 根据这一原理，就可导出基尔霍夫公式. 设电磁波在某一空间曲面 S 上的场分布函数为 $\varphi(\xi,\eta)$，其中，(ξ,η) 表示空间曲面 S 上某一点的坐标. 空间另外任一点的场分布为 $\varphi(x,y)$，其中，(x,y) 表示观察点的坐标，于是有

$$\varphi(x,y)=\frac{\mathrm{j}}{2\lambda}\iint\limits_{S}\varphi(\xi,\eta)\frac{\mathrm{e}^{-\mathrm{j}k\rho}}{\rho}(1+\cos\theta)\mathrm{d}S \tag{22.3.1}$$

式中，ρ 表示点 (ξ,η) 到点 (x,y) 之间的距离；θ 表示其间的夹角，如图 22.3.1 所示；λ 表示自由空间的波长；$k=\omega/c$，c 为真空中的光速.

现在就可利用上述基尔霍夫公式研究准光学谐振腔的问题. 设镜面 M_1 是一空间曲面，而观察点正好在镜面 M_2 的空间曲面上. 因此，方程(22.3.1)可写成

$$\varphi_{M_2}(x,y)=\frac{\mathrm{j}}{2\lambda}\iint\limits_{M_1}\varphi_{M_1}(\xi,\eta)\frac{\mathrm{e}^{-\mathrm{j}k\rho}}{\rho}(1+\cos\theta)\mathrm{d}S \tag{22.3.2}$$

由 M_2 镜面反射回来的波又在 M_1 上形成新的场分布，因此，按照自再现原理，有

$$\gamma\varphi_{M_1}(x,y)=\left(\frac{\mathrm{j}}{2\lambda}\right)^2\iint\limits_{M_2}\left[\iint\limits_{M_1}\varphi_{M_1}(\xi,\eta)\frac{\mathrm{e}^{-\mathrm{j}k\rho}}{\rho}(1+\cos\theta)\mathrm{d}S\right]\cdot\frac{\mathrm{e}^{-\mathrm{j}k\rho'}}{\rho'}(1+\cos\theta')\mathrm{d}S \tag{22.3.3}$$

式中，γ 为一复数常数，它表示来往一周所引起的场的幅值及相位的变化.

为分析简单计，假定两个镜面 M_1、M_2 的几何形状完全一致，而且准光学谐振腔系统的几何结构又使 M_1、M_2 处于完全对称的位置. 于是，在这种情况下，按照自再现原理，可以得到以下的方程：

$$\gamma\varphi(x,y)=\frac{\mathrm{j}}{2\lambda}\iint\limits_{M_1}\varphi(\xi,\eta)\frac{\mathrm{e}^{-\mathrm{j}k\rho}}{\rho}(1+\cos\theta)\mathrm{d}S \tag{22.3.4}$$

在一般情况下，两镜面之间的距离远大于波长，因而可以近似地写成

$$\begin{cases}\rho\approx L\\ \theta\approx 0\end{cases} \tag{22.3.5}$$

式中，L 表示两镜面之间的距离. 这样，方程(22.3.4)就可进一步简化为

$$\gamma\varphi(x,y)=\iint\limits_{S}K(x,y;\xi,\eta)\varphi(\xi,\eta)\mathrm{d}S \tag{22.3.6}$$

式中，积分核为

$$K(x,y;\xi,\eta)=\frac{\mathrm{j}}{\lambda L}\mathrm{e}^{-\mathrm{j}k\rho(x,y;\xi,\eta)} \tag{22.3.7}$$

在两镜面完全相同且处于完全对称位置的情况下，积分核是一个复对称核. 而在数学上，具有复对称核的积分方程的定解问题早已解决. γ 为此积分方程的本征值，而解 $\varphi(x,y)$ 则称为本征函数. 可以证明，在一般情况下，存在着很多离散的本征函数 $\varphi_m(x,y)$ 及离散的本征值 γ_m. 这样，对于两镜面完全相同而又处于完全对称位置的准光学谐振腔系统，有

$$\gamma_m\varphi_m(x_2,y_2)=\varphi_m(x_1,y_1) \tag{22.3.8}$$

式中，(x_1,y_1)和(x_2,y_2)表示镜面相对应的位置.

由于 γ_m 为复数常数，故可写成

$$\gamma_m=|\gamma_m|\mathrm{e}^{-\mathrm{j}\Theta} \tag{22.3.9}$$

因此，式(22.3.8)可写成

$$|\gamma_m|\varphi_m(x_2,y_2)\mathrm{e}^{-\mathrm{j}\Theta}=\varphi_m(x_1,y_1) \tag{22.3.10}$$

可见，$|\gamma_m|$相当于波的损失，而 Θ 表示相移. 由此可以得到波一次行程的损失为

$$\delta=1-|\gamma_m|^2 \tag{22.3.11}$$

而按谐振的概念，可以得到谐振条件为

$$2\Theta=\arg(\gamma_m)=2q\pi \tag{22.3.12}$$

式中，q 为整数.

这样，准光学谐振腔的求解就归结为解积分方程(22.3.3)或方程(22.3.6)，得到积分方程的本征函数及本征值. 我们不去讨论更多的问题，仅研究一种具有典型意义的共焦球面镜的情况. 首先研究方形共焦球面镜，其结构如图 22.3.1 所示.

由图 22.3.1 所示的几何结构，可以得到

$$\rho = R - \frac{x_1x_2 + y_1y_2}{R} + \frac{(x_1^2 + y_1^2)(x_2^2 + y_2^2)}{4R^2} + \cdots \tag{22.3.13}$$

在一般情况下，可假定镜面的横向尺寸远小于距离 $L=R$，因此，式(22.3.13)可近似为

$$\rho \approx R - \frac{x_1x_2 + y_1y_2}{R} \tag{22.3.14}$$

代入方程(22.3.4)，可以得到

$$\gamma\varphi(x_2, y_2) = \frac{\mathrm{j}}{\lambda R}\mathrm{e}^{-\mathrm{j}kR}\int_{-a}^{a}\int_{-a}^{a}\mathrm{e}^{\frac{\mathrm{j}k(x_1x_2+y_1y_2)}{R}}\varphi(x_2, y_2)\mathrm{d}x_1\mathrm{d}y_1 \tag{22.3.15}$$

我们试用分离变量法求解式(22.3.15)，即令

$$\varphi(x, y) = \varphi(x)\varphi(y) \tag{22.3.16}$$

再作变量变换

$$X = \frac{x}{a}, Y = \frac{y}{a} \tag{22.3.17}$$

代入式(22.3.15)，可以得到

$$\gamma\varphi(X_2)\varphi(Y_2) = \mathrm{j}N\mathrm{e}^{\mathrm{j}kR}\int_{-1}^{1}\int_{-1}^{1}\mathrm{e}^{\mathrm{j}2\pi N(X_1X_2+Y_1Y_2)}\varphi(X_1)\varphi(Y_1)\mathrm{d}X_1\mathrm{d}Y_1 \tag{22.3.18}$$

式中，$N = a^2/\lambda R$，称为腔的菲涅尔数.

方程(22.3.18)可化为以下两个方程：

$$\begin{cases} \gamma_1\varphi(X_2) = \int_{-1}^{1}\mathrm{e}^{\mathrm{j}2\pi NX_1X_2}\varphi(X_1)\mathrm{d}X_1 \\ \gamma_2\varphi(Y_2) = \int_{-1}^{1}\mathrm{e}^{\mathrm{j}2\pi NY_1Y_2}\varphi(Y_1)\mathrm{d}Y_1 \end{cases} \tag{22.3.19}$$

而

$$\gamma = \gamma_1\gamma_2(\mathrm{j}N\mathrm{e}^{-\mathrm{j}kR}) \tag{22.3.20}$$

由方程(22.3.19)可见，这是两个有限傅里叶变换式，即函数 $\varphi(X)$经过有限傅氏变换后，化为它自身(仅差一个常数). 但我们可以得到如下关系：

$$2\mathrm{j}^mR_{0m}^{(1)}(C,1)S_{0m}(C,t) = \int_{-1}^{1}\mathrm{e}^{\mathrm{j}Ct'}S_{0m}(C,t')\mathrm{d}t' \quad (m=0,1,2,\cdots) \tag{22.3.21}$$

式中，$R_{0m}^{(1)}(C,1)$和 $S_{0m}(C,t)$分别表示径向长椭球函数及角向长椭球函数，它们均为实函数.

比较方程(22.3.21)、(22.3.19)及(22.3.20)，可以求得以下的本征函数及本征值：

$$\begin{cases} \varphi_m(X) = S_{0m}(2\pi N, X) & (m=0,1,2,\cdots) \\ \varphi_n(Y) = S_{0n}(2\pi N, Y) & (n=0,1,2,\cdots) \end{cases} \tag{22.3.22}$$

及

$$\begin{cases} \gamma_m = 2\mathrm{j}^mR_{0m}^{(1)}(2\pi N, 1) \\ \gamma_n = 2\mathrm{j}^nR_{0n}^{(1)}(2\pi N, 1) \end{cases} \tag{22.3.23}$$

如上所述，本征函数表示波场的分布. 我们来看看这种分布情况. 首先，由于本征函数均为实函数，波的相位由本征值决定. 因此，在镜面上，波场具有均匀的相位分布，更确切地说，发生谐振时，谐振模的波场的等相位面与镜面重合，镜面本身就是一个等相位面. 另外，本征函数的对称性由其序号 m(或 n)的奇偶性决定. 如果 m(或 n)为偶数，那么 S_{0m}(或 S_{0n})为偶对称函数；而当 m(或 n)为奇数时，S_{0m}(或 S_{0n})则为奇函数. 而 m(或 n)又表示函数 S_{0m}(或 S_{0n})在区间 $X=\pm1$(或 $Y=\pm1$)内的零点数. $m=0,1,2$ 值时，函数 $\varphi_m(X)=S_{0m}(2\pi N, X)$的图形示于图 22.3.2 中.

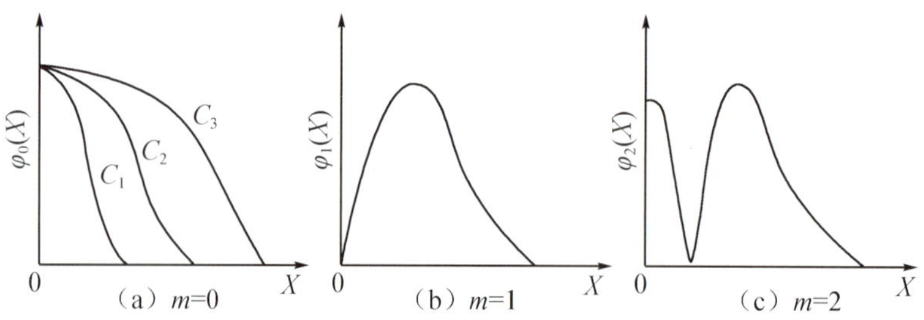

图 22.3.2　准光学谐振腔的场分布

长椭球函数 S_{0m} 的表示式比较复杂，不便于使用. 但是，如果我们仅研究镜面中心附近及轴附近的区域内的场，则可以得到较简单的近似公式. 因为在这些区域内，有 $X^2 \ll 1$，所以有

$$\varphi_m(X)=S_{0m}(2\pi N,X)\approx C_m H_m(\sqrt{2\pi N},X)\mathrm{e}^{-\frac{1}{2}(2\pi N X^2)} \tag{22.3.24}$$

式中，$H_m(\sqrt{2\pi N},X)$ 是宗量为 $\sqrt{2\pi N}X$ 的第 m 阶厄密多项式. 方程(22.3.24)还可简化为

$$\varphi_m(x)\approx C_m H_m\left(\frac{2\pi}{\lambda L}x\right)\mathrm{e}^{-\frac{\pi}{\lambda L}x^2} \tag{22.3.25}$$

可见，波场的分布有类似于高斯分布的特性，即随着 x 的增大而迅速衰减. 特别是对于 $m=0$ 来说，有

$$\begin{cases} H_0\left(\sqrt{\dfrac{2\pi}{\lambda L}}x\right)=1, C_m=1 \\ \varphi_0(x)=\mathrm{e}^{-\frac{\pi}{\lambda R}x^2} \end{cases} \tag{22.3.26}$$

波场在 y 方向上的变化也同上述在 x 方向上的变化类似.

我们看到，上述这种波场的等相位面与镜面相重，为一特殊的球面波. 而离开镜面以后，在很靠近轴线的区域内，它逐渐变为接近平面波. 因此，这种波称为准平面波，而这种模式就用符号 TEM_{mn} 来表示. 如果镜面在一个方向(如 y 方向)无限伸长，那么波场在此方向无变化，仅在另一个方向(如 x 方向)按以上所述规律变化. 这时，就退化为 TEM_m 模式. 由此可见，TEM_{mn} 模的波场的分布函数为

$$\varphi_{mn}(x,y)\approx C_{mn}H_m\left(\sqrt{\frac{2\pi}{\lambda L}}x\right)H_n\left(\sqrt{\frac{2\pi}{\lambda L}}y\right)\mathrm{e}^{-\frac{x^2+y^2}{\lambda L}\pi} \tag{22.3.27}$$

我们定义波场振幅减小到 e^{-1} 时所对应的 x 值为波的场斑大小. 因此，按以上所述，对于 TEM_0 模式来说，场斑的尺寸为

$$x=\sqrt{\frac{\lambda R}{\pi}}=\omega \tag{22.3.28}$$

而对于 TEM_{00} 模来说，场斑半径为

$$r_0^2=\left(\frac{\lambda L}{\pi}\right) \tag{22.3.29}$$

我们再来看腔内波的谐振情况，将方程(22.3.23)代入方程(22.3.12)，可以得到

$$2\left[\frac{\pi}{2}(m+n+1)-kR\right]=2\pi q \tag{22.3.30}$$

由此得到谐振波长为

$$\frac{2R}{\lambda}=\frac{1}{2}(1+m+n)+q \tag{22.3.31}$$

因此，这种模式可写成 TEM_{mnq}. 但要注意，这里 q 的含义与一般波导谐振腔中的不同. 因为按方程(22.3.12)及(22.3.10)，q 表示第一镜面上的场与第二镜面上场的相移(相差 2π 的整数倍)，所以，在这里 q 表示两镜面之间半波的节点数. 而在波导谐振腔中，纵模指标 q 则表示腔内纵向半波长数. 因此，两者相差 1，即若令准光学谐振腔中的 q 为 q'，则有

$$q'=q+1$$

由方程(22.3.31)又可以得到谐振频率为

$$f_{mnq}=\frac{c}{2R}\left[q+\frac{1}{2}(m+n+1)\right] \tag{22.3.32}$$

我们来求准光学谐振腔的模式分隔度，即两模式之间的频率间隔. 当模式$(m+n)$变化为 1 时，模式分隔度为

$$\Delta f=\frac{c}{4L}\quad[\Delta(m+n)=1] \tag{22.3.33}$$

而当 q 变化为 1 时，模式分隔为

$$\Delta f=\frac{c}{2L}\quad(\Delta q=1) \tag{22.3.34}$$

由此就可看到，正如本节一开头所说，在准光学谐振腔的情况下，模式密度不随频率的增高而改变.

以上考虑的是镜面上的场分布. 按照以上所述，如果仍局限于考虑轴附近的场，那么在任意 z 截面上，波场分布可写为

$$\begin{aligned}\varphi_{mn}(x,y,z)=&C_{mn}\sqrt{\frac{2}{1+Z^2}}H_m\left(\sqrt{\frac{2\pi N}{a^2}}\sqrt{\frac{2}{1+Z^2}}x\right)H_n\left(\sqrt{\frac{2\pi N}{a^2}}\sqrt{\frac{2}{1+Z^2}}y\right)\\&\cdot \mathrm{e}^{-\frac{k(x^2+y^2)}{R(q+Z^2)}}\cdot \mathrm{e}^{-\mathrm{j}\left\{k\left[\frac{R}{2}(1+Z)+\frac{Z}{1+Z^2}\left(\frac{x^2+y^2}{R}\right)\right]-(1+m+n)\left(\frac{\pi}{2}-\phi\right)\right\}}\end{aligned} \tag{22.3.35}$$

式中

$$\begin{cases}Z=\dfrac{2z}{R}\\ \phi=\tan^{-1}\dfrac{1-Z}{1+Z}=\dfrac{R-2z}{R+2z}\end{cases} \tag{22.3.36}$$

可见，它是一个较特殊的行波场. 它的相位由下式确定:

$$\begin{aligned}&k\left[\frac{R}{2}(1+Z_0)\right]-(m+n+1)\left(\frac{\pi}{2}-\phi_0\right)\\&=k\left[\frac{R}{2}(1+Z)+\left(\frac{Z}{1+Z^2}\right)\left(\frac{x^2+y^2}{R}\right)\right]-(m+n+1)\left(\frac{\pi}{2}-\phi\right)\end{aligned} \tag{22.3.37}$$

因此，对于确定的模式，等相位面由下式确定:

$$z_0-z=\left(\frac{Z}{1+Z^2}\right)\left(\frac{x^2+y^2}{R}\right) \tag{22.3.38}$$

可见，等相位面是一个曲面. 由式(22.3.38)可以看到，此曲面近似为一个球面.

任一截面上的场斑尺寸可求得，为

$$r_0^2(z)=\frac{\lambda R}{2\pi}(1+Z_0^2)=\frac{\lambda R}{2\pi}\left(1+\frac{4z_0^2}{R^2}\right) \tag{22.3.39}$$

不难看到，当 $z_0=\pm R/2$ 时，即为球面上的场斑，有

$$r_0^2=\frac{\lambda R}{2\pi} \tag{22.3.40}$$

有时，波场分布函数也可通过场斑尺寸来写出:

$$\varphi_{mn}(x,y,z_0)=C_{mn}\frac{\sqrt{2}r_0}{r_0(z_0)}H_m\left(\frac{\sqrt{2}}{r_0(z_0)}x\right)H_n\left(\frac{\sqrt{2}}{r_0(z_0)}y\right)\cdot \mathrm{e}^{-\frac{x^2+y^2}{r_0^2(z_0)}} \tag{22.3.41}$$

以上讨论的是方形球面镜. 对于圆形球面镜共焦腔，完全仿照以上所述，可以得到本征函数为

$$\varphi_{pl}(r,\varphi)=R_{pl}(r)\mathrm{e}^{-\mathrm{j}l\varphi} \tag{22.3.42}$$

式中

$$R_{pl}=C_{pl}\left(\sqrt{\frac{2\pi}{\lambda R}}r\right)^l L_p^l\left(\sqrt{\frac{2\pi}{\lambda R}}r^2\right)\mathrm{e}^{-\frac{\pi}{\lambda R}r^2} \tag{22.3.43}$$

式中，C_{pl} 表示常数；$L_p^l\left(\frac{2\pi}{\lambda R}r^2\right)$ 表示拉盖尔多项式，其几个最低价的形式如下：

$$\begin{cases} L_0^l(x)=1 \\ L_1^l(x)=l+1-x \\ L_2^l(x)=\frac{1}{2}(l+1)(l+2)-(l+2)x+\frac{1}{2}x^2 \\ \cdots \end{cases} \tag{22.3.44}$$

而本征值为

$$\gamma_{p_0}=e^{-j\left[kl-\frac{\pi}{2}(2p+l+1)\right]} \tag{22.3.45}$$

式(22.3.45)表明，在圆形球面共焦腔的情况下，没有衍射损耗，因为

$$1-|\gamma_{pl}|^2=0 \tag{22.3.46}$$

这表明，在这种条件下，可以得到较高的绕射 Q 值.

可求得谐振频率为

$$f_{plq}=\frac{c}{2R}\left[q+\frac{1}{2}(2p+l+1)\right] \tag{22.3.47}$$

圆形球面共焦腔的这种谐振模式称为 TEM_{plq} 模式. 方程(22.3.43)表明，对于圆形球面共焦腔的 TEM_{plq} 模，有

$$R_{00}(r^2)=C_{00}e^{-\frac{\pi}{\lambda R}r^2} \tag{22.3.48}$$

可见，它仍是一个准平面波. 镜面上的场斑尺寸为

$$r_0^2=\frac{\lambda R}{\pi} \tag{22.3.49}$$

利用以上所述方法，还可求其他类型的准光腔. 限于篇幅，本书就不再讨论，读者可参考有关专著.

最后，我们来研究腔内波场的场强. 上面我们求解的是标量函数. 因此，问题在于如何从此标量函数求出电磁场的各个分量. 事实上，以上求得的标量函数，可以认为是场的某一个分量，也可以认为是标量位函数(或例如赫兹矢量的某一分量等). 试以圆形球面共焦腔为例，如果假定腔内的场是线极化的，那么可以认为以上所求得的标量函数即为电场的某一分量，例如 E_x 分量，而磁场分量则可通过麦克斯韦方程求得. 于是，对于 TEM_{00q} 模，我们即有

$$\begin{cases} E_x=E_0e^{-\frac{r^2}{r_0^2}}\cos kze^{-j\omega t} \\ H_y=j\frac{k}{\omega}E_0e^{-\frac{r^2}{r_0^2}}\sin kze^{-j\omega t} \end{cases} \tag{22.3.50}$$

这是因为方程(22.3.45)可写成

$$\gamma_{pl}=e^{j\frac{\pi}{2}(2p+l+1)}e^{-jkz} \tag{22.3.51}$$

而方程(22.3.50)中则考虑了沿 $+z$ 方向及 $-z$ 方向传播波的叠加.

在本节最后，我们给出几个较低次模式的场分布及场斑的图形，如图 22.3.3 所示.

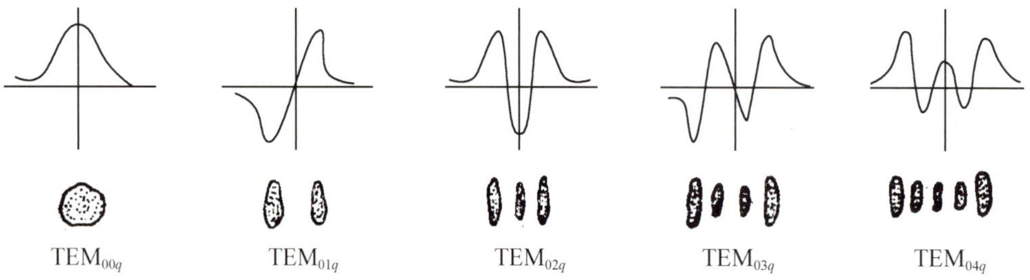

图 22.3.3　准光学谐振腔低次振荡的场分布曲线和场斑图样

22.4 奥罗管的准光学谐振系统

在 22.3 节中，我们研究了准光学谐振腔的一般原理，其中两个反射镜都是较理想的镜面. 在奥罗管中，如 22.2 节所述，一个反射镜是理想的镜面，而另一个反射镜上带有光栅. 现在，我们就来研究带有光栅的准光学谐振腔.

为简单起见，我们先研究平板系统，即上下两反射镜都是平面的，如图 22.4.1 所示. 为分析方便起见，假定平板在 x，y 方向无限伸长. 光栅的几何尺寸在图上已注明.

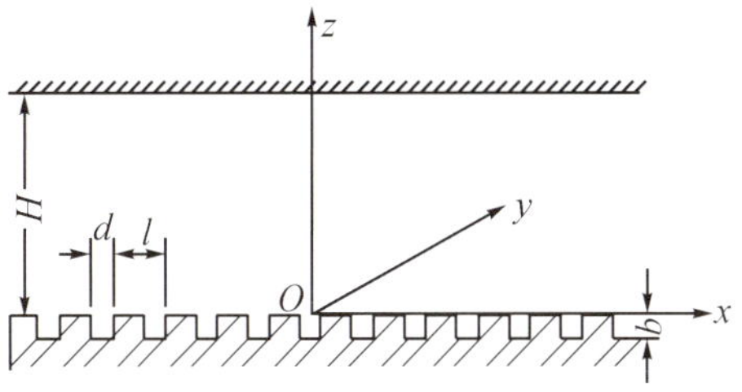

图 22.4.1 具有绕射光栅的平行平面镜谐振腔

由 22.3 节所述可知，在准光学谐振腔中，在理想情况下，腔中的场是一种准平面波. 当一个反射镜面上有光栅时，这种准平面波的场投射到光栅上，由于周期性结构而分解出各次空间谐波. 由以下的叙述可知，这种空间谐波的振幅都随距光栅表面的距离增大而迅速衰减，是一种表面波. 因此，在远离光栅表面的空间，在腔内仍然是一种准平面波. 或者说，在足够精确的近似情况下，光栅仅改变第二个反射面上及其附近的场，对于远离光栅表面的腔中的场没有重大的影响.

另外，由于光栅上的场是表面波场，而且光栅的引入要增加附加的欧姆损失，因此，光栅引入的另一个较重要的特点是在一定程度上降低了准光腔的 Q 值. 从这点出发，要求光栅应具有良好的加工精度，同时，光栅的位置也应慎重选择，这一点在后面还要谈到.

现在来研究带有光栅的准光学谐振系统. 按上面所说，在光栅的附近，场展开为各次空间谐波，因此有

$$\begin{cases} E_x = A_0 \sin k(z-H) + 2\sum\limits_{s=1}^{\infty} A_s e^{-k_{cs}z}\cos\beta_s x \\ E_z = -2\sum\limits_{s=1}^{\infty} A_s \dfrac{\beta_s}{k_{cs}} e^{-k_{cs}z}\sin\beta_s x \\ H_y = jA_0\cos k(z-H) - 2j\sum\limits_{s=1}^{\infty} A_s \dfrac{k}{k_{is}} e^{-k_{cs}z}\cos\beta_s x \end{cases} \tag{22.4.1}$$

式中

$$\begin{cases} k = \dfrac{\omega}{c} \\ \beta_s = \dfrac{2\pi s}{L} \\ k_{cs}^2 = \beta_s^2 - k^2 \end{cases} \tag{22.4.2}$$

式中，A_0、A_s 为振幅常数.

为了确定常数 A_0、A_s，我们来研究光栅槽内的场. 由于我们假定 $L \ll \lambda$，所以，在槽内可以认为仅能存在 TEM 波，于是有

$$\begin{cases} E_x = B\sin k(z+b) \\ H_y = jB\cos k(z+b) \end{cases} \tag{22.4.3}$$

于是，利用与本书第 2 篇慢波结构中所述的场的缝合方法，即可求得

$$A_s=\frac{A_0}{\pi s}\frac{\sin kb\sin\frac{s\pi d}{L}}{\sqrt{\cos^2 kb+\left(\frac{d}{L}\right)^2\sin^2 kb}} \tag{22.4.4}$$

$$A_0=B\sqrt{\cos^2 kb+\left(\frac{d}{L}\right)^2\sin^2 kb} \tag{22.4.5}$$

因而,波谐振时,各几何尺寸应满足以下的条件:

$$\tan kH+\frac{d}{L}\tan kb=0 \tag{22.4.6}$$

由式(22.4.6)可见,当 $d\to 0$ 时,可以得到一般平面波导开放腔的谐振条件为

$$\tan kH=0 \tag{22.4.7}$$

我们所需的波沿光栅传播的相速为

$$v_{ps}=\frac{\omega}{\beta_s}=c\left(\frac{L}{s\lambda}\right) \tag{22.4.8}$$

另外,零次空间谐波的传播常数为

$$\beta_0=k\sin\theta\xrightarrow{\theta\to 0}0 \tag{22.4.9}$$

因此,在光栅上无零次空间谐波,这一点是与普通慢波结构中的场不同的.其原因在于光栅位于准光学谐振腔中,而其中的场是沿 z 方向来往传播的准平面波.

现在再来讨论一下各次谐波的幅值.由方程(22.4.4)和方程(22.4.5)可见,当 s 增大时,幅值 A_s 迅速减小.同时,由方程(22.4.1)又可看到,幅值随着距光栅表面距离的增大而按指数衰减.

根据以上分析,还可计算带有光栅的准光腔的 Q 值.由上、下反射镜面上的电磁场可以求出镜面上的电流,从而可以近似计算欧姆损耗功率:

$$P^{(1)}=\frac{\omega\delta A_0}{16\pi} \tag{22.4.10}$$

$$P^{(2)}=\frac{\omega\delta A_0^2}{16\pi}\frac{\left(1-\frac{d}{L}\right)\cos^2 kb+\frac{d+b}{L}+\frac{1}{2RL}\sin 2kb}{\cos^2 kb+\left(\frac{d}{L}\right)^2\sin^2 kb} \tag{22.4.11}$$

式中,δ 为趋肤深度;$P^{(1)}$、$P^{(2)}$ 分别表示上镜面及带有光栅的下镜面上的功率损耗.略去绕射损耗,则总的功率损耗就为

$$P=P^{(1)}+P^{(2)}=\frac{\omega\delta A_0}{16\pi}(1+\Delta) \tag{22.4.12}$$

式中

$$\Delta=\frac{\left(1-\frac{d}{L}\right)\cos^2 kb+\frac{d+b}{L}+\frac{1}{2kL}\sin 2kb}{\cos^2 kb+\left(\frac{d}{L}\right)^2\sin^2 kb} \tag{22.4.13}$$

我们来分析一下光栅上的欧姆损耗.由方程(22.4.4),可以求得

$$A_1^2=\frac{A_0^2}{\pi^2}\frac{\sin^2 kb-\sin\frac{\pi d}{L}}{\cos^2 kb+\left(\frac{d}{L}\right)^2\sin^2 kb} \tag{22.4.14}$$

因而总的功率损耗可通过 A_1^2 写出:

$$P=A_1^2\frac{\pi\omega\delta}{16}f\left(kb,\frac{d}{L}\right) \tag{22.4.15}$$

式中

$$f\left(kb,\frac{d}{L}\right)=\frac{2\cos^2 kb+\left[\frac{d}{L}+\left(\frac{d}{L}\right)^2\right]\sin^2 kb+\frac{b}{L}+\frac{\sin 2kb}{2kL}}{\sin^2 kb\sin^2\frac{\pi d}{L}} \tag{22.4.16}$$

对函数 $f\left(kb,\frac{d}{L}\right)$的分析表明，当 $b\approx\lambda/4$，$d\approx L/2$ 时，欧姆损耗最小. 因此，如果略去槽内的储能及空间谐波的储能，则可以近似求出腔中的储能

$$W=\frac{1}{16\pi}A_0^2 H \tag{22.4.17}$$

由此，即可求得 Q_0 值的近似表达式：

$$Q_0=\frac{H}{\delta\left(3+\frac{\lambda}{L}\right)} \tag{22.4.18}$$

而按方程(22.4.10)可以求得无光栅时准光腔的 Q_0 值：

$$Q_0=\frac{H}{2\delta} \tag{22.4.19}$$

因此，在较理想的情况下，带光栅及不带光栅的 Q_0 值的比为 $2/(3+\lambda/L)$，或者说，带有光栅后，Q_0 值将至少下降 $2/(3+\lambda/L)$.

以上是关于无限大平面镜的情况. 对于球面镜，也可得到类似的结果. 这时，在光栅附近的场能展开为空间谐波

$$E_z=A_0\sin k(z-H)+2\sum_{s=1}^{\infty}A_s C_m C_n \psi_m(y)\psi_n(x\cdot \mathrm{e}^{-k_c sz}\cos\beta_s x) \tag{22.4.20}$$

式中

$$\begin{cases}\psi_n=\mathrm{e}^{-\frac{kx^2}{2A_x}}H_n\left(\sqrt{\frac{k}{A_x}}x\right)\\ \psi_m=\mathrm{e}^{-\frac{ky^2}{2Ay}}H_m\left(\sqrt{\frac{k}{A_x}}y\right)\end{cases} \tag{22.4.21}$$

$$\begin{cases}A_x=\sqrt{H(R_x-L)}\\ A_y=\sqrt{H(R_y-L)}\end{cases} \tag{22.4.22}$$

式中，H_m、H_n 为厄密特多项式，已在 22.3 节中讨论过.

22.5 奥罗管的发展现状

行波管(TWT)、返波振荡器(BWO)和回旋管，可以在太赫兹波段提供较大的功率和较宽的频率调谐范围. 但是，这些辐射源的性能会受到太赫兹波段工作频率的限制. 如我们所知，随着工作频率的增加，需要更高的电流密度，从而受到电子枪技术水平的限制. 而采用高次谐波辐射可以降低电流密度，提高器件性能. 众所周知，当电子在周期光栅的表面附近通过时产生 Smith-Purcell 辐射(SPR)，并且实验上已经证明了，有能工作在高次谐波频率并具有高功率的相干 SPR.

当自由电子掠过光栅表面时，会有不同频率的波从不同角度辐射出来，频率与电子的速度、光栅周期以及谐波次数有关，此辐射称为 SP 辐射，为非相干辐射. 当电子束被表面波调制以后，电流信号中会存在以表面波倍频的谐波信号，当谐波信号与 SP 辐射信号重叠时，就会形成相干辐射，以表面波倍频方式进行输出的超辐射奥罗管主要以此原理进行工作. 原理示意图如图 22.5.1 及图 22.5.2 所示. 圆柱形部分包含永久磁铁段，奥罗管高真空结构位于磁体半部分的中间，喇叭天线指向左边，冷却水入口指向右边. 由于 90°左右的

辐射角度收集效率较高,此时对应的表面波工作在 π 模,且器件的谐振结构由反射镜组成,调节范围有限,所以此器件的带宽相对较窄. 由于器件以谐波方式工作,辐射强度相对较低. 使用脉冲电子束来增大束流密度是提高输出功率的一个途径.

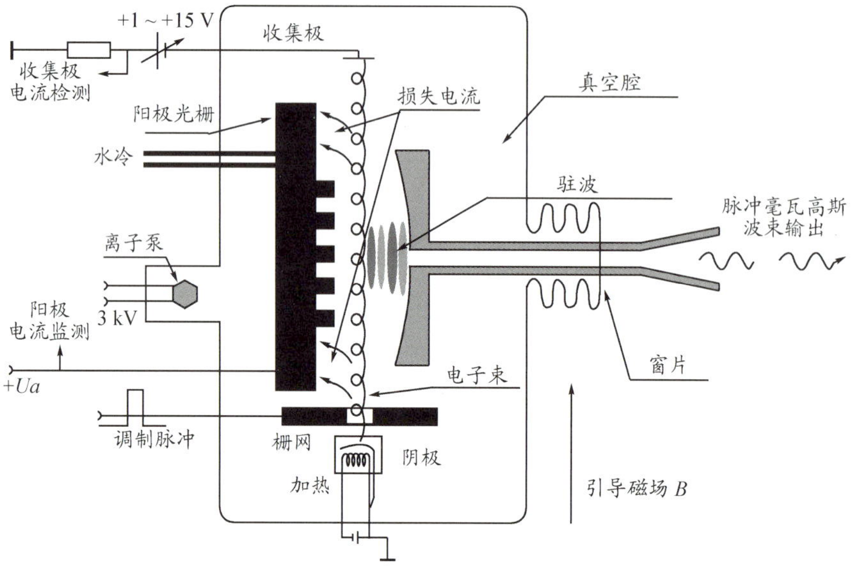

图 22.5.1　超辐射奥罗管结构示意图

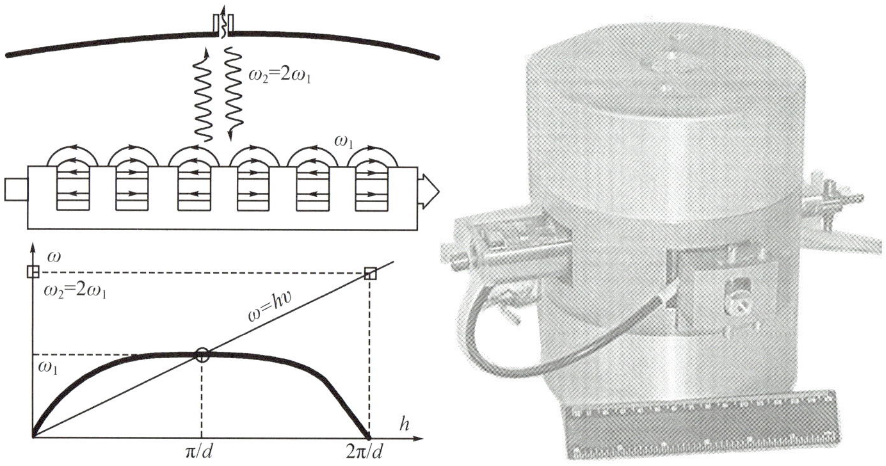

图 22.5.2　超辐射奥罗管原理示意图及装配示意图

2016 年,安徽省华东光电技术研究院在低电压奥罗管的研究报道指出,该低电压奥罗管在 95 GHz 可以进行 20 W 的连续波输出,总体重量小于 8 kg. 该器件选用了片状电子束和光栅慢波结构(SWS),其中片状电子束斜入射光栅以提高输出功率. 在低电压的情况下,光栅还具有集电极的作用,如图 22.5.3 所示.

图 22.5.3　低压奥罗管

2016 年,电子科技大学提出了一种由环形电子束驱动圆柱形准光腔的增强太赫兹奥罗管。与平面慢波结构相比,圆柱形慢波结构在角方向上没有不连续边界,因此它的电磁场是均匀和紧凑的,并且圆柱表面波和环形电子束的相互作用比平面表面波和片状电子束更强和更有效.相干 SPR 主要集中在一个立体角内,如果辐射在该角度被收集和振荡,则场的振幅以及输出功率可以显著提高.开放平面腔可以为相干 SPR 提供反馈,但它使用平面 SWS 不适用于圆柱形 SWS,故又出现了一种适用于圆柱形慢波结构的大尺寸、高 Q 值和具有对称模式谐振的可调谐特殊圆柱形准光腔,这就是由环形电子束驱动的太赫兹(THz)超辐射奥罗管,它通过圆柱形准光学腔中的环形电子束与圆柱形表面波相互作用产生相干 Smith-Purcell 辐射(SPR).结果表明,与不加准光腔的相干 SPR 相比,加准光腔的相干 SPR 的辐射场强和场能分别提高了 5 倍和近一个数量级.如图 22.5.4 所示的结构中为圆柱形光栅与半圆球形三反射镜系统,输出耦合结构开在反射镜的一端,并采用圆形空心电子注进行工作,仿真表明可以在 0.607 THz 处产生 0.4 W 的稳定输出.

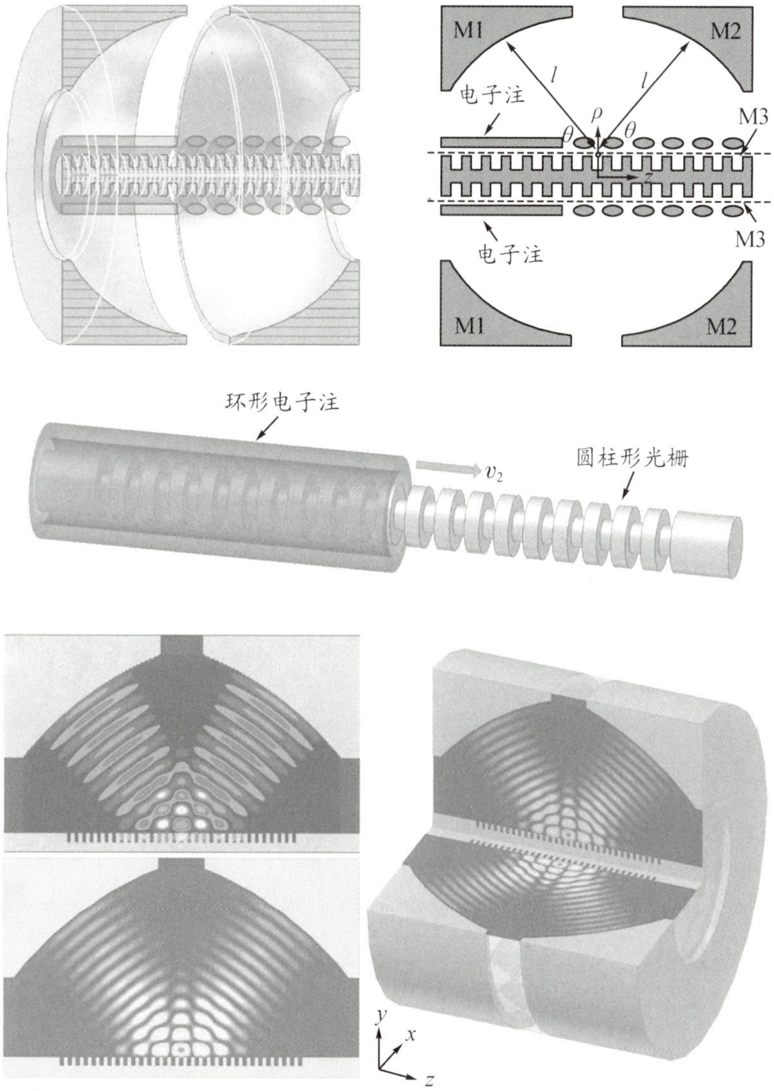

图 22.5.4　环形电子束驱动的圆柱形光栅太赫兹超辐射奥罗管

传统的太赫兹奥罗管需要极高的启动电流密度,这对束流的产生和控制提出了很大的挑战,并且传统的太赫兹奥罗管的功率也不够高.2016 年,中国科学技术大学提出了一种新型奥罗管,在该奥罗管中连续电子束通过矩形光栅激发 SPR,然后通过光栅上方的平面导体反射镜将辐射波反射回来,再与电子束相互作用.辐射波通过与束波相互作用被指数倍放大,然后从反射镜上的端口输出.它克服了传统太赫兹奥罗管的主要障碍,所需的束流密度可以显著降低,在低电压电子注下也可以产生瓦级输出,大大提高了辐射功率.

它还可以工作在多模情况下，辐射频率从 0.1 THz 扩展到 1 THz 以上，如图 22.5.5 所示.

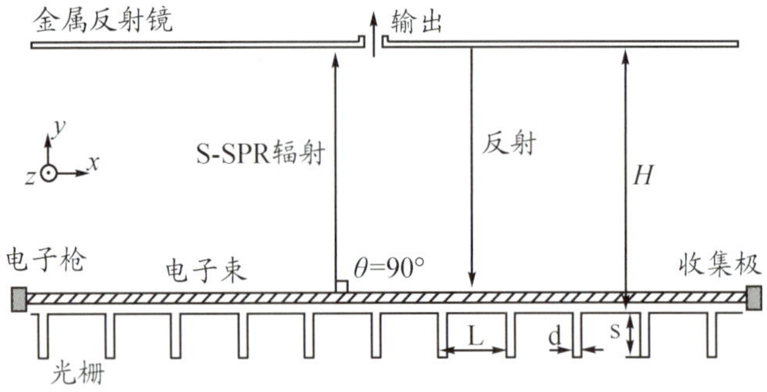

图 22.5.5　新型奥罗管原理示意图

22.6 奥罗管的线性理论

现在研究奥罗管的线性理论. 如上所述，在奥罗管中，电子注沿光栅表面飞过，受到场的作用形成群聚，而实现与场的能量交换. 因此，完全可以用本书第 3 篇所述小信号理论的方法来建立奥罗管的线性理论.

电子的运动方程为

$$\frac{\mathrm{d}\boldsymbol{v}}{\mathrm{d}t}=-\eta\boldsymbol{E}\tau \tag{22.6.1}$$

连续性方程为

$$\frac{\partial J_1}{\partial t}=-\frac{\partial\rho_1}{\partial t} \tag{22.6.2}$$

我们限于一维的研究. 在奥罗管中，薄层电子注在强磁场聚束下，横向运动很小，也不起本质的作用，因此一维近似是足够精确的. 于是，按第 2 篇所述方法，可以得到以下的方程：

$$\frac{\mathrm{d}^2 I}{\mathrm{d}x^2}-2\mathrm{j}\beta_e\frac{\mathrm{d}I}{\mathrm{d}x}+(\beta_p^2-\beta_e^2)I=-\frac{\mathrm{j}\beta_e}{2}\frac{I_0}{U_0}\mathscr{E}(x)\left(\frac{S}{S_e}\right) \tag{22.6.3}$$

式中，$\mathscr{E}(x)$表示与电子注同步的那次空间谐波在电子注截面上的平均值，其他符号的意义同第 3 篇所述.

引入无量纲参数 q：

$$q=\frac{I_0}{u_0 v_e}=\sqrt{\frac{m_0}{2e}}\frac{I_0}{U_0^{3/2}} \tag{22.6.4}$$

则方程(22.6.3)可化为

$$\frac{\mathrm{d}^2 I}{\mathrm{d}x^2}-2\mathrm{j}\beta_e\frac{\mathrm{d}I}{\mathrm{d}x}+(\beta_p^2-\beta_e^2)I=-\frac{\mathrm{j}\omega}{2}q\mathscr{E}(x)\frac{S}{S_e} \tag{22.6.5}$$

设与电子注同步的为第 s 次空间谐波，则由 22.4 节所述，有

$$E_x=A_x\mathrm{e}^{-k_c s z}+\mathrm{j}\beta_s x \tag{22.6.6}$$

如果假定考虑的是平面镜情况，那么高频场是均匀的，于是由式(22.6.6)可以得到

$$\mathscr{E}(x)=B\mathrm{e}^{\mathrm{j}\beta_s x} \tag{22.6.7}$$

再假定同步谐波号数 $s=1$，则有

$$\mathscr{E}(x)=B\mathrm{e}^{\mathrm{j}\frac{2\pi}{L}x}=B\mathrm{e}^{\mathrm{j}\beta x} \tag{22.6.8}$$

这样，非齐次线性二阶微分方程(22.6.5)的解就可用齐次方程的两个通解及非齐次方程的一个特解的和来表示，即

$$I=\frac{\mathrm{j}\omega}{2}qB\left\{\frac{\mathrm{e}^{\mathrm{j}\beta x}}{(\beta-\beta_+)(\beta-\beta_-)}-\frac{\mathrm{e}^{\mathrm{j}\beta_+ x}}{2\beta_p(\beta+\beta_+)}+\frac{\mathrm{e}^{\mathrm{j}\beta_- x}}{2\beta_p(\beta-\beta_-)}\right\} \tag{22.6.9}$$

式中

$$\beta_{\pm}=\beta_e\pm\beta_p \tag{22.6.10}$$

电子注的交变电流与场的互作用功率可由下式求得：

$$P=-\frac{1}{2}\mathrm{Re}\left\{\int_V \boldsymbol{J}\cdot\boldsymbol{E}^*\,\mathrm{d}V\right\} \tag{22.6.11}$$

在现在的情况下，有

$$P=-\frac{1}{2}\mathrm{Re}\left[\int_0^L I(x)\mathscr{E}^*(x)\mathrm{d}x\right] \tag{22.6.12}$$

假定交变电流沿电子注截面的分布为 $f(y,z)$，则有

$$J_x=I(x)f(y,z) \tag{22.6.13}$$

另外，我们有

$$E_x=\mathscr{E}(x)f_1(y,z) \tag{22.6.14}$$

显然

$$\int_{S_e} f_1 f^*\,\mathrm{dS}_e=1 \tag{22.6.15}$$

假定

$$f_1(y,z)=Sf(y,z) \tag{22.6.16}$$

则有

$$S=\frac{1}{\int |f|^2\mathrm{dS}} \tag{22.6.17}$$

即可求得

$$f(y,z)=\frac{\beta\mathrm{e}^{-\beta z}}{y_0(1-\mathrm{e}^{-\beta z_0})} \tag{22.6.18}$$

式中，令

$$S_e=y_0z_0 \tag{22.6.19}$$

由此可以得到

$$S=\frac{2y_0}{\beta}\mathrm{th}\left(\frac{\beta z_0}{2}\right) \tag{22.6.20}$$

$$\frac{S}{S_e}=\frac{2}{\beta z_0}\mathrm{th}\left(\frac{\beta z_0}{2}\right) \tag{22.6.21}$$

将以上各式代入方程(22.6.12)后，可以求得

$$P=\frac{\omega}{\delta\beta_p}\left(\frac{S}{S_e}\right)q|B|^2\left[\frac{1-\cos(\beta-\beta_+)L}{(\beta-\beta_+)^2}-\frac{1-\cos(\beta-\beta_-)L}{(\beta-\beta_-)^2}\right] \tag{22.6.22}$$

如令

$$\begin{cases}\varphi=(\beta-\beta_e)L\\ \varphi_p=\beta_pL\end{cases} \tag{22.6.23}$$

则可写成

$$P=\frac{\omega}{8}\left(\frac{S}{S_e}\right)q|B|^2L^3F(\varphi,\varphi_p) \tag{22.6.24}$$

式中

$$F(\varphi,\varphi_p)=\frac{1}{\varphi_p}\left[\frac{1-\cos(\varphi-\varphi_p)}{(\varphi-\varphi_p)^2}-\frac{1-\cos(\varphi+\varphi_p)}{(\varphi+\varphi_p)^2}\right] \tag{22.6.25}$$

由式(22.6.25)可以看到,$F(\varphi,\varphi_p)$是 φ_p 的偶函数. 当 $\varphi \ll 1$ 时,可以求得

$$F(\varphi,\varphi_p)|_{\varphi_p=0}=F(\varphi,0)=2\left[\frac{2(1-\cos\varphi)-\varphi\sin\varphi}{\varphi^3}\right] \tag{22.6.26}$$

$F(\varphi,\varphi_p)$又是 φ 的奇函数,所以当 $\varphi=0$ 时,$F(\varphi,\varphi_p)=0$.

$F(\varphi,\varphi_p)$的曲线如图 22.6.1 所示.

为了得到最大的电子与波互作用功率,需使 $F(\varphi,\varphi_p)$取最大值. 由图 22.6.1 可见,当 $\varphi_p=0$ 及 $\varphi=\pi$ 时,可以得到

$$F_{\max}=(\varphi,0)=\frac{8}{\pi S} \tag{22.6.27}$$

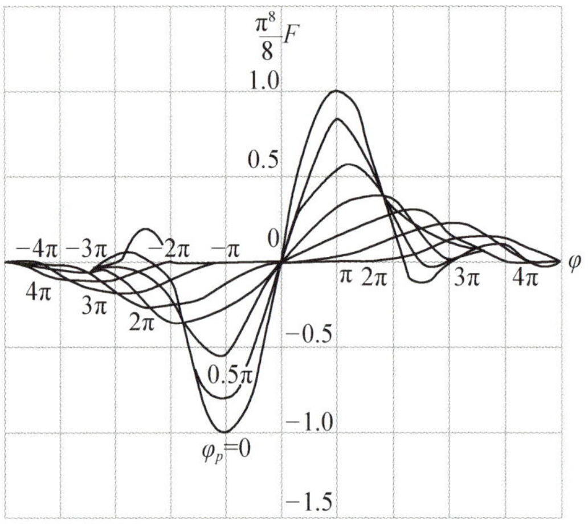

图 22.6.1 $F(\varphi,\varphi_p)$和 φ,φ_p 的关系曲线

由腔内场的自激条件可以求出奥罗管的自激起振电流. 自激条件可表示为

$$P \geqslant \frac{\omega W}{Q_L} \tag{22.6.28}$$

式(22.6.28)左边表示腔内的损耗功率,Q_L 为腔的有载品质因数.

将方程(22.6.24)代入式(22.6.28),并将 q 值的公式(22.6.4)代入,即可求出起振电流的表示式:

$$I_{st}=8.13\times10^{-5}\frac{S_e}{L^2}\frac{1}{\psi Q_L}U_0^{3/2} \quad (\varphi_p \ll 1) \tag{22.6.29}$$

$$I_{st}=16.78\times10^{-5}\frac{S_e}{L^2}\frac{F}{(\psi Q_L)^2}U_0^{3/2} \quad (\varphi_p \gg 1) \tag{22.6.30}$$

式中,F 表示等离子体频率降低因子. 而

$$\psi=\frac{W_1}{W}=\left(\frac{S}{S_e}\right)\left(\frac{S_e L}{\gamma V}\right) \tag{22.6.31}$$

$$\gamma=\frac{\pi^2}{2(1+\mathrm{e}^{-\beta z_0})^2} \tag{22.6.32}$$

以上研究的是无限平面镜准光腔的情形. 对于球面镜的情况,可以进行完全类似的分析,此时仅在方程(22.6.5)右边 $\varepsilon(x)$的表示式上有所不同. 在球面镜的情况下,按 22.2 节中和 22.3 节所述,有

$$\varepsilon(x)=B_n C_m C_n \psi_n(x)\mathrm{e}^{\mathrm{j}\beta_s x} \tag{22.6.33}$$

式中

$$B_n=C_n\frac{1-\mathrm{e}^{-kc_s z_0}}{2\mathrm{th}\left(\frac{\beta_{cs} z_0}{2}\right)}\frac{\Phi_n^{(2)}(\sqrt{2}\eta_0)}{\sqrt{2}\Phi_n^{(1)}(\eta_0)}A_s \tag{22.6.34}$$

$$\begin{cases}\Phi_n^{(1)}(\eta_0)=\sqrt{\dfrac{2}{\pi}}\displaystyle\int_0^{\sqrt{2}\eta_0}\mathrm{e}^{-\frac{1}{2}\xi^2}\,|H_n(\xi)|\,\mathrm{d}\xi\\ \Phi_n^{(2)}(\sqrt{2}\eta_0)=\dfrac{2}{\pi}\displaystyle\int_0^{\sqrt{2}\eta_0}\mathrm{e}^{-\xi^2}\,|H_n(\xi)|^2\mathrm{d}\xi\end{cases}\tag{22.6.35}$$

这样，就可求得交变电流为

$$I(x)=\frac{1}{\mathrm{j}(\beta_+-\beta_-)}\int_0^x f(u)\left[\mathrm{e}^{\mathrm{j}(y-u)\beta_+}-\mathrm{e}^{\mathrm{j}(y-u)\beta_-}\right]\mathrm{d}u\tag{22.6.36}$$

式中

$$f(u)=-\frac{\mathrm{j}}{2}\omega q\theta_n\varepsilon_{nm}(u)\tag{22.6.37}$$

$$\theta_n=\frac{2\mathrm{th}\left(\dfrac{k_{cs}z_0}{2}\right)}{k_{cs}z_0}\left[\sqrt{\frac{\pi}{2}}\,\frac{[\Phi_n^{(1)}(\eta_0)]^2}{\eta_0\Phi_n^{(2)}(\sqrt{2}\eta_0)}\right]\tag{22.6.38}$$

$$\eta_0=\sqrt{\frac{k}{2A_x}}\,\frac{x_0}{2}\tag{22.6.39}$$

我们略去较复杂的中间推导，仅给出最后的结果. 电子与波的互作用功率可表示为

$$P=\frac{1}{8}\omega qL^3\frac{S}{S_e}|B_n|^2C_mF_m(a,\varphi,\varphi_p)\tag{22.6.40}$$

式中

$$a=\frac{1}{2}\sqrt{\frac{k}{A_y}}L\tag{22.6.41}$$

F_m 可称为非同步参量，在图 22.6.2 中给出.

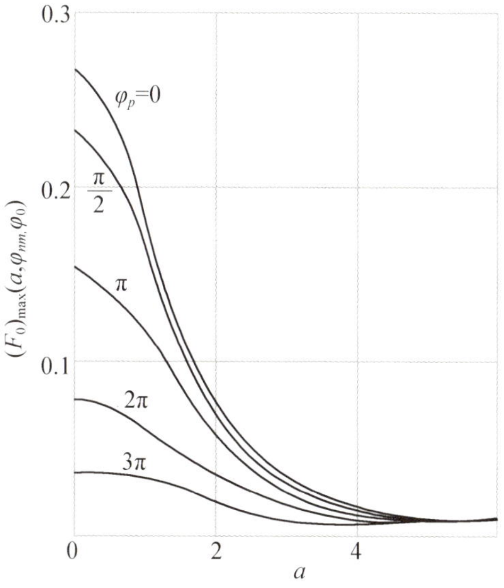

图 22.6.2　F_m 和栅极长度的关系曲线

同样可以得到起振电流的近似计算公式：

$$I_{st}=1.04\times10^{-5}\frac{S_eU_0^{3/2}}{\Gamma L^2}\varphi_p^2\tag{22.6.42}$$

更详细的讨论可参看有关文献.

我们仅讨论了奥罗管的线性理论. 奥罗管的非线性理论可以按照第 4 篇所述的方法进行，详情可参看有关文献.

22.7 参考文献

[1]KAPITZA P. High-power electronics[J]. Physics-Uspekhi，1963，5:777-826.

[2]SMITH S，PURCELL E. Visible light from localized surface charges moving across a grating[J]. Physical Review,1953，92(4):1069.

[3]KORNEENKOV V K，PETRUSHIN A A，SKRYNNIK B K,et al. Diffractive-radiation generator with a spherocylindrical open resonator[J]. Radiophysics & Quantum Electronics，1977，20(2):197-204.

[4]MIZUNO K，ONO S，SHIMOE O. Interaction between coherent light waves and free electrons with a reflection grating[J]. Nature，1975，253:184-185.

[5]MIZUNO K，ONO S，SHIBATA Y. Comments on orotron:An electronic oscillator with an open resonator and reflecting grating[J]. proceedings of the ieee，1969，57(11):2054.

[6]WEINSTEIN L A. Open Resonators and open waveguides[J]. American Journal of Physics，1970，38(38):114-115.

[7]FOX A G，LI T. Resonant modes in a maser interferometer[J]. Bell Labs Technical Journal，2014，40(2):453-488.

[8]BUTTON K J. Infrared and millimeter waves[J]. Academic Press，1984.

[9]陈嘉钰,于善夫,赵颖威,等.绕射辐射振荡器的基本理论及工作原理[J].成都电讯工程学院学报，1983(03):61-70.

[10]于善夫.绕射辐射振荡器的动力学线性理论[J].成都电讯工程学院学报，1985.

第 23 章　电子回旋脉塞及回旋管

23.1 引言

电子回旋谐振受激放射的互作用机理，是 1958 年澳大利亚天文学家特韦斯首先提出的. 与此同时，苏联学者卡帕洛夫也独立地提出了考虑了相对论效应时螺旋电子注与电磁波互作用的新概念. 这种新的互作用机理引起了各国学者的注意，人们开始在此原理基础上研究新的电磁波源. 但是，当时人们已经知道，电子与波互作用不稳定性的机理很多，当电子注与波互作用产生振荡时，尚不能立即断定是否就是由于这种受激辐射机理所建立起的. 1965 年，美国学者赫希菲耳德做了一个较完整的实验，验证了以下的结果，如图 23.1.1 所示.

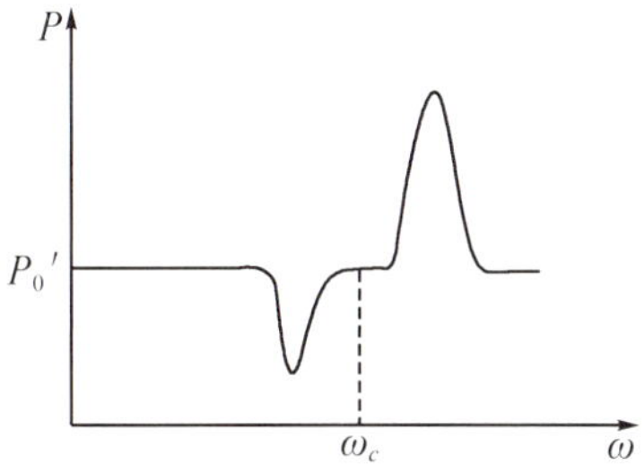

图 23.1.1　回旋谐振受激放射机理的实验结果

图 23.1.1 表示的是，当电磁波的工作频率正好等于电子的回旋频率，即

$$\omega = \omega_c \tag{23.1.1}$$

时；电子与波无净的能量交换. 当

$$\omega \mathrel{=}\gtrsim \omega_c \tag{23.1.2}$$

时，即工作频率略小于回旋频率时，电子从波吸取能量，波有衰减. 而当

$$\omega \mathrel{=}\lesssim \omega_c \tag{23.1.3}$$

时，即工作频率略大于回旋频率时，电子将能量交给波，波得到增益.

这一实验结果与理论预期的完全一致. 从此以后，电子回旋脉塞的研究工作就具有明确的物理基础.

这一研究工作的长期发展，已导致一大类新型毫米波器件的诞生，这种新的器件被称为回旋管. 可以毫不夸大地说，几乎凡是普通微波管具有的管种，都有相应的回旋管，如回旋单腔管、回旋速调管、回旋行波管、回旋返波管、回旋磁控管等. 回旋管在毫米波段所取得的成就，在某些方面甚至超过了普通微波管在厘米波段所取得的成就.

与普通微波管一样，回旋管的理论分析分为小信号线性理论及大信号非线性理论两种. 在线性理论分析中，起主导作用的是动力学理论. 采用等离子体动力学理论方法研究电子与波的互作用，是一个重要的理论发展，实际上，各种微波管中电子与波的互作用都可以采用这一方法. 这一方法在作者所著的另一本书《相对论电子学》中已有详细论述，有兴趣的读者可以参看. 在本书中，我们将不讨论这种方法，但会引用某些重要的结果.

在本章的叙述中，我们先讨论回旋管中采用的高频结构（谐振系统）及电子的静态运动，然后研究电子与波的互作用机理.

23.2 回旋管的典型结构

把电子回旋脉塞不稳定性的机理发展成回旋管，是一个极重要的贡献. 如图 23.2.1 所示为回旋管的典型结构示意图，图示为一回旋单腔管振荡器. 图上方则表示所加的直流磁场分布.

在回旋管中，广泛采用轴对称磁控注入式电子枪，如图 23.2.1 所示，此种电子枪提供一个空心电子注，电子注中每个电子都在作回旋运动. 如果假定电子注中的电子是单动量的，即略去电子的动量零散，而且假定电子回旋中心位于一个半径为 R_0 的圆周上（略去电子的纵向运动，电子的纵向运动速度 v_z 也认为是一个常数），则所有电子都作相同的回旋运动，如图 23.2.1 的剖面图所示.

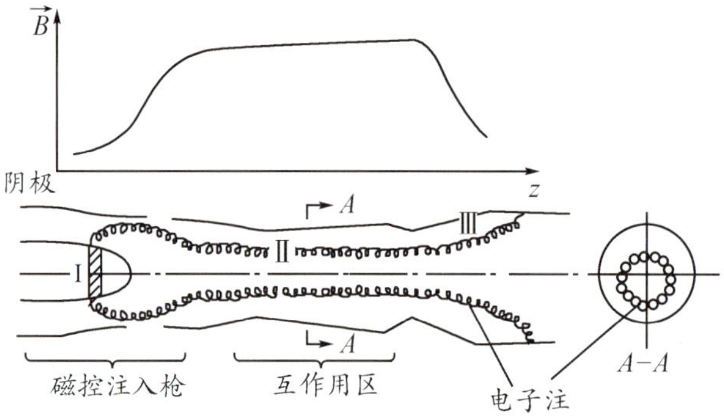

图 23.2.1　电子回旋脉塞示意图

上述回旋电子是由磁控注入电子枪提供的. 在图 23.2.1 中，Ⅰ表示一环形带阴极，由阴极出发的电子，在倾斜的电场及磁场作用下，产生一个初始的回旋运动. 由于这种初始的回旋能量不足，所以，从电子枪出来的电子，又经过一段缓慢上升的磁场，回旋电子在此缓慢上升磁场中，逐渐增加回旋能量，当达到要求时，回旋电子进入互作用腔. 在图 23.2.1 中，Ⅱ表示互作用谐振腔. 在回旋管中，互作用腔一般是一段工作在 TE_{on1} 模式的圆柱波导谐振腔. 靠电子枪一边有一段截止波导段，防止能量向电子枪区泄漏；在另一端则是通过一个绕射输出口（图 23.2.1 中的Ⅲ）与输出波导相连. 电磁波则通过后面的真空窗输出.

回旋管可以工作在第一次回旋谐波，此时有关系

$$\omega \approx \omega_c \approx \frac{eB_0}{m_0\gamma} \tag{23.2.1}$$

式中

$$\gamma=(1-\beta^2)^{-1/2}, \beta=\frac{v}{c} \tag{23.2.2}$$

也可以工作在高次回旋谐波. 设谐波次数为 l，则工作在 l 次回旋谐波时，有

$$\omega \approx l\omega_c = \frac{leB_0}{m_0\gamma} \tag{23.2.3}$$

可见，当工作频率一定时，工作在高次回旋谐波比工作在第一次回旋谐波所要求的磁场强度要低 l 倍，即

$$(B_0)_l = \frac{(B_0)_{l=1}}{l} \tag{23.2.4}$$

以后将会指出，这对于发展短毫米波及亚毫米波回旋管有特别的重要意义.

回旋管互作用谐振腔也可工作于高次模式，即 TE_{mn1} 模式（此时 $m\neq 0, n>1$）. 工作于高次模式时，谐振

腔的尺寸可以增大，对于短毫米波也有重要意义．由导波场论可见，当 $m>5$ 以及 n 不大时，波导中的场紧靠近波导管壁，因此称为“边廊模式”．

23.1 节曾指出，回旋管不仅可作为单腔管振荡器，也可以作成其他类型的回旋管，表 23.2.1 中列出了一些结构示意图．由这些结构示意图可以看到，回旋管发展的仅是与普通 O 型微波管相对应的各种类型．与普通 M 型器件相对应的器件，则发展较少．原则上来讲，M 型互作用机理的回旋管是完全可能的．23.1 节所提到的回旋磁控管，也实际上是属于与 O 型管相对应的，因为除了采用了类似于磁控管阳极块的互作用腔以外，并没有其他的 M 型器件的特点，例如并不存在横向的直流电场．

表 23.2.1 回旋管谱系

O 型器件	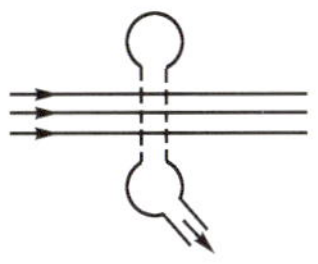 单腔管	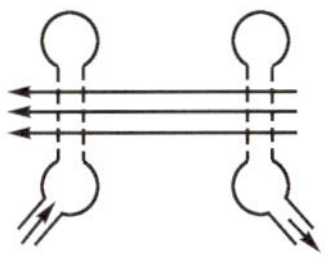 速调管	 行波管	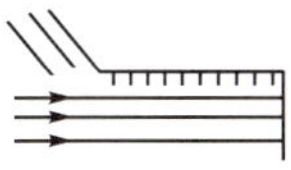 返波管	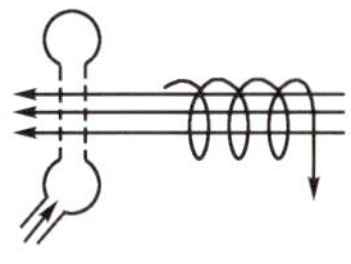 行波速调管
回旋管类型	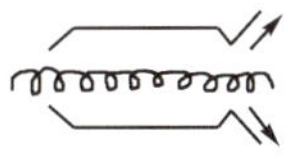 回旋单腔管	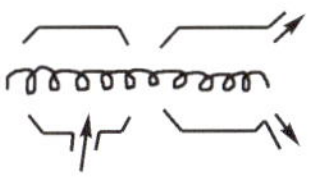 回旋速调管	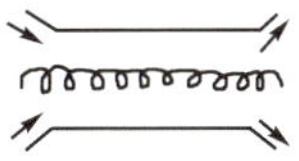 回旋行波管	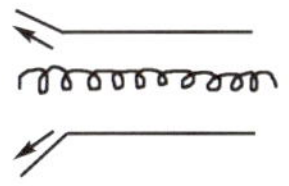 回旋返波管	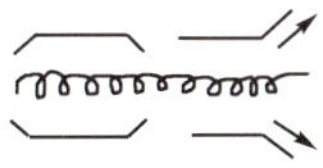 回旋行波速调管
高频场结构	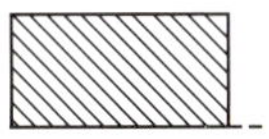		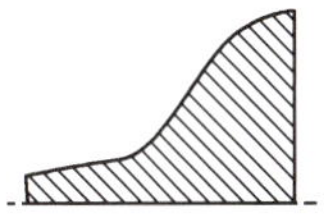	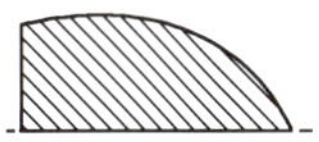	
轨道效率①	0.42	0.34	0.7	0.2	0.6

注：①指 1977 年以前算得的水平．

23.3 回旋管中电子的群聚

在没有着手对回旋管中电子与波的互作用过程进行定量分析之前，我们来研究一下回旋管中回旋电子与波互作用的物理过程．以后将会看到，在回旋管中，电子与波的互作用的结果，产生了电子的角向相位群聚，而在这种群聚过程中，相对论效应起着本质的作用．

为此，我们来考虑如图 23.3.1 右边所示的剖面图．23.2 节曾指出，在空心电子注中，每一个电子都在做同样的回旋运动．同时，自然地，在每一个回旋轨道上，有很多电子在做同样的仅相位不同的回旋运动．为了便于考察，我们仅研究一个回旋轨道（称为回旋系统）上电子的运动，如图 23.3.1 所示．

为了研究电子的相对论群聚，我们仅需考察三个典型的电子，如图 23.3.1(a)所示．我们假定回旋电子受到圆极化场的作用，但 1 号电子位于场的零相位，2 号电子处于减速相位，3 号电子处于加速相位．经过一段时间的互作用以后，1 号电子由于不受场的作用力，所以在 $r=r_c$ 的圆周上作等速运动而达到 1′位置．3 号电子由于受到场的加速，因此在运动过程中，半径将增加；2 号电子的情况则与 3 号电子相反．我们来看看电子的角向旋转速度．

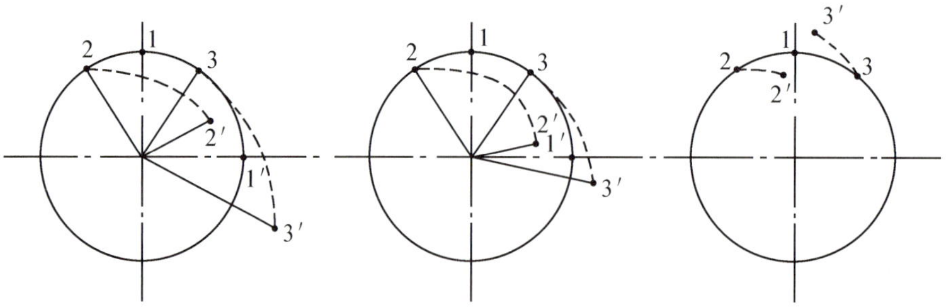

图 23.3.1　回旋管中电子的相对论相位群聚

如果略去相对论效应，那么电子的回旋频率为

$$\omega_{c0}=\frac{eB_0}{m_0}=\text{const}(\text{常量}) \tag{23.3.1}$$

即为一个常数，与电子的运动能量无关. 因此，如果不考虑相对论效应，那么 1—1′，2—2′，3—3′各电子位置间的相对夹角均相同，即不论电子的能量及速度有多大，在相同的时间间隔内，都旋转过相同的角度. 这时自然没有群聚效应.

但是，如果考虑相对论效应，情况就完全不同了. 考虑相对论效应后，电子的回旋频率为

$$\omega_c=\frac{\omega_{c0}}{\gamma}=\frac{eB_0}{m_0\gamma} \tag{23.3.2}$$

$$\gamma=(1-\beta^2)^{-1/2}=\frac{\mathscr{E}}{m_0C^2} \tag{23.3.3}$$

式(23.3.3)中，$\mathscr{E}$表示电子的能量，因此，式(23.3.2)又可写成

$$\omega_c=\omega_{c0}\left(\frac{m_0c^2}{\mathscr{E}}\right) \tag{23.3.4}$$

即考虑相对论效应后，电子的回旋频率与电子的能量有关：能量大的，旋转频率下降；能量小的，旋转速度增大.

因此，考虑相对论效应后，实际上 2 号电子由于受到场的减速，能量减小，所以旋转速度增大；而 3 号电子由于受到场的加速，所以能量增大，旋转速度反而减小. 结果，经过一段时间间隔后，运动的情况就如图 23.3.1(b)所示. 2 号电子从半径为 r_c 的圆的内部向 1 号电子靠近，而 3 号电子则从半径为 r_c 的圆的外部向 1 号电子靠近. 这种过程在图 23.3.1(c)的运动坐标系中可看得更清楚，此图是以同 1 号电子一起旋转的坐标系中观察电子的旋转运动的.

这样，电子在波场的作用下产生了角向的相位群聚. 这时，如果有

$$\omega=\omega_c \tag{23.3.5}$$

那么电子与波之间没有净的互作用，因为受加速的电子与受减速的电子得失相当. 但是，如果有

$$\omega=\lessapprox\omega_c \tag{23.3.6}$$

即电磁波的旋转略慢于电子的旋转，那么电子的群聚块将处于场的加速区中，有更多的电子受到加速. 结果，电子与波场之间有净的能量交换：电子受到场的加速，电子从场中吸取能量；场被电子吸收而衰减.

如果有

$$\omega=\gtrapprox\omega_c \tag{23.3.7}$$

即如果电磁波的旋转速度稍大于电子的旋转速度，那么电子的群聚块将逐渐落于波场的减速区，有更多的电子受到波场的减速. 结果，电子与场也有净的相互作用和能量交换：电子把能量交给场，场被增强. 可见，从电子回旋运动的相对论群聚的观点看来，如图 23.1.1 所示的吸收及辐射的实验结果是完全可以预期的. 以后的理论研究，完全证明上述定性的分析是完全正确的.

23.4 回旋管的高频结构

回旋管按其作用原理讲，可分为快波回旋器件及慢波回旋器件两类. 快波回旋器件的作用机理是基于相对论效应的电子回旋谐振受激辐射不稳定性；而慢波回旋器件的作用机理则是韦伯不稳定性. 因此，在这两类不同的回旋器件中，采用了完全不同的高频结构. 在快波回旋器件中，采用工作于快波（相速大于光速）的波导及谐振腔；而在慢波回旋器件中，则采用慢波结构（介质填充波导或周期性结构）. 不过，从目前的发展来看，更多和更重要的是快波回旋器件. 所以，在本节中，我们主要研究快波回旋器件中采用的高频结构.

从原则上讲，均匀波导或由均匀波导段形成的波导谐振腔，均可用于回旋管（以下若不加说明，均指回旋快波器件），而且可工作于 TE_{mn} 模及 TM_{mn} 模. 但是，一般常用的均是 TE_{mn} 模式. 此外，在回旋管中采用的波导谐振系统还有一些其他特点.

在回旋管中采用的波导开放式谐振腔的典型结构，如图 23.4.1 所示.

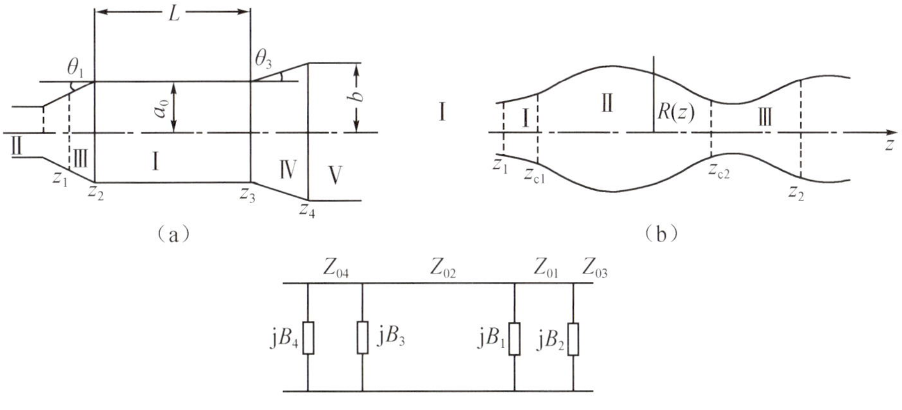

图 23.4.1　波导开放式谐振腔

图 23.4.1(a)中，Ⅰ表示由一长 L 的均匀波导段组成的开放腔；Ⅱ表示漂移区，防止电磁波向电子枪区漏过；Ⅲ为渐变段；Ⅳ为输出端的渐变段，形成一绕射输出口；Ⅴ为输出波导.

图 23.4.1(b)则表示一缓变截面的波导开放式谐振腔. 与图 23.4.1(a)不同的是，中间一段波导不是均匀的，而是缓变截面的. 采用缓变截面波导的目的是改变腔中的场分布，使之有利于提高回旋管的效率.

图 23.4.1(c)表示这种波导开放式腔的等效电路. 其中波导段 L 可以是均匀的，也可以是缓变的. Γ_1 及 Γ_2 表示两端引起的反射系数. 由谐振腔的相位条件，可以得到

$$2\int_0^L k_{/\!/}(z)\mathrm{d}z+\arg(\Gamma_1)+\arg(\Gamma_2)=2q\pi \tag{23.4.1}$$

式中，$k_{/\!/}(z)$表示波在波导段中的相位常数.

对于均匀波导，有

$$\int_0^L k_{/\!/}(z)\mathrm{d}z=\frac{2\pi L}{\lambda_g} \tag{23.4.2}$$

式中，λ_g 为波导波长，即

$$\lambda_g=\frac{\lambda_0}{\sqrt{1-\left(\dfrac{\lambda}{\lambda_{kp}}\right)^2}} \tag{23.4.3}$$

式中，λ_0 为谐振波长，λ_{kp} 表示截止波长. 于是，由方程(23.4.1)可近似得到波导开放式腔的谐振频率的近似

计算公式：

$$\omega_0=\omega_{kp}\left[1+\frac{\lambda_{kp}^2q^2}{8L^2}\right] \tag{23.4.4}$$

式(23.4.4)中略去了 $\arg(\Gamma_1)$ 及 $\arg(\Gamma_2)$ 引起的变化.

方程(23.4.4)表明，由均匀波导段组成的波导开放式谐振腔的谐振频率接近于其截止频率.

开放腔的另一个重要特性参数是绕射品质因数 Q_d：

$$Q_d=\frac{\omega W}{P_d} \tag{23.4.5}$$

式中，W 表示腔中的储能；P_d 表示绕射损耗.

波在腔中来回一次的能量损失为

$$W_t=(1-|\Gamma_1|^2|\Gamma_2|^2)W \tag{23.4.6}$$

能量来回一次所需的时间为

$$\tau=\frac{2L}{v_g} \tag{23.4.7}$$

式中，v_g 表示群速.

因而，单位时间内绕射能量损失为

$$P_d=\frac{(1-|\Gamma_1|^2|\Gamma_2|^2)Wv_g}{2L} \tag{23.4.8}$$

代入式(23.4.5)，可以得到

$$Q_d=\frac{2\omega L}{v_g(1-|\Gamma_1|^2|\Gamma_2|^2)}\approx\frac{\omega L}{v_g(1-|\Gamma_1||\Gamma_2|)} \tag{23.4.9}$$

式(23.4.9)中假定 $|\Gamma_1||\Gamma_2|\approx1$.

利用关系式

$$v_pv_g=c^2,\quad v_p=\frac{\omega}{k_{/\!/}} \tag{23.4.10}$$

且

$$k_{/\!/}L\approx q\pi \tag{23.4.11}$$

即可求得

$$Q_d=\frac{4\pi}{q(1-|\Gamma_1||\Gamma_2|)}\left(\frac{L}{\lambda_0}\right)^2 \tag{23.4.12}$$

由式(23.4.12)可以得到最小绕射品质因数

$$Q_{d_{\min}}=4\pi\left(\frac{L}{\lambda_0}\right)^2\quad(q=1) \tag{23.4.13}$$

一般 L 为 $3\lambda_0\sim5\lambda_0$，因此，最小绕射品质因数在数百至一千.

当波导段是缓变截面段时，问题的处理就比较复杂. 本节介绍一种较常用的分析方法.

在缓变截面波导的情况下，电磁场应展开成如下形式：

$$\boldsymbol{E}(x,y,z,t)=\sum_s f_s(z)\boldsymbol{E}_s(x,y)\mathrm{e}^{\mathrm{j}\omega t-\mathrm{j}\int k_{/\!/s}(z)\mathrm{d}z} \tag{23.4.14}$$

式中，$\boldsymbol{E}_s(x,y)$ 是参考均匀波导的本征模式. 所谓参考波导，就是截面与缓变截面波导在 $z=$ 常数一点上的截面相同的均匀波导. 如果是缓变的，那么可以认为各模式之间的耦合可以略去，而且各模式可以独立存在. 因此，在这些假定下，求解缓变截面波导中场的问题就简化为求因子 $f_s(z)$ 及 $k_{/\!/}(z)$ 的函数关系问题.

由波方程

$$\nabla^2\boldsymbol{E}+k^2\boldsymbol{E}=0 \tag{23.4.15}$$

将方程(23.4.14)代入式(23.4.15)，并根据缓变条件，可以得到

$$\frac{d^2 f_s}{dz^2}+[k^2-k_{cs}^2(z)]f_s=0 \tag{23.4.16}$$

由于

$$k^2-k_{cs}^2(z)=k_{/\!/s}^2(z) \tag{23.4.17}$$

故方程(23.4.16)又可写成

$$\frac{d^2 f_s}{dz^2}+k_{/\!/s}^2(z)f_s=0 \tag{23.4.18}$$

方程(23.4.18)是所谓的非均匀弦方程. 可见，缓变截面波导中场的幅值函数满足非均匀弦方程.

方程(23.4.18)的定解条件可按以下考虑确定：在腔的靠近电子枪一端，属于截止状态，因此有

$$f_s|_{z=z_0}=0 \tag{23.4.19}$$

而腔的另一端为输出端，因此有所谓的辐射条件

$$\left|\frac{df_s}{dz}\pm jk_{/\!/s}f_s\right|=0 \tag{23.4.20}$$

这样，问题归结为在边界条件式(23.4.19)、式(23.4.20)下求解非均匀弦方程(23.4.18).

方程(23.4.18)的求解，一般采用 WKBJ 方法进行. 首先考虑 $k_{/\!/s}(z)\neq 0$ 的情形. 在这种情况下，方程(23.4.18)的解可写成

$$f_s=\frac{C_1}{\sqrt{k_{/\!/s}}}e^{j\int k_{/\!/s}(z')dz'}+\frac{C_2}{\sqrt{k_{/\!/s}}}e^{-j\int k_{/\!/s}(z')dz'} \tag{23.4.21}$$

可见，如果 $k_{/\!/s}^2>0$，那么在波导中存在着传播的行波；而如果 $k_{/\!/s}^2<0$，那么在波导中存在着衰减波或增长波.

如果 $k_{/\!/s}=0$，那么在截止平面及其附近，由方程(23.4.21)所表示的解发散，不能成立. 不过，由原方程(23.4.18)可以看到，$k_{/\!/s}=0$ 处，方程本身并不发散，即方程本身有解. 为了求 $k_{/\!/s}=0$ 及其附近方程(23.4.18)的解，我们将 $k_{/\!/s}(z)$在其零点的邻域内展开：

$$k_{/\!/s}^2(z)=a^2(z-z_0)+b^2(z-z_0)^2+\cdots \tag{23.4.22}$$

式中，$z=z_0$ 为 $k_{/\!/s}=0$ 的点. 在缓变条件下，可以略去展开式的一切高次项，仅保留线性项. 于是得到

$$\frac{d^2 f_s}{dz^2}+a^2(z-z_0)f_s=0 \tag{23.4.23}$$

式中

$$a^2=\left|\frac{dk_{/\!/s}^2}{dz}\right|_{z=z_0} \tag{23.4.24}$$

令

$$y=\frac{dk_{/\!/s}^2}{dz}(z-z_0) \tag{23.4.25}$$

则可将方程(23.4.23)化为

$$\frac{d^2 f_s}{dy^2}-yf_s=0 \tag{23.4.26}$$

式(23.4.26)称为爱利方程，其解为爱利函数：

$$f=AU+BV \tag{23.4.27}$$

式 U、V 为两个线性独立的爱利函数；A、B 为待定常数. 爱利函数与贝塞尔函数有下述关系.

$y<0$ 时：

$$\begin{cases} U=\dfrac{\sqrt{3}}{3}\sqrt{\dfrac{\pi}{3}|y|}\left[\mathrm{J}_{-1/3}\left(\dfrac{2}{3}|y|^{3/2}\right)-\mathrm{J}_{1/3}\left(\dfrac{2}{3}|y|^{3/2}\right)\right] \\ V=\dfrac{1}{3}\sqrt{\pi|y|}\left[\mathrm{J}_{-1/3}\left(\dfrac{2}{3}|y|^{3/2}\right)+\mathrm{J}_{1/3}\left(\dfrac{2}{3}|y|^{3/2}\right)\right] \end{cases} \tag{23.4.28}$$

$y>0$ 时，

$$\begin{cases} U=\sqrt{\dfrac{\pi}{3}y}\left[\mathrm{I}_{-1/3}\left(\dfrac{2}{3}y^{3/2}\right)-\mathrm{I}_{1/3}\left(\dfrac{2}{3}y^{3/2}\right)\right] \\ V=\dfrac{1}{3}\sqrt{\pi y}\left[\mathrm{I}_{-1/3}\left(\dfrac{2}{3}y^{3/2}\right)+\mathrm{I}_{1/3}\left(\dfrac{2}{3}y^{3/2}\right)\right] \end{cases} \tag{23.4.29}$$

式中，$\mathrm{I}_{1/3}$为变态贝塞尔函数.

综上所述，在 $k_{/\!/s}\neq 0$ 的区域，解用 WKBJ 方法求得，而在 $k_{/\!/s}=0$ 及其邻域内，解用爱利函数表示. 因此，这里就存在一个问题，即两种解如何联结的问题. 可以指出，在条件

$$\frac{\mathrm{d}^2 k_{/\!/s}}{\mathrm{d}z^2}\ll 1$$

满足的区域内，可以进行两个解的联结.

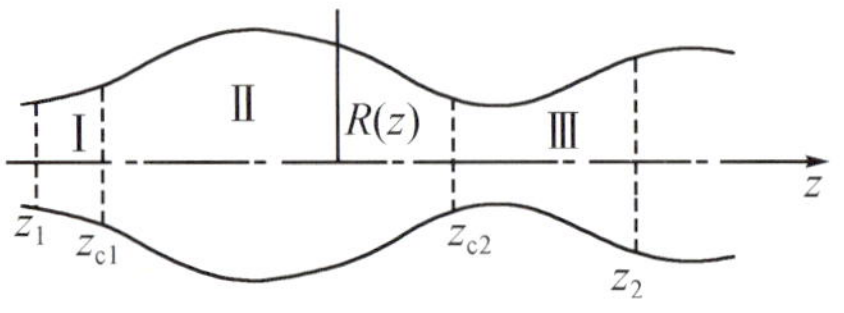

图 23.4.2　缓变截面开放式谐振腔计算示意图

现在来考虑如图 23.4.1 所示的变截面谐振腔的计算问题. 假定此腔在两端有两个截止面：$z=z_1$ 及 $z=z_2$.

前面已指出，利用 WKBJ 法可以得到变截面谐振腔中的解为

$$f_s=\frac{C_1}{\sqrt{k_{/\!/s}}}\mathrm{e}^{\mathrm{j}\int k_{/\!/s}\mathrm{d}z}+\frac{C_2}{\sqrt{k_{/\!/s}}}\mathrm{e}^{-\mathrm{j}\int k_{/\!/s}\mathrm{d}z} \tag{23.4.30}$$

如果波导的截面尺寸大于截止值（$\mathrm{Re}\{k^2_{/\!/s}\}>0$），那么在波导中存在传播波，上述解(23.4.30)代表两个向反向传播的波. 而如果截面尺寸小于截止值，那么有 $\mathrm{Re}\{k^2_{/\!/s}\}<0$，式(23.4.30)化为

$$f_s=\frac{C_1'}{\sqrt{|k_{/\!/s}|}}\mathrm{e}^{\int|k_{/\!/s}|\mathrm{d}z}+\frac{C_2'}{\sqrt{|k_{/\!/s}|}}\mathrm{e}^{-\int|k_{/\!/s}|\mathrm{d}z} \tag{23.4.31}$$

表示一个指数增长的场，另一个为指数下降的场. 因此，在 $z>z_2$ 及 $z<z_1$ 区，在上述两种情况下，在物理上都只存在一种状况，即 C_1、C_2 及 C_1'、C_2' 中只有一个不为零.

为求解图 23.4.2 所示的谐振腔，还必须补充两端的边界条件. 由于开放腔中两端都可向外辐射，所以可以近似地利用$|z|\to\infty$的辐射条件. 在我们讨论的情况下，辐射条件就可写成

$$\left[\frac{\mathrm{d}f_s}{\mathrm{d}z}-\mathrm{j}k_{/\!/s}f_s\right]_{z=z_1}=0 \tag{23.4.32}$$

及

$$\left[\frac{\mathrm{d}f_s}{\mathrm{d}z}+\mathrm{j}k_{/\!/s}f_s\right]_{z=z_2}=0 \tag{23.4.33}$$

在上两式中，如果 $\mathrm{Re}[k^2_{/\!/s}]>0$，那么取 $\mathrm{Re}[k_{/\!/s}]>0$ 的解；如果 $\mathrm{Re}[k^2_{/\!/s}]<0$，那么取 $\mathrm{I_m}[k_{/\!/s}]<0$ 的解.

现在来讨论谐振频率的计算. 这里有两种可行的方法. 第一种方法是从上述辐射条件出发，令

$$M=\left[\frac{\mathrm{d}f_s}{\mathrm{d}z}+\mathrm{j}k_{/\!/s}f_s\right]_{z=z_2} \tag{23.4.34}$$

假定根据 $z=z_1$ 时的辐射条件式(23.4.32)，对于某一确定的 ω，求得场解 f_s，代入式(23.4.34). 改变 ω 得到另一个 f_s' 再代入式(23.4.34)，直至使 M 值取极小值为止，得到的 ω 即为谐振频率. 利用这种办法时，自然初始的 ω 值的选择是很重要的. 初始 ω 值的选择可以 23.3 节所述为依据.

求谐振频率的另一种方法是根据相位条件来考虑，如方程(23.4.1)那样. 相位条件可写成

$$2\int_{z_{10}+0}^{z_{20}-0} k_{/\!/s}(z)\mathrm{d}z+\varphi_1+\varphi_2=2q\pi \tag{23.4.35}$$

式中，积分一项表示在两端之间的总相位移；φ_1、φ_2 表示两端点反射引起的相位移，因此，利用式(23.4.35)计算谐振频率的困难在于确定相移 φ_1、φ_2. 如果端点 z_{10} 或(及)z_{20} 正好是截止状态的，那么反射引起的相位移可按以下的考虑来确定.

在截止点附近，场用爱利函数表示，由于在截止点以外($z<z_{10}$)，函数 $U(y)$ 表示指数增长解，故应弃去，可仅考虑 $V(y)$ 函数的解. 这样场解可写成

$$f_s(z)=\mathrm{Re}[V(y)\mathrm{e}^{\mathrm{j}(\omega t+\varphi_1)}]=V(y)\cos(\omega t+\varphi_1) \tag{23.4.36}$$

于是得到

$$f_s(z)=\left\{\left[\frac{2\mu_{mn}^2}{R^3(z_0)}R'(z_0)\right]^{1/3}(z-z_{10})\right\}^{-1/4}\left\{\frac{1}{2}\cos\left[\omega t+\varphi_1-\frac{\pi}{4}+\frac{2}{3}y^{3/2}\right]\right.$$
$$\left.+\frac{1}{2}\cos\left[\omega t+\varphi_1-\frac{2}{3}y^{3/2}+\frac{\pi}{4}\right]\right\} \tag{23.4.37}$$

式中，大括号内第一项表示反向波，第二项表示前向波. 由此可见，反向波与正向波相位差为 $\frac{\pi}{2}$. 这样，截止面处的反射引起的相位移为 $\pi/2$. 注意到波行至截止面处波矢量的方向(坡印亭矢量的方向)变为与轴垂直的情况，上述 $\pi/2$ 相移的物理实质就可以理解了.

现在来考虑 Q 值的计算. 开放腔中的 Q 值有两种：固有品质因数 Q_0 及绕射品质因数 Q_d，总的品质因数 Q_T 为

$$Q_T=\frac{Q_0Q_d}{(Q_0+Q_d)} \tag{23.4.38}$$

按 Q 值的定义

$$\begin{cases} Q_0=\dfrac{\omega W}{P_r} \\ Q_d=\dfrac{\omega W}{P_{\mathrm{out}}} \end{cases} \tag{23.4.39}$$

式中

$$W=\frac{\varepsilon_0}{2}\int_0^L\mathrm{d}z\int_S f_s^2(z)E_s^2\mathrm{d}S=\frac{\varepsilon_0}{2}\int_0^L\mathrm{d}z\left[f_s^2(z)\int_S E_s^2\mathrm{d}z\right] \tag{23.4.40}$$

积分在横截面上进行.

$$P_r=\oint\!\!\oint_S\sigma\,|\,H_t\,|^2\mathrm{d}S \tag{23.4.41}$$

式中，σ 为电导率；H_t 表示沿腔壁的电流.

$$P_{\mathrm{out}}=\frac{1}{2}\mathrm{Re}\left\{\int_S(\boldsymbol{E}_s\times\boldsymbol{H}_s)f^2(z)_{iz=z_{\mathrm{out}}}\mathrm{d}S\right\} \tag{23.4.42}$$

为辐射功率. 而

$$\begin{cases} \boldsymbol{H}_s=-\mathrm{j}k_{/\!/}\nabla_\perp\psi_s \\ \boldsymbol{E}_s=\mathrm{j}\omega\mu_0\boldsymbol{i}_z\times\nabla_\perp\psi_s \\ \nabla_\perp\psi_s=-\dfrac{1}{\mathrm{j}k_{/\!/}}\boldsymbol{H}_s=\dfrac{\mathrm{j}}{k_{/\!/}}\boldsymbol{H}_s \\ \boldsymbol{E}_s=\mathrm{j}\omega\mu_0\dfrac{\mathrm{j}}{k_{/\!/s}}\boldsymbol{i}_z\times\boldsymbol{H}_s \end{cases} \tag{23.4.43}$$

假定在腔中

$$\frac{1}{2}\varepsilon_0\int|E_s|^2\mathrm{d}S=\frac{1}{2}\mu_0\int|H_s|^2\mathrm{d}S \tag{23.4.44}$$

将有关方程代入，可以求得绕射 Q_d 值为

$$Q_d=\left(\frac{\omega}{c}\right)^2\frac{\left[\int_{-\infty}^{\infty}|f_s(z_0)|^2\mathrm{d}z\right]\mathrm{e}^{-2\int_{z_0}^{z_c}|k_{/\!/s}|\mathrm{d}z}}{k_{/\!/s}(z_0)|f_s(z_0)|^2} \tag{23.4.45}$$

以上假定输出端位置 $z=z_0$，已处于过截止状态，z_c 表示截止点位置.

事实上，利用方程(23.4.34)也可以求出绕射 Q 值. 因为使 M 为最小的频率一般是复数：

$$\omega=\omega'+\mathrm{j}\omega'' \tag{23.4.46}$$

或写成

$$\omega=\omega_{kp}\left[1+\delta\left(\frac{\lambda_{kp}}{L}\right)^2\right] \tag{23.4.47}$$

以上利用了式(23.4.43)的结果. 这样式(23.4.46)可表示为

$$\delta=\delta'+\mathrm{j}\delta'' \tag{23.4.48}$$

于是谐振频率 ω_0 及 Q_d 值均可求得

$$\omega_0=\omega_{kp}\left[1+\delta'\left(\frac{\lambda_{kp}}{L}\right)^2\right] \tag{23.4.49}$$

及

$$Q_d=\left(\frac{1}{2\delta''}\right)\left(\frac{L}{\lambda_{kp}}\right)^2 \tag{23.4.50}$$

利用以上结果还可以求谐振频率的分隔度. 例如对于模式 H_{mn1} 及 H_{mn2} 的分隔度就可以这样求得：设按以上所述方法依次求得两个最小值，对应于 $\delta=\delta_1'+\mathrm{j}\delta_1''$ 及 $\delta_2=\delta_2'+\mathrm{j}\delta_2''$. 于是有

$$\frac{\omega_{02}-\omega_{01}}{\omega_{kp}}=\left(\frac{\lambda_{kp}}{L}\right)^2(\delta_2'-\delta_1') \tag{23.4.51}$$

及

$$\frac{Q_{d1}}{Q_{d2}}=\frac{\delta_2''}{\delta_1''} \tag{23.4.52}$$

式中，ω_{02}、ω_{01} 及 Q_{d2}、Q_{d1} 分别表示 H_{mn2} 及 H_{mn1} 的振荡频率及 Q 值.

理论和实验表明，改变腔的纵向结构不仅可以提高回旋管的效率，也能改善频率分隔度.

23.5 回旋管中电子的静态运动

研究回旋管中的电子运动，必须考虑相对论效应. 这时，电子的运动方程可写成以下形式：

$$\frac{\mathrm{d}\boldsymbol{p}}{\mathrm{d}t}=-e(\boldsymbol{E}+v\times\boldsymbol{B}) \tag{23.5.1}$$

式中，动量 $\boldsymbol{p}$ 为

$$\boldsymbol{p}=m_0\boldsymbol{v}\gamma \tag{23.5.2}$$

$$\begin{cases}\gamma=(1-\beta^2)^{-1/2}\\ \beta=\dfrac{v}{c}\end{cases} \tag{23.5.3}$$

将式(23.5.3)代入式(23.5.1)，可以将运动方程化为

$$\frac{\mathrm{d}\boldsymbol{v}}{\mathrm{d}t}=-\frac{e}{m_0}\sqrt{1-\beta^2}\left[\boldsymbol{E}+\boldsymbol{v}\times\boldsymbol{B}-\frac{1}{c^2}\boldsymbol{v}(\boldsymbol{v}\cdot\boldsymbol{E})\right] \tag{23.5.4}$$

在回旋管中，从电子枪出来的电子，经过一段缓慢上升的磁场，然后进入均匀磁场区域，即互作用区域[①]. 我们先来研究电子在均匀磁场中的运动. 这时

$$\begin{cases} \boldsymbol{E}=0 \\ \boldsymbol{B}=B_0\boldsymbol{e}_z \end{cases} \tag{23.5.5}$$

因此，运动方程(23.5.4)可写成

$$\frac{\mathrm{d}\boldsymbol{v}}{\mathrm{d}t}=-\frac{\boldsymbol{e}}{m\cdot\gamma}\boldsymbol{v}\times B_0\boldsymbol{e}_z \tag{23.5.6}$$

式(23.5.6)可展开为

$$\begin{cases} \dfrac{\mathrm{d}v_x}{\mathrm{d}t}=\dfrac{\omega_{c0}}{\gamma}v_y \\ \dfrac{\mathrm{d}v_y}{\mathrm{d}t}=-\dfrac{\omega_{c0}}{\gamma}v_x \\ \dfrac{\mathrm{d}v_z}{\mathrm{d}t}=0 \end{cases} \tag{23.5.7}$$

或

$$\begin{cases} \dfrac{\mathrm{d}^2v_z}{\mathrm{d}t^2}+\left(\dfrac{\omega_{c0}}{\gamma}\right)^2v_x=0 \\ \dfrac{\mathrm{d}^2v_y}{\mathrm{d}t^2}+\left(\dfrac{\omega_{c0}}{\gamma}\right)^2v_y=0 \\ \dfrac{\mathrm{d}v_z}{\mathrm{d}t}=0 \end{cases} \tag{23.5.8}$$

式中

$$\omega_{c0}=\frac{eB_0}{m_0} \tag{23.5.9}$$

式(23.5.8)的解给出

$$\begin{cases} v_x=v_\perp\cos\omega_c t \\ v_y=v_\perp\sin\omega_c t \\ v_z=v_{z0} \end{cases} \tag{23.5.10}$$

式中，令 $v_\perp$ 为横向速度：

$$v_\perp^2=v_x^2+v_y^2 \tag{23.5.11}$$

可见，考虑相对论效应后，电子仍作回旋运动. 回旋频率为

$$\omega_c=\frac{\omega_{c0}}{\gamma} \tag{23.5.12}$$

电子的回旋半径可以用下式求得：

$$r_c=\frac{v_\perp}{\omega_c}=r_{c0}\gamma \tag{23.5.13}$$

式中

$$r_{c0}=\frac{v_\perp}{\omega_{c0}} \tag{23.5.14}$$

若用横向动量 $p_\perp$ 表示，则有

---

① 有时为了提高效率，在互作用区磁场也有变化，但一般较小.

$$\begin{cases} p_\perp = v_\perp m_0 \gamma \\ r_c = \dfrac{p_\perp}{m_0 \omega_{c0}} \end{cases} \tag{23.5.15}$$

由于电子的能量与相对论因子有下述关系：

$$\mathscr{E} = m_0 c^2 \gamma \tag{23.5.16}$$

式中，$\mathscr{E}$ 表示电子的能量，所以方程(23.5.12)又可写成

$$\begin{cases} \omega_c = \omega_{c0}\left(\dfrac{m_0 c^2}{\mathscr{E}}\right) \\ r_c = r_{c0}\left(\dfrac{\mathscr{E}}{m_0 c^2}\right) \end{cases} \tag{23.5.17}$$

由上所述可以看到，考虑到相对论效应后，电子的回旋频率与能量成反比，能量越大，回旋频率越低，但电子的回旋半径却与电子的能量成正比，能量越大，电子的回旋半径越大. 这些结论，对于回旋管的工作有极重要的意义.

以上讨论的是电子在回旋管中互作用区的均匀磁场区域中的运动情况. 现在来研究电子在回旋管中磁场逐渐增加区域内的运动.

为此，我们先考虑电子做回旋运动所产生的磁矩问题. 电子在做回旋运动时，相当于一个环形电流. 于是，按磁矩的定义，电子运动时可建立一个磁矩

$$M = \frac{e}{T_c} \pi r_c^2 \tag{23.5.18}$$

式中，T_c 表示电子回旋运动一周所需的时间：

$$T_c = \frac{2\pi}{\omega_c} \tag{23.5.19}$$

将前面求得的 ω_c 及 r_c 的有关方程代入式(23.5.18)即可求得

$$M = \frac{1}{2}\,\frac{m_0 |v_\perp|^2 \gamma}{B_0} \tag{23.5.20}$$

若略去相对论效应，则可得到

$$M = \frac{W_\perp}{B_0} \tag{23.5.21}$$

式中，$W_\perp$ 表示电子的横向动能

$$W_\perp = \frac{1}{2} m_0 v_\perp^2 \tag{23.5.22}$$

由于磁矩是有方向的，所以可写成

$$\boldsymbol{M} = -\frac{W_\perp}{B_0^2} \boldsymbol{B}_0 \tag{23.5.23}$$

可见，电子作回旋运动时，产生的磁矩与原磁场反向.

现在就可来研究电子在不均匀(逐渐增大)的磁场中的运动情况.

在空间任意分布的静磁场满足以下方程：

$$\nabla \cdot \boldsymbol{B}_0 = 0 \tag{23.5.24}$$

由于磁场是轴对称的，所以有

$$\frac{1}{R}\,\frac{\partial}{\partial R}(RB_R) + \frac{\partial B_z}{\partial z} = 0 \tag{23.5.25}$$

或

$$RB_R = -\int R \frac{\partial B_z}{\partial z} \mathrm{d}R \tag{23.5.26}$$

由于磁场在空间的变化是缓变的，所以可以假定在一个周期范围内磁场是不变化的，于是由方程(23.5.26)给出

$$B_R \approx -\frac{1}{2} r_c \frac{\partial B_0}{\partial z} \tag{23.5.27}$$

可见，对于纵向渐增的磁场，伴随有径向的磁场分量. 这样，就给电子的运动一个附加的纵向作用力

$$F_z = -ev_\perp B_R \tag{23.5.28}$$

将 B_R 及 r_c 的关系代入式(23.5.28)，即可求得

$$F_z = -\frac{W_\perp}{B_0} \frac{\partial B_0}{\partial z} = (\boldsymbol{M} \cdot \nabla) \boldsymbol{B}_0 \tag{23.5.29}$$

这样，沿磁力线运动的电子的运动方程即为

$$m_0 \frac{\mathrm{d}v_{/\!/}}{\mathrm{d}t} = -\frac{W_\perp}{B_0} \frac{\partial B_0}{\partial z} \tag{23.5.30}$$

或写成

$$m_0 \frac{\mathrm{d}v_{/\!/}}{\mathrm{d}s} \frac{\mathrm{d}s}{\mathrm{d}t} = m_0 v_{/\!/} \frac{\mathrm{d}v_{/\!/}}{\mathrm{d}s} = \frac{\mathrm{d}W_{/\!/}}{\mathrm{d}s} = -\frac{W_\perp}{B_0} \frac{\partial B_0}{\partial s} \tag{23.5.31}$$

另外，根据能量守恒定律

$$W = W_\perp + W_{/\!/} = \mathrm{const} \tag{23.5.32}$$

于是有

$$\frac{\partial W_{/\!/}}{\partial s} = -\frac{\partial W_\perp}{\partial s} \tag{23.5.33}$$

代入方程(23.5.31)得到

$$\frac{\partial W_\perp}{\partial s} = -\frac{W_\perp}{B} \frac{\partial B_0}{\partial s} \tag{23.5.34}$$

或写成

$$\frac{\mathrm{d}}{\mathrm{d}s}\left(\frac{W_\perp}{B_0}\right) = 0 \tag{23.5.35}$$

即

$$\frac{W_\perp}{B_0} = \mathrm{const} = M \tag{23.5.36}$$

式(23.5.36)表明，电子在缓变磁场中运动时，磁矩是一个常数. 这一关系称为电子运动磁矩的绝热不变性.

上述绝热不变性定律对于回旋管的工作有很重要的作用. 由电子枪出发的电子，只具有初始的旋转能量，不足以在回旋管中有效地工作. 但是，按绝热不变性定律，使电子在缓慢上升的磁场中运动，随着磁场的增大，电子旋转能量不断提高，从而可以达到提高电子旋转能量的目的.

23.6 电子回旋脉塞的线性理论

§23.1 节中曾指出，在电子回旋脉塞及回旋管的线性理论中，动力学理论起着主导作用，作者已在《相对论电子学》一书中作了仔细的研究. 本书中，我们将从另一个角度来研究电子回旋脉塞及回旋管的线性理论，即从耦合波的观点来分析这一问题. 如本书第 4 章所述，耦合波理论在微波管中有较广泛的应用. 电子回旋脉塞中电子与波的互作用机理也可以用模式耦合的观点来研究. 如图 23.6.1 所示，波导模式由

$$\omega^2 - k_{/\!/}^2 c^2 - k_c^2 c^2 = 0$$

确定，而电子的回旋模式由

$$\omega - k_{/\!/} U_{/\!/} - \omega_c = 0$$

确定. 在这两个模式相切(或相交)的点，两个波产生耦合.

由于在电子回旋脉塞中必须考虑相对论效应，所以，我们必须讨论相对论电子注中的回旋波和同步波. 为便于比较及明显起见，我们先略去相对论效应，然后再考虑相对论效应的修正.

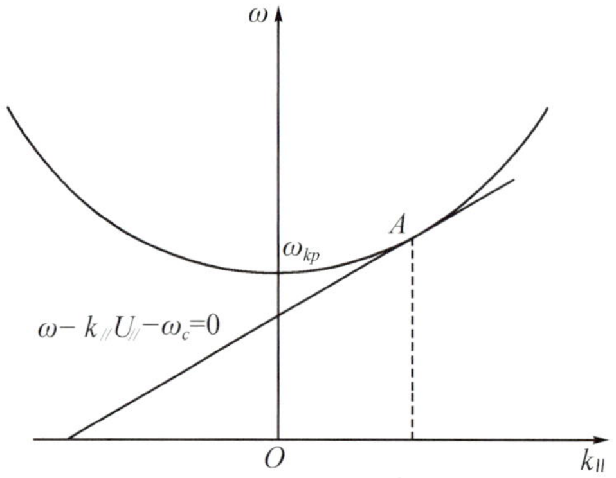

图 23.6.1　波导模与电子回旋模的耦合

不考虑相对论效应时，方程(4.5.5)为

$$\begin{cases} \dfrac{\mathrm{d}v_{x1}}{\mathrm{d}t} = -\omega_c v_{y1} \\ \dfrac{\mathrm{d}v_{y1}}{\mathrm{d}t} = \omega_c v_{x1} \end{cases} \tag{23.6.1}$$

式中

$$\omega_c = \frac{eB_0}{m_0} \tag{23.6.2}$$

表示不考虑相对论效应时电子的回旋频率.

为便于以后的讨论，方程(23.6.1)可写成以下形式：

$$\begin{bmatrix} D_t v_{x1} \\ D_t v_{y1} \\ D_t x_1 \\ D_t y_1 \end{bmatrix} = \begin{bmatrix} 0 & -\omega_c & 0 & 0 \\ \omega_c & 0 & 0 & 0 \\ 1 & 0 & 0 & 0 \\ 0 & 1 & 0 & 0 \end{bmatrix} \begin{bmatrix} v_{x1} \\ v_{y1} \\ x_1 \\ y_1 \end{bmatrix} \tag{23.6.3}$$

式中，令

$$D_t = \frac{\mathrm{d}}{\mathrm{d}t} \tag{23.6.4}$$

电子的瞬时回旋半径为

$$r_c = \frac{[\mathrm{Re}(v_{x1})^2 + \mathrm{Re}(v_{y1})^2]^{1/2}}{\omega_c} \tag{23.6.5}$$

式中，Re 表示相应物理量的实部. 而电子的瞬时回旋中心位置则由下式确定：

$$r_0 = \mathrm{Re}\left(\boldsymbol{r}_{\perp 1} - \frac{\boldsymbol{v}_{\perp 1}}{\omega_c}\right) \tag{23.6.6}$$

引入以下的变量变换：

$$\begin{cases} v_{\pm} = v_{x1} \pm \mathrm{j} v_{y1} \\ r_{\pm} = x_1 \pm \mathrm{j} y_1 \pm \mathrm{j}\, \dfrac{v_{x1}}{\omega_c} - \mathrm{j}\, \dfrac{v_{y1}}{\omega_c} \end{cases} \tag{23.6.7}$$

则可将方程(23.6.3)对角化：

$$\begin{bmatrix} D_t v_+ \\ D_t v_- \\ D_t r_+ \\ D_t r_- \end{bmatrix} = \begin{bmatrix} \mathrm{j}\omega_c & 0 & 0 & 0 \\ 0 & -\mathrm{j}\omega_c & 0 & 0 \\ 0 & 0 & 0 & 0 \\ 0 & 0 & 0 & 0 \end{bmatrix} \begin{bmatrix} v_+ \\ v_- \\ r_+ \\ r_- \end{bmatrix} \tag{23.6.8}$$

由此可以得到方程(23.6.8)的解：

$$\begin{cases} v_+ = v_{+1}\mathrm{e}^{\mathrm{j}\omega_c(t-t_1)} \\ v_- = v_{-1}\mathrm{e}^{-\mathrm{j}\omega_c(t-t_1)} \end{cases} \tag{23.6.9}$$

$$r_\pm = r_{\pm 1} \tag{23.6.10}$$

假定电子注上的回旋波是由初始时刻 $t=t_1$ 时，频率为 ω 的电磁波所激起的，则有

$$\begin{cases} v_{\pm 1} = v_{\pm 0}\mathrm{e}^{\mathrm{j}\omega t_1} \\ r_{\pm 1} = r_{\pm 0}\mathrm{e}^{\mathrm{j}\omega t_1} \end{cases} \tag{23.6.11}$$

代入方程(23.6.9)、方程(23.6.10)，可以得到

$$\begin{cases} v_{c\pm} = v_{\pm c}\mathrm{e}^{\mathrm{j}[\omega t-(k_e\mp k_c)z]} \\ r_s = r_{\pm s}\mathrm{e}^{\mathrm{j}(\omega t - k_c z)} \end{cases} \tag{23.6.12}$$

式中，令

$$\begin{cases} z = v_{z1}(t-t_1) \\ \omega(t-t_1) = \omega\dfrac{z}{v_{z1}} = k_e z \\ \omega_c(t-t_1) = \omega_c\dfrac{z}{v_{z1}} = k_c z \end{cases} \tag{23.6.13}$$

在方程(23.6.12)中用下标 c、s 表示回旋波及同步波.

现用下式定义回旋波模式及同步波模式：

$$\begin{cases} a_{c\pm} = k_1 v_{c\pm} \\ a_{s\pm} = \mp \mathrm{j}k_1\omega_c r_{s\pm} + a_{c\pm} \end{cases} \tag{23.6.14}$$

式中

$$k_1 = \frac{1}{2}\left[\frac{I_0\omega}{\omega_c}\frac{m_0}{2e}\right]^{1/2} \tag{23.6.15}$$

则电子注中的高频功率流可写成

$$\overline{P} = a_{c+}a_{c+}^* - a_{c-}a_{c-}^* - a_{s+}^* a_{s+} + a_{s-}a_{s-}^* \tag{23.6.16}$$

可以看到，$a_{c+}a_{c+}^*$ 及 $a_{s-}a_{s-}^*$ 为正功率，而 $a_{c-}a_{c-}^*$ 及 $a_{s+}a_{s+}^*$ 为负功率流.

以上考虑的是无源时的电子注上的回旋波及同步波. 现在来考虑同时有交变场时的情况. 如果仅考虑 TE 波，且认为交变磁场与直流磁场相比很小，可以略去，因而可以仅考虑交变电场的作用，那么电子的运动方程为

$$\begin{cases} \dfrac{\mathrm{d}v_{x1}}{\mathrm{d}t} = -\omega_c v_{y1} - \dfrac{e}{m_0}E_x \\ \dfrac{\mathrm{d}v_{y1}}{\mathrm{d}t} = \omega_c v_{x1} - \dfrac{e}{m_0}E_y \end{cases} \tag{23.6.17}$$

这样可得到类似于方程(23.6.3)的方程：

$$\begin{bmatrix} D_t v_{x1} \\ D_t v_{y1} \\ D_t x_1 \\ D_t y_1 \end{bmatrix} = \begin{bmatrix} 0 & -\omega_c & 0 & 0 \\ 0 & 0 & 0 & 0 \\ 1 & 0 & 0 & 0 \\ 0 & 1 & 0 & 0 \end{bmatrix} \begin{bmatrix} v_{x1} \\ v_{y1} \\ x_1 \\ y_1 \end{bmatrix} - \frac{e}{m}\begin{bmatrix} E_{x1} \\ E_{y1} \\ 0 \\ 0 \end{bmatrix} \tag{23.6.18}$$

若令

$$E_{\pm}=E_x\pm jE_y \tag{23.6.19}$$

则可得以下的对角化方程：

$$\begin{bmatrix}D_t a_{c+}\\D_t a_{c-}\\D_t a_{s+}\\D_t a_{s-}\end{bmatrix}=\begin{bmatrix}j\omega_c & 0 & 0 & 0\\0 & -j\omega_c & 0 & 0\\0 & 0 & 0 & 0\\0 & 0 & 0 & 0\end{bmatrix}\begin{bmatrix}a_{c+}\\a_{c-}\\a_{s+}\\a_{s-}\end{bmatrix}-\frac{k_1 e}{m_0}\begin{bmatrix}E_+\\E_-\\E_+\\E_-\end{bmatrix} \tag{23.6.20}$$

在得到式(23.6.20)时，利用了方程(23.6.14)及方程(23.6.12)等的关系.

下面将要指出，波导中的场可展开为

$$\begin{cases}\boldsymbol{E}_1=\sum\limits_n v_n\mathscr{E}_n\\ \boldsymbol{H}_1=\sum\limits_n(I_n\mathscr{H}_{tn}+p_n\mathscr{H}_{zn}\boldsymbol{e}_z)\end{cases} \tag{23.6.21}$$

当仅考虑单一模式时，可以得到

$$\begin{cases}E_{xn}=v_n\mathscr{E}_{nx}\\ E_{zn}=v_n\mathscr{E}_{ny}\end{cases} \tag{23.6.22}$$

且有

$$\mathscr{E}_{\pm}=\mathscr{E}_{nx}\pm j\mathscr{E}_{ny} \tag{23.6.23}$$

则式(23.6.20)可改写成

$$\begin{bmatrix}D_t\, a_{c+}\\D_t\, a_{c-}\\D_t\, a_{s+}\\D_t\, a_{s-}\end{bmatrix}=\begin{bmatrix}j\omega_c & 0 & 0 & 0\\0 & -j\omega_c & 0 & 0\\0 & 0 & 0 & 0\\0 & 0 & 0 & 0\end{bmatrix}\begin{bmatrix}a_{c+}\\a_{c-}\\a_{s+}\\a_{s-}\end{bmatrix}-\frac{k_1 e}{m_0}v_n\begin{bmatrix}\mathscr{E}_+\\\mathscr{E}_-\\\mathscr{E}_+\\\mathscr{E}_-\end{bmatrix} \tag{23.6.24}$$

再令

$$\begin{cases}D_t=j\omega+v_{z1}D_z\\ D_z=\dfrac{\partial}{\partial z}\end{cases} \tag{23.6.25}$$

则方程(23.6.24)又可写成

$$\begin{bmatrix}D_z\, a_{c+}\\D_z\, a_{c-}\\D_z\, a_{s+}\\D_z\, a_{s-}\end{bmatrix}=\begin{bmatrix}-jk_c & 0 & 0 & 0\\0 & -jk_{c-} & 0 & 0\\0 & 0 & -jk_e & 0\ 0\\0 & 0 & 0 & -jk_e\end{bmatrix}\begin{bmatrix}a_{c+}\\a_{c-}\\a_{s+}\\a_{s-}\end{bmatrix}+K(a_++a_-)\begin{bmatrix}\mathscr{E}_+\\\mathscr{E}_-\\\mathscr{E}_+\\\mathscr{E}_-\end{bmatrix} \tag{23.6.26}$$

式中，令

$$k_{c\pm}=k_e\mp k_c=\frac{1}{v_{z1}}=(\omega\mp\omega_c) \tag{23.6.27}$$

$$K=\frac{ek_1}{m_0 v_z}\sqrt{2Z_0}=\frac{1}{2}\sqrt{\frac{1}{2}G_0 Z_0\frac{\omega}{\omega_c}} \tag{23.6.28}$$

$$G_0=\frac{I_0}{V_0} \tag{23.6.29}$$

式中，Z_0 表示波阻抗，将在下面予以说明.

以上讨论了在电磁波激励下电子注中的回旋波及同步波模式方程. 现在来讨论电子注中的波对电磁波的作用.

麦克斯韦方程写成

$$\begin{cases}\nabla\times\boldsymbol{E}_1=-\mathrm{j}\omega\mu_0\boldsymbol{H}_1\\ \nabla\times\boldsymbol{H}_1=\mathrm{j}\omega\varepsilon_0\boldsymbol{E}_1+\boldsymbol{J}_1\end{cases}\tag{23.6.30}$$

式中，$\boldsymbol{J}_1$ 表示电子流的交变分量.

在方程(23.6.21)中，已经讨论了场的展开式，即对真空波导模式，我们有

$$\begin{cases}\nabla\times\boldsymbol{E}_n=-\mathrm{j}\omega\mu_0\boldsymbol{H}_n\\ \nabla\times\boldsymbol{H}_n=\mathrm{j}\omega\varepsilon_0\boldsymbol{E}_n\end{cases}\tag{23.6.31}$$

式中，$\boldsymbol{E}_n$、$\boldsymbol{H}_n$ 表示真空波导模式的场. 将展开式(23.6.21)代入式(23.6.31)，得到

$$\begin{cases}\nabla\times\mathscr{E}_{tn}=-\mathrm{j}\omega\mu_0\mathscr{H}_{zn}\boldsymbol{e}_z\\ \nabla\times(\mathscr{H}_{zn}\boldsymbol{e}_z)=\mathrm{j}\dfrac{k_{cn}^2}{\omega^2\mu_0}\mathscr{E}_{tn}\end{cases}\tag{23.6.32}$$

式中，k_{cn} 表示该模式的截止波数.

将展开式代入麦克斯韦方程(23.6.30)可以得到

$$\sum_n\nabla\times v_n\mathscr{E}_{tn}=-\mathrm{j}\omega\mu_0\sum_n(I_n\mathscr{H}_{tn}+p_n\mathscr{H}_{zn}\boldsymbol{e}_z)\tag{23.6.33}$$

但

$$\begin{aligned}\nabla\times v_n\mathscr{E}_{tn}&=v_n\nabla\times\mathscr{E}_{tn}+(\nabla v_n)\times\mathscr{E}_{tn}=-\mathrm{j}v_n\omega\mu_0\mathscr{H}_{zn}\boldsymbol{e}_z+(\nabla v_n)\times\mathscr{E}_{tn}\\&=-\mathrm{j}v_n\omega\mu_0\mathscr{H}_{zn}\boldsymbol{e}_z+(\nabla v_n)\times(\mathscr{H}_{tn}\times\boldsymbol{e}_z)=-\mathrm{j}v_n\omega\mu_0\mathscr{H}_{zn}\boldsymbol{e}_z\\&\quad+\frac{\partial v_n}{\partial z}\mathscr{H}_{tn}\end{aligned}\tag{23.6.34}$$

代入式(23.6.33)，得

$$\sum_n\left(\frac{\partial v_n}{\partial z}\mathscr{H}_{tn}-\mathrm{j}v_n\omega\mu_0\mathscr{H}_{zn}\boldsymbol{e}_z\right)=-\mathrm{j}\omega\mu_0\sum_n(I_n\mathscr{H}_{tn}+p_n\mathscr{H}_{zn}\boldsymbol{e}_z)\tag{23.6.35}$$

利用模式正交条件

$$\int_S\mathscr{E}_{tn}\times\mathscr{H}_{tn'}^*\,\mathrm{d}S=\int\mathscr{H}_{tn}\mathscr{H}_{tn'}^*\,\mathrm{d}S=\int_S\mathscr{H}_{tn}\mathscr{H}_{tn'}^*\,\mathrm{d}S=\delta_{nn'}\tag{23.6.36}$$

式中

$$\delta_{nn}'=\begin{cases}1&(n=n')\\0&(n\neq n')\end{cases}\tag{23.6.37}$$

积分沿波导截面进行. 可以得到

$$\frac{\partial v_n}{\partial z}=-\mathrm{j}\omega\mu_0=-\mathrm{j}Z_nk_{zn}I_n\tag{23.6.38}$$

式中

$$Z_n=\frac{\omega\mu_0}{k_{zn}}\tag{23.6.39}$$

完全类似，可以得到

$$\frac{\partial I_n}{\partial z}=-\frac{\mathrm{j}}{Z_n}k_{zn}v_n-\int\boldsymbol{J}_1\cdot\mathscr{E}_{tn}^*\,\mathrm{d}S\tag{23.6.40}$$

在得到式(23.6.40)时，我们利用了关系式

$$\frac{1}{\omega^2\mu_0}(k_{cn}^2-k^2)=-\frac{k_{zn}^2}{\omega^2\mu_0}=-\frac{k_{zn}}{Z_n}\tag{23.6.41}$$

方程(23.6.38)、方程(23.6.40)表示电子流对场的激励. I_n、v_n 表示场的展开幅值，而方程(23.6.39)右边的积分项表示电子流交变分量对场的激励. 与第 4 章比较，这样，我们已可把波导模式化为线路波的形式.

于是，进一步令

$$\begin{cases} a_{+}=\dfrac{1}{2\sqrt{2Z_n}}(-v_n+Z_nI_n) \\ a_{-}=\dfrac{1}{2\sqrt{2Z_n}}(-v_n-Z_nI_n) \end{cases} \tag{23.6.42}$$

则由方程(23.6.38)、方程(23.6.40)可以得到

$$\begin{bmatrix} D_z a_{+} \\ D_z a_{-} \end{bmatrix}=\begin{bmatrix} -\mathrm{j}k_{zn} & 0 \\ 0 & \mathrm{j}k_{zn} \end{bmatrix}\begin{bmatrix} a_{+} \\ a_{-} \end{bmatrix}-\frac{1}{2}\sqrt{\frac{Z_n}{2}}\begin{bmatrix} A \\ -A \end{bmatrix} \tag{23.6.43}$$

式中，令

$$A=\int_S \boldsymbol{J}_1\cdot\mathscr{E}_{tn}^{*}\,\mathrm{d}S \tag{23.6.44}$$

下面来计算上面的积分. 假定电子注是均匀的，则有

$$\boldsymbol{J}_1=\rho\boldsymbol{v}_b \tag{23.6.45}$$

因此，积分 A 可以求得

$$A=\rho_l\boldsymbol{v}_b\cdot\mathscr{E}_{tn}^{*}=\frac{I_0}{v_z}\boldsymbol{v}_b\cdot\mathscr{E}_{tn}^{*} \tag{23.6.46}$$

式中，ρ_l 为线电荷密度；I_0 为电子流；$\boldsymbol{v}_b$ 并不是单个电子的速度，而是整个电子注的横向速度.

利用上面关于电子注中的回旋波及同步波的有关公式，可以得到

$$A=\frac{I_0}{2v_{z1}}\frac{\omega}{\omega_c k_1}[(a_{c+}-a_{s-})\mathscr{E}_{-}^{*}-(a_{c-}-a_{s-})\mathscr{E}_{-}^{*}] \tag{23.6.47}$$

这样，方程(23.6.43)就可改写成

$$\begin{bmatrix} D_z a_{+} \\ D_z a_{-} \end{bmatrix}=\begin{bmatrix} -\mathrm{j}k_{zn} & 0 \\ 0 & \mathrm{j}k_{zn} \end{bmatrix}\begin{bmatrix} a_{+} \\ a_{-} \end{bmatrix}-K[(a_{c+}-a_{s+})\mathscr{E}_{+}^{*}-(a_{c-}-a_{s-})\mathscr{E}_{-}^{*}]\begin{bmatrix} 1 \\ -1 \end{bmatrix} \tag{23.6.48}$$

将方程(23.6.26)与方程(23.6.48)合并，可以得到

$$\begin{bmatrix} D_z+\mathrm{j}k_{zn} & 0 & K\mathscr{E}_{+}^{*} & -K\mathscr{E}_{-}^{*} & -K\mathscr{E}_{+}^{*} & K\mathscr{E}_{*}^{-} \\ 0 & D_z-\mathrm{j}k_{zn} & -K\mathscr{E}_{+}^{*} & K\mathscr{E}_{-}^{*} & K\mathscr{E}_{+}^{*} & 0 \\ -K\mathscr{E}_{+} & -K\mathscr{E}_{+} & D_z+\mathrm{j}k_{c+} & 0 & 0 & 0 \\ -K\mathscr{E}_{-} & -K\mathscr{E}_{-} & 0 & D_z+\mathrm{j}k_{c-} & 0 & 0 \\ -K\mathscr{E}_{+} & -K\mathscr{E}_{+} & 0 & 0 & D_z+\mathrm{j}k_{s+} & 0 \\ -K\mathscr{E}_{-} & -K\mathscr{E}_{-} & 0 & 0 & 0 & D_z+\mathrm{j}k_{s-} \end{bmatrix}\begin{bmatrix} a_{+} \\ a_{-} \\ a_{c+} \\ a_{c-} \\ a_{s+} \\ a_{s-} \end{bmatrix}=0 \tag{23.6.49}$$

方程(23.6.49)表示略去相对论效应时的线路波($a_{\pm}$)、回旋波($a_{c\pm}$)和同步波($a_{s\pm}$)的耦合方程.

现在来考虑相对论效应引起的修正. 考虑相对论效应后，电子的运动方程应改为

$$\begin{cases} \dfrac{\mathrm{d}}{\mathrm{d}t}\left(\gamma\dfrac{\mathrm{d}x_1}{\mathrm{d}t}\right)=-\omega_c\dfrac{\mathrm{d}y_1}{\mathrm{d}t}-\dfrac{ev_n}{m_0}\mathscr{E}_{xn} \\ \dfrac{\mathrm{d}}{\mathrm{d}t}\left(\gamma\dfrac{\mathrm{d}y_1}{\mathrm{d}t}\right)=\omega_c\dfrac{\mathrm{d}x_1}{\mathrm{d}t}-\dfrac{ev_n}{m_0}\mathscr{E}_{yn} \end{cases} \tag{23.6.50}$$

将式(23.6.50)与式(23.6.1)比较可以看到，只要把 ω_c 换成 ω_c/γ 即可考虑相对论修正.

现在考虑场不为零的情况. 在方程(23.6.50)中，令

$$\begin{cases} v_x=v_x^0+v_x' \\ v_y=v_y^0+v_y' \\ \gamma=\gamma_0+\gamma_1 \end{cases} \tag{23.6.51}$$

式中

$$\begin{cases}\gamma=(1-\beta_{\perp}^{2}-\beta_{/\!/}^{2})^{-1/2}\\ \beta_{\perp}=\dfrac{v_{+}}{c}\\ \beta_{/\!/}=\dfrac{v_{/\!/}}{c}\end{cases}\tag{23.6.52}$$

代入方程(23.6.50),若只限于线性项,略去全部非线性项,即可得到

$$\begin{cases}\gamma_0\dot{v}'_x+\gamma_1\dot{v}_x^0+v_{x0}\dot{\gamma}_1-\omega_{10}v'_y=-\dfrac{ev_n}{m_0}\mathscr{E}_{nx}\\ \gamma_0\dot{v}'_y+\gamma_1\dot{v}_y^0+v_{y0}\dot{\gamma}_1+\omega_{10}v'_x=-\dfrac{ev_n}{m_0}\mathscr{E}_{ny}\end{cases}\tag{23.6.53}$$

定义

$$v'_{\pm}=v'_x\pm \mathrm{j}v'_y\tag{23.6.54}$$

由方程(23.6.53)可以得到

$$v'_{\pm}\mp\mathrm{j}\frac{\omega_{10}}{\gamma_0}v'_{\pm}=-\frac{ev_n}{m_0\gamma_0}\mathscr{E}_{\pm}-\frac{\gamma_1}{\gamma_0}\dot{v}_{\pm}^0-\frac{\dot{\gamma}_1}{\gamma_0}v'_{\pm}\tag{23.6.55}$$

但由能量守恒定律可得

$$\frac{\mathrm{d}}{\mathrm{d}t}(\gamma)=-e(\boldsymbol{E}\cdot\boldsymbol{v})\tag{23.6.56}$$

由此可以得到

$$\frac{\mathrm{d}\gamma_1}{\mathrm{d}t}=-\frac{e}{2m_0c^2}\mathrm{Re}[E_n v'^{*}_{+}]\tag{23.6.57}$$

于是可以得到

$$\dot{\gamma}_1=-\frac{eE_1v'_{+}}{m_0c^2}\cos(\Delta\omega t+\xi)\tag{23.6.58}$$

式中

$$\begin{cases}\Delta\omega=\omega-k_{11}v_{11}-\dfrac{\omega_{c0}}{\gamma_0}\\ \xi=\phi-\theta_1\end{cases}\tag{23.6.59}$$

积分式(23.6.58),可以求得

$$\gamma_1=-\frac{eE_1v'_{+}}{m_0c^2(\Delta\omega)}[\sin(\Delta\omega t+\xi)-\sin\xi]\tag{23.6.60}$$

将以上方程代入方程(23.6.55),可以求出相对论效应对回旋波的修正:

$$\dot{v}'_{\pm}\pm\mathrm{j}\frac{\omega_{c0}}{\gamma_0}v'_{\pm}=-\frac{ev_n}{m_0\gamma_0}\mathscr{E}_{\pm}+\left(\mathrm{j}\psi+\frac{\gamma_0\psi}{\omega_{c0}}\right)v_{\pm}\tag{23.6.61}$$

式中

$$\psi=-\frac{eE_1v'_{+}}{m_0c^2\gamma_0(\Delta\omega)^2}[\cos(\Delta\omega t+\xi)-\cos\xi+\Delta\omega t\sin\xi]\tag{23.6.62}$$

这样,耦合方程可写成

$$\begin{bmatrix}D_za_{c+}\\ D_za_{s+}\end{bmatrix}=\begin{bmatrix}-\mathrm{j}k_{c+} & 0\\ 0 & -\mathrm{j}k_e\end{bmatrix}\begin{bmatrix}a_{c+}\\ a_{s+}\end{bmatrix}+K(a_{+}+a_{-})\begin{bmatrix}\varepsilon_{+}\\ \varepsilon_{-}\end{bmatrix}+\mathrm{j}\frac{\psi}{v_{z0}}\begin{bmatrix}a_{c+}\\ 0\end{bmatrix}\tag{23.6.63}$$

上式中,已假定 $\gamma\dot{\varphi}/\omega_{c0}\ll\psi$. 若令

$$a_{c\pm}=Kv_{c\pm0}\left(1+\mathrm{j}\psi+\frac{\dot{\psi}}{\omega_{c0}}\right)\mathrm{e}^{\mathrm{j}(\omega t-k_c\pm z)}\tag{23.6.64}$$

则由式(23.6.63),可得

$$\begin{bmatrix} D_z a_+ \\ D_z a_- \end{bmatrix} = \begin{bmatrix} -jk_{zn} & 0 \\ 0 & jk_{zn} \end{bmatrix} \begin{bmatrix} a_+ \\ a_- \end{bmatrix} - K\Big\{[a_{c+}(1+j\psi) - a_{s+}]\mathscr{E}_+^* - [a_{c-}(1-j\psi) - a_{s-}]\mathscr{E}_-^*\Big\}\begin{bmatrix} 1 \\ -1 \end{bmatrix} \tag{23.6.65}$$

这样,考虑相对论修正后,模式耦合方程(23.6.49)就化为

$$\begin{bmatrix} D_z + jk_{zn} & 0 & K\mathscr{E}_+^*(1+j\psi) & -K\mathscr{E}_-^* & -K\mathscr{E}_+^* & K\mathscr{E}_-^* \\ 0 & D_z - jk_{zn} & -K\mathscr{E}_+^*(1+j\psi) & K\mathscr{E}_-^* & K\mathscr{E}_+^* & 0 \\ -K\mathscr{E}_+ & -K\mathscr{E}_+ & D_z + j\left(k_c \mp \dfrac{\dot{\psi}}{\omega_{z0}}\right) & 0 & 0 & 0 \\ -K\mathscr{E}_- & -K\mathscr{E}_- & 0 & D_z + jk_{c-} & 0 & 0 \\ -K\mathscr{E}_+ & -K\mathscr{E}_+ & 0 & 0 & D_z + jk_{s+} & 0 \\ -K\mathscr{E}_- & -K\mathscr{E}_- & 0 & 0 & 0 & D_z + jk_{s-} \end{bmatrix} \begin{bmatrix} a_+ \\ a_- \\ a_{c+} \\ a_{c-} \\ a_{s+} \\ a_{s-} \end{bmatrix} = 0 \tag{23.6.66}$$

一般为简单计,可仅考虑(a_+,a_-,a_{c+},a_{s+})四个波的相互耦合,即将式(23.6.66)化简为

$$\begin{bmatrix} D_z + jk_{zn} & 0 & K\mathscr{E}_+^*(1+j\psi) & -K\mathscr{E}_+^* \\ 0 & D_z - jk_{zn} & -K\mathscr{E}_+^*(1+j\psi) & K\mathscr{E}_+^* \\ -K\mathscr{E}_+ & -K\mathscr{E}_+ & D_z + j\left(k_{c+} - \dfrac{\psi}{v_{z0}}\right) & 0 \\ -K\mathscr{E}_+ & -K\mathscr{E}_+ & 0 & D_z + jk_{s+} \end{bmatrix} \begin{bmatrix} a_+ \\ a_- \\ a_{c+} \\ a_{s+} \end{bmatrix} = 0 \tag{23.6.67}$$

于是式(23.6.67)可以给出以下的色散方程:

$$(K^2 - \Omega^2 + 1)\left[K - \frac{1}{\beta_e}(\Omega - \Omega_c)\right] = K'^2 \frac{\Omega^2}{\Omega_c}(1 + j\psi) \tag{23.6.68}$$

式中

$$\begin{cases} K = \dfrac{k}{k_{cn}} \\ \Omega = \dfrac{\omega}{\omega_{kp}} \\ \Omega_c = \dfrac{\omega_c}{\gamma\omega_{kp}} \\ \beta_e = \dfrac{v_{z0}}{c} \\ K'^2 = \dfrac{1}{4} Z_{\mathrm{TEM}} G_b \dfrac{\mathscr{E}_+^* \mathscr{E}_+}{k_{cn}^2} \\ Z_{\mathrm{TE}n} = \sqrt{\dfrac{\varepsilon_0}{\mu_0}} \\ G_b = \dfrac{I_0}{V_0} \end{cases} \tag{23.6.69}$$

式中,ω_{kp}为波导的截止频率;k_{cn}为截止波数.

另外,由电子回旋脉塞的动力学理论,可以得到以下的色散方程:

$$\left(\frac{\omega^2}{c^2} - k_{/\!/}^2 - k_{cn}^2\right) = \frac{\omega_p^2}{c^2\gamma}\left[\frac{Q_{ml}(\omega - k_{/\!/}v_{/\!/})}{(\omega - k_{/\!/}v_{/\!/} - l\omega_c)} - \frac{W_{ml}\beta_{\perp 0}^2(\omega^2 - k_{/\!/}^2c^2)}{(\omega - k_{/\!/}v_{/\!/} - l\omega_c)^2}\right] \tag{23.6.70}$$

比较色散方程(23.6.70)及方程(23.6.68),可以看到,两者是有差别的.作者认为,本节所述电子回旋

脉塞的耦合波理论还是可以进一步改进的.

按方程(23.6.68)及按方程(23.6.70)的计算结果,如图 23.6.2 所示.

由图 23.6.2(a)、(b)可以清楚地看到模式耦合的情况.图中波导模式由对称的双曲线表示,而斜的直线则表示回旋模式.这两模式在相切点附近耦合,从而给出波的不稳定效应.

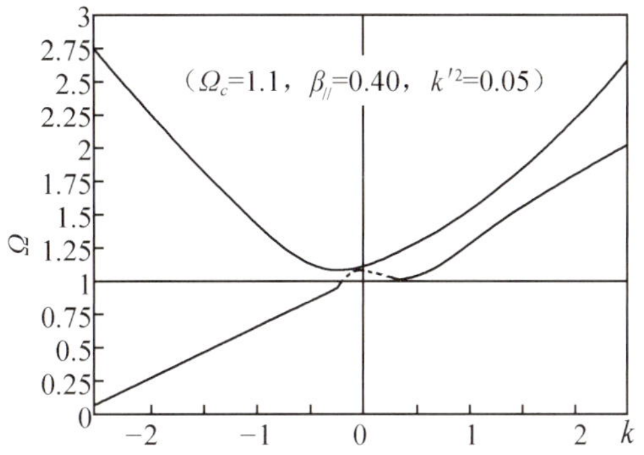

(a)按式(23.6.68)计算结果

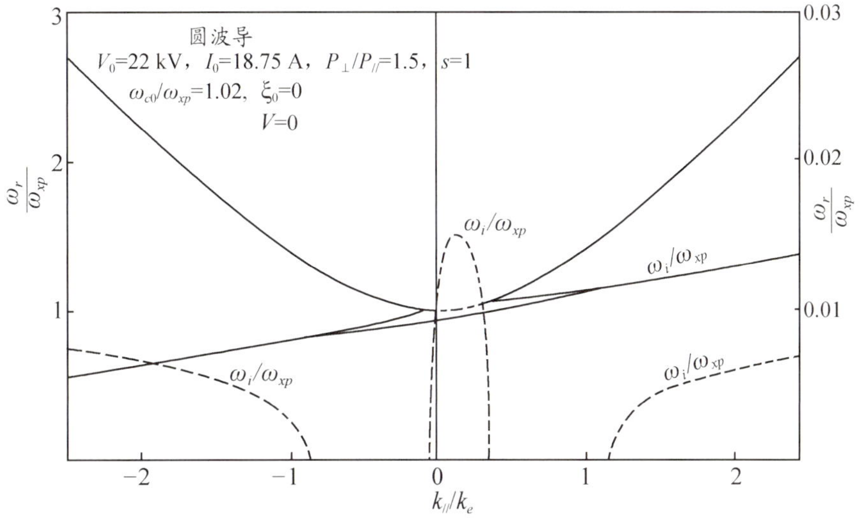

(b)按式(23.6.70)计算结果

图 23.6.2　注-波相互作用

在电子回旋脉塞互作用机理的基础上,成功研制了各种类型的回旋管:回旋振荡管及回旋放大管.利用本节所述的理论可以计算回旋行波管的增益,但利用耦合波理论研究其他类型的回旋管的线性理论,目前还有待进一步研究和发展.回旋管线性理论较成熟的是采用动力学理论.此外,又发展了回旋管的非线性理论.这些问题,在作者所著《相对论电子学》一书及其他文献中都有较详细的论述,这里就不再重复了.

23.7 参考文献

[1] TWISS R. Radiation transfer and the possibility of negative absorption in radio astronomy[J]. Australian Journal of Physics, 1958, 11(4):564-579.

[2] SCHNEIDER J. Stimulated emission of radiation by relativistic electrons in a magnetic field[J]. Phys. rev. letters, 1959, 2(12):504-505.

[3] HIRSHFIELD J L, BERNSTEIN I B, WACHTEL J M. Cyclotron resonance interaction of microwaves with energetic electrons[J]. IEEE Journal of Quantum Electronics, 1965, 1(6):237-245.

[4]OTT E, MANHEIMER W M. Theory of microwave emission by velocity-space instabilities of an intense relativistic electron beam[J]. IEEE Transactions on Plasma Science, 1975, PS 3(1):1-5.

[5]SPRANGLE P, MANHEIMER W M. Coherent nonlinear theory of a cyclotron instability[J]. The Physics of Fluids, 1975, 18(2):224-230.

[6]FLYAGIN V A, GAPONOV A V, PETELIN M I, et al. The gyrotron[J]. IEEE Transactions on Microwave Theory & Techniques, 1977, 25(6):514-521.

[7]HIRSHFIELD J L, GRANATSTEIN V L. The electron cyclotron maser - an historical survey[J]. IEEE Transactions on Microwave Theory and Techniques, 1977, 25(6):522-527.

[8]SPRANGLE P, DROBOT A T. The linear and self-consistent nonlinear theory of the electron cyclotron maser instability[J]. IEEE Transactions on Microwave Theory & Techniques, 1977, 25 (6):528-544.

[9]CHU K R, HIRSHFIELD J L. Comparative study of the axial and azimuthal bunching mechanisms in electromagnetic cyclotron instabilities[J]. Physics of Fluids, 1978, 21(3):461-466.

[10]CHU K. Theory of electron cyclotron maser interaction in a cavity at the harmonic frequencies [J]. The Physics of Fluids, 1978, 21(12):2354-2364.

[11]MOURIER G. Some space charge phenomena in gyrotrons[D]//Heating in Toroidal Plasmas 1978. Proceedings of the Symposium Held at the Centre d'Etudes Nucléaires, Grenoble, France, 3-7 July 1978:215-226.

[12]LIU Shenggang, YANG Zhonghai . The kinetic theory of the electron cyclotron resonance maser with space charge effect taken into consideration[J]. International Journal of Electronics, 1981, 51(4):341-349.

[13]SEFTOR J L, DROBOT A T, CHU K R. An investigation of a magnetron injection gun suitable for use in cyclotron resonance masers[J]. Electron Devices, IEEE Transactions on, 1979, 26 (10):1609-1616.

[14]LIU Shenggang, YANG Zhonghai. The kinetic theory of the electron cyclotron resonance maser with space charge effect taken into consideration[J]. International Journal of Electronics, 1981, 51(4):341-349.

[15]LIU Shenggang. On the electron equilibrium distribution function in the kinetic theory of electron cyclotron maser[J]. International Journal of Infrared & Millimeter Waves, 1981.

[16]CHU K R, DROBOT A T, SZU H H, et al. Theory and simulation of the gyrotron traveling wave amplifier operating at cyclotron harmonics[J]. IEEE Transactions on Microwave Theory and Techniques, 1980, 28(4):313-317.

[17]CHU K R, READ M E, GANGULY A K. Methods of efficiency enhancement and scaling for the gyrotron oscillator[J]. Microwave Theory and Techniques, IEEE Transactions on, 1980, 28: 318-325.

[18]刘盛纲. 论电子回旋脉塞动力学理论的两种方法[J]. 电子学报, 1981(1):20-25.

[19]刘盛纲. 回旋行波管放大器的动力学理论[J]. 成都电讯工程学院学报, 1983(3):36.

[20]孙明义. 电子回旋脉塞理论中电子平衡分布函数的研究[J]. 成都电讯工程学院学报, 1982(04): 22-29.

[21]邓华生. 电子回旋脉塞的自洽大信号理论及其数值计算[D]. 成都电讯工程学院, 1981.

[22]李明光.电子回旋脉塞的自洽非线性理论[D].成都电讯工程学院，1981.
[23]徐孔义.开放式谐振腔的理论与设计[D].成都电讯工程学院，1981.
[24]LAU Y Y, CHU K R, BARNETT L R, et al. Gyrotron travelling wave amplifier: Analysis of oscillations[J]. International Journal of Infrared and Millimeter Waves, 1981, 28:866-871.
[25] SPRANGLE P, VOMVORIDIS J L, MANHEIMER W M. A classical electron cyclotron quasioptical maser[J]. Applied Physics Letters, 1981, 38(5):310-313.
[26] GAPONOV A V, FLYAGIN V A, GOL'DENBERG A L, et al. Invited paper. Powerful millimetre-wave gyrotrons[J]. International Journal of Electronics, 1981, 51(4):277-302.
[27]LAU Y Y, BAIRD M J, BARNETT R L, et al. Cyclotron maser instability as a resonant limit of space charge wave[J]. International Journal of Electronics, 1981.
[28]LIU Shenggang. Electron cyclotron resonance maser with axisymmetrical structure[J]. Science in China Ser A, 1982, 25(2):203-211.
[29]刘盛纲.准光谐振腔电子回旋脉塞的动力学理论[J].电子学报，1984(1):14-29.
[30]莫元龙.ECRM中空间电荷场的分析[J].电子学报，1982(5):24-30.
[31]杨中海.均匀轴对称系统TM模式电子回旋脉塞动力学理论[J].电子学报，1982(6):19-26.
[32]李宏福，杜品忠，谢仲玲.回旋单腔管的轨道理论及其计算[J].成都电讯工程学院学报，1982(2):79-95.
[33]王俊毅.电子回旋中心坐标系中的平衡分布函数[J].电子与信息学报，1982, 4(2):106-110.
[34] FLIFLET A W, READ M E, CHU K R, et al. A self-consistent field theory for gyrotron oscillators: application to a low Q gyromonotron[J]. International Journal of Electronics, 1982, 53(6):505-521.
[35]BONDESON A, LEVUSH B, MANHEIMER W M, et al. Multimode theory and simulation of quasioptical gyrotrons and gyroklystrons[J]. International Journal of Electronics, 1982, 53(6):547-554.
[36]EBRAHIM N A, LIANG Z, HIRSHFIELD J L. Bernstein-mode quasioptical maser experiment [J]. Physical Review Letters, 1982, 49(21):1556-1560.
[37]杨中海，莫元龙，刘盛纲.任意纵向场分布的单腔电子回旋谐振脉塞动力学理论[J].中国科学：数学 物理学 天文学 技术科学，1983(10):75-87.
[38]刘盛纲.回旋行波管的动力学理论[J].成都电讯工程学院学报,1983(3).
[39]钟哲夫，姚昌裕.回旋管非线性数值分析方法[J].成都电讯工程学院学报，1983(03):48-60.
[40]张世昌.电子回旋谐振脉塞中的动量离散理论[J].电子科学学刊，1983, 5(4):247-258.
[41]王俊毅.回旋行波管中波型耦合系数的计算[J].电子科学学刊，1983, 5(1):24-31.
[42] BONDESON A, MANHEIMER W M, OTT E. Multimode, time-dependent analysis of quasi-optical gyrotrons and gyroklystrons[J]. The Physics of Fluids, 1983, 26(1):285-287.
[43]CARMEL Y, CHU K R, READ M, et al. Realization of a stable and highly efficient gyrotron for controlled fusion research[J]. Physical Review Letters, 1983, 50(2):112-116.
[44]刘盛纲.准光谐振腔电子回旋脉塞的动力学理论[J].电子学报，1984(1):14-29.
[45]刘盛纲，李宏福，倪治钧，等.15GHz实验回旋单腔管[J].成都电讯工程学院学报，1984(01):106-112.
[46]谢文楷.准光学谐振腔及其在电子回旋脉塞中的应用[D].成都电讯工程学院，1982.

第 24 章　其他新型毫米波器件

24.1 引言

前两章中，我们研究了回旋管及奥罗管，这是两种最重要和最有代表性的新型毫米波器件. 这两种器件不仅互作用机理不同，而且结构上也各有不少特点，这些问题已在前两章中讨论了.

很多年来，人们为了开拓毫米波及亚毫米波段，付出了很大的努力. 除了上述两种新型毫米波器件外，还有不少其他新型器件. 其中具有重要意义的或具有发展前途的，是以下几种器件：

(1)扩展互作用速调管(EIO、EIA)；

(2)潘尼管(Peniotron)；

(3)尤必管(Ubitron).

当然，还有一些别的器件，而且还可能出现更新的器件. 在本书中，我们并不试图包罗一切器件，而且由于篇幅有限，这样做也是不必要的. 我们只需对一些目前看来最重要或最具有前途的代表性器件加以必要的论述. 从这个观点出发，在本章中，我们将讨论上述三种器件.

在众多的其他新型毫米波器件中，为什么我们选择了这三种器件呢？在此，我们做一些说明是必要的.

从互作用原理来看，扩展互作用器件属于普通微波管范畴. 但是，由于它的发展比较成功，而且在毫米波的应用上，特别是雷达的应用上有较重要的实际意义，因此，对它进行必要的论述是适当的.

潘尼管代表另一种与回旋管不同的快波器件，不仅有新的互作用机理，而且在毫米波段中大功率放大管方面有理想的发展前途.

尤必管的互作用原理具有一定的代表性，而且在开拓更短波长的研究方面，可能会有新的前途.

可见，我们选择这三种器件是适当的. 自然，随着研究工作的深入，还会有新的更重要的器件出现.

24.2 潘尼管(Peniotron)

一、概述

20 世纪 60 年代初期，日本人雅马诺乌奇等提出一种基于电子在磁场中作回旋运动的快波器件. 这种器件如图 24.2.1 所示. 电子注在脊形波导中做螺旋运动，高频电磁波(TE_{10}模式)沿波导传播. 在波导脊附近，电子的横向(回旋)运动与横向电场相互作用，产生能量交换，而电子的纵向运动几乎不受任何影响.

我们来分析一下潘尼管中电子与波的互作用机理. 如图 24.2.2 所示，取两个典型的电子 1 号及 2 号. 当没有高频场时，电子的未扰轨道是一个理想的圆；但当有高频场存在时，电子的运动状态就要受到扰动. 由于 1 号电子所处位置的高频场的影响，1 号电子将受到加速，所以，1 号电子将按轨道 1 运动. 另外，由于 2 号电子所处位置的高频场的影响，2 号电子将受到减速，所以将按轨道 2 运动. 经过半个电子回旋周期 $\Delta t =$

$T_c/2=\pi/\omega_c$ 以后，1 号电子和 2 号电子分别到达 1′及 2′位置. 如果在这段时间内(Δt)，高频场变化了整个周期(即 $\Delta t=T_c/2=T_0=2\pi/\omega_0$)，那么电场矢量仍然如图 24.2.2 所示. 在这种情况下，处于 1′位置的 1 号电子将受到减速，而处于 2′位置的 2 号电子将受到加速. 由于位置 1′比位置 1 更靠近脊，而位置 2′比 2 离脊更远，所以，在新的位置上，1 号电子所受到的减速大于它在原来位置上所受到的加速；而 2 号电子所受到的加速则小于其在原来位置上所受到的减速. 最终的结果是，无论是 1 号电子或是 2 号电子，经过一个回旋周期后，均把一部分能量交给高频电场.

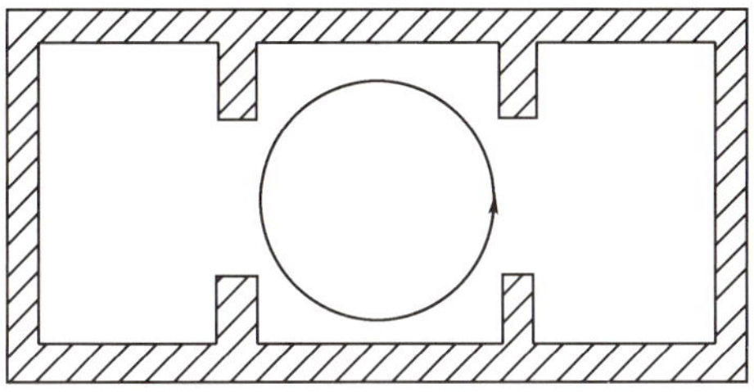

图 24.2.1　潘尼管的剖面示意图

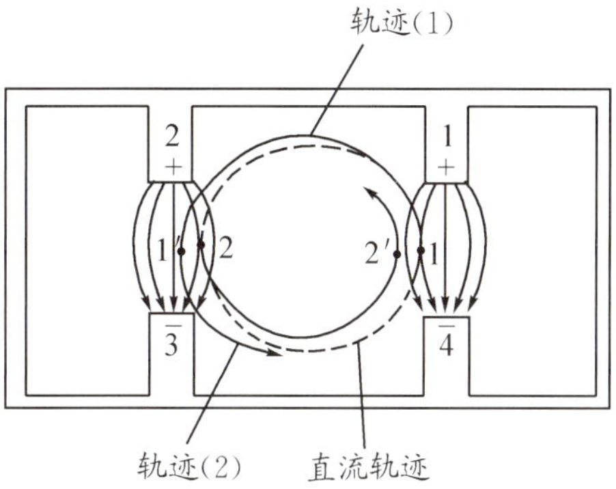

图 24.2.2　两种不同电子的运动情况

进一步的分析表明，电子由于失去能量，回旋半径逐渐减小. 1 号电子由于一开始就处于加速场中，回旋中心逐渐向左移动；而 2 号电子由于一开始是受到减速，所以，其回旋中心逐渐向右移动. 这种电子把横向能量交给高频场的作用，原则上可一直持续到电子的横向能量耗尽为止.

由以上分析可以看到，潘尼管中电子与波互作用的结果，在一定的条件下，总是导致电子把能量交给场，所以，潘尼管在原则上是一种高效率的器件. 由于潘尼管工作于快波，而且脊形波导的加工(也可以做成单面脊的形式)并不很困难，因此，潘尼管可望在毫米波段做成大功率高效率的放大管.

如上所述，潘尼管与普通微波管不同，它工作于快波. 另外，虽然潘尼管的工作机理也是以电子在磁场中的回旋运动为基础的，但它与回旋管(见本书第 23 章所述)也有不同. 与回旋管相比，潘尼管有以下几个特点.

(1)潘尼管若工作在基波，则其所需的直流磁场仅为回旋管的一半，这一点由以上所作的分析就可以清楚地看到.

(2)虽然潘尼管及回旋管均可工作于高次回旋谐波上，但由于在潘尼管中波导脊之间的场的不均匀性，它有可能比回旋管更有利于在高次回旋谐波上工作.

(3)在回旋管中对电子的横向能量有一个阈值(最小值)的要求，而在潘尼管中，却没有这种要求. 再加上其他因素，所以从原理上讲，潘尼管可以得到比回旋管更高的效率. 根据轨道理论计算，潘尼管的效率可高达 95%，而回旋管却难以达到这样高的效率.

以上是潘尼管比回旋管优越的地方. 此外，在模式竞争问题上，潘尼管也比回旋管简单些. 但是，与回旋管相比，潘尼管又在以下几个方面不如回旋管.

(1)回旋管采用光滑圆波导，因而加工简单，没有制作脊形波导的困难，因而回旋管的工作频率比潘尼管高得多.

(2)由于潘尼管中有脊片，脊片不仅有损耗，而且要截获电子，存在着脊片的散热问题，而回旋管没有这个问题，所以，回旋管的输出功率比潘尼管高得多.

自然，由于回旋管工作于圆波导，所以，在实际应用上有时还存在一个波导模式转换问题，而潘尼管的输入、输出过渡要简单得多.

由以上所述，我们认为，潘尼管作为毫米波段高效率中等功率及大功率(脉冲)放大管，有较大的前途.

二、潘尼管的线性理论

现在来讨论潘尼管的小信号线性理论. 首先考虑脊形波导中的横向场，电子正是与这种横向场相互作用的. 场在横向是不均匀的，因此，可以沿电子的未扰轨道作傅里叶展开：

$$\boldsymbol{E}=\sum_{l}(E_{rl},E_{\theta l},0)\mathrm{e}^{\mathrm{j}(\omega_0 t-\beta_{/\!/}z+l\theta)} \tag{24.2.1}$$

由于高频场的多普勒频移，所以电子所感觉到的场(同步场)可表示为

$$\boldsymbol{E}_s=(E_{rs},E_{\theta s},0)\mathrm{e}^{\mathrm{j}(\omega_l t-l\theta)} \tag{24.2.2}$$

式中

$$\omega_l=\omega_0-\beta_{/\!/}v_{/\!/} \tag{24.2.3}$$

为了求得波导脊附近的场强，可采用以下近似方法. 在波导脊处，置四个线电荷，求此四个线电荷产生的静电场，用此静电场分布代替高频场分布. 这种近似是有根据的，这在一般导波场论中已经讨论过.

由处于(R_i,θ_i)处的四个线电荷产生的电位V可表示为

$$V\approx\sum_{i=1}^{4}q_i\ln[r^2+R_i^2-2rR_i\cos(\theta-\theta_i)]^{1/2} \tag{24.2.4}$$

式中，(R_i,θ_i)表示第i个线电荷的位置的坐标；q_i表示带电量.

将式(24.2.4)按傅里叶级数展开：

$$V\approx\sum_{-\infty}^{\infty}\sum_{i}\frac{\rho_i^{|l|}}{|l|}\mathrm{e}^{\mathrm{j}l(\theta-\theta_i)} \tag{24.2.5}$$

式中，令

$$\begin{cases}\rho_i=r/R_i & (r\geqslant R_i)\\ \rho_i=R_i/r & (r<R_i)\end{cases} \tag{24.2.6}$$

由此可以求得场强

$$\begin{cases}E_{rl}=\mathrm{e}^{\mathrm{j}l\theta}\sum\limits_{i}q_i\rho_i^{|n|-1}\mathrm{e}^{-\mathrm{j}l\theta_i}\\ E_{\theta l}=\mathrm{j}\dfrac{|l|}{l}E_{rl}\end{cases} \tag{24.2.7}$$

当线电荷有如下的排列情况时：

$$(q_i,\theta_i)=(1,\theta_0),(1,-\pi-\theta_0),(-1,\pi+\theta_0),(-1,\theta_0) \tag{24.2.8}$$

可求得场为

$$\begin{cases}E_{rl}=E_0\delta_l\sin l\theta_0\left(\dfrac{r}{R}\right)^{|n|-1}\mathrm{e}^{\mathrm{j}l\theta}\\ E_{\theta l}=\mathrm{j}\dfrac{|l|}{l}E_{rl}\end{cases} \tag{24.2.9}$$

式中

$$\delta_l=\frac{1-(-1)^l}{2} \tag{24.2.10}$$

而对于线电荷如下的排列：

$$(q_i,\theta_i)=(1,\theta_0),(-1,\pi-\theta_0),(1,\pi+\theta_0),(-1,-\theta_0) \tag{24.2.11}$$

则为

$$\begin{cases}E_{rl}=E_0\delta_l'\sin l\theta_0\left(\dfrac{r}{R}\right)^{|l|-1}\mathrm{e}^{\mathrm{j}l\theta}\\ E_{\theta l}=\mathrm{j}\beta\dfrac{|l|}{l}E_{rl}\end{cases} \tag{24.2.12}$$

式中

$$\delta_l' = \frac{1+(-1)^l}{2} \tag{24.2.13}$$

求得场分布后，就可以作进一步的分析了. 不难想象，每一个电子所感受到的有效电场为

$$\boldsymbol{E}_s = (E_r, E_\theta, 0)\mathrm{e}^{\mathrm{j}(\omega_l t - l\theta_0)} \tag{24.2.14}$$

式中

$$\omega_l = \omega_0 - \beta_{/\!/} v_{/\!/} + l\omega_c \tag{24.2.15}$$

而 θ_0 为电子进入时电磁场的初相.

现在假定由于高频场的作用，电子相对于其直流运动状态

$$\begin{cases} r = r_c \\ \theta = \theta_0 + \omega_c t \\ z = v_{/\!/} t \end{cases} \tag{24.2.16}$$

有一个扰动：

$$\begin{cases} r = r_c + \Delta r \\ \theta = \theta_0 + \omega_c t + \Delta\theta \\ z = v_{/\!/} t \end{cases} \tag{24.2.17}$$

则由电子的运动方程可以求得：

$$\begin{cases} \Delta r = \dfrac{\eta(\omega_l E_r - \mathrm{j}\omega_c E_\theta)}{\omega_l(\omega_l^2 - \omega_c^2)} \\ r_c(\Delta\theta) = \dfrac{\eta}{\omega_l(\omega_l^2 - \omega_c^2)}(\mathrm{j}\omega_l E_r + \omega_l E_\theta) \end{cases} \tag{24.2.18}$$

而其交变速度分量为

$$\begin{cases} \Delta v_r = \mathrm{j}\omega_l \Delta r \\ \Delta v_\theta = r_0 \Delta\dot{\theta} + \omega_c \Delta r = \mathrm{j}\eta E_\theta / \omega_l \end{cases} \tag{24.2.19}$$

式(24.2.18)、式(24.2.19)中

$$\eta = \frac{e}{m_0}$$

假定电子流是一个薄的空心电子注，即

$$\sigma = \sigma_0 \delta[r - (r_0 + \Delta r)] \tag{24.2.20}$$

式中，$\delta(x)$表示 δ 函数；σ_0 表示表面电荷密度. 于是可以求得交变电流密度：

$$\boldsymbol{J} = (\sigma_0 \Delta\boldsymbol{v} + \Delta\sigma \boldsymbol{v}_0)\delta(r - r_0) - \sigma_0 \boldsymbol{v}_0 \Delta r \sigma'(r - r_0) \tag{24.2.21}$$

另外，根据连续性定律

$$-\mathrm{j}\omega_l \Delta\sigma = \sigma_0 \nabla \cdot (\Delta\boldsymbol{v}) \tag{24.2.22}$$

由电子注表面上场的连续方程可以得到

$$\begin{cases} E_{r2} - E_{r1} = \Delta\sigma / \varepsilon_0 \\ E_{\theta 2} - E_{\theta 1} = -X\sigma_0 / \varepsilon_0 \end{cases} \tag{24.2.23}$$

式中

$$X = \Delta\dot{r} / \omega_c r_0 - \Delta\theta = \mathrm{j}\eta E_r / \omega_c \omega_l r_0 \tag{24.2.24}$$

而下标 1、2 分别表示电子注内、外的场.

可以认为作用在电子注上的有效场为

$$\boldsymbol{E}_e=\frac{1}{2}(\boldsymbol{E}_1+\boldsymbol{E}_2) \tag{24.2.25}$$

并令

$$\begin{cases} K_r=1+\dfrac{E_{r2}^s+E_{r1}^s}{2E_r^c} \\ K_\theta=1+\dfrac{E_{\theta2}^s+E_{\theta1}^s}{2E_\theta^c} \end{cases} \tag{24.2.26}$$

式中,上标 c 及 s 分别表示波导场及空间电荷场.

我们来分析一下潘尼管中的工作状态. 由方程(24.2.17)可以看到,当 $\omega_l=\pm\omega_c$ 及 $\omega_l=0$ 时,电子注的扰动最大. 因此,在潘尼管中相对于这两种情况有以下两种不同的状态.

1. 同步状态

当 $\omega_l=0$ 时,由方程(24.2.3)可以看到:

$$\omega_0=\beta_{/\!/}v_{/\!/} \tag{24.2.27}$$

可见,$\omega_l=0$ 的条件相当于同步条件. 因此,这种状态称为同步状态.

在同步状态下,电子在高频场中的相位基本上保持恒定,但在径向及角向产生较大的位移. 由方程(24.2.18)可见,此时径向交变速度为零,而角向交变速度较大. 可见,在这种情况下,电子注的群聚主要是在角向.

2. 谐振状态

当 $\omega_l=\pm\omega_c$ 时,出现谐振状态. 在这种状态下,电子在高频场中的相位随回旋频率 ω_c 而周期的变化. 由方程(24.2.17)、方程(24.2.18)可以看到,在这种状态下,不仅径向及角向的交变位移都较大,而且径向交变速度比同步状态下的大得多,同时,也有一定的角向交变速度. 所以,在这种状态下,电子注的群聚类似于正交场微波管中的情况.

令 $\beta_{/\!/0}$ 表示无电子注时潘尼管脊形波导中波传播的相位常数,$\beta_{/\!/}$ 表示有电子注时的传播常数,则按本书第 1 篇线性理论的一般原则,可以得到:

$$\beta_{/\!/}-\beta_{/\!/0}=-\left(\frac{\mathrm{j}}{4P}\right)\int\boldsymbol{J}\cdot\boldsymbol{E}^*\,\mathrm{d}S \tag{24.2.28}$$

式中,P 为功率流.

将以上得到的场及交变电流密度的方程(24.2.9)、方程(24.2.10)及方程(24.2.21)等代入式(24.2.28),即可得到:

$$\beta_{/\!/}-\beta_{/\!/0}=-Z\beta_{/\!/0}^2v_{/\!/}K/\omega_l \tag{24.2.29}$$

式中

$$\begin{cases} Z=Z_c/Z_b \\ Z_c=(E^c)^2/4\beta_{/\!/0}^2P \\ Z_b=2V_0/I\left(1+\dfrac{v_\perp^2}{v_{/\!/}^2}\right) \end{cases} \tag{24.2.30}$$

$$K=\frac{\omega+\Delta\omega}{\omega_{l+1}}\cdot\frac{\omega_lK_r-\omega_0K_\theta}{\omega_{l-1}}+K_\theta\frac{\omega}{\omega_l} \tag{24.2.31}$$

$$\Delta\omega=-\omega_p^2/\omega_c \tag{24.2.32}$$

引入归一化参量:

$$\begin{cases}\beta_{/\!/}=\beta_e(1+\mathrm{j}D\delta)\\ \beta_{/\!/0}=1+Db\end{cases}\tag{24.2.33}$$

并且令

$$K_r=K_\theta=1\tag{24.2.34}$$

即略去空间电荷场，则当 $-l=p>1$ 时，对于同步状态及谐振状态可以分别得到如下色散方程.

对于同步状态：

$$\begin{cases}\delta^2(\delta+\mathrm{j}b)=-\mathrm{j}\\ D^3=pZv_\perp/\beta_{/\!/0}r_cv_{/\!/}\\ \omega_0-p\omega_c=\beta_ev_{/\!/}\end{cases}\tag{24.2.35}$$

对于谐振状态：

$$\begin{cases}\delta(\delta+\mathrm{j}b)=1\\ D^2=Z(p-1)\\ \omega_0-(p-1)\omega_0=\beta_ev_{/\!/}\end{cases}\tag{24.2.36}$$

将所得到的色散方程(24.2.35)、方程(24.2.36)与第 3 篇关于 O 型器件及 M 型器件的小信号理论比较，可以看到：在同步状态下，潘尼管的色散方程同 O 型管的相对应；而在谐振状态下，其色散方程则同 M 型器件的相对应.

如果考虑空间电荷效应，那么色散方程要作一些修改.

对于同步状态：

$$\begin{cases}(\delta+\mathrm{j}b)(\delta^2-S^2)=-\mathrm{j}\\ S^2=Tp\omega_c^2/v_{/\!/}^2\beta_e^2D^2\end{cases}\tag{24.2.37}$$

式中

$$T=-\eta\sigma_0/2r_c\varepsilon_0\omega_c^2\tag{24.2.38}$$

对于谐振状态：

$$\begin{cases}\delta(\delta+\mathrm{j}b)(\delta+\mathrm{j}S)=\delta+\mathrm{j}aS\\ S=T\omega_c/\left(\dfrac{\delta r}{r}\right)\beta_eDv_{/\!/}\end{cases}\tag{24.2.39}$$

式中

$$a=1-0.5T\left(1+p\frac{\delta r}{r}\right)\tag{24.2.40}$$

式中，$\dfrac{\delta r}{r}$表示电子注厚度与半径的比例.

三、潘尼管的大信号计算

潘尼管的大信号理论可按轨道理论方法进行计算，即略去空间电荷效应，而且假定波导中的场与电子注无关，即是在零级近似场的假定下进行计算. 在未扰轨道上(一个圆周上)取 N 个电子，一般取 $N=17$ 或更多. 在初始时刻，电子具有确定的纵向及横向速度：

$$\begin{cases}v_{/\!/}=v_{/\!/0}\\ v_\perp=v_{\perp0}=\omega_cr_c\end{cases}\tag{24.2.41}$$

电子的运动方程为

$$\begin{cases} m_0 \dfrac{\mathrm{d}(\gamma \boldsymbol{v})}{\mathrm{d}t} = e(\boldsymbol{E}_1 + \boldsymbol{v} \times \boldsymbol{B}) \\ \gamma = \left(1 - \dfrac{v^2}{c^2}\right)^{-1/2} \end{cases} \tag{24.2.42}$$

设经过时间 T 后，可以利用电子计算机求得每个电子的能量（动量）的变化，于是可以得到总的电子能量变化：

$$\Delta\mathscr{E} = \sum_{i=1}^{N} (\mathscr{E}_i - \mathscr{E}_{i0}) \tag{24.2.43}$$

式中，i 表示第 i 个电子；下标 0 表示初始值.

这样即可计算潘尼管的效率：

$$\eta_e = \Delta\mathscr{E} / \mathscr{E}_0 \tag{24.2.44}$$

式中，$\mathscr{E}_0$ 表示电子的总初始能量.

在文献中对潘尼管的大信号状态作了研究. 选择计算的参量如下：

$$f_0 = 90 \text{ GHz}$$

$$f_c = 0.9 f_0$$

$$\alpha = v_\perp / v_{/\!/} = 2$$

$$V_0 = 10 \text{ kV}$$

$$I_0 = 0.5 \text{ A}$$

波导尺寸：

$$a = 1.5 \text{ mm}$$

$$b = 0.9 \text{ mm}$$

$$S = 3r_c$$

$$D = 2.5r_c$$

$$Z_0 = 230\ \Omega$$

当 $p=1$，即基波工作时，计算所得的效率曲线如图 24.2.3 所示. 图中给出了 A、B、C、D 四条效率曲线. 曲线 A 的最大效率仅为 43%，这是因为当电子把能量交给场后，由于相对论效应，回旋频率要提高，这样就失去了谐振状态. 如果不考虑相对论效应，即在运动方程中令 $\gamma=1$，那么计算结果如图 24.2.3 中曲线 B 所示. 这时，在 122 个回旋轨道后，最大效率可达 99.5%. 当然，不考虑相对论效应的结果是不可靠的.

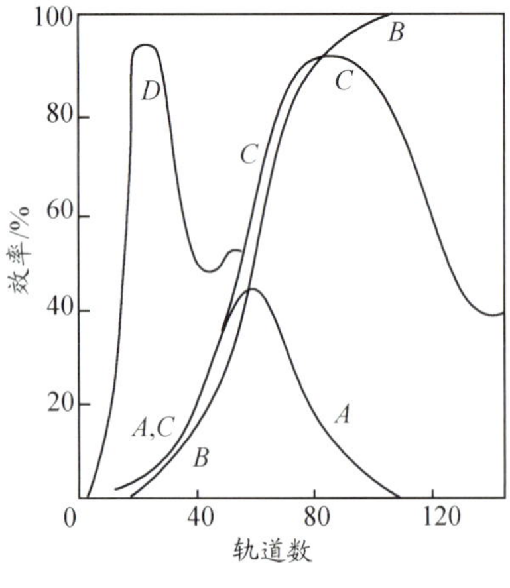

图 24.2.3　双脊波导潘尼管基波工作时的效率曲线

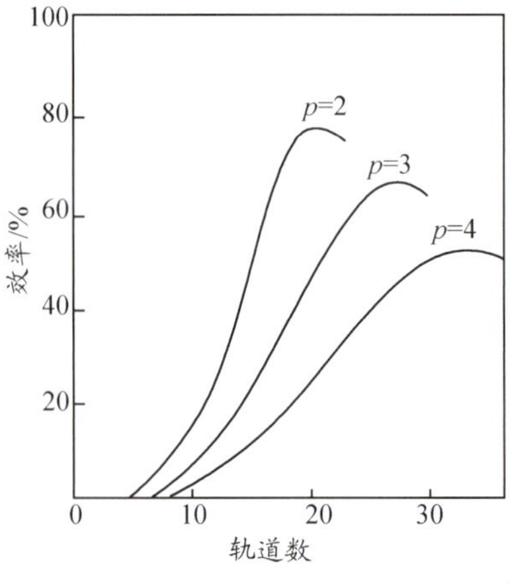

图 24.2.4　单脊波导潘尼管高次谐波工作时的效率曲线

为了补偿相对论效应对电子效率的影响，可以采用渐变磁场. 这样，计算结果如图中曲线 C 所示，经过

89 个回旋周期后，效率可达 92%. 曲线 D 则是对波导脊尺寸作细致的调整后($S=2.1r_c$；$D=1.5r_c$，)，采用渐变磁场的结果，在 25 个回旋周期后，最大效率可达 95%.

对于高模式工作，计算结果如图 24.2.4 所示. 此时潘尼管采用的是单脊波导，$a=17$ mm，$b=1.4$ mm，$f_c=0.9f_0$，$Z_0=550\ \Omega$. 其他参量与图 24.2.3 中的一样. 有关结果列于表 24.2.1 中.

表 24.2.1　单脊潘尼管的特性参量

谐波次数	1	2	3	4
r_0/mm	0.19	0.23	0.76	
B_0/Gauss	16 000	8 000	5 300	4 000
增益/轨道/dB	1.41	1.47	1.18	0.83
增益/厘米/dB	23.7	12.4	6.6	3.5
N_0	25	21	27	3.4
L/cm	1.5	2.5	4.8	8.1
$(\Delta\omega_0/\omega_0)_R$	0.019	0.010 4	0.002 5	0.003 0
$2pN_0(\Delta\omega_0/\omega_0)_R$	0.95	0.87	0.84	0.82
η_e	95%	77%	65%	50%

与行波管一样，在潘尼管放大器中，为了消除由于反射而引起的寄生振荡，可以采用切断或加中间吸收器的方法.

24.3　尤必管(Ubitron)

一、概述

尤必管早在 20 世纪 60 年代初就由菲利普斯提出，并做了实验验证，在毫米波段可产生大功率输出. 不过由于所需设备较复杂，当时各方面的技术还发展得不够，所以这种器件未能得到进一步发展. 但是，从电子的运动情况及互作用原理的某些方面来看，尤必管与 20 世纪 70 年代以后发展起来的自由电子激光有很大的类似. 从这个观点看来，尤必管可能在更短波长的开拓方面有重要的前景.

尤必管的结构示意图如图 24.3.1 所示. 在波导的外面，有依次交替排列的磁场，形成空间周期磁场. 电子在这种周期磁场的作用下，产生横向速度，形成周期性运动. 波导可采用矩形波导，也可采用圆柱波导. 若为矩形波导，则工作在 TE_{10} 模，而圆柱波导则工作于 TE_{01} 模，相速大于光速. 因此，在尤必管中，电子与波的互作用靠电子注的周期性. 可见，尤必管与普通行波管正好相反，代替周期性的慢波结构，尤必管采用了周期性的电子注，这是一个新的概念. 这种概念最早是由米勒提出的. 我们来分析这个问题.

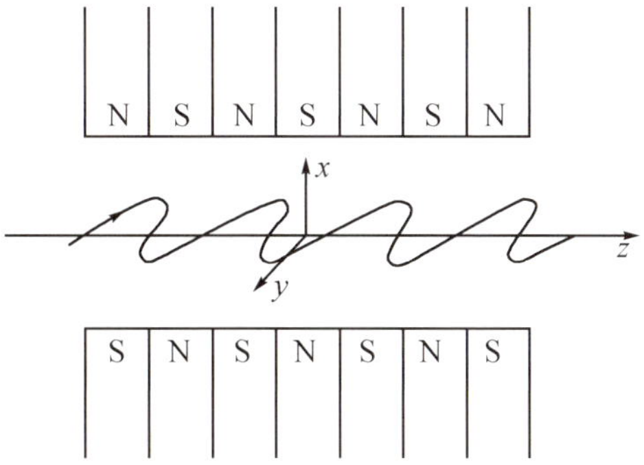

图 24.3.1　尤必管示意图

设电子的纵向速度为 v_e，波的纵向相速为 v_p，则电子走过 L 的时间为

$$t_e = L/v_e \tag{24.3.1}$$

波传播同一距离的时间为

$$t_\omega = L/v_p \tag{24.3.2}$$

如果

$$t_\omega = t_e \tag{24.3.3}$$

那么电子与波同步. 但是，按周期性的概念，显然还有其他的情况可以实现电子与波同步，这就是普通行波管中采用周期性结构的原因. 不过，在现在的情况下不是周期性慢波结构，而是周期性电子注，因此只要以下条件成立：

$$t_e = t_\omega \pm \frac{n\lambda}{v_p} \tag{24.3.4}$$

就可以实现电子与波的同步.

由方程(24.3.4)可以得到

$$\frac{\omega}{c} = \frac{v_e}{c}\left(\beta \pm \frac{2n\pi}{L}\right) \tag{24.3.5}$$

式中，β 为波传播的相位常数. 我们可以令 L 为一个空间周期.

方程(24.3.5)可以认为是周期性电子注的色散方程. 另外，波导中的快波的色散关系为

$$\frac{\omega^2}{c^2} = \left(\frac{\omega_{kp}}{c}\right)^2 + \beta^2 \tag{24.3.6}$$

式中，ω_{kp} 为波导的截止频率.

在图 24.3.2 中给出了上述两种色散关系的曲线图. 波导的色散曲线是对称的双曲线，而周期性电子注的色散曲线则是一系列周期性的直线. 直线与双曲线的交点，是两者同步的点. 在一般情况下，工作于两曲线相切的点. 如图 24.3.2 所示，尤必管可以工作于 H_{01} 模式，也可以工作于其他的更高的模式.

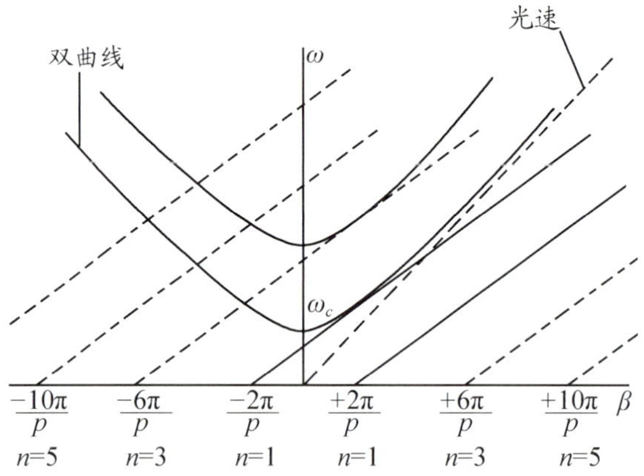

图 24.3.2 周期性电子注及波导的色散曲线

二、尤必管的理论分析

首先，我们来看看电子在尤必管中的运动情况. 取坐标系如图 24.3.1 所示. 电子所受的力为

$$\boldsymbol{F} = -e(\boldsymbol{E} + \boldsymbol{v} \times \boldsymbol{B}) \tag{24.3.7}$$

式中

$$E_{y1} = E_0 \sin(\omega t - \beta z - \varphi_{0i}) \tag{24.3.8}$$

$$B_x = B_0 \sin \beta_0 z + \mu H_{x1} \tag{24.3.9}$$

$$H_{x1}=-E_{y1}\frac{[1-(\omega_{kp}/\omega)^2]^{1/2}}{(\mu_0/\varepsilon_0)^{1/2}} \tag{24.3.10}$$

可见,我们考虑的是矩形波导 TE_{10}模式. β_0 表示空间周期的等效传播常数:

$$\beta_0=\frac{2\pi}{L} \tag{24.3.11}$$

上述各式中,L 为磁场的空间周期,而 β 则为波传播的相位常数,φ_{0i}表示第 i 个电子进入时场的初相.

引入归一化参量

$$k=\frac{\beta}{\beta_0} \tag{24.3.12}$$

及

$$\begin{cases}Y=\beta_0 y\\ Z=\beta_0 z\\ T=\omega t-\varphi_i\end{cases} \tag{24.3.13}$$

并定义

$$\begin{cases}A_1=\dfrac{\eta E_0\beta_0}{\omega^2}\\ A_2=\dfrac{\eta\beta_0}{\omega}\end{cases} \tag{24.3.14}$$

$$\eta=\frac{e}{m_0} \tag{24.3.15}$$

则由运动方程

$$\begin{cases}\dfrac{d^2x}{dt^2}=0\\ \dfrac{d^2y}{dt^2}=-\eta\left(E_{y1}+\dfrac{dz}{dt}B_x\right)\\ \dfrac{d^2z}{dt^2}=\eta\dfrac{dy}{dt}B_x\end{cases} \tag{24.3.16}$$

可以得到以下的归一化运动方程:

$$\frac{d^2Y}{dT^2}=-A_1\left[1-k\left(\frac{\omega}{\beta c}\right)\left(1-\frac{\omega_{kp}^2}{\omega^2}\right)^{1/2}\frac{dZ}{dT}\right]\sin(T-kZ)-A_2\frac{dZ}{dT}\sin Z \tag{24.3.17}$$

$$\frac{d^2Z}{dT^2}=-A_1k\left(\frac{\omega}{\beta c}\right)\left(1-\frac{\omega_{kp}^2}{\omega^2}\right)^{1/2}\frac{dY}{dT}\cdot\sin(T-kZ)+A_2\frac{dY}{dT}\sin Z \tag{24.3.18}$$

若利用波导的色散关系(24.3.6),则方程(24.3.17)、方程(24.3.18)可化简为

$$\begin{cases}\dfrac{d^2Y}{dT^2}=-A_1\left(1-k\dfrac{dZ}{dT}\right)\sin(T-kZ)-A_2\dfrac{dZ}{dT}\sin Z\\ \dfrac{d^2Z}{dT^2}=-A_1k\dfrac{dY}{dT}\sin(T-kZ)+A_2\dfrac{dY}{dT}\sin Z\end{cases} \tag{24.3.19}$$

在给定场的近似下,可以对方程(24.3.19)进行数值求解. 不过,我们看到,在以上推导中略去了相对论效应,这是一种较大的近似. 进一步,在式(24.3.19)中,如果略去交变磁场的影响,那么方程(24.3.19)可以进一步简化:

$$\begin{cases}\dfrac{d^2Y}{dT^2}=-A_1\sin(T-kZ)-A_2\dfrac{dZ}{dT}\sin Z\\ \dfrac{d^2Z}{dT^2}=A_2\dfrac{dY}{dT}\sin Z\end{cases} \tag{24.3.20}$$

用电子计算机求解上述方程，即可求得电子的效率：

$$\eta_e = 1 - \frac{\sum v_T^2}{8v_0^2} \tag{24.3.21}$$

式中，v_T 表示互作用后电子的速度(包括纵向及横向)；v_0 表示电子的初始速度.

别捷林及斯莫尔戈夫斯基改进了上述工作，考虑了相对论效应及交变磁场的影响，计算了电子效率. 计算结果绘于图 24.3.3 中.

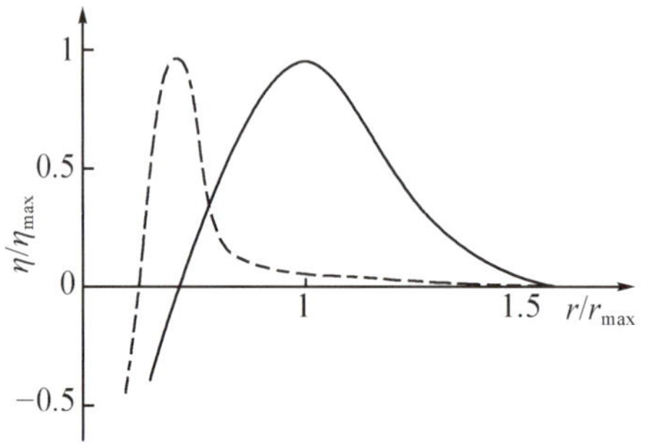

图 24.3.3　尤必管的效率曲线 $\gamma=(1-v^2/c^2)^{-1/2}$

计算表明，尤必管的效率可以高达 55%以上.

尤必管的线性理论，可以参看有关文献.

前面曾指出，由于尤必管在很多方面与目前蓬勃发展的自由电子激光很类似，所以，在这方面可能有很大的前途. 例如，尤必管的周期磁场系统，就与自由电子激光中的磁摇摆器(Wiggler Field)或磁波荡器(Undulator)相似. 这方面的文献很多，可参看有关文献. 我们认为，由于采用了周期磁场这样较复杂的结构，尤必管在毫米波段未必能和其他毫米波器件竞争. 但在更短波长上，随着自由电子激光的发展，尤必管可能会以这样或那样的改进形式，起较大的作用.

24.4 参考文献

[1]CHODOROW M, WESSEL-BERG T. A High-efficiency klystron with distributed interaction[J]. IRE Transactions on Electron Devices, 1961, 8(1):44-55.

[2]GOLDE H. A stagger-tuned five-cavity klystron with distributed interaction[J]. IRE Transactions on Electron Devices, 1961, 8(3):192-193.

[3] PREIST D H, LEIDIGH W J. Experiments with high-power CW klystrons using extended interaction catchers[J]. Electron Devices IEEE Transactions on, 1963, 10(3):201-211.

[4]CHODOROW M, KULKE B. An extended-interaction klystron: Efficiency and bandwidth[J]. IEEE Transactions on Electron Devices, 1966, 13(4):439-447.

[5]ANDERSON B, BERS A. A broadband megawatt hollow beam multicavity klystron [J]. MOGA, 1962, 60-66.

[6]DEMMEL E K. Some studies on a high-perveance hollow-beam klystron[J]. IEEE Transactions on Electron Devices, 2005, 11(2):66-73.

[7]LIEN E L, MIZUHARA A, BOILARD D I. Electrostatically-focused extended-interaction S-band klystron amplifier[C]. International Electron Devices Meeting. IEEE, 1966, 14-18.

[8]SUN C, DALMAN G C. Large-signal behavior of distributed klystrons[J]. IEEE Transactions on

Electron Devices, 2005, 15(2):60-69.

[9]DOHLER G, GALLAGHER D, MOATS R. The peniotron: A fast wave device for efficient high power mm-wave generation[J]. IEEE, 1978:400.

[10]DOHLER G, WILSON B G. A small signal theory of the peniotron[J]. IEEE, 1980:810-813.

[11]BAIRD J M. Survey of fast wave tube developments[J]. IEEE, 1979:156-163.

[12]ENDERBY C E, PHILLIPS R M. The ubitron amplifier: A high-power millimeter-wave TWT [J]. Proceedings of the IEEE, 1965, 53(10):1648-1648.

[13] BRATMAN V L, DENISOV G G, GINZBURG N S, et al. FEL's with bragg reflection resonators: Cyclotron autoresonance masers versus ubitrons [J]. IEEE Journal of Quantum Electronics, 1983, 19(3):282-296.

[14]PHILLIPS R M. The Ubitron, a high-power traveling-wave tube based on a periodic beam interaction in unloaded waveguide[J]. Electron Devices Ire Transactions on, 1960, 7(4):231-241.

第 25 章 行波管(TWT)

行波管(TWT)是非常重要的电真空器件,行波管工作稳定,可以提供相位信息,寿命长,在太赫兹(THz)范围内的较低频率处能输出较高的平均功率,具有体积小、功率大、频带宽以及效率高等优点,是一种优良的电磁波辐射源,因此在卫星通信、电子战系统的末级放大器、雷达系统等方面都有广泛应用. 从销量上或者使用范围上看,行波管占据整个微波管的一半以上.

行波管的整体结构如图 25.0.1 所示,它是由电子枪、聚焦系统、输能装置、高频结构以及收集极组成.

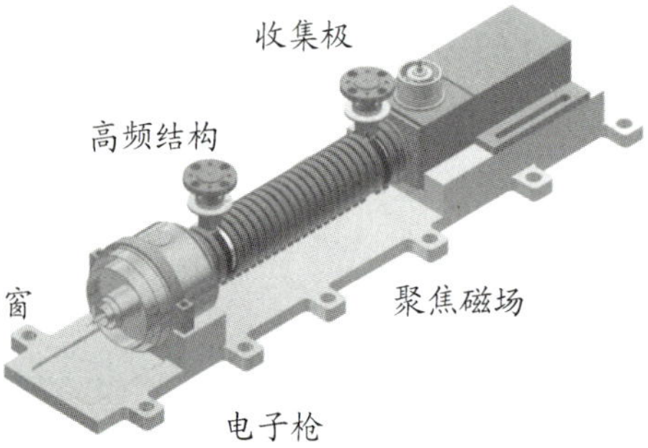

图 25.0.1 行波管结构示意图

太赫兹真空电子器件(VED)在许多领域具有潜在的应用,如高数据速率通信、医学成像、材料光谱学、隐蔽武器的检测和识别、全天候雷达和星载应用. 然而,开发大功率、宽带宽、紧凑型太赫兹源面临着许多挑战. 在近年来开发的各种类型的太赫兹源中,VED 取得了巨大的进展,如返波振荡器,扩展互作用速调管和行波管(TWT). 行波管作为最重要的 VED 之一,具有高功率、高增益、宽频带等优点,这促使人们希望研究出直接用作太赫兹源的行波管. 然而,因为 TWT 中高频电路的尺寸与工作频率成反比,所以想要实现这一目标还面临着许多技术挑战,如需要高精度的微加工、低欧姆壁损耗、高组装精度、高光束传输,以及有限的束波互作用空间和低功率驱动信号能力等.

25.1 折叠波导行波管

在行波管向太赫兹频段发展的过程中,传统的折叠波导行波管继续发光发热. 折叠波导是一种常用的慢波结构,它将常规波导周期弯折,形成折叠波导或者蛇形波导,并在中心线上开出电子通道,电磁波沿折叠波导蛇形前进,电子束在电子通道内直线前进,在电子束看来电磁波的速度慢了下来,当工作参数和结构参数适当时,电子和电磁波在电子运动方向上速度一致,进而发生速度调制和密度调制. 2021 年,Alan M. Cook、E. L. Wright 团队对 10 GHz 带宽的 W 波段行波管功率放大器进行了研究,其结构如图 25.1.1 所示,该行波管工作在 W 波段(75~110 GHz)频率范围内,它是基于折叠波导做慢波结构的放大电路,这种慢波结构能够在亚毫米波范围内提供高功率和宽瞬时带宽的信号. 利用一个 20 kV、140 mA 圆形螺线管聚焦电子束,该器件可以输出频率为 93 GHz 的电磁波,峰值 RF 输出功率为 215±2 W,饱和增益为 20.1±0.15 dB,占空比为 0.1%. 并且在 100 W 的最小输出功率下观察到了 10 GHz 的瞬时放大带宽,覆盖到 88~98 GHz. 当电子注电压为 20.8 kV 时,在 91 GHz 处产生 285±3 W 功率,增益为 22.4±0.15 dB,测得的峰值电子效率约为 10%.

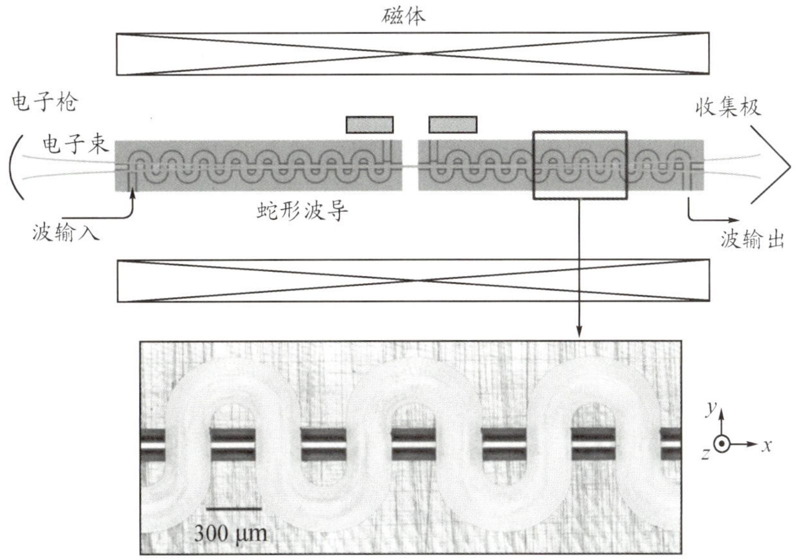

图 25.1.1 W 波段蛇形波导行波管功率放大器

在太赫兹频段，由于尺寸共变效应，高频结构尺寸变小，达到传统加工的极限，因此结构加工的难易程度成为太赫兹行波管的重要评判标准，而折叠式波导在太赫兹的低频段具有很强的竞争力. 2021 年，中国工程物理研究院应用电子学研究所的蒋艺和雷文强团队开展了对 220 GHz 连续波折叠波导行波管(TWT)的研究，如图 25.1.2 所示为该行波管热测试系统照片. 电子管设计制作包括 FWG 电路、电子枪、周期永磁系统、耦合窗和热管理结构. 其中，慢波线中间增加了衰减器用于切断反射信号，从而避免出现自激振荡. 该器件测试结果表明，在 20.5 kV、52.4 mA 的笔形束射下，输出功率为 16 W，且其带宽为 7 GHz(213～220 GHz). 当频率为 217 GHz 时，最大功率为 30 W，对应增益为 31.2 dB.

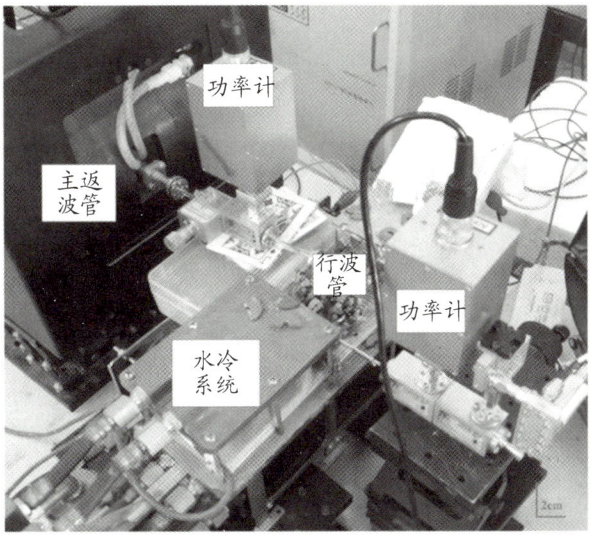

图 25.1.2 220 GHz 连续波折叠波导行波管(TWT)

如图 25.1.3 所示为 2021 年 X. W. Bian 团队对周期永磁聚焦的 G 波段 50 W 笔形束脉冲行波管的研究. 与 PM 聚焦相比，周期性永磁体(PPM)聚焦系统已被证明是重量轻且紧凑的. 通过设置工作点附近的截止频率，使用折叠波导(FWG)慢波结构(SWS)与修改的圆形弯曲(MCBs)，并采用相速度渐变(PVT)技术，三种方法相结合，提高了器件的工作性能. 当电子注电压为 24.25 kV、束流大小为 59 mA 时，在占空比为 5%的情况下，输出功率达 50 W 以上；相应的电子效率和增益分别高于 3.5%和 35 dB；但是也因此牺牲了带宽性能，工作带宽仅为 3.6 GHz.

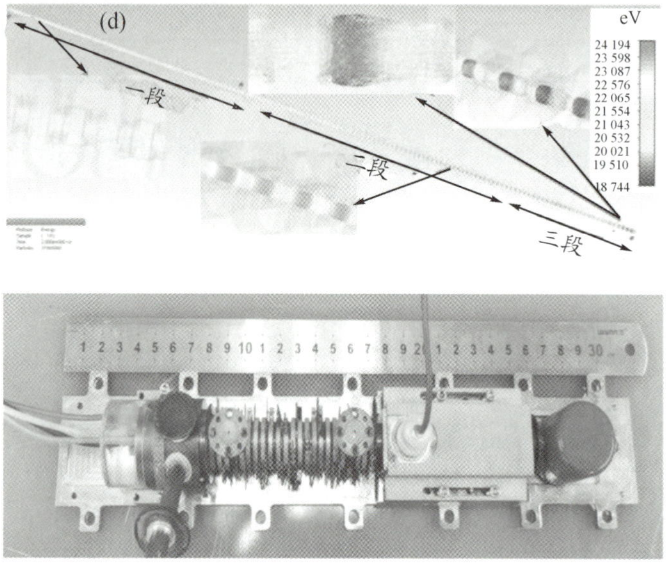

图 25.1.3　周期永磁聚焦的 G 波段笔形束脉冲行波管

折叠波导(FWG)行波管由于易于制造、具有高功率容量和中等带宽的慢波结构(SWS)而成为太赫兹源的理想选择. 2019 年，中国工程物理研究院应用电子学研究所的胡鹏和雷文强团队研制了工作频率高于 0.3 THz 的瓦级行波管放大器，如图 25.1.4 所示为该行波管的热测实验装置图，该行波管的输出功率达到 3.17 W，相应的器件增益达到 26.2 dB. 在组装之前，制造并测试了真空窗口和梁棒. 在真空窗口矢量网络分析仪(VNA)冷态测试中，325～355 GHz 频率范围内 S11(回波损耗)低于−13 dB. 当电子束电压为 15 kV 时、发射电流为 24.5 mA 时，电子透过率达到了 92%. 其中行波管由固态放大器倍增器链(AMC)驱动，其输入信号是由固态器件倍频所得到的，在 333～343 GHz 的频率范围内最大能够达到 8 mW. 在热态测试中，同步电压为 16 kV 时，到达收集极的束流达到 24.5 mA，相应的电子透过率达到 89%，占空比达到 10%.

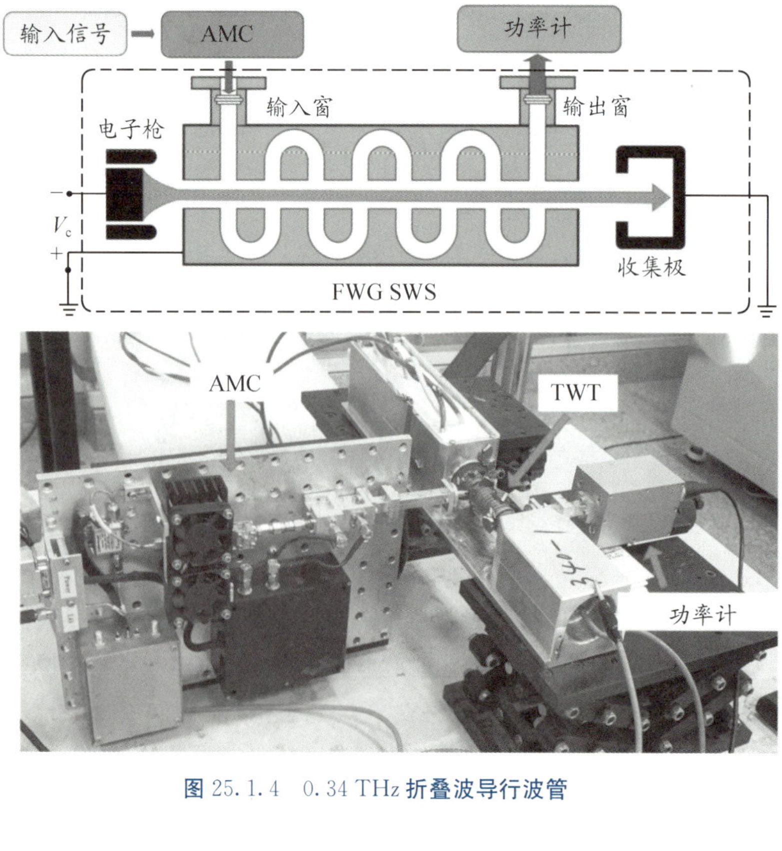

图 25.1.4　0.34 THz 折叠波导行波管

25.2 折叠波导行波管的创新

为了同时实现高功率、高增益和宽带宽，2021 年，我国的张志强和刘文鑫团队提出了一种级联行波管的方案，其中前行波管(TWT1)的输出被用作后一个行波管(TWT2)的输入，使得 TWT2 的驱动功率显著增强并且可以自由调节，TWT2 的输出功率和注-波互作用效率也被提高. 如图 25.1.5(b)所示，TWT1 和 TWT2 都使用 FW 作为相互作用电路，并使用圆柱形电子束(笔形束)作为驱动源，两个行波管中的 FW 和电子束具有相同的参数. 并且为了防止行波管中产生自激振荡，该方案使用了两个氧化铍衰减器. 在 17 kV、71 mA 的电子束下，测得 0.22 THz 处的峰值功率超过 60 W，平均输出功率超过 12 W，增益约为 30 dB，带宽超过 6 GHz. 在设计的频谱范围内，平均功率带宽增益积达到了历史最高值.

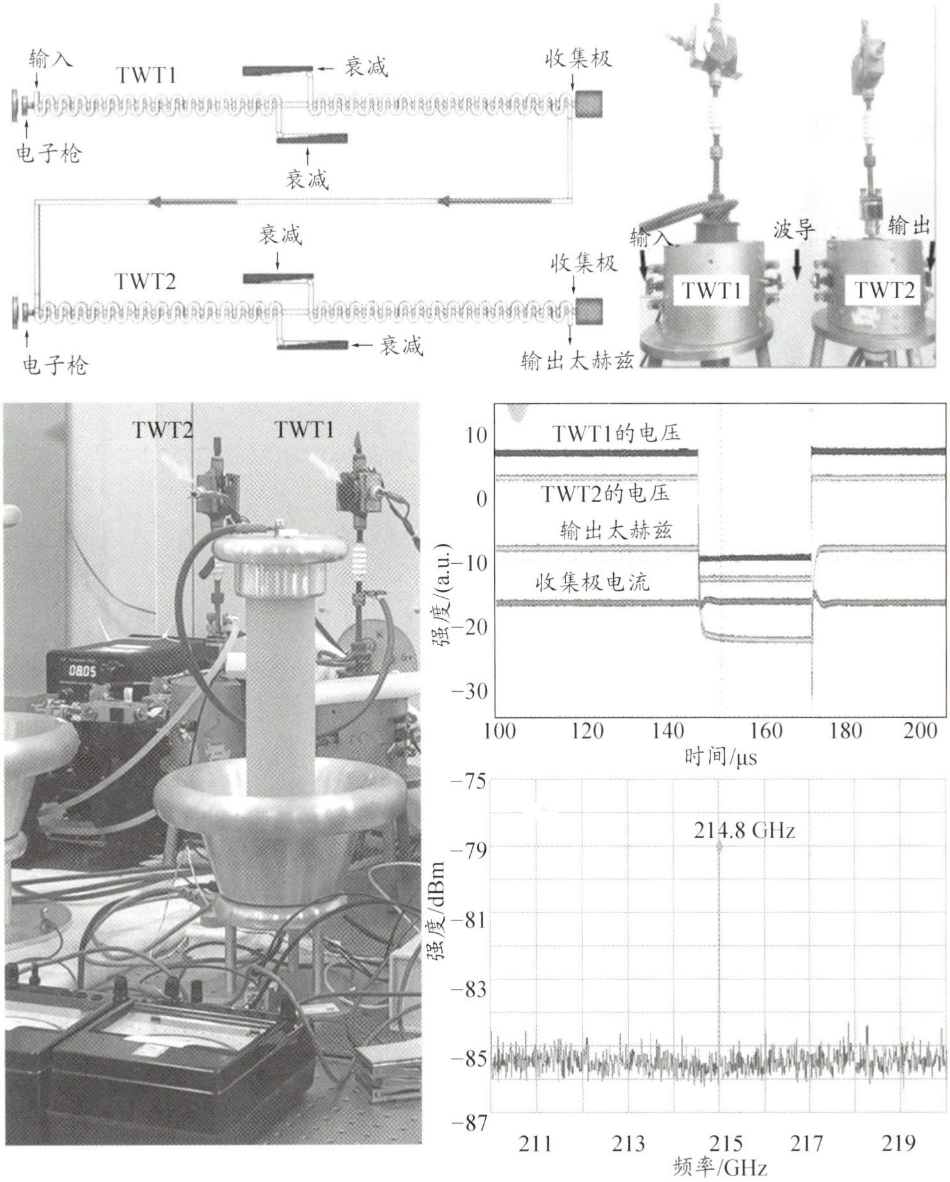

图 25.1.5　级联行波管实现大功率

理论上，单段 SWS 的最大增益应低于 26 dB，以避免振荡问题. 因此，所有 SWS 都被衰减器分成两个部分以抑制振荡. 然而，衰减器的引入将给行波管的制作带来更多的困难，特别是对于尺寸较小的太赫兹行波管.因此，在 2020 年，斯坦福大学 D. Xu 团队提出了一种新的改进型对数周期折叠波导慢波结构(MALPFW-SWS)的方案来解决这个问题. 如图 25.1.6 所示为 Ka 波段改进型对数周期折叠波导作慢波结构的高增益行波管. MALPFW-SWS 的每个单元具有不同的色散特性，因此它具有抑制行波管振荡的能力，并且可以在没有衰减器的情况下支持超高增益，因此它不需要加载衰减器或截止器，结构也更加简单，可以大大简化制造工艺并显著降低成本. 对于该器件，经仿真可实现高达 40.8 dB 的高增益，且无明显振荡. 频率为 32.8 GHz 时峰值输出功率为 226.8 W，饱和输出功率的 3 dB 频带为 31.3～35.8 GHz. 输出信号的频谱也证明了 MALPFW-SWS 可以抑制振荡. 冷测实验结果表明，MALPFW-SWS 具有良好的传输特性，与模拟结果吻合较好.

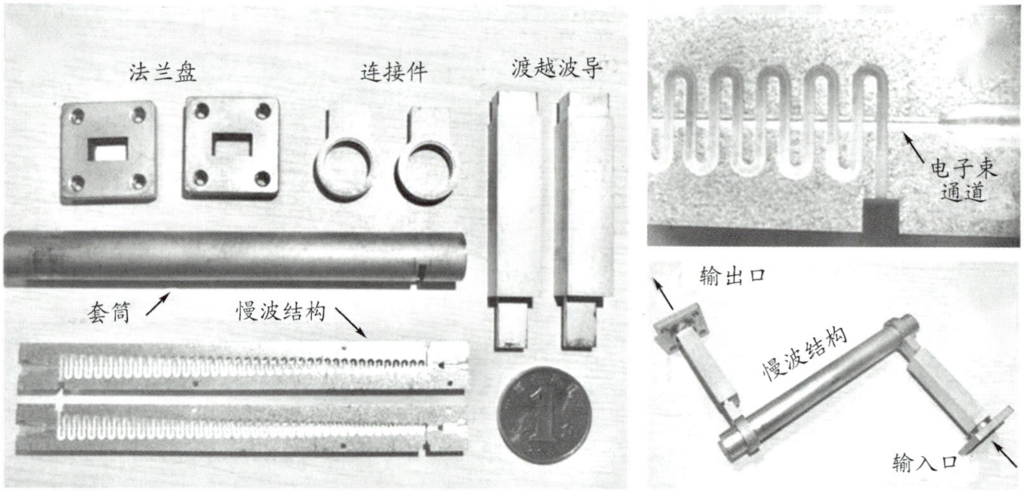

图 25.1.6　Ka 波段改进型对数周期折叠波导高增益行波管

25.3 新型结构的行波管研究

毫米波和太赫兹频段的行波管(TWT)在雷达、空间通信和电子战领域中的应用越来越受到关注. 然而，随着工作频率的提高和慢波结构(SWS)尺寸的缩小，SWS 中电导率的损耗成为限制行波管效率和功率的因素之一. 在太赫兹波段，一些新型慢波结构(如折叠波导和交错双叶片)在带宽和功率容量上优于螺旋线行波管和耦合腔行波管. 随着频率的提高，全金属慢波结构的电导率损耗增大，严重影响了行波管放大器的输出功率和增益. 因此，降低电导率的损耗成为太赫兹波段行波管的重要任务. SWS 的表面粗糙度和趋肤深度与金属电导率的损耗密切相关. 目前，有两种方法可以降低 THz 波段全金属 SWS 电导率的损耗. 第一种方法是提高慢波电路的制造精度以降低金属 SWS 的表面粗糙度，减少损耗；第二种方法是研制具有优良传输特性的新型慢波系统. 第一种方法可以通过微加工技术实现，第二种方法是采用新型的慢波结构来降低损耗、提高耦合阻抗.

1. 正弦波导慢波结构

前人的理论研究已经表明，正弦波导(SWG)SWS 具有损耗低、反射小、频带宽和易于加工等优点，这对毫米波和太赫兹慢波电路以及高频传输线都是非常有利的. 2019 年，电子科技大学方栓柱、徐进团队开展了对正弦波导慢波结构的探索，如图 25.3.1 所示为 W 波段正弦波导慢波电路，该电路的冷测结果表明，在 90～100 GHz 频率范围内，全长 123.84 mm 的高频慢波电路的传输系数 S21 大于 −4.1 dB，传输损耗小于 0.36 dB/cm.

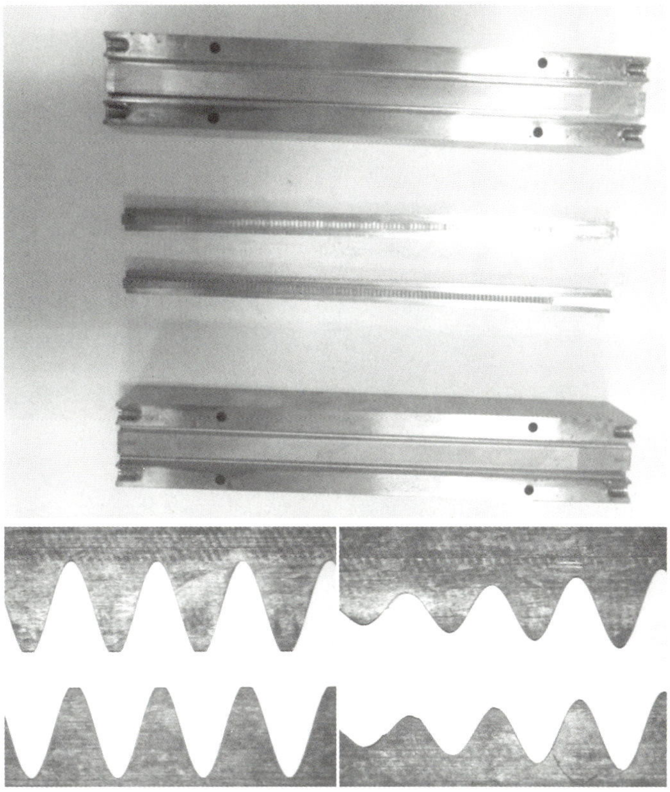

图 25.3.1 W 波段正弦波导慢波电路

2. 双注交错光栅行波管

片状电子束由于横向尺寸大,可以增大束流或减小空间电荷力,因而受到广泛关注. 然而,由于慢波结构电磁特性的限制,束流隧道横向尺寸难以进一步增大. 一方面,束流隧道越宽,会引入更多的其他非工作模式,这将影响行波管的正常工作;另一方面,工作模式必须在行波管的输入和输出耦合器中束流隧道位置处截止. 因此,束流隧道的横向尺寸存在一个上限,该上限由工作模式(一般为基模)的上带边频率决定. 双注行波管不仅可以突破束流隧道横向尺寸的限制,而且还可以增大束流电流,减小聚焦磁场,增大片状束流传输距离,进一步减小器件体积和重量,实现器件小型化. 2020 年,电子科技大学路志刚团队对双注行波管开展了研究,如图 25.3.2 所示,它是在双交错光栅(DSG)和折叠波导(FW)的基础上进行了改进,用于研制高功率、高电子效率的 THz 放大器. 在结构上,DTSG-SWS 与 DSGSWS 相比有两个优点. 首先,它可以运用两条电子注进行工作,电子注通道开在光栅脊上,并且工作模式在电子注通道处截止;其次,通过优化光栅参数,该结构与传统的交错双栅结构具有相同的工作频带,与矩形光栅同样拥有较高的互作用阻抗,并且传输特性不会受到较大影响. 模拟结果表明,该结构可以显著提升饱和功率及电子效率. 双隧道交错光栅是一种新型的慢波结构,有望成为高功率、高电子效率 THz 行波管的双隧道慢波结构.

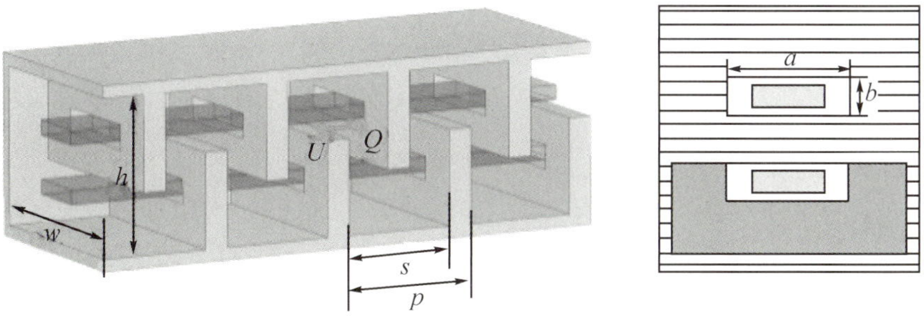

图 25.3.2 双注行波管模型

3. 过模行波管

高频率下电子束隧道的尺寸过小是一个棘手的问题，它需要非常大的磁场来进行电子束约束. 为克服这一难题，2015 年，弗吉尼亚理工大学 E. J. Kowalski 和 M. A. Shapiro 团队提出并研制了一种过模行波管. 如图 25. 3. 3 所示为一种 94 GHz 过模行波管的设计，它通过高频结构激励起 TM31 模式，通过添加损耗介质的方式来抑制其他低阶模式，在 0. 25 T 的螺线管磁场、30. 6 kV 电压和 250 mA 集电极电流环境下工作，在 94. 26 GHz 下实现了 21±2 dB 线性器件增益和 27 W 峰值输出功率. 考虑到输入和输出耦合电路中的 3 dB 损耗，行波管电路本身的增益为 27±2 dB，饱和电路输出功率为 55 W. 使用 CST 模拟，估计线性电路增益为 28 dB，饱和输出功率为 100 W，与实验结果非常吻合. 过模行波管是一种能在 W 波段进行高功率工作的行波管类型，并且是一种可以将 TWT 扩展到太赫兹频率的有前途的方法.

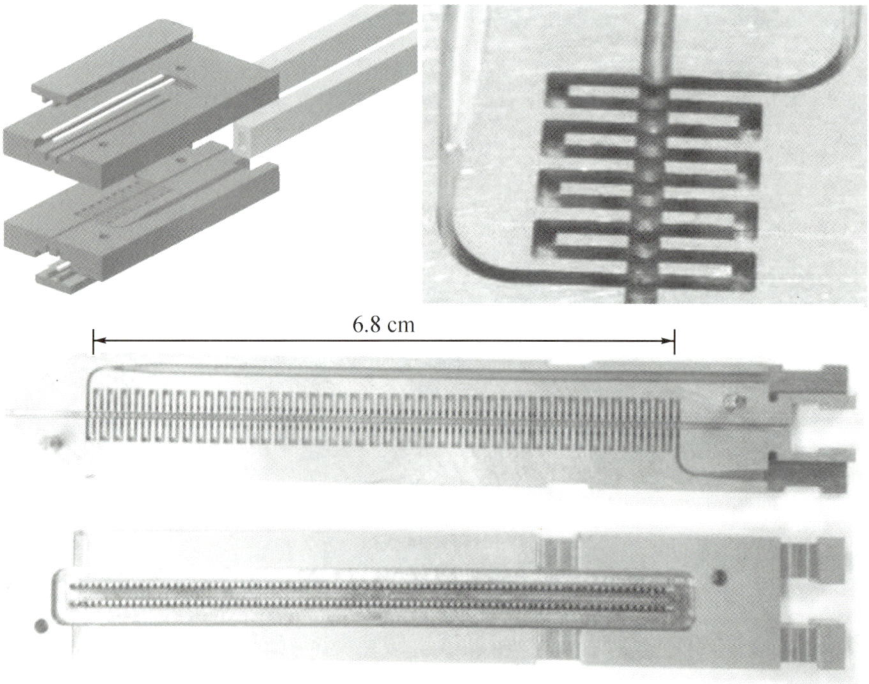

图 25. 3. 3　94 GHz 过模行波管

4. 二次谐波行波管

2015 年，中国电子科技集团第十二研究所的蔡军、邬显平团队提出了一种新型的 THz 源——高谐波行波管(HHTWT). 该放大器通过谐波生成、选择、放大和耦合，来输出高频大功率信号. 它取代了最先进的固态高频源，并且只需要低成本和更成熟的低频源来驱动它. 同时蔡军、邬显平等人设计了一种 G 波段二次谐波行波管来验证这一概念，并希望该类型器件用于大功率、宽频带、实用化的电磁真空辐射源. 如图 25. 3. 4 所示，该器件存在两段基波段及一段谐波段三段结构，并且它有三个端口，一个是基波输入信号的输入端口，另外两个端口分别用于输出基波和谐波. 测量结果表明，在 171. 4 GHz 至 182. 8 GHz 的 11. 4 GHz 带宽的大部分频率上，均实现了超过 100 mW 的谐波输出功率，最大值为 500 mW. 与该频段的许多现有辐射源相比，该器件的测试性能更出色.

5. 三次谐波行波管

如图 25. 3. 5 所示为 2018 年电子科技大学巩华荣团队研制的一种 D 波段三次谐波行波管的示意图，它的慢波电路有三个部分，即调制部分、漂移管和辐射部分. 调制部分是工作在 Q 波段的 SWS，辐射部分是工

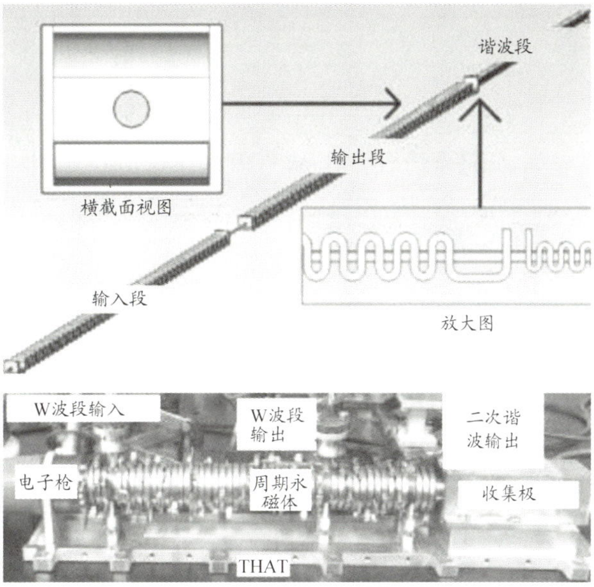

图 25.3.4　新型 G 波段二次谐波行波管及其慢波结构示意图

作在 D 波段的 SWS,即输入信号的三次谐波. 在调制段和辐射段之间是一个细长的漂移管,电子束可以通过漂移管,此时电磁波处于截止状态. 在调制段的末端和辐射段的起始处分别有两个微波吸收器,用于消除反射波和抑制自激振荡. 当电子束进入调制段时,束流速度将被输入信号调制. 然后,电子束进入漂移管,电子束的速度调制被转换成密度调制. 密度调制光束不仅含有基波分量,而且含有高次谐波分量,然后通过调节输入功率和漂移管长度可以控制特定高次谐波的束流幅度. 当束流进入辐射段时,高次谐波束流会激发并放大高频电磁波. 由于基波和低次谐波在辐射部分处于截止状态,所以不能激发. 因此,即使采用低频毫米波作为其驱动源,也可以获得高频波. 该器件的实验结果表明,在 43.5～45.5 GHz 下输入功率为 150～200 mW 时,可以在 130.5～136.5 GHz 下实现 50～280 mW 输出功率的信号. 当输入信号处于 44.5 GHz、200 mW 的峰值功率时,可以测得 133.5 GHz 处有 280 mW 的输出信号峰值功率.

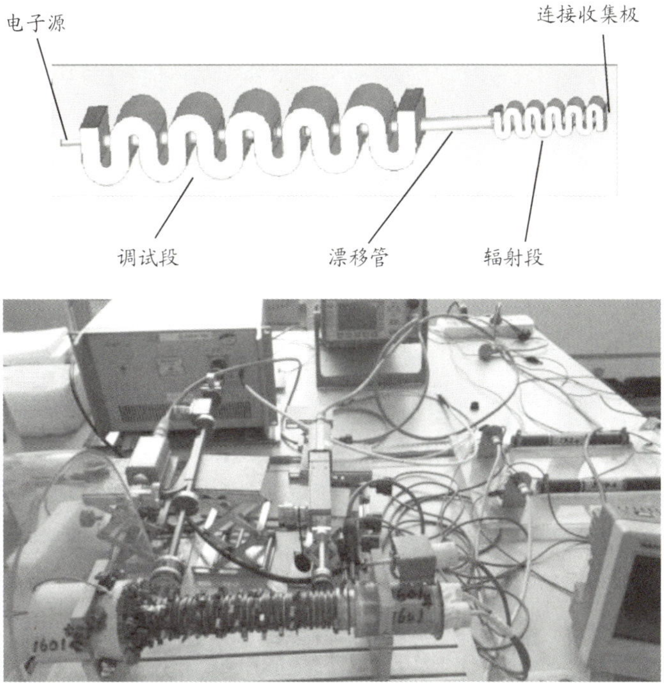

图 25.3.5　D 波段三次谐波行波管及其慢波结构示意图

6. 纳米膜螺旋线行波管

行波管(TWT)通过与线性直流电子束的相互作用来放大电磁波. 在这种器件中,低强度电磁波被传输到慢波结构(SWS)(如导电螺旋线或曲折线)的输入端. 波的相速度沿着 SWS 轴降低,聚焦的电子束沿着轴接近 SWS,通过调整电子速度以匹配波的轴向相速度,从而实现有效的束-波相互作用,进而交换能量. 但是随着频率的升高,器件的尺寸需要越来越小,到了太赫兹频段,器件所需的横截面尺寸为微米量级,从而产生了许多技术挑战,包括制造具有微米直径和节距、高导电性和导热性螺旋形行波管的困难. 一些研究小组已经提出并演示了波纹形行波管以及方形和六边形"螺旋"行波管,但是需要使用复杂且昂贵的微加工技术. 基于以上种种问题,2021 年,新墨西哥大学的 D. J. Prakash、M. M. Dwyen 团队等提出了一种可批量生产制造螺旋形行波管的解决方案. 该方法依赖于金属纳米膜引导自组装成螺旋结构,随后进行电镀,将金属厚度增加到几微米,从而提高 SWS 的热导率和电导率. 如图 25.3.6 所示为该方案慢波线的大致加工过程,仿真表明该结构可在 1 THz 处提供高于 2 dB THz 的增益带宽.

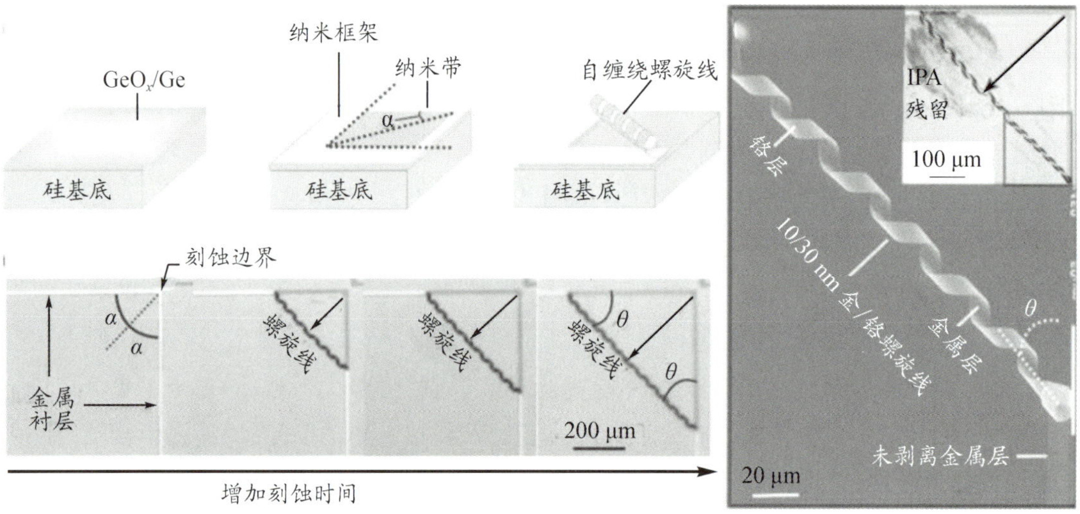

图 25.3.6　基于纳米膜自引导组装特性器件的 1 THz 螺旋线慢波结构

25.4 本章小结

在全球范围内,行波管(TWT)的研究越来越火热,在电子对抗、反无人机、卫星通信、地面广播通信、医学、工业应用以及科学研究支持等领域有广泛的应用,因此市场需求持续增长,越来越多的企业被市场潜力所吸引进入这一市场. 泰勒斯集团、L3 Technologies、CPI、Teledyne e2v、NEC、TMD Technologies、PHOTONIS、TESAT 是目前市场上行波管的主要制造商;泰勒斯集团是该市场最大的制造商,2018 年所占市场份额达到 15.47%. 2022 年,全球行波管市场规模估计为 132 668 万美元,预计到 2028 年将达到 173 527 万美元,预测期内复合年增长率为 4.59%.

目前,大多数的行波管产品都集中在 C、X、K 波段,太赫兹波段的行波管数量较少,这可能是器件本身向高频段发展的局限性导致的. 更重要的是,研制工艺难度呈几何倍数的增长,继而带来成本的急速增加.

第 26 章 返波管(BWO)

26.1 返波管基本原理

返波管作为最常见的基于真空电子学的太赫兹辐射源的一种，其结构示意图如图 26.1.1 所示，主要由以下五部分组成.

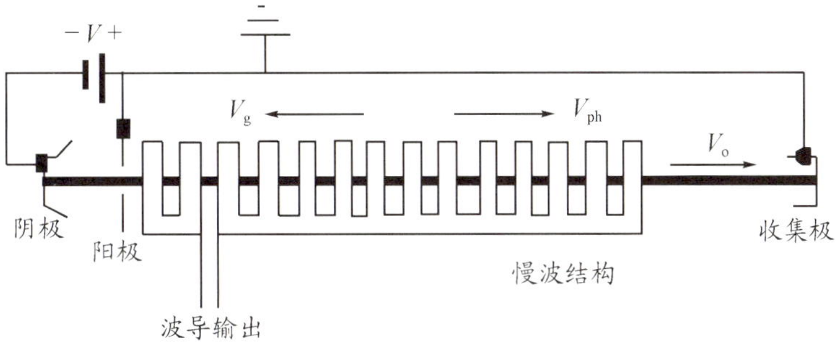

图 26.1.1 返波管结构示意图

(1)电子枪. 电子枪产生电子注，并将其加速到所需速度，与慢波结构表面的电磁波进行能量交换. 电子枪通常由阴极、聚焦极和阳极组成，其中阴极通常采用加热灯丝的热阴极方式发射电子. 聚焦极与阴极具有相同的电位，使电子注受到限制并被压缩. 阴极所加电位为负高压，可以使阴极获得足够的电子并完成加速.

(2)聚焦系统. 聚焦系统的主要工作是防止电子注扩散. 在电子枪的作用下，电子注成形后以一定的速度进入注波互作用区域，然而，在电子注运动的过程中，因为受到内部空间电荷斥力的作用，电子之间相互排斥，不断地扩散，过早地撞击到高频系统结构上，导致注波互作用无法充分进行，能量交换受到影响，甚至对器件造成损坏. 聚焦系统可以有效地克服电子注内部空间电荷力，防止电子注扩散，使其形状保持稳定，此时电子注可以顺利地通过高频系统，成功解决了因内部空间电荷力扩散而被高频系统截获的问题.

(3)慢波系统. 慢波系统是返波管的核心部分. 在慢波系统区域内，电子注与高频场进行有效的互作用，电子注速度降低，交出去的直流能量被电磁波获取，在慢波系统中能量得到放大.

(4)输出结构. 输出结构通常位于靠近电子枪一端处. 为了将放大后的电磁波最大限度输出，通常对输出结构的结构尺寸进行调整，使其与慢波系统更好地进行耦合，达到良好的阻抗匹配.

(5)收集极. 收集极的主要工作是对电子注完成收集. 当电子注与电磁波产生注波互作用，实现能量交换后，在继续前进的过程中，经收集极流回电源，实现完整的电子运动过程，同时将电子注剩余的动能经收集极转换为热能散发出去.

26.2 返波管小信号理论

基于电子注与电磁波的相互作用原理，可以实现对高频信号的放大，同时也可以完成高频信号发生器的制造，即返波管. 对于返波管而言，无须输入信号，能够通过自激振荡产生频率连续可调的电磁波. 本节首先对返波管的工作原理进行概述，接着通过返波管的工作方程分析返波管的特性，最后指出返波管的性能指标.

1. 工作原理

电磁波受到返波管输入端和输出端反射的作用，当电磁波在返波管中的传播完成一个来回时，产生的相移为 2π 的整数倍，这就是产生自激振荡的原则. 在返波管的输入端和输出端之间接一个反馈回路系统，使其满足：

$$\beta l+\beta_b l_b=2\pi N \quad (N=0,1,2,\cdots) \tag{26.2.1}$$

此时反馈信号满足产生自激振荡所要求的相位条件. 式(26.2.1)中，β 和 β_b 分别为慢波系统和反馈系统上波的相位常数；l 和 l_b 分别为慢波系统和反馈系统上波的作用长度和反馈长度.

如图 26.2.1 所示，为了利用管子内部反馈实现自激振荡，需要构建一个能量传输回路. 虽然返波管中没有外部反馈回路，但很容易看出，除了慢波结构外，电子束也可以看作一种传输线. 当慢波结构中电磁波的能量传输方向与电子束行进方向相反时，两者之间就形成了一个完整的能量回路，从而产生自激振荡.

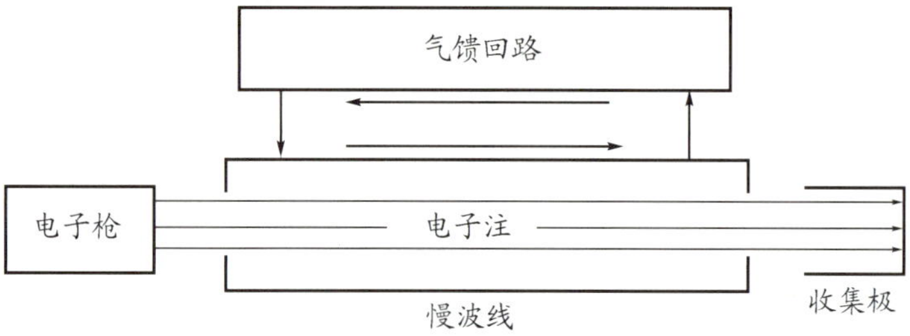

图 26.2.1　反馈产生振荡原理图

对于电子束中波的传播，电子束在高频磁场的作用下产生速度调制和群聚，导致空间电荷不均匀分布，从而产生空间电荷力，引起电子束的波动，这种传播方式表现为空间电荷波. 一般情况下，空间电荷波是正色散的，所以，电子注作为一种传输线不具有负色散特性，也就是说，信号无法在电子运动的反向传播. 因此构成回路的关键在于慢波线上波的传播方向要与电子运动方向相反，而慢波线的传播特性取决于其色散特性，为了满足上述需求，慢波线必须具有负色散特性.

在周期不均匀慢波系统中，慢波线上的波可由无穷多个空间谐波构成，其相位常可表示为

$$\beta_n=\beta_0+\frac{2\pi n}{L} \quad (n=0,\pm1,\pm2,\cdots) \tag{26.2.2}$$

式中，n 表示空间谐波的次数；L 表示周期；β_0 表示基波的相位常数. 因此，第 n 次空间谐波的相速可定义为

$$(v_p)_n=\frac{\omega}{\beta_0+\dfrac{2\pi n}{L}}=\frac{(v_p)_0}{1+\dfrac{(\lambda_g)_0}{L}n} \tag{26.2.3}$$

式中，$(v_p)_0$ 为基波的相速；$(\lambda_g)_0$ 为基波的波导波长. 第 n 次空间谐波的群速可表示为

$$(v_g)_n=\left(\frac{\mathrm{d}\beta_n}{\mathrm{d}\omega}\right)^{-1}=\left(\frac{\mathrm{d}\beta_0}{\mathrm{d}\omega}\right)^{-1}=(v_g)_0 \tag{26.2.4}$$

同时，由式(26.2.3)可以得到，对于满足

$$\left(1+\frac{(\lambda_g)_0}{L}n\right)<0 \tag{26.2.5}$$

的各次谐波，其相速方向均与基波的相速 $(v_p)_0$ 方向相反.

由此可得，如果满足式(26.2.5)的各次谐波是负色散的，则基波是正色散的；如满足式(26.2.5)的各次谐波都是正色散的，则基波是负色散的.

根据色散的性质，可以得到负空间谐波在满足负色散特性的同时也具有异常色散特性，即相速 v_p 将随

着频率的增大而增大,同时也可以通过增加电子注工作电压提高电子的速度,以增大相速 v_p. 因此,利用返波的工作特性不仅可以实现自激振荡,而且可以得到较大的频率调谐.

2. 主要性能指标

描述返波管性能指标的参数主要有增益、输出功率、电子效率、电子调谐带宽、频谱特性及起振电流.

(1)增益. 在返波管中,假设管子的输出端为 $z=0$,输入端为 $z=L$,则返波管的增益可以定义为

$$G=\frac{E_z(0)}{E_z(L)} \tag{26.2.6}$$

利用边界条件可以得到返波管的增益表达式为

$$G=\mathrm{e}^{\mathrm{j}\beta_e L}\left[\sum_{i=1}^{3}\frac{\sigma_i^2+4QC}{(\sigma_i-\sigma_j)(\sigma_i-\sigma_k)}\mathrm{e}^{C\sigma_i\beta_e L}\right]^{-1} \tag{26.2.7}$$

(2)输出功率. 一般情况下,可以用不同的特性参量来描述返波管的输出功率. 最大输出功率 $P_{\max}$,最小输出功率 $P_{\min}$,以及最大功率落差

$$D_{P\max}=10\lg\left(\frac{P_{\max}}{P_{\min}}\right)(\mathrm{dB}) \tag{26.2.8}$$

(3)电子效率. 高频场中,电子注与电磁波产生互作用,将部分能量交给电磁波,同时存在一部分损耗功率. 在不考虑慢波线损耗的情况下,返波管的输出功率近似为高频场获得的能量,所以返波管的电子效率可以近似于输出效率

$$\eta_e\approx\eta=\frac{P_{\mathrm{out}}}{I_0V_0}\times100\% \tag{26.2.9}$$

(4)电子调谐带宽. 由式(26.2.9)得,电子运动速度与工作电压有关. 在返波管中,可以通过改变电子注的工作电压 V_0 来改变电子速度 v_0,从而改变返波管的振荡频率,最终实现电子调谐.

$$v_0=\sqrt{\frac{2e}{m}V_0} \tag{26.2.10}$$

电子调谐带宽指在最小的额定输出功率之上,返波管可连续调谐的频率范围,由式(26.2.10)定义

$$\Delta f=f_{\max}-f_{\min} \tag{26.2.11}$$

式中,Δf 表示调谐带宽;$f_{\max}$ 表示返波管最高工作频率,与 $f_{\max}$ 对应的电子注的工作电压为返波管最高工作电压 $V_{0\max}$;$f_{\min}$ 表示返波管最低工作频率,与 $f_{\min}$ 对应的电子注工作电压为返波管的最低工作电压 $V_{0\min}$. 因此可将返波管的工作电压范围定义为

$$\Delta V_0=V_{0\max}-V_{0\min} \tag{26.2.12}$$

(5)频谱特性. 通过对返波管的输出信号进行频谱分析可以得到返波管的振荡频率并不是一根单一的谱线,而是存在一定的宽度,并且在返波管的主振荡频谱线之外还存在寄生谱线和噪声谱.

(6)起振电流. 在某个频率下使返波管开始振荡所需要的最小的电流称为返波管的起振电流.

26.3 太赫兹返波管的应用及研究进展

一、太赫兹返波管的应用

1. 基于太赫兹返波管的成像系统

国际上,日本在 2004 年开展了基于太赫兹返波管成像系统的相关研究,他们利用太赫兹返波管所构成的成像系统对非透明的材料进行投射成像,如图 26.3.1 所示. 图 26.3.1(a)所示为对非透明纸盒内金属材

料的成像结果，可以清晰看到硬币、螺丝钉和夹子的形状；图 26.3.1(b)所示为对 18 mm 厚聚四氟乙烯板上的铝箔标志的成像结果. 在国内，首都师范大学袁宏阳团队也通过太赫兹返波管成像系统进行了无损检测，通过应用 0.71 THz 连续的太赫兹波辐射对装在信封里的硬币以及校园卡的内部结构进行了成像，成功分辨出直径最小为 1.5 mm 的小孔.

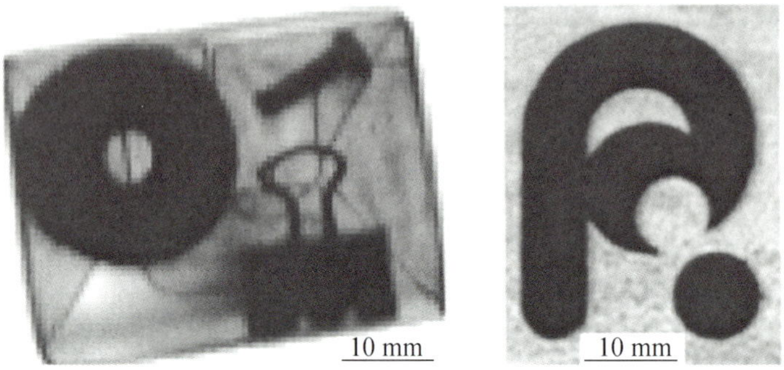

(a)　　　　(b)

图 26.3.1　太赫兹返波管成像系统对非透明材料透射图

2. 基于太赫兹返波管的光谱分析

可以通过对太赫兹返波管的频率调谐来获取相关物品的光谱信息. 在 20 世纪 90 年代，俄罗斯相关学者利用太赫兹返波管对一些材料进行了光谱测量实验，得到了玻璃、陶瓷、单晶体材料、化合物、纤维、薄膜等材料在太赫兹频段范围内的介电特性，其实验系统如图 26.3.2 所示.

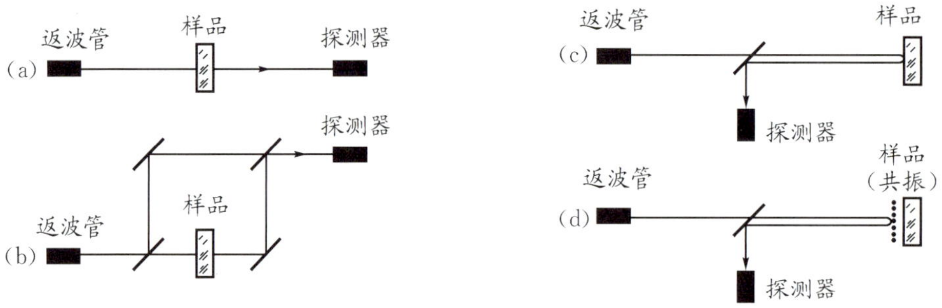

图 26.3.2　太赫兹返波管光谱测量实验系统

3. 基于太赫兹返波管的遥感探测

利用太赫兹返波管在低辐射背景下进行高分辨率的遥感观测，可以了解地球附近各星系的结构和演化过程. 美国国家航空航天局与德国国家航空航天局将太赫兹外差式接收机 GREAT 用于红外天文学的研究，其中 GREAT 天文系统采用了 OB 系列可调谐太赫兹返波管.

4. 作为前极驱动源和标准信号源

在对太赫兹真空电子器件的研究中，可以将太赫兹返波管作为前极驱动源，以获得更大的输出功率. 中国工程物理研究院应用电子学研究所在对 0.14 THz 和 0.22 THz 行波管的研究中，使用了 QS 系列的可调谐太赫兹返波管作为前极驱动源. 除此之外，相关太赫兹雷达通信实验室也经常采用太赫兹返波管作为标准信号源用于实验.

二、太赫兹返波管的研究进展

自 1951 年人们发现了返波振荡现象，到如今已有 70 多年，返波管已经取得了飞速的发展. 随着对太赫兹科学技术研究的深入，太赫兹返波管的工作性能、输出功率、输出频率、效率以及带宽都得到了很大的改善. 在 1954 年,厘米波返波管研制成功;1957 年,输出信号频率为 0.2 THz 的返波管诞生;1960 年,输出信号频率为 0.43 THz 的返波管成功问世;1964 年,返波管的输出信号频率提升到 0.79 THz;如今,返波管的种类越来越多,工作频率越来越高,覆盖的范围也越来越广.

早在 20 世纪 50 年代,俄罗斯 ISTOK 公司就开始研制电子真空器件。20 世纪 90 年代,该公司大量研究太赫兹返波管,并发布了成功研制的产品. 现如今,ISTOK 公司已成功研制出 OB 系列可调谐返波管,频率范围为 36 GHz~1.4 THz,能够实现在不同的频段都有稳定的输出. 如图 26.3.3 所示,OB 系列返波管采用浸渍型热阴极,电子注为带状电子束,电流密度为 100~300 A/cm^2. 该系列返波管采用多排交叉指状线作为其慢波结构,通过电火花工艺加工而成,最终通过磁聚束方式使电子注与慢波结构相互作用产生电磁波信号.

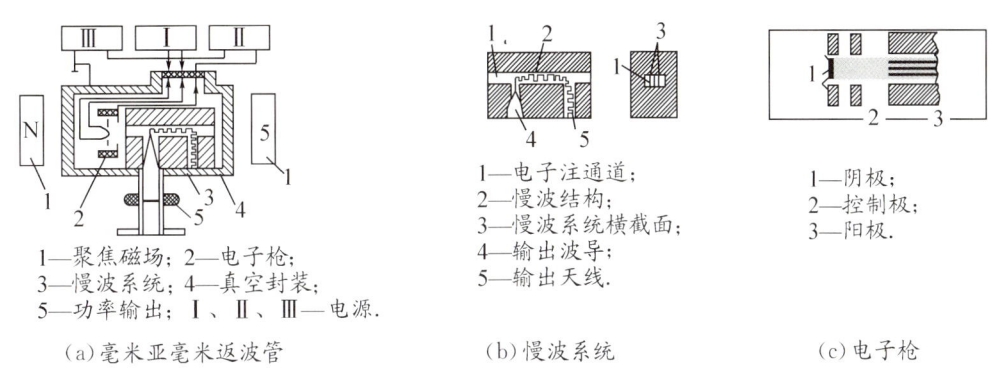

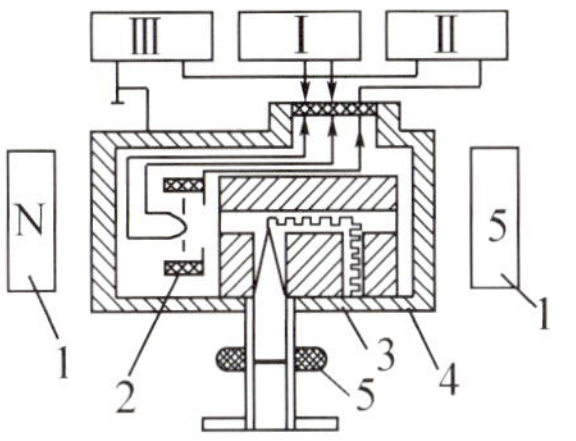

1—聚焦磁场; 2—电子枪;
3—慢波系统; 4—真空封装;
5—功率输出; Ⅰ、Ⅱ、Ⅲ—电源.

(a)毫米亚毫米返波管

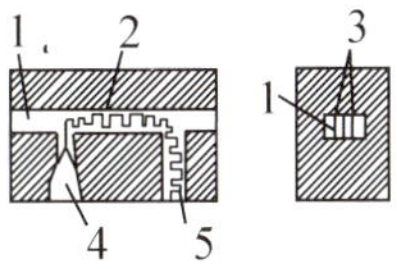

1—电子注通道;
2—慢波结构;
3—慢波系统横截面;
4—输出波导;
5—输出天线.

(b)慢波系统

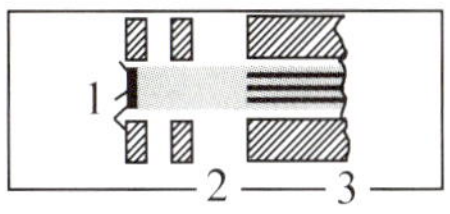

1—阴极;
2—控制极;
3—阳极.

(c)电子枪

图 26.3.3　OB 系列返波管结构示意图

国内对太赫兹返波管的研究仍然受到输出功率、带宽、工作性能及设计加工等方面问题的困扰. 然而通过进口渠道引进国外先进太赫兹返波管设备及其配套设施价格昂贵,维护与检修都存在一定问题,且技术始终受限于人. 因此,独立开展太赫兹技术的研究以及自主研发太赫兹返波管意义深远.

为了改善太赫兹返波管的输出功率,通常来说有两种方法.

第一种方法主要是对太赫兹返波管的加工组成进行优化,采用高精度加工手段,降低表面粗糙度对性能的影响,以提高输出功率. 2007 年,美国 Northrop Grumman 公司研发出工作频率为 650 GHz 的折叠波导返波管,输出功率为 16.3 mW. 该公司在 2008 年改进了设计和加工手段,并对同样的结构进行实验,输出功率提高到 52 mW,相较于 16.3 mW 有明显提升. 但是该方法并没有从本质上优化改进返波管核心的高频结构,所以对输出功率提升效果并不显著.

以前,我们采用线切割工艺来制作慢波结构,加工误差可以小于 5 μm. 但随着器件工作频率的上升,这种加工误差已不能满足新器件的要求. 因此,现在我们采用 UV-LIGA 技术来制作平面慢波结构. 由于电磁损耗在较高频率下显著增加,因此选择铜材料,因为它具有低毫米波损耗和高导热性. 如图 26.3.4 所示的传统平板光栅的返波管,就是采用 UV-LIGA 技术制作的完整的全铜光栅,这是它在 0.3 THz 的一次实践. 通过光栅侧视图和俯视图的光学显微镜图像,可以看出 UV-LIGA 技术制作的光栅结构均匀,表面非常光滑. 所制备的 SWS 尺寸误差小于 3 μm,表面粗糙度小于 100 nm,满足 Y 波段 BWO 的要求.

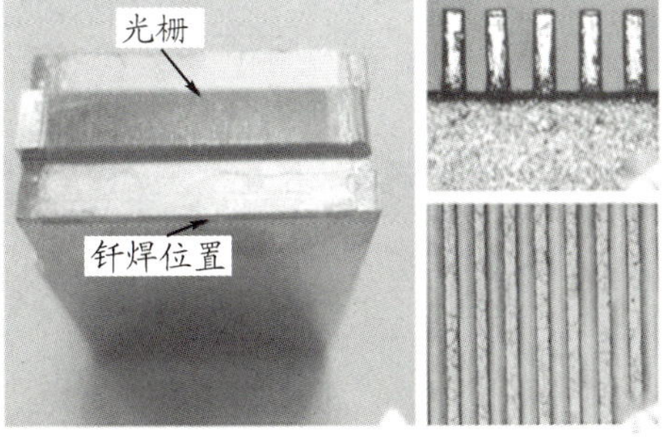

图 26.3.4　传统平板光栅的返波管

2012 年，Teraphysics 公司组装并测试了一个 0.65 THz 返波振荡器(BWO)与螺旋慢波电路. 如图 26.3.5 所示为通过化学气相沉积(chemical vapor deposition，CVD)技术得到的金刚石基底及由光刻技术得到的金材质的 0.65 THz 螺旋线慢波结构. 其中螺旋线是一圈金线，其外径比人的头发丝的还小，由薄金刚石片支撑. 为了便于制造，螺旋线的形状为正方形形状，大约宽 60 μm. 先通过光刻技术制造出两个半螺旋，然后把它们组合在一起形成完整的结构，其中粘合后的完整结构如图 26.3.5 所示.

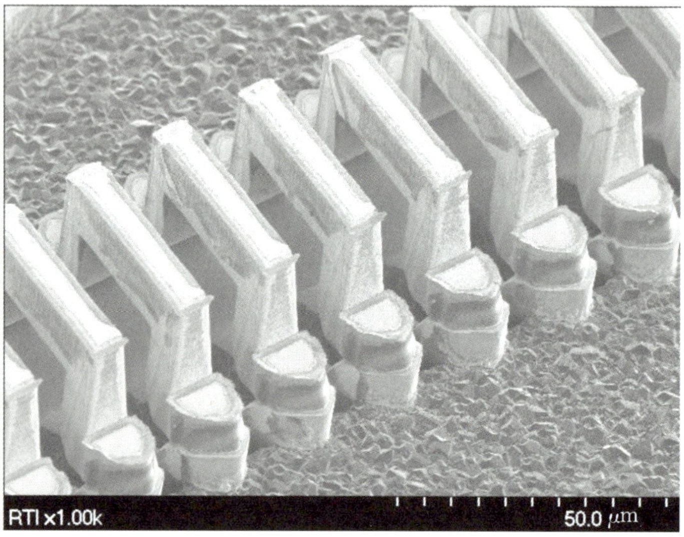

图 26.3.5　0.65 THz 螺旋线慢波结构

2008 年，Teraphysics 公司的 J. A. Dayton、C. L. Kory 等人对 650 GHz 的螺旋返波管进行了研究，该器件的螺旋线慢波结构的形状如图 26.3.6 所示. 该慢波结构是通过微加工技术得到的，为金属材质，长 6.9 mm. 通过此技术制造的小螺旋研制出了一种新型的真空电子器件，这种器件使电子束围绕螺旋结构的外部与电磁场相互作用进而交换能量，从而不需要电子束通过螺旋结构的中心来与电磁场交换能量，进而克服了前面所述难以使器件工作电流通过小结构的中心这一难点. 这项技术的出现不仅为电磁频谱中以前未曾应用的频段进行开发提供了可能，而且还使大批量、廉价地生产该结构相关器件成为可能.

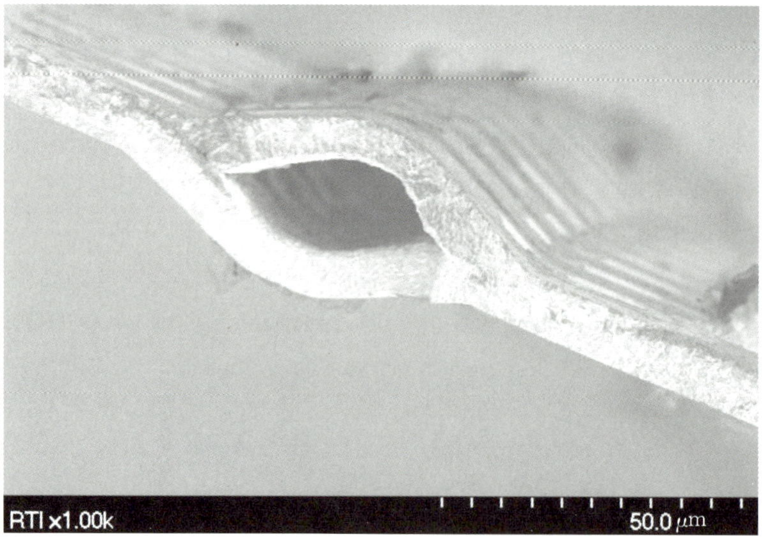

图 26.3.6　独立式 650 GHz 螺旋线慢波结构

第二种方法主要是对返波管的高频结构进行优化，通过探索设计新型结构的返波管，从而对返波管的各项性能进行优化. 该方法从探索新型结构的角度出发，在本质上对返波管进行了改善，研究前景较好.

太赫兹返波管的核心在于慢波结构，即高频系统，电子注与该高频系统中的返波相互作用产生自激振荡.返波管属于结构紧凑型的真空电子器件,体积较小,频率调谐范围较大,产生的输出信号频率稳定,且不易受负载影响.然而,在太赫兹频段范围内,太赫兹返波管的输出功率在毫瓦级别,相较于其他电真空器件来说,输出功率较小.因此实现更高输出功率的太赫兹返波管仍然是太赫兹返波管未来的发展方向和亟待解决的问题.各国学者为改善太赫兹返波管的性能进行了大量的研究.

自 2005 年起,NASA 对美国 CCR 公司提供了帮助与支持,CCR 公司自此开展了对返波管的研究,其频率覆盖范围为 0.3~1.5 THz.采用带状电子束,通过调节工作电压在 3~6 kV 范围内,其输出信号频率范围能够覆盖 0.6~0.7 THz,输出功率为 6~8 mW.图 26.3.7 给出了基于五排垂直的矩形金属柱慢波结构返波管的结构模型,通过 LIGA 工艺完成加工,电子束紧贴着慢波结构运行,提升了互作用效果.美国 Microtech Instruments 公司引进了 OB 系列太赫兹返波管的技术,研发了 QS 系列可调谐的太赫兹返波管,采用了和 OB 系列相同的多排交叉指状线作为其慢波结构.在 2011 年国际红外毫米波太赫兹会议上,该公司发布了频率调谐范围为 0.1~2.2 THz 的太赫兹返波管.

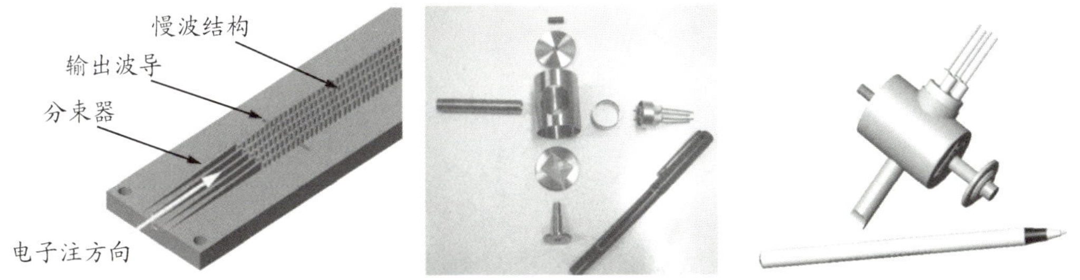

图 26.3.7　CCR 返波管慢波结构及内部零件图

在 2010 年,意大利 Mauro Mineo 团队提出一种新型慢波结构——矩形双排栅波导慢波结构,如图 26.3.8 所示.该慢波结构主要由纵向周期排列的矩形块构成,实现了工作频率在 0.9~1.1 THz 可调谐.在此研究基础上,又进一步提出了不同截面形状的矩形双排栅慢波结构的返波管,并对其进行了高频特性研究,得到其色散曲线.但是上述研究仅停留在理论和数值仿真计算,缺乏实验支撑.

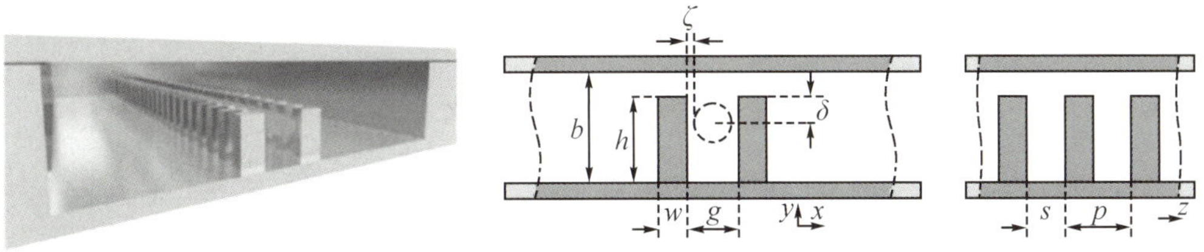

图 26.3.8　矩形双排栅波导慢波结构

自 2005 年以来,在我国对太赫兹科学技术研究的支持下,国内一些相关的高校以及研究所也陆续展开了对太赫兹返波管的研究.电子科技大学提出了矩形波导栅、交错光栅及齿状光栅结构等新型慢波结构,并完成了相关的理论研究以及仿真计算,如图 26.3.9 所示.

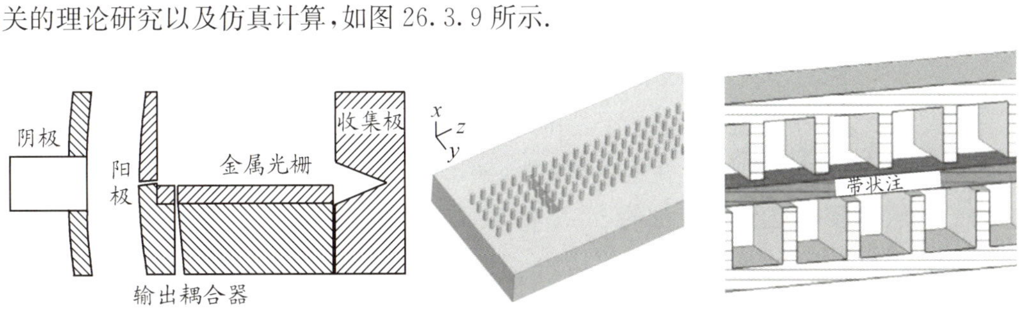

图 26.3.9　慢波结构电路

在 2012 年,电子科技大学魏彦玉团队提出了正弦波导慢波结构,如图 26.3.10 所示.该慢波结构通过调节工作电压由 24 kV 到 30 kV,实现了约 40 GHz 的调谐带宽,频率覆盖范围为 0.98 ~1.02 THz,在工作电压为 27 kV、工作电流为 5 mA 的情况下，该返波管的工作频率为 1 THz，且输出功率峰值超过 1.9 W.

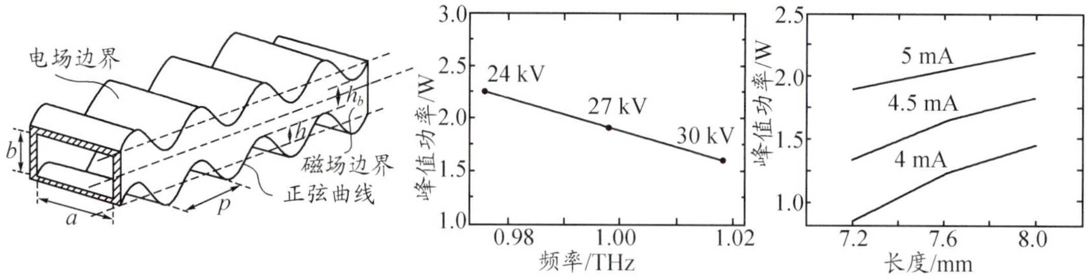

图 26.3.10 正弦波导慢波结构及其输出结果

2013 年，中国电子科技集团公司第十二研究所冯进军团队对 0.1 THz 和 0.22 THz 折叠波导返波管进行了相关理论研究，同时报道了 0.34 THz 折叠波导返波管的慢波结构在 LIGA 工艺加工下的结果及其输出窗的设计和实验，其结构和实验系统如图 26.3.11 所示.

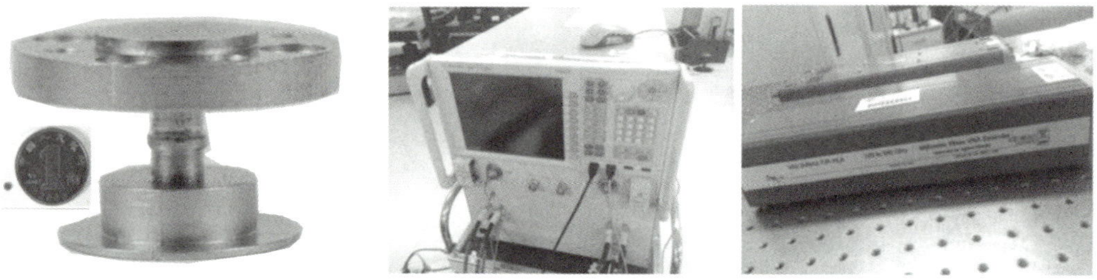

图 26.3.11 340 GHz 返波管振荡器输出窗结构及试验系统

在 2017 年，电子科技大学魏彦玉团队与中国电子科技集团公司第三十八研究所科研团队提出了采用变形正弦和 U 形准平板传输线作为慢波结构的太赫兹返波管，其结构模型如图 26.3.12 所示，其电子注工作电压由 7 kV 到 12 kV，实现了 110～153 GHz 频率调谐范围，峰值输出功率高达 48 W，电子效率大于 6%. 同年，魏彦玉团队提出多种变形的正弦波导慢波结构，并设计出了对应的太赫兹返波管，为新型太赫兹辐射源的研究提供了更多的技术支撑.

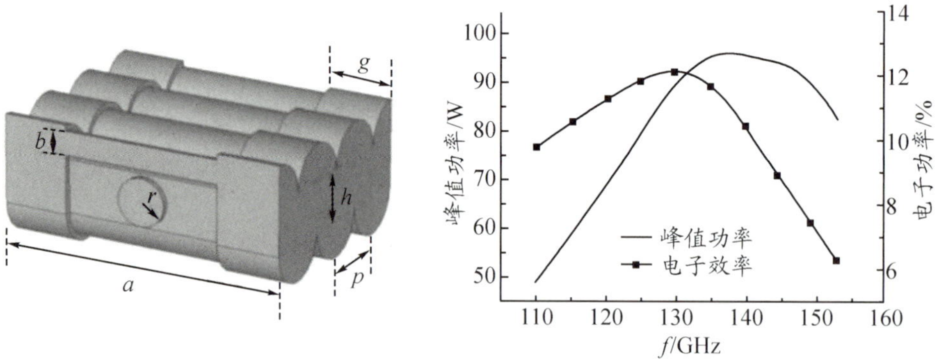

图 26.3.12 变形正弦和 U 形准平板传输线慢波结构及其输出结果

因为具有较大的带宽和相对较强的束波相互作用，圆形螺旋线成为最常用的结构，但由于其几何形状为圆形，对它进行微加工是比较困难的. 在这种情况下，2018 年南洋理工大学 S. Aditya 团队提出了具有直边连接(PH-SEC)的平面螺旋慢波结构，如图 26.3.13 所示，该结构为 W 波段的返波振荡器的慢波结构，采用的就是基于微加工处理的直边连接(PH-SEC)的平面螺旋慢波结构. 该振荡器是以 20 mA 的束电流和从 7 kV 到 11 kV 变化的束电压进行工作，其粒子模拟结果表明，该振荡器频率可调谐范围为 86.9～100.07 GHz，调谐带宽为 14%. 振荡器可以提供 2.3 W 的最大峰值输出功率和 1.62%的峰值效率.

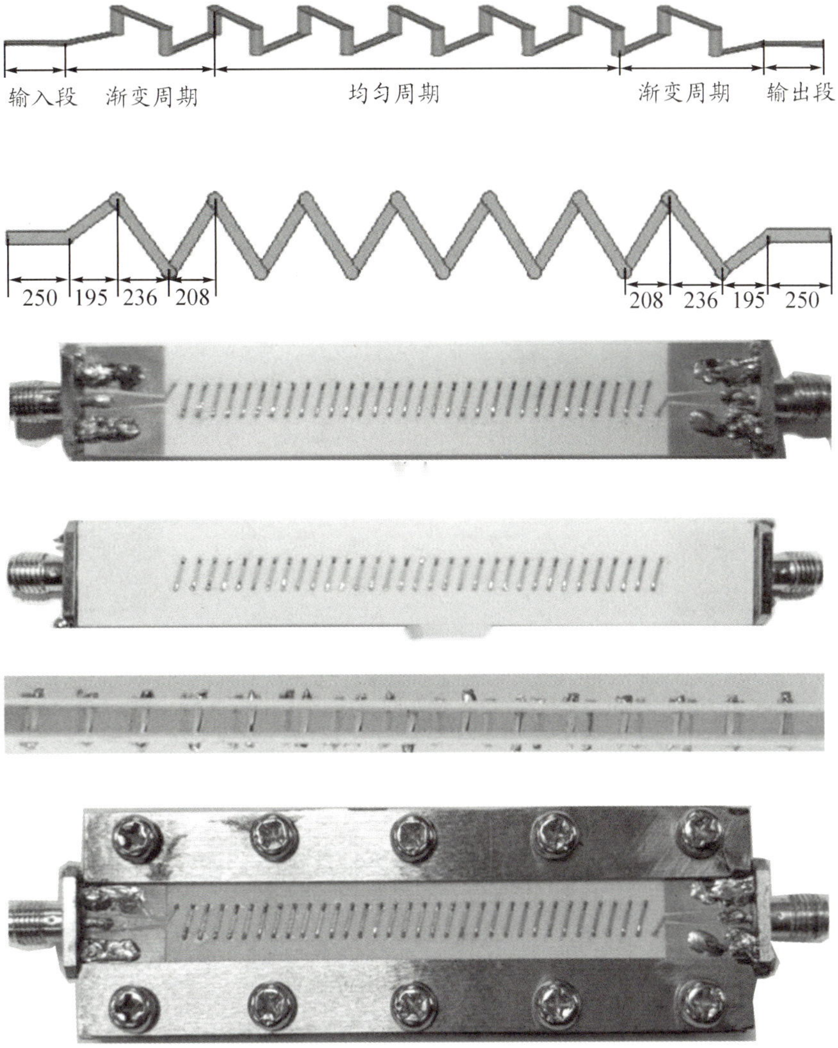

图 26.3.13 W 波段的返波振荡器及其慢波结构(单位:丝,1 丝=10 μm)

2016 年,电子科技大学魏彦玉团队提出了一种新的准平行板(QPP)慢波结构来获得 D 波段返波管. 如图 26.3.14(b)所示为准平板慢波结构加工及装配图,装配结构与图 26.3.14(a)所示结构类似,但在相同频段条件下加工难度要小很多,有较大的发掘潜力. 模拟束波相互作用结果表明,该 BWO 可在 110~153 GHz 范围内产生 48 W 的峰值功率,电子效率较高,在 6%以上.

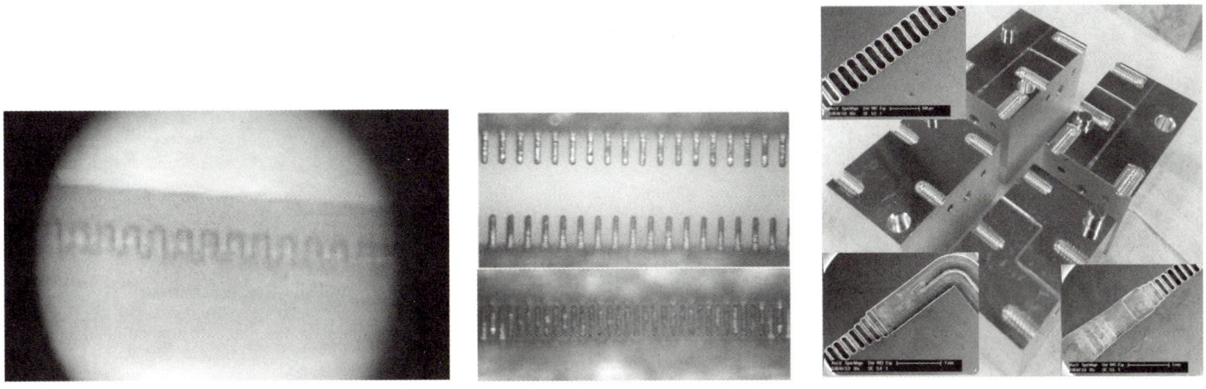

(a) (b) (c)

图 26.3.14 折叠波导慢波结构、准平行平板慢波结构

为了研制频率在 340~350 GHz 范围内的可调谐中等功率源,2015 年,加利福尼亚大学戴维斯分校、兰

卡斯特大学、电子科技大学和北京真空电子研究所真空电子国家实验室开展了国际合作.他们重点研究了双交错光栅慢波结构和电子枪的设计与制作.如图 26.3.14(c)所示为他们在 0.346 THz 频点增加渐变段交错双栅结构返波管的一次实践,这次尝试也成功得到了与计算结果契合的冷测数据.通过 CST 的 PIC 仿真得到在 346 GHz 时平均功率可能达到 1 W.

为了提高器件功率,2012 年电子科技大学魏彦玉团队提出了一种采用简洁的正弦波导做慢波结构与光栅反射器相结合的新型太赫兹返波振荡器.该研究结果表明,在工作电压为 27 kV、束流为 5 mA 的情况下,该 BWO 可以在中心工作频率为 1 THz 处,产生大于 1.9 W 的输出功率.因此,正弦波导可以被认为是一个有前途的慢波结构,用于研制瓦级太赫兹返波管.同时还出现了一种光栅反射器,用来降低信号能量耦合的难度.它在慢波结构的开始处作用,因此振荡信号可以被反射,使得它可以在慢波结构的结束处被提取,其结构上与高功率微波源领域中的相对论返波管相似.如图 26.3.15 所示为带有光栅反射器的正弦波导 BWO 模型.

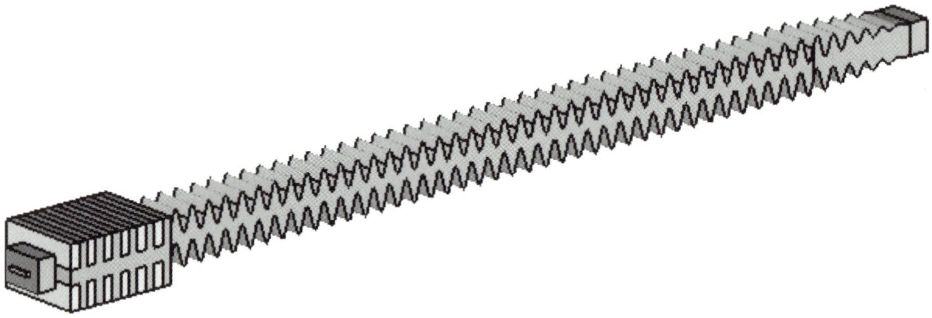

图 26.3.15　带有光栅反射器的正弦波导返波管

W 波段及 W 波段以上的工作频带窄、强磁场系统等问题一直没有得到解决.随后,径向片状电子束(RSEB)装置于 1995 年提出.虽然它显示出比片状电子束(SEB)或环形电子束(REB)器件好得多的性能,但只有某些类型的 SWS 或耦合腔可以用于 RSEB 器件.于是在 2020 年,电子科技大学王少萌团队又提出了一种用于高功率真空装置的角径向交错叶片(ARSV)慢波结构(SWS),该 SWS 与角径向片电子束(ARSEB)配合,为 W 波段返波振荡器(BWO)的实现提供了可能.在相同的初始截面积下,ARSEB 与 SEB 相比具有较大的空间电荷限制(SCL)电流,并且只需要较低的聚焦磁场.此外,角径向全金属 SWS 比曲折线 SWS 具有更大的功率容量,使 AREB 器件在产生高频和高输出功率电磁波的能力显著提高.随着研究人员对交错光栅结构认识的加深,并提出了一种角向交错光栅的结构,配合角径向片状电子束(ARSEB),研制出了一种 W 波段的返波振荡器(BWO),如图 26.3.16 所示.该研究的粒子模拟结果表明,该结构在 100 GHz 处获得了 21 kW 的峰值输出功率,电子效率约为 5%.当束流电压为 160 kV 时,在 104.7 GHz 处获得了 34.2 kW 的最大输出功率,电子效率为 4.28%.并且该返波管在 79.8~104.7 GHz 的频率范围内可调谐,输出功率大于 13 kW.

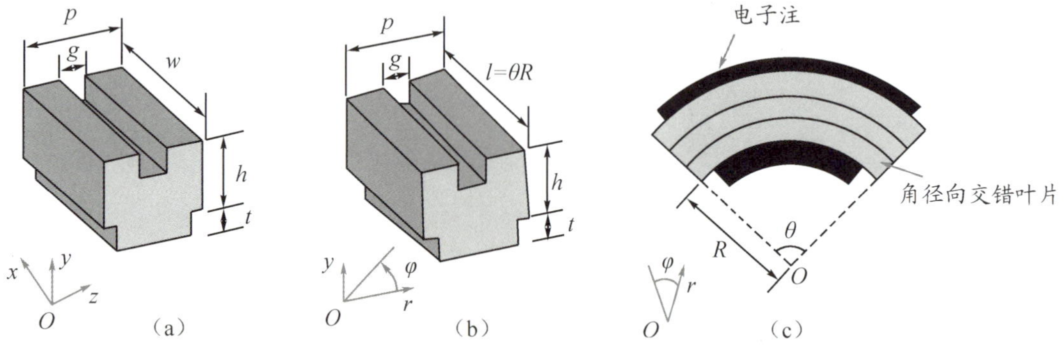

图 26.3.16　角向交错光栅慢波结构

为了提高太赫兹真空电子器件的性能，人们又研发出光子晶体技术. 光子晶体(PHC)也称为光子带隙(PBG)结构，通过简单地在周期性晶格内引入线性缺陷来提供非常有效和灵活的技术设计电磁波导. 与传统的金属波导相比，PHC 结构缓解了 THz 真空电子管的抽真空困难和组装困难的问题，改善了输入/输出耦合. 2015 年，兰卡斯特大学的 R. Letizia 团队对光子晶体结构的太赫兹真空电子器件展开了研究，如图 26.3.17 所示为他们采用光子晶体结构设计的返波管，其左侧为采用了基于渐变的光子晶体耦合结构，右侧高频结构两侧为光子晶体，器件的回波损耗小于−30 dB，传输性能丝毫不逊色于传统慢波线. 模拟结果表明，在 11 kV 束电压和 6 mA 束电流的情况下，该结构在 0.650 THz 下获得了超过 70 mW 的峰值输出功率.

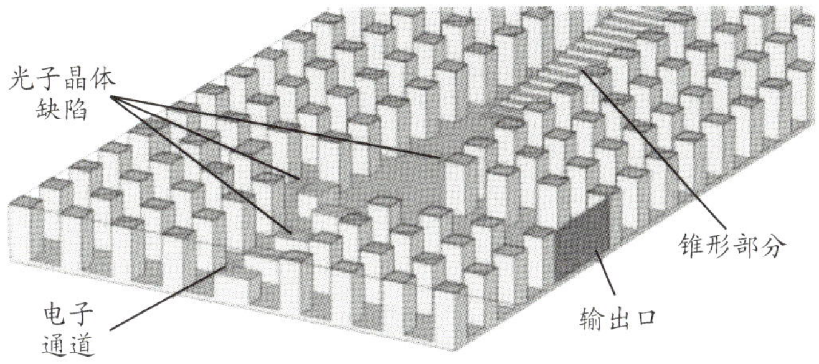

图 26.3.17　光子晶体结构的返波管

将双交错光栅(DSG)SWS 用于太赫兹 BWO. 在 BWO 中使用的这些 SWS 中，DSG 由于若干优点而具有较强的竞争力. 由于具有 2D 平面结构，它可以相对容易地制造，而又指 SWS 的制造在太赫兹范围内遇到困难，太赫兹双波纹波导 SWS 必须使用 UV-LIGA 技术制造. 此外，DSG SWS 与 FWG 相比具有相对较宽的固有频率带宽，并且它还具有许多优点，例如易于组装、机械坚固性好和支持片状电子束等. 因此，DSG 是一种理想的 SWS 用于太赫兹返波管. 2020 年，伦敦玛丽女王大学的 J. Zhang 团队研究了一种由赝火花等离子体阴极发射的片状电子束作驱动，基于双交错光栅慢波结构的返波振荡器(BWO). 赝火花电子束源的原理示意图和双交错光栅慢波结构的返波振荡器(BWO)如图 26.3.18 所示，其中赝火花电子束源结构较为简单，可以更换不同的高频结构进行测试，增强了实验的便利性. 模拟结果显示，在 24～38 kV 的工作电压和 $(2\sim5)\times10^{7}$ A/m^{2} 的电流密度(束流电流为 1.5～3.8 A)下，获得了 3.9 kW 的最大功率，并且宽带宽超过 38 GHz(343～381 GHz).

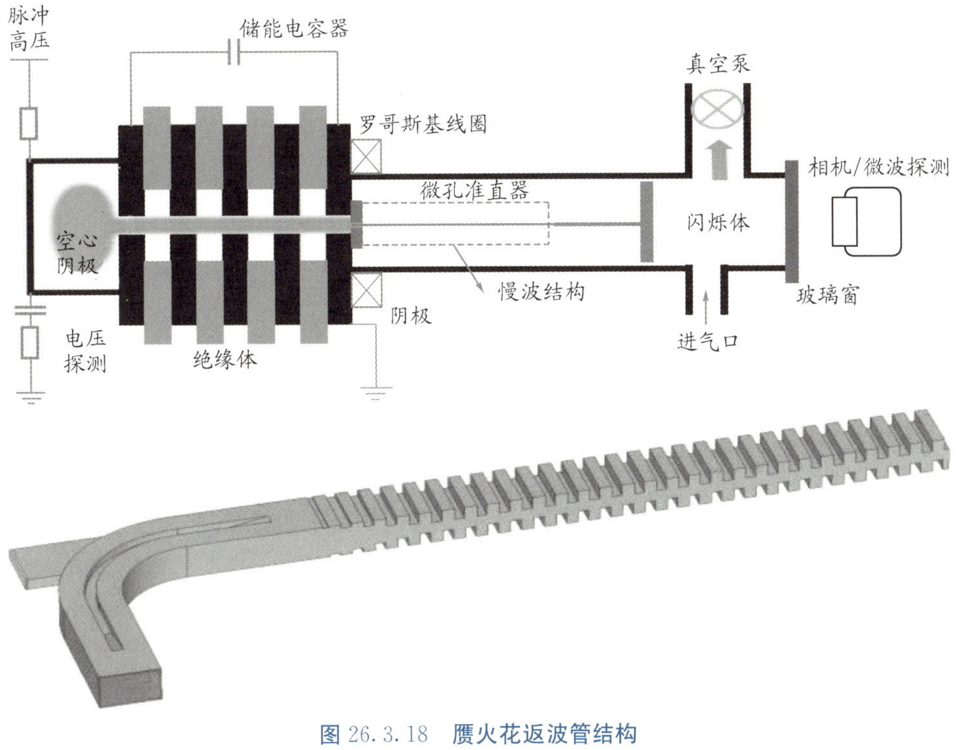

图 26.3.18　赝火花返波管结构

为了将小型低压亚太赫兹真空电子器件(VEDs)的输出功率提高到数百瓦，并克服其制造和组装的困难. 2017 年，陕西省西北核技术研究所的陈再高、王建国团队提出了一种新型的低压亚太赫兹径向返波振荡器(BWO)，其高频结构是一组同心波纹的金属板上的凹槽，即将矩形光栅变为同心圆形光栅，其中的电子束径向向内发射并与加工在平板上的慢波结构(SWS)相互作用. 与采用轴向电子束或平面片状电子束的 VED 相比，该径向返波管的色散曲线与半径和方位坐标无关. 因此，可以通过使用过模 SWS 来增加功率容量，并且不会激发方位不对称模式. 该径向返波管如图 26.3.19 所示. 其中 1 表示沿着径向向内传播的电子束；2 是同心 SWS，3 是输出结构. 其中低引导磁场沿着径向的方向施加，并且可以通过采用诸如 UV-LIGA 的微加工技术来制造径向 SWSs. 而且可以使用具有数十倍磁压缩的皮尔斯式电子枪，从阴极发射电子束沿径向向内传播，传播过程中电流密度会自动增加，可以获得高电流密度. 另外，由于电子枪位于慢波源的外部，这为电子枪的设计提供了极大的方便. 仿真结果显示，在电子注电压为 7 kV、电流密度为 16.8 A/cm^2、引导磁场为 0.6 T 时，能在 0.34 THz 处获得约为 100 W 的功率.

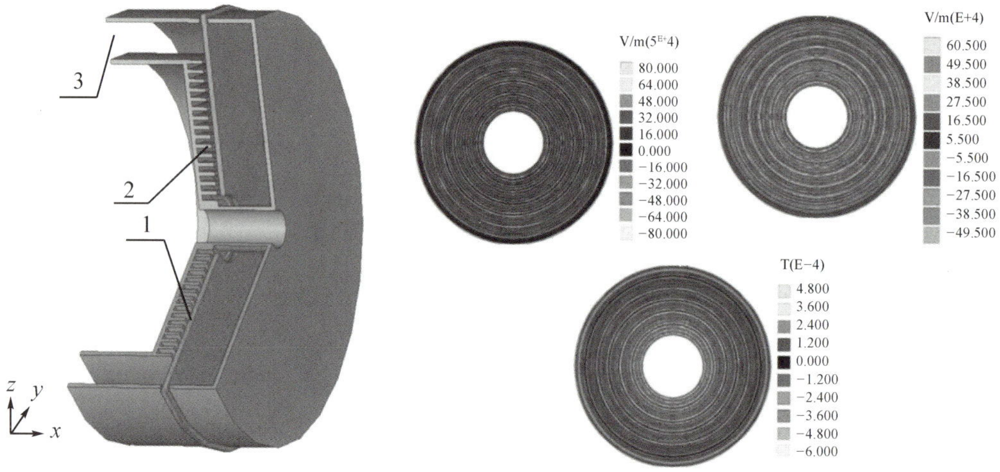

图 26.3.19　径向电子束返波管结构示意图及本征模场分布情况

26.4 斜注返波管

研究人员提出了电子注以斜入射方式进入互作用区域的器件，称为斜注管. 该器件的原理示意图如图 26.4.1 所示，其结构类似于返波管，区别为电子注的入射方式. 由于此器件的起振电流较低，所以相对返波管容易做到更高频率的输出. 对于此类器件，国内外的发展水平较为一致. 图 26.4.2 所示为 2017 年我国安徽省华东光电技术研究院席洪柱团队研发的一种高性能的 0.26 THz 片状电子束连续波斜注管，在连续波的工作模式下可以提供 0.82 W 的功率输出，可以在 0.25~0.262 THz 范围内进行调谐.

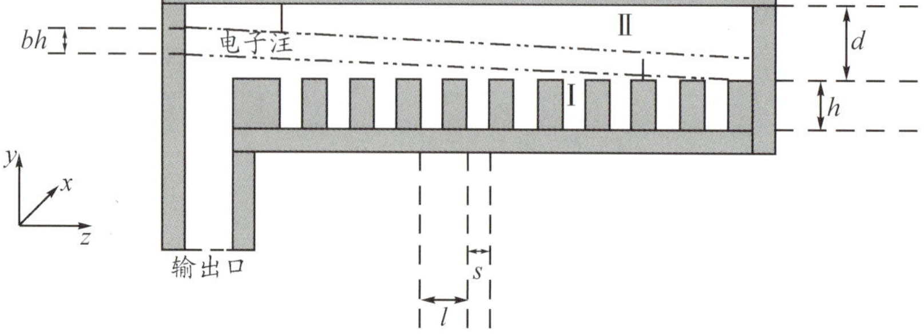

图 26.4.1　斜注管原理图

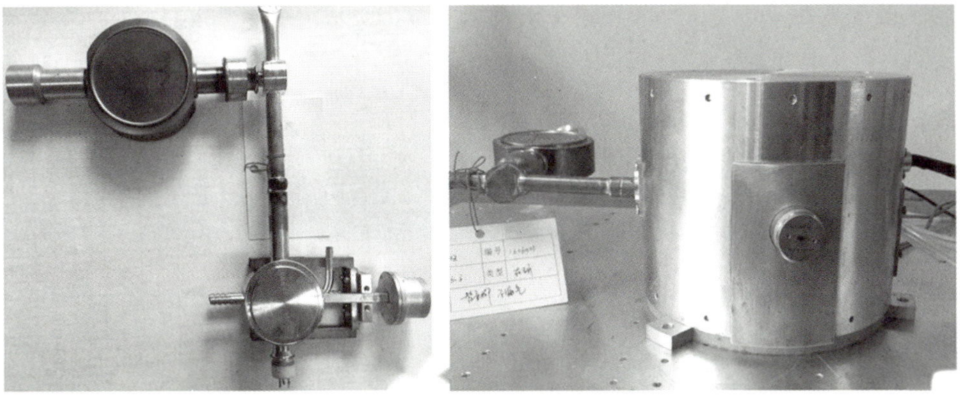

图 26.4.2　0.26 THz 斜注管加工及装配情况

图 26.4.3 所示为 2014 年乌克兰国家科学院 M. V. Milcho 团队对 3 mm 和 1 mm 的斜注管进行的研究，它们采用的慢波结构是具有矩形齿的直梳型对于 1 mm 的斜注管，当束电流 $I_e=149$ mA 和阳极电压 $U_a=4\,808$ V 时，在 0.258 5 THz 有 635 mW 输出. 图 26.4.3(a)为 3 mm 斜注管，图 26.4.3(b)为 1 mm 斜注管；这两种设备都是水冷的.

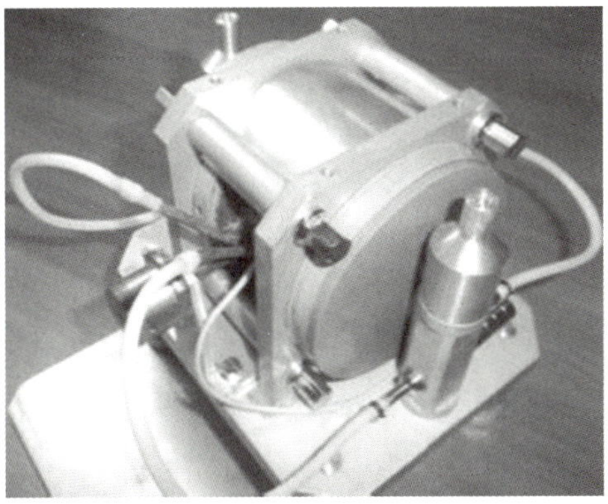

(a)　3 mm 斜注管

(b)　1 mm 斜注管

图 26.4.3　3 mm 和 1 mm 斜注管

26.5 本章小结

各国学者对改进返波管的高频结构进行了大量研究. 传统的太赫兹电子真空器件的高频系统通常有平板光栅慢波结构、双光栅慢波结构、交错双栅慢波结构及折叠波导慢波结构等. 近年来，一些新型高频结构不断涌现，如 U 型准平板慢波结构、N 型曲折波导慢波结构、双褶皱矩形波导慢波结构、交错金属杆阵列结构等. 但是上述结构中电子注采用的电流密度较大，对返波管结构中电子枪和聚焦系统来说条件严苛，实现起来存在一定难度.

综上所述，太赫兹返波管的研究方向在性能上应该以提高输出功率为主，但也需要降低起振电流密度，提升其工作效率；在结构尺寸上应该减小器件整体尺寸，实现紧凑型结构. 因此，我们通过研究双电子注双层级联的太赫兹返波管的结构，将实现倍频输出作为研究目标，同时将提升输出功率，降低起振电流密度、改善输出效率以及提升输出性能作为主要研究方向.

第 27 章　扩展互作用器件

27.1 总述

扩展互作用速调管振荡器及放大器，原是美国斯坦福大学乔多罗及威瑟尔-贝格在 20 世纪 60 年代提出的，这种器件在 20 世纪 70 年代得到了很大的发展，目前成为一种很重要的毫米波器件.

由本书第 3 篇及第 4 篇所述可以知道，在 O 型器件中，行波管的优点是频带宽、增益也较大，因此带宽增益乘积很高是行波管的一大特点. 速调管则以高增益著称，增益可达 70 dB，而且有较高的效率，这是因为速调管中的各个谐振腔之间有很好的隔离. 但是，速调管的带宽却很有限，即使采用参差调谐，带宽也只能达到百分之几. 因此，如何能把行波管及速调管的优点结合起来，开发一种既有高的增益和效率，又有足够带宽的新的微波器件，自然是人们向往的事.

沿着这一思路开展的研究工作，促成了扩展互作用速调管的诞生. 这种新的微波器件，虽然还不能说已完全合乎以上所述的理想情况，但是却在未想到的方面——毫米波领域——开辟了一种新的可能性.

众所周知，速调管的带宽限制是由于采用了谐振腔引起的；而行波管的增益不能做得太高是由慢波线的反射引起的反馈所限制的. 因此，自然会想到，采用由慢波结构形成的谐振系统有可能既具有谐振腔的特点，又具有慢波线的特点. 从速调管的理论观点看来，希望得到较高的 R_s/Q 值，R_s 为腔体的等效并联电阻值，Q 为腔体的有载品质因数. 腔端调制电子注与电磁波进行能量交换的等效电压就正比于此值. 可以证明，采用由慢波结构终端反射形成的谐振腔，可以得到较高的 R_s/Q 值. 与此同时，由于电子注的调制是在慢波线上进行的，而慢波线构成的谐振腔则可能具有较宽的频带，所以，利用这种腔体制成的器件，有可能具有较好的性能.

经过努力，目前已制成性能良好的扩展互作用腔速调管（EIO 及 EIA）. 在 95 GHz 的频率下，峰值功率可达到 1 kW 或更高. 一些速调管的参数见表 27.1.1 所列.

表 27.1.1　一些毫米波脉冲 EIO 的参量

型号	机械调谐范围/GHz	输出功率(脉冲)/W	V_a/kV	V_a/kV	电子调谐带宽/MHz
VKF-2443	92.7～96	950～1 770	21	12	300～360
VKT-2419	139.7～140.3	270	20	7.6	370
VKY-2429	225.5	70	21.3	8.2	400

在表 27.1.2 中列出了 95 GHz 扩展互作用放大器的参数.

由于可以制成重量较轻、有足够功率输出的毫米波器件，所以，EIO 及 EIA 具有重要的应用价值，特别是在国防领域. 据估计，采用 EIO 或 EIA 作毫米波雷达发射机，至少在功率上可以比固体器件提高 20 dB 以上. 这样，即使在最恶劣的气候条件下，也可使雷达的探测范围增加至原来的 3～4 倍.

由于采用了慢波结构的谐振系统，在波长接近 1 mm 或更短时，EIO 及 EIA 的发展可能就较困难了.

表 27.1.2 95 GHz 扩展互作用放大器的参量

参 量		同步调谐	宽带调谐
1 mW 激励	小信号增益	61 dB	44 dB
饱和状态	功率输出	2 400 W	2 800 W
	饱和增益	46 dB	38 dB
	3 dB 带宽	285 MHz	400 MHz
阴极电压引起的频率推移			2MHz/V

27.2 扩展互作用速调管的理论分析

如前所述，由于扩展互作用速调管有介于行波管和速调管之间的特点，所以理论分析也可以按与行波管类似的方法或与速调管类似的方法进行. 本节将采用空间电荷波的概念进行分析. 由于空间电荷波一般是建立在小信号基础上的，所以这种分析是小信号理论.

我们考虑一个有三个扩展谐振腔的情形，如图 27.2.1 所示. 设腔的长度分别为 x_1、x_2、x_3，其间的距离分别为 l_{12}、l_{23}、l_{13}. 为了分析所采用的假设，均与第 1 篇中研究空间电荷波时采用的假设一致. 此外，还需要假定各个谐振腔的 Q 值均很高，各个腔内的场彼此不受影响，而且也不受电子注的影响，即腔中与电子注互作用的场，同“冷”腔中的场相同. 最后一个假定表明，各个腔内的场是采用零级近似的给定场方法确定的.

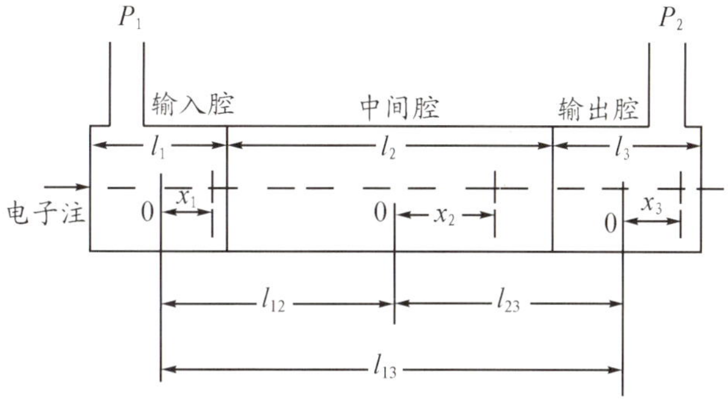

图 27.2.1 扩展互作用腔速调管示意图

这样，在某一腔的互作用区中场可写成

$$E(z)=VF(z) \tag{27.2.1}$$

函数 $F(z)$ 可作如下的归一化：

$$l_i\int_0^{l_i}[F(z)]\mathrm{d}z=1 \tag{27.2.2}$$

式中，l_i 表示某一腔的长度($l_1=x_1$，$l_2=x_2$，$l_3=x_3$).

电子注通过此种腔的互作用区时，将产生速度调制. 同三腔速调管类似，从第一个腔出发的电子注，已受到第一腔的调制，行进到第二腔时，电子注已有速度调制和密度调制，在第二腔又受到速度调制. 这两种调制相互叠加和干涉，到达第三腔，在第三腔产生能量交换. 另外，从空间电荷波的观点来看，在从第一腔出发的电子注中，被激起一对空间电荷波(快波及慢波)；而行进到第二腔时，又被激励起两个空间电荷波. 所以，在从第二腔出发的电子注中，就有这四个空间电荷波相干涉的空间电荷波，这种空间电荷波与第三腔中的波(注意此时腔体是由慢波线组成的)相互作用，产生能量交换.

按第1篇中关于空间电荷波激励的理论，第一腔及第二腔中波的耦合系数为

$$(M_{\pm})_i = M_r(\beta_e \pm \beta_p) = \int_{-l_i/2}^{l_i/2} F(x_i)\mathrm{e}^{\mathrm{j}(\beta_e \pm \beta_p)x_i}\,\mathrm{d}x_i \quad (i=1,2,3) \tag{27.2.3}$$

可见，耦合系数决定于腔中场的分布. 为此，我们来研究一下由慢波线段组成的谐振腔(扩展互作用腔).

设这种谐振腔的长度为 l，波的传播常数为 β，则谐振条件由下式给出：

$$\beta_n l = n\pi \tag{27.2.4}$$

式中，n 为正整数；β_n 表示第 n 个模式. 可见，在这种腔中，谐振频率为分立的谱线：

$$f_n = \frac{n\pi v_p}{2\pi l} = \frac{1}{2l} n v_p \tag{27.2.5}$$

在一般情况下，厘米波段的慢波线可采用环杆线，而在毫米波段，则可采用其他形式，如耦合腔结构等. 如果腔的两端面全反射，即略去耦合带来的影响，那么可假定腔内场按正弦分布，这时腔内的等效电压可求得为

$$V^2 = \frac{1}{2} l^2 E_0^2 \tag{27.2.6}$$

式中，E_0 表示腔内场的幅值. 在求得式(27.2.6)时，利用了归一化条件式(27.2.2).

于是可以求得等效并联电阻：

$$R_s = \frac{1}{2}\frac{V^2}{P_l} \tag{27.2.7}$$

式中，P_l 表示腔中的功率损耗. 腔的 Q 值则为

$$Q = \omega \frac{W}{P_l} \tag{27.2.8}$$

式中，W 表示腔中的储能. 这样就可以得到所需的 R_s/Q 值：

$$\frac{R_s}{Q} = \frac{1}{4}\frac{l^2 E_0^2}{\omega W} \tag{27.2.9}$$

同样，若按行波管理论，则可求得耦合阻抗：

$$K_c = \frac{E_1^2}{2\beta^2 v_g W} = \frac{E_0^2}{8\beta^2 v_g W} \tag{27.2.10}$$

式中，v_g 为波的群速. 在式(27.2.10)中，考虑到在驻波状态下，场的幅值与行波状态下的关系为

$$E_1 = \frac{1}{2} E_0 \tag{27.2.11}$$

由此可以求得耦合阻抗与 R_s/Q 值之间的关系：

$$\frac{K_c}{(R_s/Q)} = \left(\frac{v_p}{v_g}\right)\left(\frac{1}{n\pi}\right) \tag{27.2.12}$$

以上关于慢波结构谐振腔的分析，既考虑到用于行波管(空间电荷波)方法的分析中，也考虑到按速调管方法的分析应用中.

现在就可按式(27.2.3)计算波耦合系数. 对于正弦分布场：

$$F(x) = E_0 \sin 2\beta_n x \tag{27.2.13}$$

$$\beta_n = \frac{2\pi n}{l} \tag{27.2.14}$$

代入式(27.2.3)，得

$$(M_{\pm})_i = \frac{\beta_n}{4\beta_n^2 - (\beta_e \pm \beta_p)^2} \sin(\beta_e \pm \beta_p)\frac{l_i}{2} \tag{27.2.15}$$

在文献中还给出了其他场分布(实测的)时波的耦合系数①.

这样,按第 1 篇中所述,可以求得第三腔中电子注中的交变电流:

$$I(x_s)=-\frac{1}{R_p}\left\{\sum_{i=1}^{3}V_i e^{j\varphi_i}\Delta\left[M_i(\beta_e)e^{-j\beta_e(l_{i+2}+x_3)}\right]+V_3 e^{j\varphi_3}\Delta\left[e^{-j\beta_e x_3}\int_{-l_2/2}^{x_3}F(y)e^{-j\beta_e y}dy\right]\right\} \tag{27.2.16}$$

式中,定义

$$\Delta[f(\beta_e)]=\frac{1}{2}[f(\beta_e+\beta_p)-jf(\beta_e-\beta_p)] \tag{27.2.17}$$

$$R_p=\frac{2V_0}{I_0}\left(\frac{\beta_p}{\beta_e}\right) \tag{27.2.18}$$

式中,φ_i 表示腔中高频场的相位.

在第三腔中电子注与场进行能量交换,由功率平衡关系可以得到

$$Y_{13}V_1e^{j\varphi_1}+Y_{23}V_2e^{j\varphi_2}+Y_{33}V_3e^{j\varphi_3}=0 \tag{27.2.19}$$

同样,对于第二腔可以得到

$$Y_{12}V_1e^{j\varphi_1}+Y_{22}V_2e^{j\varphi_2}=0 \tag{27.2.20}$$

式中,Y_{ij} 表示腔之间的互导纳;Y_{ii} 表示自导纳.

式(27.2.19)中前两项表示第一腔、第二腔引起的在第三腔中的能量交换,第三项则表示本腔中电子与场互作用引起的能量变化.对于式(27.2.20)中的各项有着类似的意义.

Y_{ij}、Y_{ii} 可按下式求得:

$$Y_{ij}=-\frac{1}{R_p}\Delta[M_iM_j^*e^{-j\beta_e l_{ip}}] \tag{27.2.21}$$

$$Y_{ii}=(Y_e)_p+\frac{Q_p}{R_{sp}}\frac{1+2jQ_{Li}\delta_i}{Q_{Li}} \tag{27.2.22}$$

式中,Y_e 表示电子注的导纳,可以按下式求出:

$$(Y_e)_i=-\frac{1}{R_p}\Delta\left\{\frac{1}{2}M_iM_i^*+j\int_{-l_i/2}^{l_i/2}\int_{-l_i/2}^{x}F_i(x)F_i(y)\sin[\beta_e(y-x)dydx]\right\} \tag{27.2.23}$$

由式(27.2.19)、式(27.2.20)可以求得

$$\left(\frac{V_3}{V_1}\right)e^{j(\varphi_3-\varphi_1)}=\frac{\left[\frac{Y_{12}Y_{23}}{Y_{22}}e^{j\varphi_2}-Y_{13}\right]}{Y_{33}} \tag{27.2.24}$$

由此可求出增益

$$\frac{P_L}{P_1}=4\left(M_1^2\frac{R_{s1}}{Q_1}\frac{1}{R_p}\right)\left(M_2^2\frac{R_{s2}}{Q_2}\frac{1}{R_p}\right)^2\left(M_3^2\frac{R_{s3}}{Q_3}\frac{1}{R_p}\right)\cdot\frac{Q_{L1}^2Q_{L2}^2Q_{L3}^2}{Q_{ext1}Q_{ext3}}\frac{\sin^2\beta_pl_{12}\cdot\sin^2\beta_pl_{23}}{(N_1N_1^*N_2N_2^*N_3N_3^*)} \tag{27.2.25}$$

式中,令

$$N_i=Y_{ii}\frac{R_{si}}{Q_i}Q_{Li}=1+2jQ_{Li}\delta_i+Y_{ei}\cdot\frac{R_{si}}{Q_i}Q_{Li} \tag{27.2.26}$$

式中,Q_L 表示有载品质因数;Q_{ext} 表示外观品质因数;δ 表示频偏.

---

① CHODOROW M, WESSEL-BERG T. A High-Efficiency Klystron with Distributed Interaction[J]. IRE Transactions on Electron Devices 8.1(1961):44-55.

如果各个腔的品质因数都相同，而且调在同一个谐振频率上，那么可由式(27.2.23)求得 3 dB 带宽为

$$\frac{\Delta\omega}{\omega}=(2^{1/3}-1)^{1/2}\frac{N_{res}}{Q_L}=0.51\frac{N_{res}}{Q_L} \tag{27.2.27}$$

式中，假定 $N_1=N_2=N_3=N$，即

$$N_{res}=N \qquad (\delta=0) \tag{27.2.28}$$

扩展互作用速调管的大信号计算，可采用类似于行波管的方法，如第 4 篇所述. 也可用近似的方法进行.

由于扩展互作用腔速调管有明显的国防功能，所以加拿大的瓦里安公司对 35 GHz 和 220 GHz 的脉冲放大管及 95 GHz 的连续波放大管进行了研制. 还试图用改进互作用空间谐振特性的方法来进一步加宽工作频带，使之能达到 3%～10%. 如果确实目前能够做到，那么这种器件在毫米波雷达上的应用将有更大的潜力.

27.3 扩展互作用速调管的发展及应用

扩展互作用速调管(extended interaction klystron，EIK)于 2005 年应用到美国国家航空航天局(NASA)的 CloudSat 项目和地球空间科学探路者任务中. CloudSat 卫星搭载的大功率 94 GHz 的 EIK 为其实现全球云层的数据测量作出了贡献. 由喷气推进实验室(JPL)主持，NASA、加拿大国家航天局(CAS)等共同参与的 SWOT 项目，采用 CPI 生产的脉冲功率 1 500 W、带宽 210 MHz 的 Ka 波段 EIK 用于驱动 Ka 波段的雷达干涉仪，实现了对河流及中尺度海洋地形特征的观测. 实际样管于 2015 年研制成功. CSA 和日本 NASDA 共同研制了计划在 2018 年发射的 EarthCARE 云卫星，搭载了 CPI 公司提供的 W 波段 EIK，为 CloudSat 卫星搭载的 EIK 的变型，性能相近，但具有更低的阴极电流发射密度，使用寿命更长. 同时，EIK 也曾应用于 NASA 的 JIMO 计划和 CSA 的 EGPM 计划. 其中，JIMO 是与 CPI 的联合计划，应用了 CPI 公司提供的大功率 35 GHz 的 EIK.

EIK 可应用于动态核极化(dynamic nuclear polarization，DNP)和电子自旋共振(electron spin resonance，ESR)中. DNP 需要大功率辐射源来激发自由电子的跃迁，以增强核的极化度；ESR 同样利用外加辐射源使得电子从低能级跃迁至高能级从而产生共振现象. 1990 年麻省理工学院就利用 139.95 GHz 的脉冲 EIK 进行 ESR 研究，2004 年康奈尔大学利用 CPI 公司研制的 95 GHz 的 EIK 进行 ESR 系统的研究. 2014 年，CPI 报道了正在研发的一款工作在 164 GHz、可提供 20 W 的脉冲功率的 EIK，该 EIK 将应用于美国国家卫生研究所开发的 DNP-NMR 系统. 2010 年，华威大学、圣安德鲁斯大学及牛津大学等机构就开始了利用 CPI 生产的 EIK 进行 DNP 系统的研究，并于 2016 年报道了其研制的 DNP-NRM 系统，该系统采用了中心频率为 187 GHz、输出功率为 9 W 的 EIK 进行驱动.

EIK 在主动拒止武器(active denial system，ADS)中同样有应用. 20 世纪 80 年代，美国首次提出了 ADS 的概念，将其作为一种新型非致命的功率武器，主要用于反恐、制暴及监狱控制. 2007 年，美国桑迪亚国家实验室(Sandia National Laboratories，SNL)和 Raytheon 公司联合研制了一款拒止武器系统，并且采用 95 GHz 的 EIK 作为其功率源. 2010 年，美国洛杉矶的 Pitchess 拘留中心报道了一种采用 W 波段 EIK 进行驱动的拒止武器系统，在 100 英尺(30.5 米)的有效范围内，可对人员造成灼烧而进行控制.

速调管的互作用系统由单间隙谐振腔和漂移管构成，对电子束的速度调制和密度调制是分开进行的，具有较高的输出功率和增益，但带宽相对较窄. 而行波管的互作用系统是一种慢波结构，速度调制和密度调制同时进行，带宽比较宽，但是在增益和输出功率方面却没那么理想. EIK 结合了速调管和行波管的优点，

具有宽带、高效率和大功率的特性，是一种新型真空电子器件.

CPI 公司和美国海军实验室(NRL)在扩展互作用器件领域处于领先地位. 自 20 世纪 70 年代以来，CPI 已经设计制造了一系列扩展互作用放大器和振荡器，其产品主要是商业化的毫米波 EIK 器件，目前已应用于雷达、遥感、电子对抗和深空探测等领域. 时至今日，CPI 公司生产的 EIK 器件已经实现了在微波、毫米波和太赫兹波段等各个频段的应用. 并且根据不同的需求，EIK 的输出功率可以分为多个量级. 除此之外，CPI 公司的整条产品生态链已经相当完善，包含产品的设计仿真、精密加工和封装测试. 其中 CPI 代表性的太赫兹 EIO 和 EIK 性能指标见表 27.3.1 和表 27.3.2 所列，涵盖了 18～280 GHz 的频率范围，图 27.3.1 给出了部分 EIK 的实物图片.

表 27.3.1　CPI 公司 EIO 产品性能

中心频率/GHz	脉冲功率/W	连续功率/W	电调谐	机械调谐
40	1 000	50	0.2%	1
90	400	80	0.2%	2
140	100	10	0.2%	3
200	50	9	0.2%	4

表 27.3.2　CPI 公司 EIK 产品性能

中心频率/GHz	脉冲功率/W	连续功率/W	带宽/GHz
30	3 500	1 000	0.5
95	3 000	400	2.25
140	400	50	
220	50	5	0.3
260～280	30	3	

图 27.3.1　CPI 公司部分 EIK 实物图

CPI 公司在 2011 年设计制作了 0.67 THz 的 EIK，可以产生 1 W 的功率输出. 2007 年 CPI 公司设计并实验了一款宽带多模 EIK，未给出结构模型，其输出功率与频率的关系图如图 27.3.2 所示，EIK 工作在 95 GHz，采用 140 mW 信号驱动，具有 2.25 GHz 的 3 dB 带宽，峰值功率可达 1kW.

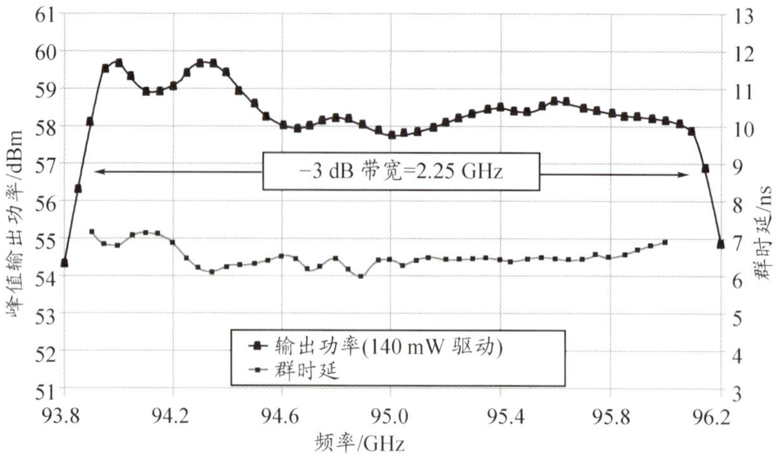

图 27.3.2　95 GHz 的 EIK 实验测试结果

美国海军实验室在 2014 年设计制造并试验了一款 94 GHz 的 EIK. 如图 27.3.3 所示，该器件采用片状注电子束，为三腔五间隙模型，总长度为 22 mm. 该器件加入节流器以应对加工误差，并且可以机械调谐. 在电子束电压为 21.3 kV、电流为 4.2 A 时，3 dB 带宽为 100 MHz，峰值功率输出为 7.7 kV，对应增益为 35 dB. 该成果在带状注器件及 EIK 器件领域具有里程碑式的意义.

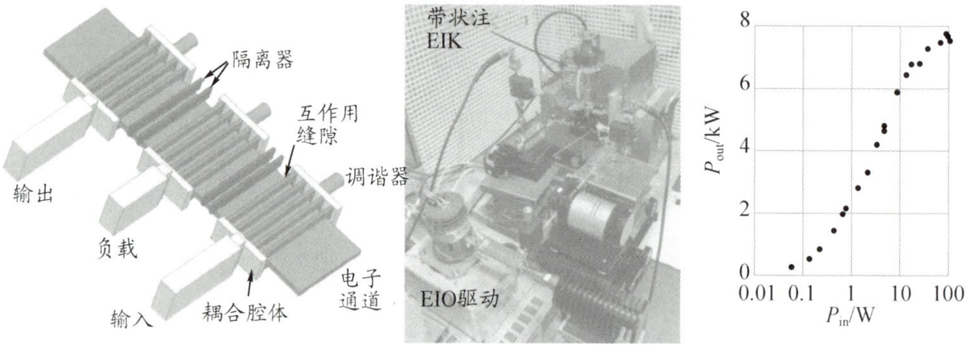

图 27.3.3　94 GHz 带状注 EIK 三维模型及实验结果

在通过各科研机构的研究，EIK 已经在太赫兹频段中较低的频段进行了产品试验及应用，并具有很大的潜力应用于更高的太赫兹频段，从而成为“太赫兹电子计划”的技术路线之一. 对于更高频段 EIK 的研究，多家研究机构多年前便已经开展. 2010 年，美国的波束研究中心报道了一款 0.67 THz 宽带 EIK 的仿真设计成果，它采用 9 腔设计，输入功率为 5 mW，峰值功率为 1.5 W，功率输出超过 500 mW 的频段范围达到 7.1 GHz. 同年 CPI 公司报道了一款工作在 0.67 THz 的 EIK，其结构如图 27.3.4 所示，采用 6 腔设计，具有 8 W 的峰值输出功率. EIK 在更高的频率由于电子束及加工难度等因素的影响，较难产生功率输出，一般可以使它工作在更高的模式来增加腔体体积大小，从而降低加工难度并提高功率容量.

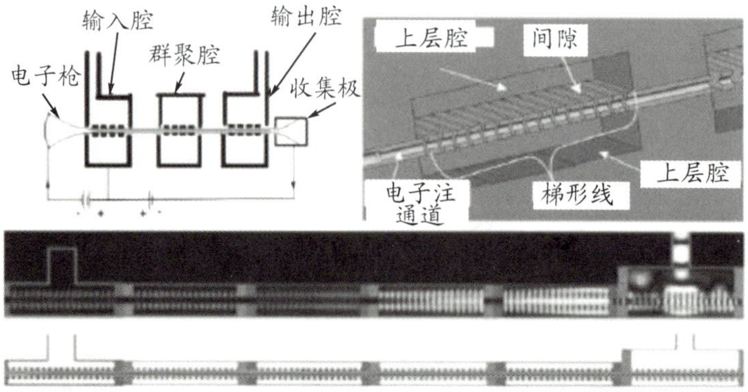

图 27.3.4　0.67 THz 宽带 EIK 三维模型

2017 年西北核技术研究所提出了一种使用梯形结构工作在 TM_{31} 模式的 EIK. 在电压为 15 kV、电流为 0.3 A 的电子束的驱动下，该 EIK 的中心频率为 342.4 GHz 时，其饱和增益为 43 dB，输出功率为 60 W. 其优势为工作在 TM_{31} 模式下，其他模式被很好地抑制，避免了模式竞争. 2017 年，北京航空航天大学报道了一种横向交错光栅子电路结构. 基于此结构设计的四腔 EIK 使用 π 模作为工作模式. 输入信号频率为 218.9 GHz，在 16.5 kV 电压和 0.30 A 束流条件下，输出功率为 360 W，效率为 7.27%，增益为 38.6 dB，3 dB 带宽为 500 MHz. 2020 年电子科技大学提出了一种基于参差光栅扩展互作用电路结构的 EIK，并对其工作机理作出解释. 该 EIK 为国内首次报道的宽带多模 EIK. 如图 27.3.5 所示，该结构为梯形电路的变形，光栅上下交错，并去掉下耦合腔. 纵向工作模式为 π 模、$\pi+1$ 模式和 $\pi+2$ 模式. 这种结构的单腔反射参数在不同的谐振点不会产生较大的反射，使得能量可以连续馈入，为多模工作创造了条件，同时改变电压使得工作模式切换，三个工作模式的输出在频率上可以连续，所以 3 dB 带宽为 860 MHz.

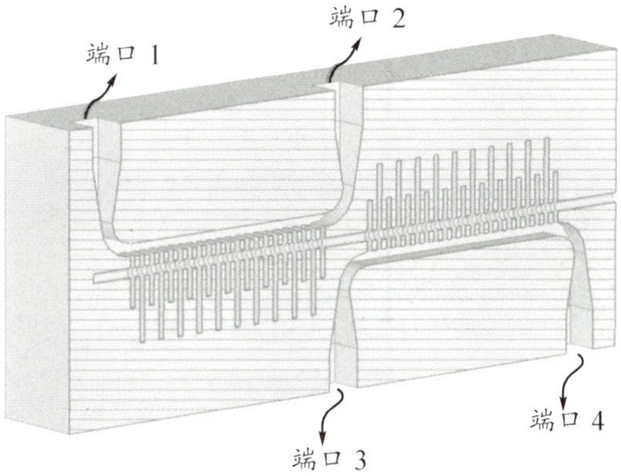

图 27.3.5　多模 EIK 三维模型

中国科学院航天信息研究院在 2020 年研制出一款 Ka 波段的 EIK，用于满足现阶段科学研究对大功率毫米波源的需求，实验测得最大输出功率为 60 kW，对应增益为 53 dB，1 dB 带宽和 3 dB 带宽分别为 220 MHz 和 350 MHz. 并且在 2022 年设计出一款工作在 340 GHz 的 EIK，在电压 22.4 kV、电流 0.2A 的圆柱电子束的驱动下，产生了 138.3 W 的输出功率，对应增益为 39.6 dB，3 dB 带宽为 500 MHz. 同年中国科学院航天信息研究院还提出了一种横向模式重叠的 G 波段 EIK，扩展了 EIK 的工作带宽. 该 EIK 可以工作在 TM_{11} 和 TM_{21} 模式下，通过两条电压 15.8 kV、电流 0.3 A 的带状电子束的驱动，可以产生 138 W 的功率输出，对应增益为 34.3 dB，1 dB 带宽为 1.95 GHz. 北京真空电子研究所在 2022 年设计出一款 G 波段的大功率 EIK，该 EIK 工作在 $TM_{21}-2\pi$ 模式下，在两个电压为 45 kV、电流为 0.6 A 的圆柱电子束的驱动下，峰值功率为 1.2 kW，对应的增益达到了 30 dB，3 dB 带宽为 400 MHz. 电子科技大学在 2022 年设计了一款四腔 G 波段的 EIK，如图 27.3.6 所示. 该 EIK 采用三孔耦合腔结构作为其高频系统，具有较大的圆柱电子束通道，在电压为 14.5 kV、电流为 0.2 A 的圆柱电子束的驱动下，峰值功率输出可达 134.5 W，增益为 30.3 dB，3 dB 带宽为 1 GHz.

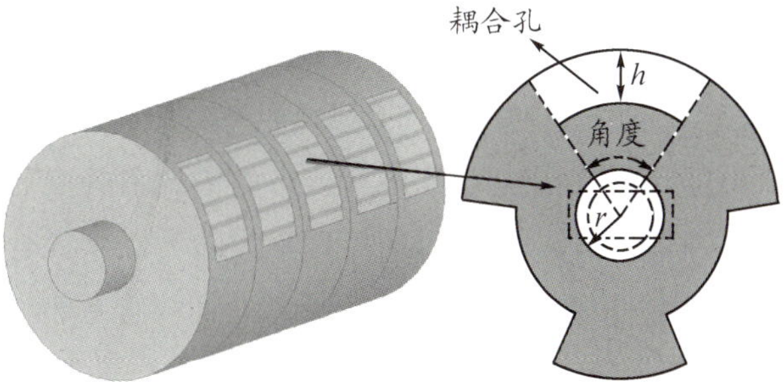

图 27.3.6　三孔耦合腔结构

扩展互作用速调管(EIK)已被证明是结构紧凑并且可靠的毫米波辐射源. 几十年来,加拿大的 CPI 公司一直在研制生产各个频段的 EIK.

在 2007 年的时候,CPI 公司 P. Horoyski 团队就成功研制出了 2 GHz 带宽、高功率 W 波段扩展互作用速调管. 其中器件的扩展相互作用结构增加了器件的本征模的阻抗,这补偿了由于欧姆损耗而发生的阻抗降低. 该器件的中心频点为 95 GHz,带宽为 2.2%,以脉冲方式进行工作,峰值功率为 1 kW,平均功率在 100 W,整体的重量小于 6 kg,如图 27.3.7 所示.

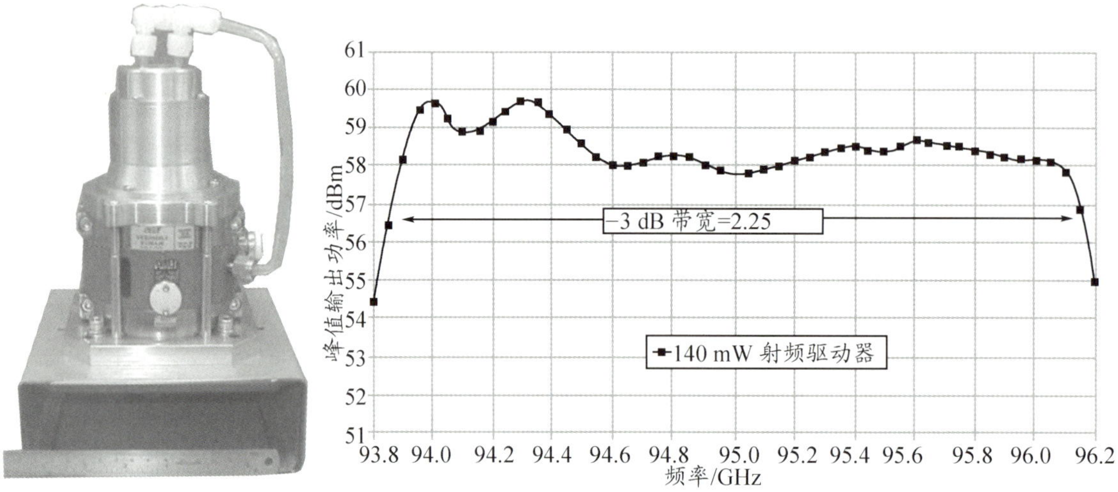

图 27.3.7　W 波段扩展互作用速调管

2008 年,CPI 公司的 M. Hyttinen 团队在 IVEC 会议上又报道了 G 波段的连续波扩展互作用速调管,如图 27.3.8 所示. 该器件在 218 GHz 处可以产生 7 W 的连续波输出,整体重量进一步减小,仅为 4.3 kg. 其紧凑的结构、良好的性能表示这是一个 G 波连续波段辐射源新的里程碑.

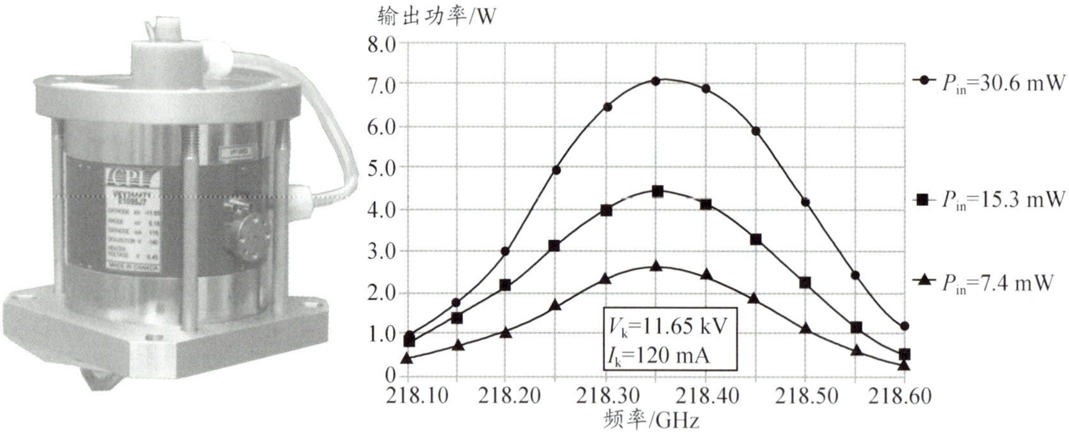

图 27.3.8　G 波段及 W 波段扩展互作用速调管

传统的真空电子慢波和驻波放大器基本使用的是圆柱形电子束,所以基本上都要约束电子束直径,使电子束直径远小于 RF 电路中的波长. 因此,在毫米波和亚毫米波处,电子束直径过小,导致传输在器件中的电流过小,进而严重限制了此类放大器的输出功率. 当片状束的电流密度和圆柱形束电流密度相同时,由于片状束在宽横截面上传输电子电流,所以在指定电压下片状束传输的束电流明显更高. 另外,已经证明对于高导磁率片状电子束可以使用螺线管聚焦,并且已有螺线管聚焦的类似片状电子束装置. 如图 27.3.9 所示为 2014 年美国海军研究实验室 J. Pasour 团队采用片状电子注及螺线管互作用结构成功研制出的 4 GHz 扩展互作用速调管. 其中螺线管场对于该放大器的成功至关重要,因为它可以实现低电压下在细束中传输高电流密度的电子束,从而增加相互作用的阻抗并使装置的长度最小化,而紧凑的电路又可以使用合适尺寸的永磁螺线管来产生磁场，最终实现了在 94 GHz 处产生超过 7.5 kW 的峰值输出功率.

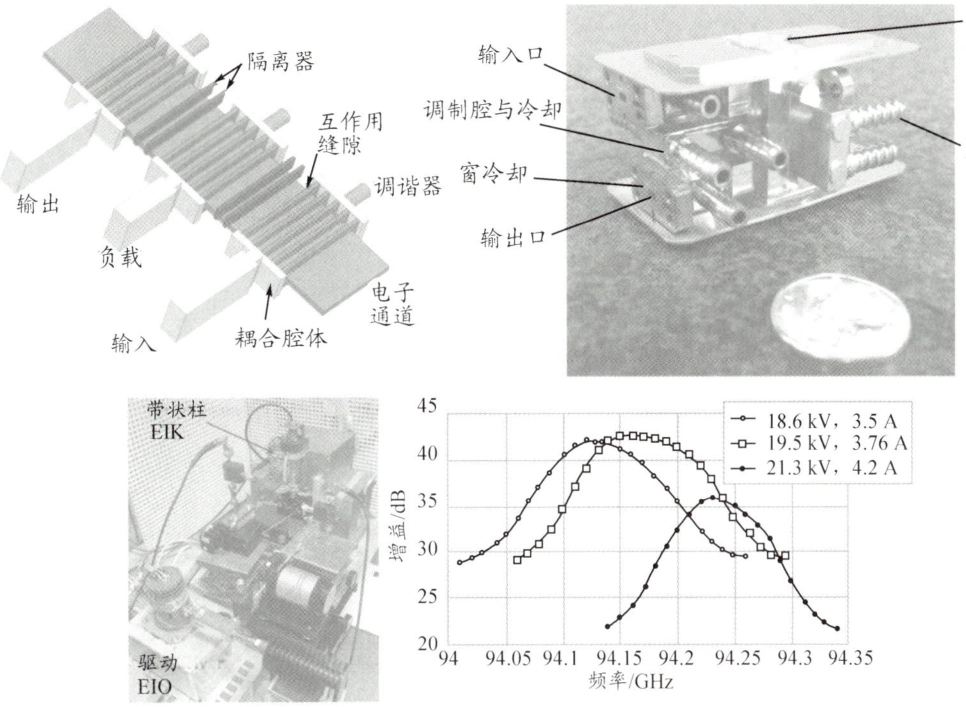

图 27.3.9　片状电子注 W 波段扩展互作用速调管

随着太赫兹技术的发展，许多领域需要结构紧凑、性能好、成本低的亚太赫兹和太赫兹辐射源. 近年来，回旋管、自由电子激光器和同步辐射装置已在该频率范围内成功研制出相关器件. 这些器件可以提供较高的平均输出功率，但是由于具有相对较大的尺寸和成本而不适合许多应用，因此出现了一种新概念，即利用对称圆形光束在超大光束隧道中传播，并穿过由光子晶体(PC)单元组成的超大电路，其中 PC 单元具有抑制模式竞争的优点. 如图 27.3.10 所示为 2019 年美国麻省理工学院 J. C. Stephens 团队利用光子晶体的电磁特性设计并制作了 W 波段扩展互作用速调管. 该器件的输入和输出腔中都有两个慢波电路，并且这四个慢波电路每个都有六个慢波周期谐振腔，每个周期谐振腔都是由 5×3 方阵组成的光子晶体单元. 其中，PC 晶格的中心元件被移除，从而在晶格中产生缺陷位点让电子束沿着轴通过结构. 当电子束为 23.5 kV、330 mA，在 0.5 T 的螺线管均匀磁场中，该器件可以产生 30 W 饱和输出的 93.7 GHz 高频信号，增益达 26 dB.

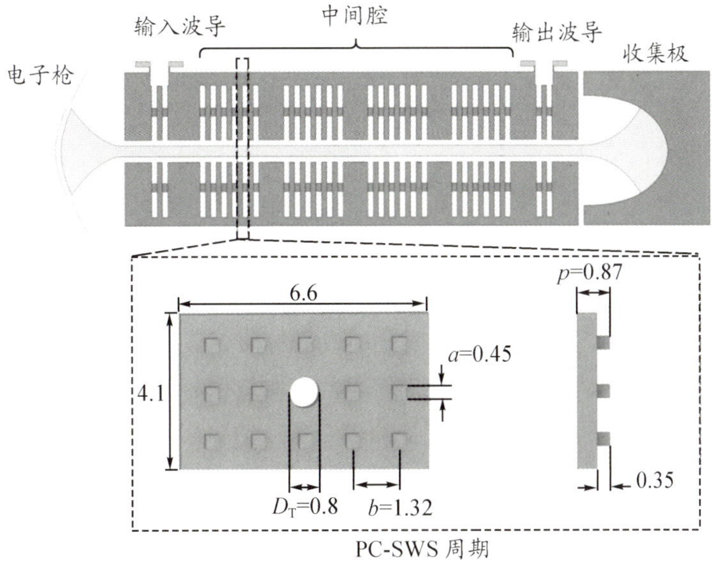

图 27.3.10　光子晶体扩展互作用速调管(单位：mm)

与传统的单腔速调管相比，扩展互作用速调管（EIK）的优势是显而易见的，特别是当 EIK 应用于毫米波和亚毫米波频率时. EIK 的腔由多个周期慢波单元组成，这有利于提高腔体的阻抗，有利于电子束与波的相互作用，从而大大增加增益带宽积，进而补偿了当 EIK 工作在毫米波频率时由于较高欧姆损耗引起的阻抗降低. 2015 年，中国工程物理研究院应用电子学研究所曾造金团队报道了一种基于双周期梯形结构的 EIK，在电子束电压为 17 kV、电流为 0.34 A、输入微波功率为 30 mW、频率为 94.77 GHz 的条件下，获得了平均功率为 580 W、功率转换效率为 10.03%、增益为 42.6 dB、3 dB 瞬时带宽大于 150 MHz 的输出结果；最终实验中电子束为 18 kV、0.28 A，输入微波功率为 30 mW 的情况下，在 94.95 GHz 处可以获得 374 W 的平均功率输出. 该结构的 EIK 如图 27.3.11 所示.

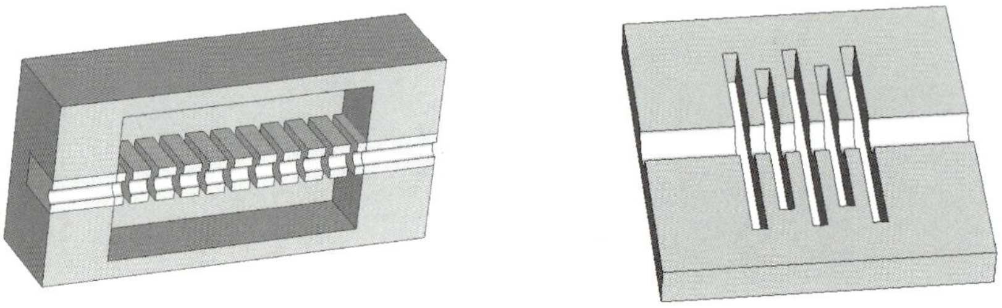

图 27.3.11　双周期梯形结构的 EIK

扩展互作用速调管与传统速调管的不同之处在于它的谐振腔是由多个互作用间隙组成的. 这种腔使电子束在结构的每个周期内的间隙处与腔场相互作用，通过使用多间隙腔，R/Q 的有效值显著增加，因此得到相对大的增益带宽积. EIK 放大器在功率、带宽、增益和效率方面具有综合优势，尺寸紧凑. 2019 年，北京真空电子技术研究所韦莹团队成功设计出一款 40 dB 增益的 W 波段宽带 EIK，在 17 kV、0.76 A 电子束下，EIK 的峰值输出功率为 1.5 kW，3 dB 带宽为 1 GHz，增益为 40 dB，如图 27.3.12 所示.

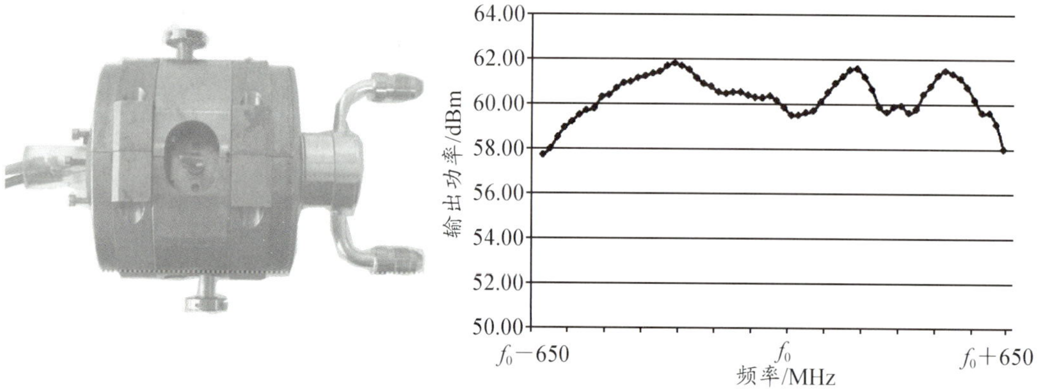

图 27.3.12　W 波段宽带 EIK

在各种类型的真空电子器件中，扩展互作用速调管（EIK）是一种功能强大且成本较低，具有高输出功率和高可靠性的器件. 在对 EIK 不断探索的过程中，2019 年北京航空航天大学的阮存军团队提出了一种 G 波段矩形注不等长槽结构的扩展互作用速调管，如图 27.3.13 所示，长短槽的尺寸比例对有效特性阻抗及模式分离度影响较大. 为了在提高束流的同时降低聚焦难度，采用了小纵横比的矩形电子束. 仿真结果表明，采用此结构的 G 波段器件的输出功率有 400 W，带宽相对传统梯形结构的器件有较大提升，达到了 800 MHz. 冷腔测试结果与模拟结果偏差 1 GHz，验证了该结构的合理性.

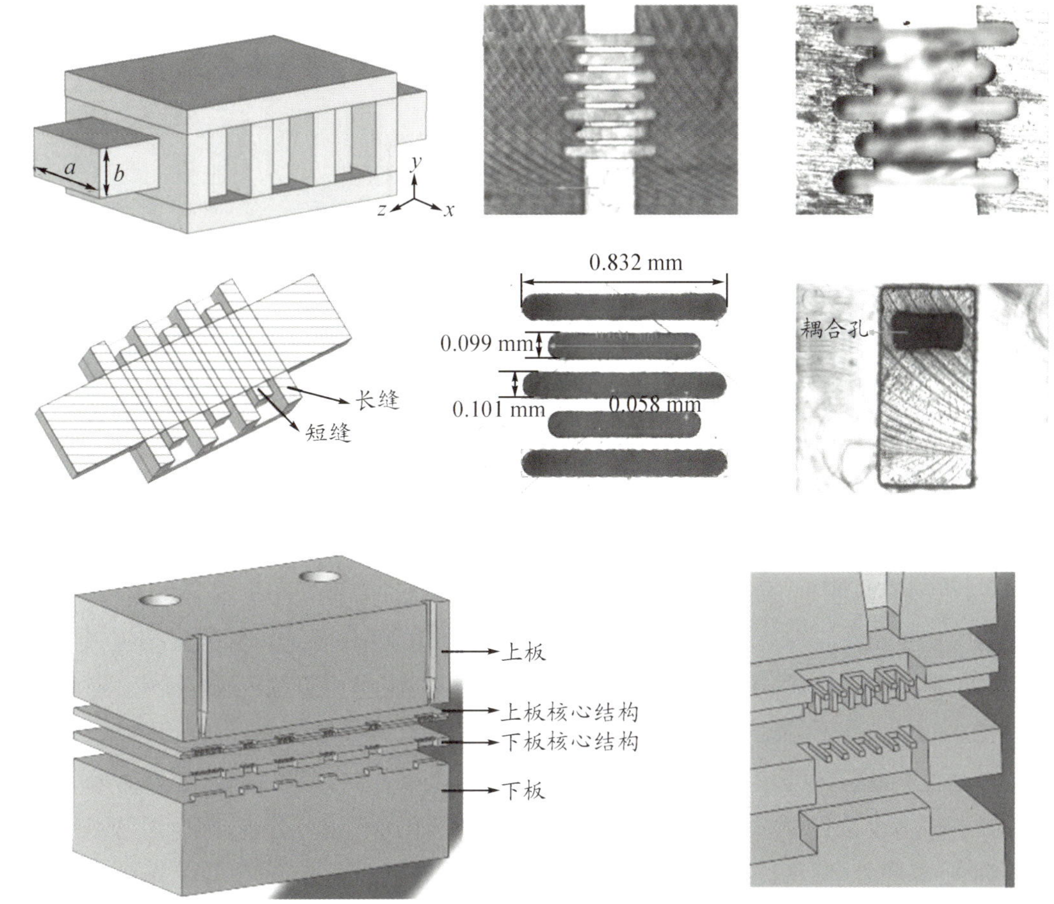

27.3.13　长短槽梯形慢波结构

27.4 扩展互作用振荡器

扩展互作用振荡器(extended interaction oscillator,EIO)是一种重要的电真空微波辐射源,它在发展之初主要向高功率方向发展.在太赫兹快速发展的现阶段,以及随着微加工技术的改进,现在 EIO 正逐步发展成为一种重要的太赫兹辐射源,从现有的研究报道来看,其频率可以覆盖 0.1~0.5 THz.在此频段,雷达、通信、成像等方面有着璀璨的应用前景和发展蓝图,但其关键问题是需要功率高(W 量级)、结构紧凑、工作电压低、功耗小、效率高的太赫兹辐射源.而 EIO 正是具有以上特色的真空电子学太赫兹辐射源.

本章从一般慢波理论出发,研究了 EIO 的工作原理与特点,并调研了其发展趋势,然后根据研究目标和实验室基础,制定了基本的实验条件和要求.

一、EIO 的工作原理及其特点

EIO 属于 O 型器件,其基本工作原理同其他 O 型器件一致,如行波管(TWT)、返波管(BWO)、速调管等.在 O 型器件中,具有一定速度的电子注在电子通道内传输,在经过缝隙时激发出电磁信号,通过慢波电路的选频特性,电子注与特定频率的电磁波发生互作用,电子注发生速度调制、密度调制,进而产生群聚.最终电子注将能量交换给高频场,达到辐射出特定频率电磁波的目的.

与其他微波管不同的是,EIO 通常工作在 $\beta_L = n\pi$ 点附近,通常 EIO 的工作点紧邻 $\beta_L = n\pi(n=2,4,\cdots)$,工作模式为 $n\pi$ 模,如图 27.4.1 所示为 EIO 工作模式示意图,也就是电子注与色散曲线交汇于 $n\pi$ 点,工作状态下，腔体中的电磁波是行驻波．由于 EIO 没有输入信号，要自激产生振荡，所以它需要有较高的特征阻抗 R_s/Q 值，且 R_s/Q 与互作用长度成正比．EIO 所具有的扩展腔体恰好满足此条件，典型的 EIO 腔体如图 27.4.2 所示．

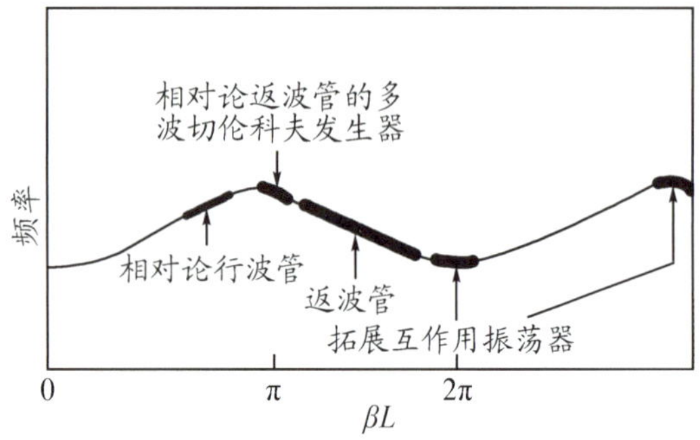

图 27.4.1　EIO 工作模式示意图

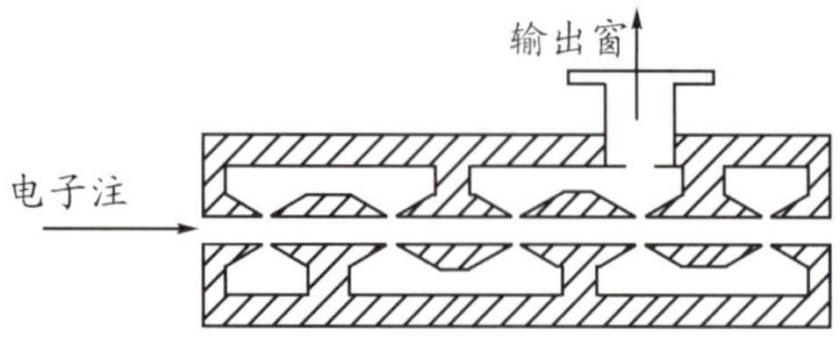

图 27.4.2　典型的 EIO 腔体结构

在某种意义上看，EIO 是由速调管和行波管演变而来的，三者各具特色．速调管以高增益、高效率著称，但带宽有限；行波管具有频带宽、增益大的优点，但效率低．速调管的带宽窄是由于采用了谐振腔；而行波管的增益不能做得太高是由慢波线的反射引起的反馈所造成的．EIO 采用了速调管的谐振腔和行波管的慢波线，两者取长补短，形成独特的耦合腔链慢波线．三者有各自的特点：速调管利用谐振腔建立驻波高频场，电场较强，且谐振腔缝隙小，电子与高频场作用时间短，工作频带窄，其速度调制、群聚、群聚电子流激励高频场三个过程基本是独立的；行波管用慢波线传输行波高频场，电场较弱，但带宽宽，工作时电子与高频场同步前进，作用时间长，速度调制、群聚、群聚电子流激励高频场三个过程不可分割；EIO 用谐振腔构成的慢波线作为谐振系统，在缝隙处电场较强，且能互相耦合，与电子注周期性互作用，通常工作在 $n\pi$ 模，能自激振荡，其速度调制、群聚、群聚电子流激励高频场三个过程不可分割．

二、EIO 的发展与展望

1. EIO 的主要应用

目前 EIO 主要应用于雷达的微波源，美国陆军研究中心在 20 世纪八九十年代采用 95 GHz、215 GHz 和 225 GHz 的 EIO 源研制了多种雷达，这些雷达具有非常优秀的性能．从发展的眼光看，高频段的雷达必将成为未来军事上的重要发展方向．

随着太赫兹科学技术的发展，其需求范围也会越来越广，EIO 在太赫兹低频段所表现出来的优越功能以及微加工技术（LIGA、EDM、DRIE 等）的发展也必然会使其在其他应用领域大展拳脚．

2. EIO 的发展状况

EIO 最先在 1957 年由 T. Wessel-Berg 提出，并采用小信号理论研究了扩展互作用场分布的速调管通用理论，这为 EIO 的理论研究指引了方向．随后，1961 年 M. Chodorow 和 T. Wessel-Berg 研究了扩展互作用速调管的效率问题．这些理论研究为 EIO 的实验研究提供了基础．1966 年，W. R. Day 和 J. A. Noland 对一种采用休斯慢波结构（图 27.4.3）的毫米波 EIO 进行了实验研究：实验得到频率为 30 GHz、最大连续波输出 900 W，以及频率为 2 GHz、最大连续波输出 2 000 W 的实验结果，它们预测 EIO 的频率可以扩展至 100 GHz，输出功率在 W 数量级．

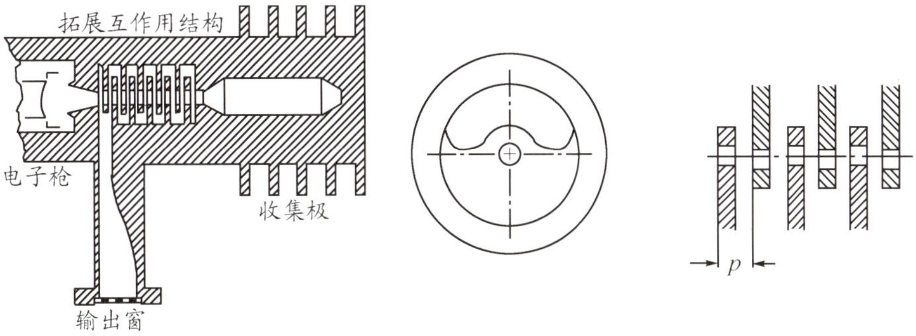

图 27.4.3 休斯型 EIO 结构示意图

这些研究为 EIO 的发展奠定了基础，并展示了 EIO 诱人的应用前景. 2000 年，台湾的 Leeming Chen 等人对传统的休斯型 EIO 进行改进，设计了带有同轴腔段的谐振结构 EIO. 她们对该结构进行了相关实验研究，在频率为 16.6 GHz 时，有 2.2 kW 的功率输出，互作用效率达到 30%. 经预测，如增加两级降压收集极，互作用效率有望提高到 41%.

休斯结构的 EIO 具有全金属、散热快、功率容量高、耦合阻抗高的优点. 但是，随着工作频率的提高，该结构在加工工艺上越来越困难，因此也制约了其向高频段方向发展.

诞生于 20 世纪 60 年代的 CPI 公司一直致力于 EIO 和 EIA 的研究，图 27.4.4 展示了 CPI 研制的一系列 EIO/EIA 产品.

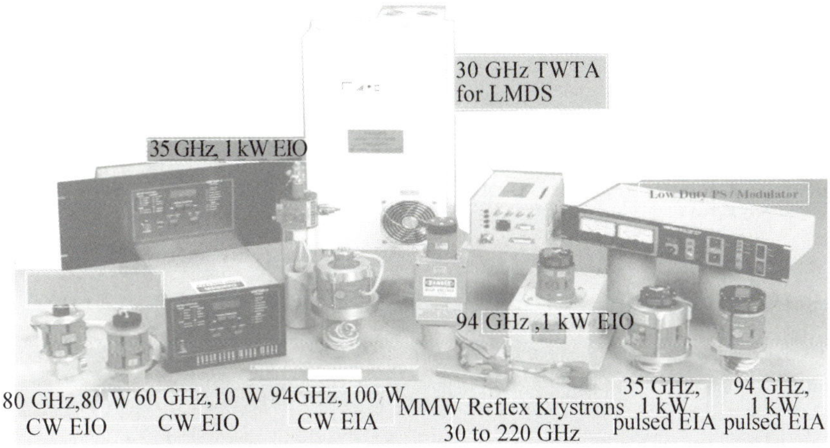

图 27.4.4 CPI 公司研制的 EIO/EIA 系列

近几年，CPI 公司研究了一种基于梯形线的 EIO，其频率可达 300 GHz. 2005—2006 年，该公司报道了一种长度不足 10 cm 的 EIO，如图 27.4.5 所示，该管工作在 G 波段，平均输出功率为 5 W，峰值功率可达 60 W. 在 2007 年，CPI 公司研制出频率为 220 GHz，平均功率为 6 W，且具有 2%机械调节，结构紧凑、重量 <3 kg的 EIO，其结构如图 27.4.6 所示.

图 27.4.5 G 波段 EIO 原型图

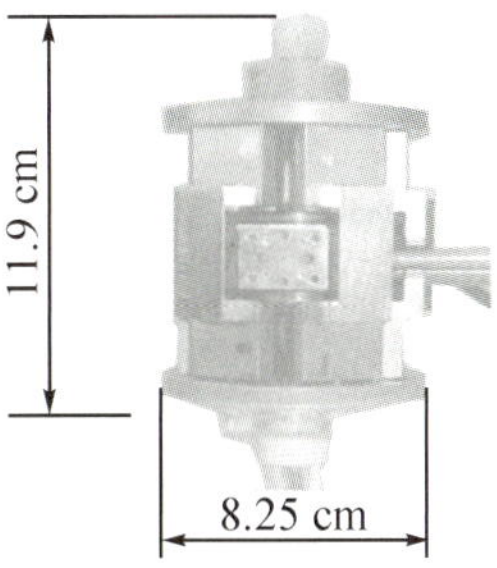

图 27.4.6 2%调谐的 G-波段 EIO

CPI 公司现有的 EIO 产品的性能,见表 27.4.1 所列.

表 27.4.1　CPI 公司的 EIO 性能列表

频率/GHz	脉冲型 EIO		连续波型 EIO	
	峰值功率/W	平均功率/W	频率/GHz	输出功率/W
95	3 000	400	95	50
140	400	50	110	25
183	50	10	140	20
220	50	6	170	1
280	30	0.3	220	1

另外,该公司还给出了下一步的研发目标,见表 27.4.2 所列.

表 27.4.2　CPI 公司拟开发的 EIO 性能列表

脉冲型 EIO		
频率/GHz	峰值功率/W	平均功率/W
220	100	10
350	20	1
450	10	0.5
700	2	0.1

目前,对 EIO 的研究在频率上已扩展至 220 GHz,美国主要在军事上采用短毫米波 EIO,特别是将其运用在雷达方面,如美国陆军研究中心采用亚毫米波段 EIO 研制成 215 GHz 脉冲雷达、225 GHz 脉冲相干雷达等. 近几年,德国也在加紧研制 225 GHz 的脉冲相干雷达,所采用的 EIO 在 225 GHz 时具有 35 W 的脉冲峰值功率的输出. 国内对扩展互作用振荡器的研究也在如火如荼地开展,并获得了不错的成绩:如图 27.4.7 所示,电子科技大学对同轴结构的 EIO 进行了相关研究,并采取多波束,显著提高了其输出功率,当电压为 19 kV、电流为 1 A、频率为 35.5 GHz 时,输出功率为 25 kW;频率为 0.35 THz 的带状注扩展互作用振荡器,考虑粗糙度,将电导率设为 1.1 e+7 S/m,此时,输出功率为 1.8 kW;为突破传统单腔耦合 EIO 的效率限制,设计出一种双腔耦合 EIO,其效率提升至 20.2%;2021 年,对传统梯形线结构作出改进,将两侧空腔扩大,此结构有效抑制了 TM_{11} 模式,当电压为 16.1 kV,电流密度为 100 A/cm^2,频率为 0.22 THz 时,峰值功率为 4.06 W;2022 年,在此结构基础上,又设计出四带状注正交互连结构,当电压为 16.6 kV、电流为 0.8 A、频率为 0.22 THz 时,输出功率达到 500 W.

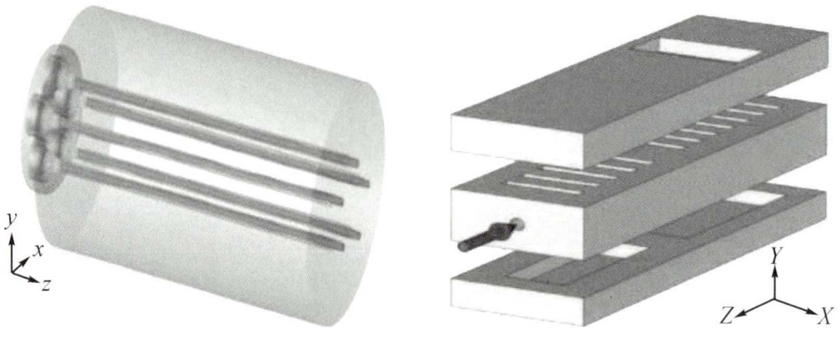

(a)多波束同轴结构　　(b)双腔耦合 EIO

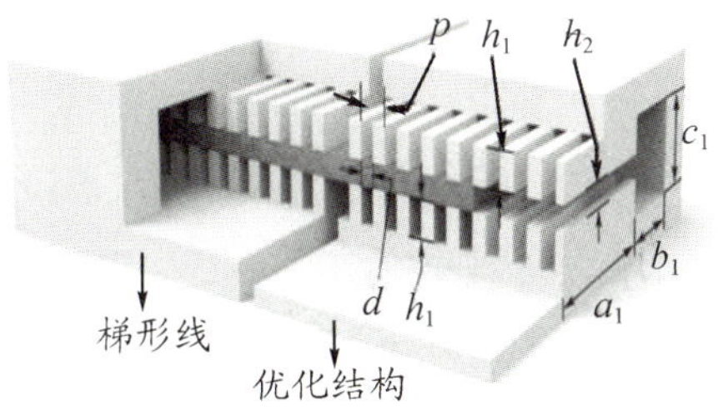

(c)改进后的梯形线结构

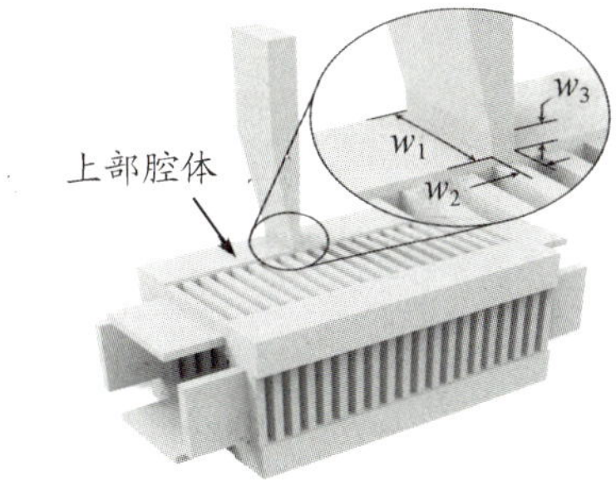

(d)四带状注正交互连结构

图 27.4.7　研究结构图

针对其中的慢波结构，研究人员也展开了丰富的研究. 如图 27.4.8 所示，中国科学院电子学研究所刘文鑫等人将两段折叠波导结合，每段折叠波导由六个弯波导形成，其输出结果与一段折叠波导相比从 50 W 增大到 130 W；电子科技大学蒙林等人在单光栅基础上对交错光栅进行了研究，研究结果较单光栅相比有较大改善；还有对两个相同形状的再入空腔垂直交叉形成的交叉结构的研究，研究结果表明，该交叉结构的耦合阻抗值相对较高，是传统的两倍以上；此外，还有研究者提出了梯形交互结构，与传统不同的是，它提出了多模运算，拓宽可调谐带宽.

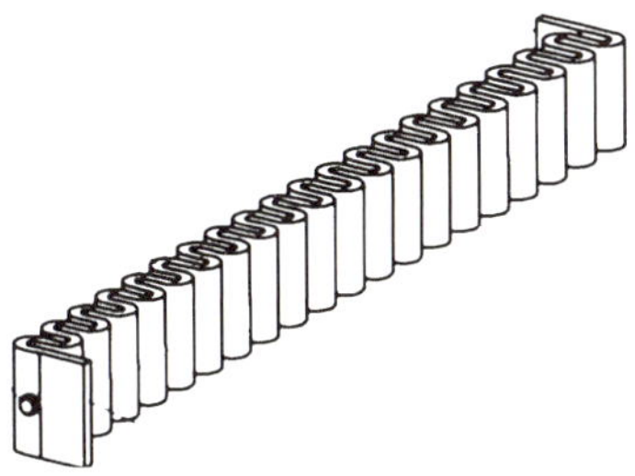

(a)折叠波导

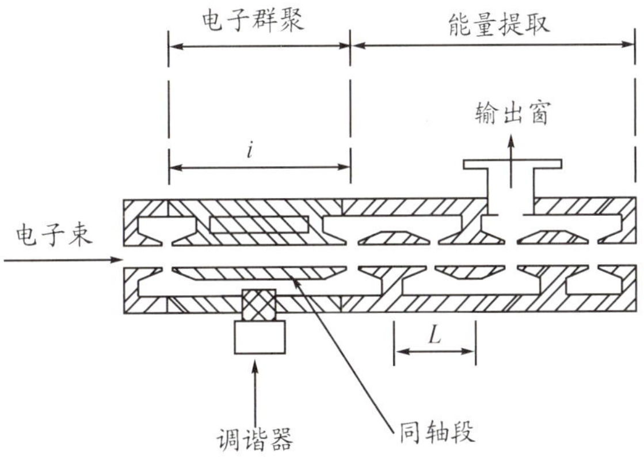

(b)五间隙耦合腔谐振器

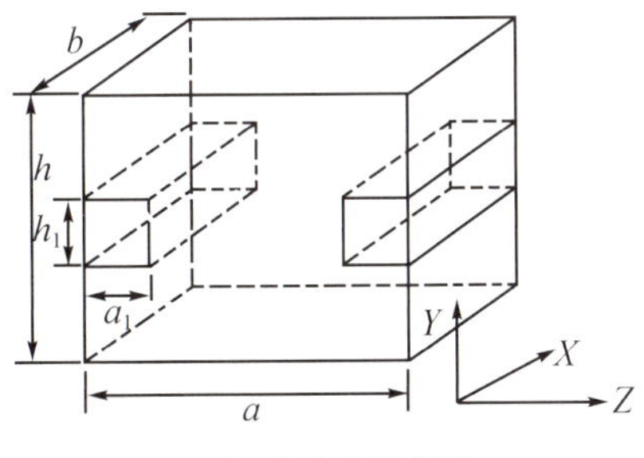

(c)矩形重入谐振腔

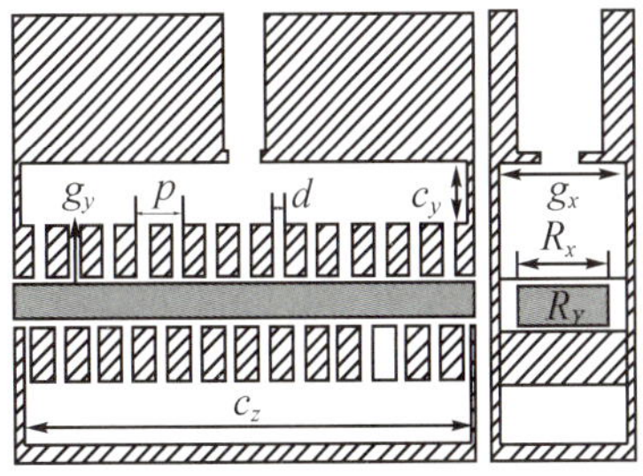

(d)交错光栅

图 27.4.8　慢波结构图

从 EIO 近年的发展与研究现状可以知道，当工作频率较低时，EIO 的互作用效率和输出功率较高，当频率慢慢上升至太赫兹频段时，效率和输出功率又会陡降，而且随着频率的上升，器件的尺寸则会越来越小，会造成加工越来越困难，同时互作用空间也会大大减小，直接导致功率容量减小；由于材料表面粗糙度的影响，损耗也无法忽略；除此之外，对电流密度和阴极发射密度的要求也越来越严苛. 如此种种，无不表明 EIO 的研究正面临着很大的困难，就是如何能让 EIO 在工作频率提升的同时，还能使工作效率不受到影响甚至可以得到改善，所以未来应将实用性强、功率高、体积小、重量轻作为发展目标，创新高频结构以提高功率容量、抑制模式竞争；研制性能更高的电子枪，提高注波互作用效率；采用新型材料，减少损耗. 本书在这些方向的基础之上，对 EIO 开展了一系列的研究，以期对未来 EIO 的发展打下坚实的基础.

片状电子注真空电子器件在毫米波和亚毫米波波段显示出巨大的发展潜力，其中包括片状电子注行波管、EIK 和 EIO. 与传统的笔形波束真空电子器件相比，片形波束具有更高的输出功率容量. 如图 27.4.9 所示为 2019 年电子科技大学王建勋团队研究的一种采用片状电子注的 W 波段扩展互作用振荡器，初步测试结果表明，在 47.2 kV 和 2.1 A 电子注条件下，可以达到最大输出峰值功率 6 kW. 在 20% 工作负载下获得的平均功率为 1.2 kW，运行稳定，显示出更高的潜在平均功率能力.

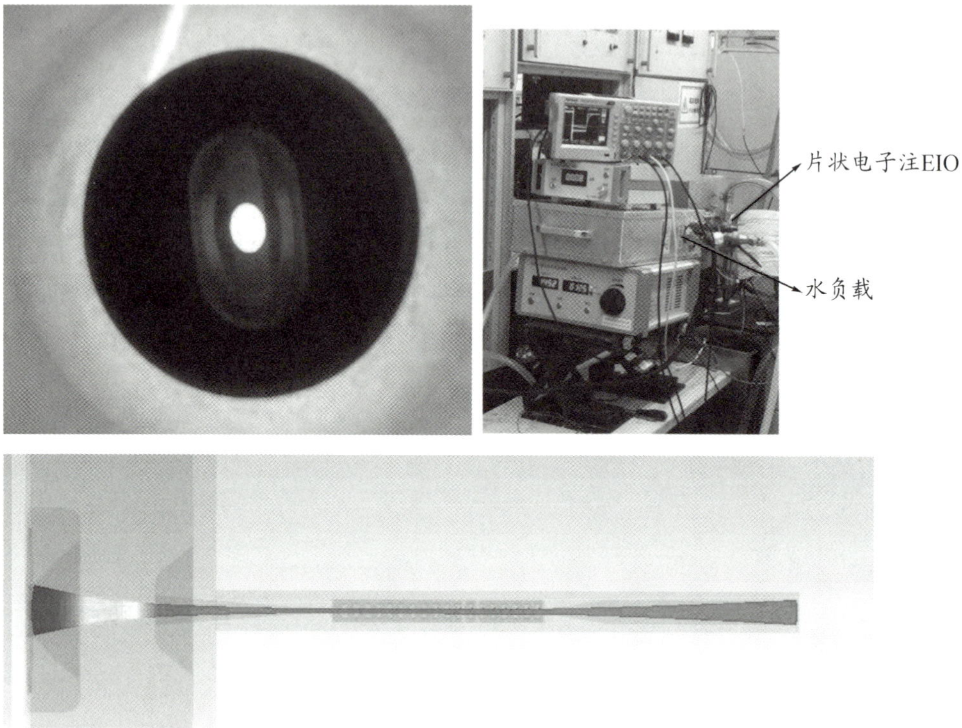

图 27.4.9　片状电子注的 W 波段扩展互作用振荡器

2018 年，中国科学院张志强团队研制了 W 波段 100 W 扩展互作用振荡器，模拟结果显示，在采用 2π 工作模式、24 周期梯形慢波结构、波束-隧道径向填充因子小于 0.625、工作电压为 11 kV、束流为 0.15 A 的情况下，在 95 GHz 附近工作频率处可以产生超过 100 W 的连续波功率，如图 27.4.10 所示. 但由于加工工艺有限，制造和装配精度较低，初步热测结果表明，当工作电压为 11.4 kV、束流为 0.14 A 时，在 95.16 GHz 工作频率处输出峰值功率仅超过 30 W，束流透过率为 50%.

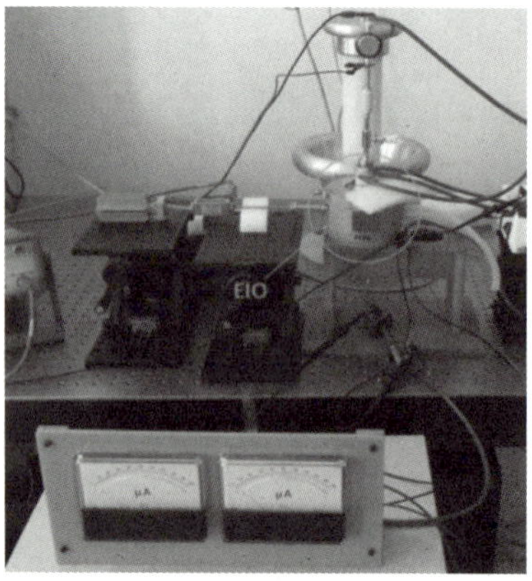

图 27.4.10　24 个周期梯形慢波结构 EIO

赝火花放电系统可以产生沿着阴极腔轴线轴对称的脉冲电子束. 与热阴极相比，从赝火花放电可以产生更高电流密度的电子束. 这一特性满足了毫米波和太赫兹波辐射中对极高电流密度电子束的迫切需求.

在毫米和亚毫米波长(太赫兹频率)处,真空电子器件的输出功率极大地受限于电子束电流.赝火花源电子束的电流密度为几百 A/cm^2 或更高的数量级,这使得它非常适用于毫米波和亚毫米波辐射源中.如图27.4.11所示为2016年电子科技大学殷勇团队与思克莱德大学合作研发的一种基于赝火花源电子束的W波段扩展互作用振荡器(EIO),它采用圆柱形电子注,慢波结构为阶梯状慢波线,工作在 2π 模式下,可以产生38 W的W波段信号.

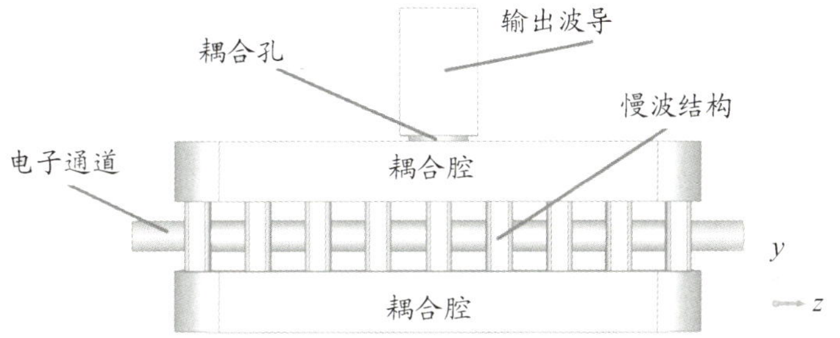

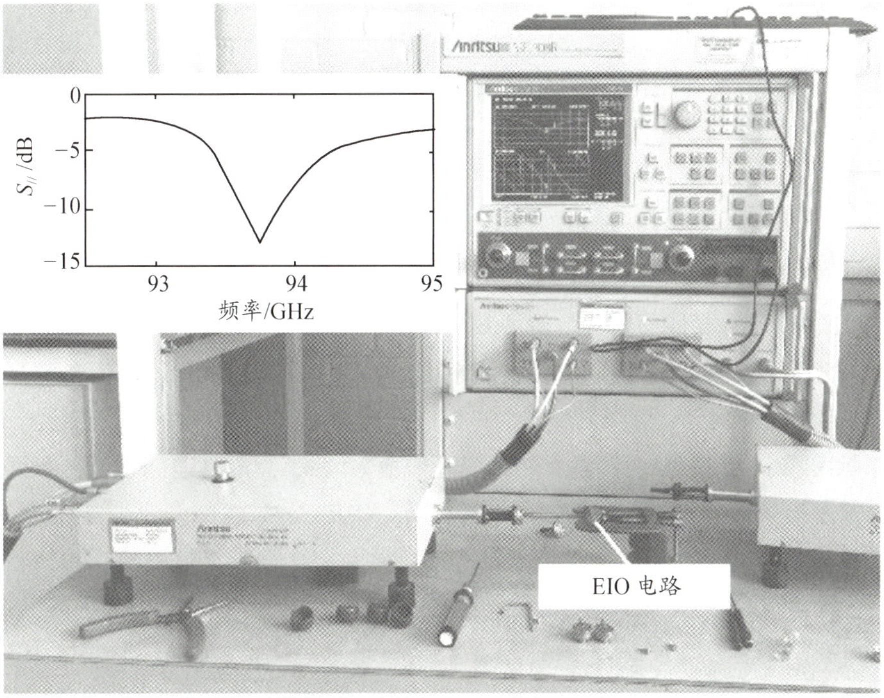

图 27.4.11　基于赝火花源电子束的 W 波段扩展互作用振荡器(EIO)

如图27.4.12所示器件采用的也是赝火花源电子束驱动的W波段扩展互作用振荡器,是2018年深圳大学舒国响与思克莱德大学合作研制的,慢波结构也为阶梯状慢波线,但它采用的是矩形电子注,电子注发射面积较大,因此电流会比圆柱形电子束大很多,最终得到了1.2 kW的脉冲功率输出,比基于赝火花源笔形电子束的EIO的输出功率增加了6倍.这种方法为便携式、低成本、强大的毫米波和太赫兹波辐射源提供了一种有前途的解决方案.

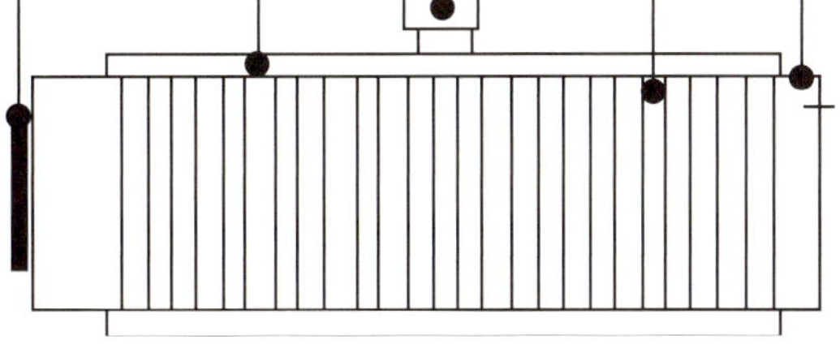

图 27.4.12　赝火花源电子束驱动的阶梯状慢波线扩展互作用振荡器

中国科学院刘文鑫团队在 2015 年对折叠波导慢波结构的 EIO 进行了尝试(如图 27.4.13 所示),该结构在 308 GHz 获得了 2 W 以上的输出功率.

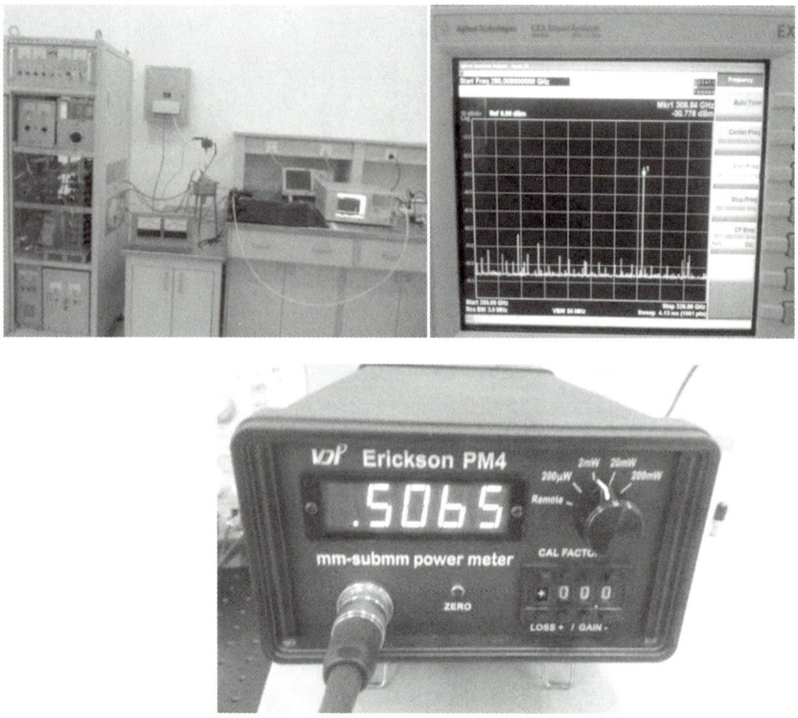

图 27.4.13　中国科学院研制折叠波导 EIO

典型 EIO 随着频率升高,器件的尺寸会显著减小,导致难以制造.为了解决这一问题,出现了一种可行的方法,即让 THz 扩展互作用振荡器(EIO)工作在高次谐波下;与工作在相同频率下的典型 EIO 相比,这一方法可以扩大 EIO 的尺寸,便于制造.但是随之而来的问题是因为其尺寸大而难以避免地产生模式竞争;此外,由于工作在高阶模式下,电路阻抗较低,启动电流必须增大.为了克服这些问题,需要通过基模来调制电子束.电子束首先被基模聚束,然后聚束的电子会激发出高次谐波,激发的高次谐波对电子束进行再次调制,进而实现对谐波的输出.2019 年,电子科技大学张平团队对三次谐波扩展互作用振荡器开展了研究,如图 27.4.14 所示为工作于高次谐波的太赫兹扩展互作用振荡器(EIO),它突破了传统太赫兹振荡器基模的频率限制.通过对基模进行有效的调制,该梯形射频电路实现了三次谐波的激励,通过 PIC 仿真可以输出 378 GHz 频率的信号.

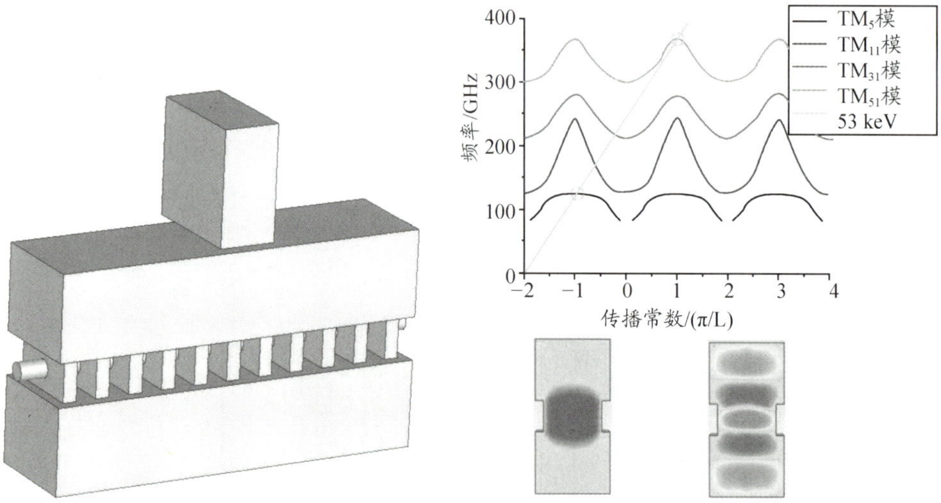

图 27.4.14　高次谐波扩展互作用振荡器结构及色散情况

附 录

一、等离子体频率降低因子

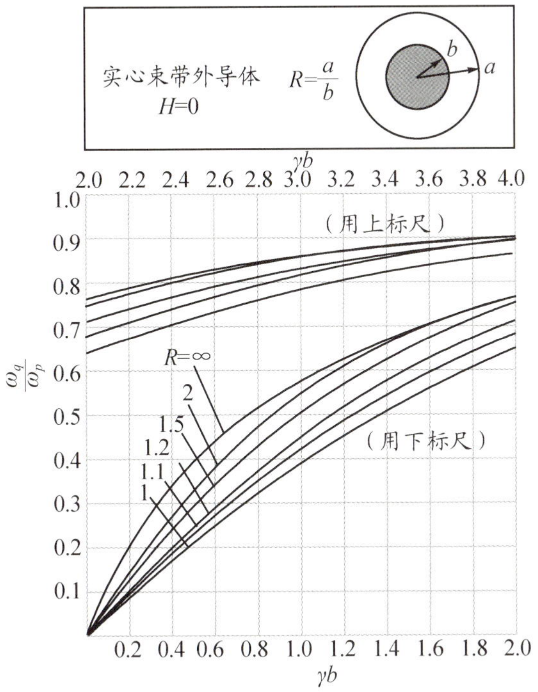

图 F.1

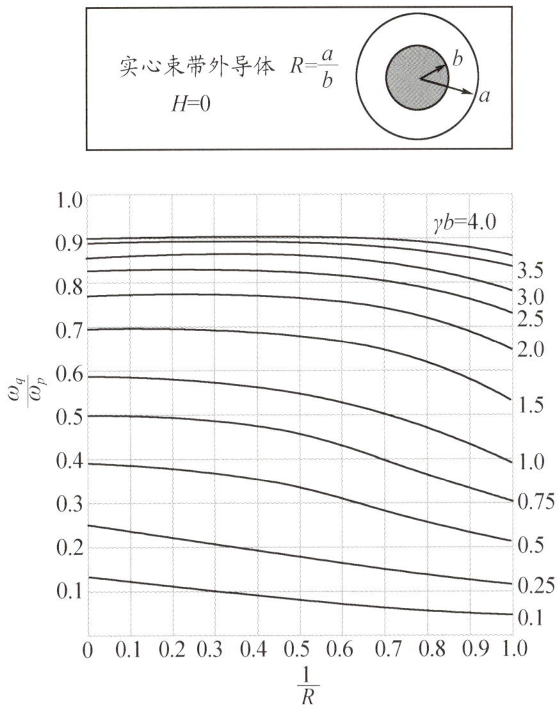

图 F.2

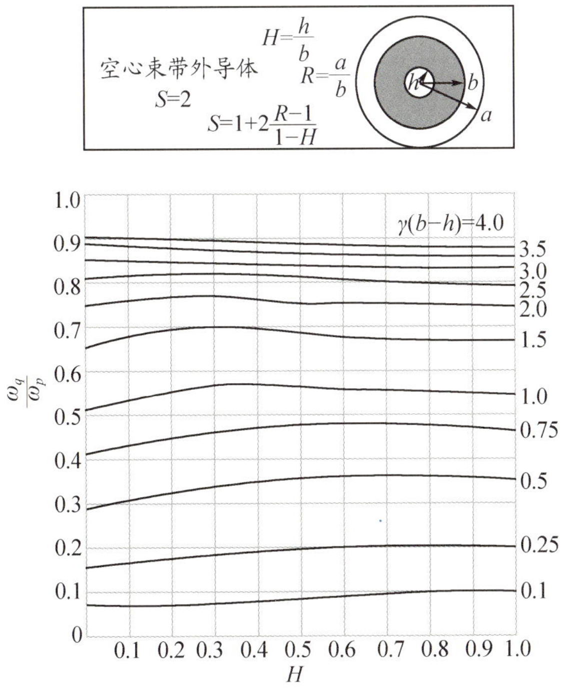

图 F.3

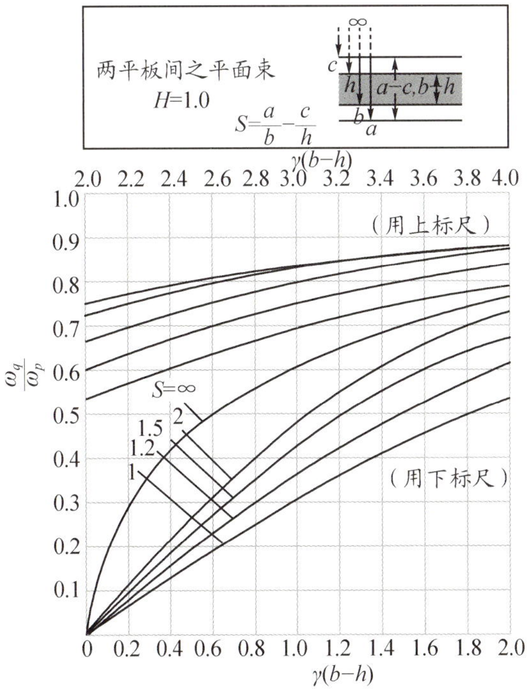

图 F.4

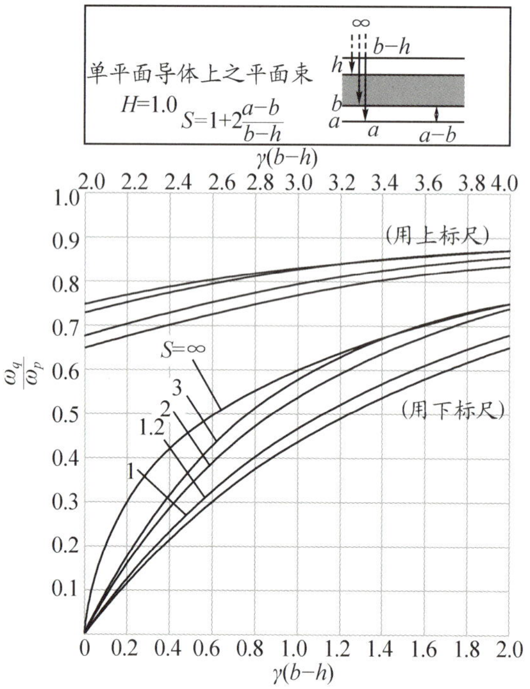

图 F.5

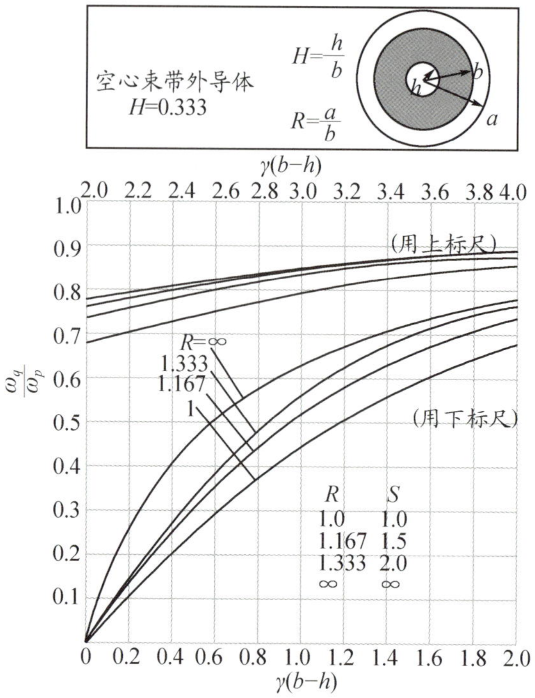

图 F.6

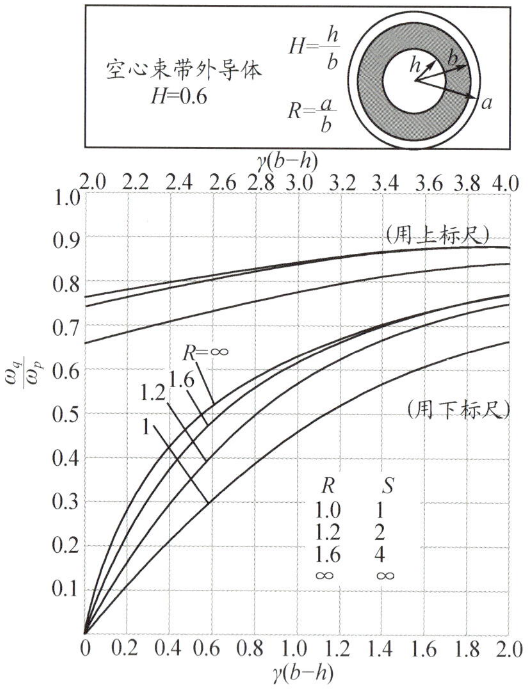

图 F.7

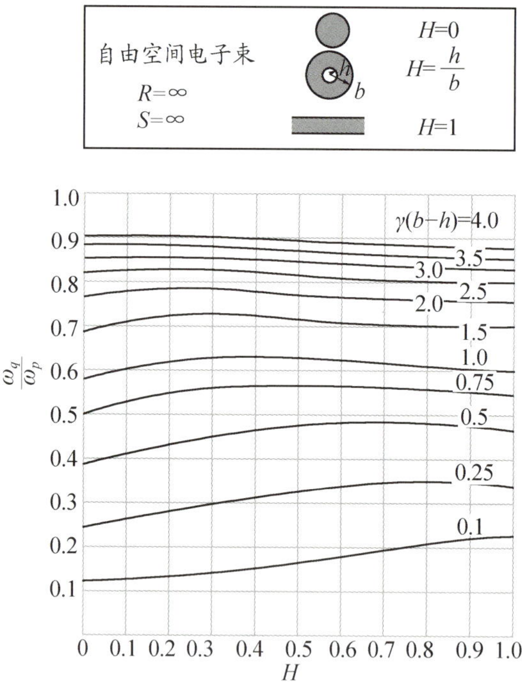

图 F.8

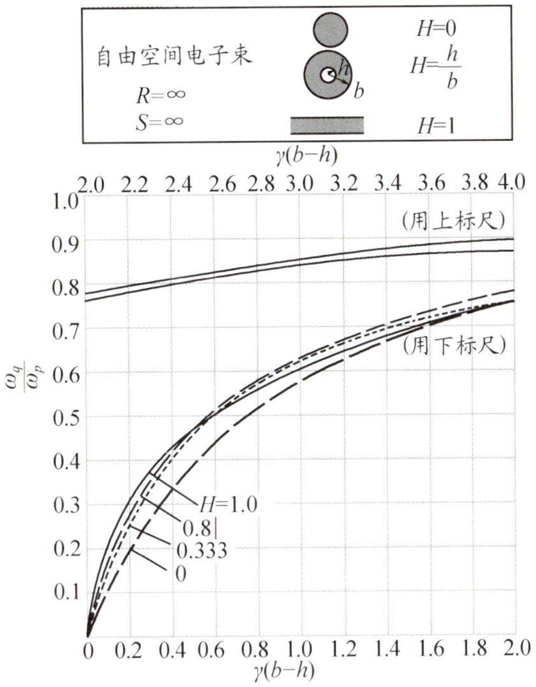

图 F.9

二、常用物理常数

电子荷质比 $\eta=\dfrac{e}{m}=1.758\,8\times10^{11}$ C/kg

电子质量 $m=9.109\,5\times10^{-31}$ kg

电子电荷 $e=1.602\,2\times10^{-19}$ C

真空的介电常数 $\varepsilon_0=8.854\times10^{-12}$ F/m

真空的磁导率 $\mu_0=1.257\times10^{-8}$ H/m

真空中的光速 $c=2.997\,9\times10^{8}$ m/s

玻耳兹曼常数 $k=1.380\,7\times10^{-23}$ J/K

三、常用数学公式

1. 变态贝塞尔函数公式

(1) $\mathrm{I}_{n-1}(z)-\mathrm{I}_{n+1}(z)=\dfrac{2n}{z}\mathrm{I}_n(z)$

$\mathrm{K}_{n-1}(z)-\mathrm{K}_{n+1}(z)=-\dfrac{2n}{z}\mathrm{K}_n(z)$

(2) $\mathrm{I}_{n-1}(z)+\mathrm{I}_{n+1}(z)=2\mathrm{I}'_n(z)$

$\mathrm{K}_{n-1}(z)+\mathrm{K}_{n+1}(z)=-2\mathrm{K}'_n(z)$

(3) $z\mathrm{I}'_n(z)+n\mathrm{I}_n(z)=z\mathrm{I}_{n-1}(z)$

$z\mathrm{K}'_n(z)+n\mathrm{K}_n(z)=-z\mathrm{K}_{n-1}(z)$

(4) $z\mathrm{I}'_n(z)-n\mathrm{I}_n(z)=z\mathrm{I}_{n+1}(z)$

$z\mathrm{K}'_n(z)-n\mathrm{K}_n(z)=-z\mathrm{K}_{n+1}(z)$

(5) $\left(\frac{d}{zdz}\right)^m[z^n I_n(z)]=z^{n-m}I_{n-m}(z)$

$\left(\frac{d}{zdz}\right)^m[z^n K_n(z)]=(-1)^m z^{n-m}K_{n-m}(z)$

(6) $\left(\frac{d}{zdz}\right)^m\left[\frac{I_n(z)}{z^n}\right]=\frac{I_{n+m}(z)}{z^{n+m}}$

$\left(\frac{d}{zdz}\right)^m\left[\frac{K_n(z)}{z^n}\right]=(-1)^m\frac{K_{n+m}(z)}{z^{n+m}}$

(7) $I_0'(z)=I_1(z)$

$K_0'(z)=-K_1(z)$

(8) $I_{-n}(z)=I_n(z)$

$K_{-n}(z)=K_n(z)$

(9) $K_{1/2}(z)=\left(\frac{\pi}{2z}\right)^{1/2}e^{-z}$

(10) $I_n(ze^{m\pi i})=e^{mn\pi i}I_n(z)$

(11) $K_n(ze^{m\pi i})=e^{-mn\pi i}K_n(z)-i\frac{\sin mn\pi}{\sin n\pi}I_n(z)$

(12) $I_n(z)K_{n+1}(z)+I_{n+1}(z)K_n(z)=\frac{1}{z}$

(13) $\int zI_n^2(z)dz=\frac{z^2}{2}[I_n^2(z)-I_{n-1}(z)I_{n+1}(z)]$

(14) $\int z^2 I_n(z)I_{n-1}(z)dz=\frac{z^2}{2}[nI_n^2(z)-(n-1)I_{n-1}(z)I_{n+1}(z)]$

(15) $\int zK_n^2(z)dz=\frac{z^2}{2}[K_n^2(z)-K_{n-1}(z)K_{n+1}(z)]$

(16) $\int z^2 K_n(z)K_{n-1}(z)dz=\frac{z^2}{2}[-nK_n^2(z)+(n-1)K_{n-1}(z)K_{n+1}(z)]$

(17) $\int zI_n(z)K_n(z)dz=\frac{z^2}{4}[2I_n(z)K_n(z)+I_{n-1}(z)K_{n+1}(z)+I_{n+1}(z)K_{n-1}(z)]$

(18) $\int z^2[I_{n-1}(z)K_n(z)-I_n(z)K_{n-1}(z)]dz=\frac{z^2}{2}\{2nI_n(z)K_n(z)+(n-1)[I_{n+1}(z)K_{n+1}(z)+I_{n+1}(z)\cdot K_{n-1}(z)]\}$

当 z 值小时：

(19) $I_0(z)=1+0.25z^2+0.015\,625z^4+\cdots$

(20) $I_1(z)=0.5z+0.062\,5z^3+0.002\,604z^5+\cdots$

(21) $K_0(z)=-\left[\gamma+\ln\left(\frac{z}{2}\right)\right]I_0(z)+\frac{1}{4}z^2+\frac{3}{128}z^4+\cdots$

(22) $K_1(z)=\left[\gamma+\ln\left(\frac{z}{2}\right)\right]I_1(z)+\frac{1}{z}-\frac{1}{4}z-\frac{5}{64}z^3+\cdots$

$\gamma=0.577\,2$(欧拉常数)

当 z 值大时：

(23) $I_0(z)\approx\frac{e^z}{(2\pi z)^{1/2}}\left(1+\frac{0.125}{z}+\frac{0.070\,312\,5}{z^2}+\frac{0.073\,242}{z^3}+\cdots\right)$

(24) $I_1(z)\approx\frac{e^z}{(2\pi z)^{1/2}}\left(1-\frac{0.375}{z}-\frac{0.117\,187\,5}{z^2}-\frac{0.102\,539}{z^3}-\cdots\right)$

(25) $K_0(z) \approx \left(\frac{\pi}{2z}\right)^{1/2} e^{-z}\left(1-\frac{0.125}{z}+\frac{0.0703125}{z^2}-\frac{0.073242}{z^3}+\cdots\right)$

(26) $K_1(z) \approx \left(\frac{\pi}{2z}\right)^{1/2} e^{-z}\left(1+\frac{0.375}{z}-\frac{0.1171875}{z^2}+\frac{0.102539}{z^3}-\cdots\right)$

2. 矢量运算及场论公式

(1) $\boldsymbol{A}\cdot\boldsymbol{B}\times\boldsymbol{C}=\boldsymbol{A}\times\boldsymbol{B}\cdot\boldsymbol{C}=\boldsymbol{B}\cdot\boldsymbol{C}\times\boldsymbol{A}=\boldsymbol{B}\times\boldsymbol{C}\cdot\boldsymbol{A}=\boldsymbol{C}\cdot\boldsymbol{A}\times\boldsymbol{B}=\boldsymbol{C}\times\boldsymbol{A}\cdot\boldsymbol{B}$

(2) $\boldsymbol{A}\times(\boldsymbol{B}\times\boldsymbol{C})=(\boldsymbol{C}\times\boldsymbol{B})\times\boldsymbol{A}=(\boldsymbol{A}\cdot\boldsymbol{C})\boldsymbol{B}-(\boldsymbol{A}\cdot\boldsymbol{B})\boldsymbol{C}$

(3) $\boldsymbol{A}\times(\boldsymbol{B}\times\boldsymbol{C})+\boldsymbol{B}\times(\boldsymbol{C}\times\boldsymbol{A})+\boldsymbol{C}\times(\boldsymbol{A}\times\boldsymbol{B})=\boldsymbol{0}$

(4) $(\boldsymbol{A}\times\boldsymbol{B})\cdot(\boldsymbol{C}\times\boldsymbol{D})=(\boldsymbol{A}\cdot\boldsymbol{C})(\boldsymbol{B}\cdot\boldsymbol{D})-(\boldsymbol{A}\cdot\boldsymbol{D})(\boldsymbol{B}\cdot\boldsymbol{C})$

(5) $(\boldsymbol{A}\times\boldsymbol{B})\times(\boldsymbol{C}\times\boldsymbol{D})=(\boldsymbol{A}\times\boldsymbol{B}\cdot\boldsymbol{D})\boldsymbol{C}-(\boldsymbol{A}\times\boldsymbol{B}\cdot\boldsymbol{C})\boldsymbol{D}$

(6) $\nabla(fg)=\nabla(gf)=f\nabla g+g\nabla f$

(7) $\nabla\cdot(f\boldsymbol{A})=f\nabla\cdot\boldsymbol{A}+\boldsymbol{A}\nabla f$

(8) $\nabla\times(f\boldsymbol{A})=f\nabla\times\boldsymbol{A}+\nabla f\times\boldsymbol{A}$

(9) $\nabla\cdot(\boldsymbol{A}\times\boldsymbol{B})=\boldsymbol{B}\cdot\nabla\times\boldsymbol{A}-\boldsymbol{A}\cdot\nabla\times\boldsymbol{B}$

(10) $\boldsymbol{\nabla}\times(\boldsymbol{A}\times\boldsymbol{B})=\boldsymbol{A}(\boldsymbol{\nabla}\cdot\boldsymbol{B})-\boldsymbol{B}(\boldsymbol{\nabla}\cdot\boldsymbol{A})+(\boldsymbol{B}\cdot\boldsymbol{\nabla})\boldsymbol{A}-(\boldsymbol{A}\cdot\boldsymbol{\nabla})\boldsymbol{B}$

(11) $\boldsymbol{A}\times(\boldsymbol{\nabla}\times\boldsymbol{B})=(\boldsymbol{\nabla}\boldsymbol{B})\cdot\boldsymbol{A}-\boldsymbol{A}\boldsymbol{\nabla}\boldsymbol{B}$

(12) $\boldsymbol{\nabla}(\boldsymbol{A}\cdot\boldsymbol{B})=\boldsymbol{A}\times(\boldsymbol{\nabla}\times\boldsymbol{B})+\boldsymbol{B}\times(\boldsymbol{\nabla}\times\boldsymbol{A})+(\boldsymbol{A}\cdot\boldsymbol{\nabla})\boldsymbol{B}+(\boldsymbol{B}\cdot\boldsymbol{\nabla})\boldsymbol{A}$

(13) $\nabla^2 f=\nabla\cdot\nabla f$

(14) $\nabla^2\boldsymbol{A}=\nabla(\nabla\cdot\boldsymbol{A})-\nabla\times\nabla\times\boldsymbol{A}$

(15) $\nabla\times\nabla f=0$

(16) $\nabla\cdot\nabla\times\boldsymbol{A}=0$

以下 V 是由 S 面所围成的体积，$\mathrm{d}\boldsymbol{S}$ 垂直于 S 面，方向由 S 内部指外部：

(17) $\int_V \nabla\times f\mathrm{d}V=\int_S f\mathrm{d}\boldsymbol{S}$

(18) $\int_V \nabla\cdot\boldsymbol{A}\mathrm{d}V=\int_S \boldsymbol{A}\cdot\mathrm{d}\boldsymbol{S}$

(19) $\int_V \nabla\cdot\boldsymbol{A}\mathrm{d}V=\int_S \mathrm{d}\boldsymbol{S}\times\boldsymbol{A}$

(20) $\int_V (\nabla f\cdot\nabla g+g\nabla^2 f)\mathrm{d}V=\int_S g\nabla f\cdot\mathrm{d}\boldsymbol{S}$

(21) $\int_V (f\nabla^2 g-g\nabla^2 f)\mathrm{d}V=\int_S (f\nabla g-g\nabla f)\cdot\mathrm{d}\boldsymbol{S}$

以下 S 为一曲面，其周界为 C：

(22) $\int_S \mathrm{d}\boldsymbol{S}\times\nabla f=\int_C \mathrm{d}\boldsymbol{l}f$

(23) $\int_S \mathrm{d}\boldsymbol{S}\cdot\nabla\times\boldsymbol{A}=\int_C \mathrm{d}\boldsymbol{l}\cdot\boldsymbol{A}$

(24) $\int_S (\mathrm{d}\boldsymbol{S}\times\nabla)\times\boldsymbol{A}=\int_C \mathrm{d}\boldsymbol{l}\times\boldsymbol{A}$

(25) $\int_S \mathrm{d}\boldsymbol{S}\cdot(\nabla f\times\nabla g)=\int_C f\mathrm{d}g=-\int_C g\mathrm{d}f$

正交曲线坐标 x_1、x_2、x_3，沿 x_1、x_2、x_3 的单位矢量为 $\boldsymbol{i}_1$、$\boldsymbol{i}_2$、$\boldsymbol{i}_3$，相应的拉梅系数为 h_1、h_2、h_3，长度元 $\mathrm{d}l$ 为

(26) $\mathrm{d}l^2=h_1^2\mathrm{d}x_1^2+h_2^2\mathrm{d}x_2^2+h_3^2\mathrm{d}x_3^2$

沿坐标 x_i 的长度元为

(27) $dS_i = h_i \cdot dx_i (i=1,2,3)$

体积元为

(28) $dV = h_1 h_2 h_3 dx_1 dx_2 dx_3$

曲线坐标 x_1、x_2、x_3 与直角坐标 x、y、z 关系为已知，则拉梅系数为

(29) $h_i^2 = \left(\dfrac{\partial x}{\partial x_i}\right)^2 + \left(\dfrac{\partial y}{\partial x_i}\right)^2 + \left(\dfrac{\partial z}{\partial x_i}\right)^2$

(30) $\nabla f = \dfrac{\boldsymbol{i}_1}{h_1}\dfrac{\partial f}{\partial x_1} + \dfrac{\boldsymbol{i}_2}{h_2}\dfrac{\partial f}{\partial x_2} + \dfrac{\boldsymbol{i}_3}{h_3}\dfrac{\partial f}{\partial x_3}$

(31) $\nabla \cdot \boldsymbol{A} = \dfrac{1}{h_1 h_2 h_3}\left[\dfrac{\partial(h_2 h_3 A_{x1})}{\partial x_1} + \dfrac{\partial(h_1 h_3 A_{x2})}{\partial x_2} + \dfrac{\partial(h_1 h_2 A_{x3})}{\partial x_3}\right]$

(32) $\nabla \times \boldsymbol{A} = \dfrac{1}{h_1 h_2 h_3}\begin{vmatrix} h_1 \boldsymbol{i}_1 & h_2 \boldsymbol{i}_2 & h_3 \boldsymbol{i}_3 \\ \dfrac{\partial}{\partial x_1} & \dfrac{\partial}{\partial x_2} & \dfrac{\partial}{\partial x_3} \\ h_1 A_{x_1} & h_2 A_{x_2} & h_3 A_{x_3} \end{vmatrix}$

(33) $\nabla^2 f = \dfrac{1}{h_1 h_2 h_3}\left[\dfrac{\partial}{\partial x_1}\left(\dfrac{h_2 h_3}{h_1}\dfrac{\partial f}{\partial x_1}\right) + \dfrac{\partial}{\partial x_2}\left(\dfrac{h_1 h_3}{h_2}\dfrac{\partial f}{\partial x_2}\right) + \dfrac{\partial}{\partial x_3}\left(\dfrac{h_1 h_2}{h_3}\dfrac{\partial f}{\partial x_3}\right)\right]$

(34)
$$\begin{aligned}\nabla \times \nabla \times \boldsymbol{A} = \frac{1}{h_1 h_2 h_3}\Bigg\{ & h_1 \boldsymbol{i}_1 \left[\frac{\partial}{\partial x_2} \cdot \frac{h_3}{h_1 h_2}\left(\frac{\partial}{\partial x_1} h_2 A_{x_2} - \frac{\partial}{\partial x_2} h_1 A_{x_1}\right)\right. \\ & \left. - \frac{\partial}{\partial x_3} \cdot \frac{h_2}{h_3 h_1}\left(\frac{\partial}{\partial x_3} h_1 A_{x_1} - \frac{\partial}{\partial x_1} h_3 A_{x_3}\right)\right] \\ & + h_2 \boldsymbol{i}_2 \left[\frac{\partial}{\partial x_3} \cdot \frac{h_1}{h_2 h_3}\left(\frac{\partial}{\partial x_2} h_3 A_{x_3} - \frac{\partial}{\partial x_3} h_2 A_{x_2}\right)\right. \\ & \left. - \frac{\partial}{\partial x_1} \cdot \frac{h_3}{h_1 h_2}\left(\frac{\partial}{\partial x_1} h_2 A_{x_2} - \frac{\partial}{\partial x_2} h_1 A_{x_1}\right)\right] \\ & + h_3 \boldsymbol{i}_3 \left[\frac{\partial}{\partial x_1} \cdot \frac{h_2}{h_3 h_1}\left(\frac{\partial}{\partial x_3} h_1 A_{x1} - \frac{\partial}{\partial x_1} h_3 A_{x3}\right)\right. \\ & \left. - \frac{\partial}{\partial x_2} \cdot \frac{h_1}{h_2 h_3}\left(\frac{\partial}{\partial x_2} h_3 A_{x3} - \frac{\partial}{\partial x_3} h_2 A_{x_2}\right)\right]\Bigg\}\end{aligned}$$

在直角坐标系统下：

(35) $(\nabla f)_x = \dfrac{\partial f}{\partial x}$；$(\nabla f)_y = \dfrac{\partial f}{\partial y}$；$(\nabla f)_z = \dfrac{\partial f}{\partial z}$

(36) $\nabla \cdot \boldsymbol{A} = \dfrac{\partial A_x}{\partial x} + \dfrac{\partial A_y}{\partial y} + \dfrac{\partial A_z}{\partial z}$

(37)
$$\begin{cases} (\nabla \times \boldsymbol{A})_x = \dfrac{\partial A_z}{\partial y} - \dfrac{\partial A_y}{\partial z} \\ (\nabla \times \boldsymbol{A})_y = \dfrac{\partial A_x}{\partial z} - \dfrac{\partial A_z}{\partial x} \\ (\nabla \times \boldsymbol{A})_z = \dfrac{\partial A_y}{\partial x} - \dfrac{\partial A_x}{\partial y} \end{cases}$$

(38) $\nabla^2 f = \dfrac{\partial^2 f}{\partial x^2} + \dfrac{\partial^2 f}{\partial y^2} + \dfrac{\partial^2 f}{\partial z^2}$

(39)
$$\begin{cases} (\nabla \times \nabla \times \boldsymbol{A})_x = \dfrac{\partial^2 A_y}{\partial x \partial y} + \dfrac{\partial^2 A_z}{\partial x \partial z} - \dfrac{\partial^2 A_x}{\partial y^2} - \dfrac{\partial^2 A_x}{\partial y^2} \\ (\nabla \times \nabla \times \boldsymbol{A})_y = \dfrac{\partial^2 A_x}{\partial x \partial y} + \dfrac{\partial^2 A_z}{\partial y \partial z} - \dfrac{\partial^2 A_y}{\partial x^2} - \dfrac{\partial^2 A_y}{\partial z^2} \\ (\nabla \times \nabla \times \boldsymbol{A})_z = \dfrac{\partial^2 A_x}{\partial x \partial z} + \dfrac{\partial^2 A_y}{\partial y \partial z} - \dfrac{\partial^2 A_z}{\partial x^2} - \dfrac{\partial^2 A_z}{\partial y^2} \end{cases}$$

$$(40)\begin{cases}(\nabla^2\mathbf{A})_x=\nabla^2A_x\\(\nabla^2\mathbf{A})_y=\nabla^2A_y\\(\nabla^2\mathbf{A})_z=\nabla^2A_z\end{cases}$$

在圆柱坐标系统下：

$$(41)(\nabla f)_r=\frac{\partial f}{\partial r};(\nabla f)_\varphi=\frac{1}{r}\frac{\partial f}{\partial\varphi};(\nabla f)_z=\frac{\partial f}{\partial z}$$

$$(42)\nabla\cdot\mathbf{A}=\frac{1}{r}\frac{\partial}{\partial r}(rA_r)+\frac{1}{r}\frac{\partial A_\varphi}{\partial\varphi}+\frac{\partial A_z}{\partial z}$$

$$(43)\begin{cases}(\nabla\times\mathbf{A})_r=\frac{1}{r}\frac{\partial A_z}{\partial\varphi}-\frac{\partial A_\varphi}{\partial z}\\(\nabla\times\mathbf{A})_\varphi=\frac{\partial A_r}{\partial z}-\frac{\partial A_z}{\partial r}\\(\nabla\times\mathbf{A})_z=\frac{1}{r}\frac{\partial}{\partial r}(rA_\varphi)-\frac{1}{r}\frac{\partial A_r}{\partial\varphi}\end{cases}$$

$$(44)\nabla^2 f=\frac{1}{r}\frac{\partial}{\partial r}\left(r\frac{\partial f}{\partial r}\right)+\frac{1}{r^2}\frac{\partial^2 f}{\partial\varphi^2}+\frac{\partial^2 f}{\partial z^2}$$

$$(45)\begin{cases}(\nabla^2\mathbf{A})_r=\nabla^2A_r-\frac{2}{r^2}\frac{\partial A_\varphi}{\partial\varphi}-\frac{A_r}{r^2}\\(\nabla^2\mathbf{A})_\varphi=\nabla^2A_\varphi+\frac{2}{r^2}\frac{\partial A_r}{\partial\varphi}-\frac{A_\varphi}{r^2}\\(\nabla^2\mathbf{A})_z=\nabla^2A_z\end{cases}$$

在球坐标系统下：

$$(46)(\nabla f)_r=\frac{\partial f}{\partial r};(\nabla f)_\theta=\frac{1}{r}\frac{\partial f}{\partial\theta};(\nabla f)_\varphi=\frac{1}{r\sin\theta}\frac{\partial f}{\partial\varphi}$$

$$(47)\nabla\cdot\mathbf{A}=\frac{1}{r^2}\frac{\partial}{\partial r}(r^2A_r)+\frac{1}{r\sin\theta}\frac{\partial}{\partial\theta}(A_0\sin\theta)+\frac{1}{r\sin\theta}\frac{\partial A_\varphi}{\partial\varphi}$$

$$(48)\begin{cases}(\nabla\times\mathbf{A})_r=\frac{1}{r\sin\theta}\frac{\partial}{\partial\theta}(A_\varphi\sin\theta)-\frac{1}{r\sin\theta}\frac{\partial A_\theta}{\partial\varphi}\\(\nabla\times\mathbf{A})_\theta=\frac{1}{r\sin\theta}\frac{\partial A_r}{\partial\varphi}-\frac{1}{r}\frac{\partial}{\partial r}(rA_\varphi)\\(\nabla\times\mathbf{A})_\varphi=\frac{1}{r}\frac{\partial}{\partial r}(rA_\theta)-\frac{1}{r}\frac{\partial A_r}{\partial\theta}\end{cases}$$

$$(49)\nabla^2 f=\frac{1}{r^2}\frac{\partial}{\partial r}\left(r^2\frac{\partial f}{\partial r}\right)+\frac{1}{r^2\sin\theta}\frac{\partial}{\partial\theta}\left(\sin\theta\frac{\partial f}{\partial\theta}\right)+\frac{1}{r^2\sin^2\theta}\frac{\partial^2 f}{\partial\varphi^2}$$

$$(50)\begin{cases}(\nabla^2\mathbf{A})_r=\nabla^2A_r-\frac{\partial A_r}{r^2}-\frac{2}{r^2}\frac{\partial A_\theta}{\partial\theta}-\frac{\partial A_\theta\cot\theta}{r^2}-\frac{2}{r^2\sin\theta}\frac{\partial A_\varphi}{\partial\varphi}\\(\nabla^2\mathbf{A})_\theta=\nabla^2A_0+\frac{2}{r^2}\frac{\partial A_r}{\partial\theta}-\frac{A_\theta}{r^2\sin^2\theta}-\frac{2\cos\theta}{r^2\sin^2\theta}\frac{\partial A_\varphi}{\partial\varphi}\\(\nabla^2\mathbf{A})_\varphi=\nabla^2A_\varphi-\frac{A_\varphi}{r^2\sin^2\theta}+\frac{2}{r^2\sin\theta}\frac{\partial A_r}{\partial\varphi}+\frac{2\cos\theta}{r^2\sin^2\theta}\frac{\partial A_\theta}{\partial\varphi}\end{cases}$$

四、中外文人名对照表（以在本书中出现先后为序）

C. Coulomb	库仑	Helmholtz	亥姆霍兹
J. B. J. Fourier	傅里叶	Rayleigh	瑞利
J. C. Maxwell	麦克斯韦	Ritz	里兹

B. Taylor	泰勒	R. M. Bevensee	比文西
F. W. Bessel	贝塞尔	W. W. Hansen	汉森
Doppler	多普勒	M. A. Allen	阿伦
G. Green	格林	G. S. Kino	肯诺
G. M. Branch	布兰奇	E. J. Nalos	纳洛斯
T. G. Mihran	迈仑	Hughes	休斯
Busch	布奇	R. A. Craig	克雷格
Larmor	拉姆	N. W. Harris	哈里斯
K. F. Gauss	高斯	A. F. Pearce	毕尔斯
L. Brillouin	布里渊	R. C. M. King	金
H. A. Lorentz	洛伦兹	H. A. Bethe	贝思
S. D. Poisson	泊松	J. C. Slater	斯拉特
Floquet	沸洛奎	N. Marcuvitz	马凯维茨
A. M. Ляпунов	李雅普诺夫	R. E. Collin	柯林
Llewellyn	罗威林	T. Teichmann	泰奇曼
H. J. M. Wronski	朗斯基	E. P. Wigner	威格纳
H. L. Hartnagel	哈特勒格	E. J. Fredholm	弗雷德霍姆
A. H. W. Beck	贝克	S. B. Cohn	科恩
M. Scotto	斯柯达	L. Lewin	列文
P. Parzen	帕仁	Brown	布朗
P. S. M. Laplace	拉普拉斯	R. C. Fletcher	弗莱彻
C. Mourier	莫里厄	W. R. Beam	比姆
A. Leblond	莱布朗	S. O. Wallander	瓦兰德
I. C. Walling	沃林	T. Okoshi	阿卡锡
P. A. Силин	西林	И. Д. Белявский	别雅夫斯基
M. Chodrow	乔多罗	0. P. Gandhi	甘地
E. L. Ch	朱	J. W. Sedin	塞鼎
L. Euler	欧拉	J. Feinstein	弗斯丁
P. A. M. Dirac	狄拉克	J. F. Hull	胡尔
Bernoulli	伯努利	G. P. Kooyers	库页尔斯
J. liouville	刘维	E. S. Weibel	韦伯
Boltzmann	波耳兹曼	I. S. Bernstein	伯恩斯坦
E. Schrödinger	薛定谔	S. J. Smith	史密斯
H. A. Челенков	契林柯夫	E. M. Purcell	帕塞尔
J. R. Pierce	皮尔斯	Ф. С. Русин	鲁辛
Л. А. Вайнштейн	瓦因斯坦	S. Ono	奥劳
A. M. Кац	卡茨	В. П. Шестопалов	色什塔帕洛夫
R. Kompfner	康弗纳	K. Mizuno	米苏劳
B. H. Шевчик	舍夫契克	Chr. Huygens	惠更斯
T. Newton	牛顿	A. Fresnel	菲涅尔

Леонтович	列昂托维奇	G. Kirchhoff	基尔霍夫
O. Heaviside	海维赛德	A. Hermite	厄密特
J. L. Lagrange	拉格朗日	E. N. Laguere	拉盖尔
P. K. Tien	田炳耕	R. Q. Twiss	特韦斯
J. E. Rowe	诺埃	A. B. Гапанов	卡帕洛夫
C. C. Wang	王	J. L. Hirshfield	赫希菲尔德
O Doehler	多勒	J. R. Airey	爱利
W. Kleen	克仑	T. Wessel-Berg	威瑟耳-贝格
A. T. Nordsieck	诺齐克	Yamanouchi	雅马诺乌奇(日)
L. R. Walker	渥克	R. M. Phillips	菲里普斯
V. M. Wolontis	渥仑梯斯	R. Müller	米勒
H. C. Poulter	波尔特	M. И. Пегелин	别捷林
H. M. Советов	萨维多夫	A. B. Сморговский	斯莫尔戈夫斯基
J. Ober	阿伯尔		